ヒトはどの生物と似ているか

▶9章 系統

詳しい解説

Web上で詳しい解説が見られます。

ヒトは，キノコと植物ではどちらの方が近い関係にある？

ヒトの遺伝子はほかの生物と違うか

▶3章 遺伝情報の発現と発生

ヒトとヒトとのDNAの類似度は99.9%

ヒトとチンパンジーのDNAの類似度は98%

詳しい解説

ヒトとチンパンジーのDNAで，同じところ，違うところは？

DNAが似ていても姿が異なるのはなぜ？

現在
Present

JN121563

どうしてヒトは食べないと生きられないのか

▶1章 細胞・2章 代謝

詳しい解説

なぜヒトは食べる必要があるの？

植物はどのようにエネルギーを得ている？

ヒトは草食動物か肉食動物か

▶7章 生態と環境

詳しい解説

ヒトが肉を食べるようになったのはなぜ？

なぜヒトは肉も野菜も食べるの？

Q 甘いのに「カロリーゼロ」なのはなぜ？

A 微量で甘みを強く感じる物質か，体内に吸収されない物質を使用しているから！

カロリーとは，熱量（エネルギー）の単位であり，ヒトは１日に約2000 kcal（キロカロリー）を食物から摂取する必要がある（同化と異化 ➤ p.46）。実は，カロリーゼロの食品が 0 kcal かというとそうではないことが多い。食品表示法により 100 g（ml）当たり 5 kcal 未満の場合に「カロリーゼロ」と表示することが認められている。カロリーゼロの食品に使用されている甘味料には大きく分けると２種類ある。１つ目は，微量で甘みを強く感じられるため，食品に加える量が少なくすむアスパルテームやステビアなどである。２つ目は体内に吸収されてもエネルギーとして利用できず，尿中などにすみやかに排出されるエリスリトールのような甘味料である。どちらも砂糖と同様に甘みを感じる（味覚器 ➤ p.184）ことができる。

pepsi
BIG
〈生〉
ZERO
ZERO STRONG

「カロリーゼロ」の食品

もっと深める！
甘味料は何からできているの？どうやってつくるの？
甘さはどうやって感じるの？

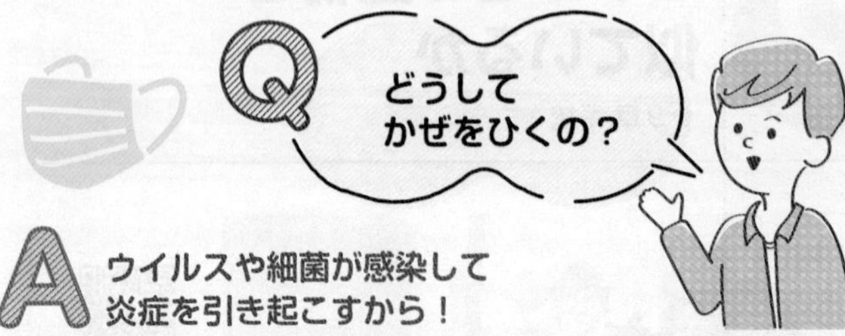

Q どうしてかぜをひくの？

A ウイルスや細菌が感染して炎症を引き起こすから！

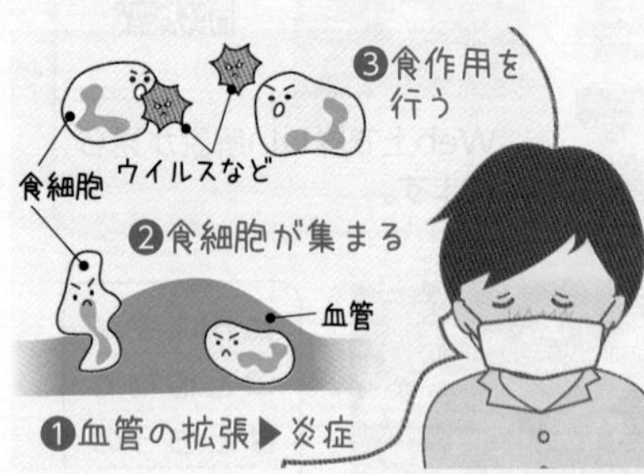

③食作用を行う
ウイルスなど
食細胞
②食細胞が集まる
血管
①血管の拡張▶炎症

かぜとは「かぜ症候群」のことであり，ウイルスや細菌が原因となり鼻水やのどの痛みなどの症状が出る疾患（しっかん）である。ヒトの体内にウイルスや細菌が侵入すると，これらから自分を守ろうとする機能（免疫 ➤ p.158）が働く。この機能にかかわる細胞のうち，ウイルスや細菌を直接とりこむ（食作用 ➤ p.160）食細胞という細胞を感染部位に集めようとしたとき，血管が拡張し，炎症が起こる。炎症は食作用を活性化する効果があるが，同時に鼻水やのどの痛み，せき，たんなどの症状を引き起こす。つまりかぜの症状は，からだがウイルスや細菌から自分を守るために働いた結果起こるものなのである。

もっと深める！
かぜの予防には何が効果的？
細菌とウイルスの違いは何？

Q どうしてヒトは老いるの？

A 染色体が短くなり，細胞分裂ができなくなるからという説が有力。

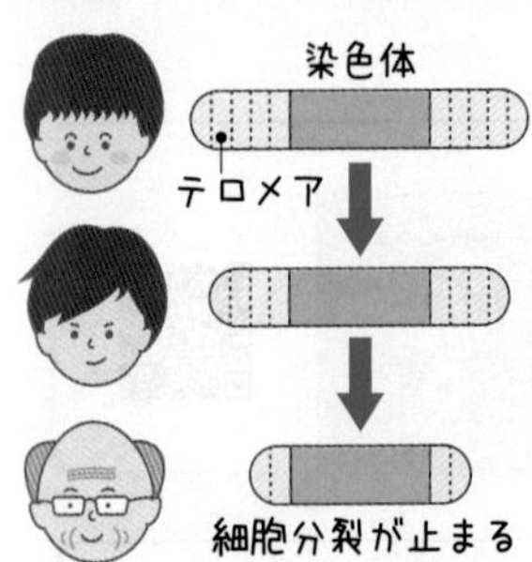

染色体
テロメア
細胞分裂が止まる

ヒトは老化するが，ヒドラ（➤ p.32）のように老化しない生物もいる。どうしてヒトがヒドラのように老化しない生き方を選ばなかったのかは分かっていない。ヒトの老化を理解するために，細胞レベルの老化についての研究が進んでいる。細胞の老化の原因にはさまざまな説があるが，その中でも近年有力視されているのが，テロメア説である。

テロメアはヒトの染色体の末端部分にあり，回数券のように，細胞が分裂するたびに短くなっていく（DNA の末端の構造 ➤ p.81）。このテロメアがある程度まで短くなると，それ以上は細胞分裂（➤ p.78）ができなくなり，細胞が老化する。これがテロメア説である。ヒトの老化の解明のために，テロメアについては今も多くの研究がなされている。

もっと深める！
テロメアはなぜ短くなるの？
ヒドラはなぜ老化しないの？

Q 飛べるのにコウモリは鳥類ではないの？

A コウモリは進化の過程で飛べるようになった哺乳類（ほにゅうるい）！

コウモリがどのグループ（分類群 ➤ p.292）に入るかは，形態などの特徴や DNA などの分子情報がどのグループと似ているか（分子系統解析 ➤ p.294）を調べて総合的に判断される。その結果，コウモリは哺乳類に分類されている。コウモリは体毛があり，母親が乳で子を育てるという，哺乳類の特徴をもつ。もとは飛べない哺乳類であったが，進化の過程で，指やからだの間に膜ができたり，飛ぶための筋肉が発達したりするなどの変化が起こり，現在のコウモリの形となったのである。

飛べる哺乳類がいるのに対し，飛べない鳥類も存在する。ペンギンはその一例で，羽毛があり，殻のある卵をうむという鳥類の特徴をもつ。進化の過程で，飛ぶことよりも泳ぐことに特化してきた結果，現在の形となったのである。

コウモリ

もっと深める！
DNA から進化の過程がわかるのはなぜ？
哺乳類であるクジラはどんな進化をしたの？

Q 食物繊維って何？

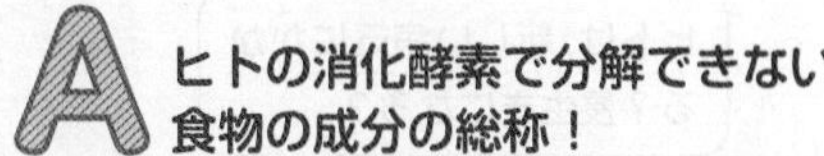

A ヒトの消化酵素で分解できない食物の成分の総称！

タンパク質や脂肪，炭水化物は，消化酵素によって分解（消化 ▶ p.156）されてから体内に吸収される。一方で，食物の成分の中で，分解されず，そのまま大腸まで運ばれて排出されるものは食物繊維とよばれる。食物繊維は，以前は不必要なものとして扱われていたが，近年では，その摂取による，血糖値（血糖濃度 ▶ p.146）の急激な上昇の抑制，腸内環境の改善など多くの利点が明らかになり，からだの健康に重要な成分として認められるようになった。

食物繊維は動物性食品にはほとんど含まれず，植物性食品に多く含まれる。食物繊維には，植物に含まれるセルロースやペクチン，カニやエビなどの甲殻類(こうかくるい)に含まれるキチンなどがある（多糖類 ▶ p.45）。

食物繊維が多い野菜

もっと深める！
食物繊維が血糖値の急激な上昇を抑える理由は？
セルロースやペクチンは植物のどこにあるの？

Q 「からだが硬い」って何が硬いの？

A 大きな原因は筋肉や腱(けん)，じん帯などの組織の伸びにくさにある！

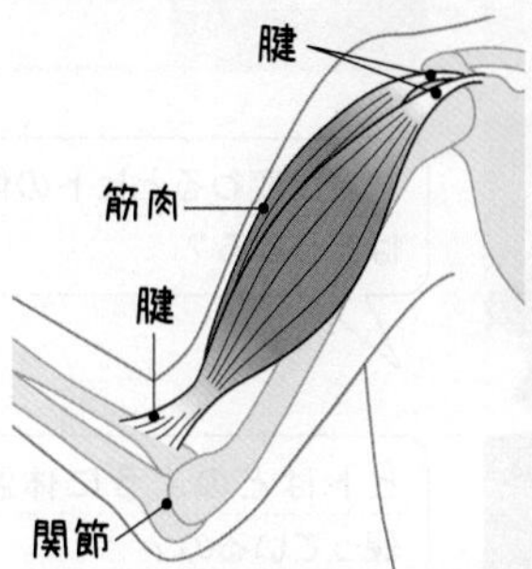
腱
筋肉
腱
関節

からだの硬さ・柔らかさ（柔軟性）は，関節（▶ p.36）をどれくらい動かせるか，筋肉（▶ p.190）や腱，じん帯などの組織（繊維性結合組織 ▶ p.35）がどれくらい伸びるかによって決まる。柔軟性は遺伝的要因が大きいが，筋肉や腱，じん帯などの組織がどれくらい伸びるかは，ストレッチなどの身体活動の影響も受ける。すなわち，習慣的にストレッチを行い，筋肉などを動かしているとからだは柔らかくなるが，動かしていないと徐々にからだは硬くなる。からだが柔らかいことはけがの予防や運動のパフォーマンスの向上につながるので，習慣的にストレッチを行うことが重要である。

もっと深める！
ストレッチをするとからだはどのように変化するの？
筋肉はどうやって伸び縮みするの？

Q 旬(しゅん)の時期になると花が一斉(いっせい)に咲くのはなぜ？

A 気温や日長の変化などに植物が反応して花が咲くから。

スイートピー

多くの植物は遺伝子の中にどのような条件になれば開花するかがプログラムされている。たとえば，低温状態を一定期間経験していること，夜が短い日がある程度続くことを開花の条件とする花は，寒い冬を越した後，日長が長くなる春になってから開花する（花芽形成のしくみ ▶ p.216）。このように，特定の季節に咲く花は環境の変化を感知して開花するので，同じ場所に生育する同種の植物の集団は同じ時期に開花することができる。同時期に咲くことで，花粉を運ぶ虫をよび寄せやすい，異なる遺伝子をもつ同種の他個体と交配して遺伝子の多様性（▶ p.252）をつくり出すことができるなど，多くのメリットを植物は得ている。

もっと深める！
旬からずれた野菜はどうやってつくっているの？
遺伝子の多様性があることのメリットは何？

Q 沖縄に行くと花粉症がおさまるって本当？

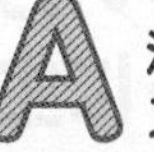

A 沖縄はスギの数が少ないので，スギの花粉症はやわらぐ！

日本の花粉症（花粉によるアレルギー ▶ p.167）の原因の大部分を占める植物がスギである。スギの人工林の面積を比べてみると，東京は森林面積の 28.3% であるのに対し，沖縄は 0.2% と極めて少ない。この理由としては，亜熱帯気候の沖縄は針葉樹（▶ p.229）であるスギの生育に適していなかったことや，台風によって先端部が折れやすいことなどから，スギの植林が本州と比べると進まなかったことが挙げられる。スギが少ない沖縄ではスギの花粉が少ないので，スギの花粉症の症状は出にくい。

しかし，沖縄特有のリュウキュウマツやイネ科植物，モクマオウなどの植物の花粉はあり，これらを原因とした花粉症の症状が出る可能性は十分にある。

モクマオウ

もっと深める！
沖縄で育ちやすい植物は何？
花粉症はどうやって起こるの？

ヒトのからだと環境の関係は…

▶ 4章 動物の体内環境

詳しい解説

気温が変わるとヒトの体温はどうなる？

ヒトはどのように体温を保っているの？

未来のヒトは…？

ヒトは，新しい病気にかかる？長生きになる？

詳しい解説

ヒトが光合成を行ったり，空を飛んだりするようになる？

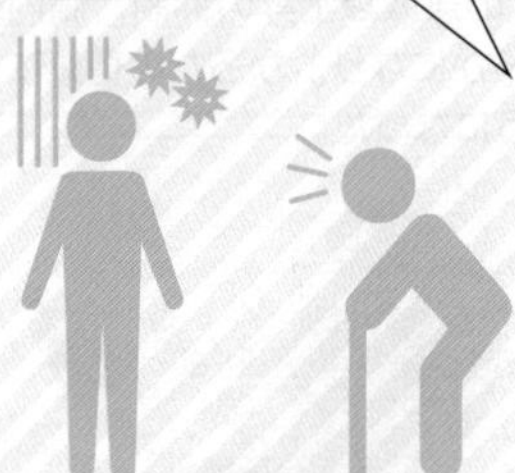

未来
Future

ヒトらしい行動はどのように生まれるのか

▶ 5章 動物の反応と行動

詳しい解説

ヒトが複雑に物事を考えられるのはなぜ？

ヒトの脳はどのように進化した？

ヒトはこれからも繁栄し続ける？

問いを立ててみよう

ここに示した問いは一例です。
身近な生物現象に対して，「なぜ」そうなるのか，「どのようにして」そうなるのか，と科学的な視点で捉え，考えてみましょう。

生物を学べば もっと深まる 日常のQ&A

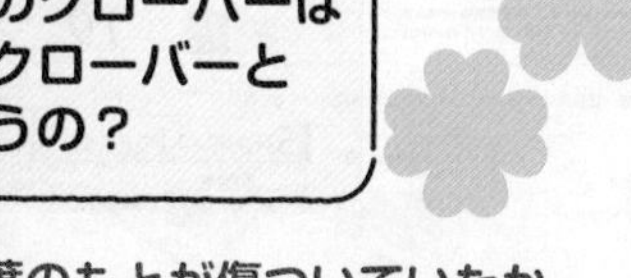

Q 四つ葉のクローバーは普通のクローバーと何が違うの？

A 葉のもとが傷ついていたか，遺伝子が普通と異なっている。

クローバーが四つ葉になる原因には，環境によるものと遺伝子によるものがある。環境によるものには，ヒトや動物に踏まれるなど何らかの衝撃で葉の赤ちゃん（**葉原基**➤**p.39，206**）に傷がつくことで，もとは３枚１セットであった葉原基が４枚１セットに変化してしまう場合がある。また遺伝子によるものとしては，葉に対して「３つに分かれる」ように働く遺伝子がごくまれに変化（**突然変異**➤**p.264**）し，「４つに分かれる」ように働いてしまう場合がある。このような環境もしくは遺伝子どちらかの要因により，非常に低い確率で四つ葉のクローバーが発生するのである。

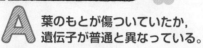

四つ葉
三つ葉
クローバー

もっと深める！
- 突然変異はどうやって起こるの？
- 葉はどうやってできるの？

Q 木と草の違いは何？

A 木は年々茎が太くなるもの，草は茎が１年をこえて太くならないもの。

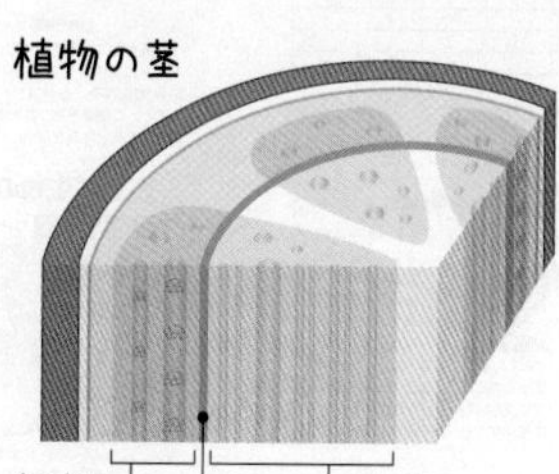
植物の茎
師部
形成層
木部

木と草の違いは，茎が年々太く成長するかしないかであるが，この茎を太くする原因となるのが形成層（➤**p.38，205**）とよばれる部分である。形成層とは，維管束の道管などが通っている部位（木部）と師管などが通っている部位（師部）の間にある，細胞分裂が盛んな部分のことである。形成層で細胞が分裂し，新しい木部と師部をつくり，茎（幹）が直径方向に肥大していくことで，木は年々成長していく。草は形成層がないかほとんど分裂しないので，一定以上太くなることはない。ただし，木と草の間に本質的な違いはないとされており，タケ類やヤシ類など区別に迷う植物も多くある。

もっと深める！
- 樹木の年齢がわかる年輪って何？
- 植物はどのように成長するの？

Q 卵の黄身と白身って何者？

A 黄身はヒヨコの栄養になる部分，白身は黄身を細菌などから守る部分。

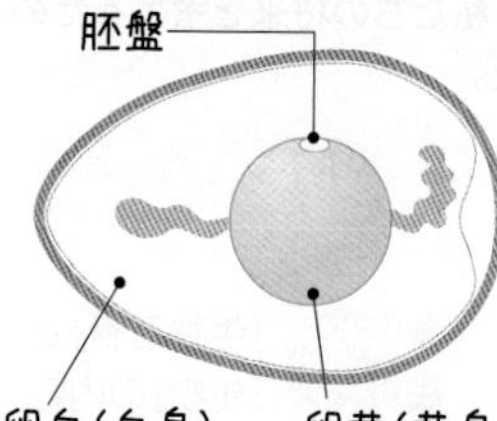
胚盤
卵白（白身）
卵黄（黄身）

ヒヨコになるのは胚盤（**ニワトリの発生**➤**p.102**）とよばれる部分で，これは黄身の表面にある。黄身には，卵からかえった直後のヒヨコに必要な栄養であるタンパク質や脂質が含まれ，白身には，胚盤を細菌などから守るためのタンパク質（**酵素**➤**p.48**）が含まれている。

白身に含まれている主な酵素にリゾチーム（➤**p.160**）がある。リゾチームは，細菌の細胞壁（➤**p.18**）を壊す酵素であり，これによって卵に侵入した細菌が破壊される。リゾチームは，ヒトの涙や唾液などにも含まれており，ニワトリの場合と同様に，細菌などからからだを守る（**生体防御**➤**p.158**）ために働いている。

もっと深める！
- 胚盤はどうやってヒヨコになるの？
- 細菌などからからだを守るしくみはほかにもあるの？

Q ビタミンは何者？なぜ大事？

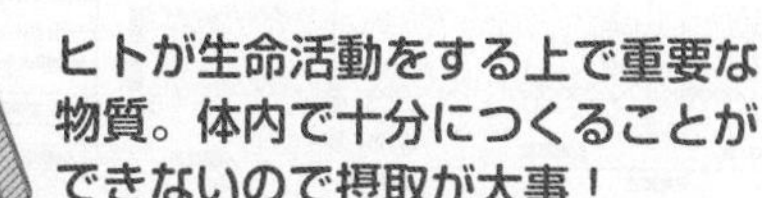

A ヒトが生命活動をする上で重要な物質。体内で十分につくることができないので摂取が大事！

ビタミンは，５大栄養素の一つであり，体内のさまざまな化学反応を助ける働き（**補酵素**➤**p.51**）などをもつ。ヒトに必要なビタミンの量はわずかだが，体内ではほとんど合成することができないので，食物から摂取する必要がある。ビタミンが欠乏すると，さまざまな障害が起こる。

たとえば，ビタミンＣが欠乏すると，傷が治りにくくなったり，毛細血管がもろくなって出血が起きやすくなったりする。ヒトはビタミンＣを体内で合成できないが，これは進化の過程で失われたもの（**突然変異**➤**p.264**）と考えられており，多くの動物は体内でビタミンＣを合成している。

レモン

もっと深める！
- なぜヒトでビタミンＣをつくる機能が失われたの？
- ヒトがビタミン B_2 を摂らないとどうなるの？

本書の構成　構成を知って「生物図表」を使いこなそう

キーポイント
要点をおさえた１文です。これから学ぶことをつかんだり，学んだあとに要点を確認したりできます。

キーワード
Keywords　重要用語とその英訳です。どのような単語が使われているかを考えると用語の意味がつかみやすくなります。

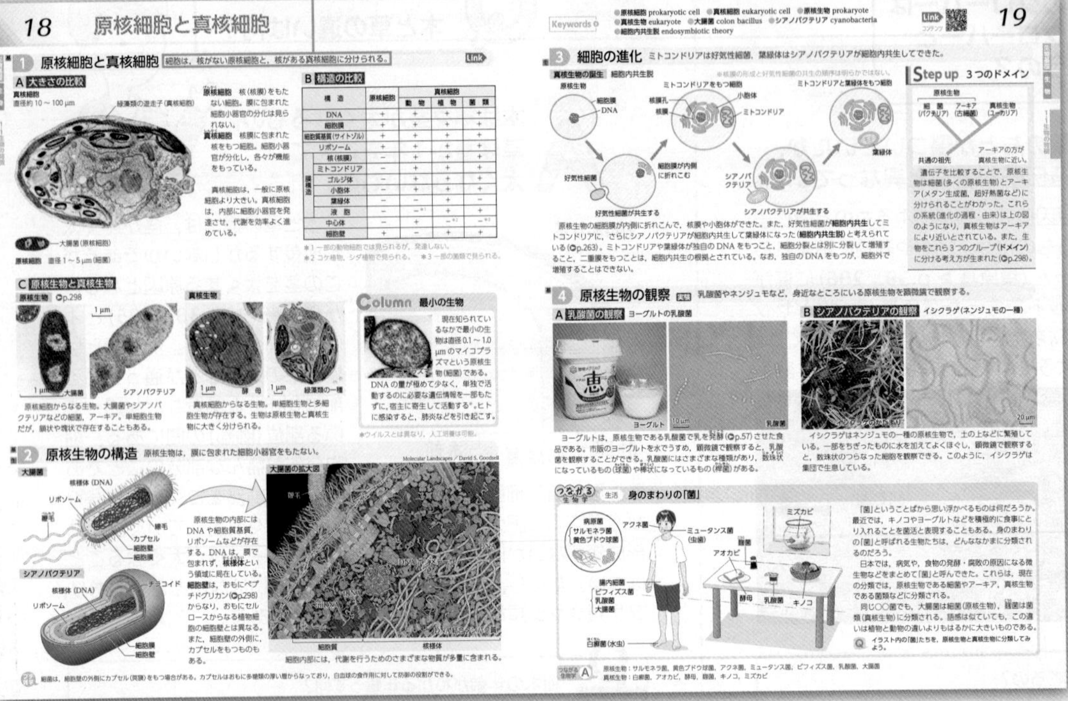

インデックス
生物基礎　「生物基礎」の内容が含まれるページ
生物　「生物」の内容が含まれるページ
1-1 生物の特徴
- １章〜９章の節のタイトル
- 操作　・付録
- 用語解説
- 索引

補足的な説明
Memo 補足的な内容を丁寧に説明しました。

プチ雑学　学習内容に関連したちょっとした話題です。

➲p.000 関連したページを示しています。

流れをつかむ資料
Overview　個々の資料の関係性を整理しました。これから学習する内容の概要をつかむことができます。

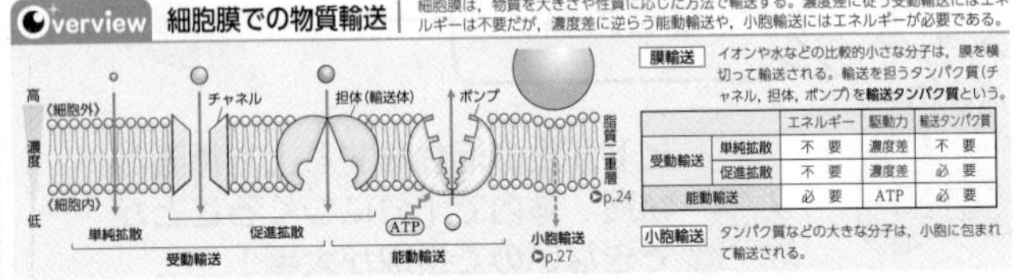

つながる資料

つながる生物学　日常のことがらと学習内容とのつながりを紹介します。学んだことを活用して，より深い理解につなげることができます。

※ Q の答えは，ページ下の欄外  に掲載しています。

進化View　学習内容と進化のつながりを紹介します。生物を学ぶ上で大切な，進化の視点を養うことができます。誌面のQRコードから詳しい解説が見られます。

For the Future　学んだことを使って，私たちの将来を考えるための資料をまとめました。

深まる資料
Column　関連した興味深い話題や科学者のエピソードなどを紹介します。

Step up　関連した話題で知っていると理解が深まることをまとめました。やや発展的な内容も含まれます。

学習の範囲
基 1 「生物基礎」の内容　生 2 「生物」の内容　基 生 3 「生物基礎」と「生物」の内容

実験 実験が中心の内容　歴史 探究の歴史が中心の内容

生物図表オンライン　関連するWebコンテンツにリンク

https://www.hamajima.co.jp/rika/bio/

関連する動画やWebサイトなどを紹介します。
Link の資料に関連するコンテンツがあります。
誌面のQRコードからアクセスできます。

ご注意
- 利用料は無料ですが，別途通信料がかかります。
- 学校内や公共の場では，校則やマナーを守ってご使用ください。
- 歩行中，自転車運転中の携帯電話の使用は大変危険ですので，おやめください。
- 本書のWebコンテンツは，ご使用開始から４年間ご利用いただけます。

※QRコードは(株)デンソーウェーブの登録商標です。

目次

基は生物基礎の内容
生は生物の内容

操作

第1章 細胞

第2章 代謝

第3章 遺伝情報の発現と発生

第4章 動物の体内環境

第5章 動物の反応と行動

第6章 植物の環境応答

第7章 生態と環境

第8章 進化

第9章 系統

操 作

付 録

つながる生物学 分野 掲載ページ一覧

10 顕微鏡による観察

1 光学顕微鏡の構造

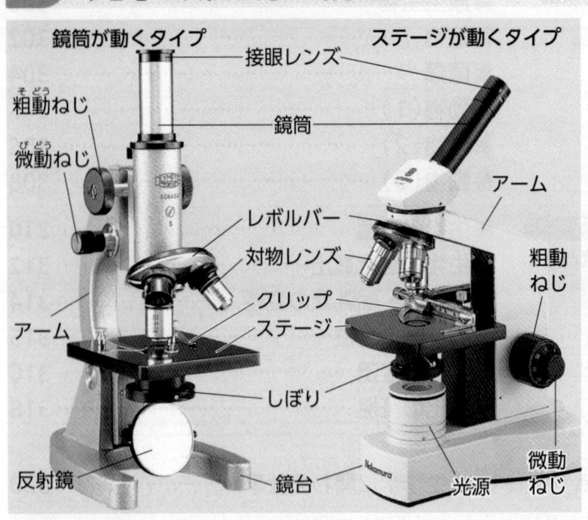

鏡筒が動くタイプ
ステージが動くタイプ
接眼レンズ
粗動ねじ
微動ねじ
鏡筒
アーム
レボルバー
対物レンズ
クリップ
ステージ
粗動ねじ
アーム
しぼり
反射鏡
鏡台
光源
微動ねじ

接眼レンズ 低倍率ほど長い

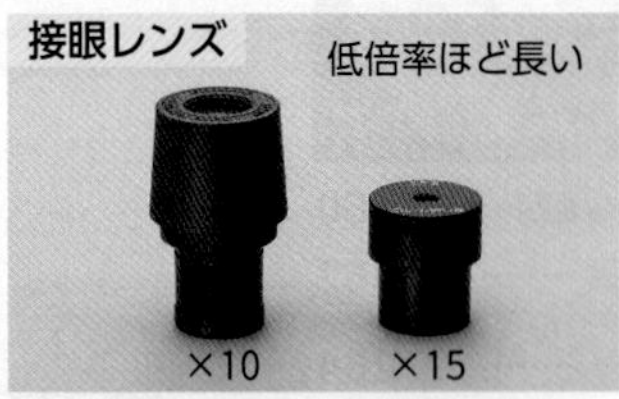

×10
×15

対物レンズ 高倍率ほど長い

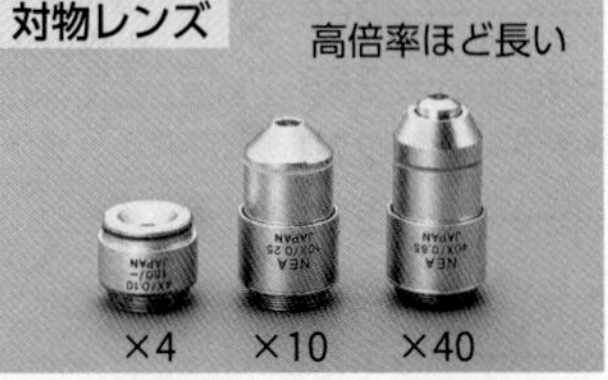

×4
×10
×40

倍率＝接眼レンズの倍率×対物レンズの倍率

2 プレパラートのつくり方

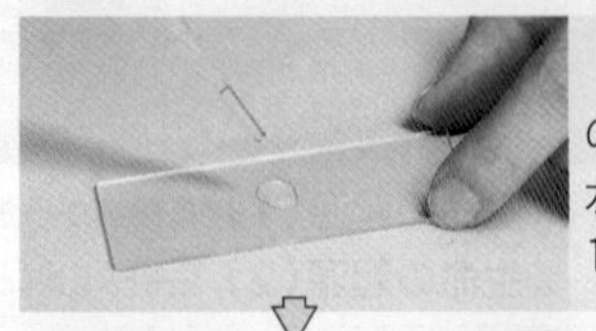

スライドガラスの上に試料を置き，水または染色液を1滴加える。

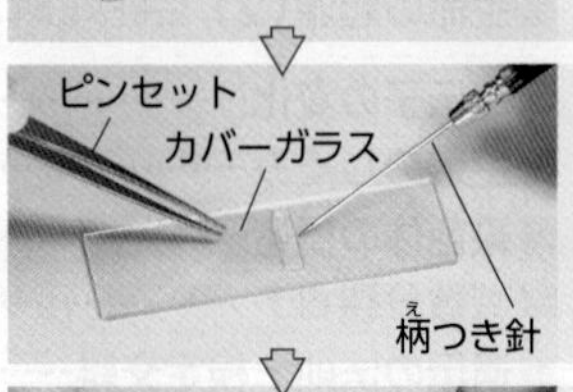

ピンセット
カバーガラス
柄つき針

気泡ができないように，カバーガラスを一方から静かにかける。

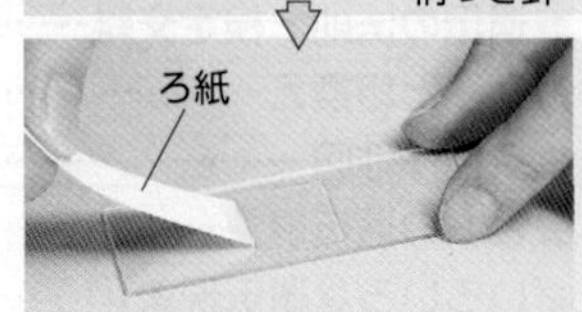

ろ紙

余分な水分があれば，ろ紙で吸いとる。

3 観察の基本操作 ピントの合わせ方としぼりの使い方がポイント。

もち方

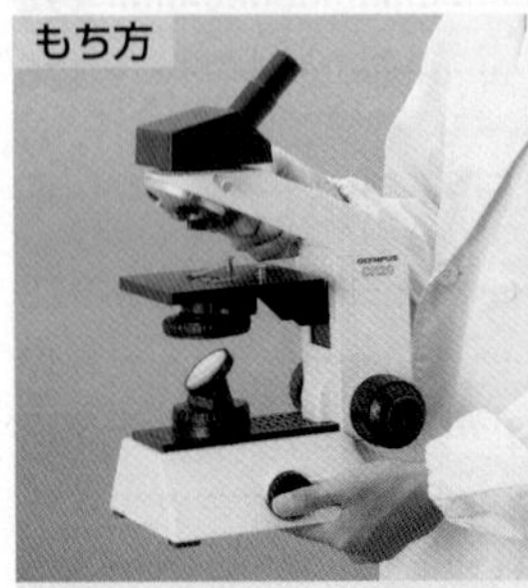

アームをにぎり，鏡台の下に手をそえてもつ。

① 接眼レンズをつける

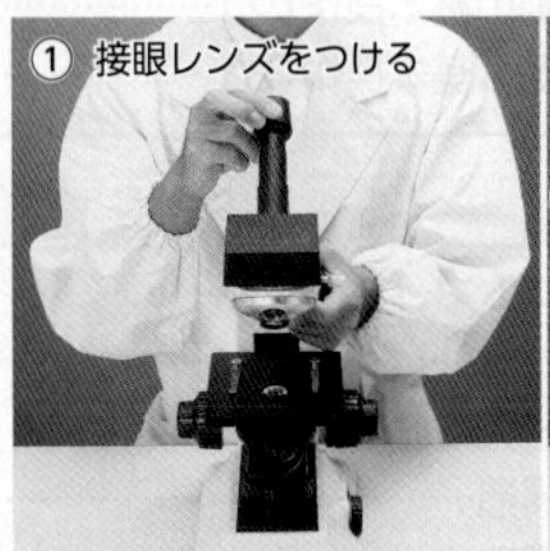

② 対物レンズをつける

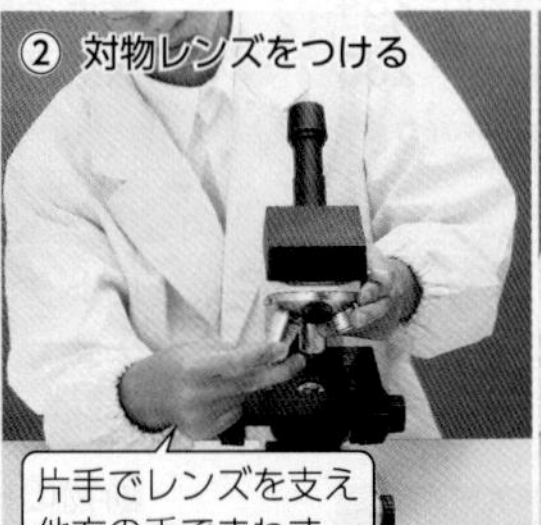

片手でレンズを支え他方の手でまわす。

接眼レンズをつけてから対物レンズをとりつける。
※鏡筒内に，ゴミが入らないようにするため。

③ 反射鏡を調節する
④ プレパラートをのせる

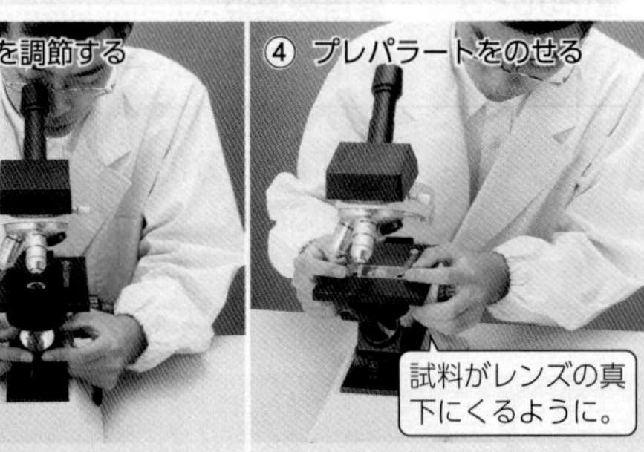

試料がレンズの真下にくるように。

最低倍率にセットし反射鏡を調節して視野を明るくする。

プレパラートをステージにのせ，クリップでとめる。

⑤ ステージを上げる

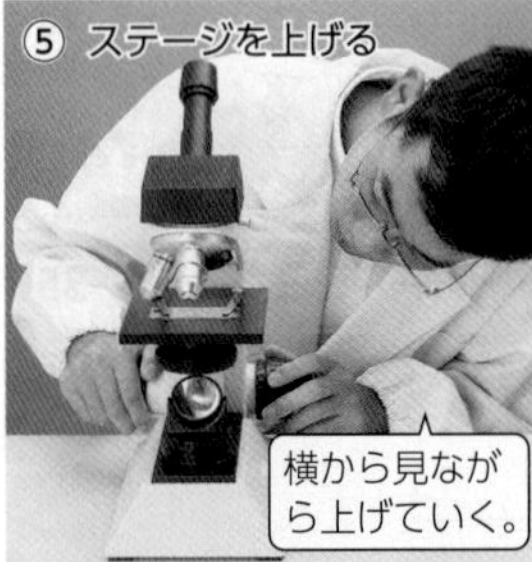

横から見ながら上げていく。

対物レンズにふれる直前までプレパラートを近づける。

⑥ 低倍率でピントを合わせる

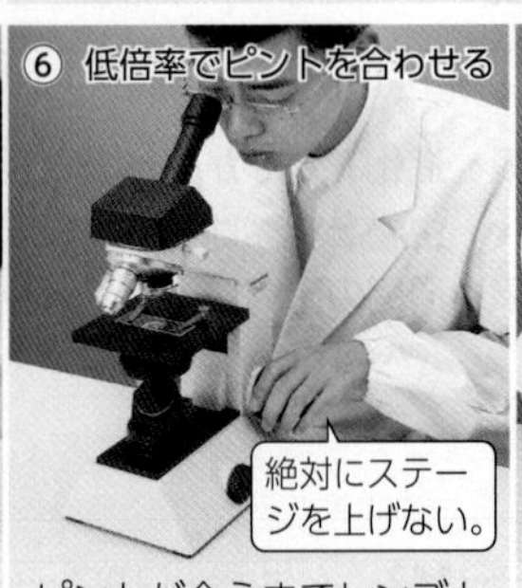

絶対にステージを上げない。

ピントが合うまでレンズと試料の間を離していく。

⑦ 倍率を上げる

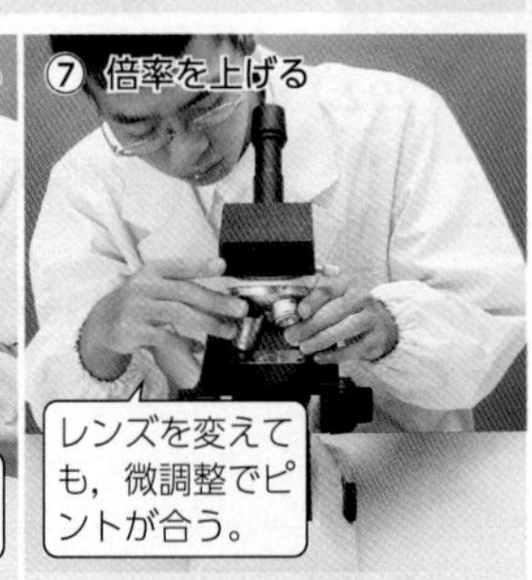

レンズを変えても，微調整でピントが合う。

レボルバーを回転させて，高倍率のレンズに変える。

視野と倍率

倍率を上げる
100倍
400倍
対物レンズがプレパラートに近づく。
対物レンズ
10
40
プレパラート

高倍率にすると，視野はせまくなり暗くなる。しぼりを調節したり，反射鏡を凹面(おうめん)にして明るくする。

しぼりの使い方

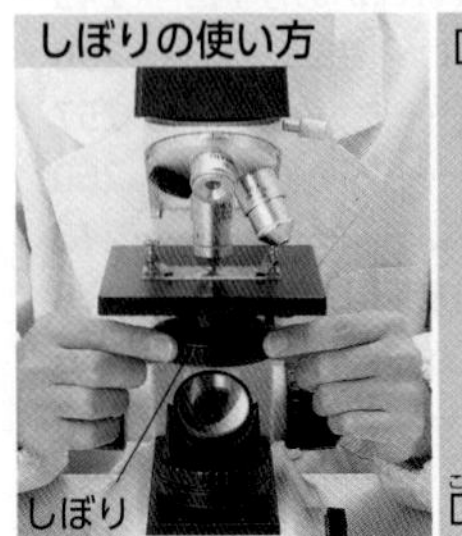

しぼり

[適正]

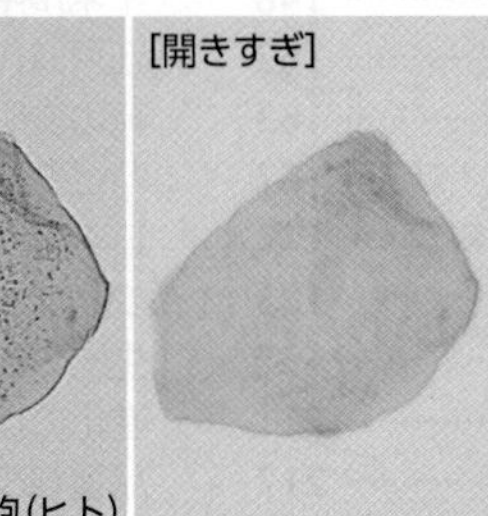

口腔粘膜上皮細胞(こうこうねんまくじょうひさいぼう)（ヒト）

[開きすぎ]

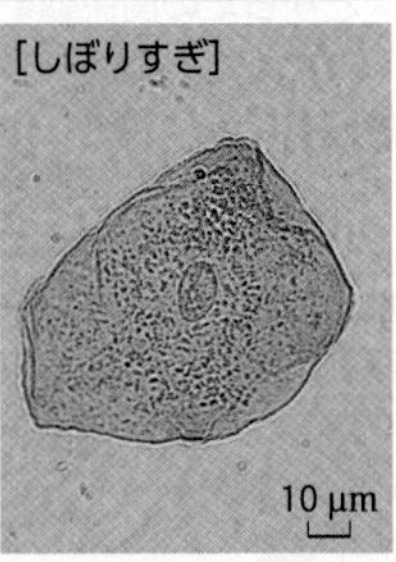

[しぼりすぎ]
10 μm

しぼりはレンズから入ってくる光の量を調節する装置である。細かいものや輪郭(りんかく)の薄いものを見るときはしぼりをしぼる。

コントラストがつかず見にくい。

視野全体が暗くなり，見にくい。

※ヤヌスグリーンで染色

視野とプレパラート

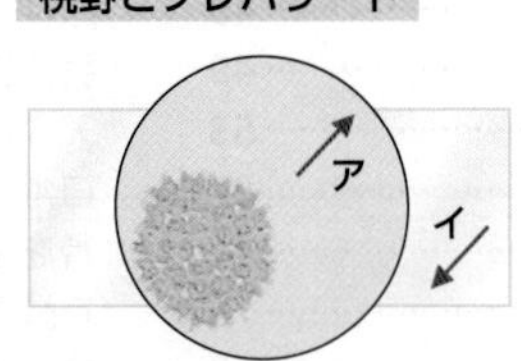

ア
イ

像の上下・左右が逆になる顕微鏡の場合，視野の中で**ア**の方向に動かしたいときは，プレパラートを**イ**の方向へ動かす。

焦点深度

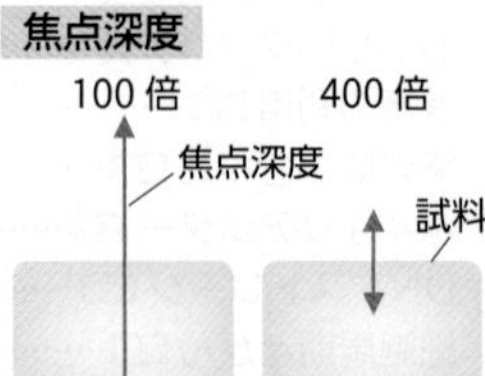

100倍
400倍
焦点深度
試料

ピントの合う範囲を焦点深度という。ふつう，倍率が高くなると，焦点深度は浅くなり，ピントが合わせにくくなる。

プチ雑学 プレパラートをつくるとき，水の代わりにグリセリンを用いて試料を封じたものは半永久プレパラート，天然樹脂を用いたものは永久プレパラートとよばれる。試料が変色しにくく，長期間使用することができる。水で封じたものでも，カバーガラスの周囲をマニキュアで封じることで，短期間保存できる場合がある。

4 染 色

染色していない

デンプン粒

バナナの果肉細胞

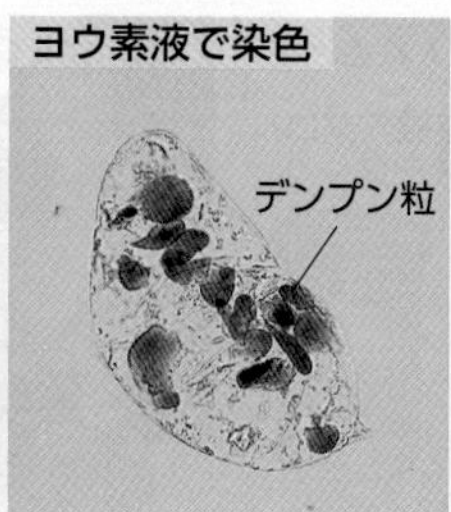

デンプン粒

ヨウ素液で染色

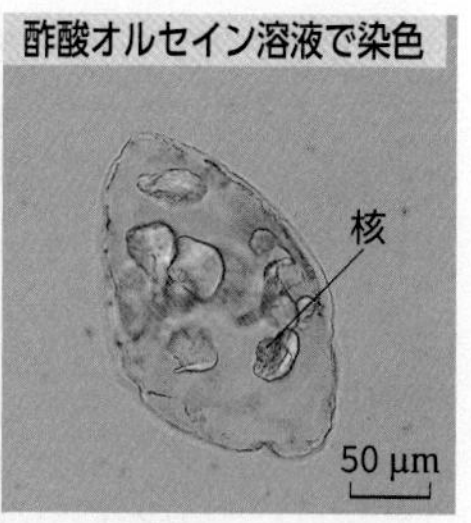

核
50 μm

酢酸オルセイン溶液で染色

構成要素	染色液(▶p.324)	呈色	構成要素	染色液	呈色
核	酢酸オルセイン溶液	赤	ミトコンドリア	ヤヌスグリーン	青緑
	酢酸カーミン溶液	赤		TTC 溶液	赤
	メチレンブルー溶液	青	液 胞	ニュートラルレッド溶液	赤
	メチルグリーン・ピロニン溶液	青緑(DNA) 赤桃(RNA)	細胞壁	サフラニン溶液	赤

細部を見やすくするために，試料の特定の部分を色素で選択的に着色する。

Step up 位相差顕微鏡

タマネギ鱗片葉の表皮細胞

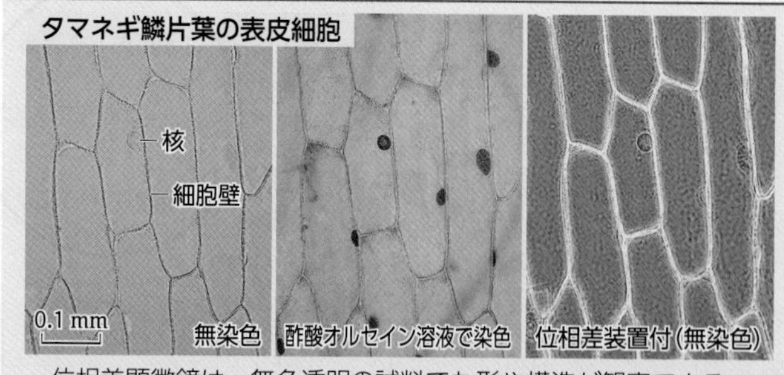

核
細胞壁
0.1 mm
無染色
酢酸オルセイン溶液で染色
位相差装置付(無染色)

位相差顕微鏡は，無色透明の試料でも形や構造が観察できる。染色しなくてもよいため，生きた細胞をそのまま観察できる。

厚さや屈折のしかた(屈折率)に違いがあれば，光の波のずれ(位相のずれ)が生じる。これを光の明暗の違いとして表す装置(位相差装置)を使う。

5 観察するときの注意

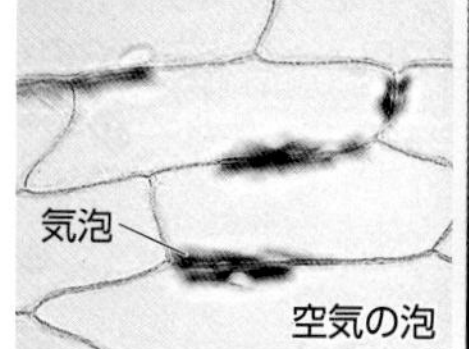

気泡
空気の泡

カバーガラスのかけ方が悪く，気泡が入っている。

反射鏡

反射鏡の角度の調節が悪く，暗い部分ができている。

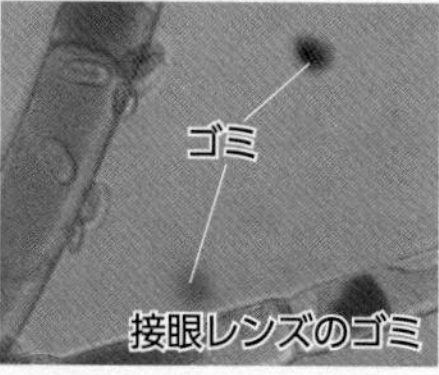

ゴミ
接眼レンズのゴミ

ゴミ

プレパラートのゴミ

接眼レンズを回すとゴミも回る➡接眼レンズのゴミ
対物レンズを変えると消える➡対物レンズのゴミ
プレパラートを動かすとゴミも動く➡プレパラートのゴミ

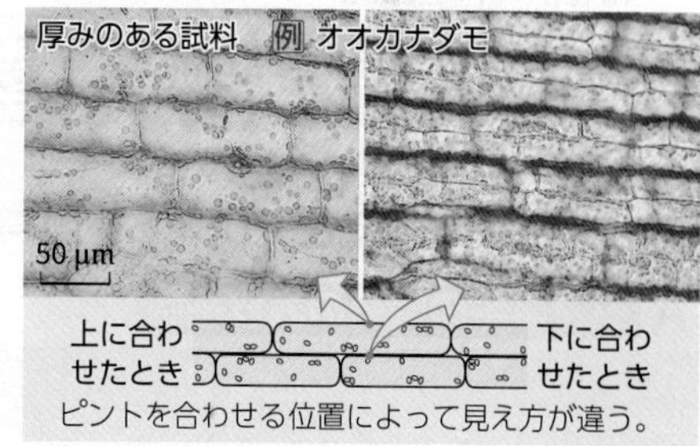

厚みのある試料 例 オオカナダモ
50 μm
上に合わせたとき
下に合わせたとき

ピントを合わせる位置によって見え方が違う。

6 スケッチのしかた

一方の眼で接眼レンズ，他方の眼で紙を見る。

- 先をよく削った鉛筆で点と線で描く。ぬりつぶしたりしない。
- 色の濃いところは点の密度を大きくして表す。陰影をつけない。
- 表現しきれない部分は説明を書く。気づいた点のほか，倍率・材料・染色液・日時も記入する。

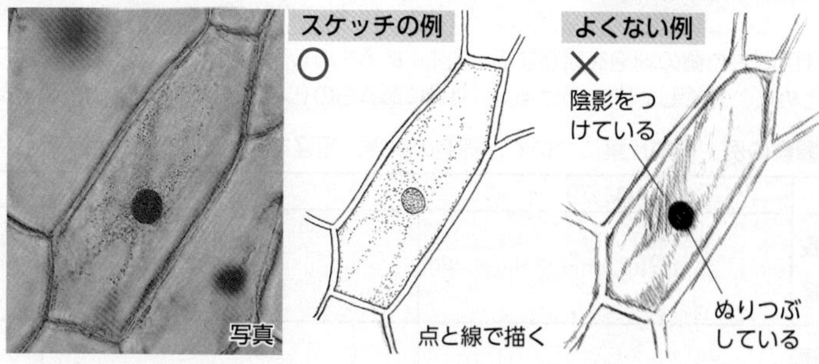

写真
スケッチの例
○
点と線で描く
よくない例
×
陰影をつけている
ぬりつぶしている

操作

7 双眼実体顕微鏡

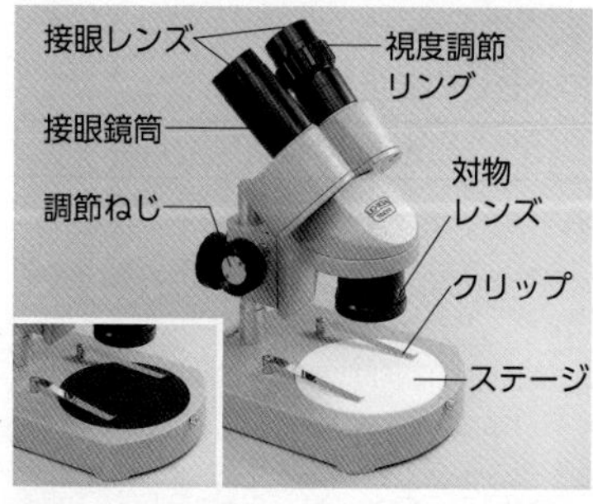

接眼レンズ
視度調節リング
接眼鏡筒
調節ねじ
対物レンズ
クリップ
ステージ

倍率は 10～60 倍と高くはないが，正立像(上下左右が変わらない像)を両眼で観察できるため，立体視が可能。

黒っぽいものは白いステージ，白っぽいものは黒いステージを使うとよい。

①

右眼でのぞき，調節ねじでピントを合わせる。

②

左眼でのぞき，視度調節リングでピントを合わせる。

③

1つに見えるように，鏡筒の間隔を合わせる。

左側に視度調節リングがついている場合。

プチ雑学 およその倍率は，ルーペが 10～20 倍，双眼実体顕微鏡が 10～60 倍，ふつうの顕微鏡が 40～1500 倍である。

12 ミクロメーターを使った観察

Keywords ●ミクロメーター micrometer

1 ミクロメーターの使い方

接眼ミクロメーター１目盛りの長さを求める

接眼ミクロメーター

等間隔に目盛りが刻まれている。

１目盛りの長さは，倍率によって変わるため，対物ミクロメーターを使って調べておく。

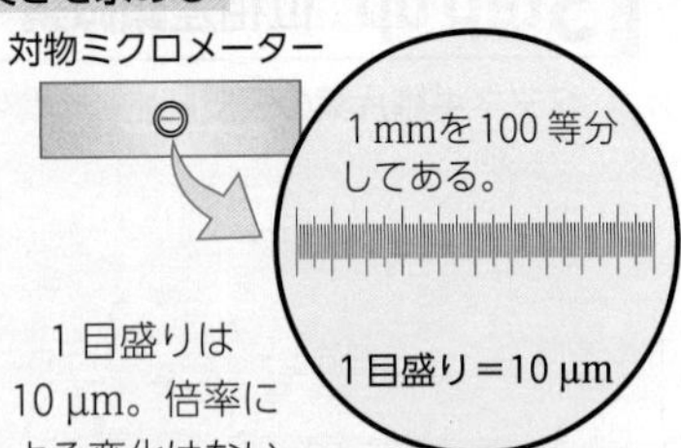
対物ミクロメーター
1 mmを100 等分してある。
１目盛り＝10 μm

１目盛りは 10 μm。倍率による変化はない。

① 接眼ミクロメーターを入れる

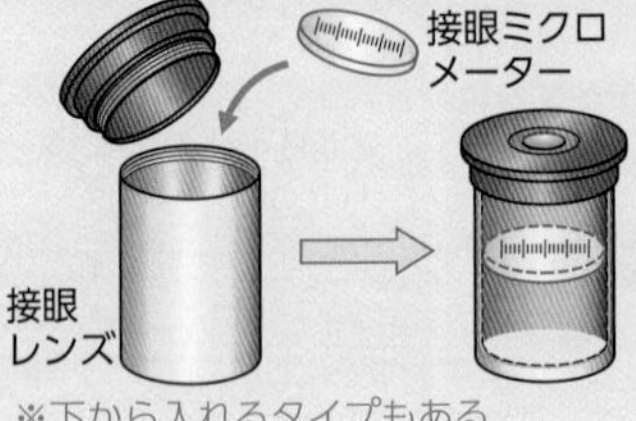
接眼ミクロメーター
接眼レンズ

※下から入れるタイプもある

② 対物ミクロメーターをのせる

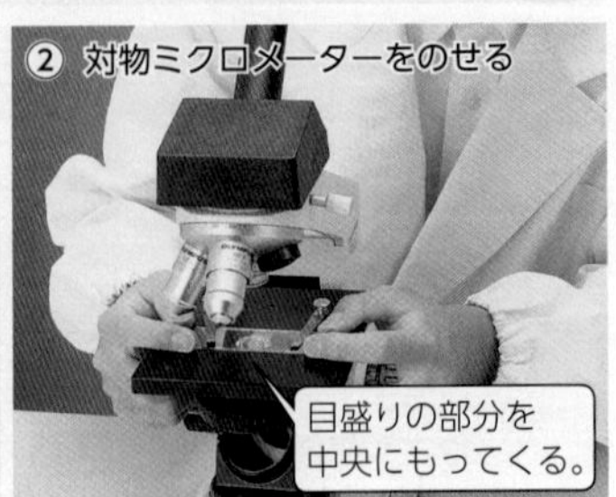
目盛りの部分を中央にもってくる。

③ 目盛りが一致している点をさがす

例 接眼レンズ×15, 対物レンズ×40

接眼ミクロメーターの目盛り

対物ミクロメーターの目盛り

- ２つのミクロメーターの目盛りが平行になるように，接眼レンズをまわす。
- ピントを正確に合わせ，両方の目盛りが一致している点をさがす(A と B)。

AB 間は対物ミクロメーター１目盛り分なので，10 μm × 1＝10 μm

AB 間は接眼ミクロメーター４目盛り分なので，１目盛り分の長さは，

10 μm ÷ 4＝2.5 μm　　1 μm（マイクロメートル）＝10^{-3} mm＝0.001 mm

$$\text{接眼ミクロメーターの１目盛りの長さ}(\mu m) = 10\mu m \times \frac{\text{対物ミクロメーターの目盛り数}}{\text{接眼ミクロメーターの目盛り数}}$$

接眼ミクロメーター１目盛りの長さを顕微鏡のレンズの組み合わせごとに前もって調べておき，下のような表をつくっておくとよい。

	接眼レンズ			
	倍率	×5	×10	×15
対物レンズ	×4			
	×10			
	×40			

細胞の大きさを求める

例 テッポウユリの花粉

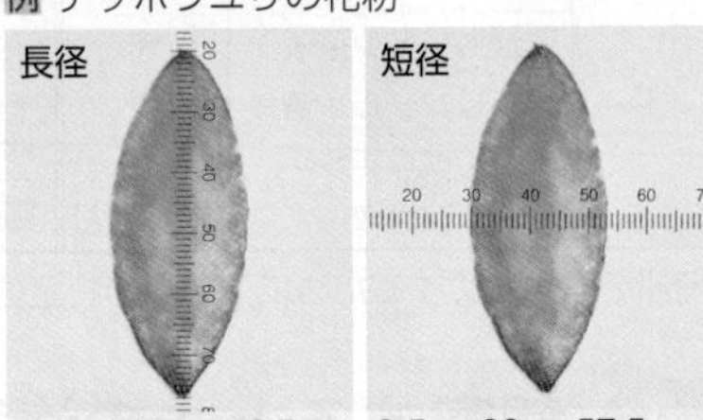
長径
短径

2.5 × 57 = 142.5 μm　2.5 × 23 = 57.5 μm

対物ミクロメーターをプレパラートと交換して，接眼ミクロメーターで細胞の大きさを測る。

2 細胞の大きさ 実験 場所による細胞の大きさの違いを調べる。

A タマネギの鱗茎の表皮細胞

①
鱗片葉

ほぼ同じ位置の細胞を観察するために，竹ぐしで穴をあける。

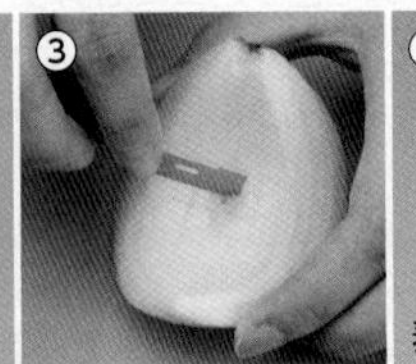
②
ア
イ
ウ

内側にあるもの(ア)，中間のもの(イ)，外側にあるもの(ウ)をとり出す。

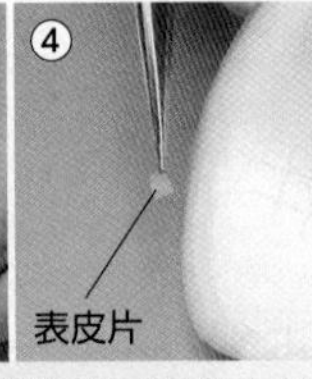
③
④
表皮片

内側の表皮の中央部に切れ目を入れて，表皮片をはぎとる。

Memo 鱗茎

タマネギで私たちが食用としている部分。鱗茎(りんけい)は，短い茎と多肉で鱗(うろこ)状の葉(鱗片葉(りんぺんよう))からできている。ユリやニンニクなどにも見られる。

観察の例 各鱗片葉について，細胞の長径，短径を 10 個くらい測定する。

	内側(ア)	中間(イ)	外側(ウ)
長径			
短径			

接眼ミクロメーター１目盛り＝9.9 μm

結果の例

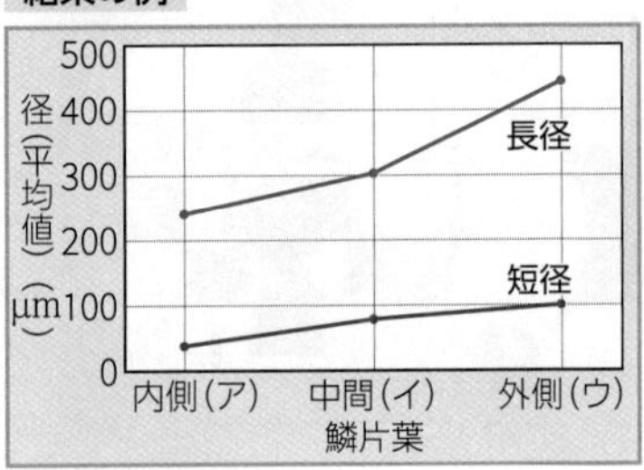
500
400
300
200
100
0
径（平均値）(μm)
長径
短径
内側(ア)
中間(イ)
外側(ウ)
鱗片葉

外側の鱗片葉ほど，表皮の細胞が大きくなっている。

B ムラサキツユクサのおしべの毛の細胞

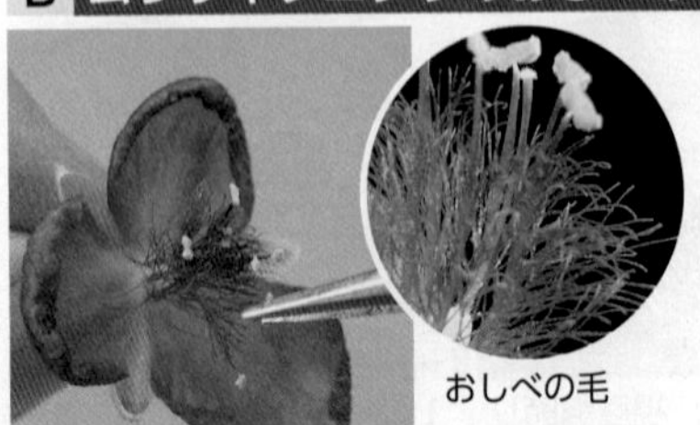
おしべの毛

ムラサキツユクサのおしべの柄(花糸(かし))には毛がはえている。開いた花の花糸から毛をとって観察する。

観察の例 毛の先端部から根元にかけて，細胞の大きさの変化を調べる。

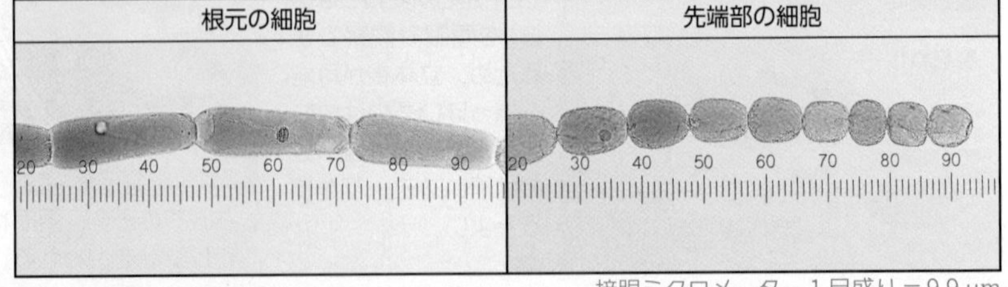
根元の細胞
先端部の細胞

接眼ミクロメーター１目盛り＝9.9 μm

プチ雑学 対物ミクロメーターに直接試料をのせて測定しないのは，対物ミクロメーターの目盛りと試料の両方ともにピントを合わせにくいためである。また，測定したい場所に目盛りを合わせることができないためでもある。

光学顕微鏡 optical microscope	透過型（とうかがた）電子顕微鏡（TEM） transmission electron microscope	走査型（そうさがた）電子顕微鏡（SEM） scanning electron microscope
分解能*：0.2 µm（マイクロメートル）　倍率：～ 約 1500 倍 ＊区別できる 2 点間の最小距離	分解能：0.1 ～ 0.2 nm（0.0001 ～ 0.0002 µm）程度 倍率：～ 約 150 万倍	分解能：2 nm（0.002 µm）程度 倍率：～ 数十万倍
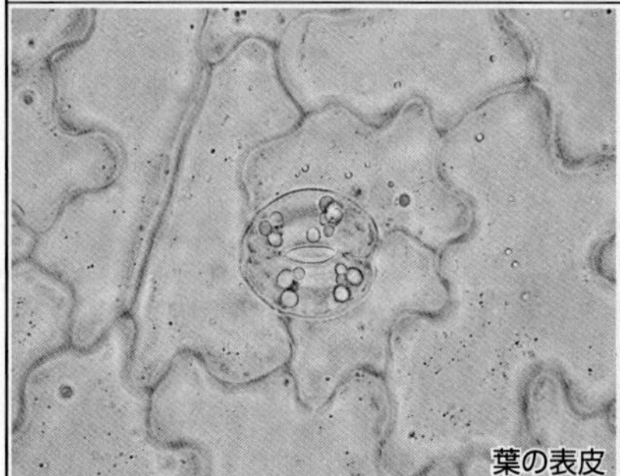葉の表皮	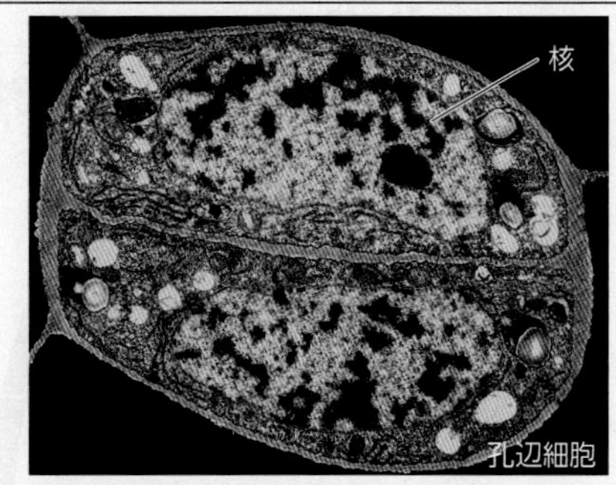核 孔辺細胞	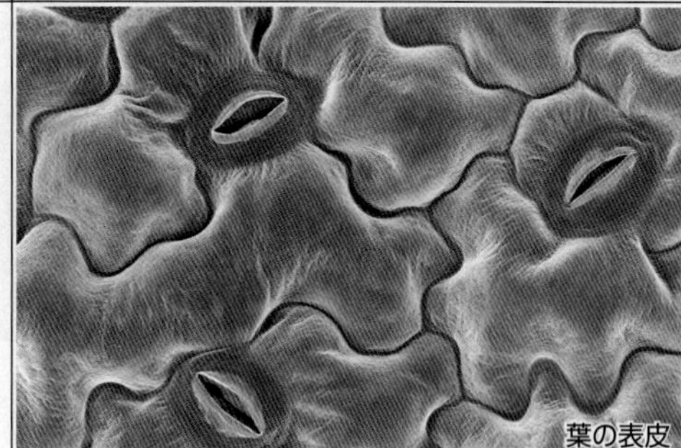葉の表皮
ふつう，上下左右が逆になる。	モノクロで高倍率。立体感なし。	モノクロで立体感あり。
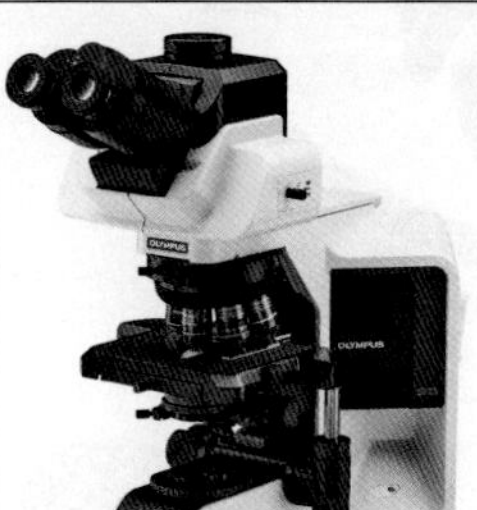 **試料** 薄い切片（5 µm 程度）にする。染色すると見やすくなる。生きた細胞でも観察は可能。	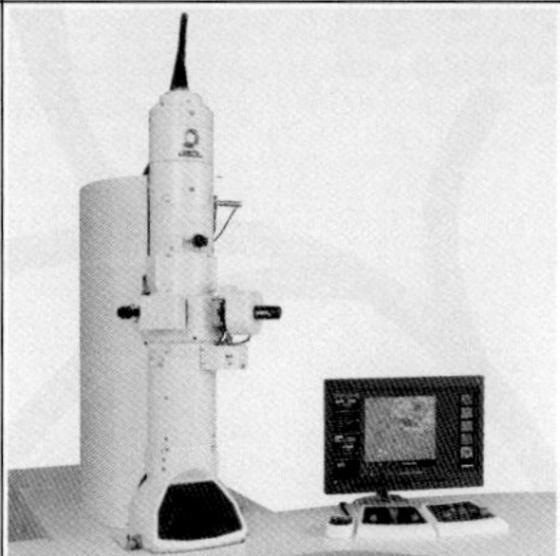 **試料** 非常に薄い切片にし（0.1 µm 程度），真空中に置く（10^{-5} Pa（パスカル）程度）。	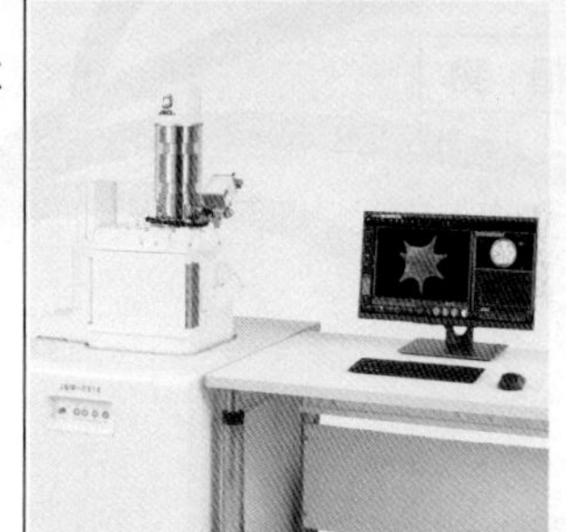 **試料** 切片にする必要はない。 真空中に置く（高真空：10^{-4} Pa 程度，低真空：1 ～ 10^{2} Pa 程度）。
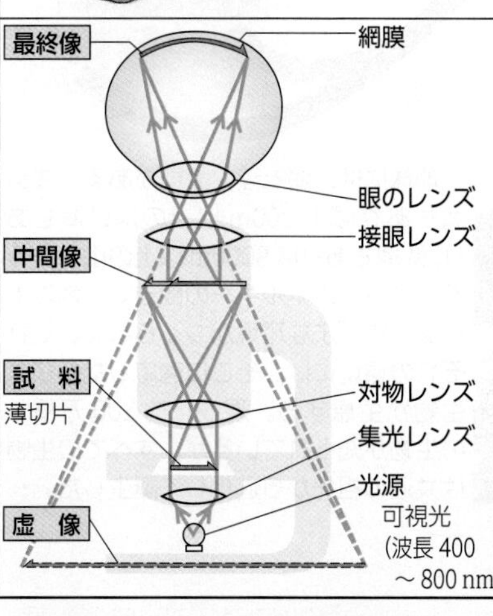最終像 網膜 眼のレンズ 接眼レンズ 中間像 試　料 薄切片 対物レンズ 集光レンズ 光源 可視光（波長 400 ～ 800 nm） 虚　像	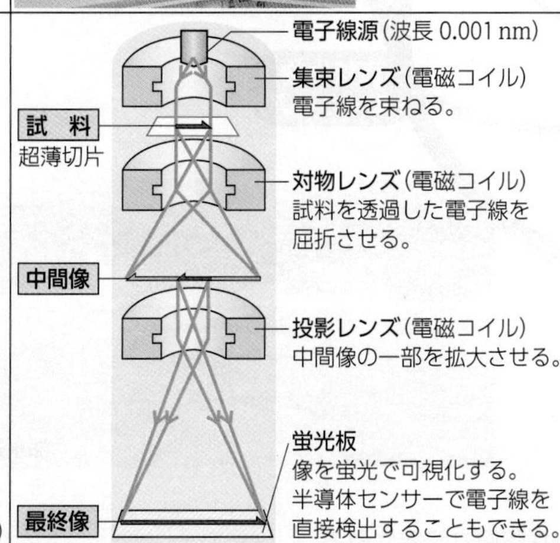電子線源（波長 0.001 nm） 集束レンズ（電磁コイル） 電子線を束ねる。 試　料 超薄切片 対物レンズ（電磁コイル） 試料を透過した電子線を屈折させる。 中間像 投影レンズ（電磁コイル） 中間像の一部を拡大させる。 蛍光板 像を蛍光で可視化する。 半導体センサーで電子線を直接検出することもできる。 最終像	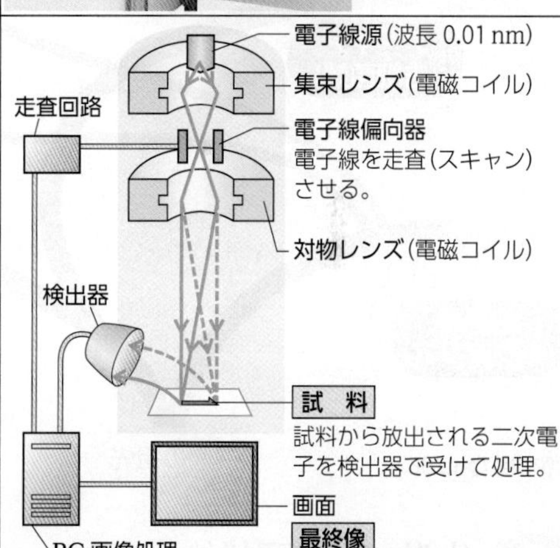電子線源（波長 0.01 nm） 集束レンズ（電磁コイル） 走査回路 電子線偏向器 電子線を走査（スキャン）させる。 対物レンズ（電磁コイル） 検出器 試　料 試料から放出される二次電子を検出器で受けて処理。 画面 最終像 PC 画像処理

Step up　蛍光顕微鏡 fluorescence microscope

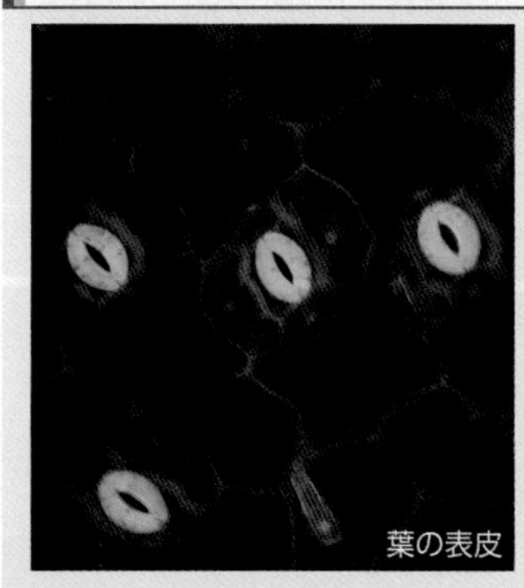
葉の表皮

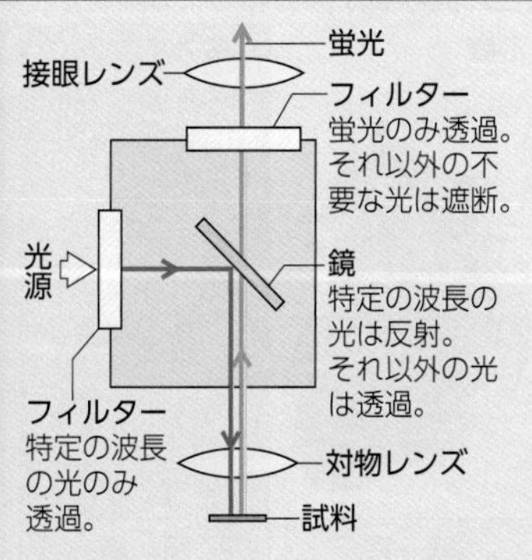
蛍光
接眼レンズ
フィルター
蛍光のみ透過。それ以外の不要な光は遮断。
光源
鏡
特定の波長の光は反射。それ以外の光は透過。
フィルター
特定の波長の光のみ透過。
対物レンズ
試料

特定の波長の光を当てると，別の波長の光を放出する現象を蛍光（けいこう）という。この性質をもつ蛍光色素で染色し，特定の光を当て，放出する蛍光を蛍光顕微鏡で観察する。特定のタンパク質に結合する蛍光色素を使い，細胞内の構造を色分けして観察できる。

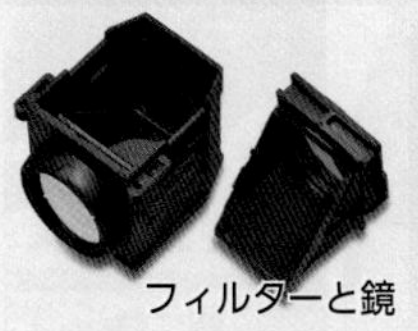
フィルターと鏡

蛍光タンパク質 GFP を作る遺伝子を組み込んで観察する方法もある（▶p.124）。

Memo　可視光から電子線へ

顕微鏡の分解能は，観察する光の波長が小さいほど高くなるが，400 nm 以下の波長は肉眼では見えない。また，波長の短い X 線などは曲げることがむずかしい。

電子は粒子と波の両方の性質をもち，その波長は 0.01 nm 以下にでき，磁気で曲げることもできる。

このようなことから，電子線を利用した電子顕微鏡が生まれた。

プチ雑学　電子顕微鏡の開発によって，細胞内の微細構造が明らかになり，生物学は大きな発展を遂げた。1986 年のノーベル物理学賞は，電子顕微鏡に関する基礎研究と開発を行ったルスカ Ruska（ドイツ）に贈られた。

14 生物の多様性と共通性

基 1 生物の多様性とその起源 地球には多様な生物が生活しているが，その起源は共通である。

進化
View

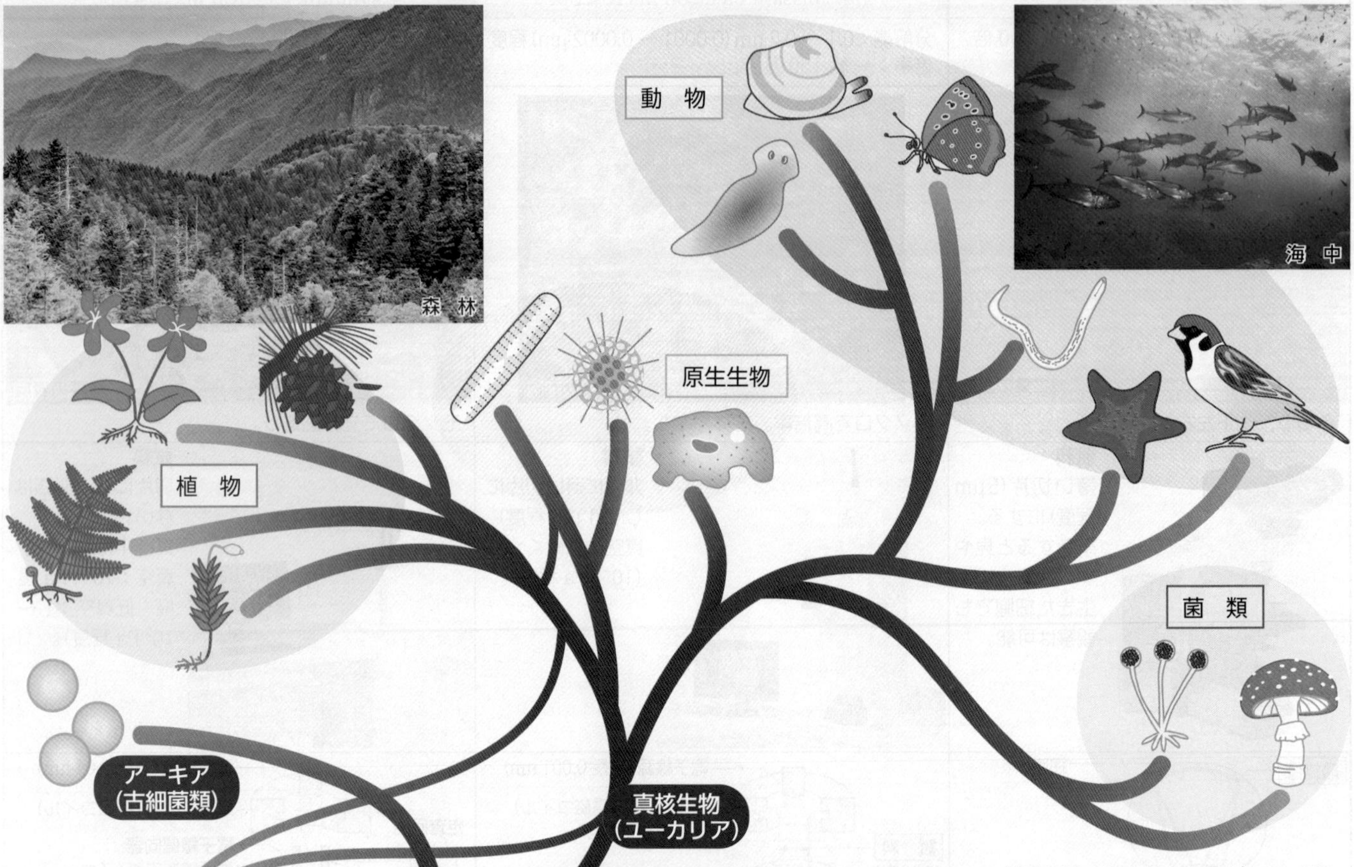

森林

海中

動物

原生生物

植物

菌類

アーキア
(古細菌類)

真核生物
(ユーカリア)

細菌類
(バクテリア)

共通の祖先

系統樹 ▶p.296

熱水泉

地球には，海と陸，大気がある。浅い海もあれば 10000m 以上の深い海もあり，低地もあれば8000m以上の山もある。地球内外のエネルギーの働きで，地球上にはさまざまな環境がつくられる。それぞれの環境には，そこに適応した多様な生物が生息する。現在，約 200 万種もの生物が知られているが，すべての生物は共通の祖先から進化して誕生した。

基 2 生物の階層性 生物は，さまざまな階層で研究される。

生物圏から分子まで，さまざまな**階層**がある。大きさや作用する要因などが異なるが，それぞれの階層で生物の多様性と共通性が見いだされる。

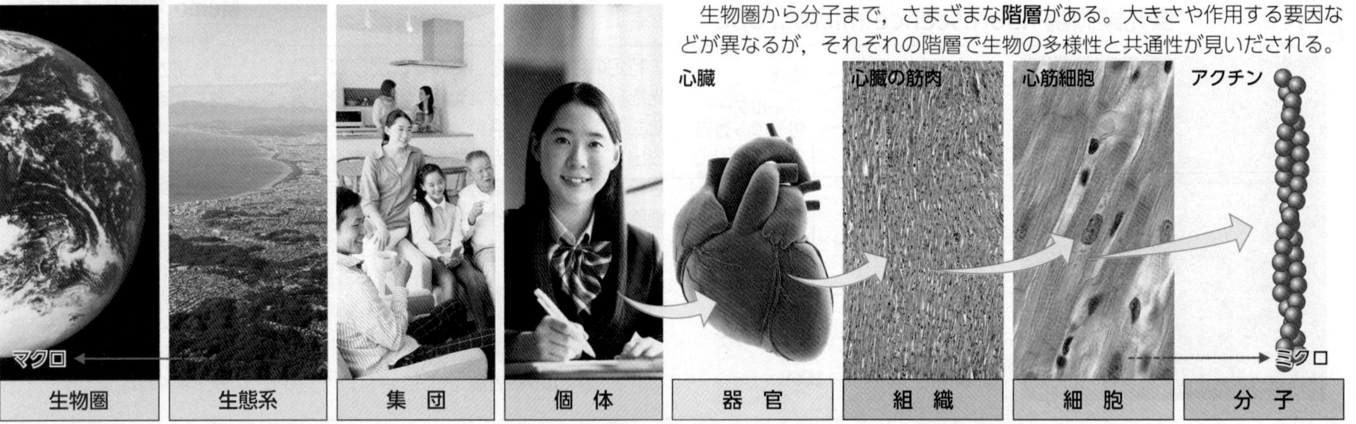
心臓
心臓の筋肉
心筋細胞
アクチン
マクロ
ミクロ
生物圏
生態系
集団
個体
器官
組織
細胞
分子

進化 View 1 すべての生物の共通祖先のことを LUCA (Last Universal Common Ancestor，現生生物の共通祖先) ということがある。LUCA は地球のすべての現生生物の共通祖先であるが，LUCA が地球に出現した最初の生物であるとは限らない。Link

基 3 生物の共通性 生物は共通の特徴をもっている。

A 細胞 生物のからだは細胞からできている。

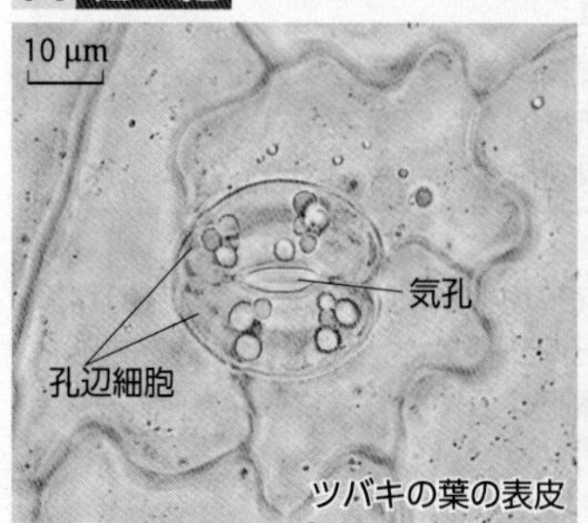
10 µm
気孔
孔辺細胞
ツバキの葉の表皮

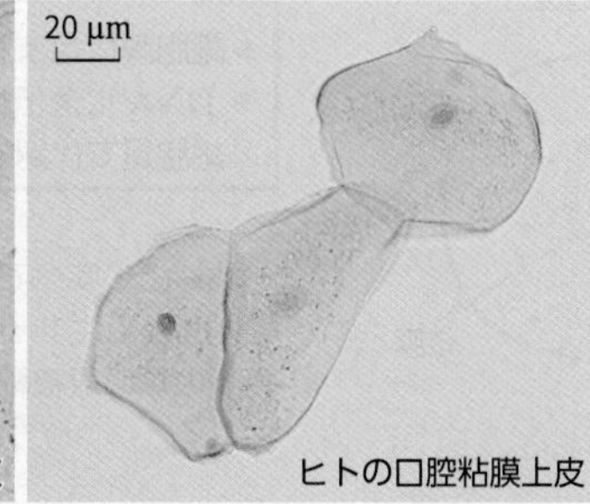
20 µm
ヒトの口腔粘膜上皮

生物のからだを構成する**細胞**は，大きさや形などは多様であるが，基本的には共通の構造をもっている(▶p.16)。

B エネルギーと代謝 生物はエネルギーを利用する。

光合成

摂食・消化

生体内では，化学変化による物質の変換が絶えず行われている。この生体内での化学変化を**代謝**(たいしゃ)(▶p.46)という。

C 遺伝 親から子へと遺伝情報を引き継いでいく。

親から子へ

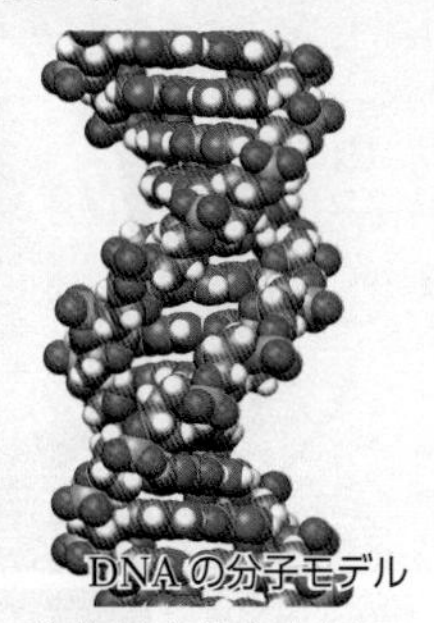
DNAの分子モデル

親の特徴が子に受け継がれることを**遺伝**という。生物は自分自身とほぼ同じ特徴をもつ子孫を残していく。遺伝情報のもとは**DNA**である。

D その他の特徴

恒常性

外部の環境が変化しても，生物の体内環境は一定に保たれる(▶p.138)。このような性質を**恒常性**(こうじょうせい)(**ホメオスタシス**)という。

環境応答

生物は外部の刺激を感知して応答する。動物は，受容器(じゅようき)で刺激を感知して，効果器(こうかき)で応答する(▶p.172)。植物も，光などの刺激を感知して応答する(▶p.208)。

進化

親から子孫へと世代をへて，長い時間をかけて形質が変化することを**進化**(しんか)という(▶p.283)。生物が多様性と共通性をもつのは，進化の結果である。

基 4 ウイルス ウイルスは遺伝物質をもつが，自ら生命活動を行うしくみはもたない。

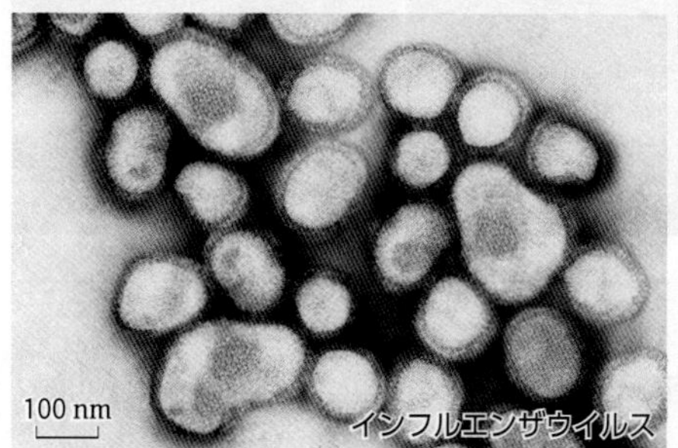
100 nm
インフルエンザウイルス

ウイルスの構造

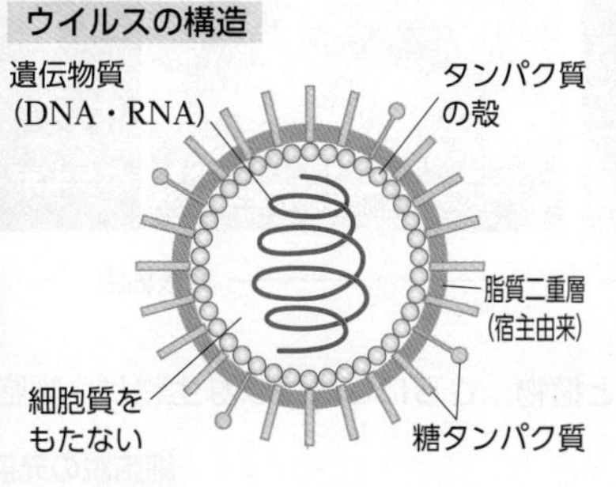
遺伝物質
(DNA・RNA)
タンパク質
の殻
脂質二重層
(宿主由来)
細胞質を
もたない
糖タンパク質

ウイルスと細菌の比較

	細胞	代謝	遺伝
ウイルス	なし	なし	あり
細菌	あり	あり	あり

ウイルスは，遺伝物質(DNAまたはRNA)とそれをおおうタンパク質の殻からできており，細胞ではない。細胞質をもたないため代謝は行わず，増殖をする場合は生きた細胞内に入り，その細胞の構造や機能を利用する。ウイルスは，生物が共通にもつ特徴の一部しかもたない。

つながる生物学 工業 ロボットは生物か？

ソニー株式会社提供
aibo

aiboの特徴

- 電気エネルギーで動く。
- 音や物理的刺激に反応する。
- おもちゃで遊ぶ。
- ヒトの顔や部屋を覚えて，行動を変える。
- 新しい行動を学習できる。
- 学習したデータを別のaiboに引き継げる。

ロボットは活発に開発されており，技術の進歩が目覚ましい。ロボットは機械であり，生物ではない。しかし，現在普及しているロボットのなかには，私たちに生物らしさを感じさせ，親しみをもたせるものも存在する。

たとえば，2018年に発売されたペットロボット「aibo(アイボ)」には，左のような特徴があり，イヌと遊ぶときのようなコミュニケーションが可能である。このように，ロボットが生物に近い特徴をもつと認識すると，私たちはロボットに親しみをもつようだ。

今後，ロボットと生物の境界はもっとあいまいになっていくのかもしれない。

Q aiboの特徴を，生物の特徴「細胞」，「エネルギーと代謝」，「遺伝」という視点で考えてみよう。

つながる生物学 A 【解答例】細胞：もたない。エネルギーと代謝：エネルギーを利用するが，物質の変換はしない。遺伝：子孫は残さないが，形質(学習したデータ)は引き継ぐ。

細胞の特徴と大きさ

Overview 細胞とは

細胞は，細胞膜によって外部と環境が分かれている。DNA に保存された情報をもとに，内部に包みこんだ物質を使って連続的に代謝を行うことで，生命活動を行う。

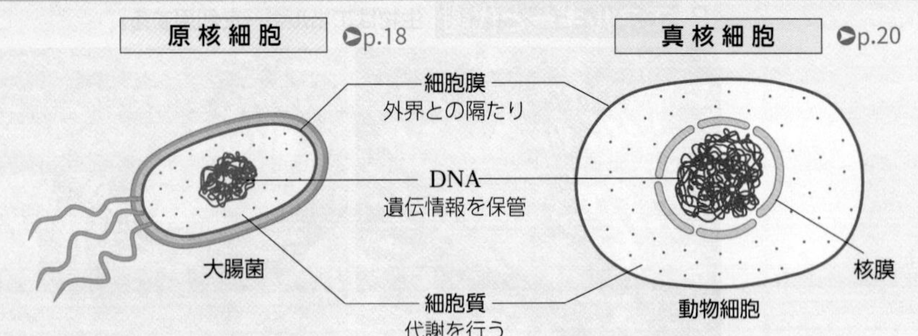
原核細胞 ▶p.18
真核細胞 ▶p.20
細胞膜
外界との隔たり
DNA
遺伝情報を保管
細胞質
代謝を行う
大腸菌
動物細胞
核膜

細胞の共通構造
- 細胞膜に包まれ，外部と環境が分かれる
- DNA に遺伝情報を保管する
- 細胞質で代謝を行う

地球上のすべての生物は細胞で構成されており，細胞から誕生する。細胞は生命の基本単位である。核膜のない**原核細胞**と，核膜のある**真核細胞**に分類される。

基 1 さまざまな細胞 生物は多様な細胞でできている。

※すべて着色画像(電子顕微鏡写真)

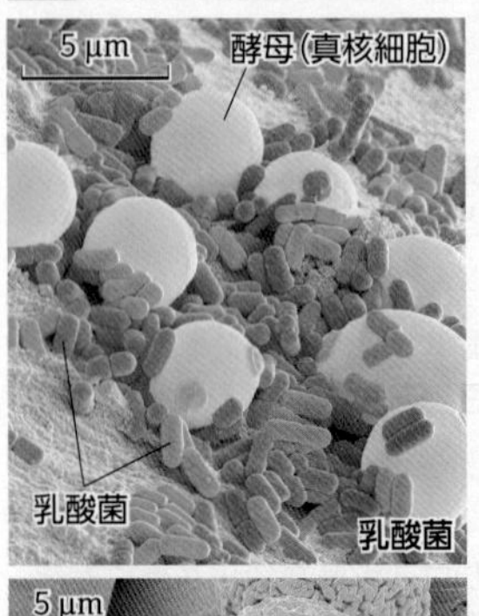
5 μm
酵母(真核細胞)
乳酸菌
乳酸菌

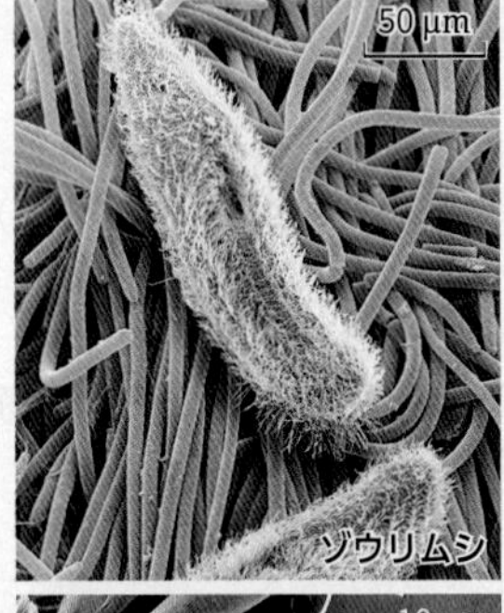
50 μm
ゾウリムシ

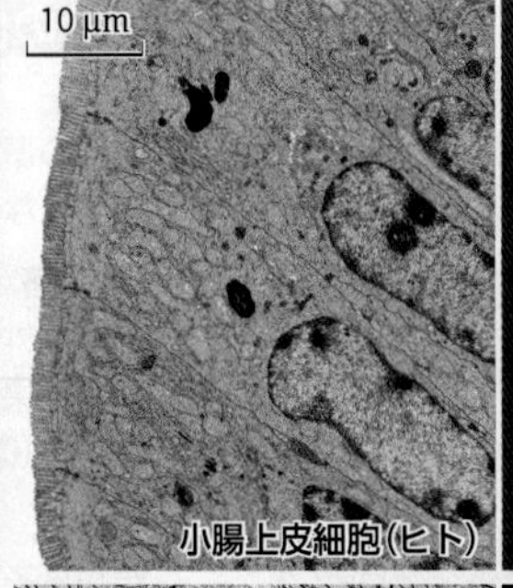
10 μm
小腸上皮細胞(ヒト)

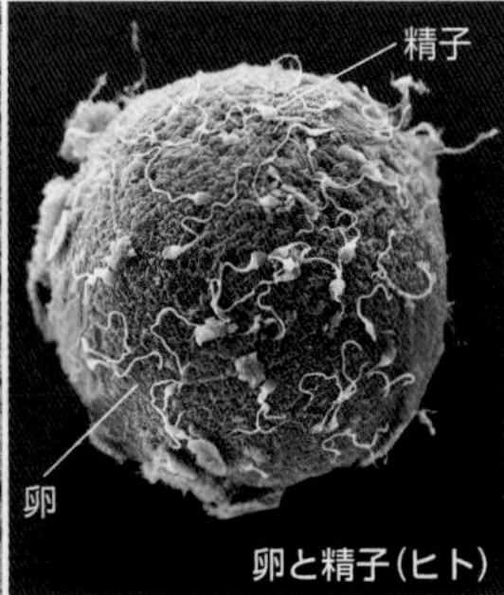
精子
卵
卵と精子(ヒト)

マクロファージ
リンパ球
好中球
赤血球
血小板
血球(ヒト)

5 μm
シアノバクテリア

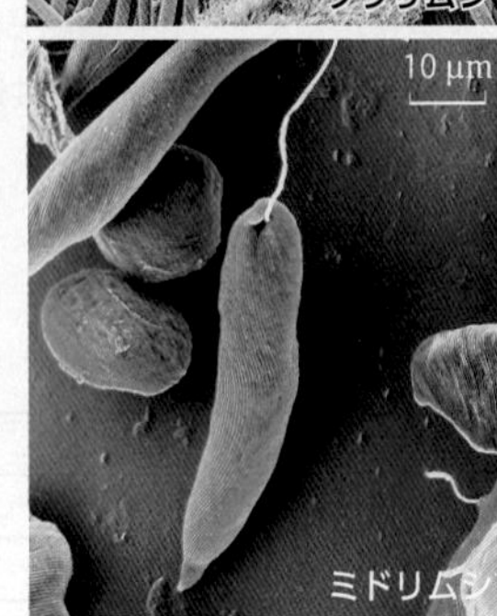
10 μm
ミドリムシ

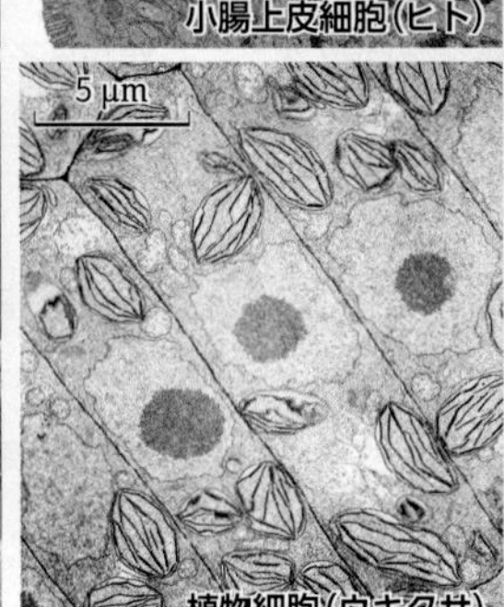
5 μm
植物細胞(ウキクサ)

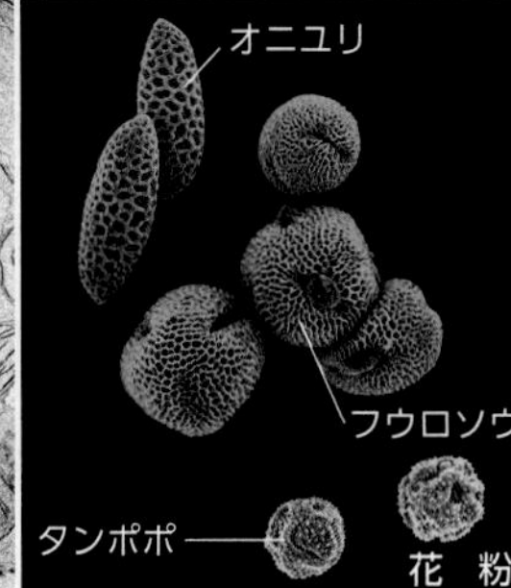
オニユリ
フウロソウ
タンポポ
花　粉

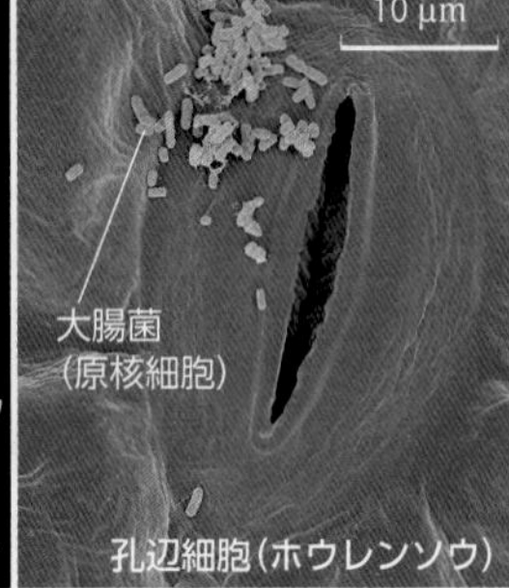
10 μm
大腸菌
(原核細胞)
孔辺細胞(ホウレンソウ)

原核細胞 ／ 真核細胞

基 2 細胞の発見と細胞説 歴史 動物と植物，さらにさまざまな生物が，細胞をもつことがわかった。

Link

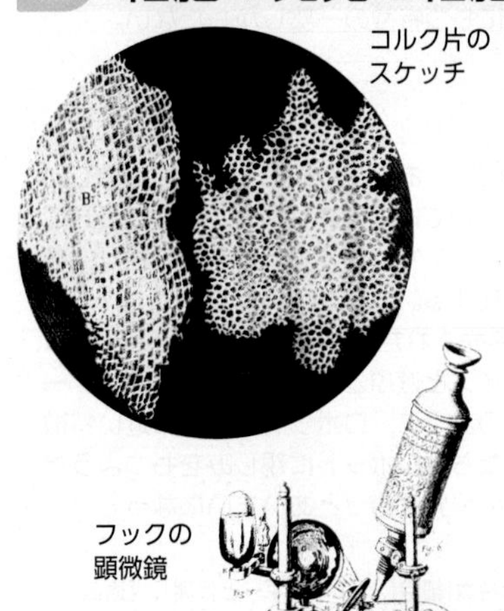
コルク片のスケッチ

フックの顕微鏡

細胞の発見

フックは自作した顕微鏡で，植物などを観察し，そのスケッチ集「ミクログラフィア」を出版した(1665 年)。コルク片の微細構造を記載する際に，それが小さな部屋のように見えたことから細胞(cell)とよんだ。観察したものは，死んだ植物細胞の細胞壁であった。

細胞説の提唱

19 世紀になると，顕微鏡の改良で倍率が上がったことや，解剖学で組織の染色技術が発展したことにより，核などが観察された。

シュライデンは，植物のからだは小さな細胞が集まってできているという細胞説を唱えた(1838 年)。**シュワン**は，動物も細胞をもつことを発見し，細胞説を完成させた(1839 年)。

細胞説の発展

細胞説が確立した後も，細胞がどのように生じるかについての問題は，研究者を悩ませた。**フィルヒョー**は，細胞が分裂によって増えることを観察し，「すべての細胞は細胞から」ということばを残した(1855 年)。

シュライデン

シュワン

フィルヒョー

Matthias Jakob Schleiden (1804 ～ 1881，ドイツ)
Theodor Schwann (1810 ～ 1882，ドイツ)
Rudolf Ludwig Karl Virchow (1821 ～ 1902，ドイツ)

プチ雑学　生きた細胞は，レーウェンフックによって観察されたことが記録されている。17 世紀後半，レーウェンフックは倍率 270 倍にも達する単式顕微鏡を組み立てた。この顕微鏡で，細菌，精子，赤血球などを発見した。

基 3 細胞の大きさ 細胞はそれぞれ特有の形と大きさをもっている。

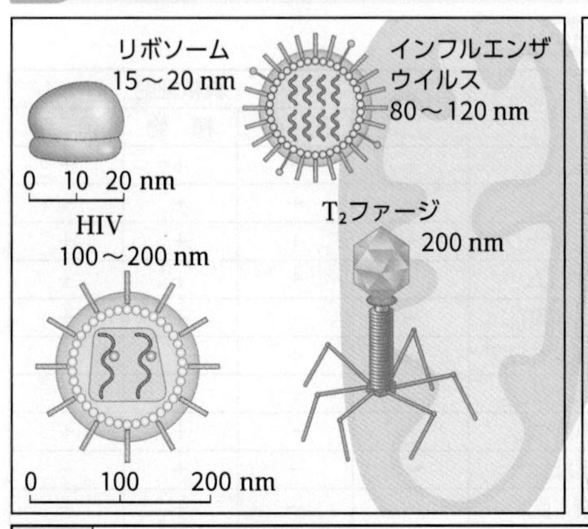
リボソーム
15～20 nm
インフルエンザウイルス
80～120 nm
0 10 20 nm
HIV
100～200 nm
T₂ファージ
200 nm
0 100 200 nm

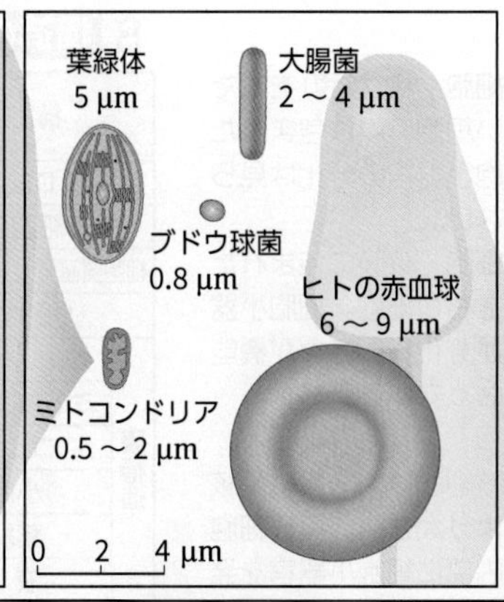
葉緑体
5 μm
大腸菌
2～4 μm
ブドウ球菌
0.8 μm
ヒトの赤血球
6～9 μm
ミトコンドリア
0.5～2 μm
0 2 4 μm

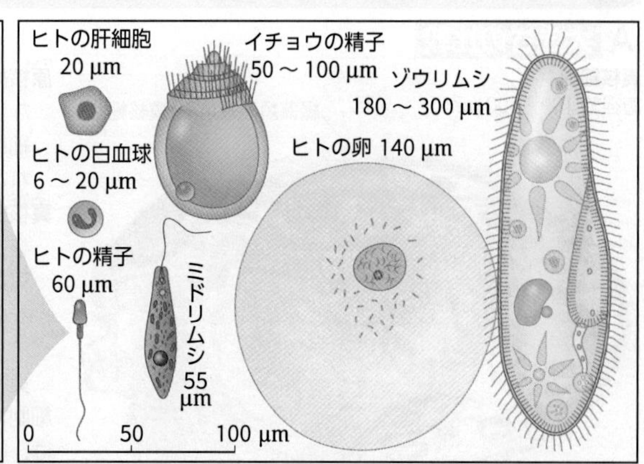
ヒトの肝細胞
20 μm
イチョウの精子
50～100 μm
ゾウリムシ
180～300 μm
ヒトの白血球
6～20 μm
ヒトの卵 140 μm
ヒトの精子
60 μm
ミドリムシ
55 μm
0 50 100 μm

分解能*
- 電子顕微鏡の限界 (0.1～0.2 nm)
- 光学顕微鏡の限界 (0.2 μm)
- ルーペの限界 (約 10 μm)
- 肉眼の限界 (0.1 mm)

＊分解能…区別できる 2 点間の最小距離。

スケール: 10^{-4}, 10^{-3} (1nm), 10^{-2}, 10^{-1}, 1 (1μm), 10, 10^2, 10^3 (1mm), 10^4 (1cm), 10^5, 10^6 (1m)

具体例(単位 μm)
- 原子
- 水素分子
- グルコース分子
- アミノ酸分子
- DNA分子の太さ 0.002～0.003
- ヘモグロビン分子 0.003
- 細胞膜の厚さ 0.008～0.01
- ポリオウイルス 0.01
- リボソーム 0.015～0.020
- 日本脳炎ウイルス 0.040
- インフルエンザウイルス 0.08～0.12
- HIV 0.1～0.2
- T_2ファージ 0.2
- タバコモザイクウイルス 0.3
- 肺炎球菌 0.8～1.0
- ブドウ球菌 0.8～1.0
- ミトコンドリア 0.5～2
- 大腸菌 2～4
- 葉緑体 5
- ヒトの赤血球 6～9
- 酵母 5～10
- ヒトの白血球 6～20
- スギの花粉 20～30
- ヒトの肝細胞 20～35
- ヒトの精子(長さ) 60
- イチョウの精子 50～100
- ヒトの卵 140
- ゾウリムシ 180～300
- カエルの卵 3000 (＝3 mm)
- ウズラの卵黄 18000 (＝1.8 cm)
- ニワトリの卵黄 32000 (＝3.2 cm)
- ダチョウの卵黄 70000 (＝7 cm)
- ヒトの座骨神経細胞(軸索を含む) 1000000 (＝1 m)

ミトコンドリアや葉緑体は，大腸菌と同程度の大きさ。

動物の卵は比較的大きな細胞。

青字は細胞でないものを示す。

1 μm(マイクロメートル)＝10^{-3} mm＝0.001 mm，1 nm(ナノメートル)＝10^{-6} mm＝0.000001 mm

指数 ▶p.337

基 4 細胞のかたちと機能 細胞はその表面で物質交換を行うため，十分な表面積を確保する必要がある。

A 細胞の大きさの限界

体積に対する表面積の比

赤字：表面積
青字：体積

体積 1 の立方体 → ×4 ×8 → ×16 ×64 → ×64 ×512

一辺の長さ	1	2	4	8
表面積 S	1×1×6＝6	2×2×6＝24	4×4×6＝96	8×8×6＝384
体積 V	1×1×1＝1	2×2×2＝8	4×4×4＝64	8×8×8＝512
比 S/V	6÷1＝6	24÷8＝3	96÷64＝1.5	384÷512＝0.75

物質の交換

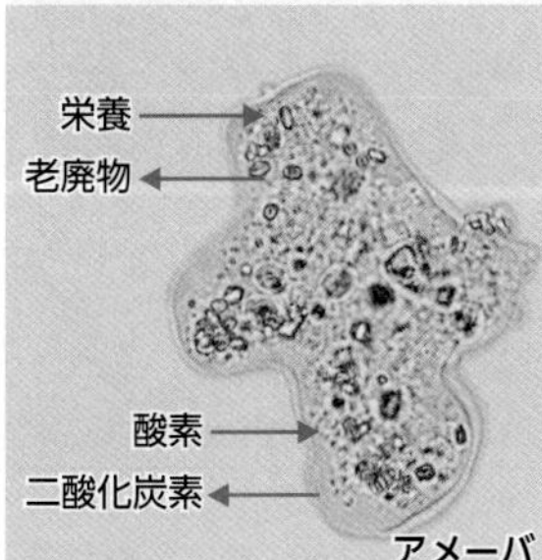
栄養
老廃物
酸素
二酸化炭素
アメーバ

細胞の表面では，代謝のために物質交換が行われる。細胞の体積が大きくなると，十分に物質交換を行う表面積を確保できなくなる。

たとえば，細胞の一辺の長さが 2 倍になると，体積はもとの 8 倍になるのに対して，表面積はもとの 4 倍にしかならない。この場合，細胞膜では単位面積当たり，もとの 2 倍の物質交換を行う必要がある。

体積に対する表面積の比によって，細胞の大きさには限界があるため，ほとんどの細胞は 100 μm 以下と小さい。

B 特殊化した細胞

※蛍光顕微鏡

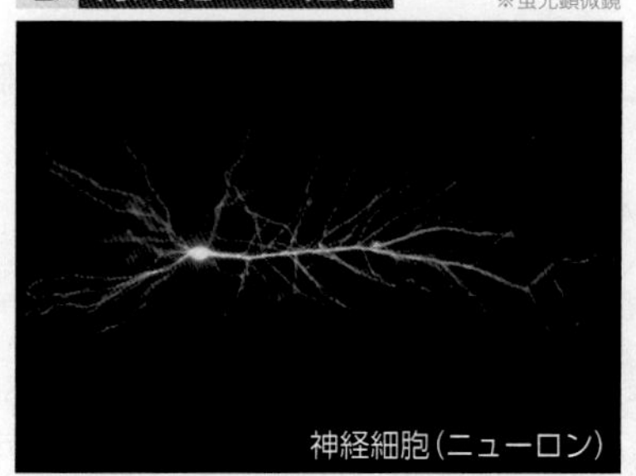
神経細胞(ニューロン)

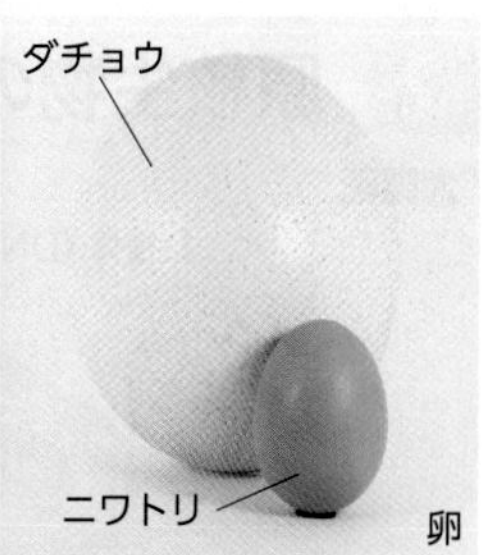
ダチョウ
ニワトリ
卵

細胞には，特殊化し，大きいものもある。たとえば，神経細胞には，1 m を超えるほど長いものも存在する。しかし，ごく細いかたちをとることで，表面積を大きくしている。また，鳥などの卵も大きな細胞であるが，大部分を占める栄養分には物質交換が必要ない。

Column 多細胞生物のメリット

1 つの細胞が大きくなるのには限界がある。大きくなりすぎると，物質交換を維持できない，細胞の強度が保てないなどの問題が生じるためだ。しかし，多細胞生物は，小さな細胞を多数もつことで，からだを大きくできる。また，個々の細胞が役割を分担し，連携して働くことで，複雑な機能をもつことが可能になった。

プチ雑学 物質やエネルギーを外部とやりとりし，増殖する。からだが細胞でできている。このような活動をし，構造をもつものを「生物」とよぶ。生物が活動している状態を「生命」を宿しているという。

原核細胞と真核細胞

基 1 原核細胞と真核細胞 細胞は，核がない原核細胞と，核がある真核細胞に分けられる。

A 大きさの比較

真核細胞
直径約 10 ～ 100 µm

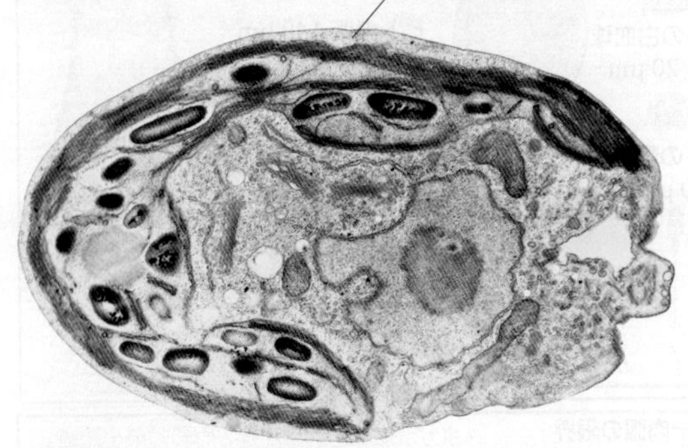
緑藻類の遊走子（真核細胞）

大腸菌（原核細胞）

原核細胞 直径 1 ～ 5 µm（細菌）

原核細胞 核（核膜）をもたない細胞。膜に包まれた細胞小器官の分化は見られない。

真核細胞 核膜に包まれた核をもつ細胞。細胞小器官が分化し，各々が機能をもっている。

真核細胞は，一般に原核細胞より大きい。真核細胞は，内部に細胞小器官を発達させ，代謝を効率よく進めている。

B 構造の比較

構造		原核細胞	真核細胞 動物	真核細胞 植物	真核細胞 菌類
DNA		＋	＋	＋	＋
細胞膜		＋	＋	＋	＋
細胞質基質（サイトゾル）		＋	＋	＋	＋
リボソーム		＋	＋	＋	＋
膜構造	核（核膜）	−	＋	＋	＋
膜構造	ミトコンドリア	−	＋	＋	＋
膜構造	ゴルジ体	−	＋	＋	＋
膜構造	小胞体	−	＋	＋	＋
膜構造	葉緑体	−	−	＋	−
膜構造	液胞	−	−*1	＋	＋
中心体		−	＋	−*2	−*3
細胞壁		＋	−	＋	＋

＊1 一部の動物細胞では見られるが，発達しない。
＊2 コケ植物，シダ植物で見られる。 ＊3 一部の菌類で見られる。

C 原核生物と真核生物

原核生物 p.298

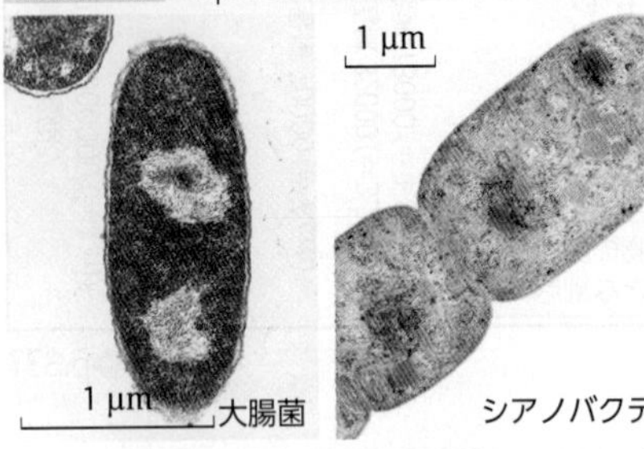
1 µm
1 µm
大腸菌
シアノバクテリア

原核細胞からなる生物。大腸菌やシアノバクテリアなどの細菌，アーキア。単細胞生物だが，鎖状や塊状で存在することもある。

真核生物

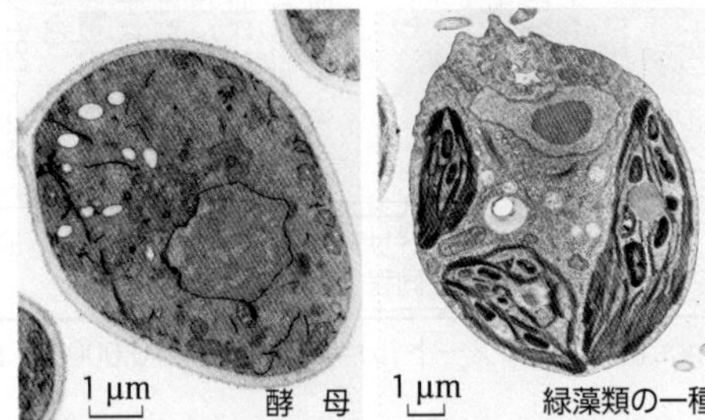
1 µm
酵母
1 µm
緑藻類の一種

真核細胞からなる生物。単細胞生物と多細胞生物が存在する。生物は原核生物と真核生物に大きく分けられる。

Column 最小の生物

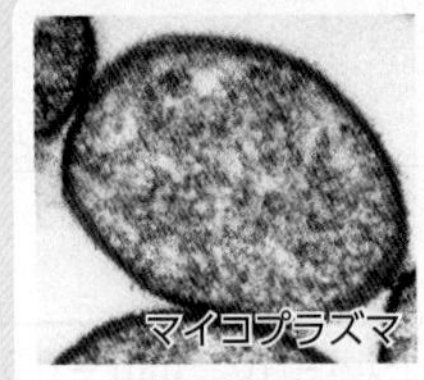
マイコプラズマ

現在知られているなかで最小の生物は直径 0.1 ～ 1.0 µm のマイコプラズマという原核生物（細菌）である。DNA の量が極めて少なく，単独で活動するのに必要な遺伝情報を一部もたずに，宿主に寄生して活動する＊。ヒトに感染すると，肺炎などを引き起こす。

＊ウイルスとは異なり，人工培養は可能。

基 生 2 原核生物の構造 原核生物は，膜に包まれた細胞小器官をもたない。

大腸菌

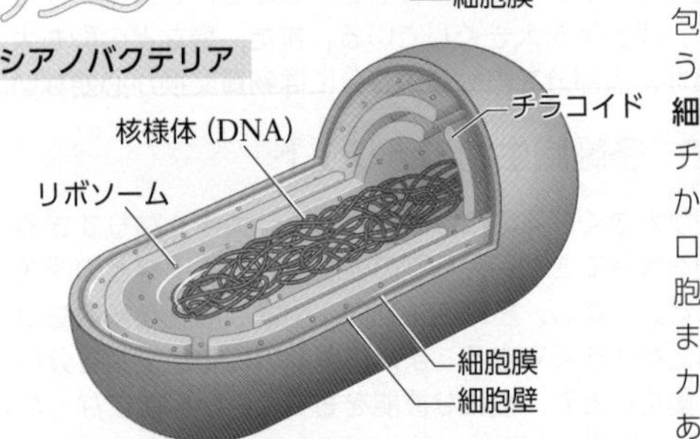
核様体（DNA）
リボソーム
鞭毛
線毛
カプセル
細胞壁
細胞膜
シアノバクテリア
核様体（DNA）
チラコイド
リボソーム
細胞膜
細胞壁

原核生物の内部にはDNA や細胞質基質，リボソームなどが存在する。DNA は，膜で包まれず，**核様体**という領域に局在している。**細胞壁**は，おもにペプチドグリカン（p.298）からなり，おもにセルロースからなる植物細胞の細胞壁とは異なる。また，細胞壁の外側に，カプセルをもつものもある。

Molecular Landscapes ／ David S. Goodsell

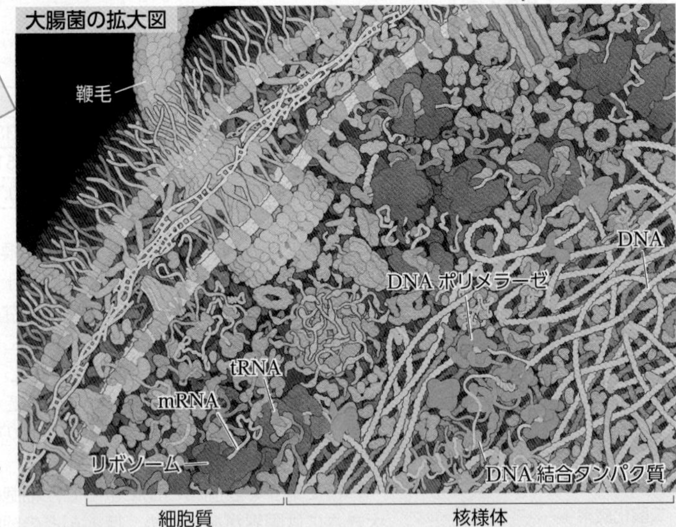
大腸菌の拡大図
鞭毛
DNA
DNA ポリメラーゼ
tRNA
mRNA
リボソーム
DNA 結合タンパク質
細胞質
核様体

細胞内部には，代謝を行うためのさまざまな物質が多量に含まれる。

プチ雑学 細菌は，細胞壁の外側にカプセル（莢膜）をもつ場合がある。カプセルはおもに多糖類の厚い層からなっており，白血球の食作用に対して防御の役割ができる。

生 3 細胞の進化 ミトコンドリアは好気性細菌，葉緑体はシアノバクテリアが細胞内共生してできた。

真核生物の誕生 細胞内共生説

※核膜の形成と好気性細菌の共生の順序は明らかではない。

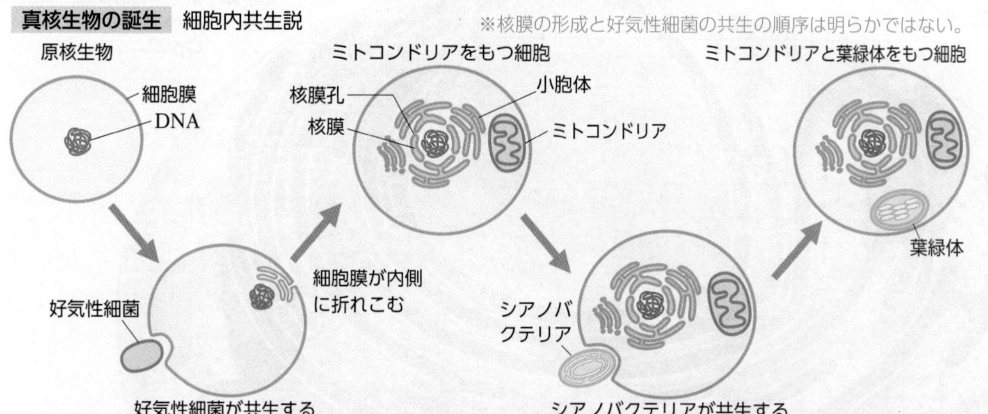
原核生物
細胞膜
DNA
ミトコンドリアをもつ細胞
核膜孔
小胞体
核膜
ミトコンドリア
ミトコンドリアと葉緑体をもつ細胞
葉緑体
細胞膜が内側に折れこむ
好気性細菌
シアノバクテリア

好気性細菌が共生する　シアノバクテリアが共生する

原核生物の細胞膜が内側に折れこんで，核膜や小胞体ができた。また，好気性細菌が**細胞内共生**してミトコンドリアに，さらにシアノバクテリアが細胞内共生して葉緑体になった(**細胞内共生説**)と考えられている(▶p.263)。ミトコンドリアや葉緑体が独自の DNA をもつこと，細胞分裂とは別に分裂して増殖すること，二重膜をもつことは，細胞内共生の根拠とされている。なお，独自の DNA をもつが，細胞外で増殖することはできない。

Step up 3つのドメイン

原核生物
細　菌(バクテリア)　アーキア(古細菌)　真核生物(ユーカリア)
共通の祖先
アーキアの方が真核生物に近い。

遺伝子を比較することで，原核生物は細菌(多くの原核生物)とアーキア(メタン生成菌，超好熱菌など)に分けられることがわかった。これらの系統(進化の過程・由来)は上の図のようになり，真核生物はアーキアにより近いとされている。また，生物をこれら3つのグループ(**ドメイン**)に分ける考え方が生まれた(▶p.298)。

基 4 原核生物の観察 実験 乳酸菌やネンジュモなど，身近なところにいる原核生物を顕微鏡で観察する。

A 乳酸菌の観察 ヨーグルトの乳酸菌

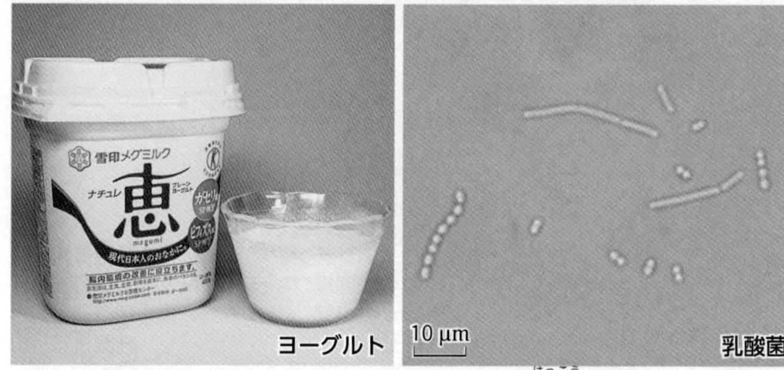
雪印メグミルク
恵
megumi
10 µm

ヨーグルト　乳酸菌

ヨーグルトは，原核生物である乳酸菌で乳を発酵(はっこう)(▶p.57)させた食品である。市販のヨーグルトを水でうすめ，顕微鏡で観察すると，乳酸菌を観察することができる。乳酸菌にはさまざまな種類があり，数珠状(じゅずじょう)になっているもの(球菌(きゅうきん))や棒状(ぼうじょう)になっているもの(桿菌(かんきん))がある。

B シアノバクテリアの観察 イシクラゲ(ネンジュモの一種)

イシクラゲのかたまり

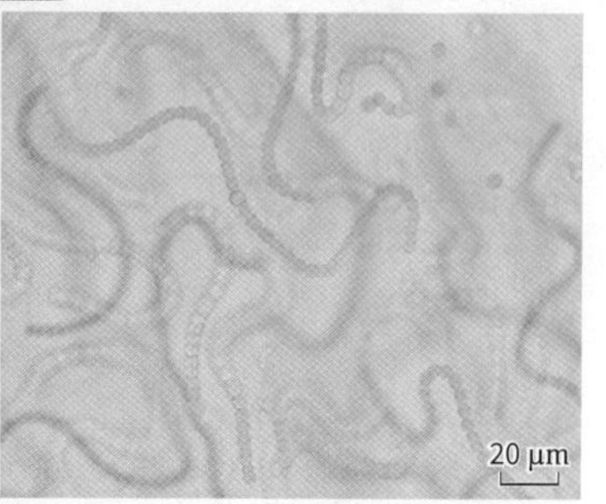
20 µm

イシクラゲはネンジュモの一種の原核生物で，土の上などに繁殖している。一部をちぎったものに水を加えてよくほぐし，顕微鏡で観察すると，数珠状のつらなった細胞を観察できる。このように，イシクラゲは集団で生息している。

つながる生物学 生活 身のまわりの「菌」

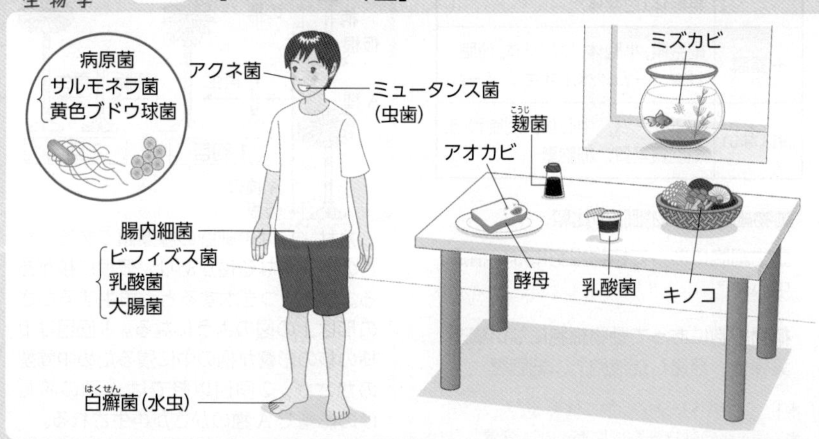
病原菌
サルモネラ菌
黄色ブドウ球菌
アクネ菌
ミュータンス菌(虫歯)
ミズカビ
麹菌
アオカビ
腸内細菌
ビフィズス菌
乳酸菌
大腸菌
酵母
乳酸菌
キノコ
白癬菌(水虫)

「菌」ということばから思い浮かべるものは何だろうか。最近では，キノコやヨーグルトなどを積極的に食事にとり入れることを菌活と表現することもある。身のまわりの「菌」と呼ばれる生物たちは，どんななかまに分類されるのだろう。

日本では，病気や，食物の発酵・腐敗の原因になる微生物などをまとめて「菌」と呼んできた。これらは，現在の分類では，原核生物である細菌やアーキア，真核生物である菌類などに分類される。

同じ○○菌でも，大腸菌は細菌(原核生物)，麹菌(こうじきん)は菌類(真核生物)に分類される。語感は似ていても，この違いは植物と動物の違いよりもはるかに大きいものである。

Q イラスト内の「菌」たちを，原核生物と真核生物に分類してみよう。

つながる生物学 A
原核生物：サルモネラ菌，黄色ブドウ球菌，アクネ菌，ミュータンス菌，ビフィズス菌，乳酸菌，大腸菌
真核生物：白癬菌，アオカビ，酵母，麹菌，キノコ，ミズカビ

細胞の構造と働き(1)

動物細胞

Link

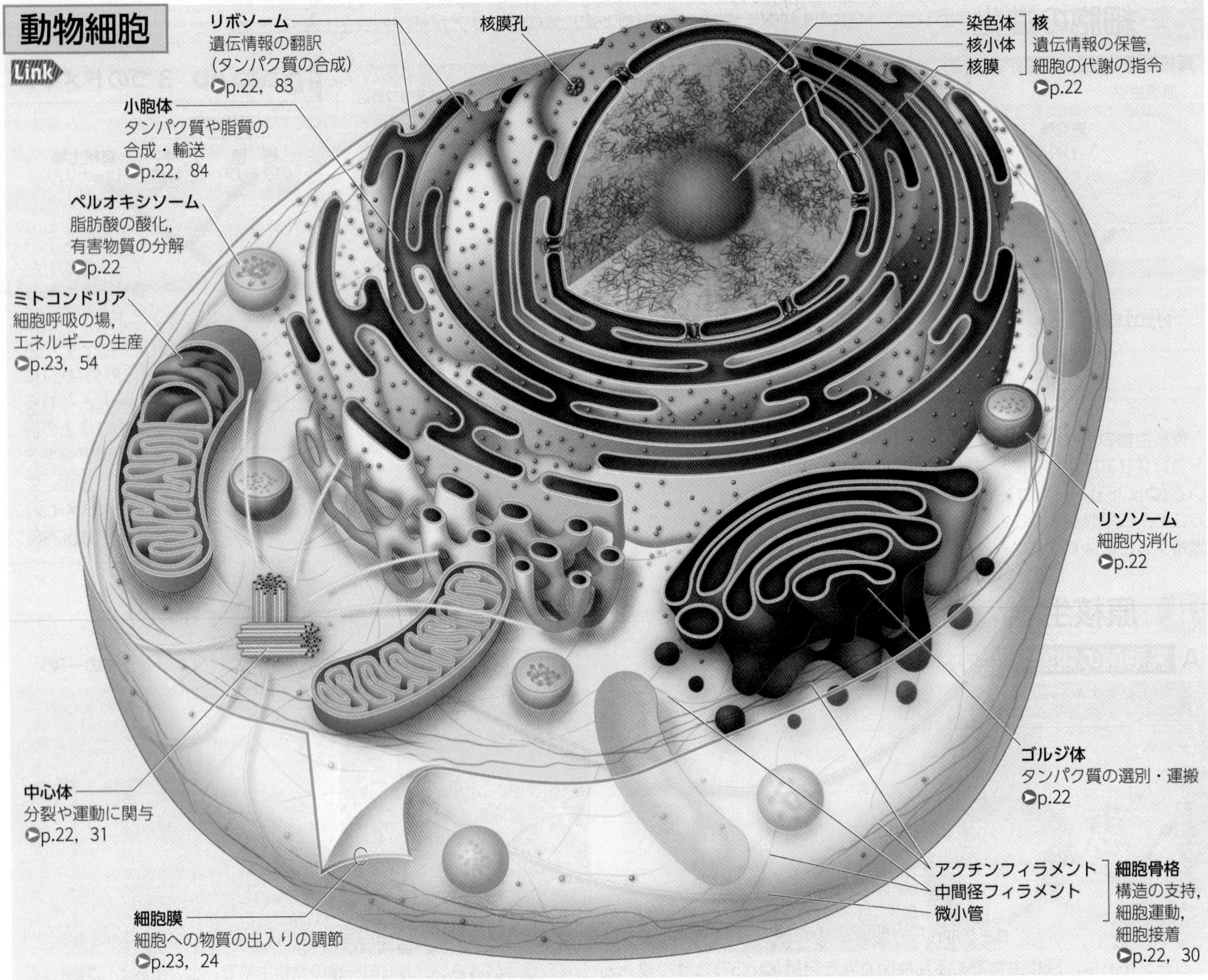

リボソーム
遺伝情報の翻訳
(タンパク質の合成)
▶p.22，83

核膜孔

染色体
核小体
核膜
核
遺伝情報の保管，
細胞の代謝の指令
▶p.22

小胞体
タンパク質や脂質の
合成・輸送
▶p.22，84

ペルオキシソーム
脂肪酸の酸化，
有害物質の分解
▶p.22

ミトコンドリア
細胞呼吸の場，
エネルギーの生産
▶p.23，54

リソソーム
細胞内消化
▶p.22

ゴルジ体
タンパク質の選別・運搬
▶p.22

中心体
分裂や運動に関与
▶p.22，31

アクチンフィラメント
中間径フィラメント
微小管
細胞骨格
構造の支持，
細胞運動，
細胞接着
▶p.22，30

細胞膜
細胞への物質の出入りの調節
▶p.23，24

A 細胞の構造

構造の分類

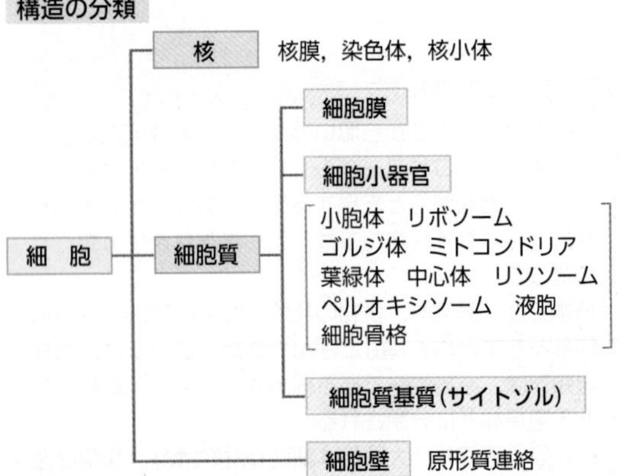
細　胞
核
核膜，染色体，核小体
細胞質
細胞膜
細胞小器官
小胞体　リボソーム
ゴルジ体　ミトコンドリア
葉緑体　中心体　リソソーム
ペルオキシソーム　液胞
細胞骨格
細胞質基質(サイトゾル)
細胞壁
原形質連絡

細胞質　細胞の内部の，核以外の部分。最外層は細胞膜で，細胞小器官が細胞質基質に浮かんでいる。

細胞小器官(さいぼうしょうきかん)　細胞の内部で，特定の形と特定の機能をもつ構造。核，ミトコンドリア，葉緑体など。

膜構造の比較

二重膜	核，ミトコンドリア，葉緑体(色素体)
一重膜	細胞膜，小胞体，ゴルジ体，液胞，リソソーム，ペルオキシソーム
膜はない	リボソーム，中心体，細胞骨格，細胞質基質，細胞壁

動物細胞と植物細胞の比較

動物細胞にあって植物細胞にない構造
中心体*1

植物細胞にあって動物細胞にない構造
葉緑体，発達した液胞*2，細胞壁

*1　コケ植物，シダ植物にはある。
*2　一部の動物細胞にはあるが，発達しない。

Column 核の働き

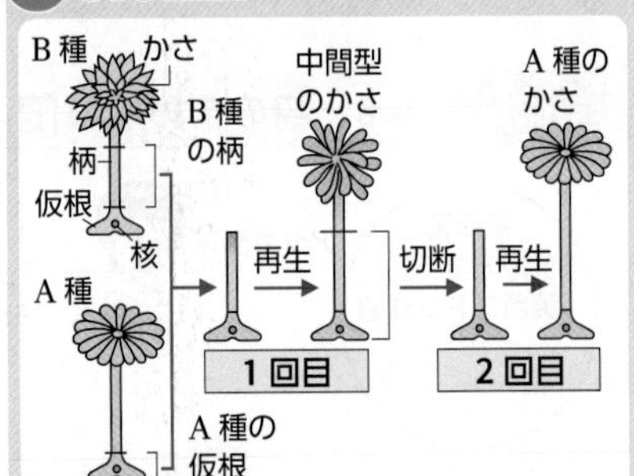
B 種
かさ
B 種
の柄
柄
仮根
核
A 種
中間型
のかさ
A 種の
かさ
再生
切断
再生
1 回目
2 回目
A 種の
仮根

カサノリは単細胞の緑藻類である。かさの形が異なる種があり，仮根に核がある。2 種をつぎ木すると，再生するかさの形は上の図のようになる。1 回目は B 種の核の影響が柄の中に残るため中間型のかさが，2 回目以降では A 種の核だけの影響で A 種のかさが再生される。

プチ雑学　細胞小器官は，細胞内にある構造のうち，膜に包まれて細胞質基質から区切られたもののみを指す場合と，膜に包まれた構造に加えて，膜をもたない構造(リボソーム，細胞骨格など)を含める場合がある。本書では，後者の意味で使用する。

Keywords
●動物細胞 animal cell ●植物細胞 plant cell ●細胞質 cytoplasm
●細胞小器官 cell organelle ●細胞分画法 cell fractionation ●遠心分離 centrifugation
●放射性同位体 radioactive isotope, radioisotope

Link
動画

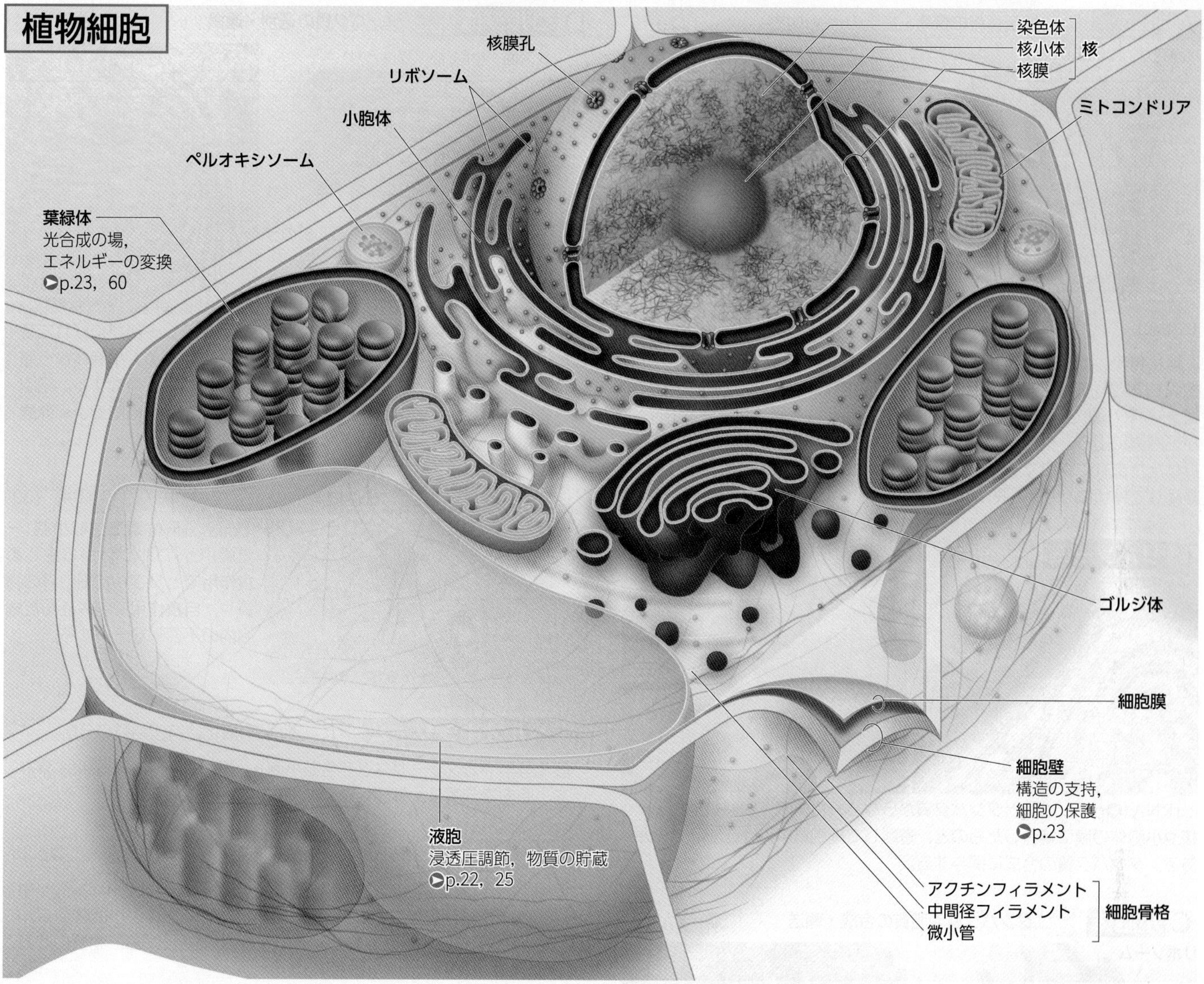

植物細胞

核膜孔
リボソーム
小胞体
ペルオキシソーム
葉緑体
光合成の場，
エネルギーの変換
▶p.23，60
染色体
核小体
核膜
核
ミトコンドリア
ゴルジ体
細胞膜
細胞壁
構造の支持，
細胞の保護
▶p.23
液胞
浸透圧調節，物質の貯蔵
▶p.22，25
アクチンフィラメント
中間径フィラメント
微小管
細胞骨格

B 細胞の研究方法

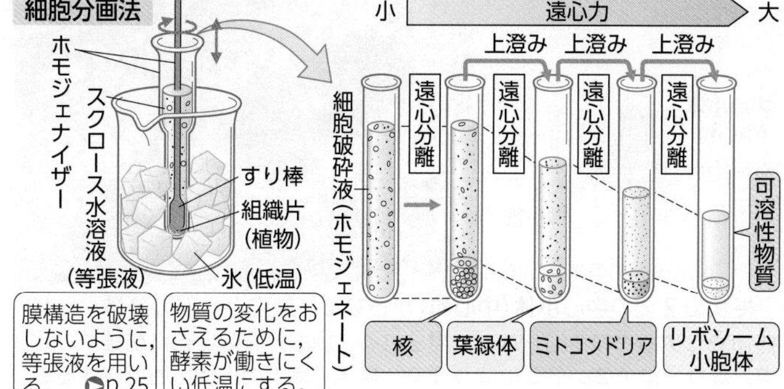
細胞分画法
ホモジェナイザー
スクロース水溶液
(等張液)
すり棒
組織片
(植物)
氷(低温)
膜構造を破壊しないように，等張液を用いる。▶p.25
物質の変化をおさえるために，酵素が働きにくい低温にする。
小
遠心力
大
上澄み
上澄み
上澄み
細胞破砕液(ホモジェネート)
遠心分離
遠心分離
遠心分離
遠心分離
可溶性物質
核
葉緑体
ミトコンドリア
リボソーム
小胞体

ホモジェナイザーで組織片をすりつぶし，細胞を破砕して遠心分離すると，大きい構造や密度の高い構造から先に沈殿する。このように分離する方法を**細胞分画法**（さいぼうぶんかくほう）という。細胞小器官を大量にとり出して分析することによって，その働きや構造が明らかになった。

Memo 遠心分離

高速回転で生じる遠心力を使い，大きさや密度の違いによって分離する方法を遠心分離という。細胞分画法では，1分間に数万回転（重力の数十万倍の遠心力が生じる）が可能な遠心分離機（超遠心分離機）を利用する。

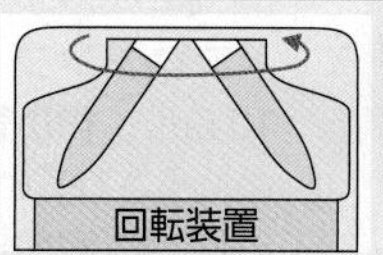
回転装置

放射性同位体の利用

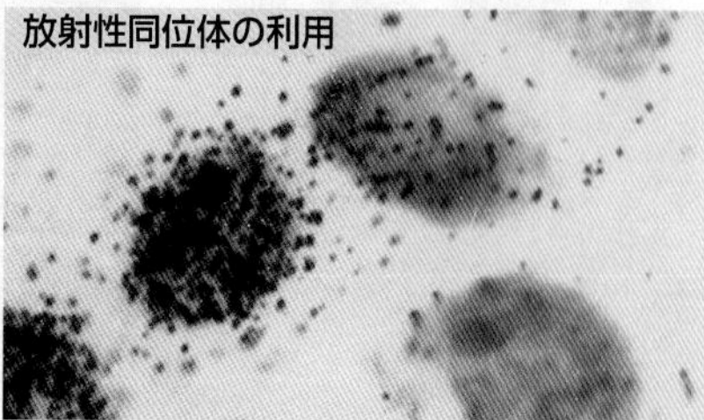

放射線を出す同位体（どういたい）(▶p.336) を放射性同位体という。同位体どうしは化学的な性質が同じなので，ある原子を放射性同位体に置き換えて放射線を調べることで，その原子の動きを追跡することができる。

たとえば，水素の放射性同位体である ^{3}H（トリチウム）を含むチミジン（DNA を構成する物質）を細胞に与えると，それが核にとりこまれることがわかる。このことから，DNA 合成は核で行われていることが確認できる。

プチ雑学

細胞分画法で使用するホモジェナイザーは，容器とすり棒とのすき間がわずかで，そのすき間を通るとき，細胞は破砕される。しかし，細胞小器官はすき間を通りぬけるので破壊されない。

細胞の構造と働き(2)

A 核　動物 植物　遺伝情報の保管・細胞の代謝の指令　▶p.70

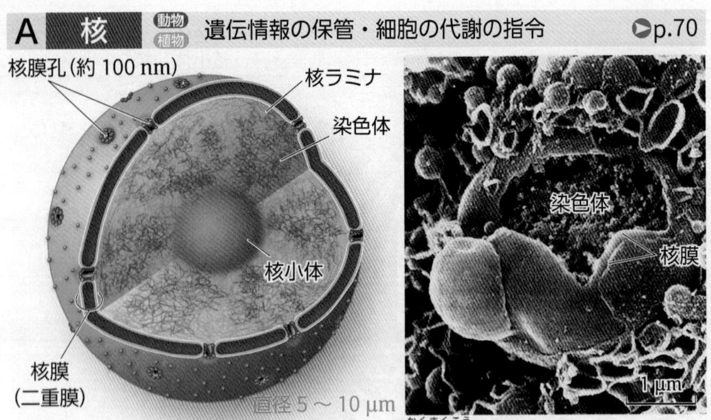
核膜孔(約 100 nm)
核ラミナ
染色体
核小体
核膜
(二重膜)
直径 5 ～ 10 µm
染色体
核膜
1 µm

球状体で，ふつうは細胞に 1 個ある。**核膜孔**という多数の穴をもつ**核膜**(二重膜)で包まれ，**染色体**・**核小体**を含む。核膜は核ラミナ(繊維状タンパク質)で裏打ちされ，核の形を維持する。核膜孔からは mRNA が細胞質に出る。染色体は，DNA がヒストン(タンパク質)に巻きつき，折りたたまれて**クロマチン**を形成する(▶p.89)。分裂時には，染色体は凝縮して棒状になり，核膜は消失する。核小体では rRNA が合成される。

B リボソーム　動物 植物　遺伝情報の翻訳(タンパク質の合成)　▶p.83

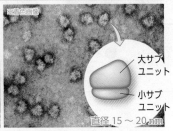

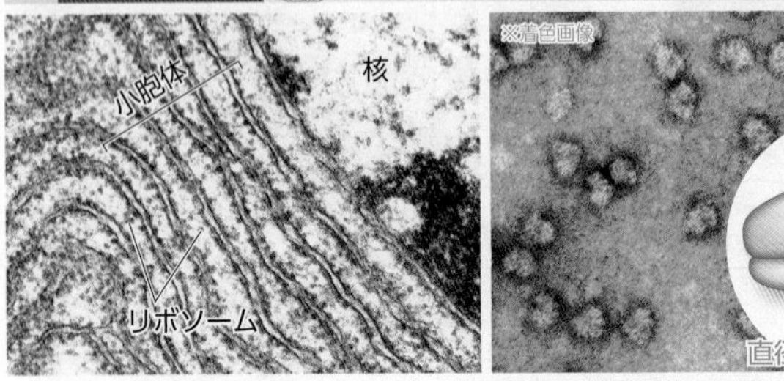
小胞体
核
リボソーム
※着色画像
大サブユニット
小サブユニット
直径 15 ～ 20 nm

rRNA(▶p.72，83)とタンパク質からなる複合体で，膜はもたない。核や小胞体の膜に結合したものと，遊離して細胞質中に存在するものがある。タンパク質の合成に関与する。

C 小胞体　動物 植物　タンパク質や脂質の合成・輸送　▶p.27，84

リボソーム
粗面
小胞体
滑面小胞体

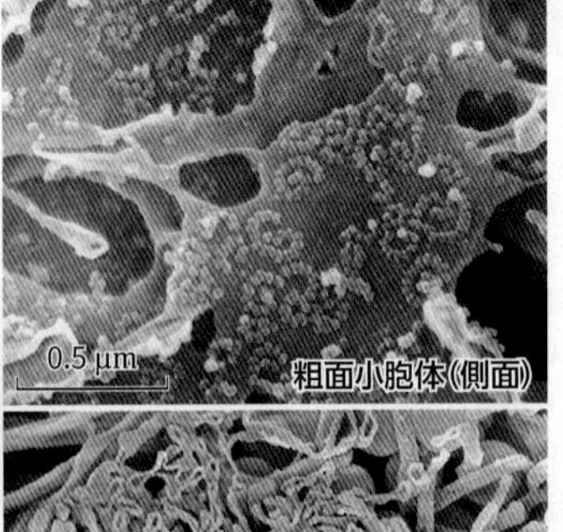
0.5 µm
粗面小胞体(側面)

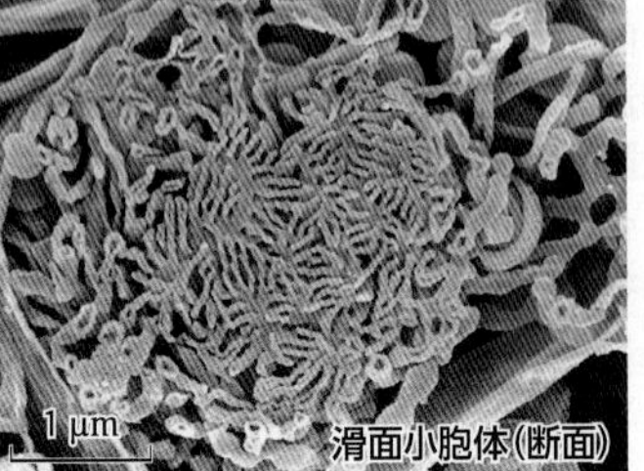
1 µm
滑面小胞体(断面)

たくさんの長い袋(一重膜)が相互につながって網目のように広がり，核膜ともつながる。**リボソーム**が付着する**粗面小胞体**と，付着しない**滑面小胞体**とがある。粗面小胞体では，リボソームで合成されたタンパク質を，折りたたんだり，修飾したり，運んだりする。滑面小胞体では，脂質やステロイドの合成や，カルシウムイオンの貯蔵などが行われる。

D ゴルジ体　動物 植物　タンパク質の選別・運搬　▶p.27，84

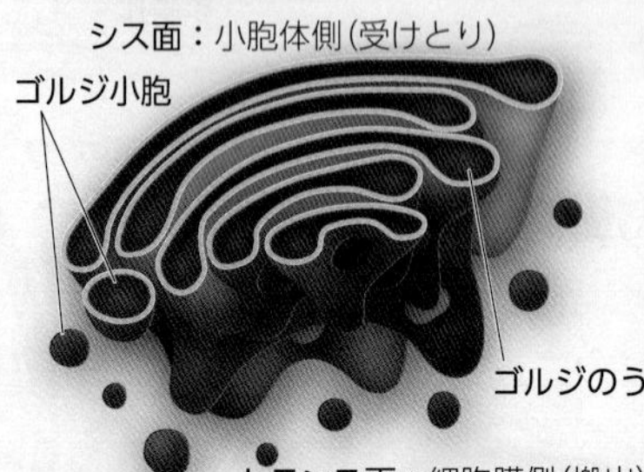
シス面：小胞体側(受けとり)
ゴルジ小胞
ゴルジのう
トランス面：細胞膜側(搬出)
長さ約 1 µm

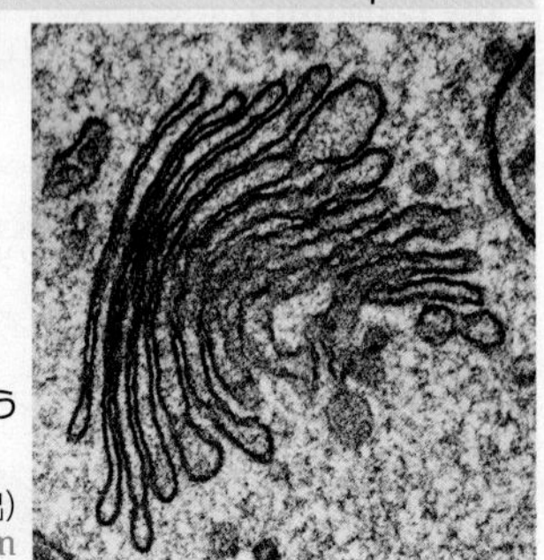

平たい円盤状の袋(一重膜)が重なってできている。一部がくびれてできた小胞(ゴルジ小胞)が，分泌小胞や**リソソーム**になる。小胞体から運ばれてきた物質をさらに修飾し，選別してほかの場所に運搬する。細胞外へ運ぶ場合を**分泌**という。消化腺・内分泌腺などの腺細胞でよく発達している。

E リソソーム　動物 植物　細胞内消化　▶p.84，160

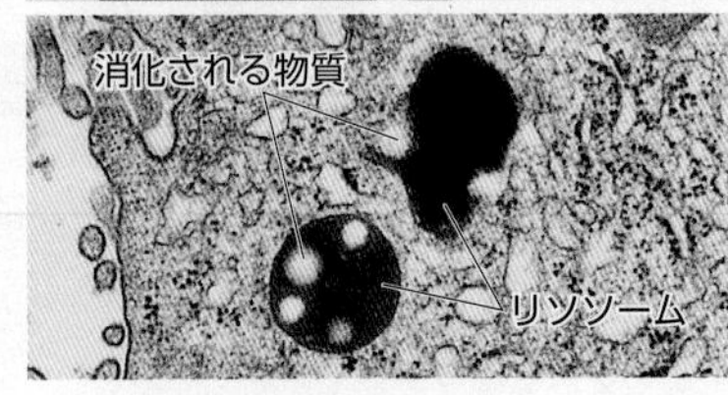
消化される物質
リソソーム

加水分解酵素を含む小胞(一重膜)で，ゴルジ体から生じる。**食作用**でとりこんだ細胞外の物質や，**自食作用**で包みこんだ細胞内の不要物を分解する。

※植物細胞のリソソームは，液胞がその役割をすると考えられる場合もある。

F ペルオキシソーム　動物 植物　脂肪酸の酸化，有害物質の分解

酸化酵素やカタラーゼなどを含む小胞(一重膜)。有害な過酸化水素などを小胞内で分解し，外部へ影響を出さないようにしている。

G 液　胞　植物　浸透圧調節，物質の貯蔵　▶p.25

液胞膜(一重膜)で包まれ，糖類・有機酸・無機塩類・アントシアン(色素)・加水分解酵素などを含む**細胞液**で満たされている。小胞体やゴルジ体から生じる。成長した植物細胞で発達し，浸透圧調節，物質の貯蔵，細胞の容積増大，細胞内消化を行う。

H 中心体　動物　分裂や運動に関与　▶p.31，78，79

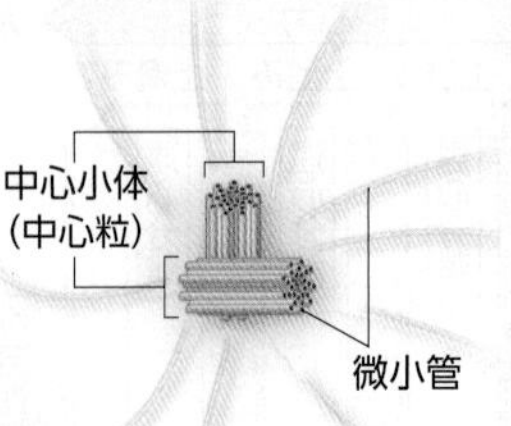
中心小体
(中心粒)
微小管
中心小体の直径 250 nm

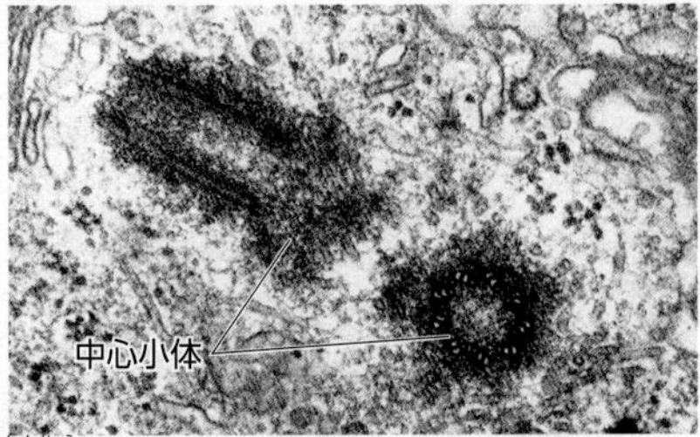
中心小体

棒状の 2 個の**中心小体**(**中心粒**)からなる。動物と一部の藻類，シダ植物やコケ植物の精細胞などに見られる。細胞分裂のときに紡錘糸の起点となり，染色体の分配に関与する。鞭毛や繊毛の形成にも関与する。

I 細胞骨格　動物 植物　構造の支持，細胞運動，細胞接着　▶p.29 ～ 31

アクチンフィラメント(直径 7 nm)，**中間径フィラメント**(直径 10 nm)，**微小管**(直径 25 nm)などのタンパク質の繊維が細胞内にはりめぐらされている。アクチンフィラメントと微小管が分解と生成をくり返し，細胞が動く。細胞接着にも関与する。

プチ雑学　核は細胞の生存に必要であり，生物の形や性質を決める。単細胞の真核生物であるアメーバを，核を含む部分と含まない部分に切断すると，核を含む方は成長して分裂するが，核を含まない方はやがて死んでしまう。

Keywords ●核 nucleus ●核小体 nucleolus ●リボソーム ribosome ●小胞体 endoplasmic reticulum，ER ●ゴルジ体 Golgi body ●液胞 vacuole ●中心体 centrosome ●細胞骨格 cytoskeleton ●ミトコンドリア mitochondrion，mitochondria（複数形） ●細胞膜 cell membrane ●細胞壁 cell wall ●葉緑体 chloroplast

J ミトコンドリア 動物 植物 細胞呼吸の場，エネルギーの生産 ▶p.54

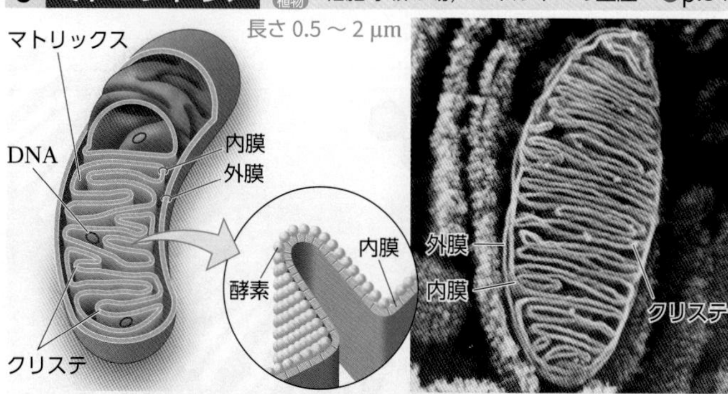
長さ 0.5～2 μm
マトリックス
DNA
内膜
外膜
内膜
酵素
クリステ
外膜
内膜
クリステ

粒状または糸状で，内外二重の膜をもつ。内膜は内部に突出し，**クリステ**というひだ状の構造になっている。内膜に包まれた領域を**マトリックス**といい，酵素やDNA，リボソームが含まれる。

1つの細胞に数百から数千個存在し，エネルギー（ATP▶p.47）を生産する場となる。呼吸に関する多くの酵素を含み，**クエン酸回路**や**電子伝達系**がある。独自のDNAをもち，細胞内で分裂・増殖を行う（▶p.19）。

K 細胞膜 動物 植物 細胞への物質の出入りの調節 ▶p.24～27

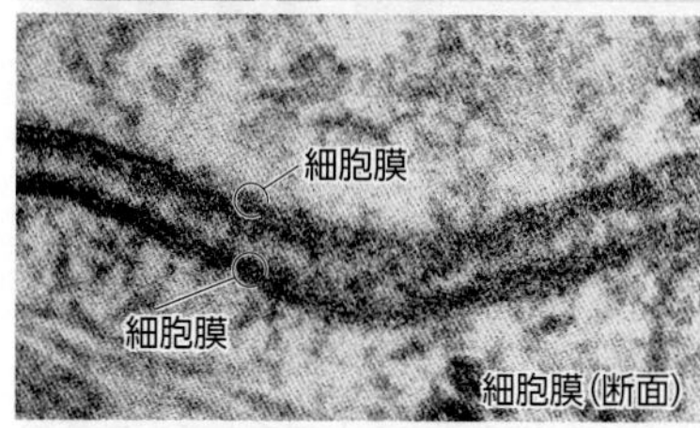
細胞膜
細胞膜
細胞膜（断面）

厚さ5～10 nmの一重膜で，**リン脂質**の二重層にタンパク質がうめこまれた構造（流動モザイクモデル）をしている。細胞を外界と隔て，物質の出入りを調節する。原則として**半透性**だが，**選択的透過性**を示す。

L 細胞壁 植物 構造の支持，細胞の保護

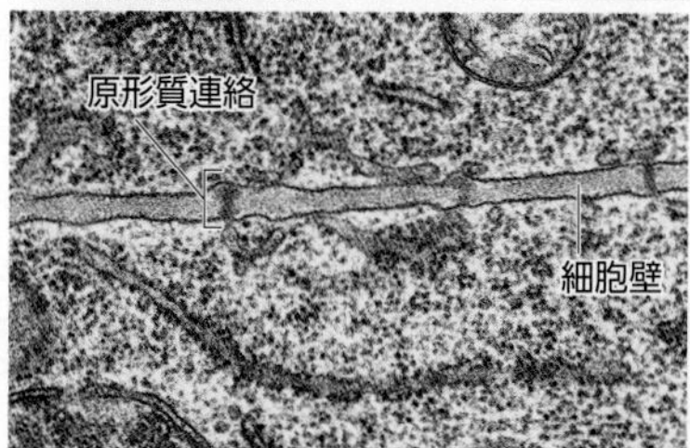
原形質連絡
細胞壁

細胞膜の外側にあり，セルロースやペクチンなどからなる。リグニンが蓄積すると木化（細胞壁が肥厚・硬化），スベリンが蓄積するとコルク化（細胞内に空気が蓄積）する。表皮細胞の外にクチンが分泌されるとクチクラ化（固い膜が形成）する。

原形質連絡で，隣接した細胞の細胞壁をつきぬけて連絡し，水やイオン，タンパク質などを拡散させることができる（▶p.29）。

真核細胞の代謝

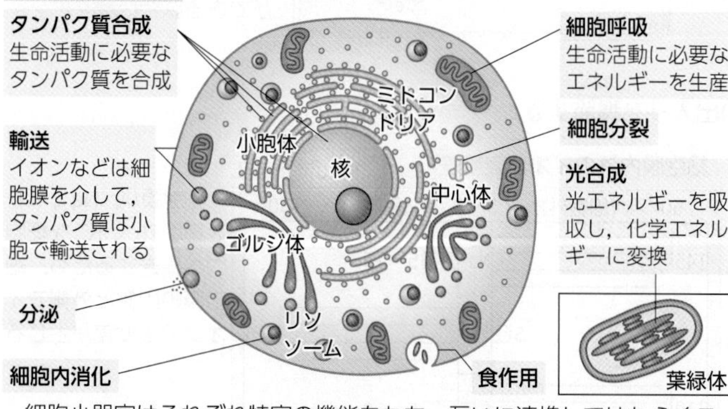
タンパク質合成
生命活動に必要なタンパク質を合成
輸送
イオンなどは細胞膜を介して，タンパク質は小胞で輸送される
分泌
細胞内消化
細胞呼吸
生命活動に必要なエネルギーを生産
細胞分裂
光合成
光エネルギーを吸収し，化学エネルギーに変換
食作用
葉緑体
ミトコンドリア
小胞体
核
中心体
ゴルジ体
リソソーム

細胞小器官はそれぞれ特定の機能をもち，互いに連携してはたらくことで，全体として細胞1つの生命活動を担う。

M 葉緑体 植物 光合成の場，エネルギーの変換 ▶p.60

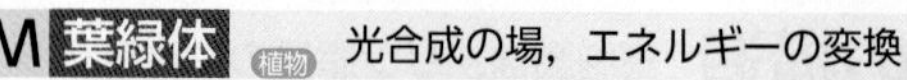

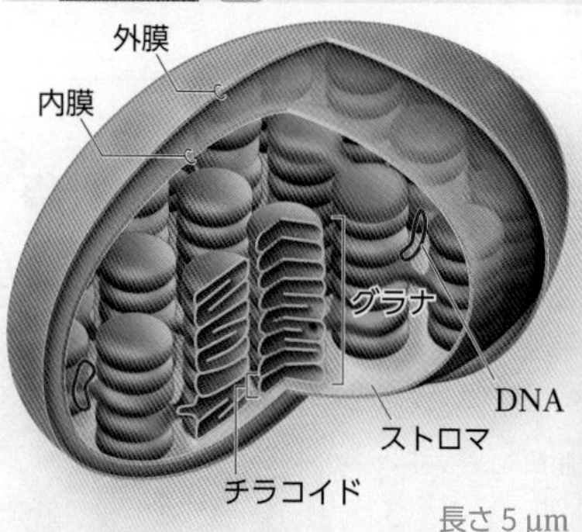
外膜
内膜
グラナ
DNA
ストロマ
チラコイド
長さ 5 μm

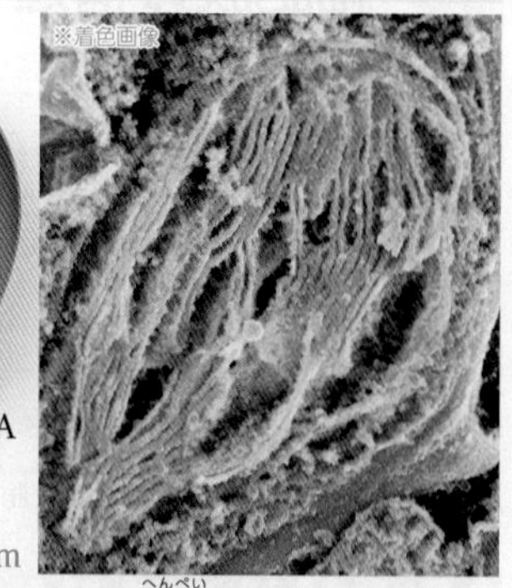

二重の膜に包まれ，内部には**チラコイド**という扁平な袋をもつ。チラコイドが重なった構造を**グラナ**という。その外側は**ストロマ**という液体で満たされ，酵素やDNA，リボソームが含まれる。緑色の**クロロフィル**，黄～橙色のカロテノイドなどを色素として含み，光を吸収して**光合成**を行う。独自のDNAをもち，細胞内で分裂・増殖を行う（▶p.19）。

N 色素体（葉緑体以外） 植物 色素の含有，物質の合成・貯蔵 ▶p.61

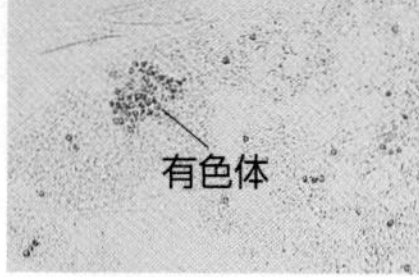
有色体

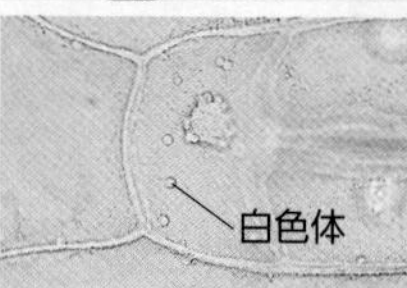
白色体

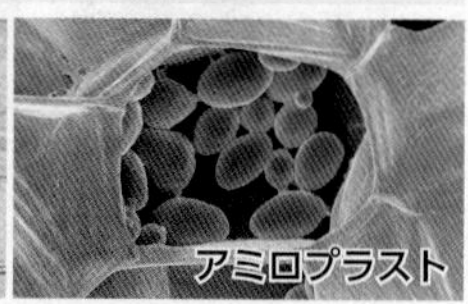
アミロプラスト

有色体はカロテノイド系の色素を含み，花弁や果実などを黄～橙色にする。**白色体**は色素を含まず，根や茎など緑色ではない部分に存在する。**アミロプラスト**はデンプンを形成する場。葉緑体も色素体に含まれる。

O 細胞質基質（サイトゾル） 動物 植物 細胞質中の液状成分

さまざまな酵素・糖・脂質・タンパク質などを含み，タンパク質を合成する場にもなる。また，細胞骨格を構成する可溶性のタンパク質が含まれ，**細胞質流動**（原形質流動）・**アメーバ運動**（▶p.30）などに関係する。模式図では省略してかかれることが多いが，実際には微小な粒子を多数含んでいる。

P 細胞含有物 動物 植物 貯蔵物質や老廃物

細胞内には，それぞれ特有の貯蔵物質や老廃物が存在する。貯蔵物質にはデンプン粒，糊粉粒（タンパク質の粒）など，老廃物にはシュウ酸カルシウム，乳酸などがある。

Step up 細胞外基質 ▶p.29

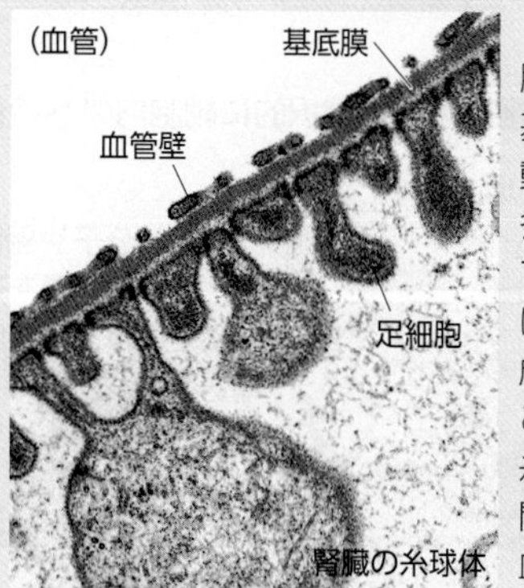
（血管）
基底膜
血管壁
足細胞
腎臓の糸球体

細胞が分泌する成分によって細胞外に形成される構造を，細胞外基質（細胞外マトリックス）という。動物細胞は細胞壁をもたないが，多くの細胞が細胞外基質に囲まれている。たとえば，上皮細胞などは，基底膜という細胞外基質を形成して，その上にシート状に並ぶことができる（▶p.34）。腎臓の糸球体では，足細胞が血管壁との間に厚い基底膜を形成することで，血しょうのろ過を行う（▶p.152）。

プチ雑学 チラコイド thylakoid は「袋」，グラナ grana は「顆粒」，ストロマ stroma は「基質」の意味。それぞれ光学顕微鏡による観察からその名がつけられた。

24 細胞膜の構造と働き

生 1 細胞膜の構造 細胞膜は，リン脂質の二重層にタンパク質がうめこまれた構造になっている。

A 流動モザイクモデル

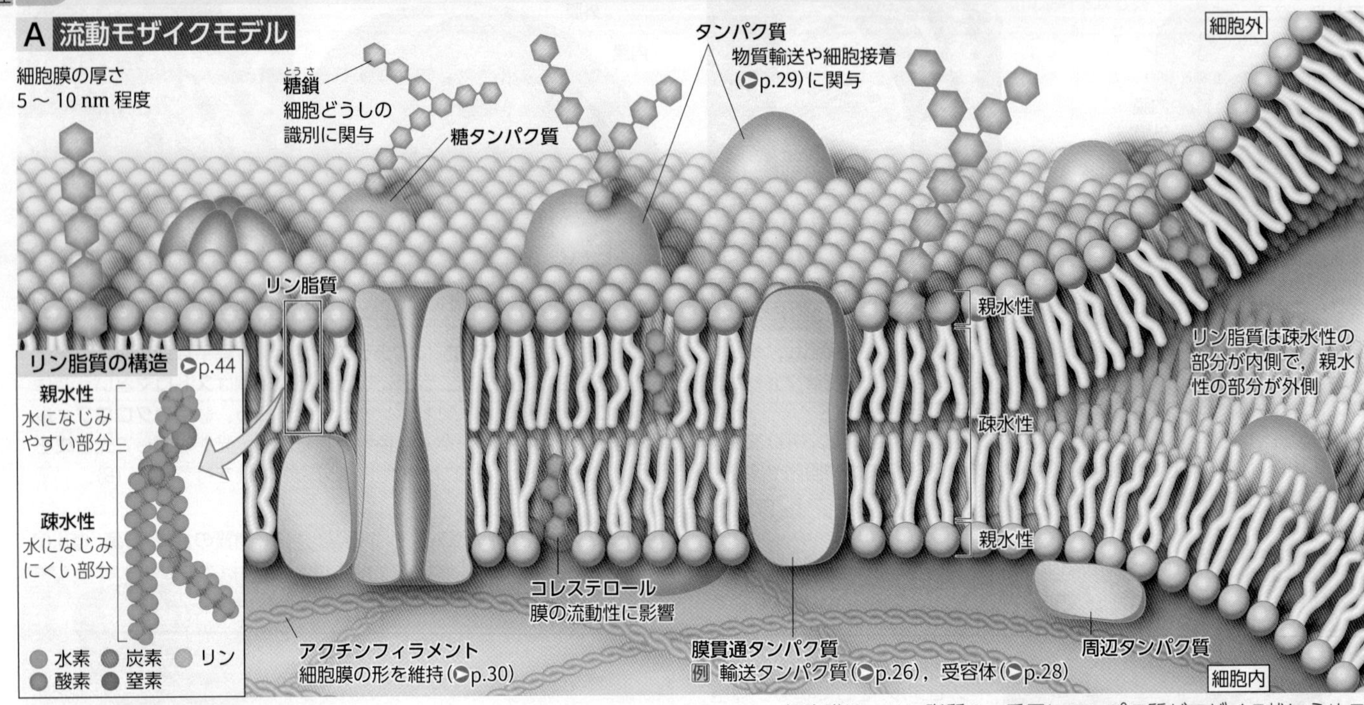
細胞外
細胞膜の厚さ
5～10 nm 程度
糖鎖
細胞どうしの
識別に関与
糖タンパク質
タンパク質
物質輸送や細胞接着
(▶p.29) に関与
リン脂質
リン脂質の構造 ▶p.44
親水性
水になじみ
やすい部分
疎水性
水になじみ
にくい部分
水素 炭素 リン
酸素 窒素
親水性
疎水性
親水性
リン脂質は疎水性の
部分が内側で，親水
性の部分が外側
コレステロール
膜の流動性に影響
アクチンフィラメント
細胞膜の形を維持 (▶p.30)
膜貫通タンパク質
例 輸送タンパク質 (▶p.26)，受容体 (▶p.28)
周辺タンパク質
細胞内

細胞膜は，リン脂質の二重層にタンパク質がモザイク状にうめこまれた構造をしている。リン脂質は流動性をもち，タンパク質は脂質内をある程度自由に動く(**流動モザイクモデル**)。

細胞膜を含め，核膜や小胞体，ゴルジ体，ミトコンドリア，葉緑体などの膜構造を総称して，**生体膜**という。生体膜は基本構造が共通であるため，異なる細胞小器官の間でも物質をやりとりできる。

B 膜貫通タンパク質

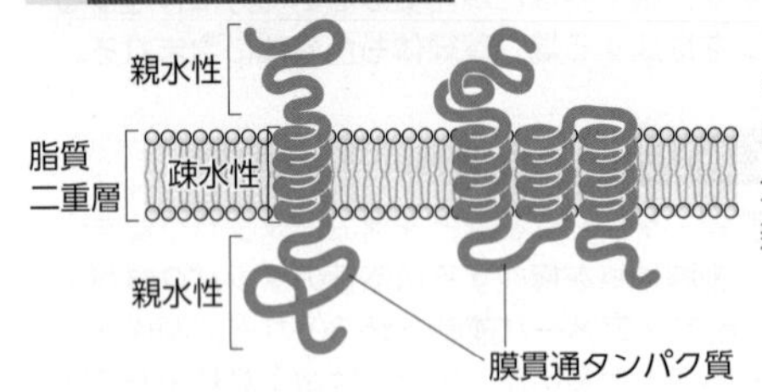
親水性
脂質
二重層
疎水性
親水性
膜貫通タンパク質

脂質二重層を貫通して，膜から突き出しているものを膜貫通タンパク質という。膜にうまる部分が疎水性，突き出した部分が親水性である。

C 流動性

ヒト細胞

融合

雑種細胞

マウス細胞

37℃で培養

細胞膜中のタンパク質をそれぞれ蛍光標識する

2 種類の細胞を融合させると，融合直後のタンパク質は分かれていたが，1 時間以内には細胞の表面全体に広がった。このことから，タンパク質が細胞膜内を移動することがわかる。

D 柔軟性

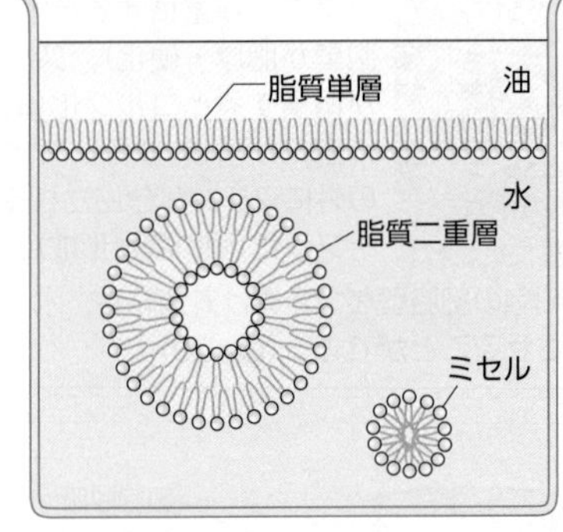
脂質単層
油
水
脂質二重層
ミセル

リン脂質は親水性の頭部と疎水性の尾部をもつため，水中では左図のような構造をとりやすい。

リン脂質の間にコレステロールやタンパク質がうめこまれることで，形がある程度固定され，細胞膜は仕切りとしての役割を持ちながらも，柔軟性を保つことができる。

生 2 選択的透過性 細胞膜は，選択的に細胞内外への物質の出入りを調節する。

脂質二重層の透過性 (単純拡散の場合)

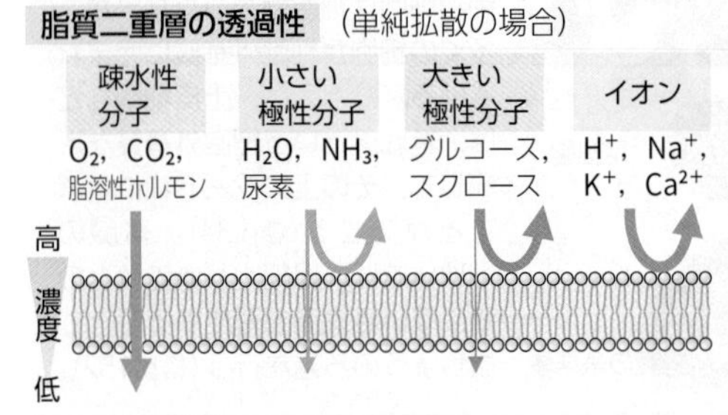
疎水性
分子
O_2，CO_2，
脂溶性ホルモン
小さい
極性分子
H_2O，NH_3，
尿素
大きい
極性分子
グルコース，
スクロース
イオン
H^+，Na^+，
K^+，Ca^{2+}
高
濃度
低

大きい分子や極性分子は脂質二重層を通過しにくいが，細胞膜は輸送タンパク質によって，通過しにくい分子を選択的に通過させている。この性質を**選択的透過性**という。

細胞膜内外のイオン濃度差

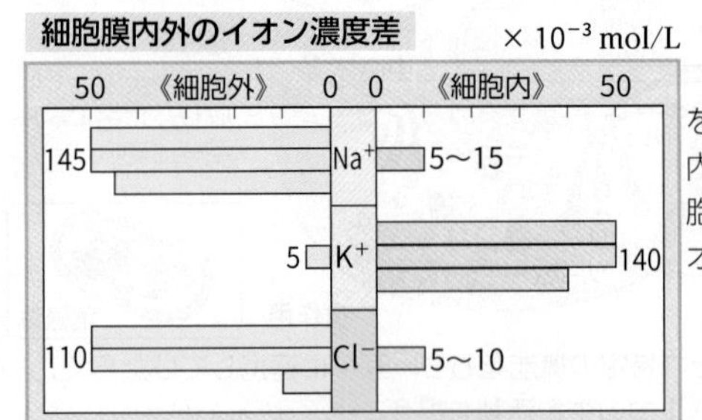
× 10^{-3} mol/L
50 《細胞外》 0 0 《細胞内》 50
145 Na^+ 5～15
5 K^+ 140
110 Cl^- 5～10

細胞膜が，Na^+，Cl^- を細胞外へ，K^+ を細胞内へ輸送するため，細胞膜の内側と外側でイオンの濃度差が生じる。

プチ雑学 膜タンパク質に結合している糖鎖は，細胞どうしの識別に関わっている。たとえば，血液型も，この糖鎖の先端部分のわずかな違いによるものである (▶p.164)。

Keywords ●細胞膜 cell membrane ●リン脂質 phospholipid ●流動モザイクモデル fluid mosaic model ●選択的透過性 selective permeability ●拡散 diffusion ●浸透 osmosis ●半透性 semipermeability ●原形質分離 plasmolysis ●膨圧 turgor pressure

3 拡散と浸透 水は半透膜を通って，濃度の高い溶液の方に移動しようとする。

A 拡散 分子の熱運動により，物質が均一に広がっていく現象。

溶媒（水）に溶質を入れる。
溶媒分子
溶質分子
拡散
溶質が全体に広がり，均一になる。

溶媒（ようばい） 溶かしている物質（水など）
溶質（ようしつ） 溶けている物質

全透膜（全透性の膜）
溶質分子も溶媒分子も自由に通す。細胞壁は全透性に近い性質を示す。

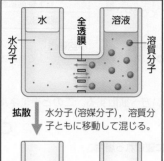

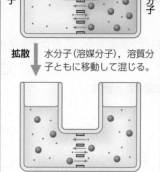

水
全透膜
溶液
水分子
溶質分子
拡散 水分子（溶媒分子），溶質分子ともに移動して混じる。

B 浸透 半透膜を通って，溶媒が濃度の高い方へ移動する現象。

半透膜（半透性の膜）
溶媒分子は通すが，大きな溶質分子は通さない。細胞膜は半透性に近い性質を示す。

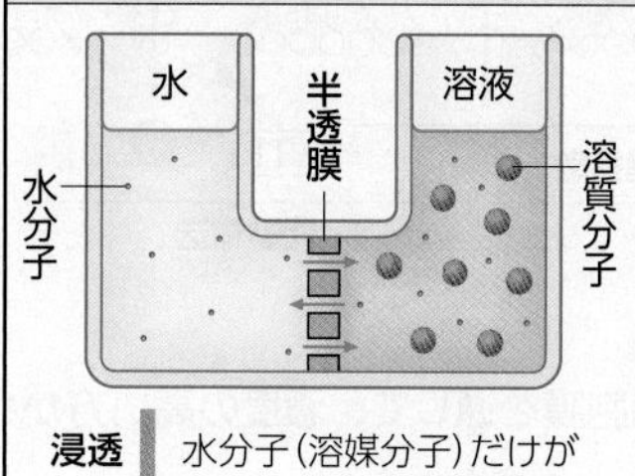

水
半透膜
溶液
水分子
溶質分子

浸透 水分子（溶媒分子）だけが移動し，溶液側に浸透する。

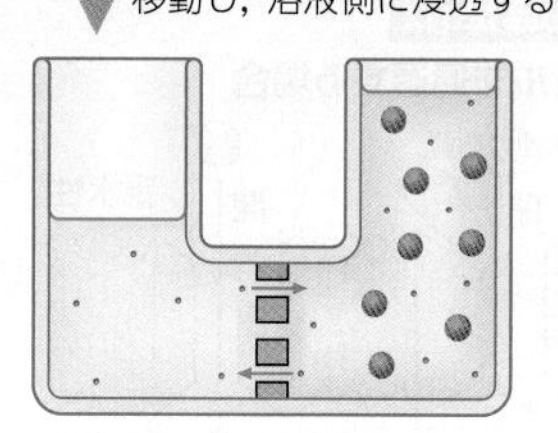

浸透圧

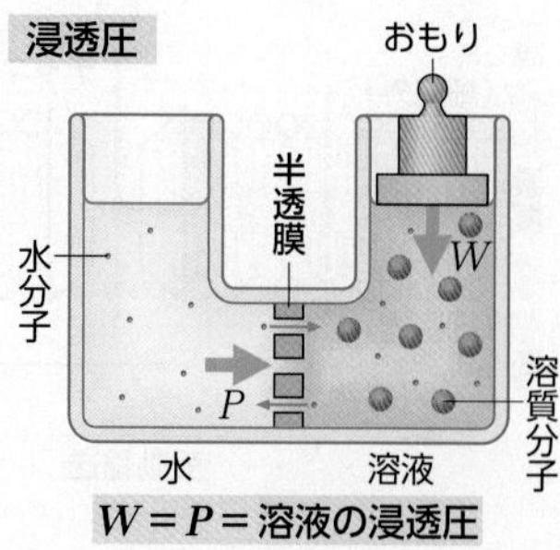

おもり
半透膜
水分子
W
P
溶質分子
水
溶液

W＝P＝溶液の浸透圧

水の移動を妨げるおもりによる圧力（W）に相当する圧力（P）を，溶液の浸透圧（しんとうあつ）という。浸透圧は，濃度や温度が高いほど大きくなる。

ファントホッフの式

$$P = cRT$$

P〔hPa（ヘクトパスカル）〕：浸透圧　c〔mol/L〕：モル濃度
R：気体定数 83.1 hPa・L/（K・mol）
T〔K〕：絶対温度（t〔℃〕+273）

C 細胞と溶液濃度 動物細胞と浸透（赤血球と体液濃度）▶p.139

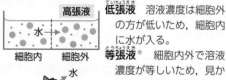

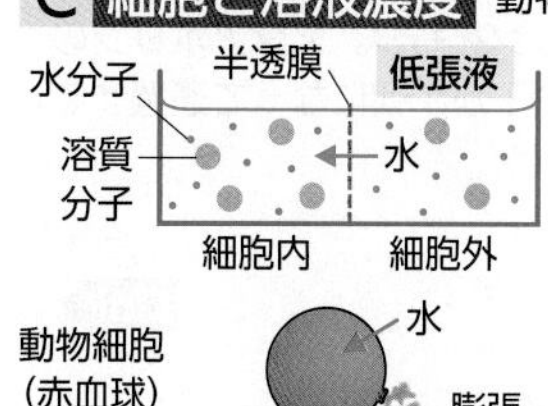

水分子
半透膜
低張液
溶質分子
水
細胞内
細胞外
動物細胞（赤血球）
膨張
植物細胞（葉の細胞）

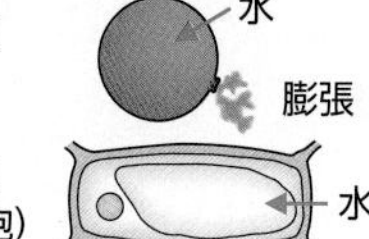

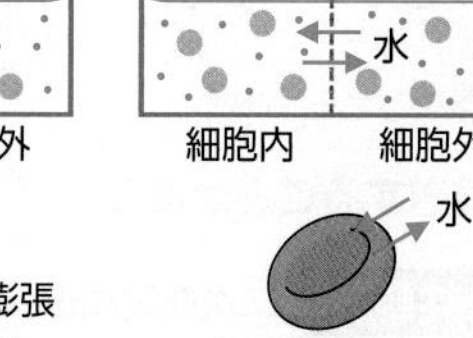

等張液
水
細胞内
細胞外

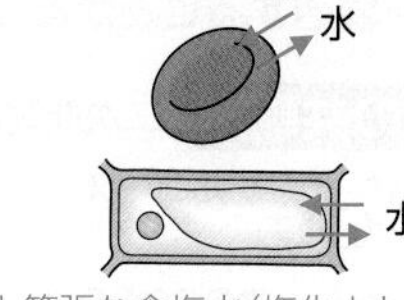

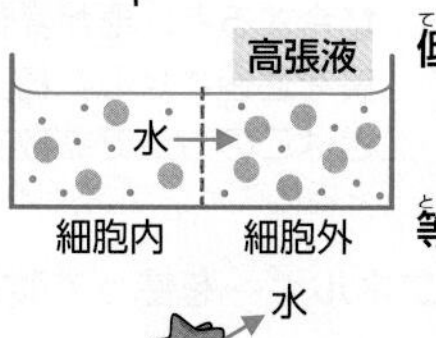

高張液
水
細胞内
細胞外
収縮

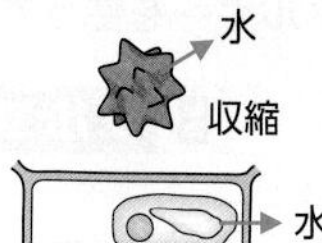

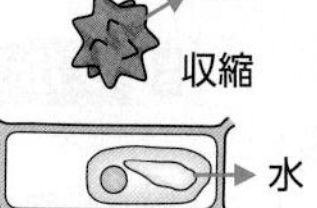

低張液（ていちょうえき） 溶液濃度は細胞外の方が低いため，細胞内に水が入る。
等張液（とうちょうえき）* 細胞内外で溶液濃度が等しいため，見かけ上，水の出入りがない。
高張液（こうちょうえき） 溶液濃度は細胞外の方が高いため，細胞外へ水が出ていく。

＊動物の体液と等張な食塩水（塩化ナトリウム水溶液）を生理食塩水という。ヒトでは 0.90%ほど。

Memo 水の浸透 ▶p.26

細胞膜内部は疎水性のため，本来なら水分子を通しにくい。しかし，水分子は，極性から予想されるより速く細胞膜を通過できる。これは，水分子が単純拡散以外に，イオンと一緒にイオンチャネルを通過したり，アクアポリン（水チャネル）を通過したりすることで，促進拡散されるからである。単純拡散と促進拡散によって，細胞膜は半透性に近い性質を示す。

4 植物細胞と浸透 植物細胞では細胞壁があるため，膨圧の分だけ吸水がおさえられる。

A 原形質分離

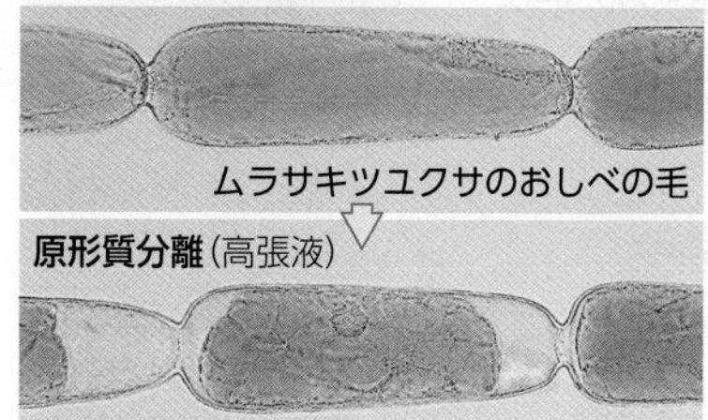

ムラサキツユクサのおしべの毛
原形質分離（高張液）

生きた植物細胞を高張液に入れると脱水が起こり，細胞膜が細胞壁から離れてしまう（**原形質分離**（げんけいしつぶんり））。

B 吸水力 蒸留水中において，吸水力（S）＝浸透圧（P）* －膨圧（W）

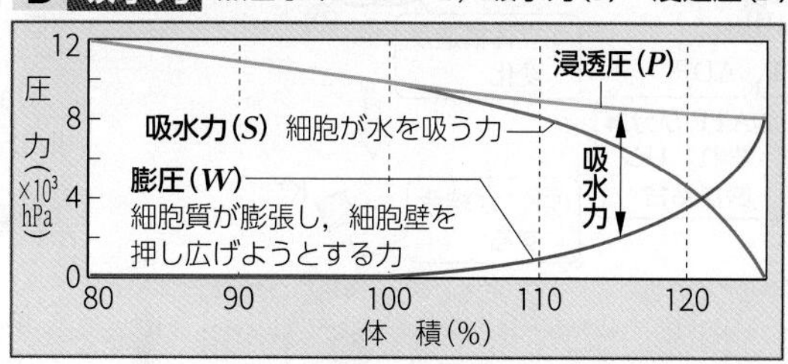

12
8
4
0
圧力（×10³ hPa）
浸透圧（P）
吸水力（S） 細胞が水を吸う力
吸水力
膨圧（W）
細胞質が膨張し，細胞壁を押し広げようとする力
80
90
100
110
120
体積（%）

＊外液が溶液の場合， 浸透圧＝細胞内外の浸透圧差

原形質分離の状態にある植物細胞を蒸留水に入れると，吸水するにしたがって膨圧が増加する。

膨圧と浸透圧が等しくなると吸水が止まる。

C 原形質分離の観察 実験 例 ユキノシタ

方法

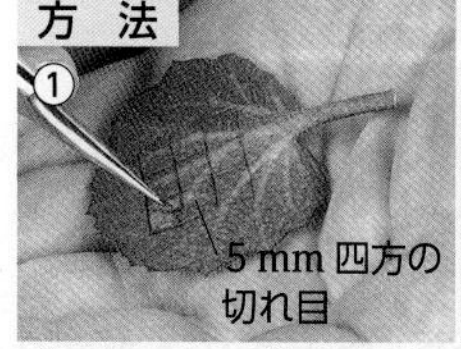

①
5 mm 四方の切れ目

ピンセットで葉の裏側の表皮をはぎとる。

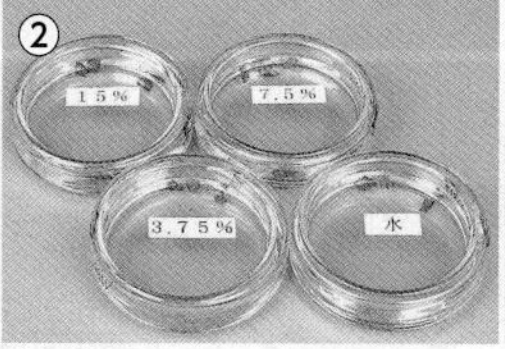

②
15%
7.5%
3.75%
水

表皮片をいろいろな濃度のスクロース水溶液に浸す。

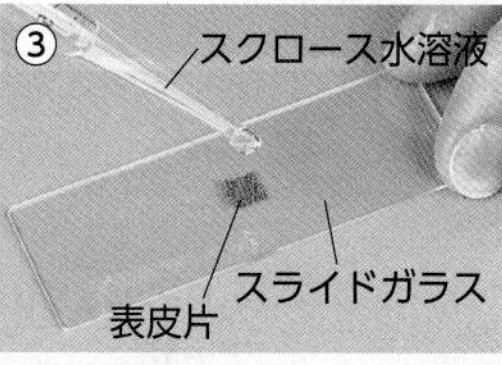

③
スクロース水溶液
スライドガラス
表皮片

同じ濃度のスクロース水溶液をたらして封じる。

観察例

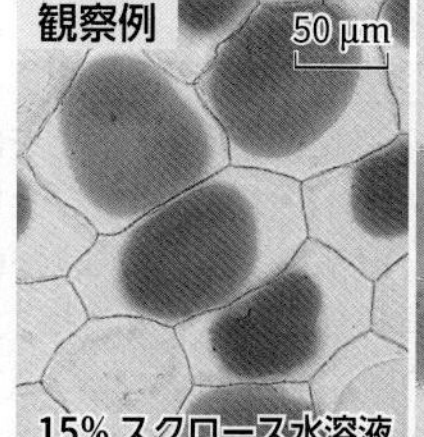

50 µm

15% スクロース水溶液　3.75% スクロース水溶液

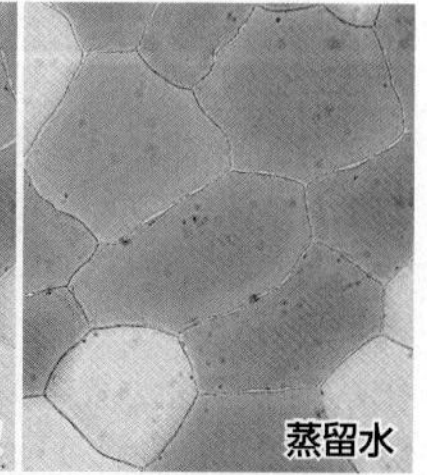

蒸留水

プチ雑学 野菜を水につけるとパリッとするのは，水が浸透して膨圧が増すから。野菜を塩漬けにするとしおれるのは，まわりの高濃度の食塩水によって，水分が奪われるから。このように，浸透現象は身近にも経験することがある。

細胞膜での物質輸送

Overview 細胞膜での物質輸送

細胞膜は，物質を大きさや性質に応じた方法で輸送する。濃度差に従う受動輸送にはエネルギーは不要だが，濃度差に逆らう能動輸送や，小胞輸送にはエネルギーが必要である。

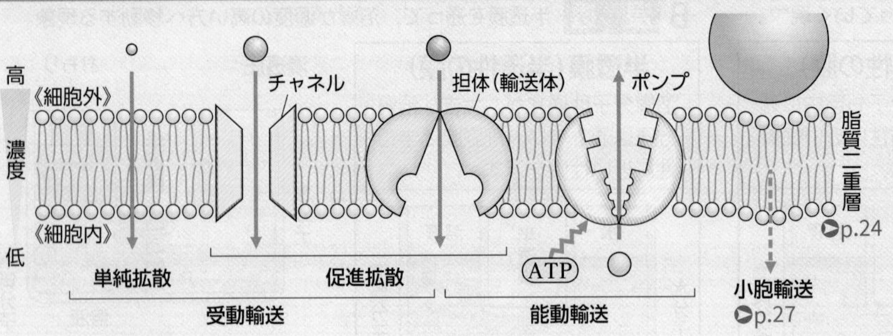

高
《細胞外》
チャネル
担体(輸送体)
ポンプ
濃度
《細胞内》
低
脂質二重層
p.24
ATP
単純拡散
促進拡散
受動輸送
能動輸送
小胞輸送
p.27

膜輸送 イオンや水などの比較的小さな分子は，膜を横切って輸送される。輸送を担うタンパク質(チャネル，担体，ポンプ)を**輸送タンパク質**という。

		エネルギー	駆動力	輸送タンパク質
受動輸送	単純拡散	不　要	濃度差	不　要
	促進拡散	不　要	濃度差	必　要
能動輸送		必　要	ATP	必　要

小胞輸送 タンパク質などの大きな分子は，小胞に包まれて輸送される。

1 受動輸送

物質は，細胞膜を通して，濃度の高い方から低い方へ拡散する。このときエネルギーは使わない。

A 単純拡散

リン脂質を通過する場合

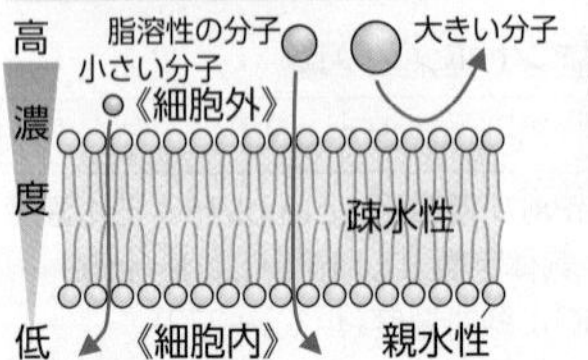

高
脂溶性の分子
大きい分子
小さい分子
《細胞外》
濃
度
疎水性
低
《細胞内》
親水性

すき間を通りぬけたり，リン脂質に溶けたりして拡散する。親水性の物質(水やイオン)は，リン脂質を通過しにくい。

B 促進拡散

チャネルを通過する場合

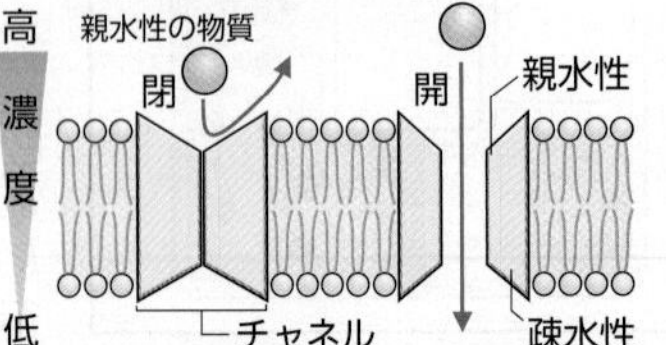

高
親水性の物質
閉
開
親水性
濃
度
低
チャネル
疎水性

チャネルが開閉して，物質が小孔を通過する。水や特定のイオン(親水性)を通過させるチャネルが多数知られている。

担体に運ばれる場合

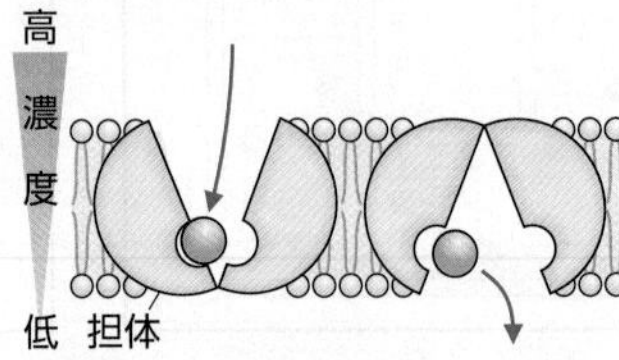

高
濃
度
低
担体

担体*(**輸送体**)に特定の物質が結合すると，形が変化してその物質を通過させる。糖，アミノ酸などはこの方法で拡散する。

*担体にポンプ(能動輸送)を含めることもある。

C アクアポリン (促進拡散)

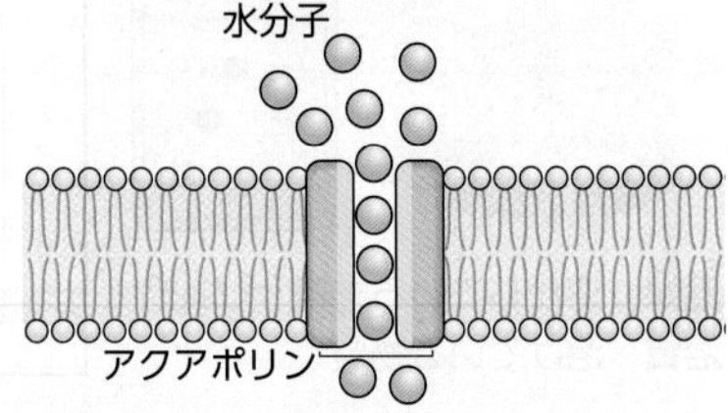

水分子
アクアポリン

細胞膜は，水を通過させるチャネル，アクアポリンをもつ。アクアポリンの小孔を水分子が1列になって通過する。

2 能動輸送

細胞は，濃度の低い方から高い方へ，エネルギーを使って物質を輸送することがある。

A ナトリウムポンプ

*ATP アーゼ ATP 分解酵素(p.49)。ATP を分解してエネルギーを放出する。

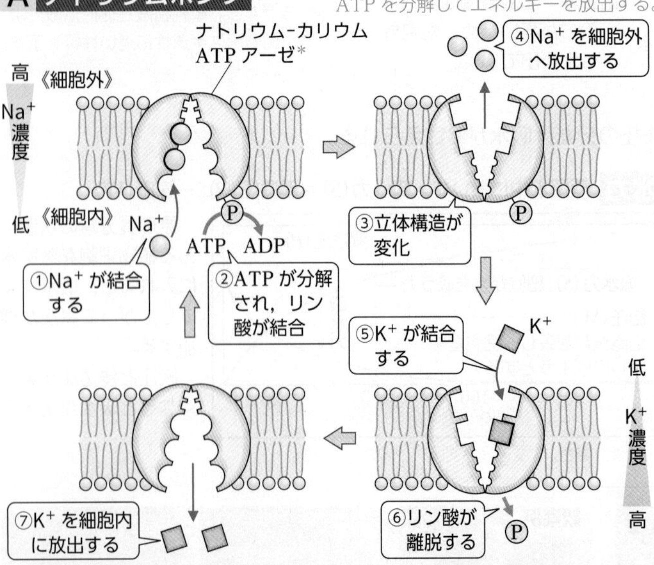

ナトリウム-カリウム
ATP アーゼ*
高
《細胞外》
Na^+
濃度
低
《細胞内》
Na^+
ATP
ADP
①Na^+ が結合する
②ATP が分解され，リン酸が結合
③立体構造が変化
④Na^+ を細胞外へ放出する
⑤K^+ が結合する
K^+
低
K^+
濃度
高
⑥リン酸が離脱する
⑦K^+ を細胞内に放出する

ATP のエネルギーを使って，細胞内外の濃度差に逆らって，Na^+ を細胞外へ，K^+ を細胞内へ運ぶ。このようなしくみを**ナトリウムポンプ**といい，**ナトリウム-カリウム ATP アーゼ**という酵素(輸送タンパク質)が輸送を担う。リン酸が結合すると，輸送タンパク質の構造が変化し，Na^+ が放出される。また，K^+ の結合によってリン酸の離脱が促進される。ATP1分子ごとに，3個の Na^+ が細胞外に出て，2個の K^+ が細胞内に入る。

B グルコースの共輸送 二次能動輸送

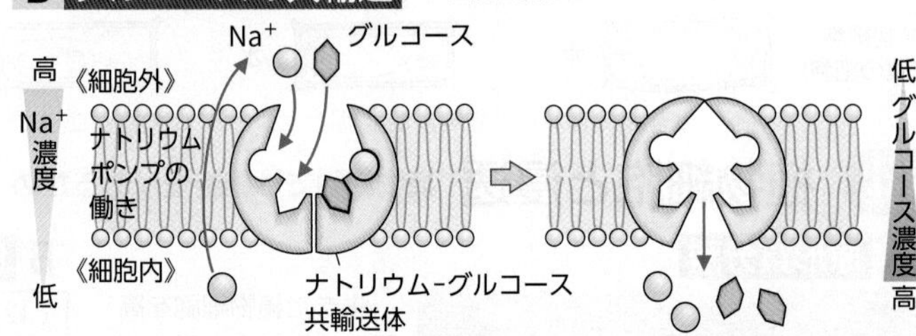

Na^+
グルコース
高
《細胞外》
Na^+
濃度
ナトリウムポンプの働き
《細胞内》
低
ナトリウム-グルコース共輸送体
低
グルコース濃度
高

Na^+ の濃度差に従って，Na^+ が細胞内に流れこむのを利用して，グルコースをとりこんでいる。

小腸上皮細胞でのグルコースの輸送

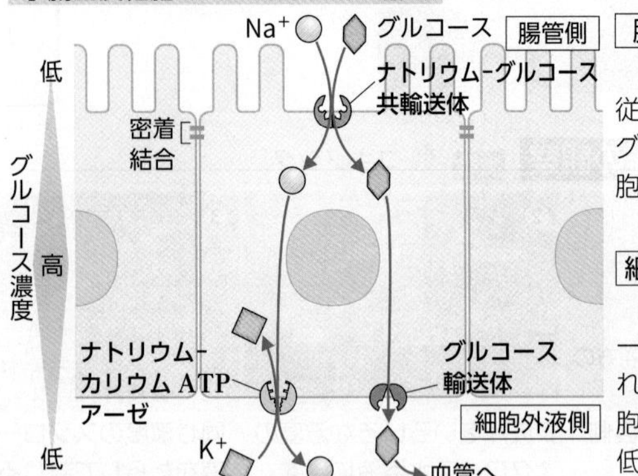

Na^+
グルコース
腸管側
低
ナトリウム-グルコース共輸送体
密着結合
グルコース濃度
高
ナトリウム-カリウム ATP アーゼ
グルコース輸送体
細胞外液側
K^+
低
血管へ

腸管側 (吸収)
Na^+ の濃度差に従って，能動輸送でグルコースが上皮細胞内にとりこまれる。

細胞外液側 (放出)
受動輸送でグルコースが細胞外へ出される。能動輸送で細胞内の Na^+ 濃度が低く保たれる。

プチ雑学 赤血球などの細胞には高い水の透過性があり，水を通すチャネルの存在が予想されていた。赤血球に含まれるタンパク質の分析から，1992年にはじめてその存在が確認され，アクアポリンと名づけられた。アクアポリンの機能や開閉の制御などについては不明な点も多く，現在も研究が続いている。

Keywords
●受動輸送 passive transport ●能動輸送 active transport
●アクアポリン aquaporin ●ナトリウムポンプ sodium pump ●小胞 vesicle
●エキソサイトーシス exocytosis ●エンドサイトーシス endocytosis

3 小胞輸送 タンパク質や多糖類などの大きな物質は，小胞によって輸送される。

A サイトーシス

エキソサイトーシス（開口分泌）

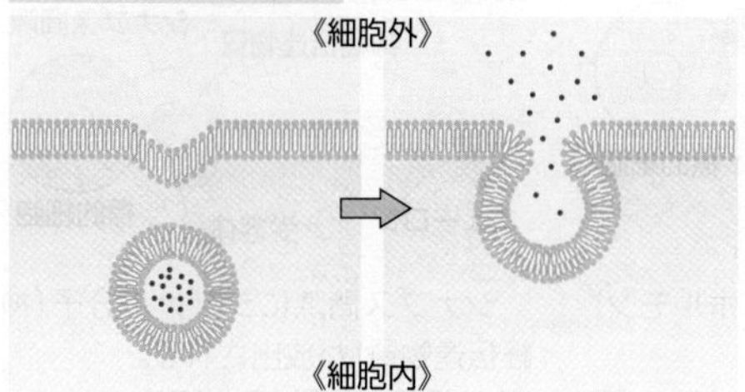
《細胞外》
《細胞内》

小胞の膜と細胞膜が融合し，小胞内の物質が細胞外へ放出される。

例 消化酵素やホルモンの分泌，神経伝達物質の放出，細胞膜の合成

エンドサイトーシス（飲食作用）

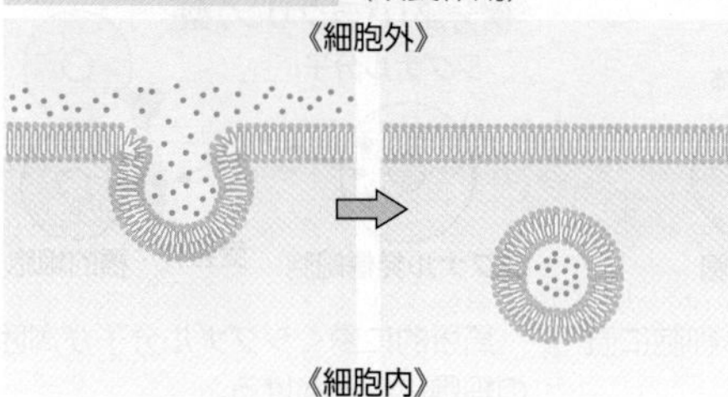
《細胞外》
《細胞内》

細胞膜の一部が陥入し，細胞内に小胞を形成して，細胞外の物質をとりこむ。チャネルやポンプを通過できない大きな物質をとりこむ際に用いられる。

例 食細胞による食作用

B 飲作用と食作用 自食作用 ▶p.84

飲作用

※着色画像

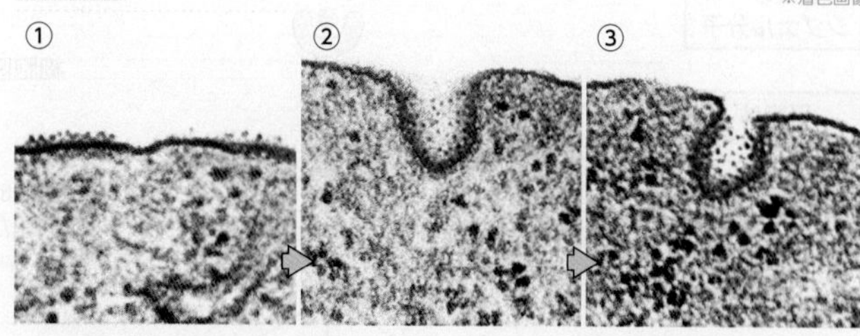
①
②
③

食作用

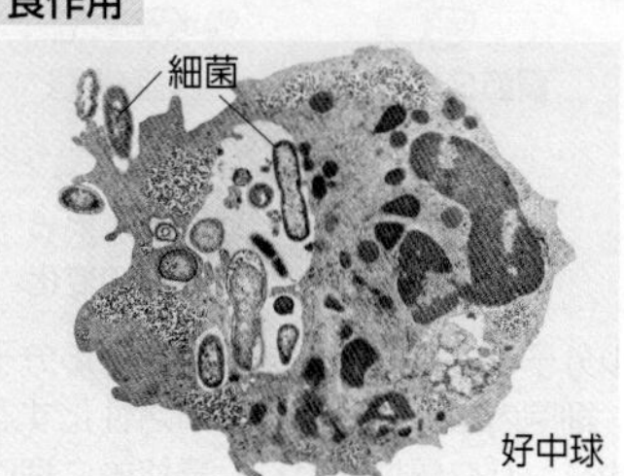
細菌
好中球

エンドサイトーシスのうち，液体とそこに溶けた小さな物質をとりこむ場合を**飲作用**，大きな物質をとりこむ場合を**食作用**という。食作用は，免疫反応における食細胞（▶p.160）の異物のとりこみや，アメーバなどの原生生物（▶p.300）の食物のとりこみなどに使われる。

C 細胞内での小胞輸送 ▶p.84

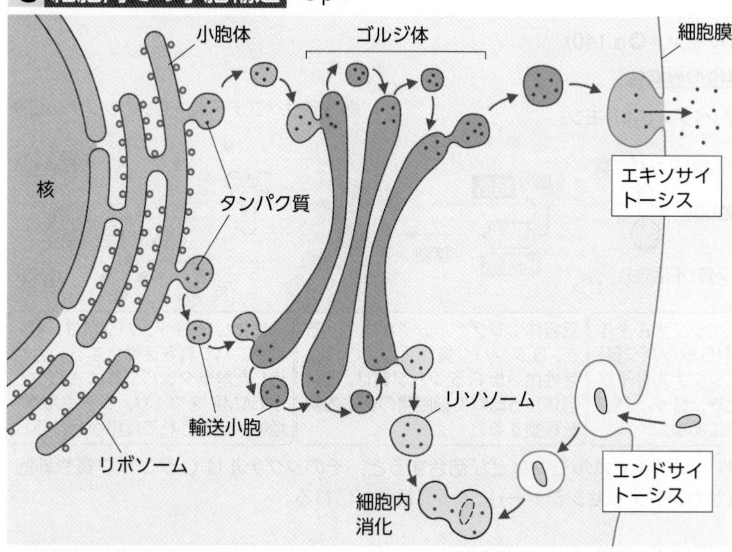
小胞体
ゴルジ体
細胞膜
核
タンパク質
エキソサイトーシス
リソソーム
輸送小胞
リボソーム
エンドサイトーシス
細胞内消化

タンパク質は，小胞体に入ったあと，小胞に包まれてゴルジ体に輸送される。ゴルジ体では，タンパク質が濃縮・糖鎖修飾される。ゴルジ体から出た小胞が細胞膜と融合すると，タンパク質は細胞外に放出される（エキソサイトーシス）。また，小胞には，細胞内にリソソームなどの細胞小器官として残るものもある。

エンドサイトーシスによって細胞内にとりこまれた細胞外の物質はリソソームと融合し，リソソーム内の加水分解酵素によって分解される。なお，小胞輸送は拡散ではなく，細胞骨格とモータータンパク質（▶p.31）によって，ATP のエネルギーを使って行われる。

D 細胞膜の合成

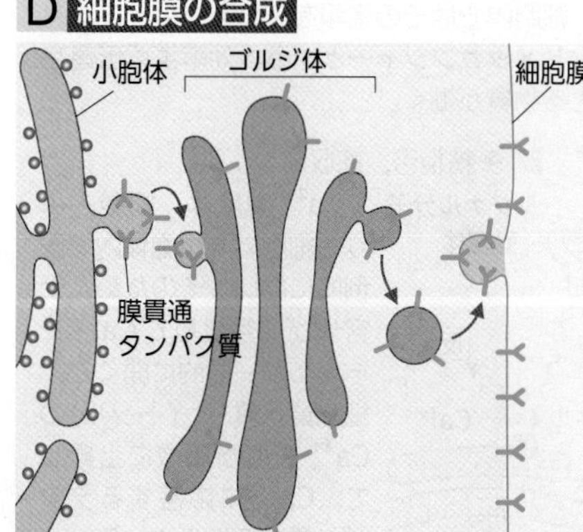
小胞体
ゴルジ体
細胞膜
膜貫通タンパク質

細胞膜を構成するリン脂質やタンパク質は，おもに小胞体で合成・修飾され，それぞれ小胞体の膜にうめこまれる。そうしてできた新しい細胞膜の成分は，新たに小胞を形成し，ゴルジ体を経由して細胞膜に融合する。

例 腎臓での水の再吸収の促進（アクアポリンの増加）▶p.153

つながる生物学 医療 コレラは細胞膜を乱す

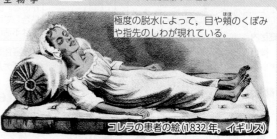

極度の脱水によって，目や頬のくぼみや指先のしわが現れている。

コレラの患者の絵（1832年，イギリス）

コレラは，コレラ菌で汚染された水や食物を摂取することで感染する。おもに下痢による脱水症状を引き起こす。過去には何度も大流行し，現在も多くの死亡者を出している。この感染には，細胞膜による輸送が関与している。

コレラ菌が放出する毒素が小腸に到達すると，エンドサイトーシスで上皮細胞内にとりこまれる。とりこまれた毒素は，ゴルジ体や小胞体を経由して，細胞質基質（サイトゾル）に輸送される。毒素が細胞膜のイオンチャネルに作用し，細胞外のイオン濃度を上昇させる。これによって水が細胞外へ流出し，コレラ特有の重い下痢を引き起こすと考えられている。

Q コレラの治療では経口補水液による水やイオンの摂取が推奨される。経口補水液は正常な体液と比べ，どのような濃度だと考えられるか。

つながる生物学 A 低張もしくは等張。体内に水分が吸収されやすいため。

細胞間の情報伝達

Keywords
●受容体 receptor
●セカンドメッセンジャー second messenger

1 シグナルの伝達　多細胞生物は，細胞間の情報のやりとり(シグナル伝達)を行う。

A シグナル伝達のしくみ

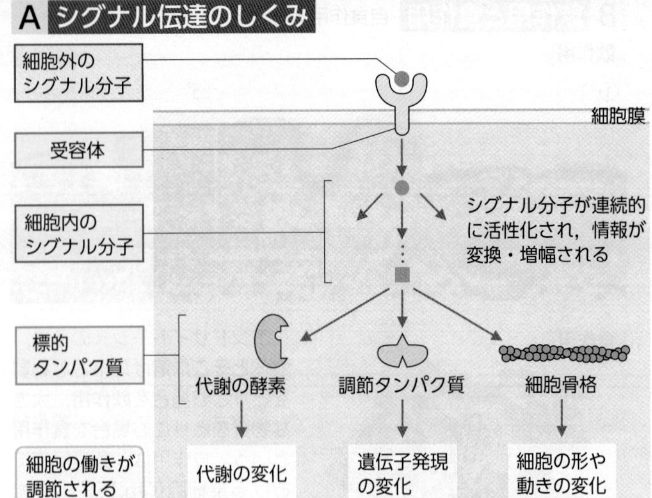
細胞外のシグナル分子
受容体
細胞膜
細胞内のシグナル分子
シグナル分子が連続的に活性化され，情報が変換・増幅される
標的タンパク質
代謝の酵素
調節タンパク質
細胞骨格
細胞の働きが調節される
代謝の変化
遺伝子発現の変化
細胞の形や動きの変化

情報伝達を行う物質をシグナル分子という。細胞外のシグナル分子を標的細胞の受容体が受け取ると，細胞内のシグナル分子が活性化する。その情報が変換・増幅されて標的タンパク質に伝わり，最終的に細胞の働きが調節される。

B 細胞外でのシグナル伝達

内分泌型

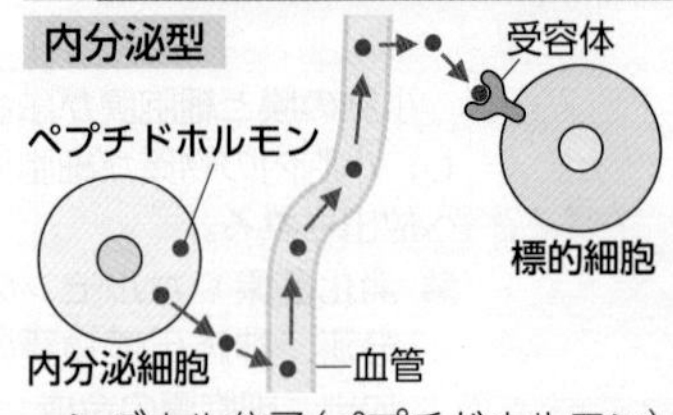
受容体
ペプチドホルモン
標的細胞
内分泌細胞
血管

シグナル分子(ペプチドホルモン)は血液などで運ばれる。

例 水溶性のペプチドホルモン(▶p.144)

神経(シナプス)型

神経伝達物質
シナプス間隙
ニューロン
受容体
標的細胞

シナプス間隙(かんげき)にシグナル分子(神経伝達物質)が放出される。

例 神経伝達物質(▶p.176)

細胞接触型

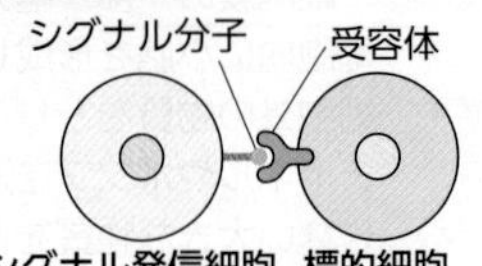
シグナル分子
受容体
シグナル発信細胞
標的細胞

シグナル分子が隣接する細胞に直接働きかける。

例 T 細胞への抗原提示(▶p.161)

傍分泌(ぼうぶんぴつ)(パラクリン)型

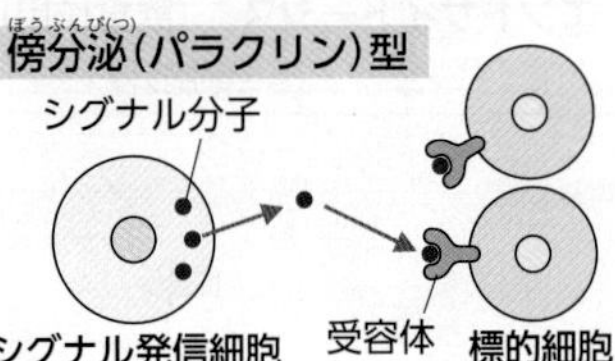
シグナル分子
シグナル発信細胞
受容体
標的細胞

局所的に働くシグナル分子が周囲の細胞に働きかける。

例 位置情報を伝える物質(▶p.113)

C 細胞表面受容体とシグナル伝達　細胞内受容体(脂溶性ホルモン，▶p.140)

イオンチャネル共役型受容体

伝達物質(リガンド)依存性イオンチャネル

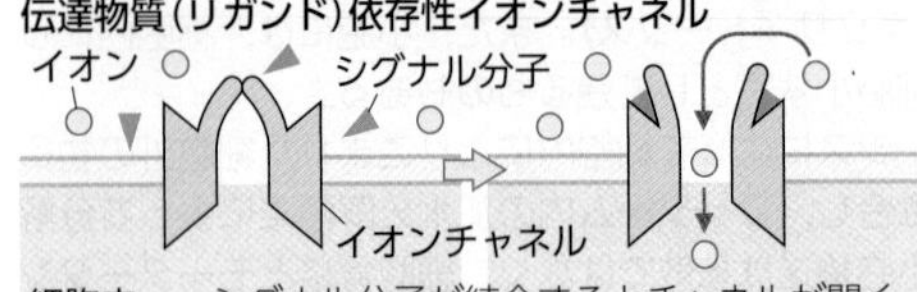
イオン
シグナル分子
イオンチャネル
細胞内
シグナル分子が結合するとチャネルが開く。

電位依存性イオンチャネル

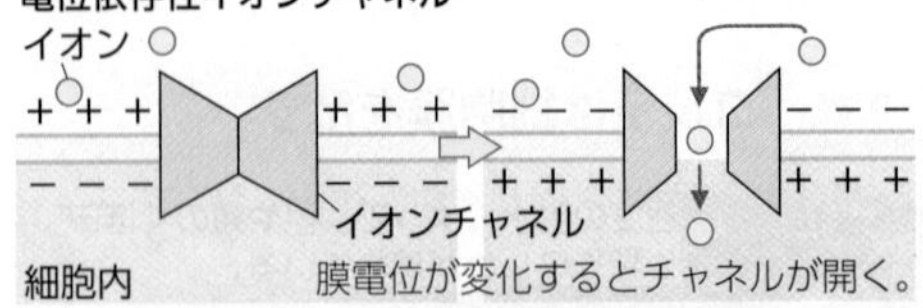
イオン
イオンチャネル
細胞内
膜電位が変化するとチャネルが開く。

神経系での興奮の伝達・伝導にこれらのイオンチャネル共役型受容体が働いている。

Gタンパク質共役型受容体

例 水溶性ペプチドホルモンのシグナル伝達

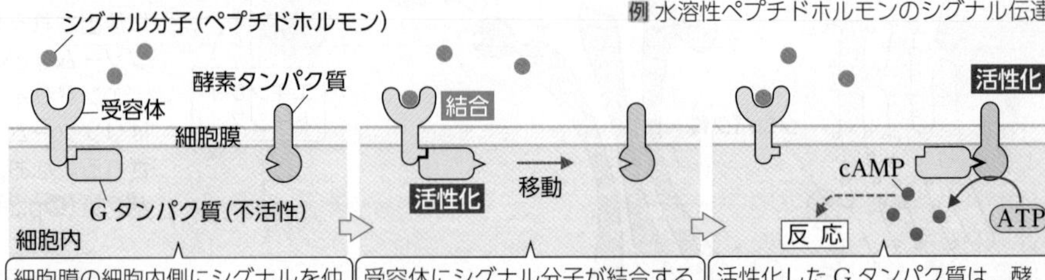
シグナル分子(ペプチドホルモン)
酵素タンパク質
受容体
細胞膜
Gタンパク質(不活性)
細胞内
結合
活性化
移動
活性化
cAMP
ATP
反応

細胞膜の細胞内側にシグナルを仲介するタンパク質(Gタンパク質)がある。受容体にシグナル分子が結合していないとき，Gタンパク質は不活性な状態にある。

受容体にシグナル分子が結合すると，Gタンパク質が活性化される。活性化したGタンパク質は，受容体から離れて細胞膜の細胞内側を移動する。

活性化したGタンパク質は，酵素タンパク質を活性化する。活性化した酵素タンパク質はATPからcAMPをつくり，シグナルが増幅・伝達されて反応が起こる。

受容体に水溶性のペプチドホルモンなどが結合すると，そのシグナルはGタンパク質や細胞内シグナル分子(セカンドメッセンジャー)によって情報が伝わる。

酵素共役型受容体

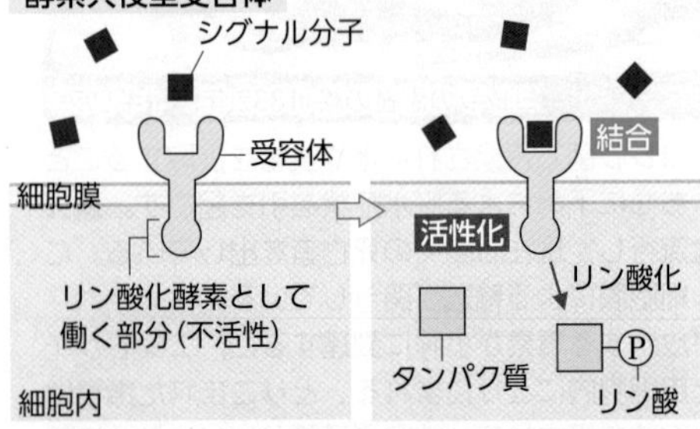
シグナル分子
受容体
細胞膜
結合
活性化
リン酸化
リン酸化酵素として働く部分(不活性)
タンパク質
リン酸
細胞内

シグナル分子の結合により，受容体の酵素としての働きが活性化され，細胞内のタンパク質にリン酸が付加される(リン酸化)。タンパク質がリン酸化されると，細胞内に情報が伝わる。また，シグナル分子の結合により，受容体に結合した酵素が活性化し，タンパク質がリン酸化される場合もある。

Step up セカンドメッセンジャー

細胞外のシグナル分子を受容体が受け取ると，細胞内ではその情報を広めるため，二次的なシグナル分子が生成される。この分子を**セカンドメッセンジャー**という。効率よく伝達を仲介するため，すばやく細胞内で濃度を調節できる物質が働く。

cAMP　cyclic adenosine monophosphate

ATP
合成 ←酵素
cAMP
分解 ←酵素
5´-AMP

環状アデノシン一リン酸。細胞内に存在するATPから合成される。受容体からのシグナルによって，数秒以内に20倍以上増加して働く。酵素タンパク質に結合して，活性化するなどしてシグナルを伝える。

Ca^{2+}　例 多精拒否，筋収縮

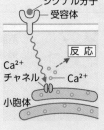

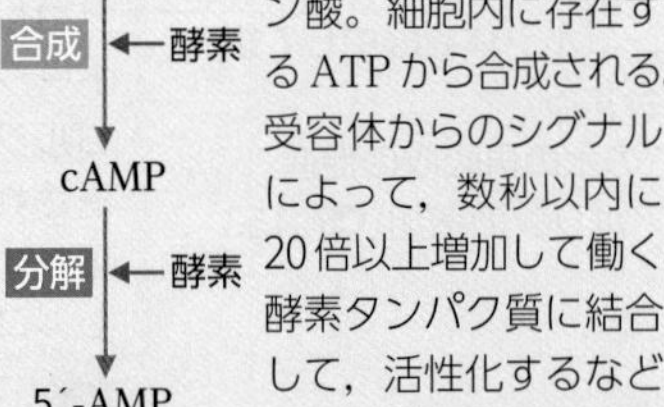
シグナル分子
受容体
反応
Ca²⁺チャネル
Ca²⁺
小胞体

Ca^{2+} 濃度は，細胞内よりも細胞外や小胞体内で圧倒的に高い。そのため，受容体が活性化して Ca^{2+} チャネルが一時的に開くと，細胞質基質(サイトゾル)の Ca^{2+} 濃度が急激に上昇して，Ca^{2+} に応答するタンパク質を活性化させる。

プチ雑学　Gタンパク質とは，細胞膜の細胞質側に存在するタンパク質である。受容体からのシグナルを受けるとGTP(グアノシン三リン酸)と結合し，活性化して働く。

Keywords ▶ ●細胞接着(細胞間結合) cell adhesion, cell junction ●カドヘリン cadherin
●原形質連絡 plasmodesm(a), plasmodesmata(複数形)
●細胞外基質 extracellular matrix

細胞間の結合

1 細胞接着 細胞の結合には，膜貫通タンパク質と細胞骨格がかかわっている。

鎖状にならぶタンパク質
アクチンフィラメント
中間径フィラメント
デスモソーム
カドヘリン
コネクソン
ヘミデスモソーム
インテグリン

例 小腸上皮細胞

多細胞生物をつくる細胞の多くは，隣接する細胞や細胞外基質と結合している。このような結合は**細胞接着**(**細胞間結合**)という。

密着結合 細胞間隙をふさぐ。

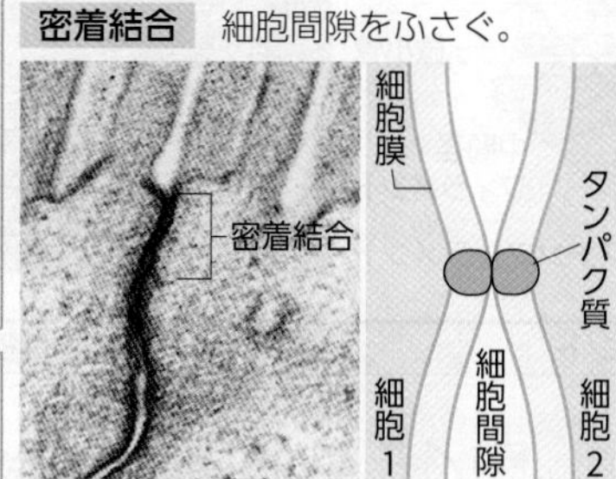
細胞膜
密着結合
タンパク質
細胞1
細胞間隙
細胞2

膜を貫通しているタンパク質(膜貫通タンパク質)どうしが結合して，細胞膜をくっつける。これが鎖状に並び，細胞間のすき間(細胞間隙)をふさぐ。小腸上皮細胞では，食物が細胞間隙へ漏れないように小腸内側に位置している。

固定結合 細胞どうしや細胞と細胞外基質を固定する。

膜貫通タンパク質どうしが結合し，それぞれの細胞内では，細胞骨格が膜貫通タンパク質をささえている。

接着結合 [カドヘリン／アクチンフィラメント]

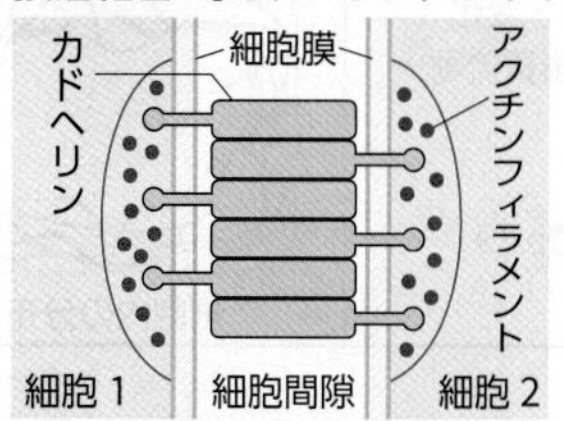
カドヘリン
細胞膜
アクチンフィラメント
細胞1
細胞間隙
細胞2

細胞膜の細胞質側の面に沿って，アクチンフィラメントの束が走り，そこに膜貫通タンパク質であるカドヘリン(▶p.109)が付着している。隣接する同種のカドヘリンどうしが結合することで，アクチンフィラメントの束が連結する。

デスモソームによる結合 [カドヘリン／中間径フィラメント]

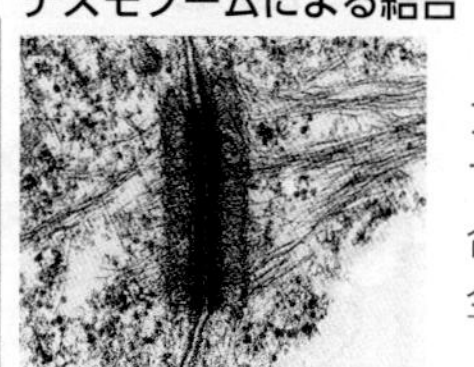

中間径フィラメントに付着したカドヘリンが，隣接する細胞のカドヘリンと結合している。デスモソームによる結合と接着結合とで，カドヘリンの種類は異なる。組織全体が張力に耐えられるようにする。

ヘミデスモソームによる結合

中間径フィラメントに付着した膜貫通タンパク質(インテグリン)が細胞外基質と結合している。組織全体が張力に耐えられるようにする。

ギャップ結合 細胞間の情報伝達を行う。

ギャップ結合
細胞膜
細胞1
細胞2
細胞間隙
コネクソン(中空構造)

膜貫通タンパク質(コネクソン)が隣接するコネクソンと結合する。コネクソンは中空で，イオンや低分子の物質が通過する。

2 原形質連絡

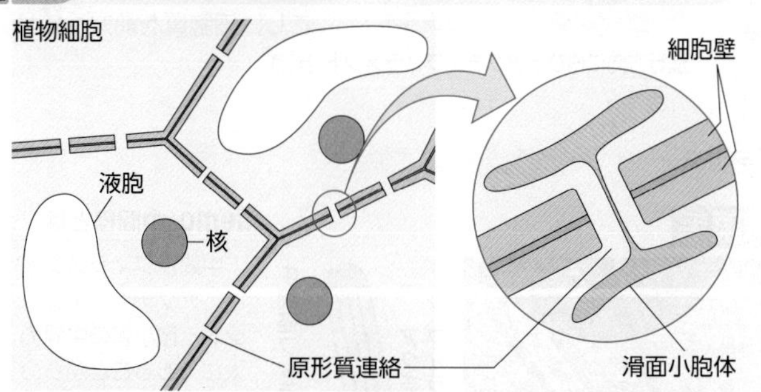
植物細胞
細胞壁
液胞
核
原形質連絡
滑面小胞体

植物細胞では，細胞壁を構成するペクチンなどの多糖類によって，細胞どうしが固定される。原形質連絡は，動物細胞におけるギャップ結合のように，細胞間の直接的な連絡経路として働いている。

Step up 細胞外基質との結合 ▶p.23

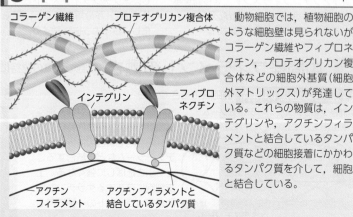

コラーゲン繊維
プロテオグリカン複合体
インテグリン
フィブロネクチン
アクチンフィラメント
アクチンフィラメントと結合しているタンパク質

動物細胞では，植物細胞のような細胞壁は見られないが，コラーゲン繊維やフィブロネクチン，プロテオグリカン複合体などの細胞外基質(細胞外マトリックス)が発達している。これらの物質は，インテグリンや，アクチンフィラメントと結合しているタンパク質などの細胞接着にかかわるタンパク質を介して，細胞と結合している。

プチ雑学 細胞の構造を指す用語の1つに原形質がある。原形質は，細胞のうち細胞膜以外の部分(核と細胞質)を指す。これは，初期の光学顕微鏡による観察では，細胞が比較的均質な物質だと考えられていたことに由来する。細胞の微細構造の判明につれて使用頻度が減ったが，原形質連絡などの用語に名残が残る。

30 細胞骨格とその働き

1 細胞骨格の種類 細胞骨格には 3 種類ある。

生

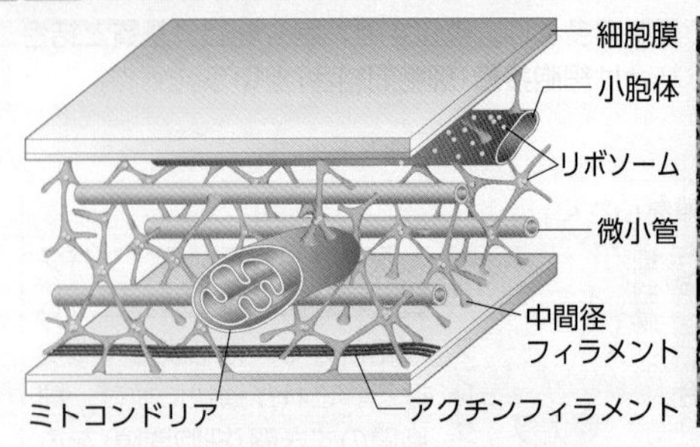
細胞膜
小胞体
リボソーム
微小管
中間径
フィラメント
ミトコンドリア
アクチンフィラメント

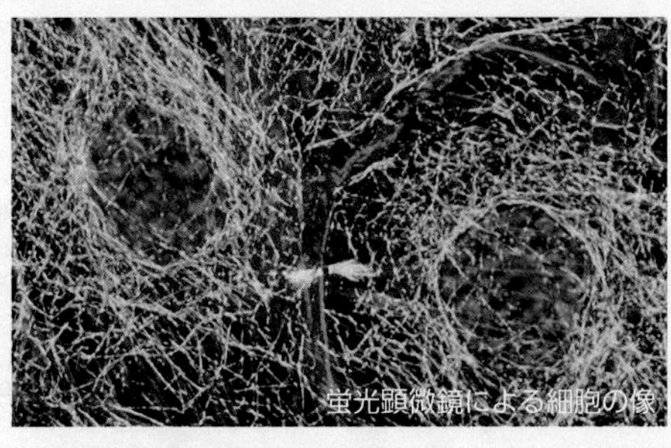
蛍光顕微鏡による細胞の像

真核細胞の内部には，**細胞骨格**という，繊維状の構造が広がっており，細胞の形の維持や変化，細胞の運動などに関与している。細胞骨格と相互作用し，ATP のエネルギーを使って働くタンパク質を**モータータンパク質**という。

左の写真は，赤色がアクチンフィラメント，緑色が微小管を示している。アクチンフィラメントは細胞膜直下に多く存在する。

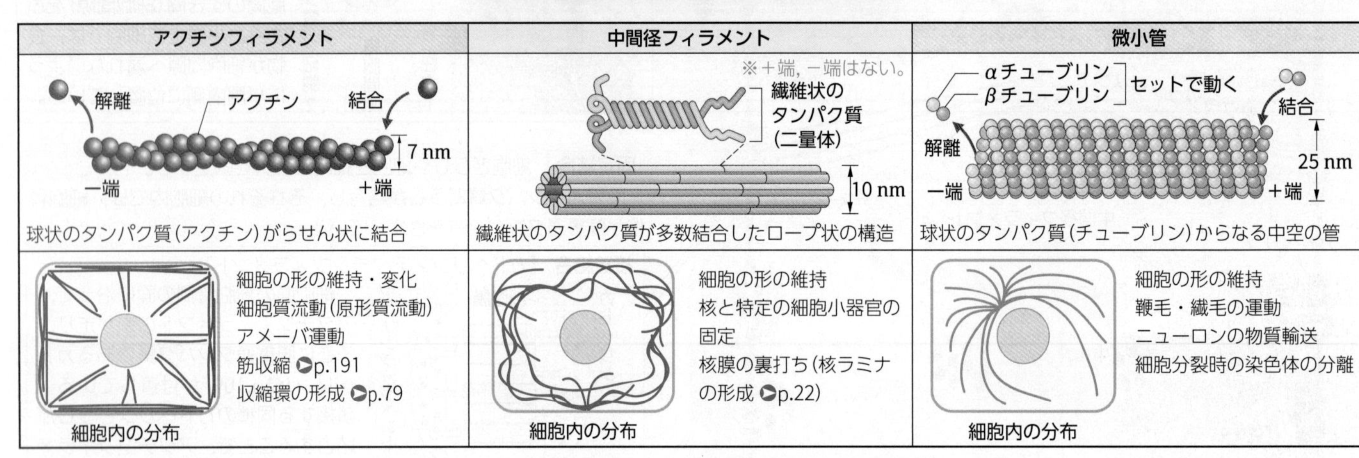

アクチンフィラメント	中間径フィラメント	微小管
解離　アクチン　結合 7 nm －端　＋端	※＋端，－端はない。 繊維状のタンパク質（二量体） 10 nm	αチューブリン βチューブリン　セットで動く 結合　解離 25 nm －端　＋端
球状のタンパク質（アクチン）がらせん状に結合	繊維状のタンパク質が多数結合したロープ状の構造	球状のタンパク質（チューブリン）からなる中空の管
細胞の形の維持・変化 細胞質流動（原形質流動） アメーバ運動 筋収縮 ➲p.191 収縮環の形成 ➲p.79 細胞内の分布	細胞の形の維持 核と特定の細胞小器官の固定 核膜の裏打ち（核ラミナの形成 ➲p.22） 細胞内の分布	細胞の形の維持 鞭毛・繊毛の運動 ニューロンの物質輸送 細胞分裂時の染色体の分離 細胞内の分布

2 アクチンフィラメントの働き 細胞の運動に関与する。

生

A 細胞質流動 Link

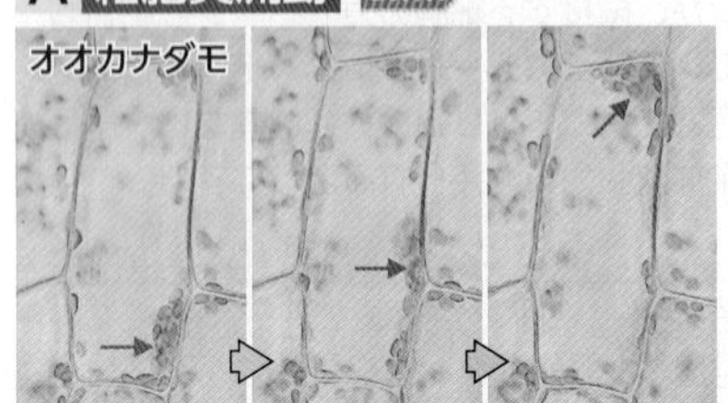
オオカナダモ

細胞質が一定方向に流れるように動く現象を**細胞質流動**(**原形質流動**)という。細胞内の物質移動に関わっている。細胞質流動は，細胞小器官と結合したモータータンパク質がアクチンフィラメント上を移動することで起こる。移動にはATPが必要なため，生きている細胞でしか起こらない。

モータータンパク質の働き

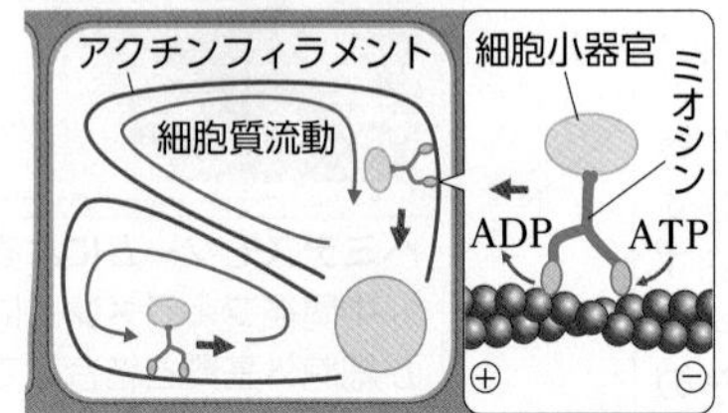
アクチンフィラメント
細胞質流動
細胞小器官
ミオシン
ADP
ATP
⊕
⊖

アクチンフィラメントと相互作用するモータータンパク質は，**ミオシン**である。ミオシンは，細胞小器官と結合し，アクチンフィラメントと接する部分で ATP が分解されると，構造が変化し，歩くように移動する。

B アメーバ運動

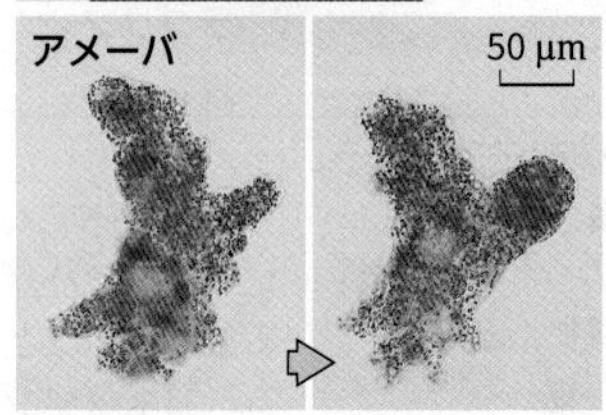
アメーバ
50 µm

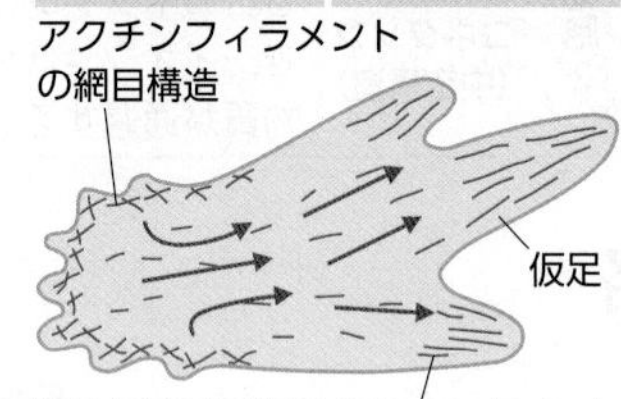
アクチンフィラメント
の網目構造
仮足
進行方向に伸びるアクチンフィラメント

細胞の変形運動をアメーバ運動という。細胞質が流動状態(ゾル)と固まった状態(ゲル)とに変換することによって起こる。

先端部(仮足)では平行に並んだアクチンフィラメントにアクチンが結合し，進行方向に向かって伸びる。後端部では網目構造のアクチンフィラメントがミオシンと相互作用して収縮を起こし，細胞質を前方へ絞り出す。

3 中間径フィラメントの働き 細胞の強度の維持に関与する。

生

A 細胞の強度の維持 細胞間の結合 ➲p.29

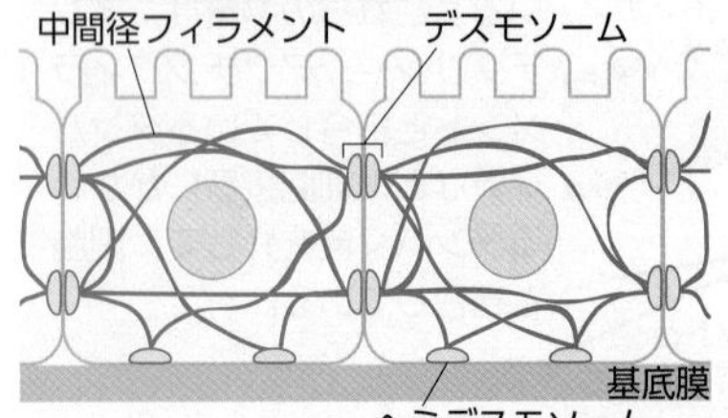
中間径フィラメント
デスモソーム
基底膜
ヘミデスモソーム

中間径フィラメントは，細胞に強度を与え，形の維持に役立つ。細胞内を網目状に広がり，デスモソームなどに結合することで引き延ばしに強くなる。上皮細胞に存在するケラチンも中間径フィラメントの一種である。

B 微柔毛

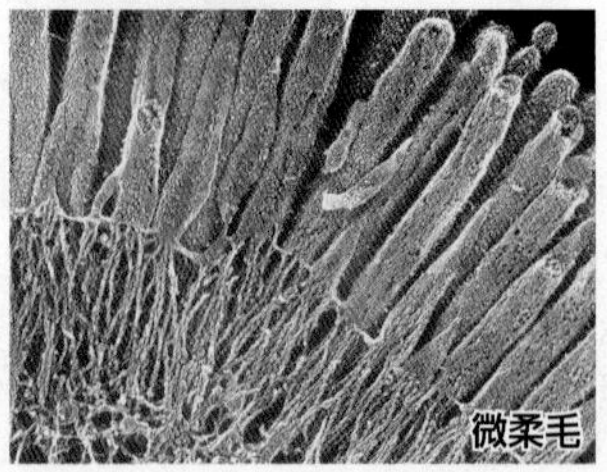
微柔毛
アクチンフィラメント
中間径フィラメント

Memo 中間径とは

中間径フィラメントは，アクチンフィラメントと微小管の中間の太さであることから命名された。ほかの細胞骨格とは違って解離や結合は起こらず，強度は最も高い。

プチ雑学 初期の顕微鏡観察では，細胞小器官は細胞質を自由に動くと考えられていたが，観察技術の改良によって細胞骨格が発見され，細胞小器官の固定や運動に関わることがわかった。

Keywords ●細胞骨格 cytoskeleton ●アクチンフィラメント actin filament ●中間径フィラメント intermediate filament ●微小管 microtubule ●細胞質流動 cytoplasmic streaming ●モータータンパク質 motor protein

4 微小管の働き 紡錘糸や鞭毛，繊毛を構成する。

A 細胞内の物質輸送

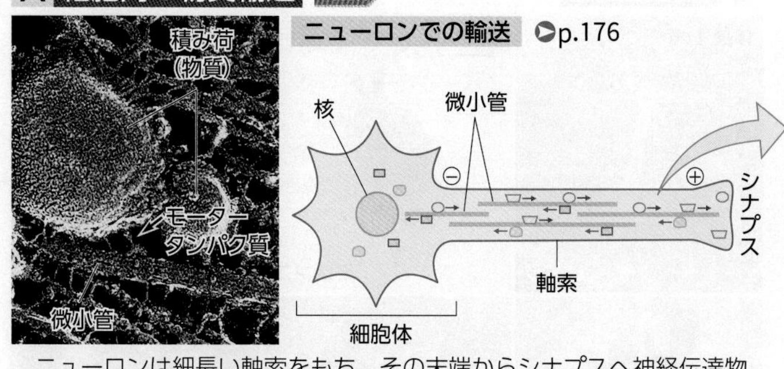
積み荷（物質）
モータータンパク質
微小管
ニューロンでの輸送 ▶p.176
核
微小管
シナプス
軸索
細胞体

ニューロンは細長い軸索をもち，その末端からシナプスへ神経伝達物質を分泌する。軸索内には，微小管が同じ向きに重なって並んでいる。

分泌する物質は核のある細胞体で合成され，小胞に包まれる（▶p.27）。小胞はモータータンパク質に結合して，軸索中の微小管の上を運ばれる。小胞が末端まで運ばれると，物質を細胞外に分泌する。一方，末端で生じた不要物などは逆方向に運ばれ，細胞体で分解される。

モータータンパク質の働き

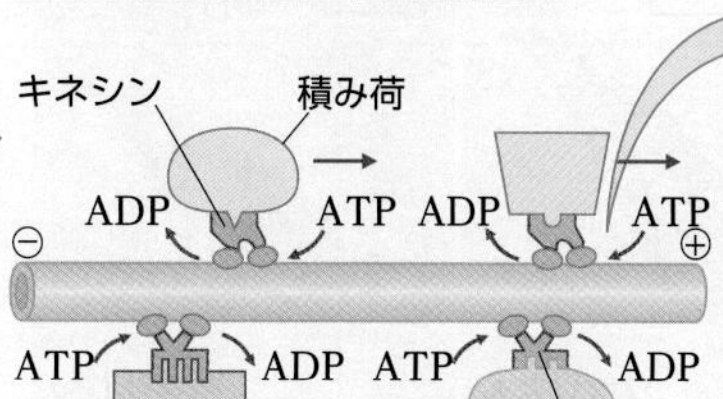
キネシン
積み荷
ADP
ATP
ADP
ATP

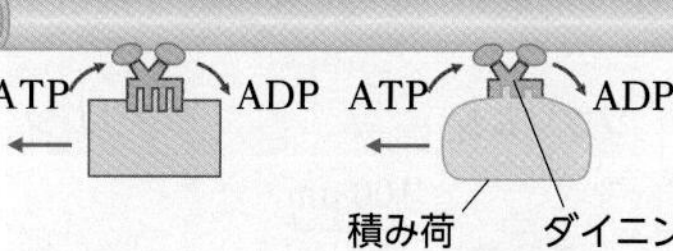
ATP
ADP
ATP
ADP
積み荷
ダイニン

微小管と相互作用するモータータンパク質は，細胞体側から先端（－端→＋端）へ移動する**キネシン**と，逆方向に移動する**ダイニン**である。細胞小器官や小胞などの積み荷と結合して，ATPのエネルギーを使って輸送する。

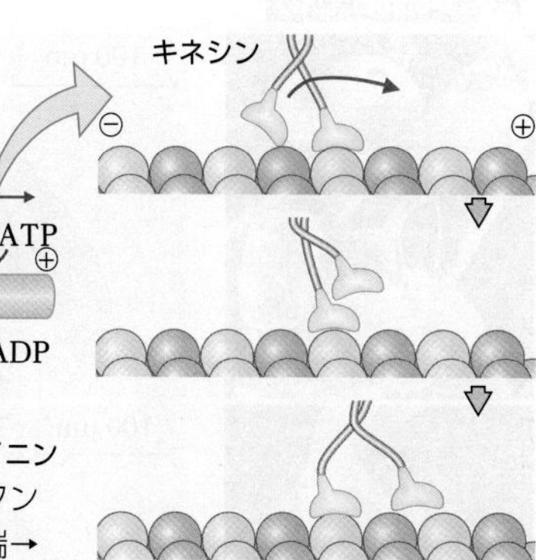
キネシン

キネシンやダイニンは，微小管と接する部分でATPを分解し，構造を変える。この変化をくり返して，歩くように移動する。

B 染色体の分離 体細胞分裂 ▶p.78

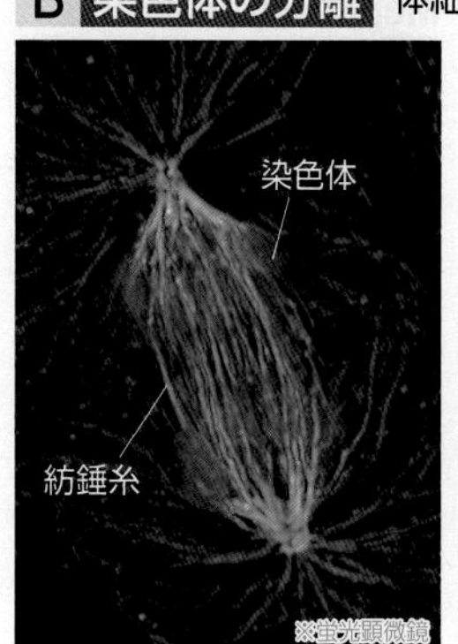
染色体
紡錘糸

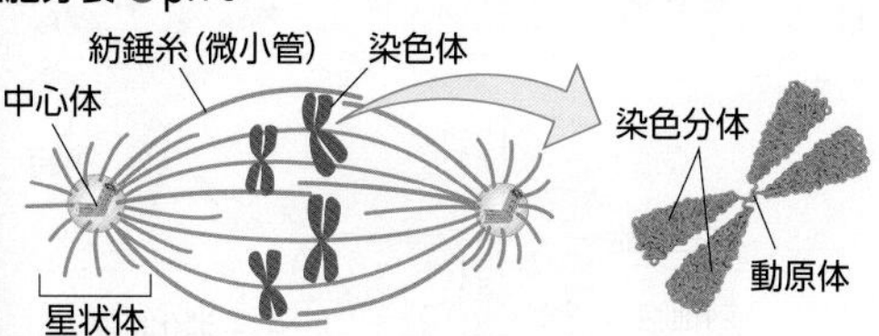
紡錘糸（微小管）
染色体
中心体
星状体
染色分体
動原体

紡錘糸の動き

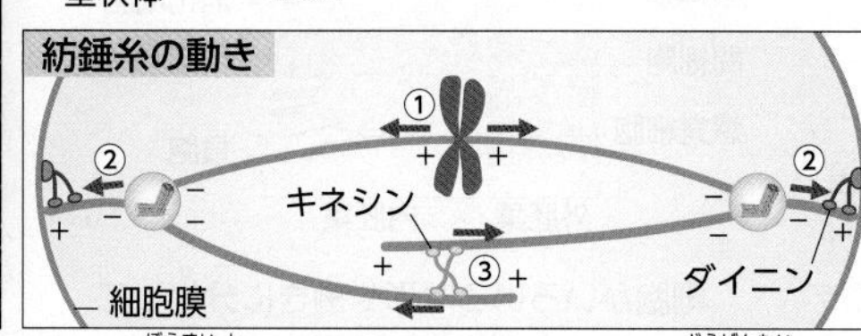
①
②
②
キネシン
③
ダイニン
細胞膜

細胞分裂時には，細胞の両極から紡錘糸（微小管）がのび，染色体の動原体に付着する。染色体は，紡錘糸に引かれて両極に移動する。

染色体に付着した微小管は，両端で次々と分解されて短くなる（①）。また，細胞膜付近のダイニンが，微小管上を移動して微小管がたぐり寄せられる（②）。さらに，両極の紡錘糸が重複した部分では，微小管上のキネシンがそれぞれを反対方向に滑らせて，両極を押し離す（③）。これらの動きによって，染色体は2つに分かれる。

C 鞭毛の運動 鞭毛・繊毛 ▶p.193

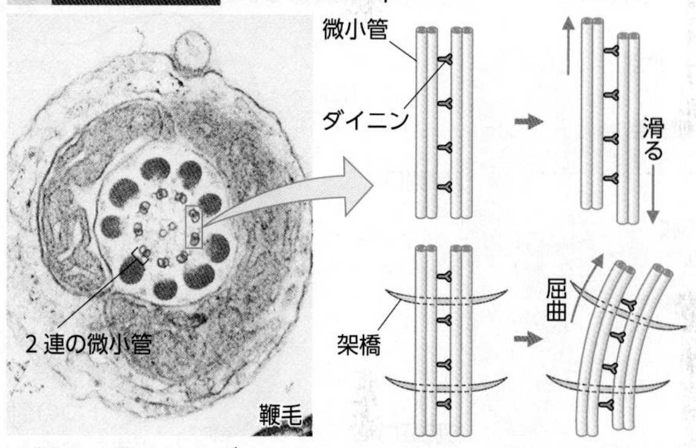
2連の微小管
鞭毛
微小管
ダイニン
滑る
架橋
屈曲

鞭毛は，微小管とダイニンでできている。中心にある2本の微小管を，2連の微小管9組が囲む共通構造をもつ。ダイニンの一方の端は微小管に結合しており，もう一方の端は別の微小管の上を滑って動く。微小管が固定されていない場合は，微小管が滑りあう。

微小管がタンパク質の架橋で固定される場合は，ダイニンが滑ることで鞭毛が屈曲する。この運動の連続で，鞭毛が波打つように動く。繊毛の運動も同じしくみである。

5 細胞質流動の実験 実験 ミクロメーターを利用して，細胞質流動の速度を測定する。

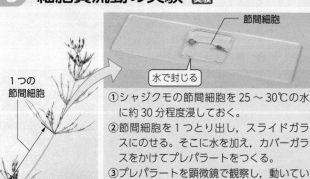

1つの節間細胞

シャジクモ

節間細胞
水で封じる

①シャジクモの節間細胞を25～30℃の水に約30分程度浸しておく。
②節間細胞を1つとり出し，スライドガラスにのせる。そこに水を加え，カバーガラスをかけてプレパラートをつくる。
③プレパラートを顕微鏡で観察し，動いている顆粒を1つ選び，その移動速度をミクロメーターとストップウォッチで計測する。

観察 1目盛り＝22.5 μm

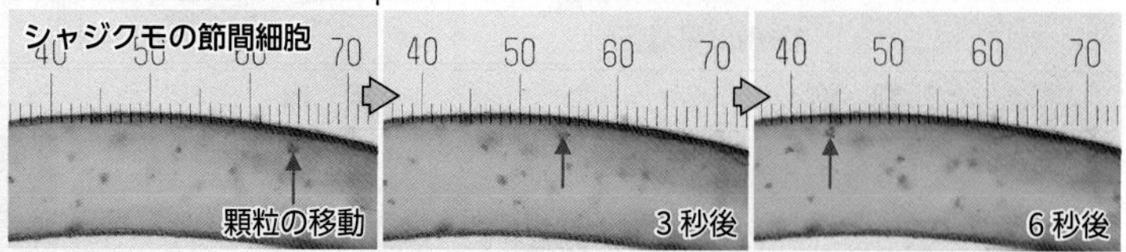
シャジクモの節間細胞
40 50 60 70
40 50 60 70
40 50 60 70
顆粒の移動
3秒後
6秒後

結果の例

移動距離
(64 − 44) 目盛り × 22.5 μm
＝450 μm

移動速度
450 μm ÷ 6 s＝75 μm/s

細胞質流動の速度

生物	細胞の種類	速度(μm/s)	温度(℃)
モジホコリ	変形体	1350	28
シャジクモ	節間細胞	75	27
オオカナダモ	葉の細胞	6	20

プチ雑学 ダイニンは今まで発見されているモータータンパク質の中で移動速度が最も速く，試験管内では14 μm/sという速さで微小管上を移動する。一方，キネシンが微小管上を移動する速度は2～3 μm/sほどである。

単細胞生物と多細胞生物

基 1 単細胞生物と多細胞生物 多細胞生物は分化した細胞の集まりからできている。

進化
View

A 単細胞生物

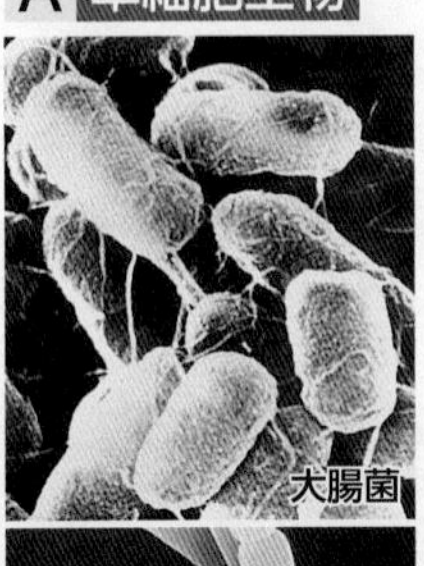

大腸菌

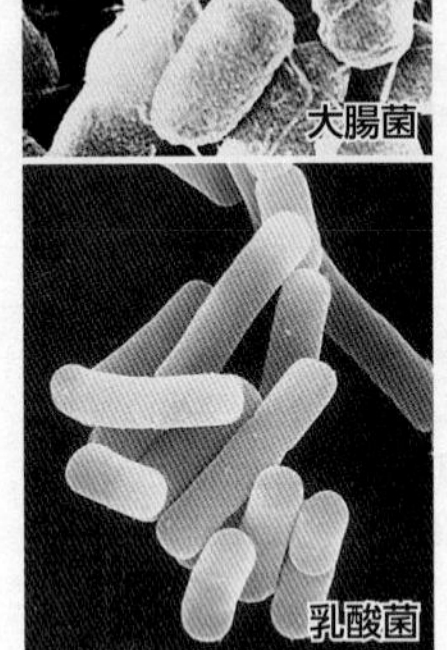

乳酸菌

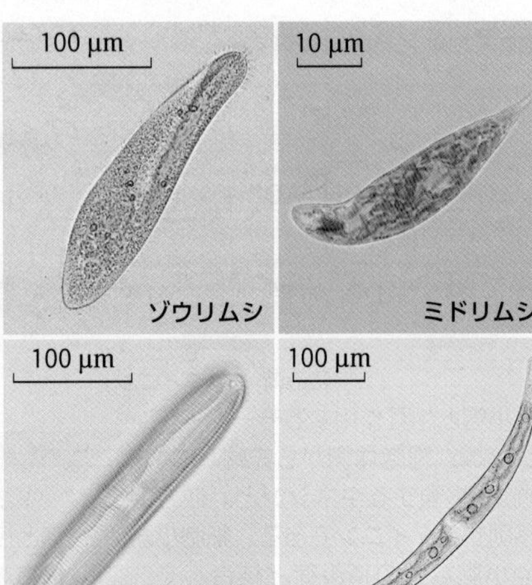

100 μm
10 μm
ゾウリムシ
ミドリムシ

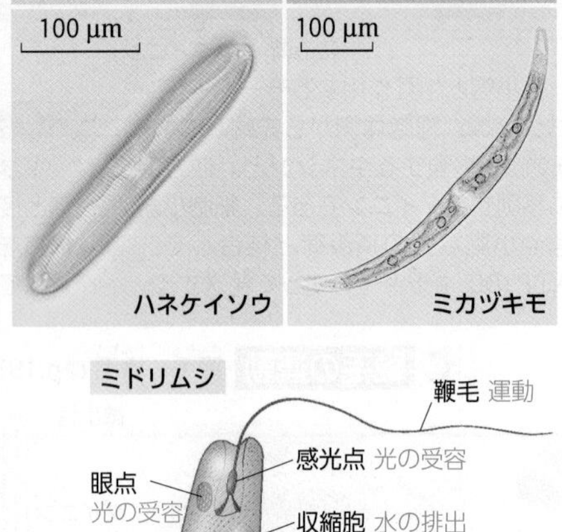

100 μm
100 μm
ハネケイソウ
ミカヅキモ

B 多細胞生物

体長 1 cm
0.3 mm
ヒドラ
ミジンコ
アフリカゾウ
ワカメ
スギナ
セイヨウタンポポ

ゾウリムシ

食胞 消化
収縮胞 水の排出
細胞口 食物をとり入れる
小核 生殖に関わる
大核 生命活動に関わる
細胞肛門 排泄物を放出
繊毛 運動

ミドリムシ

鞭毛 運動
眼点 光の受容
感光点 光の受容
収縮胞 水の排出
ミトコンドリア 呼吸
核小体・核 生命活動や生殖に関わる
葉緑体 光合成

細胞内の構造(**細胞小器官**)が発達していて，1つの細胞がさまざまな働きをして生命活動を営んでいる。

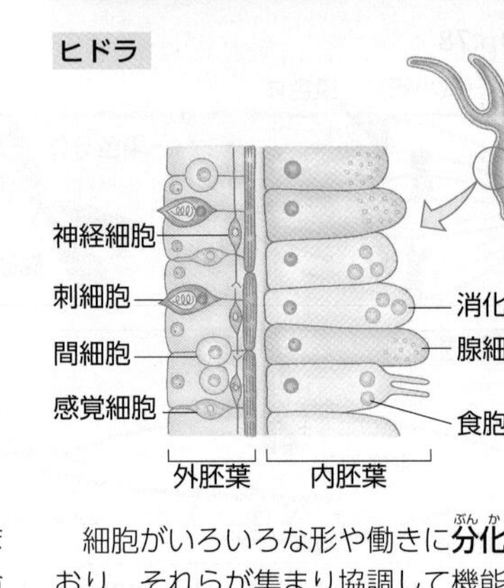

ヒドラ
口
触手
神経細胞
刺細胞
間細胞
感覚細胞
消化細胞
腺細胞
食胞
外胚葉
内胚葉

細胞がいろいろな形や働きに**分化**(ぶんか)しており，それらが集まり協調して機能し，1個の生命体になる。

Memo 分化(細胞分化)

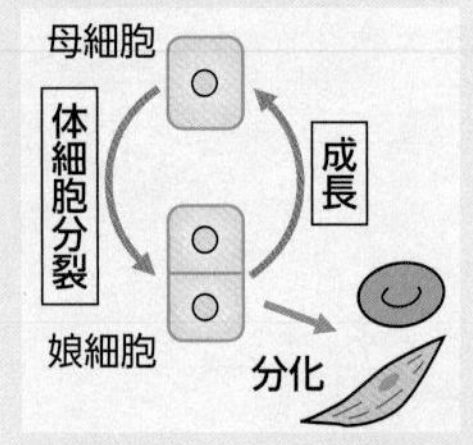

母細胞
体細胞分裂
成長
娘細胞
分化

細胞が特定の形や働きをもつことを細胞の分化という。分化した細胞は，細胞周期(▶p.78)から離れて，G_0期にある。また，特定の遺伝子が働いている。

基 2 多細胞生物の成り立ち 分化した細胞が集まって組織(そしき)をつくり，組織が集まって器官(きかん)をつくる。

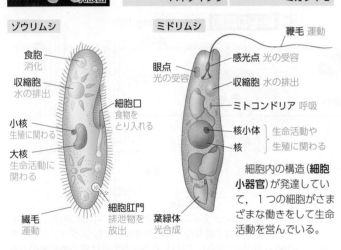

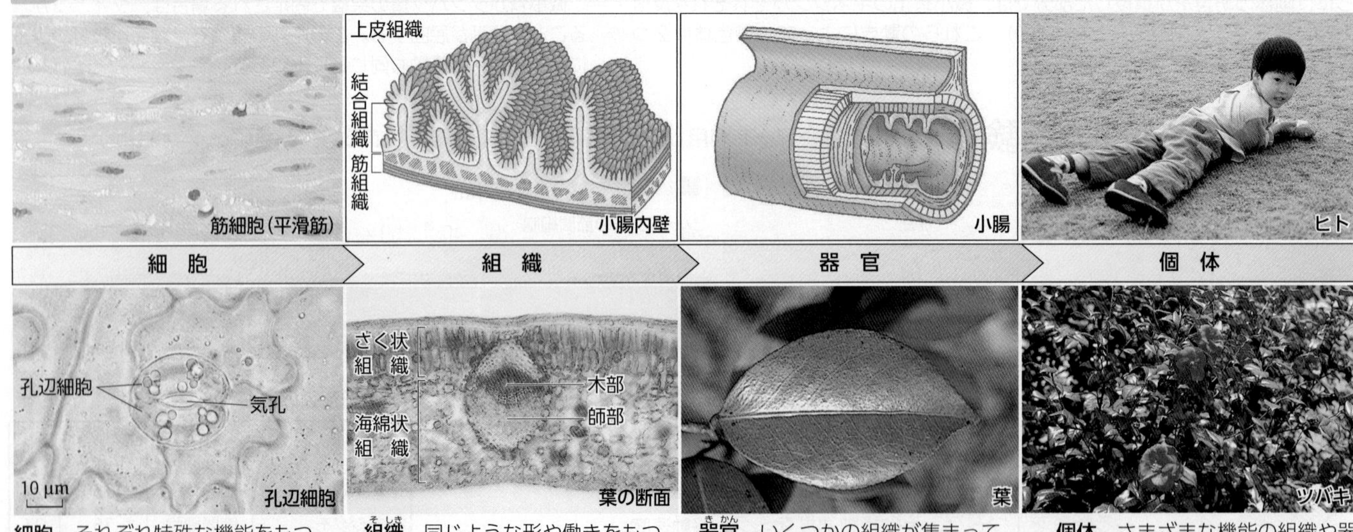

筋細胞(平滑筋)
上皮組織
結合組織
筋組織
小腸内壁
小腸
ヒト
細胞
組織
器官
個体
孔辺細胞
気孔
10 μm
孔辺細胞
さく状組織
海綿状組織
木部
師部
葉の断面
葉
ツバキ

細胞 それぞれ特殊な機能をもつように，形や働きが分化している。

組織(そしき) 同じような形や働きをもつ細胞が集まる。

器官(きかん) いくつかの組織が集まって，まとまった働きをする。

個体 さまざまな機能の組織や器官をもつ。

進化View 1 多細胞生物は単に細胞が多いというだけでなく細胞の分化が見られる。形や働きが異なる細胞(分化した細胞)が生じるには，遺伝子重複(▶p.265)などによって遺伝子が増えることが必要であった。Link

Keywords
●単細胞生物 unicellular organism ●多細胞生物 multicellular organism
●細胞小器官 cell organelle ●分化 differentiation ●組織 tissue ●器官 organ
●細胞群体 cell colony

基 3 細胞群体 単細胞生物と多細胞生物の中間的形態をもつ。

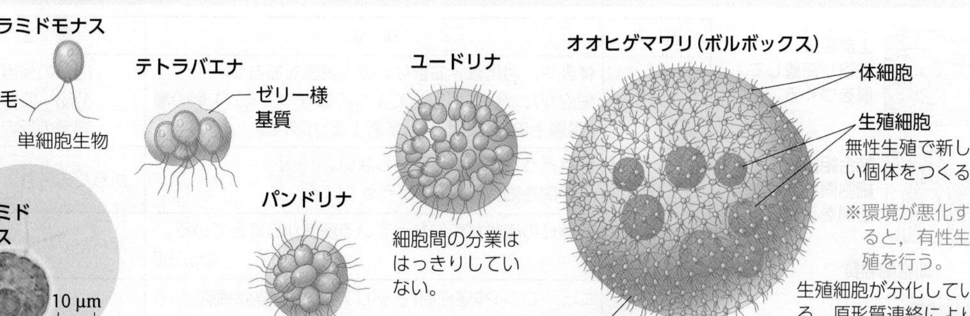
クラミドモナス
鞭毛
単細胞生物
テトラバエナ
ゼリー様
基質
ユードリナ
パンドリナ
細胞間の分業は
はっきりしてい
ない。
オオヒゲマワリ(ボルボックス)
体細胞
生殖細胞
無性生殖で新し
い個体をつくる。
※環境が悪化す
ると，有性生
殖を行う。
生殖細胞が分化している。原形質連絡により，細胞が連絡している。
原形質連絡
クラミド
モナス
10 µm

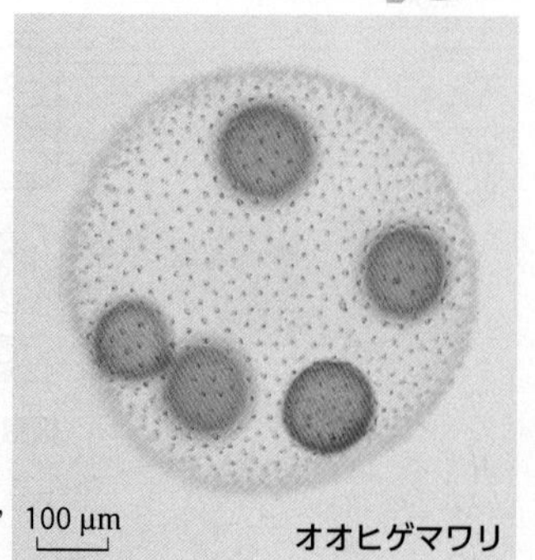
100 µm
オオヒゲマワリ

緑藻類のなかまには，分裂した後にも，たがいが離れないで，ほぼ一定数の細胞が集まって集合体(**細胞群体**)をつくるものがある。発達した細胞群体をつくるオオヒゲマワリでは，細胞間に分業が見られる。

細胞群体の例

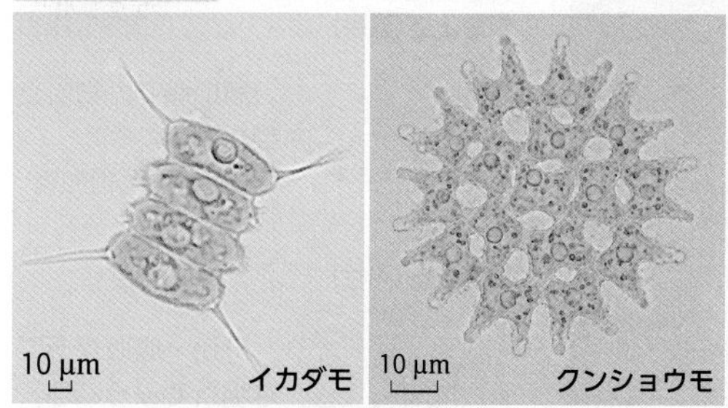
10 µm
イカダモ
10 µm
クンショウモ

Step up 群 体

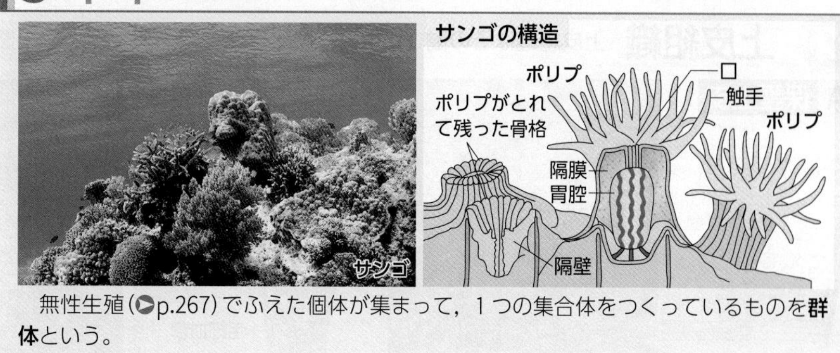
サンゴ
サンゴの構造
ポリプ
口
触手
ポリプがとれて残った骨格
ポリプ
隔膜
胃腔
隔壁

無性生殖(▶p.267)でふえた個体が集まって，1つの集合体をつくっているものを**群体**という。

例 サンゴ，クダクラゲ

基 4 細胞性粘菌類 単細胞で生活する時期と多細胞で生活する時期とがある。

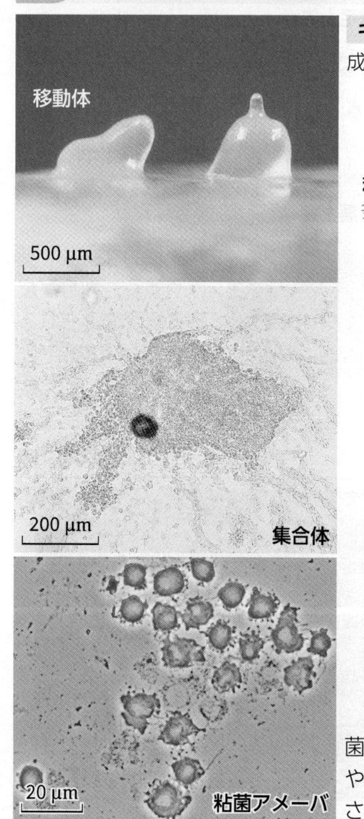
移動体
500 µm
200 µm
集合体
20 µm
粘菌アメーバ

キイロタマホコリカビの生活環

成長や生殖の段階を環状に表したものを生活環という。

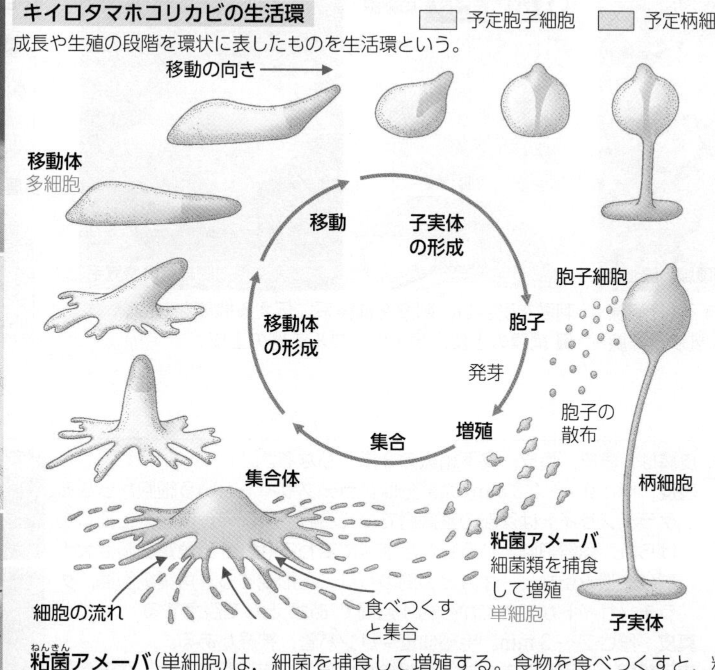
予定胞子細胞
予定柄細胞
移動の向き
移動体
多細胞
移動
子実体
の形成
胞子細胞
胞子
発芽
移動体
の形成
胞子の
散布
増殖
集合
集合体
柄細胞
粘菌アメーバ
細菌類を捕食
して増殖
単細胞
細胞の流れ
食べつくす
と集合
子実体

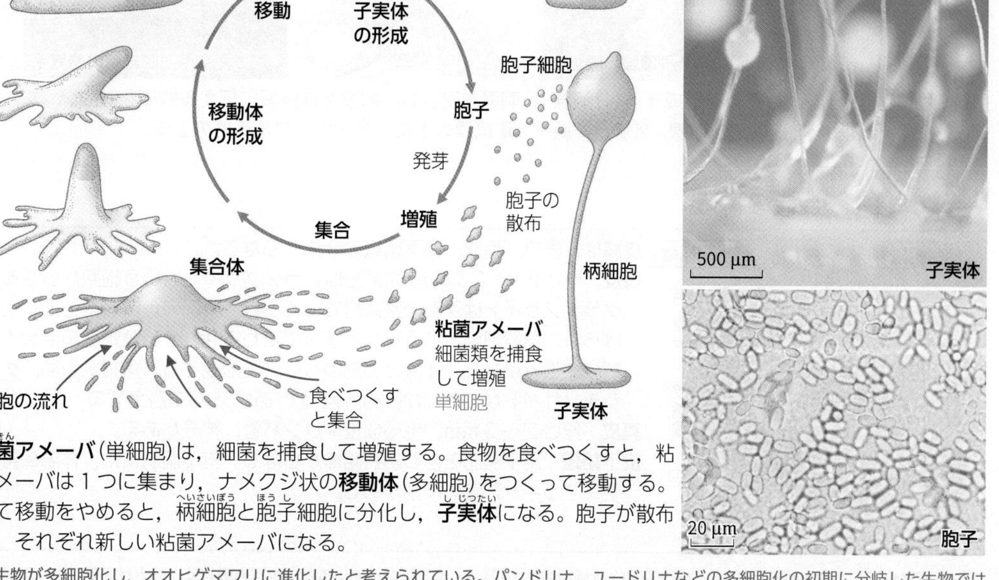
500 µm
子実体
20 µm
胞子

粘菌アメーバ(単細胞)は，細菌を捕食して増殖する。食物を食べつくすと，粘菌アメーバは1つに集まり，ナメクジ状の**移動体**(多細胞)をつくって移動する。やがて移動をやめると，柄細胞と胞子細胞に分化し，**子実体**になる。胞子が散布され，それぞれ新しい粘菌アメーバになる。

進化View 3 単細胞のクラミドモナス様の生物が多細胞化し，オオヒゲマワリに進化したと考えられている。パンドリナ，ユードリナなどの多細胞化の初期に分岐した生物では，すべての細胞が生殖細胞であるが，オオヒゲマワリでは生殖細胞と体細胞の分化が見られるので，多細胞化の過程で体細胞が進化したと考えられている。 Link

動物の組織

基 1 動物の組織　動物の組織は 4 種類に分けられる。

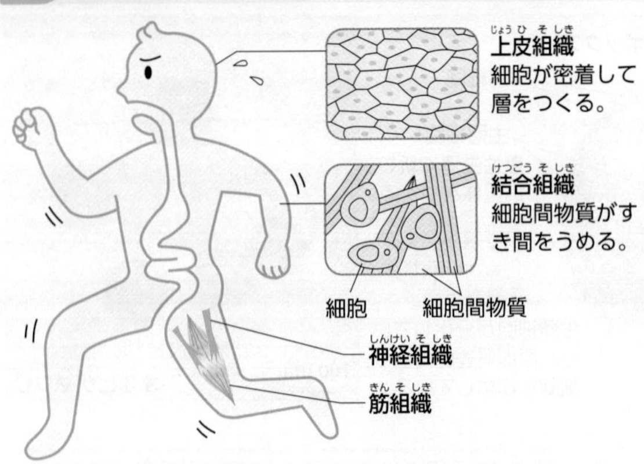

上皮組織
細胞が密着して層をつくる。
結合組織
細胞間物質がすき間をうめる。
細胞
細胞間物質
神経組織
筋組織

組　織	構　造	働　き
上皮組織	体表や，消化管・血管などの内表面をおおう。 細胞がたがいに密着して 1 つの層をつくる。1 列の層(単層上皮)と数列の層(多層上皮)がある。	内部の保護 分泌・吸収 刺激の受容
結合組織	細胞どうしはふつう密着しない。 その間を細胞間物質*がうめている。	からだの結合・支持
筋組織	収縮性の繊維が束になっている細胞からできている。 ➲p.190	からだや内臓の運動
神経組織	ニューロン(神経細胞)とグリア細胞(神経膠細胞)からなる。ニューロンは細胞体，樹状突起，軸索からできている。 ➲p.172	刺激・興奮を伝える

＊細胞間物質　細胞から分泌されたもので，繊維質・骨基質・軟骨基質など。

基 2 上皮組織　上皮組織はその働きにより保護上皮・吸収上皮・腺上皮・感覚上皮に分けられる。

A 保護上皮

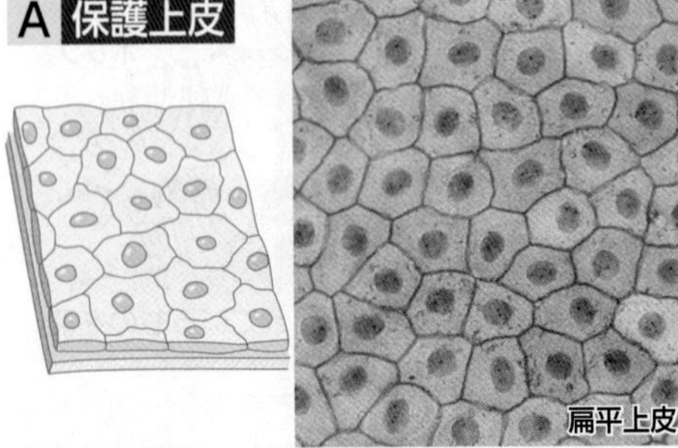

扁平上皮

体表や血管をおおい，内部を保護する。
例 皮膚の表皮

B 吸収上皮

微柔毛
小腸の柔毛
吸収上皮
毛細血管
リンパ管
1 μm
※着色画像
小腸の上皮細胞

吸収機能をもつ。微柔毛をもち，表面積を増していることが多い。例 胃・小腸の上皮

C 腺上皮

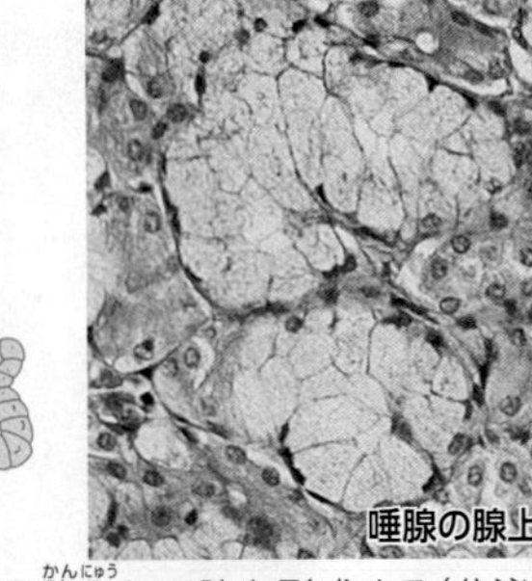

唾腺
唾腺の腺上皮

腺細胞が表面から陥入して腺を形成する(分泌腺 ➲p.140)。分泌機能をもつ。例 唾腺，乳腺，汗腺

D 感覚上皮

聴細胞
感覚毛
※着色画像
聴細胞の感覚毛

刺激を受容し，刺激を神経系に伝える機能をもつ。
例 網膜の上皮，嗅上皮，コルチ器の上皮

構造による分類

単層上皮(扁平)

薄い層で，物質交換が容易。
例 肺胞，毛細血管

単層上皮(円柱)

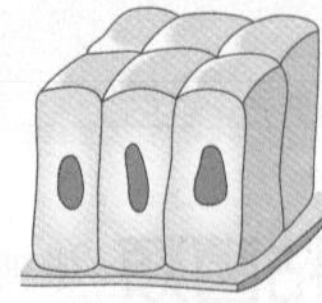

分泌・吸収が必要な場所でみられる。
例 胃，小腸

繊毛上皮

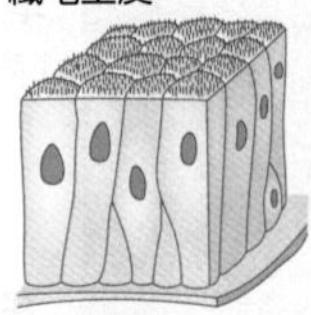

分泌された粘液の動きを繊毛で助け，表面を保護する。
例 気道の一部

多層上皮

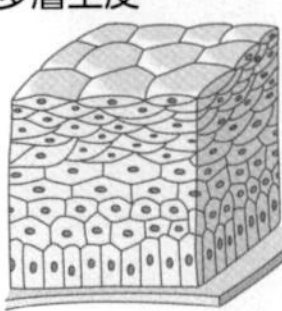

機械的な刺激を受けやすく，剝離が起こる場所でみられる。
例 皮膚，口の中

Step up 皮膚の構造

物理的防御 ➲p.160

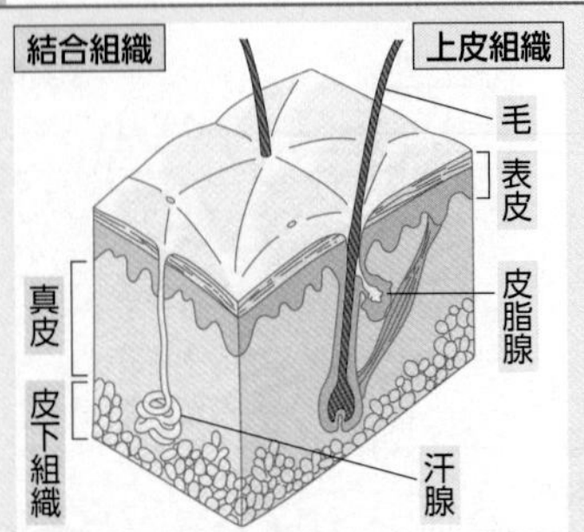

結合組織
上皮組織
毛
表皮
真皮
皮脂腺
皮下組織
汗腺

皮膚は，表皮，真皮，皮下組織の 3 層からなる。

表皮　厚さ 0.1 ～ 0.3 mm。大部分はケラチノサイトという細胞からなる。ケラチノサイトは深部の基底層でつくられ，表面の角質層へと押し上げられ，角質細胞という死んだ細胞に変わる(角化)。角質細胞は数十層にも積み重なり，体外との間のバリアを形成する。角質細胞は，ケラチノサイトができてから約 4 週間で あか として脱落する。

真皮　厚さ 2 ～ 3 mm。毛細血管やリンパ管，神経がある。

皮下組織　皮下脂肪を含む結合組織からなる。皮下脂肪には，体温保持やエネルギー貯蔵の役割がある。

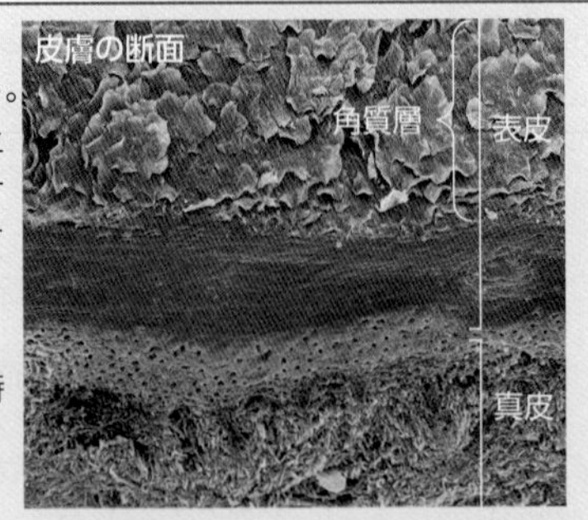

皮膚の断面
角質層
表皮
真皮

プチ雑学　尿管やぼうこうなどの上皮は，中身が空のときは細胞が 10 層近くまで重なっているが，尿が充満すると細胞が扁平になりながらずれ，3 ～ 4 層になる。このような上皮を移行上皮という。

Keywords ▶ ●上皮組織 epithelial tissue ●結合組織 connective tissue ●細胞間物質 intercellular substances ●筋組織 muscular tissue ●横紋筋 striated muscle ●平滑筋 smooth muscle ●神経組織 nervous tissue ●ニューロン neuron(e)

基 3 結合組織 結合組織は，細胞間物質と細胞からなる。

★は細胞間物質，●は細胞を示す。

A 軟骨組織

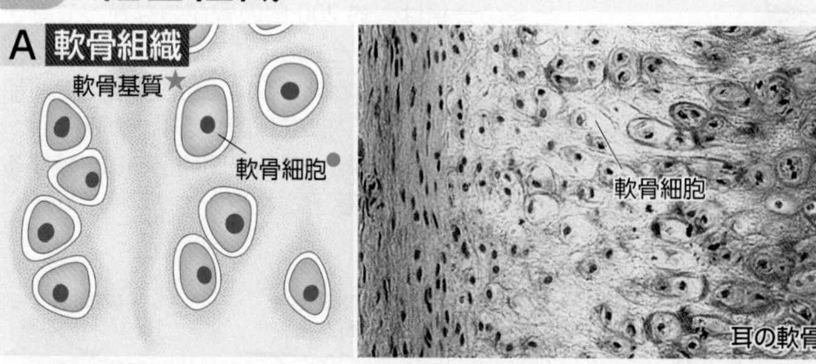
軟骨基質★
軟骨細胞●
軟骨細胞
耳の軟骨

軟骨細胞とゲル状の軟骨基質からなり，弾力性に富む。軟骨組織中には血管も神経もない。しかし，酸素や栄養分は周囲の血管から拡散してくるため，軟骨細胞は生きられる。例 関節，耳，鼻，脊椎の椎間板

B 骨組織

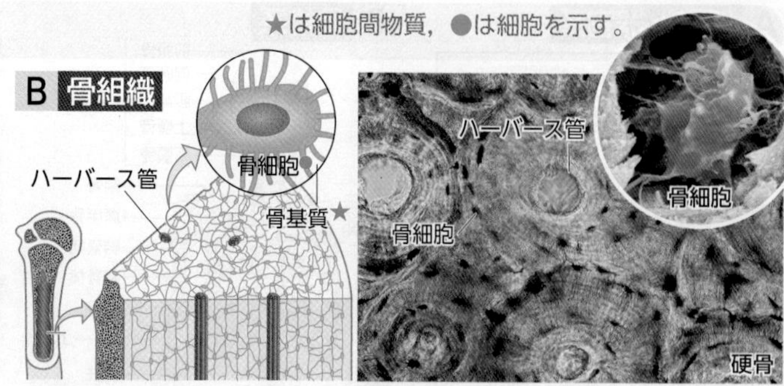
ハーバース管
骨細胞
骨基質★
ハーバース管
骨細胞
骨細胞
硬骨

骨細胞と骨基質からなる。骨基質は多量のカルシウム塩を含むため，硬い。ハーバース管という管の内部を血管や神経が走っている。骨基質は溶解と形成が行われ，つねにつくりかえられている。例 骨格

※着色画像

C 血液

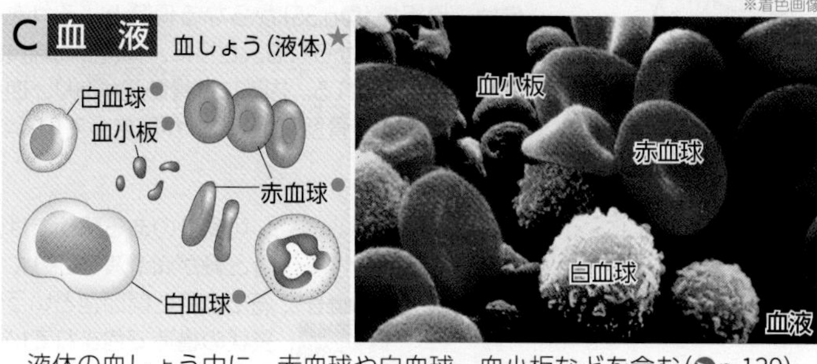
血しょう(液体)★
白血球●
血小板●
赤血球●
白血球●
血小板
赤血球
白血球
血液

液体の血しょう中に，赤血球や白血球，血小板などを含む(▶p.139)。血液は，全身へ酸素や栄養分を届け，不要な物質を受けとる。また，白血球は生体防御(▶p.158)で重要な役割を果たす。

D 繊維性結合組織

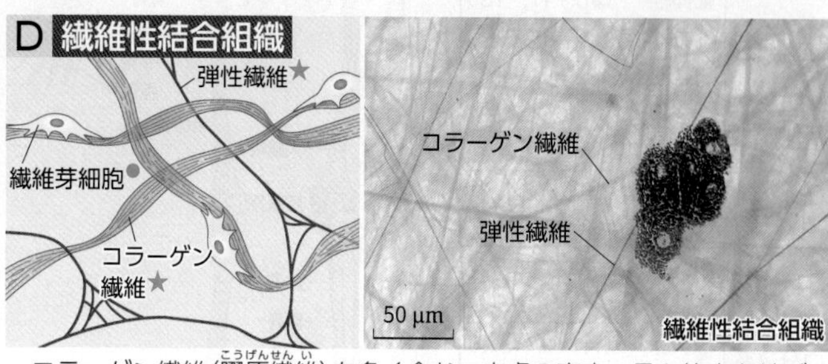
弾性繊維★
繊維芽細胞●
コラーゲン繊維★
コラーゲン繊維
弾性繊維
50 µm
繊維性結合組織

コラーゲン繊維(膠原繊維)を多く含む。皮膚の真皮，骨と筋肉を結びつける腱，骨と骨をつなぐじん帯などを，形成する。

基 4 筋組織 筋組織は，筋繊維とよばれる収縮性の細胞からなる。

▶p.190

A 横紋筋 骨格筋

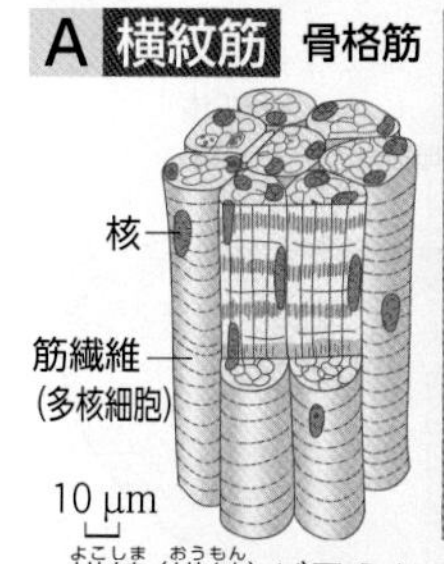
核
筋繊維
(多核細胞)
10 µm

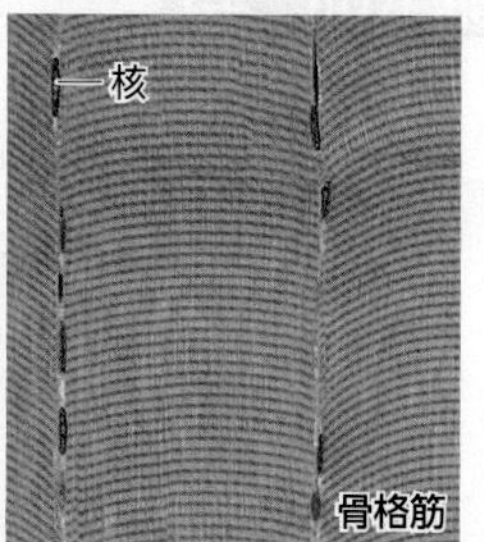
核
骨格筋

横縞(横紋)が見られる。骨に腱で結びつき，自分の意思で動かせる随意筋。多数の細胞が融合してできた多核細胞(複数の核をもつ細胞)からなる。

心筋

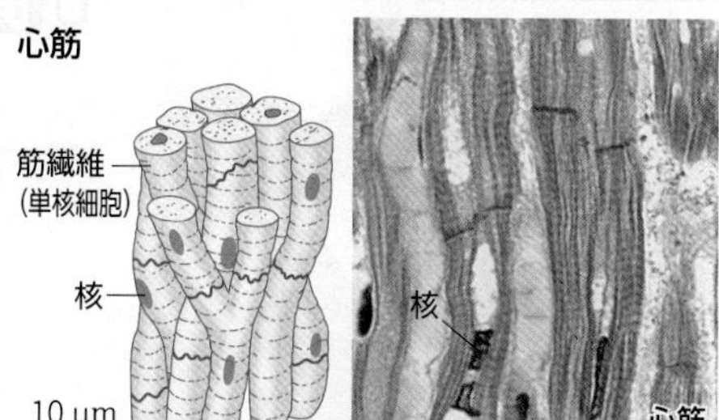
筋繊維
(単核細胞)
核
10 µm
核
心筋

横縞(横紋)が見られる。心臓の壁を形成し，自分の意思で動かせない不随意筋。分岐した構造の単核細胞がギャップ結合(▶p.29)で結びつき，網状構造をつくる。

B 平滑筋 内臓筋

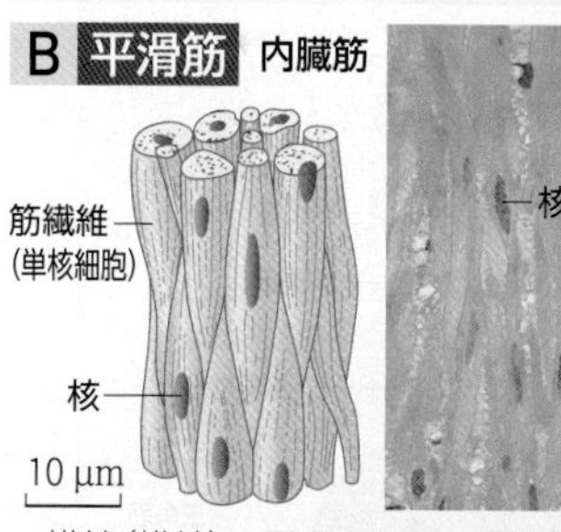
筋繊維
(単核細胞)
核
10 µm
核
平滑筋(小腸)

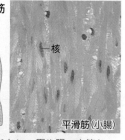

横縞(横紋)は見られない。胃や腸，血管などの壁を形成し，自分の意思では動かせない不随意筋。ゆっくりと収縮する。長い紡錘形の単核細胞からなる。

基 5 神経組織 ニューロンとグリア細胞からなる。

▶p.172

A ニューロン

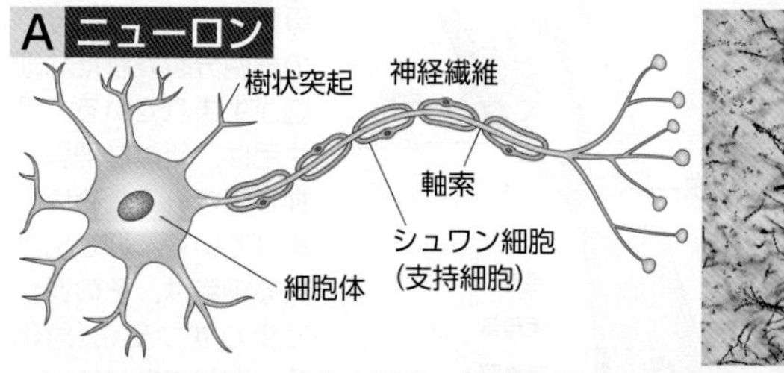
樹状突起
神経繊維
軸索
シュワン細胞
(支持細胞)
細胞体
ニューロン

核をもつ細胞体・1本の軸索・複数の樹状突起からなる(▶p.172)。軸索には，長さ1mに達するものもある。刺激によって生じた興奮は，ニューロンの軸索を伝わり，ほかのニューロンへも伝えられる。

B グリア細胞

※蛍光顕微鏡

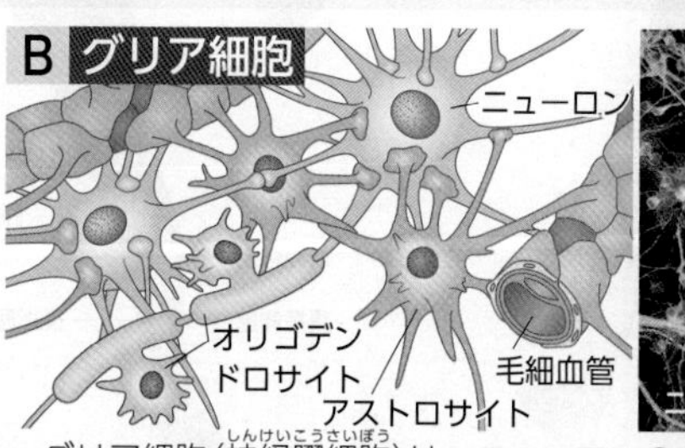
ニューロン
オリゴデンドロサイト
アストロサイト
毛細血管

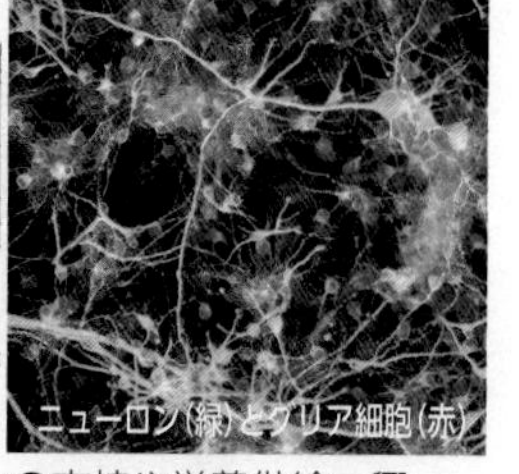
ニューロン(緑)とグリア細胞(赤)

グリア細胞(神経膠細胞)は，ニューロンの支持や栄養供給，興奮伝達の調節を行う。中枢神経ではアストロサイトやオリゴデンドロサイト，末梢神経ではシュワン細胞がある。

プチ雑学 ヒトの多くの骨は，胎児期にはまず軟骨組織で形成される。その後，少しずつ骨組織に置き換わっていく。これを軟骨内骨化という。

ヒトの器官

A 器官と器官系

器官系	おもな器官
骨格系	頭骨，脊椎骨，四肢の骨 ▶p.316
筋肉系	骨格筋，心筋，内臓筋 ▶p.190
皮膚系	皮膚（▶p.34），爪，毛
消化系	胃，小腸，大腸，肝臓，すい臓，食道 ▶p.156
循環系	心臓，血管，リンパ管 ▶p.150，158
神経系	脳，脊髄，運動神経，感覚神経 ▶p.141，185
感覚系	視覚器，聴覚器，嗅覚器，味覚器 ▶p.180～184
呼吸系	肺，気管
排出系	腎臓，ぼうこう，輸尿管 ▶p.152
生殖系	卵巣，精巣，輸卵管，輸精管 ▶p.104
内分泌系	甲状腺，副腎，すい臓，脳下垂体 ▶p.144

機能的に共通性のある器官が集まって器官系をつくり，共同で働く。

B 骨格系

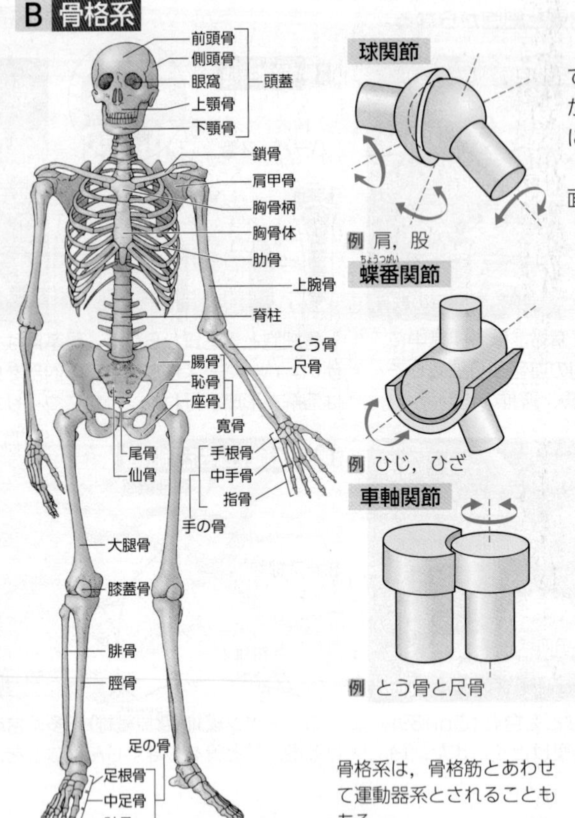

前頭骨
側頭骨
眼窩
上顎骨
下顎骨
頭蓋
鎖骨
肩甲骨
胸骨柄
胸骨体
肋骨
上腕骨
脊柱
とう骨
尺骨
腸骨
恥骨
座骨
寛骨
尾骨
仙骨
手根骨
中手骨
指骨
手の骨
大腿骨
膝蓋骨
腓骨
脛骨
足の骨
足根骨
中足骨
趾骨
球関節
例 肩，股
蝶番関節
例 ひじ，ひざ
車軸関節
例 とう骨と尺骨

骨格系は，骨格筋とあわせて運動器系とされることもある。

ヒトの骨格は，約200個の骨がつながってできている。骨は，歯とともに人体で最も硬い組織で，からだを支え，筋肉と結びついて自由な動きを可能にし，脳や内臓など内部を保護する働きがある。

骨がつながっているところを関節といい，接する面の形などによって区分される。

骨のつくり

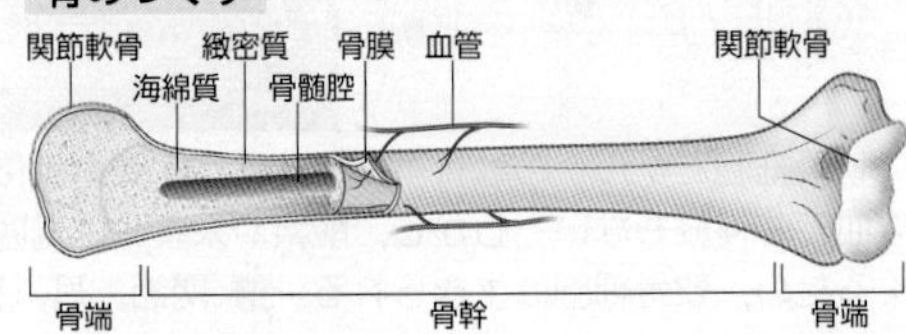

関節軟骨
緻密質
骨膜
血管
関節軟骨
海綿質
骨髄腔
骨端
骨幹
骨端

骨は，骨組織（▶p.35）からなる骨質と，それをおおう骨膜とに分けられる。さらに，骨質は海綿質と緻密質に分けられる。内部には骨髄腔があり，血液の成分をつくる骨髄（▶p.158）が詰まっている。

関節のつくり

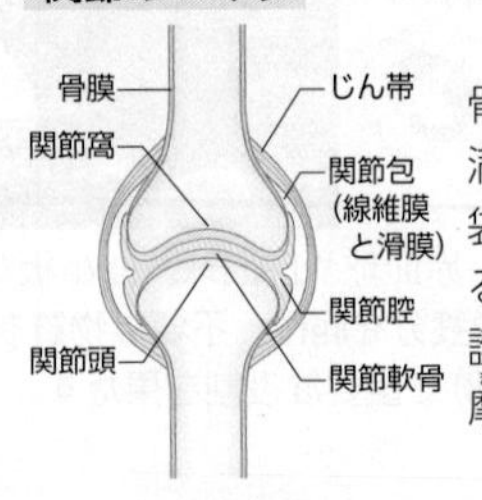

骨膜
関節窩
じん帯
関節包
（線維膜と滑膜）
関節腔
関節頭
関節軟骨

可動性のある関節では，骨と骨が潤滑液（滑液）に満たされた関節包という袋状の構造で包まれている。骨端は関節軟骨に保護され，関節運動による摩耗から守られている。

C 筋肉系

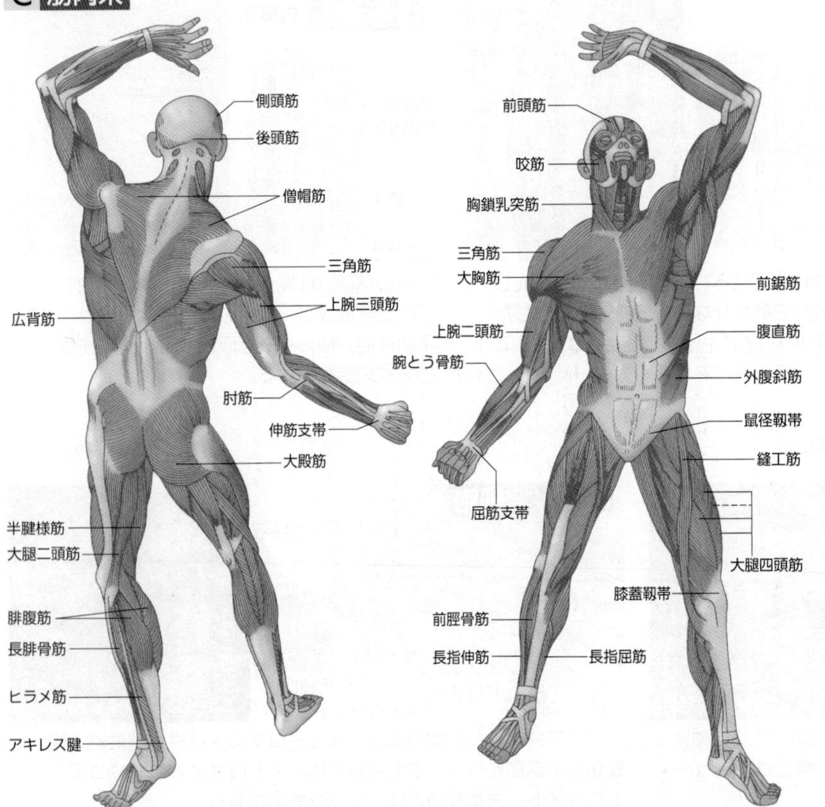

側頭筋
後頭筋
僧帽筋
三角筋
上腕三頭筋
広背筋
肘筋
伸筋支帯
大殿筋
半腱様筋
大腿二頭筋
腓腹筋
長腓骨筋
ヒラメ筋
アキレス腱
前頭筋
咬筋
胸鎖乳突筋
三角筋
大胸筋
前鋸筋
上腕二頭筋
腹直筋
腕とう骨筋
外腹斜筋
鼠径靱帯
縫工筋
屈筋支帯
大腿四頭筋
膝蓋靱帯
前脛骨筋
長指伸筋
長指屈筋

D 皮膚系（爪，毛）

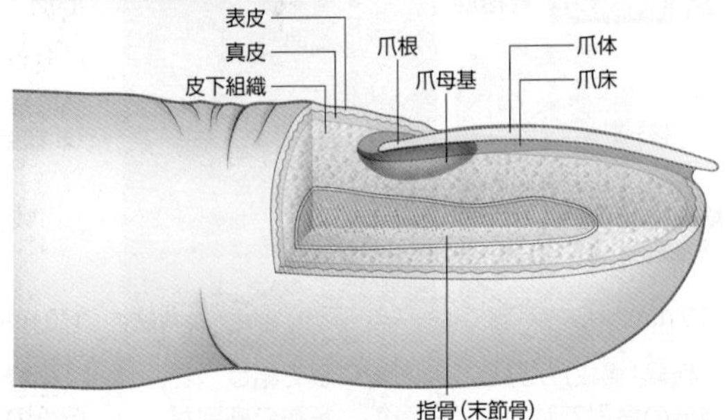

表皮
真皮
皮下組織
爪根
爪母基
爪体
爪床
指骨（末節骨）

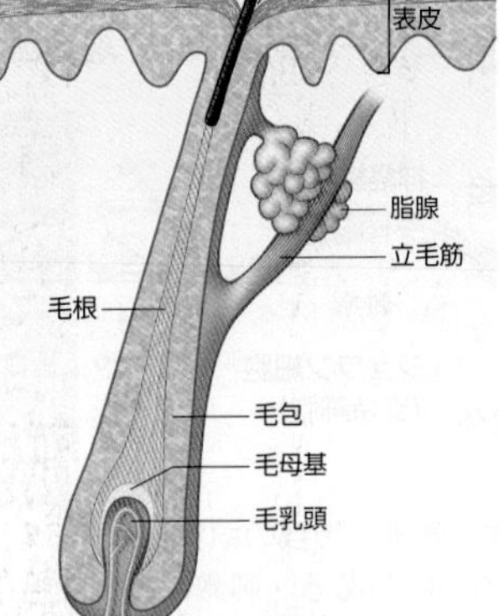

毛幹
毛孔
表皮
脂腺
立毛筋
毛根
毛包
毛母基
毛乳頭
血管

爪と毛は，表皮が変形してできたもので，皮膚付属器ともよばれる。

爪は爪母基，毛は毛母基とよばれる部分での細胞分裂で新たな細胞が生まれている。爪や毛は，新たな細胞に押し出されるために，伸びていく。押し出される細胞は，その過程で少しずつ変化（角化▶p.34）していく。

プチ雑学　毛に結びついている立毛筋が収縮すると，毛が直立して皮膚に小さな凹凸ができる。これが「鳥肌が立つ」状態である。

Keywords ●器官 organ ●器官系 organ system ●骨格系 skeletal system ●筋肉系 muscular system ●皮膚 skin ●爪 nail ●消化系 digestive system ●循環系 circulatory system ●神経系 nervous system

E 消化系

消化管
消化腺
耳下腺
口腔
舌下腺
〈唾腺〉
顎下腺
食道
胃腺
(胃壁内)
胃
肝臓
十二指腸
すい臓
小腸
腸腺
(腸壁内)
大腸
直腸
肛門

消化系のうち，口腔から肛門までつながる器官(口腔・食道・胃・小腸・大腸・肛門)を**消化管**という。消化管に付属し，消化液を分泌する腺(唾腺・胃腺・肝臓・すい臓・腸腺)を**消化腺**という。

すい臓は消化液を分泌するが，ホルモンも分泌するため，内分泌系(▶p.144)にも分類される。

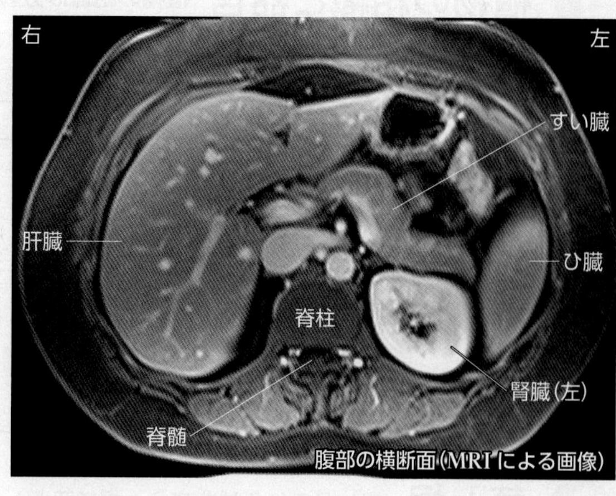
右
左
すい臓
肝臓
ひ臓
脊柱
腎臓(左)
脊髄
腹部の横断面(MRIによる画像)

歯のつくり

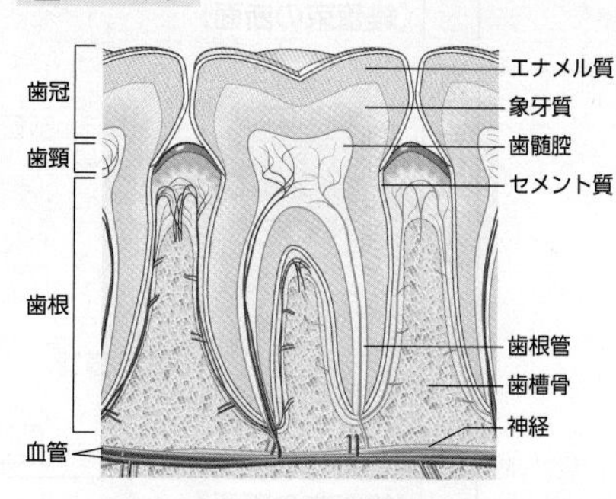
歯冠
歯頸
歯根
血管
エナメル質
象牙質
歯髄腔
セメント質
歯根管
歯槽骨
神経

歯は，カルシウム塩を主成分とするエナメル質におおわれている。エナメル質は，人体で最も硬い組織である。内部の歯髄腔には，血管や神経，リンパ管が入っている。

菌が糖を分解して生成する酸によって歯が溶けるのが虫歯(う歯)で，象牙質まで溶けると痛みを感じるようになる。

F 循環系(血管)

左に静脈系，右に動脈系を示す。

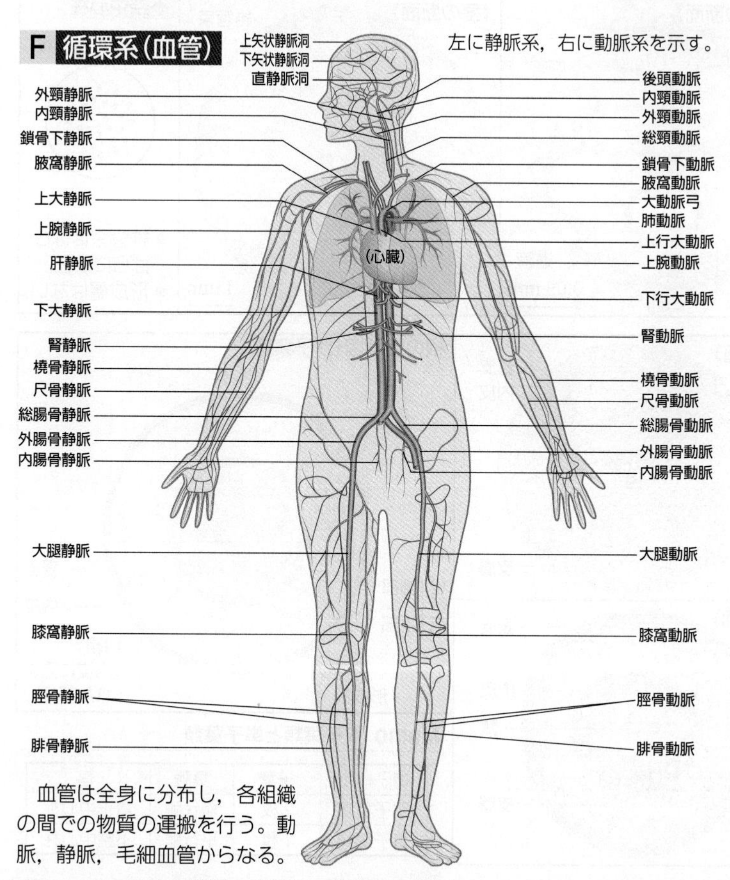
上矢状静脈洞
下矢状静脈洞
直静脈洞
外頸静脈
内頸静脈
鎖骨下静脈
腋窩静脈
上大静脈
上腕静脈
肝静脈
下大静脈
腎静脈
橈骨静脈
尺骨静脈
総腸骨静脈
外腸骨静脈
内腸骨静脈
大腿静脈
膝窩静脈
脛骨静脈
腓骨静脈
(心臓)
後頭動脈
内頸動脈
外頸動脈
総頸動脈
鎖骨下動脈
腋窩動脈
大動脈弓
肺動脈
上行大動脈
上腕動脈
下行大動脈
腎動脈
橈骨動脈
尺骨動脈
総腸骨動脈
外腸骨動脈
内腸骨動脈
大腿動脈
膝窩動脈
脛骨動脈
腓骨動脈

血管は全身に分布し，各組織の間での物質の運搬を行う。動脈，静脈，毛細血管からなる。

G 神経系

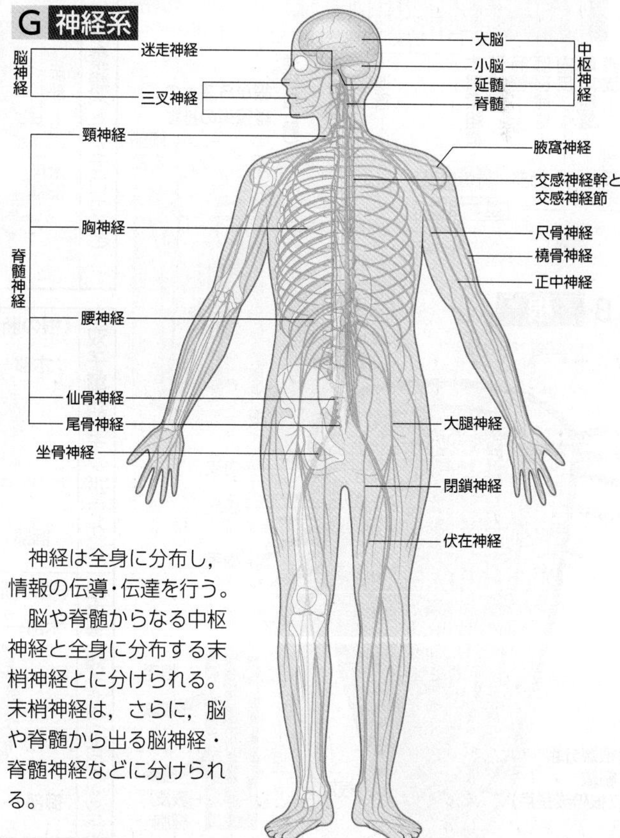
脳神経
迷走神経
三叉神経
大脳
小脳
延髄
脊髄
中枢神経
脊髄神経
頸神経
胸神経
腰神経
仙骨神経
尾骨神経
坐骨神経
腋窩神経
交感神経幹と
交感神経節
尺骨神経
橈骨神経
正中神経
大腿神経
閉鎖神経
伏在神経

神経は全身に分布し，情報の伝導・伝達を行う。

脳や脊髄からなる中枢神経と全身に分布する末梢神経とに分けられる。末梢神経は，さらに，脳や脊髄から出る脳神経・脊髄神経などに分けられる。

プチ雑学 一般に，植物食性動物の消化管は，動物食性動物と比べて長い。また，植物に多く含まれる繊維質(セルロース)を分解するため，植物食性動物は，消化管の中にセルロースを分解できる菌をもつ。

基 1 植物の組織と器官 植物の組織は分裂組織と永久組織に分けられる。

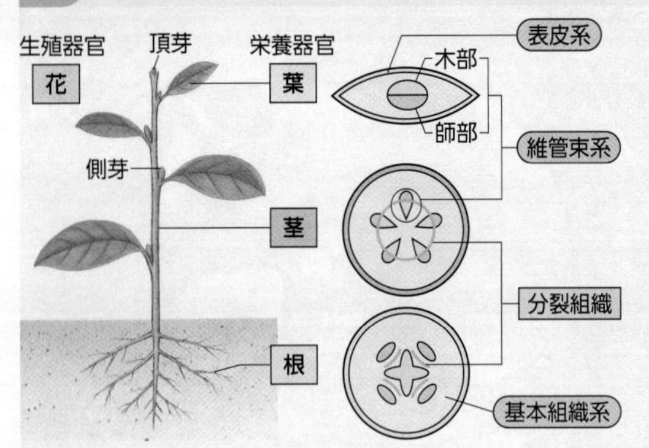

生殖器官
花
頂芽
栄養器官
葉
側芽
茎
根
表皮系
木部
師部
維管束系
分裂組織
基本組織系

分裂組織 分裂能力がある。液胞はほとんど見られず，細胞壁はうすい。
永久組織 分化した細胞の集まりで，ふつう分裂しない。 ※青字は死細胞

分裂組織		頂端分裂組織(茎頂分裂組織，根端分裂組織)，形成層		からだの伸長と肥大
永久組織	表皮系	表皮組織	表皮，孔辺細胞，毛，根毛	からだの保護
	維管束系	師部	師管，伴細胞，師部柔組織，師部繊維	栄養分の通路
		木部	道管，仮道管，木部柔組織，木部繊維	水や無機養分の通路
	基本組織系	柔組織	同化組織(さく状組織，海綿状組織)	光合成 ➲p.64
			貯蔵組織(茎・根の髄，地下茎，塊根)	栄養分の貯蔵
			分泌組織	樹液などの分泌
			通気組織	気体の通路(水生植物)
		機械組織	厚角組織，厚壁組織	からだを強固にし支持する

基 2 茎と根 茎と根でからだを支え，根で吸収した水や無機養分を運搬する。

A 茎

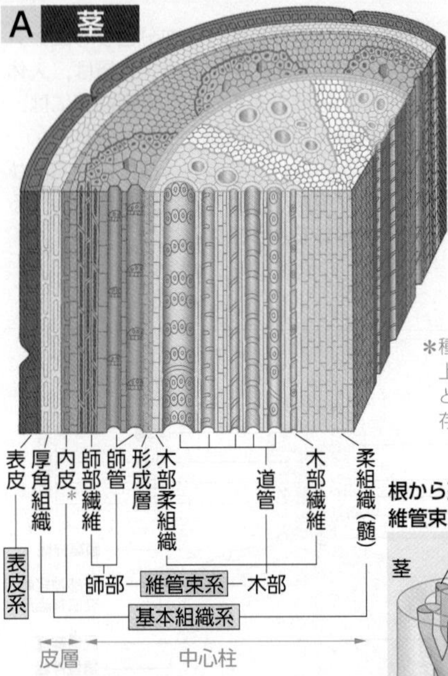

表皮　厚角組織　内皮＊　師部繊維　師管　形成層　木部柔組織　道管　木部繊維　柔組織(髄)

表皮系　師部　維管束系　木部　基本組織系

皮層　中心柱

＊種子植物の地上茎には，ほとんどの場合存在しない。

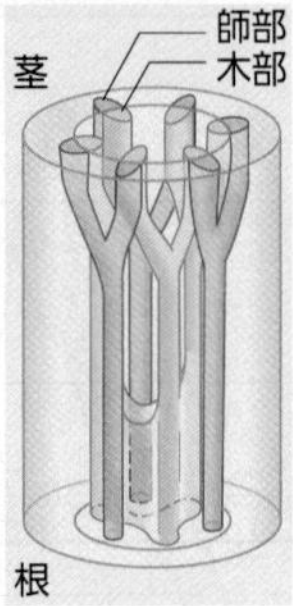

根から茎への維管束の推移

茎　師部　木部　根

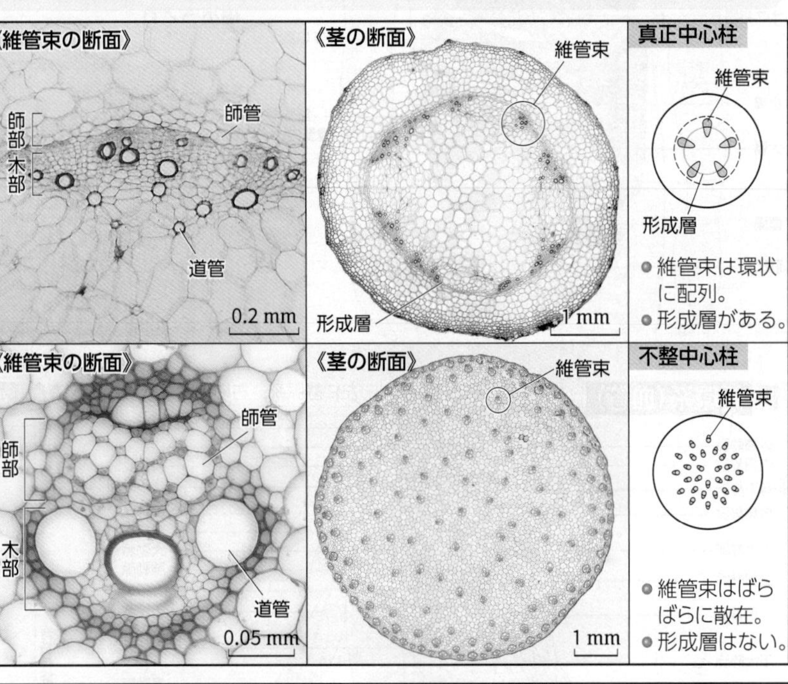

双子葉類(ホウセンカ)
《維管束の断面》
師部
木部
師管
道管
0.2 mm
《茎の断面》
維管束
形成層
1 mm
真正中心柱
維管束
形成層
単子葉類(トウモロコシ)
《維管束の断面》
師管
師部
木部
道管
0.05 mm
《茎の断面》
維管束
1 mm
不整中心柱
維管束

- 維管束は環状に配列。
- 形成層がある。

- 維管束はばらばらに散在。
- 形成層はない。

B 根

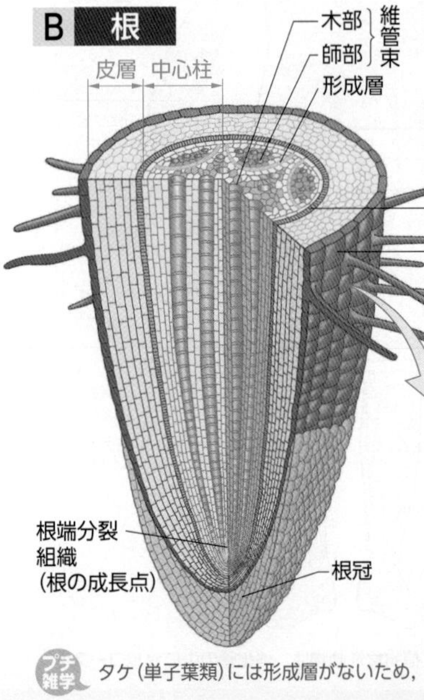

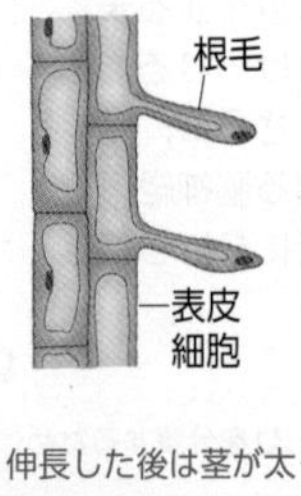

皮層　中心柱　木部　師部　維管束　形成層　内皮　表皮　根毛　根端分裂組織(根の成長点)　根冠　根毛　表皮細胞

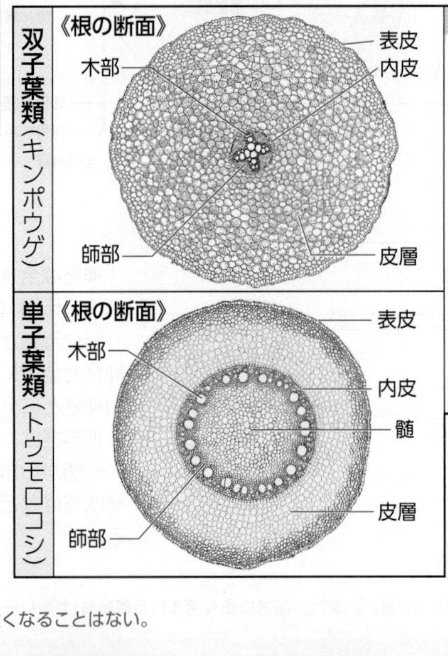

双子葉類(キンポウゲ) 《根の断面》 表皮　木部　内皮　師部　皮層

単子葉類(トウモロコシ) 《根の断面》 表皮　木部　内皮　髄　師部　皮層

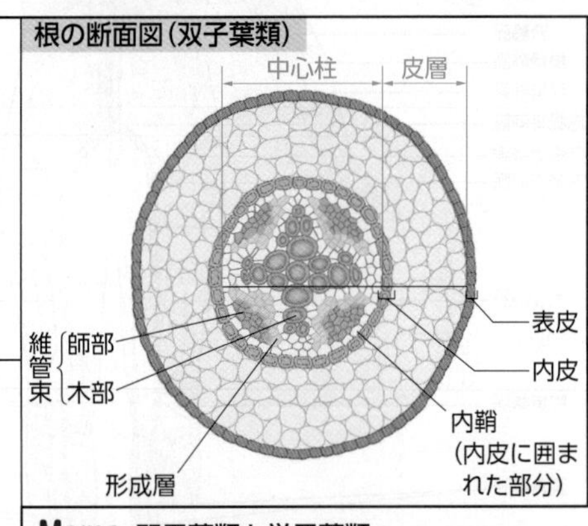

根の断面図(双子葉類)
中心柱
皮層
維管束
師部
木部
表皮
内皮
内鞘
(内皮に囲まれた部分)
形成層

Memo 双子葉類と単子葉類

被子植物	子葉	葉脈	茎
双子葉類	2枚	網状脈	真正中心柱
単子葉類	1枚	平行脈	不整中心柱

プチ雑学 タケ(単子葉類)には形成層がないため，伸長した後は茎が太くなることはない。

Keywords ●頂端分裂組織 apical meristem ●形成層 cambium ●表皮系 dermal system ●維管束系 vascular bundle system ●基本組織系 fundamental system ●師部 phloem ●木部 xylem ●師管 sieve tube ●道管 vessel ●仮道管 tracheid ●さく状組織 palisade tissue ●海綿状組織 spongy tissue ●孔辺細胞 guard cell ●気孔 stoma

基 3 師管・道管・仮道管

師管は光合成産物の通路で，道管・仮道管は根から吸収した水や無機養分の通路である。

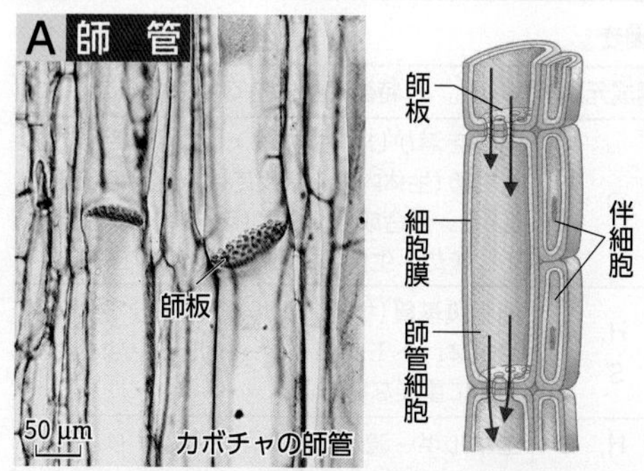
A 師 管
師板
師板
細胞膜
師管細胞
伴細胞
50 μm
カボチャの師管

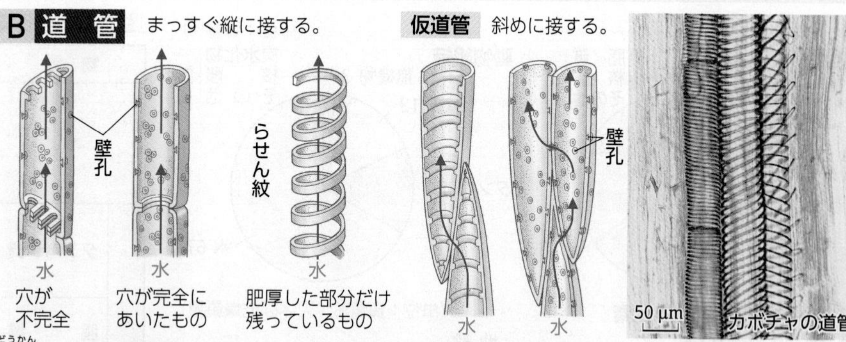
B 道 管 まっすぐ縦に接する。
仮道管 斜めに接する。
壁孔
らせん紋
壁孔
水
水
水
水
水
穴が不完全
穴が完全にあいたもの
肥厚した部分だけ残っているもの
50 μm
カボチャの道管

上下の細胞壁には多数の穴があり，細胞が連結し，核や細胞質の多くが失われる。細胞壁には肥厚＊1した模様はない。被子植物では伴細胞がある。

＊1 細胞壁の肥厚 リグニンが沈着して厚くなること。リグニンが蓄積して細胞壁が強固になることを木化という。

道管 上下の細胞壁に穴があき，核と細胞質は消失して管状になっている。細胞壁が肥厚して模様(らせん紋，環紋など)ができる。おもに被子植物にある。

仮道管 壁孔＊2を水が通る。シダ植物，裸子植物にある(被子植物では補助的役割)。

＊2 壁孔 細胞壁が肥厚していくときに，肥厚しないで残った部分にできる穴。

基 4 葉の構造

葉は光合成を行い(同化組織)，ガス交換・蒸散を行う(気孔)。

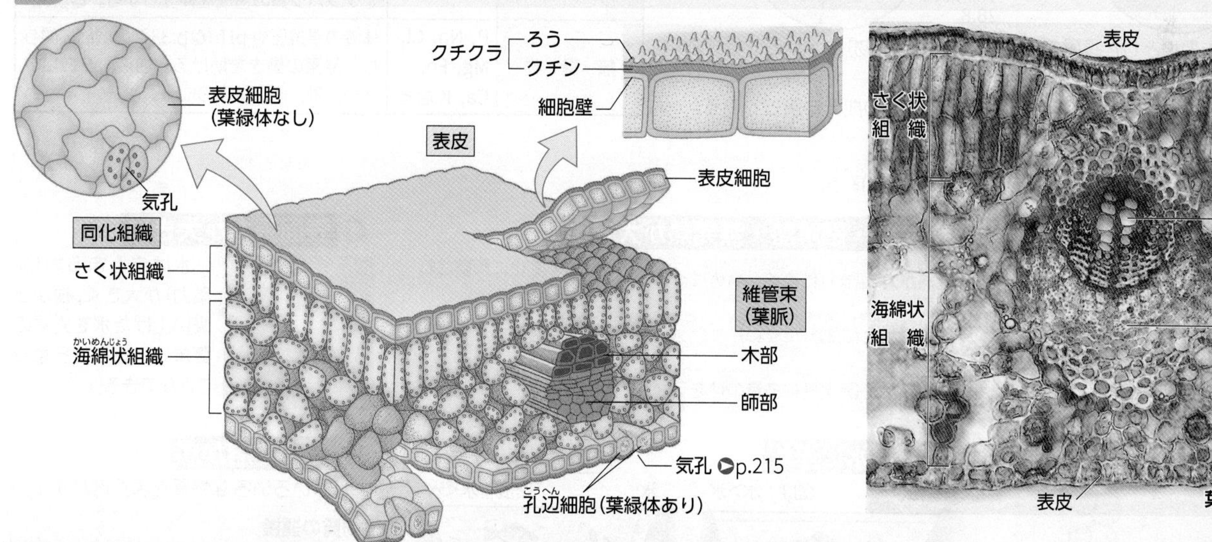
表皮細胞
(葉緑体なし)
気孔
同化組織
さく状組織
海綿状組織
クチクラ
ろう
クチン
細胞壁
表皮
表皮細胞
維管束
(葉脈)
木部
師部
気孔 ➡p.215
孔辺細胞(葉緑体あり)

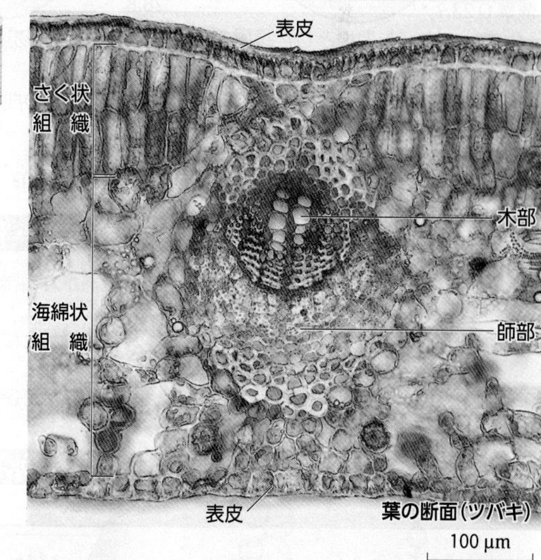
表皮
さく状組織
木部
海綿状組織
師部
表皮
100 μm

葉の断面(ツバキ)

基 5 茎頂分裂組織

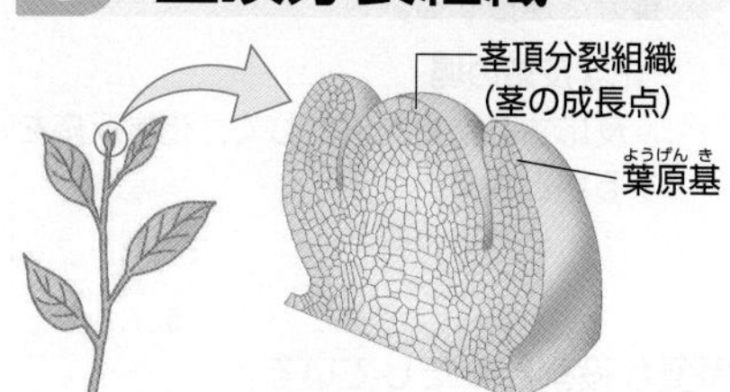
茎頂分裂組織
(茎の成長点)
葉原基

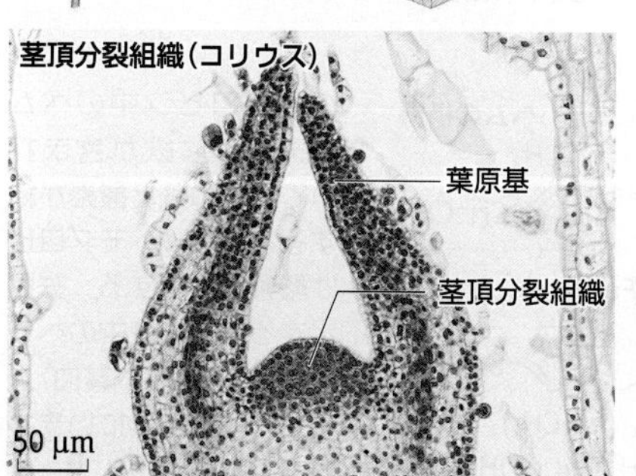
葉原基
茎頂分裂組織
50 μm

茎頂分裂組織(コリウス)

Column 花弁の細胞の観察

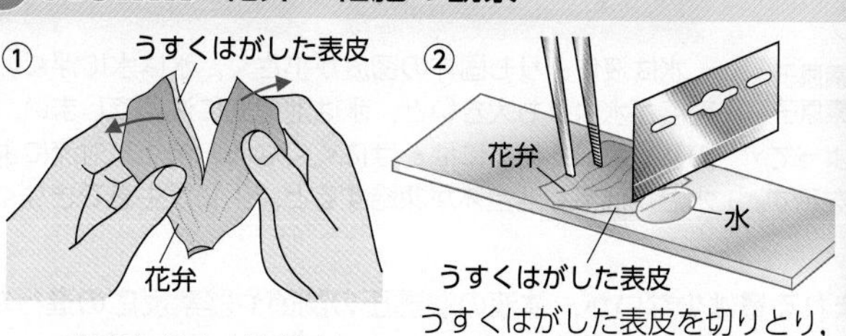
①
うすくはがした表皮
花弁
②
花弁
水
うすくはがした表皮

① 表皮をうすくはがす。

② うすくはがした表皮を切りとり，水で封じて顕微鏡で観察する。

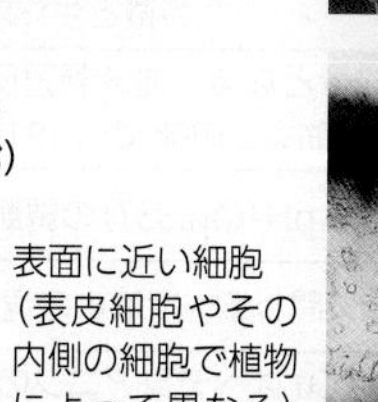
100 μm

花弁の表皮細胞(バラ)

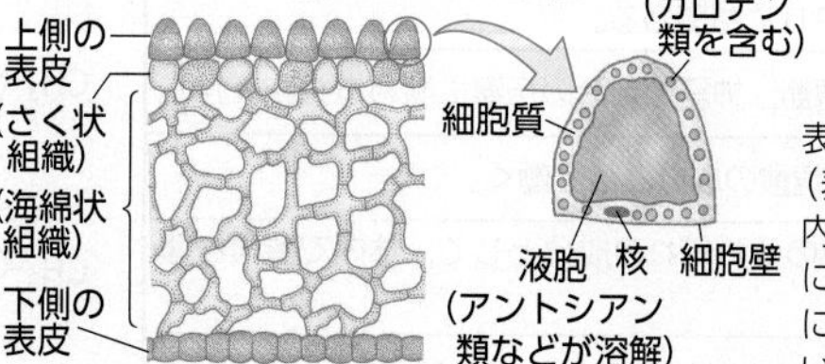
花弁の断面
色素を含む細胞
上側の表皮
(さく状組織)
(海綿状組織)
下側の表皮
色素体
(カロテン類を含む)
細胞質
液胞
(アントシアン類などが溶解)
核
細胞壁

表面に近い細胞(表皮細胞やその内側の細胞で植物によって異なる)に色素が含まれている。

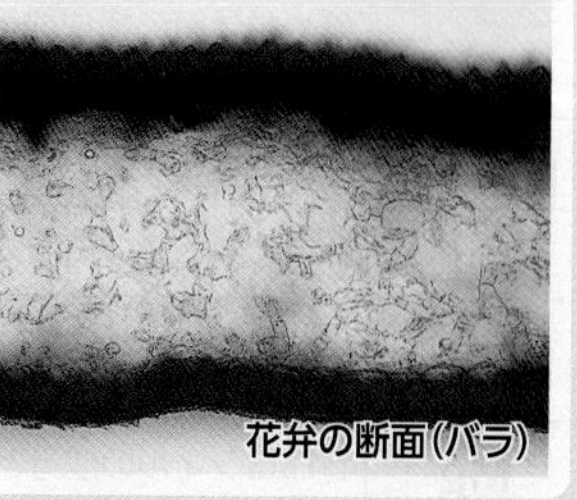

花弁の断面(バラ)

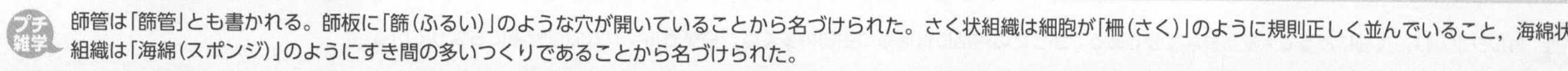

プチ雑学 師管は「篩管」とも書かれる。師板に「篩(ふるい)」のような穴が開いていることから名づけられた。さく状組織は細胞が「柵(さく)」のように規則正しく並んでいること，海綿状組織は「海綿(スポンジ)」のようにすき間の多いつくりであることから名づけられた。

生体物質(1) 水・無機物・アミノ酸

1 生体の化学組成 生体は，地球上に見られる一般的な元素からできている。

生体を構成する物質

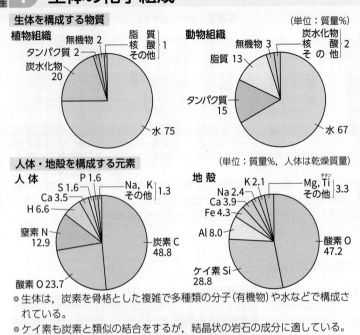

(単位：質量%)

植物組織：水 75，炭水化物 20，タンパク質 2，無機物 2，脂質・核酸・その他 1

動物組織：水 67，タンパク質 15，脂質 13，無機物 3，炭水化物・核酸・その他 2

人体・地殻を構成する元素

(単位：質量%，人体は乾燥質量)

人体：炭素 C 48.8，酸素 O 23.7，窒素 N 12.9，H 6.6，Ca 3.5，S 1.6，P 1.6，Na，K，その他 1.3

地殻：酸素 O 47.2，ケイ素 Si 28.8，Al 8.0，Fe 4.3，Ca 3.9，Na 2.4，K 2.1，Mg，Ti(チタン)，その他 3.3

- 生体は，炭素を骨格とした複雑で多種類の分子(有機物)や水などで構成されている。
- ケイ素も炭素と類似の結合をするが，結晶状の岩石の成分に適している。

生体物質の性質と働き

物質		構成元素	特徴と生体内での機能
水		H，O	物質を溶かし，生体内の化学反応の仲立ちとなる(生体内の化学反応は水溶液の状態で進行)。光合成で，水素(電子)の供給源となる。また，生体の急激な温度変化を防ぐ。
有機物	タンパク質	C，H，O，N，S	細胞質基質(サイトゾル)の主成分で，酵素や抗体，ヘモグロビン，ホルモンなど生命活動に重要な物質。
	脂質	C，H，O(，P)	エネルギー源として利用される。リン脂質は細胞膜や核膜など生体膜の成分となる。
	炭水化物	C，H，O	エネルギー源として利用される。核酸などほかの生体物質の合成材料となる。
	核酸	C，H，O，N，P	DNA(デオキシリボ核酸)は遺伝子の本体であり，核に存在する。RNA(リボ核酸)はおもに細胞質に存在し，DNAの指令を受けてタンパク質の合成を仲立ちする。▶p.82
無機物		P, Na, Cl, Mg, Fe, Ca, Kなど	体液の浸透圧やpH(▶p.337)の調節に関与し，酵素の働きを助ける。血液，クロロフィル，骨，歯，酵素の成分。

2 水 水の性質は，生命の活動に都合がよい。

A 極性をもつ

水分子

$\delta-$　104.5°　$\delta+$　$\delta+$

水分子は，折れ線形の構造をしており，電荷のかたより(**極性**)をもっている。

水分子のようす

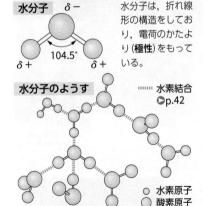

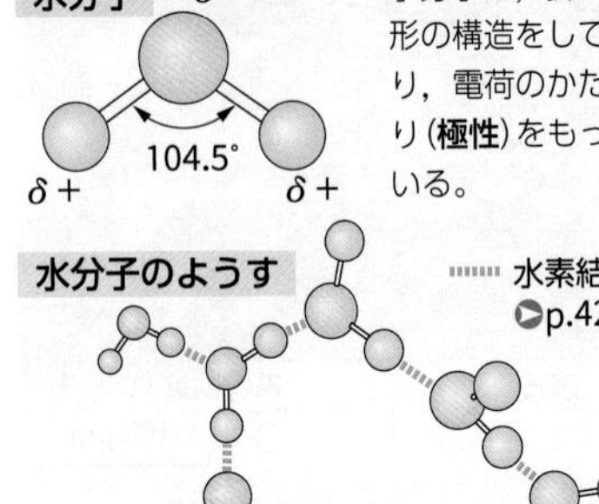

水素結合 ▶p.42
水素原子
酸素原子

水は，分子どうしが水素結合によって引き合っているため，特有の性質を示す。

B 比熱・融解熱・蒸発熱が大きい

比熱が大(温まりにくく，冷めにくい)	気温の変化に影響されにくい。
融解熱が大(こおりにくい)	耐寒性をもつ。
蒸発熱が大(蒸発時に多量の熱をうばう)	汗などによる体温調節がしやすい。

D 氷は水に浮く

氷
密度：水>氷

もし氷が水に沈んだら
氷
密度：水<氷

水は液体よりも固体の密度が小さく，氷は水に浮く。氷の密度が水よりも大きいと，氷は池の底に沈んでしまい，太陽の熱が届かず自然にはとけにくくなる。また，対流によって水温が低下し池全体が凍結すると，生物が生息できなくなる。

C 表面張力が大きい

水はまとまる力(凝集力)が大きく，根から吸い上げた水を先端の葉までいきわたらせることができる。

E ものを溶かす

水はいろいろな物質をよく溶かす。

物質の運搬

血液などの体液として，生体物質や栄養分を運搬する。

化学反応の場

反応する物質を溶かして，化学反応をする場となる。

3 無機物 生体に含まれる量は少ないが，体液の浸透圧の調節や酵素反応の進行などに重要な役割を果たしている。

元素名	特徴と生体内での機能
カルシウム Ca	骨や生体膜の構成成分となる。血液凝固反応(▶p.139)，多精拒否(▶p.95)，細胞接着(▶p.29，109)，筋肉の収縮(▶p.191)にも関わる。
ナトリウム Na　カリウム K	体液の浸透圧の調節やpH(▶p.337)の調節，神経の刺激の伝導に関わる(▶p.174)。
塩素 Cl	体液の浸透圧の調節に関わる。胃液中の塩酸の成分として働く。
鉄 Fe　銅 Cu	Feはヘモグロビン，Cuはヘモシアニンのそれぞれの成分として，体内で酸素を運搬する。▶p.151
マグネシウム Mg	クロロフィルの成分として，光エネルギーの吸収に関わる。▶p.61

鉄の働き

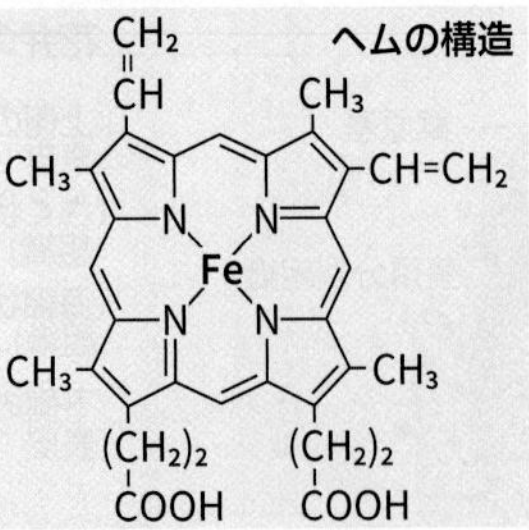

ヘムの構造
CH₂
=CH
CH₃
CH=CH₂
CH₃
N
Fe
CH₃
CH₃
(CH₂)₂
COOH
(CH₂)₂
COOH

ヘモグロビン中のヘム(▶p.42)には鉄が含まれていて，この鉄と酸素が結合することで，ヘモグロビンは酸素を運搬する。鉄が不足すると，血液中のヘモグロビンが減少し(貧血)，酸素がからだ全体にいきわたらなくなる。

プチ雑学 カルシウムは，生物にとって大変重要な成分である。からだの内部に骨をもつ生物の多くは，骨がカルシウムの保管庫にもなっている。

Keywords ●炭素 Carbon ●有機物 organic substance ●無機物 inorganic substance ●極性 polarity ●アミノ酸 amino acid ●ペプチド結合 peptide bond ●ポリペプチド polypeptide

生 4 アミノ酸 アミノ酸はタンパク質を構成する基本単位である。

A アミノ酸の基本構造

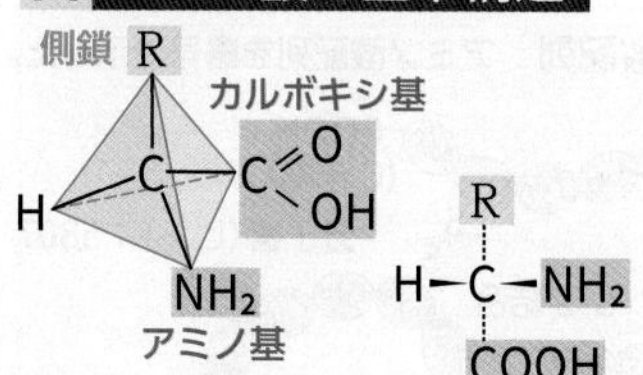
側鎖 R
カルボキシ基
C
O
OH
H
NH_2
アミノ基
R
H−C−NH_2
COOH

1個の炭素原子にアミノ基，カルボキシ基，水素原子および側鎖(そくさ)が結合したものを**アミノ酸***という。側鎖の構造が異なることにより，違うアミノ酸になる。

*アミノ基とカルボキシ基が同一の炭素原子に結合しているものをα-アミノ酸という。

Step up 鏡にうつした構造

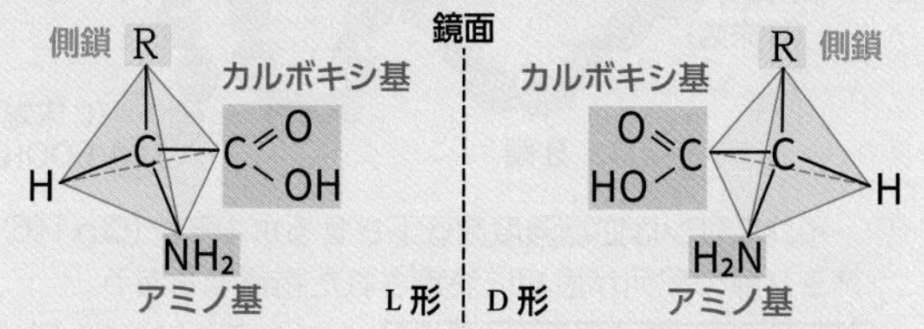
側鎖 R
カルボキシ基
C
O
OH
H
NH_2
アミノ基
鏡面
L形 D形
カルボキシ基
R 側鎖
O
HO
C
H
H_2N
アミノ基

図のように，鏡にうつした構造の物質どうしを鏡像異性体(光学異性体)という。グリシン以外のアミノ酸には鏡像異性体(L形とD形)がある。理由は明らかではないが，タンパク質を構成するアミノ酸は基本的にL形である。

B ペプチド結合

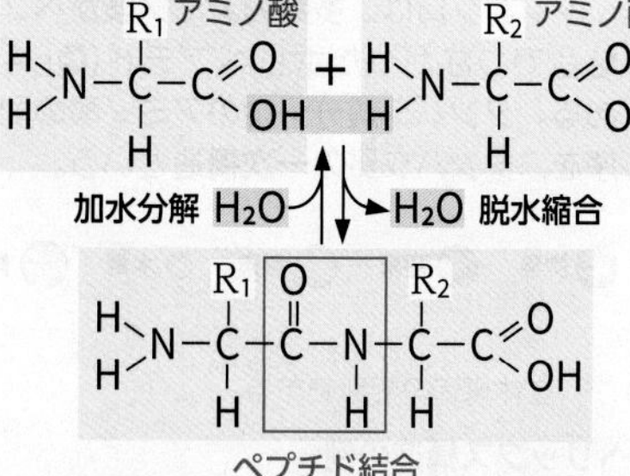
R_1 アミノ酸
H
N−C−C
O
OH
H
+
R_2 アミノ酸
加水分解 H_2O
H_2O 脱水縮合
R_1 O R_2
N−C−C−N−C−C
O
OH
ペプチド結合

アミノ酸のカルボキシ基と他のアミノ酸のアミノ基との間で，1分子の水がとれてできる -CO-NH- の結合を**ペプチド結合**という。

Memo ペプチド

2個以上のアミノ酸がペプチド結合した化合物。ペプチドの両端のうち，アミノ基が残っている側をN末端(アミノ末端)，カルボキシ基が残っている側をC末端(カルボキシ末端)という。

C ポリペプチド

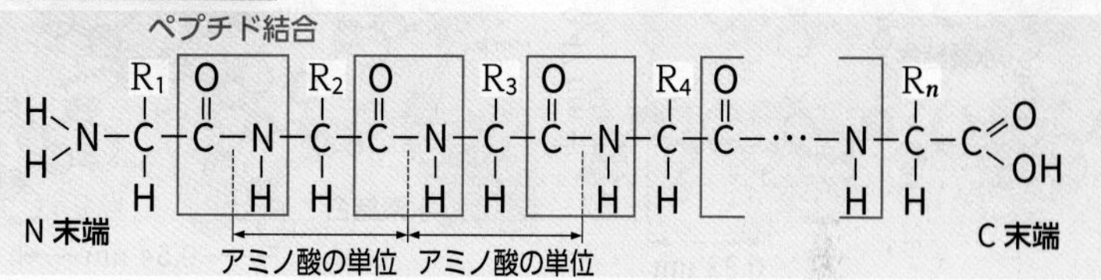
ペプチド結合
R_1 O R_2 O R_3 O R_4 O R_n
N−C−C−N−C−C−N−C−C−N−C−C−⋯−N−C−C
O
OH
N末端
アミノ酸の単位 アミノ酸の単位
C末端

多数のアミノ酸がペプチド結合でつながった化合物を**ポリペプチド**という。タンパク質はポリペプチドであり，結合するアミノ酸の種類や数，配列によってその種類が決まる。

D アミノ酸の種類 タンパク質を構成するアミノ酸は20種類である。これらは全てα-アミノ酸である。

名称	グリシン [Gly/G](75)	アラニン [Ala/A](89)	バリン* [Val/V](117)	ロイシン* [Leu/L](131)	イソロイシン* [Ile/I](131)	メチオニン* [Met/M](149)	フェニルアラニン* [Phe/F](165)
構造	H $H_2N-CH-COOH$	CH_3 $H_2N-CH-COOH$	CH_3 $H-C-CH_3$ $H_2N-CH-COOH$	CH_3 $H-C-CH_3$ CH_2 $H_2N-CH-COOH$	CH_3 CH_2 $H-C-CH_3$ $H_2N-CH-COOH$	CH_3 S CH_2 CH_2 $H_2N-CH-COOH$	$HC=CH$ $HC\quad CH$ $HC=C-CH$ CH_2 $H_2N-CH-COOH$

名称	トリプトファン* [Trp/W](204)	プロリン [Pro/P](115)	アスパラギン酸● [Asp/D](133)	グルタミン酸● [Glu/E](147)	リシン*★ [Lys/K](146)	ヒスチジン*★ [His/H](155)	アルギニン★ [Arg/R](174)
構造	$HC=CH$ $HC\quad C-C\quad CH$ NH $C=CH$ CH_2 $H_2N-CH-COOH$	CH_2 $CH_2\quad CH_2$ $HN-CH-COOH$	COOH CH_2 $H_2N-CH-COOH$	COOH CH_2 CH_2 $H_2N-CH-COOH$	NH_2 CH_2 CH_2 CH_2 CH_2 $H_2N-CH-COOH$	$H-C-N$ CH $C-NH$ CH_2 $H_2N-CH-COOH$	$HN=C-NH_2$ NH CH_2 CH_2 CH_2 $H_2N-CH-COOH$

名称	セリン [Ser/S](105)	トレオニン* [Thr/T](119)	システイン [Cys/C](121)	アスパラギン [Asn/N](132)	グルタミン [Gln/Q](146)	チロシン [Tyr/Y](181)
構造	OH CH_2 $H_2N-CH-COOH$	CH_3 $H-C-OH$ $H_2N-CH-COOH$	SH CH_2 $H_2N-CH-COOH$	NH_2 $C=O$ CH_2 $H_2N-CH-COOH$	NH_2 $C=O$ CH_2 CH_2 $H_2N-CH-COOH$	OH $HC=C-CH$ $HC=C-CH$ CH_2 $H_2N-CH-COOH$

20種類のアミノ酸のうち，ヒトでは9種類(表中*)のアミノ酸が体内で合成できない。このようなアミノ酸を**必須**(ひっす)**アミノ酸**といい，食物から摂取しなければならない。

□は親水性(●：酸性，★：アルカリ性)，□は疎水性，[ ]内は略号：3文字の場合/1文字の場合，( )内は分子量を示す。

プチ雑学 アルギニンは，幼少期には必要な量を合成しきれず，食物から摂取しなければならない。このようなアミノ酸を準必須アミノ酸という。システイン，チロシンも準必須アミノ酸として扱われることがある。

生体物質(2) タンパク質

1 タンパク質の構造　タンパク質は折りたたまれていて，複雑な立体構造をつくる。

進化
View

A 一次構造

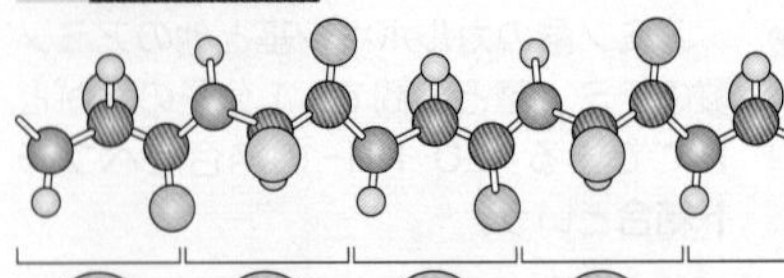

Val
Glu
Gln
Cys
バリン
グルタミン酸
グルタミン
システイン

タンパク質は，多数のアミノ酸がペプチド結合でつながったポリペプチド(▶p.41)である。タンパク質分子中のアミノ酸の配列順序を，タンパク質の**一次構造**という。

炭素　窒素　酸素　水素　側鎖

インスリンのアミノ酸配列　アミノ酸配列を略号で示した。

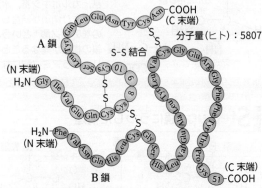

A鎖　(N 末端) H_2N−Gly−Ile−Val−Glu−Gln−Cys−Cys−8−9−10−Cys−Ser−Leu−Tyr−Gln−Leu−Glu−Asn−Tyr−Cys−Asn−COOH (C 末端)

B鎖　(N 末端) H_2N−Phe−Val−Asn−Gln−His−Leu−Cys−Gly−Ser−His−Leu−Val−Glu−Ala−Leu−Tyr−Leu−Val−Cys−Gly−Glu−Arg−Gly−Phe−Phe−Tyr−Thr−Pro−Lys−51−COOH (C 末端)

S-S 結合　分子量(ヒト)：5807

インスリンは血糖濃度を低下させるホルモン(▶p.146)。アミノ酸の配列が最初に決定された物質でもある。

動物	アミノ酸の配列位置			
	8	9	10	51
ヒト	Thr	Ser	Ile	Thr
ブタ	Thr	Ser	Ile	Ala
ウシ	Ala	Ser	Val	Ala
ヒツジ	Ala	Gly	Val	Ala

インスリンは，51 個のアミノ酸からなり，3 か所に S−S 結合がある。動物の種類により，一部のアミノ酸配列が異なっている。

B 二次構造　※二次以上の構造(高次構造)が，立体構造の要素である。

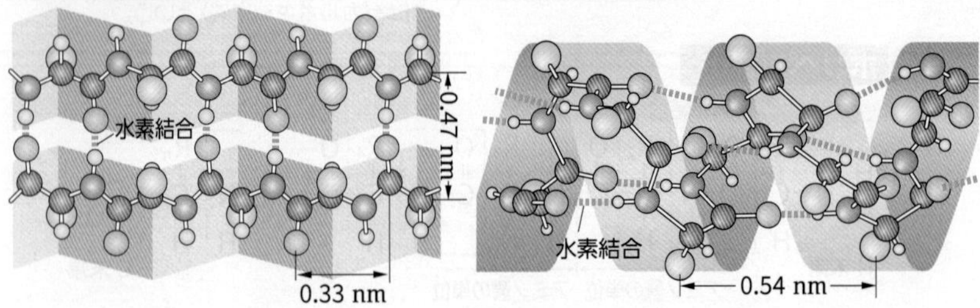

βシート構造の例
αヘリックス構造の例
水素結合
0.47 nm
0.33 nm
水素結合
0.54 nm

アミノ酸どうしに水素結合が生じて，規則的ならせん構造(**αヘリックス構造**)やシート構造(**βシート構造**)をつくる。このような構造をタンパク質の**二次構造**という。

C 三次構造

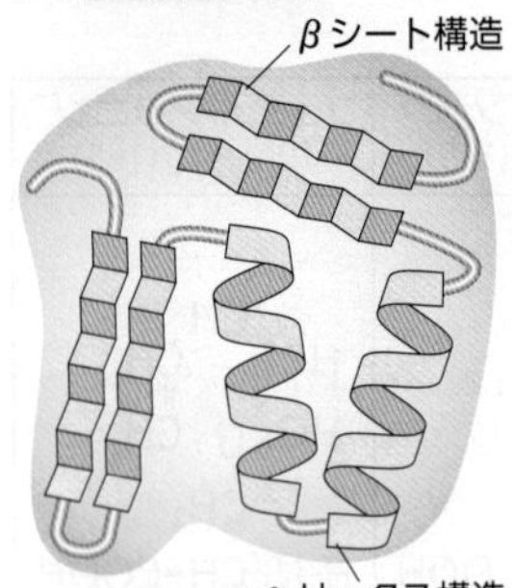

βシート構造
αヘリックス構造

二次構造のポリペプチドが折りたたまれて，**三次構造**ができる。S−S 結合などによって，構造が保たれる。

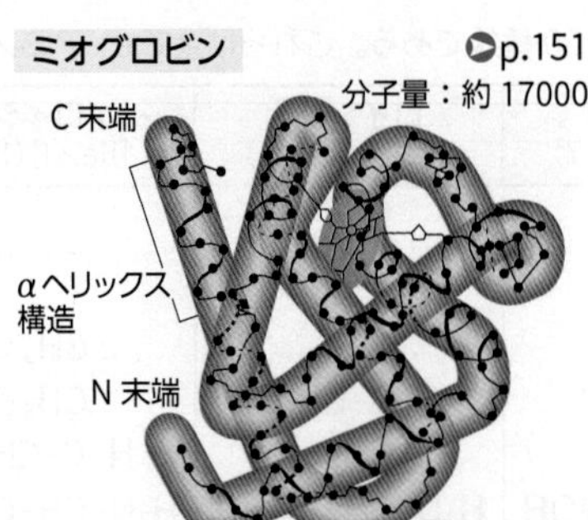

ミオグロビン
▶p.151
分子量：約 17000
C 末端
αヘリックス構造
N 末端
ヘム部分

インスリンの三次構造　リボンモデル

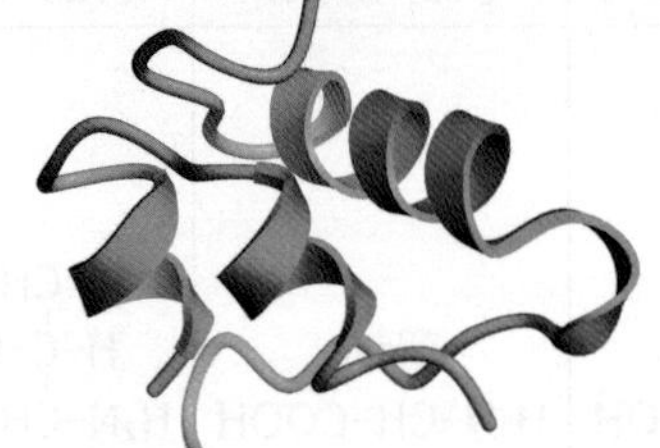

立体構造(三次構造)を模式的に示している。三次構造の中に，らせん構造(二次構造)が見られる。

D 四次構造　※図は三量体の例

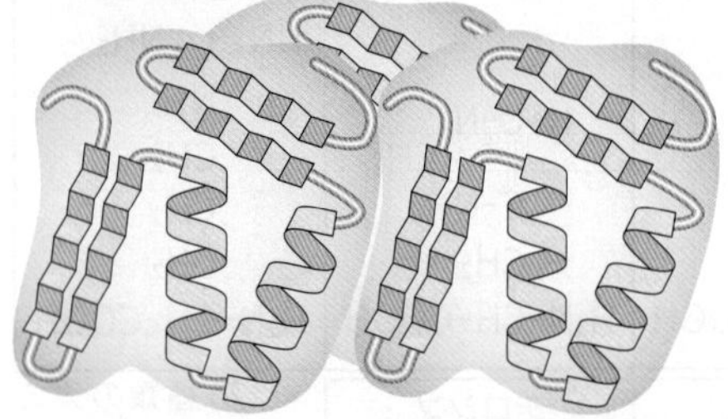

いくつかのサブユニット(三次構造のポリペプチド)からなる場合，この集まり全体をタンパク質の**四次構造**という。

ヘモグロビン　▶p.151
分子量：約 64500
β_2　β_1　α_2　α_1

4 つのサブユニットからなる。

Step up 形を決める作用

水素結合

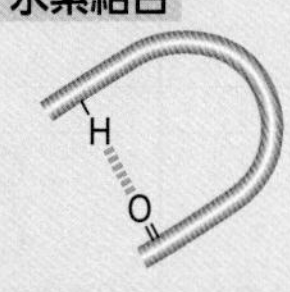

H
O

酸素原子 O や窒素原子 N は，水素原子 H をはさんだ結合をつくる。これを**水素結合**という。

タンパク質分子中のペプチド結合にある −NH と =O の間には，水素結合が生じやすい。

S-S 結合

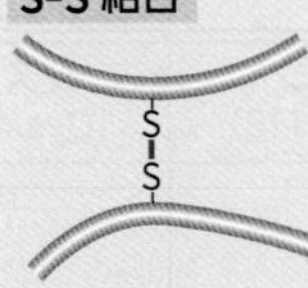

S
S

2 つのシステインの −SH が酸化され H がはずれると，**S−S 結合(ジスルフィド結合)**が生じる。

疎水性排除

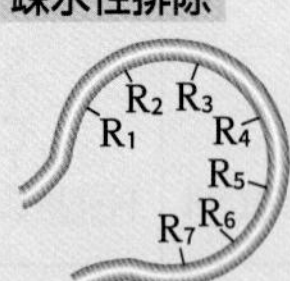

R_1 R_2 R_3 R_4 R_5 R_6 R_7

生体内では，外部に水分が多いので，疎水性の側鎖が内側にまとまる傾向がある。

このように，構成する原子間の作用によって，タンパク質の形が決められる。

Memo ミオグロビンとヘモグロビン

どちらのタンパク質もヘム(▶p.40)を含む赤い色素で，条件によって，酸素を結合したり遊離したりする。ミオグロビンは 1 つの分子からなる単量体で，筋肉中に含まれていて，運動時に酸素を供給する働きをもつ。ヘモグロビンは 4 つの分子からなる四量体で，赤血球中に含まれていて，酸素を全身に運搬する働きをもつ。また，筋肉や血液が赤いのは，これらのタンパク質による。

進化 View 1　ミオグロビンとヘモグロビンのα鎖(α_1，α_2)，β鎖(β_1，β_2)は，いずれもヘムとグロビンタンパク質からできており，非常に似た機能と構造をもつ。これらのグロビンタンパク質を比較すると，ミオグロビンの遺伝子が変化してヘモグロビンα鎖やβ鎖の遺伝子が生じたことがわかる。Link

Keywords
●タンパク質 protein ●αヘリックス α helix ●βシート β sheet ●水素結合 hydrogen bond
●インスリン insulin ●ミオグロビン myoglobin ●ヘモグロビン hemoglobin
●変性 denaturation

Link コラム

2 タンパク質の機能と種類

タンパク質は多様な立体構造をしており，それぞれ特有の機能をもっている。

機能	例
触媒	α-アミラーゼ　トリプシン　酵素は，生体内でつくられる触媒であり，タンパク質を主成分としている。タンパク質の構造が，作用する物質を決めている。 ▶p.48
防御	免疫グロブリン　HLA の一部　タンパク質の特定の構造が，病原体やがん細胞などの自分以外のもの(異物)を識別し，からだを守っている。 ▶p.164
輸送	アルブミン　K^+ チャネル　血しょう中のアルブミンのように，物質を運ぶものや，K^+ チャネルのように，細胞膜に存在して，物質の通過に関わるものなどがある。 ▶p.26，139

機能	例
支持	ケラチン　コラーゲン　繊維状のタンパク質は，からだの形を維持する。毛髪ではケラチン，皮膚や骨などではコラーゲン，血液凝固ではフィブリンなどが働く。 ▶p.29，139
運動	アクチン　ミオシンの一部　アクチンフィラメントがミオシンフィラメントの間に滑りこんで，筋肉が収縮する。細胞骨格や細胞内の輸送にも関わっている。 ▶p.30，191
調節	グルカゴン　インターフェロン　ホルモンには，タンパク質でできたものがある。また，免疫に関わるサイトカインも，インターフェロンのようにタンパク質のものが多い。 ▶p.144，161

タンパク質を含むものの例

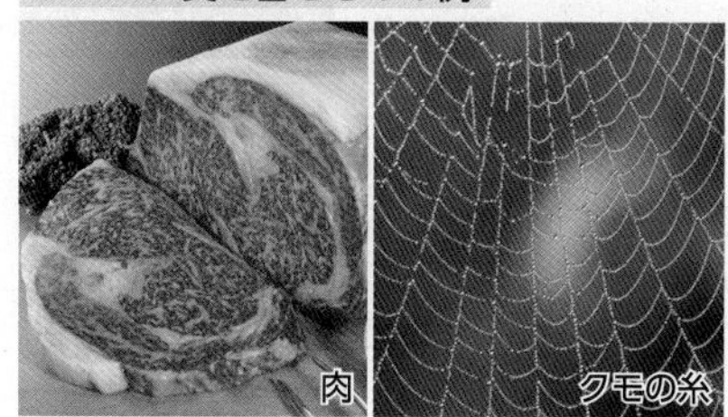
肉　クモの糸

肉には，アクチン，ミオシン，ミオグロビン，コラーゲンなどのタンパク質が含まれる。絹糸やクモの糸は，フィブロインというタンパク質が主成分である。

Column 毛髪の主成分はケラチン

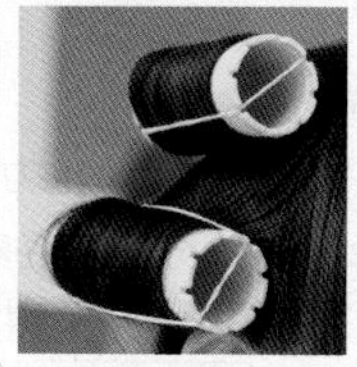

毛髪の主成分は，ケラチンというタンパク質である。ケラチンはシステインを多く含み，S–S 結合で網目状につながっている。パーマネントは，S–S 結合を切断し再結合させることで髪型を固定させる。また，毛髪を焼くと異臭がするのは，硫黄 S が多く含まれることによる。なお，ケラチンはつめにも多く含まれている。

3 変　性

タンパク質は，環境が変わると構造が変わり，その性質が変化する。

シャペロン ▶p.84

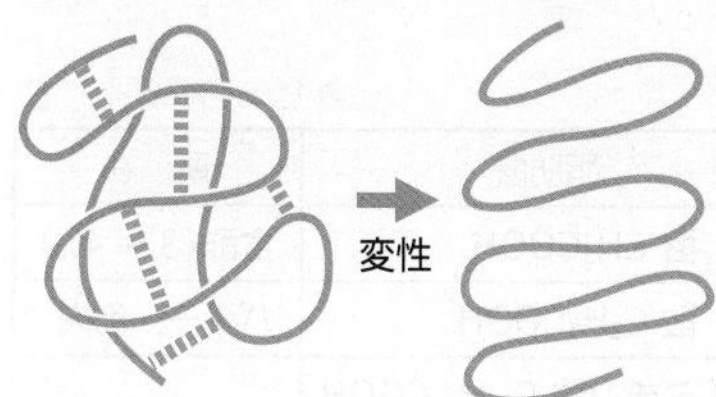
変性

熱や X 線，酸・アルカリなどにより，タンパク質中の水素結合や S–S 結合が切れて立体構造がこわれ，タンパク質の性質が変わることを**変性**(へんせい)という。

加熱による変性 例 卵白を加熱

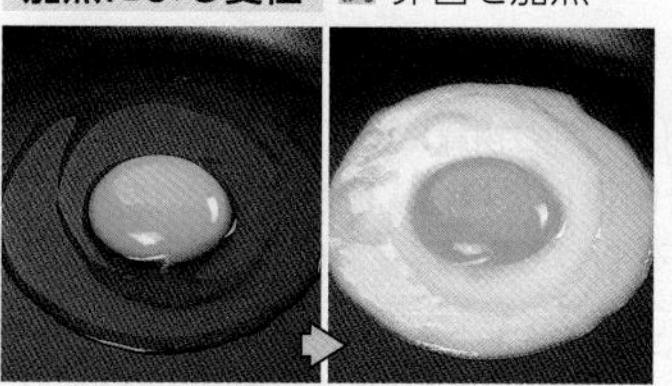

酸による変性 例 牛乳＋酢酸

つながる生物学

生活 おいしいタンパク質

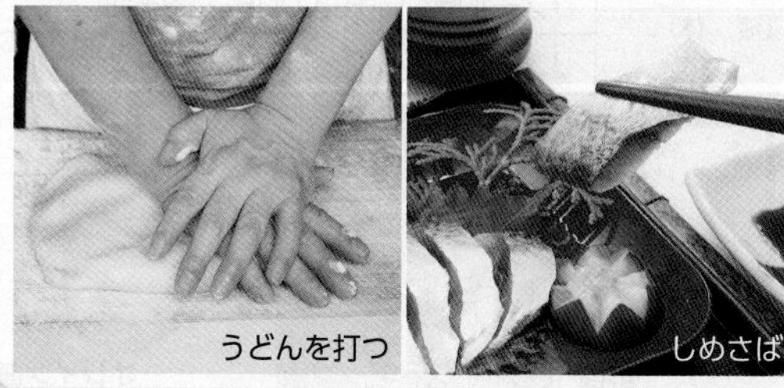
うどんを打つ　しめさば

料理では，さまざまな食材が物質の性質を利用して加工される。タンパク質の性質を利用したものとして，たとえば次のようなものがある。

- 小麦粉を水とこねることによって，小麦粉に含まれるタンパク質の間で S–S 結合ができ，粘弾性(ねんだんせい)が出てくる。うどんのコシもこのようにして生まれる。
- しめさばは，さばに塩をふり，酢につけたものである。タンパク質が変性して表面がかたく締まるほか，脱水作用や酸による殺菌で，保存性が高まる。

Q 納豆のねばりけは，おもにグルタミン酸ポリペプチドというタンパク質による。ねばりけが苦手な人でも納豆を食べやすくするには，どのように調理するとよいか。

つながる生物学 A 加熱するなどして，グルタミン酸ポリペプチドを変性させる(ただし，加熱すると，血栓の溶解をうながす効果がある酵素，ナットウキナーゼも変性する。血液凝固 ▶p.139)。

生

1 脂 質

脂質は膜の成分やエネルギーの貯蔵物質として重要である。

A 脂質の種類

水に溶けにくく，エーテル，ベンゼンなどに溶ける。

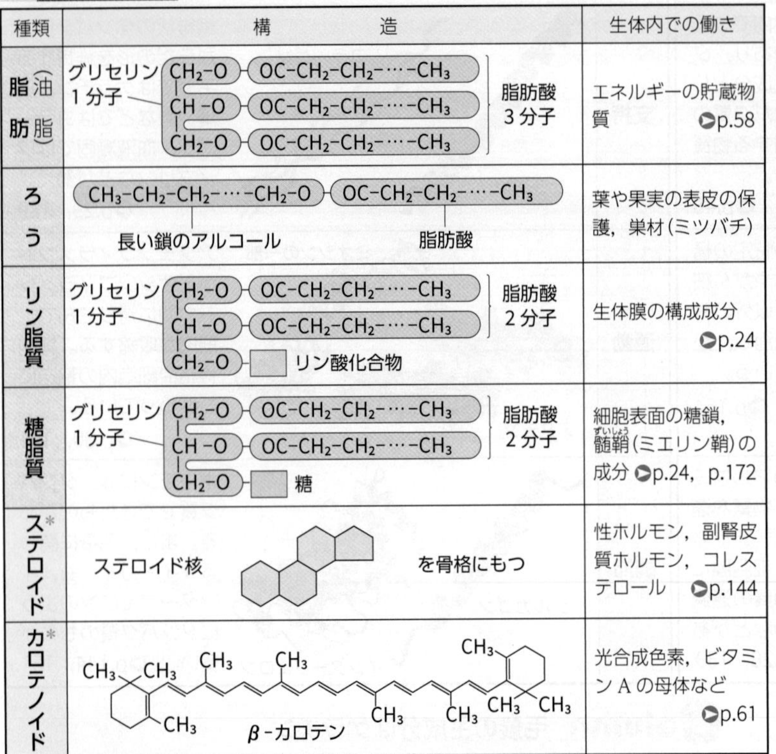

種類	構造	生体内での働き
脂肪（油脂）	グリセリン1分子 CH_2-O / $CH-O$ / CH_2-O ― $OC-CH_2-CH_2-\cdots-CH_3$（×3） 脂肪酸3分子	エネルギーの貯蔵物質 ▶p.58
ろう	$CH_3-CH_2-CH_2-\cdots-CH_2-O$ ― $OC-CH_2-CH_2-\cdots-CH_3$ 長い鎖のアルコール 脂肪酸	葉や果実の表皮の保護，巣材（ミツバチ）
リン脂質	グリセリン1分子 CH_2-O / $CH-O$ ― $OC-CH_2-CH_2-\cdots-CH_3$（×2） 脂肪酸2分子 / CH_2-O ― リン酸化合物	生体膜の構成成分 ▶p.24
糖脂質	グリセリン1分子 CH_2-O / $CH-O$ ― $OC-CH_2-CH_2-\cdots-CH_3$（×2） 脂肪酸2分子 / CH_2-O ― 糖	細胞表面の糖鎖，髄鞘（ミエリン鞘）の成分 ▶p.24，p.172
ステロイド*	ステロイド核 を骨格にもつ	性ホルモン，副腎皮質ホルモン，コレステロール ▶p.144
カロテノイド*	β-カロテン	光合成色素，ビタミンAの母体など ▶p.61

*ステロイドとカロテノイドは，狭義には脂質に含めない。

脂肪

植物油

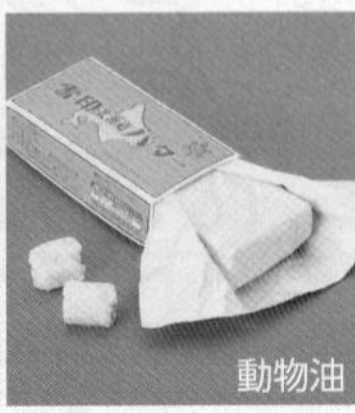
動物油

ろう ▶p.39

クチクラ（葉の表面）

リン脂質 ▶p.24

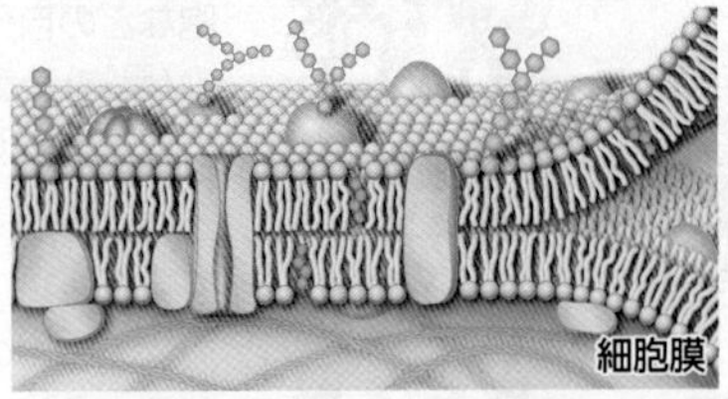
細胞膜

糖脂質 ▶p.172

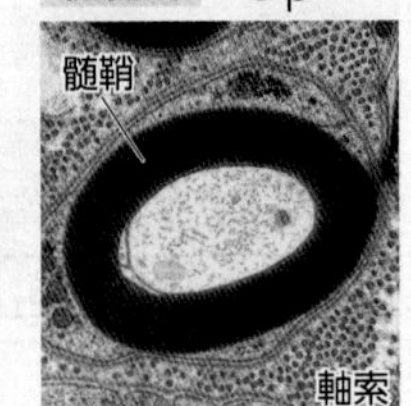
髄鞘
軸索

ステロイド*

ステロイド剤

カロテノイド*

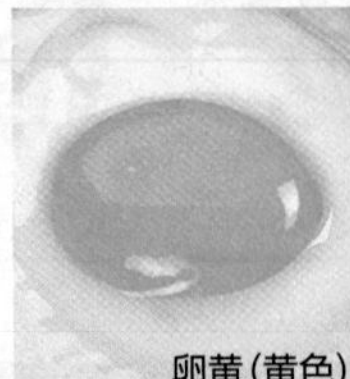
卵黄（黄色）

ニンジン（橙色）

B 脂 肪

構成成分の脂肪酸の違いが，脂肪の種類の違いになる。

脂肪の加水分解 加水分解すると，1分子のグリセリンと3分子の脂肪酸になる。

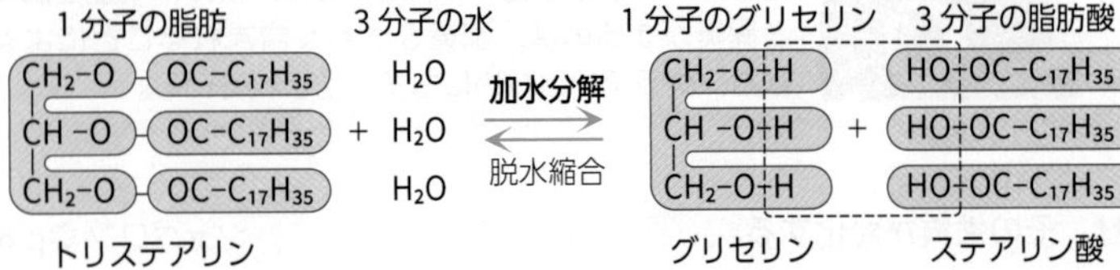
1分子の脂肪
3分子の水
1分子のグリセリン
3分子の脂肪酸
CH₂-O OC-C₁₇H₃₅
CH -O OC-C₁₇H₃₅
CH₂-O OC-C₁₇H₃₅
H₂O
H₂O
H₂O
加水分解
脱水縮合
CH₂-O-H
CH -O-H
CH₂-O-H
HO-OC-C₁₇H₃₅
HO-OC-C₁₇H₃₅
HO-OC-C₁₇H₃₅
トリステアリン
グリセリン
ステアリン酸

エネルギー貯蔵

種 類	燃焼の熱量
脂 肪	40 kJ/g
炭水化物	17 kJ/g
タンパク質	19 kJ/g

余分な糖は，別の物質に変えられてからだに蓄えられる。同じ質量で比較した場合，脂肪は炭水化物の2倍以上のエネルギーをもっている。これは，脂肪が疎水性で，体内の水とは結合せずに存在できるためである。脂肪に変化させることで，エネルギーをより効率よく貯蔵できる。

C 脂肪酸

カルボキシ基 $-COOH$ をもった炭素Cの鎖。

- Cの数が多いものを**高級**，少ないものを**低級**という。
- 二重結合や三重結合がないものを**飽和**，あるものを**不飽和**という。

例 パルミチン酸（高級飽和脂肪酸）

$$H_3C-(CH_2)_{14}-COOH$$

おもな脂肪酸 ＊ヒトの必須脂肪酸

	脂肪酸	所 在
低級脂肪酸（液 体）	酢 酸 CH_3COOH	食酢（3～4%）
	酪 酸 C_3H_7COOH	バター，筋肉
高級飽和脂肪酸（固 体）	パルミチン酸 $C_{15}H_{31}COOH$	動植物の脂肪
	ステアリン酸 $C_{17}H_{35}COOH$	
高級不飽和脂肪酸（液 体）	オレイン酸 $C_{17}H_{33}COOH$	動植物の脂肪
	リノール酸* $C_{17}H_{31}COOH$	綿実油
	リノレン酸* $C_{17}H_{29}COOH$	アマニ油ほか

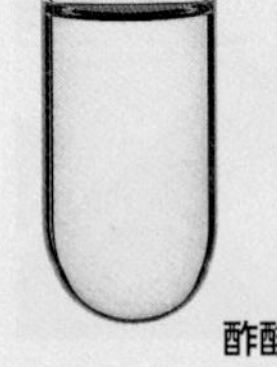
酢酸

ステアリン酸

オレイン酸

Step up リポタンパク質

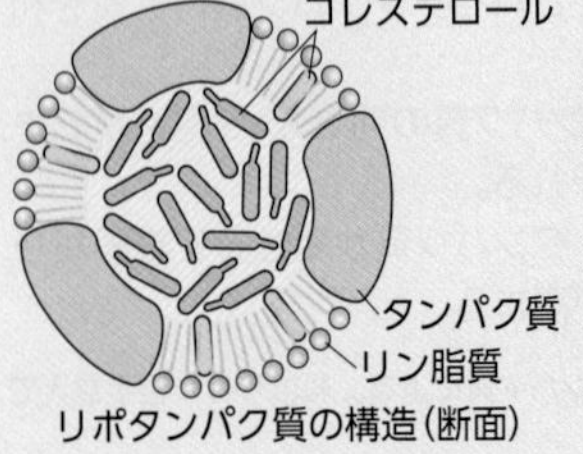
コレステロール
タンパク質
リン脂質
リポタンパク質の構造（断面）

リポタンパク質は，脂質とタンパク質が結合した複合タンパク質で，血しょう，卵黄などに広く分布している。血しょう中に存在するリポタンパク質は，コレステロールを多く含み，その運搬に関わっている。血液の成分検査では，血しょう中のリポタンパク質（LDL，HDL）の量をはかり，コレステロール値を調べている。

プチ雑学 コレステロール cholesterol（ギリシア語で chole は「胆汁」，stereos は「固体」）は，胆石から発見された。多くのステロイド（性ホルモン，副腎皮質ホルモン）は，コレステロールからつくられる。また，コレステロールは動物の細胞膜を構成する成分の1つである。動脈硬化の原因物質ではあるが，コレステロールはからだに必要な物質である。

Keywords ●脂質 lipid ●脂肪 fat ●炭水化物 carbohydrate ●グルコース glucose ●フルクトース fructose ●スクロース sucrose ●マルトース maltose ●ラクトース lactose ●デンプン starch ●グリコーゲン glycogen ●セルロース cellulose ●核酸 nucleic acid

生 2 炭水化物 おもにエネルギー源として働く。

A 単糖類 加水分解でこれ以上単純な分子にならない糖。

●印の糖には還元性がある（フェーリング液（▶p.322）やベネジクト液を還元する）。

六炭糖（ヘキソース*）$C_6H_{12}O_6$			五炭糖（ペントース*）	
●グルコース（ブドウ糖）	●フルクトース（果糖）	●ガラクトース	リボース$C_5H_{10}O_5$	デオキシリボース$C_5H_{10}O_4$
二糖類や多糖類を構成する糖。光合成でつくられ，エネルギーを蓄える。呼吸・発酵で分解され，エネルギーがとり出される。	糖類で最も甘い。果汁，蜂蜜などに存在する。（スイカ）	甘みは弱い。ラクトース，植物粘液などの構成成分。単独の糖としては，ほとんど存在しない。	RNA や ATP などの構成成分。NAD^+，$NADP^+$ などの補酵素（▶p.51）の構成成分。	DNA の構成成分。リボースから O が 1 つとれた構造。

＊ヘキサ hexa は 6，ペンタ penta は 5 を表す。

B 二糖類 単糖類が 2 分子結合した糖。$C_{12}H_{22}O_{11}$

▶p.49

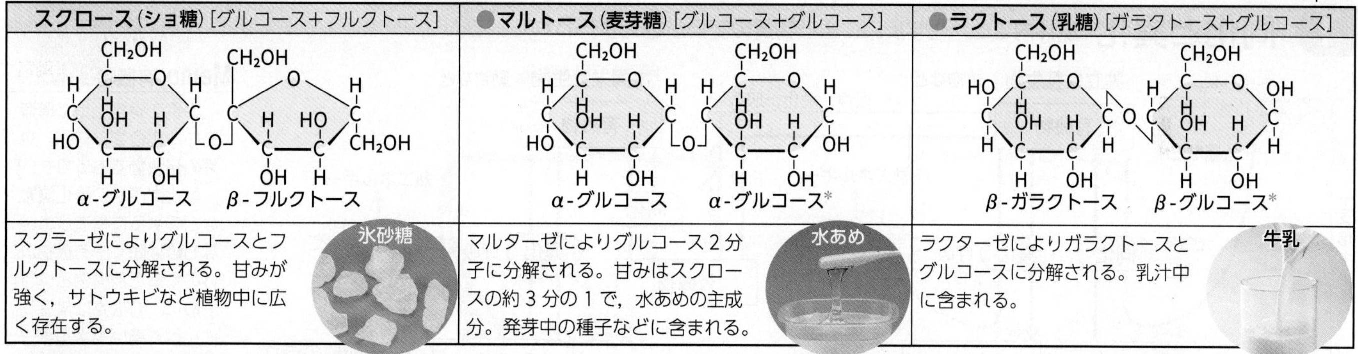

スクロース（ショ糖）[グルコース＋フルクトース]	●マルトース（麦芽糖）[グルコース＋グルコース]	●ラクトース（乳糖）[ガラクトース＋グルコース]
α-グルコース　β-フルクトース	α-グルコース　α-グルコース*	β-ガラクトース　β-グルコース*
スクラーゼによりグルコースとフルクトースに分解される。甘みが強く，サトウキビなど植物中に広く存在する。（氷砂糖）	マルターゼによりグルコース 2 分子に分解される。甘みはスクロースの約 3 分の 1 で，水あめの主成分。発芽中の種子などに含まれる。（水あめ）	ラクターゼによりガラクトースとグルコースに分解される。乳汁中に含まれる。（牛乳）

＊α形，β形の両方存在する。

C 多糖類 単糖類が多数分子結合した糖。

▶p.49

エネルギーの貯蔵物質　デンプン（植物）やグリコーゲン（動物）として貯蔵			構造を維持するもの
デンプン		グリコーゲン	セルロース
アミロース	アミロペクチン		
グルコースが直鎖状につながったもの。ヨウ素デンプン反応は青色。ふつう，デンプンは，20～25% のアミロース，75～80% のアミロペクチンからなる。	枝分かれがある。ヨウ素デンプン反応は赤紫色。モチゴメのデンプンはほとんどアミロペクチンからなる。（もち）	おもに肝臓や筋肉など動物体に含まれ，動物デンプンとよばれる。デンプンより枝分かれが多く短い。ヨウ素デンプン反応は赤褐色。	細胞壁の主成分。グルコースが直鎖状に並び，たがいに水素結合して強い繊維となる。セルラーゼによって分解される。動物の多くは分解できない。

ヨウ素デンプン反応

アミロース（青色）
アミロペクチン（赤紫色）
グリコーゲン（赤褐色）

※セルロースは反応を示さない。

Step up キチン

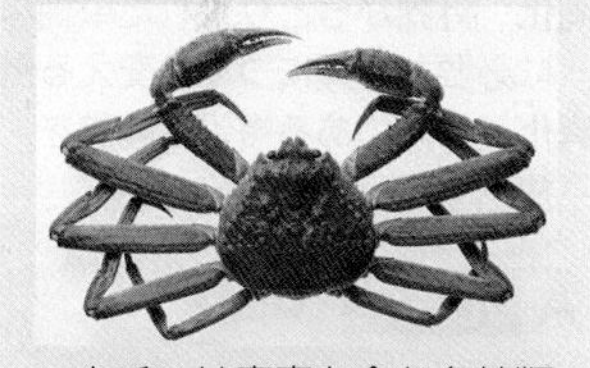

キチンは窒素を含む多糖類で，セルロースと類似の構造をしている。菌類の細胞壁，節足動物の外骨格などの主成分である。

生 3 ATP

▶p.47

生体のエネルギー通貨

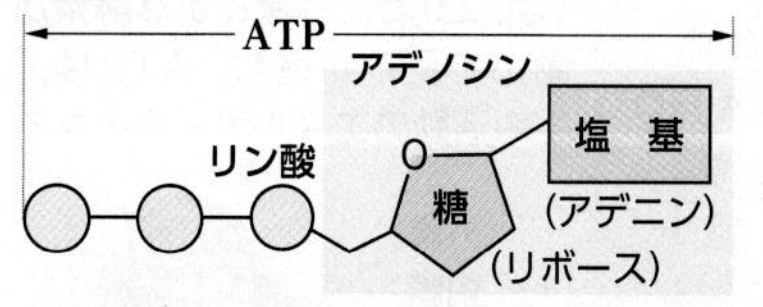

ATP
アデノシン
塩基
リン酸
糖
(アデニン)
(リボース)

ATP は，アデノシンと 3 つのリン酸が結合した構造をもつ。ATP が **ADP** とリン酸に分解するときに放出されるエネルギーは生命活動に使われる。

生 4 核酸 核酸中の塩基の配列が遺伝情報になる。

▶p.73

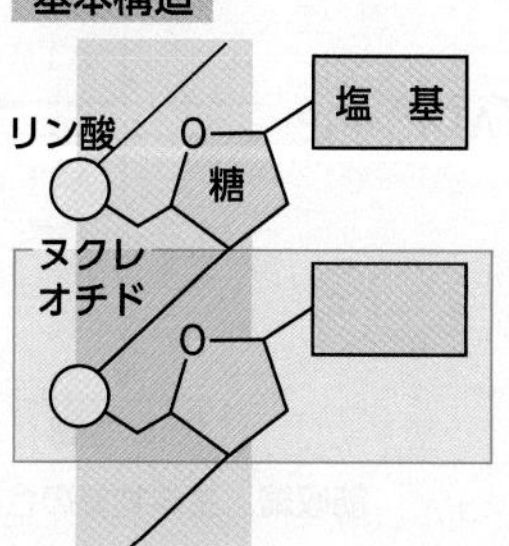

基本構造
塩基
リン酸
糖
ヌクレオチド

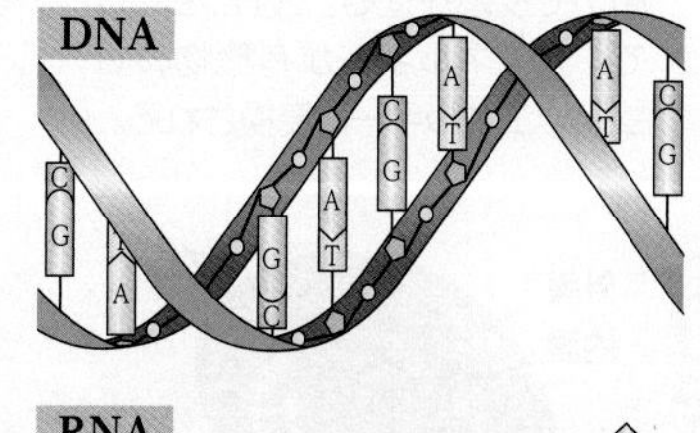

DNA
RNA

核酸は，リン酸，糖，塩基が結合したヌクレオチドが連なった構造をしており，**DNA**（**デオキシリボ核酸**）と **RNA**（**リボ核酸**）の 2 種類がある。DNA と RNA に含まれる塩基には，それぞれ 4 種類ずつあり，その塩基配列が遺伝情報になる。

塩基の種類　(　)内は RNA
A：アデニン，T：チミン（U：ウラシル），G：グアニン，C：シトシン

プチ雑学 人工甘味料スクラロースの構造は，スクロースの構造に類似しており，スクロースのおよそ 600 倍の甘さがあるといわれている。また，スクラロースは，ヒトには消化・吸収できないので，ノンカロリー甘味料になるが，体質によっては下痢を起こす。

46 代謝とエネルギー・ATP

Overview 代謝

生体内の化学反応を代謝といい，同化と異化がある。必要なエネルギーの出入りは，ATPや補酵素を介して行われる。また，代謝はさまざまな酵素によって促進される。

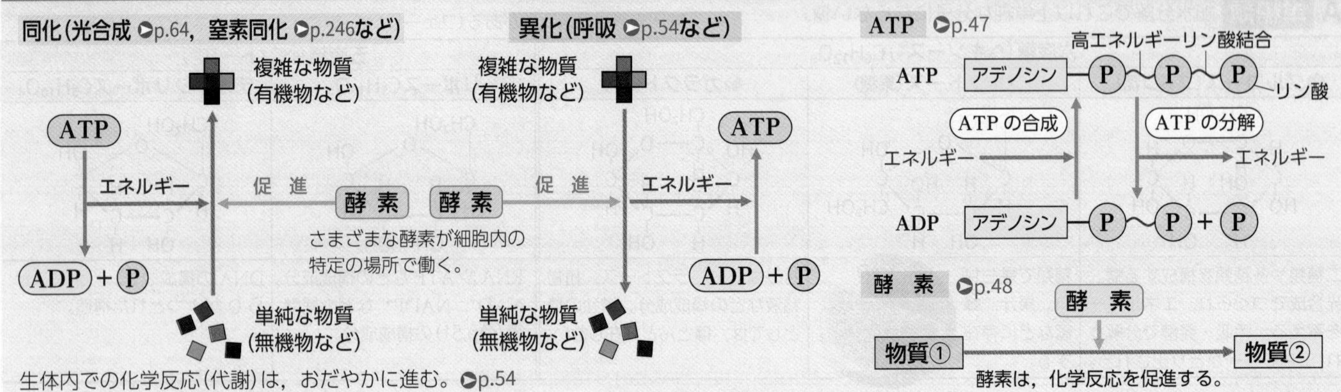

同化(光合成 ▶p.64，窒素同化 ▶p.246など)
異化(呼吸 ▶p.54など)
複雑な物質(有機物など)
ATP
エネルギー
促進
酵素
$ADP + Ⓟ$
単純な物質(無機物など)
さまざまな酵素が細胞内の特定の場所で働く。
生体内での化学反応(代謝)は，おだやかに進む。▶p.54
ATP ▶p.47
高エネルギーリン酸結合
アデノシン
Ⓟ
リン酸
ATPの合成
ATPの分解
ADP
酵素 ▶p.48
物質①
物質②
酵素は，化学反応を促進する。

1 同化と異化 基

生体内では，化学反応による物質の変換が絶えず行われている。

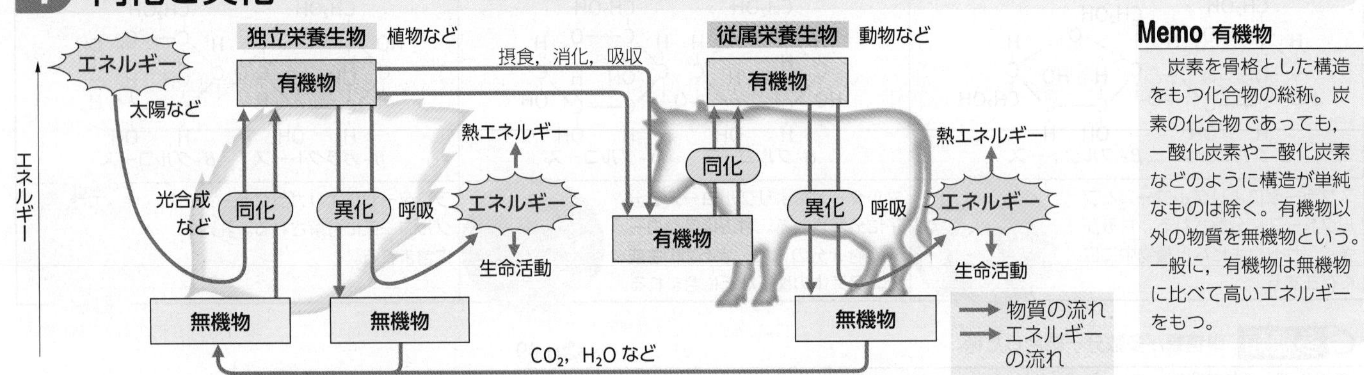

エネルギー
太陽など
独立栄養生物 植物など
従属栄養生物 動物など
有機物
摂食，消化，吸収
熱エネルギー
光合成など
同化
異化
呼吸
生命活動
無機物
CO_2，H_2O など
物質の流れ
エネルギーの流れ

Memo 有機物
炭素を骨格とした構造をもつ化合物の総称。炭素の化合物であっても，一酸化炭素や二酸化炭素などのように構造が単純なものは除く。有機物以外の物質を無機物という。一般に，有機物は無機物に比べて高いエネルギーをもつ。

代謝(たいしゃ) 生体内で起こる物質の化学反応。**同化**と**異化**に分けられる。
同化(どうか) 外界からとり入れた単純な物質を，からだを構成する物質や生命活動に必要な物質につくり変える働き。エネルギーを吸収する。例 光合成
異化(いか) 体内にある複雑な物質を，単純な物質に分解する働き。エネルギーを放出する。例 呼吸，発酵

独立栄養生物 無機物から有機物を合成するしくみをもっており，外部から有機物をとり入れなくても生命活動が可能な生物。例 植物
従属栄養生物 有機物をとりこみ，それに依存して生命活動を行っている生物。例 動物

A 光合成 ▶p.64

＊光合成でできる有機物を便宜的にグルコース $C_6H_{12}O_6$ で表した。

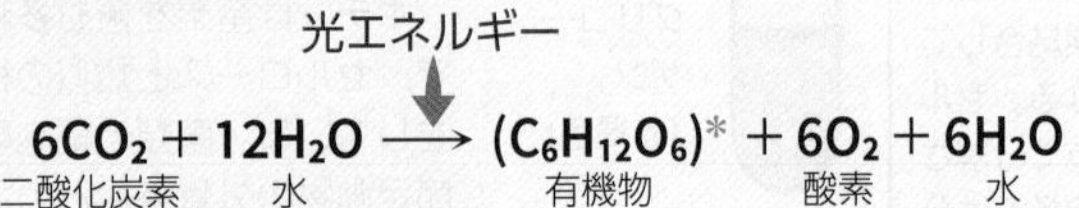

光エネルギー
$6CO_2 + 12H_2O \longrightarrow (C_6H_{12}O_6)^* + 6O_2 + 6H_2O$
二酸化炭素 水 有機物 酸素 水

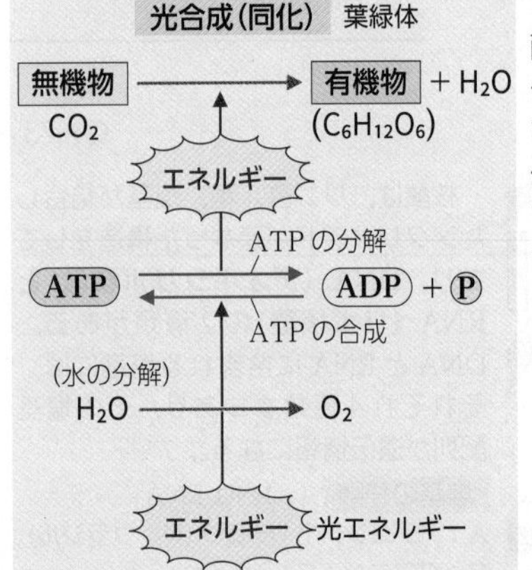

光合成(同化) 葉緑体
無機物
CO_2
有機物
$(C_6H_{12}O_6)$
$+ H_2O$
エネルギー
ATPの分解
ATP
$ADP + Ⓟ$
ATPの合成
(水の分解)
H_2O
O_2
エネルギー 光エネルギー

光エネルギーを使って，水と二酸化炭素から有機物をつくる働き。酸素が生じる。**葉緑体**(▶p.23)で，さまざまな**酵素**(▶p.48)が働いて反応が進む。ATPを介して，光エネルギーが有機物のもつ化学エネルギーに変換される。

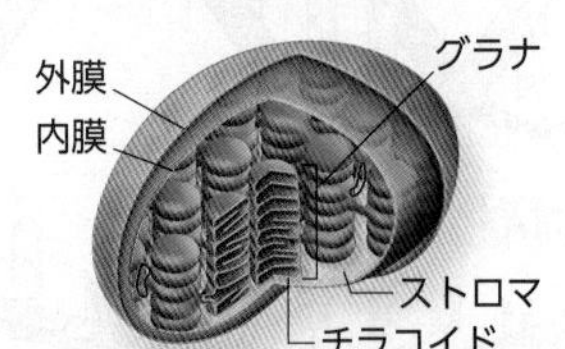

外膜
内膜
グラナ
ストロマ
チラコイド

B 呼吸 ▶p.54

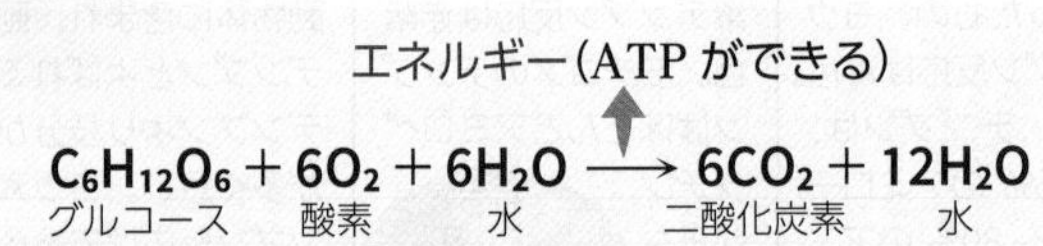

エネルギー(ATPができる)
$C_6H_{12}O_6 + 6O_2 + 6H_2O \longrightarrow 6CO_2 + 12H_2O$
グルコース 酸素 水 二酸化炭素 水

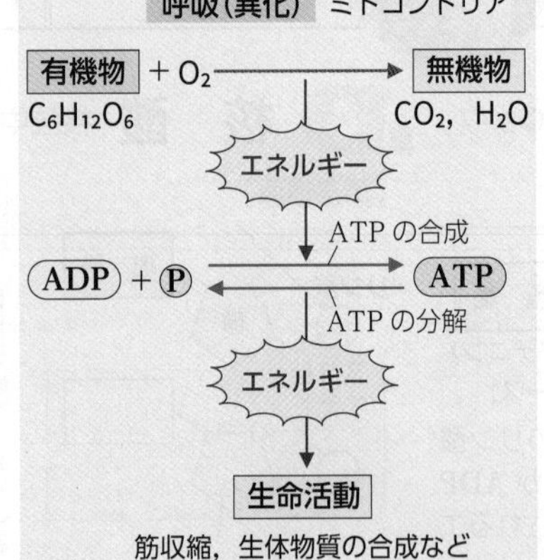

呼吸(異化) ミトコンドリア
有機物
$C_6H_{12}O_6$
$+ O_2$
無機物
CO_2，H_2O
エネルギー
ATPの合成
$ADP + Ⓟ$
ATP
ATPの分解
生命活動
筋収縮，生体物質の合成など

グルコース(ブドウ糖)などの有機物を酸素を使って分解し，得られたエネルギーでATPをつくる働き。二酸化炭素と水が生じる。おもに**ミトコンドリア**(▶p.23)で，さまざまな酵素が働いて反応が進む。ATPは，生命活動のエネルギー源になる。

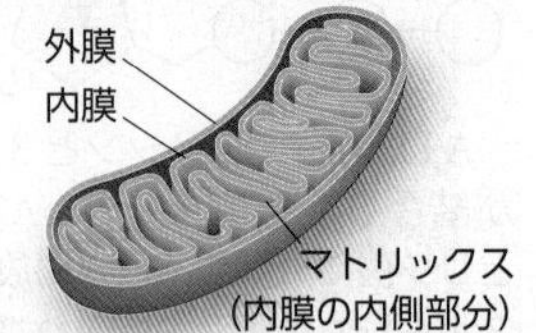

外膜
内膜
マトリックス
(内膜の内側部分)

プチ雑学 生物は，生命活動で必要なエネルギーをいつもATPから得ている。エネルギーをとり出す物質やしくみが共通でよいため，いろいろな物質やしくみをもたなくてもすむ利点がある。ATPは生体の「エネルギー通貨」といえる。

Keywords ●代謝 metabolism ●同化 anabolism, assimilation ●異化 catabolism, dissimilation ●呼吸 respiration ●光合成 photosynthesis ●アデノシン三リン酸(ATP) adenosine triphosphate

基 2 ATPの構造と働き エネルギーはATPの化学エネルギーに変換されてから使われる。

A ATPの構造 ATPは，アデノシンにリン酸が3つ結合した構造をもつ。

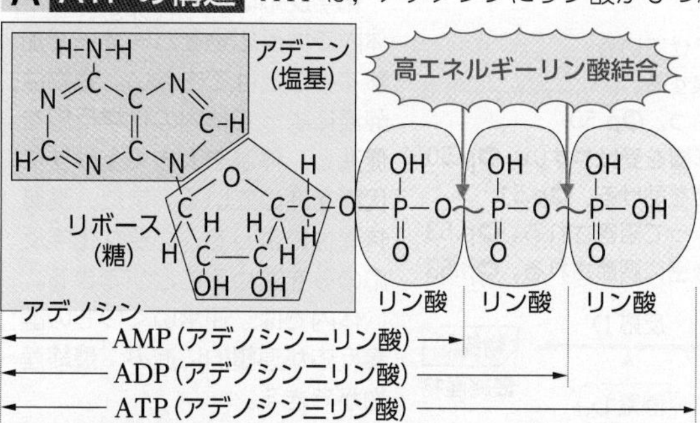

アデニン (塩基)
高エネルギーリン酸結合
リボース (糖)
リン酸
リン酸
リン酸
アデノシン
AMP(アデノシン一リン酸)
ADP(アデノシン二リン酸)
ATP(アデノシン三リン酸)

次のような特徴から，ATPは生体内のエネルギー変換の仲立ちをするため，生体の**エネルギー通貨**とよばれる。

- ATPが分解されてADPとリン酸になるとき，大きなエネルギーを放出する。
- ATPの生成と分解が生体内ですばやく進行する。

なお，ATP分子内のリン酸どうしの結合を**高エネルギーリン酸結合**とよぶことがある。

AMP：**a**denosine **mono**phosphate (mono＝1)
ADP：**a**denosine **di**phosphate (di＝2)
ATP：**a**denosine **tri**phosphate (tri＝3)

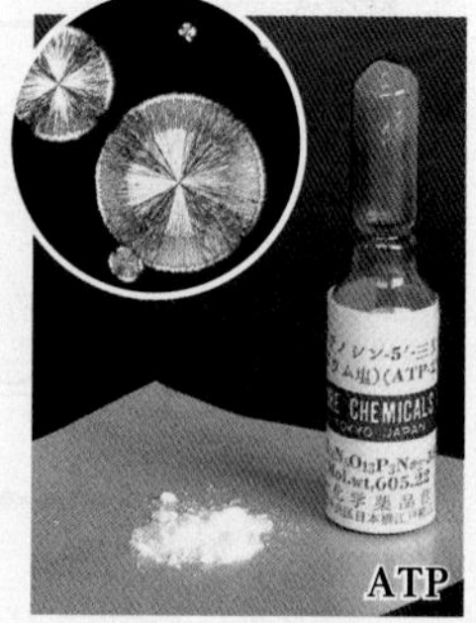
ATP

B ATPの働き 蓄えられたエネルギーを放出して，さまざまな生命活動に利用される。

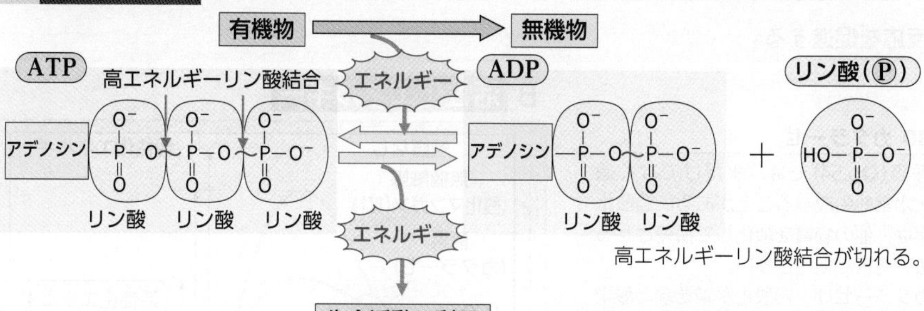

有機物
無機物
ATP
高エネルギーリン酸結合
エネルギー
ADP
リン酸(Ⓟ)
アデノシン
リン酸
リン酸
リン酸
エネルギー
高エネルギーリン酸結合が切れる。
生命活動に利用

エネルギーを使ってADPとリン酸からATPが生成される。ATPがADPとリン酸に分解されるときに放出するエネルギーが，さまざまな生命活動に利用される。

この反応には水が関わる。

$$ATP + H_2O \rightleftarrows ADP + H_3PO_4$$

エネルギー放出量

1 mol当たり，pH＝7.0における値。

ATP ⟶ ADP＋Ⓟ*＋31 kJ
ATP ⟶ AMP＋Ⓟ-Ⓟ*＋36 kJ
ADP ⟶ AMP＋Ⓟ＋27 kJ

*Ⓟはリン酸，Ⓟ-Ⓟはピロリン酸

Step up 臓器別のATP消費量

臓器名	ATP消費量／分	
	10^{-3} mol	g
脳	11.10	5.6
肝 臓	15.78	8.0
心 臓	4.02	2.0
腎 臓	6.12	3.1
骨格筋	10.62	5.4
その他	11.34	5.8
合 計	58.98	29.9

(成人男子65 kg・安静時)

ヒトの脳の重量は，からだ全体の重量の約2%であるが，ATP消費量は全体の20%近い。これは，脳は絶えず活動しており，神経細胞が興奮するとき(▶p.174)に行われる能動輸送で，ATPが消費されるためである。

基 3 エネルギーの利用 ATPのエネルギーは，さまざまな生命活動のエネルギーとして使われる。

A 筋収縮 運動エネルギー

体長1.1～1.6 m
チーター

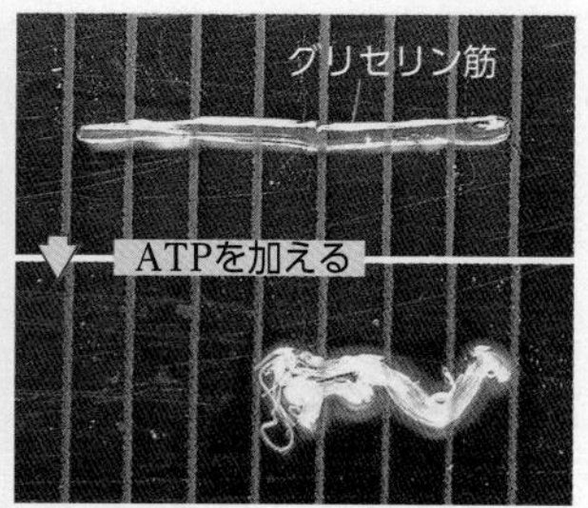

グリセリン筋
ATPを加える

筋肉は，ATPのエネルギーによって収縮する(▶p.192)。

B 生体物質の合成 化学エネルギー

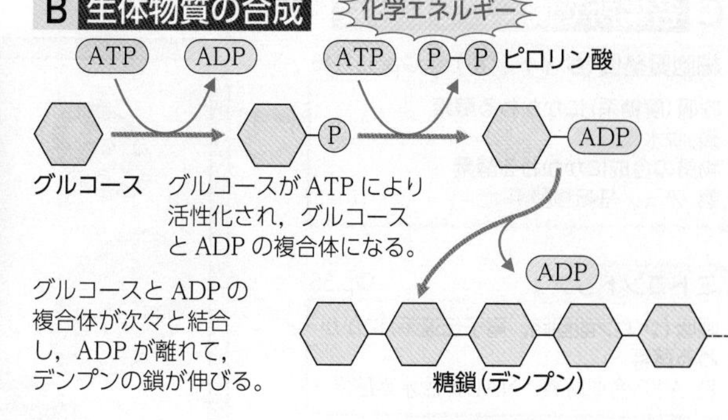

ATP
ADP
ATP
P-P ピロリン酸
P
ADP
グルコース
グルコースがATPにより活性化され，グルコースとADPの複合体になる。
ADP
グルコースとADPの複合体が次々と結合し，ADPが離れて，デンプンの鎖が伸びる。
糖鎖(デンプン)

C 発光 光エネルギー

体長 10～20 mm
ゲンジボタル

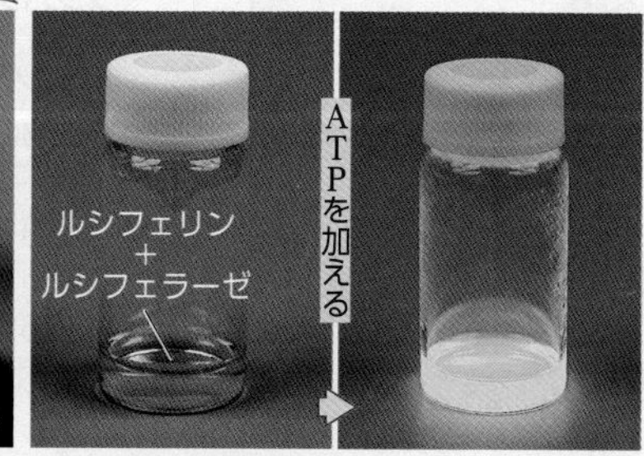

ルシフェリン＋ルシフェラーゼ
ATPを加える

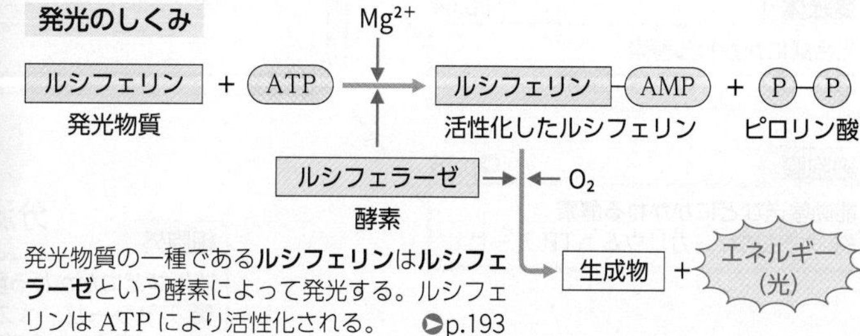

発光のしくみ
Mg^{2+}
ルシフェリン 発光物質
＋ ATP
ルシフェリン－AMP 活性化したルシフェリン
＋ P-P ピロリン酸
ルシフェラーゼ 酵素
O_2
生成物 ＋ エネルギー(光)

発光物質の一種である**ルシフェリン**は**ルシフェラーゼ**という酵素によって発光する。ルシフェリンはATPにより活性化される。 ▶p.193

プチ雑学 ATPは，生命活動に必要なエネルギー源で，大量に消費されているが，成人の体内には全部で約100 g(0.2 mol)のATPしか存在しない。これは約3分で分解される量であるが，ATPはすぐに生成が行われる。生体は，ATPの生成と分解のくり返しで，大量のエネルギーを得ており，ATPとしてエネルギーを貯蔵しているわけではない。

酵素の働き

Overview 酵素

酵素の働きにより，生体内の化学反応は促進される。生体内では，いくつもの酵素反応が連鎖的に進み，最終産物ができる。

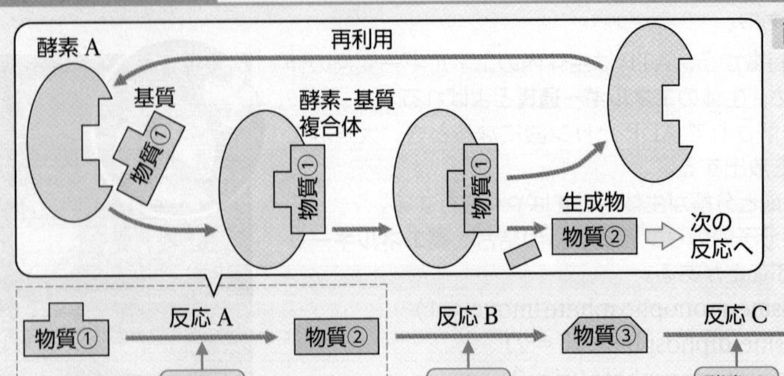

酵素 A
再利用
基質
物質①
酵素-基質複合体
物質①
物質①
生成物
物質②
次の反応へ
物質①
反応 A
物質②
反応 B
物質③
反応 C
物質④
反応 D
物質⑤
最終産物
酵素 A
酵素 B
酵素 C
酵素 D

酵素の性質
- タンパク質でできている。
- 化学反応を触媒する。
- 基質特異性をもつ。▶p.50
- 温度やpHの影響を受けやすい。▶p.50
- 補助因子が働きを助ける。▶p.51
- 特定の物質によって阻害される。▶p.53
- 体内の反応は厳密に調節される。▶p.53

化学反応は熱で促進されるが，体内では反応物をバーナーで加熱することはできない。生物は，酵素によって体内の化学反応を促進し，体温を大きく上げずに代謝を進めている。また，基質特異性によって，必要な化学反応のみを進めることができる。

体内では，通常いくつもの酵素反応が連鎖的に進み，最終産物ができる。

1 酵素の働き 酵素は，生体内の化学反応を促進する。

A 酵素

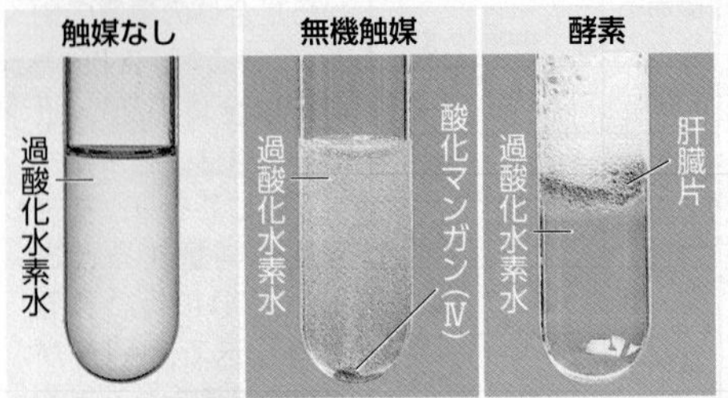

触媒なし
無機触媒
酵素
過酸化水素水
過酸化水素水
酸化マンガン(Ⅳ)
過酸化水素水
肝臓片

化学反応を促進し，自らは反応の前後で変化しない物質を**触媒**(しょくばい)という。酵素は，生体内でつくられる触媒(**生体触媒**)で，タンパク質を主成分とする。肝臓片には，**カタラーゼ***という過酸化水素分解酵素(かさんかすいそぶんかいこうそ)が多く含まれるので反応が促進される。

＊カタラーゼ1分子が1秒間に反応する回数は約 10^7 で，通常の酵素(10^3 程度)と比べて非常に多い。

Memo カタラーゼ

呼吸(▶p.54)では，水だけでなく過酸化水素も生成することがある。過酸化水素は，他の物質を酸化して損傷させるため，有害な場合が多い。

カタラーゼは，過酸化水素を水と酸素に分解する働きをもつ酵素である。呼吸を行う生物に広く見られ，動物では，肝臓や赤血球，腎臓に多く含まれる。

オキシドール(うすい過酸化水素水)は殺菌に利用される。傷口にオキシドールをぬると泡が出るのは，カタラーゼの働きで酸素が発生するからである。

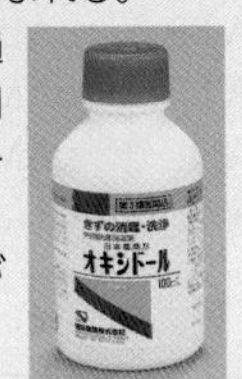

オキシドール

B 活性化エネルギー

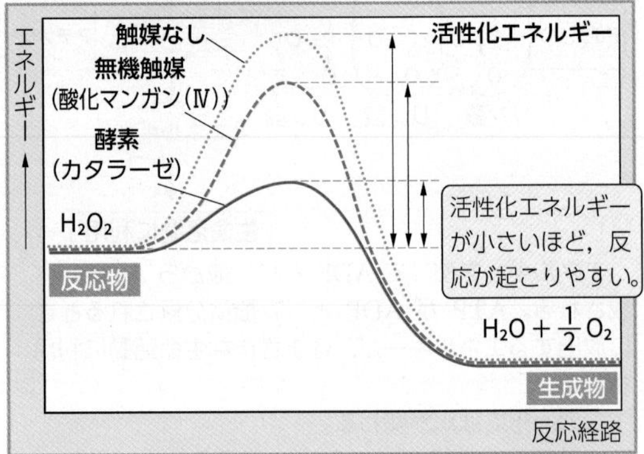

エネルギー
触媒なし
無機触媒(酸化マンガン(Ⅳ))
酵素(カタラーゼ)
活性化エネルギー
H_2O_2
反応物
活性化エネルギーが小さいほど，反応が起こりやすい。
$H_2O + \frac{1}{2}O_2$
生成物
反応経路

触媒は，**活性化エネルギー**(かっせいか)(化学反応が起こるのに必要な最低限のエネルギー)を小さくすることによって，化学反応を促進する。

C 各場所で働くおもな酵素

細胞質基質(サイトゾル) ▶p.55,246
呼吸(解糖系)にかかわる酵素
例 脱水素酵素
物質の合成にかかわる酵素
例 アミノ基転移酵素

ミトコンドリア ▶p.55
呼吸(クエン酸回路，電子伝達系)にかかわる酵素
例 ATP合成酵素，NADH脱水素酵素

葉緑体 ▶p.64
光合成にかかわる酵素
例 ルビスコ，ATP合成酵素

細胞膜 ▶p.26
能動輸送などにかかわる酵素
例 ナトリウム-カリウムATPアーゼ

核 ▶p.80〜83
DNA, RNAの合成にかかわる酵素
例 DNAポリメラーゼ，DNAリガーゼ，RNAポリメラーゼ

ゴルジ体 ▶p.84
分泌物の合成にかかわる酵素

小胞体 ▶p.84
タンパク質の修飾にかかわる酵素

リボソーム ▶p.83
タンパク質の合成にかかわる酵素

リソソーム ▶p.84
不要物の分解にかかわる酵素

分泌

細胞外 ▶p.157
消化などにかかわる酵素
例 アミラーゼ，ペプシン，リパーゼ

酵素は，それぞれ特定の場所で働く。1種類の酵素だけでは，決まった物質(基質)の決まった反応を促進するだけであるが，複数の酵素が特定の場所に集まることで，反応が次から次へと連続して進み，最終産物ができる。

プチ雑学

さまざまな反応について，それを促進する酵素がみつかり，生活や産業に利用されている。人工的な物質であるプラスチックを分解する酵素もみつかっており，ごみ処理への利用が期待されている。

Keywords ●酵素 enzyme ●加水分解酵素 hydrolase ●酸化還元酵素 oxidoreductase ●脱離酵素 lyase ●転移酵素 transferase ●合成酵素 ligase

生 2 酵素の種類と働き

酵素は，触媒する反応の種類によって分類される。

加水分解酵素 Ⓐ-Ⓑ + H_2O ⟶ Ⓐ-OH + Ⓑ-H ▶p.157

分類	酵素	働き
炭水化物分解酵素（カルボヒドラーゼ）	アミラーゼ	デンプン ⟶ マルトースなどのオリゴ糖，多糖*
	マルターゼ	マルトース ⟶ グルコース（ブドウ糖）
	スクラーゼ	スクロース ⟶ グルコース + フルクトース
	ラクターゼ	ラクトース ⟶ グルコース + ガラクトース
	セルラーゼ	セルロース ⟶ グルコース
	ペクチナーゼ	ペクチン ⟶ ガラクツロン酸
タンパク質分解酵素（プロテアーゼ）	ペプシン	タンパク質のペプチド結合を切断する。酵素によって，切断する位置が異なる。
	トリプシン	（図）H_2N-（N末端）…アルギニン…チロシン…-COOH（C末端）　トリプシン，キモトリプシン，ペプシン，カルボキシペプチダーゼ
	キモトリプシン	
	カルボキシペプチダーゼ	
脂肪分解酵素	リパーゼ	脂肪 ⟶ モノグリセリド + 脂肪酸
核酸分解酵素	DNアーゼ	DNA ⟶ ヌクレオチド　（DNAの分解）
	RNアーゼ	RNA ⟶ ヌクレオチド　（RNAの分解）
尿素分解酵素（ウレアーゼ）		尿素 + 水 ⟶ アンモニア + 二酸化炭素
ATP分解酵素（ATPアーゼ）		ATP ⟶ ADP + リン酸 ▶p.47

*唾液やすい液のもの（α-アミラーゼ）は，デンプンの結合を不規則に分解する。

酸化還元酵素 おもに呼吸に関する酵素。

酵素	働き
酸化酵素（オキシダーゼ）	基質を酸化させる（奪った水素を酸素と反応させる）。
脱水素酵素（デヒドロゲナーゼ）	水素を離脱させる。 ▶p.55
カタラーゼ	過酸化水素 ⟶ 水 + 酸素

脱離酵素（リアーゼ） Ⓐ-Ⓑ ⟶ Ⓐ + Ⓑ

酵素	働き
脱炭酸酵素（デカルボキシラーゼ）	二酸化炭素を離脱させる。
炭酸脱水酵素	炭酸 ⟶ 二酸化炭素 + 水

転移酵素（トランスフェラーゼ） Ⓐ + Ⓑ-Ⓧ ⟶ Ⓐ-Ⓧ + Ⓑ

酵素	働き
アミノ基転移酵素（トランスアミナーゼ）	アミノ酸のアミノ基（$-NH_2$）を有機酸に移して，別のアミノ酸をつくる。 ▶p.246
ホスホリラーゼ	デンプンやグリコーゲンの分子の端から，グルコースを1つずつ切断する（加リン酸分解）。

合成酵素（リガーゼ） ATPのエネルギーを使って，新しい結合をつくる。

酵素	働き
DNAリガーゼ	DNAを連結する。 ▶p.116

※酵素は，上記のものに異性化酵素を加えて6種類に分類される。

酵素は，反応形式や基質によって分類，命名されている。ふつう酵素は基質名や反応名を -ase という語尾に変えて表す。

例 マルトース（maltose）→マルターゼ（maltase）
脱水素（dehydrogenation）→デヒドロゲナーゼ（dehydrogenase）

Column パイナップルのゼリー

ゼラチン（主成分：タンパク質）や寒天（主成分：多糖類）は，熱湯で溶かした後，冷やすとゼリー状になる。①生のパイナップル＋ゼラチン，②加熱したパイナップル＋ゼラチン，③生のパイナップル＋寒天で，パイナップルのゼリーが固まるかどうか調べた。

生のパイナップル
ゼラチン

①パイナップルにはプロテアーゼ（タンパク質分解酵素）が含まれている。このプロテアーゼが，ゼラチンの主成分であるタンパク質を分解するため，ゼラチンは固まらない。

加熱したパイナップル
ゼラチン

②パイナップルを加熱すると，パイナップルに含まれるプロテアーゼが変性し，タンパク質を分解する能力を失う（失活）。したがって，ゼラチンのタンパク質は分解されず，ゼラチンが固まる。

生のパイナップル
寒天

③生のパイナップルでも寒天は固まる。これは，寒天の主成分がタンパク質ではなく多糖類（▶p.45）であり，多糖類はプロテアーゼでは分解されないからである。

つながる生物学 生活 酵素の利用

消化剤

第一三共胃腸薬

調味料

お肉やわらかの素

洗濯用洗剤

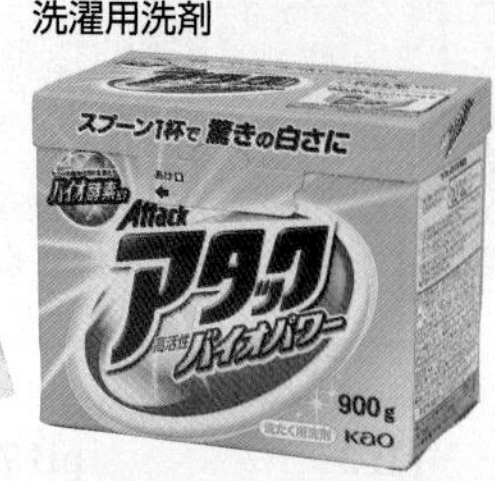
スプーン1杯で驚きの白さに
Attack
アタック
バイオパワー
900g
Kao

日常生活の中のさまざまな場面で，酵素が利用されている。たとえば，消化剤には各種の加水分解酵素，肉の調理に用いられる調味料にはタンパク質を分解する酵素を含むものがある。

洗濯用洗剤にも酵素が利用される。洗剤の主成分である界面活性剤は，汚れを包みこんで水で流れやすくする働きをもつ。一方，酵素にはタンパク質などの汚れを分解・除去する働きがある。酵素によって洗剤の洗浄力は大幅に向上し，洗剤のコンパクト化が実現した。

なお，酵素には最適温度や最適pHがあり（▶p.50），そこから外れると働きが低下する。製品化されているものはこの欠点を補う工夫がされている。たとえば，洗剤が溶けた水はアルカリ性になるため，洗剤にはアルカリ性水溶液中でもよく働く酵素が選ばれる。

酵素	働き
リパーゼ	皮脂や食品・化粧品などに含まれる脂質汚れの分解
プロテアーゼ	垢，血液，食品などに含まれるタンパク質汚れの分解
アミラーゼ	食品などに含まれるデンプン汚れの分解
セルラーゼ	綿，麻などの繊維に働き，汚れを除去しやすくする

Q 酵素入りの洗顔料には，どんな種類の酵素が使われているだろうか。

つながる生物学 A 例リパーゼ（皮脂の分解），プロテアーゼ（古い角質の分解）

酵素の性質・補酵素

1 酵素の性質 酵素が作用する物質(基質)は決まっている。

A 酵素の働き方

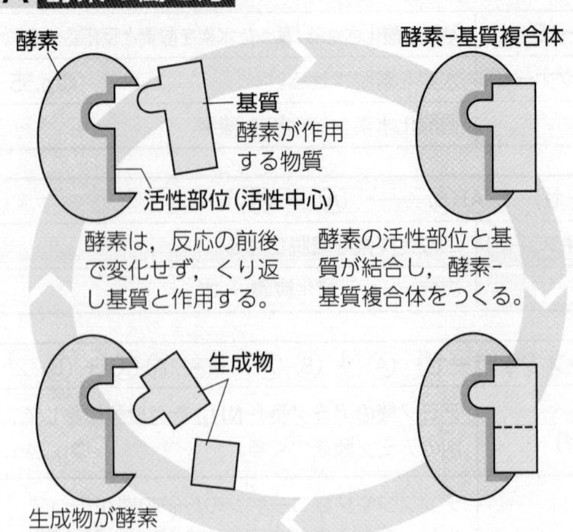
酵素
酵素-基質複合体
基質
酵素が作用する物質
活性部位(活性中心)
酵素は，反応の前後で変化せず，くり返し基質と作用する。
酵素の活性部位と基質が結合し，酵素-基質複合体をつくる。
生成物
生成物が酵素から離れる。

B 基質特異性

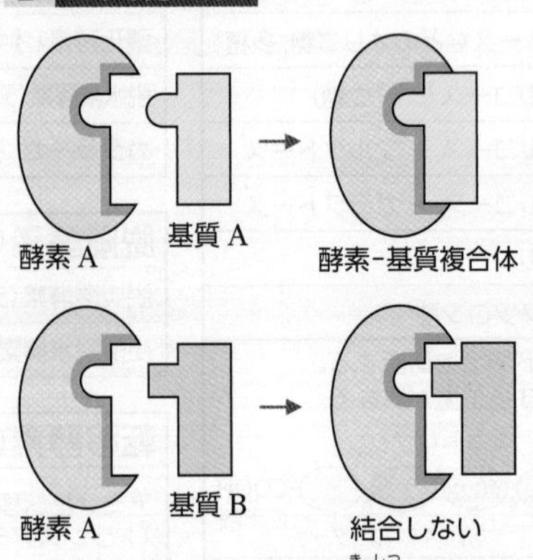
酵素 A
基質 A
酵素-基質複合体
酵素 A
基質 B
結合しない

1つの酵素は，特定の**基質**にしか働かない。このような性質を酵素の**基質特異性**という。

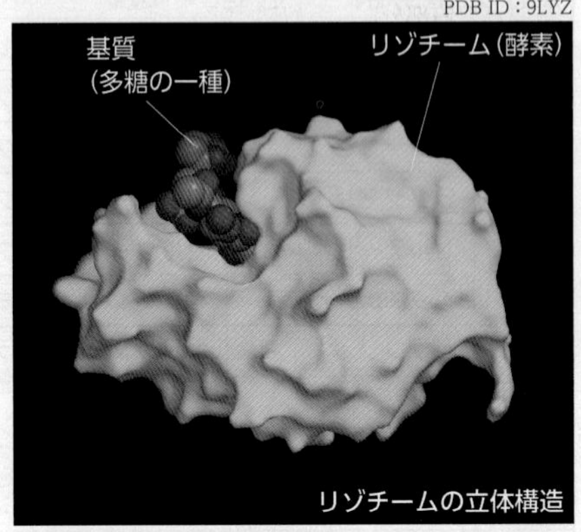
PDB ID：9LYZ
基質
(多糖の一種)
リゾチーム(酵素)
リゾチームの立体構造

酵素はタンパク質からなり，特有の立体構造をもつ。酵素と基質は，かぎとかぎ穴のような関係にあり，他の物質とは結合しにくい。

2 酵素反応と温度・pH 酵素はタンパク質でできているため，温度や pH などの外的条件により，活性が変化する。

A 酵素反応と温度 肝臓片には，カタラーゼ(▶p.48)が含まれる。

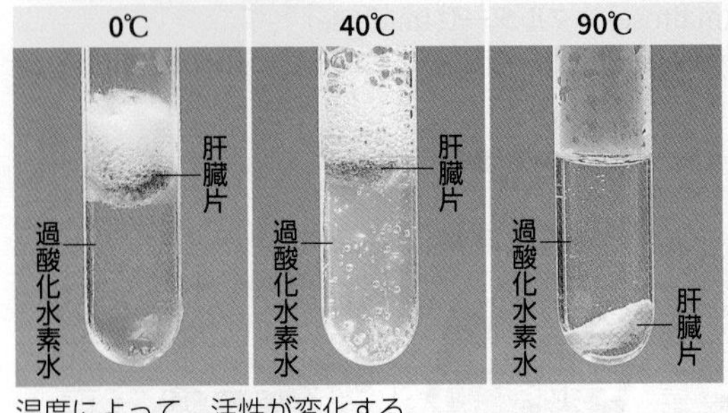
0℃
40℃
90℃
肝臓片
過酸化水素水
温度によって，活性が変化する。

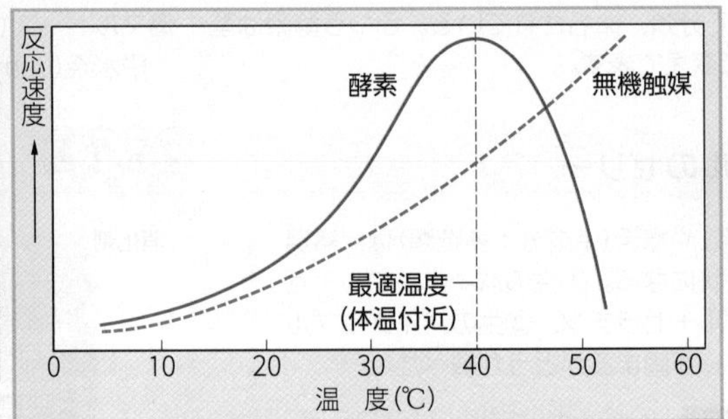
反応速度
酵素
無機触媒
最適温度
(体温付近)
0 10 20 30 40 50 60
温 度(℃)

一般に，化学反応は温度が高いほど，反応速度が大きくなる。しかし，生体内の反応では，酵素が最もよく働く温度(**最適温度**)がある。最適温度以上になると，酵素タンパク質の立体構造が変化(**熱変性**)し，活性が低下していく。

B 酵素反応と pH

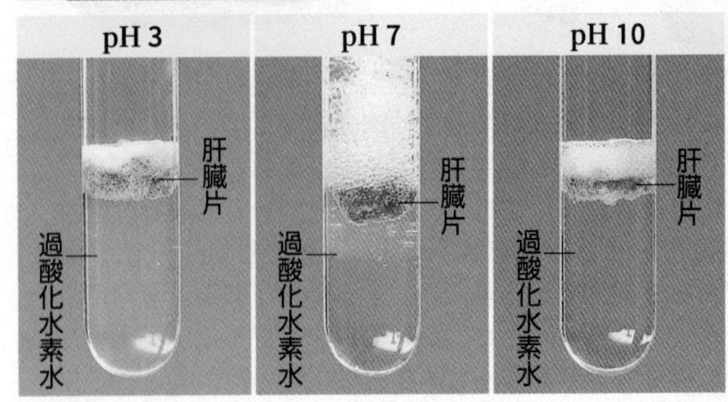
pH 3
pH 7
pH 10
肝臓片
過酸化水素水
pH(▶p.337)によって，活性が変化する。

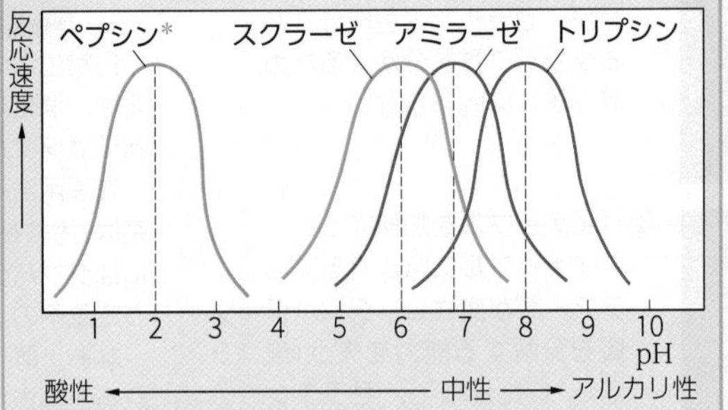
反応速度
ペプシン*
スクラーゼ
アミラーゼ
トリプシン
1 2 3 4 5 6 7 8 9 10
pH
酸性 中性 アルカリ性

酵素には，最も よく働く pH (**最適 pH**)がある。pH によって酵素タンパク質の立体構造が変化する。最適 pH は酵素の種類によって異なるが，細胞内と同じ pH 7 (中性)付近であるものが多い。

＊胃液(pH ≒ 2)中で働く。

C 失 活

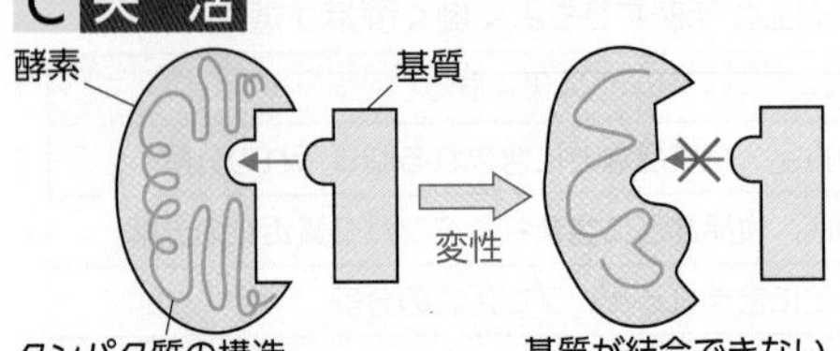
酵素
基質
変性
タンパク質の構造
基質が結合できない

熱や酸・アルカリにより，酵素として働くタンパク質の立体構造が変化(変性 ▶p.43)すると，酵素は働きを失う(**失活**)。

Column 好熱菌

イエローストーン国立公園

イエローストーン国立公園(▶p.331)などの温泉地には，高い温度でも生息できる好熱菌や超好熱菌がいる(写真の湖の色鮮やかな周辺部)。これらの菌は，最適温度が 70℃あるいはそれ以上になる酵素をもつ。このような酵素の中には，PCR 法(▶p.121)に利用されるものもある。

進化 View 1 酵素反応では，酵素の活性部位と基質の立体構造が一致しているため，すばやい反応が起こるが，最初から現在のような立体構造であったとは考えにくい。最初の段階では，活性部位と基質の立体構造は完全には一致していなかったが，進化の過程で活性部位が変化して現在の立体構造になったと考えられている。

3 補酵素の働き 多くの酵素はその働きに補酵素を必要とする。

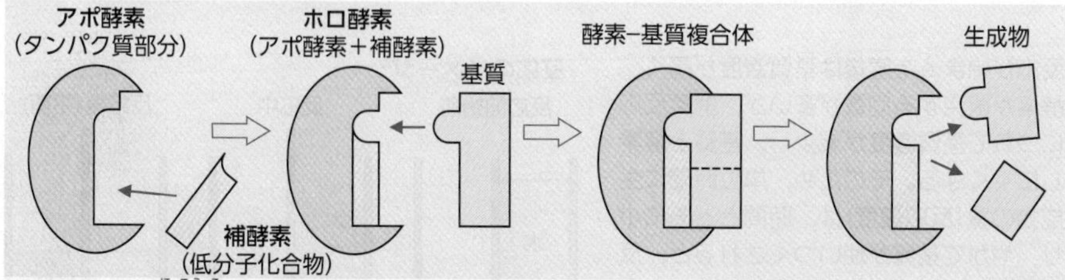
アポ酵素
(タンパク質部分)
ホロ酵素
(アポ酵素＋補酵素)
基質
酵素−基質複合体
生成物
補酵素
(低分子化合物)

酵素には，補酵素とよばれる分子量の小さな物質と結びついて働くものもある。補酵素の多くは，ビタミンとして知られる物質に由来する。

例 補酵素 NAD^+ の働き

基質
NAD+
NAD H
酵素−基質複合体
生成物
NAD H

NAD^+ (▶p.54) と結合すると脱水素酵素として働き，基質から水素 H を奪う(基質を酸化する)。

4 補酵素の性質 補酵素は熱に強く，小さな分子である。

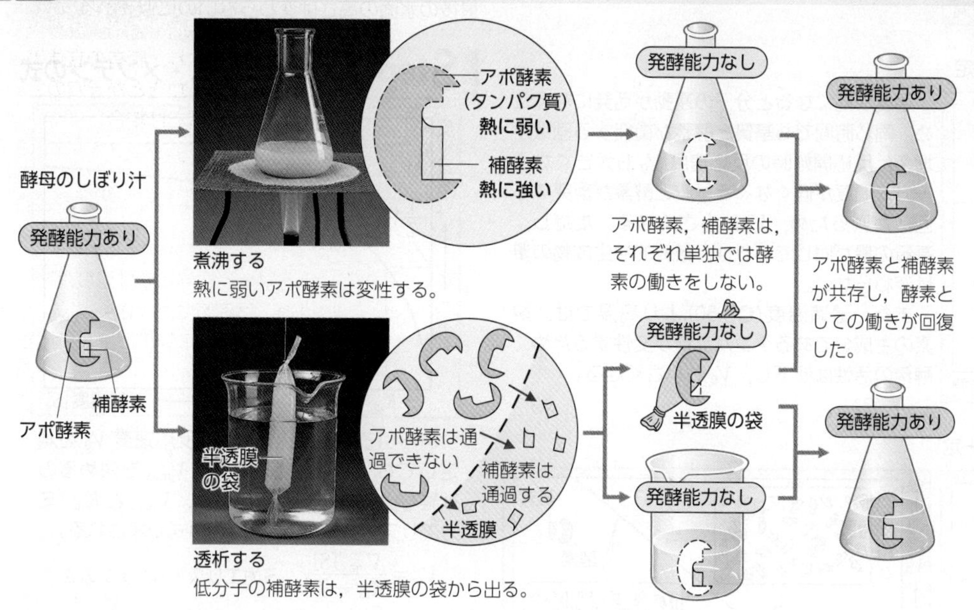
酵母のしぼり汁
発酵能力あり
補酵素
アポ酵素
アポ酵素
(タンパク質)
熱に弱い
補酵素
熱に強い
煮沸する
熱に弱いアポ酵素は変性する。
半透膜の袋
アポ酵素は通過できない
補酵素は通過する
半透膜
透析する
低分子の補酵素は，半透膜の袋から出る。
発酵能力なし
アポ酵素，補酵素は，それぞれ単独では酵素の働きをしない。
発酵能力なし
半透膜の袋
発酵能力なし
発酵能力あり
アポ酵素と補酵素が共存し，酵素としての働きが回復した。
発酵能力あり

Column 補酵素の発見

1897 年，ブフナーは酵母のしぼり汁に発酵能力があることを発見し，その成分をチマーゼと命名した。

ハーデンとヤングは，酵母のしぼり汁を，高分子を通さないフィルターでろ過し，ろ液と残留物に分けた。2 つを別々にすると発酵能力はないが，混ぜると発酵できるようになった。また，ろ液だけは，煮沸してから混ぜても発酵能力を失わなかったことから，チマーゼは，熱に弱い高分子の成分(アポ酵素)と，熱に強い低分子の成分(補酵素)からなると考えた。

Memo 透析

半透膜(▶p.25)を通過できるかどうかで，物質を分離する操作を透析という。

5 補助因子 補酵素を含め，酵素の働きに必要な化学成分を補助因子という。

A 補酵素 アポ酵素との結合が弱く，透析で解離する。

補酵素	成分となるビタミン	関係する酵素とその働き
TPP (チアミン二リン酸)	B_1(チアミン)	脱炭酸酵素(デカルボキシラーゼ) 働き 糖質の代謝(基質から CO_2 をはずす)
ピリドキサルリン酸	B_6(ピリドキシン)	アミノ基転移酵素(トランスアミナーゼ) 働き アミノ基の転移(アミノ酸代謝)
NAD^+(▶p.54) $NADP^+$(▶p.64)	ニコチン酸	脱水素酵素(デヒドロゲナーゼ) 働き H の転移(呼吸，光合成)
CoA (補酵素 A)	パントテン酸	アシル基転移酵素(アシルトランスフェラーゼ) 働き アシル基の転移(タンパク質，脂質合成)

B 補欠分子族 アポ酵素との結合が強い。透析では解離しない。

補欠分子族	成分となるビタミン	関係する酵素とその働き
FAD(▶p.55) FMN	B_2(リボフラビン)	脱水素酵素(デヒドロゲナーゼ) 働き H の転移(基質から H をはずす)
ビオチン	なし	脱炭酸酵素(デカルボキシラーゼ) 働き 糖質の代謝(基質から CO_2 をはずす)

C 金 属 補酵素，補欠分子族として働くものもある。

金 属	関係する酵素とその働き
Fe^{2+}，Fe^{3+}	カタラーゼ 働き 過酸化水素の分解
Cu^{2+}	シトクロムオキシダーゼ 働き 電子の運搬
Zn^{2+}	脱水素酵素(デヒドロゲナーゼ) 働き H の転移
Ni^{2+}	ウレアーゼ 働き 尿素の加水分解

脱炭酸酵素の構造

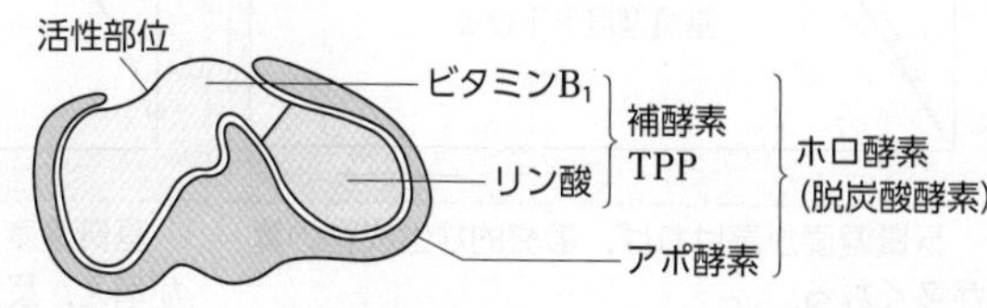
活性部位
ビタミンB1
リン酸
補酵素
TPP
アポ酵素
ホロ酵素
(脱炭酸酵素)

プチ雑学 コエンザイム Q10 は，ユビキノンという補酵素(coenzyme)の 1 種で，ミトコンドリア内膜の電子伝達系(▶p.55)にある。古くから医薬品として利用されてきた。また，最近はサプリメントとしても普及しているが，その効果の詳細は不明である。

酵素反応の調節

1 酵素反応の速度　酵素反応の速度は，温度や酵素と基質の濃度の影響を受ける。

A 反応速度　酵素濃度，基質濃度，温度一定

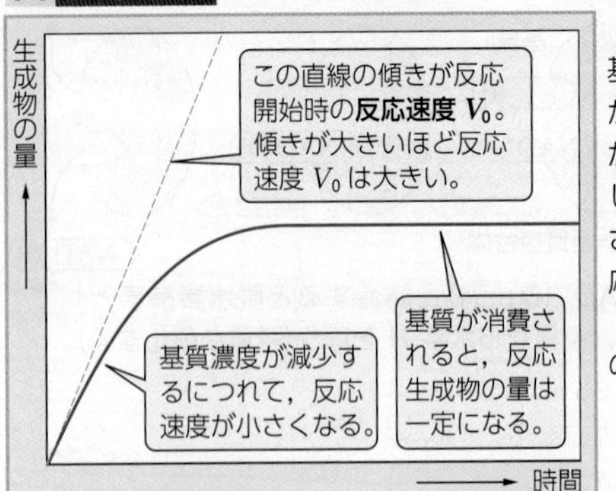

生成物の量
この直線の傾きが反応開始時の**反応速度 V_0**。傾きが大きいほど反応速度 V_0 は大きい。
基質濃度が減少するにつれて，反応速度が小さくなる。
基質が消費されると，反応生成物の量は一定になる。
時間

酵素反応が始まった直後は基質濃度が高く，基質と酵素が衝突する回数が多いが，酵素反応が進むにつれて基質濃度が減少し，基質と酵素が衝突しにくくなる。そのため，単位時間に生じる生成物の量(**反応速度**)は，時間とともに小さくなり，やがて基質が使いつくされると，反応速度は0となり，グラフは水平になる。

酵素反応について調べるときは，反応開始時の反応速度 V_0 に注目することが多い。

反応のイメージ

反応開始前　反応中　反応後(平衡)

水　穴

酵素により反応速度は上がるが，基質の量が同じであれば，生成物の量は変わらない。上の容器で，間の穴が大きくなると，流れる水の速度は上がるが，最後の水面の高さは変わらないのに似ている。

B 温度の影響　酵素濃度，基質濃度一定

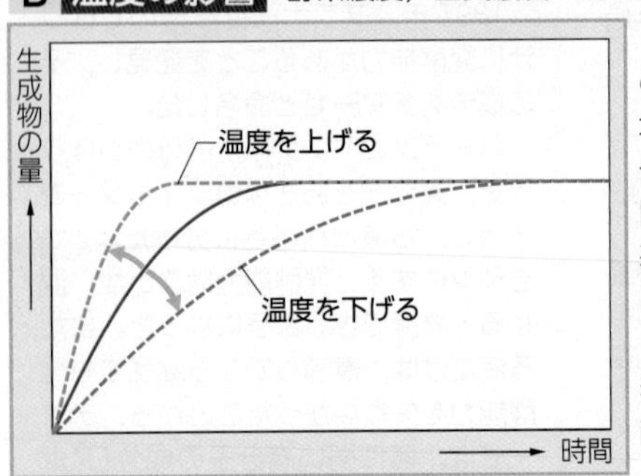

生成物の量
温度を上げる
温度を下げる
時間

温度が高くなると分子の運動が活発になるため，同じ時間でも基質と酵素が衝突する回数が増え，反応開始時の反応速度 V_0 も大きくなる。一方，温度が低くなると基質と酵素が衝突する回数が減るため，V_0 は小さくなる。ただし，基質の量が同じであれば，最終的な生成物の量は変わらない。

また，最適温度(▶p.50)より高温では，酵素の主成分であるタンパク質が変性するため，酵素の活性は低下し，V_0 も小さくなる。

C 酵素濃度の影響　基質濃度，温度一定

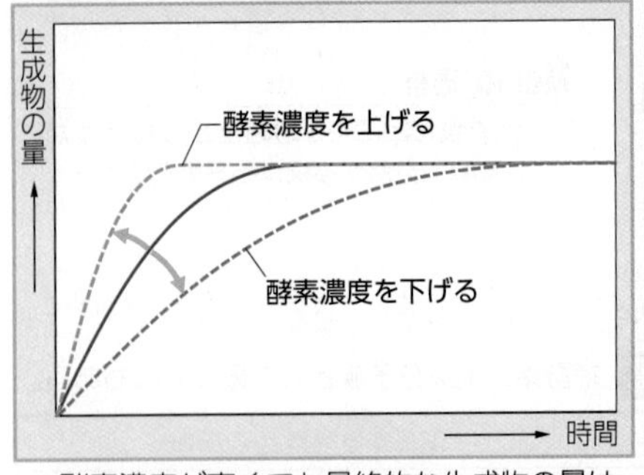

生成物の量
酵素濃度を上げる
酵素濃度を下げる
時間

酵素濃度が高くても最終的な生成物の量は変わらないが，より短時間でそこに達する。

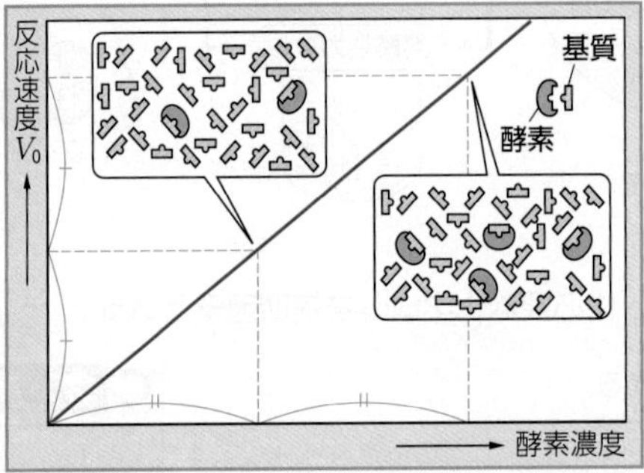

反応速度 V_0
基質
酵素
酵素濃度

基質濃度が十分に高いとき，反応開始時の反応速度 V_0 は酵素濃度に比例する。

D 基質濃度の影響　酵素濃度，温度一定

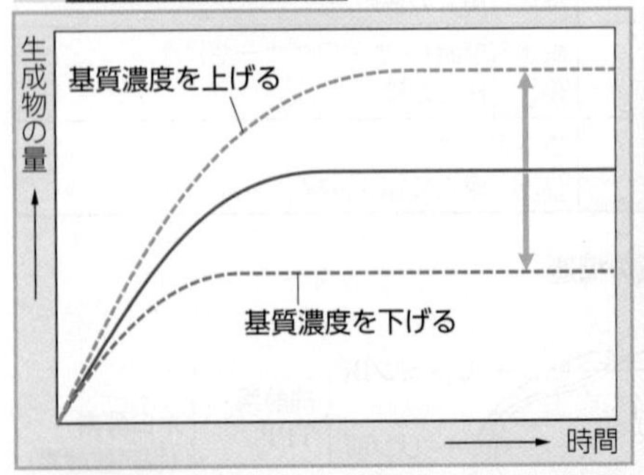

生成物の量
基質濃度を上げる
基質濃度を下げる
時間

基質濃度が高ければ，最終的な生成物の量が多くなる。

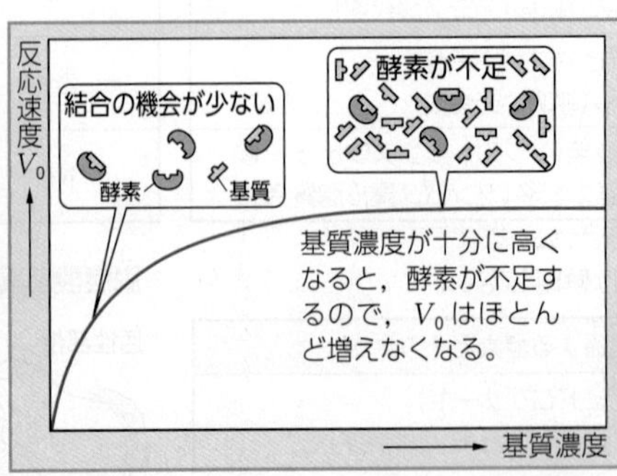

反応速度 V_0
結合の機会が少ない
酵素
基質
酵素が不足
基質濃度が十分に高くなると，酵素が不足するので，V_0 はほとんど増えなくなる。
基質濃度

基質濃度が高いほど，酵素との結合の機会が増え，反応開始時の反応速度 V_0 が増す。

Step up　ミカエリス・メンテンの式

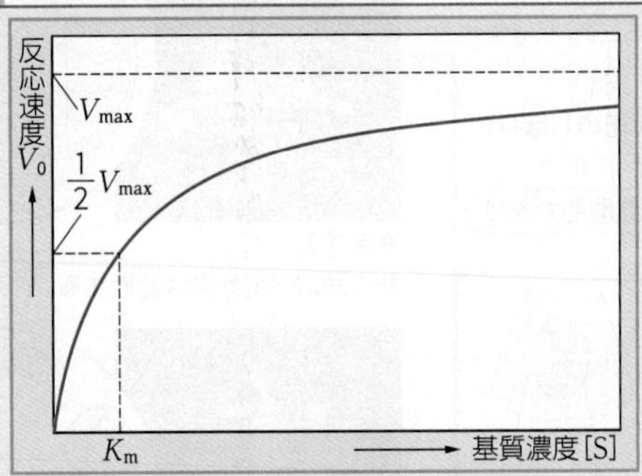

反応速度 V_0
V_{max}
$\frac{1}{2}V_{max}$
K_m
基質濃度[S]

いろいろな基質濃度[S]で反応速度 V_0 を測定しても，反応速度の最大値 V_{max} を決めるのは難しい。[S]と V_0 の関係は，V_{max} と K_m (ミカエリス定数)を用いて，次の式で表される。

$$V_0 = \frac{V_{max}[S]}{K_m + [S]}$$　ミカエリス・メンテンの式

$[S] = K_m$ のとき，$V_0 = \frac{1}{2}V_{max}$ が成り立つ。

一般に，K_m が小さいほど，酵素と基質の結合が強い。この式は，次の形に変形できる。

$$\frac{1}{V_0} = \left(\frac{K_m}{V_{max}}\right)\frac{1}{[S]} + \frac{1}{V_{max}}$$

横軸を $\frac{1}{[S]}$，縦軸を $\frac{1}{V_0}$ とすると，変形した式は，次のような直線のグラフで表される。これを利用すると，いろいろな[S]で測定した V_0 から，V_{max} や K_m を求めることができる。

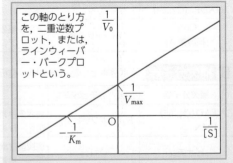

この軸のとり方を，二重逆数プロット，または，ラインウィーバー・バークプロットという。

$\frac{1}{V_0}$　$\frac{1}{V_{max}}$　O　$-\frac{1}{K_m}$　$\frac{1}{[S]}$

プチ雑学　基質濃度が十分に高いとき，反応速度 V_0 (= V_{max})は酵素濃度に比例するが，このときの比例定数を代謝回転数(ターンオーバー数)という。代謝回転数は，その酵素が1秒間に起こす反応の回数を示し，多くの酵素で1000程度である。

Keywords ●反応速度 reaction rate ●競争的阻害 competitive inhibition ●非競争的阻害 noncompetitive inhibition
●アロステリック酵素 allosteric enzyme ●アロステリック効果 allosteric effect
●フィードバック調節 feedback regulation ●フィードバック阻害 feedback inhibition

生 2 阻害物質 基質以外の物質があると，酵素の働きが阻害されることがある。

A 競争的阻害

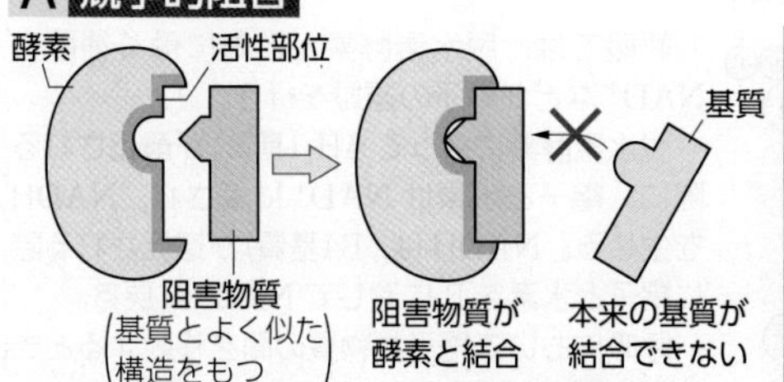
酵素
活性部位
基質
阻害物質
（基質とよく似た構造をもつ）
阻害物質が酵素と結合
本来の基質が結合できない

基質とよく似た構造をもつ物質(阻害物質)は，基質と競い合うように酵素の活性部位に結合するので，反応速度が小さくなる。

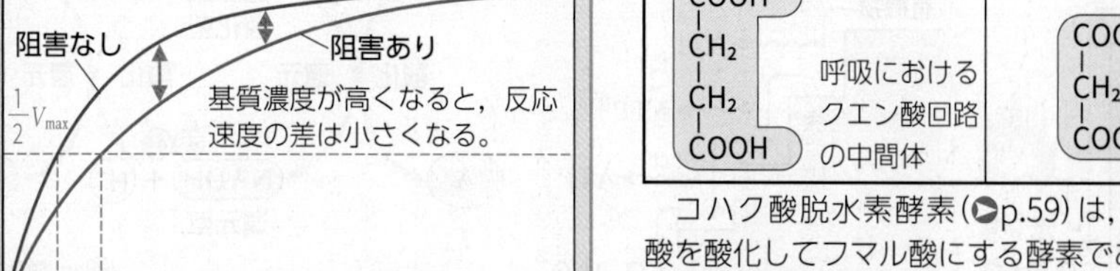
反応速度 V_0
V_{max}
阻害なし
阻害あり
$\frac{1}{2}V_{max}$
基質濃度が高くなると，反応速度の差は小さくなる。
※V_{max} が等しく，K_m が異なる。
K_m K_m'
基質濃度

※ミカエリス・メンテンの式(▶p.52)に従う。

例

本来の基質	阻害物質
コハク酸 $COOH-CH_2-CH_2-COOH$ 呼吸におけるクエン酸回路の中間体	マロン酸 $COOH-CH_2-COOH$

コハク酸脱水素酵素(▶p.59)は，コハク酸を酸化してフマル酸にする酵素である。コハク酸に構造が似たマロン酸は，この働きを阻害する。

B 非競争的阻害

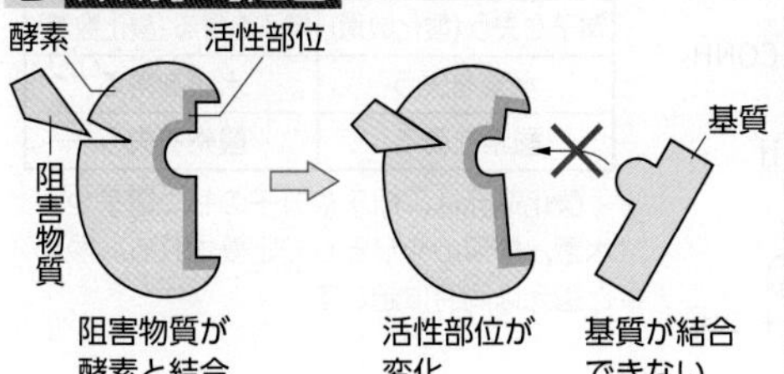
酵素
活性部位
阻害物質
基質
阻害物質が酵素と結合
活性部位が変化
基質が結合できない

酵素に物質(阻害物質)が結合し，活性部位が変化すると，酵素と基質が結合できなくなる。機能する酵素が減るので，反応速度が小さくなる。

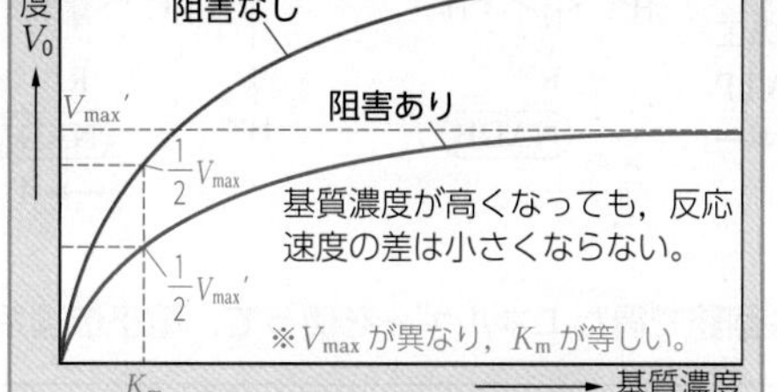
反応速度 V_0
V_{max}
阻害なし
V_{max}'
阻害あり
$\frac{1}{2}V_{max}$
$\frac{1}{2}V_{max}'$
基質濃度が高くなっても，反応速度の差は小さくならない。
※V_{max} が異なり，K_m が等しい。
K_m
基質濃度

※ミカエリス・メンテンの式(▶p.52)に従う。

つながる生物学 生活 **薬の飲み合わせ**

グレープフルーツなど一部の柑橘類に含まれるフラノクマリンという物質は，薬を代謝(分解)する働きをもつCYP3A4という酵素を阻害する。その結果，薬によっては血中濃度が想定よりも高いままで維持され，効果が強くなりすぎることがある。このような飲み合わせの問題を防ぐため，医師・薬剤師の指導を受ける必要がある。

生 3 アロステリック酵素 アロステリック酵素は，制御物質や基質が結合することで，その活性が変わる。

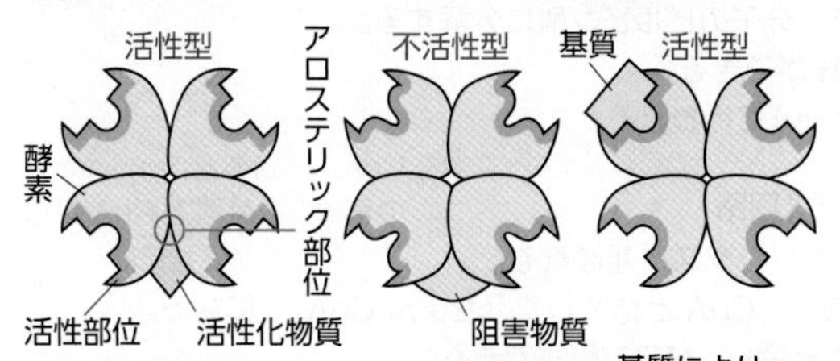
活性型
不活性型
基質
活性型
酵素
アロステリック部位
活性部位
活性化物質
阻害物質
活性型に固定
不活性型に固定
基質により活性型に固定

活性部位とは別の部位(アロステリック部位)に物質が結合することで，酵素の活性・不活性が調節される酵素がある。この酵素を**アロステリック酵素**，この現象を**アロステリック効果**という。また，アロステリック酵素に複数ある活性部位のうち，1つに基質が結合することで他の活性部位が活性化されることも多い。

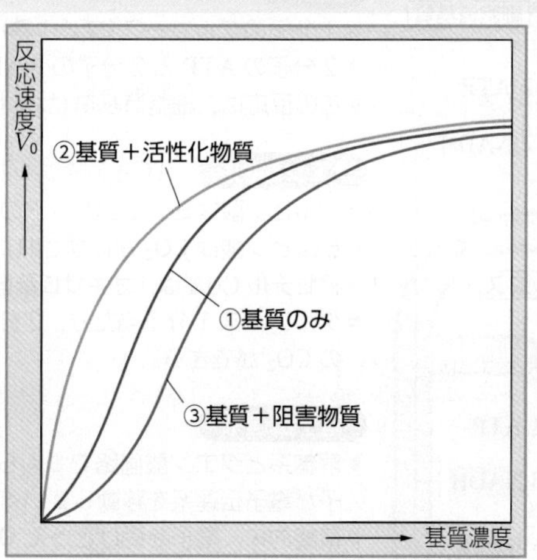
反応速度 V_0
②基質＋活性化物質
①基質のみ
③基質＋阻害物質
基質濃度

※ミカエリス・メンテンの式(▶p.52)に従わない。

左の図の酵素について，基質濃度と反応開始時の反応速度 V_0 との関係を考える。

基質濃度が十分に低い範囲では V_0 はあまり増加しない。基質濃度がある程度になると，活性型の酵素の割合が高くなり，V_0 は大きく増加する。基質濃度をさらに高くすると酵素が不足し，V_0 は最大値に近づいていく。その結果，S字状の曲線になる(①)。

活性化物質があると，基質濃度が低いところから活性化型の酵素の割合が高く，V_0 は大きく増加する(②)。阻害物質があると，活性化型の酵素の割合は高くならず，V_0 は増加しにくい(③)。

生 4 フィードバック調節 フィードバック調節というしくみにより，最終産物の生成量が調節される。

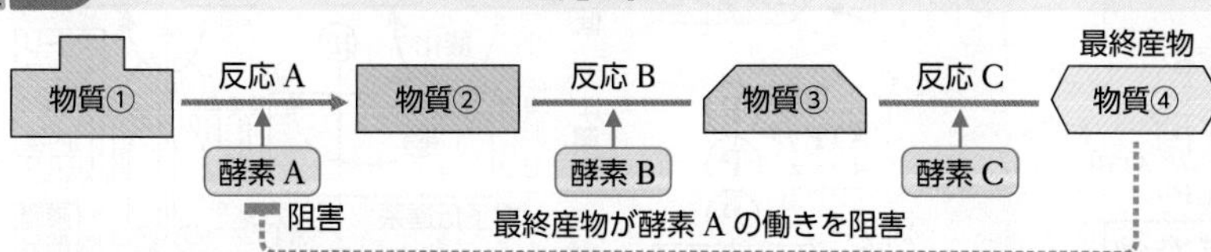
物質①
反応 A
物質②
反応 B
物質③
反応 C
最終産物
物質④
酵素 A
酵素 B
酵素 C
阻害
最終産物が酵素 A の働きを阻害

細胞内で物質④の濃度が高くなると酵素 A の働きが阻害されて，物質④の生成が抑制されるため，物質④の濃度は一定に保たれる。このように，最終産物が初期の反応を促進する酵素に働いて最終産物の生成量が調節されることを，**フィードバック調節**といい，最終産物が初期の反応を促進する酵素の働きを阻害することを**フィードバック阻害**という。フィードバック阻害には，アロステリック酵素によるものも多い。

Memo フィードバック

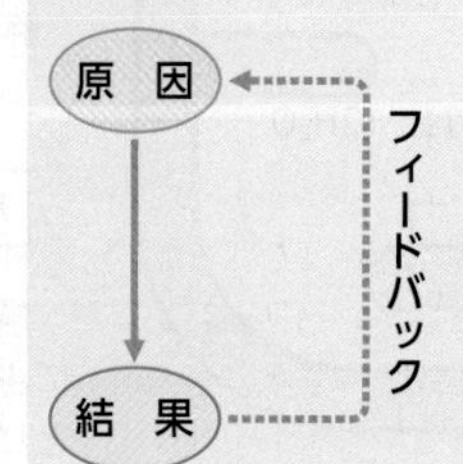
原 因
結 果
フィードバック

結果が原因に影響を与えることをフィードバックという。原因が促進される場合を正のフィードバック，原因が抑制される場合を負のフィードバックという。自然界にはさまざまなフィードバックのしくみがあり，負のフィードバックには安定化の効果がある。

▶p.145，146，199

プチ雑学 アロステリック allosteric は，steric「立体的」に allo「異なる」という意味。アロステリック部位が，基質と結合する活性部位とは異なる立体構造をもつことから，この名がついた。

54 呼　吸

1 呼　吸　酸素を使い，有機物を徐々に酸化分解して得られたエネルギーで，ATP をつくる。

生物基礎 / 生物

A 燃焼と呼吸

燃　焼：有機物 → 一気に → 光や熱 → CO_2, H_2O（エネルギー）

呼　吸：有機物 → 徐々に → ATP, ATP, ATP → CO_2, H_2O

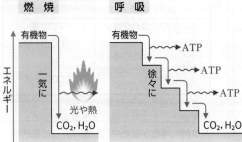

有機物の燃焼も呼吸も，酸化でエネルギーが放出され，二酸化炭素と水が生成する。しかし，燃焼ではエネルギーが一気に放出されるため，生体内では危険である。また，利用もしにくい。

生体内で行われる呼吸では，有機物の酸化を段階的に行うため，エネルギーが徐々に放出される。このエネルギーは最終的に，生命活動に利用しやすい ATP に蓄えられる。この過程で，有機物のもつエネルギーは，補酵素 NAD^+ などによって運ばれる。

B 電子の運搬とエネルギー　▶p.51

$AH_2 + B \longrightarrow A + BH_2$

AH_2 →（酸化）→ A　／　NAD^+ 酸化型 →（還元）→ NADH + H^+ 還元型 →（酸化）→ NAD^+　／　B →（還元）→ BH_2

e は電子を表す。

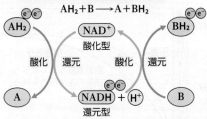

呼吸では，脱水素酵素とともに働く補酵素 NAD^+ などが電子の運搬を行う。

脱水素酵素によって AH_2（基質）が酸化される際に，電子と水素は NAD^+ に渡され，NADH を生じる。NADH は，B（基質）が還元される際に電子と水素を B に渡して NAD^+ に戻る。

呼吸において電子が物質の間を移動するとき，エネルギーが放出される。

C NADH の酸化

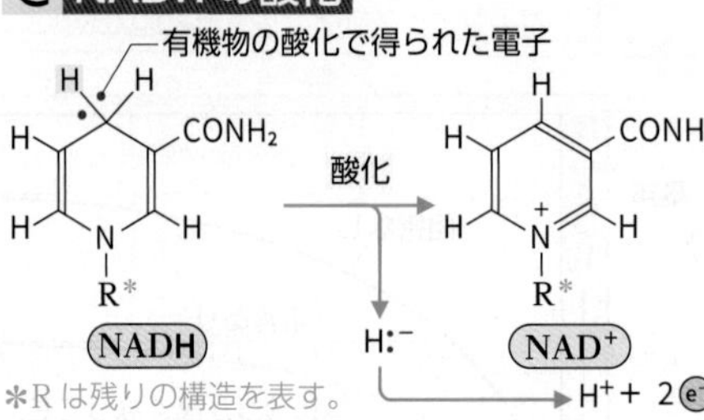

有機物の酸化で得られた電子
H
CONH₂
H
N
R*
NADH
酸化
H:⁻
N⁺
NAD⁺
H⁺ + 2e

＊R は残りの構造を表す。

Memo 酸化と還元　▶p.337

酸化される	還元される
電子を失う（酸化数増）	電子を得る（酸化数減）
水素を失う	水素を得る
酸素を得る	酸素を失う

酸化還元は，原子や分子のもつ電子や，水素，酸素のやりとりで定義される。酸化と還元は同時に起こる。

2 呼吸の概略　解糖系とクエン酸回路で得たエネルギーを使って，電子伝達系で ATP がつくられる。

生

全反応　$C_6H_{12}O_6$（グルコース） ＋ $6H_2O$（水） ＋ $6O_2$（酸素） ⟶ $6CO_2$（二酸化炭素） ＋ $12H_2O$ ➡ 38 ATP＊1

＊1 理論上の最大値。実際は 30 〜 32 分子。

A 概略図

解糖系（細胞質基質）：C_6 グルコース → $2C_3$ ピルビン酸　2ADP → 2 ATP，$2NAD^+$ → 2 NADH

ミトコンドリア　クエン酸回路（マトリックス）：$2C_2$ アセチル CoA，$2C_4$ オキサロ酢酸，$2C_6$ クエン酸，$2C_5$　2ADP → 2 ATP，$8NAD^+$ → 8 NADH，2FAD → 2 $FADH_2$，$6H_2O$ → $6CO_2$

クリステ　内膜　外膜　電子伝達系：$6O_2$，34ADP → 34 ATP，$12H_2O$

※C_2，C_3，…の数字は，1 分子中に含まれる炭素原子の数。

解糖系　エムデン・マイヤーホフ経路

- 1 分子のグルコース（ブドウ糖）を 2 分子のピルビン酸に分解する。
- 2 分子の ATP と 2 分子の NADH ができる。
- この反応は，細胞質基質（さいぼうしつきしつ）（サイトゾル）で行われる。

クエン酸回路　TCA 回路，クレブス回路

- ピルビン酸はミトコンドリアのマトリックスに運ばれる。
- ピルビン酸は CO_2 がはずされたあと，CoA と結合してアセチル CoA（コエー）＊2 になる。
- アセチル CoA は，オキサロ酢酸と結合し，クエン酸ができる。
- グルコース 1 分子当たり，2 分子の ATP，8 分子の NADH と 2 分子の $FADH_2$，6 分子の CO_2 ができる。

＊2 CoA は補酵素（coenzyme（コエンザイム））A の意味で，酢酸と CoA が結合したものがアセチル CoA。

電子伝達系

- 解糖系とクエン酸回路でつくられた NADH や $FADH_2$ は，電子伝達系に電子を渡す。電子が電子伝達系を移動していく間に放出されたエネルギーを使って ATP が合成される。
- 最終的に，電子を受けとった O_2 は，溶液中の水素イオン H^+ と結合して H_2O になる。

基質レベルのリン酸化

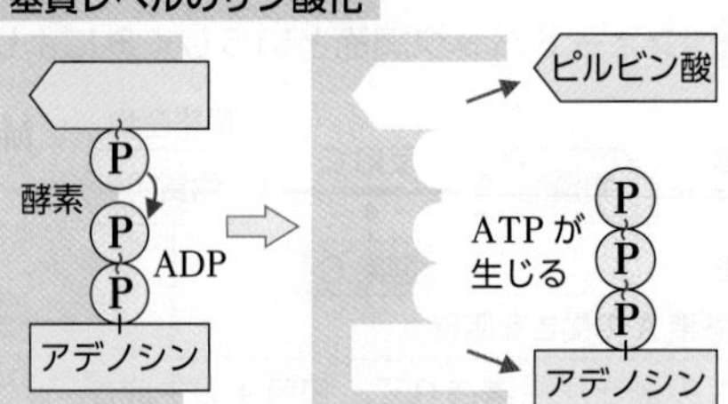

ピルビン酸
P
酵素
P
ADP
P
ATP が
生じる
アデノシン

解糖系とクエン酸回路では，酵素の働きにより，リン酸をもつ化合物から ADP へとリン酸が転移して，ATP が生じる。

酸化的リン酸化

NADH → NAD^+（酸化）　ADP → ATP　O_2　H^+ 濃度 低／高　電子伝達系　ATP 合成酵素　マトリックス　内膜　膜間部分

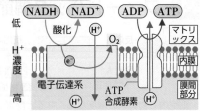

NADH などの酸化により生じた電子が電子伝達系を移動する際，エネルギーが放出される。このエネルギーでつくられた H^+ 濃度差によって ATP が合成される。

2　進化の過程で，生物が最初に獲得したエネルギーをつくり出すしくみは発酵（▶p.56）に似たものであったと考えられている。発酵で，有機物を分解しながらエネルギーを得る方法は解糖系と同じである。これにクエン酸回路と電子伝達系が加わって，呼吸の反応経路が生まれたと考えられている。Link

3 呼吸の詳しい過程 解糖系とクエン酸回路でとり出されたエネルギーを使って，ATP が合成される。

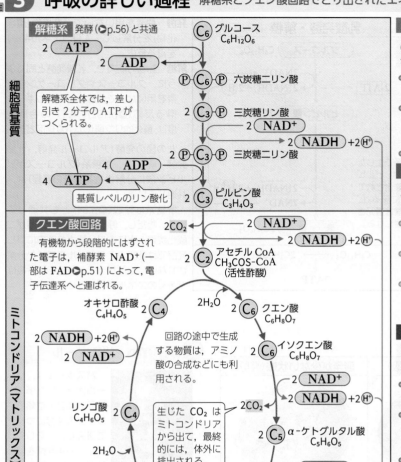

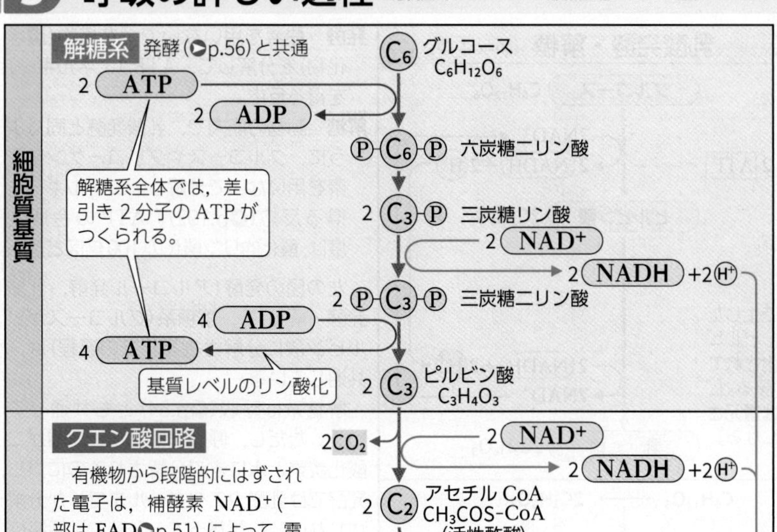

細胞質基質
解糖系 発酵（p.56）と共通
グルコース $C_6H_{12}O_6$
2 ATP
2 ADP
六炭糖二リン酸
解糖系全体では，差し引き 2 分子の ATP がつくられる。
2 三炭糖リン酸
2 NAD+
2 NADH +2H+
2 三炭糖二リン酸
4 ADP
4 ATP
基質レベルのリン酸化
2 ピルビン酸 $C_3H_4O_3$

クエン酸回路

有機物から段階的にはずされた電子は，補酵素 NAD^+（一部は FAD p.51）によって，電子伝達系へと運ばれる。

ミトコンドリア（マトリックス）
$2CO_2$
2 NAD^+
2 NADH +2H+
2 アセチル CoA CH_3COS-CoA（活性酢酸）
オキサロ酢酸 $C_4H_4O_5$
$2H_2O$
2 クエン酸 $C_6H_8O_7$
2 NADH +2H+
2 NAD^+
回路の途中で生成する物質は，アミノ酸の合成などにも利用される。
2 イソクエン酸 $C_6H_8O_7$
2 NAD^+
2 NADH +2H+
リンゴ酸 $C_4H_6O_5$
生じた CO_2 はミトコンドリアから出て，最終的には，体外に排出される。
$2CO_2$
2 α-ケトグルタル酸 $C_5H_6O_5$
$2H_2O$
2 NAD^+
2 NADH +2H+
$2CO_2$
フマル酸 $C_4H_4O_4$
$2H_2O$
2 ADP
2 ATP
2 $FADH_2$
2 FAD
2 コハク酸 $C_4H_6O_4$
基質レベルのリン酸化

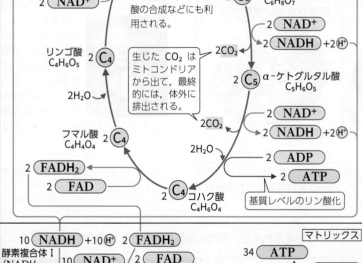

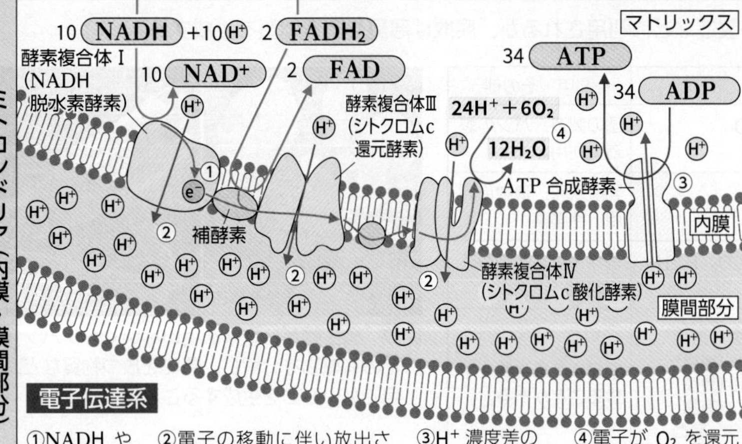

ミトコンドリア（内膜・膜間部分）
マトリックス
10 NADH +10H+
2 $FADH_2$
酵素複合体Ⅰ（NADH 脱水素酵素）
10 NAD^+
2 FAD
34 ATP
34 ADP
酵素複合体Ⅲ（シトクロムc 還元酵素）
$24H^+ + 6O_2$
$12H_2O$
ATP 合成酵素
補酵素
内膜
酵素複合体Ⅳ（シトクロムc 酸化酵素）
膜間部分

電子伝達系

①NADH や $FADH_2$ から電子が渡される。

②電子の移動に伴い放出されるエネルギーで，H^+ を膜間部分へ輸送する。膜間部分で H^+ 濃度が高まる。

③H^+ 濃度差のエネルギーを使って，ATP を合成する。

④電子が O_2 を還元し，これが溶液中の H^+ と結合して H_2O ができる。

解糖系 基質レベルのリン酸化

$$C_6H_{12}O_6 + 2NAD^+ \longrightarrow 2C_3H_4O_3 + 2(NADH + H^+) \quad \boxed{(+2ATP)}$$

グルコース　ピルビン酸　エネルギー

- グルコースが嫌気的（けんきてき）に（酸素を使わないで），ピルビン酸に分解される過程。10 段階以上の過程がある。
- 脱水素酵素により，電子と H^+ が NAD^+ に渡される。生じた NADH は電子伝達系へ電子を運ぶ。
  $NAD^+ + 2H^+ + 2e^- \longrightarrow NADH + H^+$（$NAD^+$ の還元）
- 基質レベルのリン酸化によって ATP がつくられる。

クエン酸回路 NADH と $FADH_2$ の生成

$$2C_3H_4O_3 + 6H_2O + 8NAD^+ + 2FAD \longrightarrow 6CO_2 + 8(NADH + H^+) + 2FADH_2 \quad \boxed{(+2ATP)}$$

- ピルビン酸は，CO_2 がはずされ，電子と H^+ が NAD^+ に渡されたあと，CoA と結合してアセチル CoA となる。
- アセチル CoA は，2 個の炭素原子を含むアセチル基をオキサロ酢酸に付加してクエン酸を生じる。
- クエン酸は，回路を回って最終的にオキサロ酢酸に戻る間に，CO_2 がはずされ，電子と H^+ が NAD^+ や FAD に渡される。また，基質レベルのリン酸化によって，ATP がつくられる。

電子伝達系 酸化的リン酸化

＊実際は 26 ～ 28 分子。

$$10(NADH + H^+) + 2FADH_2 + 6O_2 \longrightarrow 12H_2O + 10NAD^+ + 2FAD \quad \boxed{(+34ATP^{*}\text{（最大）})}$$

- 解糖系とクエン酸回路で生じた NADH または $FADH_2$ は，ミトコンドリアの内膜にある電子伝達系へと運ばれる。
- NADH や $FADH_2$ によって電子が電子伝達系へ渡される。
  $NADH + H^+ \longrightarrow NAD^+ + 2H^+ + 2e^-$（NADH の酸化）
  $FADH_2 \longrightarrow FAD + 2H^+ + 2e^-$（$FADH_2$ の酸化）
- 電子が電子伝達系を移動する間に放出されるエネルギーにより，マトリックスにある H^+ が膜間部分へ能動輸送される。
- マトリックスと膜間部分との間の H^+ 濃度差によって ATP 合成酵素が駆動し，ATP がつくられる（**酸化的リン酸化**）。
- 電子伝達系を移動した電子は最終的に O_2 を還元し，これが溶液中の H^+ と結合して H_2O になる。

Step up ATP 合成酵素の構造

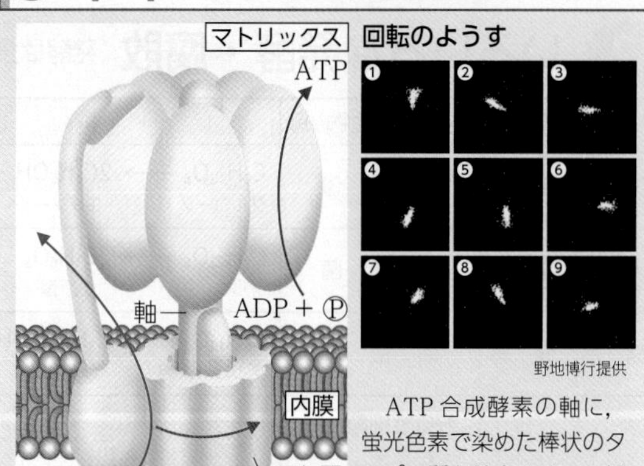

マトリックス
回転のようす
ATP
ADP + Ⓟ
軸
内膜
回転翼
H+
H+ 運搬体
膜間部分
野地博行提供

ATP 合成酵素の軸に，蛍光色素で染めた棒状のタンパク質を結合させて，観察できるようにした。

濃度差によって，H^+ が ATP 合成酵素を通過するとき，回転翼と軸の部分を回転させる。この機械的エネルギーが，ATP を合成する化学エネルギーに変換される。

プチ雑学　実際に呼吸でつくられる ATP はグルコース 1 分子当たり 30 ～ 32 分子であり，これまで考えられていた理論値（38 分子）よりも少ない。これは，電子伝達系において 1 分子の NADH や $FADH_2$ 当たりに生成される ATP 量が，以前より少ないと考えられるようになったことや，水素イオン濃度による駆動力が ATP 合成以外にも使われることなどによる。

56 発酵

1 発酵のしくみ　酸素を用いないで有機物を分解し，得たエネルギーを使って ATP を合成する。

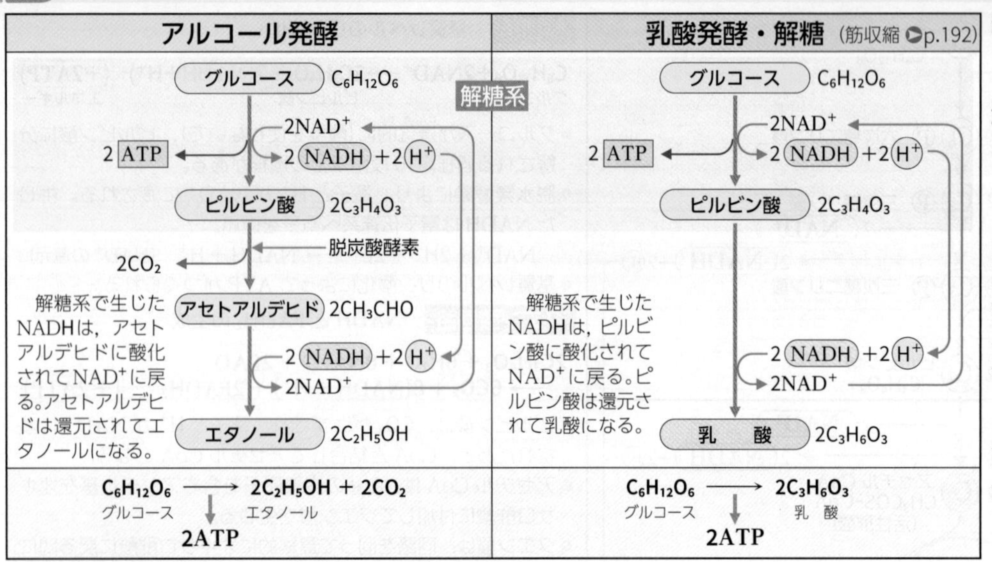

アルコール発酵
乳酸発酵・解糖（筋収縮 ▶p.192）
グルコース $C_6H_{12}O_6$
解糖系
2NAD⁺
2 ATP
2 NADH +2 H⁺
ピルビン酸 $2C_3H_4O_3$
脱炭酸酵素
$2CO_2$
アセトアルデヒド $2CH_3CHO$
解糖系で生じたNADHは，アセトアルデヒドに酸化されてNAD⁺に戻る。アセトアルデヒドは還元されてエタノールになる。
解糖系で生じたNADHは，ピルビン酸に酸化されてNAD⁺に戻る。ピルビン酸は還元されて乳酸になる。
エタノール $2C_2H_5OH$
乳酸 $2C_3H_6O_3$
$C_6H_{12}O_6 \longrightarrow 2C_2H_5OH + 2CO_2$
グルコース　エタノール
2ATP
$C_6H_{12}O_6 \longrightarrow 2C_3H_6O_3$
グルコース　乳酸
2ATP

得られたエネルギーは，ATP の化学エネルギーに変換される。

発酵（はっこう）　酸素を用いないで，有機物（炭水化物）を分解して，ATP（エネルギー）を得る反応。

解糖（かいとう）　動物の筋肉で，乳酸発酵と同じように，グルコースやグリコーゲンを酸素を用いないで分解し，エネルギーを得る反応（▶p.192）。ATP の合成速度は，酸化的リン酸化の 100 倍ほど速い。

左の図の発酵（アルコール発酵，乳酸発酵・解糖）で，**解糖系**（グルコースがピルビン酸に分解されるまでの過程）は，共通している。

解糖系は呼吸（▶p.54）とも共通している。ただし，呼吸ではピルビン酸が二酸化炭素と水にまで分解されるのに対し，発酵では乳酸やエタノールまでしか分解されない。したがって，発酵では呼吸ほど多くのエネルギーは得られない。

A パスツール効果

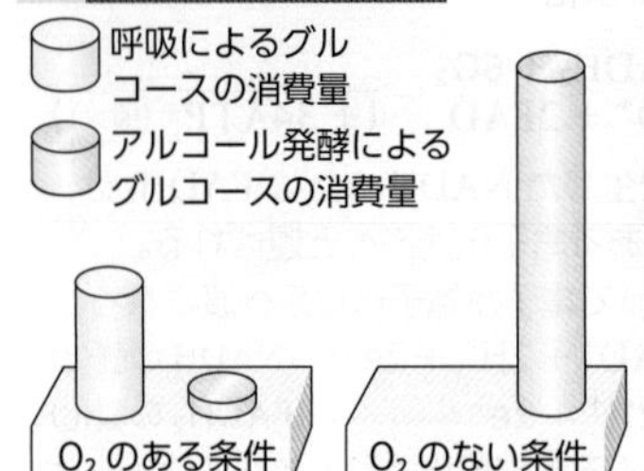

呼吸によるグルコースの消費量
アルコール発酵によるグルコースの消費量
O_2 のある条件
O_2 のない条件

パスツールは，酸素がある状態では発酵が抑制されること（**パスツール効果**）を発見した（1861 年）。

これは，発酵における酵素の働きが，呼吸で増える ATP に阻害されるためといわれている。

酵母の発酵　N：核，M：ミトコンドリア

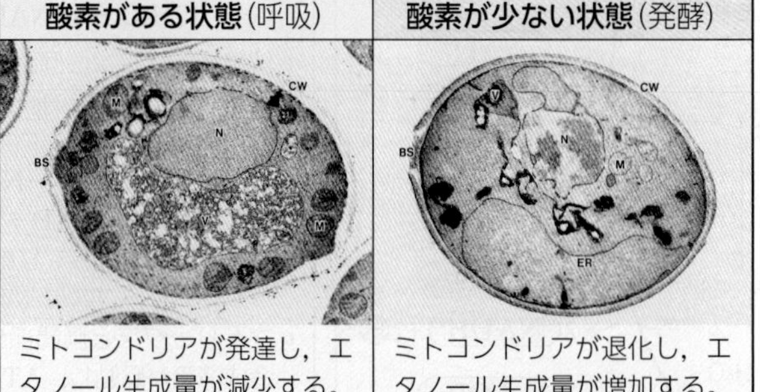

酸素がある状態（呼吸）
酸素が少ない状態（発酵）

酸素がある状態（呼吸）	酸素が少ない状態（発酵）
ミトコンドリアが発達し，エタノール生成量が減少する。	ミトコンドリアが退化し，エタノール生成量が増加する。

発酵は呼吸よりもATP合成効率が低い。酸素のある状態では，酵母（こうぼ）はおもに呼吸を行い，アルコール発酵は抑制されるため，効率的にエネルギーを得ることができる。

Column パスツール

パスツール

パスツールは，リール大学にいた頃，地元の業者の依頼で，ワインの発酵について研究した。そして，アルコール発酵を酵母の生命活動であるとするシュワン（▶p.16）の説を支持した。

その後，ブフナーの研究により，酵母にアルコール発酵を促進する酵素が含まれていることがわかった。

Louis Pasteur（1822 ～ 1895，フランス）

2 いろいろな発酵・腐敗　発酵は食品の製造などに利用されるが，腐敗は悪臭や有毒物質を生成する。

種類	反応を行う生物の例	働き	利用・その他
アルコール発酵	酵母	$C_6H_{12}O_6 \longrightarrow 2C_2H_5OH + 2CO_2$ グルコース　エタノール	酒の製造，パンの製造に利用。
乳酸発酵	乳酸菌	$C_6H_{12}O_6 \longrightarrow 2C_3H_6O_3$ グルコース　乳酸	乳酸飲料，漬物に利用。整腸薬。
酪酸発酵	酪酸菌	$C_6H_{12}O_6 \longrightarrow C_3H_7COOH + 2CO_2 + 2H_2$ グルコース　酪酸	香料・ワニスの製造に利用。
腐敗	好気性細菌 枯草菌（こそうきん） 嫌気性細菌 ボツリヌス菌 大腸菌　など	タンパク質 ⟶ アンモニア，インドール（糞臭），スカトール（糞臭），プトレシン（有毒）など	悪臭や有毒物質を生じることがある。
酢酸発酵*	酢酸菌	$C_2H_5OH + O_2 \longrightarrow CH_3COOH + H_2O$ エタノール　酢酸	食酢の製造に利用。

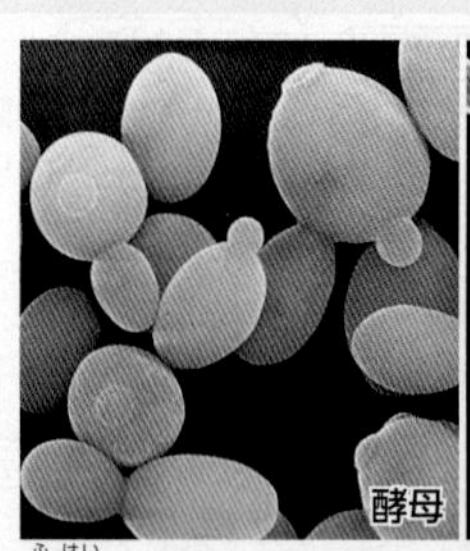
酵母

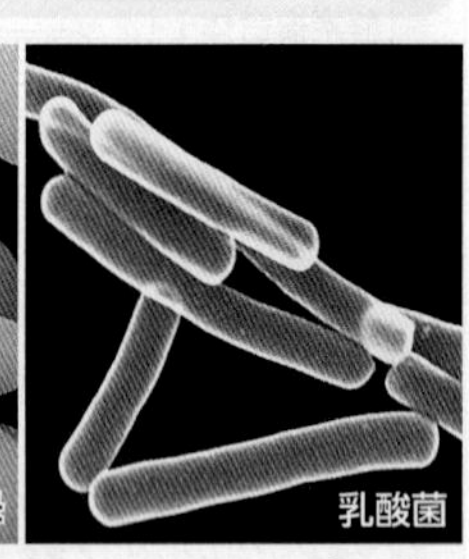
乳酸菌

腐敗（ふはい）　微生物が，酸素を用いないでタンパク質などの有機物を分解し，悪臭を放つ物質など，有用でないものを生成すること。

＊酢酸発酵（さくさんはっこう）は酸素を用いるが，アルコール発酵などと同様，生成物の酸化が不十分なため，「発酵」とよばれる（酸化発酵）。

プチ雑学　納豆の製造に関わる納豆菌は，枯草菌の一種である。納豆の粘りけは，納豆菌がタンパク質を分解して生成したものである。かつては，蒸した大豆を「わらつと」に入れて納豆がつくられていたが，これはわらについた納豆菌を利用していた。

Keywords ●発酵 fermentation ●解糖 glycolysis ●アルコール発酵 alcohol fermentation
●乳酸発酵 lactic fermentation ●パスツール効果 Pasteur effect ●腐敗 putrefaction

生 3 発酵食品 発酵を利用した食品製造は古くからあり，食品の種類も多種多様である。

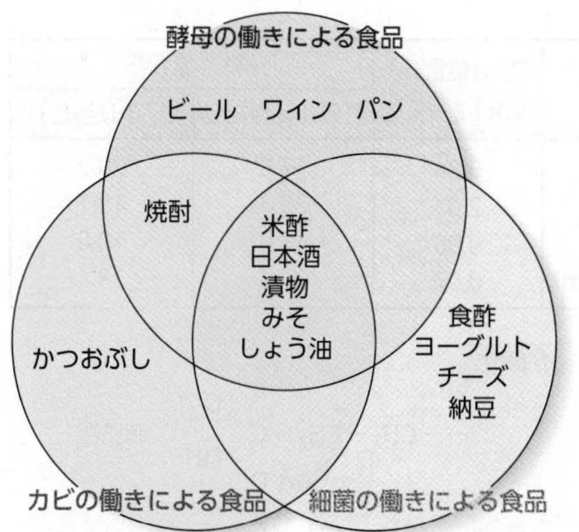
酵母の働きによる食品
ビール ワイン パン
焼酎
米酢
日本酒
漬物
みそ
しょう油
食酢
ヨーグルト
チーズ
納豆
かつおぶし
カビの働きによる食品
細菌の働きによる食品

発酵は古くから食品の製造に利用されてきた。日本の伝統的な食品であるみそやしょう油も発酵食品である。発酵後，熟成を行う場合は，醸造ともいう。

A 酒類の製造

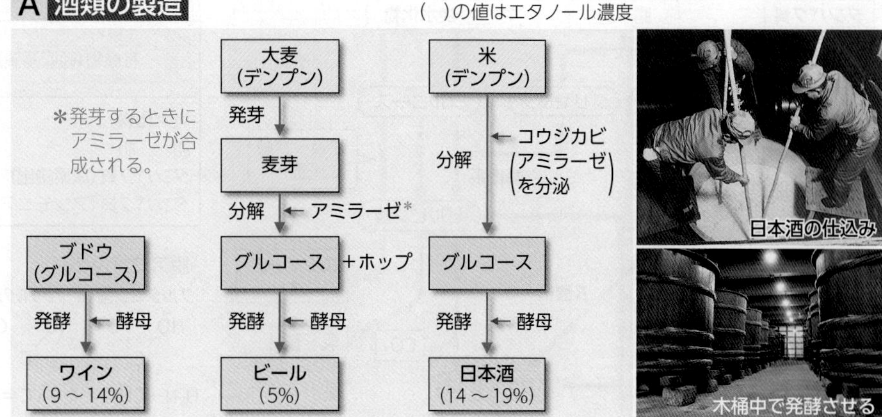
( )の値はエタノール濃度
大麦
(デンプン)
発芽
＊発芽するときにアミラーゼが合成される。
麦芽
分解
アミラーゼ＊
米
(デンプン)
分解
コウジカビ
(アミラーゼを分泌)
ブドウ
(グルコース)
グルコース
＋ホップ
グルコース
発酵
酵母
ワイン
(9～14%)
ビール
(5%)
日本酒
(14～19%)
日本酒の仕込み
木桶中で発酵させる

酵母はグルコースを基質として発酵をするが，デンプンを基質にすることができない。ワインの原料はブドウで，グルコースを多く含むので，そのまま発酵させることができる。

日本酒やビールの原料はデンプンである。日本酒ではコウジカビのアミラーゼ，ビールでは麦芽のアミラーゼによって，デンプンをグルコースに分解してから，酵母によって発酵させる。

B パンの製造

アルコール発酵で，発生する二酸化炭素が利用される例。

酵母によりパン生地内でアルコール発酵が行われると，パン生地内に無数の二酸化炭素の泡ができる。この泡が加熱によってさらにふくらみ，ふわっとしたパンをつくる。

Column ヨーグルトをつくろう

約40℃の牛乳に少量の砂糖と，市販のヨーグルトを牛乳に対して10%の割合で入れてかき混ぜ，6時間保温する。

乳酸発酵で生じた乳酸のため，牛乳中のタンパク質が凝固する。

注使用する用具類は，前もって熱湯消毒する。

生 4 バイオエタノール サトウキビやトウモロコシをアルコール発酵させて，エタノールを得る。

バイオマス

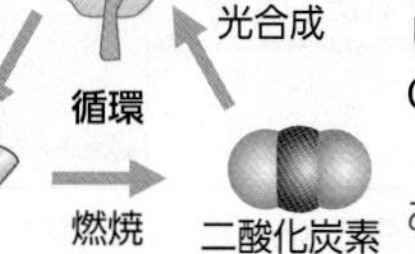
植物
加工
光合成
木炭など
循環
燃焼
二酸化炭素

資源として利用できる生物体を**バイオマス**という。バイオマスはもともと大気中にあった二酸化炭素 CO_2 を同化してできたものなので，これを原料とした燃料が燃焼して CO_2 を放出しても，大気中の CO_2 濃度は増えない。

また，植物を栽培して燃料にできる再生可能な資源でもある。ただし，実際には製造・輸送で化石燃料が使われる。

基本的には酒類の製造と同様。ただし，蒸留で高濃度にする。

トウモロコシ・小麦など(デンプン) → 分解 ← 糖化酵素 → グルコースなど → 発酵 ← 酵母 → 蒸留 → バイオエタノール(濃度95%以上)

サトウキビ・テンサイなど(グルコースなど) → 発酵 ← 酵母 → 蒸留 → バイオエタノール(濃度95%以上)

バイオエタノールは，バイオマスを原料とした燃料で，植物体をアルコール発酵で分解して得られるアルコールである。

バイオエタノールは自動車燃料としての利用が進んでいる。アメリカやブラジルでは，ガソリンにバイオエタノールを混ぜた自動車燃料が実用化されている。

エネルギーの生産効率，原料の食料との競合などの問題があり，食物残渣の利用など，さまざまな視点で研究されている。

つながる生物学 工業 バイオリアクター

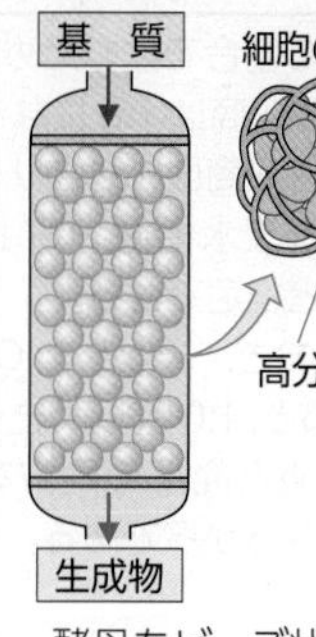
基質
細胞の固定
酵母
高分子
生成物

アルコール製造

酵母をビーズ状に固定すると，生じたアルコールと酵母を容易に分離することができる。また，反応を連続的に行うことが可能で，効率よくアルコールを得ることができる。このような装置を**バイオリアクター**という。この技術には，酵母だけではなく，植物細胞や酵素なども使われている。

プチ雑学 「うま味調味料」の一種グルタミン酸ナトリウムは，サトウキビやトウモロコシなどからつくられた糖を原料に，微生物の発酵によってつくられている。

呼吸基質と呼吸商

Keywords
●呼吸基質 respiratory substance
●呼吸商(RQ) respiratory quotient, respiratory coefficient

1 呼吸基質 呼吸基質(呼吸で分解される物質)によって，生成する熱量が異なる。

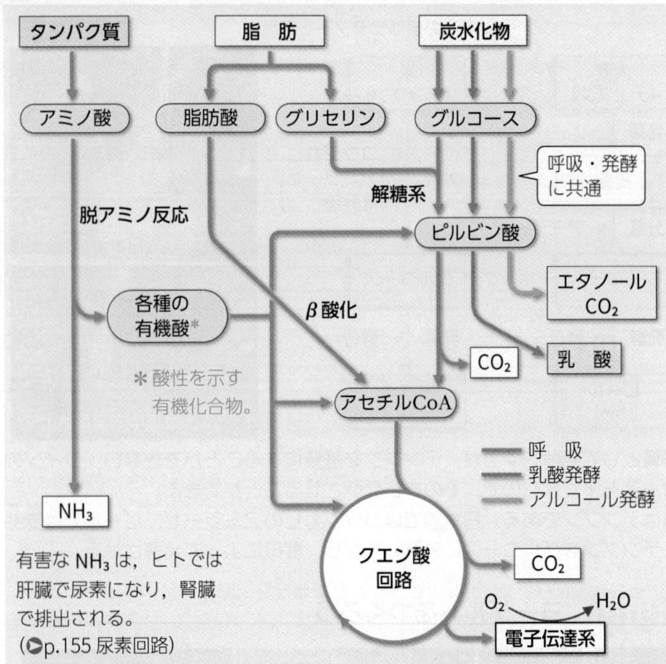
タンパク質
脂　肪
炭水化物
アミノ酸
脂肪酸
グリセリン
グルコース
呼吸・発酵に共通
解糖系
脱アミノ反応
ピルビン酸
エタノール CO_2
各種の有機酸*
β酸化
CO_2
乳　酸
＊酸性を示す有機化合物。
アセチルCoA
呼　吸
乳酸発酵
アルコール発酵
NH_3
クエン酸回路
CO_2
O_2
H_2O
電子伝達系
有害な NH_3 は，ヒトでは肝臓で尿素になり，腎臓で排出される。
(▶p.155 尿素回路)

呼吸で発生する熱量

有機物(呼吸基質)	O_2 消費量(L)(基質1g当たり)	熱量(kJ) 基質1g当たり	熱量(kJ) O_2 1L当たり
炭水化物	0.84	17.6	20.9
脂　肪	2.0	39.3	19.7
タンパク質(尿素排出)	0.96	18.0	18.8
タンパク質(アンモニア排出)	0.97	17.8	18.4

脱アミノ反応

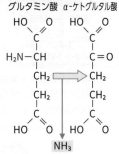

グルタミン酸　α-ケトグルタル酸

(NH_3)

アミノ基がとれ，クエン酸回路に入る。

β酸化

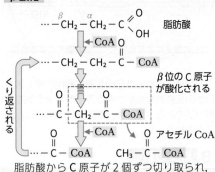

脂肪酸

CoA

β位のC原子が酸化される

くり返される

アセチルCoA

脂肪酸からC原子が2個ずつ切り取られ，アセチルCoAとしてクエン酸回路に入る。

※官能基の隣のC原子から順に，α，β，…とよばれる。

2 呼吸商 呼吸商の値から，呼吸基質を知ることができる。

A 呼吸商

$$呼吸商(RQ) = \frac{排出された CO_2 の量}{吸収された O_2 の量}$$ (物質量や体積の比)

RQ：respiratory quotient

呼吸基質	反応式	呼吸商(RQ)
炭水化物	$C_6H_{12}O_6 + 6O_2 + 6H_2O \longrightarrow 6CO_2 + 12H_2O$	$\frac{6}{6} = 1.0$
脂　肪	$2C_{57}H_{110}O_6$ (トリステアリン) $+ 163O_2 \longrightarrow 114CO_2 + 110H_2O$	$\frac{114}{163} \fallingdotseq 0.7$
タンパク質	$2C_6H_{13}O_2N$ (ロイシン) $+ 15O_2 \longrightarrow 12CO_2 + 10H_2O + 2NH_3$	$\frac{12}{15} = 0.8$

炭水化物はHとOをH_2Oと同じ割合で含むため，CO_2生成に必要なO_2のみ吸収され，呼吸商は1.0になる。ほかの呼吸基質はOの割合が低く，呼吸商は1.0より小さい。

呼吸商を測定し，1.0に近いなら炭水化物，0.7に近いなら脂肪が呼吸基質になっていると推定できる。

なお，酸素がある状態に酵母をおき，吸収したO_2の量と排出したCO_2の量の比を求めると，1.0より大きくなる。酵母は，酸素がある状態では呼吸と発酵の両方を行い(▶p.56)，吸収O_2 <排出CO_2となるからである。

B 呼吸商の測定

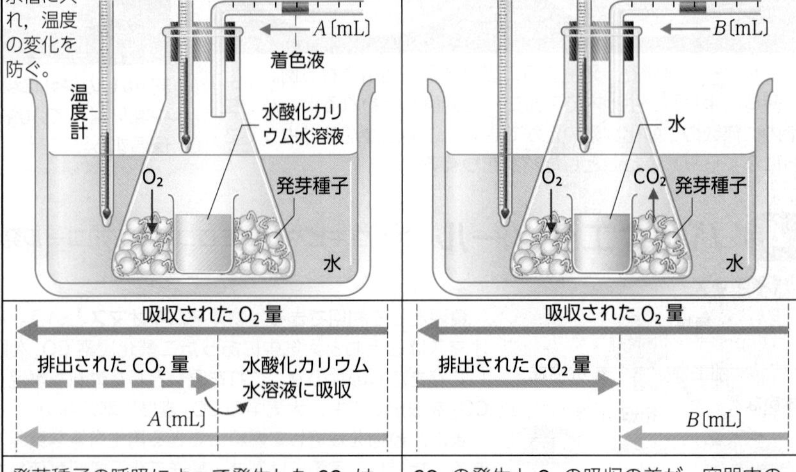
水槽に入れ，温度の変化を防ぐ。
温度計
A〔mL〕
着色液
水酸化カリウム水溶液
O_2
発芽種子
水
B〔mL〕
水
O_2
CO_2
発芽種子
水
吸収された O_2 量
排出された CO_2 量
水酸化カリウム水溶液に吸収
A〔mL〕
吸収された O_2 量
排出された CO_2 量
B〔mL〕

発芽種子の呼吸によって発生したCO_2は，水酸化カリウム水溶液に吸収される。したがって，**A＝吸収されたO_2量**

CO_2の発生とO_2の吸収の差が，容器内の気体の増減になる。**B＝吸収されたO_2量－排出されたCO_2量**

吸収されたO_2の体積＝A〔mL〕，排出されたCO_2の体積＝(A－B)〔mL〕

いろいろな生物の呼吸商

動物	呼吸商	植物(発芽種子)	呼吸商
ウシ	0.96	コムギ	0.98
ヒト	0.89	トウモロコシ	0.89
ブタ	0.86	エンドウ	0.83
ネコ	0.74	トウゴマ	0.71

- ウシのような植物食性動物の呼吸商は，呼吸基質が炭水化物なので1.0に近い。
- ネコのような動物食性動物の呼吸商は，0.7～0.8に近い傾向がある。
- コムギのように炭水化物が多い種子の呼吸商は1.0に近く，トウゴマのように脂質が多い種子の呼吸商は0.7に近い。
- 実際にどの呼吸基質が使われるかは，生育の時期・環境条件によって異なるため，呼吸商の値も変動する。

プチ雑学　運動の開始時には炭水化物の利用率が高いが，その後，徐々に脂肪の利用率が高くなっていく。このようなことは，呼吸商の測定結果から推定できる。

1 呼吸の実験

実験 メチレンブルーの色の変化を利用して，脱水素酵素（酸化還元酵素の一種）の働きを調べる。

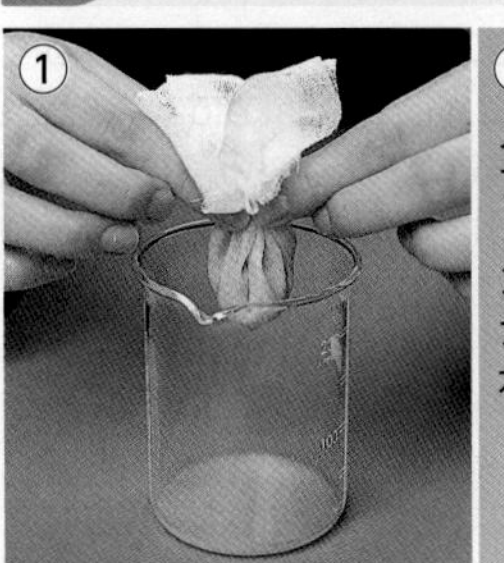
①

新鮮なアサリの身をよくすりつぶす。ガーゼでろ過して酵素液をとる。

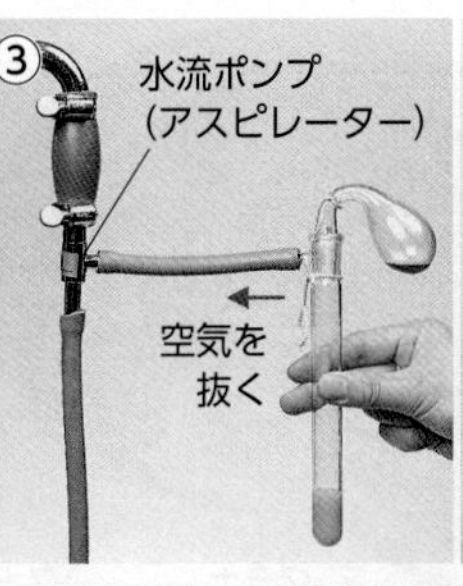
②
メチレンブルー溶液＋コハク酸ナトリウム水溶液
副室
主室
酵素液
③
水流ポンプ（アスピレーター）
空気を抜く

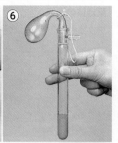

ツンベルク管の主室に酵素液を入れ，副室にはコハク酸ナトリウム水溶液にメチレンブルー溶液を滴下して入れる。その後，ツンベルク管内の空気を抜く。

④

⑤

管を密閉し，副室の溶液を主室に移して35℃に保つと，メチレンブルーの色が脱色される。

⑥ 管内に空気を入れると，液面から再び青色になる。

コハク酸脱水素酵素 この実験でメチレンブルーは，クエン酸回路のFADに相当する。

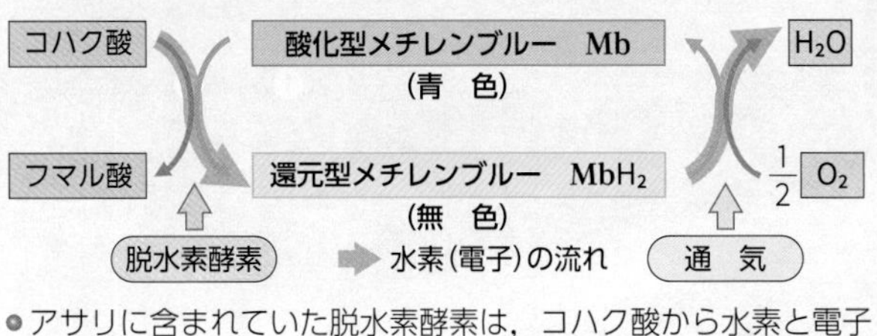
コハク酸
フマル酸
酸化型メチレンブルー Mb
（青 色）
還元型メチレンブルー MbH_2
（無 色）
H_2O
$\frac{1}{2}$ O_2
脱水素酵素
水素（電子）の流れ
通 気

- アサリに含まれていた脱水素酵素は，コハク酸から水素と電子を奪い，メチレンブルーに与える。そのためメチレンブルーは還元され，青色（Mb）から無色（MbH_2）になる（④→⑤）。
- 空気を入れると，空気中の酸素によって酸化され，無色（MbH_2）から青色（Mb）に戻る（⑥）。
- この実験で，コハク酸ナトリウムは基質，メチレンブルーは水素（電子）受容体として働いている。

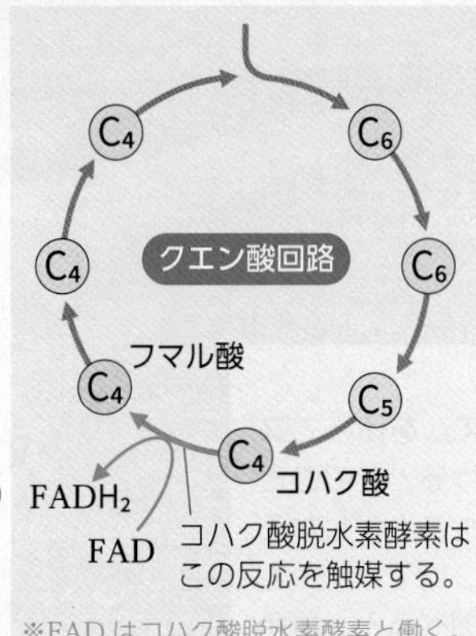
クエン酸回路
C_4
C_6
C_6
C_5
C_4
コハク酸
C_4
フマル酸
C_4
$FADH_2$
FAD
コハク酸脱水素酵素はこの反応を触媒する。

※FADはコハク酸脱水素酵素と働く。

Memo ツンベルク管

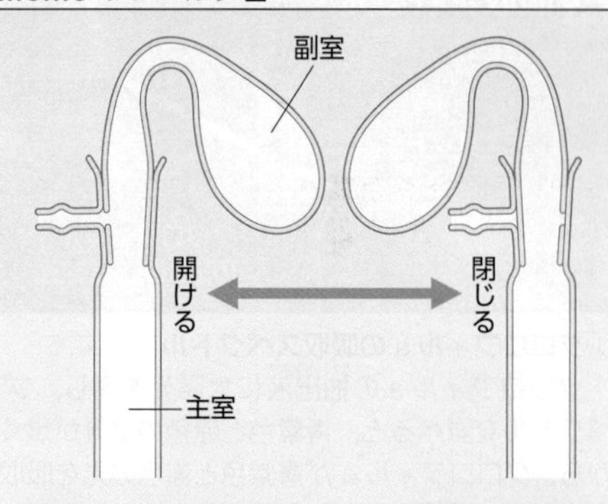
副室
開ける
閉じる
主室

空気のない状態で反応させるための器具。副室をまわすことによって，密閉したり，開放したりできる。

2 発酵の実験

実験 アルコール発酵を確認する。

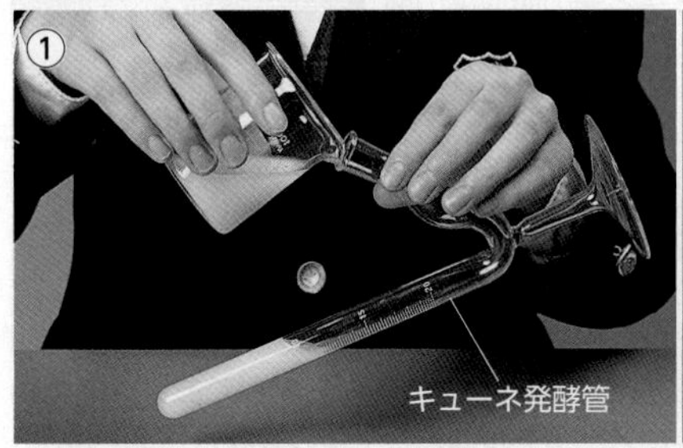
①
キューネ発酵管

発酵液（グルコース水溶液＋乾燥酵母）を気泡が入らないように注ぎ，綿栓をする。

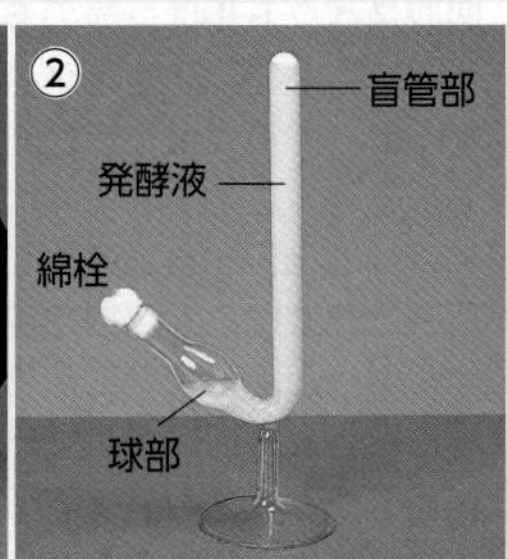
②
盲管部
発酵液
綿栓
球部
③
気体

発酵が進むにつれて気体がたまってくる。

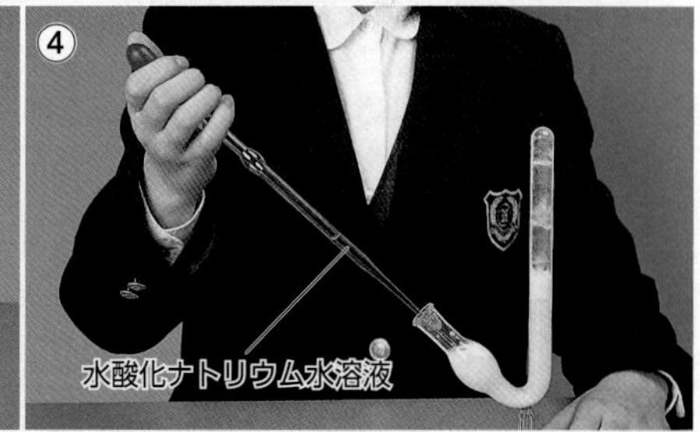
④
水酸化ナトリウム水溶液

気体が十分たまったら，10% 水酸化ナトリウム水溶液を2～3 mL 加える。

⑤

開口部を親指で押さえて，発酵管をよく振ると，指が開口部に吸いつけられる。

⑥ 発酵液が上昇

水酸化ナトリウム水溶液に吸収されることから，発生した気体は二酸化炭素と考えられる。

⑦
70～80℃の湯

ろ過した発酵液にヨウ素液を入れ，色が消えるまで水酸化ナトリウム水溶液を加えて湯に浸す。

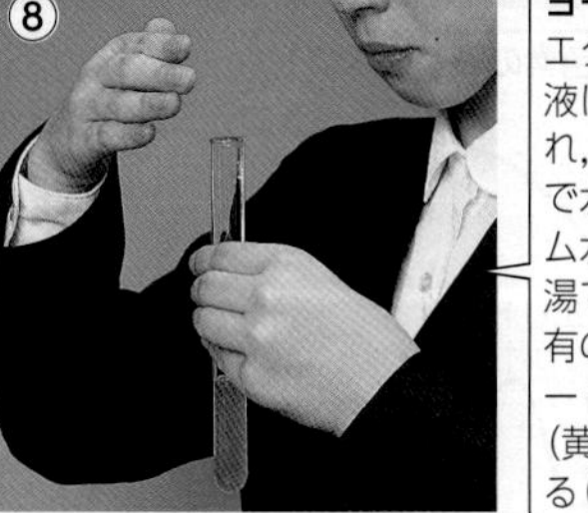
⑧

黄色の沈殿が生じ，特有の臭いがすることから，エタノールができていたことがわかる。

ヨードホルム反応 エタノールを含む液にヨウ素液を入れ，色が消えるまで水酸化ナトリウム水溶液を加える。湯で加熱すると特有の臭いのあるヨードホルム CHI_3（黄色沈殿）が生じる（▶p.322）。

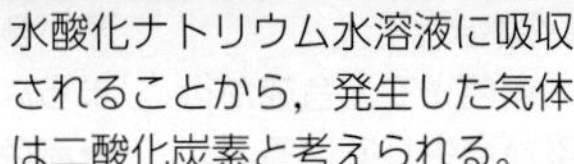

プチ雑学 メチレンブルーはアルカリ性の染料の1つ。細胞の核を着色する染色液として使われる。

葉緑体と光合成色素

生

1 葉緑体　チラコイドとよばれる多数の膜構造をもち，光合成色素がうめこまれている。

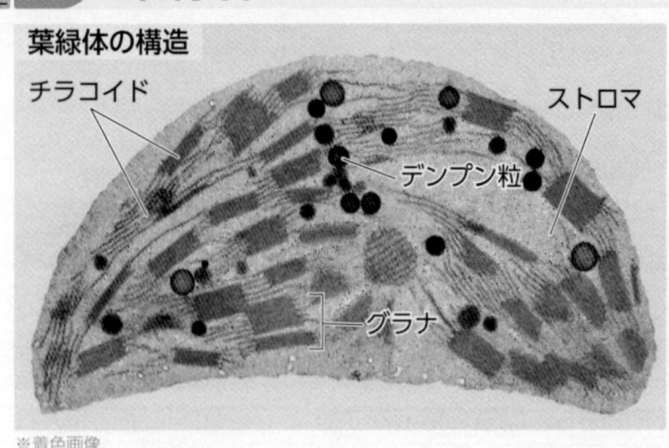
葉緑体の構造
チラコイド
ストロマ
デンプン粒
グラナ
※着色画像

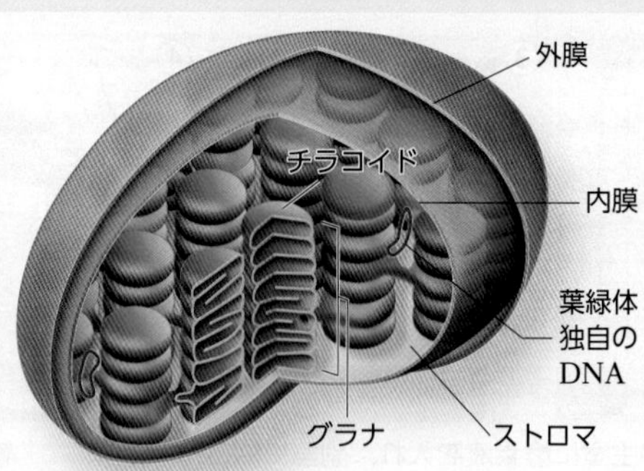
外膜
チラコイド
内膜
葉緑体独自のDNA
グラナ
ストロマ

葉緑体は外側を二重の膜で包まれている。内部には，**チラコイド**(thylakoid：袋)とよばれる袋状の膜構造がある。小形のチラコイドが重なった部分は，光学顕微鏡で見ると粒のように見えることから**グラナ**(grana：顆粒)という。また，何もないように見える部分(液体で満たされている部分)は**ストロマ**(stroma：間質，基質)という。

生

2 光合成に使われる光　光合成には，特定の波長の光(青紫色と赤色の光)が使われる。

A 吸収される光

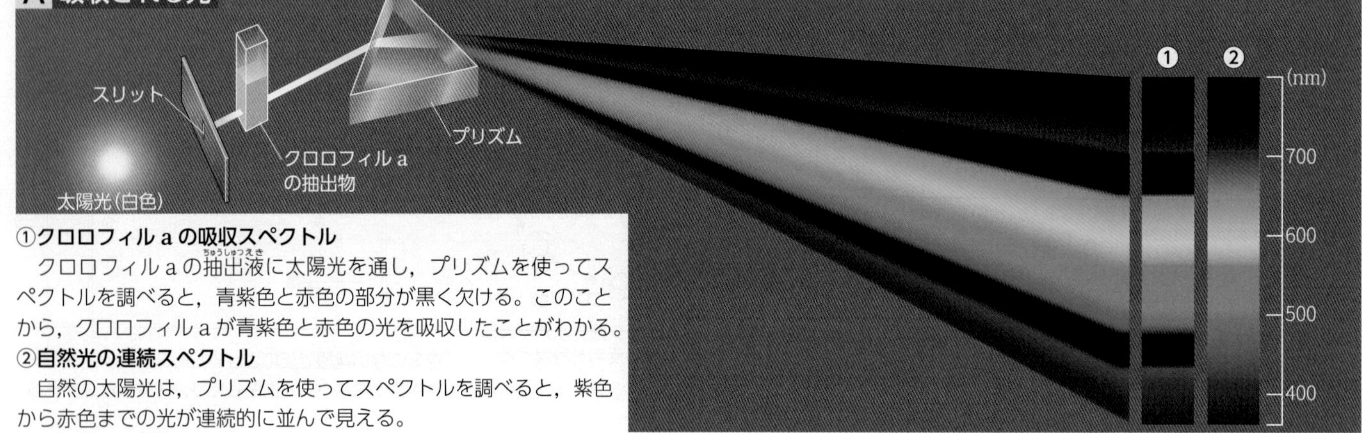
スリット
クロロフィルａの抽出物
プリズム
太陽光(白色)
①
②
(nm)
700
600
500
400

①クロロフィルａの吸収スペクトル

クロロフィルａの抽出液に太陽光を通し，プリズムを使ってスペクトルを調べると，青紫色と赤色の部分が黒く欠ける。このことから，クロロフィルａが青紫色と赤色の光を吸収したことがわかる。

②自然光の連続スペクトル

自然の太陽光は，プリズムを使ってスペクトルを調べると，紫色から赤色までの光が連続的に並んで見える。

B 光の吸収と作用

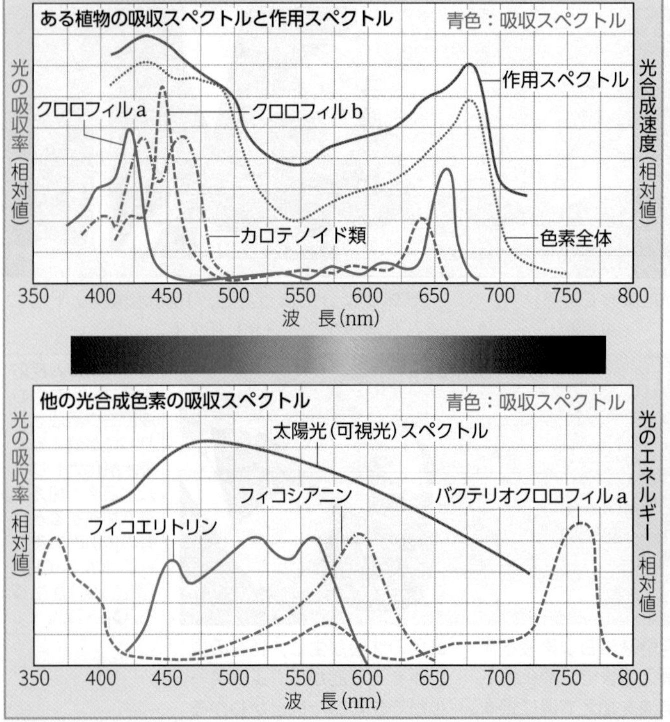
ある植物の吸収スペクトルと作用スペクトル
青色：吸収スペクトル
光の吸収率(相対値)
光合成速度(相対値)
作用スペクトル
クロロフィルａ
クロロフィルｂ
カロテノイド類
色素全体
350 400 450 500 550 600 650 700 750 800
波　長(nm)
他の光合成色素の吸収スペクトル
青色：吸収スペクトル
光の吸収率(相対値)
光のエネルギー(相対値)
太陽光(可視光)スペクトル
フィコシアニン
バクテリオクロロフィルａ
フィコエリトリン
350 400 450 500 550 600 650 700 750 800
波　長(nm)

吸収スペクトルは，光の波長と光の吸収率の関係を表す。植物の葉緑体は，おもに青紫色光(430 nm～460 nm)と赤色光(670 nm～700 nm)を吸収する。これは，植物がもつ**光合成色素**(クロロフィルａ，ｂおよびカロテノイド類)の傾向が反映されている。クロロフィルは光を吸収してエネルギーが高い状態になるが，元のエネルギー状態に戻るときに赤色の蛍光を放出する。

クロロフィル抽出液
赤色の蛍光

作用スペクトルは，光の波長と光合成速度の関係を表しており，O_2の発生などから求められる。作用スペクトルは色素全体の吸収スペクトルとほぼ一致しており，吸収された光が光合成に使われていることがわかる。

エンゲルマンの実験　歴史　1882 年

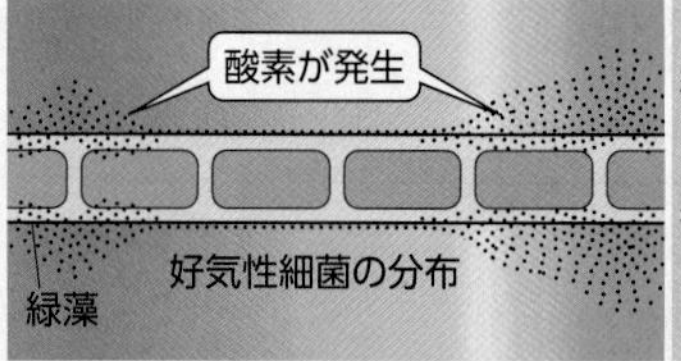
酸素が発生
好気性細菌の分布
緑藻
緑
赤
葉緑体
酸素が発生

青紫色光・赤色光を当てたところに好気性細菌(酸素を好む性質をもつ)が多く集まった。
→青紫色光・赤色光で光合成が行われ，酸素が発生している。

アオミドロに赤色と緑色のスポット光を当てると，赤色光に好気性細菌が多く集まったが，緑色光には集まらなかった。
→赤色光が光合成に使われている。

プチ雑学
太陽は，毎秒 3.85×10^{26} J のエネルギーを電磁波として放射している。一方，地球全体で受けとるのは毎秒 1.8×10^{17} J で，総量の約 22 億分の 1 に過ぎない。実際に生物が光合成に利用するのは，さらにこの一部のエネルギーである。

Keywords ●葉緑体 chloroplast ●チラコイド thylakoid ●グラナ granum, grana(複数形) ●ストロマ stroma ●吸収スペクトル absorption spectrum ●作用スペクトル action spectrum ●光合成色素 photosynthetic pigment ●クロロフィル chlorophyll

Link コラム

3 光合成色素 光は色素によって吸収される。

▶p.296

進化
View

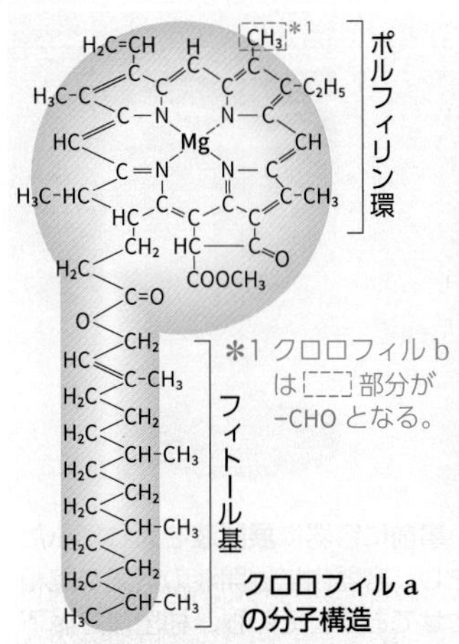
CH_3 *1
Mg
$COOCH_3$
ポルフィリン環
フィトール基

クロロフィル a の分子構造

*1 クロロフィル b は□部分が $-CHO$ となる。

○：存在する色素　◎：おもな色素

光合成色素(同化色素)			色	光合成細菌*2	シアノバクテリア	紅藻類	ケイ藻類	褐藻類	緑藻類	植物
クロロフィル	クロロフィル a		青緑		◎	◎	◎	◎	◎	◎
	クロロフィル b		黄緑						○	○
	クロロフィル c		黄緑				○	○		
	バクテリオクロロフィル			◎						
カロテノイド	カロテン	β-カロテン	橙黄		◎	◎	◎	◎	◎	◎
	キサントフィル	ルテイン	黄			◎			◎	◎
		フコキサンチン	褐				◎	◎		
フィコビリン	フィコエリトリン		紅		○	◎				
	フィコシアニン		青		◎	○				

光合成で光を吸収する色素を**光合成色素**という。光合成色素は，生物の系統に応じて分布する。

*2 シアノバクテリアを除く。

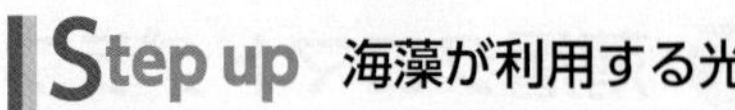

Step up 海藻が利用する光

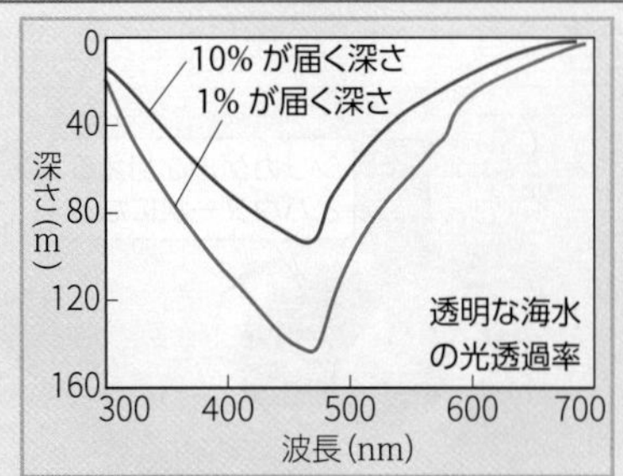
0
40
80
120
160
深さ(m)
10% が届く深さ
1% が届く深さ
透明な海水の光透過率
300
400
500
600
700
波長(nm)

太陽光が水中に入ると，赤，橙，紫の光はすぐに吸収され，青や緑の光が比較的深くまで届く。海藻に含まれる褐色や紅色の光合成色素は，青や緑の光を吸収し，光合成に利用している。

A 薄層クロマトグラフィーによる分析

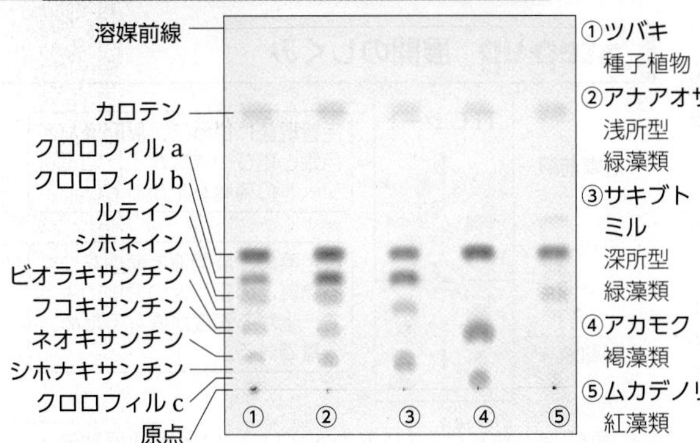
溶媒前線
カロテン
クロロフィル a
クロロフィル b
ルテイン
シホネイン
ビオラキサンチン
フコキサンチン
ネオキサンチン
シホナキサンチン
クロロフィル c
原点
①
②
③
④
⑤

①ツバキ 種子植物
②アナアオサ 浅所型 緑藻類
③サキブトミル 深所型 緑藻類
④アカモク 褐藻類
⑤ムカデノリ 紅藻類

B 光合成色素の抽出液

神戸大学内海域環境教育研究センター提供

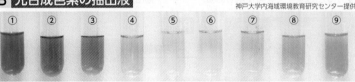

①フィコシアニン ②クロロフィル a ③クロロフィル b ④クロロフィル c ⑤β-カロテン ⑥シホナキサンチン ⑦シホネイン ⑧フコキサンチン ⑨フィコエリトリン

Memo 色素の色

太陽からの光は，白色光である。色素は一部の波長の光を吸収し，残りの波長の光を反射あるいは透過する。ヒトは，その残りの波長の光から，色を感じる。

クロロフィル a は，赤・青紫の光を吸収する。吸収されなかった残りの波長の光を，ヒトは青緑と感じる。

C 光化学系

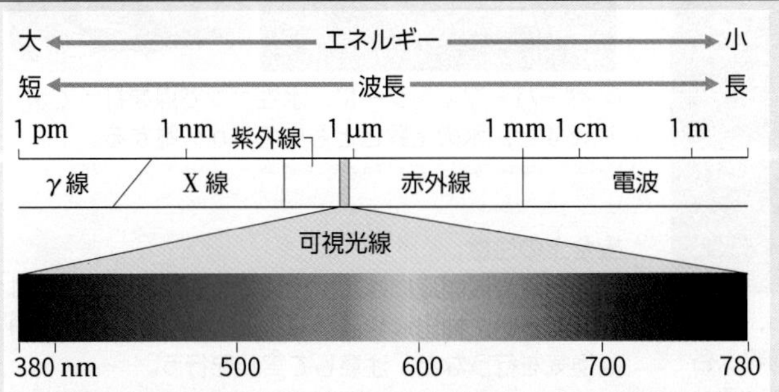
ストロマ
光
電子受容体
e^-
チラコイド膜
光合成色素
1対のクロロフィル分子
反応中心
集光性複合体
→エネルギーの流れ
チラコイド内

光合成色素は，タンパク質などとともに，光化学系という複合体を葉緑体のチラコイド膜につくる。この複合体は集光性複合体と反応中心からなる。

集光性複合体にはさまざまな種類の光合成色素が含まれ，さまざまな波長の光を吸収できる。吸収された光のエネルギーは，反応中心のクロロフィルへと送られる。

反応中心には1対のクロロフィル分子があり，光のエネルギーを受けとると，高いエネルギーをもつ電子が生じる。電子受容体がその電子を受けとって光合成(▶p.64)が進む。

Memo 電磁波

大 ← エネルギー → 小
短 ← 波長 → 長
1 pm　1 nm　紫外線　1 μm　1 mm　1 cm　1 m
γ線　X線　赤外線　電波
可視光線
380 nm　500　600　700　780

光は電磁波の一種で，そのエネルギーは波長に反比例する。ヒトが感知できる波長を可視光線といい，波長の違いは色の違いとして観察される。

太陽はさまざまな波長の電磁波を放射しているが，最も強く放射し，地上まで届くのは可視光線である。

Column 玉露の栽培

被覆栽培のようす

お茶は，チャノキの葉を原料とした飲み物で，緑茶が緑色なのは，葉に含まれるクロロフィルが抽出されたためと考えられる。

玉露(ぎょくろ)や抹茶(まっちゃ)などのお茶の葉は，一定期間，光をさえぎる被覆(ひふく)栽培という方法でつくられる。被覆栽培により，葉に含まれるクロロフィルの量が増え，濃い緑色の茶葉になる。

なお，紅茶の茶葉もチャノキの葉が原料であるが，微生物がもつ酵素の作用を利用して，茶葉の成分を変化させている。これによって，紅茶の独特の色や香りが生まれる。

進化 View 3 光合成をする藻類や植物には，クロロフィル a だけをもつものや，これに加えてクロロフィル b やクロロフィル c をもつものがいる。このような分布は，進化の過程でクロロフィルの獲得や消失が起こった結果であると考えられている。また，葉緑体の膜構造(▶p.299)からも，進化の道筋を伺い知ることができる。 Link

光合成色素の分離

Keywords
●薄層クロマトグラフィー thin layer chromatography
●ペーパークロマトグラフィー paper chromatography

1 薄層クロマトグラフィー 実験 光合成色素を分離する。

①
シリカゲルを加えるとパウダー状になる。

試料(植物の葉など)をはさみで細かく切って乳鉢に入れ，乳棒でよくすりつぶす。水分がある場合は，シリカゲル(乾燥剤)を入れてすりつぶす。シリカゲルには試料をすりつぶしやすくする役割もある。

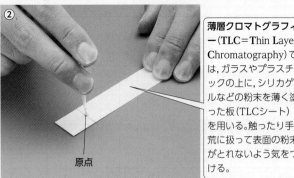

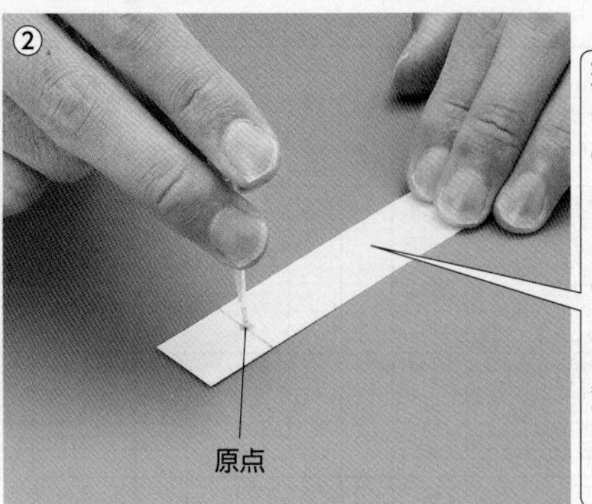
②
原点

薄層クロマトグラフィー(TLC=Thin Layer Chromatography)では，ガラスやプラスチックの上に，シリカゲルなどの粉末を薄く塗った板(TLCシート)を用いる。触ったり手荒に扱って表面の粉末がとれないよう気をつける。

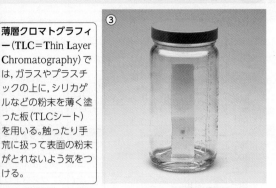

試料に抽出液(ジエチルエーテルなど)を加えてよく混ぜ，色素を抽出する。

TLC シートの下から 2 cm ぐらいのところに線をひいて，線上の 1 点に，毛細管(細い管)を用いて抽出液をくり返し滴下する。抽出液を滴下したこの点を原点とよぶ。

③

事前に容器に**展開液**を入れてふたをし，容器内に展開液の蒸気を飽和させておく。その後，抽出液を滴下した TLC シートを静かに入れ，すぐにふたをし，展開する。

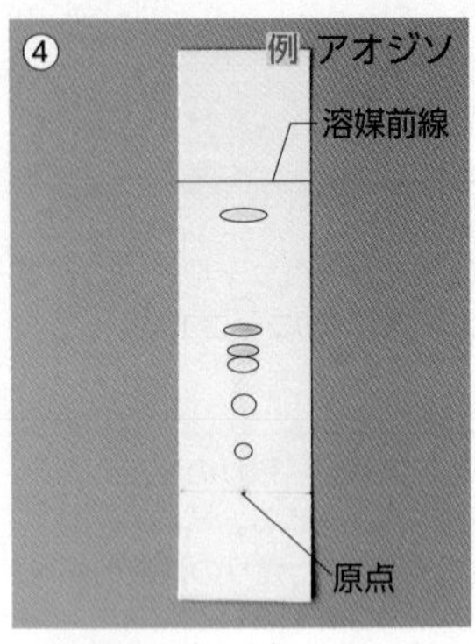
④
例 アオジソ
溶媒前線
原点

展開液が上がっていき，TLC シートの上端より少し下まで達したところで，TLC シートを引き上げる。

A R_f 値

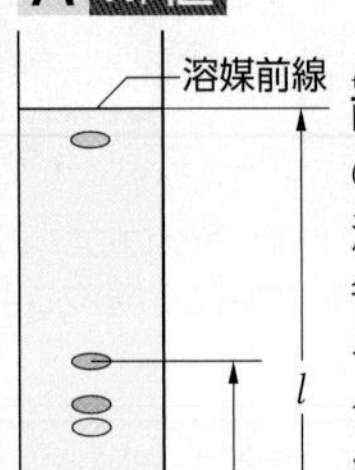
溶媒前線
l
a
原点

展開液(溶媒)が達した上端を**溶媒前線**として線をひく。また，各色素の輪郭もふちどる。次に，原点から溶媒前線までの距離 l と，原点から各色素の中心までの距離 a をそれぞれ測る。l に対する a の割合を各色素の R_f 値といい，色素の種類を判断する目安にする。ただし，R_f 値は展開液の種類など条件によって異なるため，比較の際は注意する。

$$R_f\text{値}=\frac{\text{原点から各色素の中心までの距離}(a)}{\text{原点から溶媒前線までの距離}(l)}$$

Step up 展開のしくみ

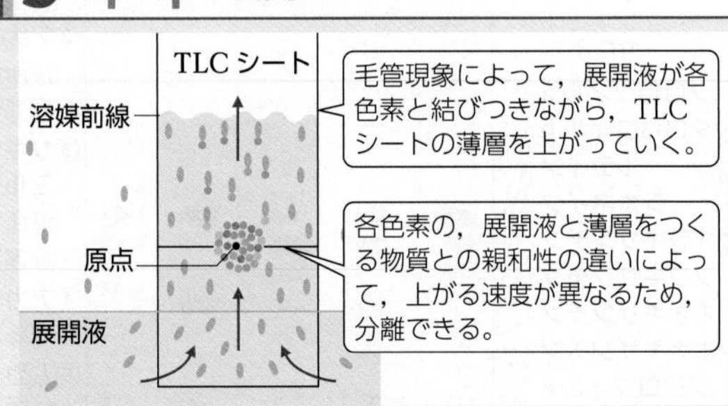
TLC シート
溶媒前線
原点
展開液
毛管現象によって，展開液が各色素と結びつきながら，TLC シートの薄層を上がっていく。
各色素の，展開液と薄層をつくる物質との親和性の違いによって，上がる速度が異なるため，分離できる。

展開液と親和性(なじみやすさ)が強い色素は展開液とともに速く上昇するが，薄層をつくる物質(シリカゲルなど)と親和性が強い色素は動きにくく，ゆっくり上昇する。

2 ペーパークロマトグラフィー 実験 光合成色素などを分離する。

現在は，研究目的で使われることは少ないが，ペーパークロマトグラフィー(▶p.67)という方法でも，光合成色素を分離することができる。

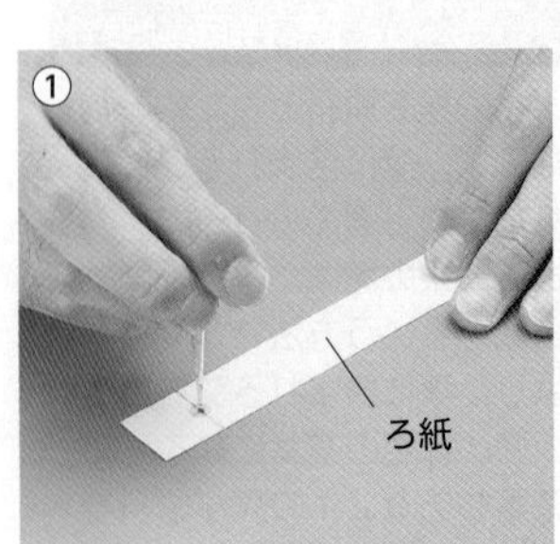
①
ろ紙

ろ紙を用いてできる。滴下のしかたは薄層クロマトグラフィーと同様。

②
ろ紙が壁につくと，斜めに上がってしまうので注意。

切れこみを入れた栓にろ紙をはさんで密閉し，下端を展開液に浸して展開する。

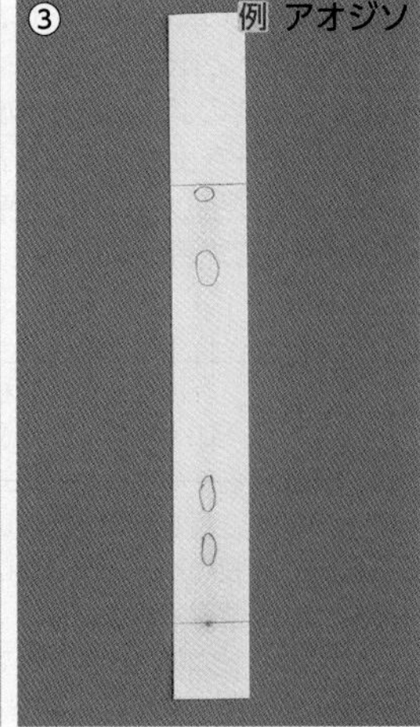
③
例 アオジソ

展開が終わったら，ろ紙をとり出し，溶媒前線と各色素の輪郭に印をつける。

Column 手軽にクロマトグラフィー

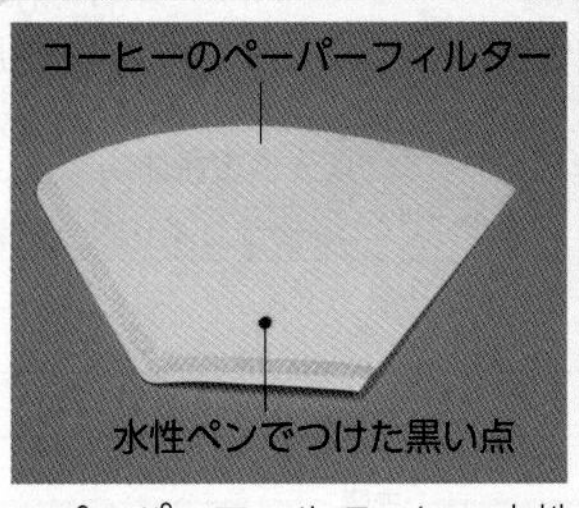
コーヒーのペーパーフィルター
水性ペンでつけた黒い点

水

ペーパーフィルターに，水性ペンで点を打って水に浸すと，水の上昇とともに色素が分離する。

安全上の注意

抽出液や展開液には，引火性のものや蒸気が有毒な物質が多い。抽出液や展開液を火に近づけない，十分な換気を行うなど，注意して実験を行う。

プチ雑学

クロマトグラフィーは，混合物を分離する方法としてアミノ酸などさまざまな物質について用いられるが，もともとは植物に含まれる色素の分離を目的として開発された。クロマト chromato- は，ギリシャ語で色を意味する語 chroma に由来する。

1 光合成と環境要因

光合成速度は，光の強さ・温度・CO_2 濃度・水などの影響を受ける。

A 光の強さと光合成速度

＊呼吸速度は一定と仮定する。

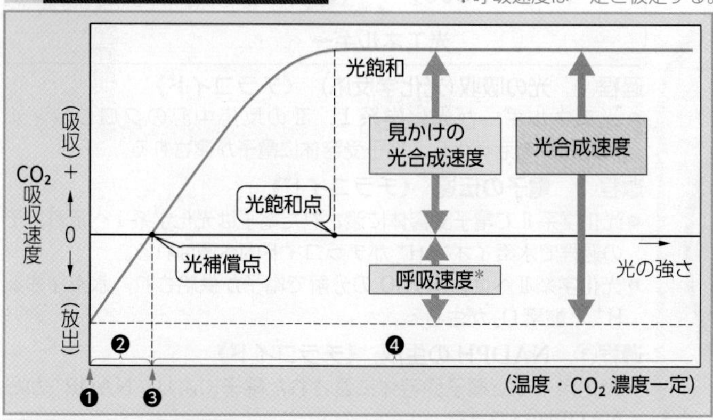
光飽和
見かけの光合成速度
光合成速度
CO_2 吸収速度
(吸収)＋
0
－(放出)
光飽和点
光補償点
呼吸速度＊
光の強さ
(温度・CO_2 濃度一定)
❶ ❷ ❸ ❹

❶暗黒状態	❷光補償点以下の光	❸光補償点の光	❹光補償点以上の光
CO_2 を放出 **呼吸のみ行う**	CO_2 を放出 **光合成速度＜呼吸速度** 植物は生育できない	CO_2 の出入りはない **光合成速度＝呼吸速度** 見かけの光合成速度＝0	CO_2 を吸収 **光合成速度＞呼吸速度**

▶p.46

$$6CO_2 + 12H_2O + エネルギー \underset{呼　吸}{\overset{光合成}{\rightleftharpoons}} (C_6H_{12}O_6) + 6O_2 + 6H_2O$$

二酸化炭素　水　　有機物　酸素　水

光合成　光エネルギーを吸収して，無機物から有機物を合成する反応。
呼　吸　有機物を分解してエネルギーをとり出す反応。

見かけの光合成速度　呼吸による CO_2 の放出があるので，測定できる CO_2 吸収量は見かけの光合成速度を示す。
光合成速度　見かけの光合成速度に呼吸速度を加えたもの。
光補償点　光合成による CO_2 吸収と呼吸による CO_2 放出がつり合い，見かけ上，CO_2 の出入りがなくなる光の強さ。光補償点以下では植物は生育できない。
光飽和点　ある光の強さに達すると，それ以上光を強くしても光合成速度は増加しなくなる(**光飽和**)。この状態になりはじめる光の強さ。

光合成速度 ＝ 見かけの光合成速度 ＋ 呼吸速度

B 光の強さ・温度の影響

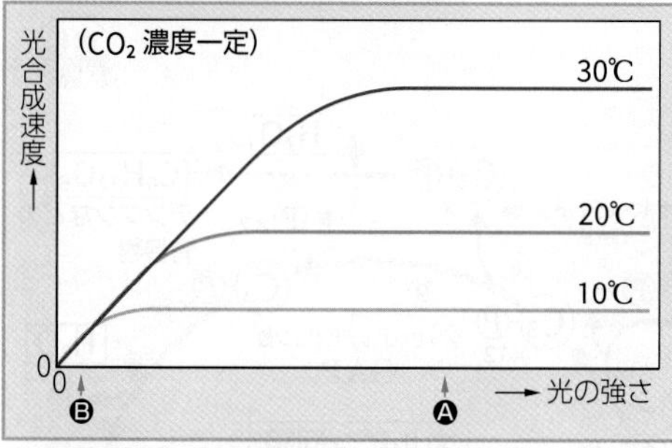
光合成速度
(CO_2 濃度一定)
30℃
20℃
10℃
0
光の強さ
Ⓑ
Ⓐ

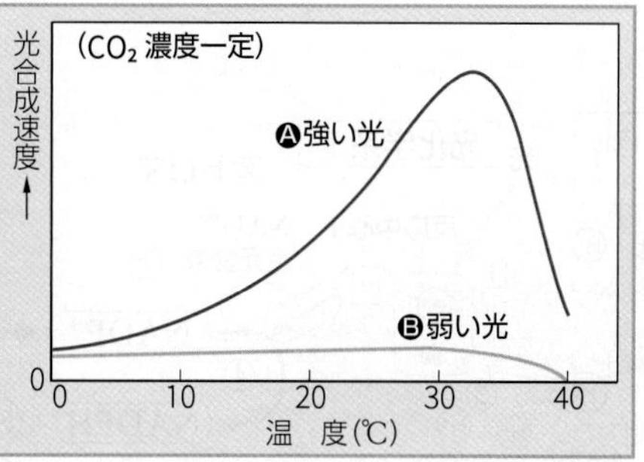
光合成速度
(CO_2 濃度一定)
Ⓐ強い光
Ⓑ弱い光
0
10
20
30
40
温　度(℃)

Ⓐ 光が強いとき(光飽和点以上)
- 光の強さの影響を受けない。
- 温度を変化させると光合成速度が変わる。
  →限定要因は温度

Ⓑ 光が弱いとき
- 光の強さに比例して光合成速度が大きくなる。
- 温度の影響を受けない。
  →限定要因は光の強さ

C CO_2 濃度・光の強さの影響

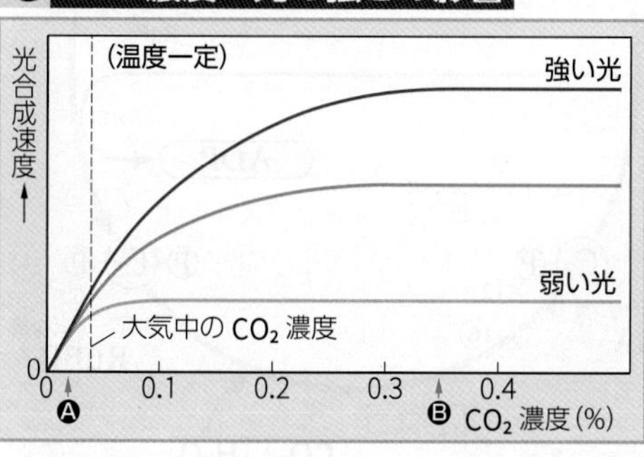
光合成速度
(温度一定)
強い光
弱い光
大気中の CO_2 濃度
0
0.1
0.2
0.3
0.4
Ⓐ
Ⓑ
CO_2 濃度(%)

Ⓐ CO_2 濃度が低いとき
CO_2 濃度の影響を受ける。
→限定要因は CO_2 濃度

Ⓑ CO_2 濃度が高いとき
CO_2 濃度の影響を受けない。
→限定要因は光の強さ

限定要因
光が限定要因になるモデル

光合成量
水
光
CO_2
温度
限定要因

光合成速度は，いくつかの要因の影響を受ける。そのうち，最も不足している要因が光合成速度を制限する。このような要因を**限定要因**という。

2 光合成速度の測定(気泡計算法) 実験

光の強さ(照度)と，光合成速度(気泡発生速度)との関係を調べる。

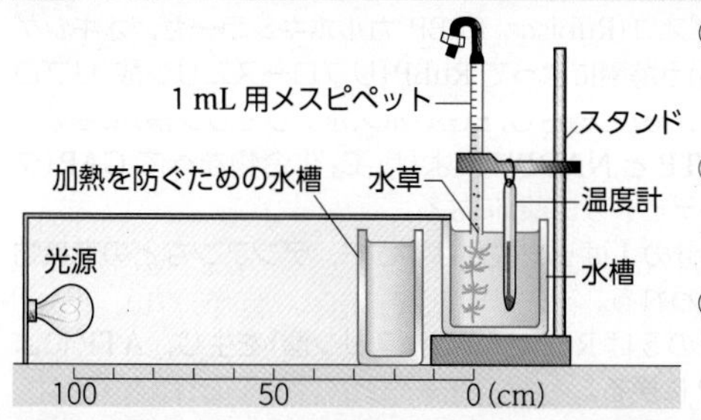
1 mL 用メスピペット
スタンド
加熱を防ぐための水槽
水草
温度計
光源
水槽
100
50
0 (cm)

①水草から光源ランプまでの距離と照度の関係を前もって照度計で調べておく。
②各照度において，0.03 mL の気体が発生するのに要した時間(秒)を測定する。
③各照度について 3 回測定し，平均値を出して気泡発生速度(mL/s)を計算する。

実験材料の準備

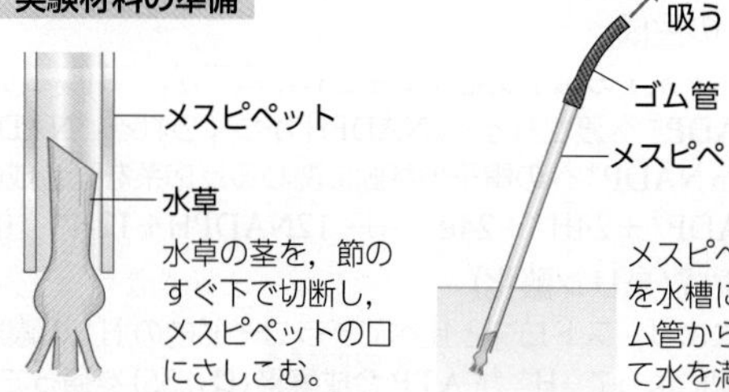
メスピペット
水草
水草の茎を，節のすぐ下で切断し，メスピペットの口にさしこむ。
吸う
ゴム管
メスピペット
メスピペットの口を水槽に沈め，ゴム管から水を吸って水を満たす。

プチ雑学　施設内などで作物を栽培している場合，二酸化炭素発生装置を用いて人工的に CO_2 濃度を上げ，作物の光合成速度を高めることが行われている。これによって，作物の収量が増加する，糖度が増加するなどの効果が認められている。

64 光合成のしくみ

生 1 光合成の概要 光エネルギーを使ってつくった NADPH や ATP のエネルギーを利用して，有機物をつくる。

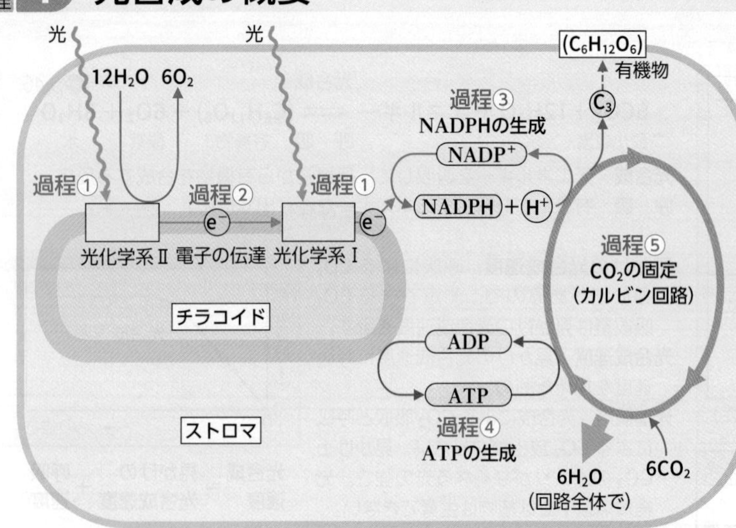
光
光
$12H_2O$ $6O_2$
$(C_6H_{12}O_6)$
有機物
C_3
過程③
NADPHの生成
$NADP^+$
過程①
過程②
過程①
e^-
e^-
NADPH + H^+
光化学系Ⅱ 電子の伝達 光化学系Ⅰ
過程⑤
CO_2の固定
(カルビン回路)
チラコイド
ADP
ATP
ストロマ
過程④
ATPの生成
$6H_2O$
(回路全体で)
$6CO_2$

光化学系では，光エネルギーが化学エネルギーに変換され，NADPH や ATP がつくられる。カルビン回路では，NADPH や ATP のエネルギーを使って有機物を合成する。このように，光エネルギーは化学エネルギーとして有機物に蓄えられる。

$$12H_2O + 6CO_2 \xrightarrow{\text{光エネルギー}} (C_6H_{12}O_6) + 6O_2 + 6H_2O$$

過程① 光の吸収(光化学反応) 《チラコイド》
- 光エネルギーが光化学系Ⅰ，Ⅱの反応中心のクロロフィル(▶p.61)を活性化し，電子受容体に電子が渡される。

過程② 電子の伝達 《チラコイド》
- 光化学系Ⅱで電子受容体に渡された電子は光化学系Ⅰへ流れ，その過程で水素イオン H^+ がチラコイド内へ運ばれる。
- 光化学系Ⅱへは，水 H_2O の分解で電子が供給され，水素イオン H^+ と酸素 O_2 が生じる。

過程③ NADPH の生成 《チラコイド》
- 光化学系Ⅰで電子受容体に渡された電子により，$NADP^+$ から NADPH ができる。

過程④ ATP の生成(光リン酸化) 《チラコイド》
- 過程②で生じた水素イオン濃度勾配を利用して，ATP ができる。

過程⑤ CO_2 の固定(カルビン回路) 《ストロマ》
- 過程③，④で生成した NADPH の還元力と ATP のエネルギーにより，二酸化炭素 CO_2 から有機物がつくられる。

生 2 光合成の詳しいしくみ

進化 View

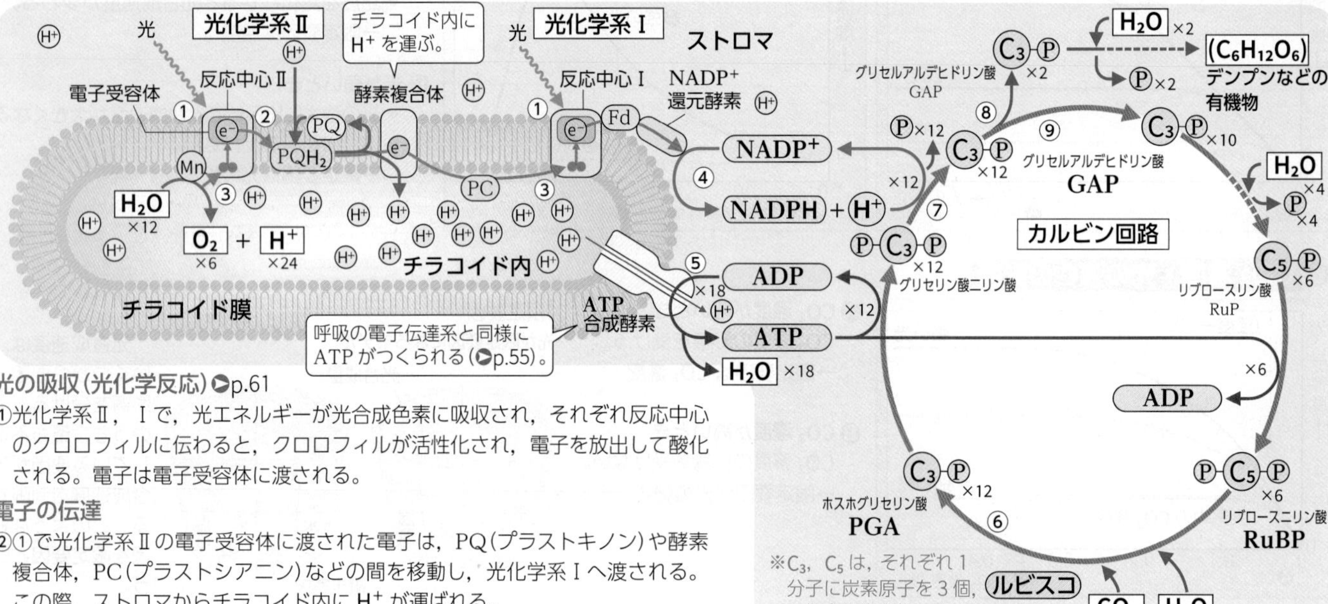
光
光化学系Ⅱ
チラコイド内に
H^+ を運ぶ。
光
光化学系Ⅰ
ストロマ
電子受容体
反応中心Ⅱ
酵素複合体
反応中心Ⅰ
$NADP^+$
還元酵素
Fd
PQ
PQH_2
PC
Mn
H_2O ×12
O_2 ×6
H^+ ×24
チラコイド内
チラコイド膜
ATP
合成酵素
呼吸の電子伝達系と同様に
ATP がつくられる(▶p.55)。
$NADP^+$
NADPH + H^+
ADP
ATP
×18
×12
H_2O ×18
H_2O ×2
$(C_6H_{12}O_6)$
デンプンなどの
有機物
グリセルアルデヒドリン酸
GAP
×2
Ⓟ×2
Ⓟ×12
×12
×10
グリセルアルデヒドリン酸
GAP
H_2O ×4
Ⓟ×4
カルビン回路
×12
グリセリン酸二リン酸
C_5 ×6
リブロースリン酸
RuP
×6
ADP
×12
ホスホグリセリン酸
PGA
×6
リブロースニリン酸
RuBP
※C_3，C_5 は，それぞれ 1
分子に炭素原子を 3 個，
5 個含む化合物を表す。
ルビスコ
CO_2 ×6
H_2O ×6

光の吸収(光化学反応) ▶p.61

①光化学系Ⅱ，Ⅰで，光エネルギーが光合成色素に吸収され，それぞれ反応中心のクロロフィルに伝わると，クロロフィルが活性化され，電子を放出して酸化される。電子は電子受容体に渡される。

電子の伝達

②①で光化学系Ⅱの電子受容体に渡された電子は，PQ(プラストキノン)や酵素複合体，PC(プラストシアニン)などの間を移動し，光化学系Ⅰへ渡される。この際，ストロマからチラコイド内に H^+ が運ばれる。

③①で光化学系Ⅱ，Ⅰの反応中心のクロロフィルは電子を失うが，それぞれ H_2O の分解や，PC から電子を受け取ることで，電子が供給される。

$12H_2O \longrightarrow 6O_2 + 24H^+ + 24e^-$ (光化学系Ⅱ：水の分解と酸素，H^+ の発生)

NADPH の生成

④①で光化学系Ⅰの電子受容体に渡された電子が，Fd(フェレドキシン)や酵素を経て $NADP^+$ へ渡されると，NADPH がつくられる。NADPH は還元力をもつ。H_2O から $NADP^+$ への電子の移動に関わる反応系を光合成の**電子伝達系**とよぶ。

$12NADP^+ + 24H^+ + 24e^- \longrightarrow 12NADPH + 12H^+$ ($NADP^+$ の還元)

ATP の生成(光リン酸化)

⑤②，③により，ストロマと比べてチラコイド内の H^+ の濃度が高くなる。この濃度勾配によって，H^+ が **ATP 合成酵素**(▶p.55)を通って ATP がつくられる。

CO_2 の固定(カルビン回路)

⑥ CO_2 はルビスコ(Rubisco, RuBP カルボキシラーゼ／オキシゲナーゼ)という酵素によって RuBP(リブロースニリン酸，リブロースビスリン酸)と結合し，PGA(ホスホグリセリン酸)になる。

⑦ PGA は ATP と NADPH により，C_3 化合物をへて GAP(グリセルアルデヒドリン酸)になる。

⑧ GAP の 6 分の 1 はリン酸がはずされ，デンプンなどの有機物の合成に使われる。

⑨残りの 6 分の 5 は RuP(リブロースリン酸)を生じ，ATP によって RuBP に戻る。

進化 View 2 CO_2 を固定する酵素であるルビスコの触媒活性は低く，種子植物の場合 1 秒間に 3 分子程度の CO_2 しか固定できない。また，CO_2 と同じ活性部位で酸素とも反応する。この反応によって光のある条件下で，酸素が吸収され最終的には CO_2 が発生する(光呼吸 ▶p.68)。なぜ，このような酵素が使われているのだろうか。 Link

3 カルビン回路（カルビン・ベンソン回路）

A 3つの過程

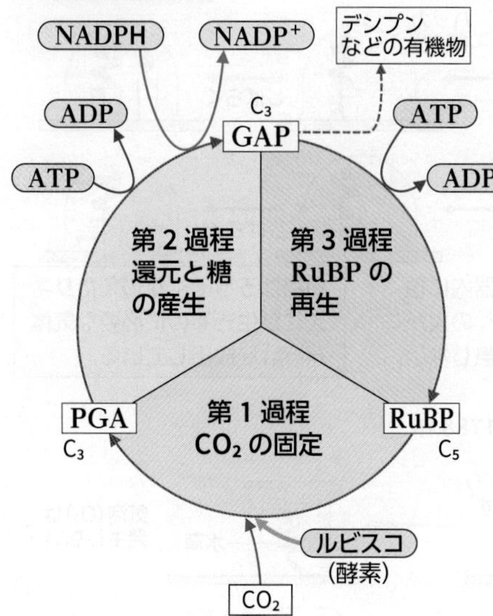
NADPH
NADP⁺
デンプンなどの有機物
ADP
C_3
GAP
ATP
ATP
ADP
第２過程
還元と糖の産生
第３過程
RuBPの再生
第１過程
CO_2の固定
PGA
C_3
RuBP
C_5
ルビスコ
（酵素）
CO_2

第１過程　CO_2の固定
CO_2がとりこまれてRuBP（リブロース二リン酸，C_5化合物）と結合し，PGA（ホスホグリセリン酸，C_3化合物）になる。この反応を触媒するのは**ルビスコ**という酵素である。

第２過程　還元と糖の産生
チラコイドでつくられたATP，NADPHを利用して，PGAが還元されてGAP（グリセルアルデヒドリン酸，C_3化合物）になる。また，GAPの一部から有機物が生成される。

第３過程　RuBPの再生
チラコイドでつくられたATPを利用して，GAPがRuBPになる。

B 光や CO_2 の影響

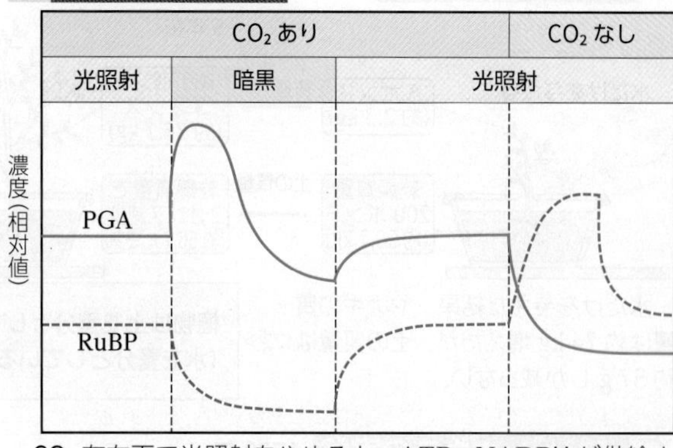
CO_2あり
CO_2なし
光照射
暗黒
光照射
濃度（相対値）
PGA
RuBP

CO_2存在下で光照射をやめると，ATP，NADPHが供給されなくなるため，PGAからGAPへの反応が阻害されてPGAが増加する。また，ATPを必要とするGAPからRuBPへの反応も阻害されてRuBPが減少する。

CO_2がないと，RuBPからPGAへの反応が起こらないため，RuBPが増加して，PGAが減少する。

4 光合成でつくられた物質のゆくえ

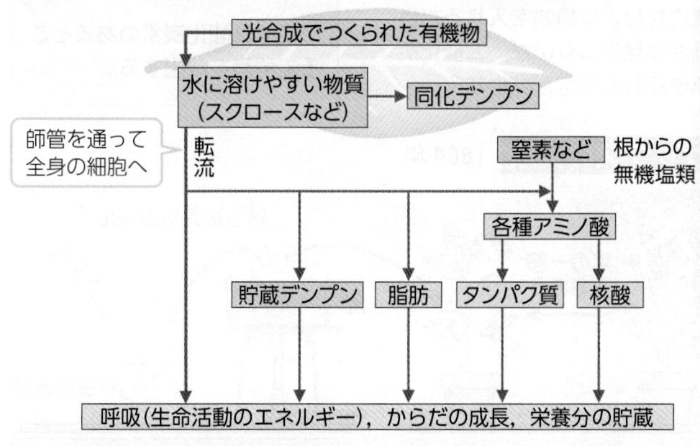
光合成でつくられた有機物
水に溶けやすい物質（スクロースなど）
同化デンプン
師管を通って全身の細胞へ
転流
窒素など
根からの無機塩類
各種アミノ酸
貯蔵デンプン
脂肪
タンパク質
核酸
呼吸（生命活動のエネルギー），からだの成長，栄養分の貯蔵

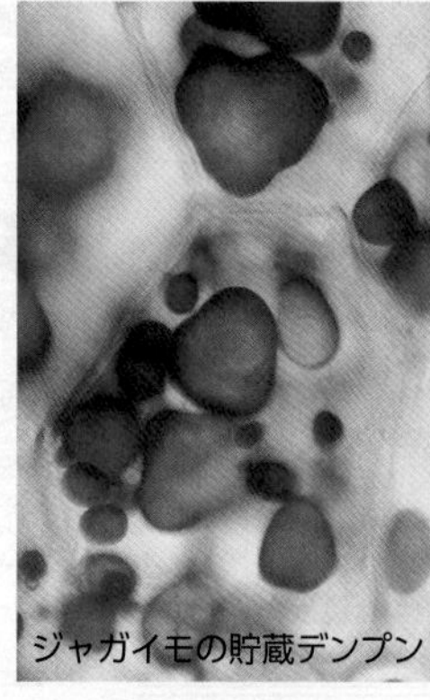
ジャガイモの貯蔵デンプン

光合成でつくられた有機物は，スクロース*（▶p.45）などの水に溶けやすい物質に変えられ，師管を通ってからだの各部に運ばれる（**転流**）。

転流の速度よりも光合成の速度が大きい場合，スクロースは葉緑体の中で**同化デンプン**に変えられ，一時的に貯蔵される。また，根や種子などの貯蔵器官では，スクロースは**貯蔵デンプン**に変えられ，貯蔵される。

スクロースは，脂肪や各種アミノ酸，タンパク質，核酸などの，からだを構成する有機物を合成するもとになる。また，スクロースから生じたグルコースやフルクトースは，呼吸にも使われ，生命活動のエネルギーとなる。このグルコースは細胞壁成分（セルロース）の合成にも使用される。

＊グルコース１分子とフルクトース１分子が結合したもの。

5 呼吸と光合成の共通点と相違点

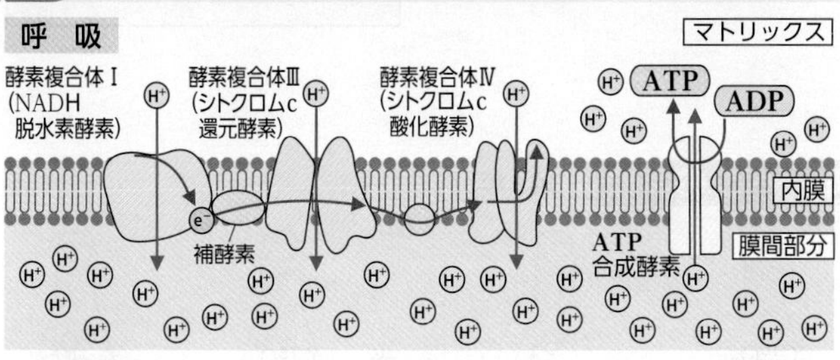
呼吸
マトリックス
酵素複合体Ⅰ（NADH脱水素酵素）
酵素複合体Ⅲ（シトクロムc還元酵素）
酵素複合体Ⅳ（シトクロムc酸化酵素）
ATP
ADP
内膜
補酵素
ATP合成酵素
膜間部分

光合成
ストロマ
光化学系Ⅱ
光化学系Ⅰ
光
酵素複合体
ATP
ADP
Fd
PQ
PQH_2
PC
Mn
チラコイド膜
ATP合成酵素
H_2O
O_2 + H^+
チラコイド内

共通点
- H^+の濃度勾配を形成し，そのエネルギーによってATPを合成する。
- 電子伝達系の反応にかかわる酵素などが，膜上や膜の周辺に存在する。
- 呼吸における酵素複合体Ⅲ（▶p.55）と光合成における酵素複合体（▶p.64）はいずれもシトクロムを含んでおり，役割もよく似ている。
- ATP合成酵素の構造がよく似ている。

Memo シトクロム
シトクロムは，鉄Feを含むタンパク質である。この鉄が３価Fe^{3+}（酸化型）と２価Fe^{2+}（還元型）の状態を行き来することで，電子を受けとったり渡したりできる。

相違点
- 電子伝達系で伝達される電子の由来が異なる。
- H^+の濃度勾配を形成するしくみが異なる。

呼吸…有機物を分解（酸化）して得た電子の流れによって，H^+の濃度勾配が形成され，ATPが合成される（**酸化的リン酸化**）。
光合成…光エネルギーにより水を分解して生じた電子の流れやH^+によって，H^+の濃度勾配が形成され，ATPが合成される（**光リン酸化**）。

進化View 5　呼吸と光合成の電子伝達系の比較から，進化の過程では呼吸の電子伝達系の方が先にでき，光合成の電子伝達系はその後にできたといわれている。構成するタンパク質の分子解析から，呼吸の電子伝達系のタンパク質の一部が変化して，光合成の電子伝達系のタンパク質の一部になったと考えられている。

光合成の発見と解明 歴史

1 光合成研究のはじまり

A ヘルモントの実験 1648年

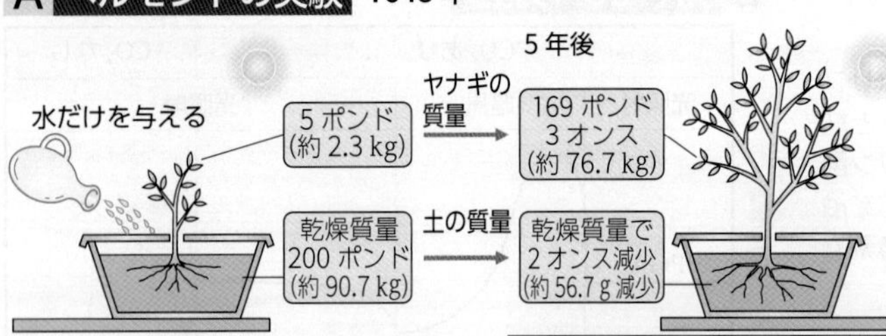
5年後
水だけを与える
5ポンド
(約2.3 kg)
ヤナギの質量
169ポンド
3オンス
(約76.7 kg)
乾燥質量
200ポンド
(約90.7 kg)
土の質量
乾燥質量で
2オンス減少
(約56.7 g減少)

水だけを与えた結果，ヤナギの質量は約74 kg増えたが，土の質量は約57 gしか減らない。⇨ **植物は土を養分としていない（水を養分としている）。**

※水を養分としているという結論は正しくないが，研究の歴史として示した。

B プリーストリーの実験 1772年

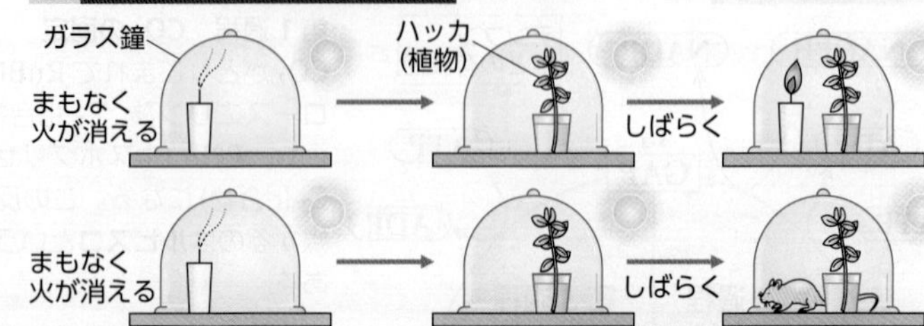
ガラス鐘
ハッカ
(植物)
まもなく
火が消える
しばらく
まもなく
火が消える
しばらく

ろうそくの火が消えた容器内に植物を入れると，再びろうそくの火が燃え，ネズミもすぐには窒息しない。⇨ **植物はろうそくが燃えたりネズミが生きるのに必要な気体（酸素）を放出している。**

C インゲンホウスの実験 1779年

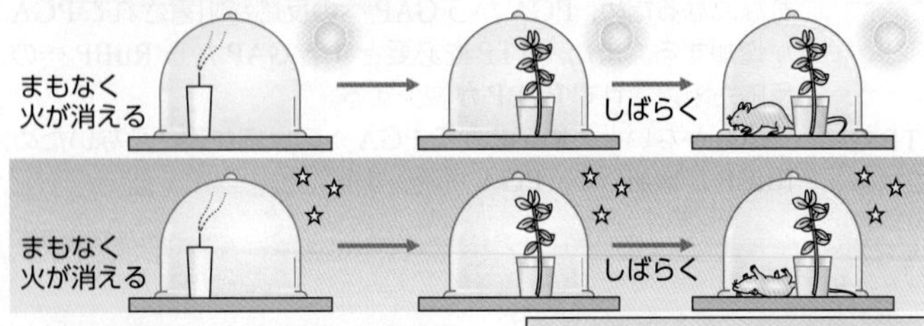
まもなく
火が消える
しばらく
まもなく
火が消える
しばらく

プリーストリーと同様の実験を日かげや夜間など暗いところで行うと，ネズミは窒息する。⇨ **植物は光のあるところで酸素を放出する。**

D セネビエの実験 1788年

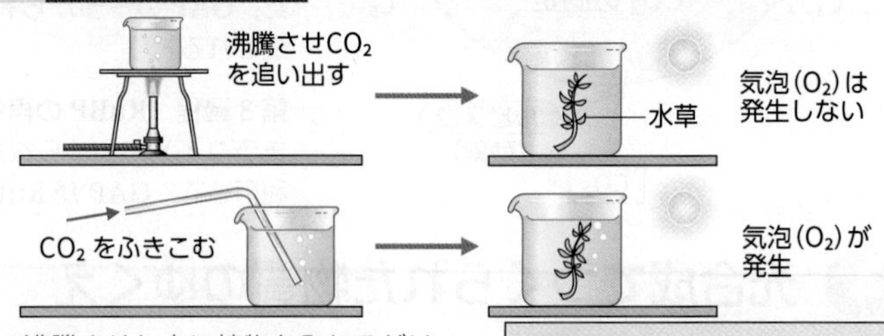
沸騰させCO_2
を追い出す
水草
気泡(O_2)は
発生しない
CO_2をふきこむ
気泡(O_2)が
発生

沸騰させた水に植物を入れるだけでは気泡は発生しないが，二酸化炭素をふきこむと気泡が発生する。⇨ **植物は二酸化炭素のあるところで酸素を放出する。**

E ソシュールの実験 1804年

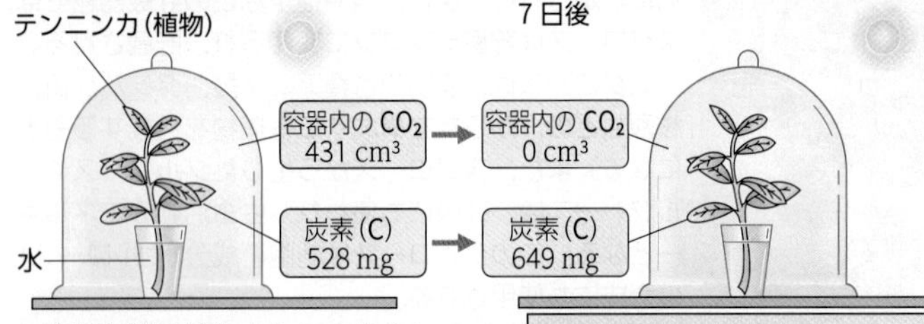
テンニンカ(植物)
7日後
容器内のCO_2
431 cm³
容器内のCO_2
0 cm³
炭素(C)
528 mg
炭素(C)
649 mg
水

密閉容器に植物を入れておくと，容器内の二酸化炭素はなくなり，植物中の炭素の量は増えた。⇨ **植物の構成に二酸化炭素が使われる。**

F ザックスの実験 1864年

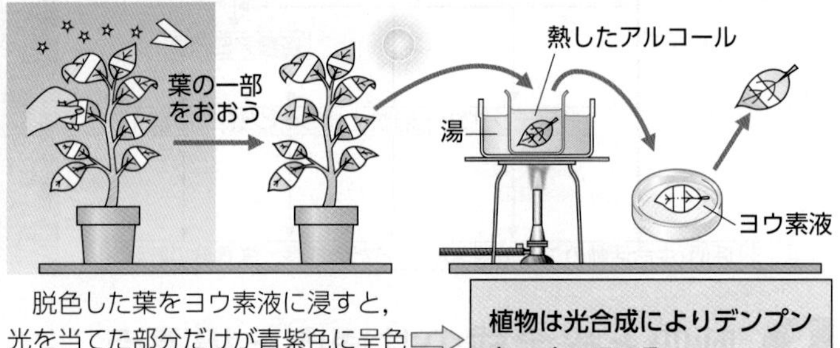
葉の一部
をおおう
熱したアルコール
湯
ヨウ素液

脱色した葉をヨウ素液に浸すと，光を当てた部分だけが青紫色に呈色する。⇨ **植物は光合成によりデンプンをつくっている。**

2 光合成のしくみの解明

A ヒルの実験 1939年

＊ Fe^{3+}のような還元される物質（酸化剤）。

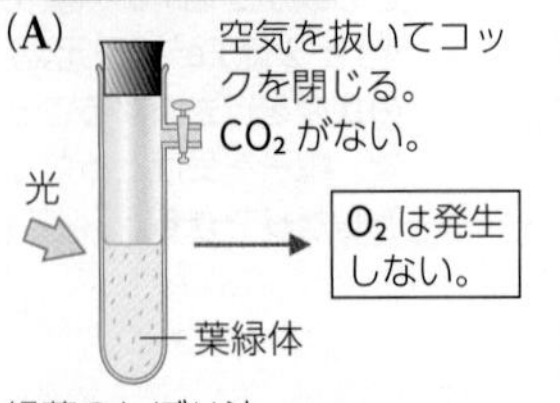
(A)
空気を抜いてコックを閉じる。
CO_2がない。
光
O_2は発生しない。
葉緑体
緑葉のしぼり汁

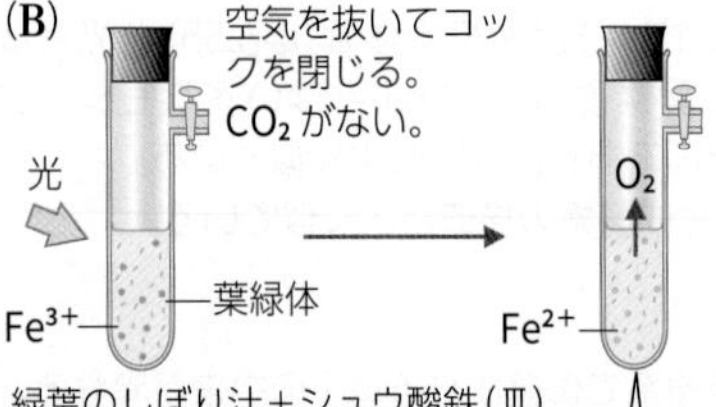
(B)
空気を抜いてコックを閉じる。
CO_2がない。
光
O_2
葉緑体
Fe^{3+}
Fe^{2+}
緑葉のしぼり汁＋シュウ酸鉄(Ⅲ)

電子受容体＊があれば，CO_2がなくてもO_2が発生する。O_2はCO_2に由来しない。

H_2Oが分解してO_2が発生すると考えられる。このことは，右のルーベンの実験で確認された。

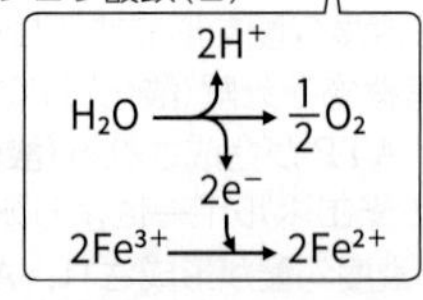
$2H^+$
H_2O
$\frac{1}{2}O_2$
$2e^-$
$2Fe^{3+}$
$2Fe^{2+}$

B ルーベンの実験 1941年

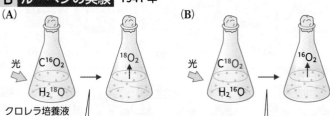

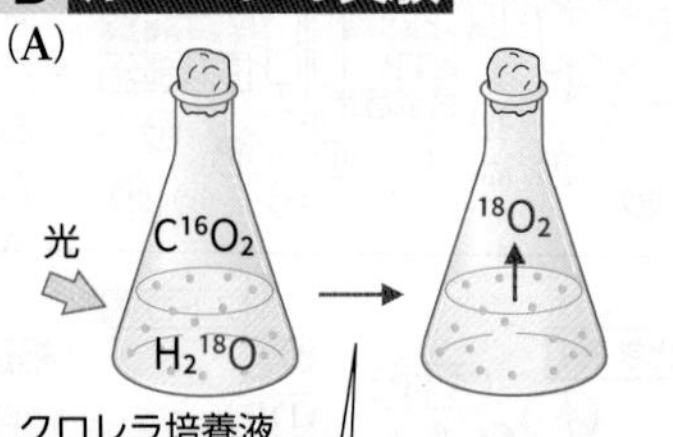
(A)
光
$C^{16}O_2$
$H_2{}^{18}O$
$^{18}O_2$
クロレラ培養液
(B)
光
$C^{18}O_2$
$H_2{}^{16}O$
$^{16}O_2$

$H_2{}^{18}O$と$C^{16}O_2$では，$^{18}O_2$が発生する。

$H_2{}^{16}O$と$C^{18}O_2$では，$^{16}O_2$が発生する。

^{16}Oと^{18}Oは同位体（▶p.336）。発生するO_2は，H_2Oに含まれるOと同じ同位体でできている。⇨ **O_2はH_2Oに由来する。**

プチ雑学 クロレラは，大きさ数μm程度の緑藻類の生物。培養しやすく，量的に扱いやすいため，光合成の実験でよく使われてきた。

C ベンソンの実験 1949年

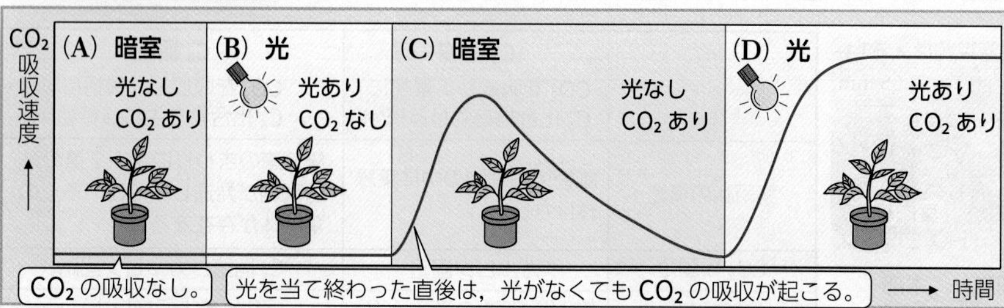

CO_2吸収速度
(A) 暗室
光なし
CO_2あり
(B) 光
光あり
CO_2なし
(C) 暗室
光なし
CO_2あり
(D) 光
光あり
CO_2あり
CO_2の吸収なし。
光を当て終わった直後は，光がなくてもCO_2の吸収が起こる。
時間

光合成では，光エネルギーを吸収する反応のあとで，CO_2を吸収する反応が起こる。

光合成には，光エネルギーを吸収する反応とCO_2を吸収する反応がある。左のベンソンの実験から，光エネルギーを吸収する反応のあとでCO_2を吸収する反応が起こることがわかった。なお，光はCO_2を吸収する反応に関係する酵素の活性化に必要である。

D カルビンの実験 1957年

仮説 とりこまれたCO_2がいろいろな物質に変化して，糖ができる。

実験 光合成を途中で停止させ，吸収されたCO_2(に含まれる炭素)がどのような化合物になっているかを調べ，反応のプロセスを明らかにする。
炭素の放射性同位体^{14}Cを含むCO_2を使うと，^{14}CがCO_2由来の化合物の目印になる。

①^{14}Cを含むCO_2で光合成

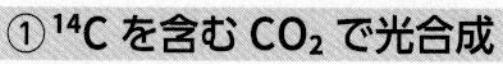

^{14}Cを含むCO_2を緑藻にとりこませる。

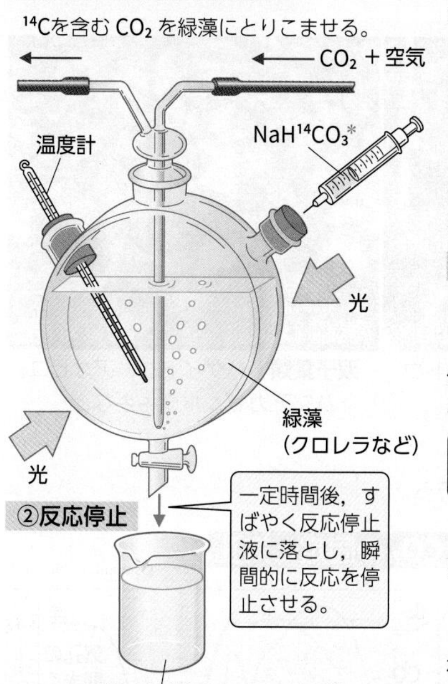

CO_2＋空気
温度計
$NaH^{14}CO_3$*
光
緑藻
(クロレラなど)
光

②反応停止

一定時間後，すばやく反応停止液に落とし，瞬間的に反応を停止させる。
反応停止液(熱エタノールなど)

反応停止後濃縮し，③へ。

*水溶液中で $HCO_3^- \rightleftarrows CO_2+OH^-$

③二次元クロマトグラフィー

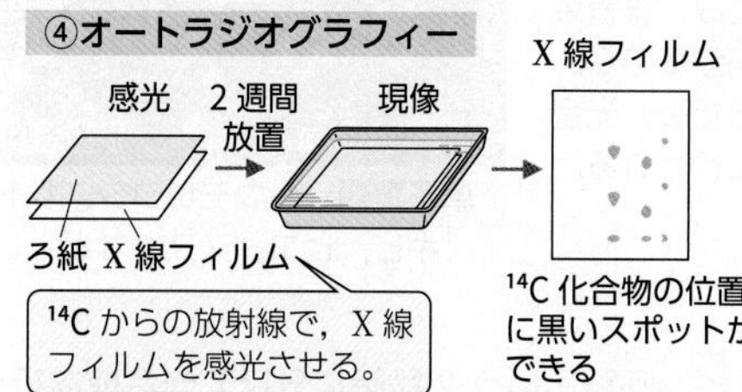

クロマト用ろ紙
原点
一次元展開
二次元展開

抽出物を原点につけて展開させる(**一次元展開**)。乾燥させて90°回転し，展開液を変えて再度展開させる(**二次元展開**)。

④オートラジオグラフィー

感光
2週間放置
現像
X線フィルム
ろ紙 X線フィルム
^{14}Cからの放射線で，X線フィルムを感光させる。
^{14}C化合物の位置に黒いスポットができる

ろ紙をX線フィルムに2週間密着させてから現像すると，^{14}C化合物の位置に黒いスポットができるので，R_f値から化合物を同定できる。
ろ紙のスポットの放射能を測定して，それぞれの化合物に含まれる^{14}Cの量を調べる。

①～④の操作を，反応停止までの時間(反応時間)を変えてくり返す。

結果の考察 CO_2はまずC_3化合物になる。

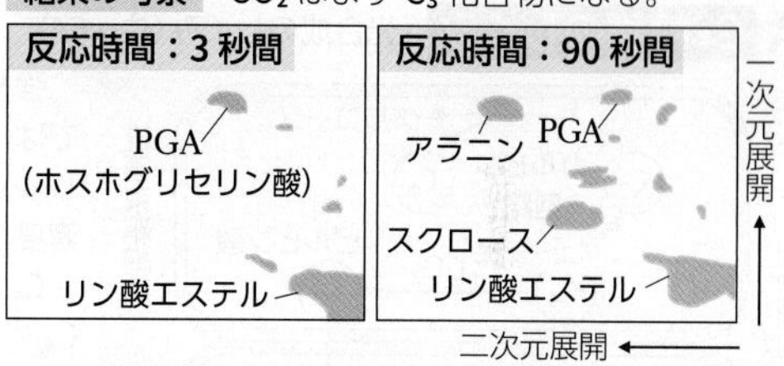

反応時間：3秒間
PGA
(ホスホグリセリン酸)
リン酸エステル
反応時間：90秒間
アラニン
PGA
スクロース
リン酸エステル
一次元展開
二次元展開

放射能を測定した結果，^{14}Cの量は，はじめはC_3化合物であるPGA(ホスホグリセリン酸)に多く，時間とともにほかの物質へ移っていくことがわかった。

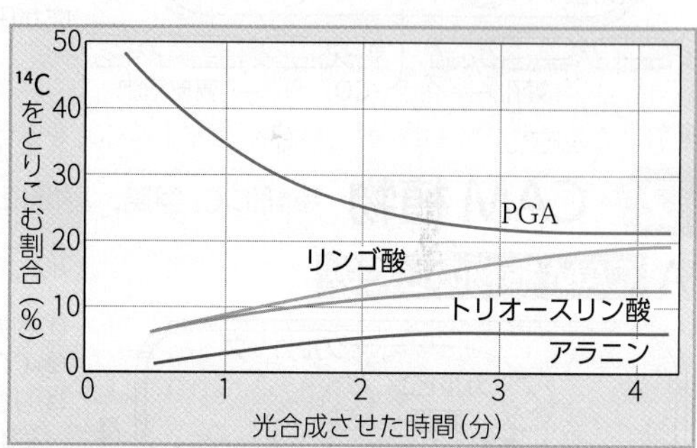

^{14}Cをとりこむ割合(%)
50
40
30
20
10
0
PGA
リンゴ酸
トリオースリン酸
アラニン
0
1
2
3
4
光合成させた時間(分)

吸収されたCO_2は，まずPGAになり，その後，ほかのいろいろな物質へ変化していく。

3 ATP合成のしくみの研究

A ミッチェルの化学浸透説

ミトコンドリアや葉緑体でのATPの合成過程について，かつては，高エネルギーの結合をもつ中間生成物ができ，それからATPが合成されると考えられていた。そこで，中間生成物を探す研究が行われたが，みつからなかった。

これに対し，ミッチェルは，H^+の濃度勾配(のうどこうばい)によってATPが合成されるとする化学浸透説を発表した。発表当初はあまり支持されなかったが，ミッチェルは自宅につくった研究所で研究を重ね，支持者も次第に増えていった。

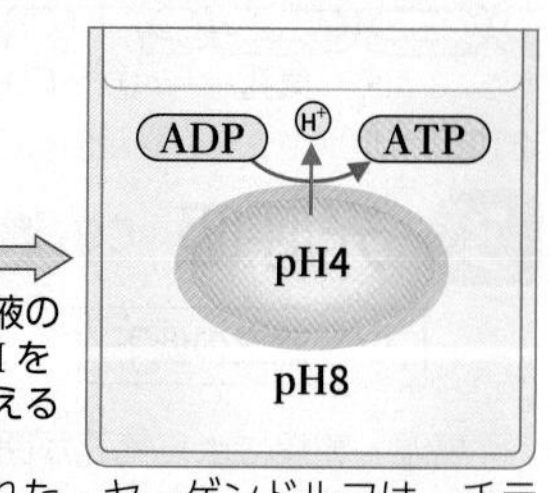
ミッチェル
Peter Dennis Mitchell (1920～1992，イギリス)

B ヤーゲンドルフの実験

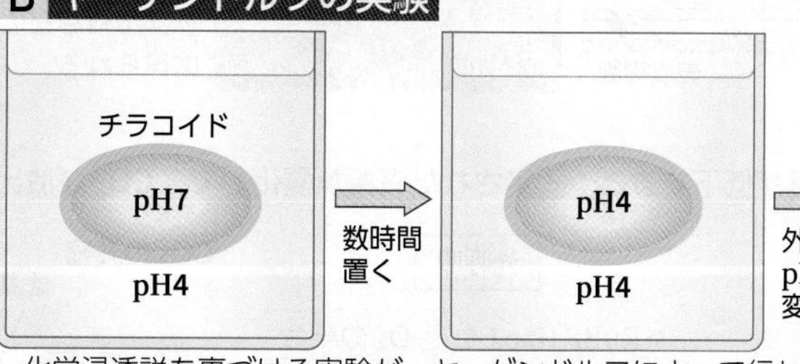

チラコイド
pH7
pH4
数時間置く
pH4
pH4
外液のpHを変える
ADP
H^+
ATP
pH4
pH8

化学浸透説を裏づける実験が，ヤーゲンドルフによって行われた。ヤーゲンドルフは，チラコイドをpH 4(H^+濃度高)の溶液中に数時間入れておき，チラコイド内をpH 4にした。その後，このチラコイドの外液を急激にpH 8(H^+濃度低)まで上げ，ADPとリン酸を加えると，暗いところであってもATPが生成した。この実験により，チラコイド内外のH^+の濃度勾配でATPが生成することがわかった。

プチ雑学 放射性同位体を利用すると，放出される放射線から，原子がどの物質に含まれているかを追跡できる。このように物質の移動や変化を追跡する目印となる物質をトレーサーという。

68 さまざまな炭酸同化

生 1 C_4 植物 葉肉細胞で C_4 回路，維管束鞘細胞でカルビン回路という 2 段階に分けて光合成を行う。

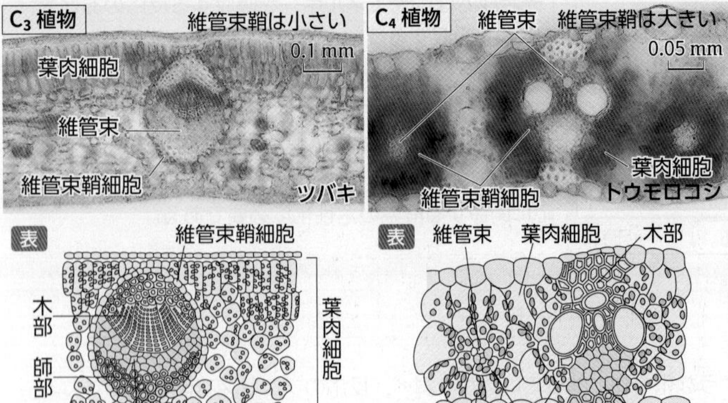

C_3 植物
維管束鞘は小さい
0.1 mm
葉肉細胞
維管束
維管束鞘細胞
ツバキ
C_4 植物
維管束
維管束鞘は大きい
0.05 mm
葉肉細胞
トウモロコシ
維管束鞘細胞
表
維管束鞘細胞
木部
師部
葉肉細胞
裏
維管束
葉緑体
表
維管束
葉肉細胞
木部
裏
葉緑体
維管束鞘細胞
師部

	C_3 植物 CO_2 を吸収し，最初に C_3 化合物を生じる植物	C_4 植物 CO_2 を吸収し，最初に C_4 化合物を生じる植物
葉組織の構造	維管束鞘(いかんそくしょう)細胞の中に葉緑体はない。	維管束のまわりに 1 ～ 2 層の維管束鞘が発達し，そこに多くの葉緑体が存在する。
CO_2 の固定	カルビン回路	C_4 回路，カルビン回路
光飽和点	低い(最大日射の 25 ～ 50%)	高い(最大日射以上)
光合成の最適温度	低温から高温(15 ～ 25℃)	高温(30 ～ 40℃)
光合成速度と O_2 濃度	大気中の O_2 濃度が増すと，光合成が阻害される。	大気中の O_2 濃度に影響されない。
耐乾性	弱　い	強　い
分　布	広く分布	熱帯や亜熱帯のサバンナ地域

A C_4 植物のしくみ 光合成のしくみ(▶p.64)

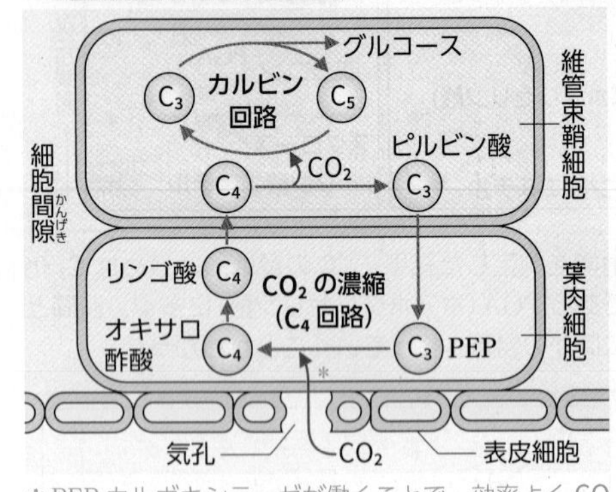

グルコース
C_3
カルビン回路
C_5
ピルビン酸
CO_2
C_4
C_3
維管束鞘細胞
細胞間隙(かんげき)
リンゴ酸
CO_2 の濃縮
(C_4 回路)
オキサロ酢酸
C_3 PEP
葉肉細胞
気孔
CO_2
表皮細胞

強光・高温の条件下では，乾燥で気孔が閉じやすく，葉中の CO_2 濃度が低下しやすい。

C_4 植物は，CO_2 を C_4 化合物として濃縮してとりこみ，維管束鞘細胞へ高濃度の CO_2 を供給するため，光合成が円滑に行われる。

＊PEP カルボキシラーゼが働くことで，効率よく CO_2 をとりこむ。

B C_4 植物の例

高さ 1 ～ 3 m
トウモロコシ

単子葉類 トウモロコシ，サトウキビ，ヒエ，ススキなど

高さ約 1.5 m
ハゲイトウ

双子葉類 ハゲイトウ，アオビユ，ハマアカザ，ホウキギなど

生 2 CAM 植物 夜間に C_4 回路，昼間にカルビン回路という 2 段階に分けて光合成を行う。

A CAM 植物のしくみ

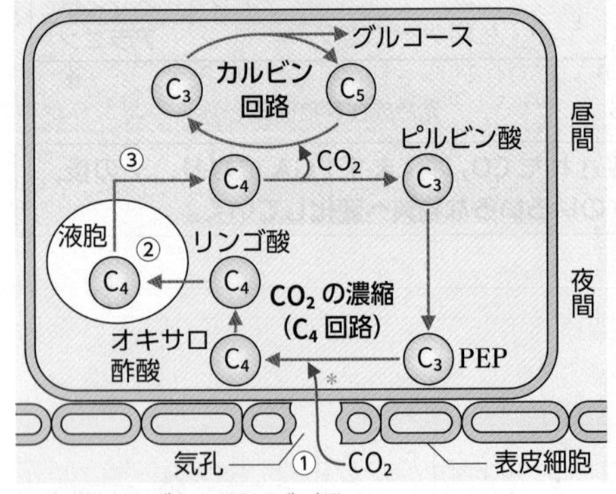

グルコース
C_3
カルビン回路
C_5
ピルビン酸
③
CO_2
C_4
C_3
昼間
液胞
②
リンゴ酸
C_4
CO_2 の濃縮
(C_4 回路)
夜間
オキサロ酢酸
C_3 PEP
気孔
①
CO_2
表皮細胞

①夜間に CO_2 をとりこむ。
② CO_2 をリンゴ酸として液胞内に保存。
③リンゴ酸から得られる CO_2 で炭酸同化(炭素同化)。

＊PEP カルボキシラーゼが働く。

B CAM 植物の例

高さ
30 ～ 100 cm
ベンケイソウ

CAM 植物は，双子葉類ではベンケイソウ科やサボテン科，単子葉類ではパイナップル科などの植物に見られる。

C CO_2 の固定と気孔

Osmond (1978) による

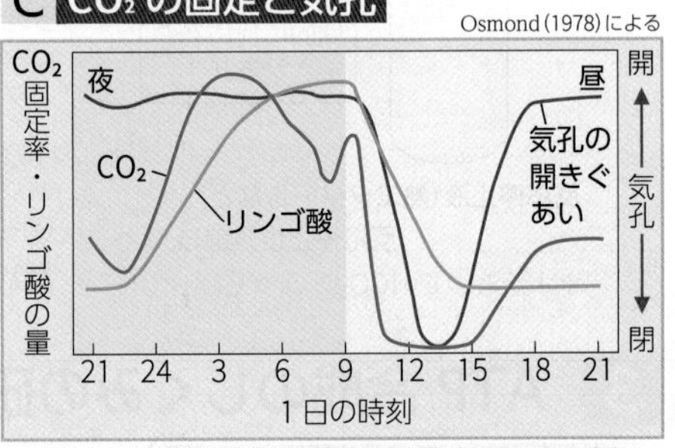

CO_2 固定率・リンゴ酸の量
夜
昼
開
気孔の開きぐあい
気孔
閉
CO_2
リンゴ酸
21 24 3 6 9 12 15 18 21
1 日の時刻

低温で湿度の高い夜間に気孔を開けて CO_2 をとりこみ，高温で乾燥した昼間は気孔を閉じて蒸散を抑える。

生 3 光呼吸 CO_2 濃度が低下すると，固定された炭素が酸化して，CO_2 が放出される。

CO_2 濃度の低下

- 高温・乾燥により気孔が閉じられる。
- 強い光により光合成が速く進み，CO_2 の供給が間に合わない。

➡

光呼吸

- RuBP (▶p.64) と O_2 の結合が進み，最終的に CO_2 が放出される。
- 固定された炭素が失われる。
- ATP が消費される。

CO_2 の濃縮

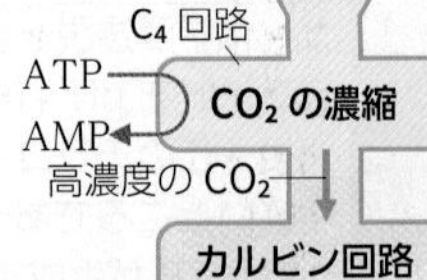

低濃度の CO_2
C_4 回路
ATP
AMP
CO_2 の濃縮
高濃度の CO_2
カルビン回路

C_4 植物や **CAM 植物**は，CO_2 から C_4 化合物を合成し(C_4 回路)，カルビン回路の CO_2 源とする。2 つの回路を，C_4 植物は 2 種の細胞，CAM 植物は昼と夜に分けている。

C_4 化合物の合成は CO_2 濃度が低くても可能なので，C_4 回路で CO_2 が濃縮されているといえる。そのため，C_4 植物や CAM 植物は光呼吸が起きにくく，乾燥に強い。

プチ雑学 CAM 植物の CAM とは，ベンケイソウ型有機酸代謝 crassulacean acid metabolism の略である。これは CAM 植物の行う代謝(上で解説されている炭酸同化)が，ベンケイソウ科の植物で最初に発見されたためである。

Keywords ●C_4 植物 C_4 plant ●CAM 植物 CAM plant ●光呼吸 photorespiration
●光合成細菌 phototrophic bacteria ●バクテリオクロロフィル bacteriochlorophyll
●化学合成 chemosynthesis

生 4 光合成細菌 光合成細菌は，光エネルギーを使って，炭酸同化を行う。

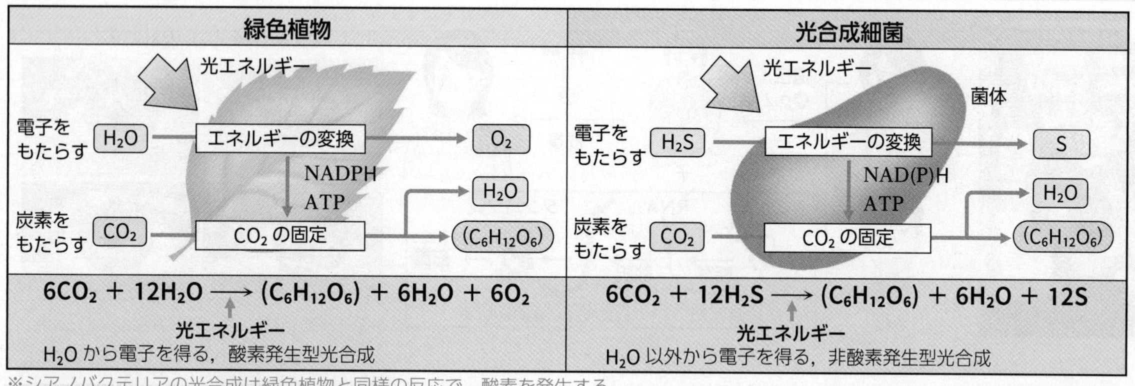
緑色植物
光エネルギー
電子を
もたらす
H_2O
エネルギーの変換
O_2
NADPH
ATP
H_2O
炭素を
もたらす
CO_2
CO_2 の固定
$(C_6H_{12}O_6)$
$6CO_2 + 12H_2O \longrightarrow (C_6H_{12}O_6) + 6H_2O + 6O_2$
光エネルギー
H_2O から電子を得る，酸素発生型光合成
光合成細菌
光エネルギー
菌体
電子を
もたらす
H_2S
エネルギーの変換
S
NAD(P)H
ATP
H_2O
炭素を
もたらす
CO_2
CO_2 の固定
$(C_6H_{12}O_6)$
$6CO_2 + 12H_2S \longrightarrow (C_6H_{12}O_6) + 6H_2O + 12S$
光エネルギー
H_2O 以外から電子を得る，非酸素発生型光合成

※シアノバクテリアの光合成は緑色植物と同様の反応で，酸素を発生する。

緑色植物と光合成細菌は光合成色素(▶p.61)をもち，光エネルギーを利用して，カルビン回路などで二酸化炭素 CO_2 を固定して有機物$(C_6H_{12}O_6)$をつくる。

非酸素発生型光合成を行う光合成細菌は，**バクテリオクロロフィル**という光合成色素をもつ。

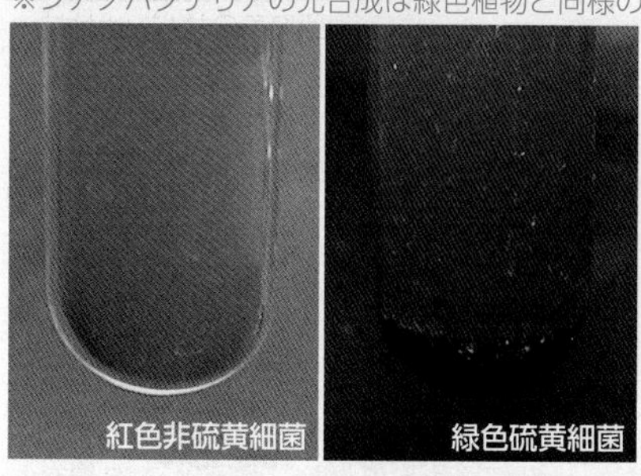
紅色非硫黄細菌　緑色硫黄細菌

光合成細菌	光合成色素
紅色硫黄細菌	バクテリオクロロフィル a カロテノイド類
紅色非硫黄細菌	バクテリオクロロフィル a, b カロテノイド類
緑色硫黄細菌	バクテリオクロロフィル a, c, d, e
シアノバクテリア* (▶p.18)	クロロフィル a，β - カロテン， フィコエリトリン，フィコシアニン

*光合成細菌に含まないこともある。

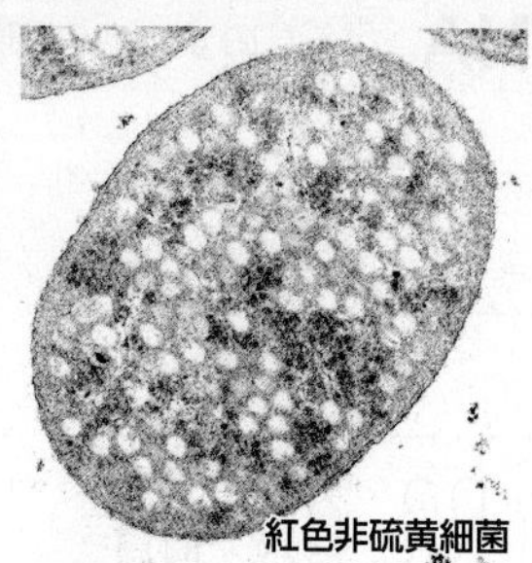
紅色非硫黄細菌

紅色細菌では，細胞膜が内側に陥入した内膜系が発達し，チラコイド状になっているものもある。

緑色細菌では，反応中心は細胞膜にあるが，光捕集系としてクロロソームが発達している。

生 5 化学合成細菌 化学合成細菌は，無機物の酸化エネルギーを使って，炭酸同化を行う。

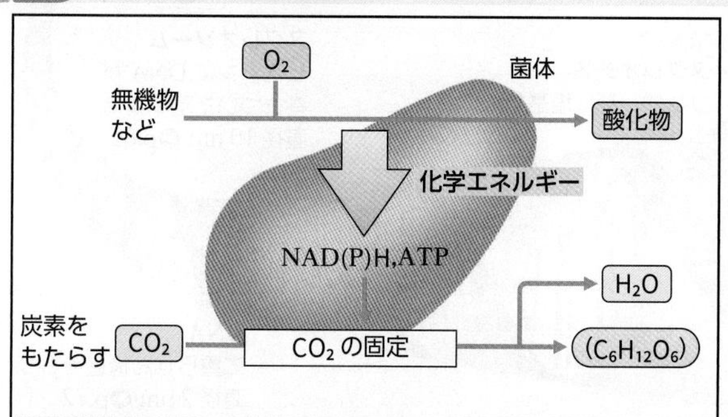
O_2
菌体
無機物
など
酸化物
化学エネルギー
NAD(P)H,ATP
H_2O
炭素を
もたらす
CO_2
CO_2 の固定
$(C_6H_{12}O_6)$

化学合成細菌は，アンモニウムイオン NH_4^+ などの無機物を酸化して生じた化学エネルギーを利用して，カルビン回路などで二酸化炭素 CO_2 を固定して有機物$(C_6H_{12}O_6)$をつくる。

菌の種類		無機物の酸化 → 生じる酸化物
硝化菌	亜硝酸菌	$2NH_4^+ + 3O_2 \longrightarrow 2NO_2^- + 2H_2O + 4H^+ +$ **化学エネルギー** (アンモニウムイオン)　硝化作用（亜硝酸）
	硝酸菌	$2NO_2^- + O_2 \longrightarrow 2NO_3^- +$ **化学エネルギー** (亜硝酸イオン)　硝化作用（硝酸イオン）
硫黄細菌		$2H_2S + O_2 \longrightarrow 2S + 2H_2O +$ **化学エネルギー** (硫化水素)　(硫黄)
鉄細菌		$4FeSO_4 + 2H_2SO_4 + O_2 \longrightarrow 2Fe_2(SO_4)_3 + 2H_2O +$ **化学エネルギー**
水素細菌		$2H_2 + O_2 \longrightarrow 2H_2O +$ **化学エネルギー**

硫黄細菌の集落

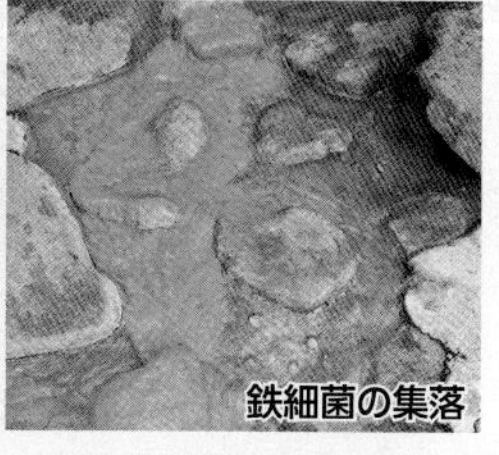
鉄細菌の集落

Memo 硝化作用

硝化菌によって，アンモニウムイオン→亜硝酸イオン→硝酸イオンと酸化されることを硝化作用という。

硝酸イオンは，植物に吸収されてアンモニウムイオンへと還元され，アミノ酸になる。(▶p.246)

Column 熱水噴出孔付近の生物

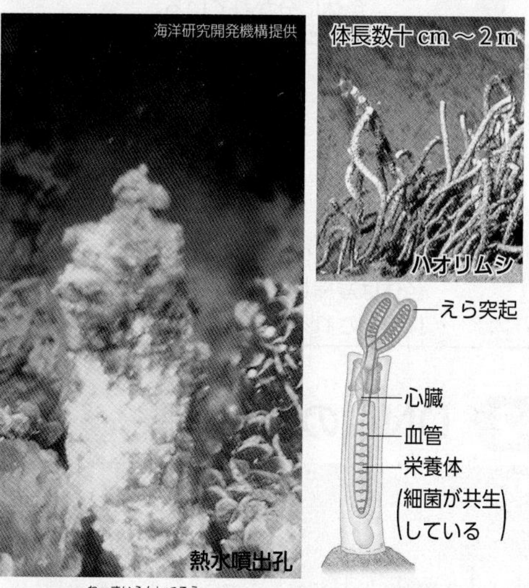
海洋研究開発機構提供
体長数十cm～2m
ハオリムシ
えら突起
心臓
血管
栄養体
(細菌が共生している)
熱水噴出孔

深海の熱水噴出孔(ねっすいふんしゅつこう)付近に生息するハオリムシ，シロウリガイなどの細胞には，硫化水素 H_2S を酸化して炭酸同化する化学合成細菌が共生している。

共生している化学合成細菌は，宿主(しゅくしゅ)から H_2S，O_2，CO_2 の供給を受けて，有機物を合成し宿主に与えている。このため，宿主のハオリムシには，口も消化管もない。

多くの生物には H_2S は猛毒だが，ハオリムシなどにはその毒性を阻止する機構があり，「猛毒」を「命の糧(かて)」としている。

プチ雑学 緑色硫黄細菌は光化学系Ⅰ，紅色硫黄細菌は光化学系Ⅱに似た反応中心をもつ。シアノバクテリアは光化学系ⅠとⅡをもっていることから，光化学系Ⅰをもつ細菌と光化学系Ⅱをもつ細菌が合体した結果，シアノバクテリアが生じたと考えられている。(▶p.262)

遺伝情報とDNA・ゲノム

Overview 遺伝情報と形質

DNA中の遺伝情報は，RNAをへてタンパク質をつくり，さまざまな形質を生む。両親から受け継いだ遺伝情報と，環境からの影響によって，私たちは形づくられている。

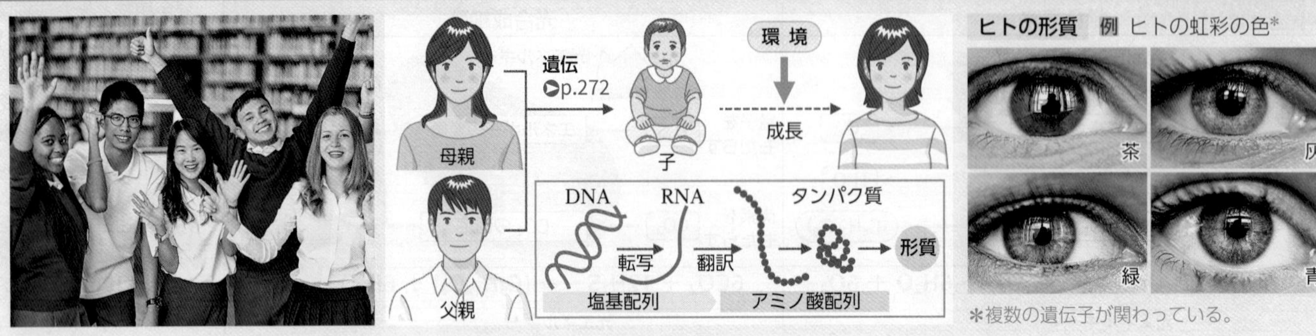

母親
父親
遺伝
p.272
子
環境
成長
DNA
RNA
タンパク質
転写
翻訳
形質
塩基配列
アミノ酸配列
ヒトの形質 例 ヒトの虹彩の色*
茶
灰
緑
青

＊複数の遺伝子が関わっている。

1 個体とDNA からだのすべての細胞に同じ染色体のセットが入っている。

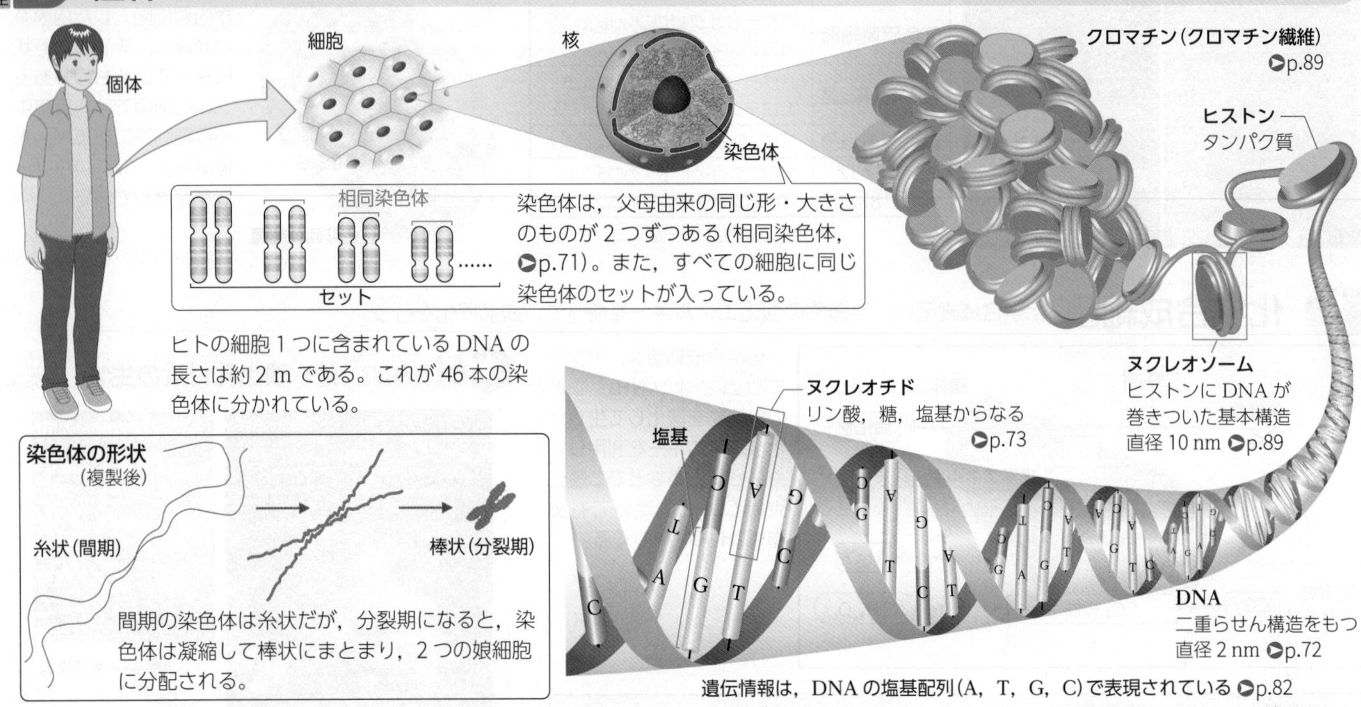

個体
細胞
核
染色体
相同染色体
セット
クロマチン（クロマチン繊維）
p.89
ヒストン
タンパク質
ヌクレオソーム
ヒストンにDNAが巻きついた基本構造
直径 10 nm p.89
ヌクレオチド
リン酸，糖，塩基からなる
p.73
塩基
DNA
二重らせん構造をもつ
直径 2 nm p.72

染色体は，父母由来の同じ形・大きさのものが2つずつある（相同染色体，p.71）。また，すべての細胞に同じ染色体のセットが入っている。

ヒトの細胞1つに含まれているDNAの長さは約2mである。これが46本の染色体に分かれている。

染色体の形状（複製後）

糸状（間期）→→棒状（分裂期）

間期の染色体は糸状だが，分裂期になると，染色体は凝縮して棒状にまとまり，2つの娘細胞に分配される。

遺伝情報は，DNAの塩基配列（A，T，G，C）で表現されている p.82

2 DNAの抽出実験 実験 食塩水に溶かし出し，エタノールで沈殿させてとり出す。

Link

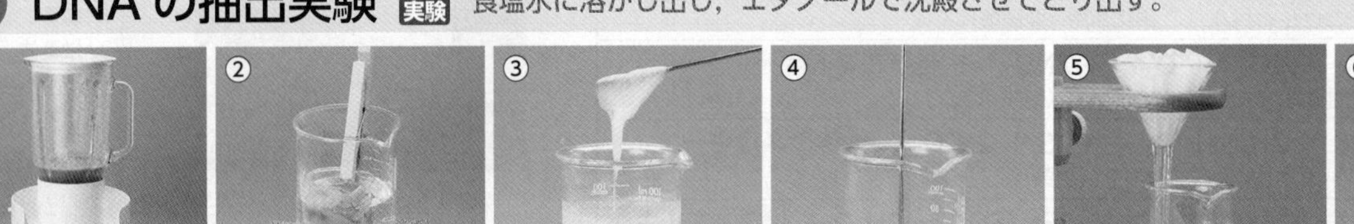

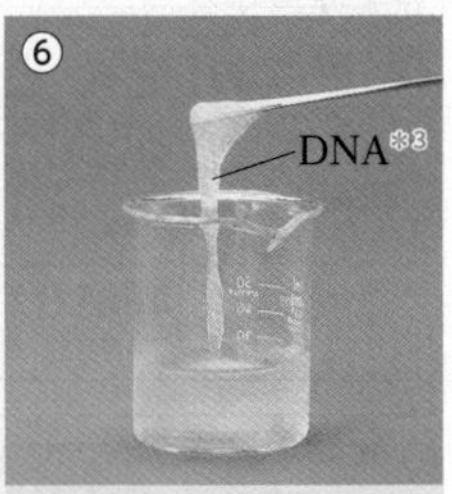

DNA*3

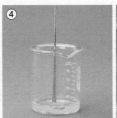

① 凍らせたブロッコリーの芽に水と中性洗剤1滴を加え，5分間ミキサーで粉砕する。

② 等量の食塩水*1を混ぜ，100℃で5分間湯煎する。湯煎後ガーゼでろ過する。

③ 冷エタノール*2を加え，薬さじでかき混ぜると，不純物とともにDNAが薬さじに絡む。

④ 絡みついたものを別のビーカーに入れ，食塩水*1を加えてよく溶かす。

⑤ 再び湯煎し，不純物として混じっていたタンパク質を変性させる。湯煎後，ろ過する。

⑥ ろ液をよく冷やしてから，冷エタノール*2を静かに加えると，DNAの沈殿が生じる。

原理
- 中性洗剤で生体膜を壊し，DNAを細胞外に出す。
- 食塩水でDNAを溶かし出す。
- DNAは密度が低く，エタノールに溶けにくいため，エタノール側に浮かび沈殿する。

＊1…終濃度 1～2 mol/L　＊2…95％以上
＊3…ブロッコリー1株からの回収量

プチ雑学 染色体は細胞分裂中に光学顕微鏡で観察できる。分裂中には，1本の染色体は2本の染色体（染色分体）がくっついているように見える。

Keywords ●遺伝情報 genetic information ●形質 character ●遺伝 heredity, inheritance ●染色体 chromosome ●ゲノム genome ●分化 differentiation

3 ゲノム ゲノムは，その生物を形づくり，維持するのに必要な最小限の遺伝情報である。

A ゲノムの継承

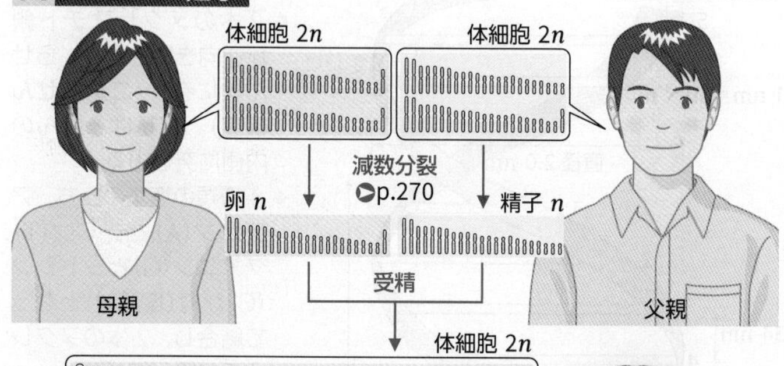
体細胞 2n
体細胞 2n
減数分裂
▶p.270
卵 n
精子 n
受精
母親
父親
体細胞 2n

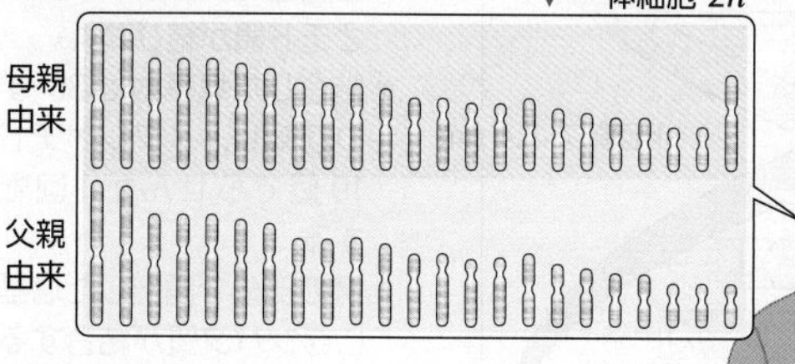
母親由来
父親由来
子

生殖細胞（卵や精子）にある1セットの染色体がもつ遺伝情報がゲノムで，両親から継承される。

相同染色体

相同染色体　別の相同染色体

母親由来　父親由来

両親から受け継ぎ，対になっている染色体を**相同染色体**(そうどうせんしょくたい)という。

Memo DNAとゲノム

DNAは物質で，塩基が多数連なった構造をしており，その塩基配列が遺伝情報になる。ゲノムは遺伝情報で，その生物がもつ1セットすべての塩基配列をさす。

B 分化とゲノム ▶p.91

受精卵　未分化

細胞によって働く遺伝子が変わる

働いている遺伝子

赤血球　水晶体の細胞　すい臓の細胞

1つの受精卵が分裂をくり返し，からだ全体ができる。からだの細胞すべては同じゲノムをもつが，適切な時期・場所に適切な遺伝子が発現するように調節される。このようにして，それぞれの機能と形態をもつ細胞へと分化していく（**細胞分化**）。

4 ゲノムの解読 解読技術の進歩によって，さまざまな生物のゲノムが解読されている。

A ヒトゲノムプロジェクト

ヒトゲノムを記した本

ヒトゲノムの全塩基配列を解読することを目的とした，ヒトゲノム解析プロジェクトが2003年4月に完了した。ヒトゲノムは全部で約30億塩基対あり，新聞に換算すると20万ページ，約15年分に相当する。また，ヒトの遺伝子は約2万個であることが判明した。

ゲノムの構成

ヒト（真核生物）1.5%　タンパク質に翻訳されない配列

大腸菌（原核生物）88%　タンパク質に翻訳される配列

全塩基配列に対して，タンパク質を指定している配列の割合。ヒトは大腸菌に比べて，圧倒的に低い。

その後のプロジェクト

ヒトゲノムを解析して，その機能を整理するENCODEプロジェクト，異なる民族から匿名(とくめい)で1000人分のゲノムの塩基配列を決定する1000人ゲノムプロジェクトが行われ，いずれも2012年に成果が発表された。

B ゲノムの多様性と進化

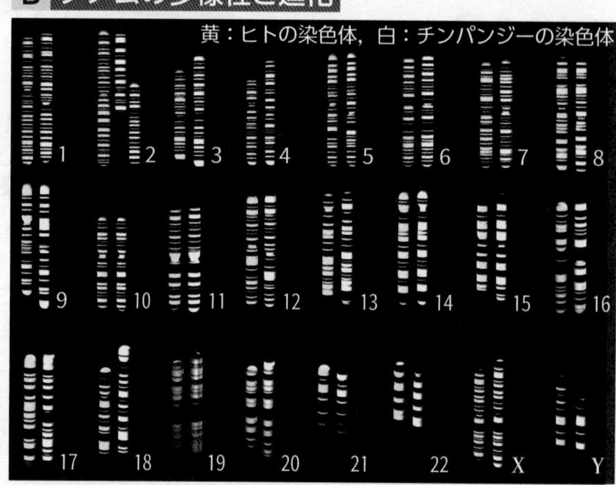
黄：ヒトの染色体，白：チンパンジーの染色体
1 2 3 4 5 6 7 8
9 10 11 12 13 14 15 16
17 18 19 20 21 22 X Y

ヒトとチンパンジーの塩基配列は1.2％しか違わないが，部分的な重複や並び替えによる構造上の違いは2.7％あることがわかった。このような比較から，ヒトの進化の過程で起きた遺伝子の変化を推定することができる。▶p.315

C おもな生物のゲノム ①ゲノムサイズ，②タンパク質を指定する遺伝子の数で，いずれも概数。

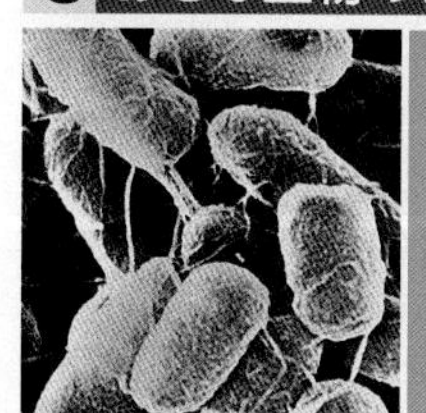

大腸菌
①460万塩基対
②4400個

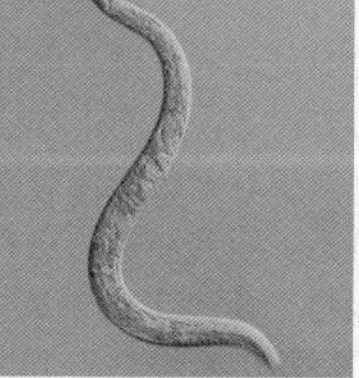

センチュウ
①1億塩基対
②19000個

ショウジョウバエ
①1億7000万塩基対
②14000個

マウス
①26億塩基対
②22000個

ヒト
①30億塩基対
②21000個

シロイヌナズナ
①1億2000万塩基対
②27000個

イネ
①3億9000万塩基対
②40000個

プチ雑学

ヒトのタンパク質は約10万種類あると見積もられていたので，遺伝子の数も10万個と予想されていた。しかし，実際には約2万個ほどしかなかった。2万個の遺伝子で10万種類のタンパク質を合成していることになる。そのしくみの1つが，選択的スプライシング（▶p.90）と考えられている。

DNA の構造

1 DNA の構造

DNA は，相補的な塩基対で結びついた 2 本のヌクレオチド鎖が，らせん状に巻いた構造をしている。

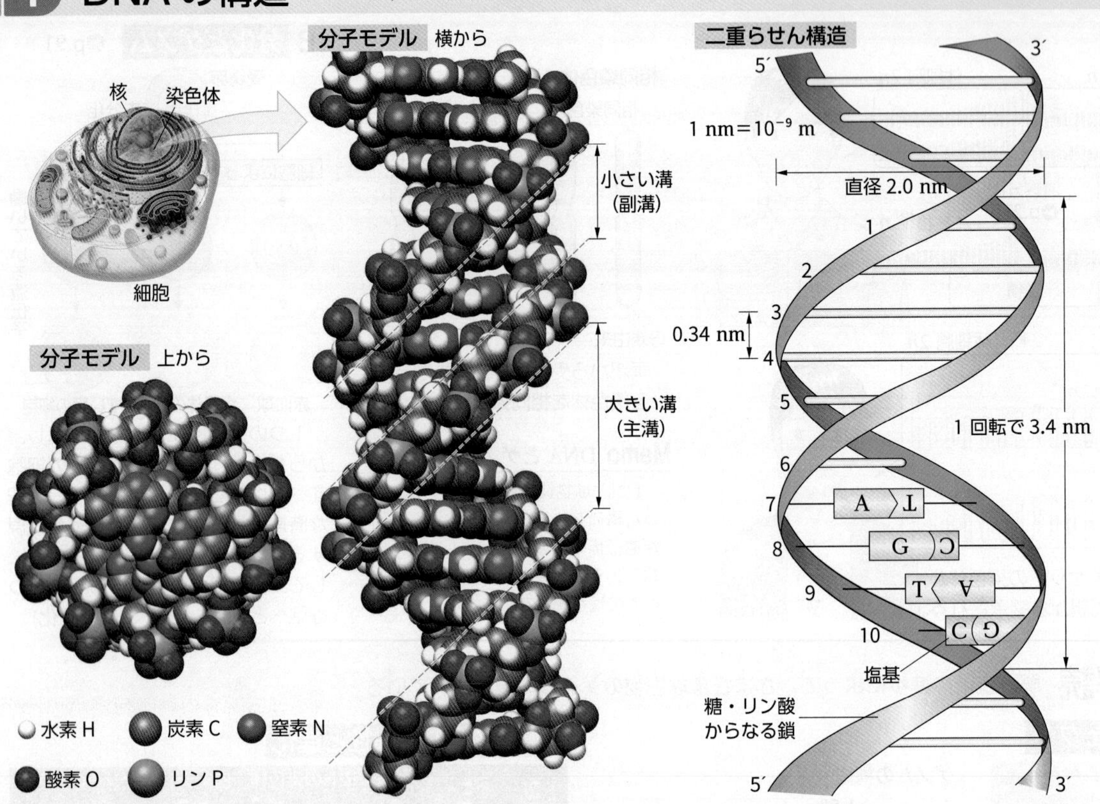

分子モデル 横から
核
染色体
細胞
分子モデル 上から
小さい溝 (副溝)
大きい溝 (主溝)
水素 H
炭素 C
窒素 N
酸素 O
リン P
二重らせん構造
5´
3´
1 nm＝10⁻⁹ m
直径 2.0 nm
0.34 nm
1 回転で 3.4 nm
A
T
G
C
塩基
糖・リン酸からなる鎖

DNA の構造の特徴

- 2 本のヌクレオチド鎖が逆向きに結合し，らせん状に巻く(**二重らせん構造**)。塩基はらせんの内側に突き出る。
- 4 種類の塩基のうち，アデニン(A)とチミン(T)，グアニン(G)とシトシン(C)が対(**塩基対**)となって結合し，2 本のヌクレオチド鎖が結びつく。
- 結合した塩基対は 36° ずつ回転し，ヌクレオチド 10 個でらせんが 1 回転する。
- 溝の部分で露出した塩基にタンパク質が結合する(発現調節，▶p.87)。
- ヌクレオチド鎖には方向性がある(5´→3´)。

2 核酸の種類と働き

DNA は遺伝子として働く。RNA の働きは種類によって異なる。

種類		所在	構造・分子量・ヌクレオチド数	働きと特徴
DNA (デオキシリボ核酸)		核(特に染色体)，ミトコンドリア，葉緑体，DNA ウイルス	二重らせん(ウイルスでは 1 本鎖もある)・10^6～10^9・10^7～10^{11} 個	自己複製を行う。遺伝情報源となり，タンパク質合成を支配する。
RNA(リボ核酸)	mRNA (伝令 RNA)	核内で合成され，細胞質へ	1 本鎖・10^5～10^6・10^2～10^3 個	DNA の遺伝情報をもつ。
RNA(リボ核酸)	tRNA (転移 RNA[*1])	核内で合成され，細胞質へ	1 本鎖だが一部に 2 本鎖部分がある・10^4・75～95 個	アミノ酸をリボソームまで運搬する。各アミノ酸に対応する tRNA がある。
RNA(リボ核酸)	rRNA (リボソーム RNA)	核小体で合成され(▶p.22)，細胞質へ	1 本鎖・10^5～10^6・10^3 個	タンパク質と結合してリボソームを形成。細胞中の RNA の 75～80% を占める。
RNA(リボ核酸)	ウイルス RNA	RNA ウイルス[*2]や宿主細胞など	1 本鎖と 2 本鎖・10^5～10^6・10^3～10^4 個	自己複製し，遺伝子や mRNA(またはその相補鎖)として機能する。

mRNA　messenger RNA
tRNA　transfer RNA
rRNA　ribosomal RNA

＊1 転移 RNA は運搬 RNA ともいう。

＊2 **RNA ウイルス** RNA を遺伝子としてもつウイルスで，レトロウイルス(▶p.168)などがある。

つながる生物学 情報 DNA ストレージ

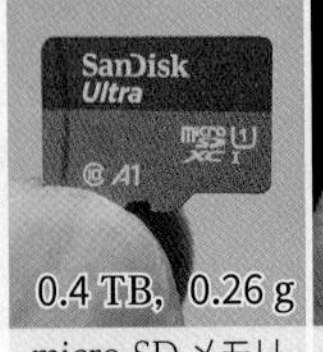

SanDisk Ultra

0.4 TB，0.26 g
micro SD メモリ 1.5 TB/g

6 TB，500 g
ハードディスク 0.012 TB/g

DNA ストレージ 215000 TB/g

容量と重さは一例。DNA ストレージは研究段階の値。

情報 ⇄(変換) 010011 001110 0110… (2 文字で表現) ⇄(変換) TAC ACG TG… (4 文字で表現) ⇄(合成／解読) DNA

デジタル(2 文字)	2 桁	00	01	10	11
DNA(4 文字)	1 桁	A	T	G	C

デジタルで 2 桁分が，DNA では 1 桁で表現できる。

コンピュータは，0 と 1 の 2 文字で情報を表している。0 と 1 からなる情報は，ハードディスクなどの記憶装置(ストレージ)に保存される。研究が進められている DNA ストレージは，0 と 1 の情報を A，T，G，C の 4 つの塩基に変換して DNA に保存する。

Q DNA を記憶装置として用いる利点は何か。DNA の特徴から考えてみよう。

つながる生物学 A　大量の情報を分子に保存できるので，非常に高密度で省スペースになる。また，DNA は安定な物質であるため，長期間にわたり情報を保持できる。

基生 3 核酸の詳しいつくり

核酸はヌクレオチドが連なった構造をしており，ヌクレオチドはリン酸・糖・塩基からできている。

A DNAの化学構造

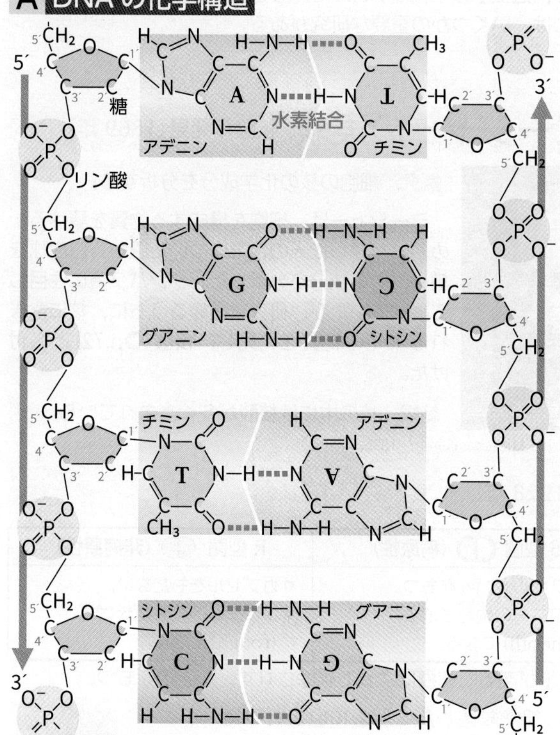
5´
3´
糖
リン酸
アデニン
チミン
水素結合
グアニン
シトシン
チミン
アデニン
シトシン
グアニン
3´
5´

塩基の相補性

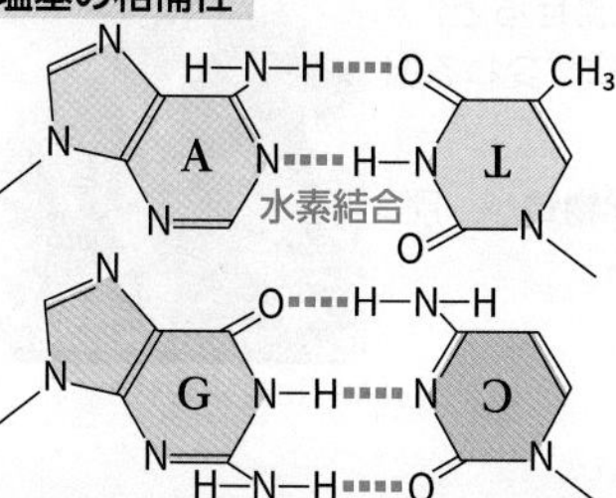
A
T
水素結合
G
C

水素結合をする原子の組の数と，塩基対の幅をそろえるため，AとT，GとCが対となって結合し，ほかの組み合わせで結合することはない。この性質を**相補性**(そうほせい)という。

B 核酸の基本構造

ヌクレオチド

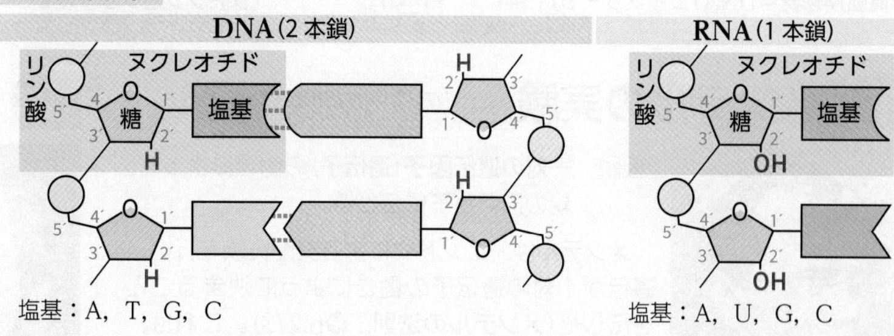
DNA(2本鎖)
リン酸
ヌクレオチド
糖
塩基
H
塩基：A，T，G，C
RNA(1本鎖)
リン酸
ヌクレオチド
糖
塩基
OH
塩基：A，U，G，C

糖と塩基

※糖の炭素原子の番号には ´（プライム）をつけ，塩基の炭素原子と区別する。

	リン酸	糖 （五炭糖）	塩基 プリン塩基	塩基 ピリミジン塩基
DNA	リン酸	デオキシリボース $C_5H_{10}O_4$ ※五炭糖 1分子中に炭素原子を5個もつ単糖類。	アデニン(A) グアニン(G)	チミン(T) シトシン(C)
RNA	リン酸	リボース $C_5H_{10}O_5$ ※H_2Oがとれて結合する。	アデニン(A) グアニン(G)	ウラシル(U) シトシン(C)

基生 4 核酸のつくりと働き

核酸の構造は，その機能に深く関わっている。

A DNA 2本鎖

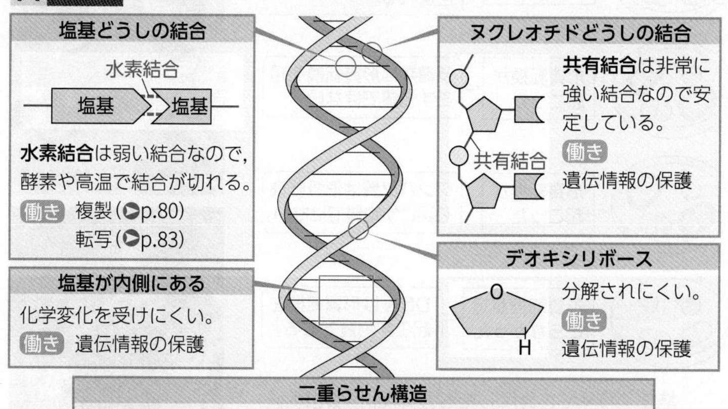
塩基どうしの結合
水素結合
塩基
塩基
水素結合は弱い結合なので，酵素や高温で結合が切れる。
働き 複製(▶p.80)
転写(▶p.83)
塩基が内側にある
化学変化を受けにくい。
働き 遺伝情報の保護
ヌクレオチドどうしの結合
共有結合は非常に強い結合なので安定している。
働き
遺伝情報の保護
共有結合
デオキシリボース
分解されにくい。
働き
遺伝情報の保護
二重らせん構造
相補的な塩基配列をもつ鎖どうしが結合し，安定した構造をとる。
働き 複製(▶p.80)，修復(▶p.81)，遺伝情報の保護

B RNA 1本鎖

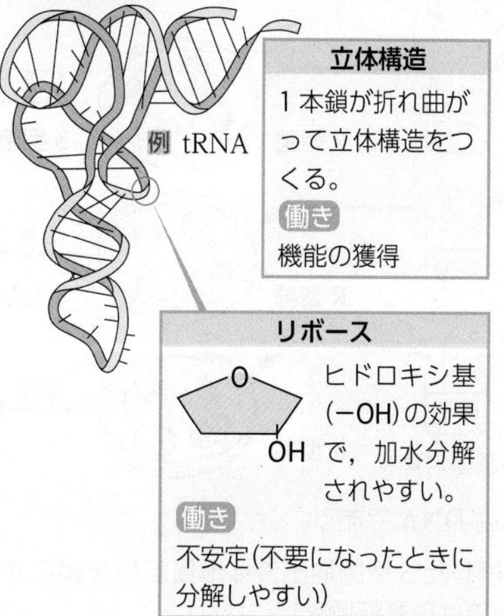
例 tRNA
立体構造
1本鎖が折れ曲がって立体構造をつくる。
働き
機能の獲得
リボース
ヒドロキシ基(−OH)の効果で，加水分解されやすい。
働き
不安定(不要になったときに分解しやすい)

Memo 結合の種類

水素結合

酸素原子Oや窒素原子Nが，水素原子Hをなかだちとしてつくる結合。結合する力は，共有結合よりもずっと弱い。▶p.42

共有結合

原子どうしが電子を共有してできる結合。結合力がきわめて強い。たとえば，ダイヤモンドは炭素が共有結合してできた結晶。

プチ雑学 DNAは水溶性で，安定な物質であることから，水性インクに個人のDNAを含ませたDNAインクが開発されている。本人認証や偽造防止のためのラベルなどが実用化されている。

遺伝物質の発見 歴史

遺伝の法則(メンデル)1865
核酸の発見(ミーシャー)1869
形質転換の発見(グリフィス)1928
形質転換物質＝DNA(エイブリーら)1944
1900
1950
1949 塩基組成(シャルガフ)
1952 遺伝子＝DNA(ハーシーとチェイス)
1953 二重らせん構造(ワトソンとクリック)

19世紀中頃，メンデルは，親から子に形質を伝える物質(**遺伝子**)を仮定して，形質が伝わる規則性を説明した。それから約100年をへて，遺伝子の本体はDNAであることが示された。その探究の歴史には，いくつかの重要な研究がある。

基 1 メンデルの実験 遺伝の法則の発見(1865年)

メンデル
Gregor Johann Mendel (1822～1884，オーストリア)

仮説 **一対の遺伝因子**(**遺伝子**)の働きによって，親の形質が子に伝わる。

メンデルは，エンドウによる交配実験を行い，遺伝が1対の遺伝子の働きによって決まることを示した(**メンデルの法則**，▶p.273)。これは，遺伝の規則性の発見とともに，遺伝子の存在を示すものであった。

結論 遺伝の規則性は**遺伝子で説明できる**。

基 2 ミーシャーの実験 核酸の発見(1869年)

ミーシャー
Johannes Friedrich Miescher (1844～1895，スイス)

探究 細胞の核の化学成分を分析する。

ミーシャーは，細胞を構成する物質を調べるため，けがをした人の包帯についた膿(うみ)から白血球を集め，その成分を分析した。タンパク質に注目して調べていたが，研究を進めるうちに，核に含まれる未知の物質を発見し，**核酸**(▶p.72)と名付けた。

結論 核の中には**核酸**が多く含まれている。

基 3 グリフィスの実験 肺炎球菌(肺炎双球菌)の形質転換の発見(1928年)

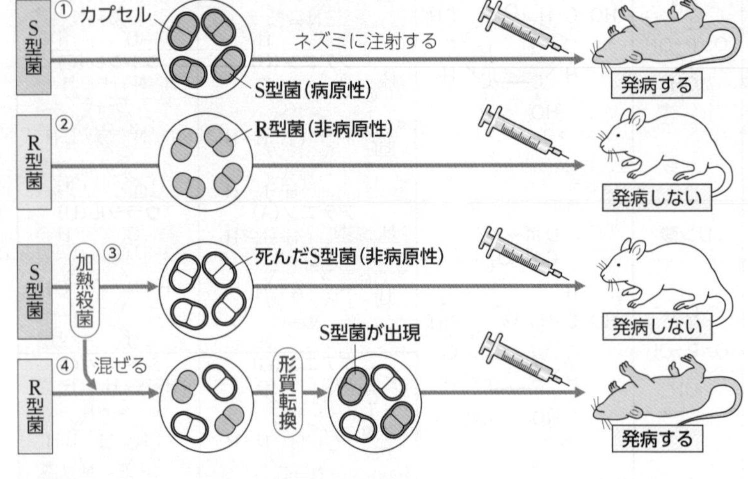
S型菌
① カプセル
ネズミに注射する
S型菌(病原性)
発病する
R型菌
②
R型菌(非病原性)
発病しない
S型菌
加熱殺菌
③
死んだS型菌(非病原性)
発病しない
R型菌
④
混ぜる
S型菌が出現
形質転換
発病する

S型菌(病原性)	R型菌(非病原性)
●カプセル(さや)をもつ。 ●コロニーの輪郭(りんかく)が滑(なめ)らか(smooth)になる。	●カプセルをもたない。 ●コロニーの輪郭がぎざぎざ(rough)になる。

カプセルがあると免疫によって排除されず，病原性をもつ。

仮説 加熱殺菌したS型菌に含まれる物質が，R型菌をS型菌に変化させる。

加熱したS型菌をR型菌に混ぜると，S型菌が出現する。このように形質が変わる現象を**形質転換**(けいしつてんかん)という。

結論 細胞に含まれるある**化学物質**が，別の細胞の**形質を転換**する。

グリフィス
Frederick Griffith (1879～1941，イギリス)

基 4 エイブリーらの実験 形質転換の原因物質の追求(1944年)

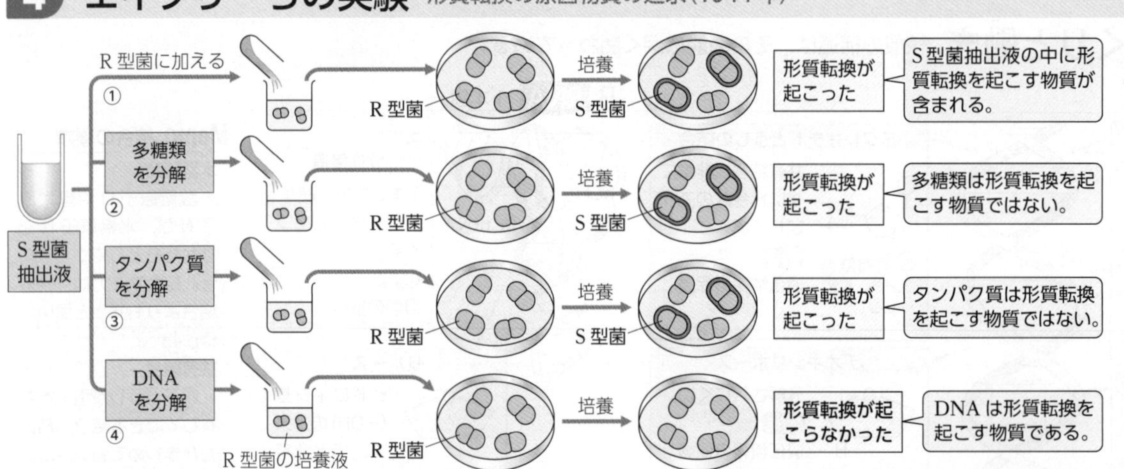
S型菌抽出液
R型菌に加える
①
②
多糖類を分解
③
タンパク質を分解
④
DNAを分解
R型菌の培養液
R型菌
培養
S型菌
形質転換が起こった
S型菌抽出液の中に形質転換を起こす物質が含まれる。
多糖類は形質転換を起こす物質ではない。
タンパク質は形質転換を起こす物質ではない。
形質転換が起こらなかった
DNAは形質転換を起こす物質である。

カプセル
肺炎球菌
エイブリー
Oswald Theodore Avery (1877～1955，アメリカ)

仮説 形質転換の原因物質は**DNA**である。

多糖類，タンパク質を分解したS型菌抽出液は形質転換を起こすが，DNAを分解したS型菌抽出液は形質転換を起こさない。

結論 DNAを分解したS型菌抽出液だけが，形質転換を起こさなかったので，**形質転換を起こす物質はDNA**である。

プチ雑学 肺炎球菌(肺炎レンサ菌)は，肺炎や中耳炎などのおもな原因になる細菌の1つで，1881年にパスツールによって発見された。細菌を培養すると，細菌の集団(コロニー)ができる。肺炎球菌は，このコロニーの形からS型とR型に分けられる。

Keywords ●形質転換 transformation ●肺炎球菌 diplococcus pneumoniae ●コロニー colony
●バクテリオファージ bacteriophage ●放射性同位体 radioactive isotope, radioisotope

基 5 ハーシーとチェイスの実験 遺伝子の本体がDNAであることを確認（1952年）

T_2 ファージ

大腸菌に付着した T_2 ファージ

0.05 µm

※着色画像

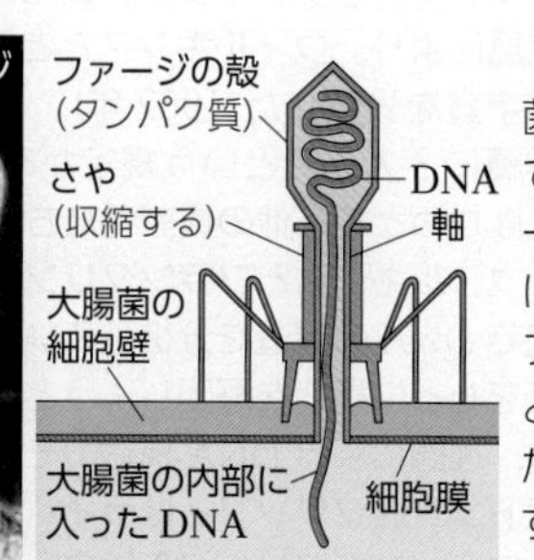
ファージの殻
（タンパク質）
さや
（収縮する）
DNA
軸
大腸菌の
細胞壁
大腸菌の内部に
入ったDNA
細胞膜

T_2 ファージは，細菌に寄生するウイルスであるバクテリオファージの一種で，大腸菌に寄生して増殖する。ファージはタンパク質とDNAのみからなるため，遺伝物質を決定するのに向いている。

構成元素	殻（から）…タンパク質（C，H，O，N，S） 中身…DNA（C，H，O，N，P）

T_2 ファージの増殖

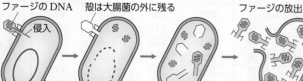

ファージのDNA　殻は大腸菌の外に残る　ファージの放出

侵入　大腸菌

大腸菌のDNA → 大腸菌のDNA消失 ファージのDNA複製 → ファージの殻ができる → 新しいファージができる

T_2 ファージは大腸菌内にDNAを注入し，親ファージと同じ形質をもつ子ファージをつくる。増殖サイクルは約30分で，新しいファージが放出されると，大腸菌はたいていの場合死ぬ。

ハーシーとチェイスの実験

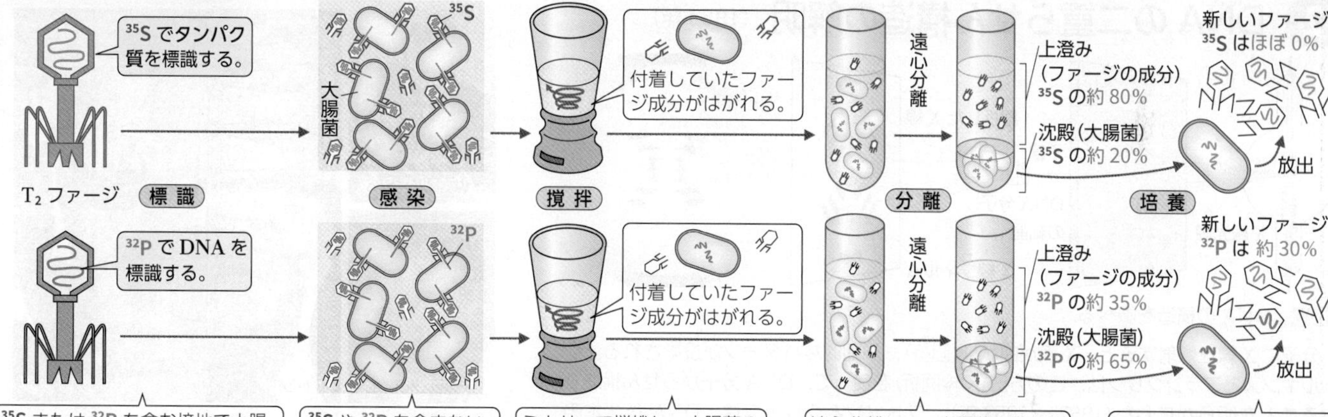
^{35}S でタンパク質を標識する。
^{35}S
大腸菌
付着していたファージ成分がはがれる。
遠心分離
新しいファージ
^{35}S はほぼ0%
上澄み（ファージの成分）
^{35}S の約80%
沈殿（大腸菌）
^{35}S の約20%
放出
T_2 ファージ
標識
感染
撹拌
分離
培養
^{32}P でDNAを標識する。
^{32}P
付着していたファージ成分がはがれる。
遠心分離
新しいファージ
^{32}P は約30%
上澄み（ファージの成分）
^{32}P の約35%
沈殿（大腸菌）
^{32}P の約65%
放出

^{35}S または ^{32}P を含む培地で大腸菌を培養した後，その大腸菌にファージを感染させて，^{35}S または ^{32}P で標識したファージをつくる。

^{35}S や ^{32}P を含まない大腸菌に，^{35}S または ^{32}P で標識したファージを感染させる。

ミキサーで撹拌し，大腸菌の表面に付着しているファージの成分をはがす。

遠心分離して，大腸菌を含む沈殿と，大腸菌の表面からはがれたファージの成分を含む上澄みに分ける。

沈殿に含まれている大腸菌を培養して，大腸菌から放出される新しいファージを調べる。

撹拌時間と放射性同位体の遊離

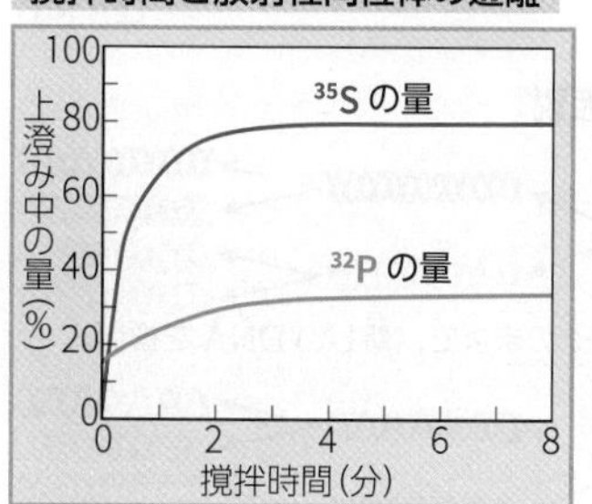
100
80
60
40
20
0
上澄み中の量（%）
^{35}S の量
^{32}P の量
0 2 4 6 8
撹拌時間（分）

仮説　T_2 ファージは，DNA，タンパク質のどちらかを，遺伝情報として大腸菌に送り込んで増殖する。

^{35}S（ファージのタンパク質）は撹拌（かくはん）するとすぐに上澄み中に現れるので大腸菌表面に，^{32}P（ファージのDNA）は撹拌してもなかなか上澄み中に増えないので大腸菌内部にあったと考えられる。また，増殖したファージから ^{32}P が検出されたことから，DNAは大腸菌内に入ってファージの増殖に関与していると考えられる。

結論　タンパク質ではなく，**DNAが遺伝子の本体**である。

ハーシー

チェイス

Alfred Day Hershey（1908～1997，アメリカ），
Martha Cowles Chase（1927～2003，アメリカ）

Step up 形質転換のしくみ

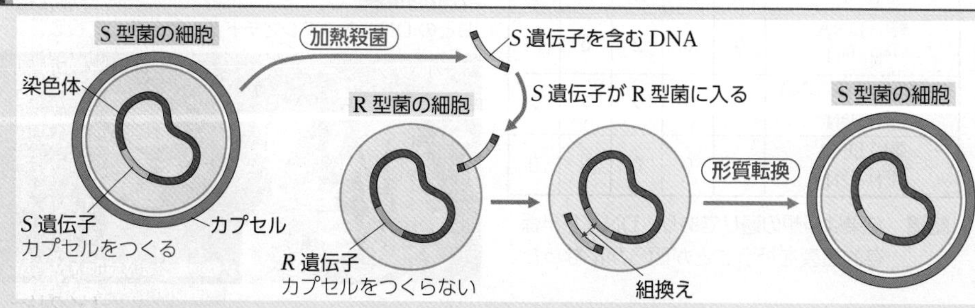
S型菌の細胞
加熱殺菌
S遺伝子を含むDNA
染色体
S遺伝子がR型菌に入る
R型菌の細胞
S型菌の細胞
形質転換
S遺伝子
カプセルをつくる
カプセル
R遺伝子
カプセルをつくらない
組換え

*S*遺伝子と*R*遺伝子は，カプセル形成に関わる対立遺伝子（アレル）である。*S*遺伝子がR型菌に入ると，*S*遺伝子と*R*遺伝子で組換え（▶p.274）が起こり，R型菌がS型菌に形質転換する。

遺伝子は親から子へ受け継がれる（垂直伝播（すいちょくでんぱ））。しかし，形質転換は，遺伝子が個体から個体へと受け継がれる（水平伝播（すいへいでんぱ），▶p.263）。水平伝播は細菌の進化の原動力の1つである。

プチ雑学

1950年代に人気バンドのリーダーだったフレッド・ワーリングは，ミキサー（ワーリングブレンダー）の開発・販売も行っていた。彼のおかげで，ミキサーを用いて細胞を破砕する技術が分子生物学にもたらされ，新たな実験方法が編み出されたといわれている。ハーシーとチェイスの実験で，大腸菌からファージをはがすのにも使われた。

DNA の構造と複製の解明 歴史

基 1 シャルガフの法則 DNA の塩基組成(1949 年)

生物名	A	T	G	C
天然痘ウイルス	29.5	29.9	20.6	20.3
結核菌	15.1	14.6	34.9	35.4
大腸菌	26.0	23.9	24.9	25.2
ウシの肝臓	28.8	29.0	21.2	21.1
ヒトの肝臓	30.3	30.3	19.5	19.9
ヒトの精子	31.0	31.5	19.1	18.4

分子数比(%)

シャルガフ
Erwin Chargaff
(1905 ~ 2002, アメリカ)

探究　DNA の塩基組成を調べる。

結論　A(アデニン)と T(チミン), G(グアニン)と C(シトシン)の割合がほぼ等しい。
生物種ごとに塩基組成が異なる。

DNA の構造における，塩基の相補性(▶p.73)を導く手がかりになった。

基 2 DNA の二重らせん構造の解明 (1953 年)

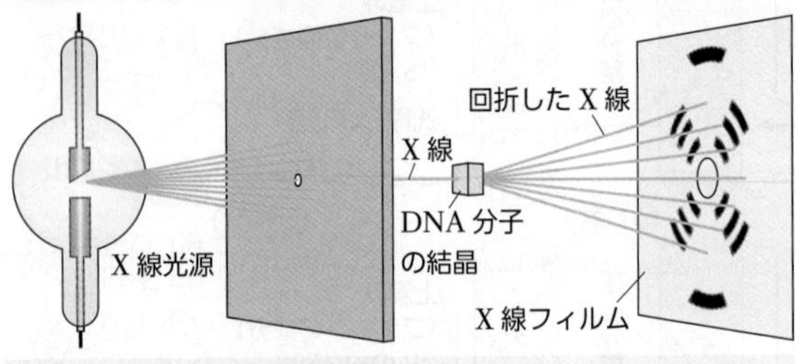
回折した X 線
X 線
DNA 分子
の結晶
X 線光源
X 線フィルム

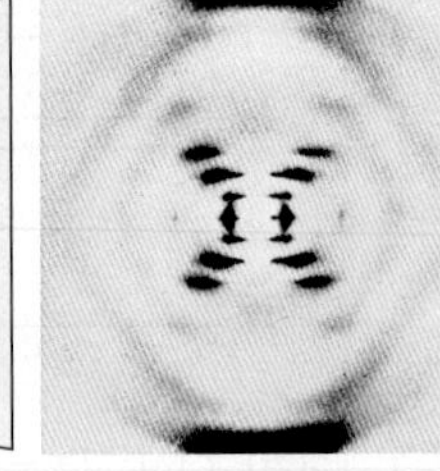

探究　DNA の構造を調べる。

分子に X 線を照射すると，X 線が曲がり(回折)，規則的なパターンが投影される。ウィルキンスとフランクリンは，この方法(X 線回折)を使って，DNA 分子がらせん構造であることを明らかにした(1952 ~ 1953 年)。ワトソンとクリックは，DNA が 2 本のヌクレオチド鎖が塩基対をつくって結合している**二重らせん構造**を提唱した(1953 年)。

結論　DNA は**二重らせん構造**をしている。▶p.72

Column 二重らせん構造発見の裏側

ワトソンとクリックは，DNA の二重らせん構造の発見により，ウィルキンスとともにノーベル生理学・医学賞を受賞した(1962 年)。ノーベル賞は，1 つの業績に 3 人までという規定があるため，シャルガフをはじめとする他の貢献者たちは受賞からはずれた。

ウィルキンスとフランクリンは，X 線回折による研究で DNA の構造を分析していた。あくまで実験データをもとに構造を解明しようとしていたフランクリンは，理論による DNA 構造のモデルづくりをしていたワトソンとクリックとはライバル関係であった。

ワトソンとクリックの論文とウィルキンスとフランクリンの論文は，同時に発表された。解明につながる X 線回折写真はフランクリンによるものだった。しかし，彼女は 1958 年にがんで死亡したため，生存者にのみ与えられるノーベル賞の候補にはならなかった。

ウィルキンス
フランクリン
ワトソン
クリック

James Dewey Watson (1928 ~，アメリカ),
Francis Harry Compton Crick (1916 ~ 2004，イギリス),
Maurice Hugh Frederick Wilkins (1916 ~ 2004，イギリス),
Rosalind Elsie Franklin (1920 ~ 1958，イギリス)

基 生 3 メセルソンとスタールの実験 半保存的複製の証明(1958 年) ▶p.80

〈G_0 世代〉 〈G_1 世代〉 〈G_2 世代〉

^{15}N 培地　^{14}N 培地　^{14}N 培地

DNA 中の N はすべて ^{15}N　G_0 世代を ^{14}N 培地で 1 回複製　G_1 世代を ^{14}N 培地で 1 回複製

DNA を抽出して遠心分離する

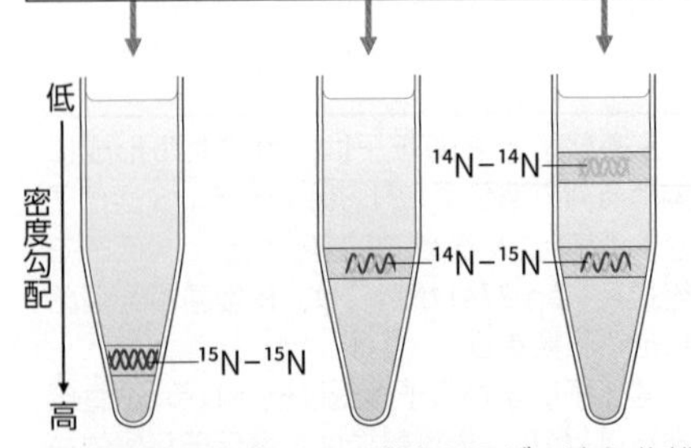
低
密度勾配
高
14N−14N
14N−15N
15N−15N

DNA を塩化セシウム溶液と混ぜて遠心分離すると，溶液に密度勾配が生じる。DNA の密度と溶液の密度が同じ位置に DNA が浮かぶ。

仮説　DNA は**半保存的複製**を行う。

実験方法　^{14}N と ^{15}N は同位体で，化学的性質は等しいが，^{15}N の方が重い。窒素源として ^{15}N をもつ培地で大腸菌を何世代も培養すると，大腸菌の DNA の N は ^{15}N に置き換わる。重い DNA をもったこの大腸菌を G_0(ゼロ世代)とする。G_0 を ^{14}N 培地に移して 1 回ずつ複製させ，世代ごとに DNA の重さを調べる。

結果の予想

世代	G_0	G_1	G_2	G_3	G_4
軽い DNA ^{14}N−^{14}N	0	0	2	6	14
中間の重さの DNA ^{14}N−^{15}N	0	2	2	2	2
重い DNA ^{15}N−^{15}N	1	0	0	0	0

結論　結果は予想の通りであり，DNA が半保存的複製を行うことが明らかになった。

DNA 複製の仮説

保存的複製

もとの DNA はそのままで，新しい DNA を複製。

半保存的複製

もとの DNA のそれぞれ 1 本鎖を鋳型にして複製。

分散的複製

もとの DNA をヌクレオチドごとに分解して複製。

メセルソン
スタール
Courtesy of Matthew Meselson

Matthew Stanley Meselson (1930 ~，アメリカ), Franklin William Stahl (1929 ~，アメリカ)

プチ雑学

ワトソンは，二重らせん構造の発見にいたるまでの舞台裏を語った「二重らせん」という本で，フランクリンに対して否定的な評価をした。そのイメージが広まり，フランクリンはしばらくの間は顧みられなかった。しかし，関係者の記録などから，彼女の業績が再認識され，2008 年にコロンビア大学からホロウィッツ賞が遺贈された。

体細胞分裂の観察

基 1 押しつぶし法による観察 実験

タマネギの根端を用いて，体細胞分裂の各時期の細胞を観察し，分裂の過程を調べる。

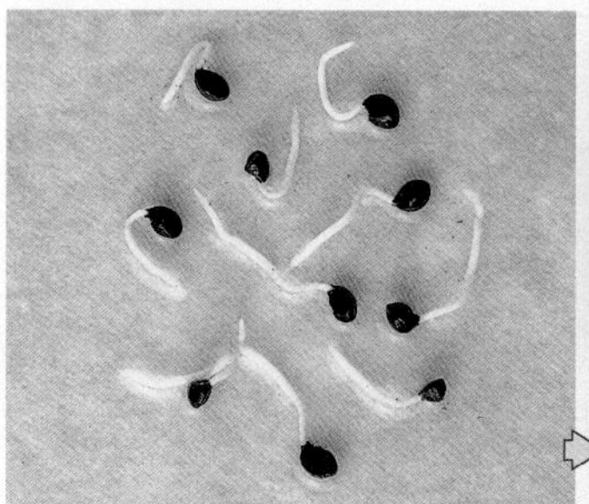

①水でぬらした紙タオルの上に，タマネギの種子をまき，発根させる。

②発根した種子を45%の酢酸に5～10分間つけて**固定**する。

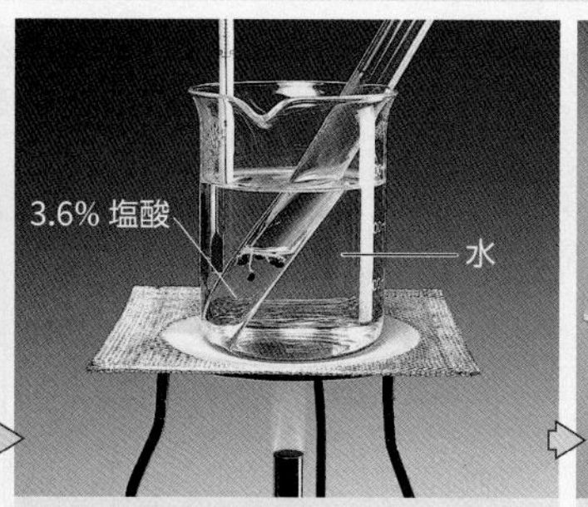

3.6% 塩酸
水

③固定した種子を，60℃にあたためた3.6%の塩酸に1分間浸し，**解離**(かいり)しやすくする。

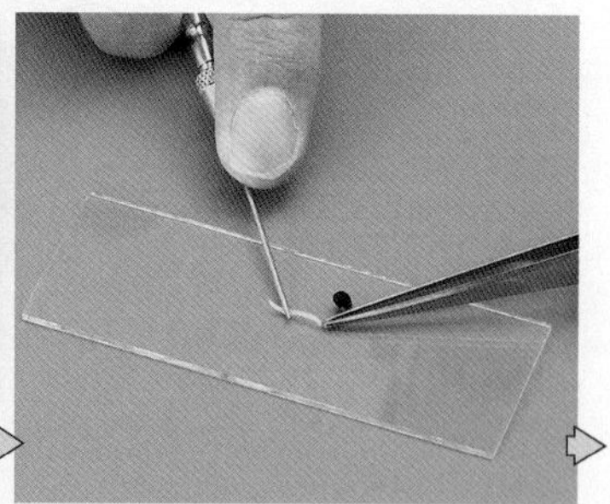

④③の種子を水で洗浄し，スライドガラスにのせ，根の先端部を1mm程度切る。

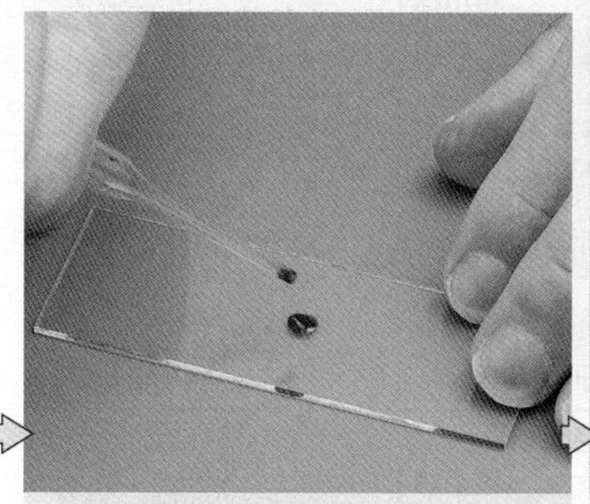

⑤酢酸オルセイン溶液をたらして5分間静置する(**染色**)。
※核や染色体を染める。

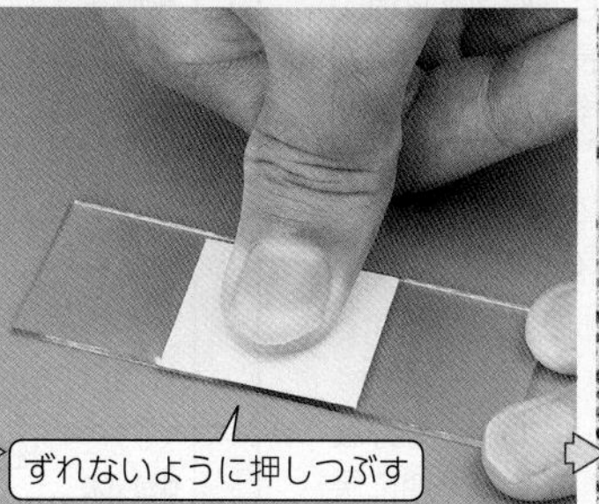

ずれないように押しつぶす

⑥カバーガラスをかけ，その上にろ紙をおいて親指で強く**押しつぶす**。

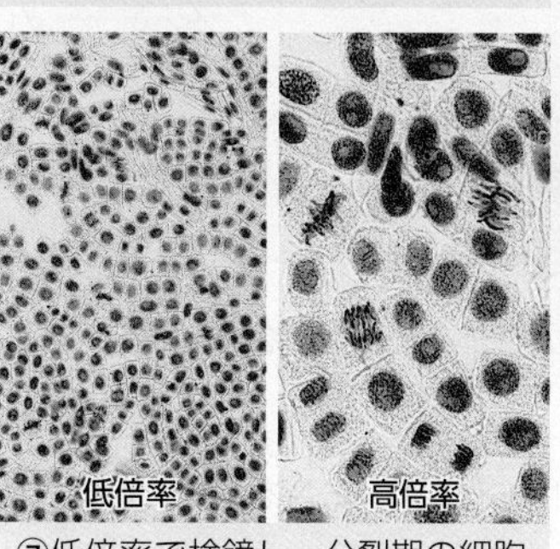

低倍率
高倍率

⑦低倍率で検鏡し，分裂期の細胞をさがした後，高倍率に変えて核や染色体のようすを観察する。

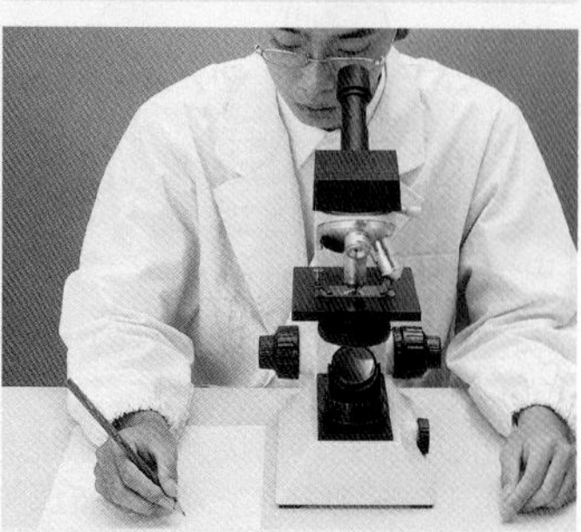

⑧低倍率にして，1つの視野内の各時期の細胞数を数え，これをいくつかの視野でくり返す。

固定 細胞の変形や変質を，酸やアルコールなどで停止させる。観察や染色が容易になる。

解離 細胞どうしの接着をなくし，細胞をばらばらにする。

染色 観察しやすくするため，試料の特定の部分を色素で着色する。

押しつぶし

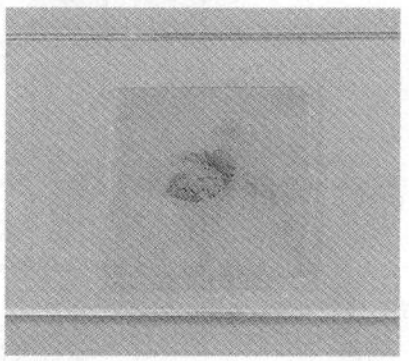

押しつぶすことで細胞がばらばらになり，観察しやすくなる。

結果の例

各分裂期の細胞数(観察値)

	前期	中期	後期	終期
細胞数(個)	62	7	3	5
割合(%)	80.5	9.1	3.9	6.5

観察される分裂の各時期の細胞数の割合は，各時期の長さに比例している。

分裂期の時間(文献値：20℃)

	前期	中期	後期	終期
時間(分)	71	6.5	2.4	3.8
割合(%)	84.8	7.8	2.9	4.5

各部の分裂のようす

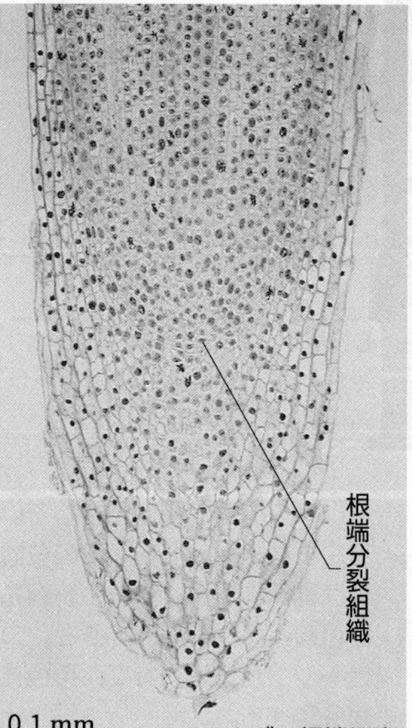

根端分裂組織
0.1 mm
0.01 mm
0.01 mm

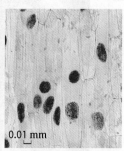

タマネギの根端細胞

植物の根の上の方では，分裂している細胞はほとんど見られない。
また，細胞の大きさも大きい。

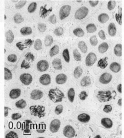

植物の根の先端部は成長が盛んで，分裂している細胞が多く見られる。

根端分裂組織
▶p.38

資 料

細胞周期の長さ (単位：時間)

細　胞	間期 G$_1$期	間期 S期	間期 G$_2$期	分裂期(M期)
ムラサキツユクサ(根)	4	10.8	2.7	2.5
マウス (小腸上皮)	9	7.5	1.5	1
ウ シ (胚・肝臓)	16	8	6	1
ヒ ト (結腸上皮)	15	20	3	1

分裂期(M期)より，間期の方がはるかに長い。

分裂期の時間 (単位：分)

細　胞	温度(℃)	前期	中期	後期	終期
ムラサキツユクサ (根端)	13	247	20	13	28
(根端)	30	78	9	5	11
サンショウウオの胚 (腎)	20	59	55	6	75
バッタの神経芽	38	102	13	9	57

一般に，低温で長くなる。また，前期が最も長く，後期が短い。

プチ雑学 ヒトのからだは約37兆個の細胞でできているといわれている。1個の受精卵から37兆個の細胞に増えるには，単純に計算すると，細胞分裂が約45回行われることになる。実際には，死滅したり，分化して細胞分裂を休止したりする細胞があるため，細胞分裂の回数は計算値よりも多い。

78 体細胞分裂

基 1 細胞周期 間期と分裂期を交互にくり返す。

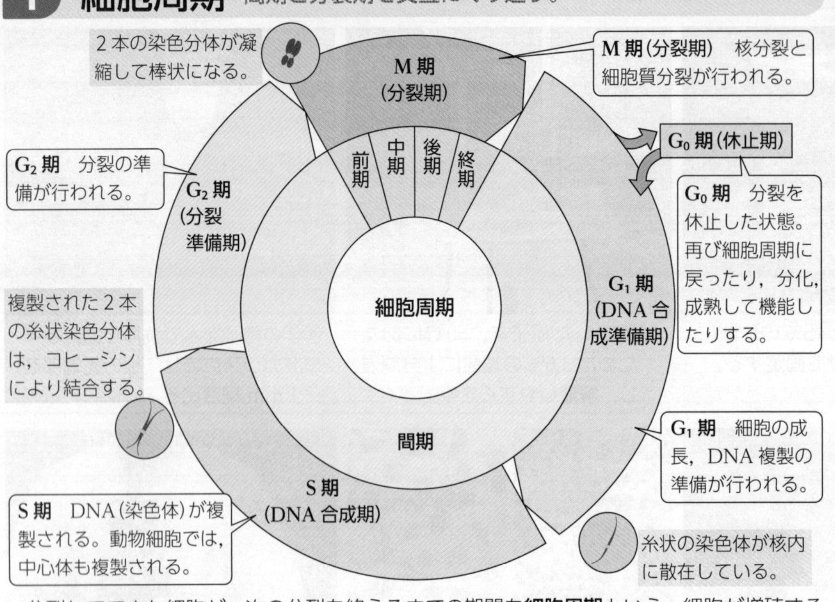
2本の染色分体が凝縮して棒状になる。
M期(分裂期) 核分裂と細胞質分裂が行われる。
M期
(分裂期)
前期
中期
後期
終期
G_0期(休止期)
G_0期 分裂を休止した状態。再び細胞周期に戻ったり，分化，成熟して機能したりする。
G_2期 分裂の準備が行われる。
G_2期
(分裂準備期)
細胞周期
G_1期
(DNA合成準備期)
複製された2本の糸状染色分体は，コヒーシンにより結合する。
間期
G_1期 細胞の成長，DNA複製の準備が行われる。
S期
(DNA合成期)
S期 DNA(染色体)が複製される。動物細胞では，中心体も複製される。
糸状の染色体が核内に散在している。

分裂してできた細胞が，次の分裂を終えるまでの期間を**細胞周期**という。細胞が増殖するときは，この周期をくり返す。

分化した細胞(特別な形態や機能をもった細胞，▶p.32)はこの周期からはずれる。分裂を休止する細胞は，いったんこの周期からはずれ，分裂を再開するときに再びこの周期に戻る。

※ G：gap(間)，S：synthesis(合成)，M：mitosis(分裂)

細胞周期とDNA量

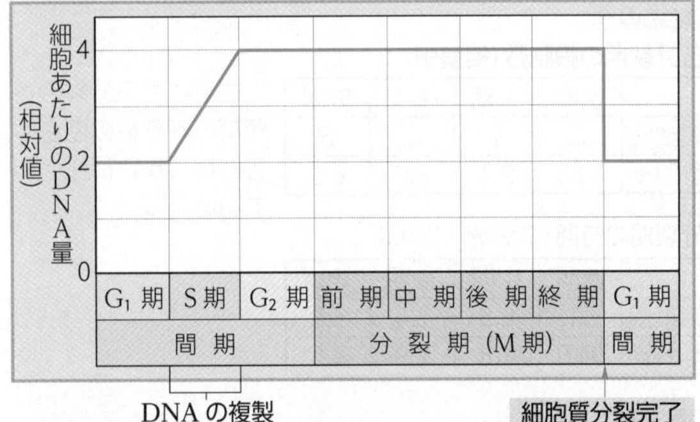
細胞あたりのDNA量(相対値)
4
2
0
G_1期
S期
G_2期
前期
中期
後期
終期
G_1期
間期
分裂期(M期)
間期
DNAの複製
細胞質分裂完了

間期に細胞は分裂の準備をしており，S期にDNAが複製される。分裂期前期に染色体が現れるときには，染色体は2本の染色分体がくっついた形をしている。

DNA量の解析

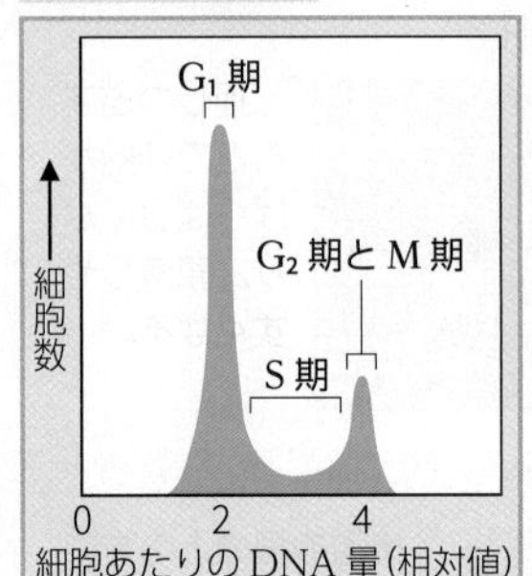
G_1期
G_2期とM期
S期
細胞数
0
2
4
細胞あたりのDNA量(相対値)

増殖中の細胞集団で，細胞あたりのDNA量を調べると，G_1期，S期，G_2期とM期の細胞の分布がわかる。

つながる生物学 医療 細胞周期とがん

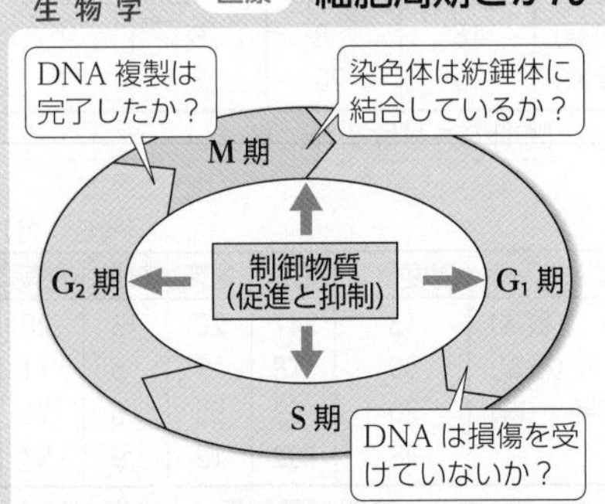
DNA複製は完了したか？
染色体は紡錘体に結合しているか？
M期
G_2期
制御物質
(促進と抑制)
G_1期
S期
DNAは損傷を受けていないか？

細胞周期にはいくつかのチェックポイントがあり，異常があれば進行を止めて修復するしくみがある。修復が不可能な場合はアポトーシス(▶p.112)を誘導して，細胞死に導く。

このような細胞周期の制御機能にトラブルが生じ，異常に増殖を続けるようになった細胞ががん細胞(▶p.169)である。細胞周期のしくみの解明から，がんの治療薬が開発されている。

基 生 2 体細胞分裂の過程

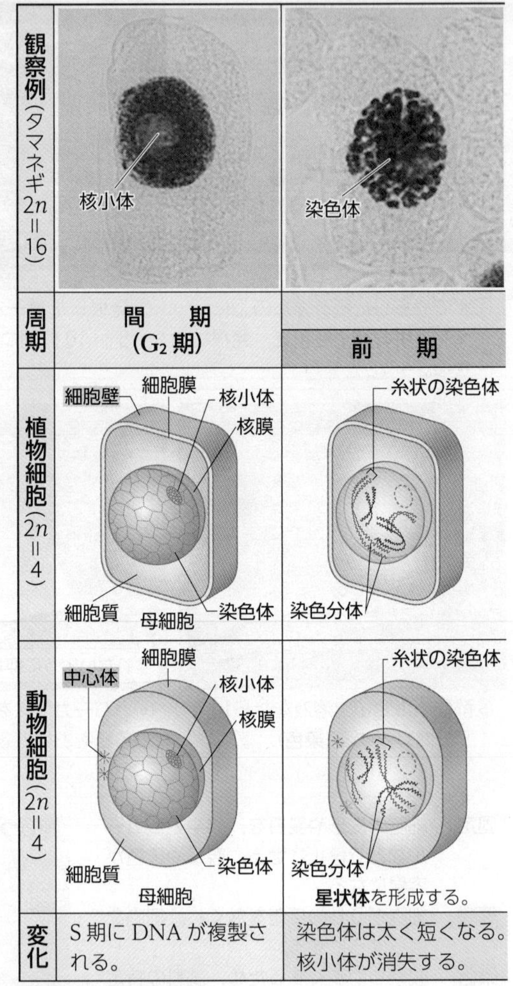
観察例(タマネギ $2n=16$)
核小体
染色体
周期
間期
(G_2期)
前期
植物細胞($2n=4$)
細胞壁
細胞膜
核小体
核膜
細胞質
母細胞
染色体
糸状の染色体
染色分体
動物細胞($2n=4$)
中心体
細胞膜
核小体
核膜
細胞質
母細胞
染色体
糸状の染色体
染色分体
星状体を形成する。
変化
S期にDNAが複製される。
染色体は太く短くなる。核小体が消失する。

分裂期の染色体

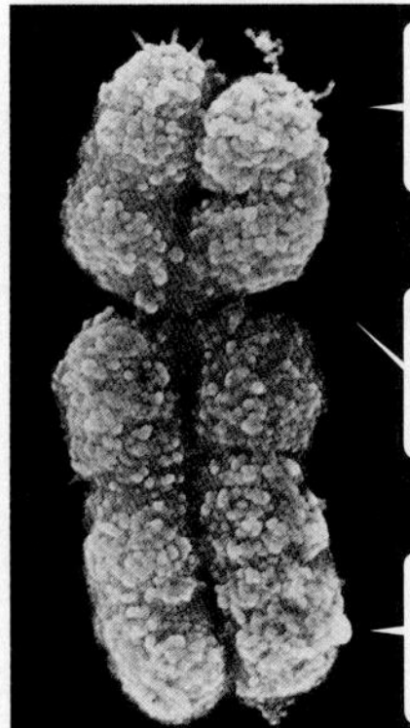
糸状の染色体(クロマチン，▶p.70)が，何重にも折りたたまれて凝縮し，棒状の染色体になる。
セントロメアという領域があり，染色分体はこの部分で強く結合し，くびれをつくる。
DNAはS期に複製されており，染色体は2本の染色分体がくっついた状態になっている。

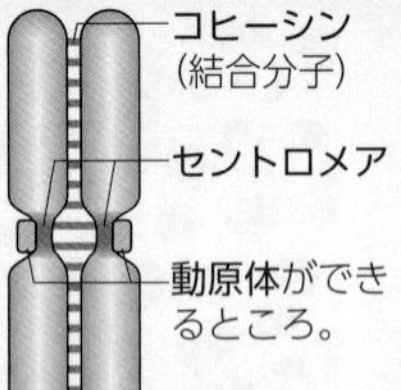
コヒーシン
(結合分子)
セントロメア
動原体ができるところ。
染色分体

染色分体どうしはコヒーシンというタンパク質で結合している。また，セントロメアの位置には動原体がつくられ，紡錘糸が付着する。後期になると，コヒーシンが分解されて，染色体が分離する。

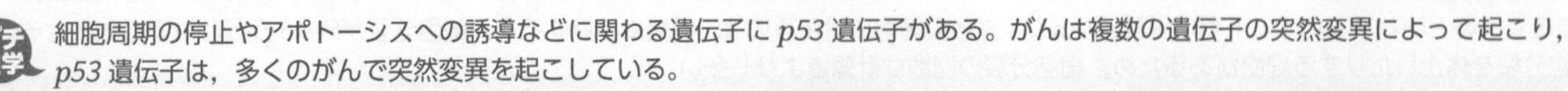
プチ雑学 細胞周期の停止やアポトーシスへの誘導などに関わる遺伝子に *p53* 遺伝子がある。がんは複数の遺伝子の突然変異によって起こり，その突然変異は多様である。その中でも，*p53* 遺伝子は，多くのがんで突然変異を起こしている。

Keywords ▶ ●細胞周期 cell cycle ●間期 gap ●分裂期 mitotic phase ●細胞質分裂 cytokinesis ●母細胞 mother cell ●娘細胞 daughter cell ●細胞板 cell plate ●セントロメア centromere ●動原体 kinetochore ●紡錘糸 spindle fiber

細胞は増殖しても，細胞１個あたりの遺伝情報は変化しない。　　　は植物細胞，　　　は動物細胞で見られる。

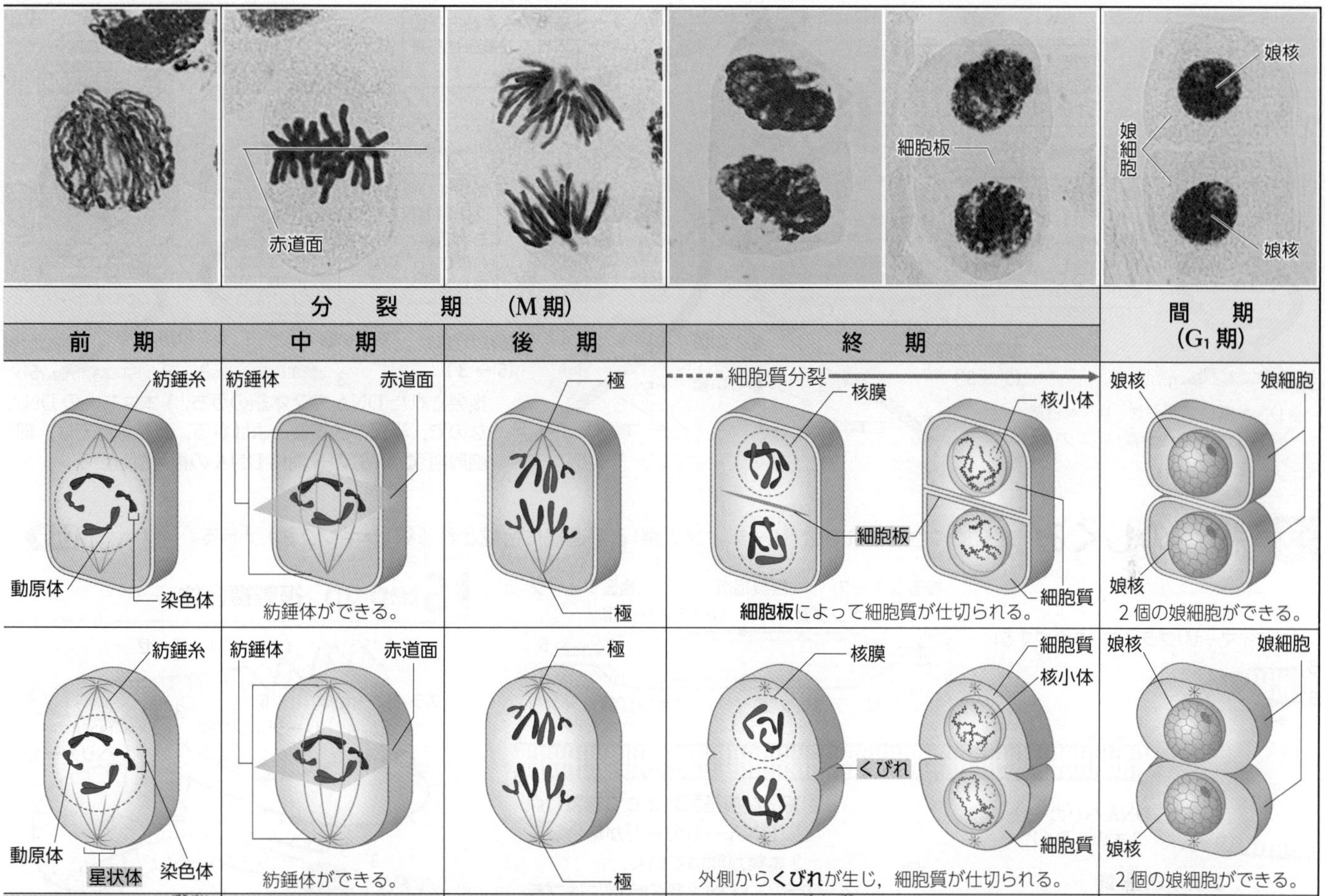
赤道面
細胞板
娘核
娘細胞
娘核
分裂期（M期）
前期
中期
後期
終期
間期（G₁期）
紡錘糸
動原体
染色体
紡錘体
赤道面
紡錘体ができる。
極
極
細胞質分裂
核膜
核小体
細胞板
細胞質
細胞板によって細胞質が仕切られる。
娘核
娘細胞
娘核
２個の娘細胞ができる。
紡錘糸
動原体
星状体
染色体
紡錘体
赤道面
紡錘体ができる。
極
極
核膜
細胞質
核小体
くびれ
細胞質
外側からくびれが生じ，細胞質が仕切られる。
娘核
娘細胞
娘核
２個の娘細胞ができる。

前期	中期	後期	終期		間期（G₁期）
核膜が消失する。紡錘糸が形成される。	紡錘体が完成し，各染色体が赤道面に並ぶ。	各染色体は分かれ，両極へ移動する。	核膜が現れ，母細胞の核と同じ構造の娘核を形成。	核小体が現れ，染色体は糸状に戻る。	DNA量も染色体数も母細胞と同じになる。

収縮環

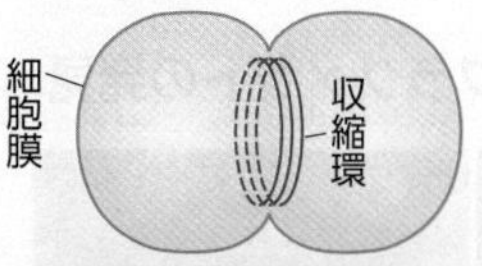
細胞膜
収縮環

細胞分裂終期の細胞

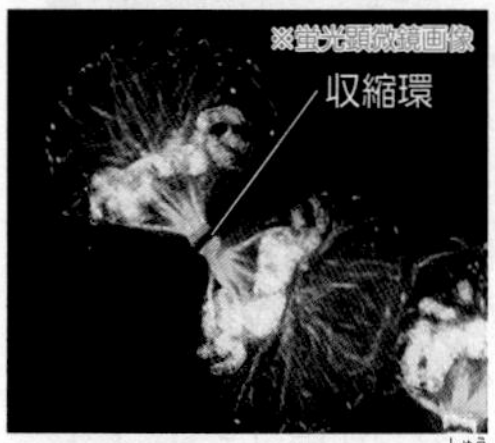
※蛍光顕微鏡画像
収縮環

多くの動物細胞では，**収縮環**が収縮することで細胞質が仕切られる。収縮環は，細胞膜の細胞質側に形成される。アクチンとミオシンのフィラメント（▶p.190）などからなり，これらの相互作用で収縮する。

蛍光画像　ヒトの培養細胞（ヒーラ細胞，▶雑）　緑色：微小管（▶p.31），青色：DNA（核酸），赤色（ゴルジ体）

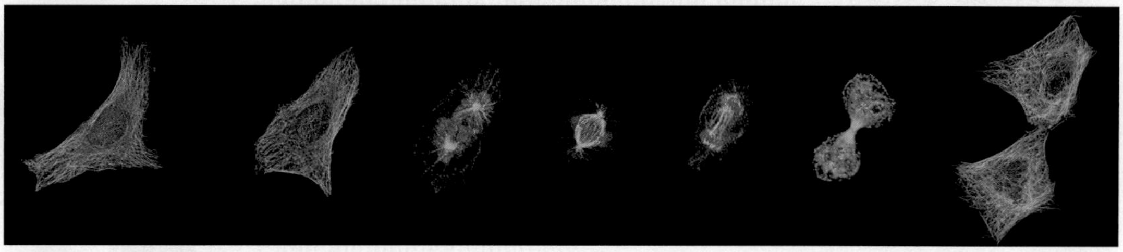

※蛍光顕微鏡画像

Step up　細胞周期を制御する物質

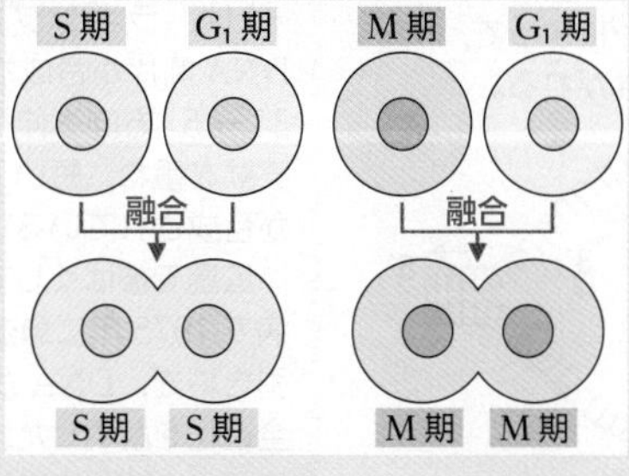
S期
G₁期
M期
G₁期
融合
融合
S期
S期
M期
M期

仮説　細胞質に存在する物質が細胞周期を制御する。

結果　G₁期の細胞は，S期の細胞と融合させるとS期に，M期の細胞と融合させるとM期になった。

結論　S期，M期の細胞質に存在する物質が，細胞周期を制御していることを示唆する。

詳しい研究によると，細胞周期を制御する物質の多くはリン酸化酵素で，サイクリンという物質が結合すると働くようになる。したがって，各時期に作用するサイクリンの濃度が細胞周期を決めている。

プチ雑学　正常な細胞は培養すると，一定回数細胞分裂した後死滅するが，がん細胞は細胞分裂をくり返す。ヒーラ（HeLa）細胞はヘンリエッタ・ラックス Henrietta Lacks という女性のからだから摘出したがん細胞で，1951年以来，培養細胞として細胞分裂し続けている。

DNA の複製

1 半保存的複製 DNA は，一方の鎖を鋳型にして新しい鎖が合成される。

メセルソンとスタールの実験 ▶p.76

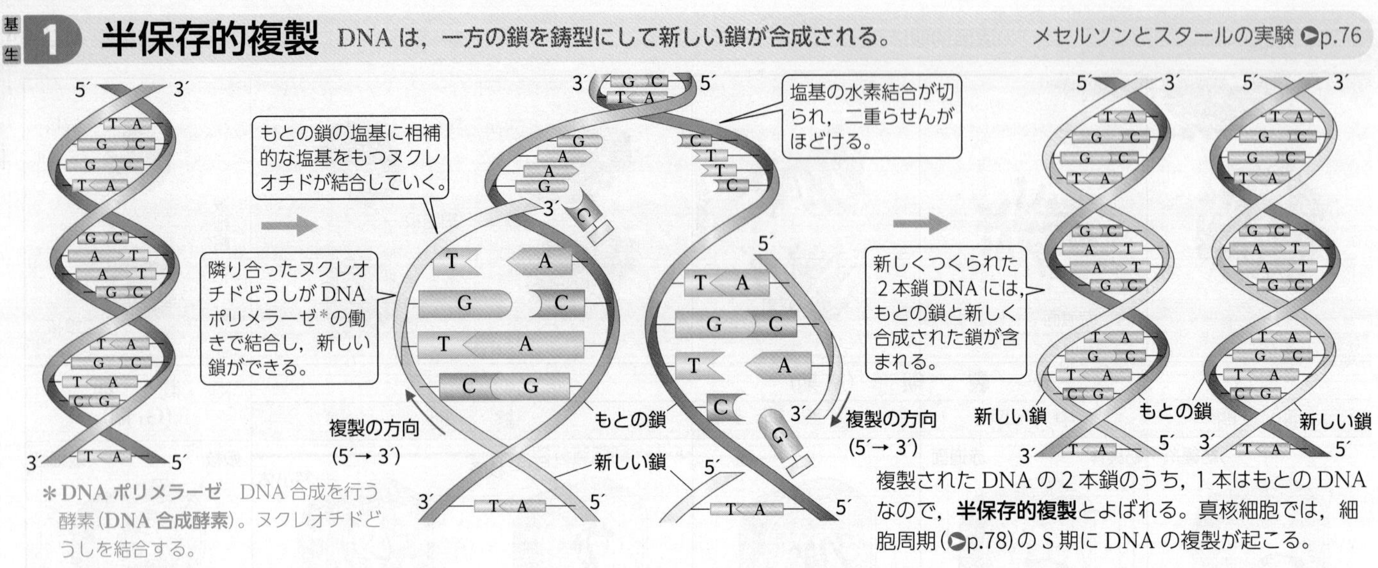
もとの鎖の塩基に相補的な塩基をもつヌクレオチドが結合していく。
塩基の水素結合が切られ，二重らせんがほどける。
隣り合ったヌクレオチドどうしが DNA ポリメラーゼ*の働きで結合し，新しい鎖ができる。
新しくつくられた２本鎖 DNA には，もとの鎖と新しく合成された鎖が含まれる。
複製の方向
(5′→ 3′)
もとの鎖
新しい鎖
新しい鎖
もとの鎖
新しい鎖

＊DNA ポリメラーゼ　DNA 合成を行う酵素（DNA 合成酵素）。ヌクレオチドどうしを結合する。

複製された DNA の２本鎖のうち，１本はもとの DNA なので，**半保存的複製**とよばれる。真核細胞では，細胞周期（▶p.78）の S 期に DNA の複製が起こる。

2 複製のしくみ 連続的に合成される鎖（リーディング鎖）と不連続に合成される鎖（ラギング鎖）がある。

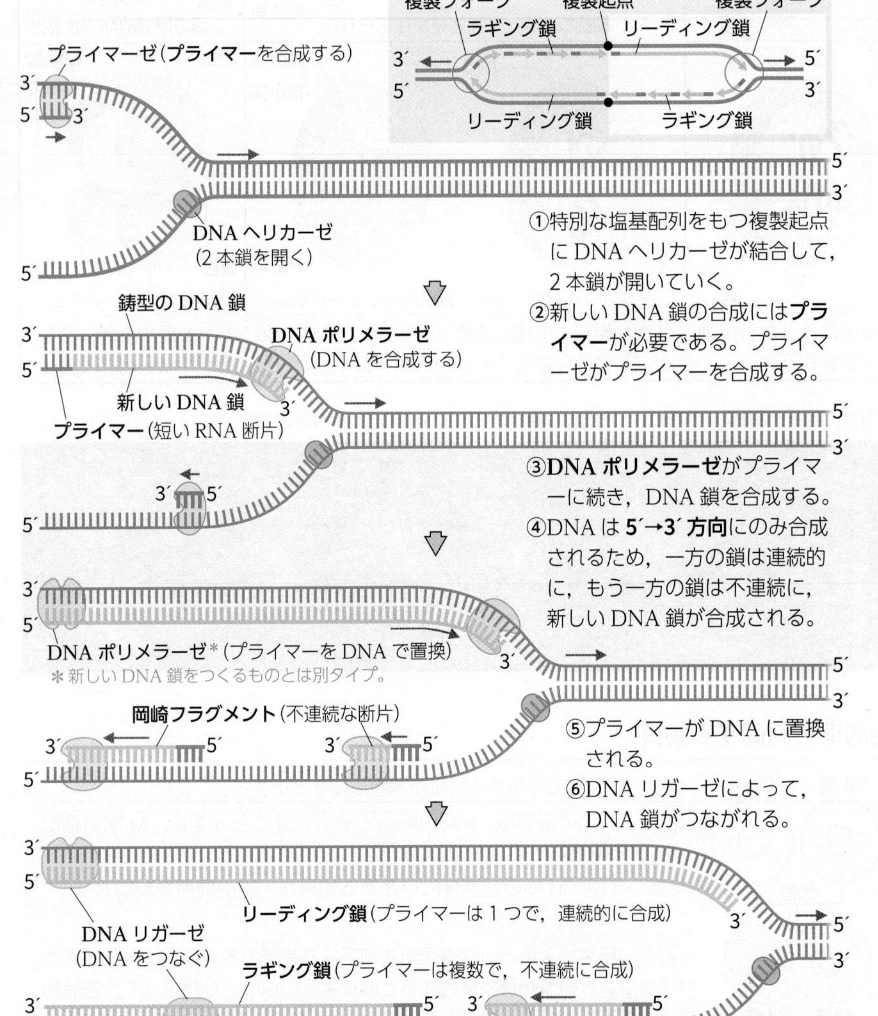
複製フォーク
複製起点
複製フォーク
ラギング鎖
リーディング鎖
リーディング鎖
ラギング鎖
プライマーゼ（プライマーを合成する）
DNA ヘリカーゼ（2 本鎖を開く）
鋳型の DNA 鎖
DNA ポリメラーゼ（DNA を合成する）
新しい DNA 鎖
プライマー（短い RNA 断片）
DNA ポリメラーゼ*（プライマーを DNA で置換）
＊新しい DNA 鎖をつくるものとは別タイプ。
岡崎フラグメント（不連続な断片）
リーディング鎖（プライマーは１つで，連続的に合成）
DNA リガーゼ（DNA をつなぐ）
ラギング鎖（プライマーは複数で，不連続に合成）

①特別な塩基配列をもつ複製起点に DNA ヘリカーゼが結合して，２本鎖が開いていく。
②新しい DNA 鎖の合成には**プライマー**が必要である。プライマーゼがプライマーを合成する。
③**DNA ポリメラーゼ**がプライマーに続き，DNA 鎖を合成する。
④DNA は **5′→3′ 方向**にのみ合成されるため，一方の鎖は連続的に，もう一方の鎖は不連続に，新しい DNA 鎖が合成される。
⑤プライマーが DNA に置換される。
⑥DNA リガーゼによって，DNA 鎖がつながれる。

Step up 複製複合体

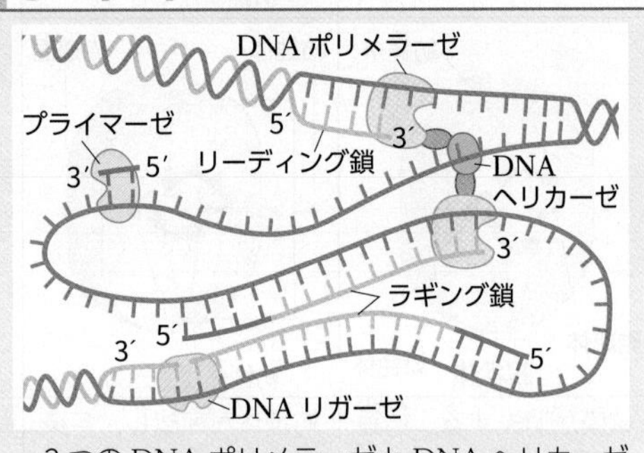
DNA ポリメラーゼ
プライマーゼ
リーディング鎖
DNA ヘリカーゼ
ラギング鎖
DNA リガーゼ

２つの DNA ポリメラーゼと DNA ヘリカーゼなどが DNA 複製複合体をつくっている。

Column 岡崎フラグメントの発見

岡崎令治・恒子夫妻　岡崎令治のノート

岡崎令治（1930 ～ 1975）と妻の岡崎恒子（1933 ～）は，ラギング鎖では，5′ → 3′ 方向に短い DNA 断片が合成され，それらが結合することで 3′ → 5′ 方向へ伸長していくと考えた。そして，実験を重ね，短い DNA 断片（**岡崎フラグメント**）が合成されていることを発見した。

広島で被ばくしていた令治は，慢性骨髄性白血病で 1975 年に急逝した。その後，恒子が研究を引き継ぎ，DNA が不連続に複製されるしくみの全過程を解明した。

プチ雑学 DNA が，相補的な塩基対をもつ二重らせん構造であることを発見したとき，ワトソンとクリックは，DNA は半保存的複製を行うと予測していた。そして，発見から５年後，「生物学でもっとも美しい実験」といわれているメセルソンとスタールの研究成果（▶p.76）によって，その考えは証明されたのである。

3 複製の方向 DNA の合成にはプライマーが必要で，合成は 5′ → 3′ 方向に進む。

A DNA ポリメラーゼ

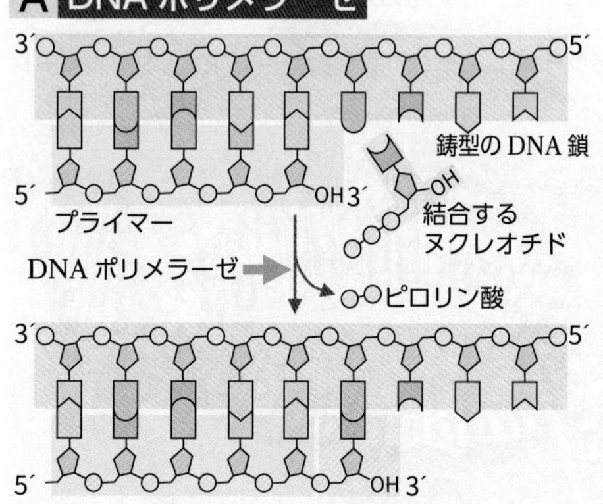
3′
5′
鋳型の DNA 鎖
5′
OH 3′
OH
プライマー
結合する
ヌクレオチド
DNA ポリメラーゼ
ピロリン酸
3′
5′
5′
OH 3′

DNA ポリメラーゼは，すでに存在する 3′ 末端にヌクレオチドを付加する酵素である。そのため，プライマー（短い RNA 断片）がなければ，DNA 鎖の合成は開始されない。また，DNA 鎖の合成は 5′ → 3′ 方向に進む。

B DNA の末端の構造 真核生物の場合

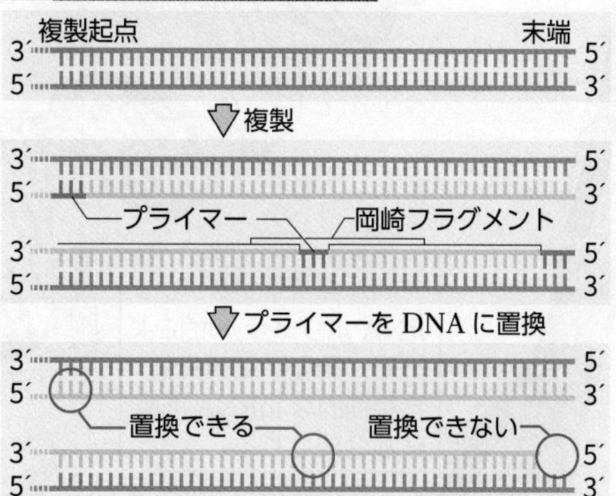
複製起点
末端
複製
プライマー
岡崎フラグメント
プライマーを DNA に置換
置換できる
置換できない

真核生物の DNA の末端には，テロメアという特定のくり返し配列があり，この部分には遺伝子は含まれていない。5′ 末端にあるプライマーが分解されると，その部分を補うことができないため，複製するごとにテロメアは短くなる。

Column テロメアと老化

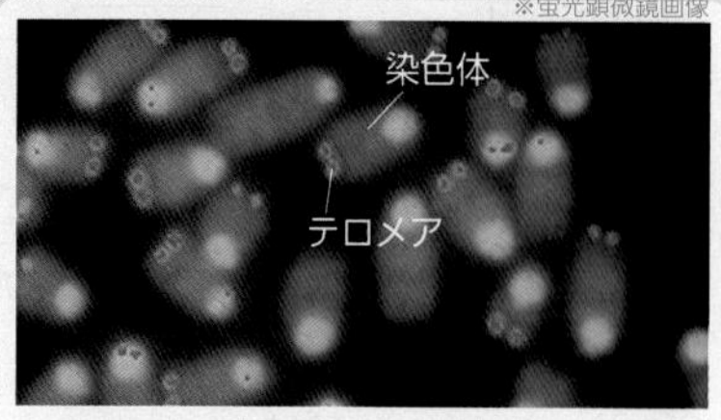
染色体
テロメア
※蛍光顕微鏡画像

テロメアが分裂とともに短くなると，最終的に細胞は分裂できなくなる。テロメアの短縮は**細胞の老化**に関わる。生殖細胞や幹細胞では，テロメアを伸長させる酵素（テロメラーゼ）が働いているため，分裂を継続できる。また，多くのがん細胞でテロメラーゼが働いており，がん細胞が無限増殖できる理由の 1 つにテロメアの伸長があると考えられている。

4 複製起点 真核生物は，多数の複製起点をもち，長大な DNA を効率よく複製している。

真核生物　直線状の DNA

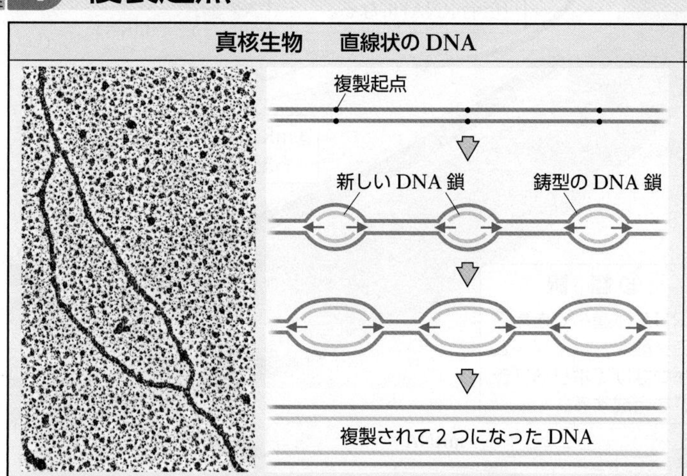
複製起点
新しい DNA 鎖
鋳型の DNA 鎖
複製されて 2 つになった DNA

複製起点は多数あり，複製は各起点から両方向に進行し，やがてそれらが融合していって，全体が複製される。

原核生物　環状の DNA　例 大腸菌

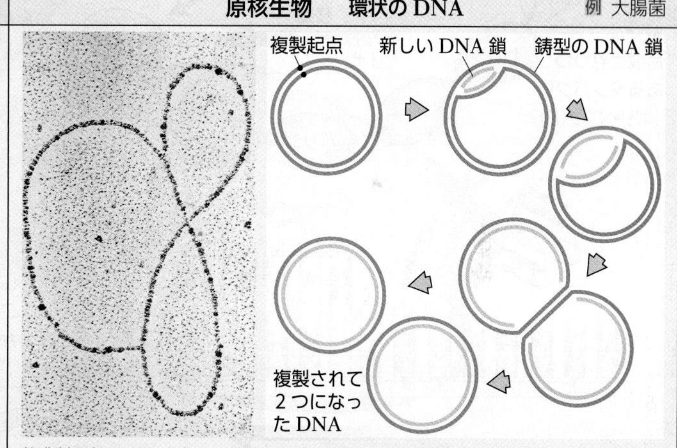
複製起点
新しい DNA 鎖
鋳型の DNA 鎖
複製されて
2 つになった DNA

複製起点は 1 か所で，複製はその起点から両方向に進行し，やがて全体が複製される。

Step up DNA の損傷とその修復

複製ミス

DNA 複製時に間違った塩基が入りこむと，DNA ポリメラーゼが間違った塩基をほとんどとり除いて正しく複製する。間違った塩基が残った場合は，複製直後にミスマッチチェックがあり，修復される（ミスマッチ修復）。

加水分解による損傷

DNA は水分の多い環境に存在するため，塩基が加水分解されて，シトシンがウラシルに変化したり，塩基が失われたりする。損傷部分は除去され，損傷していない DNA 鎖を鋳型にして修復される（塩基除去修復）。

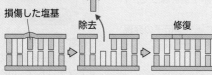

紫外線による損傷

紫外線によって，隣接したチミンが共有結合で結ばれてチミン二量体ができる。DNA 光回復酵素で二量体を分離する（光回復）。

その他の DNA 損傷の原因

化学物質，放射線，活性酸素など。

ミスマッチ修復

間違った塩基（ミスマッチ） → 除去 → 修復

塩基除去修復

損傷した塩基 → 除去 → 修復

光回復

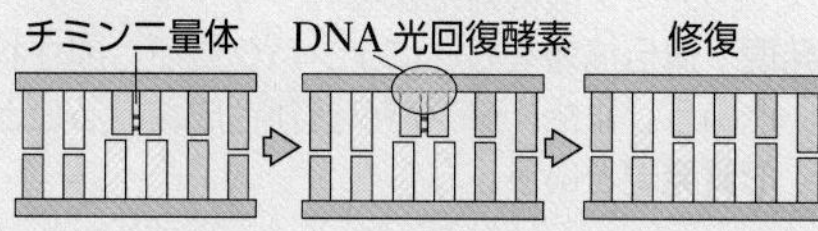
チミン二量体
DNA 光回復酵素
修復

プチ雑学 ミスマッチ修復では，どちらの DNA 鎖が正しいのか判断する必要がある。大腸菌では，複製のもとになる DNA 鎖は特定の塩基配列がメチル化されているが，新しく複製された DNA 鎖はメチル化が進んでいない。よって，メチル化されていない方の DNA 鎖が修復される。

82 遺伝情報の発現(1)

1 真核生物の遺伝情報の発現

核内で遺伝情報の転写，リボソームでタンパク質への翻訳が行われる。 Link

A タンパク質合成の過程

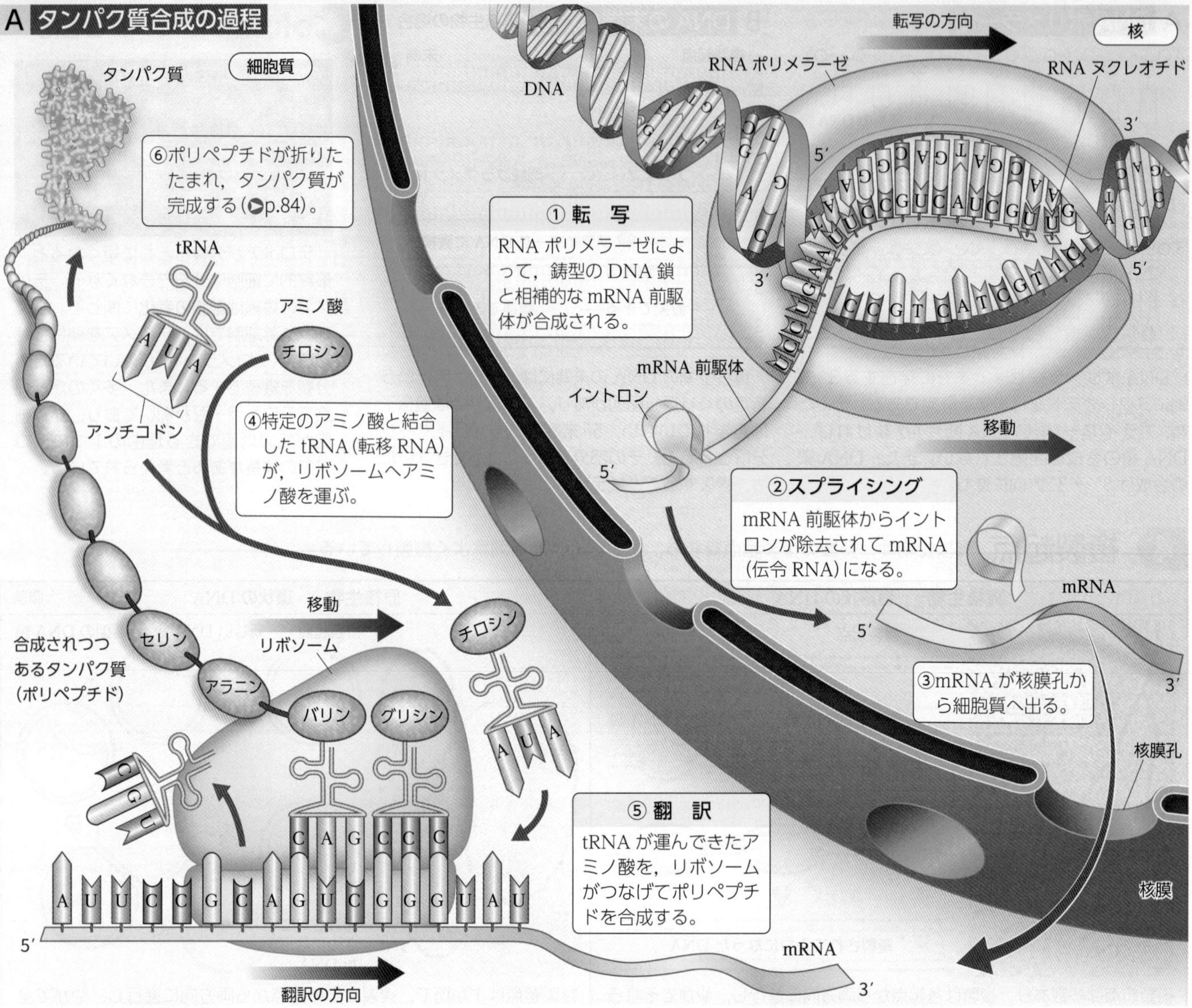

細胞質
タンパク質
核
DNA
転写の方向
RNA ポリメラーゼ
RNA ヌクレオチド

① 転　写
RNA ポリメラーゼによって，鋳型の DNA 鎖と相補的な mRNA 前駆体が合成される。

mRNA 前駆体
イントロン
移動

② スプライシング
mRNA 前駆体からイントロンが除去されて mRNA (伝令 RNA) になる。

mRNA

③ mRNA が核膜孔から細胞質へ出る。

核膜孔
核膜

④ 特定のアミノ酸と結合した tRNA (転移 RNA) が，リボソームへアミノ酸を運ぶ。

tRNA
アミノ酸
チロシン
アンチコドン
移動
リボソーム
合成されつつあるタンパク質(ポリペプチド)
セリン　アラニン　バリン　グリシン

⑤ 翻　訳
tRNA が運んできたアミノ酸を，リボソームがつなげてポリペプチドを合成する。

⑥ ポリペプチドが折りたたまれ，タンパク質が完成する(▶p.84)。

5′ A U U C C G C A G U C G G G U A U 3′ mRNA
翻訳の方向

B セントラルドグマ

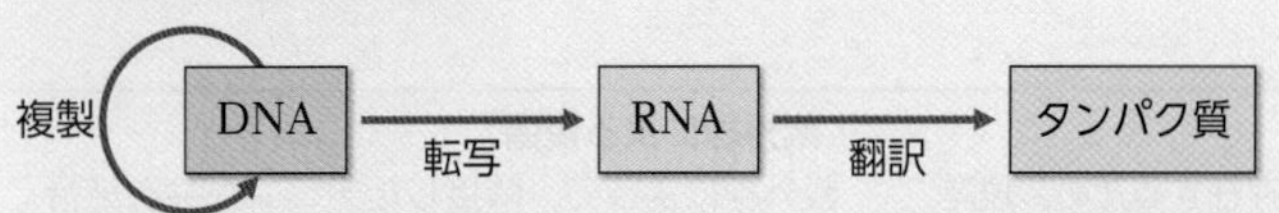
複製
DNA
転写
RNA
翻訳
タンパク質

すべての生物の遺伝情報は，DNA → RNA →タンパク質という方向で伝達される。この概念を**セントラルドグマ**(中心教義)という。

- **転写**　DNA の塩基配列を写しとって mRNA 前駆体が合成される反応。
- **翻訳**　mRNA の塩基配列情報をもとに特定のアミノ酸が順番に結合し，タンパク質が合成される反応。3 つの塩基が 1 組となって，1 つのアミノ酸に対応する。
- **発現**　遺伝情報をもとにタンパク質が合成されることを**遺伝子の発現**という。また，タンパク質が合成されることで形質が現れることを，**形質発現**という。

※レトロウイルスは RNA から DNA を合成する(逆転写，▶p.168)。

C DNA，RNA，タンパク質の関係

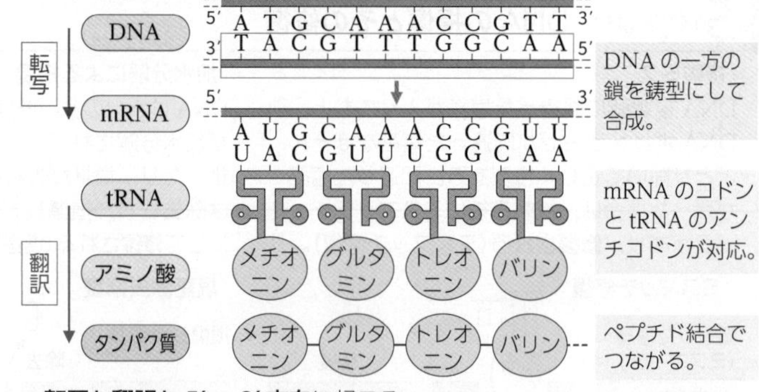
DNA
5′ A T G C A A A C C G T T 3′
3′ T A C G T T T G G C A A 5′
転写
mRNA
5′ A U G C A A A C C G U U 3′
DNA の一方の鎖を鋳型にして合成。
tRNA
U A C G U U U G G C A A
mRNA のコドンと tRNA のアンチコドンが対応。
翻訳
アミノ酸
メチオニン　グルタミン　トレオニン　バリン
タンパク質
メチオニン-グルタミン-トレオニン-バリン
ペプチド結合でつながる。

転写も翻訳も 5′ → 3′ 方向に起こる。

- **コドン**　遺伝暗号の単位。mRNA 上の 3 塩基が 1 つのアミノ酸を指定。
- **アンチコドン**　mRNA 上のコドンに相補的な塩基配列。

プチ雑学 セントラルドグマは，DNA の二重らせん構造を発見したクリックが，1958 年に提唱した。当時は，遺伝情報発現のしくみは解明されていなかったが，クリックは起こり得る遺伝情報の流れとして，DNA → RNA →タンパク質を考え，タンパク質から RNA や DNA へ情報が流れることはないとした。

基生 2 転写とスプライシング DNAから転写されてできたRNAは，スプライシングをへてmRNAになる。

A 転写

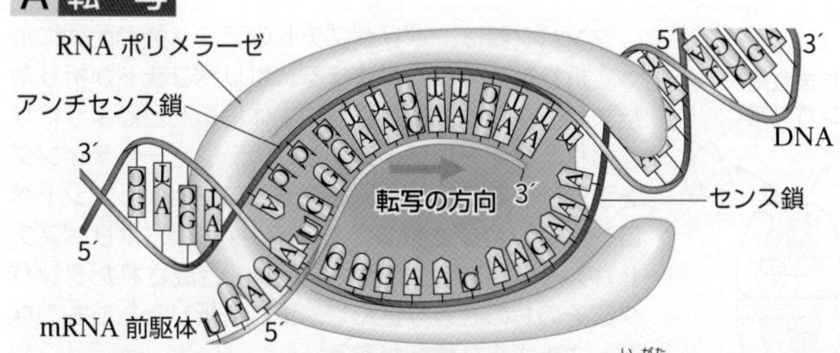
RNAポリメラーゼ
アンチセンス鎖
3′
5′
DNA
転写の方向
センス鎖
mRNA前駆体
5′
3′

※DNAの2本鎖のうち，どちらが鋳型となるかは遺伝子によって異なる。

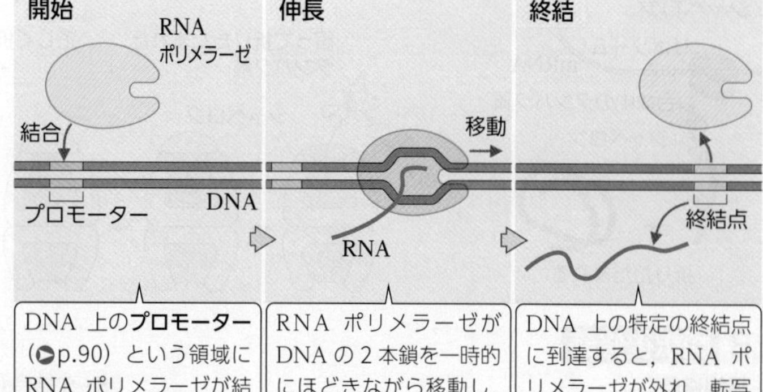
開始
RNAポリメラーゼ
結合
プロモーター
DNA
伸長
移動
RNA
終結
終結点

DNA上の**プロモーター**（▶p.90）という領域にRNAポリメラーゼが結合し，転写が始まる。

RNAポリメラーゼがDNAの2本鎖を一時的にほどきながら移動し，RNAを伸長する。

DNA上の特定の終結点に到達すると，RNAポリメラーゼが外れ，転写が終わる。

RNAポリメラーゼ(**RNA合成酵素**)によって，鋳型(いがた)のDNA鎖に相補的なRNA鎖が合成される。2本のDNA鎖のうち，鋳型になるDNA鎖(鋳型鎖)をアンチセンス鎖，鋳型にならないDNA鎖(非鋳型鎖)をセンス鎖という。なお，RNAの合成では，T(チミン)の代わりにU(ウラシル)が使われる。

B mRNA

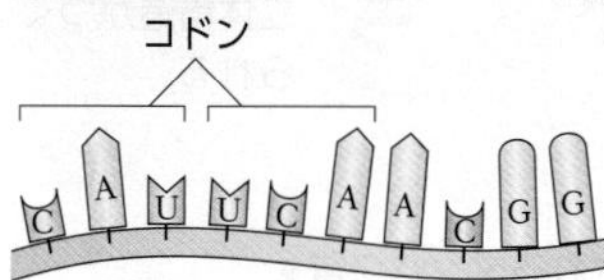
コドン

1本鎖の状態で存在する。DNAの一方の鎖(アンチセンス鎖)に相補的な配列をもち，遺伝情報を伝える。

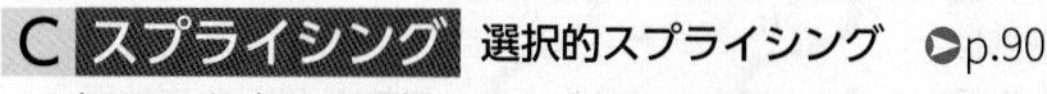

C スプライシング 選択的スプライシング ▶p.90

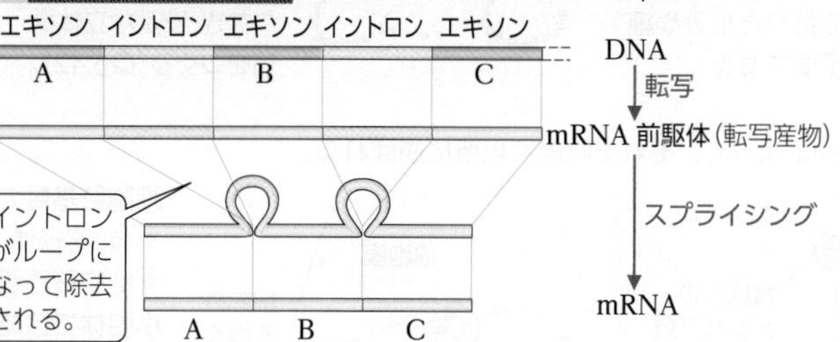
エキソン イントロン エキソン イントロン エキソン
A B C
DNA
転写
mRNA前駆体(転写産物)
スプライシング
mRNA
イントロンがループになって除去される。

真核生物では，転写後，**スプライシング**により相当量のRNAが除去される。mRNAに残る塩基配列を**エキソン**，とり除かれる塩基配列を**イントロン**とよぶ。アミノ酸の情報をもつDNAの塩基配列は，イントロンにより分断(ぶんだん)されている。スプライシングは，イントロンに含まれる特定の塩基配列を目印にして行われる。

基生 3 翻訳 mRNAの塩基配列をもとにポリペプチドが合成される。

A 翻訳のしくみ

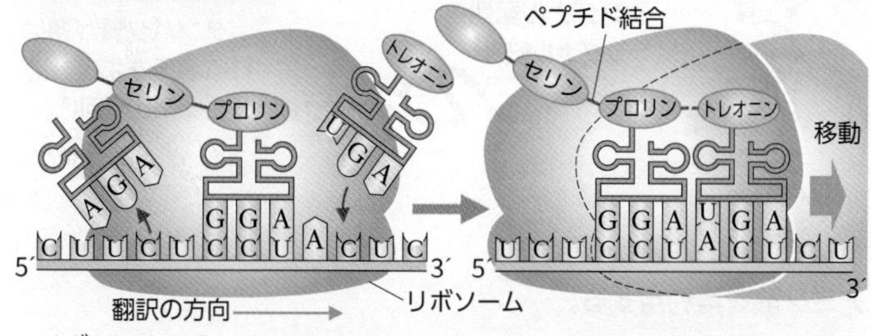
セリン
プロリン
トレオニン
ペプチド結合
移動
翻訳の方向
リボソーム
5′
3′

リボソームに入ったtRNAのアンチコドンとmRNA上のコドンが結合する。tRNAによって運ばれたアミノ酸は隣のアミノ酸とペプチド結合をつくり，tRNAから外れる。リボソームはmRNA上をコドン1つ分(3塩基分)移動し，空のtRNAを離して次のtRNAを迎える。

開始　リボソーム　結合　開始コドン　mRNA
伸長　ポリペプチド　移動　アミノ酸　tRNA
終結　終止コドン

リボソームがmRNAに結合し，mRNA上の**開始コドン**を認識すると翻訳が始まる。

tRNAがリボソームにアミノ酸を次々と運び，ポリペプチドが伸長する。

mRNA上の**終止コドン**を認識すると，翻訳が終わる。mRNAからリボソームが外れる。

B tRNA 例 フェニルアラニン

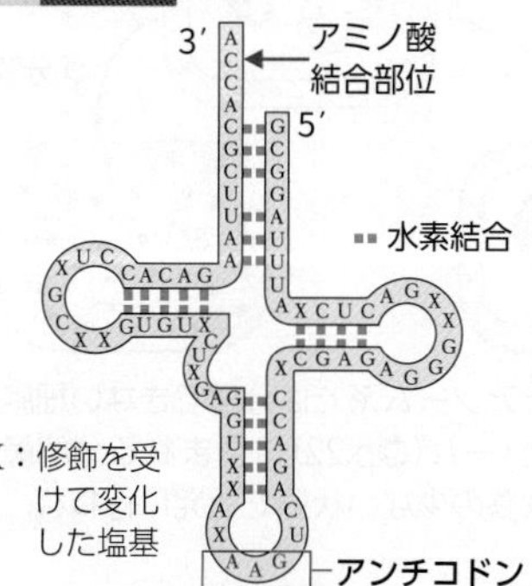
3′
アミノ酸結合部位
5′
水素結合
X：修飾を受けて変化した塩基
アンチコドン

tRNAは，mRNAのコドンに相補的な塩基配列であるアンチコドンとアミノ酸結合部位をもつ。アンチコドンは対応するアミノ酸によって異なる。相補的な塩基の水素結合により，クローバー葉型の二次構造をとる。三次構造はL字型である(▶p.73)。

リボソームと相互作用して働き，特定のアミノ酸を運び，mRNA上の特定のコドンに結合する。

※転移RNAは運搬RNAともいう。種類によって塩基配列や水素結合の位置は異なる。

C リボソーム rRNA ▶p.72

大サブユニット　rRNA　小サブユニット

リボソームを構成する成分の3分の2はRNA，残りの3分の1はタンパク質である。

rRNAは複雑に折りたたまれており，タンパク質合成酵素として働く。大小2つのサブユニットからなる。

Memo アンチ anti-

アンチanti-は「反対の，対抗する」という意味をもつが，ここのように，塩基配列にかかわる用語では，「相補的(complementary)な塩基配列をもつ」という意味で使われている。たとえば，アンチセンス鎖はセンス鎖に相補的な塩基配列をもつDNA鎖，アンチコドンはコドンに相補的な塩基配列を表している。

プチ雑学　mRNAの塩基配列が，実際に翻訳につながる塩基配列なので，これを意味のある(sense)配列と考えた。鋳型にならないDNA鎖の塩基配列は，TをUに読みかえればmRNAの塩基配列に等しいので，このDNA鎖をセンス鎖，鋳型になるDNA鎖(mRNAと相補的な塩基配列をもつ)をアンチセンス鎖とよんでいる。

遺伝情報の発現(2)

1 翻訳後の過程 翻訳後，タンパク質は機能を獲得し，それぞれの場所で働く。

A 立体構造をつくる タンパク質の構造(▶p.42)

シャペロン

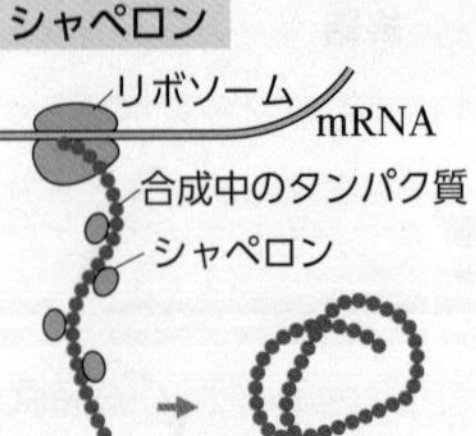
リボソーム
mRNA
合成中のタンパク質
シャペロン
折りたたまれる

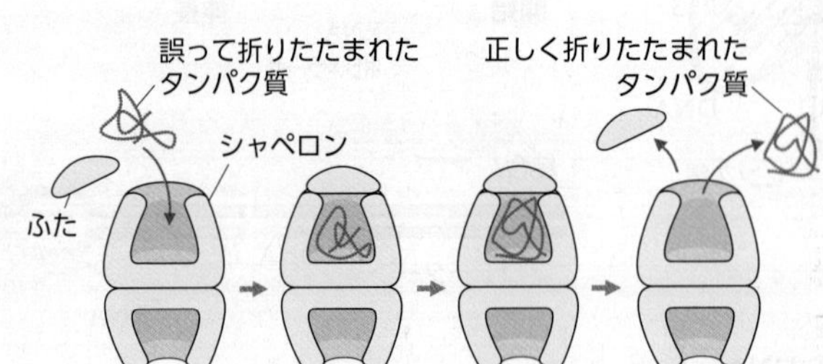
誤って折りたたまれた
タンパク質
正しく折りたたまれた
タンパク質
シャペロン
ふた

タンパク質は，ポリペプチドのアミノ酸の配列によって折りたたまれ方が決まる。ポリペプチドが折りたたまれ，タンパク質が正しい立体構造をとるようになる過程を**フォールディング**といい，フォールディングを手助けするタンパク質を**シャペロン**という。シャペロンには，合成されつつあるタンパク質(ポリペプチド)の一部に結合して働くものや，合成されたタンパク質そのものをとり込んで，正しく折りたたむものなど，さまざまな種類がある。

B 翻訳後修飾

糖鎖修飾

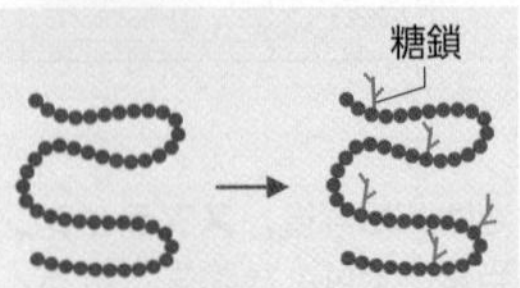
糖鎖

小胞体やゴルジ体にある酵素によって，タンパク質に**糖鎖**が付加される。糖鎖修飾はタンパク質の折りたたみや細胞の認識に重要である。

S-S結合(ジスルフィド結合)

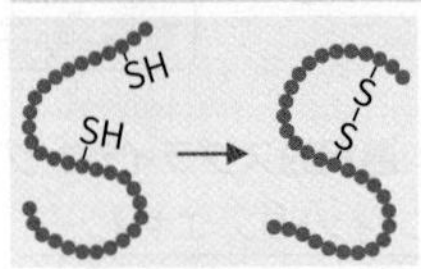
SH
SH
S
S

※ Sは硫黄原子を表す。

酵素によって，アミノ酸に含まれる硫黄原子間を共有結合でつなぎ，安定な立体構造をつくる(▶p.42)。

切 断

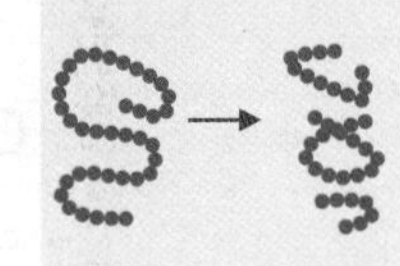

タンパク質が切断されることで，不可逆的に立体構造がつくられる。

C 輸 送 タンパク質は，シグナル配列によって，それぞれ働く場所に運ばれる。

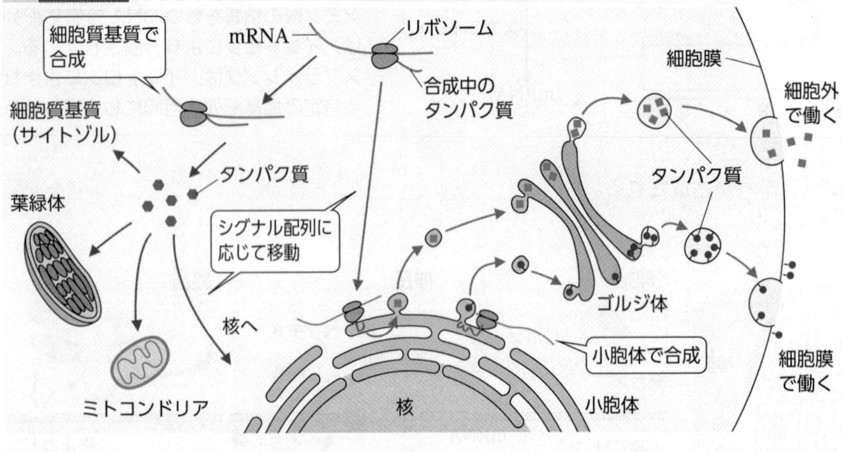
細胞質基質で
合成
mRNA
リボソーム
合成中の
タンパク質
細胞膜
細胞外
で働く
細胞質基質
(サイトゾル)
タンパク質
葉緑体
シグナル配列に
応じて移動
タンパク質
ゴルジ体
核へ
小胞体で合成
細胞膜
で働く
ミトコンドリア
核
小胞体

細胞質基質で合成されるタンパク質
- 核，葉緑体，ミトコンドリアなどの細胞小器官で働く。
- 細胞質基質で働く。

小胞体で合成されるタンパク質
- 小胞体やゴルジ体で働く。
- 細胞外に分泌されたり，細胞膜で働く。
- 小胞体とゴルジ体でのタンパク質の移動は，**小胞輸送**(▶p.27)によって行われる。

シグナル配列

シグナル配列　タンパク質

タンパク質が運ばれる場所を指定するアミノ酸の配列*。

＊15～60個のアミノ酸配列からなる。

2 タンパク質の分解 不要なタンパク質を分解して，アミノ酸を再利用する。

A ユビキチン・プロテアソーム系

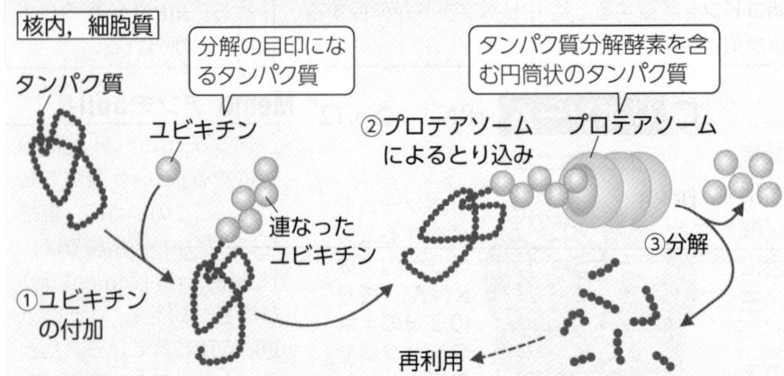
核内，細胞質
タンパク質
分解の目印になるタンパク質
ユビキチン
タンパク質分解酵素を含む円筒状のタンパク質
②プロテアソームによるとり込み
プロテアソーム
連なった
ユビキチン
①ユビキチン
の付加
③分解
再利用

傷ついたタンパク質や，正しく折りたたまれなかった異常なタンパク質などには，ユビキチンが付加される。連なったユビキチンが目印になって，プロテアソームにとり込まれ分解される。分解されてできたアミノ酸は，新たなタンパク質の合成に再利用される。

B オートファジー(自食作用)

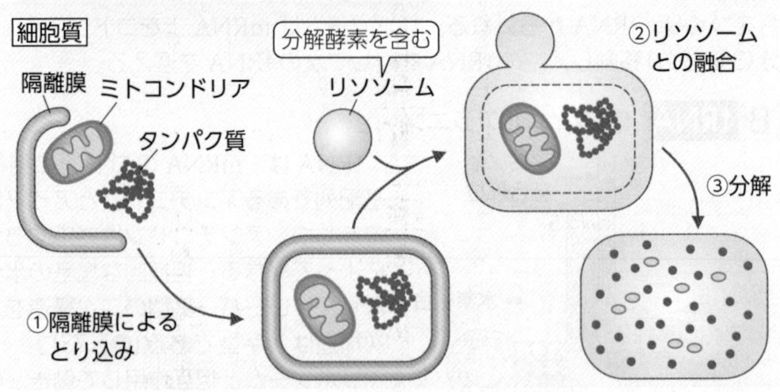
細胞質
分解酵素を含む
リソソーム
②リソソーム
との融合
隔離膜
ミトコンドリア
タンパク質
③分解
①隔離膜による
とり込み

タンパク質や，ユビキチン・プロテアソーム系では分解できない細胞小器官などを分解するしくみ。リソソーム(▶p.22)に含まれる分解酵素によって分解される。自食作用は栄養の少ない状態で活発に行われ，分解してできた物質は再利用される。

プチ雑学 「オートファジー(Autophagy)」という言葉は，ベルギーの医師クリスチャン・ド・デューヴによって提唱された。ド・デューヴはリソソームやペルオキシソームを発見して1974年にノーベル生理学・医学賞を受賞している。また，ド・デューヴは他にも，エキソサイトーシスやエンドサイトーシス(▶p.27)という言葉も提唱したといわれている。

Keywords ●フォールディング folding ●シャペロン chaperone ●修飾 modification ●糖鎖 sugar chain ●オートファジー(自食作用) autophagy ●唾腺染色体 salivary (gland) chromosome ●パフ puff

生 3 原核生物の遺伝情報の発現 イントロンがなく，スプライシングの過程がない。

A 原核生物のタンパク質合成

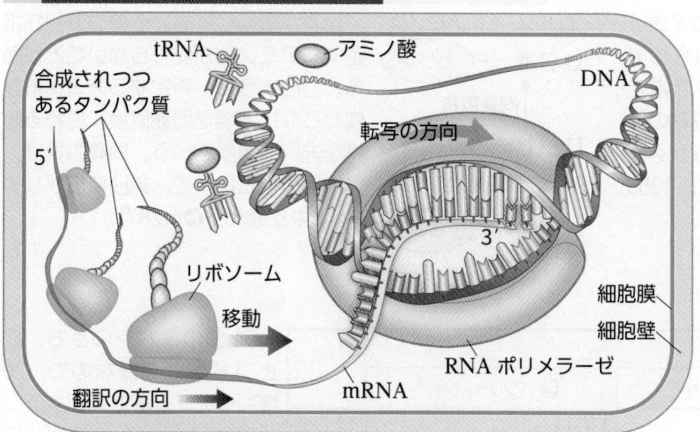
tRNA
アミノ酸
合成されつつあるタンパク質
DNA
5′
転写の方向
3′
リボソーム
移動
細胞膜
細胞壁
RNA ポリメラーゼ
mRNA
翻訳の方向

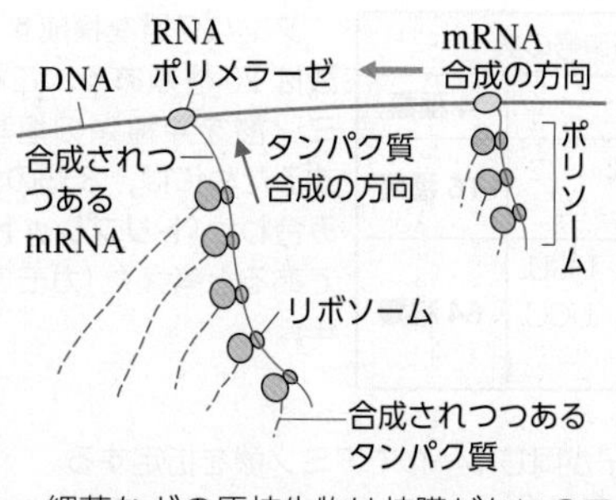
DNA
RNAポリメラーゼ
mRNA合成の方向
合成されつつあるmRNA
タンパク質合成の方向
ポリソーム
リボソーム
合成されつつあるタンパク質

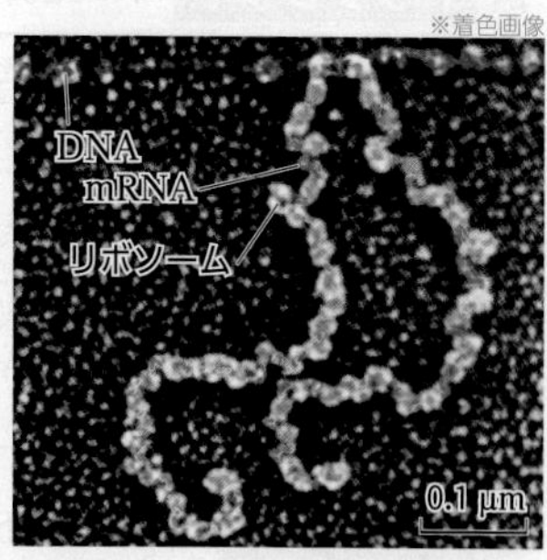
※着色画像
DNA
mRNA
リボソーム
0.1 µm

細菌などの原核生物は核膜がないので，合成途中の mRNA にリボソームが結合できる。よって，転写と翻訳が同時進行で行われる。

また，真核生物と同様に，1本の mRNA に多数のリボソームが結合して(**ポリソーム**)，タンパク質が合成される。

※合成されつつあるタンパク質は，写真には写っていない。

B 原核生物と真核生物のちがい ➲p.18

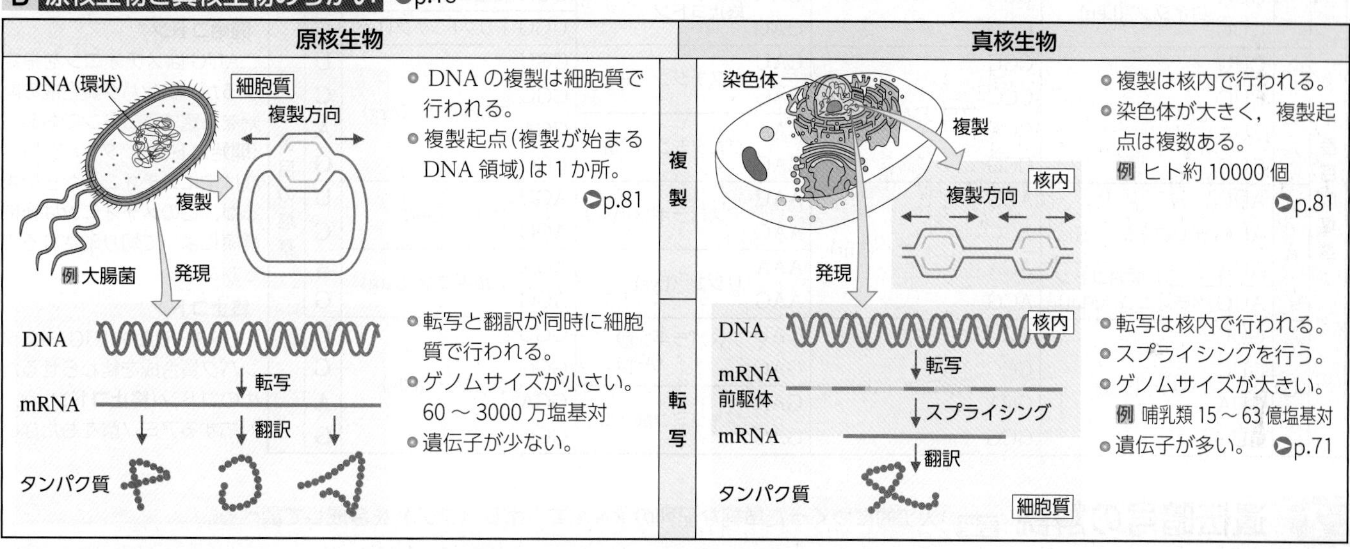
原核生物
真核生物
DNA(環状)
細胞質
複製方向
複製
例 大腸菌
発現
DNA
転写
mRNA
翻訳
タンパク質
染色体
複製
核内
複製方向
発現
DNA
核内
転写
mRNA前駆体
スプライシング
mRNA
翻訳
タンパク質
細胞質

	原核生物	真核生物
複製	● DNA の複製は細胞質で行われる。 ● 複製起点(複製が始まる DNA 領域)は 1 か所。 ➲p.81	● 複製は核内で行われる。 ● 染色体が大きく，複製起点は複数ある。 例 ヒト約 10000 個 ➲p.81
転写	● 転写と翻訳が同時に細胞質で行われる。 ● ゲノムサイズが小さい。60～3000 万塩基対 ● 遺伝子が少ない。	● 転写は核内で行われる。 ● スプライシングを行う。 ● ゲノムサイズが大きい。 例 哺乳類 15～63 億塩基対 ● 遺伝子が多い。 ➲p.71

基 4 唾腺染色体 実験 唾腺染色体のパフでは，DNA が活発に転写されている。

A 唾腺染色体の特徴

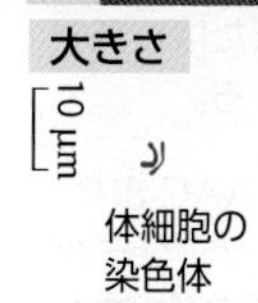
大きさ
10 µm
体細胞の染色体(分裂期)

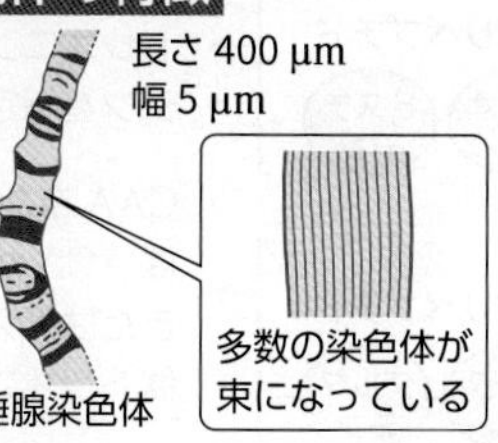
長さ 400 µm
幅 5 µm
唾腺染色体
多数の染色体が束になっている

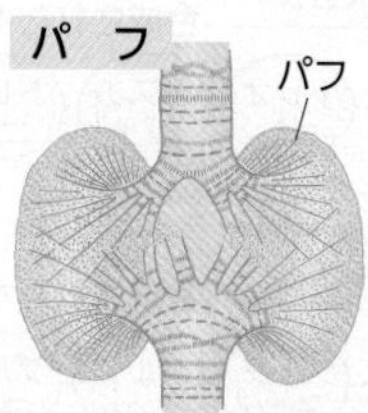
パ フ
パフ

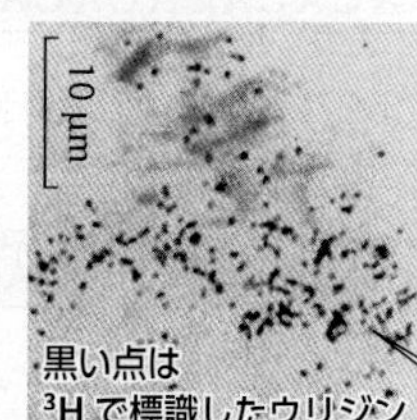
10 µm
黒い点は ³H で標識したウリジン

● 体細胞の染色体の 100～150 倍の大きさ。
● 十数回くり返し複製した染色体が束になっている。
● 相同染色体が対合した状態で，染色体数は体細胞の半分。
● 横縞は遺伝子の位置に対応している。
● パフでは，DNA が活発に転写されている。

ウリジンは RNA を構成する物質。パフにウリジンが集まっているので，mRNA が合成されていると推定できる。

B 唾腺染色体の観察

例 アカムシユスリカ($2n = 6$)

①幼虫の胸あたりをピンセットで押さえ，頭を別のピンセットで引っ張りながら，消化管についた唾腺をとり出す。
②染色液で染色体を染め，顕微鏡で観察する。

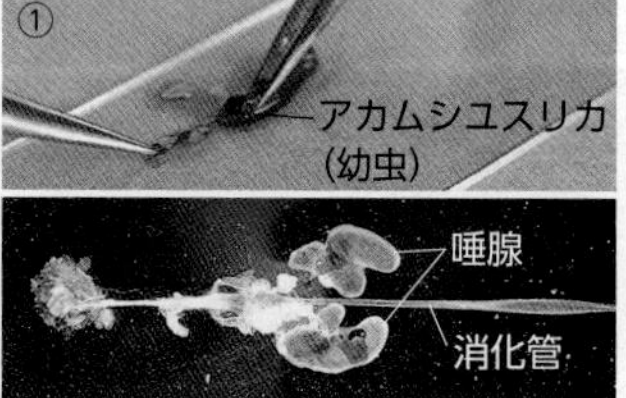
①
アカムシユスリカ(幼虫)

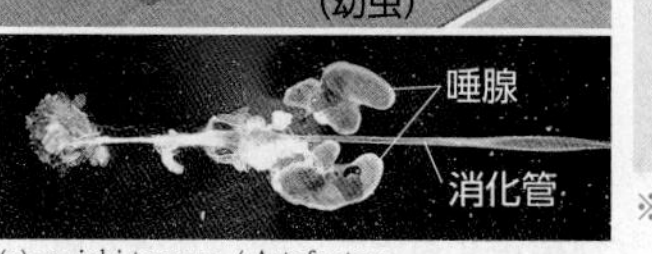
唾腺
消化管

②
10 µm
パフ

※酢酸オルセイン溶液で染色。

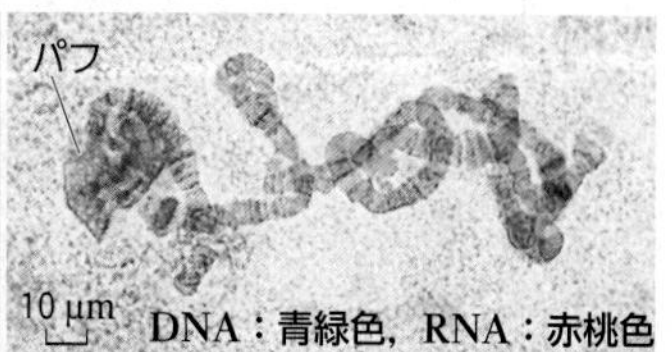
パフ
10 µm
DNA：青緑色，RNA：赤桃色

※メチルグリーン・ピロニン溶液で染色。

プチ雑学

アカムシユスリカは昆虫のなかまで，幼虫は釣りのえさに利用される。人を刺すことはないが，川の富栄養化(➲p.251)などによって大量発生することがある。通行の妨げになったり，洗濯物が干せなかったり，窓が開けられなかったりする。アカムシユスリカを抗原とするアレルギーもあり，大量発生すると害になる。

遺伝暗号

Keywords ●トリプレット triplet ●コドン codon

1 mRNA の遺伝暗号 1 種のアミノ酸を指定するコドンは数種類ある。

A トリプレット $4^2 < 20 < 4^3$

塩基の数	指定できる暗号の数	
1 個	U, C, A, G	**4 種類**
2 個	UU, UC, UA, UG, CU, CC, CA, CG, ……	**16 種類**
3 個（トリプレット）	UUU, UCU, UAU, UGU, UUC, UCC, UAC, UGC, ……	**64 種類**

タンパク質を構成するアミノ酸は 20 種類ある。これらのアミノ酸を 4 種類の塩基で指定するためには，3 個の塩基の組み合わせ（**トリプレット**）が必要であると考えた（ガモフ，1955 年）。

B 置換とアミノ酸の指定 突然変異 ➲p.264

コドン アミノ酸
UCA → セリン
↑ 同義置換
UCU → セリン
↓ 非同義置換
UAU → チロシン

塩基が置換しても，そのコドンが指定するアミノ酸が変わらないことがある。このように，指定するアミノ酸が変わらない置換を同義置換，変わる置換を非同義置換という。同義置換は，非同義置換と比べて，集団に広がりやすい（中立進化，➲p.287）。

C 遺伝暗号表 すべての遺伝子が同じルールでアミノ酸を指定する。

1番目の塩基	2番目の塩基 U（ウラシル）	C（シトシン）	A（アデニン）	G（グアニン）	3番目の塩基
U	UUU フェニルアラニン (Phe)	UCU セリン (Ser)	UAU チロシン (Tyr)	UGU システイン (Cys)	U
	UUC フェニルアラニン (Phe)	UCC セリン (Ser)	UAC チロシン (Tyr)	UGC システイン (Cys)	C
	UUA ロイシン (Leu)	UCA セリン (Ser)	UAA **終止コドン**	UGA **終止コドン**	A
	UUG ロイシン (Leu)	UCG セリン (Ser)	UAG **終止コドン**	UGG トリプトファン (Trp)	G
C	CUU ロイシン (Leu)	CCU プロリン (Pro)	CAU ヒスチジン (His)	CGU アルギニン (Arg)	U
	CUC ロイシン (Leu)	CCC プロリン (Pro)	CAC ヒスチジン (His)	CGC アルギニン (Arg)	C
	CUA ロイシン (Leu)	CCA プロリン (Pro)	CAA グルタミン (Gln)	CGA アルギニン (Arg)	A
	CUG ロイシン (Leu)	CCG プロリン (Pro)	CAG グルタミン (Gln)	CGG アルギニン (Arg)	G
A	AUU イソロイシン (Ile)	ACU トレオニン (Thr)	AAU アスパラギン (Asn)	AGU セリン (Ser)	U
	AUC イソロイシン (Ile)	ACC トレオニン (Thr)	AAC アスパラギン (Asn)	AGC セリン (Ser)	C
	AUA イソロイシン (Ile)	ACA トレオニン (Thr)	AAA リシン (Lys)	AGA アルギニン (Arg)	A
	AUG メチオニン (Met) **開始コドン**	ACG トレオニン (Thr)	AAG リシン (Lys)	AGG アルギニン (Arg)	G
G	GUU バリン (Val)	GCU アラニン (Ala)	GAU アスパラギン酸 (Asp)	GGU グリシン (Gly)	U
	GUC バリン (Val)	GCC アラニン (Ala)	GAC アスパラギン酸 (Asp)	GGC グリシン (Gly)	C
	GUA バリン (Val)	GCA アラニン (Ala)	GAA グルタミン酸 (Glu)	GGA グリシン (Gly)	A
	GUG バリン (Val)	GCG アラニン (Ala)	GAG グルタミン酸 (Glu)	GGG グリシン (Gly)	G

64 個のコドンのうち，終止コドンは 3 個なので，20 種類のアミノ酸を指定するコドンは 61 個ある。したがって，1 種類のアミノ酸を指定するコドンは数種類存在している。

開始コドン

AUG はメチオニンを指定するが，タンパク質合成の開始を指定するコドンでもある（**開始コドン**）。タンパク質合成は常にメチオニンから始まるが，このメチオニンは後に酵素によって切り離されることがある。

終止コドン

UAA，UAG，UGA はタンパク質合成を終わらせるためのコドン（**終止コドン**）で，対応するアミノ酸をもたない。

2 遺伝暗号の解読 歴史 人工的につくった単純な配列の RNA で，ポリペプチドを合成して調べる。

ニーレンバーグの実験 1961 年

1 種類の塩基の連続からなる mRNA で，合成されたポリペプチドを調べる。

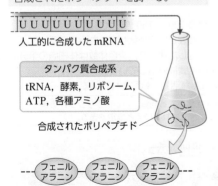

UUUUUUUUUUUU
人工的に合成した mRNA

タンパク質合成系
tRNA，酵素，リボソーム，ATP，各種アミノ酸

合成されたポリペプチド

フェニルアラニン－フェニルアラニン－フェニルアラニン

AAA…ではリシンのみ，CCC…ではプロリンのみのポリペプチドが合成された。

UUU はフェニルアラニン，AAA はリシン，CCC はプロリンを指定する。

コラーナの実験 1963 年

数種類の塩基のくり返し配列からなる mRNA で，合成されたポリペプチドを調べる。

実験①
mRNA ACACACACACACA
コドンと認識される配列 ACA CAC ACA / CAC ACA CAC
合成されたポリペプチド トレオニン－ヒスチジン－トレオニン－ヒスチジン

→ ACA または CAC が，トレオニンまたはヒスチジンを指定する。

実験②
mRNA CAACAACAACAAC
コドンと認識される配列 CAA CAA CAA / AAC AAC AAC / ACA ACA ACA
合成されたポリペプチド
グルタミン－グルタミン－グルタミン－グルタミン
アスパラギン－アスパラギン－アスパラギン－アスパラギン
トレオニン－トレオニン－トレオニン－トレオニン

→ CAA または AAC または ACA が，グルタミンまたはアスパラギンまたはトレオニンを指定する。

↓

ACA はトレオニンを指定し，CAC はヒスチジンを指定する。

この方法では，64 個すべてのコドンを解読できない。

トリプレットで調べる

1 種類のコドン 1 個分の RNA 断片で tRNA を引き寄せ，その tRNA がもつアミノ酸を調べる。

この方法で 64 個のコドンが指定するアミノ酸がすべて解明された（1966 年）。

プチ雑学 基本的に遺伝暗号は生物に共通しているが，標準的なものと暗号が少し異なっている例もある。たとえば，哺乳類のミトコンドリアでは，UGA は終止コドンではなくトリプトファンを指定するコドンになり，AGA と AGG はアルギニンコドンではなく終止コドンになる。よって，哺乳類のミトコンドリアには 4 つの終止コドンが存在する。

Keywords ●オペロン operon ●プロモーター promoter ●調節タンパク質 regulatory protein ●調節遺伝子 regulatory gene

原核生物の発現調節(1)

1 オペロン 調節タンパク質は，関連する複数の遺伝子の発現をまとめて調節している。

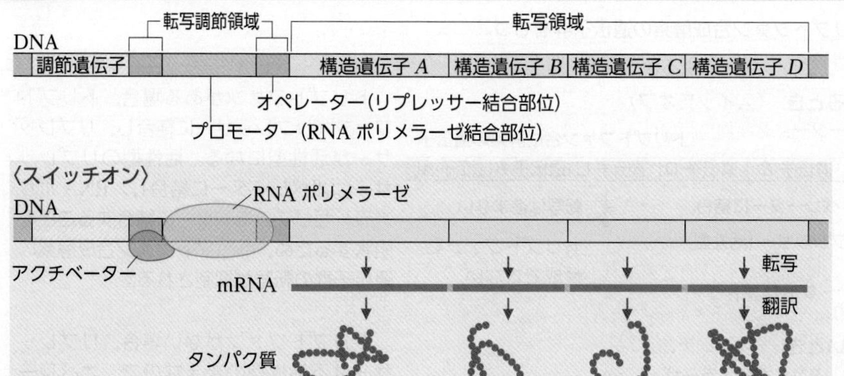
転写調節領域
転写領域
DNA
調節遺伝子
構造遺伝子 A
構造遺伝子 B
構造遺伝子 C
構造遺伝子 D
オペレーター(リプレッサー結合部位)
プロモーター(RNA ポリメラーゼ結合部位)
〈スイッチオン〉
DNA
RNA ポリメラーゼ
アクチベーター
転写
mRNA
翻訳
タンパク質

原核生物では，関連する複数の遺伝子が並んで存在し，まとめて転写されることが多い。このような遺伝子群を**オペロン**という。オペロンはまとめて転写調節される。

- **プロモーター** RNA ポリメラーゼ(RNA 合成酵素)が結合する部位。
- **調節タンパク質(転写調節因子)** 転写を調節するタンパク質。転写を抑制する**リプレッサー(転写抑制因子)**や，転写を促進する**アクチベーター(転写活性化因子)**がある。
- **転写調節領域** 調節タンパク質が結合する部位。
- **オペレーター** リプレッサーが結合する転写調節領域。
- **調節遺伝子** 調節タンパク質の遺伝子。
- **構造遺伝子** 酵素などのタンパク質の遺伝子。

2 ラクトースオペロン ラクトースの代謝酵素の遺伝子は，まわりに存在する糖の種類に応じて発現が調節される。

A 大腸菌による糖の利用

ラクトース

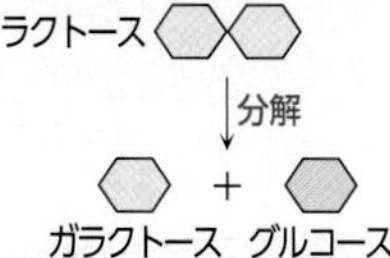
ラクトース
分解
ガラクトース
グルコース

ラクトースは糖の一種で，ガラクトースとグルコースが結合した構造をとる(▶p.45)。大腸菌は，ラクトースを分解してからエネルギー源として利用する。

ラクトースの利用

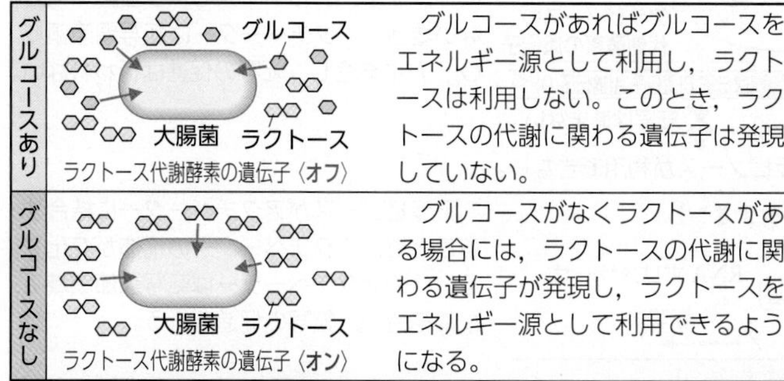
グルコースあり
グルコース
大腸菌
ラクトース
ラクトース代謝酵素の遺伝子〈オフ〉
グルコースなし
大腸菌
ラクトース
ラクトース代謝酵素の遺伝子〈オン〉

グルコースがあればグルコースをエネルギー源として利用し，ラクトースは利用しない。このとき，ラクトースの代謝に関わる遺伝子は発現していない。

グルコースがなくラクトースがある場合には，ラクトースの代謝に関わる遺伝子が発現し，ラクトースをエネルギー源として利用できるようになる。

B β-ガラクトシダーゼの合成の確認

原理

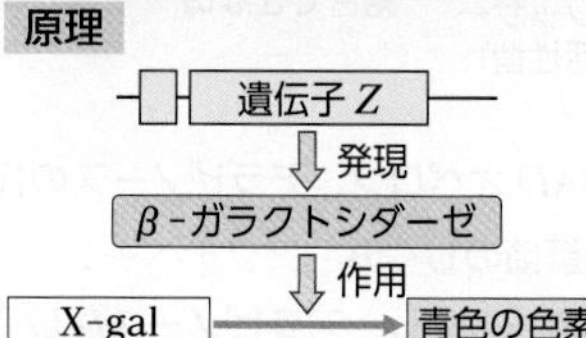
遺伝子 Z
発現
β-ガラクトシダーゼ
作用
X-gal
青色の色素

β-ガラクトシダーゼはラクトース分解酵素であるが，X-gal という物質も分解する。X-gal が分解すると青色の色素を生じるため，X-gal 存在下で青いコロニー*をつくる大腸菌では，β-ガラクトシダーゼの遺伝子が発現しているとわかる。

＊培地上に見える細胞のかたまりをコロニーという(▶p.118)。

結果

グルコース + X-gal
ラクトース + X-gal

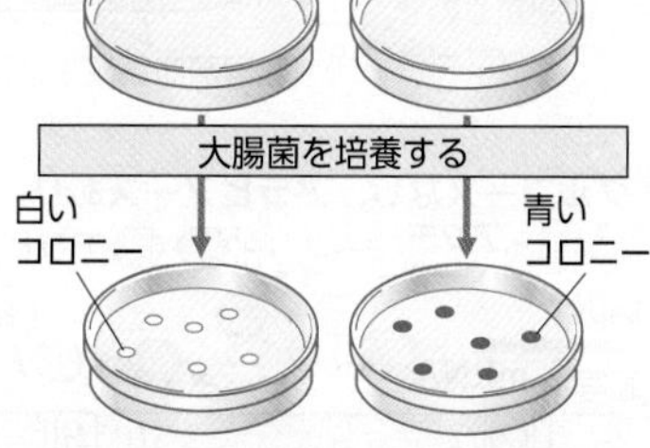
大腸菌を培養する
白い コロニー
青い コロニー

栄養源としてグルコースを含む培地に，X-gal を添加して大腸菌を培養すると，白いコロニーのみが見られた。一方，栄養源をラクトースに変えて大腸菌を培養すると，青いコロニーのみが見られた。

以上のことから，グルコースがなく，ラクトースがある場合に，β-ガラクトシダーゼの遺伝子が発現していると考えられる。

C ラクトースオペロン *lac* オペロン。ラクトースの代謝酵素(β-ガラクトシダーゼなど)の遺伝子群をもつ。

ラクトースによる発現調節 リプレッサーによる負の調節

グルコースなし，ラクトースなし〈スイッチオフ〉

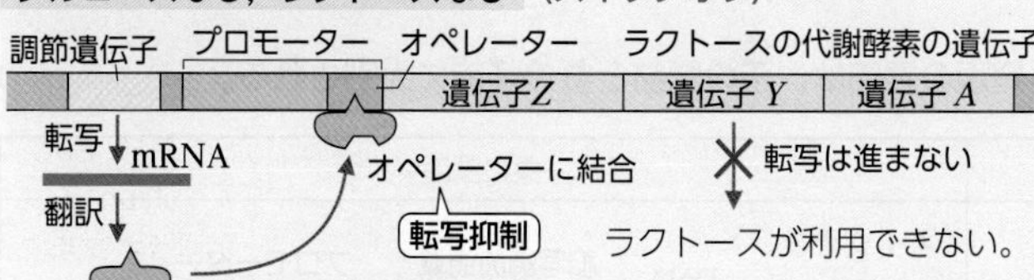
調節遺伝子
プロモーター
オペレーター
ラクトースの代謝酵素の遺伝子
遺伝子Z
遺伝子 Y
遺伝子 A
転写
mRNA
オペレーターに結合
転写は進まない
翻訳
転写抑制
ラクトースが利用できない。
リプレッサー(活性型)

グルコースもラクトースもない場合，リプレッサーがオペレーターに結合し，RNA ポリメラーゼがプロモーターに結合することを阻害するため，ラクトースの代謝に関わる遺伝子群の転写が抑制される。

グルコースなし，ラクトースあり〈スイッチオン〉

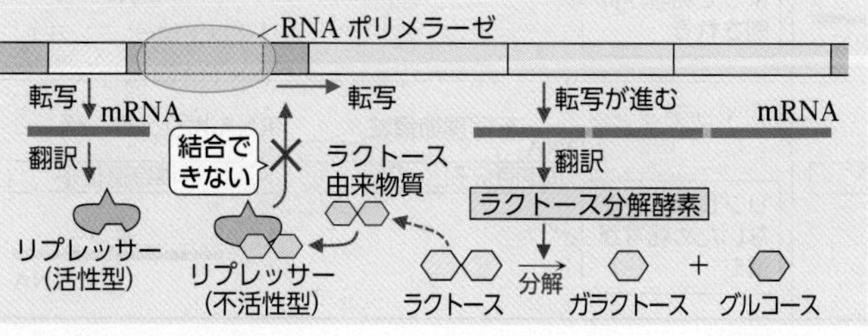
RNA ポリメラーゼ
転写
mRNA
転写
転写が進む
mRNA
翻訳
結合できない
ラクトース由来物質
翻訳
ラクトース分解酵素
リプレッサー(活性型)
リプレッサー(不活性型)
ラクトース
分解
ガラクトース
グルコース

グルコースがなく，ラクトースがある場合，ラクトース由来物質がリプレッサーに結合し，リプレッサーが不活性型となる。不活性型のリプレッサーはオペレーターに結合できないため，ラクトースの代謝に関わる遺伝子群の転写が進む。

グルコースによる発現調節

グルコースなし，ラクトースあり〈スイッチオン〉

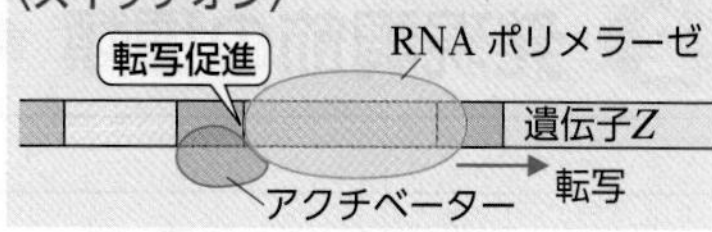
転写促進
RNA ポリメラーゼ
遺伝子Z
転写
アクチベーター

アクチベーターが合成される。ラクトースがあると，転写が促進される。

グルコースあり，ラクトースあり〈スイッチオフ〉

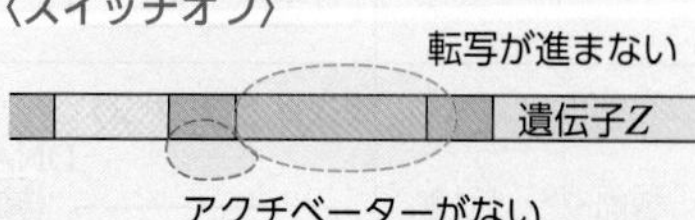
転写が進まない
遺伝子Z
アクチベーターがない

アクチベーターが合成されず，ラクトースの有無に関わらず転写されない。

※左の図ではアクチベーターを省略した。

プチ雑学 オペロンの考え方(オペロン説)は，ジャコブとモノーが提唱し，大腸菌がタンパク質合成を調節するしくみを解明した。2 人はルウォフとともに，1965 年のノーベル生理学・医学賞を受賞した。

原核生物の発現調節(2)

Keywords ●オペロン operon ●プロモーター promoter ●リプレッサー repressor ●アクチベーター activator

1 大腸菌の発現調節 大腸菌は，環境に合わせて遺伝子の発現を調節する。

A トリプトファンオペロン *trp* オペロン。トリプトファン合成酵素の遺伝子群をもつ。

トリプトファンの利用

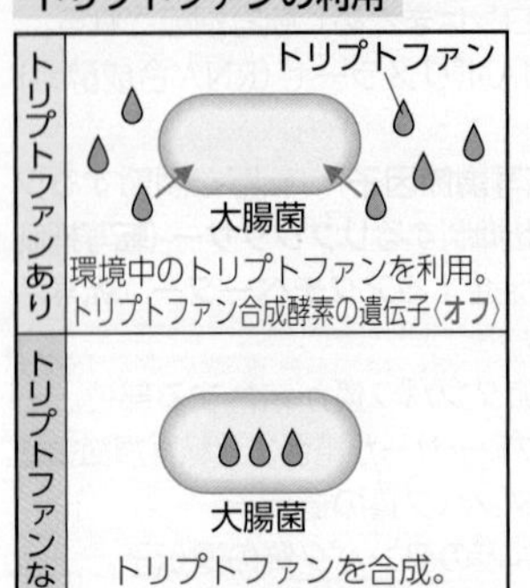

トリプトファンあり
トリプトファン
大腸菌
環境中のトリプトファンを利用。
トリプトファン合成酵素の遺伝子〈オフ〉
トリプトファンなし
大腸菌
トリプトファンを合成。
トリプトファン合成酵素の遺伝子〈オン〉

トリプトファンは大腸菌が増殖するのに必要なアミノ酸。環境にあればとり込んで使うが，ない場合は合成するため，合成酵素の遺伝子群が発現する。

発現調節のしくみ リプレッサーによる負の調節

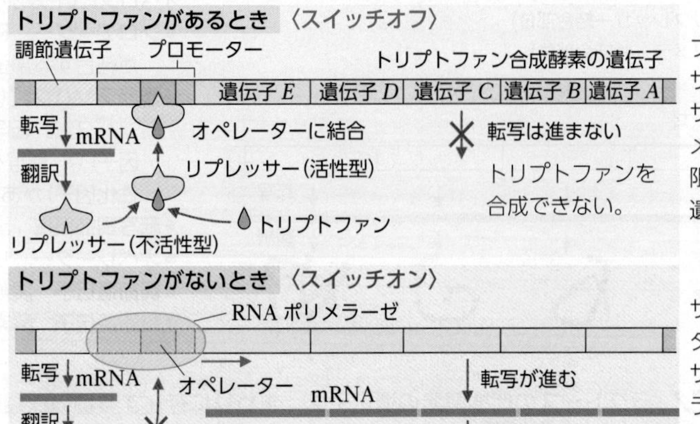

トリプトファンがあるとき〈スイッチオフ〉
調節遺伝子
プロモーター
トリプトファン合成酵素の遺伝子
遺伝子 E
遺伝子 D
遺伝子 C
遺伝子 B
遺伝子 A
転写
mRNA
オペレーターに結合
転写は進まない
翻訳
リプレッサー(活性型)
トリプトファンを合成できない。
トリプトファン
リプレッサー(不活性型)
トリプトファンがないとき〈スイッチオン〉
RNA ポリメラーゼ
転写
mRNA
オペレーター
mRNA
転写が進む
翻訳
翻訳
オペレーターに結合できない
リプレッサー(不活性型)
トリプトファン合成酵素
トリプトファンを合成できる。

トリプトファンがある場合，トリプトファンがリプレッサーに結合し，リプレッサーが活性型になる。活性型のリプレッサーはオペレーターに結合し，RNA ポリメラーゼがプロモーターに結合することを阻害するため，トリプトファン合成酵素の遺伝子群の転写が抑制される。

トリプトファンがない場合，リプレッサーは不活性型のままなので，オペレーターに結合することができない。リプレッサーによる阻害がないため，RNA ポリメラーゼがプロモーターに結合し，トリプトファン合成酵素の遺伝子群の転写が進む。

B アラビノースオペロン *araBAD* オペロン。アラビノースの代謝酵素の遺伝子群をもつ。

アラビノースの利用

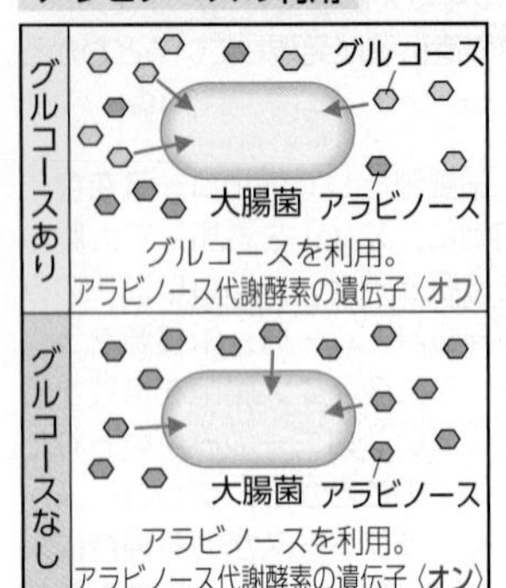

グルコースあり
グルコース
大腸菌
アラビノース
グルコースを利用。
アラビノース代謝酵素の遺伝子〈オフ〉
グルコースなし
大腸菌
アラビノース
アラビノースを利用。
アラビノース代謝酵素の遺伝子〈オン〉

グルコースがあればグルコースを代謝し，アラビノースは利用しない。グルコースがないとき，アラビノースを代謝する酵素の遺伝子が発現する。

発現調節のしくみ アクチベーターによる正の調節

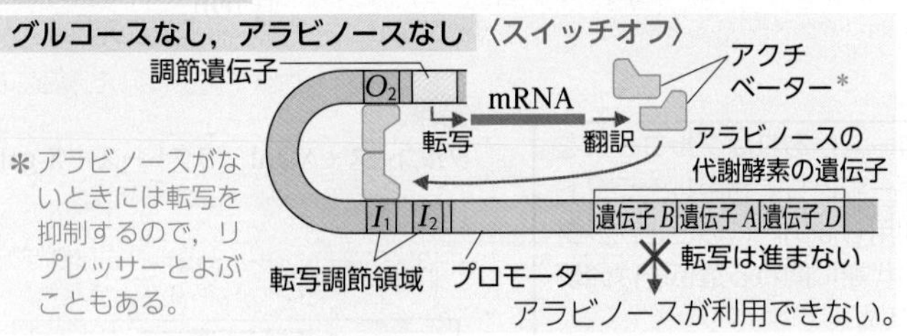

グルコースなし，アラビノースなし〈スイッチオフ〉
調節遺伝子
O_2
mRNA
アクチベーター*
転写
翻訳
アラビノースの代謝酵素の遺伝子
I_1
I_2
遺伝子 B
遺伝子 A
遺伝子 D
転写調節領域
プロモーター
転写は進まない
アラビノースが利用できない。

＊アラビノースがないときには転写を抑制するので，リプレッサーとよぶこともある。

アラビノースオペロンのアクチベーターは，転写調節領域 I_2 に結合したときに転写を促進する。グルコースもアラビノースもない場合，アクチベーターは転写調節領域 O_2，I_1 に結合し，転写の促進は行われない。

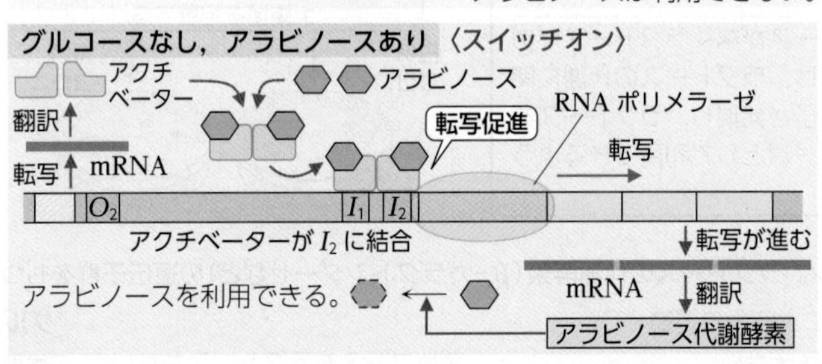

グルコースなし，アラビノースあり〈スイッチオン〉
アクチベーター
アラビノース
翻訳
RNA ポリメラーゼ
転写促進
転写
mRNA
O_2
I_1
I_2
アクチベーターが I_2 に結合
転写が進む
mRNA
翻訳
アラビノースを利用できる。
アラビノース代謝酵素

アラビノースがアクチベーターに結合することで，アクチベーターの構造が変化する。このアクチベーターは転写調節領域 I_1，I_2 に結合し，転写の促進を行う。

※アラビノースオペロンは，ラクトースオペロンと同様，グルコースによる発現調節も受ける(▶p.87)。左の図ではグルコースがないときに発現を促進するアクチベーターを省略した。

2 発現調節の種類 調節タンパク質(転写調節因子)による発現の調節は，正の調節と負の調節に大別される。

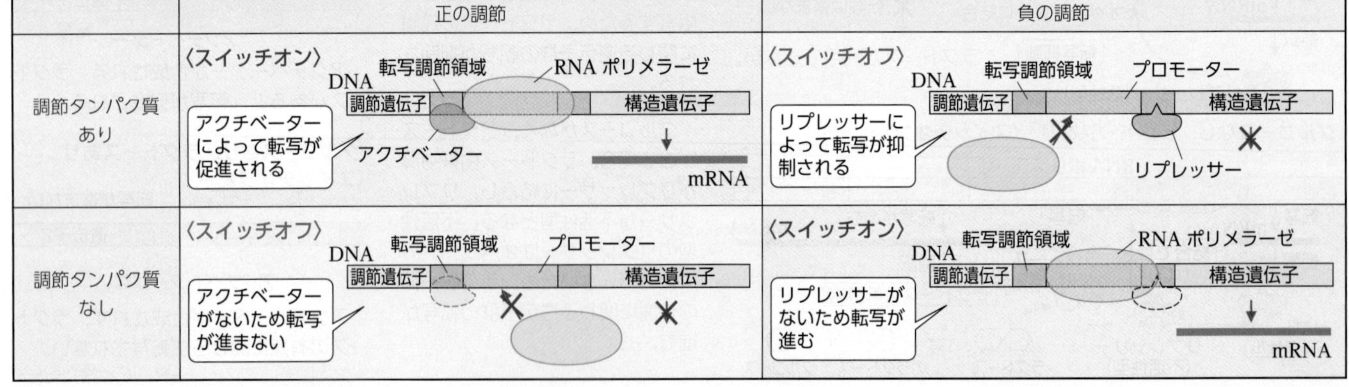

正の調節
負の調節
調節タンパク質あり
〈スイッチオン〉
DNA
転写調節領域
RNA ポリメラーゼ
調節遺伝子
構造遺伝子
アクチベーターによって転写が促進される
アクチベーター
mRNA
〈スイッチオフ〉
DNA
転写調節領域
プロモーター
調節遺伝子
構造遺伝子
リプレッサーによって転写が抑制される
リプレッサー
調節タンパク質なし
〈スイッチオフ〉
DNA
転写調節領域
プロモーター
調節遺伝子
構造遺伝子
アクチベーターがないため転写が進まない
〈スイッチオン〉
DNA
転写調節領域
RNA ポリメラーゼ
調節遺伝子
構造遺伝子
リプレッサーがないため転写が進む
mRNA

プチ雑学 原核生物の発現調節は，転写の段階だけでなく，翻訳の段階でも行われていることが確認されている。たとえば，リボソーム(▶p.83)を構成するタンパク質群は，rRNA があるときにはすべて翻訳されるが，rRNA がないときにはタンパク質群の一部が自身の遺伝子を含むオペロンの mRNA に結合して翻訳を阻害する。

Overview 真核生物の発現調節

転写，スプライシング，輸送，翻訳などのそれぞれの段階で調節するしくみがあり，最終的な発現が調節されている。

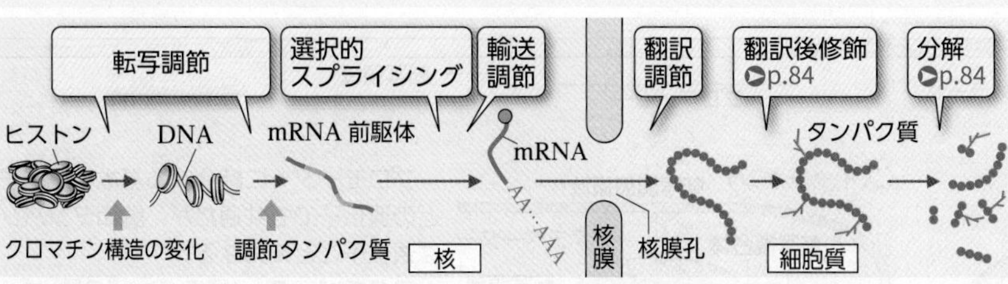

転写調節
選択的スプライシング
輸送調節
翻訳調節
翻訳後修飾 ▶p.84
分解 ▶p.84
ヒストン
DNA
mRNA 前駆体
mRNA
タンパク質
クロマチン構造の変化
調節タンパク質
核
核膜
核膜孔
細胞質

原核生物との違い
- クロマチン構造の変化によって，転写の調節が行われる。
- 転写には，複数の基本転写因子が必要。
- オペロンはなく，各遺伝子は個別に調節される。
- 調節タンパク質は，転写調節領域がプロモーターから遠く離れていても，転写を調節できる。

1 クロマチン構造による転写調節

凝縮したクロマチンでは，転写は抑制される。

A クロマチン構造と転写

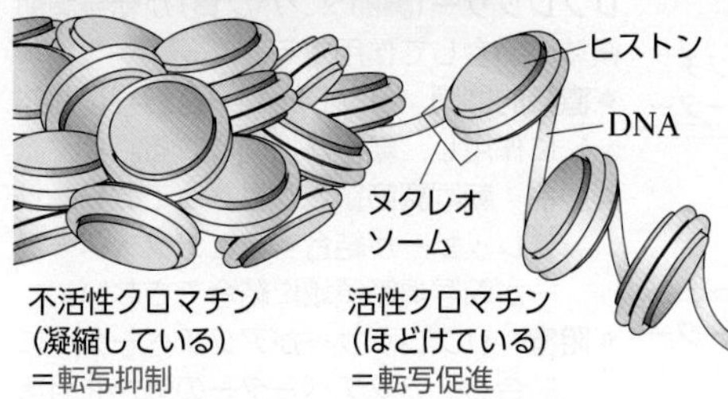

ヒストン
DNA
ヌクレオソーム
不活性クロマチン(凝縮している)＝転写抑制
活性クロマチン(ほどけている)＝転写促進

真核生物の染色体では，DNA が**ヒストン**(タンパク質)に巻きついて**ヌクレオソーム**を形成し，折りたたまれている(▶p.70)。これを**クロマチン(クロマチン繊維)**という。

凝縮したクロマチン中の DNA には，転写に必要なタンパク質が結合しにくいため，転写は抑制される。クロマチンがほどけると，転写は促進される。

B クロマチン構造を決めるもの

ヒストン修飾 クロマチンの凝縮やし緩には，ヒストンの化学修飾が関係している。

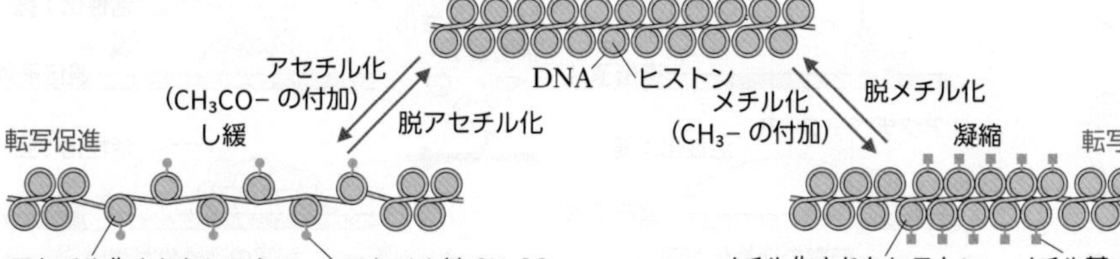

DNA
ヒストン
アセチル化 (CH₃CO- の付加)
し緩
脱アセチル化
メチル化 (CH₃- の付加)
脱メチル化
凝縮
転写促進
転写抑制
アセチル化されたヒストン
アセチル基 CH₃CO-
メチル化されたヒストン
メチル基 CH₃-

ヒストンにアセチル基 CH_3CO- が付加されると，クロマチンがほどけて転写が促進される。

ヒストンの特定の場所にメチル基 CH_3- が付加されると，クロマチンの凝縮が進み，転写は抑制される。

DNA のメチル化

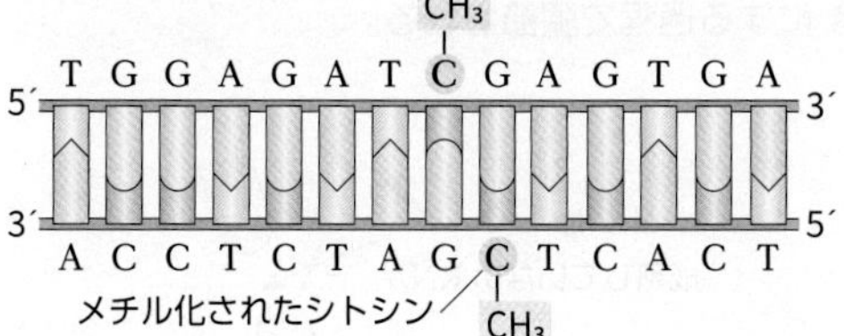

CH₃
T G G A G A T C G A G T G A
5′
3′
3′
5′
A C C T C T A G C T C A C T
メチル化されたシトシン
CH₃

DNA の特定の塩基(シトシンの場合が多い)にメチル基 CH_3- が付加される。このように，DNA にメチル基が付加される(DNA のメチル化)と，転写開始に必要なタンパク質が結合できなくなったり，クロマチンの凝縮が進んだりするため，転写は抑制される。

C クロマチン構造の継承

X 染色体の不活性化(ライオニゼーション)

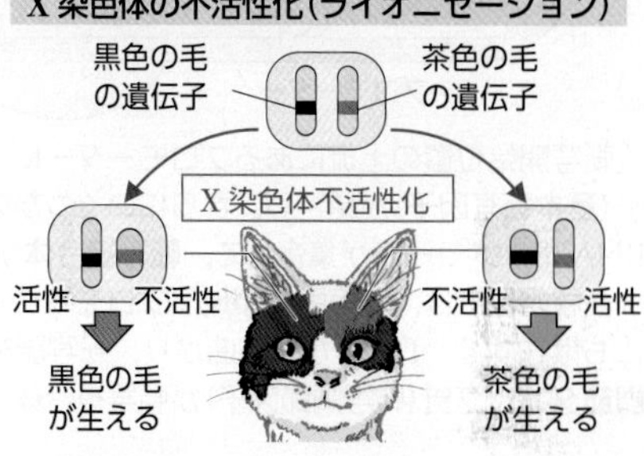

黒色の毛の遺伝子
茶色の毛の遺伝子
X 染色体不活性化
活性
不活性
不活性
活性
黒色の毛が生える
茶色の毛が生える

哺乳類の雄は X，Y 染色体，雌は 2 本の X 染色体をもつ。雌雄間で X 染色体の働きを等しくするため，雌の 2 本の X 染色体のうち 1 本が**不活性化**されている。

雌ネコは X 染色体にある対立遺伝子(アレル)により，毛色が黒か茶になる。この遺伝子をヘテロにもつと，どちらが不活性化されるかによって毛色が変わり，黒と茶の斑になる。

ゲノムインプリンティング(ゲノム刷込み)

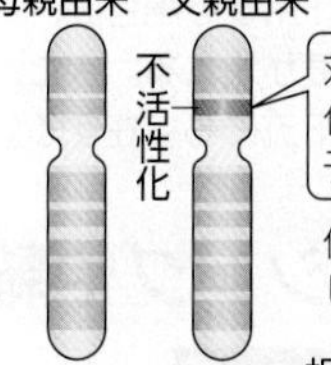

母親由来
父親由来
不活性化
対立遺伝子の一方が不活性化されていて，片方の遺伝子だけが発現できる。
他の遺伝子は，どちらも同じように発現できる。
相同染色体

一部の遺伝子では，両親から 1 つずつ受け継いだ遺伝子のうち，一方の親からの遺伝子のみが働くことがある。この遺伝子の不活性化は，細胞分裂後も継承される。

Step up クロマチン構造が継承されるしくみ

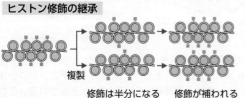

ヒストン修飾の継承 **DNA のメチル化の継承**

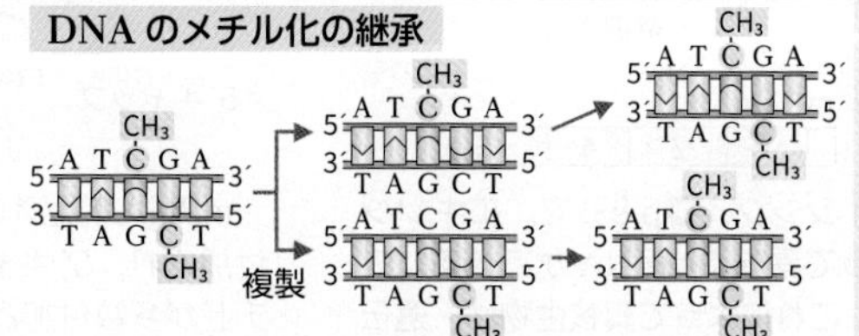

複製
修飾は半分になる
修飾が補われる
CH₃
5′ A T C G A 3′
3′ T A G C T 5′
CH₃
複製

複製されると修飾は半分になるが，その後，修飾が補われて，複製前と同じ状態になる。このようにして，遺伝子の発現調節が細胞分裂後も継承される(エピジェネティクス，▶p.92)。

進化 View 1 ゲノムインプリンティングが進化した理由には諸説ある。1 つに，両親の間での子に関する対立に起因するという説がある。父親由来の染色体では子を強く大きくするように，母親由来の染色体では子を小さくして出産しやすくするように遺伝子発現の調節が起こり，相同染色体間で発現に差が出ると考えられる。 Link

真核生物の発現調節(2)

1 調節タンパク質による転写調節

生 真核生物の RNA ポリメラーゼは，基本転写因子を必要とする。

A 転写複合体

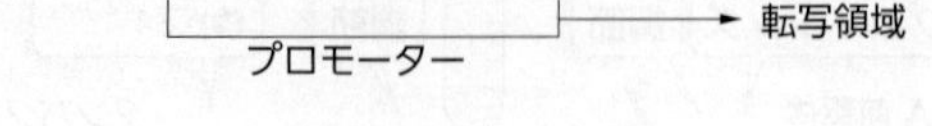
転写調節領域
(調節タンパク質の結合領域)
基本転写因子，RNA ポリメラーゼ，
介在複合体などが結合する。
プロモーター
転写領域

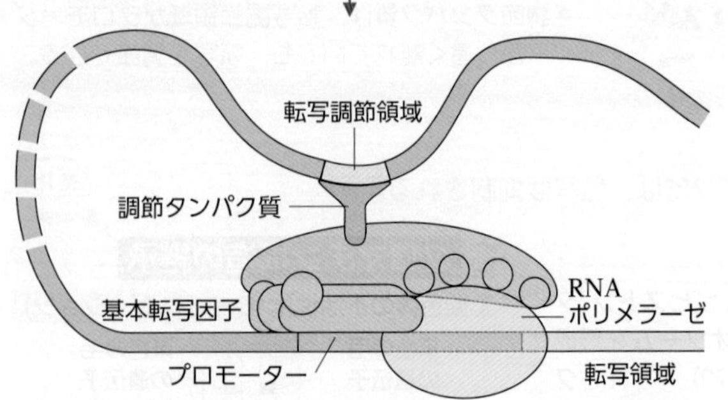
転写調節領域
調節タンパク質
基本転写因子
RNA
ポリメラーゼ
プロモーター
転写領域

転写開始位置の上流にあるプロモーターに，転写に必要な因子(**基本転写因子**)が結合し，さらにいくつかの基本転写因子と RNA ポリメラーゼが集合して，**転写複合体**ができる。

真核生物では，**転写調節領域**がプロモーターから離れた場所にも散在する。DNA が折れ曲がり，転写調節領域に結合した**調節タンパク質**(転写調節因子)が転写複合体に接触する。

〈スイッチオン〉

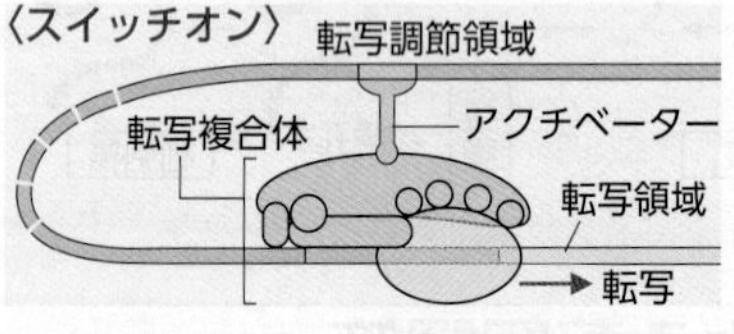
転写調節領域
アクチベーター
転写複合体
転写領域
転写

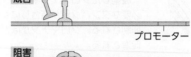

プロモーターに結合する基本転写因子はどの遺伝子でも共通だが，調節タンパク質は遺伝子ごとに異なる。

アクチベーター(調節タンパク質)が，転写調節領域に結合し，転写複合体に作用すると，転写が促進される。

〈スイッチオフ〉

直接的抑制

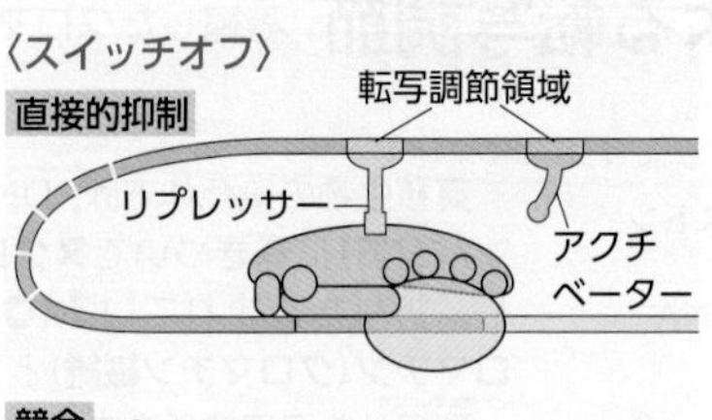
転写調節領域
リプレッサー
アクチ
ベーター

競合

プロモーター

阻害

転写の抑制機構には，複数の種類がある。**リプレッサー**(調節タンパク質)が転写調節領域に結合して作用する。

- **直接的抑制**　リプレッサーが転写複合体に作用し，転写が抑制される。
- **競合**　転写調節領域が重なっており，リプレッサーが結合するとアクチベーターが転写調節領域に結合できない。
- **阻害**　リプレッサーがアクチベーターに結合し，アクチベーターの働きを阻害する。

B 調節の統合

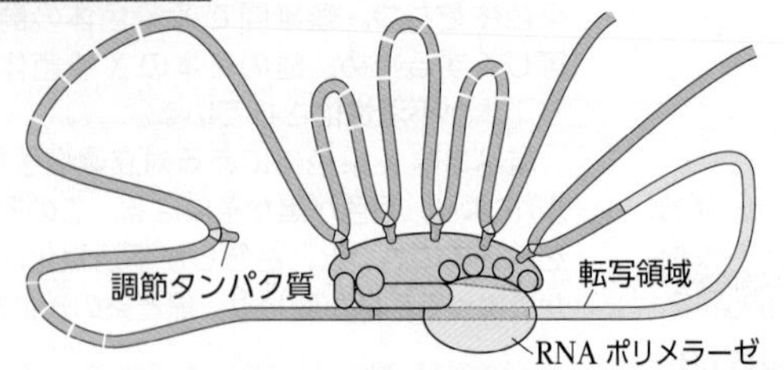
調節タンパク質
転写領域
RNA ポリメラーゼ

調節タンパク質は複数あり，基本転写因子が仲介して作用する。複数の調節タンパク質が作用する場合は，これらの作用が統合されて転写の開始や転写速度が決まる。また，転写調節領域は，転写領域の上流だけでなく下流にも存在する。

C 発現の協調

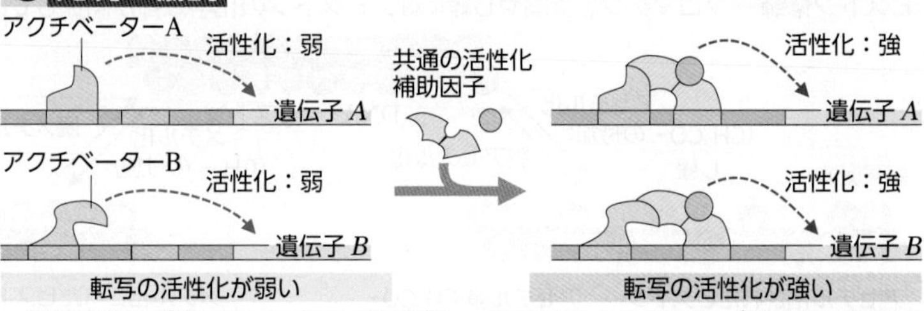
アクチベーターA
活性化：弱
遺伝子 A
アクチベーターB
活性化：弱
遺伝子 B
転写の活性化が弱い
共通の活性化
補助因子
活性化：強
遺伝子 A
活性化：強
遺伝子 B
転写の活性化が強い

原核生物の遺伝子はオペロンを形成し，関連するものの転写が協調的に調節されている(▶p.87)。真核生物はオペロンをつくらないため，各遺伝子は個別に調節される。しかし，共通の活性化補助因子を介することで，関連する遺伝子群を協調的に調節するしくみがある。

2 スプライシングや輸送による調節

生 mRNA 前駆体を mRNA にする過程で調節される。

A 選択的スプライシング

DNA　トロポニン T の遺伝子(骨格筋のタンパク質，▶p.191)

1	2	3	4	5

エキソン　イントロン

↓ 転写

mRNA 前駆体

1	2	3	4	5

1，2，3，5 が選択される。　1，2，4，5 が選択される。

mRNA

1	2	3	5

mRNA

1	2	4	5

イントロンを除去する過程(スプライシング，▶p.83)で，エキソンを取捨選択することがあり，それによって異なる mRNA ができる。この現象を**選択的スプライシング**という。これによって真核生物は，遺伝子の数より多くの種類の mRNA をつくり，多様な形態や機能をもつ。

B 輸送調節

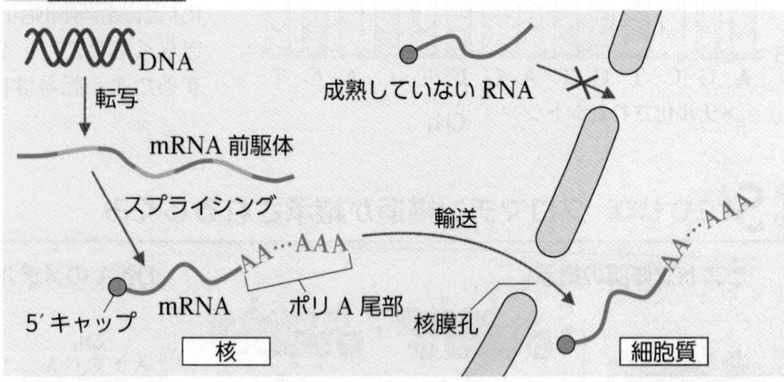
DNA
転写
mRNA 前駆体
成熟していない RNA
スプライシング
輸送
AA···AAA
5′キャップ
mRNA
ポリ A 尾部
核膜孔
核
細胞質

mRNA 前駆体の 5′末端にはメチル化されたグアニンヌクレオチドが付加され，5′キャップができる。また，3′末端にはアデニンヌクレオチドが多数付加され，ポリ A 尾部(ポリ A テール)が形成される。これらの末端の修飾で，RNA の輸送を調節していると考えられている。

転写調節は，輸送調節や翻訳調節のように細胞中に余分な mRNA などを合成せず遺伝子発現を調節できるので，効率がよいと考えられる。

生 3 翻訳調節 mRNA の末端の修飾や，短い RNA などによって，翻訳調節を受ける。

A mRNA 末端の修飾

mRNA の構造

5′キャップ
G-
翻訳される領域
ポリ A 尾部
- AAA…AA
3′
翻訳されない領域

mRNA の末端の修飾(5′キャップとポリ A 尾部)は，輸送調節だけでなく翻訳調節も行う。

- 5′キャップとポリ A 尾部は，mRNA とリボソームの結合を促進する。
- ポリ A 尾部は徐々に短くなり，mRNA の寿命にも関わる。

B RNA による翻訳調節

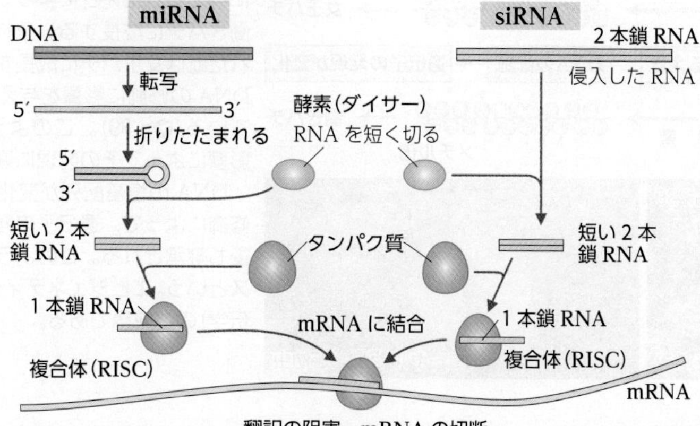
miRNA
siRNA
DNA
2 本鎖 RNA
侵入した RNA
転写
5′
3′
折りたたまれる
酵素(ダイサー)
RNA を短く切る
短い 2 本鎖 RNA
タンパク質
短い 2 本鎖 RNA
1 本鎖 RNA
mRNA に結合
1 本鎖 RNA
複合体(RISC)
複合体(RISC)
mRNA
翻訳の阻害，mRNA の切断

※ miRNA：**mi**cro**RNA**，siRNA：**s**mall **i**nterfering **RNA**

20 塩基程度の短い RNA には，mRNA の翻訳を抑制する働きをもつものがあり，この現象を **RNA 干渉(RNAi)** という。

転写された RNA の中には，図のような過程をへて短い RNA (miRNA)になり，特定の mRNA の翻訳を阻害するものがある。

また，侵入した RNA なども，同様の過程をへて短い RNA (siRNA)になり，特定の mRNA の翻訳を阻害する。

生 4 発現調節と発生 特定の遺伝子の発現をもとに，遺伝子が選択的に発現して，発生の運命を方向づける。 ▶p.109

A 細胞の分化

遺伝子の発現と分化

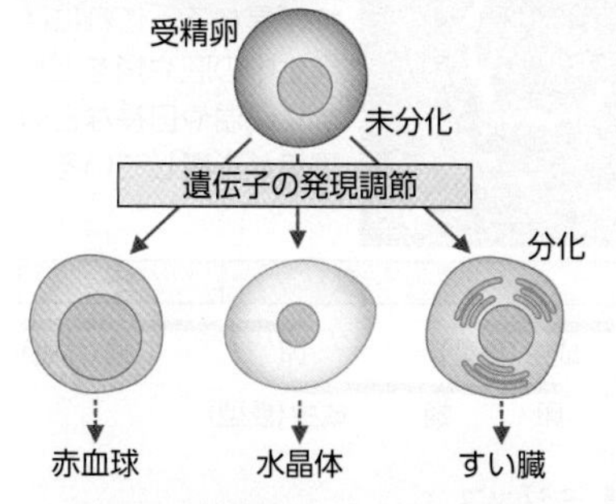
受精卵
未分化
遺伝子の発現調節
分化
赤血球
水晶体
すい臓

遺伝子の選択的発現

	赤血球細胞	水晶体細胞	すい臓 B 細胞
ヘモグロビン遺伝子	オン	オフ	オフ
クリスタリン遺伝子	オフ	オン	オフ
インスリン遺伝子	オフ	オフ	オン
rRNA 遺伝子	オン	オン	オン

それぞれのタンパク質の遺伝子は，そのタンパク質が必要な細胞だけで発現している。一方，rRNA は生存に不可欠で，その遺伝子はすべての細胞で発現している。このような遺伝子を**ハウスキーピング遺伝子**という。

細胞周期と分化

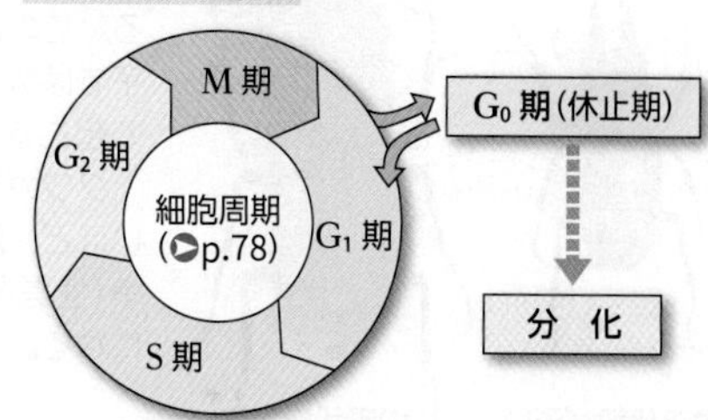
M 期
G₂ 期
細胞周期
(▶p.78)
G₁ 期
S 期
G₀ 期(休止期)
分 化

分化(細胞分化)や脱分化(▶p.132)は，特定の遺伝子が選択的に発現して起こる。

B 調節タンパク質と分化 例 骨格筋(▶p.190)の分化(培養細胞)

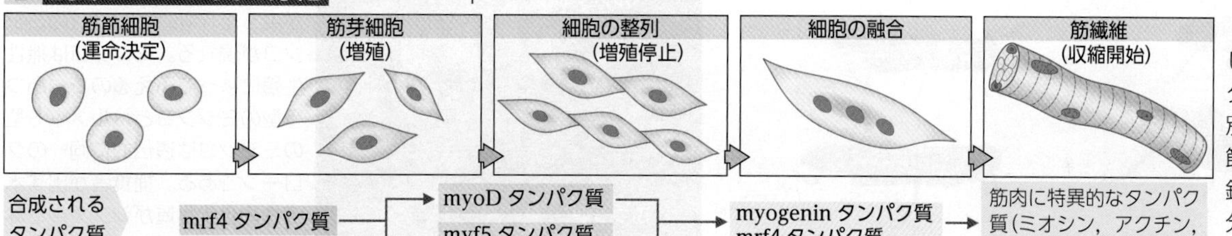
筋節細胞
(運命決定)
筋芽細胞
(増殖)
細胞の整列
(増殖停止)
細胞の融合
筋繊維
(収縮開始)
合成されるタンパク質
mrf4 タンパク質
myoD タンパク質
myf5 タンパク質
mrf4 タンパク質
myogenin タンパク質
mrf4 タンパク質
筋肉に特異的なタンパク質(ミオシン，アクチン，トロポミオシン)を合成。

遺伝子が発現して生じたタンパク質(調節タンパク質)が，また別の遺伝子の発現を調節する。このように連鎖的に作用して細胞が分化する。

C 発生に伴う遺伝子発現の変化 パフ，▶p.85

変態に伴うパフの変化 キイロショウジョウバエの第 3 染色体

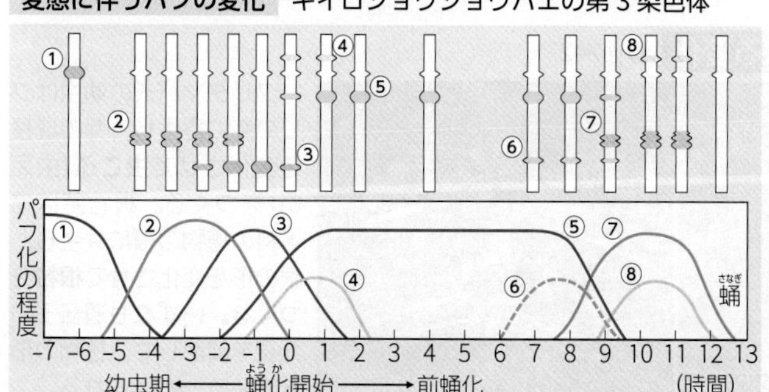
パフ化の程度
蛹
-7 -6 -5 -4 -3 -2 -1 0 1 2 3 4 5 6 7 8 9 10 11 12 13
幼虫期 蛹化開始 前蛹化
(時間)

発生時期に関係なく常に見られるパフと，特定の発生段階に限って現れるパフがある。特定の時期に現れるパフと，その時期のショウジョウバエの形態とに密接な関係があることから，**発生段階に応じて異なる遺伝子が活性化することにより，細胞の分化が進み，形態がつくられる**と考えられる。

※上の図はパフをふくらみで，下の図は各パフの大きさ・持続時間を曲線で表したもの。

ホルモンによるパフの誘導

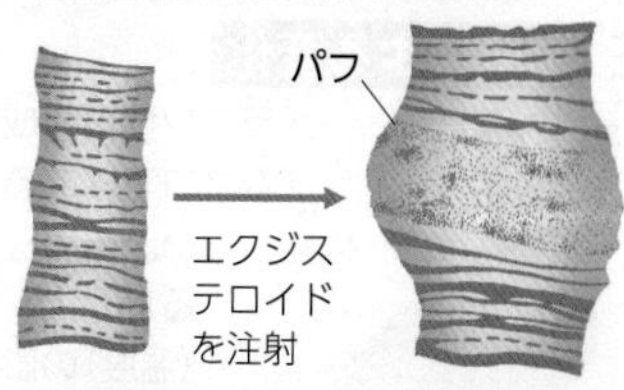
パフ
エクジステロイドを注射

エクジステロイド(▶p.149)というホルモンが mRNA の合成を促進する。一般に，ホルモンには特定の遺伝子の発現を促す作用がある。

プチ雑学 RNA 干渉は，目的の遺伝子を働かなくする(ノックダウン，▶p.125)のにも利用される。なお，RNA 干渉は，外来の RNA を除去できるため，RNA をゲノムにもつウイルスなどに対する生体防御として，進化してきた可能性がある。

遺伝子発現と環境

1 エピジェネティクス

塩基配列が変わらないのに遺伝子の発現が変化し，それが細胞分裂後も継承されることがある。進化View

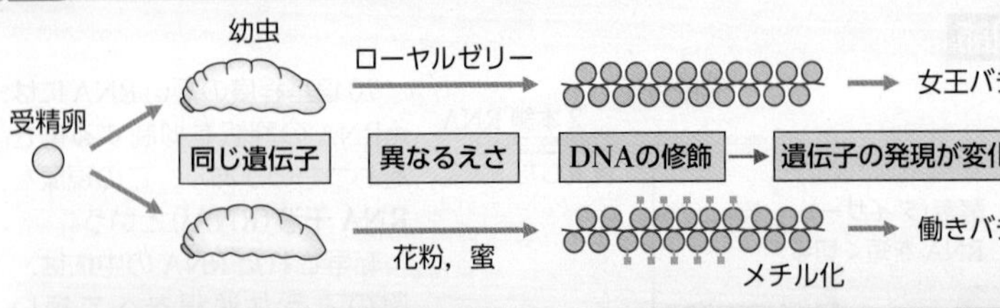
幼虫
ローヤルゼリー
女王バチ
受精卵
同じ遺伝子
異なるえさ
DNAの修飾
遺伝子の発現が変化
花粉，蜜
働きバチ
メチル化

▶p.239
女王バチをとりまく働きバチ

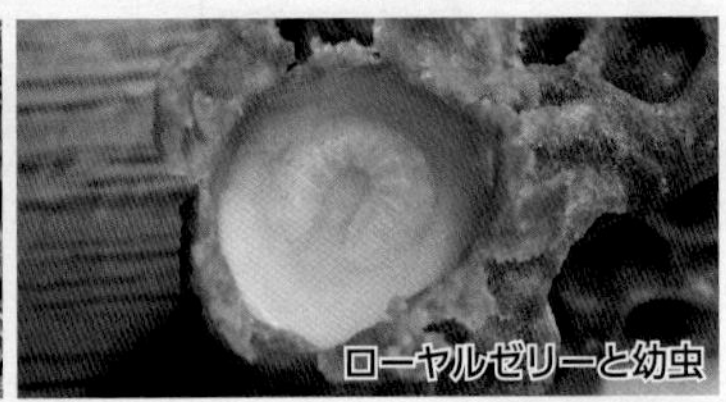
ローヤルゼリーと幼虫

雌のミツバチが働きバチになるか女王バチになるかは，幼虫のときに与えられたえさによって決まる。おもに花粉や蜜を与えられた雌は，働きバチに成長する。それに対して，ローヤルゼリーを大量に与えられた雌は女王バチに成長する。これは，ローヤルゼリーの化学物質がDNAの修飾に影響を与え，遺伝子の発現が変化するためと考えられている(▶p.89)。このように，同じ遺伝子をもっていても，環境の影響によってその発現に違いが見られることがある。

DNAの塩基配列が変化することなく，DNAやヒストンに対する修飾によって，遺伝子の発現が後天的に変化し，その変化は細胞分裂後も継承される。このようなことを研究する学問を**エピジェネティクス**という。エピジェネティクスは，epigenesis（後世説）とgenetics（遺伝学）の混成語である。

2 環境による形質の変化

遺伝子が同じでも，環境によって発現の程度が変わり，形態などに変化が生じる。

A 食物による変化　例 クワガタ

1 cm
♂
♂
栄養状態が悪い　栄養状態が良い

クワガタのアゴのサイズは，幼虫のときの栄養状態が大きく影響する。栄養状態が良いほどアゴは大きくなる。このような形態の違いは，遺伝子ではなく，その発現の違いによって起こる。

クワガタは，アゴのサイズが大きいほど，配偶者をめぐる雄同士の闘争（性選択，▶p.285）のときに有利になる。

B 季節による変化　例 アカマダラ（チョウ）

春型　夏型

春に発生する個体（春型）と夏に発生する個体（夏型）ではねの模様が異なる。これには発生中の胚や蛹をとりまく気温や日長などの環境が影響している。

春	夏	秋	冬

蛹　成虫（春型）　卵　蛹　成虫（夏型）　卵　蛹（休眠）
卵　蛹　成虫（夏型）　卵　蛹　成虫（夏型）

C 密度による変化　例 トノサマバッタ ▶p.235

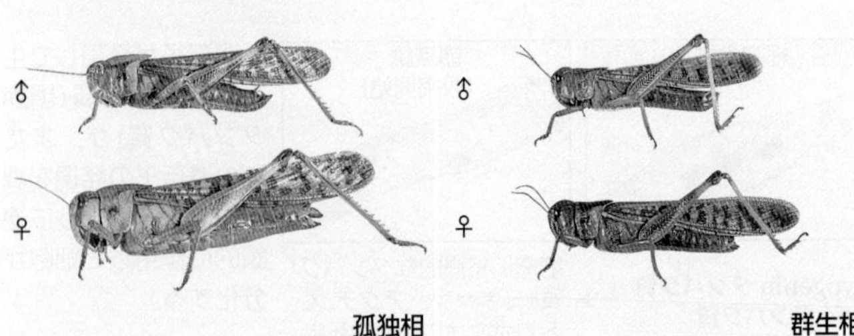
♂
♀
♂
♀
孤独相　群生相

比較的個体数が少ない低密度環境と，密集している高密度環境とでは，形態・行動・生理的性質などが変化し，それぞれの環境に適応する。これは，遺伝子ではなく，その発現の違いによって起こる。

D 捕食者による変化　例 ミジンコ

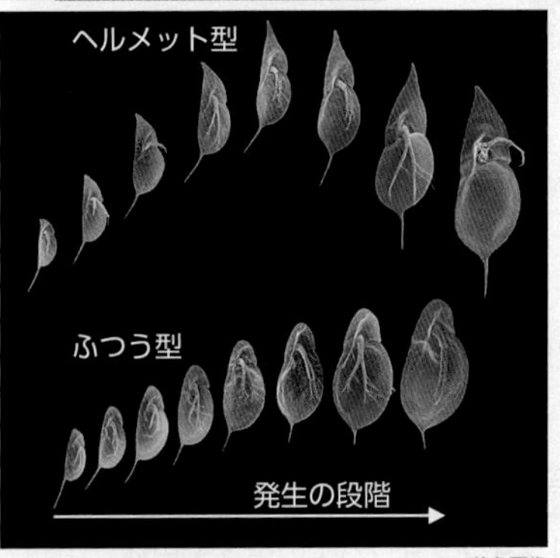
ヘルメット型
ふつう型
発生の段階
※着色画像

捕食者がいる環境では，頭部が尖った「ヘルメット型」のミジンコが現れる。ミジンコは無性生殖によってふえるので，ふつう型のミジンコとヘルメット型のミジンコは遺伝的に同一のクローンである。捕食者が出す水溶性の化学物質がシグナルとなってミジンコの発生過程を変化させ，頭部の突起を発達させる。ヘルメット型のミジンコは捕食者による攻撃を受けにくい。

E 温度による変化

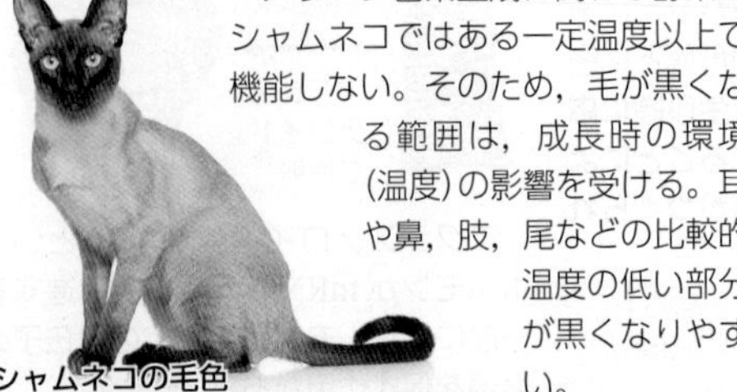
シャムネコの毛色

メラニン色素生成に関わる酵素が，シャムネコではある一定温度以上で機能しない。そのため，毛が黒くなる範囲は，成長時の環境（温度）の影響を受ける。耳や鼻，肢，尾などの比較的温度の低い部分が黒くなりやすい。

F 寄生・共生による変化 ▶p.242

虫こぶ
クリに寄生するクリタマバチ

根粒
ダイズの根と根粒菌

クリタマバチの幼虫はクリの芽に寄生し，芽の成長を変化させて**虫こぶ**（虫えい）をつくる。根粒菌はマメ科の植物の根に共生し，根の形を変化させて**根粒**をつくる。いずれも遺伝子の発現を調節して，植物の形を変えると考えられる。

進化View 1　環境によって変化したDNAやヒストンの修飾は，精子や卵を通じて親から子へ伝わる。すなわち，環境の変化が原因となって親世代が後天的に獲得した形質が，子の世代にも遺伝することがある。Link

3 遺伝によらない性決定

性の決定は，性染色体によるもののほかに，生物の生息する環境によるものもある。 進化View

A 温度による性決定

は虫類の中には，性染色体が未発達で，卵の周りの温度によって性が決まるものがある。

低温雄－高温雌型

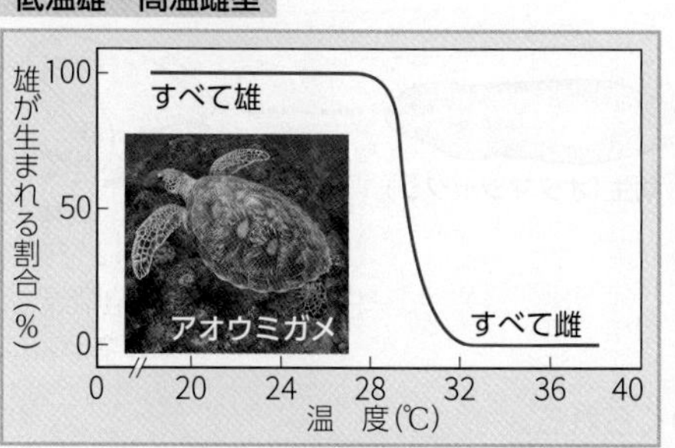

雄が生まれる割合(%)
100
50
0
すべて雄
アオウミガメ
すべて雌
0
20
24
28
32
36
40
温　度(℃)

例ヌマガメ，リクガメ，ウミガメ，チズガメ，ニシキガメ

低温雌－高温雄型

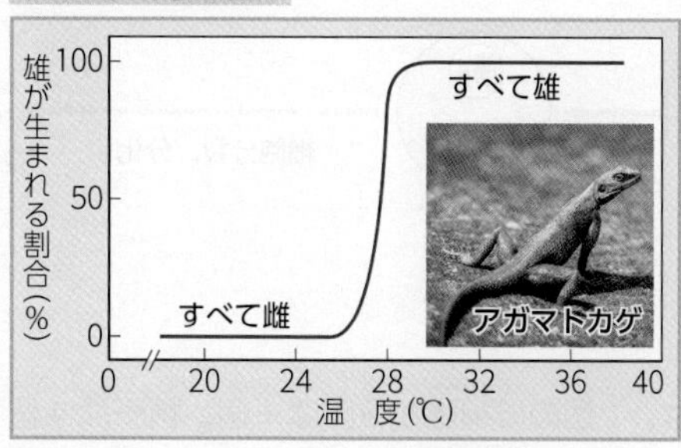

雄が生まれる割合(%)
100
50
0
すべて雄
すべて雌
アガマトカゲ
0
20
24
28
32
36
40
温　度(℃)

例トカゲ，ミシシッピワニ(アリゲータ)

低高温雌－中間雄型

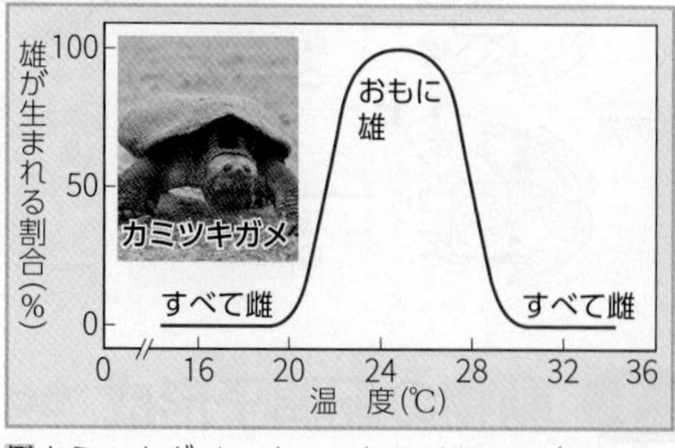

雄が生まれる割合(%)
100
50
0
カミツキガメ
おもに雄
すべて雌
すべて雌
0
16
20
24
28
32
36
温　度(℃)

例カミツキガメ，オーストラリアワニ(クロコダイル)

B 雌雄同体と性転換

魚類では，一生の間で雄と雌の両方になる雌雄同体のものが数多く知られている。

雌雄同体

インディゴハムレット

雌性先熟

キンギョハナダイ

雄性先熟

クロダイ

雌雄同体(ハダカイワシなど)は，成熟した卵巣と精巣が同時に体内に存在する。**雌性先熟**(ベラなど)は，まずは卵巣が成熟し，雌性として産卵した後，雄性へと転換する。**雄性先熟**(クマノミなど)は，まずは精巣が成熟し，雄性として放精した後，雌性へと転換する。クロダイは，ふ化後1年くらいは卵巣と精巣をもつが，その後，雄性先熟が起こる。

C 感染による性決定

ボルバキア(細菌)の感染により，特定の性が死滅したり，性決定様式に従わない性になったりする生物がある。

ホソチョウ

ボルバキアに感染したホソチョウは，子世代の雄が胚発生中に死滅する。子世代の半分を失うが，子世代の雌はえさなどの資源を得やすくなり，感染した雌が増えていく。最終的には，大多数が雌となるほど，性比にかたよりが生じる。

オカダンゴムシ

オカダンゴムシは，ZW型の性決定様式(▶p.269)であり，ZZは雄になる。しかし，ボルバキアが感染すると，ZZの胚も雌に成長する。卵の細胞質に感染するボルバキアには，雌が増加すれば生息場所が増えて，有利になると考えられる。

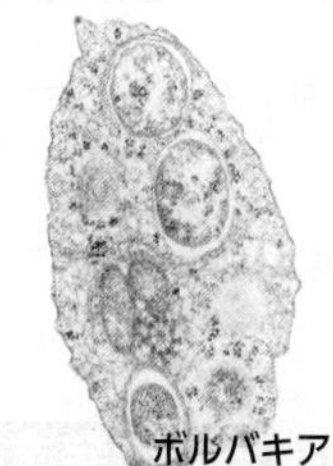

ボルバキア

Scott O' Neill (2004) Genome Sequence of the Intracellular Bacterium Wolbachia. PLoS Biol 2(3): e76.

Column 胎児の発育と化学物質

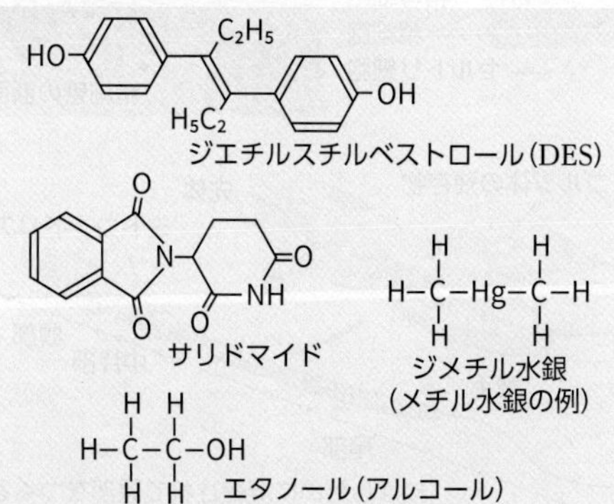

ジエチルスチルベストロール(DES)
サリドマイド
ジメチル水銀
(メチル水銀の例)
エタノール(アルコール)

特定の化学物質にさらされるなどの環境の変化が，ヒトの胎児の正常な発生を阻害することがある。

ジエチルスチルベストロール(DES)は，かつて切迫流産の治療薬として使われていた。しかし，胎児期にこの薬にさらされた女児に，生殖器形成不全や生殖器のがんなどの報告があり使用が中止された。サリドマイドは安全な催眠鎮静薬と思われていた。しかし，胎児期にこの薬にさらされると，手足の成長が阻害されることがわかり使用が中止された。現在では，妊娠中の薬剤使用には，さらに細心の注意をはらうようになっている。

水俣病の原因物質であるメチル水銀は，胎盤を通して胎児へ移行し，胎児の脳の発育などに悪影響を与えることがわかった。化学物質による環境汚染はさまざまな弊害を引き起こしたが，先進国では現在，環境への影響を最小限にとどめるように努めている。

飲酒は，胎児の脳の発達に悪い影響がある。そのため，アルコール飲料には妊娠中の飲酒を避けるような注意書きがされている。

進化View 3 ボルバキアは，宿主の性を変化させるという形質を進化させた。しかしこの戦略は，長期的には宿主集団の絶滅を招き，ボルバキアに不利に働く可能性がある。自然選択(▶p.284)は，現在の環境に適した形質を選別して進化を促しても，未来の環境での成功を必ずしも約束するわけではない。 Link

動物の配偶子形成と受精

Overview 受精から成体まで

1つの細胞(受精卵)が，分裂や分化をくり返して次世代(成体)になる。

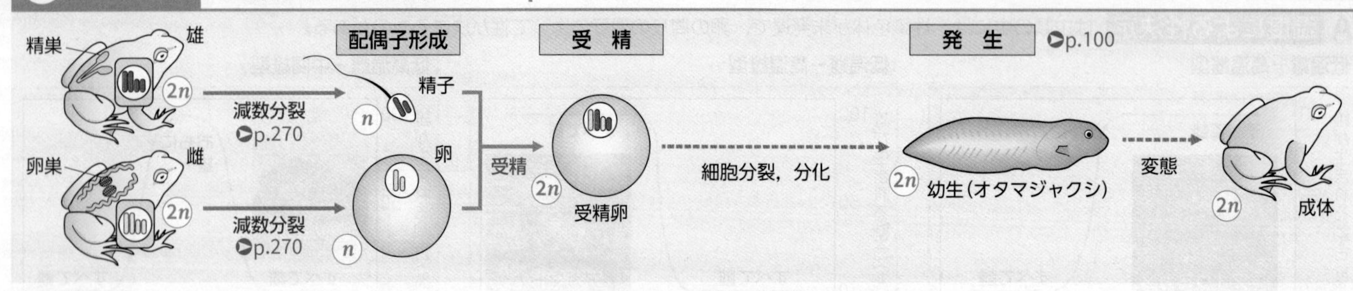
精巣
雄
2n
減数分裂
▶p.270
n
精子
配偶子形成
受精
発生
▶p.100
卵巣
雌
2n
減数分裂
▶p.270
n
卵
受精
2n
受精卵
細胞分裂，分化
2n
幼生(オタマジャクシ)
変態
2n
成体

1 動物の配偶子形成

動物では，1個の母細胞から卵は1個，精子は4個つくられる。

A 卵と精子の形成 例 ヒト

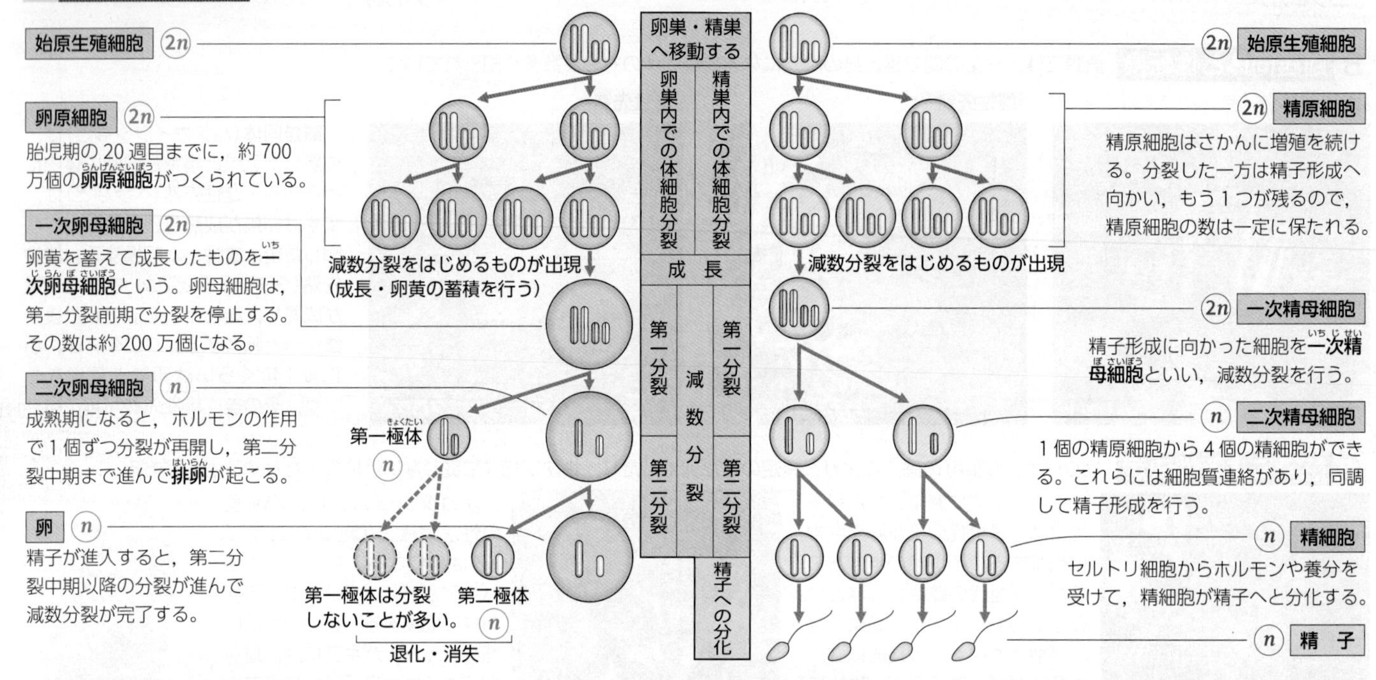
始原生殖細胞 2n
卵原細胞 2n
胎児期の20週目までに，約700万個の卵原細胞がつくられている。
一次卵母細胞 2n
卵黄を蓄えて成長したものを一次卵母細胞という。卵母細胞は，第一分裂前期で分裂を停止する。その数は約200万個になる。
二次卵母細胞 n
成熟期になると，ホルモンの作用で1個ずつ分裂が再開し，第二分裂中期まで進んで排卵が起こる。
卵 n
精子が進入すると，第二分裂中期以降の分裂が進んで減数分裂が完了する。
減数分裂をはじめるものが出現
(成長・卵黄の蓄積を行う)
第一極体
n
第一極体は分裂しないことが多い。
第二極体
n
退化・消失
卵巣・精巣へ移動する
卵巣内での体細胞分裂
精巣内での体細胞分裂
成長
第一分裂
減数分裂
第二分裂
精子への分化
減数分裂をはじめるものが出現
2n 始原生殖細胞
2n 精原細胞
精原細胞はさかんに増殖を続ける。分裂した一方は精子形成へ向かい，もう1つが残るので，精原細胞の数は一定に保たれる。
2n 一次精母細胞
精子形成に向かった細胞を一次精母細胞といい，減数分裂を行う。
n 二次精母細胞
1個の精原細胞から4個の精細胞ができる。これらには細胞質連絡があり，同調して精子形成を行う。
n 精細胞
セルトリ細胞からホルモンや養分を受けて，精細胞が精子へと分化する。
n 精子

B ろ胞の発達と排卵

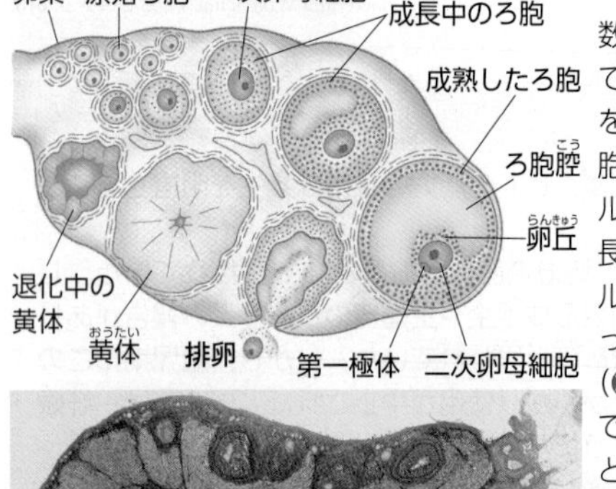
卵巣
原始ろ胞
一次卵母細胞
成長中のろ胞
成熟したろ胞
ろ胞腔
卵丘
退化中の黄体
黄体
排卵
第一極体
二次卵母細胞
0.1 mm

卵巣内のろ胞と黄体(ウサギ)

卵母細胞は，多数の細胞に包まれている。この構造を**ろ胞**という。ろ胞は，ろ胞刺激ホルモンの働きで成長し，黄体形成ホルモンの働きによって排卵に向かう(▶p.145)。ヒトでは，約28日ごとに1個ずつ，一生で約400個が排卵される。

C 精細胞から精子へ

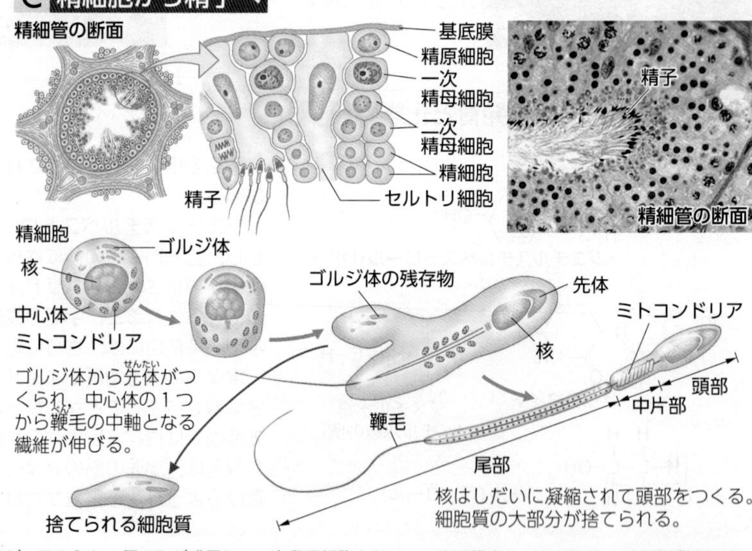
精細管の断面
基底膜
精原細胞
一次精母細胞
二次精母細胞
精細胞
精子
セルトリ細胞
精子
精細管の断面
精細胞
ゴルジ体
核
中心体
ミトコンドリア
ゴルジ体から先体がつくられ，中心体の1つから鞭毛の中軸となる繊維が伸びる。
ゴルジ体の残存物
先体
核
ミトコンドリア
頭部
中片部
鞭毛
尾部
捨てられる細胞質
核はしだいに凝縮されて頭部をつくる。細胞質の大部分が捨てられる。

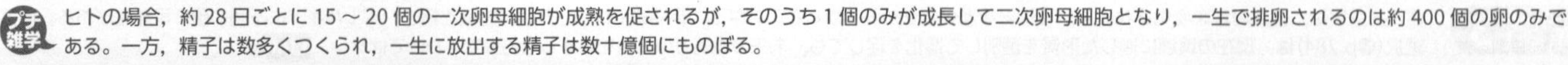

プチ雑学 ヒトの場合，約28日ごとに15～20個の一次卵母細胞が成熟を促されるが，そのうち1個のみが成長して二次卵母細胞となり，一生で排卵されるのは約400個の卵のみである。一方，精子は数多くつくられ，一生に放出する精子は数十億個にものぼる。

Keywords ●始原生殖細胞 primordial germ cell ●卵原細胞 oogonium ●卵母細胞 oocyte ●卵 egg ●極体 polar body ●精原細胞 spermatogonium ●精母細胞 spermatocyte ●精細胞 spermatid, sperm cell ●ろ胞 follicle ●先体反応 acrosome reaction ●表層粒 cortical granule ●受精膜 fertilization membrane

生 2 受 精 精子が卵に進入し，両者の核が融合して受精が完了する。

A ウニの受精

＊ゼリー層 卵を保護するゼリー状の物質の層で，そこに含まれる物質が精子の進入に重要な役割をはたす。

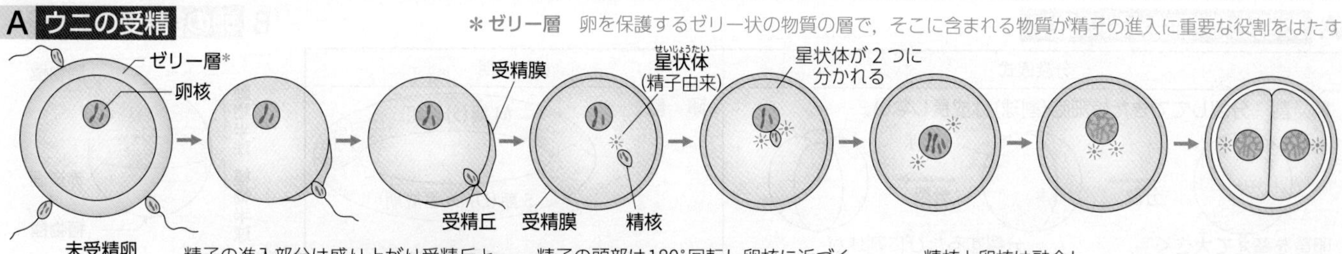
ゼリー層＊
卵核
未受精卵
受精丘
受精膜
受精膜
星状体（精子由来）
精核
星状体が２つに分かれる

精子の進入部分は盛り上がり受精丘となる。盛り上がった膜は**受精膜**となる。

精子の頭部は180°回転し卵核に近づく。精子の中片部から星状体が現れる。

精核と卵核は融合し，複相（$2n$）となる。

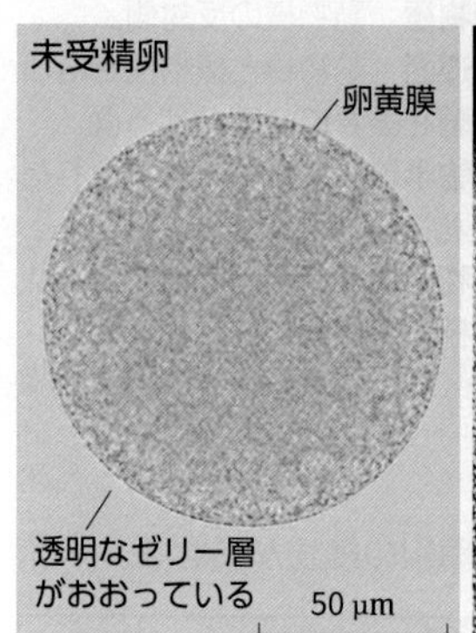
未受精卵
卵黄膜

透明なゼリー層がおおっている
50 μm

卵の表面に精子が付着
5 μm

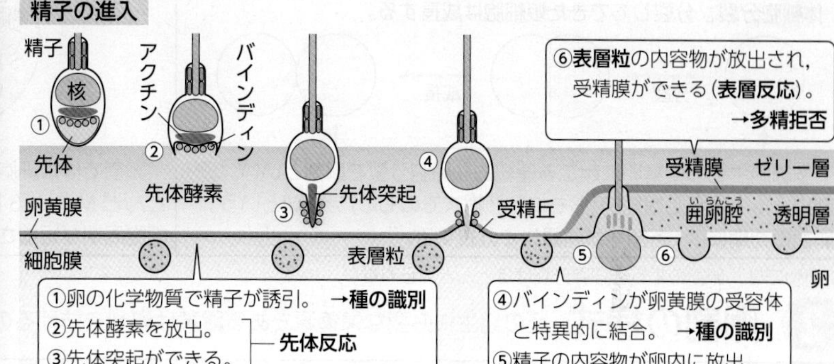
精子の進入
精子
核
先体
アクチン
バインディン
先体酵素
先体突起
受精丘
卵黄膜
細胞膜
表層粒
受精膜
ゼリー層
囲卵腔
透明層
卵
⑥表層粒の内容物が放出され，受精膜ができる（表層反応）。→多精拒否
①卵の化学物質で精子が誘引。→種の識別
②先体酵素を放出。
③先体突起ができる。
先体反応
④バインディンが卵黄膜の受容体と特異的に結合。→種の識別
⑤精子の内容物が卵内に放出。

B ハムスターの受精

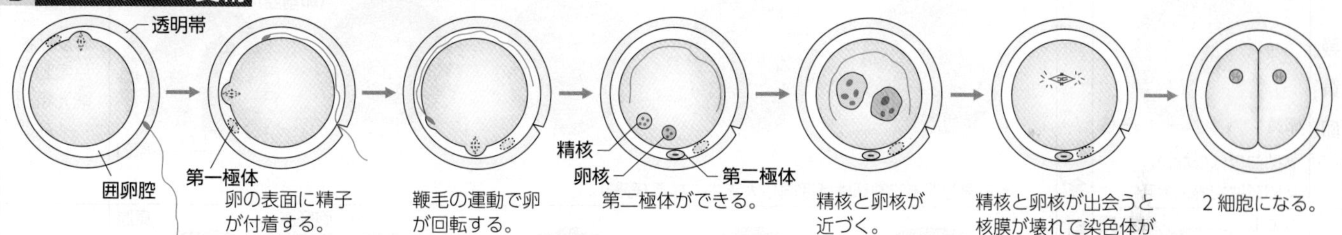
透明帯
囲卵腔
第一極体
精核
卵核
第二極体

卵の表面に精子が付着する。→ 鞭毛の運動で卵が回転する。→ 第二極体ができる。→ 精核と卵核が近づく。→ 精核と卵核が出会うと核膜が壊れて染色体が現れ，次の分裂に入る。→ 2細胞になる。

生 3 多精拒否 複数の精子が受精することを防ぐしくみがある。

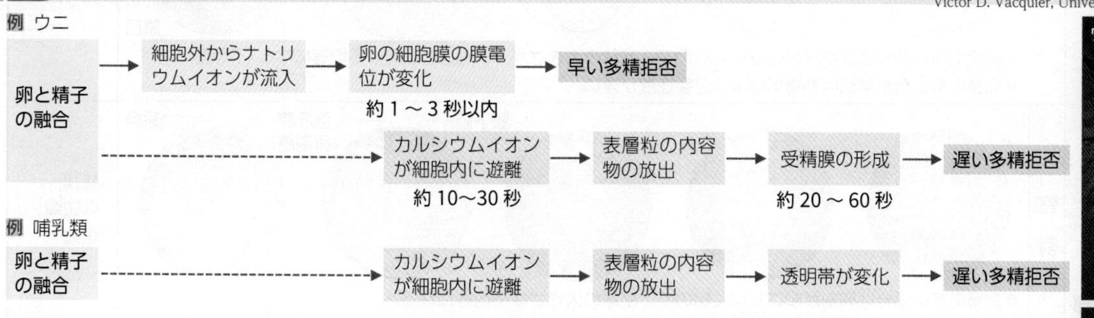
例 ウニ
卵と精子の融合
細胞外からナトリウムイオンが流入
卵の細胞膜の膜電位が変化
早い多精拒否
約1～3秒以内
カルシウムイオンが細胞内に遊離
表層粒の内容物の放出
受精膜の形成
遅い多精拒否
約10～30秒
約20～60秒
例 哺乳類
卵と精子の融合
カルシウムイオンが細胞内に遊離
表層粒の内容物の放出
透明帯が変化
遅い多精拒否

ウニ卵の膜電位（mV）
細胞外からナトリウムイオンが流入し膜電位が＋になる
0
−70
精子を加える
精子が卵の細胞膜に融合
Jaffe (1980) による
0 20 40 60 80 100 120 140
時 間（秒）

卵に複数の精子が受精することを**多精**という。多精が起こると通常は発生が停止するので，多精を防ぐしくみがある。

ウニの場合，卵の細胞膜に精子が融合すると，すぐに卵の膜電位（▶p.174）が変化し，多精の防止が起こる（早い多精拒否）。しかし，この反応は1分程度でもとの状態に戻ってしまう。卵と精子の融合から約1分後に，受精膜をつくるなどの**表層反応**が起こり，多精拒否が持続される（遅い多精拒否）。

哺乳類では，早い多精拒否はなく，表層粒の内容物の放出によって透明帯が変化することで多精拒否が起こる。

Victor D. Vacquier, University of California San Diego / PPS 通信社

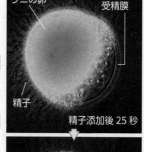

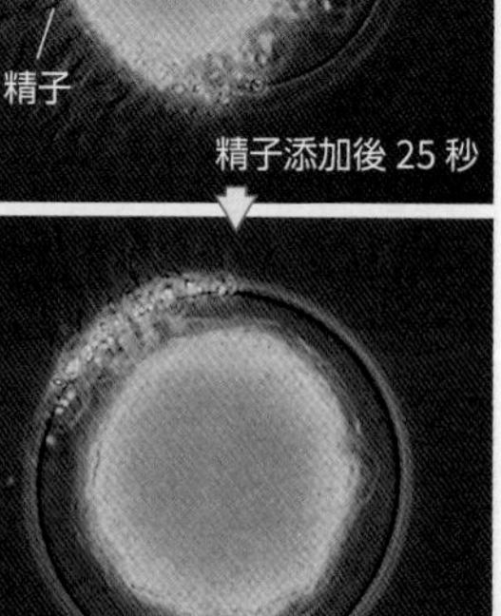
ウニの卵
受精膜
精子
精子添加後 25 秒
受精膜
精子添加後 35 秒

プチ雑学 精子が進入するときの卵の成熟段階は動物の種類によって異なる。例えば，イヌやキツネでは成長した一次卵母細胞のとき，多くの昆虫類では第一分裂中期，ヒトなど多くの哺乳類では第二分裂中期である。

卵割の様式

Keywords ●卵割 cleavage ●割球 blastomere ●動物極 animal pole ●植物極 vegetal pole ●赤道面 equatorial plane ●等割 equal cleavage ●不等割 unequal cleavage

生

1 卵割の特徴

卵割では，分裂した細胞が成長せず，通常の体細胞分裂よりも分裂速度が速い。

A 卵割と体細胞分裂の違い

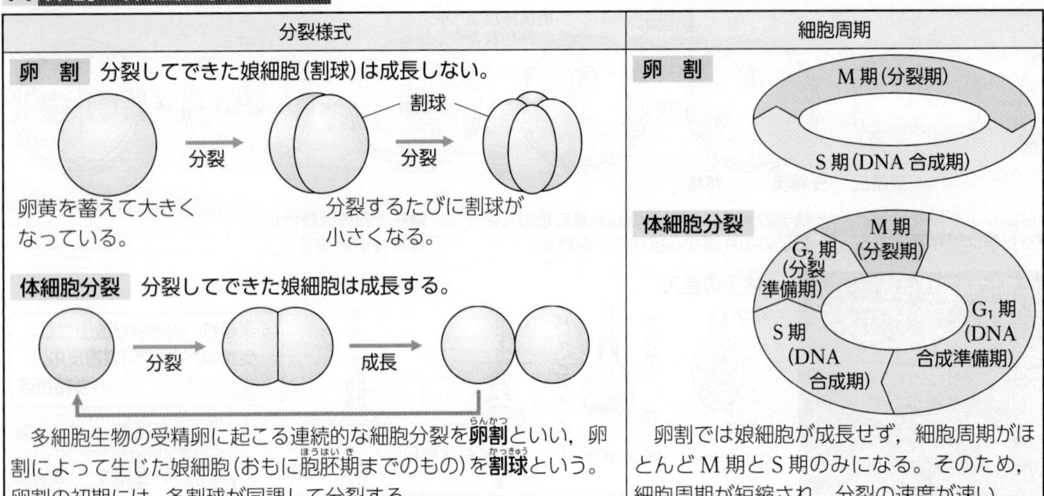
分裂様式
細胞周期
卵　割　分裂してできた娘細胞(割球)は成長しない。
割球
分裂
分裂
卵黄を蓄えて大きくなっている。
分裂するたびに割球が小さくなる。
体細胞分裂　分裂してできた娘細胞は成長する。
分裂
成長
卵　割
M 期(分裂期)
S 期(DNA 合成期)
体細胞分裂
M 期(分裂期)
G_2 期(分裂準備期)
G_1 期(DNA 合成準備期)
S 期(DNA 合成期)

多細胞生物の受精卵に起こる連続的な細胞分裂を**卵割**(らんかつ)といい，卵割によって生じた娘細胞(おもに胞胚期(ほうはいき)までのもの)を**割球**(かっきゅう)という。卵割の初期には，各割球が同調して分裂する。

卵割では娘細胞が成長せず，細胞周期がほとんど M 期と S 期のみになる。そのため，細胞周期が短縮され，分裂の速度が速い。

※植物では，卵割のような細胞分裂はほとんど見られない。

B 卵の各部分の名称

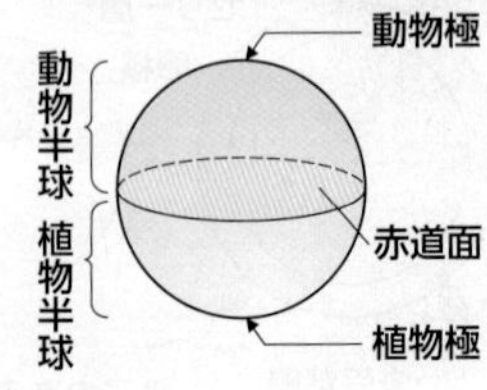
動物極
動物半球
赤道面
植物半球
植物極

動物極　極体が生じるところ。
植物極　動物極の反対側。
赤道面　動物極と植物極を結ぶ軸を垂直に2等分する面。
動物半球　赤道面で仕切られた動物極側の半分。
植物半球　赤道面で仕切られた植物極側の半分。
※これらの名称は，初期胚の相同な部分にも使われる。

生

2 卵割の様式

胚の発生に必要な栄養源である卵黄は卵割を妨げるので，卵黄の量と分布によって卵割の様式が異なる。

	卵の種類	卵割	2細胞期	4細胞期	8細胞期	胞胚(ほうはい)期(縦断面)	原腸胚(げんちょうはい)期(縦断面)	例
等黄卵(とうおうらん)	ウニ 卵黄　核 ●卵黄量は少ない。 ●卵黄は均等に分布。	全割(ぜんかつ)	●8細胞期まで割球はほぼ同じ大きさになる(等割)。			胞胚腔(卵割腔)	原腸 原口	棘皮(きょくひ)動物 原索(げんさく)動物 哺(ほ)乳類 など
端黄卵(たんおうらん)	カエル 細胞質 卵黄 ●卵黄量は多い。 ●卵黄は不均等に分布。	全割	●卵黄の多い部分は卵割が起こりにくいので，割球の大きさが，8細胞期以降は不均等になる(**不等割**)。 ●卵黄の多い植物半球は動物半球より分裂速度が遅い。			胞胚腔(卵割腔)	原腸 原口	両生類 軟体動物 環形動物 など
端黄卵	ニワトリ 細胞質 卵黄 ●卵黄量は非常に多い。 ●卵黄は不均等に分布。	部分割　盤割(ばんかつ)	●卵黄の多い部分は卵割が起こりにくいので，割球の大きさは不均等になる。 ●卵黄の量が非常に多いので，胚盤(はいばん)だけが分裂し，卵黄の部分は仕切られない。			胚下腔 胞胚腔(卵割腔)	原条	鳥類 は虫類 魚類 など
心黄卵(しんおうらん)	ショウジョウバエ 卵黄　細胞質 ●卵黄は中央に分布。	部分割　表割(ひょうかつ)	4核 ●はじめは核だけが中央で分裂する。 ●核が表面に移動し，表面だけが細胞質分裂する。	16核	256核	512核 極細胞	6000核〜 ※表割の図は2細胞期〜原腸胚期には対応していない。	昆虫類 甲殻(こうかく)類 クモ類 など

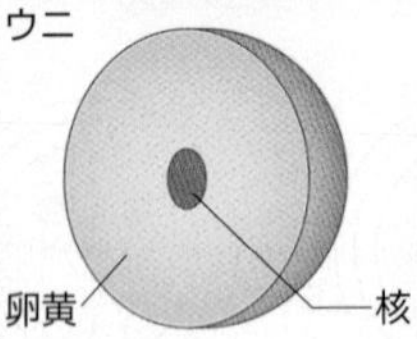

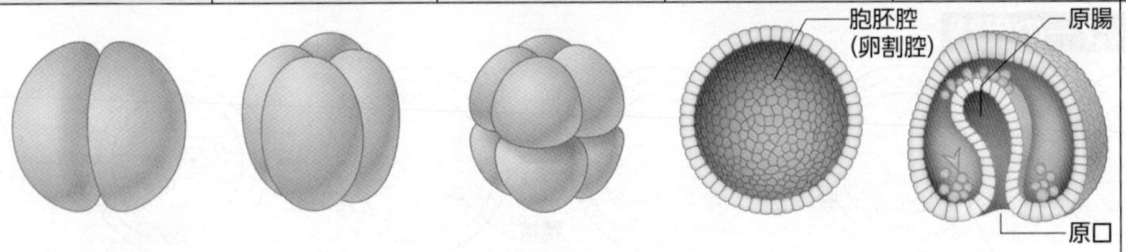

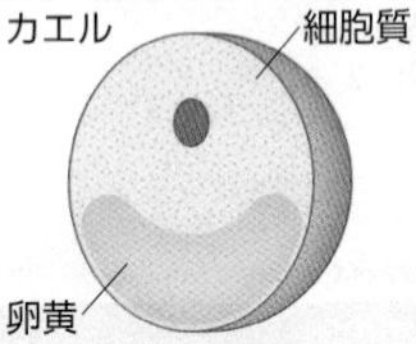

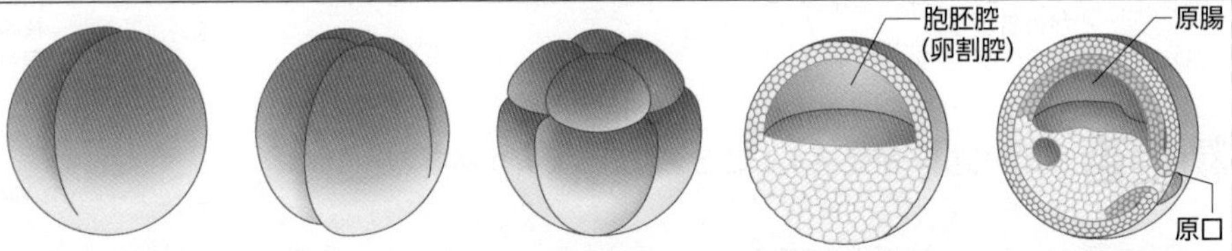

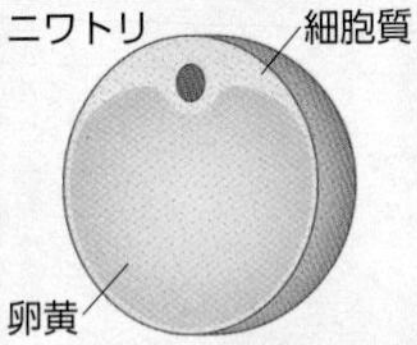

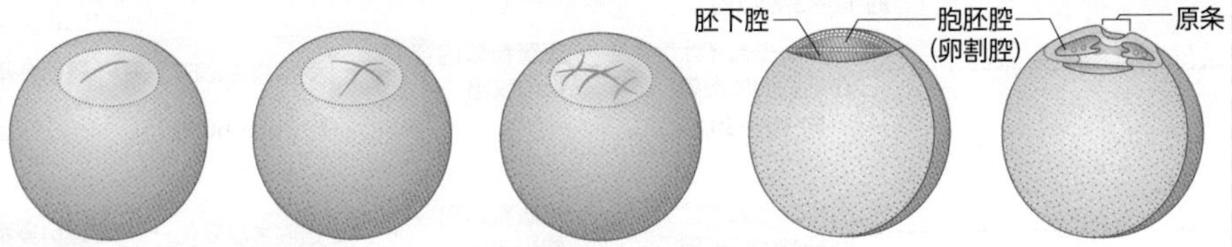

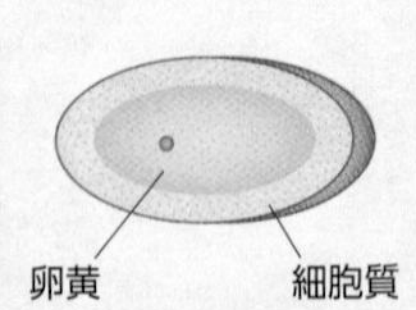

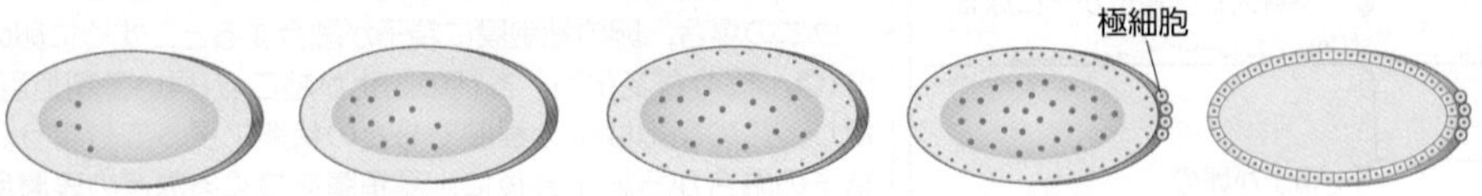

プチ雑学　卵割において，細胞分裂に必要な材料は卵内にすでに蓄積されているものを使う。細胞分裂に必要な材料を合成する時間を省くことによって，卵割の分裂速度は体細胞分裂に比べて著しく速くなる。

受精・発生の観察

1 ウニの受精・発生 実験

ウニは採卵・採精が容易であるため，観察によく用いられる。

A 採卵・採精法

口器をとり出したウニを海水を入れた容器の上に置き，0.5 mol/L 塩化カリウム水溶液（海水と等張）を口から数滴入れる。

Memo 少量の卵や精子の採取

口器の周囲の柔らかい部位に 0.01 mol/L アセチルコリン（または，0.5 mol/L 塩化カリウム水溶液）を約 0.1 mL 注射する。

海水を入れた容器の上に置くと，卵または精子を放出する。この方法では，ウニを数日程度生かしておくことができる。

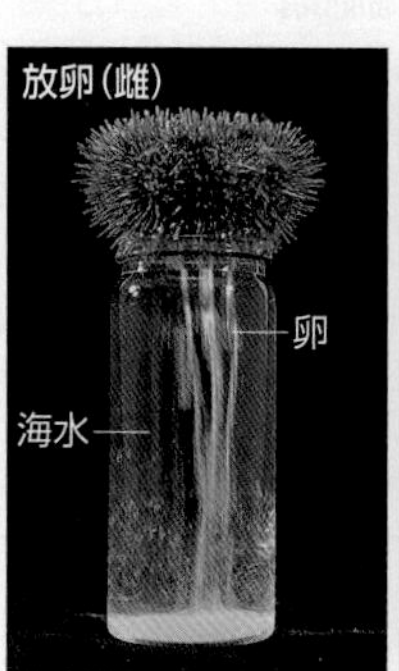
放卵（雌）
卵
海水

放精（雄）
精子
海水

生殖孔から，雌では卵，雄では精子を放出する。

精巣の保存 殻を破って精巣をとり出し，時計皿に入れて冷蔵庫で 2 ～ 3 日は保存できる。

Step up ウニの構造

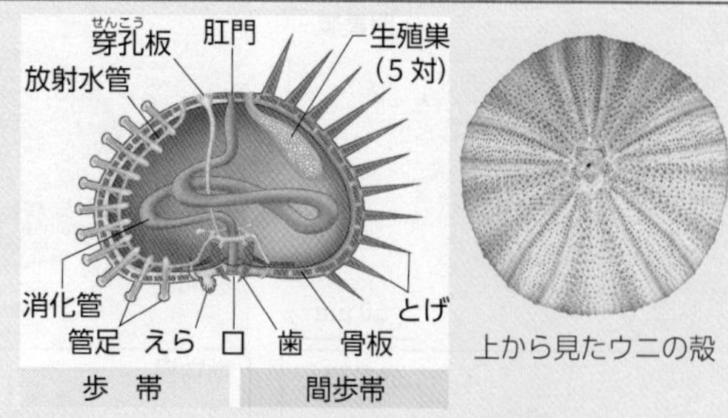
穿孔板
肛門
生殖巣（5 対）
放射水管
消化管
管足
えら
口
歯
骨板
とげ
歩帯
間歩帯
上から見たウニの殻

球形～円盤状で，皮下に石灰質の殻をもつ。体表には，2 列 1 組の**歩帯**とその間に**間歩帯**が並び，5 放射相称（▶p.309）を形成する。歩帯には管足が，間歩帯にはとげがあり，おもに管足を使って移動する。

B 受精の観察 例 バフンウニ

スライドガラスの上で，卵と精子を混ぜ，受精膜の上がっていくようすを観察する。

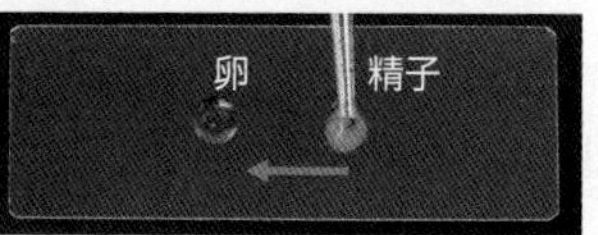
卵
精子

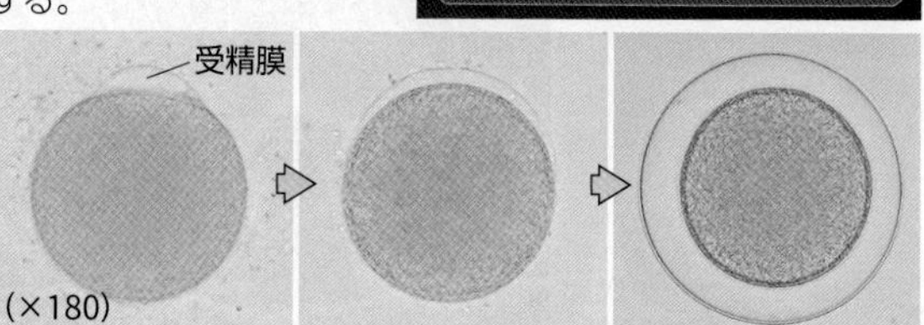
受精膜
（×180）

C 発生の観察 例 バフンウニ

受精卵をペトリ皿に入れ，観察の時期がきたら，スライドガラスにとって検鏡する。

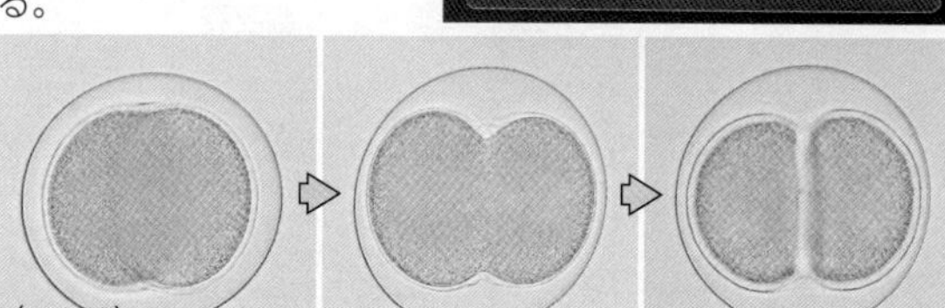
ビニルテープ
（×150）

受精後の時間
※バフンウニ（室温）
【2 細胞】 約 1.5 ～ 2 時間
【胞　胚】 約 15 ～ 24 時間
【原腸胚】 約 1.5 ～ 2 日
【プリズム幼生】 約 3 日
【プルテウス幼生】 約 4 ～ 5 日

2 カエルの受精・発生 実験

卵が肉眼で観察でき，胚の変化が明瞭であるため，観察によく用いられる。

A 発生の観察

ヒキガエル（池・沼，ひも状卵，3 月）　トノサマガエル（水田・苗代，塊状，5 月）
アカガエル（水田，塊状，2 ～ 3 月）

ヒキガエルの卵
アカガエルの卵

産卵直後の卵を採集する。

必要な時期の胚を 10% ホルマリン溶液に入れて保存する。

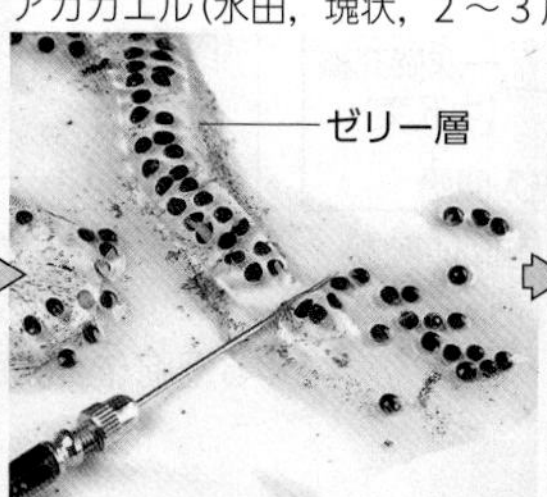
ゼリー層

新聞紙などの上で，ゼリー層をとり除く。

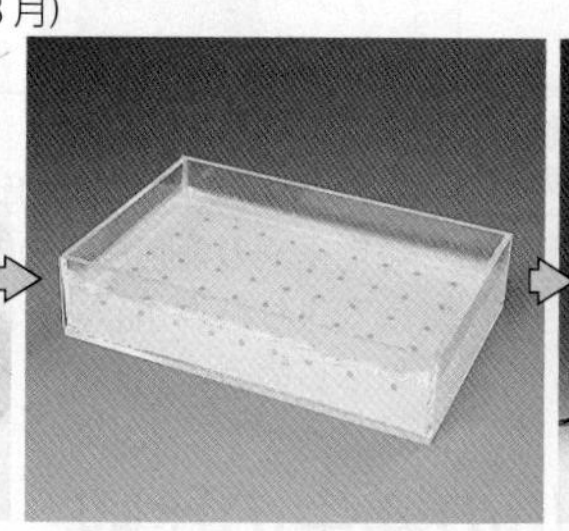

とり出した胚を 3% 寒天液に入れて固める。

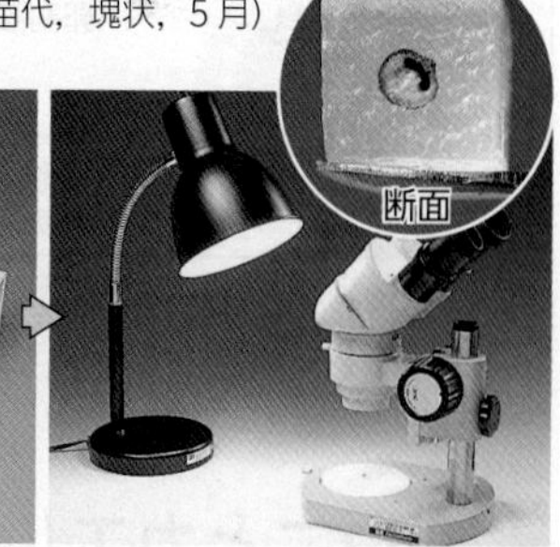
断面

カミソリで胚を切断し，断面を低倍率で観察する。

B 人工受精 例 アフリカツメガエル

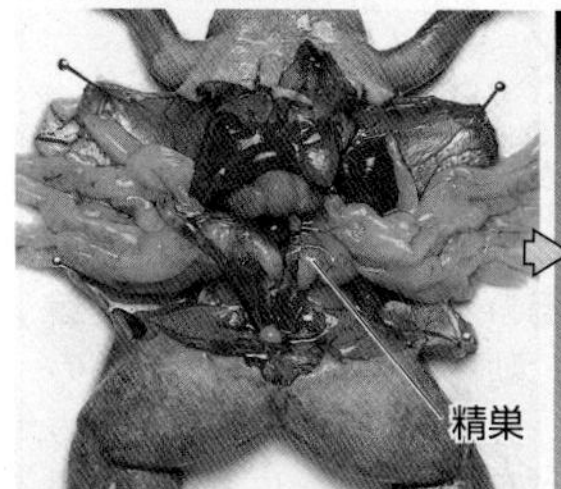
精巣

生殖時期の成熟した雄を解剖して，精巣をとり出す。

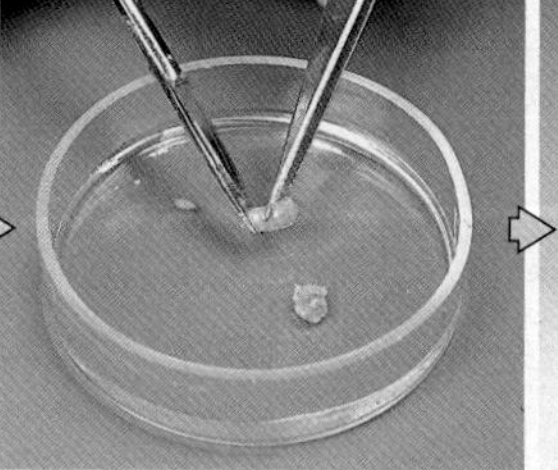

水道水中で精巣を切り刻み，精子の懸濁液をつくる。

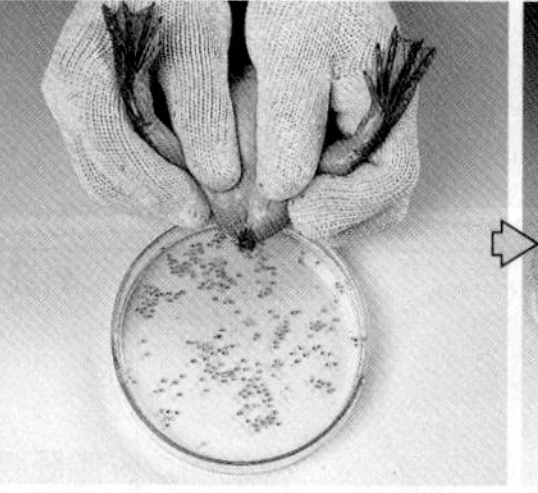

成熟した雌の腹を両手で押して，卵をしぼり出す。

精子の懸濁液

卵に精子の懸濁液をスポイトでかけて受精させる。

Memo 人工産卵

アフリカツメガエルはホルモンを注射することによって，必要なときに卵を得ることができる。産卵させる前日に，大腿部から背部皮下へ，ゴナドトロピン（生殖腺刺激ホルモン）を 500 単位注射する。

その後，雌雄を同じ水槽に入れておくと，翌朝，抱接し産卵する。

プチ雑学 わたしたちが食べるウニは，生殖巣（卵巣または精巣）の部分であり，味は雌雄でほとんど変わらないといわれている。生殖巣が成熟する時期は，バフンウニでは 12 月～ 2 月，ムラサキウニでは 7 月～ 8 月である。

98 ウニの発生

1 ウニの発生の過程

ウニの卵は等黄卵(とうおうらん)であり，8細胞期まで等割(とうかつ)をする。　※写真は，バフンウニの発生過程。時間は目安。

① 未受精卵

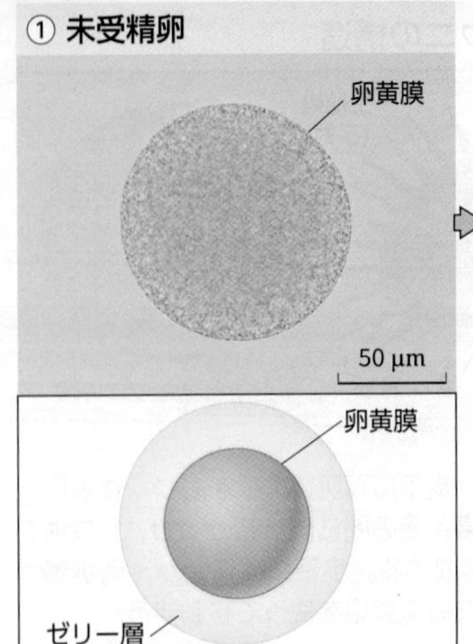

卵黄膜
50 μm
卵黄膜
ゼリー層

産卵後，ゼリー層が少しずつ海水に溶ける。

② 受精卵

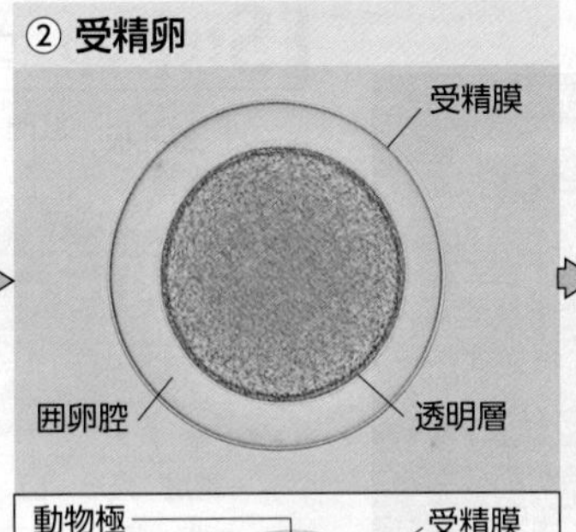

受精膜
囲卵腔
透明層

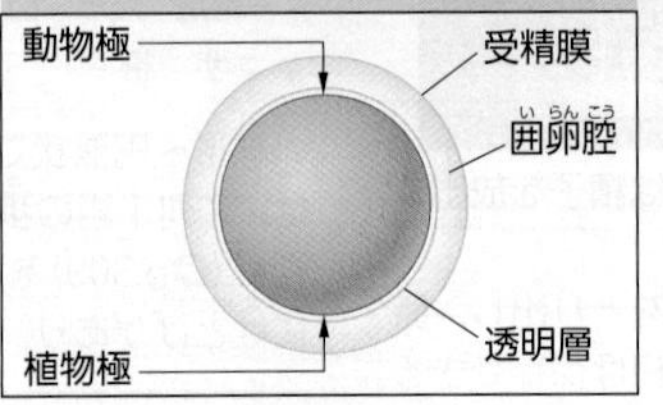

動物極
受精膜
囲卵腔
透明層
植物極

受精すると，精子が進入した点から卵黄膜が盛り上がる。やがて全体がもち上がり，**受精膜**になる。

③ 2細胞期　1.5〜2時間後

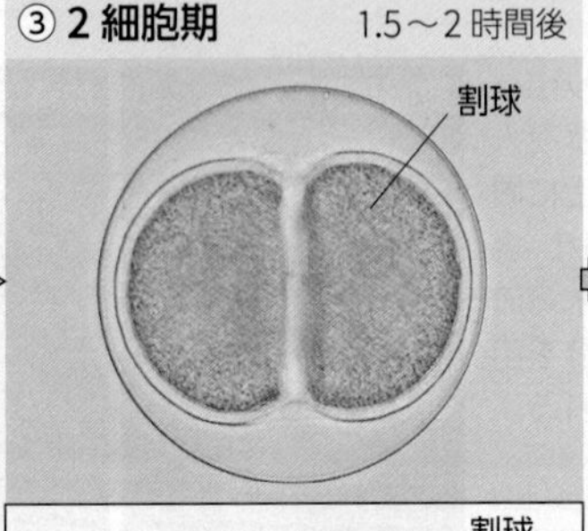

割球

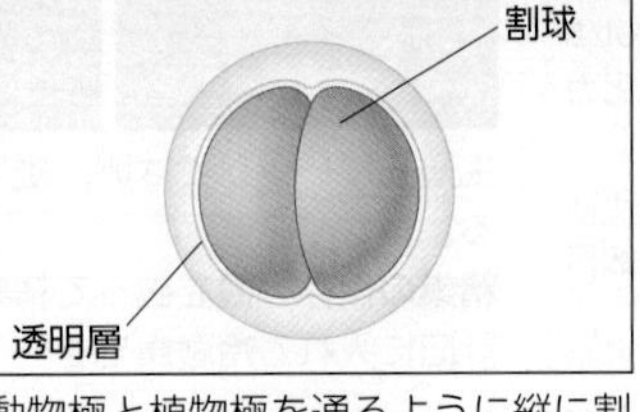

割球
透明層

動物極と植物極を通るように縦に割れ(**経割**(けいかつ))，等しい大きさの2個の**割球**(かっきゅう)になる。

④ 4細胞期　3〜4時間後

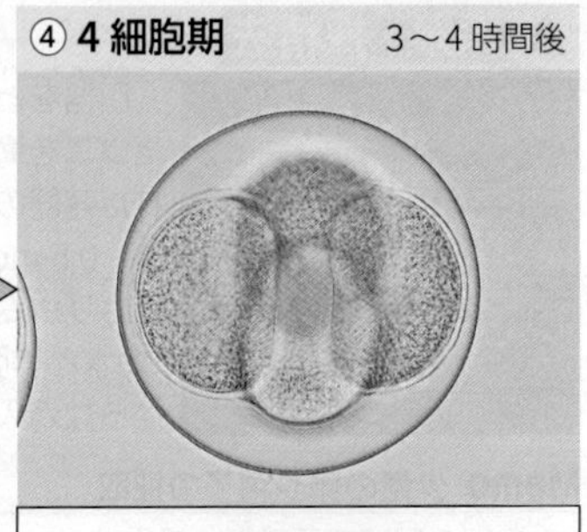

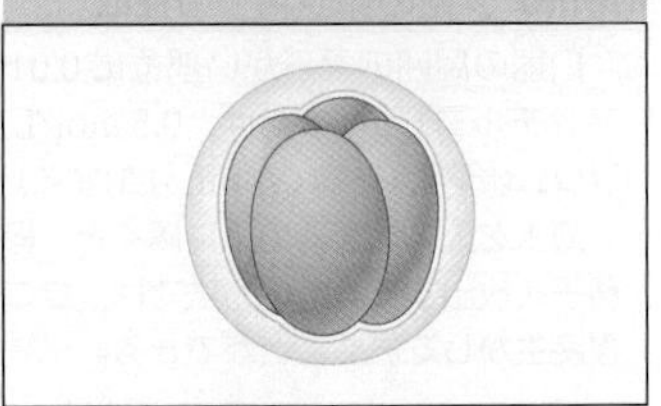

もう一度縦に割れ，等しい大きさの4個の割球になる。透明層は割球がばらばらになるのを防いでいる。

⑨ 胞胚期［遊泳］　23時間後

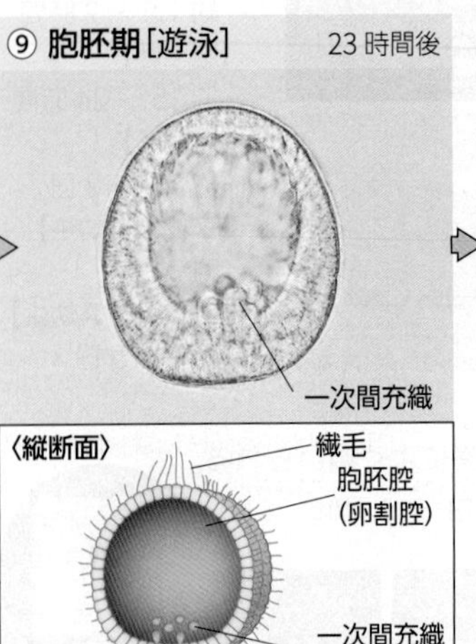

一次間充織
〈縦断面〉
繊毛
胞胚腔
(卵割腔)
一次間充織
(中胚葉)

繊毛を使い回転しながら動物極側へ前進する。植物極側から細胞が**胞胚腔**(ほうはいこう)(卵割腔)内へ離脱していく。

⑩ 原腸胚初期(げんちょうはいしょき)　26時間後

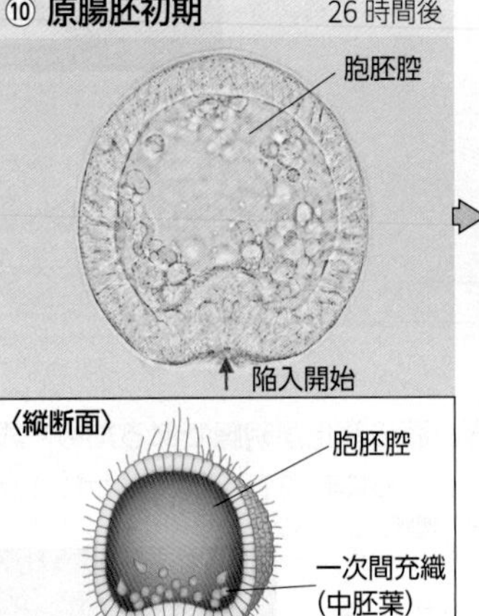

胞胚腔
陥入開始
〈縦断面〉
胞胚腔
一次間充織
(中胚葉)
陥入開始

植物極側の細胞が胚の内側に向かって入りこみ(**陥入**(かんにゅう))，**原腸**(げんちょう)を形成しはじめる。

⑪ 原腸胚期　52時間後

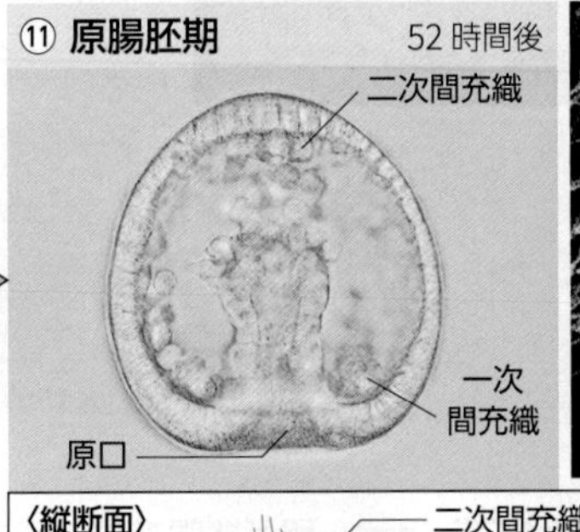

二次間充織
一次
間充織
原口

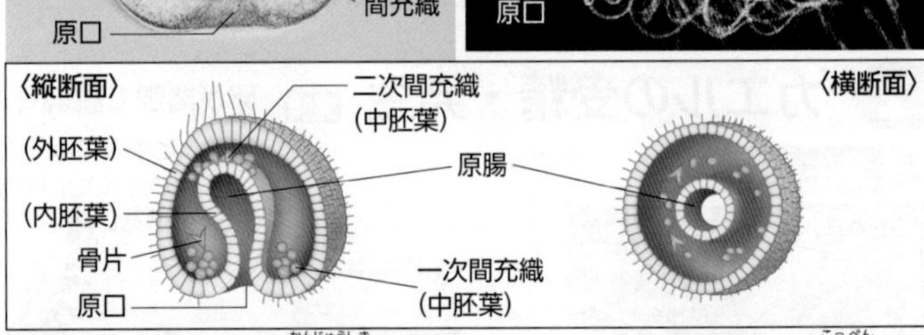

〈縦断面〉
二次間充織
(中胚葉)
(外胚葉)
原腸
(内胚葉)
骨片
原口
一次間充織
(中胚葉)
〈横断面〉

原口

原腸の先端部から二次間充織(かんじゅうしき)が離脱してくる。一次間充織からは骨片(こっぺん)ができはじめる。外側の細胞(**外胚葉**(がいはいよう))，間充織の細胞(**中胚葉**(ちゅうはいよう))，原腸を構成する細胞(**内胚葉**(ないはいよう))に分化する。

2 ウニとカエルの発生の比較

	卵	8細胞期	胞胚期	原腸胚期
ウニ	卵黄は均等に分布。	等割	胞胚腔(卵割腔) 胞胚腔は中央にできる。	外胚葉　中胚葉　原腸　内胚葉　原口 植物極から陥入する。
カエル	卵黄は植物極側に多い。	不等割	胞胚腔(卵割腔) 胞胚腔は動物極側にできる。	外胚葉　原腸　中胚葉　原口　胞胚腔　内胚葉 赤道面のやや下から陥入する。

Step up ウニの原腸陥入

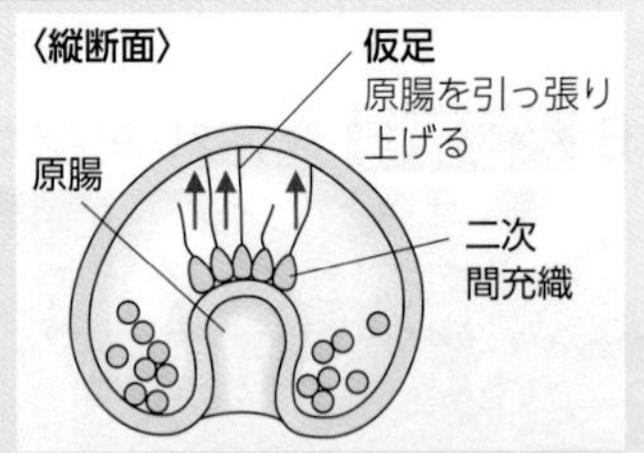

〈縦断面〉
仮足
原腸を引っ張り上げる
原腸
二次
間充織

原腸の先端に生じた二次間充織から，動物極側へ糸状の仮足(かそく)がのびる。仮足は胞胚腔の壁に付着し，自身が収縮することによって原腸を引き上げる。

プチ雑学

ゼリー層は，通常の顕微鏡観察ではほとんど見えないが，墨汁をたらすと卵黄膜の外側に透明な層を観察することができる。また，多数の未受精卵を集めると，互いのゼリー層の厚みの分だけ等間隔で並ぶことでもその存在が確認できる。

Keywords ●割球 blastomere ●桑実胚 morula ●卵割腔 cleavage cavity ●胞胚 blastula ●胞胚腔 blastocoel ●陥入 invagination ●原腸 archenteron ●原腸胚 gastrula ●原口 blastopore ●外胚葉 ectoderm ●中胚葉 mesoderm ●内胚葉 endoderm ●プルテウス幼生 pluteus larva

⑤ 8細胞期 4～5時間後

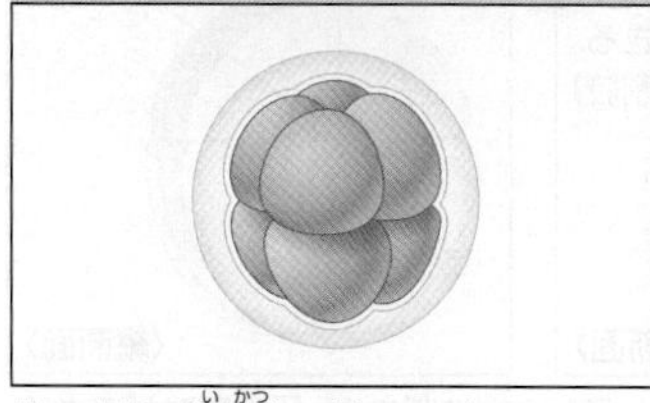

横に割れ(緯割)，等しい大きさの8個の割球になる。

⑥ 16細胞期 5～6時間後

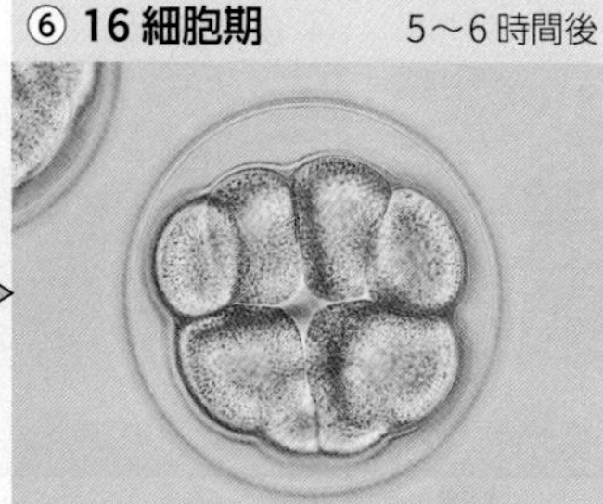

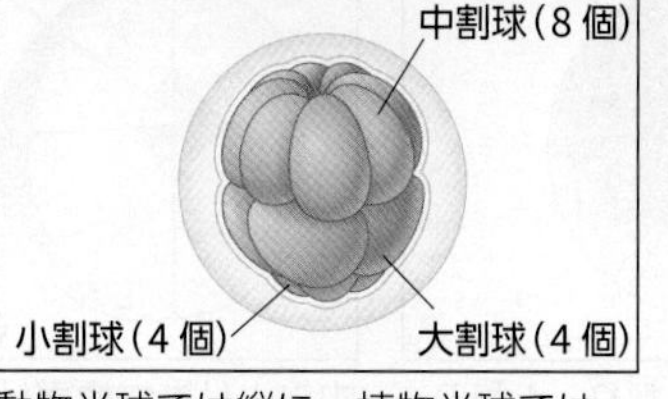

中割球(8個)
小割球(4個)
大割球(4個)

動物半球では縦に，植物半球では植物極にかたよって横に割れる。

⑦ 桑実胚期 9時間後

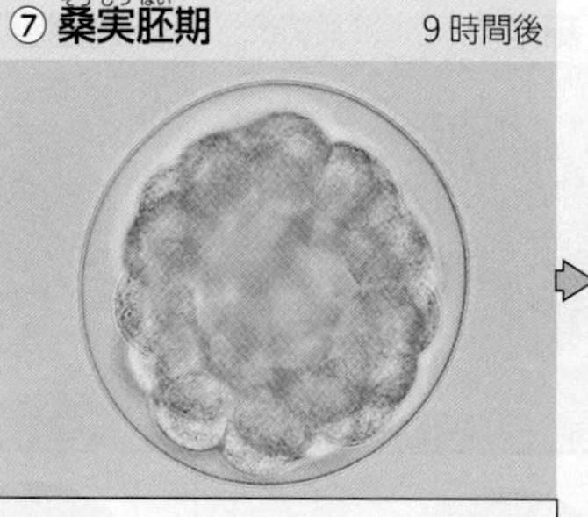

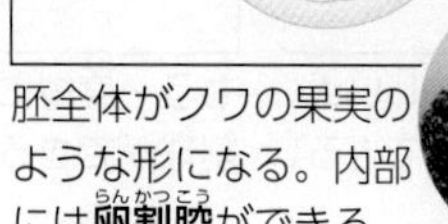

クワの果実

胚全体がクワの果実のような形になる。内部には卵割腔ができる。

⑧ 胞胚期[ふ化] 22時間後

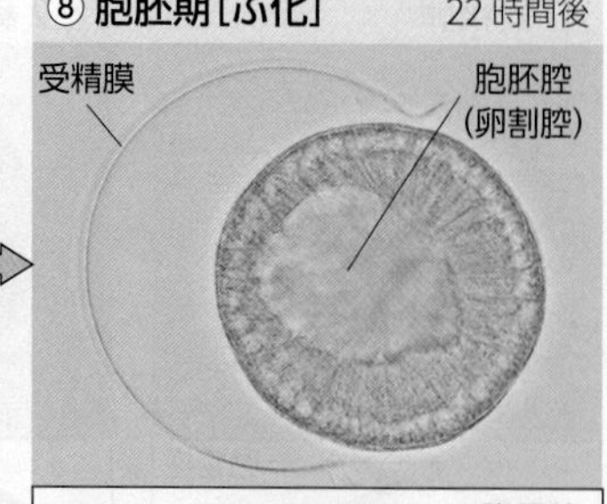

受精膜
胞胚腔
(卵割腔)

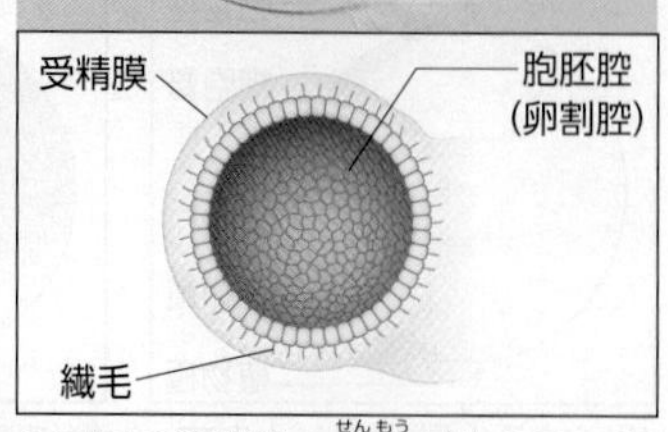

受精膜
胞胚腔
(卵割腔)
繊毛

9回目の卵割後，繊毛が生える。10回目の卵割後，酵素を分泌して受精膜を溶かし，ふ化する。

⑫ プリズム幼生期 76時間後

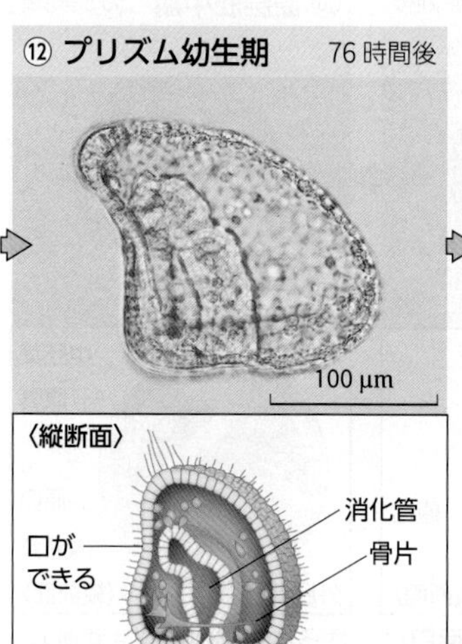

100 μm
〈縦断面〉
消化管
口ができる
骨片

原腸の先端が外胚葉に達し，ここに口ができる。原腸は消化管とよばれるようになり，原口は肛門になる。

⑬ プルテウス幼生期 120時間後

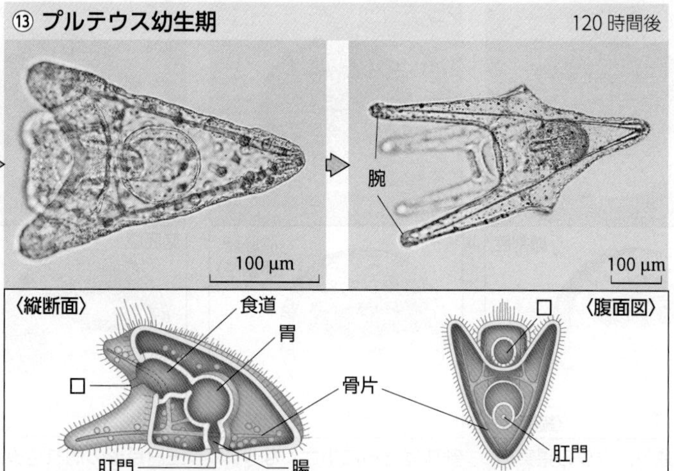

100 μm
腕
100 μm
〈縦断面〉
食道
胃
口
骨片
肛門
腸
口
〈腹面図〉
肛門

骨片が成長して骨格が形成され，それにしたがって腕が発達し，細長い形態に変化する。口，食道，胃，腸，肛門などが分化してくる。繊毛を使って活発に動き回る。

バフンウニ

バフンウニ(*Hemicentrotus pulcherrimus*)は，日本の磯で普通に見られる棘皮動物である。とげは短く，馬糞色をしている。卵細胞質が半透明であり，受精膜は透明で大きくもち上がって明瞭に観察される。採集や受精させることなどが容易であるため，発生の観察によく用いられる。

⑭ 変態前

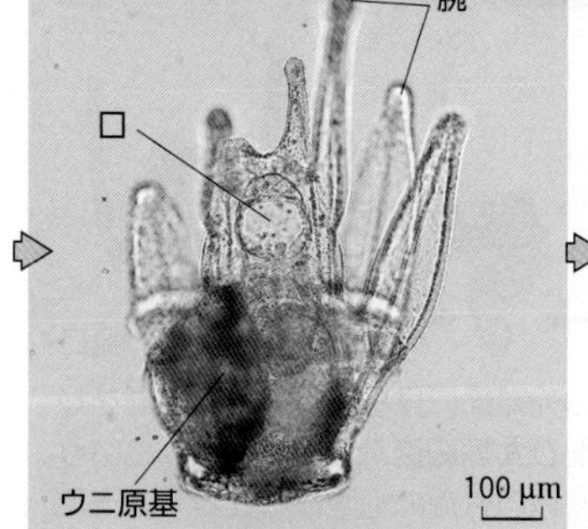

腕
口
ウニ原基
100 μm

幼生体内には，ウニ原基や口，食道，胃などが見られる。

⑮ 変態期

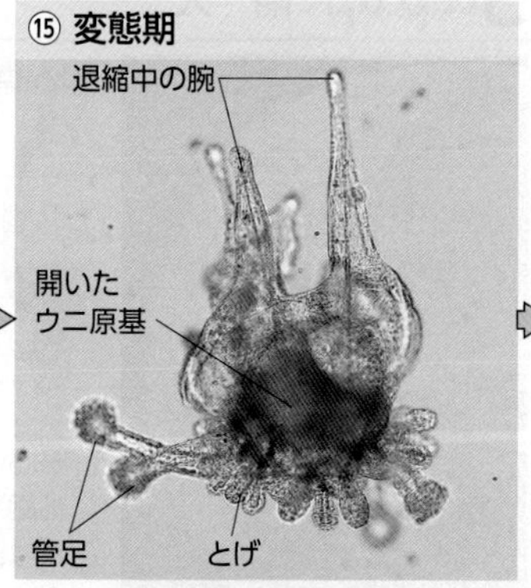

退縮中の腕
開いたウニ原基
管足
とげ

からだをおし開いて，ウニ原基内のとげや管足がつき出る。腕は退縮する。

⑯ 稚ウニ

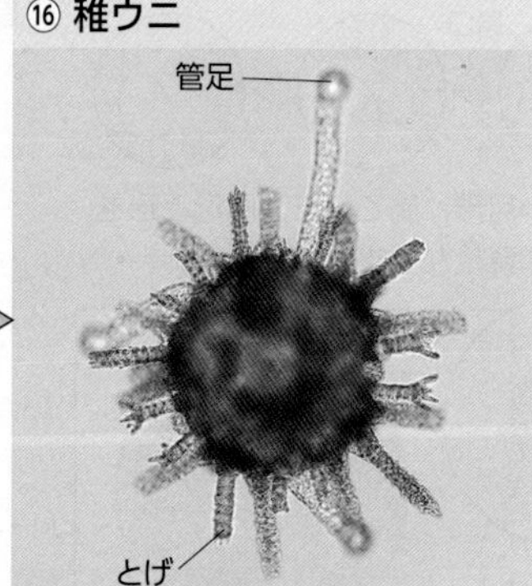

管足
とげ

成体のとげや管足が発達する。腕以外の幼生体も退縮する。

Memo ウニ原基

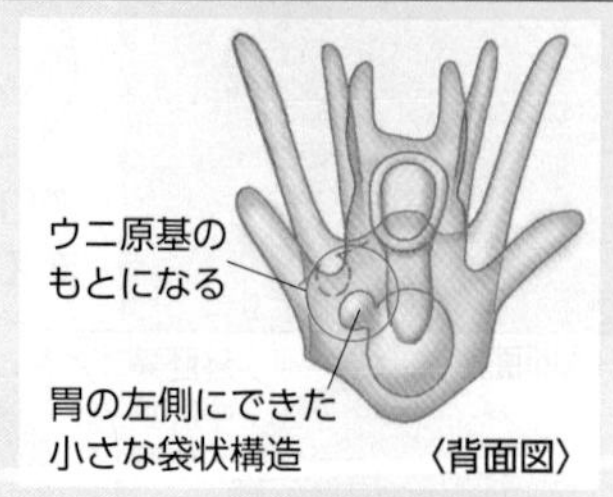

ウニ原基のもとになる
胃の左側にできた小さな袋状構造
〈背面図〉

将来，とげや管足，神経などが分化する部分。この原基に，とげや管足などが内側に向かって圧縮されてつくられる。変態期になると，それらが表皮を破って裏返りながら外部へ出てくる。

プチ雑学 ウニは，変態の時期まで海水中を浮遊しながら成長するが，稚ウニになると海底で生活するようになる。ウニ原基にはすでに成体と同じ5放射相称(▶p.309)が見られ，最初に形成される5本の管足を使って海底を移動する。

100 カエルの発生

1 受精卵から原腸胚まで

カエル（脊椎動物・両生類）の卵は端黄卵（たんおうらん）であり，不等割をする。

① 受精卵

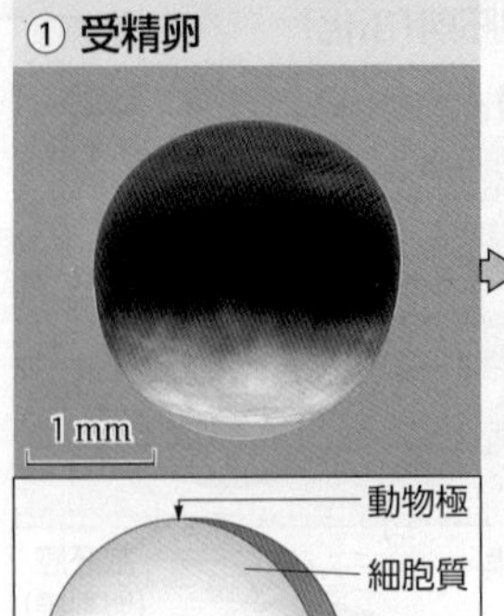
1 mm
動物極
細胞質
卵黄
植物極

受精すると動物極が上を向くように回転する。

② 2 細胞期　3 時間後

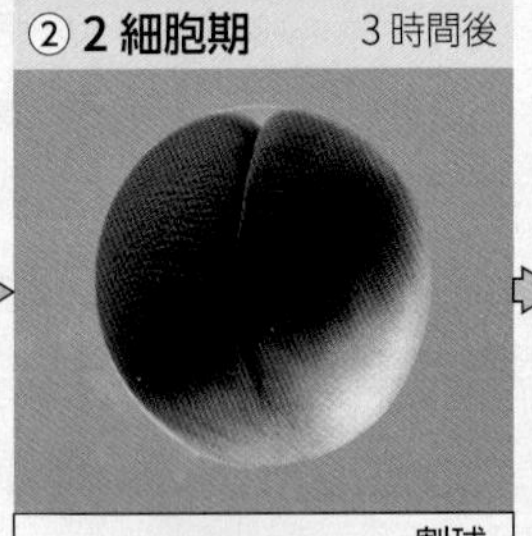
割球

縦に割れ（経割），等しい大きさの 2 個の割球ができる。

③ 4 細胞期　4 時間後

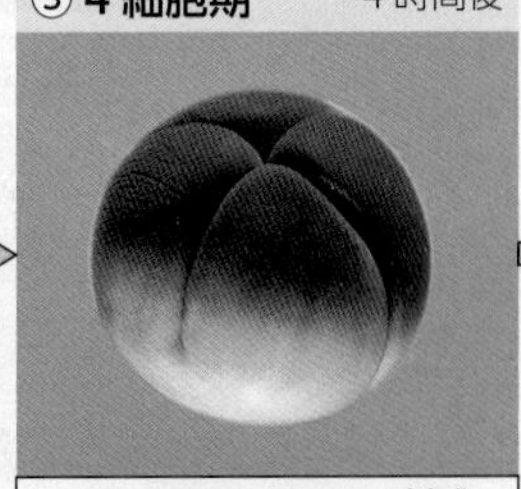

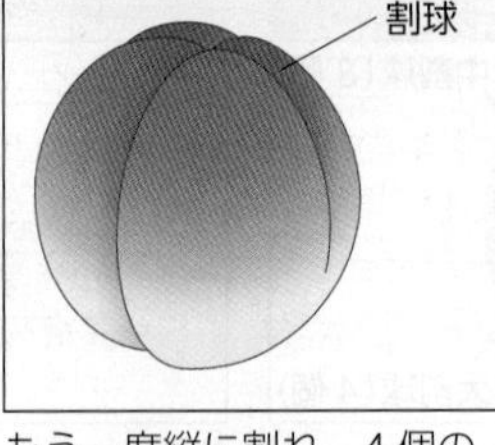
割球

もう一度縦に割れ，4 個の割球ができる。

④ 8 細胞期　5 時間後

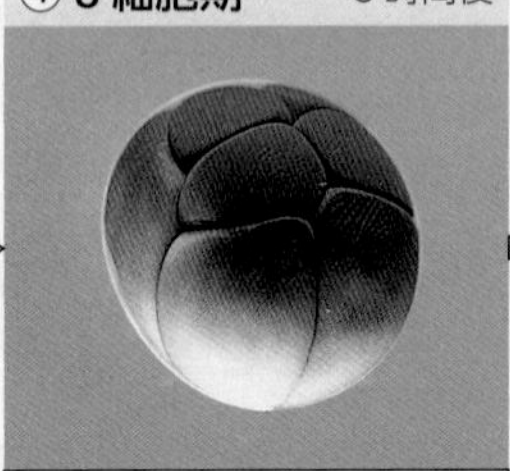

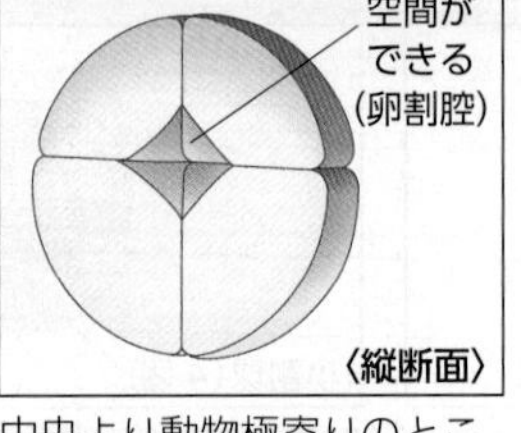
空間ができる（卵割腔）
〈縦断面〉

中央より動物極寄りのところで横に割れる（緯割）。

⑤ 16 細胞期　6 時間後

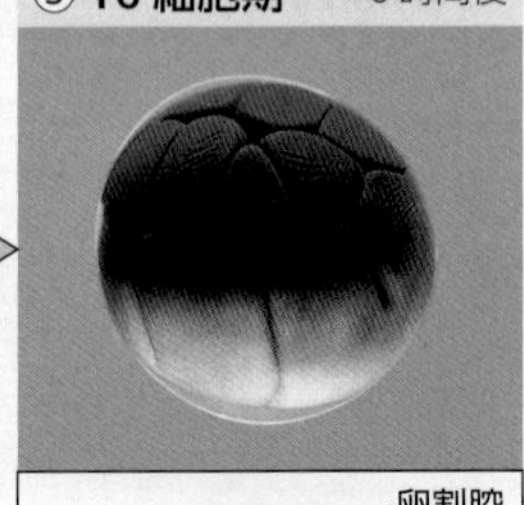

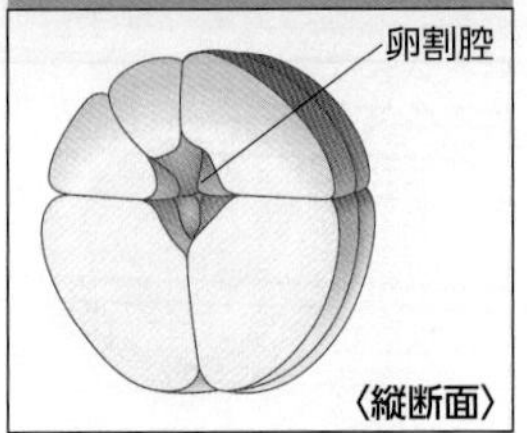
卵割腔
〈縦断面〉

縦に割れ 16 個の割球ができる。卵割腔はしだいに大きくなる。

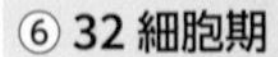

⑥ 32 細胞期　7 時間後

卵割腔
〈縦断面〉

横に割れる。植物半球の分裂が動物半球より遅れはじめる。

⑦ 桑実胚（そうじつはい）期　8 時間後

卵割腔
〈縦断面〉

卵割が進み，クワの果実のような形になる（▶p.99）。

⑧ 胞胚（ほうはい）後期　18 時間後

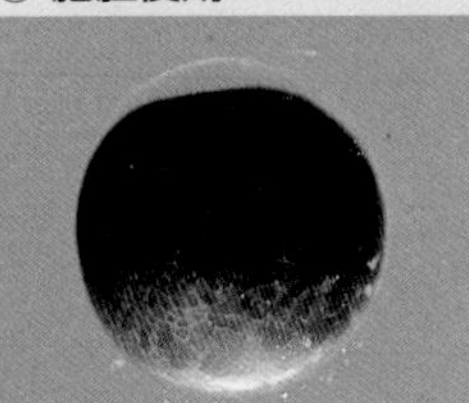

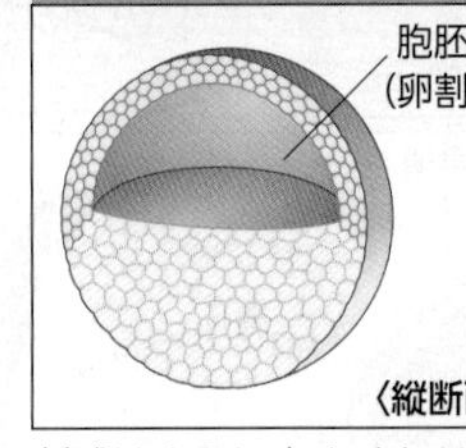
胞胚腔
（卵割腔）
〈縦断面〉

割球はさらに小さくなり，胚の表面はなめらかになる。

⑨ 原腸胚（げんちょうはい）初期　22 時間後

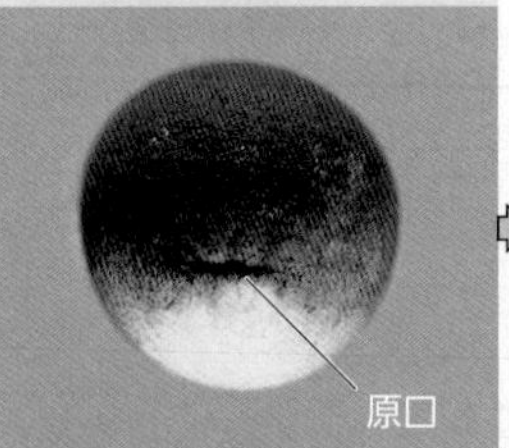
原口

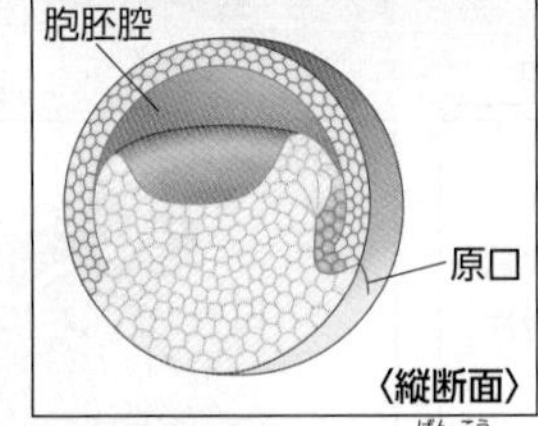
胞胚腔
原口
〈縦断面〉

三日月形の切れ込み（**原口**（げんこう））から細胞が陥入（かんにゅう）する。

⑩ 原腸胚中期　30 時間後

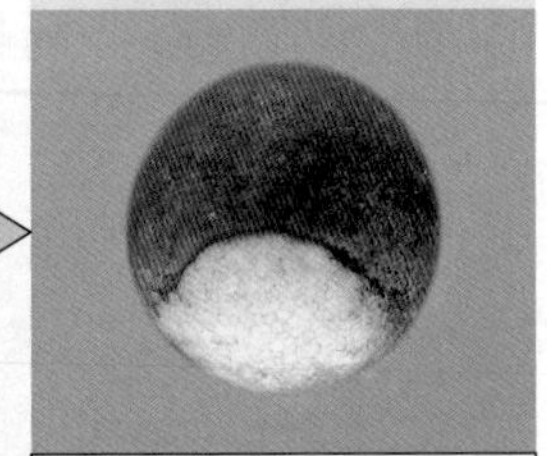

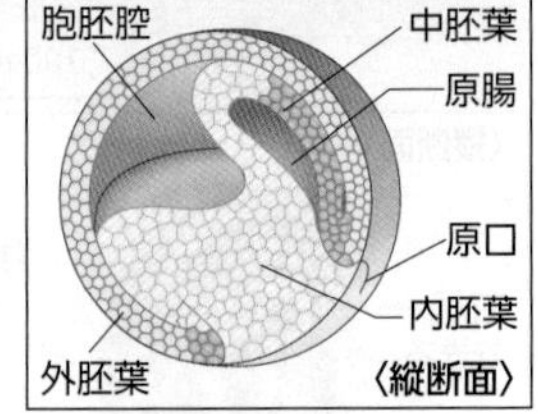
胞胚腔
中胚葉
原腸
原口
内胚葉
外胚葉
〈縦断面〉

さらに細胞が分裂，移動して，**原腸**（げんちょう）が形成される。

※写真・図はヒキガエルで，図は卵のまわりのゼリー層を除いて示す。時間は目安。

⑪ 原腸胚後期　34 時間後

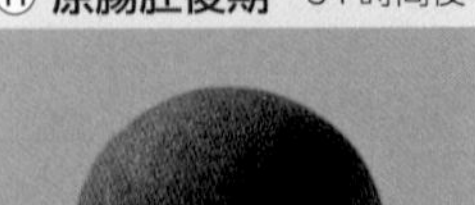
卵黄栓

卵黄栓のでき方

原口
卵黄栓

原口は半月形，馬てい形，円形と形を変え，卵黄栓ができる。

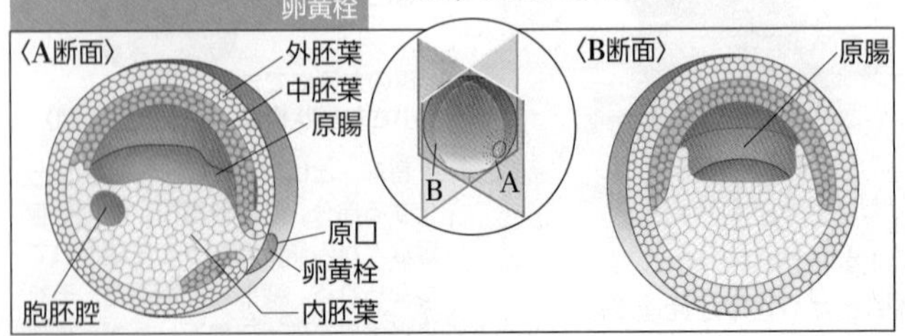
〈A断面〉
外胚葉
中胚葉
原腸
原口
卵黄栓
内胚葉
胞胚腔
B
A
〈B断面〉
原腸

胚の細胞層は，**外胚葉**，**中胚葉**，**内胚葉**に分化する。原口で囲まれた部分に見える内胚葉の細胞を**卵黄栓**（らんおうせん）という。

Step up 陥入

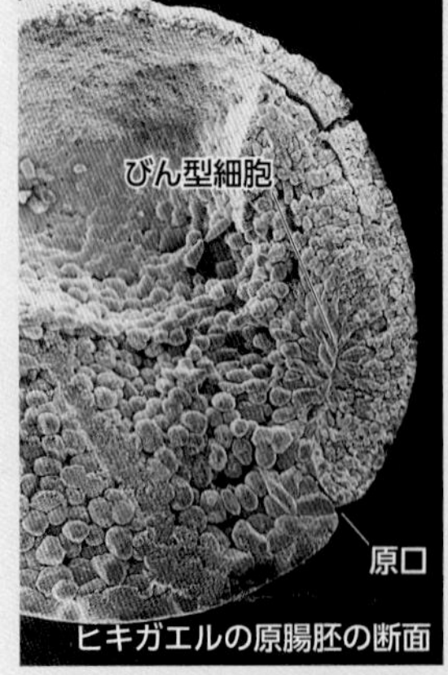
びん型細胞
原口

ヒキガエルの原腸胚の断面

びん型細胞の形成

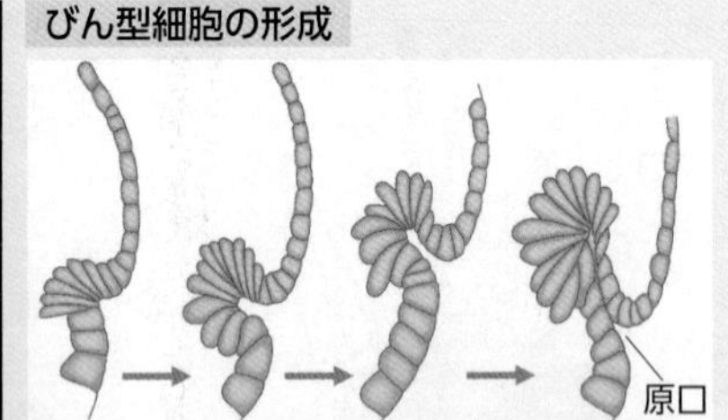
原口

原腸の先端部に見られる，細長い形をした細胞を**びん型細胞**＊（bottle cell）という。これは，原口付近の細胞が伸長してできたものであり，びん型細胞が形成されることにより，陥入がはじまる。

＊フラスコ細胞ともいう。

プチ雑学

カエルの卵は，動物半球側のどこからでも精子が進入することができる。また，精子が進入した位置には色素が集まり，受精してしばらくは精子進入点がどこであるかを確認することができる。

Keywords ●卵黄栓 yolk plug ●神経胚 neurula ●神経板 neural plate ●神経溝 neural groove ●神経管 neural tube ●脊索 chorda (dorsalis) ●尾芽胚 tail bud ●幼生 larva ●変態 allaxis, metamorphosis

2 神経胚から幼生まで 神経胚期に，脊索や神経管がつくられる。

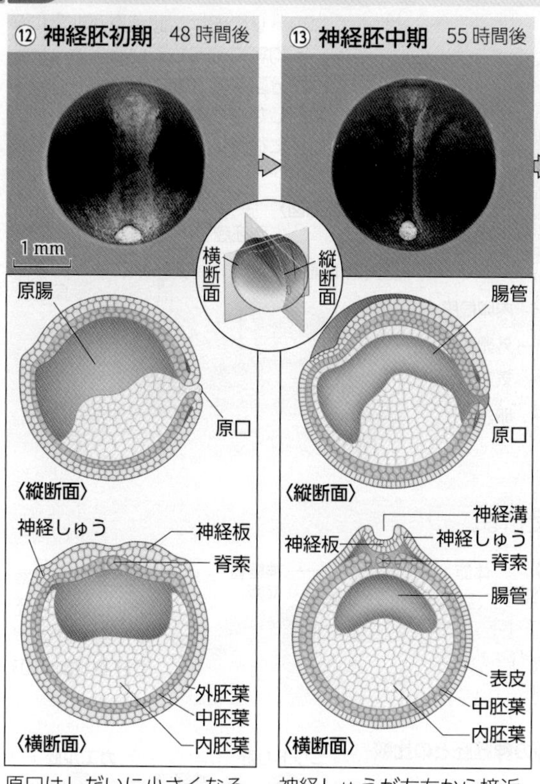

⑫ 神経胚初期 48時間後
1 mm
原腸
原口
〈縦断面〉
神経しゅう
神経板
脊索
外胚葉
中胚葉
内胚葉
〈横断面〉
横断面
縦断面

原口はしだいに小さくなる。原口から背部にそって外胚葉が平たく厚くなり，**神経板**となる。

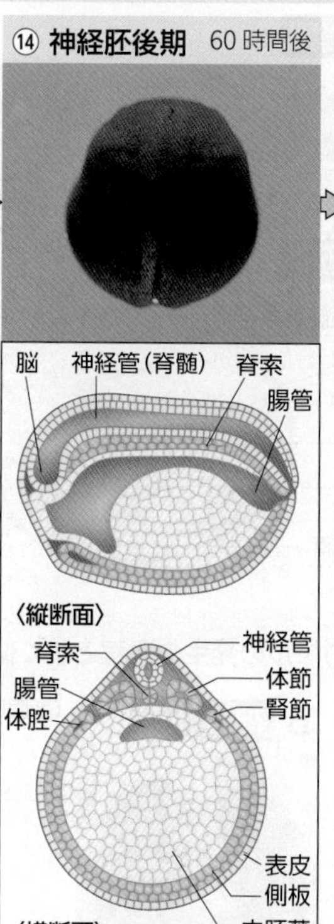

⑬ 神経胚中期 55時間後
腸管
原口
〈縦断面〉
神経溝
神経板
神経しゅう
脊索
腸管
表皮
中胚葉
内胚葉
〈横断面〉

神経しゅうが左右から接近して溝状(**神経溝**)となる。また，中胚葉から**脊索**，内胚葉から**腸管**がつくられる。

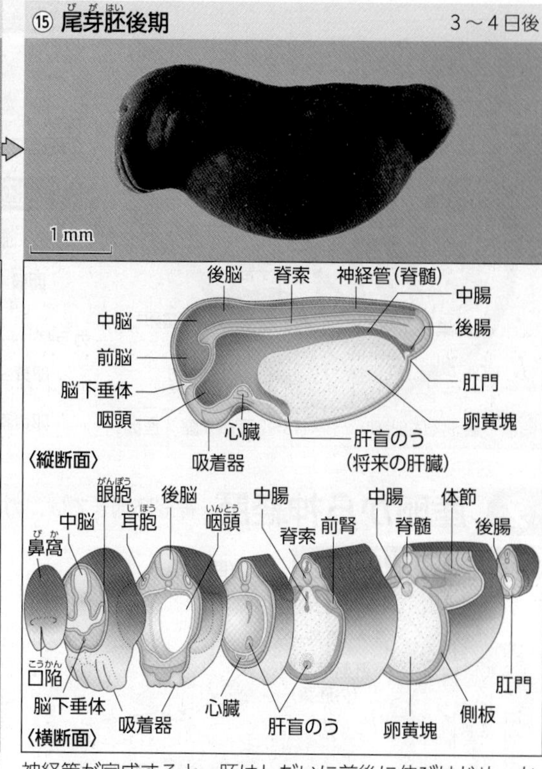

⑭ 神経胚後期 60時間後
脳
神経管(脊髄)
脊索
腸管
〈縦断面〉
脊索
神経管
腸管
体節
体腔
腎節
表皮
側板
内胚葉
〈横断面〉
⑮ 尾芽胚後期 3〜4日後
1 mm
後脳
脊索
神経管(脊髄)
中腸
中脳
後腸
前脳
肛門
脳下垂体
咽頭
卵黄塊
心臓
肝盲のう
(将来の肝臓)
吸着器
〈縦断面〉
眼胞
後脳
中腸
中腸
体節
中脳
耳胞
咽頭
脊索
前腎
脊髄
後腸
鼻窩
口陥
脳下垂体
吸着器
心臓
肝盲のう
卵黄塊
側板
肛門
〈横断面〉

神経しゅうが接着して**神経管**ができる。各胚葉の分化が進み，**表皮**，**体節**，**腎節**，**側板**，**体腔**ができてくる。

神経管が完成すると，胚はしだいに前後に伸びはじめ，からだの後端には尾ができる。この時期に器官の形成が進む(▶p.107)。やがてふ化して**幼生**(オタマジャクシ)になる。

ウニとカエルの発生過程の違い

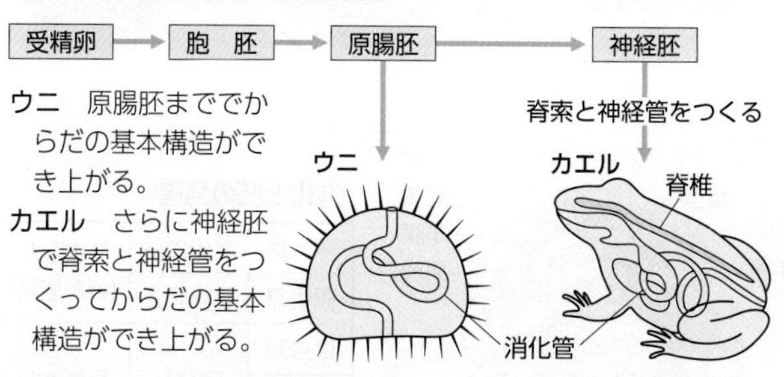

受精卵
胞 胚
原腸胚
神経胚
ウニ 原腸胚まででからだの基本構造ができ上がる。
カエル さらに神経胚で脊索と神経管をつくってからだの基本構造ができ上がる。
脊索と神経管をつくる
ウニ
カエル
脊椎
消化管

神経管と脊索

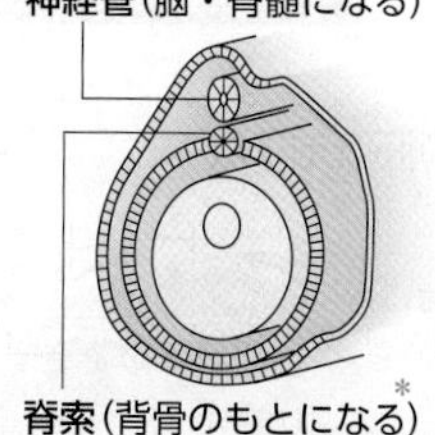

神経管(脳・脊髄になる)
脊索(背骨のもとになる)*

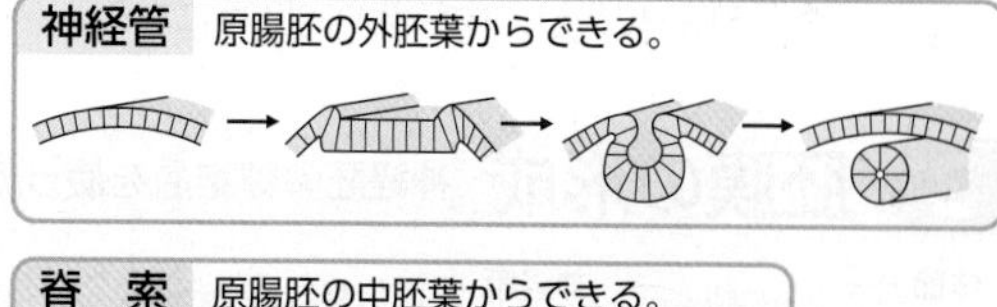

神経管 原腸胚の外胚葉からできる。
脊 索 原腸胚の中胚葉からできる。

＊脊椎動物では脊索が退化し，脊椎骨に置き換わる。

3 カエルの変態 オタマジャクシ(幼生)は鰓呼吸をするが，変態して，肺で呼吸するカエル(成体)となる。

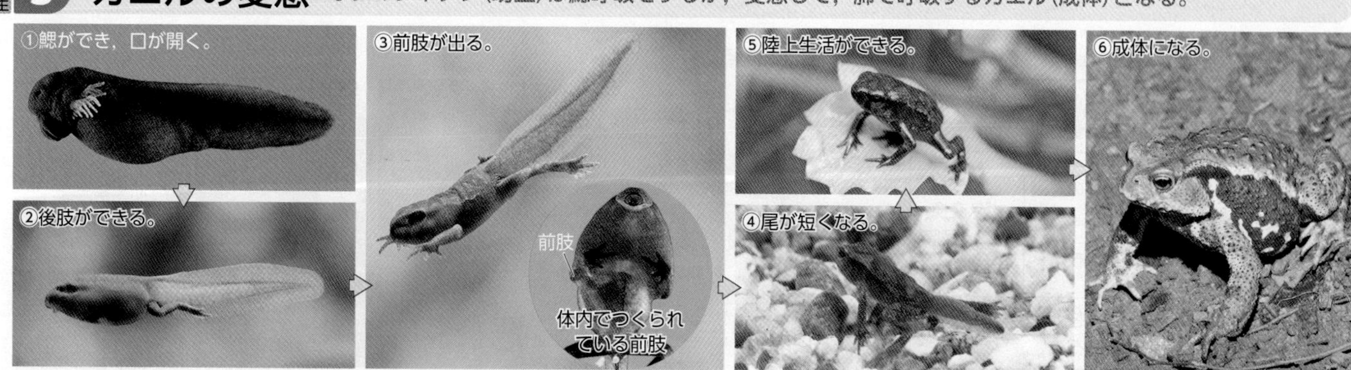

①鰓ができ，口が開く。
②後肢ができる。
③前肢が出る。
前肢
体内でつくられている前肢
④尾が短くなる。
⑤陸上生活ができる。
⑥成体になる。

プチ雑学 カエルの変態には，甲状腺ホルモン(▶p.144)が非常に重要な働きをしている。切断したオタマジャクシの尾を甲状腺ホルモンの入った溶液中で培養すると，しだいに組織が壊されて縮んでいく。

ニワトリの発生

Keywords
●胚膜 embryonic membrane ●羊膜 amnion
●尿膜 allantoic membrane
●しょう膜 serous membrane

1 受精卵から産卵 受精後に卵白，卵殻ができ，胞胚期に産み出される。

ニワトリの卵は，卵黄量が非常に多く，不均等に分布しているので，胚盤だけが分裂する(▶p.96)。

卵割しながら輸卵管を進むうちに，まわりに徐々に卵白，卵殻がついてくる。

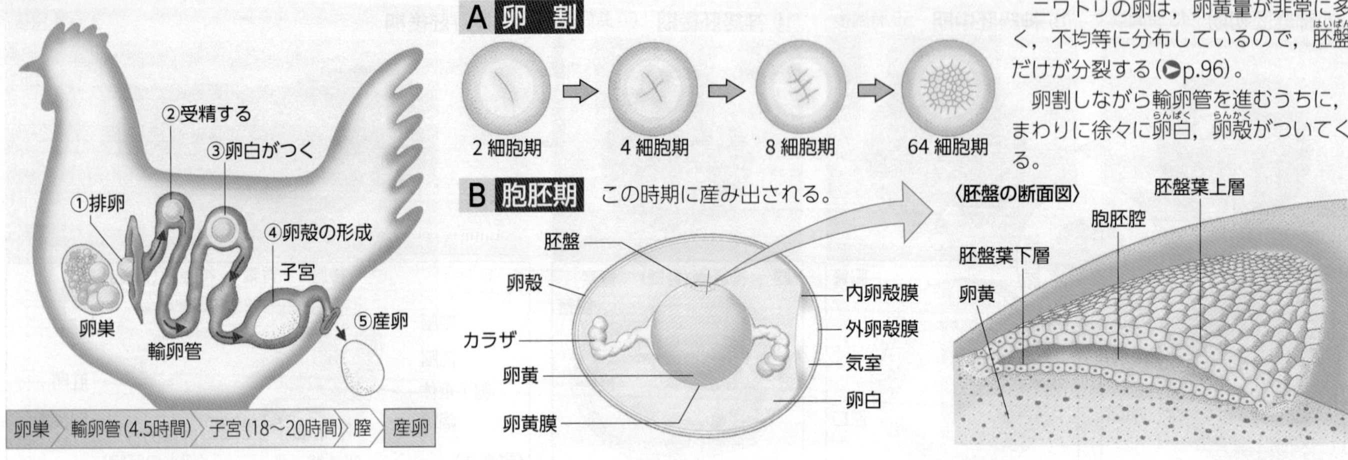
②受精する
③卵白がつく
①排卵
④卵殻の形成
子宮
卵巣
輸卵管
⑤産卵
卵巣 輸卵管(4.5時間) 子宮(18～20時間) 膣 産卵
A 卵割
2 細胞期
4 細胞期
8 細胞期
64 細胞期
B 胞胚期 この時期に産み出される。
胚盤
卵殻
カラザ
卵黄
卵黄膜
内卵殻膜
外卵殻膜
気室
卵白
〈胚盤の断面図〉
胚盤葉上層
胞胚腔
胚盤葉下層
卵黄

2 産卵から神経胚 神経胚期までは，カエルの発生の過程とよく似ている。

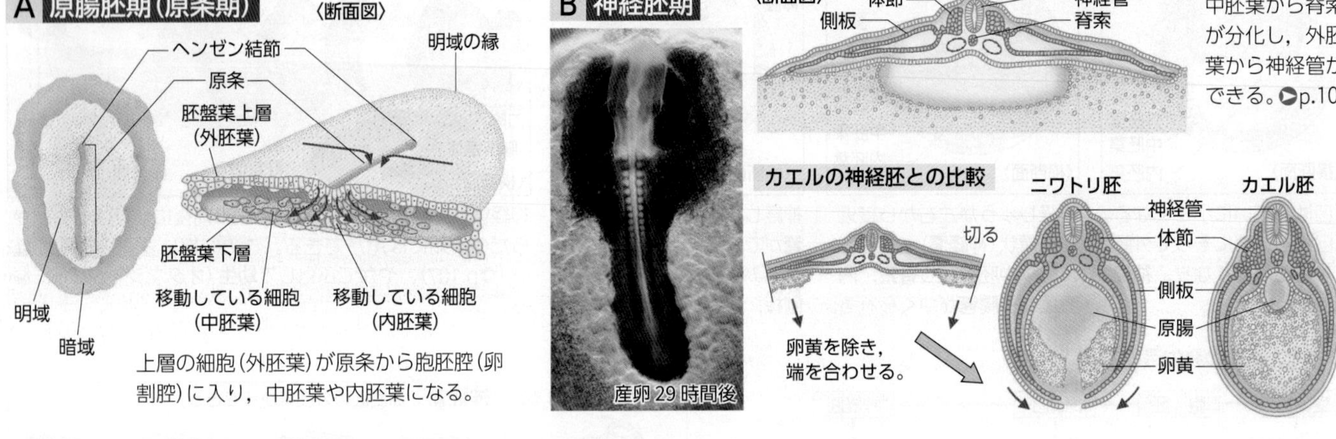
A 原腸胚期(原条期)
〈断面図〉
明域の縁
ヘンゼン結節
原条
胚盤葉上層
(外胚葉)
胚盤葉下層
移動している細胞
(中胚葉)
移動している細胞
(内胚葉)
明域
暗域
B 神経胚期
産卵 29 時間後
〈断面図〉
体節
側板
神経管
脊索
カエルの神経胚との比較
切る
卵黄を除き，
端を合わせる。
ニワトリ胚
カエル胚
神経管
体節
側板
原腸
卵黄

上層の細胞(外胚葉)が原条から胞胚腔(卵割腔)に入り，中胚葉や内胚葉になる。

中胚葉から脊索が分化し，外胚葉から神経管ができる。▶p.101

3 胚膜の形成 神経胚の細胞層を使って胚膜をつくる。

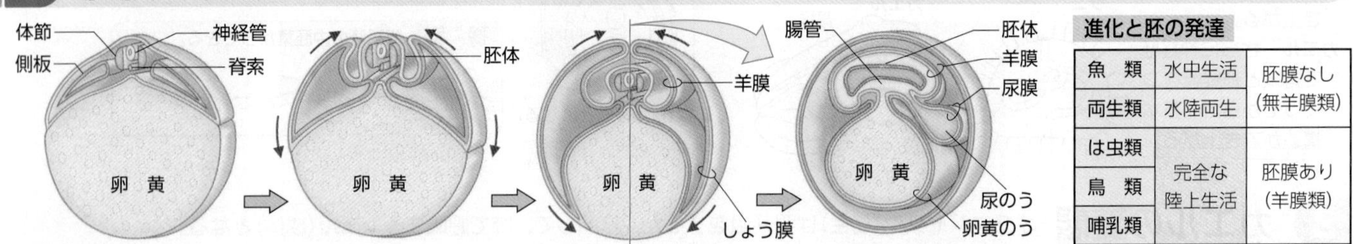
体節
側板
神経管
脊索
胚体
羊膜
腸管
胚体
羊膜
尿膜
卵 黄
しょう膜
尿のう
卵黄のう

進化と胚の発達

魚 類	水中生活	胚膜なし(無羊膜類)
両生類	水陸両生	
は虫類	完全な陸上生活	胚膜あり(羊膜類)
鳥 類		
哺乳類		

胚膜の働き 胚膜は，胚を保護し，胚の状態を一定に保つ働きをする。

胚膜	羊 膜	外胚葉＋中胚葉	内側に羊水が満たされ，胚を浸す。	
	尿 膜	内胚葉＋中胚葉	老廃物の蓄積	ガス交換(しょう尿膜)
	しょう膜	外胚葉＋中胚葉	胚の保護	
	卵黄のうの膜	内胚葉＋中胚葉	卵黄を包み，胚に養分を送る。	

ガス交換
羊膜 胚
しょう膜
尿膜
しょう尿膜
しょう膜
気室
尿のう
卵黄
卵黄のう
卵殻
卵殻膜

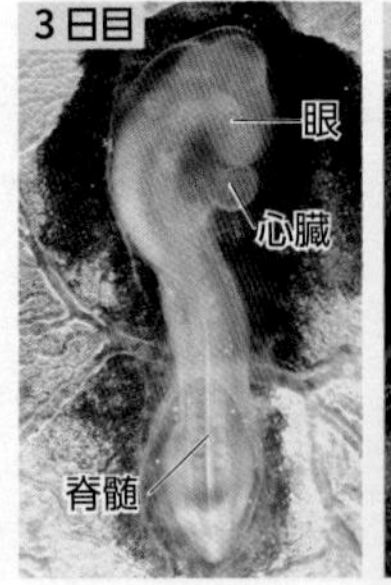
3 日目
眼
心臓
脊髄

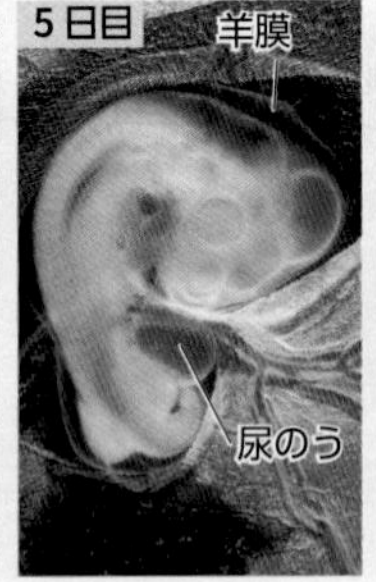
5 日目
羊膜
尿のう

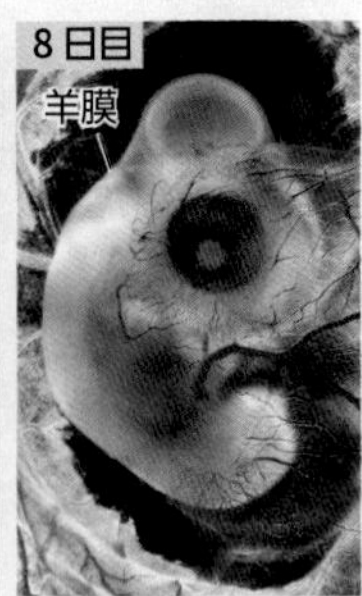
8 日目
羊膜

プチ雑学

排卵される前のニワトリの卵は，外見が金柑の実に似ていることから「キンカン」とよばれる。精肉店などで売られており，煮込んだり，しょう油に漬けたりして食べる。

Keywords ●変態 metamorphosis ●体節（昆虫）segment ●体節（脊椎動物）somite
Link 動画

昆虫類・魚類の発生

1 ショウジョウバエの発生

ショウジョウバエも，細胞層の折りたたみや伸長によってからだが形成される。 Link

A 卵割のようす

はじめは核だけが分裂し，後から細胞質分裂が起こる。▶p.114

0 時間（受精卵）

前　核　卵殻　後　卵門　卵黄

卵の前端にある卵門（らんもん）から精子が進入する。

1 時間

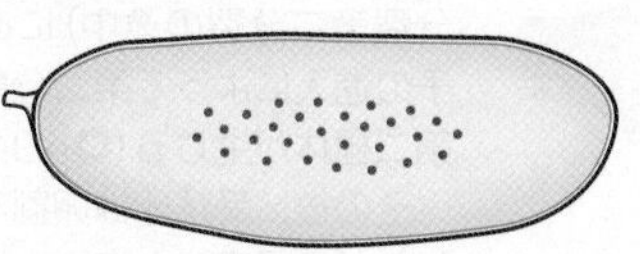

受精すると，中央でくり返し核分裂が起こる。

2 時間（多核性胞胚）

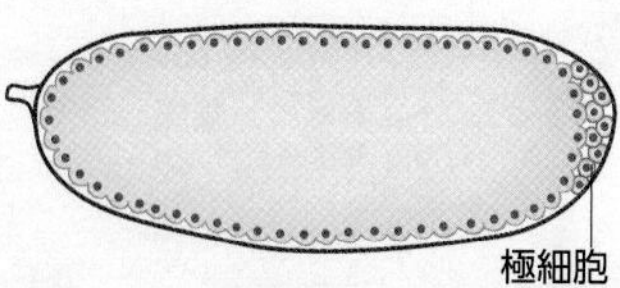
極細胞

核が表面に移動する。後部に極細胞（きょくさいぼう）（のちの生殖細胞）ができる。

3 時間（細胞性胞胚）

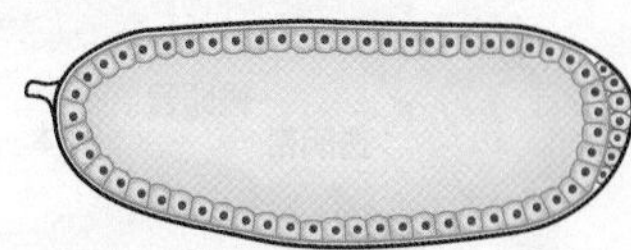

細胞膜が形成され，表面にできた細胞層が卵黄をおおう。

B 陥入による形態形成

陥入（かんにゅう）にともない，腹側の胚葉が伸長して背側へ回りこむ。

3 時間（細胞性胞胚）

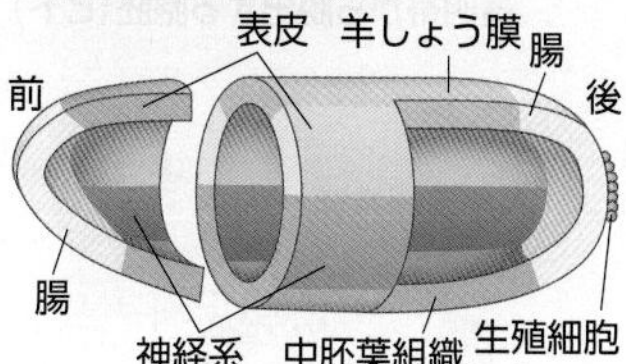
表皮
羊しょう膜
腸
前
後
腸
神経系
中胚葉組織
生殖細胞

3 ～ 3.2 時間

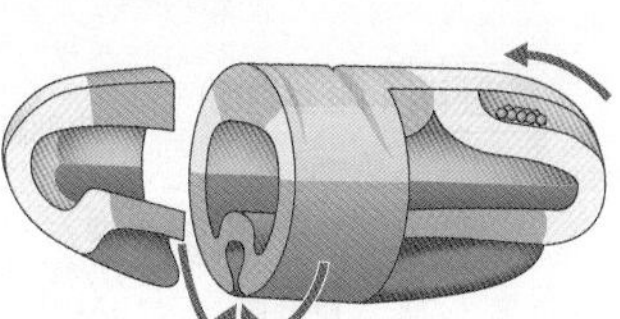

腹側の中胚葉細胞が陥入する。

3.2 ～ 3.5 時間

消化管になる細胞が陥入する。

3.5 ～ 4.5 時間

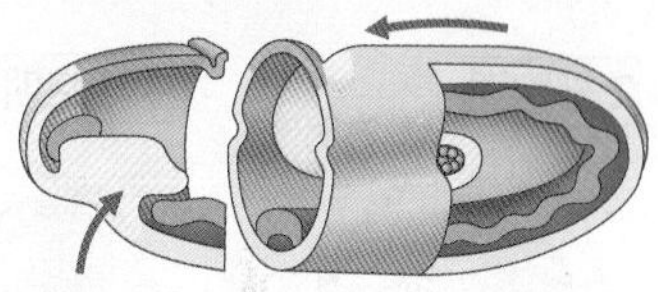

神経系が腹側に形成される。

C 体節の形成

体節（たいせつ）のくびれは陥入の後期頃から見られるようになる。▶p.114，115

3 時間（細胞性胞胚）

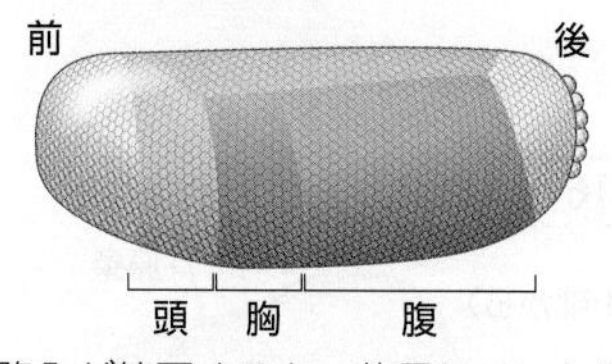
前
後
頭
胸
腹

5 ～ 7 時間

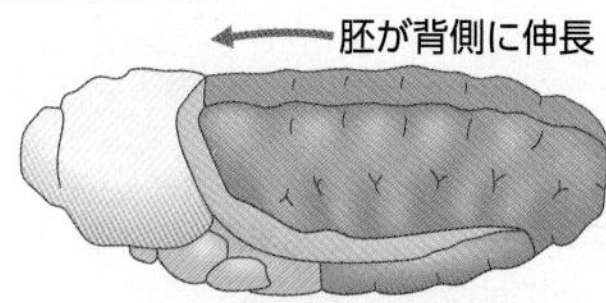
胚が背側に伸長

体節間の溝ができ始める。

9 ～ 10 時間

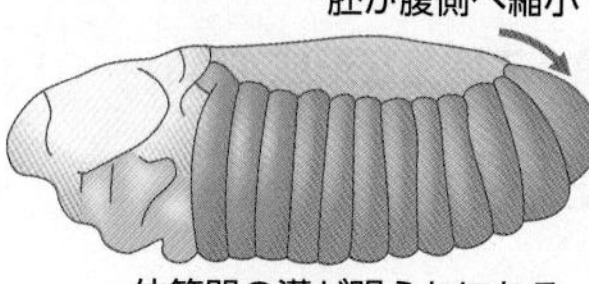
胚が腹側へ縮小

体節間の溝が明らかになる。

陥入が終了すると，伸長していた胚葉（将来の頭，胸，腹）が収縮し，体節が一直線に並ぶ。

D 幼虫から成虫

体節ができた胚

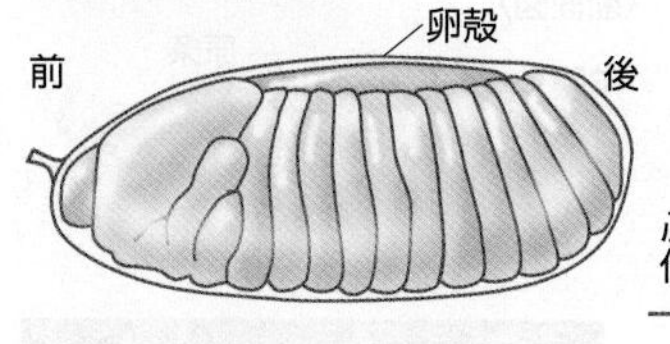
卵殻
前
後

ここまでは，卵殻（らんかく）内で進行する。

ふ化→

幼　虫

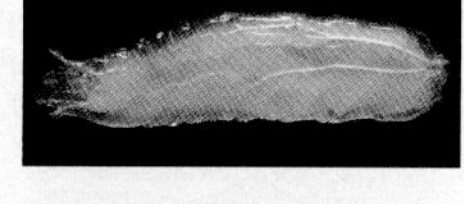

卵殻から出て，活動をはじめる。

蛹化（ようか）→

蛹

2 回の脱皮（だっぴ）をへて蛹（さなぎ）になる。

羽化（うか）→

成　虫

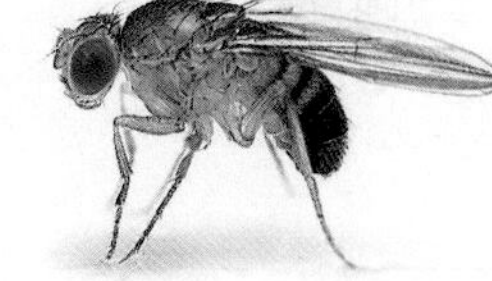

変態・羽化して成虫になる。

2 ゼブラフィッシュの発生

魚類は鳥類と同様に盤割を行う。

ゼブラフィッシュ

卵の直径が約 0.7 mm と大きく，胚が透明であるため，発生の観察に適している。世代時間が短く（約 12 週間）遺伝子操作実験が容易な点も研究材料として有利である。▶p.124

1 細胞期

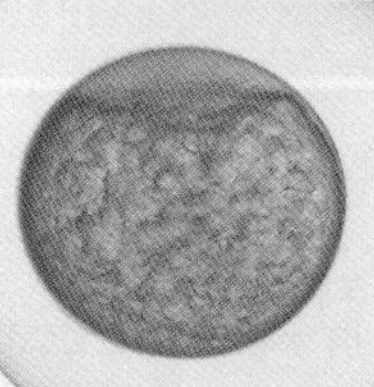

動物極側には細胞質と核が，植物極側には卵黄が含まれる。

16 細胞期

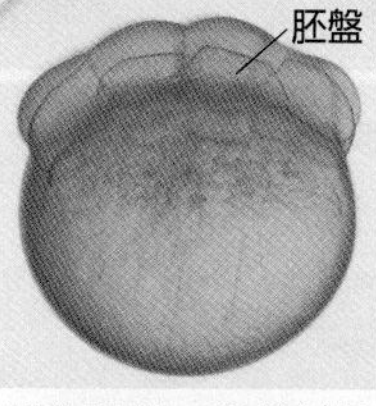
胚盤

動物極側で卵割が起こり（盤割（ばんかつ）），胚盤（はいばん）が形成される。

原腸胚期

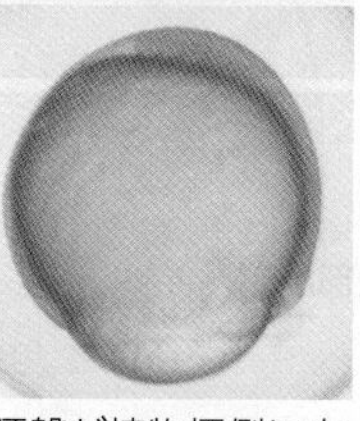

胚盤が植物極側に広がり，ふちの部分から陥入が始まる。

10 体節期

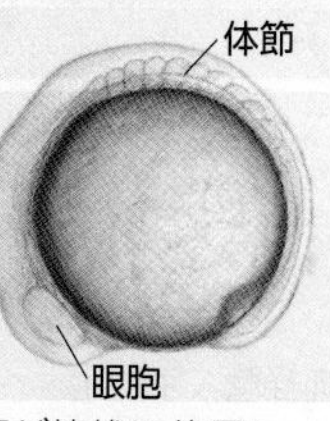
体節
眼胞

胚が棒状に伸長し，眼胞や体節の形成が始まる。

20 体節期

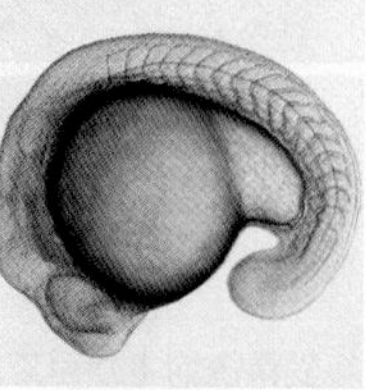

さらに体節が増え，主要な器官がそろう。受精後 2 日でふ化。

プチ雑学　「体節」とは，動物のからだの前後軸に沿って現れるくり返し構造の単位である。昆虫などの節足動物は，からだの節ごとに基本構造がくり返されており，この分節構造を体節（segment）とよぶ。脊椎動物のからだには節足動物のような節構造は見られないが，胚発生の過程で中胚葉に分節構造が現れる。この構造物を体節（somite）という。

1 排卵・受精・着床 輸卵管内で受精し，胞胚期に着床する。

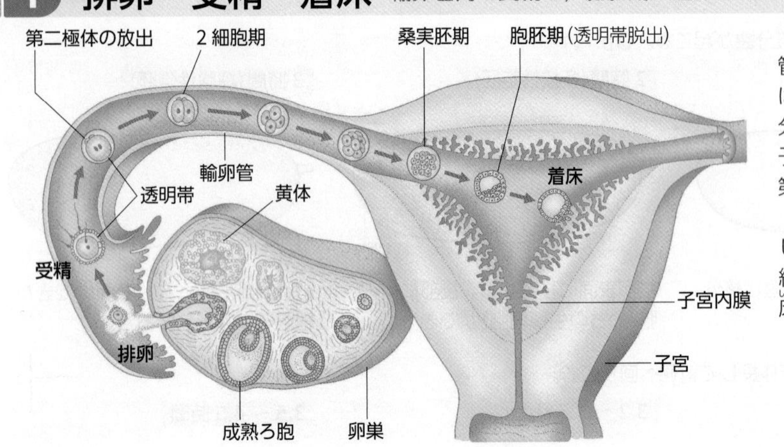
第二極体の放出
2 細胞期
桑実胚期
胞胚期(透明帯脱出)
輸卵管
透明帯
黄体
着床
受精
排卵
子宮内膜
子宮
成熟ろ胞
卵巣

卵巣から排卵された卵は，輸卵管の中で受精する。このとき，卵は第一極体を放出した状態(減数分裂第二分裂の途中)にあり，精子の進入によって第二分裂が進み，第二極体が生じる(▶p.94)。

その後，受精卵は卵割をくり返しながら子宮へと進み，受精して約１週間後に，胞胚の段階で着床する。

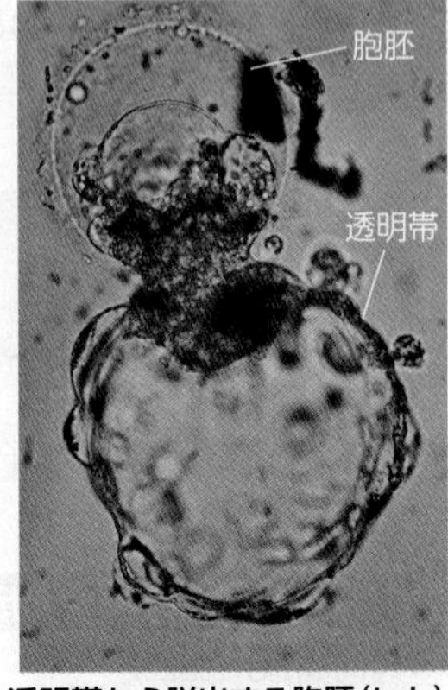
胞胚
透明帯

透明帯から脱出する胞胚(ヒト)

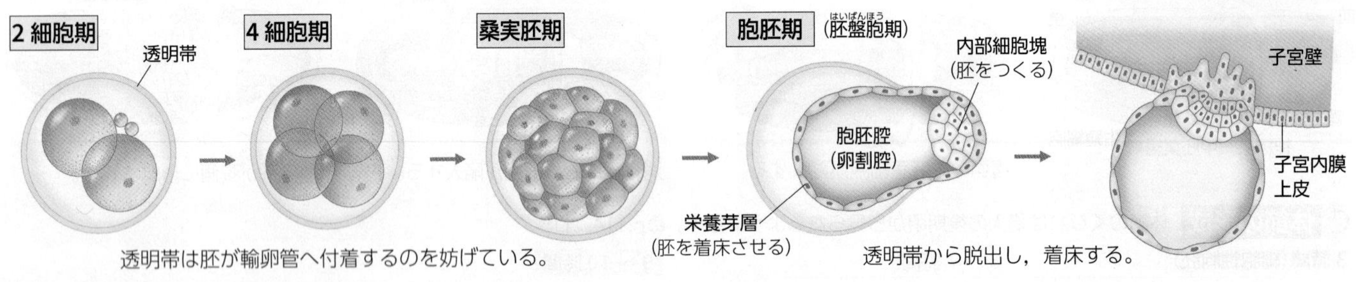
2 細胞期
透明帯
4 細胞期
桑実胚期
胞胚期 (胚盤胞期)
内部細胞塊
(胚をつくる)
胞胚腔
(卵割腔)
栄養芽層
(胚を着床させる)
子宮壁
子宮内膜
上皮

透明帯は胚が輸卵管へ付着するのを妨げている。

透明帯から脱出し，着床する。

2 胎盤の形成 胚膜を使って胎盤を形成する。

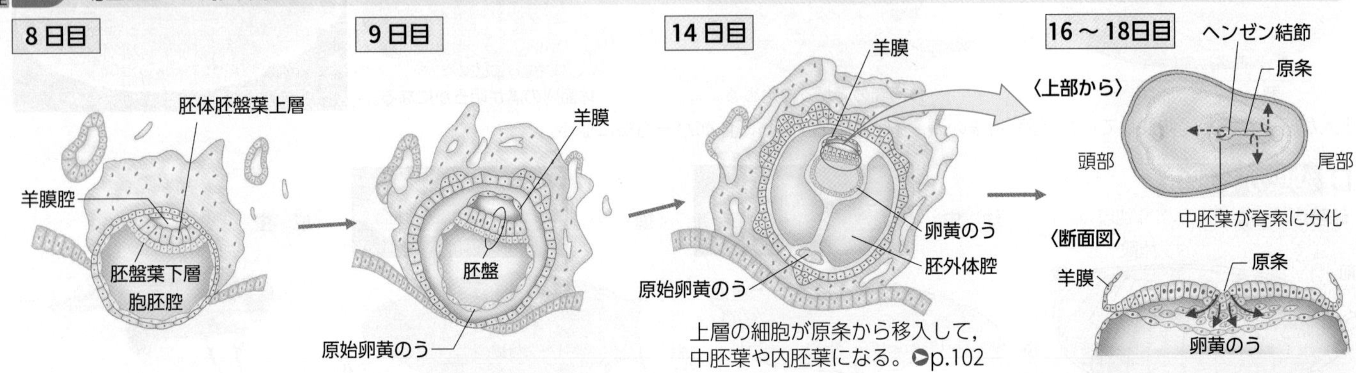
8 日目
胚体胚盤葉上層
羊膜腔
胚盤葉下層
胞胚腔
9 日目
羊膜
胚盤
原始卵黄のう
14 日目
羊膜
卵黄のう
胚外体腔
原始卵黄のう
16 ～ 18日目
ヘンゼン結節
原条
〈上部から〉
頭部
尾部
中胚葉が脊索に分化
〈断面図〉
羊膜
原条
卵黄のう

上層の細胞が原条から移入して，中胚葉や内胚葉になる。▶p.102

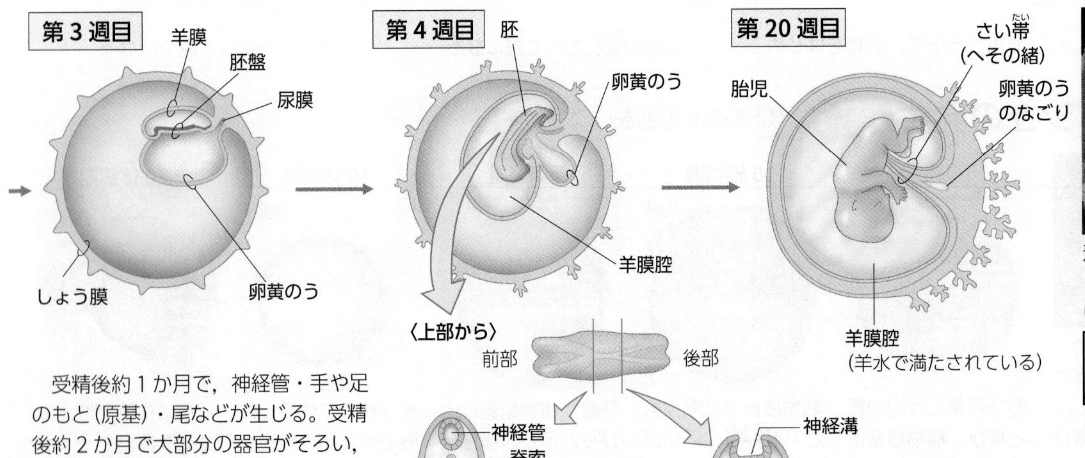
第 3 週目
羊膜
胚盤
尿膜
しょう膜
卵黄のう
第 4 週目
胚
卵黄のう
羊膜腔
〈上部から〉
前部
後部
神経管
脊索
神経溝
第 20 週目
さい帯
(へその緒)
胎児
卵黄のう
のなごり
羊膜腔
(羊水で満たされている)

受精後約１か月で，神経管・手や足のもと(原基)・尾などが生じる。受精後約２か月で大部分の器官がそろい，胎児とよばれるようになる。

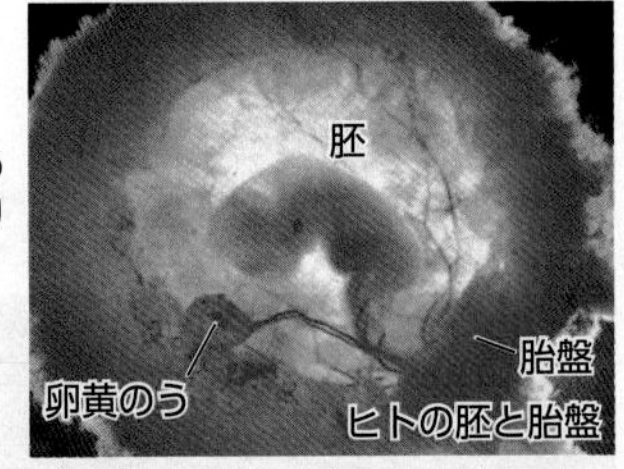
胚
胎盤
卵黄のう

ヒトの胚と胎盤

着床後，胚は子宮に埋没し，しょう膜・尿膜と子宮壁の一部がいっしょになって胎盤をつくる。

胎盤		
	胎児胎盤	しょう膜，尿膜*
	母体胎盤	子宮壁

＊ヒトやサルの胎児胎盤は，完成時にはほとんどしょう膜のみからなる。

プチ雑学 妊娠期間の数え方は，受精初日を１日目とする受精後胎齢と，最終月経初日を１日目とする月経後胎齢の２つがあり，本書では受精後胎齢で表記している。日本の産科では，一般的に，月経後胎齢を数えの月数で表す。すなわち，最終月経初日から４週間を１か月とし，その後も４週間を１か月とする。

生 3 胚膜と胎盤　陸上で発生する生物では，乾燥や衝撃から胚を守るために胚膜で胚をおおっている。

A 鳥類と哺乳類の胚膜の比較

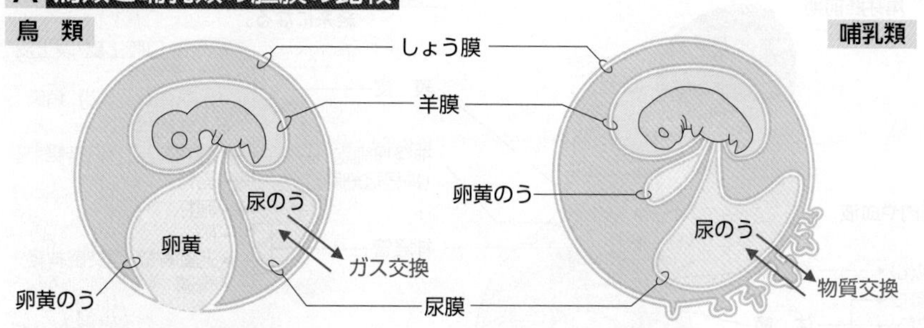
鳥類
哺乳類
しょう膜
羊膜
卵黄のう
尿のう
卵黄
ガス交換
卵黄のう
尿膜
尿のう
物質交換

鳥類
尿膜としょう膜が合着（がっちゃく）して卵殻の内側に付着し，外界との**ガス交換**を行う。

哺乳類
多くは尿膜としょう膜の接しているところに血管が分布し，子宮に食いこんで**胎児胎盤**を形成する。母体側では子宮壁が変形して**母体胎盤**となり，胎児胎盤とともに**胎盤**をつくる。胎盤では母体とのガス交換や養分の受け渡しなどを行う。

B 胎盤の構造と働き

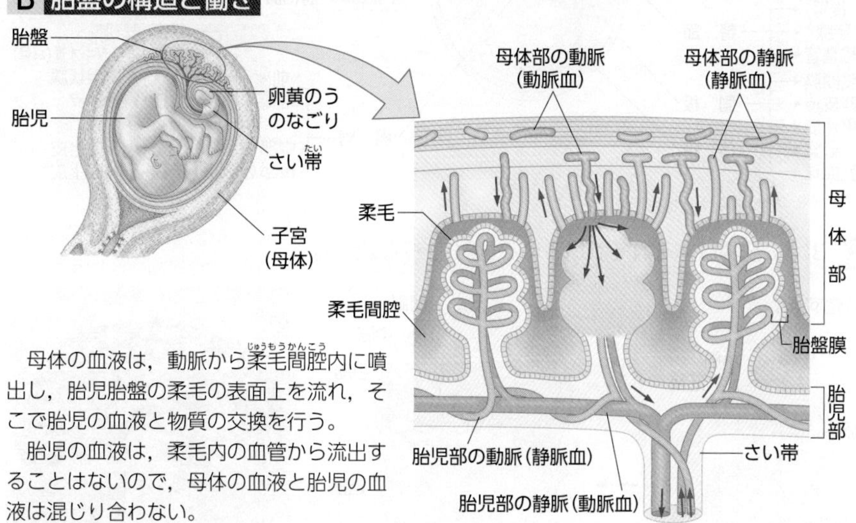
胎盤
胎児
卵黄のうのなごり
さい帯
子宮（母体）
母体部の動脈（動脈血）
母体部の静脈（静脈血）
柔毛
柔毛間腔
母体部
胎盤膜
胎児部
胎児部の動脈（静脈血）
さい帯
胎児部の静脈（動脈血）

母体の血液は，動脈から柔毛間腔（じゅうもうかんこう）内に噴出し，胎児胎盤の柔毛の表面上を流れ，そこで胎児の血液と物質の交換を行う。

胎児の血液は，柔毛内の血管から流出することはないので，母体の血液と胎児の血液は混じり合わない。

C 胎盤における物質交換

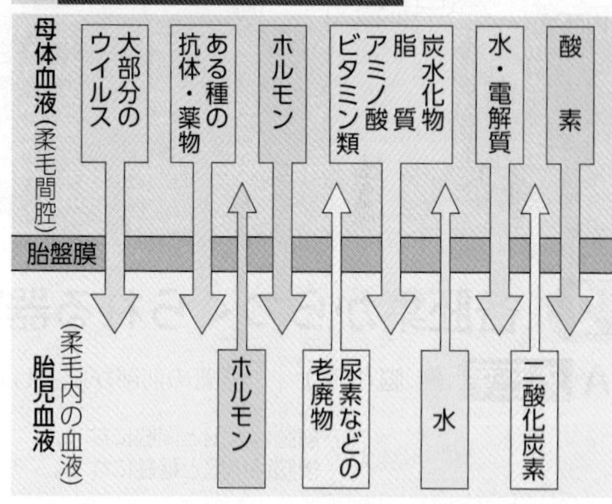
母体血液（柔毛間腔）
大部分のウイルス
ある種の抗体・薬物
ホルモン
炭水化物 脂質 アミノ酸 ビタミン類
水・電解質
酸素
胎盤膜
胎児血液（柔毛内の血液）
ホルモン
尿素などの老廃物
水
二酸化炭素

胎児の赤血球は母体よりも酸素をとりこみやすいため，母体血液から酸素を受けとることができる（▶p.151）。また，母体から抗体が移行することにより，血液型不適合妊娠になる場合がある（▶p.164）。

生 4 胚の成長　約8週で大部分の器官がそろう。

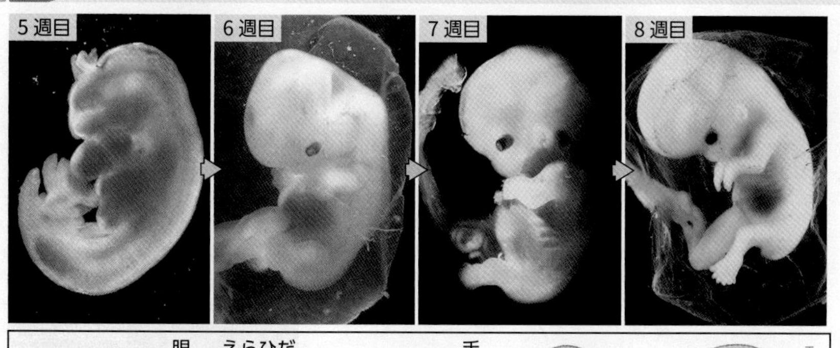
5週目
6週目
7週目
8週目

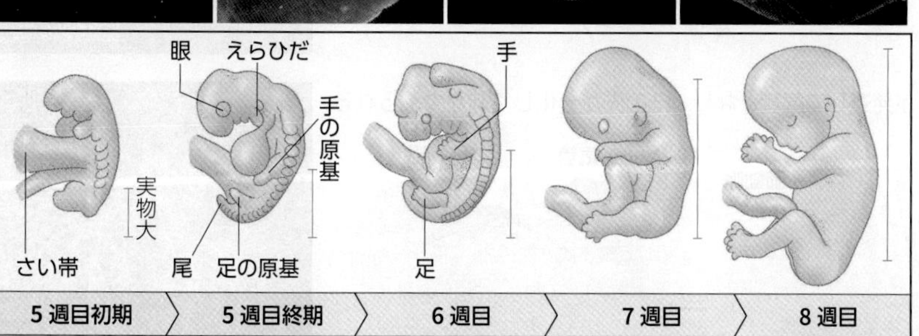
眼
えらひだ
手
手の原基
実物大
さい帯
尾
足の原基
足
5週目初期
5週目終期
6週目
7週目
8週目
血管ができ心臓が拍動をはじめる。
心臓が完成。脳が発達しはじめる。
ほとんどの筋肉ができはじめる。
骨格のほとんどが軟骨でできあがる。
大部分の器官がそろい，成長をはじめる。

胚の成長と器官形成

発育段階（週）	胚 3	4	5	6	7	8	胎児 9	10	11	出産 38
中枢神経										
心臓										
耳										
眼										
手・足										
歯										
外生殖器										

Column 新型出生前診断（NIPT）

出産前には，さまざまな方法で胎児の状態が調べられる。なかには，染色体や遺伝子の状態を調べ，先天性疾患などの有無を診断するものもある。日本では2013年から，採血で染色体の高精度な検査ができる，新型出生前診断が可能になった*。新型出生前診断は，現在，条件を満たす医療機関で実施され，検査する疾患などは限定される。診断は，胎児の状態がわかるなど利点がある一方で，命の選別につながるのではないかと倫理的な問題も議論されている（▶p.130）。

*診断の確定には，別の検査が必要。

プチ雑学 出産の直前になると胎盤の全重量は胎児の約6分の1を占める。胎児胎盤の柔毛の総表面積は約15 m^2 で，この中を流れる胎児の血液は毎分100 mLにもなる。

動物の器官形成

1 各胚葉からの組織・器官の分化

動物の組織・器官は，各胚葉が分化して形成される。

脊椎動物では，原腸胚初期に外胚葉・中胚葉・内胚葉が生じ，各胚葉からいろいろな組織・器官が分化する。

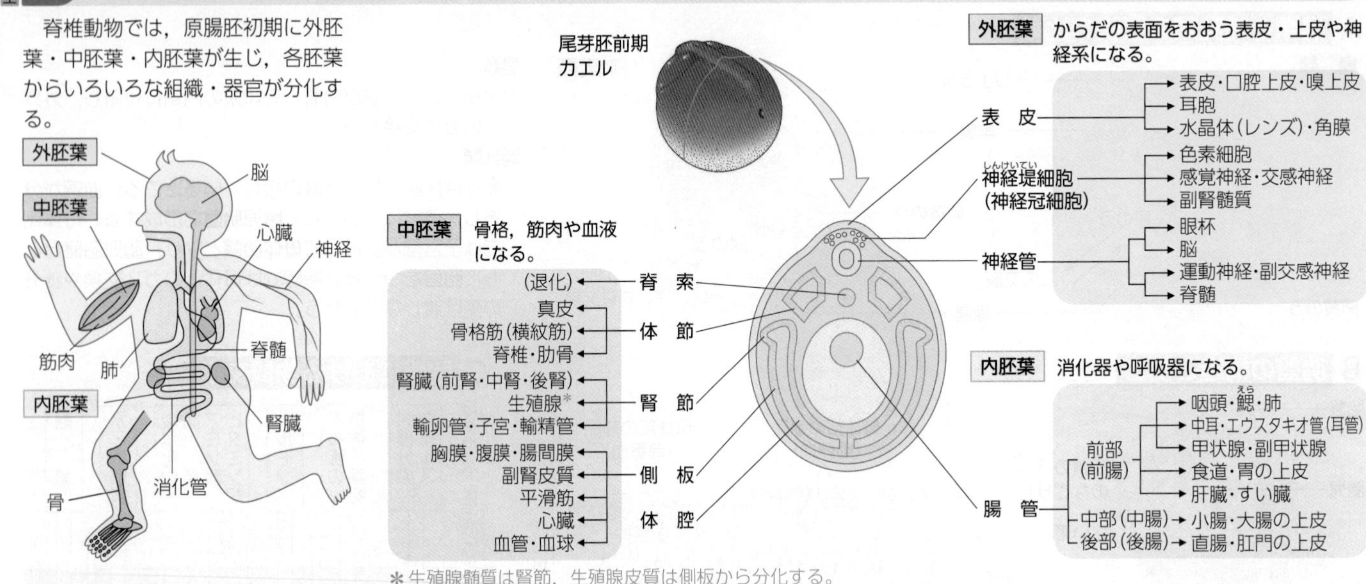
外胚葉
中胚葉
内胚葉
脳
心臓
神経
筋肉
肺
脊髄
腎臓
消化管
骨
尾芽胚前期
カエル
中胚葉 骨格，筋肉や血液になる。
(退化)
真皮
骨格筋(横紋筋)
脊椎・肋骨
腎臓(前腎・中腎・後腎)
生殖腺*
輸卵管・子宮・輸精管
胸膜・腹膜・腸間膜
副腎皮質
平滑筋
心臓
血管・血球
脊索
体節
腎節
側板
体腔
外胚葉 からだの表面をおおう表皮・上皮や神経系になる。
表皮
表皮・口腔上皮・嗅上皮
耳胞
水晶体(レンズ)・角膜
神経堤細胞
(神経冠細胞)
色素細胞
感覚神経・交感神経
副腎髄質
神経管
眼杯
脳
運動神経・副交感神経
脊髄
内胚葉 消化器や呼吸器になる。
腸管
前部
(前腸)
咽頭・鰓・肺
中耳・エウスタキオ管(耳管)
甲状腺・副甲状腺
食道・胃の上皮
肝臓・すい臓
中部(中腸)→小腸・大腸の上皮
後部(後腸)→直腸・肛門の上皮

＊生殖腺髄質は腎節，生殖腺皮質は側板から分化する。

2 各胚葉からつくられる器官

3つの胚葉は，それぞれいろいろな器官を形成する。

A 外胚葉 例 脳(ヒト)

神経管の前部が脳として分化する。

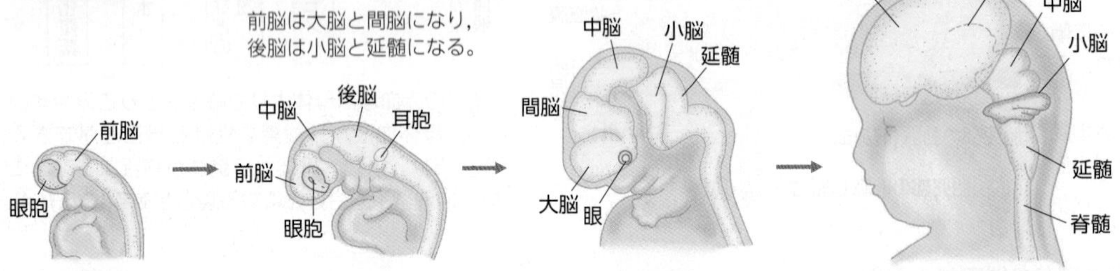

前脳は大脳と間脳になり，後脳は小脳と延髄になる。

前脳
眼胞
〈4週胚〉
中脳
後脳
耳胞
前脳
眼胞
〈5週胚〉
中脳
小脳
延髄
間脳
大脳
眼
〈7週胚〉
大脳
間脳
中脳
小脳
延髄
脊髄
〈3か月胚〉

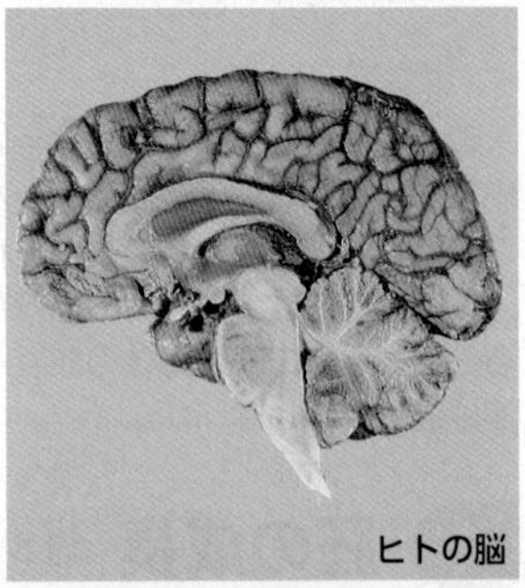

ヒトの脳

B 中胚葉 例 心臓(カエル)

心臓は，左右の側板の接しているところからつくられる。

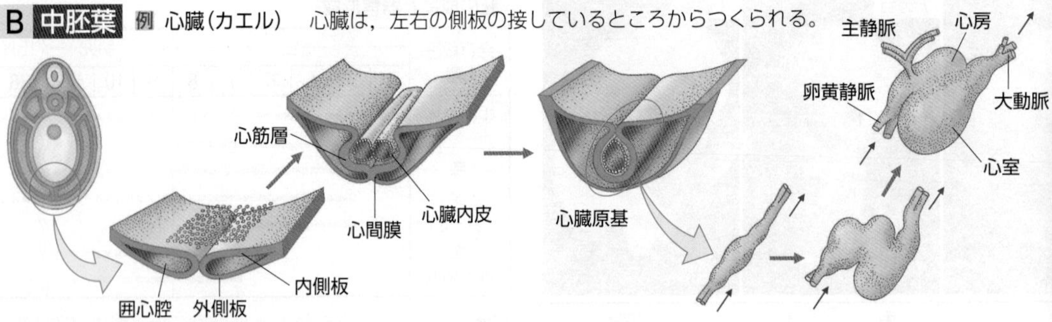

心筋層
心間膜
心臓内皮
囲心腔
外側板
内側板
心臓原基
主静脈
心房
卵黄静脈
大動脈
心室

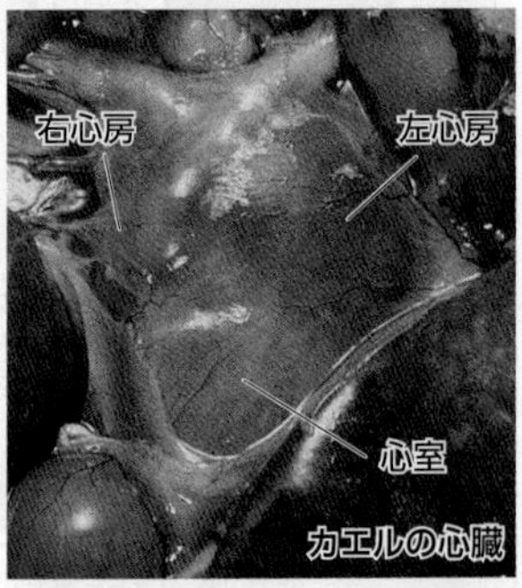

右心房
左心房
心室
カエルの心臓

C 内胚葉 例 肺(ヒト)

腸管の前部にできた突起(肺芽)が発達して気管となり，その先が分化して肺がつくられる。

「人体発生学」を参考

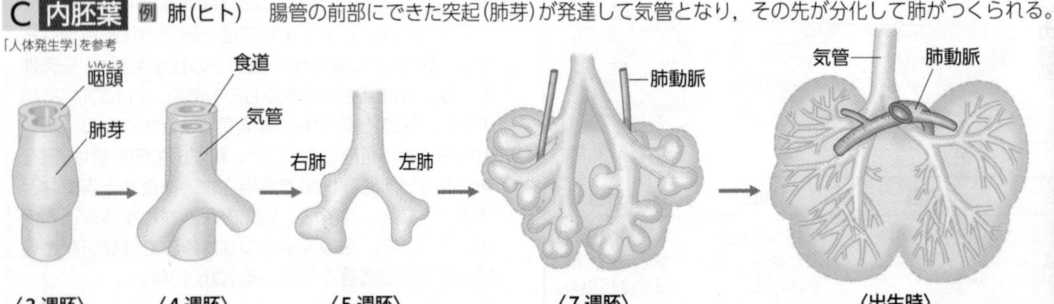
咽頭
肺芽
食道
気管
右肺
左肺
肺動脈
気管
肺動脈
〈3週胚〉
〈4週胚〉
〈5週胚〉
〈7週胚〉
〈出生時〉

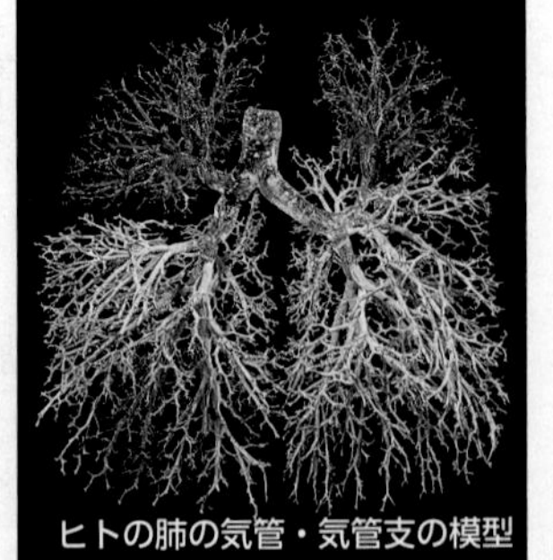
ヒトの肺の気管・気管支の模型

プチ雑学 肺は，気管の先が次々と枝分かれした先端に肺胞がついてブドウの房のような構造ができることにより形成される。ヒトの肺胞は胎児の段階で約25万個にも達し，成人では数億個になる。

生 3 複数の胚葉から形成される器官 多くの器官は，複数の胚葉由来の組織が集まってできている。

A 消化管 例 カエル

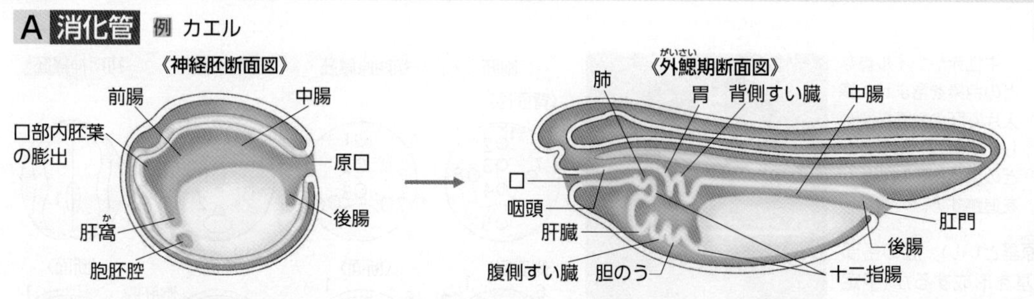
《神経胚断面図》
前腸
中腸
口部内胚葉の膨出
原口
後腸
肝窩
胞胚腔
《外鰓期断面図》
肺
胃
背側すい臓
中腸
口
咽頭
肝臓
肛門
後腸
腹側すい臓
胆のう
十二指腸

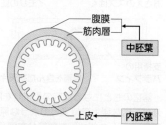

消化管では，内側の上皮は内胚葉から，外側の筋肉は中胚葉からつくられる。

「脊椎動物発生学」による

基本的な消化管の断面

腹膜
筋肉層
中胚葉
上皮
内胚葉

B 頭部諸器官と鰓 例 カエル

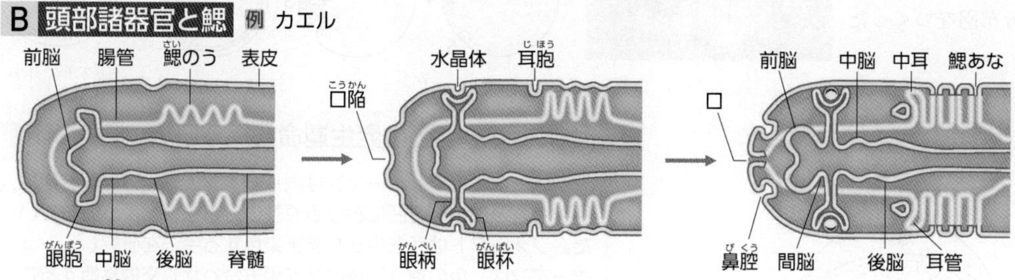
前脳
腸管
鰓のう
表皮
眼胞
中脳
後脳
脊髄
口陥
水晶体
耳胞
眼柄
眼杯
口
前脳
中脳
中耳
鰓あな
鼻腔
間脳
後脳
耳管

口・耳と鰓は腸管の前部と表皮からつくられる(眼・鼻は脳と表皮から)。

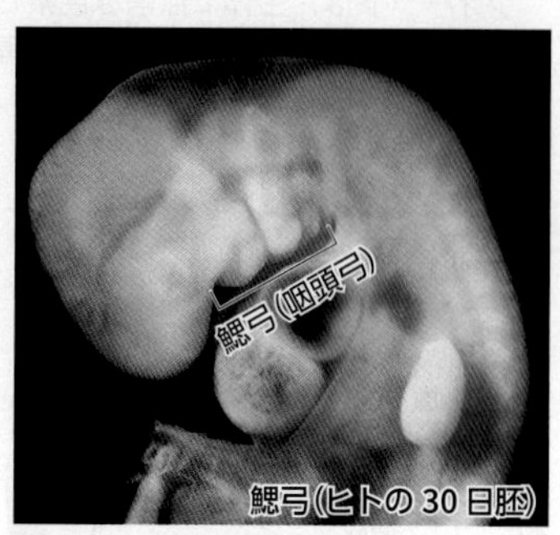
鰓弓(咽頭弓)

鰓弓(ヒトの30日胚)

C 耳 例 ヒト

「人体発生学」を参考

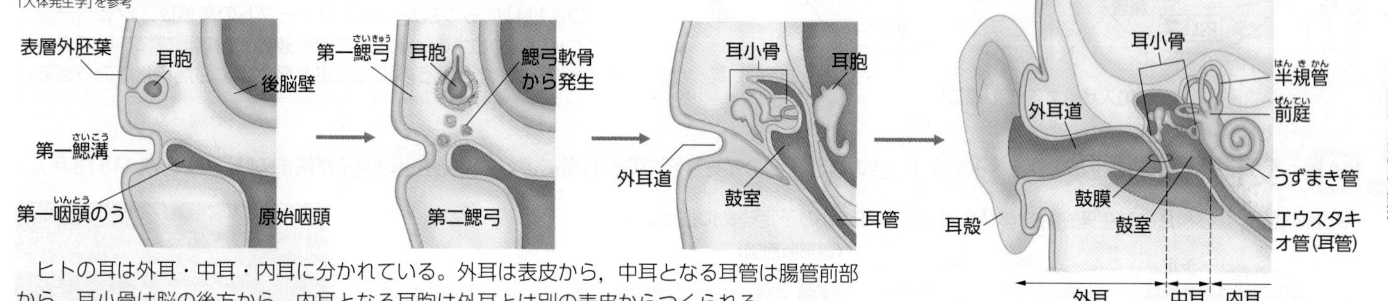
表層外胚葉
耳胞
後脳壁
第一鰓溝
第一咽頭のう
原始咽頭
第一鰓弓
耳胞
鰓弓軟骨から発生
第二鰓弓
耳小骨
耳胞
外耳道
鼓室
耳管
耳小骨
半規管
前庭
外耳道
うずまき管
鼓膜
鼓室
耳殻
エウスタキオ管(耳管)
外耳
中耳
内耳

ヒトの耳は外耳・中耳・内耳に分かれている。外耳は表皮から，中耳となる耳管は腸管前部から，耳小骨は脳の後方から，内耳となる耳胞は外耳とは別の表皮からつくられる。

生 4 細胞系譜 受精卵から成体になるまで，すべての細胞の分化のようすがわかっている生物がある。

A センチュウ *C. elegans* の細胞系譜

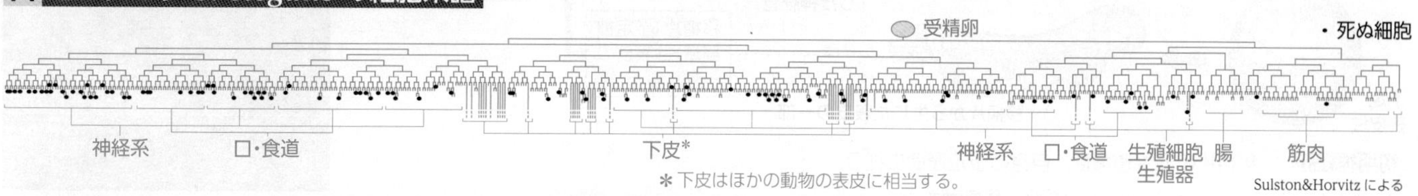
受精卵
・死ぬ細胞
神経系
口・食道
下皮*
神経系
口・食道
生殖細胞
生殖器
腸
筋肉

＊下皮はほかの動物の表皮に相当する。

Sulston&Horvitz による

受精卵から成体にいたるまでに，全細胞がたどる運命を**細胞系譜**という。

センチュウは透明で発生周期が3日と短いため，個々の細胞の発生の過程を直接観察して追跡でき，細胞系譜が完全に知られている。

センチュウの腸は比較的早い時期に枝分かれした1個の細胞がもとになっているが，他の多くの組織はいろいろな細胞で構成されている。また，発生の途中で，特定の細胞は決まった時期に細胞死する(プログラム細胞死 ▶p.112)。

Memo センチュウ(*C. elegans*)

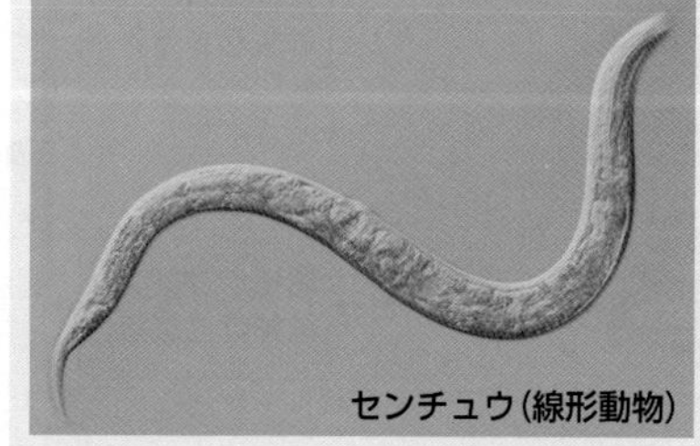

センチュウ(線形動物)

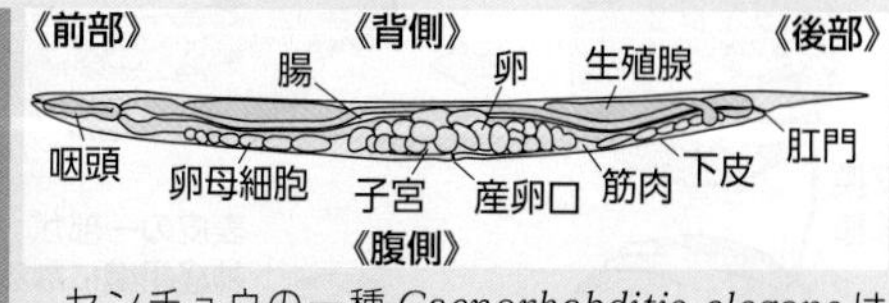
《前部》
《背側》
《後部》
腸
卵
生殖腺
咽頭
卵母細胞
子宮
産卵口
筋肉
下皮
肛門
《腹側》

センチュウの一種 *Caenorhabditis elegans* は959個の体細胞でできている，体長1mmの線形動物である。1998年にゲノムの全塩基配列が解読され，約19000個の遺伝子をもつと予測されている。

プチ雑学 *C. elegans* の多くは雌雄同体であり，1つの個体が卵と精子を両方つくり，自己の卵と精子が受精する(自家受精)。まれに雄の個体が存在し，雌雄同体個体と交配する。雄の体細胞は1031個である。

108 予定運命 歴史

Keywords ●予定運命 presumptive fate ●原基分布図 anlagen plan ●局所生体染色法 local(ized) vital staining

1 胚の予定運命 フォークトは，局所生体染色法を用いて原基分布図をつくった。

A 局所生体染色法

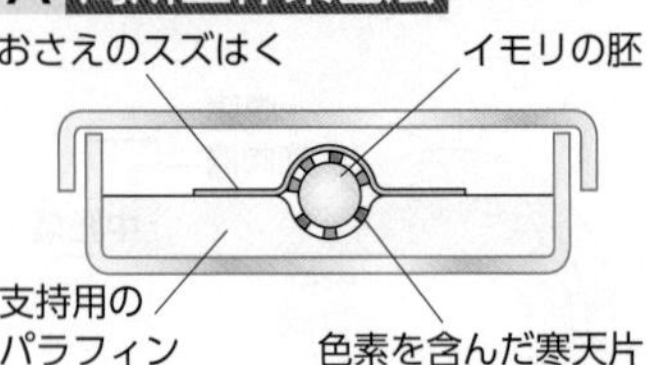
おさえのスズはく
イモリの胚
支持用の
パラフィン
色素を含んだ寒天片

中性赤やナイル青などの色素を含ませた寒天片で胚の表面を染色し，標識された部分がどのように移動するかを追跡する。

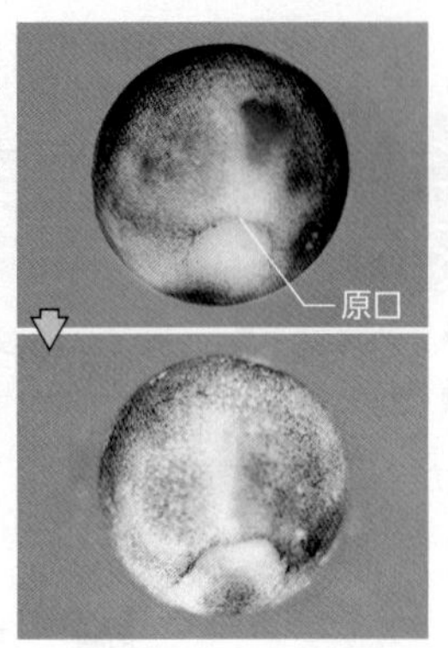
原口

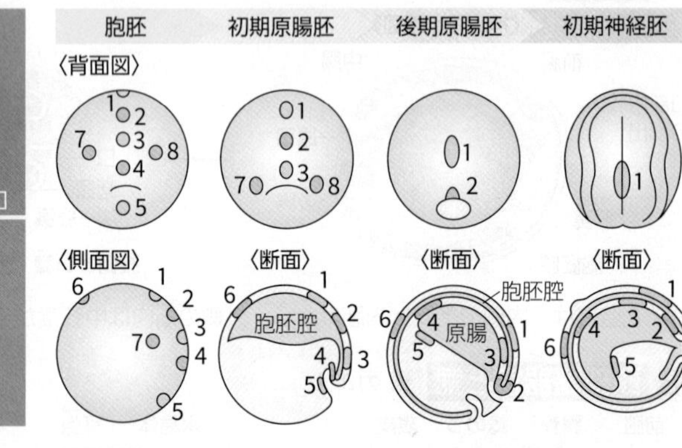
胞胚
初期原腸胚
後期原腸胚
初期神経胚
〈背面図〉
〈側面図〉
〈断面〉
胞胚腔
原腸

器官のもとになる細胞の集まりを**原基**といい，胚の各部分が正常な発生で将来どのような原基を形成するか(**予定運命**)を示した模式図を**原基分布図**(**予定運命図**)という。

フォークトは，生体に無害な色素でイモリの胞胚の表面を染め分け(**局所生体染色法**)，原基分布図をつくった(1929年)。

B 原基分布図

胞胚期

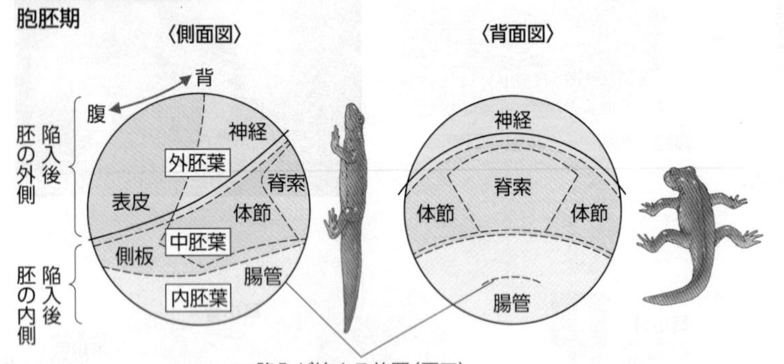
〈側面図〉
〈背面図〉
背
腹
胚の外側 陥入後
胚の内側 陥入後
神経
外胚葉
脊索
表皮
体節
中胚葉
側板
腸管
内胚葉
陥入が始まる位置(原口)

Column 胚の発生運命を探る研究

フォークトとシュペーマンは同じドイツ人で，ほぼ同時期に，別々の方法によって胚における原基の分布を調べようとしていた。フォークトは胚を生きたまま染色する手法を研究し，シュペーマンは，色の違う別種の胚を組み合わせて交換移植することによって，それぞれの移植片の発生過程を追った。

シュペーマンはフォークトの研究を参考にしてさらに研究を進めることができ，その後の形成体(オーガナイザー)の発見(▶p.111)にもつながった。フォークトの業績は，シュペーマンへの影響だけでなく，胚の造形運動と器官形成についての理論体系の確立という多大な成果を発生学にもたらしたのである。

2 交換移植実験 シュペーマンは，色の違う2種のイモリ胚の交換移植によって，発生上の運命が決まる時期を調べた(1918年)。

初期原腸胚 移植片の発生運命は，移植された位置(胚域)の予定運命に従う。

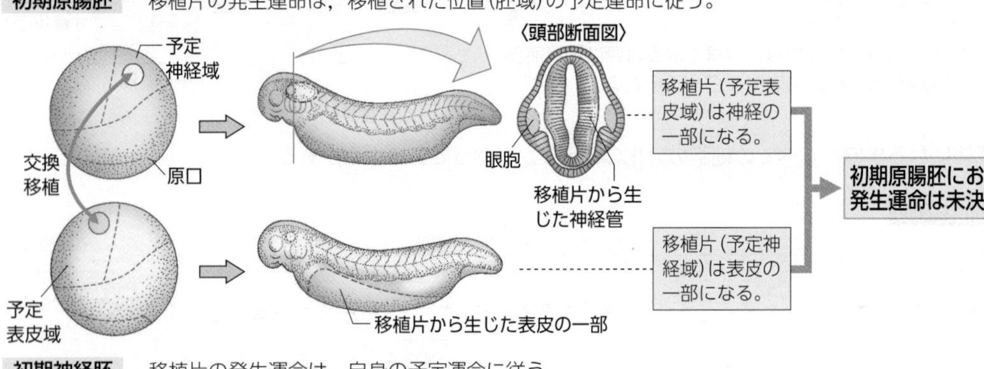
予定
神経域
交換
移植
原口
予定
表皮域
〈頭部断面図〉
眼胞
移植片から生じた神経管
移植片から生じた表皮の一部
移植片(予定表皮域)は神経の一部になる。
移植片(予定神経域)は表皮の一部になる。
初期原腸胚において発生運命は未決定

ヨーロッパに生息するイモリ

水草に産みつけられたイモリの卵

初期神経胚 移植片の発生運命は，自身の予定運命に従う。

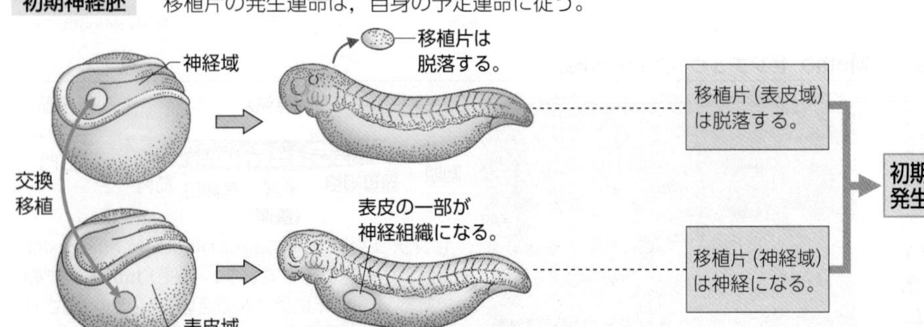
神経域
移植片は
脱落する。
交換
移植
表皮の一部が
神経組織になる。
表皮域
移植片(表皮域)は脱落する。
移植片(神経域)は神経になる。
初期神経胚において発生運命は決定済

Memo イモリ

イモリは水槽で飼育が簡単にでき，強い再生能力があること(▶p.132)などから，古くから発生生物学研究の実験材料として用いられてきた。

イモリの胚は直径2mm足らずと非常に小さい。フォークトやシュペーマンが行った実験が，当時の技術でいかに困難であったかが想像できる。

プチ雑学 イモリは，井戸や水田付近にも見られることから「井守」と書く。イモリと間違えやすいヤモリは は虫類 であり，人家などに生息し害虫を食べることから「家守(正しくは『守宮』)」と書く。

Keywords ●パターン形成 pattern formation ●形態形成 morphogenesis ●細胞分化 cell differentiation ●細胞接着 cell adhesion ●細胞選別 cell sorting ●誘導 induction

1 遺伝子の発現調節 発現する遺伝子によって細胞の運命が特定化する。

細胞の運命の特定化 p.91

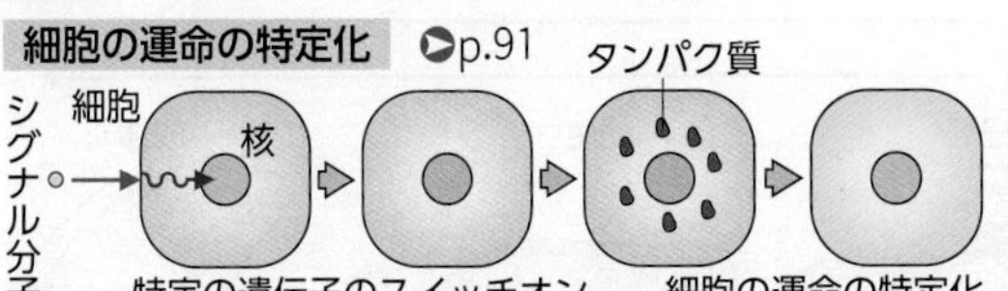
シグナル分子
細胞
核
タンパク質
特定の遺伝子のスイッチオン
細胞の運命の特定化

シグナル分子によって特定の遺伝子が発現し，合成されたタンパク質が細胞の運命を方向付ける(特定化)。

※発生運命を変えることができる段階が特定化，変えることができない段階が決定。

発現の制御 p.87，88，90

調節タンパク質(転写調節因子)
促進 ON 遺伝子A
抑制 OFF 遺伝子B
促進 ON 遺伝子C

2 物質の濃度勾配 物質の濃度勾配によって，細胞の運命が特定化する。

不均等分配

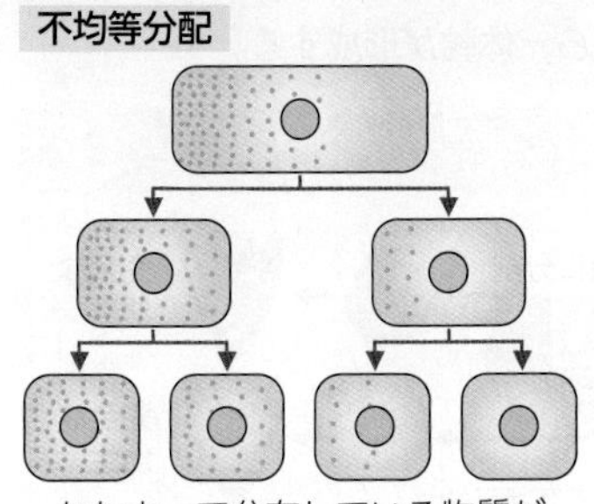

かたよって分布している物質が，分裂とともに不均等に分配される。

位置情報

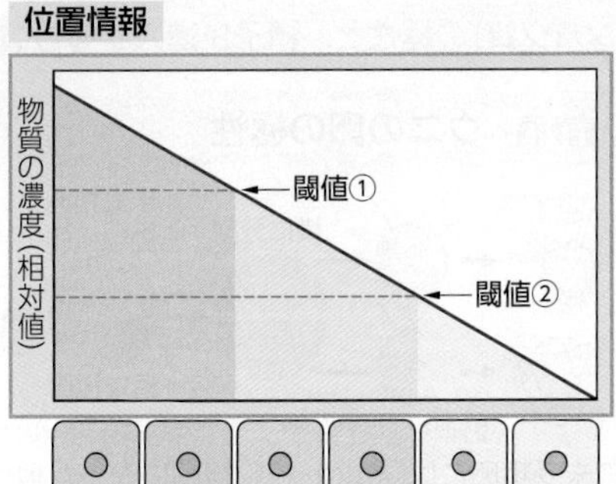
物質の濃度(相対値)
閾値①
閾値②

ある物質の濃度勾配に，一様な細胞の集団がさらされると，濃度に応じて細胞が特定化する。このように，一定のパターンをもった構造が生じることを**パターン形成**(p.112〜114)，濃度勾配によって位置情報を提供する物質をモルフォゲン(形態形成物質)という。

発生のおもな過程

- **パターン形成** 軸に沿った一定の構造をつくる。
- ↓
- **形態形成** 原腸形成，器官形成。
- ↓
- **細胞分化** 特定の構造・機能をもった細胞へと変化。
- ↓
- **成長**

※これらの過程は，重複したり，相互に影響し合ったりしている。

3 細胞間コミュニケーション 細胞どうしが相互作用をして発生が進行する。

A 細胞接着 細胞間に接着の強弱が生じる。

カドヘリン p.29

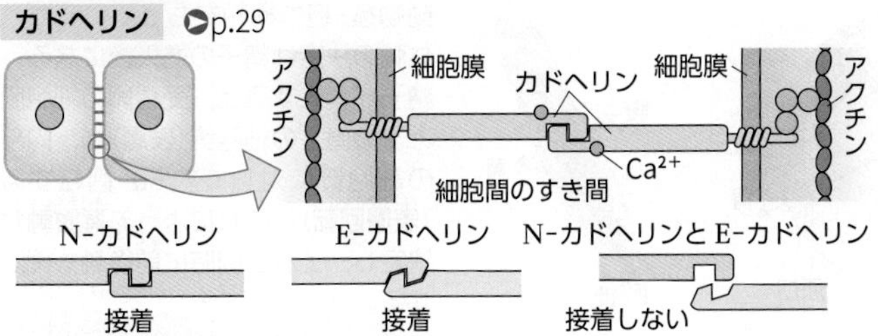
アクチン
細胞膜
カドヘリン
細胞膜
アクチン
Ca^{2+}
細胞間のすき間
N-カドヘリン
接着
E-カドヘリン
接着
N-カドヘリンとE-カドヘリン
接着しない

同じ組織の細胞表面には，同じ細胞接着分子がある。代表的な細胞接着分子に**カドヘリン**があり，カドヘリンには100種類以上が知られている。同じカドヘリンをもつ細胞どうしは強く接着する。カドヘリンは膜貫通タンパク質で，機能するにはCa^{2+}を必要とする。

細胞選別

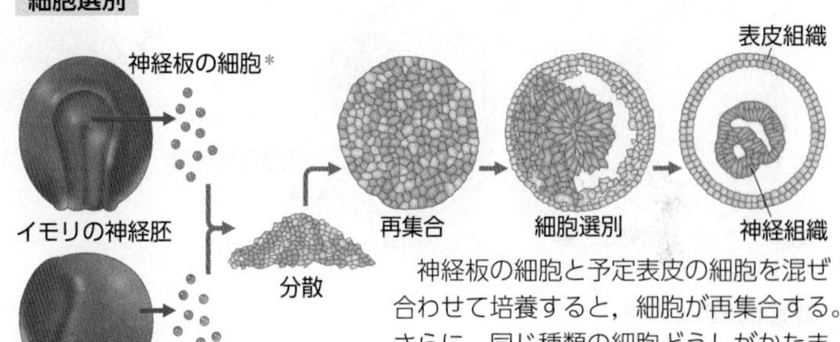
神経板の細胞*
イモリの神経胚
予定表皮の細胞*
分散
再集合
細胞選別
表皮組織
神経組織

神経板の細胞と予定表皮の細胞を混ぜ合わせて培養すると，細胞が再集合する。さらに，同じ種類の細胞どうしがかたまりをつくり(**細胞選別**)，神経組織と表皮組織になる。

＊トリプシン(タンパク質分解酵素)で処理すると，細胞がばらばらになる。

神経管の形成 p.101，111

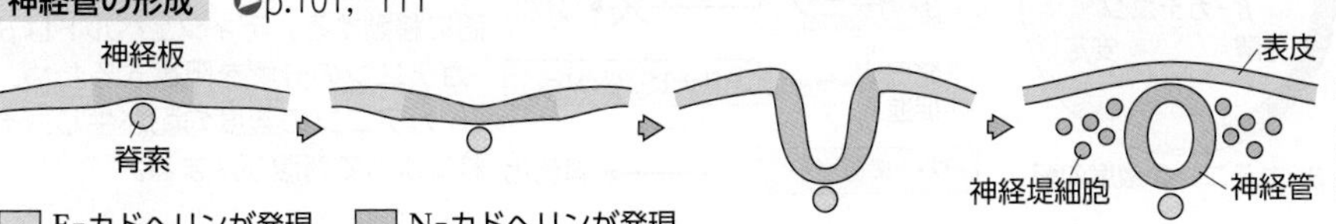
神経板
脊索
表皮
神経堤細胞
神経管
E-カドヘリンが発現
N-カドヘリンが発現

神経管になる細胞(神経板の細胞)はN-カドヘリンを，表皮になる細胞はE-カドヘリンを発現している。同種のカドヘリンどうしは強く接着するので，神経板の両端がつながり，神経管がくびれとられる。

B 誘導 細胞間でシグナル伝達する。p.111，112

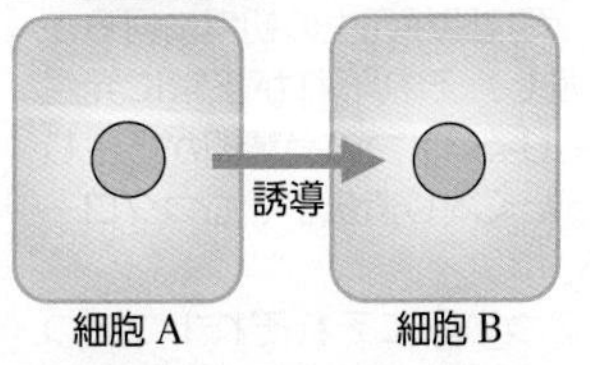
誘導
細胞A
細胞B

ある胚域の細胞が，隣接する胚域の細胞に働きかけて，その細胞の分化を引き起こすことを**誘導**という。

伝達方法 p.28

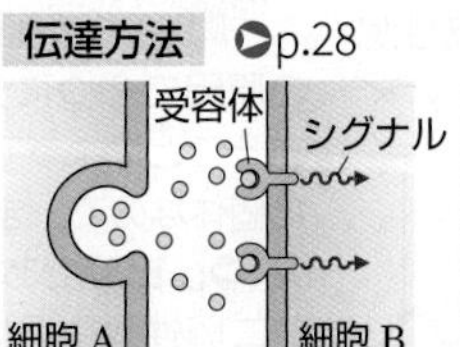
受容体
シグナル
細胞A
細胞B

拡散 分泌されたシグナル分子が，隣接する細胞の受容体に結合し，シグナルが伝達される。

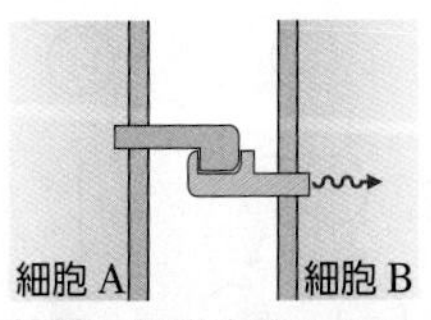
細胞A
細胞B

接触 細胞表面のタンパク質どうしが直接接触し，シグナルが伝達される。

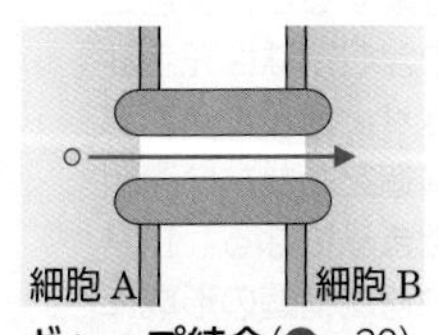
細胞A
細胞B

ギャップ結合(p.29) シグナル分子が中空部分を通過し，シグナルが伝達される。

誘導の連鎖によるパターン形成

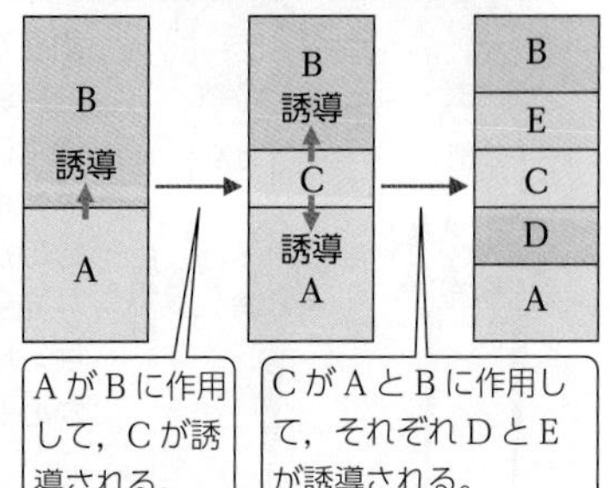
B
誘導
A
B
誘導
C
誘導
A
B
E
C
D
A
AがBに作用して，Cが誘導される。
CがAとBに作用して，それぞれDとEが誘導される。

プチ雑学 竹市雅俊は，トリプシンでばらばらにした細胞に，カルシウムイオンの働きを抑える物質を加えて混ぜ合わせると，細胞は再集合しないことに気づいた。このことから，カルシウムイオン依存の接着分子カドヘリンを発見した。カドヘリン cadherin は，calcium adherence(カルシウム接着)から名づけられた。

110　カエルの発生のしくみ

Overview　カエルの発生

母性因子と表層回転，誘導の連鎖によってからだがつくられる。これらの過程は重複したり，相互に影響し合ったりしている。

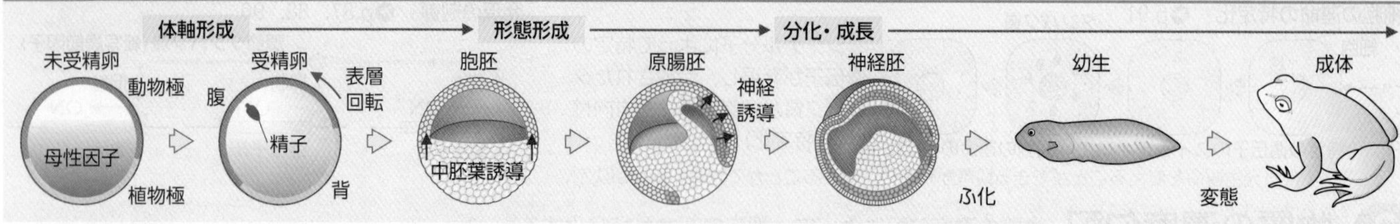

体軸形成
形態形成
分化・成長
未受精卵
動物極
母性因子
植物極
受精卵
腹
精子
背
表層回転
胞胚
中胚葉誘導
原腸胚
神経誘導
神経胚
ふ化
幼生
変態
成体

1　体軸形成

卵に存在する母性因子（mRNA やタンパク質）の極性と，精子が進入する位置から，体軸が形成する。

A　卵の極性

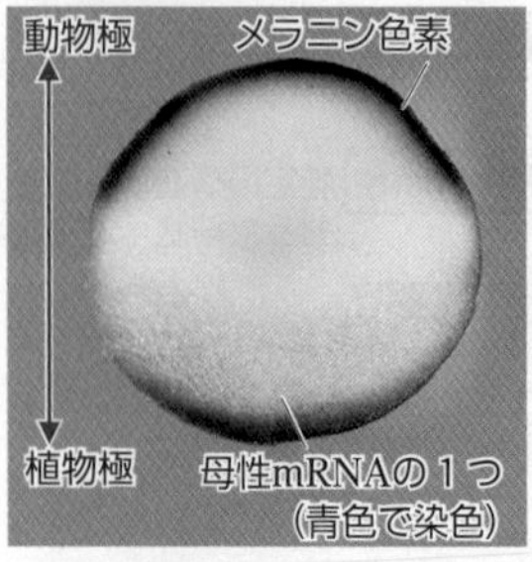

動物極
メラニン色素
植物極
母性mRNAの１つ（青色で染色）

アフリカツメガエルの未受精卵では，母性 mRNA が動物極－植物極軸に沿った濃度勾配を形成している。このようなかたよりを**極性**という。大まかには，動物極側が前部（頭部）に相当する。

Column　ウニの卵の極性

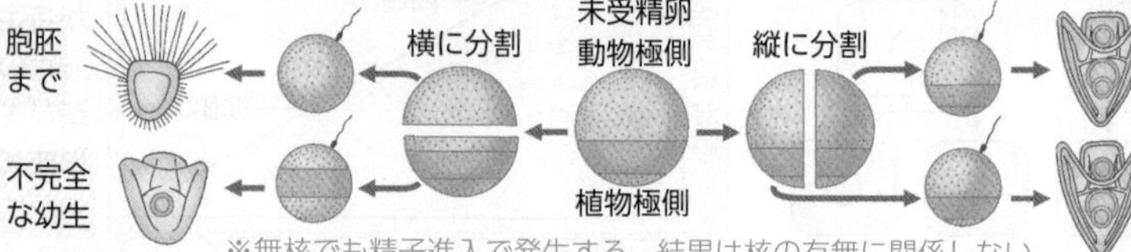

胞胚まで
横に分割
未受精卵 動物極側
植物極側
縦に分割
完全な幼生
不完全な幼生
完全な幼生

※無核でも精子進入で発生する。結果は核の有無に関係しない。

ウニの未受精卵には動物極－植物極軸に沿った極性があり，それが卵割によって不均等に分配される。これによって，体軸上の位置に応じて発生が進行する。

B　表層回転　前後軸，背腹軸

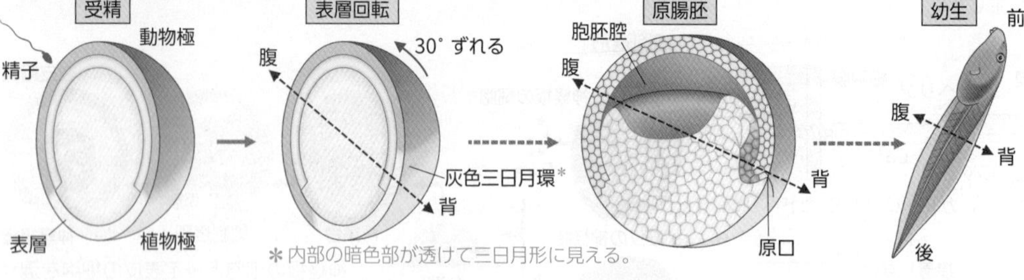

受精
動物極
精子
表層
植物極
表層回転
30° ずれる
腹
灰色三日月環*
背
原腸胚
胞胚腔
腹
背
原口
幼生
前
腹
背
後

＊内部の暗色部が透けて三日月形に見える。

アフリカツメガエルの未受精卵は，動物極－植物極軸をもっているが，体軸の決定は精子の進入後になる。精子が進入すると，受精卵の細胞膜とその直下の細胞質（表層）が，内部の細胞質に対して約 30° 回転する（**表層回転**）。これによって**背腹軸**が決定し，それと同時に**前後軸**も確定する。

背腹を決める因子

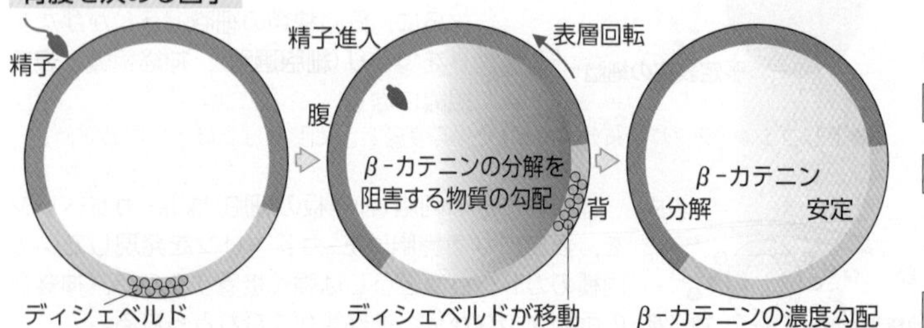

精子
精子進入
表層回転
腹
β-カテニンの分解を阻害する物質の勾配
背
β-カテニン
分解
安定
ディシェベルド
ディシェベルドが移動
β-カテニンの濃度勾配

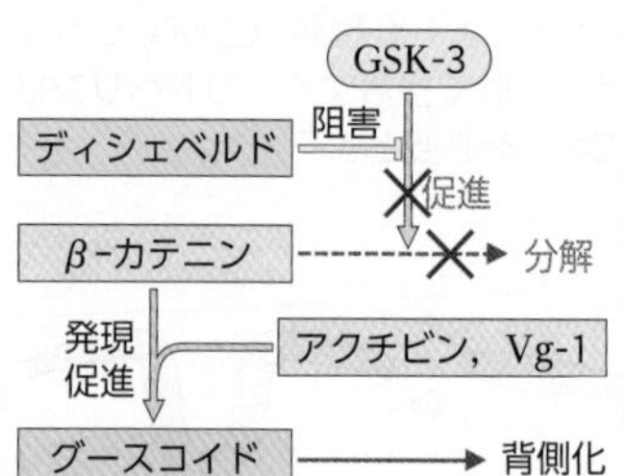

GSK-3
ディシェベルド
阻害
促進
β-カテニン
分解
発現促進
アクチビン，Vg-1
グースコイド
背側化

β-カテニンの mRNA（母性因子）は一様にあって翻訳される。ディシェベルド（母性因子）は局在していて，表層回転によって灰色三日月環の位置に移動する。ディシェベルドは β-カテニンの分解を阻害するため，β-カテニンの濃度勾配が生じ，それによって背腹が決まる。

C　胚の非対称性

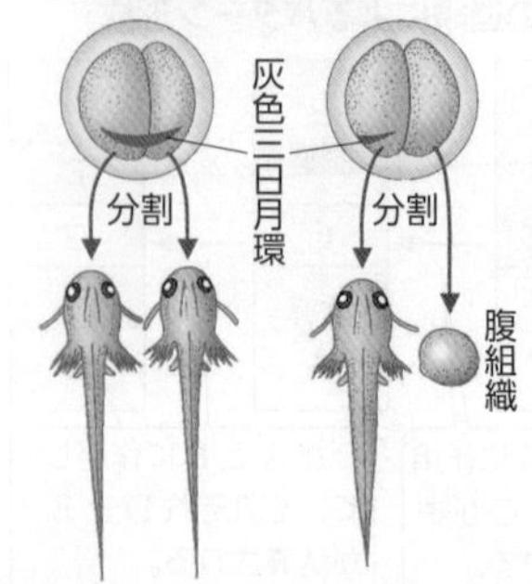

灰色三日月環
分割
分割
腹組織

イモリの受精卵を第一卵割面で分離すると，灰色三日月環を含む割球は完全な幼生になり，含まない割球は脊椎構造をもたない腹組織のかたまりになる。正常な発生や背側構造の形成には，灰色三日月環の細胞質が必要だと考えられる。

つながる生物学　生活　双子の遺伝子

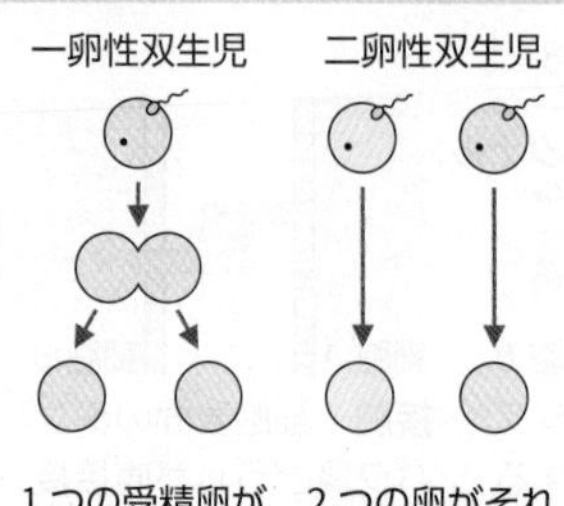

一卵性双生児
二卵性双生児

１つの受精卵が分離。　２つの卵がそれぞれ受精。

一卵性双生児は，受精卵が発生の初期に何らかの原因で２つに分離し，それぞれが正常に発生することによって生じる。１つの受精卵から生じた個体なので，まったく同じ遺伝子をもつクローン（▶p.133）である。

二卵性双生児は２つの卵にそれぞれ１つずつ精子が受精してできる。もっている遺伝子は異なり，兄弟姉妹の関係と同じになる。

Q 男女の双子は，一卵性双生児と二卵性双生児のどちらだと考えられるだろうか。

つながる生物学 A 二卵性双生児。一卵性双生児は１つの受精卵から分裂して生じるため，同じ性染色体をもつと考えられる。したがって，男女の双子のほとんどは二卵性双生児である。ただし，ごくまれに XXY の受精卵が XX と XY に分かれた場合や，XY の受精卵が XY と X に分かれた場合などには，男女の一卵性双生児が生まれる。

Keywords ●体軸 body axis ●前後軸 antero-posterior axis ●極性 polarity ●背腹軸 dorso-ventral axis ●表層回転 cortical rotation ●灰色三日月環 gray crescent ●中胚葉誘導 mesoderm induction ●神経誘導 neural induction ●原口背唇 dorsal lip ●形成体(オーガナイザー) organizer

2 中胚葉誘導 植物極側の細胞が動物極側の細胞から中胚葉を誘導する。

A 中胚葉誘導のしくみ

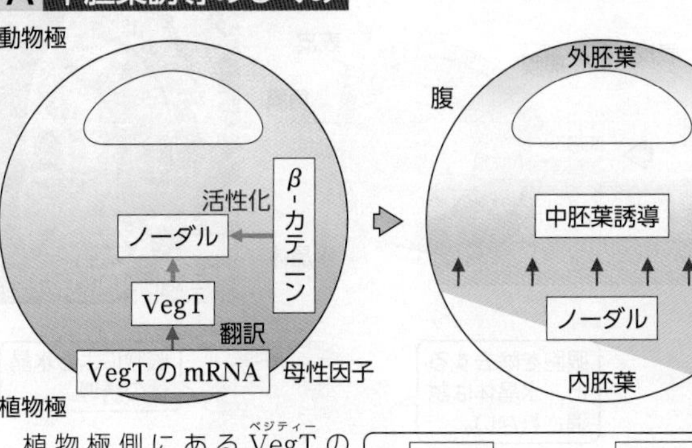
動物極
活性化
β-カテニン
ノーダル
VegT
翻訳
VegT の mRNA
母性因子
植物極

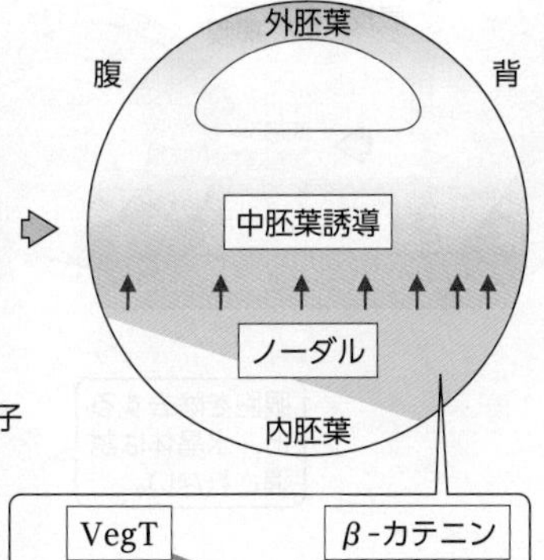
外胚葉
腹
背
中胚葉誘導
ノーダル
内胚葉

植物極側にある VegT（ベジティー）の mRNA(母性因子)からつくられた VegT は，ノーダル遺伝子を活性化する。そのため，ノーダルが蓄積し，ノーダルは動物極側の細胞を中胚葉に分化させる(**中胚葉誘導**)。また，β-カテニンもノーダル遺伝子を活性化するため，β-カテニンが存在する側はノーダルが高濃度になるような勾配ができる。

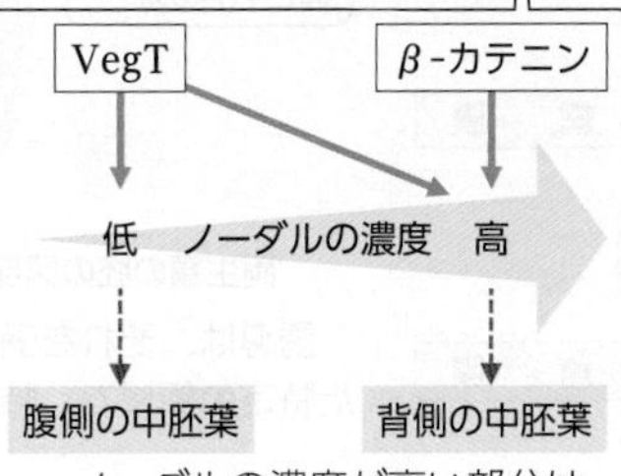
VegT
β-カテニン
低 ノーダルの濃度 高
腹側の中胚葉
背側の中胚葉

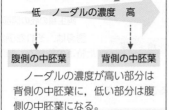

ノーダルの濃度が高い部分は背側の中胚葉に，低い部分は腹側の中胚葉になる。

B 中胚葉誘導の研究 歴史

中胚葉誘導の発見(ニューコープの実験)

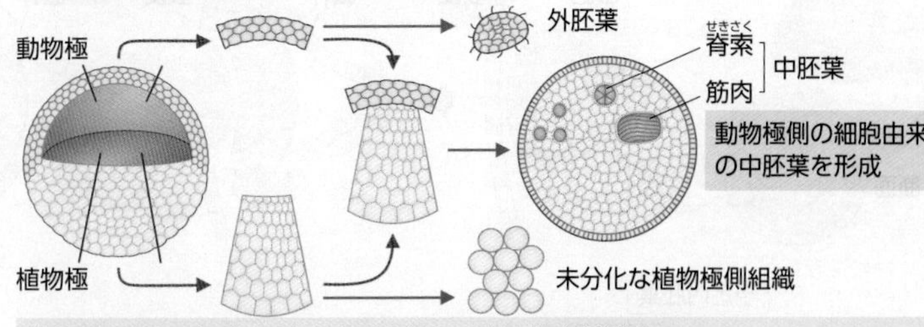
動物極
外胚葉
脊索
中胚葉
筋肉
動物極側の細胞由来の中胚葉を形成
植物極
未分化な植物極側組織

植物極側の細胞が動物極側の細胞から中胚葉を誘導している。

背側と腹側の誘導の違いを示す実験

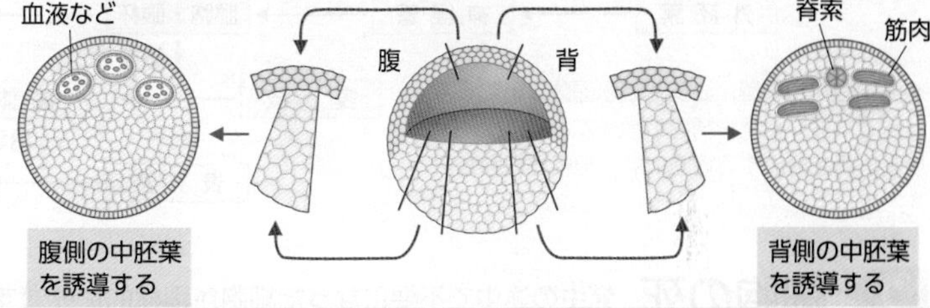
血液など
腹
背
脊索
筋肉
腹側の中胚葉を誘導する
背側の中胚葉を誘導する

植物極の背側と腹側では，中胚葉を誘導するためのシグナルが異なる。

3 神経誘導 中胚葉に裏打ちされた外胚葉から神経管が誘導される。

A 神経誘導

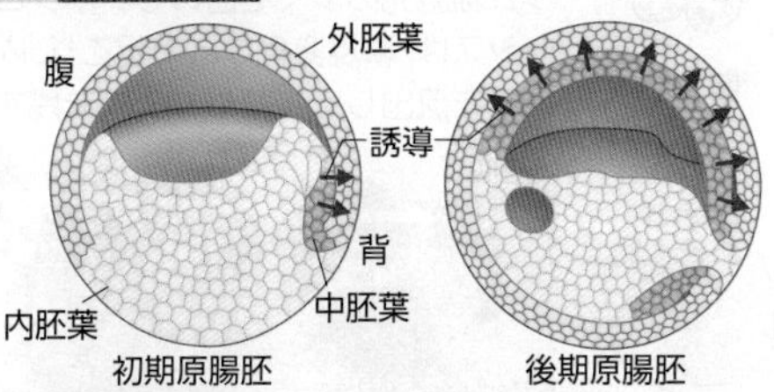
腹
外胚葉
誘導
背
内胚葉
中胚葉
初期原腸胚
後期原腸胚

背側の中胚葉は，おもに脊索に分化しながら，外胚葉から神経管などの組織を誘導する。この誘導を**神経誘導**，神経誘導を起こす背側の中胚葉を**形成体(オーガナイザー)***という。

* 誘導を引き起こす胚域を形成体とよぶこともある。

Column 形成体の発見

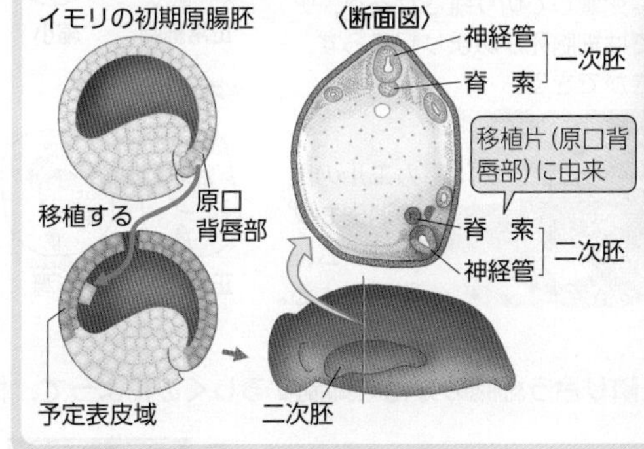
イモリの初期原腸胚
〈断面図〉
神経管
脊索
一次胚
移植片(原口背唇部)に由来
原口背唇部
移植する
脊索
神経管
二次胚
予定表皮域
二次胚

二次胚
イモリの幼生

シュペーマンとマンゴルドは，交換移植実験(▶p.108)を続ける中で，二次胚（にじはい）の形成を見つけ，背側の中胚葉(**原口背唇部**)が神経誘導を起こすことを発見した。

Hans Spemann (1869～1941，ドイツ)

B 神経誘導のしくみ

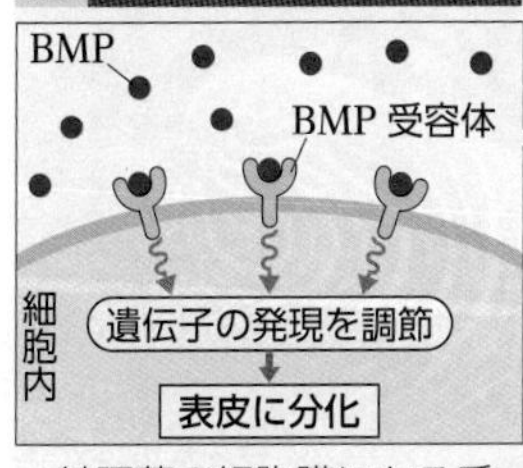
BMP
BMP 受容体
細胞内
遺伝子の発現を調節
表皮に分化

外胚葉の細胞膜にある受容体に BMP* が結合すると，その細胞は表皮に分化する(BMP は外胚葉から表皮を誘導する)。

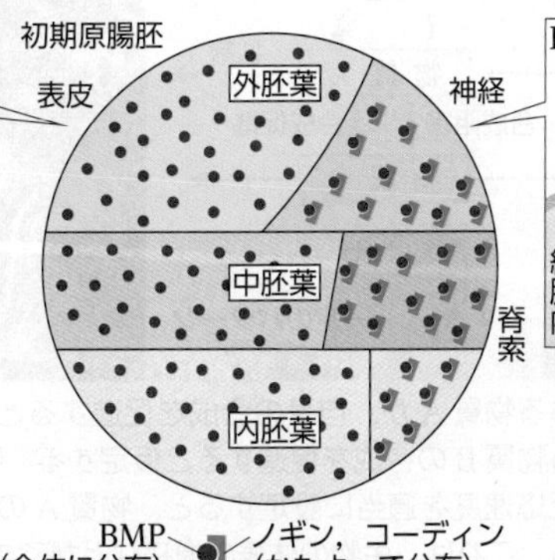
初期原腸胚
表皮
外胚葉
神経
中胚葉
脊索
内胚葉
BMP (全体に分布)
ノギン，コーディン (かたよって分布)

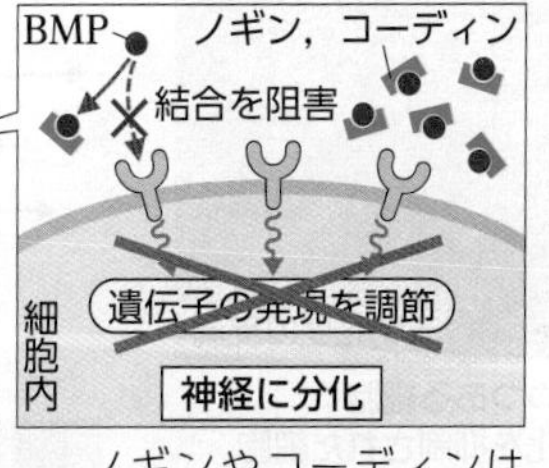
BMP
ノギン，コーディン
結合を阻害
細胞内
遺伝子の発現を調節
神経に分化

ノギンやコーディンは BMP と結合し，BMP と受容体の結合を阻害するので，これらが存在する背側外胚葉では神経が誘導される。

* BMP(骨形成タンパク質，bone morphogenetic protein)

C 外胚葉への作用

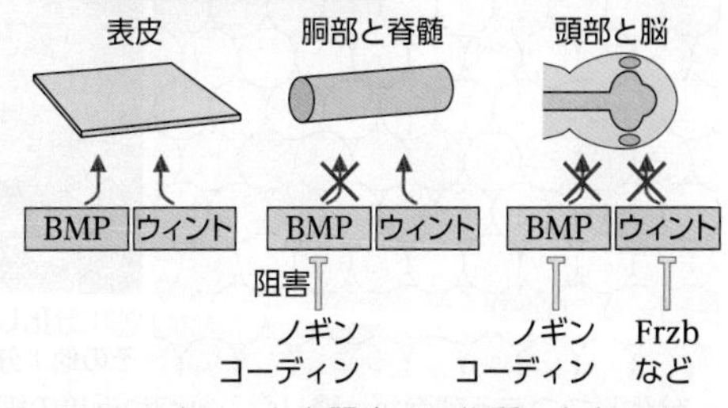
表皮
胴部と脊髄
頭部と脳
BMP
ウィント
BMP
ウィント
BMP
ウィント
阻害
ノギン
コーディン
ノギン
コーディン
Frzb
など

BMP とウィントを阻害する物質の存在によって，BMP とウィントの作用が変化し，外胚葉が位置に応じた分化をする。ウィントは神経管を後方化する。

プチ雑学 形成体の発見に貢献したマンゴルドは，形成体発見の論文が発表されるわずか 2 か月前に，やけどを負う事故によって 26 歳の若さで死亡した。ノーベル賞は生存者のみに与えられるため，1935 年のノーベル生理学・医学賞は，シュペーマンだけの受賞となった。

器官形成のしくみ

1 誘導の連鎖 誘導が連鎖的に起こり，複雑な器官が形成される。

眼の形成 眼胞・眼杯が表皮(外胚葉)から水晶体を誘導し，水晶体が表皮から角膜を誘導する。▶p.109

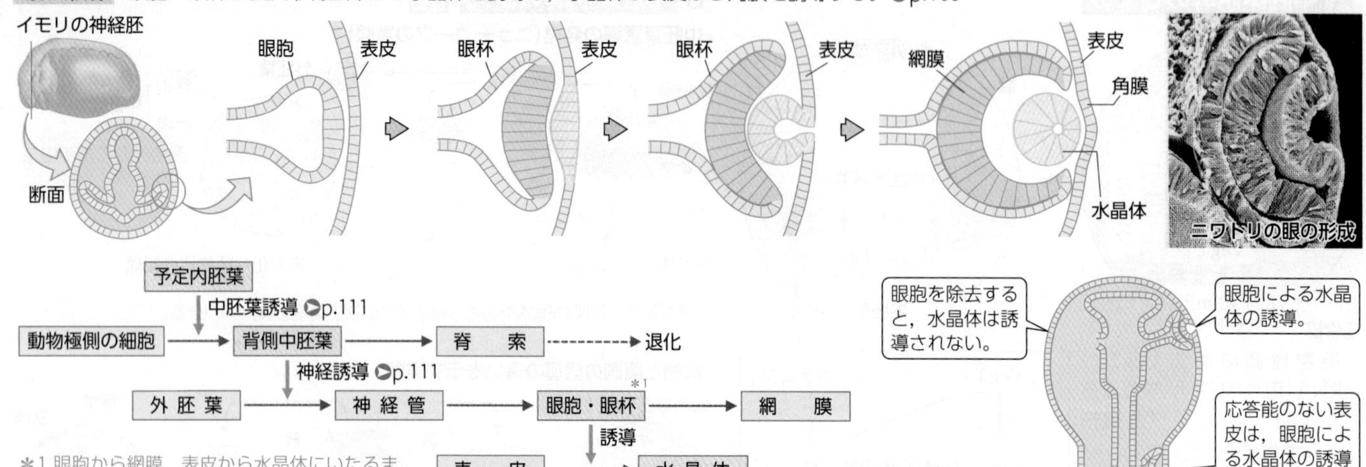

イモリの神経胚
断面
眼胞
表皮
眼杯
表皮
眼杯
表皮
網膜
表皮
角膜
水晶体
ニワトリの眼の形成
予定内胚葉
中胚葉誘導 ▶p.111
動物極側の細胞
背側中胚葉
脊索
退化
神経誘導 ▶p.111
外胚葉
神経管
眼胞・眼杯 *1
網膜
誘導
表皮
水晶体
誘導
表皮
角膜 *2

＊1 眼胞から網膜，表皮から水晶体にいたるまでには，相互に誘導し合っている。
＊2 角膜を構成する細胞には，神経堤細胞も含まれる。

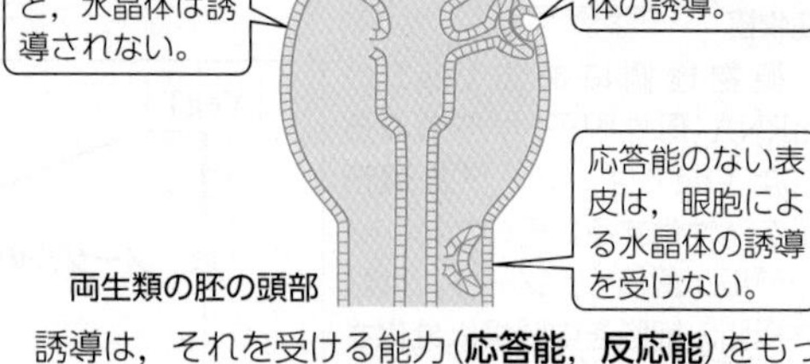

眼胞を除去すると，水晶体は誘導されない。
眼胞による水晶体の誘導。
応答能のない表皮は，眼胞による水晶体の誘導を受けない。
両生類の胚の頭部

誘導は，それを受ける能力(**応答能**，**反応能**)をもった特定の領域で，特定の時期に起こる。

2 細胞の死 発生の途中で不要になった細胞が積極的に死滅することがある。

A プログラム細胞死

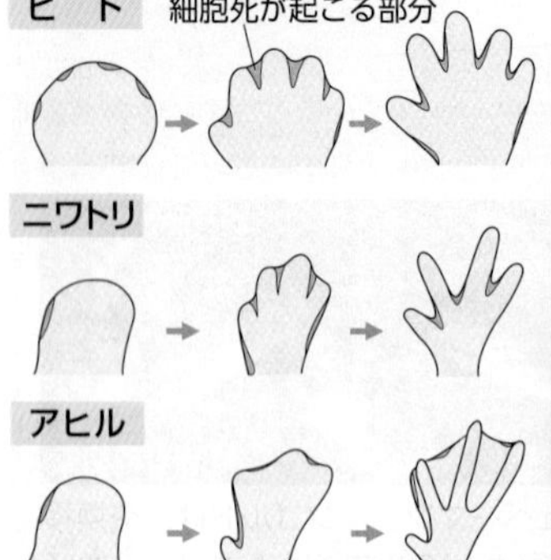

ヒト
細胞死が起こる部分
ニワトリ
アヒル

発生の決まった時期に，決まった場所で起こる細胞死を**プログラム細胞死**という。たとえば，指の形成過程で，指と指の間が，ヒトやニワトリでは死滅して切り離されるが，アヒルでは細胞死があまり起こらず，水かきができる。

カエルの尾の消失もプログラム細胞死による。

B アポトーシス

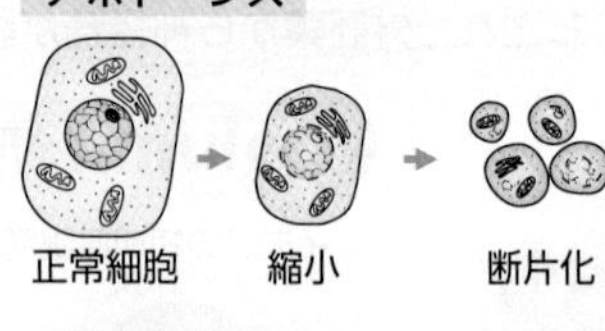

アポトーシス
正常細胞
縮小
断片化

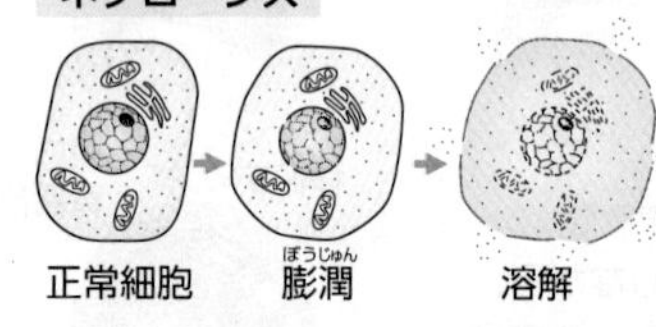

ネクローシス
正常細胞
膨潤
溶解

細胞死には**アポトーシス**とネクローシスがある。アポトーシスは，細胞が自ら細胞死することで，プログラム細胞死の多くを占める。ネクローシスは，環境変化などで起こり，内容物を流出してまわりに影響を残す。

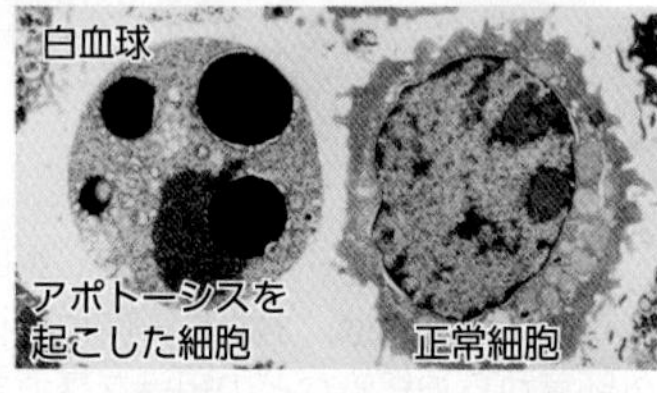

白血球
アポトーシスを起こした細胞
正常細胞

3 細胞間の相互作用 隣り合う細胞の分化を抑制するしくみによって，構造が規則的に配置される。

A 側方抑制

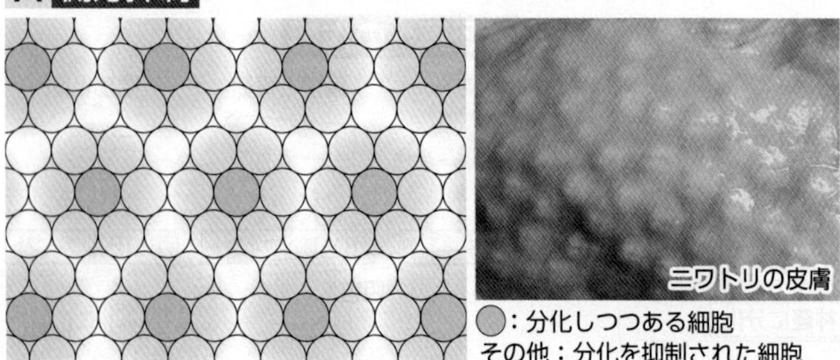

ニワトリの皮膚

●：分化しつつある細胞
その他：分化を抑制された細胞

分化しつつある細胞が，隣り合う細胞や近接の細胞が同じように分化するのを抑制することがある(**側方抑制**)。このようなしくみが働くと，特定の構造が一定の間隔で形成される。たとえば，鳥の皮膚の細胞は羽毛を形成する能力をもっているが，実際には，適度に一定間隔で羽毛が形成される。

B 反応と拡散

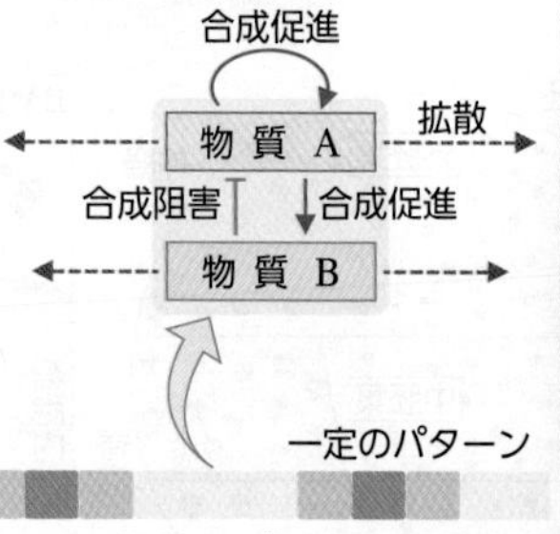

合成促進
物質A
拡散
合成阻害
合成促進
物質B
一定のパターン

タテジマキンチャクダイ

ある物質Aが，自身の合成を促進すると同時に，自身の合成を阻害する物質Bの合成を促進すると仮定する。物質Aと物質Bの拡散速度や反応速度を適当に設定すると，物質Aの分布に一定のパターンが現れる。これは，生物の体表の模様などができるしくみを説明する仮説である。

プチ雑学 生物の体表の模様ができるしくみを，反応と拡散によって説明する仮説を提唱したのは，数学者でありコンピュータ科学者であるアラン・チューリングであった。シマウマやトラ，キリンの模様など，さまざまな模様が数学的に再現できる。

4 組織間の相互作用 組織間の相互作用によって，正しい器官が形成される。

A 真皮の影響

背中
肢
ニワトリの7日目の胚
表皮(背中)
真皮(背中)
表皮(肢)
真皮(肢)
組み合わせ
羽毛
うろこ
羽毛
うろこ

ニワトリの胚では，背中の皮膚では羽毛，肢(あし)の皮膚ではうろこが分化する。実験の結果から，表皮(ひょうひ)の分化は真皮(しんぴ)によって決まることがわかる。なお，分離した表皮と真皮を別々に培養すると，明確な分化を示さない。表皮と真皮の相互作用が皮膚の分化に必要と考えられる。

B 表皮の影響

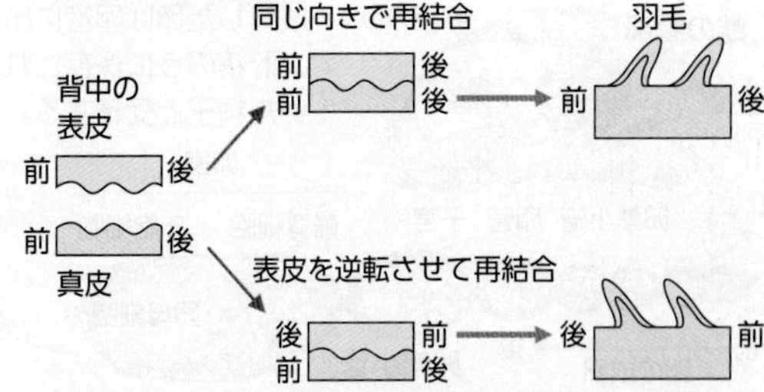

同じ向きで再結合
羽毛
背中の表皮
前 後
真皮
前 後
表皮を逆転させて再結合

ニワトリの胚の背中の皮膚を表皮と真皮に分離し，表皮の前後を逆転させて再結合させると，形成された羽毛の向きは表皮の方向に従った。このことから，形成される器官の方向を決めるのは真皮ではなく表皮であることがわかる。

5 位置情報 特定の領域から分泌される物質の濃度勾配(のうどこうばい)が，胚の中での位置情報になる。

A ニワトリの前肢形成 ➲p.109

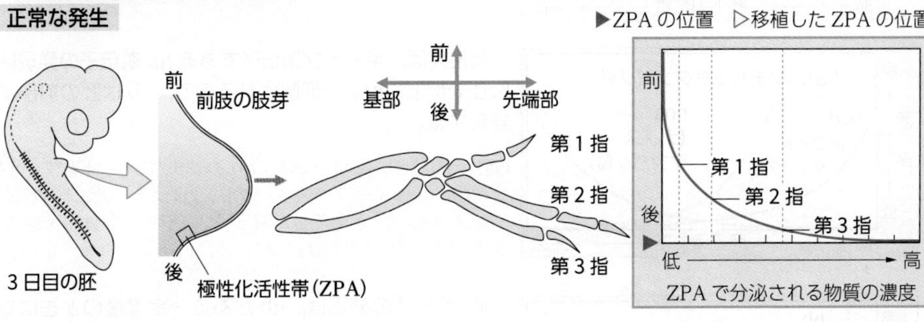

正常な発生
▶ZPA の位置 ▷移植した ZPA の位置
前
前肢の肢芽
基部
先端部
後
第1指
第2指
第3指
3日目の胚
極性化活性帯(ZPA)
低
高
ZPA で分泌される物質の濃度

前肢(ぜんし)の肢芽(しが)の後方にある**極性化活性帯**(きょくせいかかっせいたい)(ZPA, **z**one of **p**olarizing **a**ctivity)を，肢芽の前方に移植すると，重複する指をもつ前肢がつくられる。ZPA から分泌される物質が拡散し，後方から前方への濃度勾配が生じて，その濃度の高い順に，第3指，第2指，第1指が形成されると仮定すると，この実験結果がうまく説明できる。

ニワトリの前肢は，ZPA から分泌される物質の濃度勾配によって，前後軸に沿った位置情報を得ていると考えられる。

ZPA を前方に移植

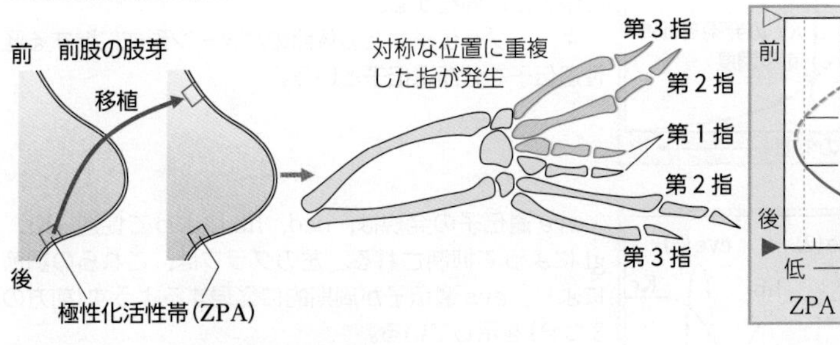

前 前肢の肢芽
移植
後
極性化活性帯(ZPA)
対称な位置に重複した指が発生
第3指
第2指
第1指
第1指
第2指
第3指

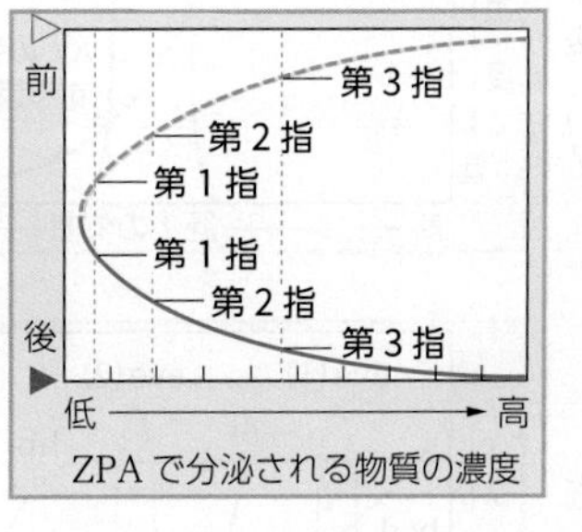

前
後
第3指
第2指
第1指
第1指
第2指
第3指
低
高
ZPA で分泌される物質の濃度

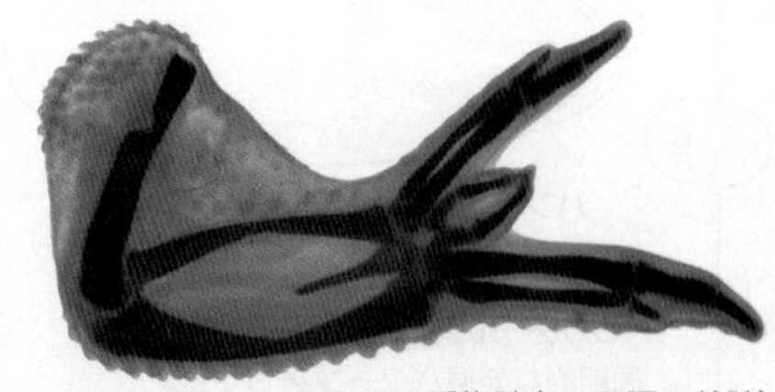
ニワトリの重複肢(11日胚の前肢)

B 位置情報を伝えるしくみ

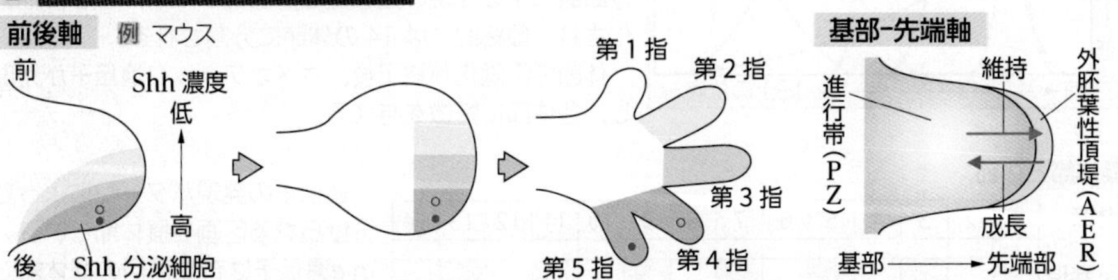

前後軸 例 マウス
前
Shh 濃度
低
高
後
Shh 分泌細胞
第1指
第2指
第3指
第4指
第5指
基部–先端軸
進行帯(PZ)
維持
外胚葉性頂堤(AER)
成長
基部
先端部

ZPA から分泌されるタンパク質はソニックヘッジホッグ(Shh, **S**onic **h**edge**h**og)で，Shh の遺伝子を肢芽の前方に導入すると，重複した指が形成された。Shh を分泌する細胞は，マウスでは，第4指，第5指になることがわかった。また，肢芽の先端の**外胚葉性頂堤**(がいはいようせいちょうてい)(AER, **a**pical **e**ctodermal **r**idge)は，**進行帯**(PZ, **p**rogress **z**one)の細胞の成長を促し，PZ は AER の維持に働く。しかし，さまざまな物質が関わっており，詳しいしくみは不明である。

Step up 鳥類と恐竜の前肢の指

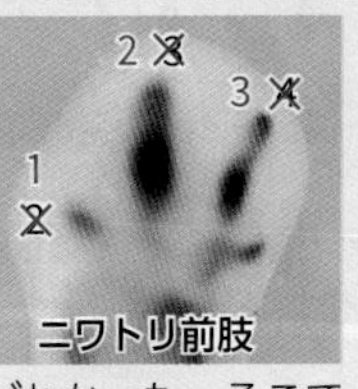

2 3
3 4
1 2
ニワトリ前肢

前肢の指は，鳥類が第2～4指，恐竜が第1～3指と考えられていた。発生の研究から，第4指は ZPA の細胞に由来することがわかった。そこで，鳥類の指と ZPA の位置関係を調べたところ，第4指と考えられていた指が ZPA の外に位置していた。このことから，鳥類の前肢の指は，祖先である恐竜と同じ，第1～3指と改められた。

プチ雑学

「ヘッジホッグ」とは「ハリネズミ」の意味で，ショウジョウバエの体節の形成に関わるヘッジホッグ遺伝子が変異した胚が小さな突起に覆われ，ハリネズミのように見えることに由来する。ソニックヘッジホッグはゲームのキャラクターからつけられた名称である。

114 ショウジョウバエの発生のしくみ

1 パターン形成

ショウジョウバエでは，母性因子が体軸をつくり，胚性遺伝子の連鎖的な発現でパターンが形成される。

A 卵の成熟と体軸形成

母性因子(母性 mRNA)の局在によって，卵の体軸(前後軸)が決まる。

雌の腹部
卵巣
貯精のう
卵巣小管
卵管
子宮

成熟した卵は卵管に出て，貯精のうに保存されていた精子と受精する。

卵室
哺育細胞
ろ胞細胞
卵母細胞
前 → 後
卵の成熟
卵巣小管

卵室
母性因子の移動

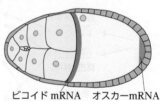

母性因子は，哺育細胞(母親の組織)で合成されて移動する。

ビコイド mRNA
オスカーmRNA
前 ← → 後

ビコイドmRNAとオスカーmRNAは哺育細胞で合成された母性因子であり，モータータンパク質(▶p.31)によって前方や後方に運ばれる。オスカータンパク質はナノスmRNAを後方へ局在させる。

B 前後軸のパターン形成

遺伝子の連鎖的な発現により，体節のパターンが形成される(▶p.103，109)。

体軸形成

母性因子 母性効果遺伝子*1

前後軸を決める。

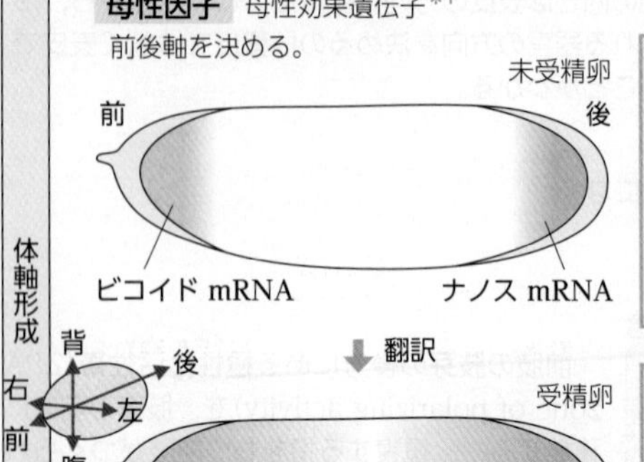

未受精卵
前
後
ビコイド mRNA
ナノス mRNA

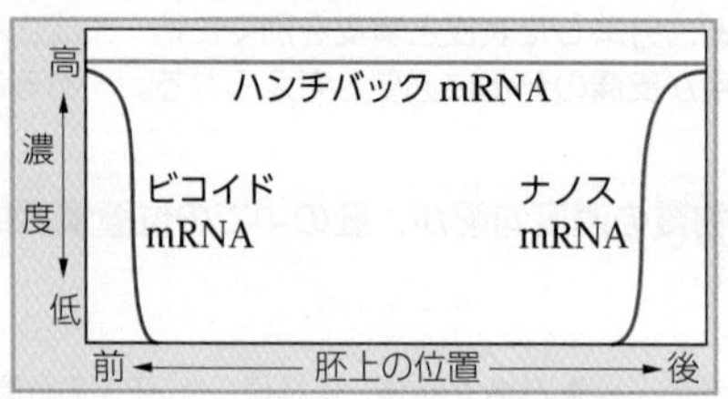

高
濃度
低
ハンチバック mRNA
ビコイド mRNA
ナノス mRNA
前
胚上の位置
後

母性因子として，たとえば，未受精卵の前部にビコイドmRNA，後部にナノスmRNAが局在する。受精後，これらのmRNAが翻訳されると，胚の前後軸に沿って，bcd(ビコイドタンパク質)とnos(ナノスタンパク質)の濃度勾配ができる。これらのタンパク質は，胚の中での位置情報となり，胚性遺伝子の発現に働く。

翻訳

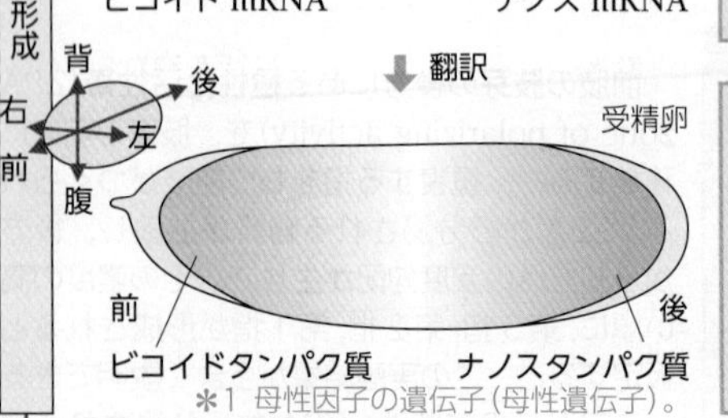

背
後
右
左
前
腹
受精卵
前
後
ビコイドタンパク質
ナノスタンパク質

*1 母性因子の遺伝子(母性遺伝子)。

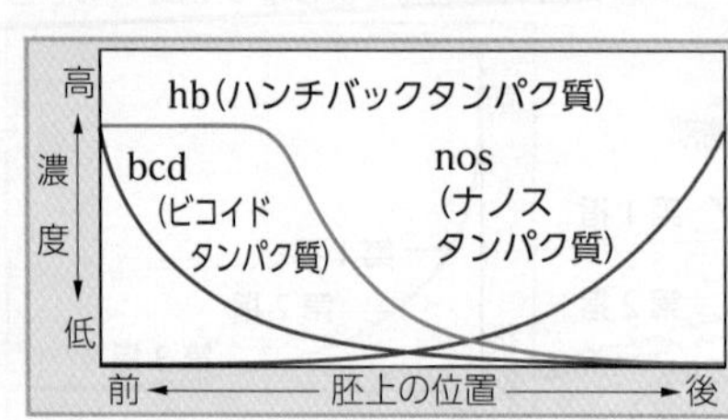

高
濃度
低
hb(ハンチバックタンパク質)
bcd (ビコイドタンパク質)
nos (ナノスタンパク質)
前
胚上の位置
後

たとえば，ギャップ遺伝子である*hb*遺伝子の発現は，bcdで促進，nosで抑制されるので，hbは胚の前部に局在する。

bcd:ビコイド，nos:ナノス，hb:ハンチバック，Kr:クリュッペル，eve:イーブンスキップト，gt:ジャイアント，en:エングレイルド と略記し，遺伝子はイタリック体，タンパク質はローマン体で示す。

ギャップ遺伝子 胚性遺伝子*2

大まかな領域に分ける。

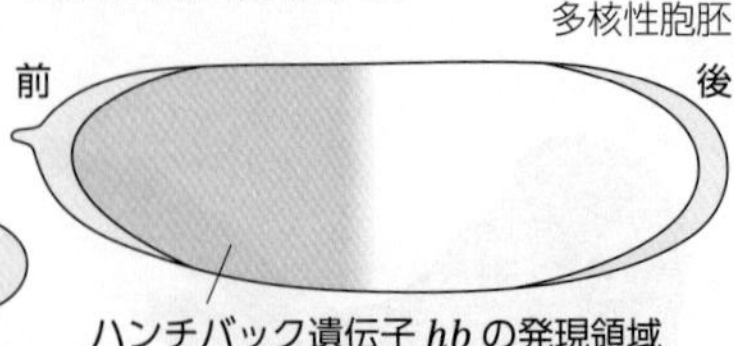

多核性胞胚
前
後
ハンチバック遺伝子 hb の発現領域

*2 胚の核で転写される遺伝子。

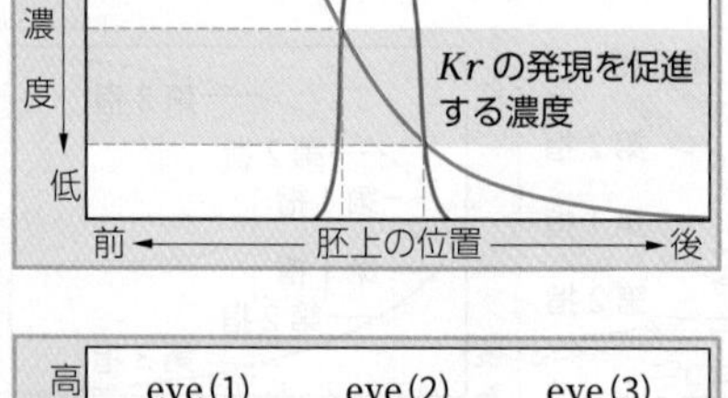

高
濃度
低
hb
Kr
Kr の発現を促進する濃度
前
胚上の位置
後

*Kr*遺伝子の発現は，hbがある一定濃度のときに促進され，それ以外では抑制される。そのため，Krは胚の中央部に局在する。

ギャップ遺伝子などの体節のパターン形成に関する胚性遺伝子を**分節遺伝子**という。

区画化

ペアルール遺伝子 胚性遺伝子

周期的な発現パターンをつくる。

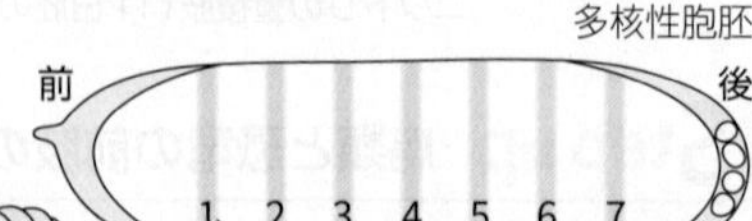

多核性胞胚
前
後
1 2 3 4 5 6 7
イーブンスキップト遺伝子 eve の発現領域

高
濃度
低
eve(1)
eve(2)
eve(3)
gt
hb
Kr
bcd
前
胚上の位置

*eve*遺伝子の発現は，bcd，hbによって促進，Kr，gtによって抑制される。左のグラフは，これらの調節により，*eve*遺伝子が周期的に発現するようす(前方の3つ分)を示している。

このようにして，*eve*遺伝子は7つの区画に発現する。分節遺伝子の発現の連鎖的な調節によって，さらに細分化され，最終的には14の体節に分割される。

体節の区画化が終了後，ホメオティック遺伝子が発現し，各体節に特徴を与える。

セグメントポラリティ遺伝子 胚性遺伝子

14の区画(擬体節)をつくる。

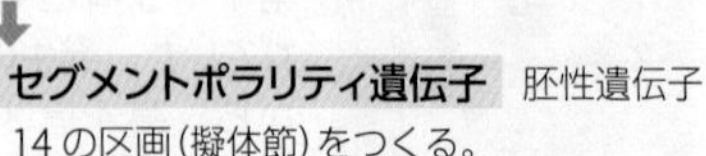

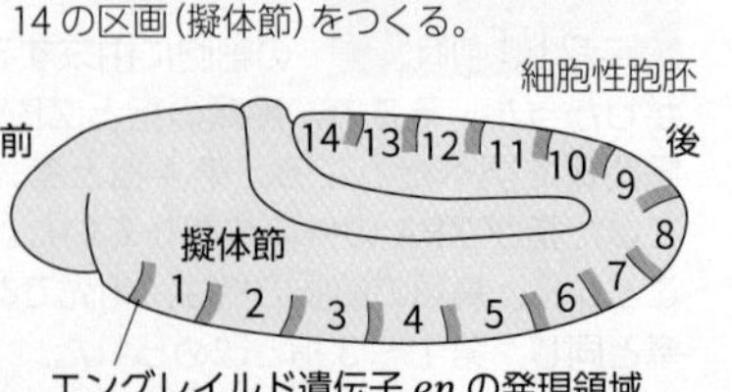

細胞性胞胚
前
後
14 13 12 11 10 9 8 7 6 5 4 3 2 1
擬体節
エングレイルド遺伝子 en の発現領域

擬体節と体節

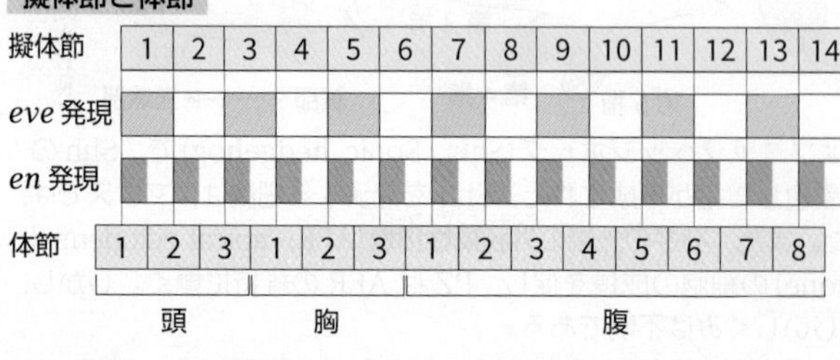

擬体節 1 2 3 4 5 6 7 8 9 10 11 12 13 14
eve 発現
en 発現
体節 1 2 3 1 2 3 1 2 3 4 5 6 7 8
頭
胸
腹

遺伝子の発現パターンによって分けられる区画を擬体節という。*eve*遺伝子は奇数番目の擬体節で発現し，*en*遺伝子はすべての擬体節の前側で発現する。体節は，擬体節からおよそ半体節分ずれて形成されるので，*en*遺伝子は各体節の後側で発現する。

プチ雑学 昆虫のからだは体節でできている。ショウジョウバエでは，頭部，3個の胸部体節(T1～T3)，おもに8個の腹部体節(A1～A8)からなり，体節T1には1対の脚，T2には1対の脚と1対のはね，T3には1対の脚と1対の平均こんができる。

Keywords ●母性因子 maternal factor ●分節遺伝子 segmentation gene ●体節 segment ●ホメオティック突然変異 homeotic mutation ●ホメオティック遺伝子 homeotic gene ●ホメオボックス homeobox ● *Hox* 遺伝子 *Hox* gene ●ホメオドメイン homeodomain

2 形態形成

体軸に沿って形成されたパターンに応じて，さまざまな *Hox* 遺伝子が発現し，体節の形態が決まっていく。

A ホメオティック遺伝子 例 ショウジョウバエ

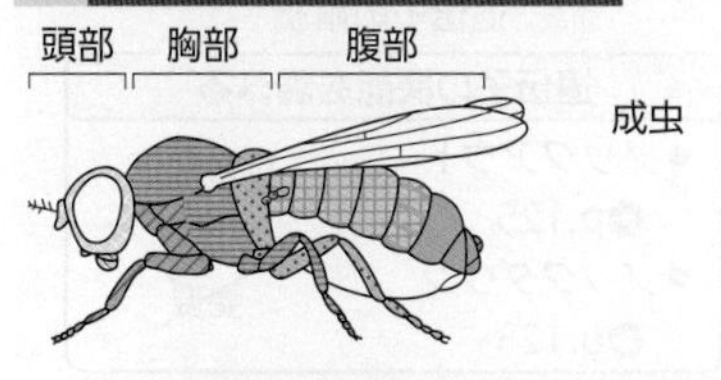

頭部
胸部
腹部
成虫

発生中の胚

第 3 染色体上の遺伝子配列

lab *pb* *Dfd* *Scr* *Antp* *Ubx* *abdA* *AbdB*

アンテナペディア遺伝子群 …頭部や胸部（擬体節 5 より前方）の発生を制御

バイソラックス遺伝子群 …胸部や腹部（擬体節 5 ～14）の発生を制御

体節ごとの独自の構造は，**ホメオティック遺伝子**によって決定づけられる。体節が区画化されると，ギャップ遺伝子やペアルール遺伝子の働きでホメオティック遺伝子が発現する。

ショウジョウバエのホメオティック遺伝子は第 3 染色体上にあり，**アンテナペディア遺伝子群**，**バイソラックス遺伝子群**の 2 つに分けられる。その並び順は体軸に沿って発現する順とほぼ一致している。ホメオティック遺伝子に突然変異が起こると（**ホメオティック突然変異**），器官が置きかわるなどの変化が起こる。

B ホメオティック突然変異体 例 ショウジョウバエ

アンテナペディア突然変異体

脚

触角（ラテン語でアンテナ）が形成される位置に脚（ラテン語でペディス）が形成されている。中胸の発生を制御する *Antp* 遺伝子が，頭部で発現するように突然変異した。

バイソラックス突然変異体

平均こんを形成する後胸が中胸に変わり，はねが過剰に形成された突然変異体。平均こんとは，退化して小さなこん棒状になった後ろばねである。*Ubx* 遺伝子の突然変異で生じる。

Courtesy of the Archives, California Institute of Technology

C ホメオドメイン

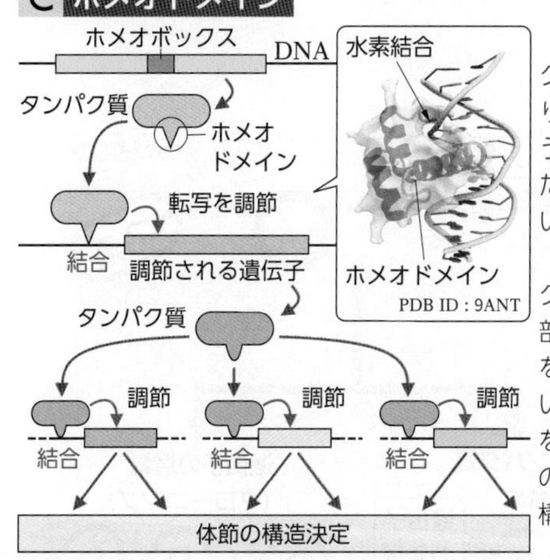

ホメオボックス
DNA
水素結合
タンパク質
ホメオドメイン
転写を調節
結合
調節される遺伝子
ホメオドメイン
PDB ID : 9ANT
タンパク質
調節
調節
調節
結合
結合
結合
体節の構造決定

ショウジョウバエのホメオティック遺伝子には共通する塩基配列があり，この配列を**ホメオボックス**という。この塩基配列が翻訳されてできたアミノ酸配列を**ホメオドメイン**という。

ホメオドメインは 3 つの α ヘリックス構造（▶p.42）からなり，この部分が特定の DNA 領域と水素結合を形成することで，転写を調節している。ホメオドメインによって転写を調節された遺伝子は，さらに下流の遺伝子の転写を調節し，各体節の構造をつくっていく。

Step up ホメオボックス遺伝子

ホメオボックスをもつ遺伝子（ホメオボックス遺伝子）には，ホメオティック遺伝子のように，集団でからだ全体の形態を決定づけている遺伝子のほかに，単独で存在する遺伝子がある。このような遺伝子は特定の器官の形成に重要な役割をもつことが多い。たとえば，マウスのホメオボックス遺伝子である *Pax6* は眼の形成に関わる。

ショウジョウバエの眼の形成に関わる遺伝子と *Pax6* はよく似ており，ショウジョウバエに *Pax6* を導入すると眼を形成する。

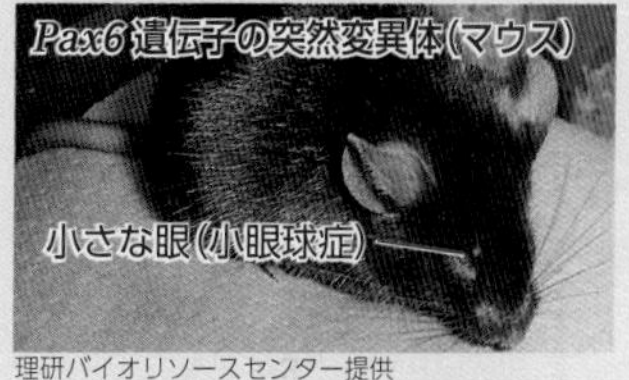

Pax6 遺伝子の突然変異体（マウス）
小さな眼（小眼球症）

理研バイオリソースセンター提供

3 *Hox* 遺伝子の共通性

Hox 遺伝子は多様な生物に存在し，基本的に同じしくみで形態形成に関わる。

A 発現パターンの共通性

ショウジョウバエの *Hox* 遺伝子の構成

lab *pb* *Dfd* *Scr* *Antp* *Ubx* *abdA* *AbdB*

↑ 遺伝子の増加

先祖型（予想）

↓ 遺伝子の増加

1 2 3 4 5 6 7 8 9 10 11 12 13

↓ 遺伝子集団の増加

A　*A1* *A2* *A3* *A4* *A5* *A6* *A7* *A9* *A10* *A11* *A13*

B　*B1* *B2* *B3* *B4* *B5* *B6* *B7* *B8* *B9*

C　*C4* *C5* *C6* *C8* *C9* *C10* *C11* *C12* *C13*

D　*D1* *D3* *D4* *D8* *D9* *D10* *D11* *D12* *D13*

哺乳類（ヒト，マウスなど）の *Hox* 遺伝子の構成

ショウジョウバエのホメオティック遺伝子によく似た遺伝子が，多くの動物で見つかっている。ホメオボックスをもち，染色体上に順に並んで，形態形成に関与する遺伝子の集団を総称して ***Hox***（ホックス）**遺伝子**という。

ショウジョウバエの *Hox* 遺伝子は 1 組であるが，脊椎動物は 4 組の *Hox* 遺伝子をもつ。これは，脊椎動物が進化する過程で，*Hox* 遺伝子群を含む染色体領域に重複（遺伝子重複，▶p.265）が生じた結果であり，このような遺伝子の増幅によって脊椎動物の体制の複雑化が進んだと考えられている。

B 脊椎動物の *Hox* 遺伝子 例 マウス

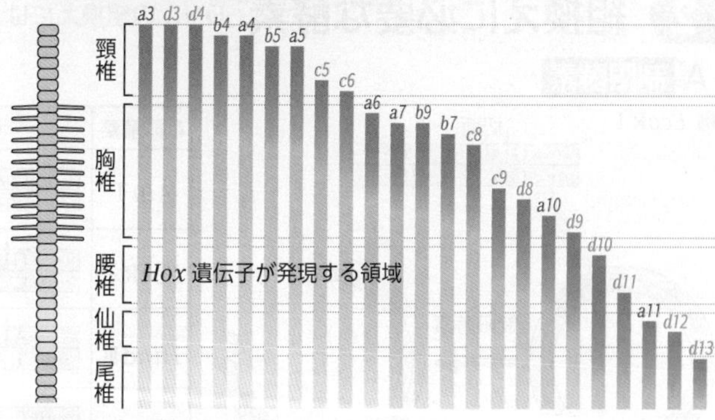

頸椎
胸椎
腰椎
仙椎
尾椎
Hox 遺伝子が発現する領域
a3 *d3* *d4* *b4* *a4* *b5* *a5* *c5* *c6* *a6* *a7* *b9* *b7* *c8* *c9* *d8* *a10* *d9* *d10* *d11* *a11* *d12* *d13*

脊椎動物においても，ショウジョウバエと同じように，*Hox* 遺伝子がからだの前後軸に沿って，染色体上の並びとほとんど同じ順で働く。マウスの中胚葉では，図に示す領域で *Hox* 遺伝子が発現し，脊椎骨の形態を形づくる。たとえば，*Hoxd9* と *Hoxd10* の境界で胸椎から腰椎へ切り替わる。この対応関係は，脊椎動物の間で同じように見られる。※遺伝子が発現する時期はそれぞれ異なる。

プチ雑学 昆虫は胸部の体節に 3 対の脚をもつが，昆虫以外の多くの節足動物は，後方の体節を含めて多数の脚をもつ。昆虫の進化の過程で，*Ubx* 遺伝子に突然変異が起こった結果，後部体節で脚の形成が抑制されるようになったと考えられている。

116 遺伝子組換え(1)

Overview 遺伝子を扱う技術

生物がもつ機能を利用する技術をバイオテクノロジーという。このうち，遺伝子を操作する技術や解析する技術の発展は目覚ましく，農業や医療などの分野にも応用されている。

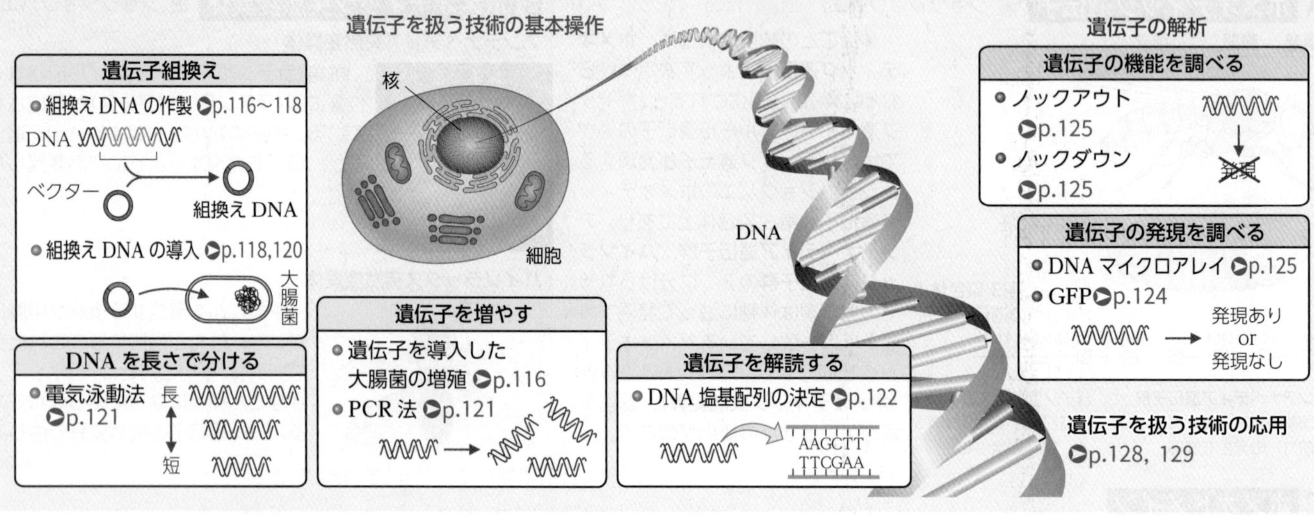
遺伝子を扱う技術の基本操作
遺伝子組換え
組換え DNA の作製 ▶p.116〜118
DNA
ベクター
組換え DNA
組換え DNA の導入 ▶p.118,120
大腸菌
核
細胞
DNA
DNA を長さで分ける
電気泳動法 ▶p.121
長
短
遺伝子を増やす
遺伝子を導入した大腸菌の増殖 ▶p.116
PCR 法 ▶p.121
遺伝子を解読する
DNA 塩基配列の決定 ▶p.122
AAGCTT
TTCGAA
遺伝子の解析
遺伝子の機能を調べる
ノックアウト ▶p.125
ノックダウン ▶p.125
発現
遺伝子の発現を調べる
DNA マイクロアレイ ▶p.125
GFP ▶p.124
発現あり
or
発現なし
遺伝子を扱う技術の応用
▶p.128，129

1 遺伝子組換えのおもな流れ

目的の遺伝子を大腸菌に導入する。

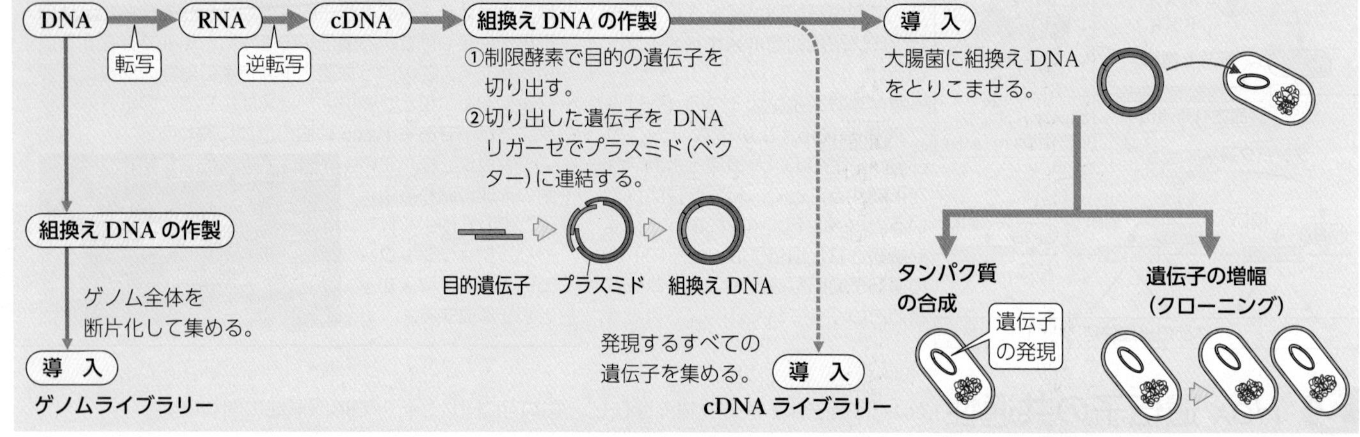
DNA
転写
RNA
逆転写
cDNA
組換え DNA の作製
①制限酵素で目的の遺伝子を切り出す。
②切り出した遺伝子を DNA リガーゼでプラスミド(ベクター)に連結する。
目的遺伝子
プラスミド
組換え DNA
導 入
大腸菌に組換え DNA をとりこませる。
タンパク質の合成
遺伝子の発現
遺伝子の増幅(クローニング)
組換え DNA の作製
ゲノム全体を断片化して集める。
導 入
ゲノムライブラリー
発現するすべての遺伝子を集める。
導 入
cDNA ライブラリー

2 組換えに必要な酵素

DNA の組換えには，制限酵素と DNA リガーゼが必要である。

A 制限酵素

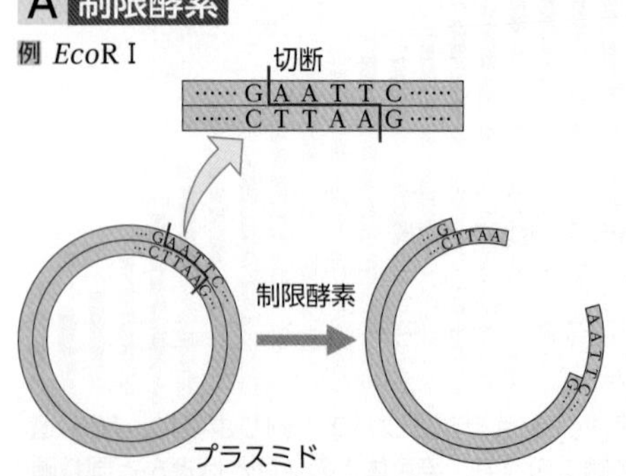
例 EcoR I
切断
……G|A A T T C……
……C T T A A|G……
制限酵素
プラスミド

制限酵素	切断部位
Alu I	……AG|CT…… ……TC|GA……
EcoR I(エコアールワン)	……G|AATTC…… ……CTTAA|G……
Hind Ⅲ(ヒンディスリー)	……A|AGCTT…… ……TTCGA|A……
Pst I	……CTGCA|G…… ……G|ACGTC……

| 切断

制限酵素(せいげんこうそ)は，DNA を切断するための「はさみ」として働く酵素。さまざまな種類があり，それぞれ特定の塩基配列を切断する。切断される塩基配列は回文構造になっていることが多い。

Memo 回文構造

「しんぶんし」のように，左右どちらから読んでも同じになるものを回文構造(パリンドローム)という。

B DNA リガーゼ

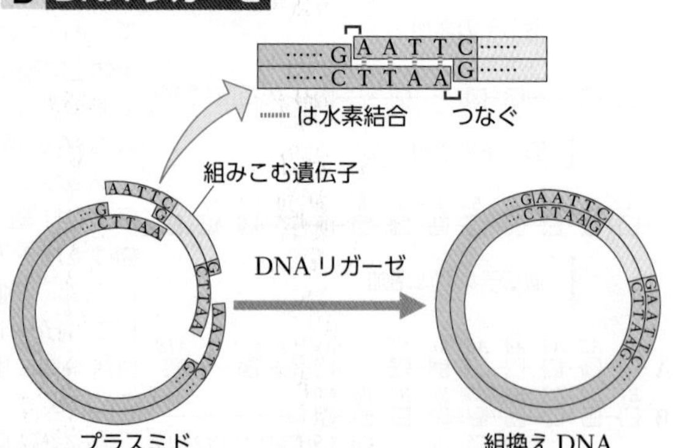
……G A A T T C……
……C T T A A G……
…… は水素結合
つなぐ
組みこむ遺伝子
DNA リガーゼ
プラスミド
組換え DNA

DNA リガーゼは，DNA を連結するための「のり」として働く酵素。別の生物からとり出した DNA を結合させ，人工的につくり出した DNA を**組換え DNA** という。

プチ雑学 制限酵素は，もともと細菌の免疫機能に関わる酵素として発見された。細菌は，バクテリオファージ(▶p.75)が注入したファージ DNA を制限酵素で切断し，ファージの増殖を防ぐ。制限酵素を発見したアーバーは，スミスとネイサンスとともに 1978 年にノーベル生理学・医学賞を受賞した。

Keywords ●遺伝子組換え gene recombination ●組換え DNA recombinant DNA ●制限酵素 restriction enzyme ● DNA リガーゼ DNA ligase ●ベクター vector ●プラスミド plasmid ●逆転写酵素 reverse transcriptase ● cDNA(相補的 DNA) complementary DNA

3 ベクター ベクターは，外来の DNA を運ぶ。

ベクターの構造 例 プラスミド

複製起点 ▶p.81
宿主の染色体より独立して複製できる。

制限酵素認識部位
制限酵素の切断部位。目的の遺伝子が組みこまれる。

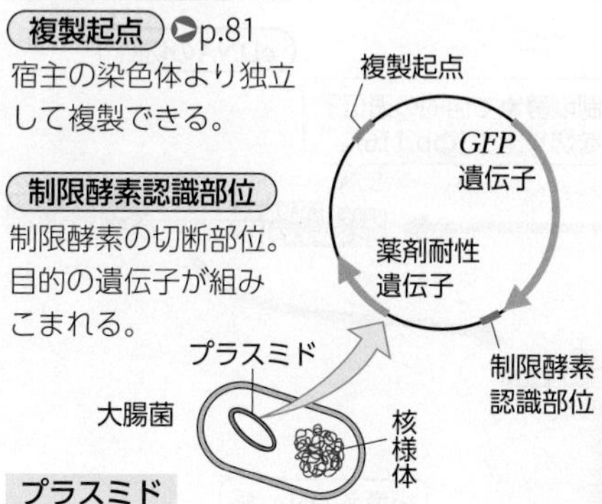
複製起点
GFP 遺伝子
薬剤耐性 遺伝子
制限酵素 認識部位
プラスミド
大腸菌
核様体

プラスミド
核様体や染色体とは別に存在している 2 本鎖環状 DNA。細胞内で自律的に複製され，子孫にも伝達されるが，通常生存には必要ない。

選択マーカー遺伝子
選択マーカー遺伝子によって，導入された細胞の選別や，目的の遺伝子が組みこまれたかどうかの確認を行う。
例 薬剤耐性遺伝子 ▶p.118
GFP 遺伝子 ▶p.119，124
lacZ 遺伝子 ▶p.118

※着色画像

0.1 μm
プラスミド

ベクターの種類

	ベクター	導入細胞	特　徴
プラスミド系	大腸菌のプラスミド	大腸菌	大腸菌がもつ 2 本鎖環状 DNA。核様体とは独立して存在する。
プラスミド系	アグロバクテリウムのプラスミド(▶p.120)	植物細胞	植物細胞に感染する細菌がもつ 2 本鎖環状 DNA。プラスミドの一部は，宿主の DNA に組みこまれる。
ウイルス系	レトロウイルス(▶p.129，168)	動物細胞	RNA を遺伝子とするウイルス。RNA から 2 本鎖 DNA が合成され，宿主 DNA に組みこまれる。
ウイルス系	アデノウイルス(▶p.129)	動物細胞	2 本鎖 DNA を遺伝子としてもつウイルス。宿主 DNA に組みこまれず，一時的な遺伝子の発現が可能。

4 cDNA mRNA から合成される cDNA は，エキソンのみで構成される。

スプライシング ▶p.83

cDNA の合成

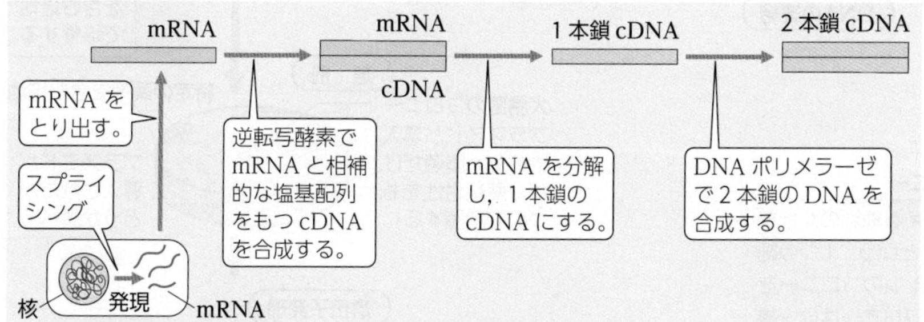
mRNA
mRNA
cDNA
1 本鎖 cDNA
2 本鎖 cDNA
mRNA をとり出す。
逆転写酵素で mRNA と相補的な塩基配列をもつ cDNA を合成する。
mRNA を分解し，1 本鎖の cDNA にする。
DNA ポリメラーゼで 2 本鎖の DNA を合成する。
スプライシング
核
発現
mRNA

RNA を鋳型として合成した DNA を cDNA(相補的 DNA)という。cDNA は，タンパク質の情報をもつ塩基配列(エキソン)のみで構成される。
cDNA の「c」は complementary(相補的な)という意味。

cDNA が必要な理由

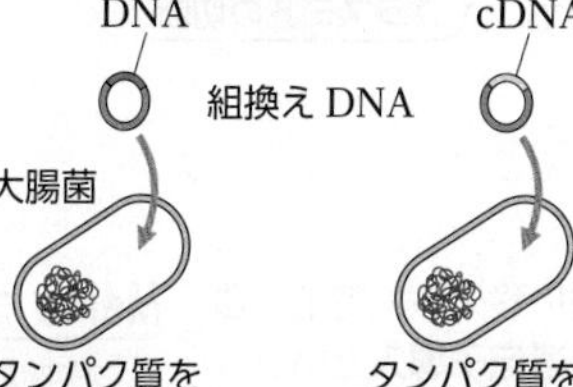
DNA
cDNA
組換え DNA
大腸菌
タンパク質を合成できない
タンパク質を合成できる

原核生物は，一般にスプライシングを行わない(▶p.85)。このため大腸菌で，真核生物由来の遺伝子からタンパク質を合成する際は，エキソンのみからなる cDNA を導入する。

Memo 逆転写酵素
RNA を鋳型にして DNA を合成する酵素。RNA ポリメラーゼと逆の働きをする。レトロウイルスは逆転写酵素を用いて RNA から DNA を合成し，増殖する(▶p.168)。

5 DNA ライブラリー DNA 断片を導入した大腸菌の集合を DNA ライブラリーとよぶ。

ゲノムライブラリー

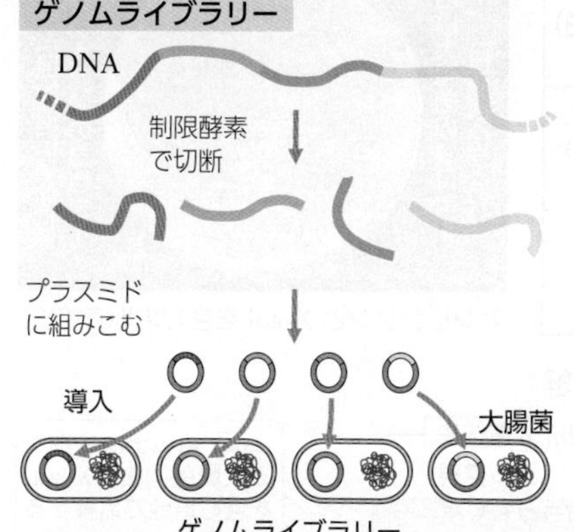
DNA
制限酵素で切断
プラスミドに組みこむ
導入
大腸菌
ゲノムライブラリー

DNA 全体を制限酵素で切断し，得た断片すべてをベクターに組みこみ，大腸菌に導入してつくった DNA ライブラリー。ある生物(細胞)がもつゲノム全体を断片化して集めることができる。

cDNA ライブラリー

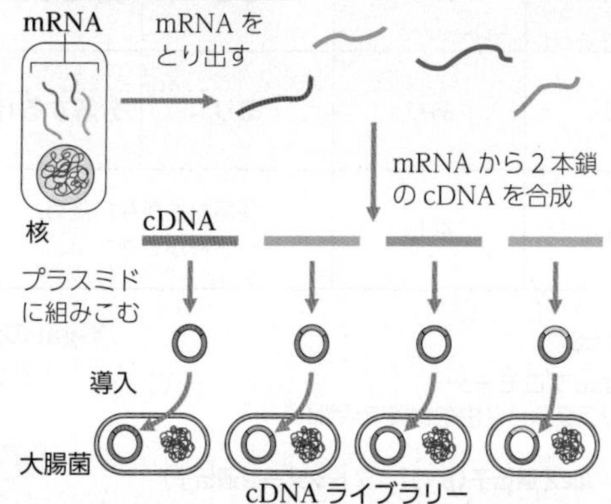
mRNA
mRNA をとり出す
mRNA から 2 本鎖の cDNA を合成
核
cDNA
プラスミドに組みこむ
導入
大腸菌
cDNA ライブラリー

cDNA を組みこんだベクターを大腸菌に導入してつくった DNA ライブラリー。ある細胞が，そのときに発現している遺伝子を集めることができる。組織によって，細胞で発現する遺伝子は異なるため，cDNA ライブラリーも組織ごとに異なる。

つながる生物学 公民 遺伝情報は誰のもの？
何かを新しく発明した人や企業には，特許が認められ，その権利を一定期間独占できる。DNA も特許対象であり，日本では，塩基配列と有用な機能が解明された DNA 断片に対して特許を申請できる。一方，アメリカでは，DNA 断片は自然に存在するものであるため，特許対象の発明品とされていないが，cDNA は人工的な合成物であることから，特許対象とされている。
特許を取得すると，その DNA 断片などを利用した研究開発を優先的に行うことができる。しかし，1 人による独占が，研究の進展の妨げにつながる場合も考えられる。このため，特許が取得された DNA 断片でも，誰でも利用できるように公開されている例もある。

プチ雑学 ライブラリー(library)とは「図書館」という意味である。さまざまな本が集められている図書館のように，さまざまな DNA 断片を含む大腸菌の集まりを「DNA ライブラリー」とよぶ。

118　遺伝子組換え(2)

生 1 遺伝子組換え　遺伝子を組みこんで，大腸菌にヒトのタンパク質をつくらせることができる。

A 遺伝子組換えの原理　例 ヒト成長ホルモン

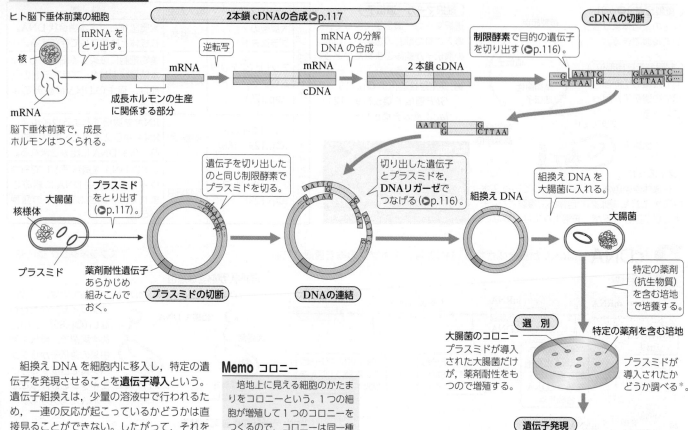

ヒト脳下垂体前葉の細胞

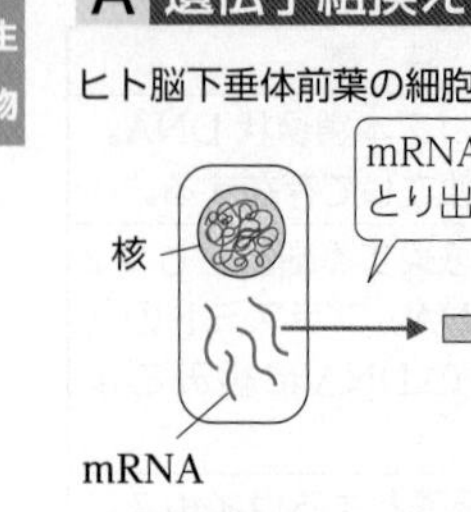

mRNA をとり出す。
核
mRNA

脳下垂体前葉で，成長ホルモンはつくられる。

2本鎖 cDNAの合成 ▶p.117

逆転写

mRNA

成長ホルモンの生産に関係する部分

mRNA

cDNA

mRNA の分解 DNA の合成

2 本鎖 cDNA

cDNAの切断

制限酵素で目的の遺伝子を切り出す(▶p.116)。

…G AATTC… G AATTC…
…CTTAA G… CTTAA G…

AATTC G
G CTTAA

大腸菌

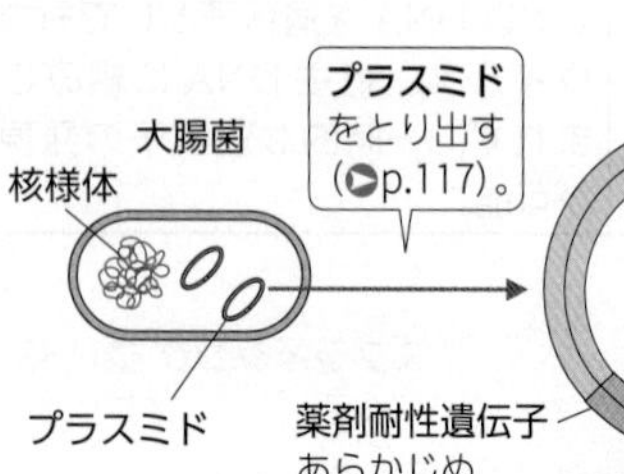

核様体
プラスミド
プラスミドをとり出す(▶p.117)。

薬剤耐性遺伝子 あらかじめ組みこんでおく。

遺伝子を切り出したのと同じ制限酵素でプラスミドを切る。

プラスミドの切断

切り出した遺伝子とプラスミドを，**DNAリガーゼ**でつなげる(▶p.116)。

DNAの連結

組換え DNA

組換え DNA を大腸菌に入れる。

大腸菌

特定の薬剤(抗生物質)を含む培地で培養する。

選 別

大腸菌のコロニー　プラスミドが導入された大腸菌だけが，薬剤耐性をもつので増殖する。

特定の薬剤を含む培地

プラスミドが導入されたかどうか調べる*。

遺伝子発現

大腸菌でヒト成長ホルモンが合成される。

*プラスミドの導入はすべての大腸菌で起こるのではないため，プラスミドが導入された大腸菌を選別する必要がある。

組換え DNA を細胞内に移入し，特定の遺伝子を発現させることを**遺伝子導入**という。遺伝子組換えは，少量の溶液中で行われるため，一連の反応が起こっているかどうかは直接見ることができない。したがって，それをチェックするしくみが必要になる。

Memo コロニー

培地上に見える細胞のかたまりをコロニーという。1つの細胞が増殖して1つのコロニーをつくるので，コロニーは同一種の細胞の集まりになる。

B 遺伝子導入細胞の選別　目的遺伝子が組みこまれたプラスミドが，導入されたかどうかを調べる。例 ブルーホワイトセレクション(青白選択)

プラスミド	大腸菌	目的遺伝子	薬剤耐性	*lacZ* 遺伝子	X-gal 分解
目的遺伝子, *amp*^{r}	導入 → 大腸菌①	あり	あり	なし	分解しない(白)
lacZ, *amp*^{r}	導入 → 大腸菌②	なし	あり	あり	分解する(青)
	× 大腸菌③	なし	なし	薬剤耐性がないため，生育ができない。	

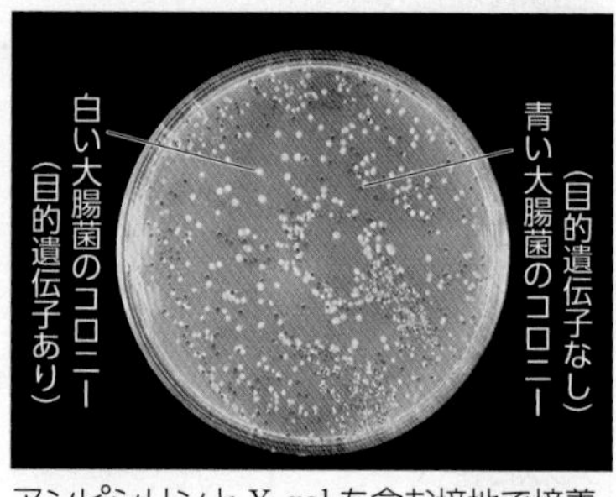

白い大腸菌のコロニー(目的遺伝子あり)
青い大腸菌のコロニー(目的遺伝子なし)

アンピシリンと X-gal を含む培地で培養。

ベクタープラスミドの例　ラクトースオペロン(▶p.87)

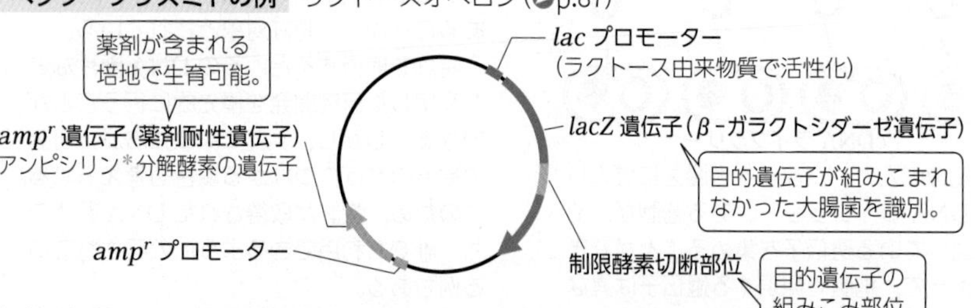

薬剤が含まれる培地で生育可能。
amp^r 遺伝子(薬剤耐性遺伝子)
アンピシリン*分解酵素の遺伝子
amp^r プロモーター
lac プロモーター
(ラクトース由来物質で活性化)
lacZ 遺伝子(β-ガラクトシダーゼ遺伝子)
目的遺伝子が組みこまれなかった大腸菌を識別。
制限酵素切断部位
目的遺伝子の組みこみ部位。

*抗生物質の1つで，細菌の細胞壁合成を阻害し，増殖を抑制する。

X-gal の分解

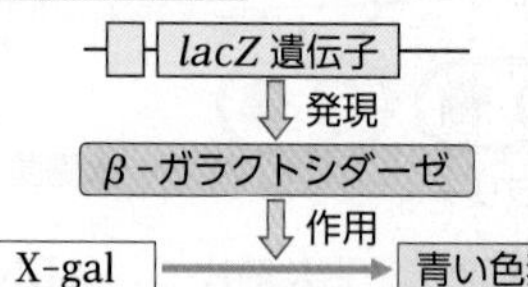

lacZ 遺伝子
発現
β-ガラクトシダーゼ
作用
X-gal
青い色素

lacZ 遺伝子が発現する大腸菌②を，X-gal を含む培地で培養すると，青いコロニーができる。

lacZ 遺伝子が発現し，X-gal が分解すると，青い色素ができるため，青いコロニーができる。しかし，目的遺伝子が *lacZ* 遺伝子内に組みこまれると，*lacZ* 遺伝子は破壊されるため，色素ができず白いコロニーができる。

プチ雑学

遺伝子操作によって，これまで自然界に存在しなかった生物や新種の病原体が生まれるおそれもある。そのような生物による災害(バイオハザード)を防ぐため，実験の対象が実験室からもれないように，封じ込めレベルが定められている。実験の規模とその危険性に応じて，7つのレベルに分けられる。

Keywords ●遺伝子組換え gene recombination ●組換え DNA recombinant DNA ●制限酵素 restriction enzyme ●プラスミド plasmid ●DNA リガーゼ DNA ligase

Link 動画

生

2 遺伝子組換え実験 実験 プラスミドを大腸菌に導入し，遺伝子組換え大腸菌を作製する。

Link

目 的 条件の異なる培地で培養して，予想される3通りの形質を確認する。

プラスミド	大腸菌	薬剤耐性	*lacZ* 遺伝子	*GFP* 遺伝子
lac プロモーター 導入 *lacZ* amp^r		あり	あり	なし
lac プロモーター *GFP* 導入 amp^r		あり	なし	あり
いずれも amp^r 遺伝子あり。	×	なし	なし	なし

プラスミドの導入確認

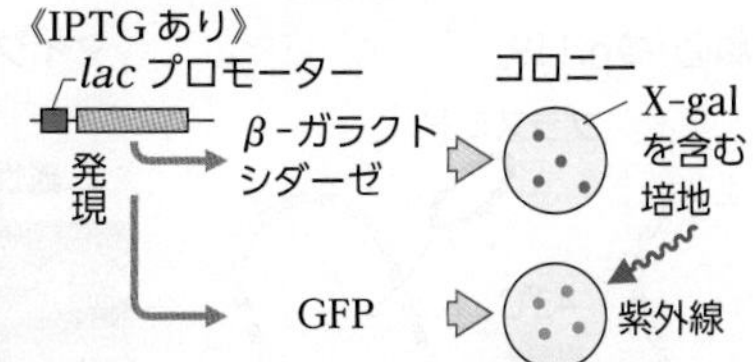

《IPTG あり》
lac プロモーター
コロニー
β-ガラクトシダーゼ
X-gal を含む培地
発現
GFP
紫外線

IPTG* があると，*lac* プロモーターの働きが誘導され，下流の *lacZ* 遺伝子（β-ガラクトシダーゼ遺伝子，▶p.118）または *GFP* 遺伝子（▶p.124）が発現する。

＊ラクトース由来物質の類似物質

実験を行う前に

遺伝子組換え実験では，遺伝子組換え生物を実験室外に拡散させないことが重要であり，組換え生物の扱いは，カルタヘナ法（▶p.129）にしたがう必要がある。文部科学省発行のリーフレット「高等学校などで遺伝子組換え実験を行う皆様へ」などを確認するとよい。

手 順 ※実験後の器具は，オートクレーブ（▶p.327）で滅菌してから廃棄する。

①形質転換溶液を準備する

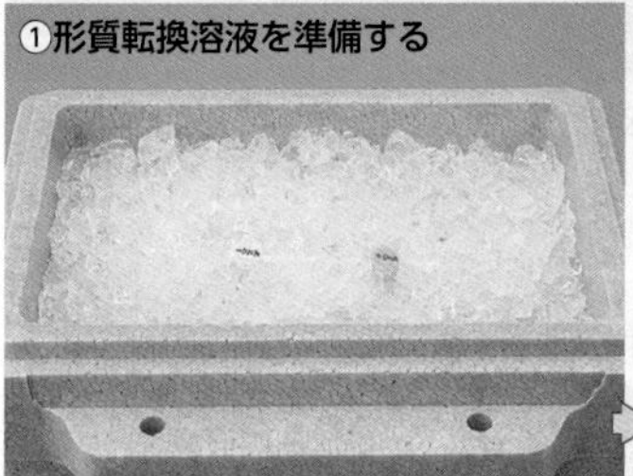

2本のマイクロチューブに形質転換溶液（Ca^{2+} を含む）を加え，氷上に置く。

②釣菌

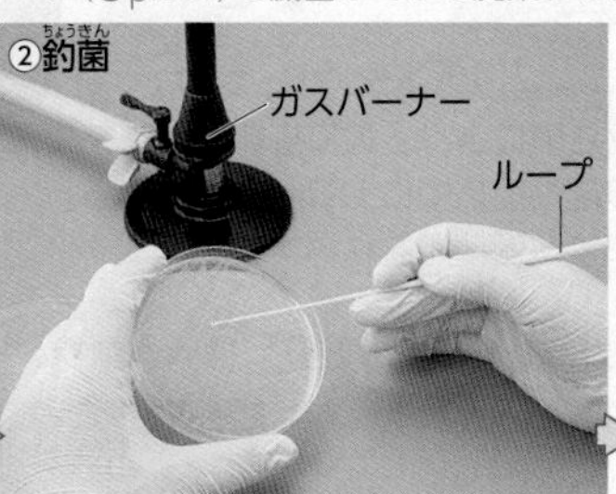

ガスバーナー
ループ

大腸菌培養プレートからループでコロニーをすくいとる。

③大腸菌を加える

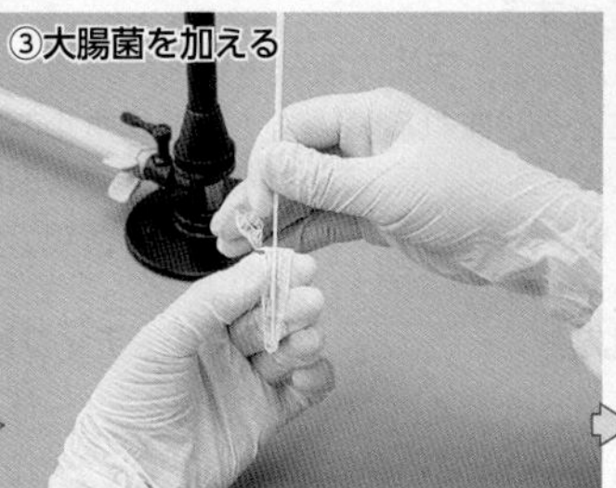

すくいとった大腸菌を形質転換溶液の入ったチューブに加えて混ぜ，氷上に5分間置く。

④プラスミドを加える

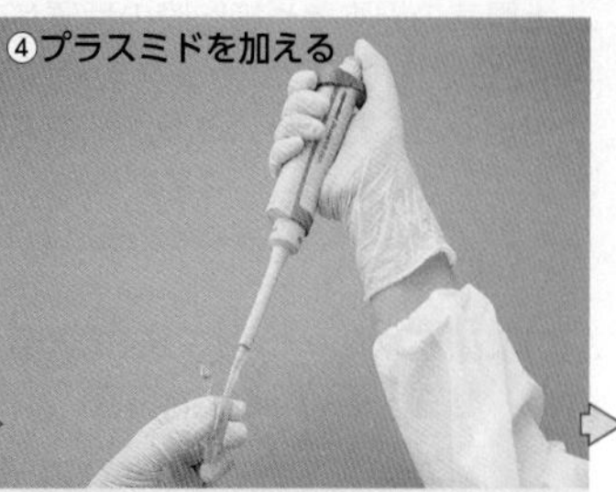

プラスミド溶液を片方のチューブにのみ加える。

⑤ヒートショック（形質転換） ▶p.120

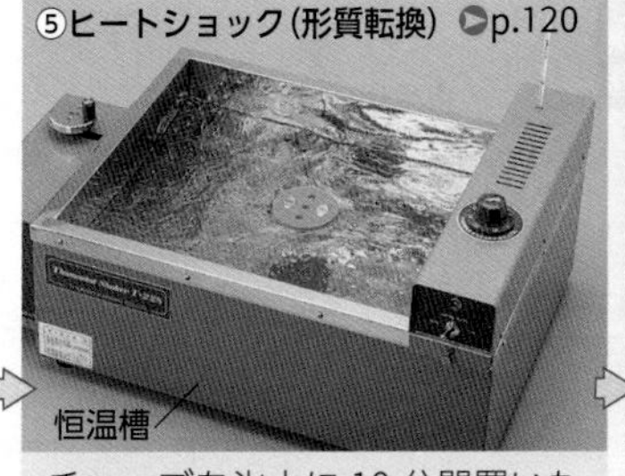

恒温槽

チューブを氷上に10分間置いた後，42℃の恒温槽に1分間浸け，再び氷上に戻して2分間置く。

⑥恒温器に置く

ヒートショックで受けたダメージを回復させる。

2本のチューブに，それぞれ液体培地を加えて混ぜ，37℃の恒温器に10分間置く。

⑦植菌 ▶p.326

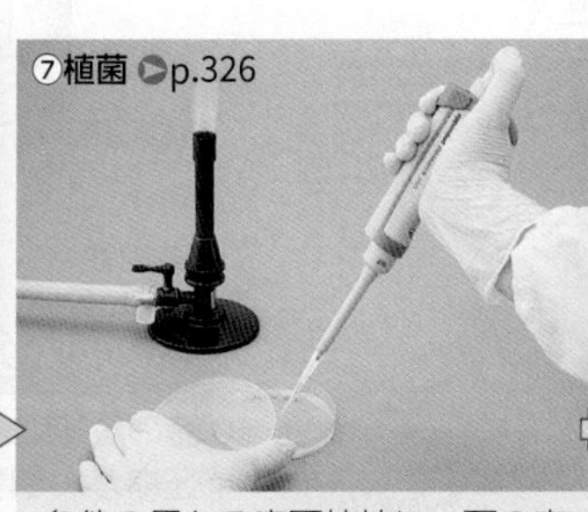

条件の異なる寒天培地に，下の表の組み合わせでチューブの溶液を滴下し，均一に広げる。

⑧培養

ふたが下になるようにして，37℃の恒温器に24時間以上置く。

結 果

	A プラスミドなし	B プラスミドなし	C プラスミドあり	D プラスミドあり
培地	アンピシリンなし	アンピシリンあり	アンピシリンあり	アンピシリン・IPTG・X-gal あり
自然光下	白いコロニー多数あり	コロニーなし	白いコロニーあり	白と青のコロニーあり
紫外線下	蛍光なし	蛍光なし	蛍光なし	蛍光あり

考 察

AとBから，大腸菌はアンピシリンが含まれる培地では生育できないことがわかる。

BとCから，プラスミドがあると大腸菌がアンピシリン耐性をもち，アンピシリンが含まれる培地で生育できるようになることがわかる。

また，AよりC・Dのほうが，大腸菌のコロニーが少ないので，プラスミドが導入されアンピシリン耐性をもつようになった大腸菌は，すべてではなく一部であることがわかる。

CとDから，IPTGによって大腸菌がβ-ガラクトシダーゼやGFPを産生するようになったことがわかる。β-ガラクトシダーゼを産生する大腸菌は，X-galを分解して青いコロニーをつくる。GFPを産生する大腸菌は，紫外線下で緑色の蛍光を発する。

プチ雑学 形質転換溶液にはカルシウムイオンが含まれる。カルシウムイオンによって大腸菌の細胞膜の透過性が上がり，プラスミドが導入されやすくなる。

120 遺伝子導入

Keywords ●トランスジェニック生物 transgenic organism
●遺伝子導入 gene transfer

生 1 遺伝子導入 さまざまな方法によって，遺伝子が導入される。

A 遺伝子導入の方法 外来の遺伝子が組みこまれてできた生物を**トランスジェニック生物**という。

ヒートショック法 標的：大腸菌（▶p.119）

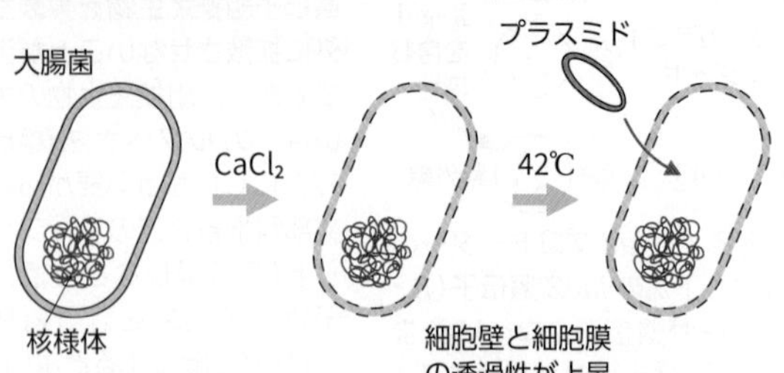
大腸菌
プラスミド
$CaCl_2$
42℃
核様体
細胞壁と細胞膜
の透過性が上昇

①塩化カルシウム $CaCl_2$ を含む培地で大腸菌を培養すると，大腸菌の細胞壁や細胞膜の性質が変化する。
② 42℃でヒートショックを短時間与えると，目的の遺伝子を組みこんだプラスミドが細胞内にとりこまれる。
※すべての大腸菌でとりこまれるのではないため，プラスミドが導入された大腸菌を選別する必要がある（▶p.118）。

マイクロインジェクション法（顕微注入法） 標的：動物細胞

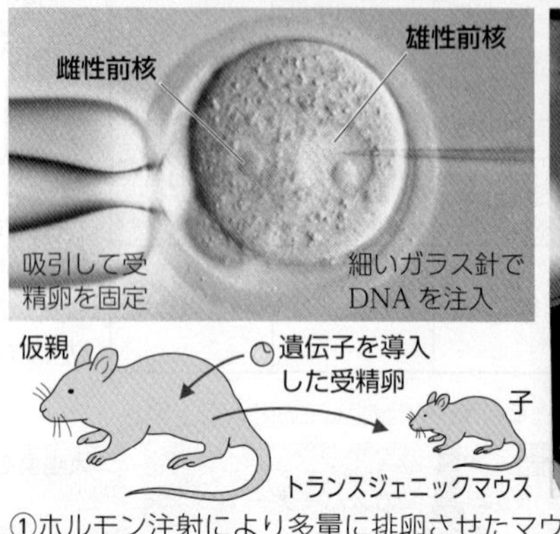
雌性前核
雄性前核
吸引して受
精卵を固定
細いガラス針で
DNA を注入
仮親
遺伝子を導入
した受精卵
子
トランスジェニックマウス

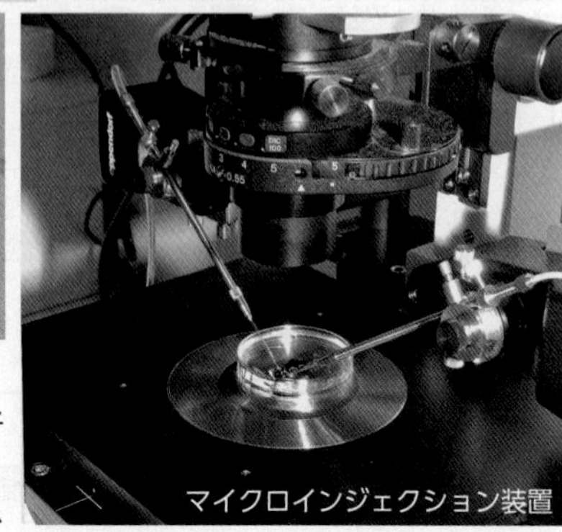
マイクロインジェクション装置

①ホルモン注射により多量に排卵させたマウスを交尾させて，受精卵をとり出す。
②受精卵の雄性前核中に DNA を注入する。
③仮親の卵管へ受精卵を移植する。

エレクトロポレーション法（電気穿孔法）
標的：動物・植物細胞，大腸菌

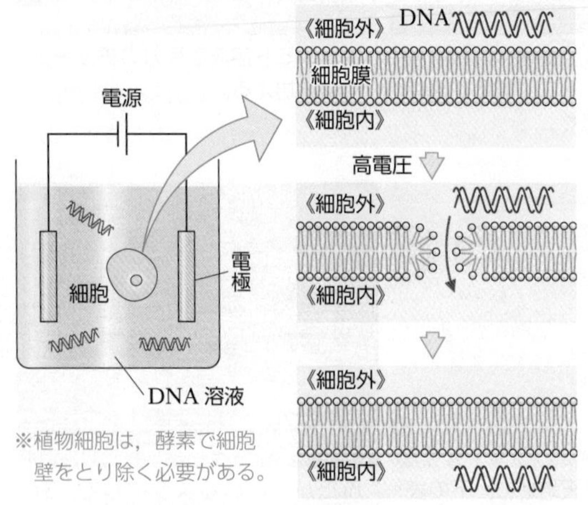
《細胞外》
DNA
細胞膜
《細胞内》
電源
高電圧
《細胞外》
《細胞内》
電極
細胞
DNA 溶液
《細胞外》
《細胞内》

※植物細胞は，酵素で細胞壁をとり除く必要がある。

①細胞に高電圧を加えると，細胞膜に微小な穴が開く。
②溶液中の DNA が穴から細胞内に入る。

パーティクルガン法（遺伝子銃法） 標的：動物・植物細胞

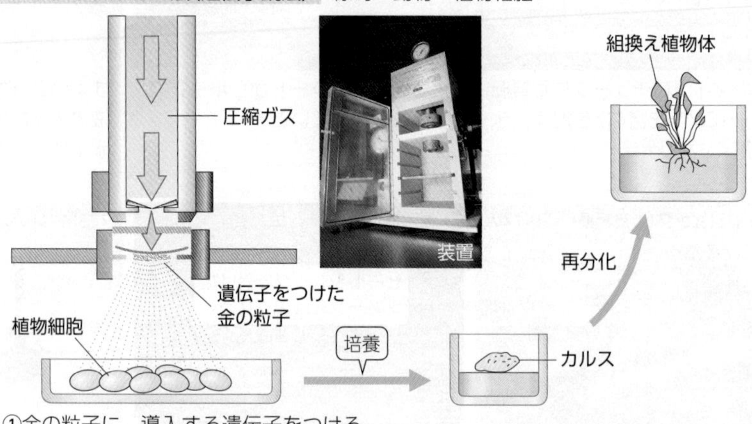
圧縮ガス
装置
組換え植物体
再分化
遺伝子をつけた
金の粒子
植物細胞
培養
カルス

①金の粒子に，導入する遺伝子をつける。
②圧縮ガスで標的の細胞にうちこむ。
③植物ホルモンを用いてカルス（▶p.212）を誘導し，組換え植物体を得る。

アグロバクテリウム法 標的：植物細胞

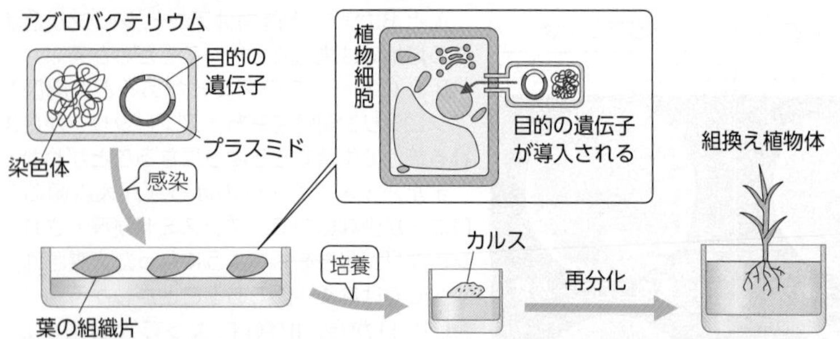
アグロバクテリウム
目的の
遺伝子
染色体
プラスミド
感染
植物細胞
目的の遺伝子
が導入される
組換え植物体
葉の組織片
培養
カルス
再分化

①**アグロバクテリウム**のもつプラスミド（▶p.117）に目的の遺伝子を組みこむ。
②アグロバクテリウムを植物細胞に感染させ，目的の遺伝子を導入する。
③培養して，組換え植物体を得る。
　この他にも，花にアグロバクテリウムを感染させ，遺伝子組換え種子を得る方法がある。

Column アグロバクテリウム

　アグロバクテリウムは植物に感染する土壌細菌である。この細菌は Ti プラスミドという環状 DNA をもち，その一部を植物の DNA に組みこませることで，植物に，居場所となるこぶや，エネルギー源となるアミノ酸をつくらせる。
　Ti プラスミドの，植物の DNA に組みこまれる部分から，こぶやアミノ酸をつくる遺伝子を除き，代わりに目的の遺伝子を挿入することで，目的の遺伝子を植物の DNA に組みこむことができる。

※着色画像
アグロバクテリウム

こぶ

プチ雑学 目的の遺伝子を生物に導入した後，実際に導入されているかを確認する必要がある。確認方法としては，PCR 法によって目的の遺伝子の DNA 配列を増幅する，目的の遺伝子が発現しているかどうかを目的の遺伝子に由来する mRNA やタンパク質の存在によって調べる，などがある。

Keywords
● PCR（ポリメラーゼ連鎖反応）polymerase chain reaction
●電気泳動 electrophoresis

遺伝子の増幅

1 PCR法 PCR法を用いると，ごく微量のDNAから，特定領域のDNAを短時間で大量に増幅できる。

A PCR法の原理 PCR（polymerase chain reaction，ポリメラーゼ連鎖反応）法

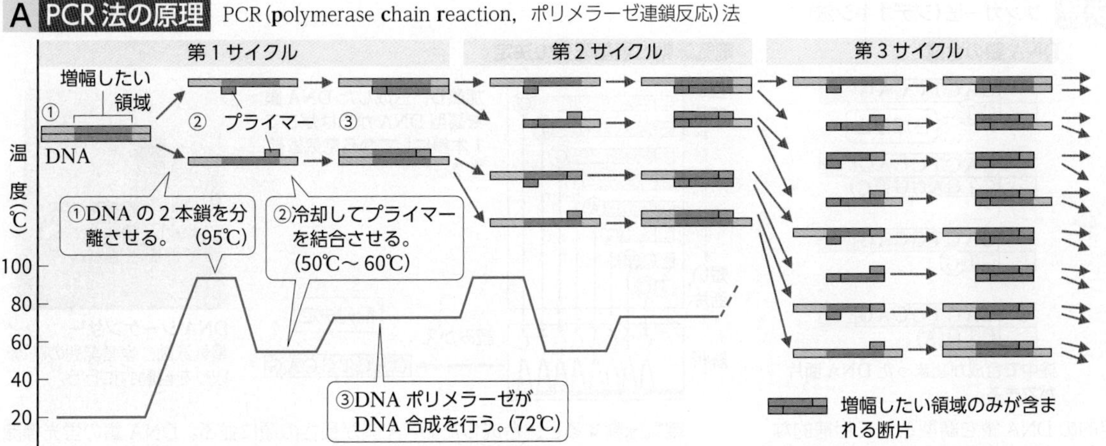
第1サイクル
第2サイクル
第3サイクル
増幅したい領域
①
DNA
②
プライマー
③
温度（℃）
①DNAの2本鎖を分離させる。（95℃）
②冷却してプライマーを結合させる。（50℃～60℃）
③DNAポリメラーゼがDNA合成を行う。（72℃）
増幅したい領域のみが含まれる断片
時間

B プライマー

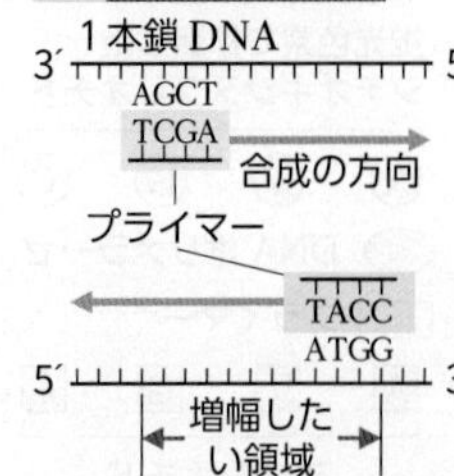
1本鎖DNA
3′
5′
AGCT
TCGA
合成の方向
プライマー
TACC
ATGG
5′
3′
増幅したい領域

増幅したいDNA領域の3′側の端と相補的な配列をもつヌクレオチド鎖。合成されるDNA鎖が伸長を開始する起点となる。

- ごく微量のDNAでも増幅できる。
- DNAは1サイクルで2倍に増幅される。1サイクルが約5分の場合，理論上，3時間で1分子のDNAは約690億倍に増幅される。
- 増幅したい領域以外が占める割合は，サイクルを重ねるうちに非常に小さくなり，ほとんど無視できる程度になる。
- プライマーを選択すると，特定のDNA領域を増幅できる。
- 遺伝子検査や血縁者のDNA型鑑定（▶p.123）にも応用される。

Memo PCRと酵素

高温条件では，タンパク質が変性するため酵素は失活する（▶p.50）。PCR法では，好熱菌由来の酵素である耐熱性DNAポリメラーゼが用いられるため，95℃の高温でも失活しない。

Column DNA断片の検出法

電気泳動法のほかに，DNAに結合する蛍光色素を利用して，PCRで合成されるDNAの量を同時的に計測する方法（リアルタイムPCR）が行われている。電気泳動よりも検出の感度が高い。

2 電気泳動法 電気泳動法では，核酸やタンパク質を大きさや電荷などの性質にしたがって分離できる。

A ゲル電気泳動 ▶p.327

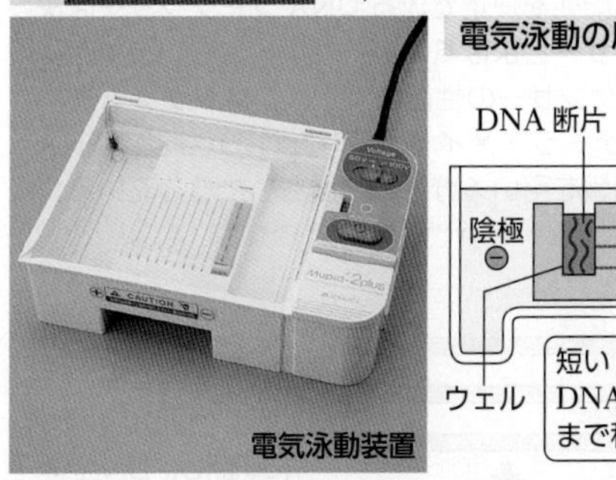
電気泳動装置

電気泳動の原理

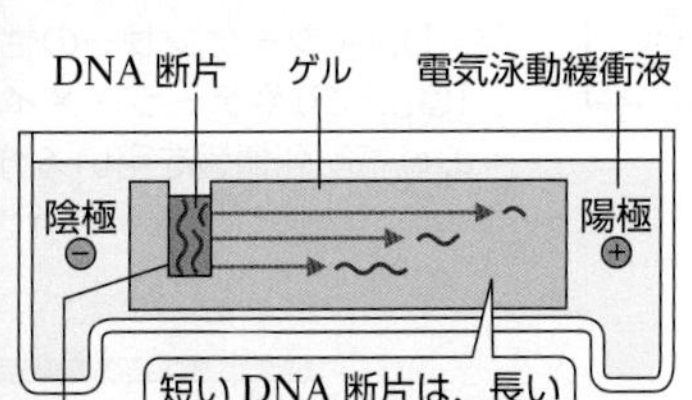
DNA断片
ゲル
電気泳動緩衝液
陰極
陽極
ウェル
短いDNA断片は，長いDNA断片より速く遠くまで移動する。

- DNAにはリン酸基が含まれているので，－（マイナス）に帯電する。電圧を加えると，DNA断片はゲル内を陽極方向に向かって移動する。
- ゲルは細かい網目構造をしているため，短いDNA断片ほど速く遠くまで移動する。

B DNA断片の解析 DNA断片の長さを求める。

DNA断片の電気泳動

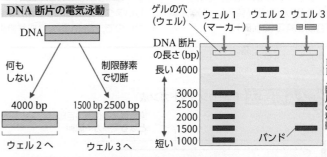

DNA
何もしない
制限酵素で切断
4000 bp
1500 bp 2500 bp
ウェル2へ
ウェル3へ

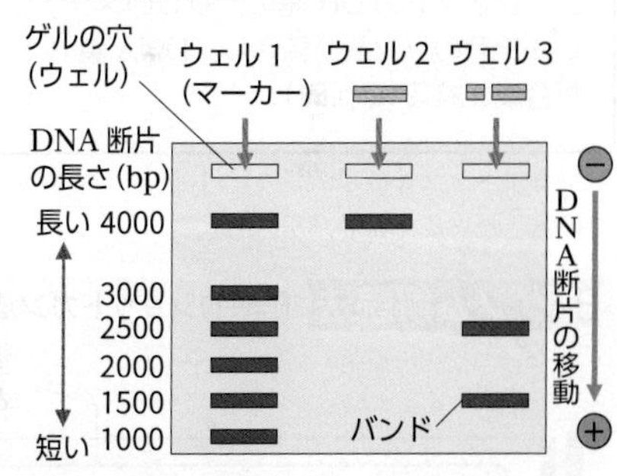
ゲルの穴（ウェル）
ウェル1（マーカー）
ウェル2
ウェル3
DNA断片の長さ（bp）
長い 4000
3000
2500
2000
1500
短い 1000
バンド
DNA断片の移動

- 電気泳動後，ゲルを染色するとDNA断片の位置がバンド状に見える。
- マーカーにはさまざまな長さのDNA断片が含まれ，目的DNA断片の長さの指標になる。バンドの位置からDNA断片の長さ（塩基対数）を調べることができる。bpは塩基対（base pair）を表す。

Step up タンパク質の電気泳動

＊タンパク質の糖鎖修飾（▶p.84）が多いと正確な値にならない。

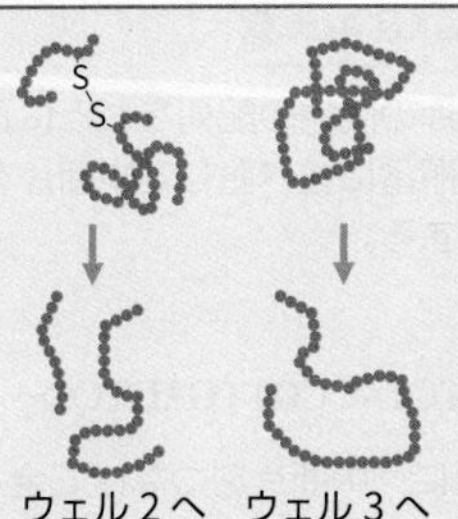
S
S
ウェル2へ
ウェル3へ

タンパク質の変性

タンパク質は立体構造をとるので，ゲル中での移動のしかたが均一でない。このため，タンパク質の立体構造をほどき，直鎖状にする必要がある。さらに，タンパク質を均一に－（マイナス）に帯電させてから電気泳動を行う。

タンパク質の分子量
大
小
ウェル1（マーカー）
ウェル2
ウェル3
タンパク質の移動

電気泳動

- 電気泳動後，ゲルを染色するとタンパク質（ポリペプチド）の位置がバンド状に見える。
- バンドの位置から，タンパク質（ポリペプチド）のおよその分子量＊やサブユニット（▶p.42）の構成を調べることができる。

プチ雑学 インフルエンザウイルス（▶p.168）の型を調べる際に，PCR法が用いられている（PCR検査，▶p.170）。ウイルスのRNAから逆転写酵素で相補的なDNAを合成し，PCRを行う。このとき，それぞれの型に特有のDNA配列に対するプライマーを用いると，増幅断片の有無からウイルスの型がわかる。

122 遺伝子の解読

1 ゲノム解析 塩基配列解読技術の発達により，生物がもつすべての遺伝情報（ゲノム）を解読できるようになった。

A DNA 塩基配列の決定 サンガー法（ジデオキシ法）

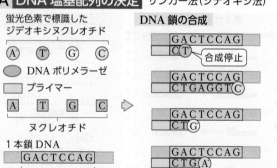

蛍光色素で標識したジデオキシヌクレオチド

A T G C

DNA ポリメラーゼ

プライマー

A T G C

ヌクレオチド

1本鎖 DNA

GACTCCAG

塩基配列を決定したい DNA 領域

DNA 鎖の合成

GACTCCAG / CT（合成停止）

GACTCCAG / CTGAGGTC

GACTCCAG / CTG

GACTCCAG / CTGA

途中で合成が止まった DNA 断片ができる。

電気泳動と塩基配列の決定

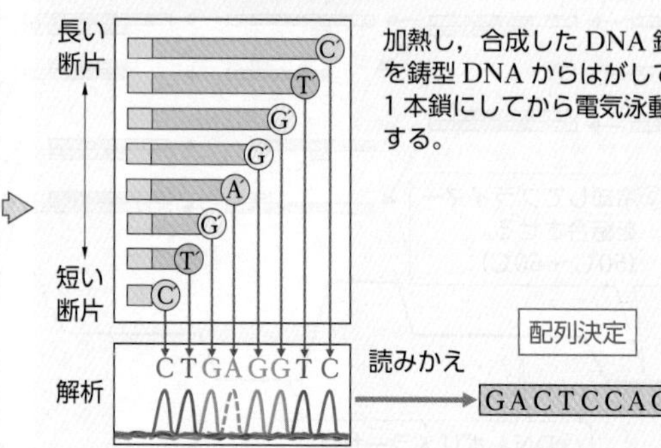
長い断片
短い断片
加熱し，合成した DNA 鎖を鋳型 DNA からはがして1本鎖にしてから電気泳動する。
解析
CTGAGGTC
読みかえ
配列決定
GACTCCAG

DNA シーケンサー
電気泳動，塩基配列の読み取りを自動的に行う。

塩基配列を決定したい目的の DNA 鎖を鋳型として相補的な DNA 鎖を合成する。ジデオキシヌクレオチドが取りこまれると，DNA 鎖合成が停止するので，さまざまな長さの DNA 断片ができる。

電気泳動すると，合成した DNA 鎖が長さの順に並ぶ。DNA 鎖の蛍光標識を解析して，塩基配列を決定する。得られた塩基配列から，目的の塩基配列に読みかえる。

ジデオキシヌクレオチド

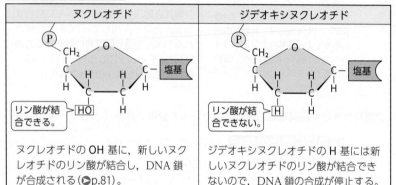

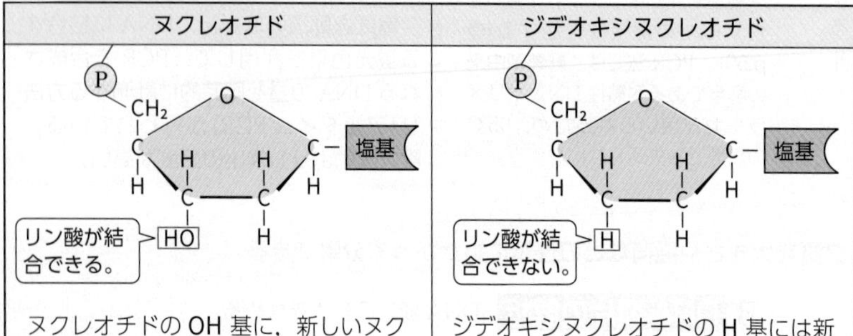
ヌクレオチド
ジデオキシヌクレオチド
P
CH2
O
C
H
塩基
HO
リン酸が結合できる。
リン酸が結合できない。

ヌクレオチド	ジデオキシヌクレオチド
ヌクレオチドの OH 基に，新しいヌクレオチドのリン酸が結合し，DNA 鎖が合成される（▶p.81）。	ジデオキシヌクレオチドの H 基には新しいヌクレオチドのリン酸が結合できないので，DNA 鎖の合成が停止する。

※ジデオキシヌクレオチドの「ジ」は「2」を表す接頭語で，リボースから O（オキシ）が 2 つない状態を表す（▶p.73，337）。

Column DNA シーケンサーの活躍

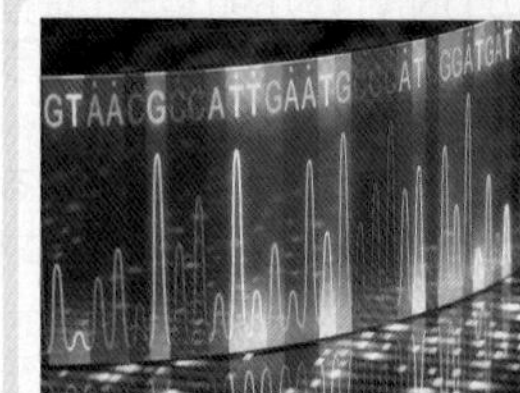

シーケンサーの発展
- 解析にかかる費用の低下
- 解析スピードの増加
- 解析精度の向上
- 解析する断片長の増加

現在は，サンガー法とは異なるさまざまな方法で塩基配列を読む DNA シーケンサーが開発されている。高速で多数の塩基配列を決定できる DNA シーケンサーは**次世代シーケンサー**とよばれる。

DNA シーケンサーの性能の向上は，メタゲノム解析（▶p.123）やテーラーメイド医療（▶p.129）など，DNA の塩基配列情報を用いる分野の発展をもたらしている。

B ゲノム解読法 階層的ショットガン法

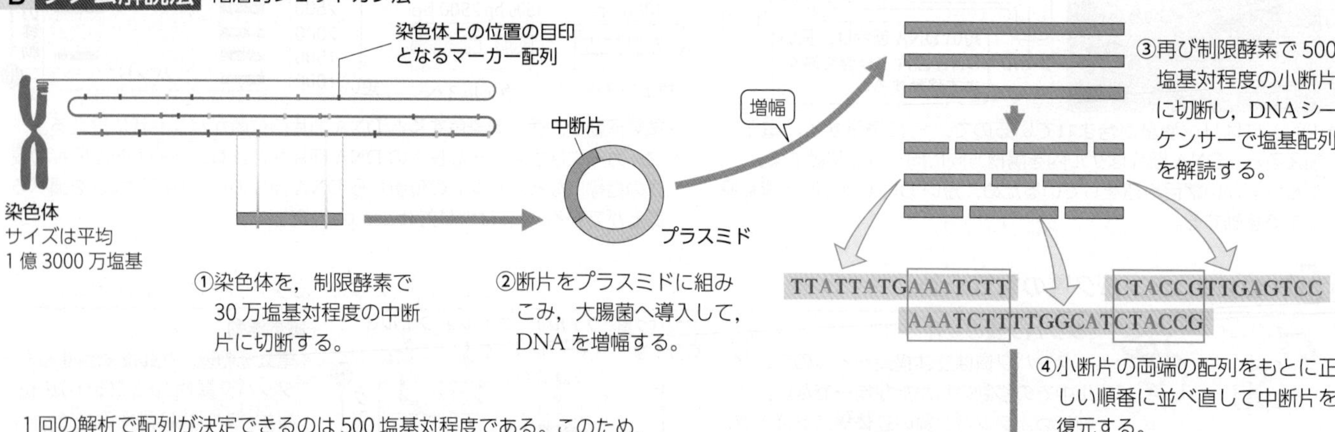
染色体上の位置の目印となるマーカー配列
染色体
サイズは平均
1億3000万塩基
中断片
プラスミド
増幅
①染色体を，制限酵素で30万塩基対程度の中断片に切断する。
②断片をプラスミドに組みこみ，大腸菌へ導入して，DNA を増幅する。
③再び制限酵素で500塩基対程度の小断片に切断し，DNA シーケンサーで塩基配列を解読する。
TTATTATGAAATCTT
CTACCGTTGAGTCC
AAATCTTTTGGCATCTACCG
④小断片の両端の配列をもとに正しい順番に並べ直して中断片を復元する。
中断片の配列決定
…TTATTATGAAATCTTTTGGCATCTACCGTTGAGTCC…
⑤位置の目印（マーカー配列）をもとに，中断片をつなげて全体の塩基配列を決定する。

1回の解析で配列が決定できるのは 500 塩基対程度である。このため，生物のゲノム（▶p.71）を解読する方法として階層的ショットガン法が用いられている。

階層的ショットガン法を用いると，99.998% という高精度のゲノム配列のデータを得ることができる。ヒトゲノム解析プロジェクトにおいて，日本のチームはこの手法によりヒトゲノムの 7% を解読した。

プチ雑学 ほかのゲノム解読法として，全ゲノムショットガン法がある。これは，階層的ショットガン法のように DNA を段階的に小さくするのではなく，DNA を一度に小断片へと切断して解析し，マーカー配列をもとにつなげて塩基配列を決定する方法である。

2 ゲノム解析の応用

解析したゲノムの情報は，さまざまな研究に利用されている。

A DNA 型鑑定

個人識別の原理

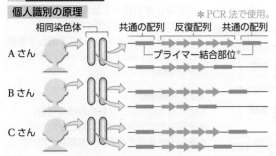

＊PCR 法で使用。
相同染色体
共通の配列
反復配列
共通の配列
プライマー結合部位＊
A さん
B さん
C さん

ゲノムには多様性を示す領域が多数ある。たとえば，CACACA のように同じ塩基配列がくり返している領域（反復配列）があり，個人によって反復の数が異なる。PCR 法で増幅した反復配列の長さを，電気泳動によって解析すると，個人を識別できる。

親子鑑定

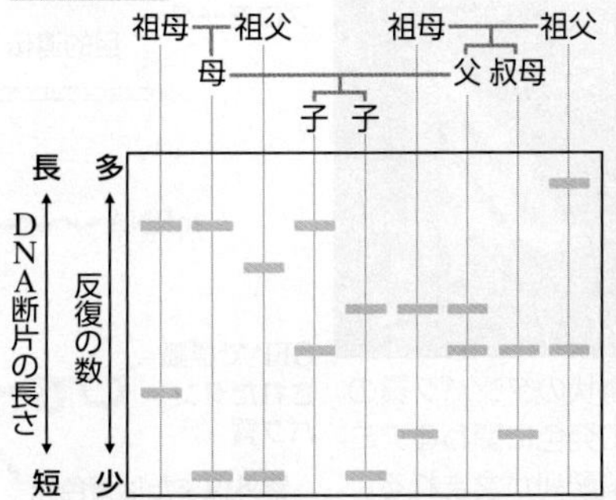
祖母
祖父
母
祖母
祖父
父
叔母
子
子
長
多
DNA断片の長さ
反復の数
短
少

反復配列の反復の数は，両親から 1 つずつ受け継がれるので，血縁者どうしで反復の数が一致する程度は，たとえば図のようになる。複数の反復配列について DNA 型の相違を調べ，図のような分配様式と照らし合わせることによって，その 2 人が血縁関係にあるかどうかを推定することができる。

反復配列の種類 プロメガ社製「パワープレックス 16」キットの場合 「DNA 鑑定は万能か」(2010) による

	反復配列の種類	日本人で最も多い DNA 型の出現頻度	同じ反復配列をもつ人が存在する割合（累積）
1	D3S1358	0.252	4 人に 1 人
2	TH01	0.209	19 人に 1 人
3	D21S11	0.176	108 人に 1 人
⋮	⋮	⋮	⋮
15	FGA	0.0721	16 兆人に 1 人

Memo マイクロサテライト

ゲノム中で，2 ～ 5 塩基程度のくり返し単位からなる反復配列をマイクロサテライト（STR；short tandem repeat）という。マイクロサテライトは多数あり，各マイクロサテライトの反復の数は個人ごとに異なる（多型）。

DNA 型鑑定のほか，同種の生物間でマイクロサテライトの解析を行い，遺伝的多様性（▶p.252）の評価に用いることもある。

イネの DNA 型鑑定の結果

マーカー	B01a	B01c	B11a	D10a	A11b	B14a	B14b
コシヒカリ	＋	－	＋	－	－	－	＋
ヒノヒカリ	＋	＋	＋	－	－	－	＋
祭り晴	＋	＋	－	－	＋	－	－
きぬむすめ	＋	＋	－	－	＋	－	＋
五百万石	－	＋	＋	－	－	－	－
神の舞	＋	＋	＋	－	－	－	－

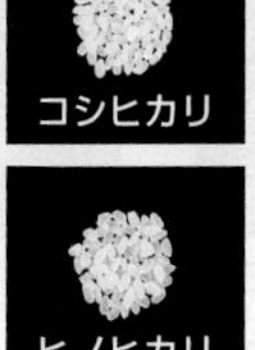
コシヒカリ

ヒノヒカリ

DNA 型鑑定は，外見では判別が困難な農産物やその加工品の品種識別にも利用でき，農産物の信頼性確保や育成品種の権利保護に役立っている。たとえばイネでは，左の表のように，特定の塩基配列（マーカー）の有無によって品種を識別できる。

※ヒノヒカリはコシヒカリと黄金晴の交配，きぬむすめは祭り晴とキヌヒカリの交配，神の舞は五百万石と美山錦の交配によって生じた。

B メタゲノム解析

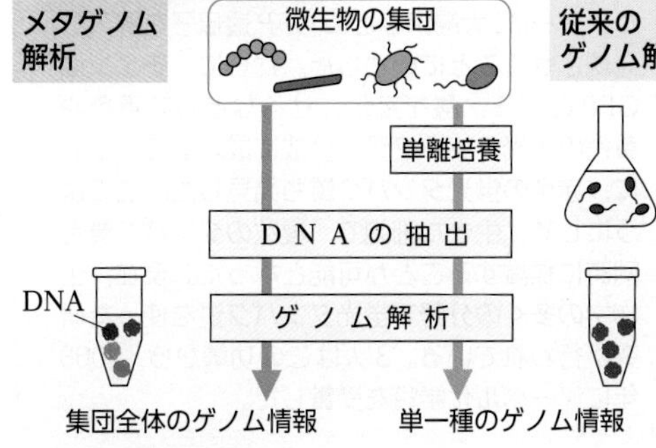
メタゲノム解析
微生物の集団
単離培養
DNA の抽出
ゲノム解析
DNA
集団全体のゲノム情報
単一種のゲノム情報

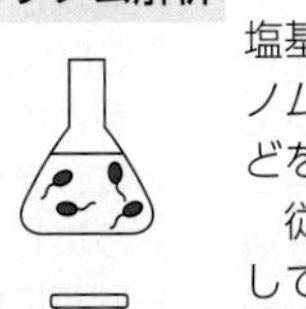
従来のゲノム解析

環境中の試料（土壌や水など）を採取し，そこに含まれる生物由来の DNA すべての塩基配列を決定して解析することをメタゲノム解析という。一般に，微生物の集団などを対象とする。

従来は，試料から 1 種ずつ微生物を単離して培養し，DNA を抽出して解析を行っていた。しかし，培養が困難な微生物も多く，得られる情報は少なかった。これに比べて，試料全体を解析するメタゲノム解析では，非常に多くの情報が得られる。

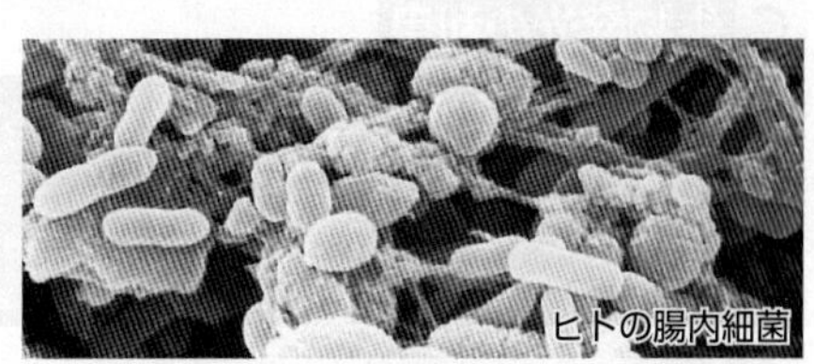
ヒトの腸内細菌

腸内細菌はヒトの健康と密接な関係があるといわれている（▶p.157）。このため，腸内細菌のメタゲノム解析は，病気の予防や医薬品の開発につながると期待される。腸内細菌の組成は個人によって異なる。

C 環境 DNA

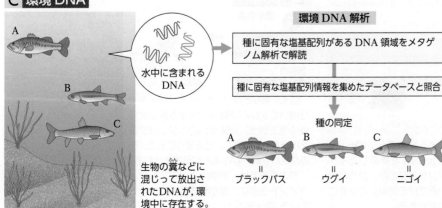

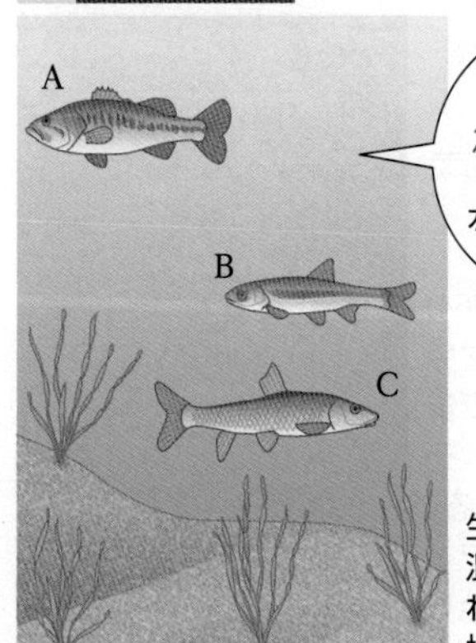
A
B
C
水中に含まれる DNA

生物の糞(ふん)などに混じって放出されたDNAが，環境中に存在する。

環境 DNA 解析

種に固有な塩基配列がある DNA 領域をメタゲノム解析で解読
↓
種に固有な塩基配列情報を集めたデータベースと照合
↓
種の同定

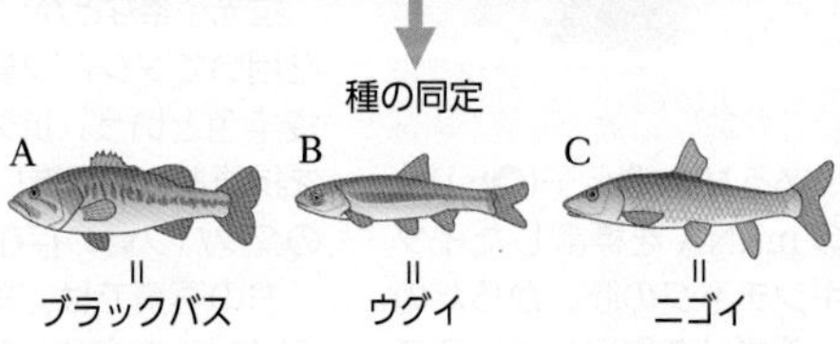
A
B
C
＝
ブラックバス
＝
ウグイ
＝
ニゴイ

土壌中や水中などの環境中に存在している，生物由来の DNA を環境 DNA という。環境 DNA を解読し，既知の生物種の塩基配列情報と照合することで，DNA がどの生物種由来のものであるかを同定できる。この方法によって，その環境に生息する生物種を推定できるため，生態系（▶p.220）の調査などに利用される。環境 DNA 解析によって，目視では見つかっていなかった生物種が検出されるなど，より効率的に調査が行えるようになっている。

プチ雑学 環境 DNA の解析の際，種に固有な塩基配列がある DNA 領域を「バーコード領域」という。この領域をもとにした生物の同定方法を「DNA バーコーディング」という。

遺伝子発現に関わる技術

1 遺伝子発現の可視化 組織や細胞において，特定の遺伝子の発現を可視化する技術がある。

A GFP 緑色蛍光タンパク質(green fluorescent protein)

GFP遺伝子の導入 (紫外線下)
ふつうのマウス
GFP遺伝子を導入したマウス

大阪大学微生物病研究所附属遺伝情報実験センター提供

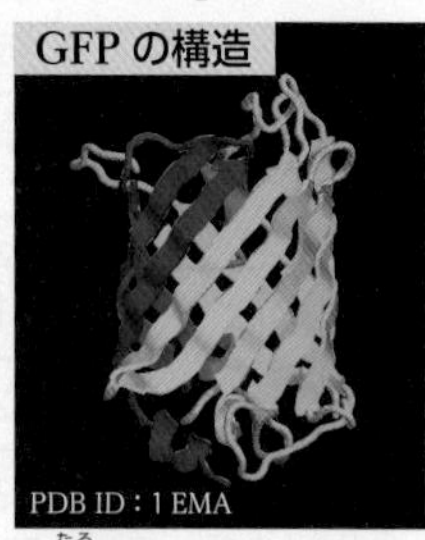

GFPの構造
PDB ID : 1 EMA

樽状のタンパク質の中に発色に関わるアミノ酸配列が含まれる。

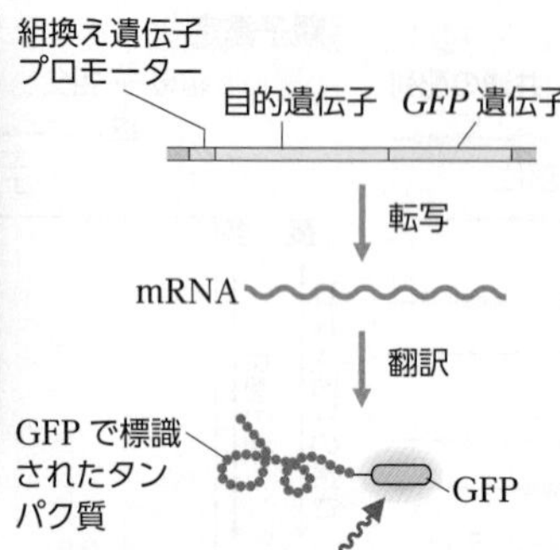

組換え遺伝子
プロモーター
目的遺伝子
GFP遺伝子
転写
mRNA
翻訳
GFPで標識されたタンパク質
GFP
紫外線または青色光

GFPは，紫外線または青色光を吸収して緑色に蛍光するタンパク質である。

目的の遺伝子の前や後に*GFP*遺伝子を組みこむことで，GFPの蛍光を目的遺伝子の発現の指標にできる。

GFPの有用性

- 生体内でのタンパク質の観察が可能。
- 細胞内でのタンパク質の動きがわかる。
- 遺伝子が発現する場所・時期などがわかる。

B GFPの利用

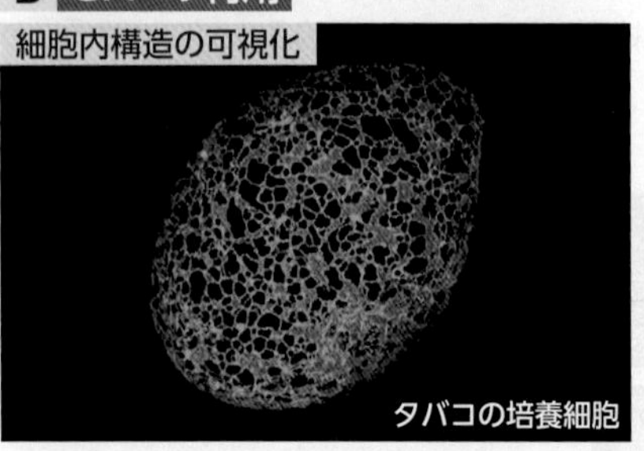

細胞内構造の可視化
タバコの培養細胞

小胞体で働くタンパク質に特徴的なアミノ酸配列にGFPを付加し，植物細胞に発現させる。小胞体の形や動きが観察できる。

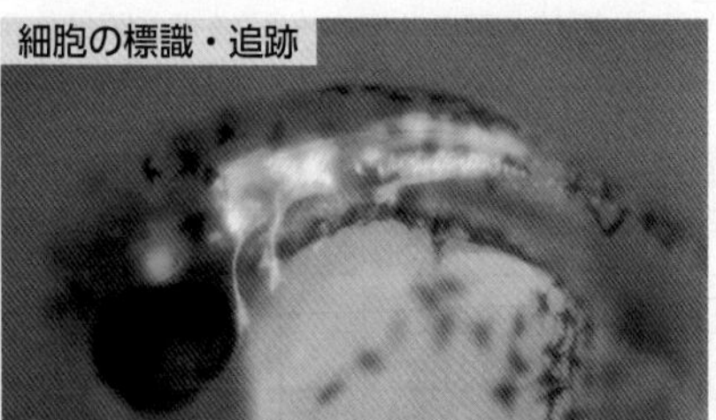

細胞の標識・追跡

神経細胞で*GFP*遺伝子を発現するゼブラフィッシュの胚。神経細胞を標識するので時間を追って追跡することができる。

Column GFPの発見と発展

※蛍光顕微鏡画像

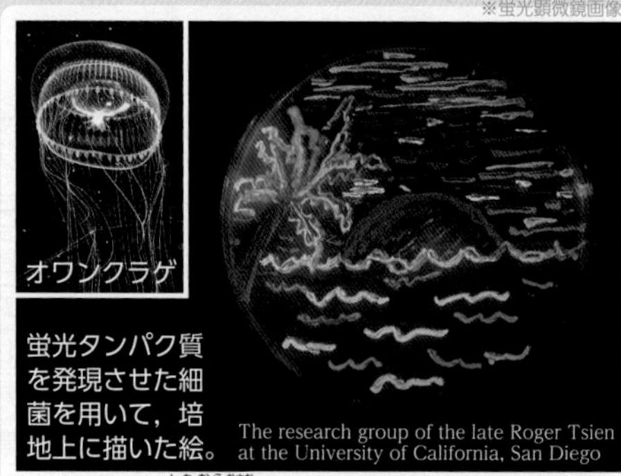

オワンクラゲ

蛍光タンパク質を発現させた細菌を用いて，培地上に描いた絵。
The research group of the late Roger Tsien at the University of California, San Diego

GFPは，下村脩(しもむらおさむ)によってオワンクラゲから発見された。GFPの発見から約30年後，チャルフィーは，大腸菌などに*GFP*遺伝子を導入し，発現させることに成功した。さらに，チェンはGFPのアミノ酸を変化させるなどして青色や黄色の蛍光タンパク質の合成に成功するとともに，赤色の蛍光タンパク質も発見した。このようにして，生きた細胞で，複数のタンパク質を同時に標識することが可能となった。現在，生物学の多くの分野で蛍光タンパク質を使った研究が行われている。3人はこの功績から，2008年にノーベル化学賞を受賞した。

C 生物発光の利用

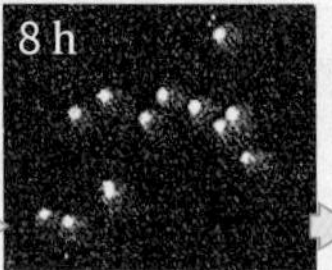

0 h
8 h
16 h

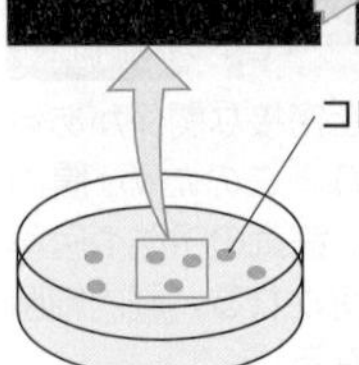

コロニー

ルシフェラーゼを組みこんだシアノバクテリアのコロニーの時間変化

ルシフェリンはルシフェラーゼによって光を放つ(▶p.47)。

目的遺伝子のプロモーターの後にルシフェラーゼ遺伝子を組みこむと，目的遺伝子の発現と同時にルシフェラーゼが合成される。この組換え遺伝子を導入した細胞や生物にルシフェリンを与えて育てると，目的遺伝子が発現する時期や場所を，発光を目印に知ることができる。

D *in situ* ハイブリダイゼーション

例 酵素抗体法

発色した色素
酵素(色素を発色させる)
プローブ
細胞中のmRNA

相補的な配列をもつmRNAにプローブが結合

色素でプローブを検出

塩基の相補性を利用して，特定の塩基配列をもつ核酸を標識する方法を*in situ*ハイブリダイゼーションという。プローブ(目的遺伝子のmRNAと相補的な配列をもつ核酸)を使って調べたい遺伝子のmRNAを標識することで，その遺伝子のmRNAの存在場所が可視化される。

eLife.01939.F2.large/Phylogeny Figures

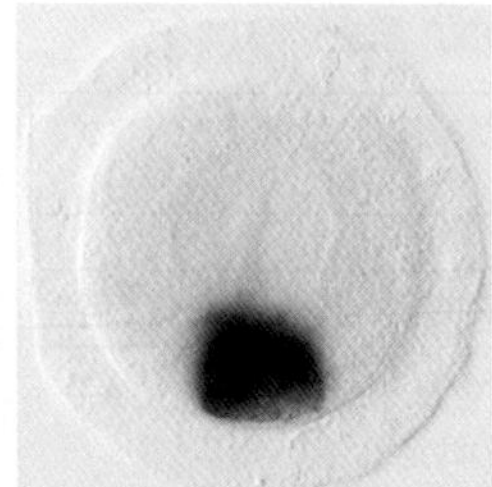
ある*Hox*遺伝子(▶p.115)のmRNAを標識したイソギンチャクの胚。からだの一部だけで発現していることがわかる。

E 免疫染色

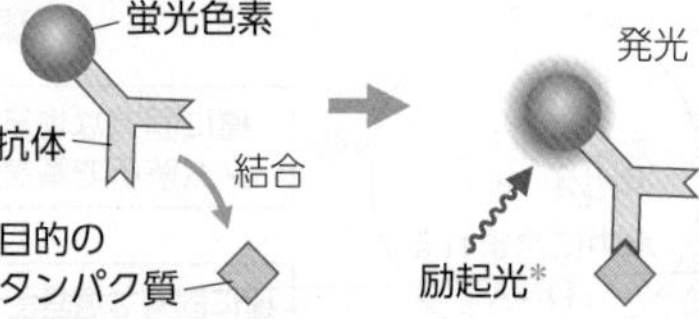

蛍光色素
抗体
結合
目的のタンパク質
発光
励起光*

蛍光色素などが付加された抗体(▶p.164)を用いてタンパク質を染色する方法を免疫染色という。抗体が目的のタンパク質を抗原として認識し，結合することで，そのタンパク質の存在場所が可視化される。

右の写真では，細胞内のアクチンフィラメントを赤色，微小管を緑色で染色している(▶p.30)。

＊蛍光色素を発光させるために当てる光。

プチ雑学
紫外線を当てると緑から赤に色が変わる「カエデ」，照射光の波長によって蛍光のオン・オフを切りかえられる「ドロンパ」など，特殊な性質の蛍光タンパク質もある。

Keywords ●蛍光タンパク質 fluorescent protein ●RNA シーケンシング RNA sequencing ●ノックアウト gene knockout ●RNA 干渉 RNA interference

生 2 遺伝子発現の網羅的な解析

いつ，どのような遺伝子が発現しているかを網羅的に解析する。

A DNA マイクロアレイ

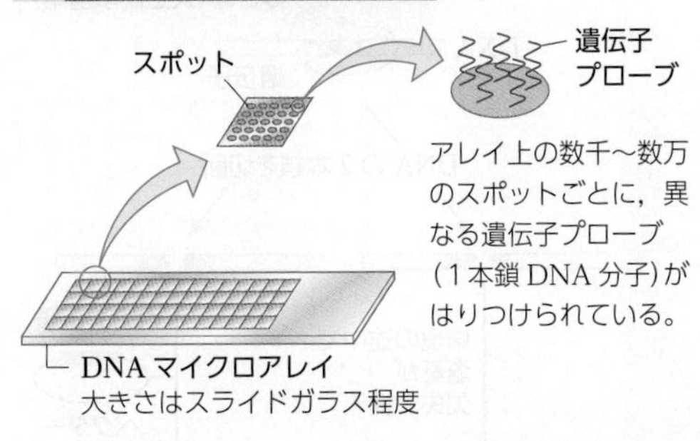
スポット
遺伝子
プローブ
DNA マイクロアレイ
大きさはスライドガラス程度

アレイ上の数千～数万のスポットごとに，異なる遺伝子プローブ（1本鎖 DNA 分子）がはりつけられている。

DNA マイクロアレイとは，それぞれ特定の遺伝子の塩基配列をもつ遺伝子プローブが多数並んだものであり，転写産物（mRNA）を解析するために用いられる。ゲノムが解読されたヒトやマウスなどは，全ゲノムをカバーした DNA マイクロアレイがあり，遺伝子発現を網羅的に解析できる。

がん細胞遺伝子の解析

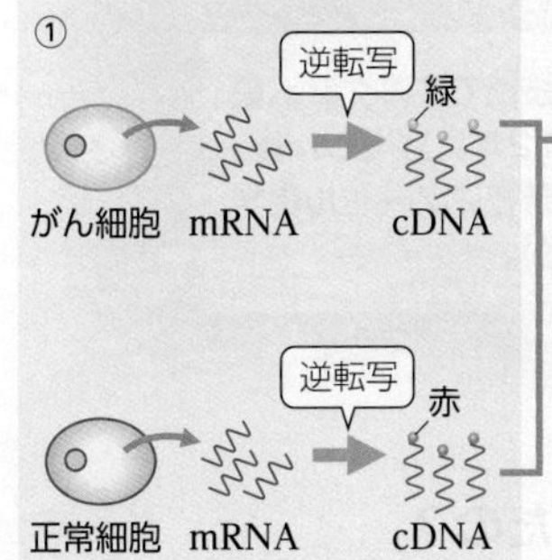
①
逆転写
緑
がん細胞
mRNA
cDNA
逆転写
赤
正常細胞
mRNA
cDNA

細胞から抽出した mRNA から cDNA（相補的 DNA，➲p.117）を合成し，赤と緑の蛍光色素で標識する。

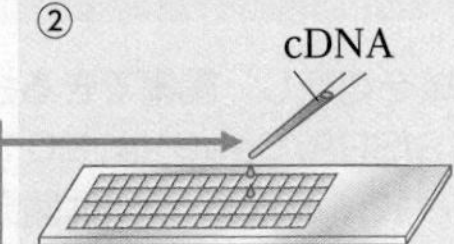
②
cDNA

2 種類の cDNA が，アレイ上の相補的な塩基配列の DNA に結合する。

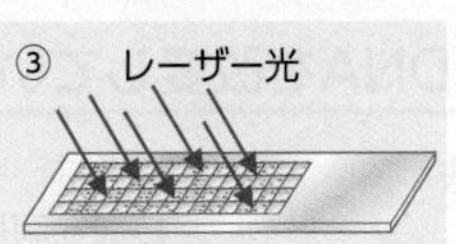
③
レーザー光

余分な cDNA を洗い流し，レーザー光を照射する。

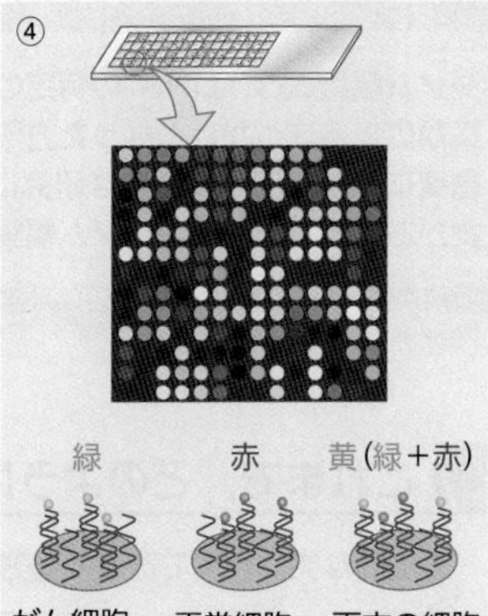
④

緑　赤　黄（緑＋赤）

がん細胞のみに発現　正常細胞のみに発現　両方の細胞に発現

cDNA が結合しているアレイ上のスポットが発光する。

B RNA シーケンシング

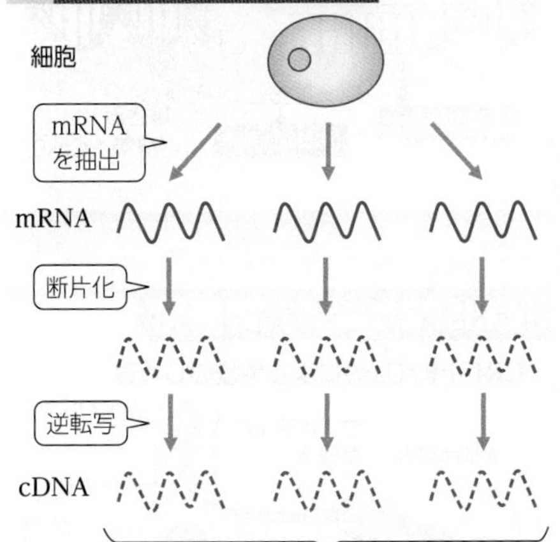
細胞
mRNA を抽出
mRNA
断片化
逆転写
cDNA

次世代シーケンサーですべての cDNA 断片の塩基配列を解読
→解読された配列のうち，出現頻度が高いものをもつ遺伝子ほど発現量が多いと判断できる。

細胞中に含まれる mRNA から cDNA を合成し，cDNA の塩基配列を解読することで，発現している遺伝子の種類や発現量を調べる方法を RNA シーケンシング（RNA-seq）という。

RNA シーケンシングの利点

- 遺伝子プローブが不要なので，ゲノムが解読されていない生物にも使える。
- DNA マイクロアレイを用いる場合に比べ，非常に多いまたは非常に少ない mRNA も検出できる。
- 解析の精度が高いため，選択式スプライシング（➲p.90）が起こる遺伝子などの発現情報も得ることができる。

Column ポストゲノム研究

生物のゲノム解読が進むとともに，その転写産物である全 RNA（トランスクリプトーム）や，翻訳される全タンパク質（プロテオーム）など，さまざまな階層の全体情報を解析する研究領域ができた。これをオミクス解析という。さらに，各オミクスの情報を統合し，遺伝子の機能，RNA の発現量，タンパク質の種類や量などの全体像と，それらの結びつきの解明も目指されている。これらのように，ゲノムの情報をもとに生命現象を解明する研究はポストゲノム研究とよばれる。

オミクスの階層

対象	全体情報（-ome）	研究領域（-omics）
遺伝子 gene	ゲノム genome	ゲノミクス genomics
転写産物 transcript	トランスクリプトーム transcriptome	トランスクリプトミクス transcriptomics
タンパク質 protein	プロテオーム proteome	プロテオミクス proteomics

生 3 遺伝子発現の不活性化

遺伝子の発現を不活性化し，その影響を観察することで，遺伝子の機能を推測できる。

A ノックアウト

正常なマウス
ミオスタチンノックアウトマウス

Lee S-J (2007) Quadrupling Muscle Mass in Mice by Targeting TGF-β Signaling Pathways. PLoS ONE 2 (8) e789.

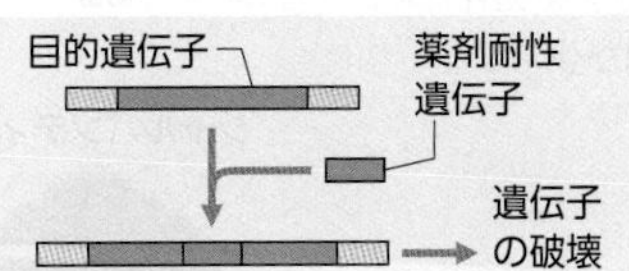
目的遺伝子
薬剤耐性遺伝子
遺伝子の破壊

目的遺伝子の塩基配列を破壊して，発現を阻害することを**ノックアウト**（遺伝子破壊）という。ミオスタチンは筋肉細胞の増殖を抑制する。この遺伝子を破壊したマウスでは，正常なマウスに比べて筋肉が数倍も発達した。

B ノックダウン RNA 干渉 ➲p.91

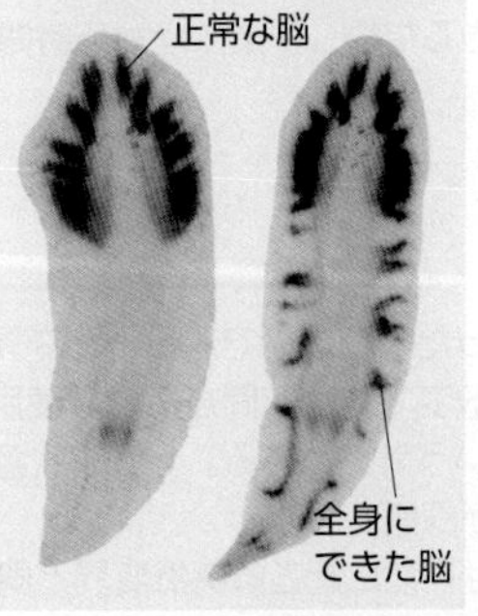
正常な脳
全身にできた脳

理化学研究所 / 阿形清和提供

目的遺伝子　転写　RNA 干渉　発現抑制　mRNA

目的遺伝子の発現を抑制することをノックダウン（遺伝子抑制）という。RNA 干渉を応用すると，ノックダウンを行える。プラナリアの *nou-darake* 遺伝子*は，脳形成因子の頭部以外への拡散を制御する。この遺伝子の発現を抑制したプラナリアでは，からだ中に脳ができた。

＊「脳だらけ」に由来する。

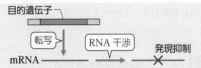

プチ雑学 従来は，ノックダウンよりもノックアウトのほうが生物への影響が大きいと考えられていたが，これとは逆の現象が数多く報告されている。この原因はまだわかっていないが，最近の研究では，遺伝子がノックアウトされると類似の働きを行う遺伝子の発現が上昇し，ノックアウトされた遺伝子の働きを補っているとする説が有力である。

ゲノム編集

ゲノム編集とは，DNA の特定の領域を切断し，編集できる技術です。ゲノム編集が広まるきっかけとなった方法(CRISPR/Cas9)は，2012年に登場した後，急速に普及してさまざまな研究に使われ，2020 年には開発者にノーベル化学賞がおくられました。ゲノム編集では何ができるのでしょうか。

これまで，どのようにDNAを改変していたの？

人工的な突然変異で改変する方法

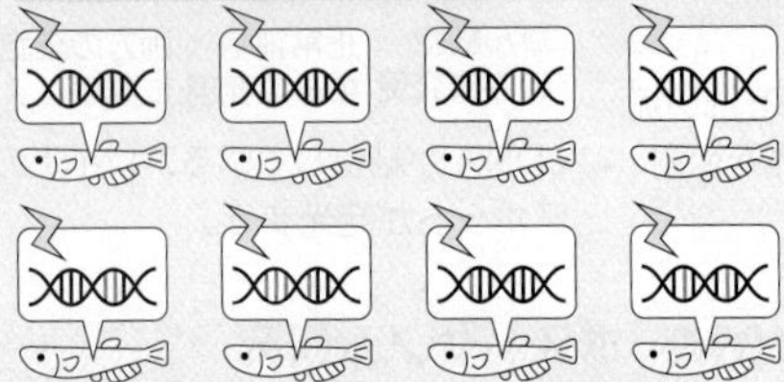

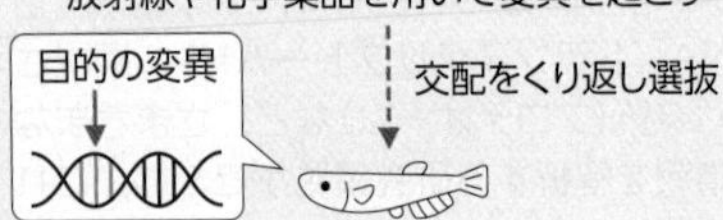
放射線や化学薬品を用いて変異を起こす
目的の変異
交配をくり返し選抜

ヒトは，突然変異(▶p.264)や遺伝子組換え技術を利用して DNA を改変してきた。

突然変異は自然界でも起こるが，放射線や化学薬品を用いると，人工的に突然変異を起こすことができる。この方法では，ランダムに突然変異が起こるので，目的の場所に突然変異が起きた個体を見つける必要がある。さらに，一度に複数か所で突然変異が起こるので，正常な個体と交配をくり返して不要な突然変異を取り除かなければならない。よって，目的の形質をもつ個体を生み出すまでには多くの時間と労力がかかる。

遺伝子組換え技術との違いは何？

従来の遺伝子組換え技術

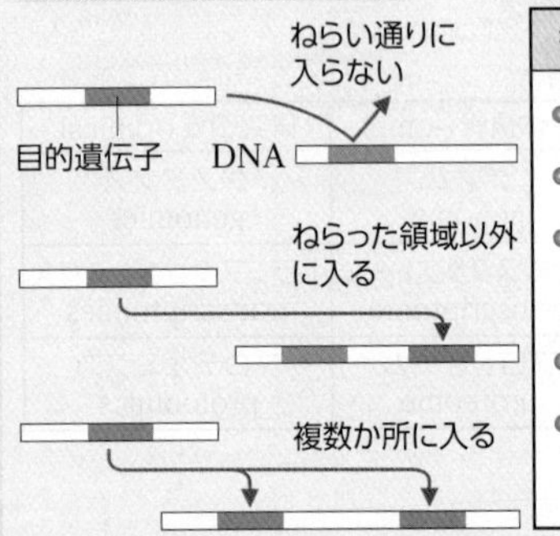
ねらい通りに入らない
目的遺伝子
DNA
ねらった領域以外に入る
複数か所に入る

従来の遺伝子組換え技術との違い

従来の遺伝子組換え技術	CRISPR/Cas9
●作業が複雑	●作業が簡単
●時間がかかる	●短時間で行える
●遺伝子が組みこまれる場所は基本ランダム	●特定の塩基配列に対し，遺伝子が組みこめる
●組換えが起こる確率が低い	●組換えが起こる確率が高い
●限られた生物種でのみ正確な改変が可能	●脊椎動物，無脊椎動物，植物など多くの生物で可能

DNA の改変技術の 1 つに遺伝子組換え技術(▶p.116)がある。遺伝子組換えでは，遺伝子が組みこまれる確率が低く，ランダムに起こるため，実験を何度もくり返す必要があった。

一方，CRISPR/Cas9 とよばれるゲノム編集技術では，DNA の塩基配列を認識するガイドを利用して，ねらった領域を精度よく改変できるため，作業にかかる時間や手間が少ない。

ゲノム編集は安全なの？

これまでの偶然による遺伝子組換えは，ねらった領域以外で遺伝子が変異する可能性があった。ゲノム編集は，ねらった領域を精度よく改変でき，時間がたてば使用した物質は分解されるため，遺伝子組換えより安全性が高いという考えがある。しかし，意図しない領域が改変される可能性はゼロではなく，技術の改良が課題である。

遺伝子の切断のみを行う場合には，原理的には自然に起こる突然変異と同様とする意見と，遺伝子組換えのように厳格に規制すべきとする意見があり，研究者でも意見が分かれている。

ゲノム編集とは何？

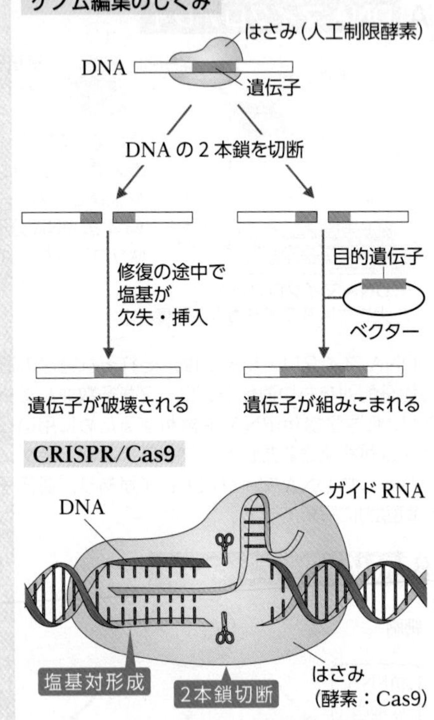
ゲノム編集のしくみ
はさみ(人工制限酵素)
DNA
遺伝子
DNA の 2 本鎖を切断
修復の途中で塩基が欠失・挿入
目的遺伝子
ベクター
遺伝子が破壊される
遺伝子が組みこまれる
CRISPR/Cas9
ガイド RNA
DNA
塩基対形成
2本鎖切断
はさみ(酵素：Cas9)

「CRISPR/Cas9」の開発

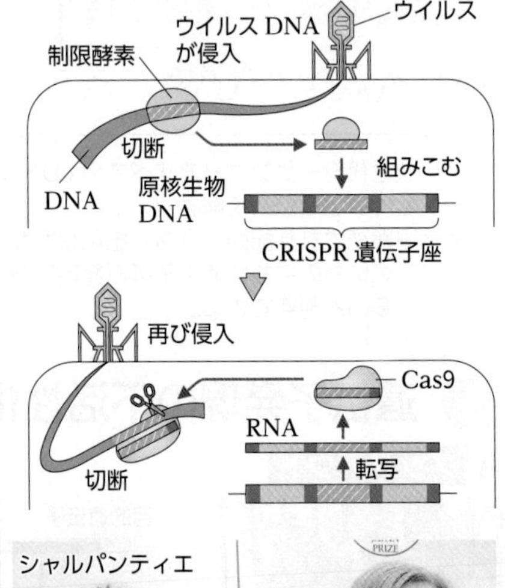
CRISPR/Cas9による免疫のしくみ
ウイルス DNA が侵入
ウイルス
制限酵素
切断
組みこむ
DNA
原核生物 DNA
CRISPR 遺伝子座
再び侵入
Cas9
RNA
転写
切断

シャルパンティエ
ダウドナ
CRISPR/Cas9 の開発者

ゲノム編集とは，細胞内で特定の塩基配列をねらって改変する技術である。DNA の特定の場所を切るようにしかけをしたはさみ(人工制限酵素)を細胞内に導入し，DNA の2本鎖を切断する。切断された DNA は，もともと細胞に備わっている修復機構により修復されるが，切断と修復をくり返すうちに突然変異が起こり，遺伝子が破壊される(ノックアウト，▶p.125)。また，はさみと同時に目的の遺伝子を組みこんだベクター(▶p.117)を細胞内に導入すると，切断部位にその遺伝子を組みこむことができる。これまでに開発されたゲノム編集ツールには，ZFN，TALEN(ターレン)，CRISPR/Cas9(クリスパー キャスナイン)がある。

CRISPR/Cas9

CRISPR/Cas9 は 2012 年に発表された論文がきっかけとなって生まれた新しいゲノム編集ツールである。改変したい塩基配列に相補的なガイドRNAと，はさみ(人工制限酵素)であるCas9との複合体がDNAに結合すると，Cas9 は DNA の 2 本鎖を切断する。目的の塩基配列を認識する部分が従来はタンパク質であったのに対して，CRISPR/Cas9 では RNA である。

CRISPR/Cas9 は，原核生物がもつ独自の適応免疫システムを応用したものである。原核生物の内部にウイルス DNA が侵入すると，制限酵素がその DNA を切断し，原核生物 DNA 中の CRISPR 遺伝子座に組みこむ。再び同じウイルス DNA が侵入すると，CRISPR 遺伝子座に組みこんだ DNA と同じ塩基配列を含む RNA が転写され，この RNA が Cas9 と複合体をつくる。複合体はウイルス DNA と塩基対形成によって結合し，DNA を切断する。ダウドナとシャルパンティエの研究チームは，このしくみをもとにして，CRISPR/Cas9 によるゲノム編集技術を開発した。

Memo 他のゲノム編集ツールとの違い

TALEN は CRISPR/Cas9 より前に生まれたゲノム編集ツールである。TALEN は認識する塩基配列が長いので，CRISPR/Cas9 よりも目的の塩基配列以外を切断してしまうこと(オフターゲット変異)が少ないとされている。しかし，準備の手間がかかり，高度な技術が必要とされる。

CRISPR/Cas9 は作製が簡単で，基礎研究では作製コストが低額であることから，注目を集めている。

水産業・農業への応用 Link

水産業への応用

木下政人(京都大学)提供

ミオスタチン変異マダイ

通常のマダイ

ミオスタチン遺伝子(筋肉の成長を抑える)をゲノム編集で切断し，遺伝子を破壊した。その結果，筋肉量が増加し，身が大きくなった。水産物や農作物，畜産物の品種改良の研究では，高い効果が得られている。

農業への応用

野中聡子(筑波大学)提供

GABA 高含有トマト

血圧上昇を抑制するとされる GABA(アミノ酸)が，通常の4～5倍多い。GABA の合成酵素を活性化させてつくられた。このトマトは，2020 年に「ゲノム編集食品」として初めて承認された。農作物に新たな価値を付加する研究も盛んである。

医療への応用 Link

疾患モデルの作製

佐々木えりか(実験動物中央研究所)提供

免疫不全モデルマーモセット

疾患モデル動物(▶p.128)ではマウスが一般的だが，からだの構造はヒトとは大きく異なる。ゲノム編集で，よりヒトに近い動物をモデルにすることが試みられている。

疾患の原因を調べる

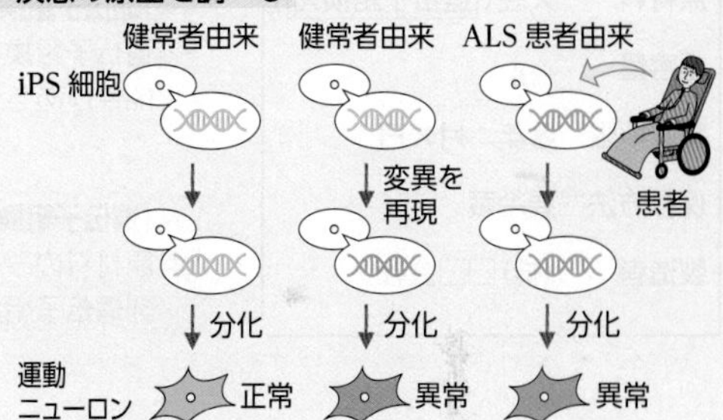

健常者由来
健常者由来
ALS 患者由来
iPS 細胞
変異を再現
患者
分化
分化
分化
運動ニューロン
正常
異常
異常

筋萎縮性側索硬化症(きんいしゅくせいそくさくこうかしょう)(ALS)患者に見られる *FUS* 遺伝子の変異を，健常者由来の iPS 細胞にゲノム編集で再現した。この細胞が，ALS 患者由来の iPS 細胞から分化した細胞と同様の異常を示したことから，*FUS* 遺伝子の変異が ALS の原因の1つであることがわかった。

ヒトに利用しても大丈夫？

ヒトへのゲノム編集の利用は，特に病気の治療では，強力な手段として期待されており，実際臨床試験が行われている例もある。この場合，対象となるのはヒトの体細胞である。

しかし，ヒトの生殖細胞や受精卵を対象とした利用は制限されている。改変した遺伝子が次世代に受け継がれることで，将来の世代に予想外の影響が出ることが心配されるためだ。この問題については，CRISPR/Cas9の開発者などによってアクションプランが発表され，2015年には国際会議も開かれた。

ゲノム編集でひらかれる未来

ゲノム編集は優れた技術として，急速に広まりつつある。マラリアの感染予防，マンモスなどの絶滅動物の復活，がんの治療など，これまで困難とされていたことが実現する未来がくるかもしれない。

遺伝子を扱う技術の応用

1 農業への応用 遺伝子組換え技術によって，作物の栄養価や生産性が向上した。

青いバラ

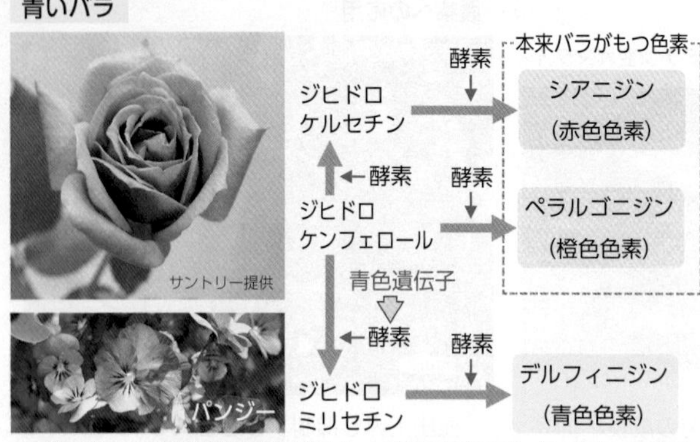

サントリー提供
パンジー
本来バラがもつ色素
ジヒドロケルセチン
酵素
シアニジン（赤色色素）
ジヒドロケンフェロール
ペラルゴニジン（橙色色素）
青色遺伝子
ジヒドロミリセチン
デルフィニジン（青色色素）

パンジーの青色遺伝子を導入し，青色色素の合成に関わる酵素を発現させてつくられた青いバラ。このバラの花弁には，通常の青系のバラには含まれない，デルフィニジン（青色色素）が含まれる。

高オレイン酸大豆

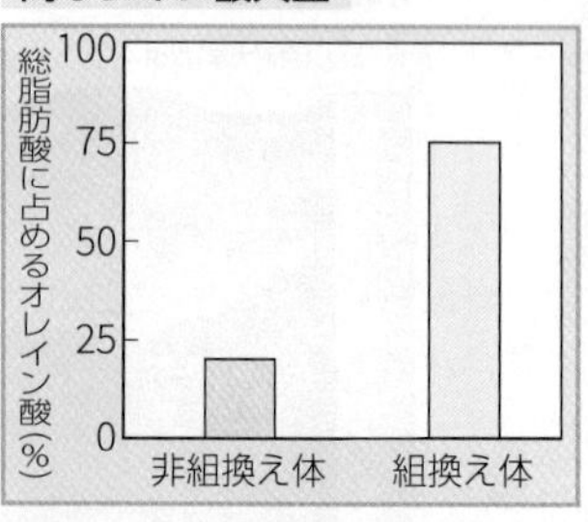

総脂肪酸に占めるオレイン酸（%）
100
75
50
25
0
非組換え体
組換え体

オレイン酸からリノール酸を合成する酵素の遺伝子を働かなくさせて，オレイン酸の含有率を増やした大豆。おもに，食用油の原材料として使われる。

害虫抵抗性トウモロコシ

写真提供：日本モンサント（株）
非遺伝子組換え体（食害を受ける）
遺伝子組換え体（食害を受けない）

遺伝子組換え*により，Bt タンパク質という特定の害虫のみに殺虫作用を示す成分を含むトウモロコシがつくられた。Bt タンパク質が害虫の腸に運ばれて粘膜の受容体に結合すると，栄養吸収が妨げられ，害虫は死んでしまう。一方，哺乳類や鳥類の腸には Bt タンパク質の受容体がないため，食べても害はない。

*土壌細菌 *Bacillus thuringiensis*（Bt）がもつ殺虫成分の遺伝子を導入。

つながる生物学 生活 遺伝子組換え食品表示

遺伝子組換え食品表示

名称	○○
原材料	大豆（遺伝子組換え）
内容量	△g
賞味期限	●年△月×日
保存方法	要冷蔵
製造者	（株）□□会社

- 「遺伝子組換え」（表示義務あり）
  遺伝子組換え作物である場合
- 「遺伝子組換え不分別」（表示義務あり）
  遺伝子組換え作物が混じっている可能性がある場合
- 「遺伝子組換えではない」（任意で表示）
- 原材料のみ（表示なし）
  非遺伝子組換え作物の場合

日本は，遺伝子組換え作物を輸入し，さまざまな形で利用している。輸入されているのは，安全性が確認された 9 つの遺伝子組換え作物（大豆，トウモロコシ，ジャガイモ，菜種，アルファルファ，てん菜，パパイヤ，からしな，綿）で，おもな原材料*に遺伝子組換え作物を使用した食品には表示義務がある。ただし，製造過程で組みこまれた遺伝子やその遺伝子から発現するタンパク質の混入が認められない場合（しょう油など）や，加工食品においておもな原材料ではない場合については表示を省略できる。

*原材料の重量に占める割合が上位 3 位までで，全重量の 5% 以上であるもの。

Q 遺伝子組換え作物に関して，以下の項目を調べてみよう。
①安全性　②生産量や輸入量　③ほかの国や地域の表示義務

2 医療への応用 遺伝子組換え技術は，医療の発展に貢献している。

疾患モデル動物

アトピー性皮膚炎のモデルマウス

アトピー性皮膚炎を発症するマウス。病気遺伝子を導入したり，特定の遺伝子の発現を失わせたりして，疾患モデルをつくる。

ホルモンの生産

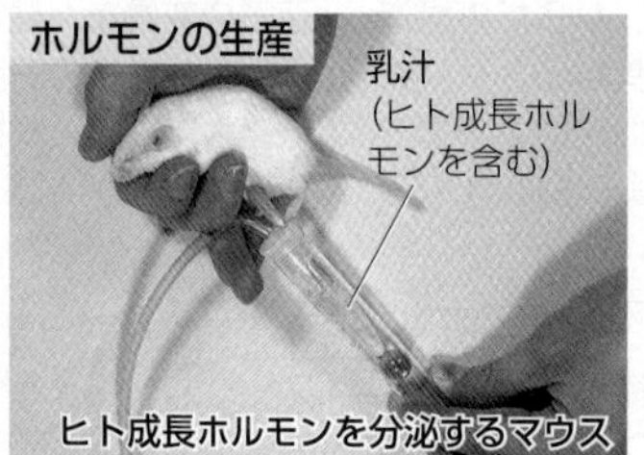

乳汁（ヒト成長ホルモンを含む）

ヒト成長ホルモンを分泌するマウス

乳腺（にゅうせん）で発現するようにヒト成長ホルモン遺伝子を導入したマウス。乳汁中にヒト成長ホルモンを分泌（ぶんぴつ）する。

疾患モデル	物質合成
ヒトと同じ病気を発症する動物は，病気の発生メカニズムの解明や治療法の開発に役立つ。 例 アトピー性皮膚炎モデルマウス 1 型糖尿病モデルマウス 自己免疫疾患モデルマウス	合成が難しい物質を大量に得ることができる。タンパク質などを利用した医薬品の製造に利用される。 例 ヒト成長ホルモン（マウス） インスリン（大腸菌） スギ花粉の抗原決定基（イネ）

遺伝子組換えイネ

花粉症緩和米の収穫

スギ花粉の抗原決定基（▶p. 164）をもつ遺伝子組換えイネ。花粉症緩和米を日常的に摂取することで，微量な抗原を取りこんで体内の抗体を減少させ，過剰なアレルギー反応を防ぐことができると期待されている。現在，臨床研究が行われている。

Column 薬をつくり出す生物

カヌマ
20mg/10mL

写真（右）は遺伝子組換えニワトリからつくられた薬。

遺伝子組換え生物による薬の合成は，おもにマウスや大腸菌で行われてきた。しかし近年は，遺伝子を組換えたニワトリやヤギ，ウサギなどでも薬が合成できるように研究が行われている。これらの遺伝子組換え生物の卵白（ニワトリ）や乳汁（ヤギやウサギ）の中には，薬の有効成分が含まれる。

つながる生物学 A ③たとえばカナダでは，遺伝子組換え食品表示は業者によって自主的に行われている。表示に関しては，消費者の誤解を防ぐためにさまざまな条件がある。

Keywords ●遺伝子組換え作物 genetically modified organism
●疾患モデル動物 disease-model animal
●一塩基多型 single nucleotide polymorphism ●遺伝子治療 gene therapy

3 ゲノム情報と医療

ゲノムの情報を利用して，個々人の体質に合わせて治療を行うテーラーメイド医療の実現が推進されている。

A 一塩基多型(SNP) SNP (single nucleotide polymorphism)

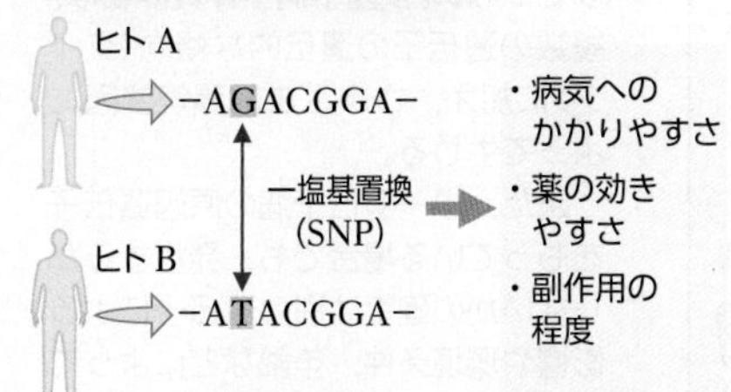
ヒトA
−AGACGGA−
一塩基置換
(SNP)
ヒトB
−ATACGGA−
・病気へのかかりやすさ
・薬の効きやすさ
・副作用の程度

医療の流れ
・SNPの検出 DNAマイクロアレイ，次世代シーケンサー，PCR → ・薬の種類と量の調節 ・病気の予防

ゲノムには，1つの塩基置換による個体差が存在し，これを**一塩基多型(SNP)**とよぶ。SNP の違いは，病気へのかかりやすさや，薬の効きやすさ，副作用の程度などに影響を与える。

テーラーメイド医療

例 シトクロム P450(CYP)と薬の投与量

	CYP 野生型	CYP 変異型
酵素活性	通常	低い
薬の投与量	多い	少ない

シトクロム P450 (CYP) は薬の代謝に関わる酵素で，SNP により酵素活性が異なる。CYP の SNP 情報をもとに酵素活性を調べることで，個人に合った薬の投与量の推測が可能になるといわれている。

このように，SNP などのゲノムの個人差に基づいた，個人の体質に合った病気の治療や予防が可能になると期待されている。

※オーダーメイド医療ともよばれる。

B ゲノム創薬

	従来の創薬	ゲノム創薬
薬効成分の探索	さまざまな物質を1つずつ動物に投与して探索	ゲノム情報の比較から原因遺伝子を特定した後，有効成分を設計
探索効率	偶然による・低確率	論理的・高確率
開発期間	長い	短い
対象患者	対象の疾患をもつすべての患者	SNP 解析により薬の効果や副作用を調べて対象患者を絞る

ゲノム情報をもとに医薬品を開発する方法をゲノム創薬という。ある遺伝子の異常による病気に対して，その遺伝子から発現するタンパク質に結合できる物質の構造をコンピューターで計算し，薬の候補物質を得る。

4 遺伝子治療

遺伝子の異常が原因の病気を，遺伝子を使って治療する方法が試験的に行われている。

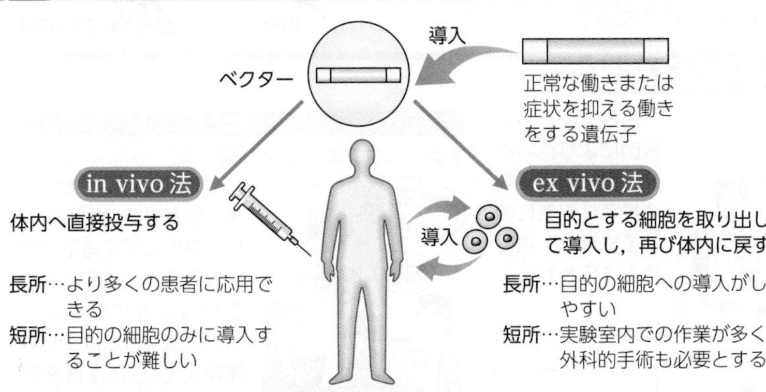
導入
ベクター
正常な働きまたは症状を抑える働きをする遺伝子
in vivo 法
体内へ直接投与する
ex vivo 法
目的とする細胞を取り出して導入し，再び体内に戻す
導入
長所…より多くの患者に応用できる
短所…目的の細胞のみに導入することが難しい
長所…目的の細胞への導入がしやすい
短所…実験室内での作業が多く，外科的手術も必要とする

遺伝子の異常によって起こる病気に対し，遺伝子または遺伝子を組みこんだ細胞を体内に導入する治療法を遺伝子治療という。異常を起こした遺伝子に代わって正常な働きをする遺伝子や，症状を抑える働きをする遺伝子を導入する。

増殖機能を除去・無毒化したウイルスベクター (▶p.117) や，プラスミドなどを含んだリポソームとよばれる脂質でできた小さなカプセル(HVJ-リポソーム法)を用いて遺伝子が導入される。

遺伝子治療の課題

- **ウイルスベクターによる疾患の発症**
  →ウイルスが病原性のあるものに変化することが懸念される。
- **遺伝子を導入した細胞の DNA への影響**
  →ウイルスベクターによって導入された遺伝子が患者の DNA に組みこまれることによる，がん化や遺伝子の発現への影響が懸念される。
- **HVJ-リポソーム法による遺伝子の導入効率の低さ**
  → HVJ-リポソーム法はウイルスベクターに比べて安全性が高いとされるが，遺伝子の導入効率が低い。

Step up センダイウイルス

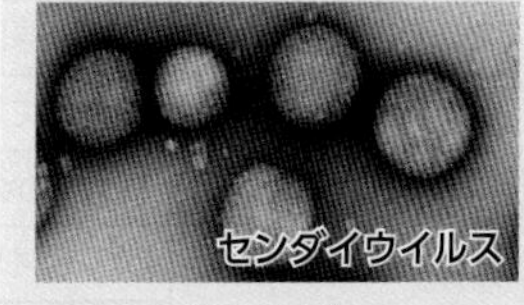
センダイウイルス

センダイウイルス(HVJ)は，赤血球の溶血を起こすウイルスで，日本で発見された(1953年)。名前は仙台で見つかったことに由来する。

5 バイオテクノロジーの課題

バイオテクノロジーは有用である一方で，さまざまな課題も含んでいる。

安全性への疑問

組みこんだ遺伝子由来のタンパク質がアレルギーを起こさないだろうか。

遺伝子組換え作物を食べたとき，組換えられた遺伝子から合成されるタンパク質が健康に影響を与えるのではないかと心配されている。

環境への影響

交配
野生種
遺伝子を組換えた植物

雑種
組換え遺伝子をもつ

遺伝子を組換えた生物が野生種と交雑することで，環境破壊が起こるのではないかといわれている。

究極の個人情報の扱い

将来，遺伝子検査やテーラーメイド医療などが普及し，遺伝情報を扱う機会が増えると予想される。遺伝情報は，以下のような情報の特殊性から，個人情報保護法に基づく慎重な扱いが求められる。

遺伝情報の特殊性
- 原則，生涯変わらない。
- 個人を特定できる。
- 血縁者と一部共通している。

Column カルタヘナ法

遺伝子組換え生物の拡散を防止し，生物多様性を守る目的で，2004年カルタヘナ法(遺伝子組換え生物等の使用等の規制による生物の多様性の確保に関する法律)が施行された。

野外で遺伝子組換え植物を栽培する際や，実験室で遺伝子組換え生物を扱う際は，この法律に基づき，国の承認を得る必要がある。

プチ雑学 センダイウイルス(HVJ)を感染させると，2個の動物細胞が融合する現象がみられる(細胞融合)。これは遺伝子組換えをせずに雑種を作製する技術の1つとして利用されている。

遺伝子検査

研究や技術の進歩により，遺伝子検査が身近になりつつあります。遺伝情報は一人ひとり異なり，原則一生変わらない大切な個人情報です。このため，遺伝子検査を行う際には特別な配慮が必要とされています。

では，遺伝子検査とはどのようなものなのでしょうか。

遺伝子が原因で病気になるの？

遺伝子や染色体の変化によって起こる病気や症状があり，単一遺伝子病，多因子病，染色体異常症などが挙げられる。これらの原因因子は遺伝する可能性があるが，必ず発症するとは限らない。また，親の遺伝情報によらず，子の代で遺伝子や染色体の変化が起こることもある。

遺伝子ですべてわかるの？

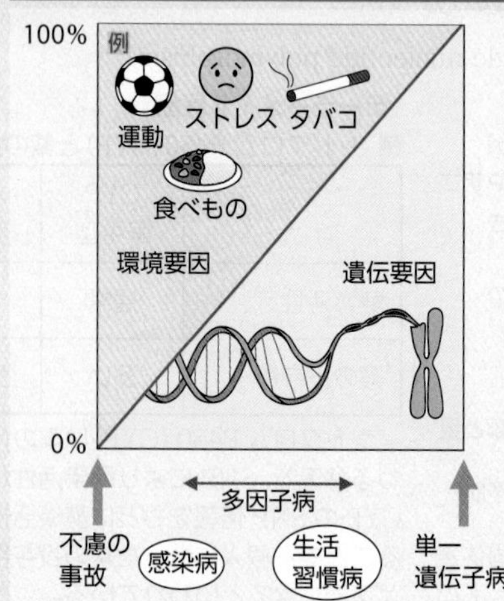

100%
例
運動
ストレス
タバコ
食べもの
環境要因
遺伝要因
0%
多因子病
不慮の事故
感染病
生活習慣病
単一遺伝子病

遺伝子によってすべてがわかるわけではない。多因子病や体質などは，複数の遺伝子の遺伝的な傾向（タイプ）に加え，さまざまな環境要因によって生じる。

また，単一遺伝子病の原因遺伝子をもっている場合でも，発症するかしないかの確率は別の遺伝子による影響や環境条件，年齢などによっても異なるため，発症確率は 100%とは限らない（浸透度，➡p.278）。さらに，症状の度合いも個人により異なり，同じ遺伝子をもっていても症状が重い場合もあれば，軽い場合もある。

遺伝情報による差別があるの？

△△病の原因遺伝子をもつ人の就職をお断りします。
就職先

○○病の原因遺伝子をもつ人は，生命保険には入れません。
保険会社

遺伝情報によって，保険の加入や就職，結婚の際に不利な扱いをされることがないかと懸念されている。アメリカでは，遺伝情報による差別を禁止する法律がすでに制定されており，日本でも差別に対する規制を設けようとする動きがある。

遺伝子検査はどのように行われるの？

遺伝子検査には，病院で受ける検査と，消費者向けの自宅でできる検査がある。この２つにはどのような特徴があるのだろう。

❶ サンプル採取

病院
血液
自宅
口腔粘膜

病院で受ける遺伝子検査

病気の原因を調べましょう。
患者
医師

医療行為として医師により行われる。単一遺伝子病や染色体異常に関する検査は，病院のみで行われる。

調べること	原　因
病気の原因の解明	単一遺伝子
病気の原因遺伝子があるか	
染色体に異常があるか	染色体異常
病気のかかりやすさ	複数の遺伝子や環境
薬の効果や副作用（➡p.129）	

特徴

● 遺伝カウンセリングを受ける

遺伝子とは？
不安
悩み
将来
家族
患者
カウンセラー

専門のカウンセラーが，患者やその家族に対して遺伝に関する不安や悩みの相談，遺伝に関する知識の提供などを行う。患者や家族は十分な理解のもとで検査を受け，検査後にも適切なケアを受けられる。

● 結果が医療行為につながる

検査結果から，医師による病気の診断や治療方針などが決められる。

出生前診断って何？

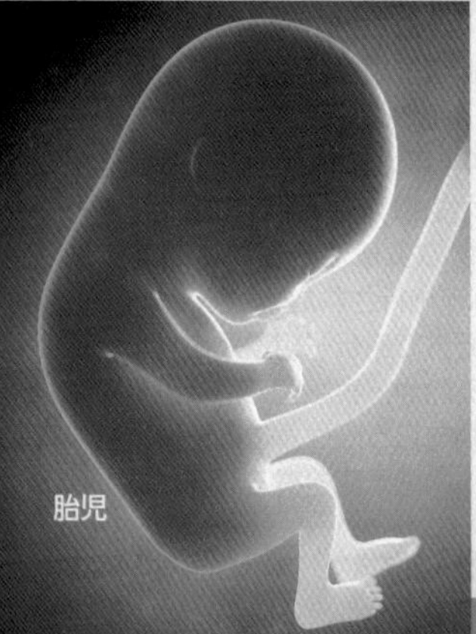
胎児

出生前診断では，生まれてくる子どもの健康状態や，子どもに病気や障がいなどがあるかどうかを調べることができる。受精卵または胎児の遺伝子や染色体を調べる検査もあり，カップルの同意のもとで行われる。

検査で見つかった異常がもとで人工中絶につながるケースは少なくない。人工中絶に対しては，命の選別ではないかとの意見もある。検査を受けるときは，その結果による影響を考慮する必要がある。

出生前診断を受けたい？

受ける

- 胎児の状態を知りたい。
- 出産に際して心づもりをしておきたい。
- 妊娠や子どもの状態に不安がある。
- 自分が高齢であるから。
- 障がいがある子どもを育てられない。
- 妊娠中，不安を感じていたくない。

受けない

- 産むと決めている。
- 自分には必要ない。
- 検査を受けることで不安になりたくない。
- 障がいがあってもわが子に違いない。
- 障がいがあるとわかった場合，産むか産まないかを決断する自信がない。
- 自然に任せたい。

「妊娠・あなたの妊娠と出生前検査の経験を教えてください」(2009)
「出生前診断　出産ジャーナリストが見つめた現状と未来」(2015) を参考

1つの遺伝子から何がわかるの？

例 フェニルケトン尿症（常染色体潜性遺伝病）

父
母
正常遺伝子
相同染色体
子
原因遺伝子
発症

単一遺伝子病（1つの遺伝子が原因で発症する病気）を発症するかどうかがわかる。単一遺伝子病はメンデルの法則にしたがい遺伝するため，メンデル遺伝病ともいわれる。単一遺伝子病の検査は，病院のみで行われる。

例 鎌状赤血球貧血症 ▶p.264，
フェニルケトン尿症 ▶p.265

複数の遺伝子から何がわかるの？

例 運動能力に関わる遺伝子

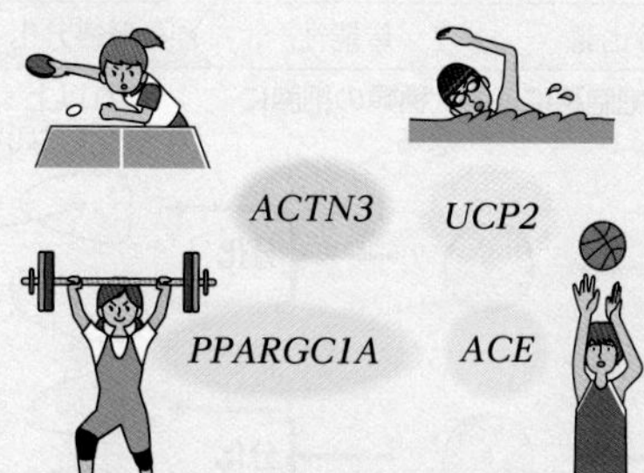
ACTN3
UCP2
PPARGC1A
ACE

多因子病（遺伝要因と環境要因によって発症する病気）や体質，能力などの遺伝的な傾向（タイプ）がわかる。これらの形質の出現には，環境要因も影響する。

例 2型糖尿病 ▶p.147，運動能力

染色体から何がわかるの？

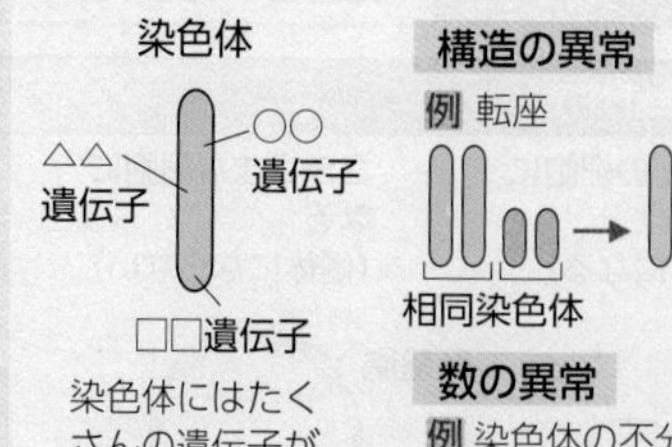
染色体
△△遺伝子
○○遺伝子
□□遺伝子
染色体にはたくさんの遺伝子がある（▶p.328）。
構造の異常
例 転座
相同染色体
数の異常
例 染色体の不分離

染色体の構造や数に異常（▶p.265, 271）があるかどうかがわかる。染色体の変化によって，細胞がもつ遺伝子の量が増減するなどして症状が出るものがある。染色体異常に関する遺伝子検査は病院のみで行われる。

例 ダウン症候群 ▶p.271

② 解析

遺伝子の解析　SNP などを調べる

染色体の解析　構造や数を調べる

③ 結果

病院：患者　医師の説明

自宅：自宅に郵送される　検査結果

自宅でできる遺伝子検査

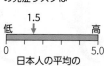

「自分はどのような体質なのだろう？」（2型糖尿病検査キット）

個人で検査キットを購入して行う。自分の体質や病気のかかりやすさなど，おもに多因子が原因であるものを調べられる。

調べること	原　因
体質	複数の遺伝子や環境
運動能力	
病気のかかりやすさ	
芸術的才能	
性格	

特徴

● 手軽に自分のことを知ることができる

インターネットなどで検査キットを購入すると，検査を受けられる。自分の遺伝的な傾向（タイプ）を，生活習慣の改善や病気の予防などにいかせる。

● 結果は確率で表される

検査結果
あなたの2型糖尿病の発症リスクは
低 1.5 高（0〜5.0）
日本人の平均の1.5倍です。

多くの検査では，SNP を解析する。SNP と形質との関係は，統計から導きだされたもので，結果は確率で表される。また，解析する遺伝子・SNP の数や種類の違いから，同じ項目でも検査会社ごとに結果が異なることがある。

SNPから何がわかるの？

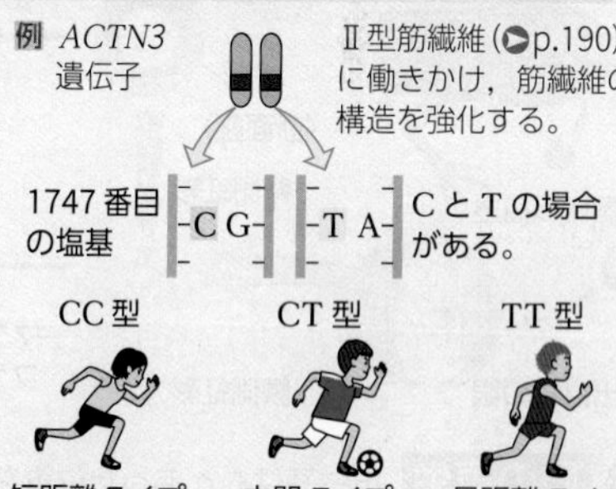
例 *ACTN3* 遺伝子
Ⅱ型筋繊維（▶p.190）に働きかけ，筋繊維の構造を強化する。
1747番目の塩基
C G
T A
CとTの場合がある。
CC型
CT型
TT型
短距離タイプ
中間タイプ
長距離タイプ

形質と関連する可能性のある SNP（一塩基多型，▶p.129）を調べることで，遺伝的な傾向（タイプ）がわかる。

SNP は1つの遺伝子に複数か所ある。自宅でできる遺伝子検査では，検査項目に関係する複数の遺伝子からいくつかを選び，その遺伝子上の SNP のうち，形質に影響する可能性があると考えられるものを選んで解析する。

遺伝子情報，本当に知りたい？

あなたの家族は遺伝情報を知りたい？

子どもの遺伝情報を親が勝手に調べていいの？

病気の原因遺伝子があるか調べてみたい。
知りたくない。
子どもの才能を知りたい。
兄
妹
子
親
共通の遺伝情報

遺伝情報は，原則一生変わらない。遺伝情報を知ることは，その後の人生に大きな影響を与えるかもしれない。さらに，遺伝情報の一部は血縁者と共通しており，自分だけのものではない。

すべての人に，自分の遺伝情報を知る権利，知らないでいる権利がある。あなたが検査をすることで，その権利を害することがないように配慮する必要がある。

自宅でできる遺伝子検査を受ける前に

遺伝子の研究は盛んに行われており，これからさまざまなことが解明されていくと考えられる。まだ発見されていない関連遺伝子の発見や，今までいわれていたことが間違っていたとわかるかもしれない。遺伝に関する適切な知識を身につけることが重要である。

Link 検査を受ける前に，参考にしよう
「遺伝子検査サービスを購入しようか迷っている人のためのチェックリスト10か条」

132 再生・クローン

Overview 細胞の分化と幹細胞

多くの細胞は分化が進むにつれ，他の細胞に分化する能力を失うが，研究により，分化した細胞でも分化する能力を取り戻すことがわかっている。

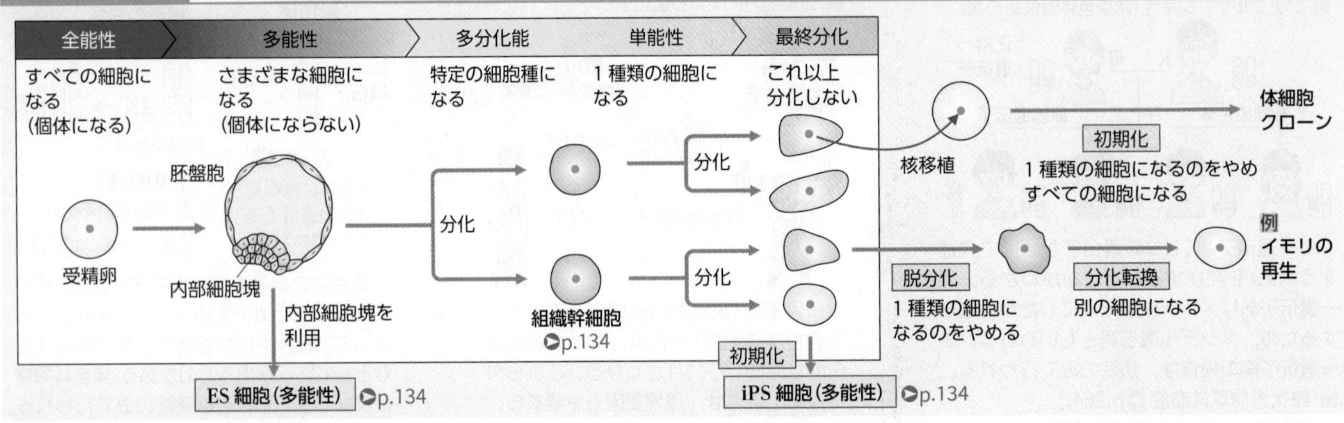

全能性
すべての細胞になる（個体になる）
多能性
さまざまな細胞になる（個体にならない）
多分化能
特定の細胞種になる
単能性
1種類の細胞になる
最終分化
これ以上分化しない
受精卵
胚盤胞
内部細胞塊
内部細胞塊を利用
ES細胞（多能性）p.134
分化
組織幹細胞 p.134
分化
分化
初期化
iPS細胞（多能性）p.134
核移植
体細胞クローン
初期化
1種類の細胞になるのをやめすべての細胞になる
脱分化
1種類の細胞になるのをやめる
分化転換
別の細胞になる
例 イモリの再生

1 イモリの再生 分化した細胞を脱分化させて，失われた部分を再生する。

A 水晶体の再生 背側の虹彩の細胞（色素細胞）が水晶体（レンズ）に変わる（分化転換）。

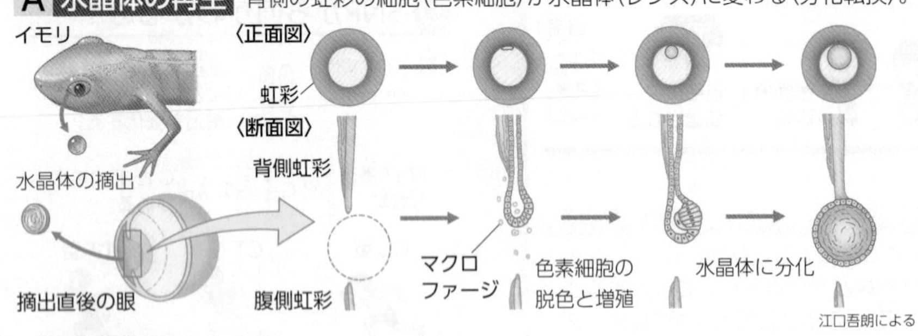

イモリ
〈正面図〉
虹彩
〈断面図〉
背側虹彩
水晶体の摘出
摘出直後の眼
腹側虹彩
マクロファージ
色素細胞の脱色と増殖
水晶体に分化
江口吾朗による

分化転換
色素細胞
↓脱分化
脱分化細胞
↓増殖・分化
水晶体の細胞

イモリの水晶体が失われると，背側の虹彩（こうさい）にマクロファージが集まってくる。やがて，虹彩の色素細胞が脱色し，増殖して水晶体を再生する。

これは，虹彩として分化した細胞が**脱分化**（だつぶんか）し，水晶体の細胞に**分化転換**（ぶんかてんかん）することを示している。

B 肢の再生 再生芽はもとあった位置を記憶しており，どこに移植してももとの組織を再生する。

正常な再生

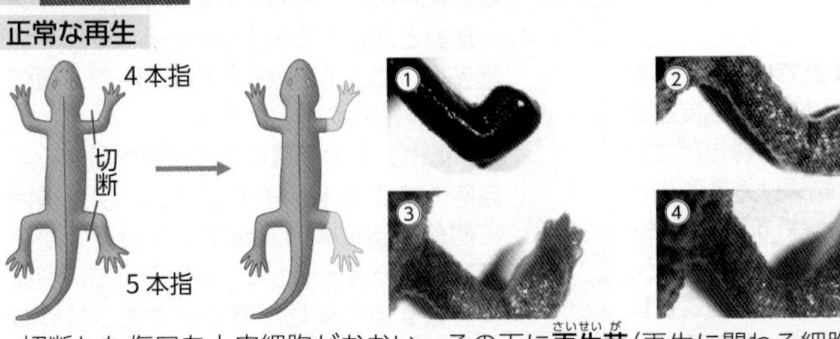

4本指
切断
5本指

切断した傷口を上皮細胞がおおい，その下に**再生芽**（さいせいが）（再生に関わる細胞の集まり）が生じる。再生芽がもとになって，正しい位置の肢が再生される。

上腕（じょうわん）の再生芽を腿（もも）に移植　　手首の再生芽を腿に移植

前肢の上腕にあった再生芽は移植後も上腕から先のみを再生し，前肢の手首にあった再生芽は移植後も手首から先のみを再生する。

2 プラナリアの再生 多能性幹細胞が多数存在しており，それらによって再生する。

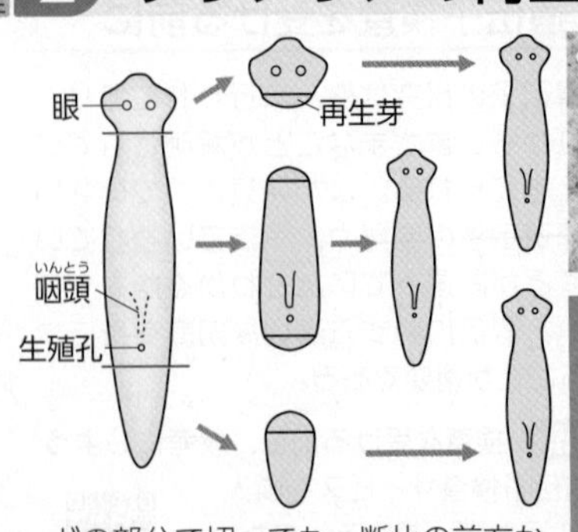

眼
再生芽
咽頭（いんとう）
生殖孔

どの部分で切っても，断片の前方からは頭が，後方からは尾が再生する。

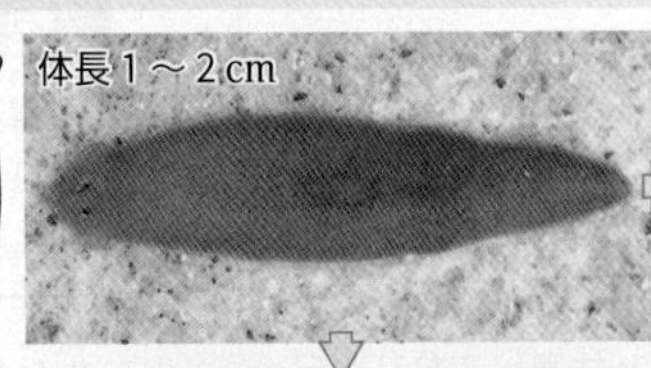

体長1～2cm

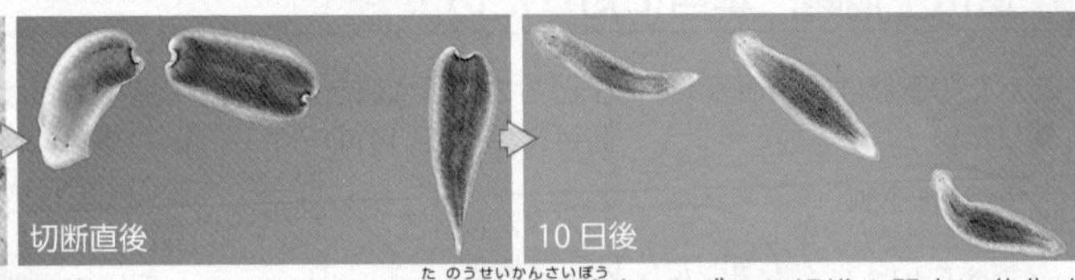

切断直後
10日後

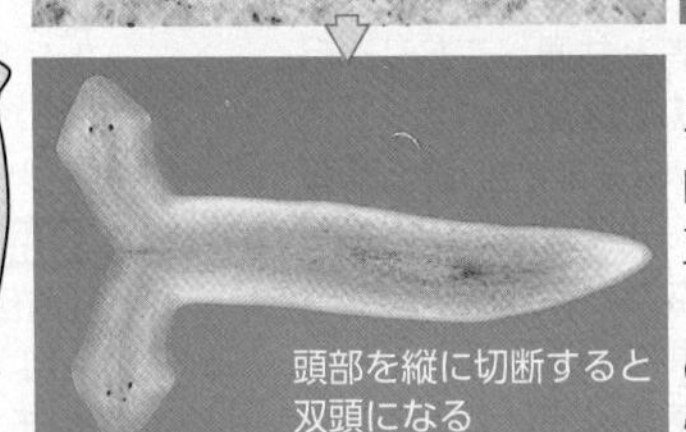

頭部を縦に切断すると双頭になる

プラナリアのからだには**多能性幹細胞**（たのうせいかんさいぼう）（さまざまな組織や器官に分化することができる未分化細胞）が多数存在する。からだが切断されると，傷口で多能性幹細胞が増殖して再生芽をつくる。再生芽が位置を認識して，正常なからだを再生する。

プラナリアは栄養状態に応じてからだの大きさが変化するが，全体の形の比率は変わらない。このことから，プラナリアは日常的にからだの位置情報を監視し，幹細胞を使って全身をつくり替えていると考えられる。

プチ雑学 イモリの水晶体の再生過程は，個体発生で行われる水晶体の形成とは異なっており，独自に進化したと予想される。イモリの眼の中には，水晶体を食べる寄生虫がすみつくことがある。水晶体を再生する能力は，このような寄生虫への感染で奪われた視力を回復するのに役立っていると考えられている。

Keywords ●再生 regeneration ●脱分化 dedifferentiation ●分化転換 transdifferentiation ●再生芽 regeneration blastema ●多能性幹細胞 pluripotent stem cell ●クローン clone

生 3 体細胞クローン 体細胞クローンの技術により，有益な形質をもつ動物を大量にふやすことが可能になる。

A 両生類の体細胞クローン

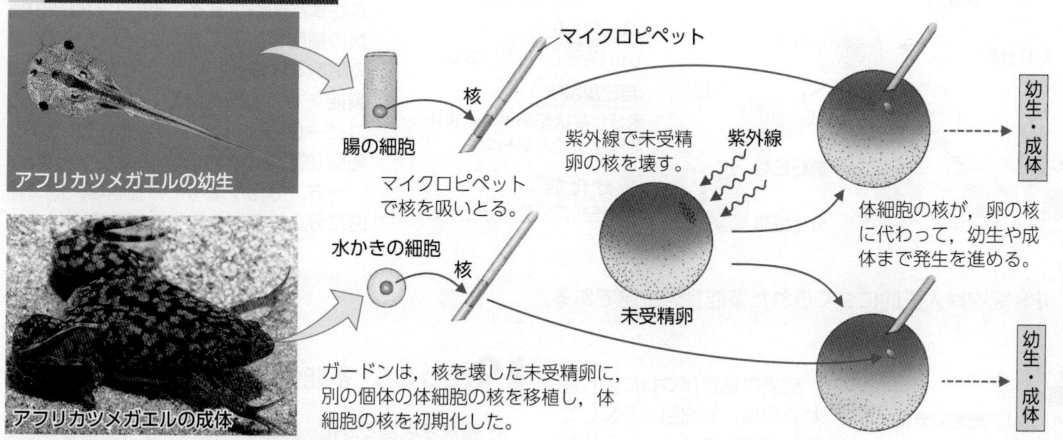
アフリカツメガエルの幼生
腸の細胞
核
マイクロピペット
マイクロピペットで核を吸いとる。
紫外線で未受精卵の核を壊す。
紫外線
幼生・成体
体細胞の核が，卵の核に代わって，幼生や成体まで発生を進める。
水かきの細胞
核
未受精卵
アフリカツメガエルの成体
ガードンは，核を壊した未受精卵に，別の個体の体細胞の核を移植し，体細胞の核を初期化した。
幼生・成体

John Bertrand Gurdon (1933～，イギリス)

同一の遺伝情報をもつ遺伝子や細胞，個体(の集団)を**クローン**という。体細胞からつくるクローンを**体細胞クローン**，初期の胚の割球からつくるクローンを**受精卵クローン**という。

分化した体細胞の核は，1つの個体をつくるのに必要なすべての遺伝子をもっているが，その発現は制限されている。未受精卵に体細胞の核を移植すると，その制限をとり除くこと(**初期化**)が可能で，体細胞クローンをつくることができる。

B 哺乳類の体細胞クローン

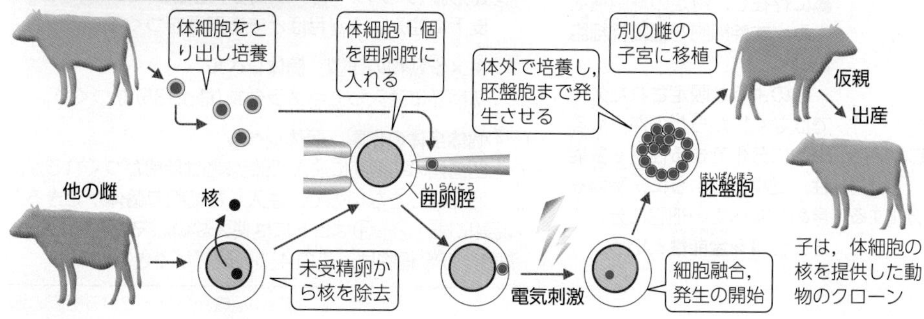
体細胞をとり出し培養
体細胞1個を囲卵腔に入れる
体外で培養し，胚盤胞まで発生させる
別の雌の子宮に移植
仮親
出産
他の雌
核
囲卵腔
胚盤胞
未受精卵から核を除去
電気刺激
細胞融合，発生の開始
子は，体細胞の核を提供した動物のクローン

Step up 受精卵クローン

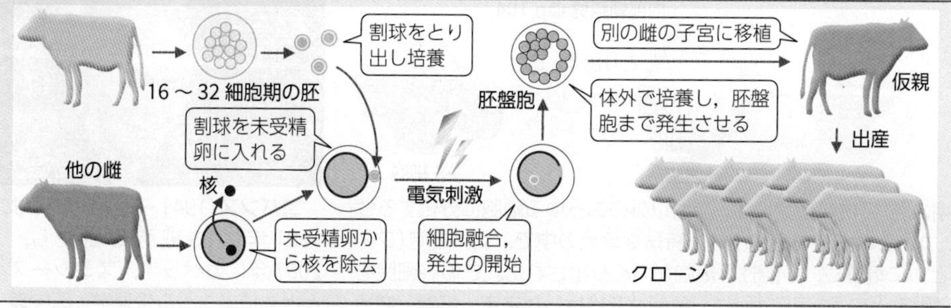
16～32細胞期の胚
割球をとり出し培養
別の雌の子宮に移植
胚盤胞
体外で培養し，胚盤胞まで発生させる
仮親
割球を未受精卵に入れる
他の雌
核
電気刺激
出産
未受精卵から核を除去
細胞融合，発生の開始
クローン

Column クローンヒツジ

ウィルマットとクローンヒツジ

1996年7月，イギリスのロスリン研究所で，ウィルマットらは，哺乳類ではじめて体細胞クローンをつくることに成功した。彼らはヒツジを使って実験を行い，生まれたクローンに「ドリー」と名づけた。

その後，ウシなど他のさまざまな哺乳類で，体細胞クローンの成功が報告されている。この技術を使えば，有益な形質をもつ哺乳類を大量生産することが可能になる。体細胞クローン技術は，私たちの食料や医療などに，大きな影響を与えることになる。

Ian Wilmut (1944～，イギリス)

生 4 クローンの利用 未解決の問題が残されているので，慎重に進める必要がある。

有用な動物

大量に産生

同一遺伝子をもつ個体

畜産用，研究用動物の大量生産

品種改良や遺伝子組換えによって得られた優良な家畜や，ノックアウト動物など研究・実験用の動物を大量にふやすことができる。

異種移植(臓器移植)

拒絶反応を起こさないトランスジェニック生物(▶p.120)をつくり，それを大量生産して，ヒトの移植用臓器をとり出す研究が行われている。しかし，動物がもつウイルスによる感染症など，未知の問題も多い。

動物製薬工場

医薬品タンパク質を産生するトランスジェニック生物(▶p.128)をつくり，それを大量生産すれば，医薬品タンパク質の動物工場になる。

クローン技術の問題点

- 体細胞クローンは，両性による受精を必要としない無性生殖によりつくられる。有性生殖による生命誕生の意義は保たれるのか。
- クローン動物の遺伝子などにおける異常や，子孫に与える影響などはあるのか。

プチ雑学 マウスの体細胞クローンは，作製が難しいと考えられていた。しかし，ハワイ大学に留学していた若山照彦は，細胞融合をせず，核をとり除いた未受精卵に，卵丘細胞の核を直接注入する方法で，マウスの体細胞クローンの作製に成功した(1997年)。

幹細胞とその利用

1 幹細胞とは何か 幹細胞は，自己複製能と多分化能をもった未分化な細胞である。

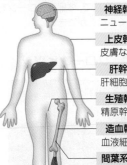

幹細胞 増殖 対称分裂 分化 非対称分裂 前駆細胞 分化細胞

幹細胞の特徴

未分化
分化(特殊化)していない。

自己複製能
未分化な状態を保ったまま，増殖する能力をもつ。

多分化能
複数種類の細胞に分化できる。

からだには，組織や器官を構成するさまざまな細胞がある。その中の複数の種類の細胞を無限につくり出すことができる細胞を**幹細胞**という。幹細胞は**自己複製能**をもち，細胞分裂して「自分自身のコピー(幹細胞)」と「他の細胞に分化する細胞(前駆細胞)」を同時につくり出す。

一方，分化が進んだ体細胞は，他の細胞に分化する能力を失っている。

2 幹細胞 ES細胞，iPS細胞は人工的につくられた多能性幹細胞である。

A 組織幹細胞

神経幹細胞
ニューロン，グリア細胞に分化する。

上皮幹細胞
皮膚などの細胞に分化する。

肝幹細胞
肝細胞，胆管上皮細胞に分化する。

生殖幹細胞
精原幹細胞。精子に分化する。

造血幹細胞
血液細胞に分化する(▶p.159)。

間葉系幹細胞
骨格筋，骨，脂肪などの細胞に分化する。

骨格筋幹細胞
骨格筋の細胞に分化する。

皮膚の細胞がつねに入れ替わるのは，幹細胞が分裂して新しい細胞をつくるからである。このように，からだの組織に存在し，特定の細胞種を生み出す幹細胞を**組織幹細胞**という。

このような限定された分化ではなく，からだのあらゆる細胞に分化できる性質を**多能性**，受精卵のように，胎盤を含めたすべての細胞に分化できる性質を**全能性**という。

Step up 多能性を確認する方法

①特殊な培地で分化 細胞レベル
特殊な培地で培養して，さまざまな細胞に分化させる。

②奇形腫(テラトーマ)* の形成 組織レベル
皮下に注入。1か月ほどで奇形腫をつくる。

③キメラ動物の作製 個体レベル
初期胚に注入してキメラ動物(▶p.135)をつくる。

④個体全体の作製 個体レベル
四倍体の初期胚に注入。四倍体胚は胎盤がつくれるが，胎児はできないので，注入した細胞で個体ができる。

現実には，②〜④はヒトには使えない。マウスのES細胞，iPS細胞は，この4つの確認ができている。

＊奇形腫 複数の組織からできている細胞の塊。

B 人工の幹細胞 ▶p.137

ES細胞 胚性幹細胞(embryonic stem cell)

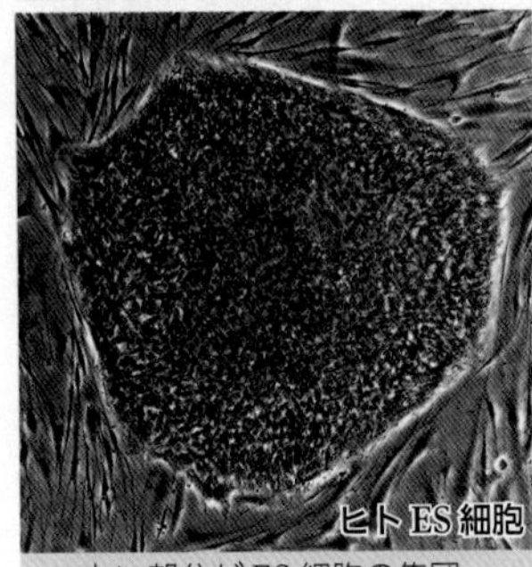
ヒトES細胞
丸い部分がES細胞の集団。

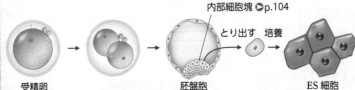

受精卵 → → 胚盤胞 内部細胞塊 ▶p.104 とり出す 培養 → ES細胞

胚盤胞(胞胚期の胚)の**内部細胞塊**は，胎盤以外のあらゆる細胞に分化する性質(多能性)をもつ。この細胞をとり出し，特殊な培地の中で，支持細胞(フィーダー細胞)とともに培養し，多能性幹細胞がつくり出された。この幹細胞を**胚性幹細胞(ES細胞)**という。ES細胞は，多能性を維持したまま，培養・増殖が可能である。

ES細胞の樹立

エバンズ

エバンズ(1941〜，イギリス)は，1981年にES細胞を樹立し，2007年にカペッキ，スミシーズとともにノーベル生理学・医学賞を受賞した。

iPS細胞 人工多能性幹細胞(induced pluripotent stem cell)

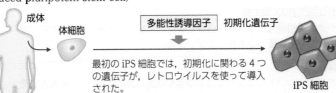

京都大学教授 山中伸弥 提供
ヒトiPS細胞
丸い部分がiPS細胞の集団。

成体 → 体細胞 — 多能性誘導因子 初期化遺伝子 → iPS細胞

最初のiPS細胞では，初期化に関わる4つの遺伝子が，レトロウイルスを使って導入された。

分化が進んだ体細胞は，他の細胞に分化できない。このような体細胞に4種類の遺伝子を導入し，多能性幹細胞がつくり出された。この幹細胞を**人工多能性幹細胞(iPS細胞)**という。iPS細胞は，ES細胞と同様の性質をもっている。なお，このように，分化した細胞が多能性をとり戻すことを**初期化**という。

iPS細胞の樹立

京都大学 iPS 細胞研究所提供
山中伸弥

山中伸弥(1962〜，日本)は，2006年にマウス，2007年にヒトの体細胞からiPS細胞を樹立し，2012年にガードンとともにノーベル生理学・医学賞を受賞した。

プチ雑学
組織幹細胞のように，一部の細胞種にのみ分化する性質をmultipotencyという。multipotencyとpluripotency(すべての細胞に分化できる性質)は，どちらも「多能性」と訳されることがあり，日本語ではこの2つの違いがあいまいになっている。本書では，pluripotencyを多能性としている。

Keywords
●幹細胞 stem cell ●組織幹細胞 tissue stem cell ●多能性 pluripotency ●全能性 totipotency
●胚性幹細胞 embryonic stem cell ●人工多能性幹細胞 induced pluripotent stem cell
●分化 differentiation ●増殖 proliferation ●培養 culture ●組織化 organization ●キメラ chimera

生 3 分化・増殖・組織化 幹細胞を維持・増殖させて，目的の細胞・組織へと分化させる。

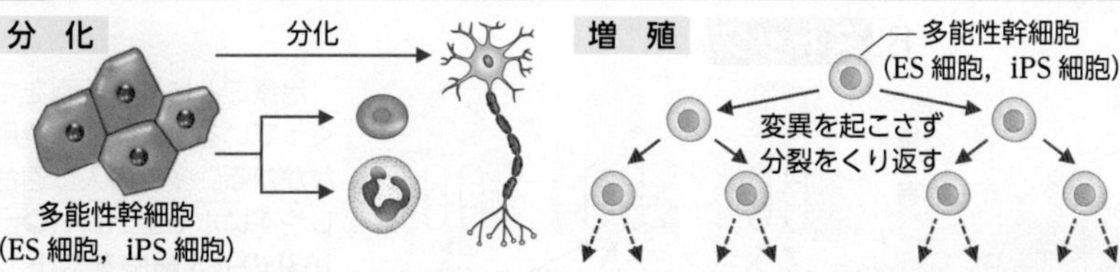
分 化
分化
多能性幹細胞
(ES 細胞，iPS 細胞)
増 殖
多能性幹細胞
(ES 細胞，iPS 細胞)
変異を起こさず
分裂をくり返す

幹細胞を目的の細胞へと分化(▶p.91)させる方法が開発されている。

実用のために大量の細胞を使うため，細胞を変異なく増殖させる技術が求められる。

組織化

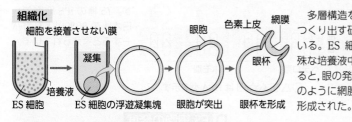

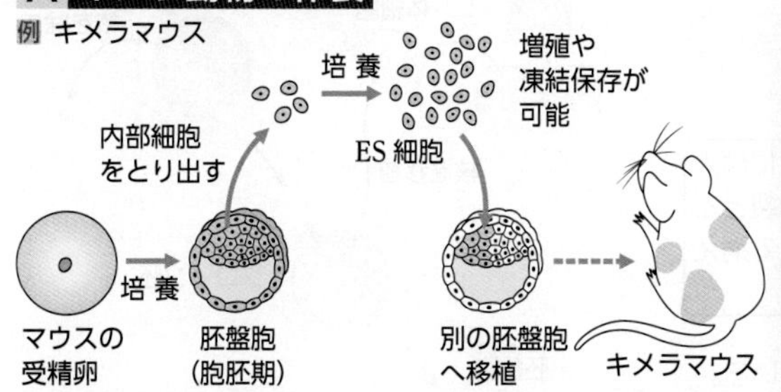
細胞を接着させない膜
凝集
培養液
ES 細胞
ES 細胞の浮遊凝集塊
眼胞
眼胞が突出

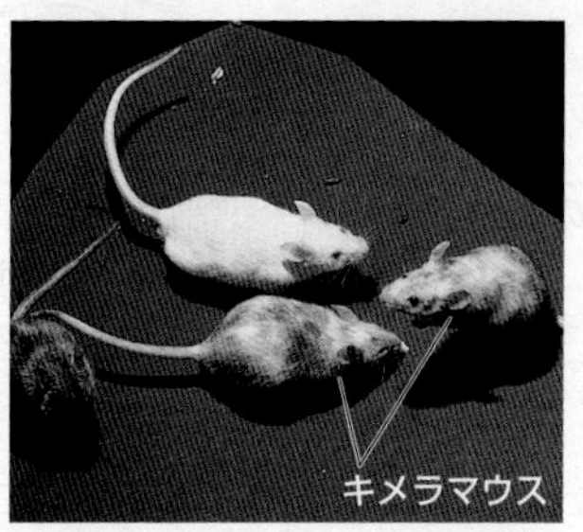
色素上皮
網膜
眼杯
眼杯を形成

多層構造を幹細胞からつくり出す研究が進んでいる。ES 細胞の塊を特殊な培養液中で分化させると，眼の発生(▶p.112)のように網膜の層構造が形成された。

Column 誘導物質アクチビンの発見

1989 年に，浅島誠(あさしままこと)は，中胚葉誘導を引き起こす物質としてアクチビンを発見した。幹細胞のようなカエルの未分化細胞を，さまざまな濃度のアクチビン溶液で培養すると，低濃度では血球や体腔上皮，中濃度では筋肉，高濃度では脊索，心臓などが誘導される。

さらに，アクチビンに加え，レチノイン酸などを添加すると，すい臓や腎臓が誘導される。この発見は，多能性幹細胞の研究やその利用にもつながっている。

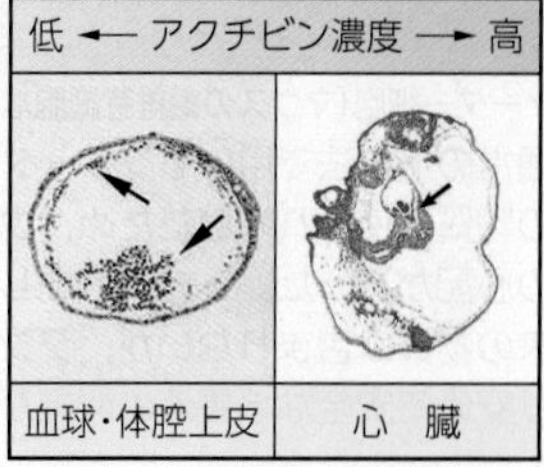
低 ← アクチビン濃度 → 高
血球・体腔上皮
心 臓

※中胚葉誘導の研究 ▶p.111

生 4 キメラ動物 初期胚の調節能力を利用して，異種の細胞が混在するキメラ動物を作製する。

A キメラ動物の作製

例 キメラマウス

内部細胞をとり出す　培養　ES 細胞　増殖や凍結保存が可能　マウスの受精卵　培養　胚盤胞(胞胚期)　別の胚盤胞へ移植　キメラマウス　キメラマウス

異なる遺伝子型の細胞，または異なる種の細胞が混在している生物を**キメラ**とよぶ。脊椎動物のキメラを作製する方法には，桑実胚までの初期胚を融合させる方法や，胚盤胞の中に ES 細胞(▶p.134)などの幹細胞を注入する方法がとられる。キメラ動物は，胚発生や免疫系の研究に役立てられるほか，遺伝子組換え動物やノックアウト動物の作製などに利用される。

Column キメラ動物と免疫

ウズラの胎児から，将来翼が生える部分の神経管を切り取り，ニワトリの神経管に移植すると，ウズラの翼をもったニワトリができる。このウズラ - ニワトリキメラは初めは問題なく成長するが，ふ化後 50 日頃を過ぎると突然翼が動かなくなり，やがて死んでしまう。これは，生後しばらくして完成したニワトリの免疫系が，ウズラの組織(翼を支配する神経など)に対して拒絶反応(▶p.163)を起こしたからである。このキメラにウズラの胸腺上皮細胞を移植すると，拒絶反応は起こらない。この実験は，免疫系が自己成分と異物を識別するしくみの解明に大きく貢献した。

B ノックアウト動物の作製 ノックアウト ▶p.125

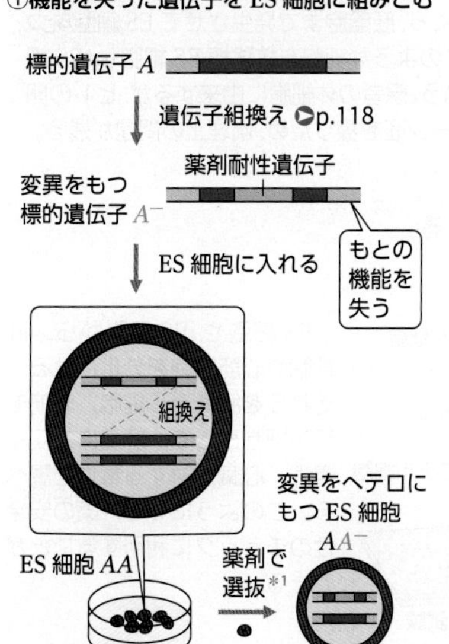
①機能を失った遺伝子を ES 細胞に組みこむ
標的遺伝子 A
遺伝子組換え ▶p.118
薬剤耐性遺伝子
変異をもつ標的遺伝子 A⁻
ES 細胞に入れる
もとの機能を失う
組換え
変異をヘテロにもつ ES 細胞
AA⁻
ES 細胞 AA
薬剤で選抜*1

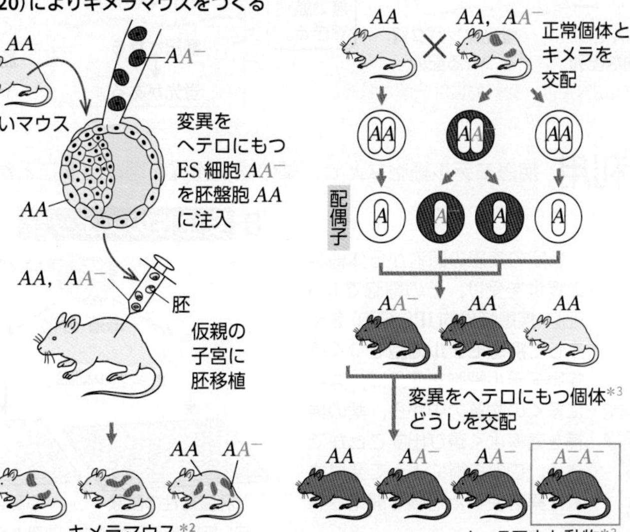
②マイクロインジェクション法(▶p.120)によりキメラマウスをつくる
AA
白いマウス
AA⁻
変異をヘテロにもつ ES 細胞 AA⁻ を胚盤胞 AA に注入
AA
AA，AA⁻
胚
仮親の子宮に胚移植
AA AA⁻
キメラマウス*2
③交配によりノックアウトマウスをつくる
AA
AA，AA⁻
正常個体とキメラを交配
配偶子
AA⁻ AA AA
変異をヘテロにもつ個体*3どうしを交配
AA AA⁻ AA⁻ A⁻A⁻
ノックアウト動物*3

*1 薬剤耐性を指標に選抜する。　*2 体色を指標に選抜する。　*3 DNAを調べて選抜する。

キメラは**ノックアウト動物**(特定の遺伝子を人為的に働かなくさせた動物)の作製に利用されている。

ノックアウト動物の作製にあたっては，まず，遺伝子組換えを利用して，機能を失った遺伝子を ES 細胞に組みこみ，特定の遺伝子を働かなくさせた ES 細胞をつくる。この ES 細胞を使ってキメラを作製し，このキメラと正常個体との子のうち，組換え遺伝子をもつ個体(ヘテロ接合体)どうしを交配させ，ノックアウト動物(ホモ接合体)を得る。

ノックアウト動物は，特定の遺伝子の働きを明らかにするなど，研究用の動物として大変重要である。

プチ雑学 キメラという言葉の由来は，ギリシア神話に出てくる怪物(ライオンの頭とヤギの胴とヘビの尾をもつ)の名前である。

136 幹細胞と医療

1 多能性幹細胞の改良・発展 安全性や有効性の向上のため，技術の改良・発展が行われている。

A 培養法の改良

通常の培養法

培養液（ウシの血清など）

ES 細胞，iPS 細胞

フィーダー細胞（マウスの繊維芽細胞など）

医療用の培養法

人工培養液

ES 細胞，iPS 細胞

合成したタンパク質

通常の培養法で用いるフィーダー細胞や培養液には，ヒト以外の生物由来の物質が使われていたため，ウイルスや未知の物質の混入など，安全面での心配があった。一方，合成したタンパク質を使うと，ヒト以外の生物由来の物質は含まれないが，タンパク質を合成するためのコストがかかる。より安価で安全な培養液の開発が進んでいる。

B ストック

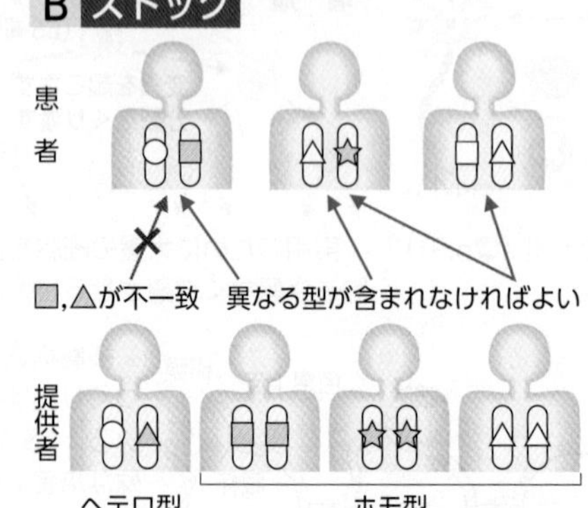

患者
□,△が不一致
異なる型が含まれなければよい
提供者
ヘテロ型
ホモ型

○△□▲☆■は HLA 型を示す。

治療ごとに iPS 細胞をつくっていると，時間や費用がかかる。多くの人に適合しやすいホモ型 HLA（▶p. 163）の iPS 細胞をストックすることで，拒絶反応を防ぎ，効率的な治療をめざす。75 種の iPS 細胞で，日本人の 80％以上をカバーすると考えられている。

C iPS 細胞の改良

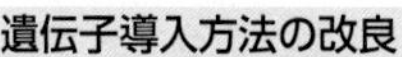

導入遺伝子の改良

山中因子（OSKM）

Oct3/4 遺伝子

Sox2 遺伝子

Klf4 遺伝子

c-Myc 遺伝子 → がん化を減らす → *L-Myc* 遺伝子

がん化の危険性を高めると考えられていた *c-Myc* 遺伝子を *L-Myc* 遺伝子にして，iPS 細胞の作製に成功した。

遺伝子導入方法の改良

ウイルスで導入 → プラスミドで導入

ウイルス：細胞の DNA に入りこみ，細胞分裂しても，そのまま残る。

プラスミド：細胞の DNA には入らず，細胞分裂とともに，薄まって消えていく。

細胞の選抜方法 miRNA（▶p.91）を使って，分化した細胞を選び出す方法が開発されている。

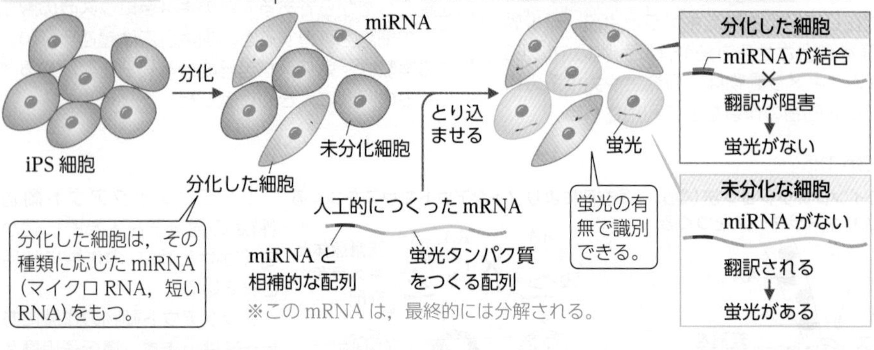

iPS 細胞
分化
miRNA
未分化細胞
分化した細胞
とり込ませる
蛍光
分化した細胞
miRNA が結合
×
翻訳が阻害
蛍光がない
未分化な細胞
miRNA がない
翻訳される
蛍光がある
分化した細胞は，その種類に応じた miRNA（マイクロ RNA，短い RNA）をもつ。
人工的につくった mRNA
miRNA と相補的な配列
蛍光タンパク質をつくる配列
※この mRNA は，最終的には分解される。
蛍光の有無で識別できる。

D ES 細胞の発展

核移植 ES 細胞（ntES 細胞，**n**uclear **t**ransfer ES cell）

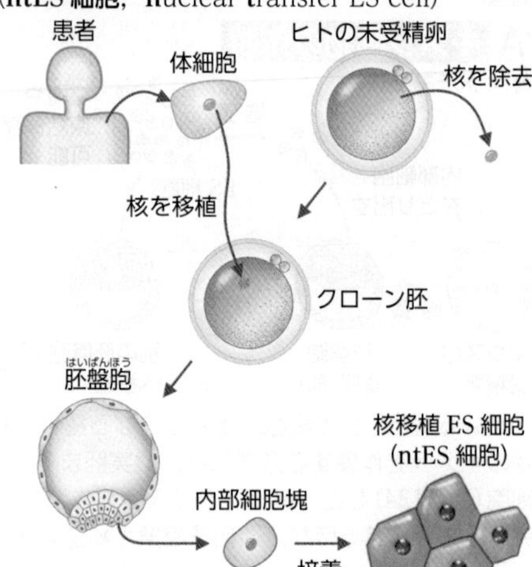

患者
体細胞
ヒトの未受精卵
核を除去
核を移植
クローン胚
胚盤胞
内部細胞塊
培養
核移植 ES 細胞（ntES 細胞）

除核した卵に体細胞の核を注入してクローン胚をつくり，胚盤胞まで発生させて ES 細胞をつくる。このような細胞を**核移植 ES 細胞（ntES 細胞）**という。患者の体細胞に由来するが，ヒトの卵やクローン胚を扱うため，倫理上の問題が残る。

2 新薬開発への利用 疾患モデル細胞などで，薬の候補物質を選び出すことができる。

A 疾患モデル細胞

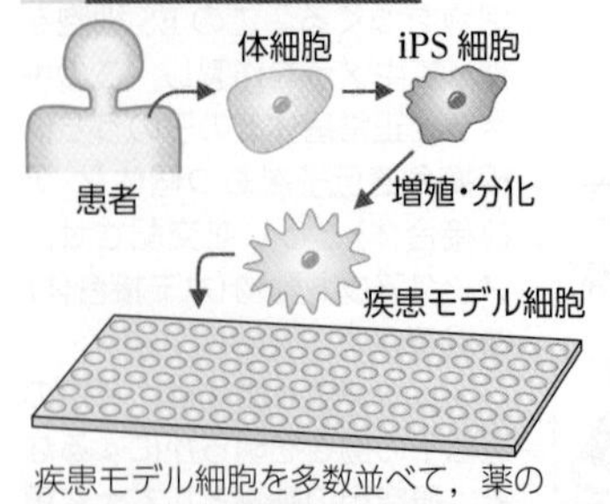

体細胞
iPS 細胞
患者
増殖・分化
疾患モデル細胞

疾患モデル細胞を多数並べて，薬の候補物質の効果を効率よく試験する。

特定の疾患の患者から体細胞の提供を受け，その細胞で iPS 細胞（**疾患特異的 iPS 細胞**）を樹立して**疾患モデル細胞**をつくる。疾患モデル細胞を使えば，非常に多くの物質の中から，薬の候補を効率よく選び出すことができる。この技術によって発見された薬を使った治験も開始されている。

B 安全性のチェック

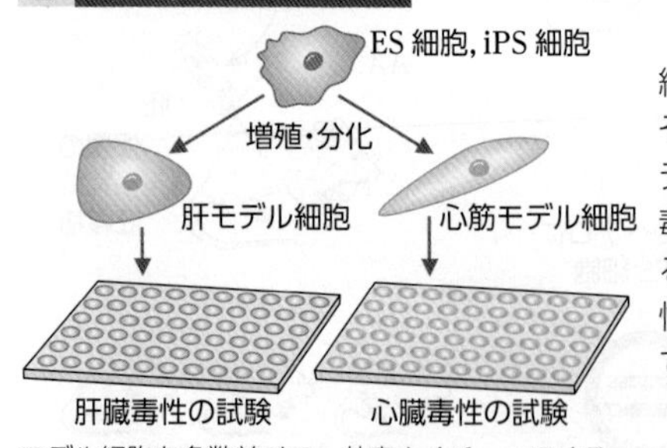

ES 細胞，iPS 細胞
増殖・分化
肝モデル細胞
心筋モデル細胞
肝臓毒性の試験
心臓毒性の試験

モデル細胞を多数並べて，効率よくチェックする。

ES 細胞や iPS 細胞から，肝細胞や心筋細胞を分化させる。それらを肝モデル細胞，心筋モデル細胞として，肝臓に対する毒性，心臓に対する毒性を調べる。このようにして，薬の安全性のチェックに利用することができる。

プチ雑学

間葉系幹細胞（▶p.134）から新しいタイプの幹細胞（Muse 細胞，multilineage differentiating stress enduring cell）が分離された。通常の間葉系幹細胞は，中胚葉の細胞に分化が限られるが，Muse 細胞はどの胚葉の細胞にも分化できる。今後の研究に期待されている。

Keywords ●核移植 ES 細胞 nuclear transfer ES cell ●疾患特異的 iPS 細胞 disease-specific iPS cell ●疾患モデル細胞 disease model cell ●再生医療 regenerative medicine

3 再生医療への利用 幹細胞から組織をつくり出し，それを移植して再生させる。

A 皮膚・角膜 組織幹細胞の利用

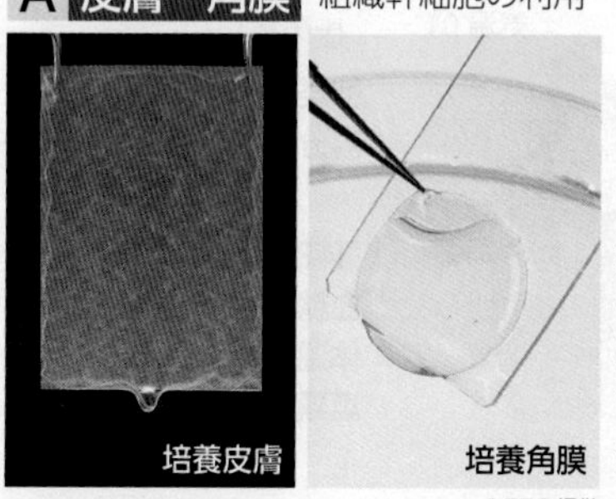

培養皮膚　培養角膜

J-TEC 提供

広範囲の皮膚が失われた場合，自然な皮膚再生では間に合わない。患者からとった皮膚をもとに，移植用の培養皮膚をつくり，損傷の治療に用いられている。

わずかに残った角膜輪部の細胞を培養し角膜をつくることができる。これが実用化すれば，角膜損傷の治療が可能になる。

B 加齢黄斑変性 失われた視細胞を再生

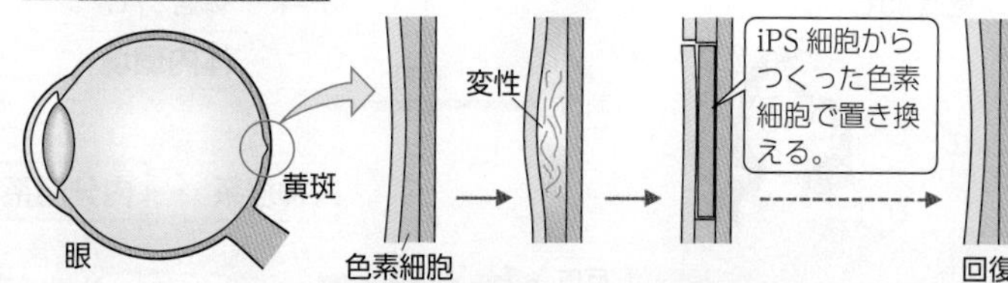
眼
黄斑
変性
色素細胞
iPS 細胞からつくった色素細胞で置き換える。
回復

網膜には，視細胞を維持する色素細胞(p.180)がある。この細胞が加齢により変性し，視力を低下させる病気(加齢黄斑変性)がある。iPS 細胞から色素細胞をつくって移植する臨床研究が行われている。

つながる生物学 工業 3D バイオプリンティング

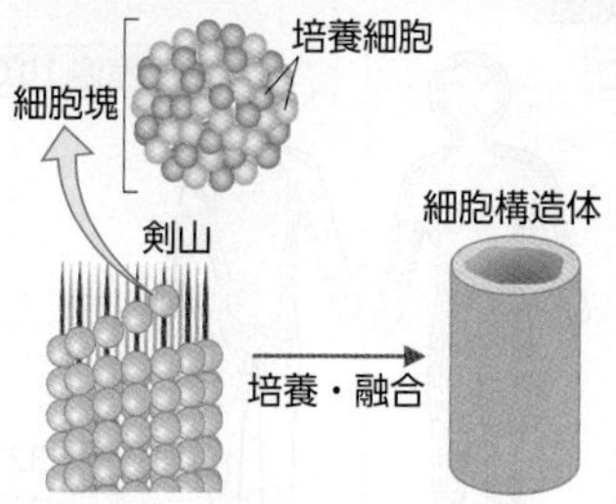
培養細胞
細胞塊
剣山
細胞構造体
培養・融合

iPS 細胞を用いた移植の臨床研究は本格化している。現在移植されているのは細胞やシート状の細胞だが，より複雑で立体的な組織や器官の作製も試みられている。3Dプリンタを応用した「3Dバイオプリンティング」という技術では，培養細胞の塊(細胞塊)を設計図通りに剣山に刺して積み上げることで，立体的な細胞構造体を作成できる。iPS細胞に関しては，このような実用化・産業化に向けた技術開発にも期待が高まっている。

理化学研究所提供

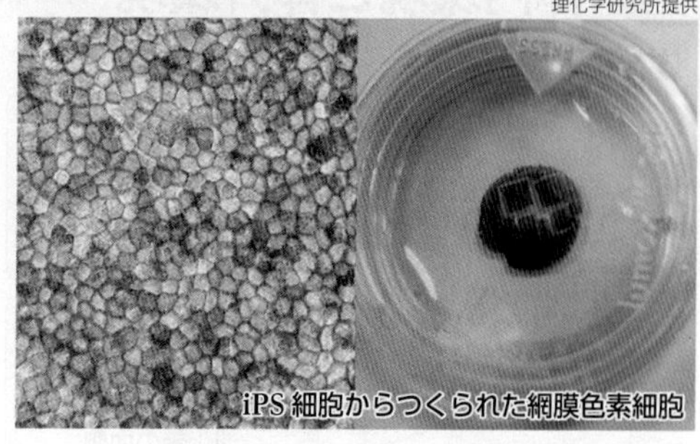

iPS 細胞からつくられた網膜色素細胞

C 疾患への利用 分化させる細胞(対応するおもな疾患)

- インスリン産生細胞(1 型糖尿病)p.147
- ニューロン，グリア細胞(脊髄損傷)p.141，172
- 角膜の細胞(水疱性角膜症)p.180
- 肝細胞(肝代謝障害，肝硬変)p.154
- 筋芽細胞(筋ジストロフィー症)
- グリア細胞(脱髄疾患)p.172
- 血管内皮細胞(動脈硬化症)
- 血小板(血小板減少症，血小板無力症)
- 骨細胞，破骨細胞(骨腫瘍，骨粗鬆症)
- 糸球体の細胞，細尿管の細胞(腎不全)p.152
- 心筋細胞(心筋梗塞，心筋症)p.150
- 造血幹細胞(白血病，鎌状赤血球貧血症)p.159，264
- ドーパミン産生ニューロン(パーキンソン病)p.178
- 表皮細胞(熱傷などによる皮膚欠損)
- 色素細胞(加齢黄斑変性)p.180

Memo 臨床研究とは

医療の現場で行われる研究が**臨床研究**で，薬や医療機器などの安全性，有効性を確認するため，治療をかねて行われる臨床研究が**臨床試験**である。また，新しい薬や医療機器などの承認を，厚生労働省から得る目的で行う臨床試験が**治験**である。一定の規定を設け，充分な説明を行った上で，患者の合意(**インフォームドコンセント**)を得て進められる。

4 多能性幹細胞の課題 幹細胞の特徴や課題をよく理解して扱う必要がある。

幹細胞の比較

	組織幹細胞	ES 細胞	iPS 細胞
由来	体内に存在	胚から作製	体細胞から作製
分化能	限られた細胞にのみ分化	多能性	多能性
移植時の拒絶反応	本人の細胞を使えば，拒絶反応はない	本人の細胞からつくれないので，対策が必要	本人の細胞からつくれば，拒絶反応はない
移植時のがん化	可能性は低い	可能性がある	可能性がある
倫理上の問題点	特別な問題はない	胚の破壊，生殖細胞が作製可能	生殖細胞が作製可能

倫理上の課題

ヒト胚の破壊　受精から生命が始まると考える人もいる。ヒト胚を破壊してつくるヒト ES 細胞には，倫理上の問題が残る。

ヒト生殖細胞の作製　多能性幹細胞(ES 細胞，iPS 細胞)から生殖細胞(卵や精子)をつくることもできる。新たな生命の誕生につながる操作は，生命の尊厳に関わる倫理上の問題である。

遺伝情報の扱い　遺伝情報は，本人だけでなく，世代をこえて関わる重要な個人情報である(p.130，131)。十分な配慮が必要になる。

再生医療や創薬など，幹細胞の研究にはさまざまな恩恵もある。倫理上の問題にきちんと配慮しながら，研究環境を整えることが大切だという意見もある。

Column ES 細胞の今後

ES 細胞は，受精卵からつくるため，倫理上の問題が残る。しかし，受精卵由来だからこそ，**標準的な多能性幹細胞**としての意味がある。ES 細胞との比較や，ES 細胞の研究成果(培養や分化の方法など)は，iPS 細胞などの多能性幹細胞の研究には欠かせない。

不妊治療における体外受精では，残った受精卵は最終的には破棄される。両親のインフォームドコンセントを得て，この余剰受精卵を使って ES 細胞の樹立を行う。この使い方をどのように考えるか。

生命の尊厳に関わる倫理上の問題と，健康な生活に関わる新しい医療などの恩恵。これらは私たちに直接関わる課題である。納得のいく判断をするためにも，確かな知識とさまざまな意見を得ることが大切であろう。

プチ雑学　山中は当初，iPS 細胞の名前を覚えやすい 2 文字で考えていたが，候補の名前はほかで使われていたため iPS となった。iPS の i が小文字であるのは，当時流行していたアップル社の音楽プレイヤーである iPod にならったものである。

138 体内環境と恒常性・体液

Overview 体内環境と恒常性

ヒトの体内環境は，体外環境が変動しても一定に保たれる。体内環境を一定に保つ性質を恒常性（ホメオスタシス）という。体内では，神経系や内分泌系によって情報が伝達される。

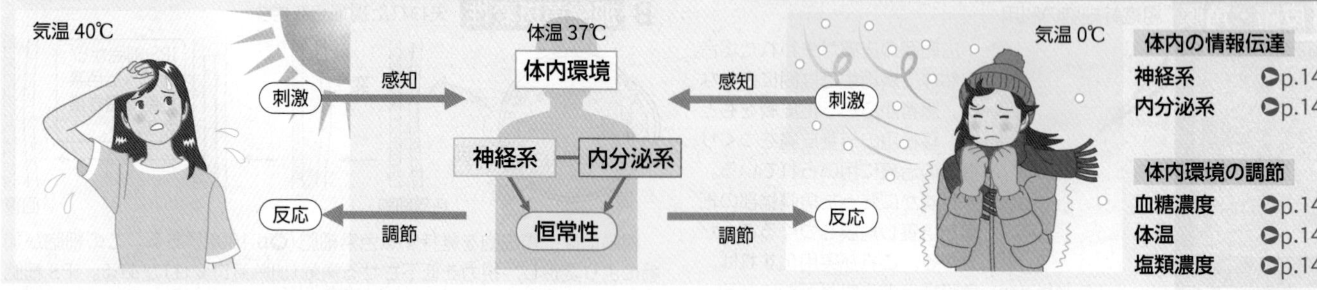
気温 40℃
刺激
感知
反応
調節
体温 37℃
体内環境
神経系
内分泌系
恒常性
気温 0℃
感知
刺激
調節
反応

体内の情報伝達
神経系 ▶p.141
内分泌系 ▶p.144

体内環境の調節
血糖濃度 ▶p.146
体温 ▶p.148
塩類濃度 ▶p.148

基 1 体内環境と体外環境 体外環境が変動しても，体内環境はほぼ一定に保たれる。

体内環境と体外環境

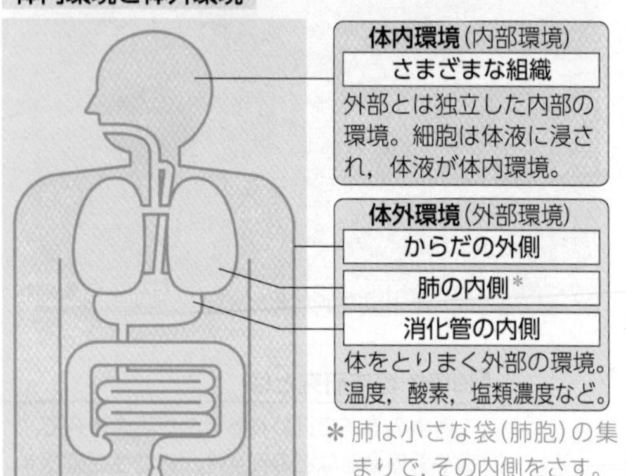
体内環境（内部環境）
さまざまな組織
外部とは独立した内部の環境。細胞は体液に浸され，体液が体内環境。
体外環境（外部環境）
からだの外側
肺の内側*
消化管の内側
体をとりまく外部の環境。温度，酸素，塩類濃度など。

＊肺は小さな袋（肺胞）の集まりで，その内側をさす。

環境変動の比較 イメージ図

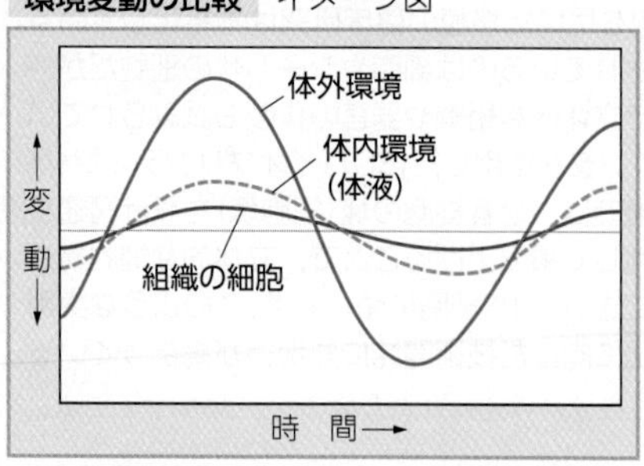
体外環境
体内環境
（体液）
組織の細胞
変動
時間

体外環境が変動しても，体内環境の変動は小さくおさえられる。組織の細胞への影響は，さらに小さくなっている。

体温と気温

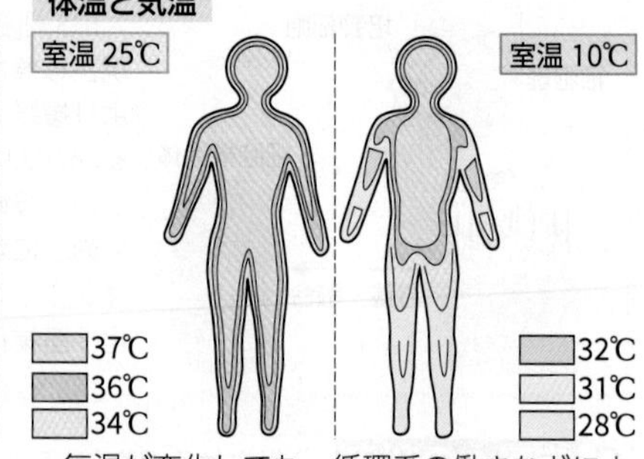
室温 25℃
室温 10℃
37℃
36℃
34℃
32℃
31℃
28℃

気温が変化しても，循環系の働きなどによって，からだの中心部はほぼ 37℃に保たれる（▶p.148）。

基 2 体液の循環 体液が循環することで，物質や熱を全身に運ぶ。

A 体液の循環

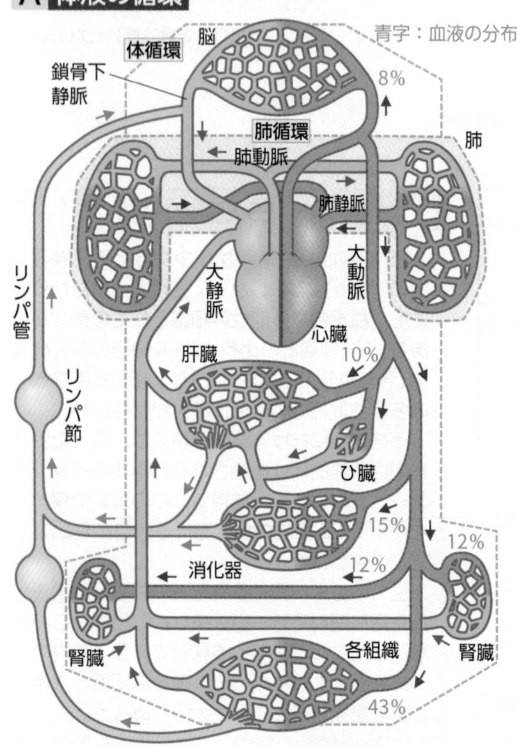
青字：血液の分布
体循環
脳
鎖骨下静脈
8%
肺循環
肺動脈
肺
肺静脈
大静脈
大動脈
リンパ管
心臓
肝臓
10%
リンパ節
ひ臓
15%
12%
消化器
12%
腎臓
各組織
腎臓
43%

肺循環（はいじゅんかん）
肺と心臓の間の血液の循環。肺から血液へ酸素が，血液から肺へ二酸化炭素が渡される。肺動脈には静脈血，肺静脈には動脈血が流れる。

体循環（たいじゅんかん）
全身と心臓の間の血液の循環。血液から各組織の細胞に酸素や栄養分が，各組織の細胞から血液に二酸化炭素や老廃物が渡される。

血しょうは毛細血管からしみ出して**組織液**となり，その一部は**リンパ管**に入る。リンパ管は，**鎖骨下静脈**（さこつかじょうみゃく）で血管系と合流する。
リンパ系 ▶p.158

B 組織と体液

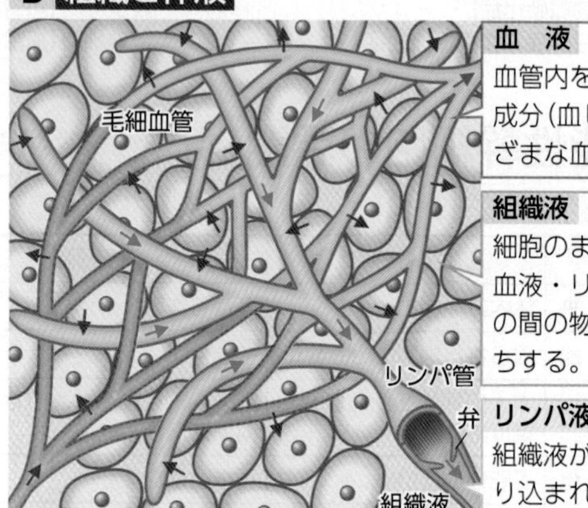
毛細血管
リンパ管
弁
組織液

血液
血管内を流れる。液体成分（血しょう）とさまざまな血球からなる。

組織液（間質液）
細胞のまわりを満たす。血液・リンパ液と細胞の間の物質交換を仲だちする。

リンパ液
組織液がリンパ管にとり込まれたもの。

C 体液の区分

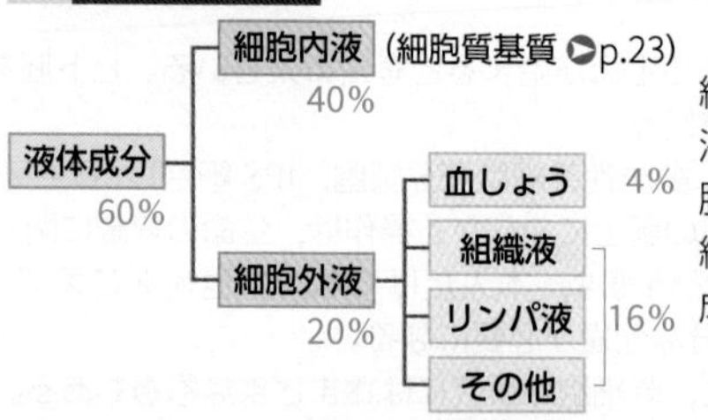
液体成分
60%
細胞内液（細胞質基質 ▶p.23）
40%
細胞外液
20%
血しょう
4%
組織液
リンパ液
その他
16%

青字：体重に占める割合（成人男性）

体内の液体成分は，細胞内の液体（細胞内液）と細胞外の液体（細胞外液）に分けられる。細胞内外のイオンの組成は異なる（▶p.24）。

プチ雑学 リンパ系（リンパ管，リンパ節など）には，組織液の量の調整，消化吸収された脂質の運搬，免疫細胞の産生などの機能がある。リンパ管には弁があり，静脈（▶p.150）と類似の構造をしている。

基 3 血液の成分と働き 血液は，物質の運搬や生体防御など重要な働きをする。

血球の生成と種類 ▶p.159 Link

成分		特徴	直径(μm)	数(個/mm³)	生成場所	破壊場所	寿命	おもな働き	割合
有形成分	赤血球	円盤形・無核	6～9	男 500万 女 450万	骨髄(胎児では肝臓・ひ臓)	おもにひ臓	120日	酸素の運搬	45%
	白血球	アメーバ運動 有核	6～20	6000～8000	骨髄	ひ臓	好中球で2～3日	食作用 感染防御	
	血小板	無核	2～3	15万～35万	骨髄	ひ臓	5～10日	血液の凝固作用	
液体成分	血しょう	水(約90%)，タンパク質*(約7%)，無機塩類(約0.9%)，その他有機物(グルコース，脂質，ホルモンなど)からなる。＊アルブミン4%，グロブリン2.6%，フィブリノーゲン0.4%						物質運搬 感染防御	55%

ヒトの血液総量は体重の7.7%(13分の1)。白血球は血液中の呼吸色素(ヘモグロビンなど ▶p.151)をもたない細胞の総称。

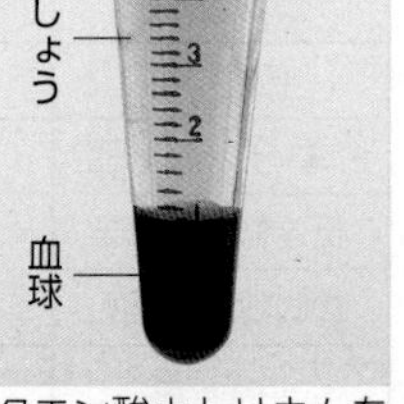

血しょう
血球

クエン酸ナトリウムを加えて静置したもの。

基 生 4 血液凝固 血液凝固によって出血を止め，線溶によって血流を正常に戻す。

A 血ぺいの形成

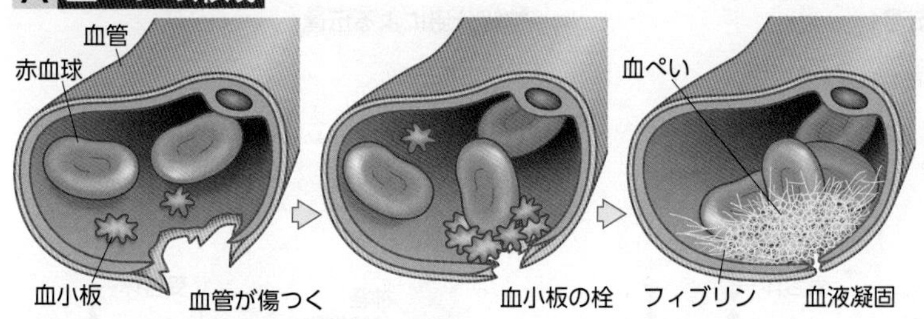

血管
赤血球
血小板
血管が傷つく
血ぺい
血小板の栓
フィブリン
血液凝固

フィブリンが赤血球などをからめて**血ぺい**ができ，出血を止める。

B 凝固と線溶

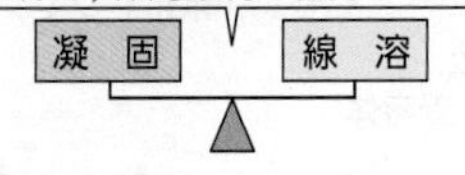

相反する2つの働きがバランスを保ち，体内環境が維持される。
凝固
線溶

血液凝固が起こると，その後の血管の修復に続いて，**線溶**(せんよう)(**フィブリン溶解**)というしくみが働く。線溶とはフィブリンの網を分解する反応で，線溶の結果，血流が正常に回復する。

血栓と梗塞

血管内で血液が固まったものを血栓(けっせん)，血栓によって血管がふさがれて周辺組織が壊死(えし)することを梗塞(こうそく)という。血液凝固と線溶は相反する反応で，体内では絶妙なバランスを保っている。

C 血液凝固のしくみ

※着色画像

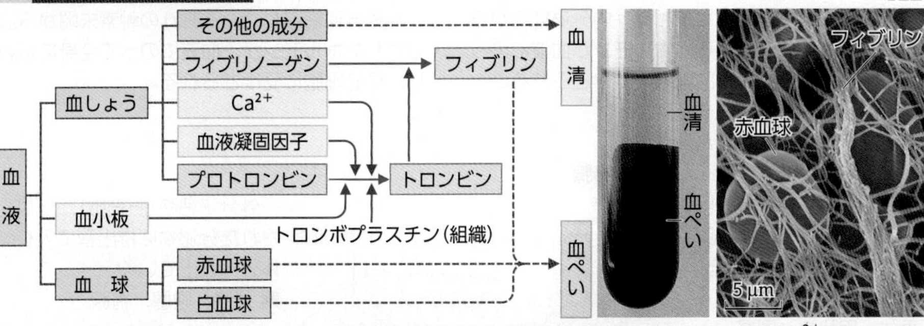

血液
血しょう
その他の成分
フィブリノーゲン
Ca²⁺
血液凝固因子
プロトロンビン
フィブリン
トロンビン
血小板
トロンボプラスチン(組織)
血球
赤血球
白血球
血清
血ぺい
フィブリン
赤血球
5 μm

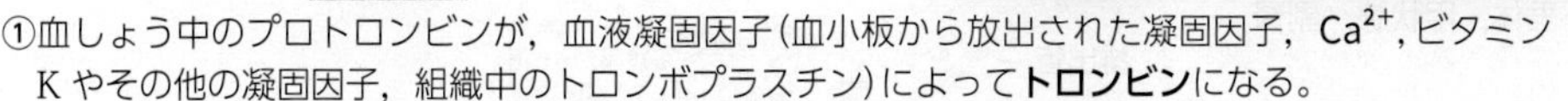

①血しょう中のプロトロンビンが，血液凝固因子(血小板から放出された凝固因子，Ca^{2+}，ビタミンKやその他の凝固因子，組織中のトロンボプラスチン)によって**トロンビン**になる。
②トロンビンがフィブリノーゲンをフィブリンにする反応を触媒するので，血しょう中に溶けていたフィブリノーゲンがフィブリンになる。
③フィブリンが赤血球などをからめてかたまり(血ぺい)をつくり，血液凝固が起こる。

D 血液凝固の阻止

①クエン酸ナトリウム液を加える。	→	Ca^{2+}が沈殿し，トロンビン形成を阻害。
②肝臓でつくられるヘパリンを加える。	→	トロンビンの形成を阻害。
③低温に保ち酵素の働きを阻害する。	→	トロンビンやフィブリンの形成を阻害。
④棒や羽毛でかき混ぜる。	→	フィブリンがとり除かれる。

トロンビンやフィブリンの生成や働きを阻害すれば，血液凝固を阻止できる。採血では，採取した血液にクエン酸ナトリウム液を加える。ヘパリンは医薬品として利用されている。

生 5 赤血球と体液濃度 実験 赤血球は，浸す溶液の濃度によって，脱水したり吸水したりする。

浸透圧 ▶p.25

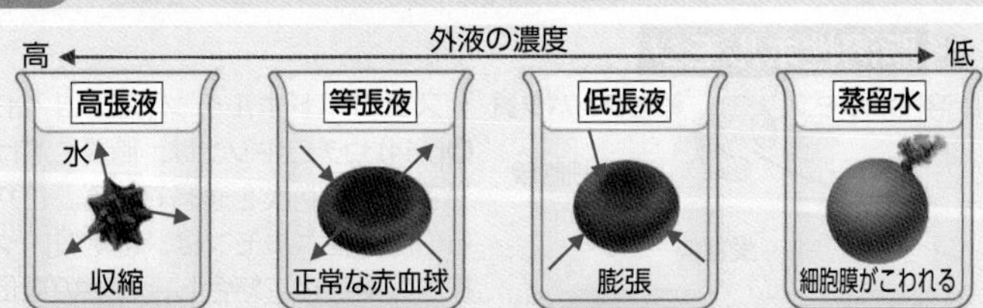

外液の濃度
高
低
高張液
等張液
低張液
蒸留水
水
収縮
正常な赤血球
膨張
細胞膜がこわれる

赤血球を，細胞内より浸透圧が高い液(**高張液**(こうちょうえき))に入れると脱水して縮む。一方，細胞内よりも浸透圧が低い液(**低張液**(ていちょうえき))に入れると吸水して膨張する。蒸留水に入れると吸水し続け，ついには細胞膜がこわれる。赤血球がこのように破壊される現象を**溶血**(ようけつ)という。

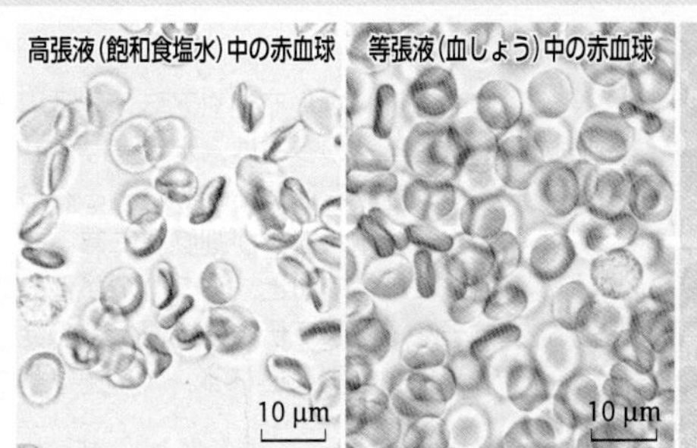

高張液(飽和食塩水)中の赤血球
等張液(血しょう)中の赤血球
低張液(蒸留水)中の赤血球
10 μm
10 μm
10 μm

脱水して収縮する。 正常な赤血球。 吸水して細胞膜がこわれる。

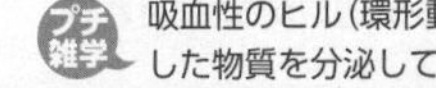

プチ雑学

吸血性のヒル(環形動物)の唾腺からはヒルジンが分泌される。ヒルジンはトロンビンの働きを阻害する物質で，血液凝固を阻止する作用がある。吸血性の昆虫類も，これに類した物質を分泌して，摂取した血液が凝固するのを防いでいる。

体内の情報伝達

Keywords ●神経系 nervous system ●内分泌系 endocrine system

基 1 神経系と内分泌系 体内の情報伝達には，神経系や内分泌系が関わっている。

A 神経系と内分泌系の比較

	神経系	内分泌系
伝達物質	神経伝達物質	ホルモン
合成・分泌する細胞	ニューロン	内分泌腺の内分泌細胞＊
伝達物質の輸送	軸索（ニューロン）	血　液
標的細胞の場所	軸索とは接している	離れている
伝達速度	速　い	遅　い
実効時間	短　い	持続する
実効濃度	比較的高い 5×10^{-5} mol/L 程度	きわめて低い $10^{-12} \sim 10^{-6}$ mol/L 程度

神経系 ▶p.141〜143
- 体内の各部に**ニューロン（神経細胞）**が直接つながる。
- すばやい反応に適する。

内分泌系 ▶p.144，145
- **内分泌腺**でつくられた**ホルモン**が血液中に放出され，全身に運ばれる。
- **標的器官**の**標的細胞**がホルモンに応答する。
- 全身に起こる段階的な変化の調節に適する。

＊神経分泌細胞から分泌されるものもある（▶p.145）。

Memo ホルモンの定義

ホルモンは，内分泌腺でつくられ，血液中に分泌されて，特定の器官の細胞にのみ働く化学物質の総称である。

しかし，広義には細胞間の情報伝達に関わる化学物質を指す場合もある。また，アドレナリンのように，同じ物質がニューロンと内分泌細胞のどちらからも分泌される場合もある。

B 情報伝達の様式 ▶p.28

神経系による伝達

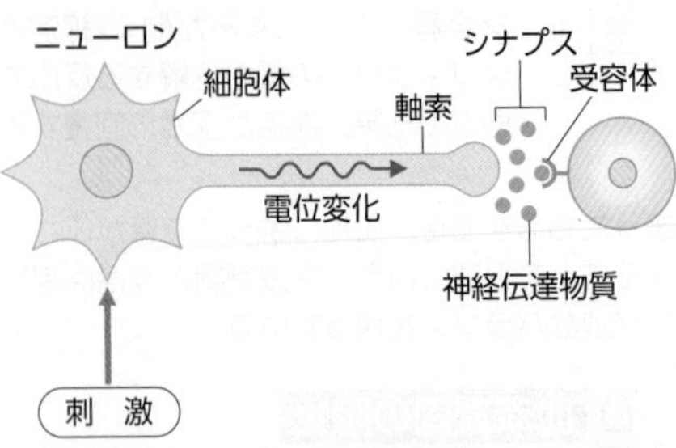
ニューロン
細胞体
軸索
シナプス
受容体
電位変化
神経伝達物質
刺　激

刺激はニューロンの細胞体に伝わり，電位変化として軸索内を伝わる。軸索末端では**神経伝達物質**が放出され，目的の細胞に受けとられる。

内分泌系による伝達

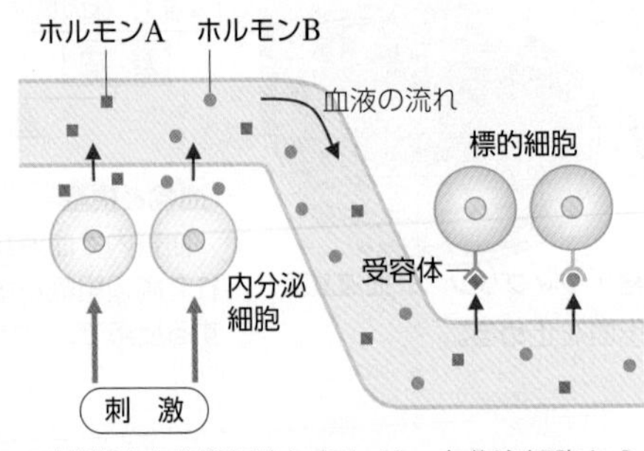
ホルモンA
ホルモンB
血液の流れ
標的細胞
受容体
内分泌細胞
刺　激

刺激は内分泌細胞に伝わり，内分泌細胞から**ホルモン**が放出される。ホルモンが血液にのって全身に伝わり，標的細胞に受けとられる。

神経分泌による伝達

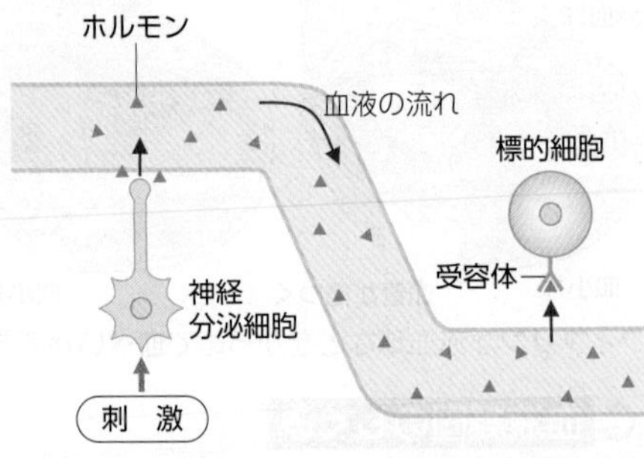
ホルモン
血液の流れ
標的細胞
受容体
神経分泌細胞
刺　激

神経分泌細胞（ニューロン）の軸索末端から放出されたホルモンが，血液にのって全身に伝わり，標的細胞に受けとられる。

C 内分泌腺と外分泌腺

内分泌腺

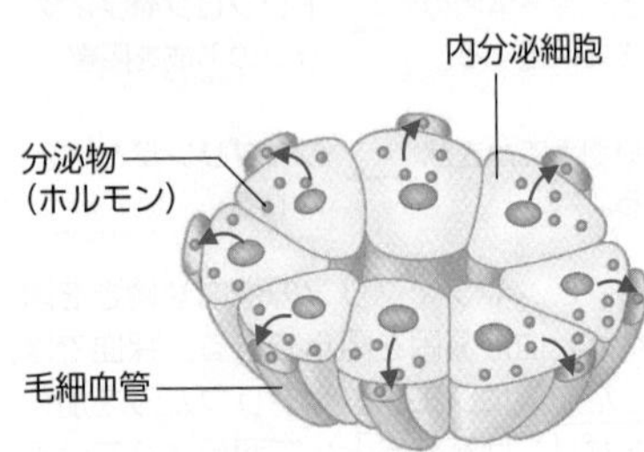
内分泌細胞
分泌物
（ホルモン）
毛細血管

内分泌細胞（腺細胞）から放出された分泌物（ホルモン）は，組織液を通って血液中に拡散する。内分泌腺には排出管はない。

例 脳下垂体，甲状腺，副腎

外分泌腺

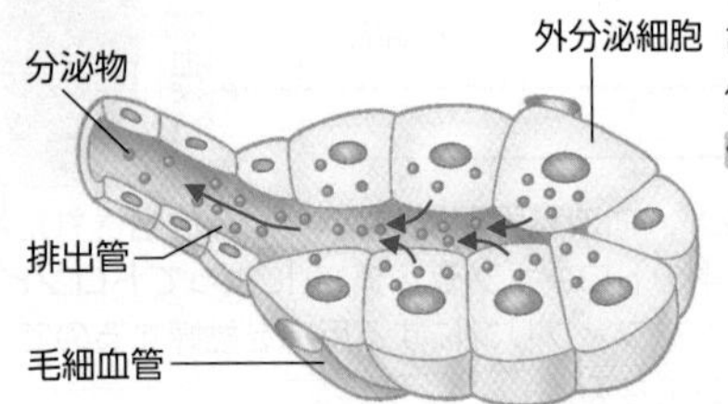
分泌物
外分泌細胞
排出管
毛細血管

外分泌細胞（腺細胞）から放出された分泌物は排出管に入り，体外へと出ていく。

例 汗腺，唾腺，胃腺

生 2 ホルモンの作用の分子機構 ホルモンは種類によって，標的細胞での作用のしかたが異なる。 ▶p.144

A 水溶性ホルモン ▶p.28

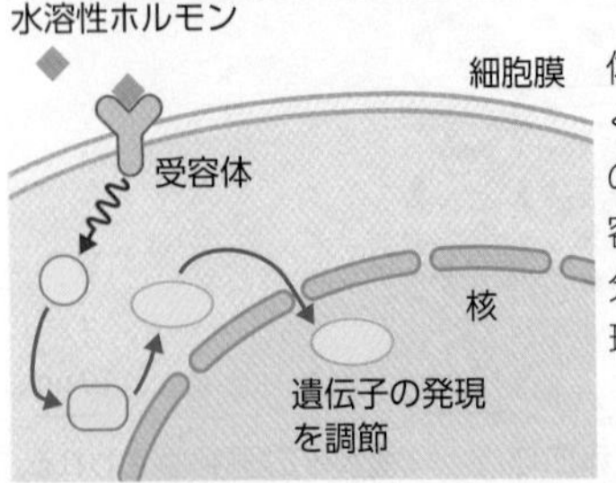
水溶性ホルモン
細胞膜
受容体
核
遺伝子の発現
を調節

ペプチドホルモンやアミノ酸誘導体ホルモンの多くは，水に溶けやすく，細胞膜を通過できない。これらの水溶性ホルモンが細胞膜にある受容体に結合すると，シグナルが他の分子を経由して伝わり，遺伝子の発現や代謝が調節される。

B 脂溶性ホルモン

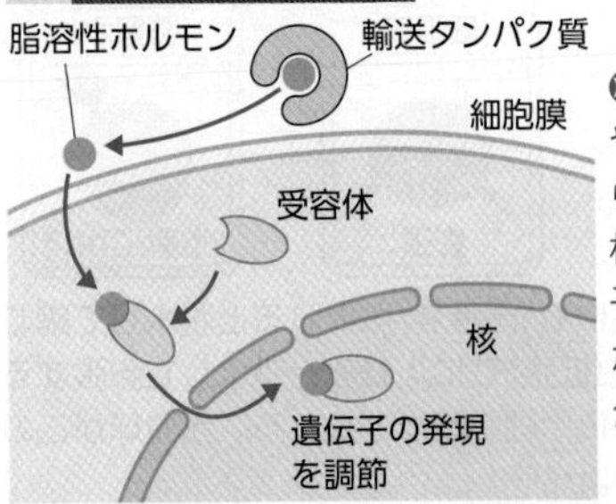
脂溶性ホルモン
輸送タンパク質
細胞膜
受容体
核
遺伝子の発現
を調節

ステロイドホルモン（ステロイド，▶p.44）やチロキシンは，脂質に溶けやすく，細胞膜を通過できる。これらの脂溶性ホルモンは，細胞質内や核内の受容体に結合し，特定の遺伝子の発現を調節する。なお，脂溶性ホルモンは，血液中では輸送タンパク質に結合して運ばれる。

プチ雑学 神経分泌による伝達は，神経系による伝達と内分泌系による伝達の中間的な様式といえる。視床下部や脳下垂体後葉で分泌されるホルモンは，神経分泌細胞から放出される（▶p.145）。

基 1 神経系 神経系は，体外から受けた刺激を体内に伝達して，その情報を処理する。

A 神経系の分布

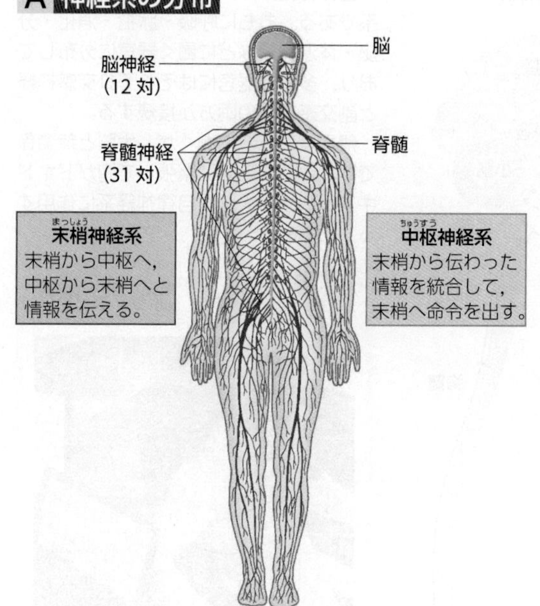
脳
脳神経
(12対)
脊髄神経
(31対)
脊髄
末梢神経系
末梢から中枢へ，中枢から末梢へと情報を伝える。
中枢神経系
末梢から伝わった情報を統合して，末梢へ命令を出す。

B 神経系の分類

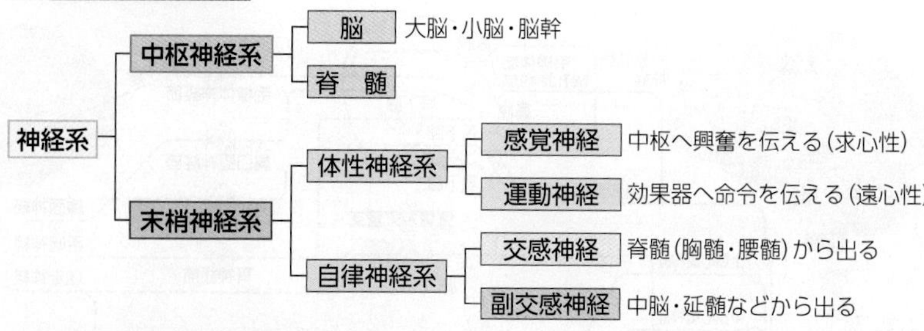
神経系
中枢神経系
脳 大脳・小脳・脳幹
脊髄
末梢神経系
体性神経系
感覚神経 中枢へ興奮を伝える(求心性)
運動神経 効果器へ命令を伝える(遠心性)
自律神経系
交感神経 脊髄(胸髄・腰髄)から出る
副交感神経 中脳・延髄などから出る

C 神経系の相互作用

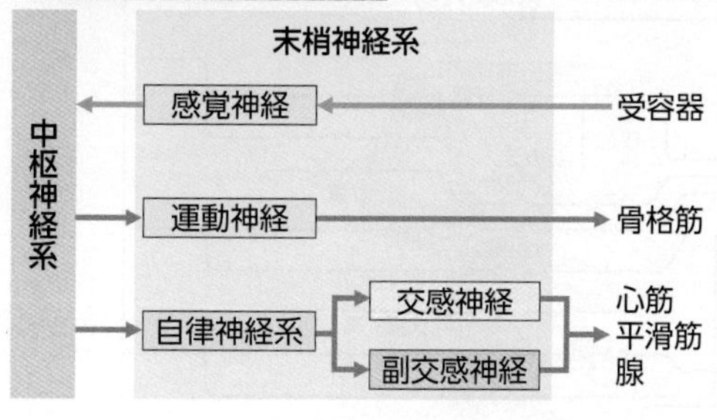
末梢神経系
中枢神経系
感覚神経
受容器
運動神経
骨格筋
自律神経系
交感神経
副交感神経
心筋
平滑筋
腺

体性神経系
受容器からの情報を伝える感覚神経と，骨格筋を収縮させる運動神経からなる。

自律神経系 ▶p.142
呼吸，脈拍，消化，吸収などを調節する。交感神経と副交感神経が拮抗的に働く。

基 2 中枢神経系 中枢神経系は脳と脊髄からなり，情報の処理や命令などを行う。

A 中枢神経系の構造

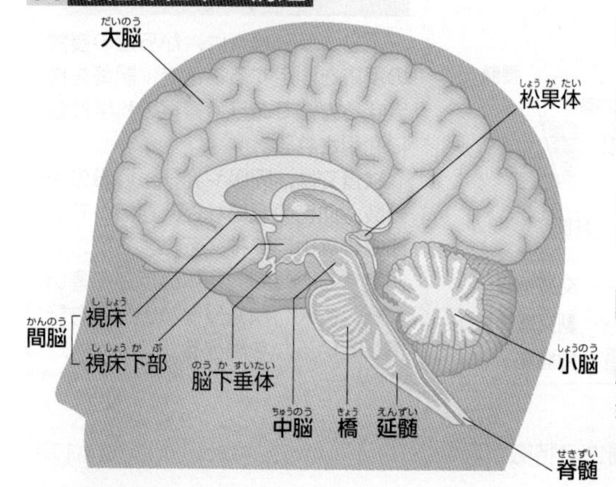
大脳
松果体
間脳
視床
視床下部
脳下垂体
中脳
橋
延髄
小脳
脊髄

脳
神経系の最高中枢。受容器で受け取った情報を統合して処理し，からだ全体へ命令を出す。
ヒトの脳は，**大脳**，**小脳**，**脳幹**に大きく分けられ，大脳(大脳皮質)が特に発達している。

脊髄
脳と末梢神経系をつなぐ経路。膝蓋腱反射(▶p.185)，排尿，排便，発汗の中枢としても働く。

B 脳の区分と働き

	大脳	感覚，本能，情動，記憶などの中枢 高度な知的活動を可能にする ▶p.186
	小脳	運動機能の調節，からだの平衡保持などの中枢
脳幹	間脳	視床：大脳と感覚刺激を中継 視床下部：自律神経系と内分泌系の中枢
脳幹	中脳	眼球運動，瞳孔の調節，姿勢保持などの中枢
脳幹	延髄	呼吸運動，心臓機能の中枢 唾液分泌，せき，くしゃみの反射中枢
脳幹	橋	大脳と小脳を中継

脳幹 間脳，中脳，延髄，橋からなる。呼吸や心拍など生命維持に関わる働きをもつ。

C 脳 死

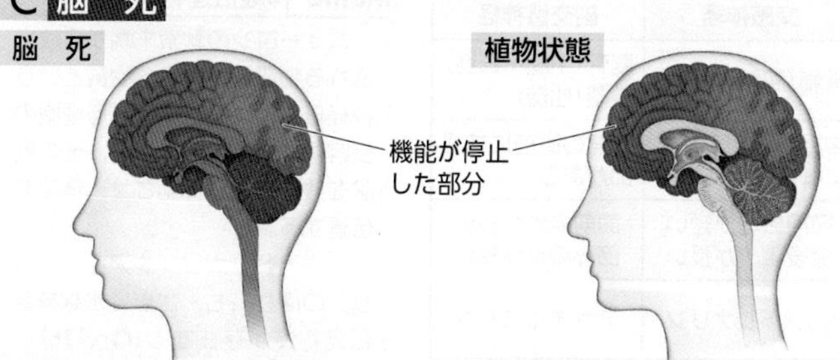
脳 死
植物状態
機能が停止した部分

脳幹を含む脳全体の機能が失われた状態を**脳死**という。自発呼吸ができない。人工呼吸器等で呼吸や循環を維持できるが，やがて心停止する。

植物状態では，大脳が機能せず意識はないが，脳幹は機能するため自発呼吸や循環が維持される。脳死とは異なる状態である。

つながる生物学 社会 脳死下の臓器提供

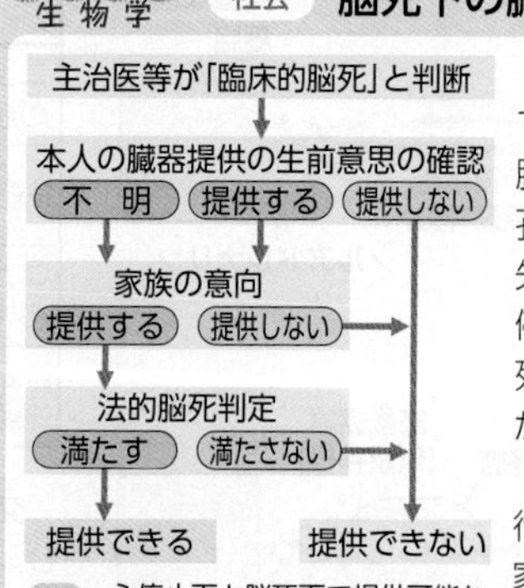
主治医等が「臨床的脳死」と判断
本人の臓器提供の生前意思の確認
不 明
提供する
提供しない
家族の意向
提供する
提供しない
法的脳死判定
満たす
満たさない
提供できる
提供できない

日本では，脳死下の臓器提供までに左のような流れがある。法的脳死判定では，①深い昏睡，②瞳孔の散大と固定，③脳幹反射の消失，④平坦な脳波，⑤自発呼吸の停止 が検査される。心停止下と脳死下では，提供可能な臓器に違いがある。
2010年に改正臓器移植法が施行され，本人の意思が不明の場合，家族の同意があれば臓器提供が可能になった。

Q 心停止下と脳死下で提供可能な臓器を，それぞれ調べてみよう。

つながる生物学 A 心停止：腎臓，すい臓，眼球
脳 死：心臓，肺，肝臓，腎臓，すい臓，小腸，眼球

142 神経系の働き(2) 自律神経系

基 1 自律神経系の分布 多くの器官には，交感神経と副交感神経の両方が接続する。

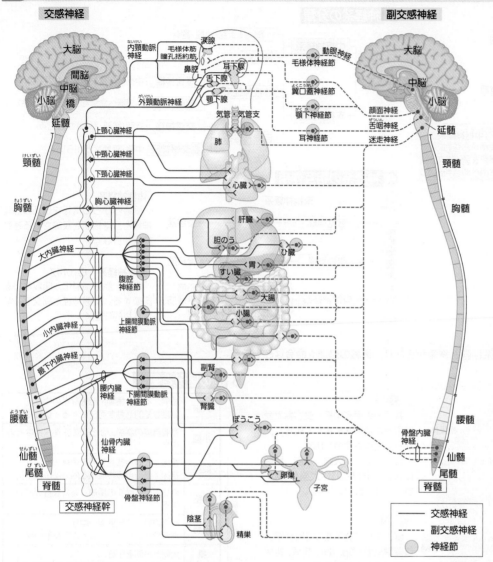

交感神経　副交感神経

大脳　間脳　中脳　小脳　橋　延髄　頸髄（けいずい）　胸髄（きょうずい）　腰髄（ようずい）　仙髄（せんずい）　尾髄（びずい）　脊髄　交感神経幹

内頸動脈神経（ないけい）　外頸動脈神経（がいけい）　上頸心臓神経　中頸心臓神経　下頸心臓神経　胸心臓神経　大内臓神経　小内臓神経　最下内臓神経　腰内臓神経　仙骨内臓神経　腹腔神経節　上腸間膜動脈神経節　下腸間膜動脈神経節　骨盤神経節

涙腺　毛様体筋　瞳孔括約筋　鼻腔　耳下腺　舌下腺　顎下腺　気管・気管支　肺　心臓　肝臓　胆のう　ひ臓　胃　すい臓　大腸　小腸　副腎　腎臓　ぼうこう　卵巣　子宮　陰茎　精巣

毛様体神経節　動眼神経　翼口蓋神経節（よくこうがい）　顎下神経節（がくか）　耳神経節　顔面神経　舌咽神経（ぜついん）　迷走神経　骨盤内臓神経

―― 交感神経　------ 副交感神経　● 神経節

自律神経系は，無意識に働く末梢神経系である。おもに呼吸・脈拍・消化・分泌・体温調節などに働く器官に分布しており，多くの器官にはそれぞれ交感神経と副交感神経の両方が接続する。

無意識のうちに働くが，大脳と無関係ではない。たとえば緊張して胸がドキドキするのは，大脳が自律神経系に作用するからである。

つながる生物学 社会 ポリグラフ検査

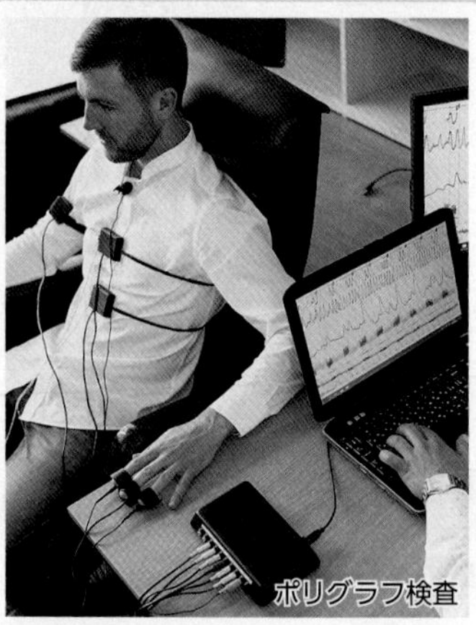
ポリグラフ検査

ポリグラフ検査は，からだの複数の反応を測定することで，記憶を検査する方法であり，警察の科学捜査に利用される。

検査では，呼吸や発汗，心臓の拍動数，血管の収縮など，意識して調節できない自律神経系による反応を測定する。質問内容への反応の違いから，犯人しか知り得ない情報を記憶しているかを調べる。

基 生 2 交感神経と副交感神経 交感神経と副交感神経では，構造や働きの特徴が異なる。

ニューロン ▶p.172

交感神経

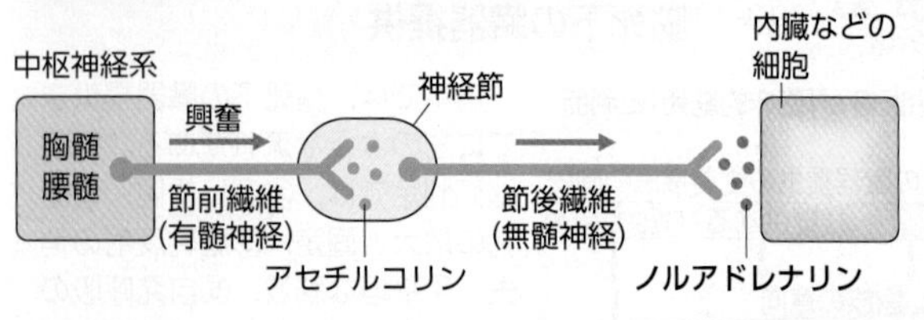

中枢神経系
胸髄
腰髄
興奮
神経節
内臓などの細胞
節前繊維（有髄神経）
節後繊維（無髄神経）
アセチルコリン
ノルアドレナリン

副交感神経

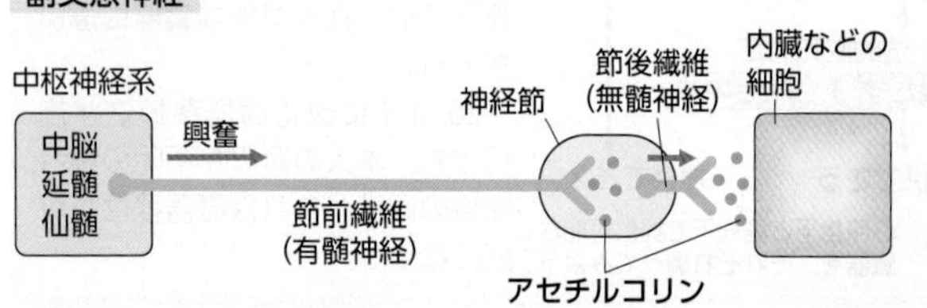

中枢神経系
中脳
延髄
仙髄
興奮
神経節
節後繊維（無髄神経）
内臓などの細胞
節前繊維（有髄神経）
アセチルコリン

交感神経と副交感神経の比較

	交感神経	副交感神経
ニューロンの起点	脊髄（胸髄・腰髄）	脳幹（中脳・延髄）脊髄（仙髄）
神経節の位置	中枢から出てすぐに神経節がある	器官の直前に神経節がある
ニューロンの特徴	節前繊維が短い 節後繊維が長い	節前繊維が長い 節後繊維が短い
節後繊維の神経伝達物質	ノルアドレナリン*	アセチルコリン

＊一部のニューロンではアセチルコリンが分泌される。

交感神経と副交感神経は，互いに反対に作用し，一方が働くときはもう一方は休んだ状態になる（拮抗（きっこう）的に働く）。恒常性の維持には，交感神経と副交感神経のバランスが重要である。

Memo 神経伝達物質

ニューロンの軸索末端から放出される物質を神経伝達物質という。神経伝達物質は，接続する細胞の受容体に結合することで，その細胞を興奮または抑制させ，情報を伝達する。

ノルアドレナリンやアセチルコリンのほかにも，さまざまな神経伝達物質が存在する（▶p.176）。ドーパミンやセロトニンも神経伝達物質であり，これらは脳で放出されて睡眠や感情などに影響を与えると考えられている。

プチ雑学

ASMR（エイエスエムアール，アスマー）とは，視覚や聴覚，触覚などの刺激から得られる，心地よい感覚や反応のことを指す。Autonomous Sensory Meridian Response（自律感覚絶頂反応）の頭文字をとった名称である。ささやき声，ページをめくる音，水音など，心地よさを感じる刺激や感じ方は個人によってさまざまであり，神経系との関係は明らかではない。

基 3 自律神経系による調節 交感神経と副交感神経は拮抗的に働く。

A 自律神経系の働き

組織・器官		交感神経の働き	副交感神経の働き
瞳孔（どうこう）		拡大	縮小
涙腺		わずかに分泌促進	分泌促進
唾腺		分泌促進（粘液性）	分泌促進（酵素を含む）
汗腺		分泌促進	―
立毛筋		収縮（鳥肌）	―
気管・気管支		拡張	収縮
（呼吸運動）		速く浅くなる	遅く深くなる
心臓		拍動数増加	拍動数減少
（血圧）		上昇	低下
血管	皮膚・消化系	収縮	―
血管	肝臓・骨格筋	拡張	―
胃・小腸		消化抑制	消化促進
すい臓		消化酵素の分泌抑制 グルカゴンの分泌促進	消化酵素の分泌促進 インスリンの分泌促進
肝臓		グルコース放出促進	グルコース貯蔵促進
副腎髄質		アドレナリンの分泌促進	―
子宮		収縮	―
ぼうこう		排尿抑制	排尿促進
肛門		排便抑制	排便促進

交感神経

121

活動・興奮時に働き，運動機能を高める。

副交感神経

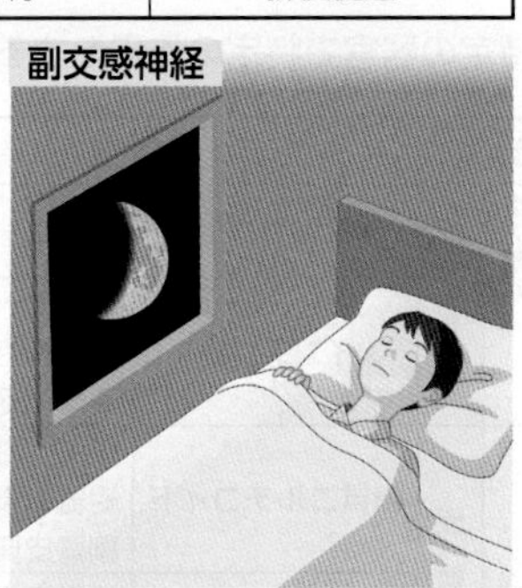

安静・疲労回復時などに働き，からだを休める。

B 心臓の拍動の調節 心臓の構造 ▶p.150

自律神経系による拍動の調節

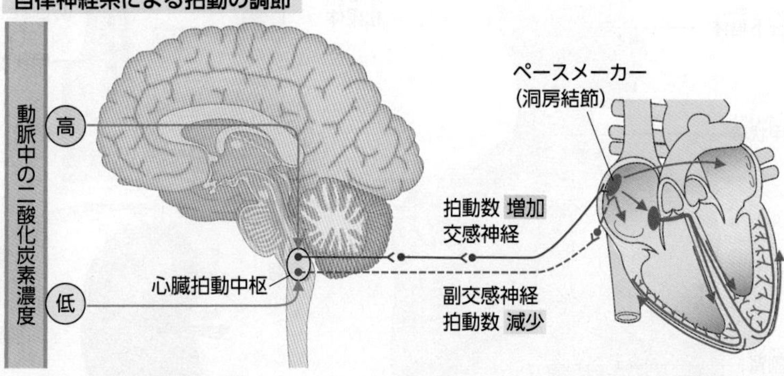
動脈中の二酸化炭素濃度
高
低
ペースメーカー
（洞房結節）
拍動数 増加
交感神経
心臓拍動中枢
副交感神経
拍動数 減少

運動による拍動数の変化

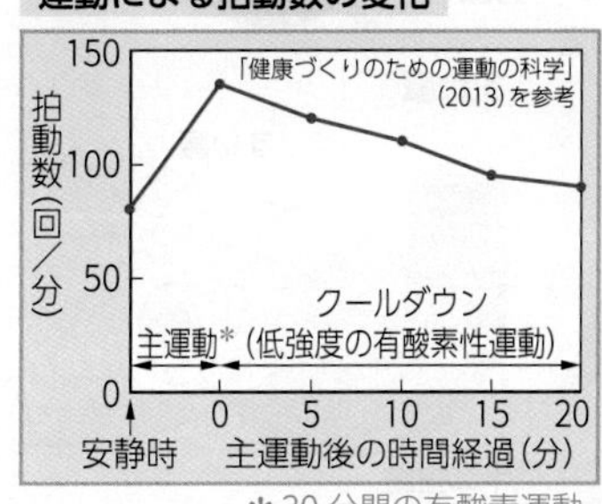
150
100
50
0
拍動数（回／分）
「健康づくりのための運動の科学」
(2013) を参考
クールダウン
主運動*（低強度の有酸素性運動）
0
5
10
15
20
安静時
主運動後の時間経過（分）

＊30分間の有酸素運動。

運動などによって血液中の酸素が消費され CO_2 濃度が高くなると，心臓の拍動数が増加して酸素の供給を増やす。

拍動は，延髄にある心臓拍動中枢によって調節される。動脈中にある化学受容器が CO_2 濃度などの変化を感知すると中枢が働く。動脈中の CO_2 濃度が高いと，交感神経が働いて拍動数は増加する。CO_2 濃度が低いと，副交感神経が働いて拍動数が減少する。副腎髄質が分泌するアドレナリンでも拍動数は増加する。

Column 伝達物質の発見

レーウィの実験（1921年）

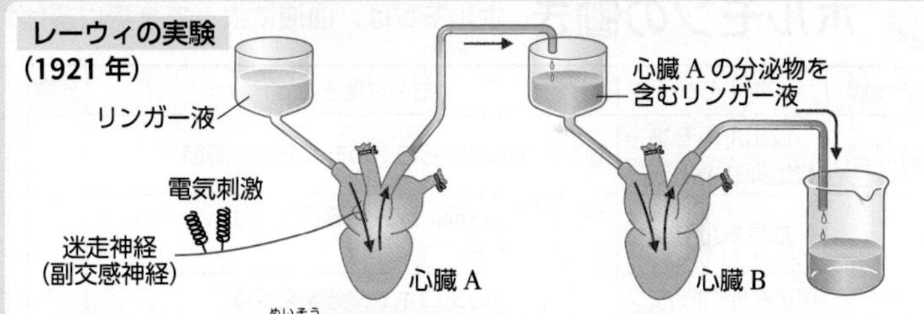
リンガー液
心臓Aの分泌物を
含むリンガー液
電気刺激
迷走神経
（副交感神経）
心臓A
心臓B

心臓Aへつながる**迷走神経**（めいそう）を電気刺激すると，心臓Aの拍動はゆっくりになり，やがて心臓Bの拍動も遅くなる。これは，迷走神経の末端から拍動を遅くする化学物質（後に**アセチルコリン**と判明）が分泌され，さらに心臓Aから心臓Bへとリンガー液（生理的塩類溶液）を通じて送られるためである。

生 4 いろいろな動物の神経系 動物の種類によって，神経系の特徴が異なる。 ▶p.305，308

A 散在神経系と集中神経系

散在神経系	集中神経系		
	かご形神経系	はしご形神経系	管状神経系
神経網	脳	脳 神経節	脳 脊髄
刺胞動物（ヒドラ）	扁形動物（プラナリア）	節足動物（バッタ）	脊椎動物（カエル）

散在神経系（さんざい） 中枢と末梢の区別がなく，ニューロンが神経網を構成する。
集中神経系 ニューロンが集まった中枢（脳など）と，末梢とに分かれる。

B 脊椎動物の脳の発達

魚類（サケ）	両生類（カエル）	鳥類（ハト）	哺乳類（ネズミ）
大脳 中脳 小脳 間脳 延髄	大脳 中脳 小脳 間脳 延髄	大脳 小脳 中脳 間脳 延髄	大脳（間脳と中脳をおおう） 小脳 延髄
中脳（視覚の中枢）が発達。	小脳の割合が小さい。	小脳（平衡覚の中枢）が発達。	大脳が発達。表面にしわが生じる。

脳は神経管から分化し，前方から大脳・間脳・中脳・小脳・延髄になる。鳥類で小脳，哺乳類で大脳が発達するなど，生活に適した特徴がある。

プチ雑学
心臓の拍動の調節の際に働く，動脈に存在する化学受容器は，二酸化炭素濃度のほか，酸素濃度や水素イオン濃度などを感知できる。

144 内分泌系とホルモンの働き

生物基礎

基 1 内分泌系の分布と構造 内分泌系の各器官では，内分泌腺からホルモンが放出される。

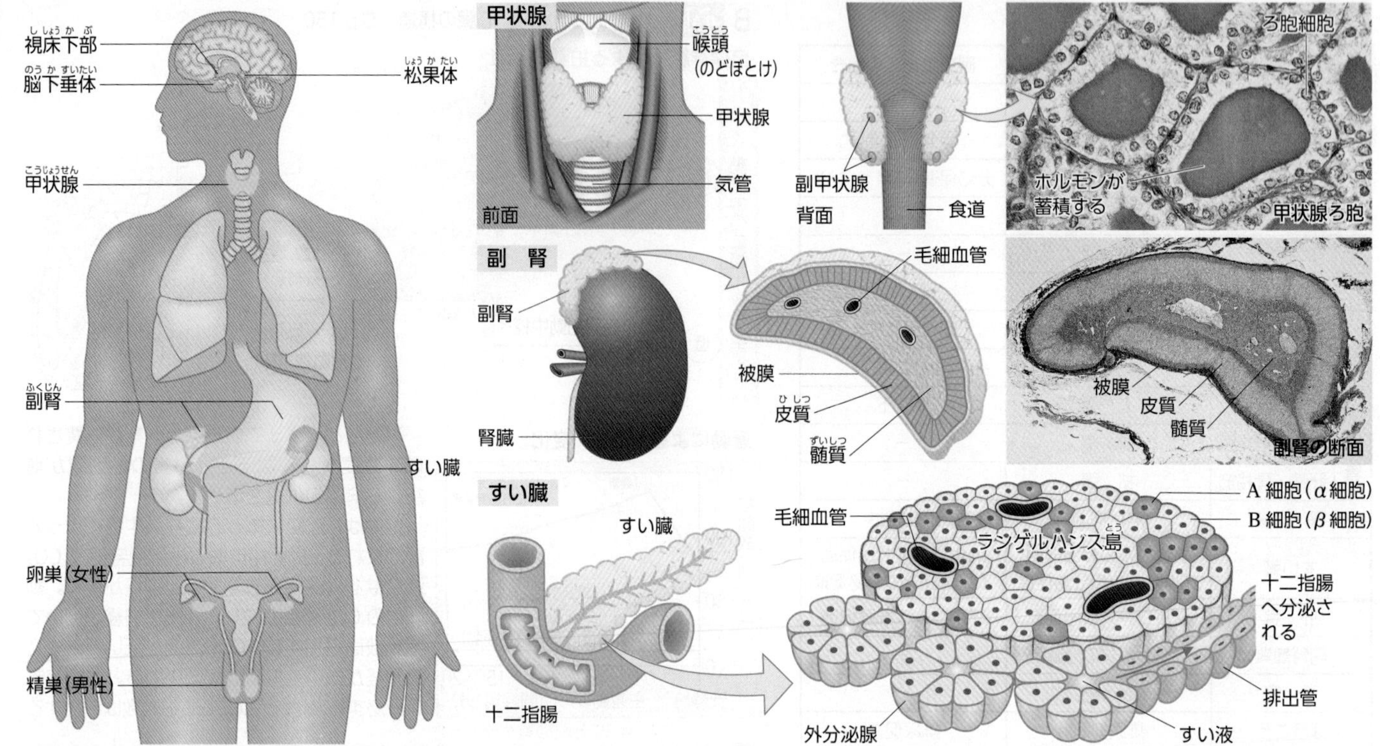

視床下部
脳下垂体
松果体
甲状腺
副腎
すい臓
卵巣(女性)
精巣(男性)
甲状腺
喉頭
(のどぼとけ)
甲状腺
気管
前面
副甲状腺
背面
食道
ろ胞細胞
ホルモンが
蓄積する
甲状腺ろ胞
副 腎
副腎
腎臓
毛細血管
被膜
皮質
髄質
被膜
皮質
髄質
副腎の断面
すい臓
すい臓
十二指腸
毛細血管
A細胞(α細胞)
B細胞(β細胞)
ランゲルハンス島
十二指腸
へ分泌さ
れる
排出管
外分泌腺
すい液

基 2 ホルモンの働き ホルモンは，血液によって全身に運ばれ，特定の器官で特定の作用をする。

内分泌腺		ホルモン	おもな働きなど	分類
視床下部		放出ホルモン 放出抑制ホルモン	脳下垂体前葉からのホルモン分泌を調節	ペプチド
脳下垂体	前葉	成長ホルモン	タンパク質合成，成長促進(特に骨) 血糖濃度上昇	
		甲状腺刺激ホルモン	甲状腺からのチロキシン分泌を促進	
		副腎皮質刺激ホルモン	副腎皮質からの糖質コルチコイド分泌を促進	
		ろ胞刺激ホルモン (生殖腺刺激ホルモン)	(精巣)精細管・精子形成の促進 (卵巣)ろ胞の発育・ろ胞ホルモン分泌の促進	
		黄体形成ホルモン (生殖腺刺激ホルモン)	(精巣)雄性ホルモン分泌の促進 (卵巣)排卵・黄体形成・黄体ホルモン分泌の促進	
		プロラクチン (黄体刺激ホルモン)	乳腺の発育・乳汁分泌の促進 泌乳刺激ホルモンともいう	
	後葉	バソプレシン (抗利尿ホルモン)	腎臓の集合管での水の再吸収を促進(尿量減) 血圧の上昇	
		オキシトシン	子宮平滑筋を収縮させる 乳汁放出の促進，分娩の促進	
松果体		メラトニン	睡眠の促進，概日リズムに関与	アミノ酸誘導体
甲状腺		チロキシン	基礎代謝の促進，成長・分化の促進* 甲状腺刺激ホルモン分泌の抑制 (過剰)バセドウ病 (不足)クレチン症	
		カルシトニン	血液中の Ca^{2+} 濃度低下	ペプチド
副甲状腺		パラトルモン	血液中の Ca^{2+} 濃度上昇 (不足)テタニー症状	

内分泌腺		ホルモン	おもな働きなど	分類
すい臓のランゲルハンス島	A細胞	グルカゴン	グリコーゲン分解の促進(血糖濃度上昇)	ペプチド
	B細胞	インスリン	グリコーゲン合成の促進(血糖濃度低下) 筋肉細胞でのグルコースのとりこみや酸化促進 (不足)糖尿病	
副腎	皮質	糖質コルチコイド	タンパク質からの糖合成(糖新生)を促進 組織の炎症を抑制 副腎皮質刺激ホルモン分泌の抑制	ステロイド
		鉱質コルチコイド	腎臓の細尿管での Na^+ 再吸収と K^+ 排出を促進 (不足)アジソン病	
	髄質	アドレナリン	グリコーゲン分解の促進(血糖濃度上昇) 血圧の上昇	アミノ酸誘導体
精 巣		雄性ホルモン (テストステロン)	雄の二次性徴の発現と維持 生殖腺刺激ホルモン分泌の抑制	ステロイド
卵巣	ろ胞	ろ胞ホルモン (エストロゲン)	雌の二次性徴の発現と維持，子宮壁の肥大 ろ胞刺激ホルモン分泌の抑制	
	黄体	黄体ホルモン (プロゲステロン)	妊娠の維持 黄体形成ホルモン分泌の抑制(排卵の抑制)	

□水溶性 □脂溶性 ＊両生類では変態の促進。

類似の構造のホルモンは，ほかの動物でも類似の作用を持つ場合が多い。

ホルモンの化学構造による分類

- **ペプチドホルモン**
  アミノ酸がつながってできる。
- **ステロイドホルモン**
  ステロイド(▶p.44)から合成される。
- **アミノ酸誘導体ホルモン**
  アミノ酸が酵素反応で変化してできる。

Memo 消化系のホルモン

内分泌系だけでなく，消化系の内分泌細胞でもホルモンが分泌される。十二指腸で分泌されるセクレチン，胃で分泌されるガストリンなどがあり，消化液の分泌や消化管の運動を調節する(▶p.156)。

プチ雑学 イギリスのベイリスとスターリングは，1902年に十二指腸から分泌され，すい臓の働きを調節する物質(セクレチン)を発見，このような働きをする物質をホルモンと名づけた。ホルモン hormone は，ギリシア語の hormao(刺激する)に由来する。

基 3 視床下部と脳下垂体 視床下部は内分泌系の調節中枢で，ここで神経系と内分泌系が連絡している。

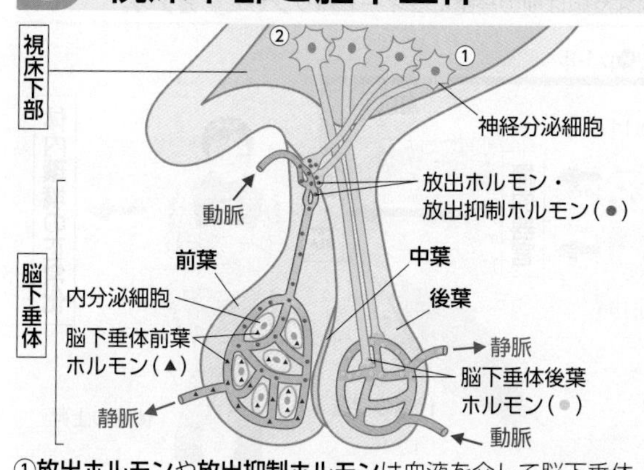
視床下部
脳下垂体
①
②
神経分泌細胞
放出ホルモン・
放出抑制ホルモン(●)
動脈
前葉
中葉
後葉
内分泌細胞
脳下垂体前葉
ホルモン(▲)
静脈
脳下垂体後葉
ホルモン(●)
静脈
動脈

①**放出ホルモン**や**放出抑制ホルモン**は血液を介して脳下垂体前葉へ送られ，内分泌細胞からのホルモン分泌を調節する。
②**バソプレシン**，**オキシトシン**は脳下垂体後葉(神経分泌細胞末端)に蓄積されて，血液中へ放出される。

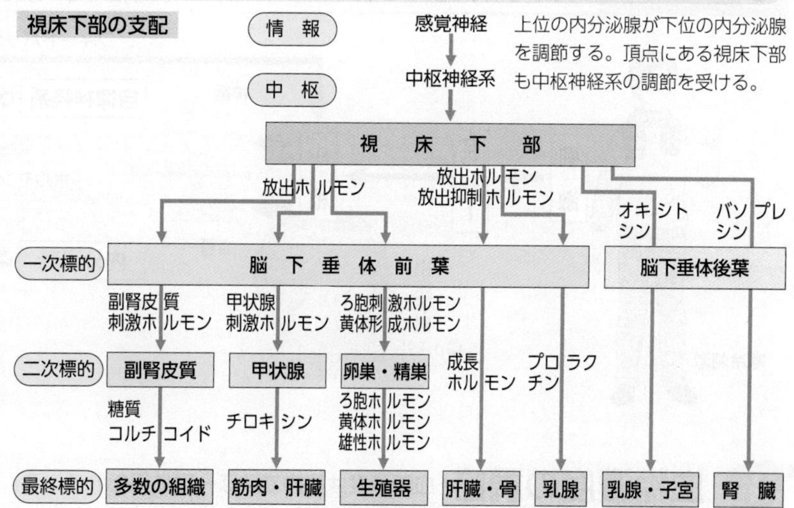
視床下部の支配
情報
感覚神経
上位の内分泌腺が下位の内分泌腺を調節する。頂点にある視床下部も中枢神経系の調節を受ける。
中枢
中枢神経系
視床下部
放出ホルモン
放出ホルモン
放出抑制ホルモン
オキシトシン
バソプレシン
一次標的
脳下垂体前葉
脳下垂体後葉
副腎皮質刺激ホルモン
甲状腺刺激ホルモン
ろ胞刺激ホルモン
黄体形成ホルモン
二次標的
副腎皮質
甲状腺
卵巣・精巣
成長ホルモン
プロラクチン
糖質コルチコイド
チロキシン
ろ胞ホルモン
黄体ホルモン
雄性ホルモン
最終標的
多数の組織
筋肉・肝臓
生殖器
肝臓・骨
乳腺
乳腺・子宮
腎臓

基 4 ホルモン分泌の調節 分泌されたホルモンの量やその働きの結果が，前の段階のホルモン分泌を調節する。

進化 View

A チロキシン分泌の調節

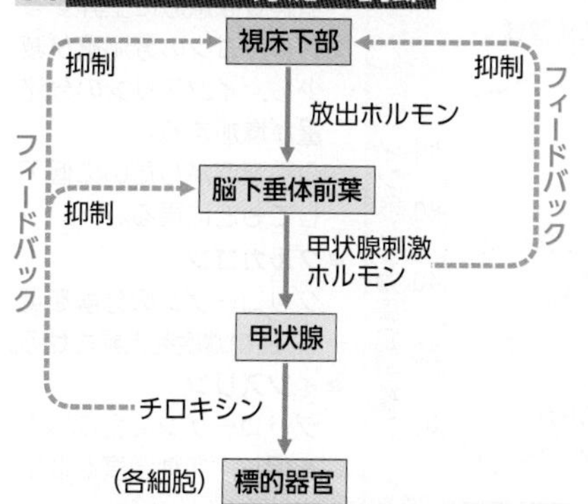
視床下部
抑制
抑制
放出ホルモン
フィードバック
脳下垂体前葉
抑制
甲状腺刺激ホルモン
フィードバック
甲状腺
チロキシン
(各細胞)
標的器官

チロキシンは，視床下部から分泌される放出ホルモンと，脳下垂体前葉から分泌される甲状腺刺激ホルモンの分泌を抑制する。

一連の反応系において，最終産物やその働きの結果が，前の段階(原因)に作用することを**フィードバック**という。結果を同じ方向にさらに進める作用を正のフィードバックといい，反対の方向に進める作用を負のフィードバックという。チロキシンの例のように，負のフィードバックは，ホルモン分泌の調節など恒常性の維持に重要な役割を果たしている。

B 血液中のCa^{2+}濃度の調節

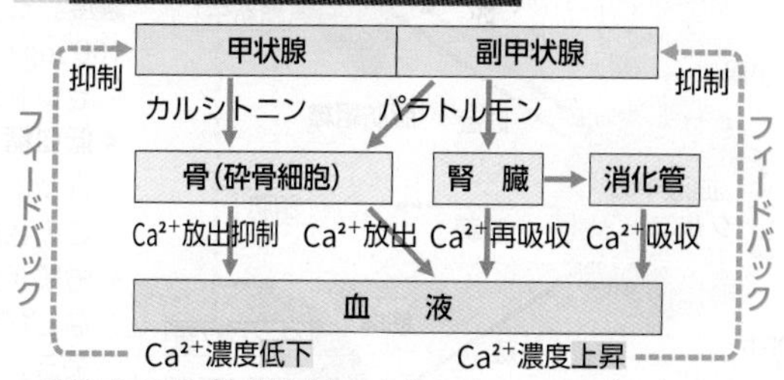
甲状腺
副甲状腺
抑制
抑制
カルシトニン
パラトルモン
フィードバック
フィードバック
骨(砕骨細胞)
腎臓
消化管
Ca²⁺放出抑制
Ca²⁺放出
Ca²⁺再吸収
Ca²⁺吸収
血液
Ca²⁺濃度低下
Ca²⁺濃度上昇

血液中のCa^{2+}濃度は，カルシトニンとパラトルモンによって調節される。Ca^{2+}濃度の変化は甲状腺と副甲状腺で受容され，フィードバックによって2つのホルモンの分泌が調節されることで，Ca^{2+}濃度は一定に保たれる。

C ヒトの性周期に関わるホルモン分泌の調節

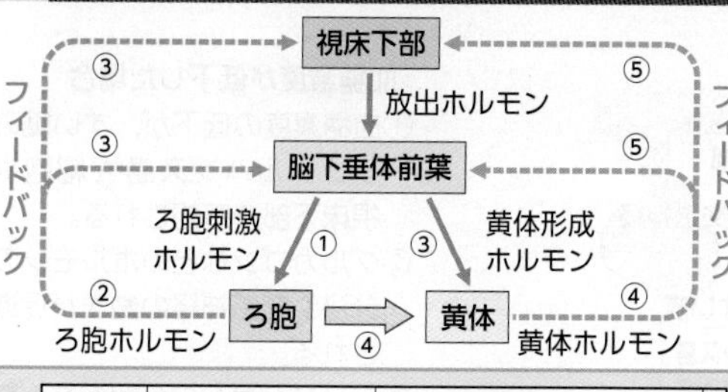
視床下部
③
⑤
放出ホルモン
フィードバック
フィードバック
③
⑤
脳下垂体前葉
ろ胞刺激ホルモン
黄体形成ホルモン
①
③
②
④
ろ胞
黄体
ろ胞ホルモン
④
黄体ホルモン
未発達なろ胞
ろ胞発達
排卵
黄体
黄体退化
ホルモン量(相対値)
黄体形成ホルモン
ろ胞ホルモン
黄体ホルモン
ろ胞刺激ホルモン
月経
増殖期
分泌期
1
5
7
14
21
28
月経周期(日)

①脳下垂体前葉から**ろ胞刺激ホルモン**が分泌される。
②ろ胞が発達し，**ろ胞ホルモン**(子宮内膜の増殖を促す)の分泌量が増す。
③ろ胞ホルモンが過剰になるとフィードバックによりろ胞刺激ホルモン分泌が抑制され，**黄体形成ホルモン**(ろ胞の成熟・排卵を促す)が分泌される。
④排卵後，ろ胞は黄体となり**黄体ホルモン**(子宮内膜の粘液腺や血管を発達させ，受精卵の着床の準備をする)を分泌する。また，ろ胞ホルモンも分泌し続ける。
⑤黄体ホルモンが過剰になるとフィードバックにより黄体形成ホルモンの分泌が抑制される。
⑥着床しないとき黄体は退化し，黄体ホルモン・ろ胞ホルモンの分泌量は減少する。子宮内膜は離脱し(**月経**)，周期が一巡する。

妊娠・分娩とホルモン p.104

妊娠期間
尿中のホルモン量(相対値)
柔毛性生殖腺刺激ホルモン
プレグナンジオール(黄体ホルモンが変化したもの)
ろ胞ホルモン
0 30 60 90 120 150 180 210 240 270
妊娠経過(日) 分娩

①受精卵の着床後，柔毛性生殖腺刺激ホルモンが分泌される。これにより黄体は妊娠黄体へ発育し，黄体ホルモン・ろ胞ホルモンを分泌し続け，次の排卵は抑制される(**妊娠の維持**)。
②黄体ホルモンはオキシトシンへの反応性を弱めて子宮収縮を抑制し，流産を防ぐ(**妊娠の維持**)。
③妊娠3か月頃に，胎盤から黄体ホルモンとろ胞ホルモンが分泌され，妊娠黄体は退化する。
④出産時には黄体ホルモンの分泌量は減少し，子宮は収縮をくり返して**分娩**が始まる。

進化 View 4 柔毛性生殖腺刺激ホルモンは，つわりを引き起こす主要なホルモンであると考えられている。つわりの症状(吐き気や嘔吐)がよく現れる時期と，胎児の毒素への感受性が高い時期は対応する。つわりは，母親の食事に含まれる毒素から胎児を守る適応として進化してきたと考えられている。Link

体内環境の調節(1) 血糖濃度

Overview 体内環境の調節

私たちのからだは，環境からの刺激を感知すると，自律神経系と内分泌系の働きによって，体内環境を調節する。最終的な反応は前の経路にフィードバックして影響する。

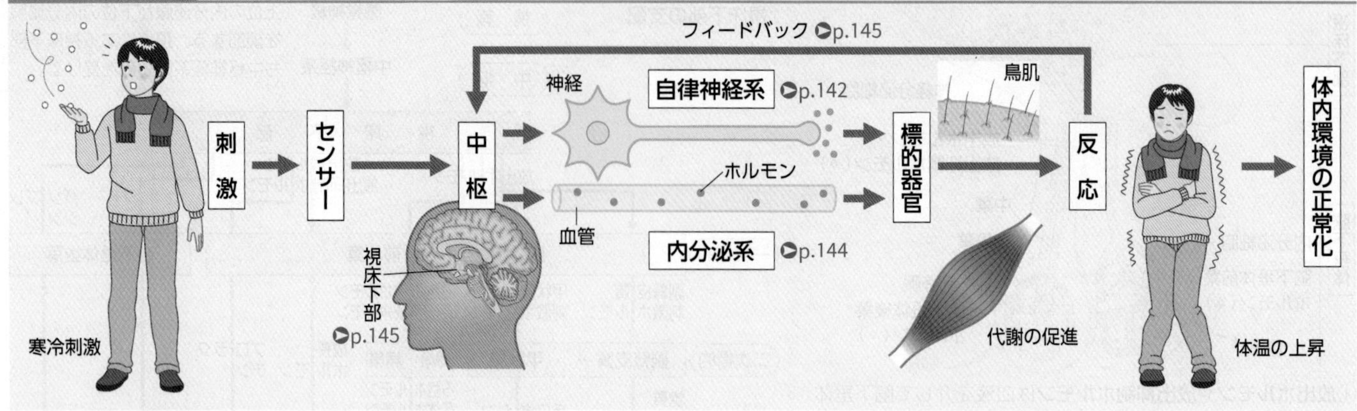

フィードバック ▶p.145
寒冷刺激
刺激
センサー
中枢
視床下部 ▶p.145
神経
自律神経系 ▶p.142
ホルモン
血管
内分泌系 ▶p.144
標的器官
鳥肌
代謝の促進
反応
体温の上昇
体内環境の正常化

1 血糖濃度の調節

血糖濃度は体内でほぼ一定に保たれている。

A グルコースの利用

糖新生 ▶p.155

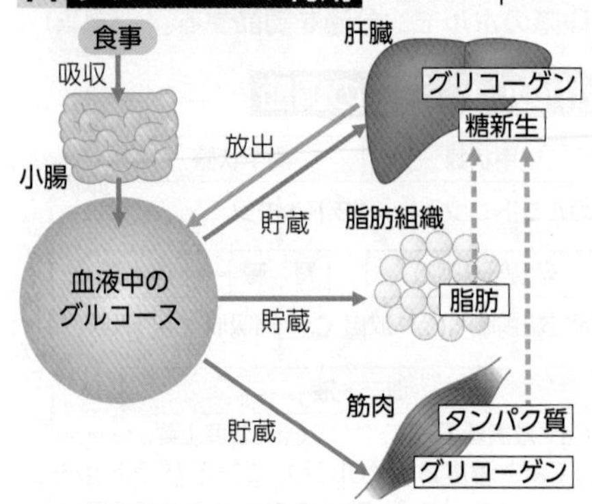

食事
吸収
小腸
肝臓
グリコーゲン
糖新生
放出
貯蔵
脂肪組織
脂肪
血液中のグルコース
筋肉
タンパク質
グリコーゲン

グルコース(ブドウ糖)は生命活動のエネルギー源である。体内に過剰にある場合は，各臓器で貯蔵される。体内で不足する場合は，貯蔵分から血液中に放出される。

血糖濃度(血糖値)

血液中のグルコースの濃度。ヒトの標準濃度は100 mg/100 mL(質量パーセント濃度 0.1%)。

- **低血糖**
  70 mg/100 mL 以下。この状態が続くと，疲労感・発汗・けいれんなどが起こり，意識を失う。
- **高血糖**
  170 mg/100 mL 以上。この状態が続くと，糖尿やのどの渇きが生じ，細菌抵抗性が低下する。

B 血糖とホルモンの濃度

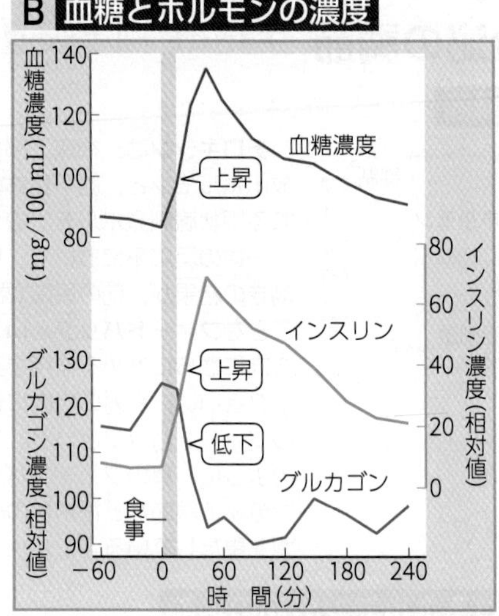

血糖濃度(mg/100 mL)
140
120
100
80
血糖濃度
上昇
インスリン
上昇
低下
グルカゴン
グルカゴン濃度(相対値)
130
120
110
100
90
インスリン濃度(相対値)
80
60
40
20
0
食事
−60
0
60
120
180
240
時間(分)

①食後は小腸からグルコースが吸収されるので，血糖濃度は急激に上昇する。
②グルカゴンの分泌量が減少し，インスリンの分泌量が増加する。
③血糖濃度がしだいに低下してもとに戻る。

- **グルカゴン**
  グリコーゲンの分解を促し，血糖濃度を上昇させる。
- **インスリン**
  グリコーゲンの合成などを促し，血糖濃度を低下させる。

C 血糖濃度の調節

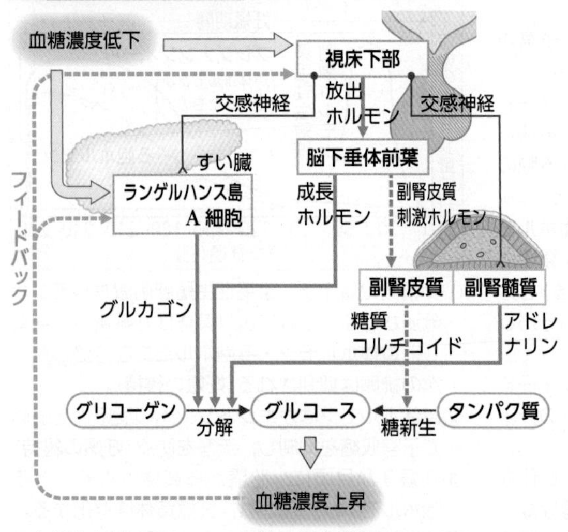

血糖濃度低下
視床下部
交感神経
放出ホルモン
交感神経
すい臓
脳下垂体前葉
ランゲルハンス島 A 細胞
成長ホルモン
副腎皮質刺激ホルモン
フィードバック
副腎皮質
副腎髄質
グルカゴン
糖質コルチコイド
アドレナリン
グリコーゲン
分解
グルコース
糖新生
タンパク質
血糖濃度上昇

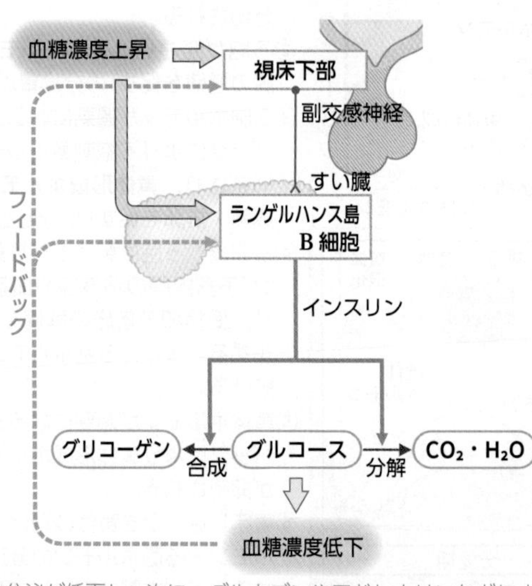

血糖濃度上昇
視床下部
副交感神経
すい臓
ランゲルハンス島 B 細胞
フィードバック
インスリン
グリコーゲン
合成
グルコース
分解
CO_2・H_2O
血糖濃度低下

血糖濃度が低下した場合

①血糖濃度の低下が，すい臓のランゲルハンス島 A 細胞や視床下部で感知される。
②グルカゴンなどのホルモンの分泌や交感神経の働きが促進される。
③グリコーゲンの分解促進，糖新生の促進が起こる。
④血糖濃度が上昇する。

血糖濃度が上昇した場合

①血糖濃度の上昇が，すい臓のランゲルハンス島 B 細胞や視床下部で感知される。
②インスリンの分泌や副交感神経の働きが促進される。
③グルコースの分解，グリコーゲンの合成促進が起こる。
④血糖濃度が低下する。

※血糖濃度が低下すると，複数の経路が働く。はじめにインスリンの分泌が低下し，次に，グルカゴンやアドレナリンなどによるグリコーゲンの分解が促進される。さらに極端に低下した場合には，糖質コルチコイドによる糖新生が促進される。

プチ雑学

血糖濃度の上昇には複数のホルモンが働くが，血糖濃度の低下にはおもにインスリンが働く。ヒトの祖先は，過食よりも飢餓に備える必要があった。飢餓状態でも血糖濃度を保つため，血糖濃度を上昇させる経路を多数もつようになったと考えられている。

Keywords ●血糖 blood sugar ●グルカゴン glucagon ●インスリン insulin ●糖尿病 diabetes mellitus

基

2 糖尿病 糖尿病は高血糖が続く病気で，インスリンの分泌や感受性の異常で起こる。

A 血糖とインスリンの濃度 グルコース 75g 摂取後の変化

「看護のための最新医学講座 第2版 第8巻」(2006)を参考

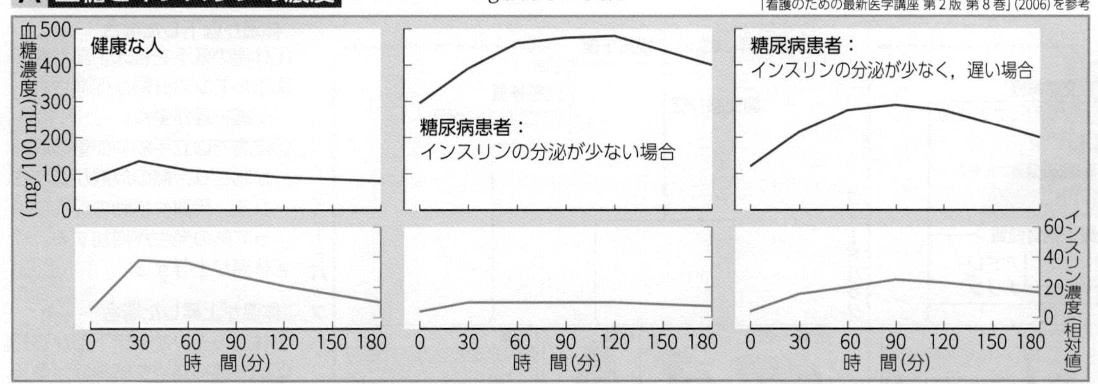

血糖濃度(mg/100 mL)
500
400
300
200
100
0
健康な人
糖尿病患者：
インスリンの分泌が少ない場合
糖尿病患者：
インスリンの分泌が少なく，遅い場合
インスリン濃度(相対値)
60
40
20
0
0 30 60 90 120 150 180
時　間(分)

健康な人ではインスリンが正常に分泌され，血糖濃度はすみやかにもとに戻る。

糖尿病患者では，健康な人と比較してインスリンの分泌や感受性に異常がある。また，血糖濃度が常に高く，低下しにくい。

糖尿病(とうにょうびょう)は高血糖が続く病気である。通常，グルコースは腎臓で再吸収されて尿中には排出されない(▶p.153)。しかし，糖尿病では再吸収の能力を超えるグルコースが血液中に存在するため，グルコースが尿中に排出される。

糖尿病は初期では無症状だが，進行すると網膜，腎臓，血管，神経などで合併症が起こる。

B 糖尿病の分類と原因

	1型糖尿病	2型糖尿病
原　因	インスリンの分泌異常 免疫による攻撃／すい臓／インスリンが分泌されない／グルコース／標的細胞／グルコースがとりこまれない	インスリンの分泌異常 インスリンが分泌されないか分泌が少ない／グルコースがとりこまれない インスリン感受性の低下 インスリンが作用しない／グルコースがとりこまれない
成　因	自己免疫(▶p.166)，遺伝的要因	遺伝的要因，生活習慣
発症年齢	小児～思春期に多い	中高年に多い
おもな治療法	インスリン注射	食事療法，運動療法，経口薬
割　合	糖尿病全体の約5～10%	糖尿病全体の約90%

C 糖尿病の増加

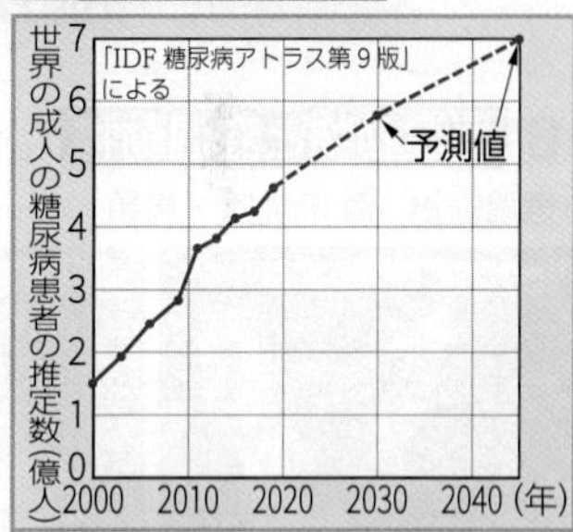

世界の成人の糖尿病患者の推定数(億人)
「IDF 糖尿病アトラス第9版」による
予測値
0 1 2 3 4 5 6 7
2000 2010 2020 2030 2040 (年)

糖尿病は世界で増加しており，今後も増加が予測される。日本には糖尿病患者とその予備群が約2000万人いると推定される。日本人のインスリン分泌能力は欧米人と比較して低いため，日本人は糖尿病になりやすい体質といえる。

Step up インスリンの分泌と受容

エキソサイトーシス ▶p.27
シグナル伝達 ▶p.28

インスリンの分泌 ランゲルハンス島B細胞

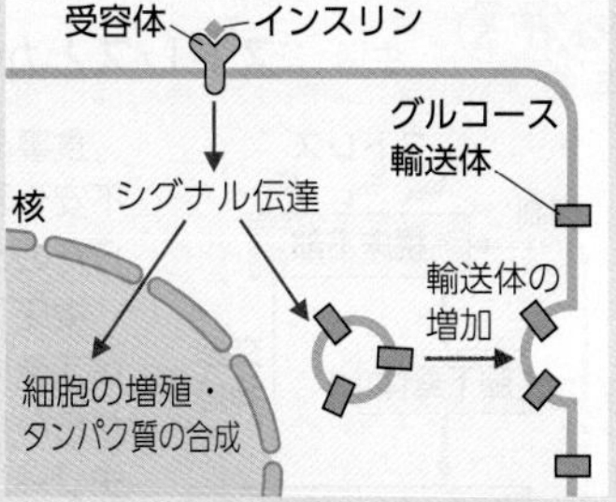

グルコース輸送体
K^+ チャネル
Ca^{2+} チャネル
グルコース
電位変化
代謝
Ca^{2+}
ATP
分泌小胞
インスリン
放出

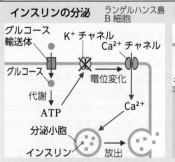

血糖濃度が上昇すると，細胞にグルコースがとりこまれる。グルコースが代謝され，できたATPによって K^+ チャネルが閉じると，膜電位の変化によって細胞に Ca^{2+} が流入し，分泌小胞からインスリンが放出される。

インスリンの受容 標的細胞

受容体
インスリン
グルコース輸送体
核
シグナル伝達
輸送体の増加
細胞の増殖・タンパク質の合成

インスリンが受容体に結合することで，細胞内でシグナル伝達が起こる。その結果，細胞膜のグルコース輸送体の数が増え，標的細胞でのグルコースのとりこみが促進される。他にも，酵素の活性や細胞の増殖などに影響を与える。

つながる生物学 歴史 藤原道長は糖尿病？

藤原道長

藤原道長(ふじわらのみちなが)(966～1027)は平安時代中期の政治家で，天皇を補佐する摂関政治で栄えた藤原氏の全盛期の人物である。この道長は糖尿病だったと推測されている。晩年の道長のようすを書いた日記に,「のどが渇く」「やせた」「目が見えなくなった」などの記述が見られるが，これらは糖尿病に特徴的な症状である。

ほかにも，道長の親族には糖尿病の疑いがある人物が複数存在したことがわかっている。糖尿病と同様の症状は，当時は「飲水病」や「消渇」と呼ばれ，古くから認識されていた。日本人と糖尿病の付き合いは長く続いてきたといえる。

Q 道長は，1型糖尿病と2型糖尿病のどちらだったと考えられるか。

つながる生物学 **A** 2型糖尿病　当時の貴族は，運動不足のうえ，白米や糖分の多い日本酒を多量に摂取する生活をしていた。このような生活習慣から2型糖尿病が疑われる。

体内環境の調節(2) 体温・体液

Keywords ●体温 body temperature ●バソプレシン vasopressin

基 1 体温の調節 自律神経系とホルモンが協調して働き，体温が保たれている。

A 体温の調節

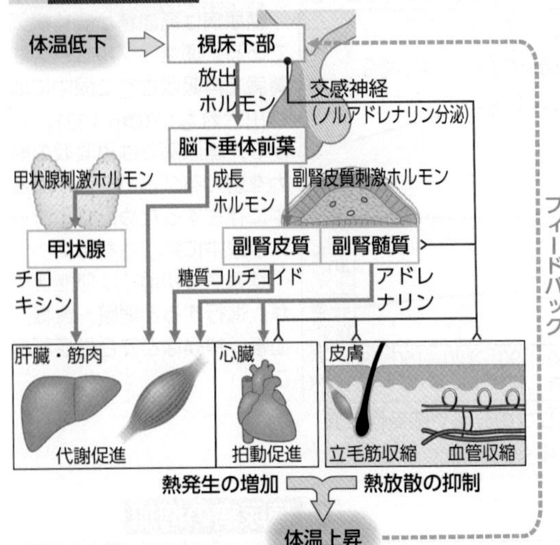

体温低下
視床下部
放出ホルモン
交感神経
(ノルアドレナリン分泌)
脳下垂体前葉
甲状腺刺激ホルモン
成長ホルモン
副腎皮質刺激ホルモン
甲状腺
チロキシン
副腎皮質
副腎髄質
糖質コルチコイド
アドレナリン
フィードバック
肝臓・筋肉
代謝促進
心臓
拍動促進
皮膚
立毛筋収縮
血管収縮
熱発生の増加
熱放散の抑制
体温上昇

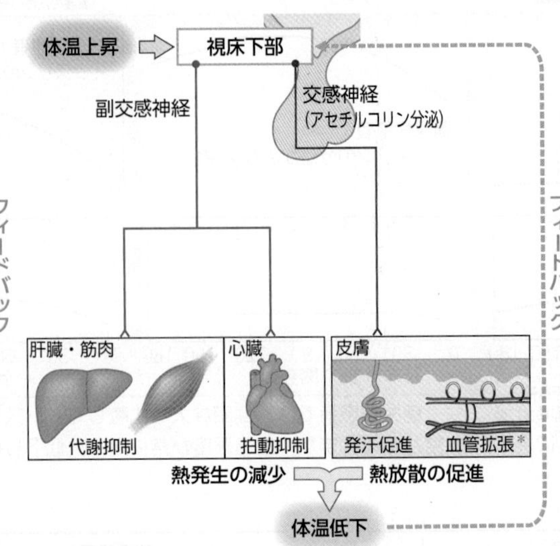

体温上昇
視床下部
副交感神経
交感神経
(アセチルコリン分泌)
フィードバック
肝臓・筋肉
代謝抑制
心臓
拍動抑制
皮膚
発汗促進
血管拡張*
熱発生の減少
熱放散の促進
体温低下

＊血管収縮に働く交感神経の活動の低下による。

体温が低下した場合

①体温の低下を視床下部が感知。
②ホルモンの分泌が促進され，交感神経が働く。
③皮膚では立毛筋や血管の収縮が起こり，熱の放散が抑制される。代謝や拍動の促進によって熱の発生が増加する。
④体温が上昇する。

体温が上昇した場合

①体温の上昇を視床下部が感知。
②副交感神経や交感神経が働く。
③代謝や拍動の抑制によって熱の発生が減少する。皮膚では発汗や血管の拡張が起こり，熱の放散が促進される。
④体温が低下する。

B 恒温動物と変温動物

恒温動物 例 哺乳類・鳥類

大きな耳で放熱する
フェネック

羽毛で断熱する
シマエナガ

環境によらず体温を一定に保つことのできる動物。発熱や放熱で体温を調節し，体毛等で断熱を行う。

変温動物 例 無脊椎動物，魚類，両生類，は虫類

日光浴を行う
日光浴(甲羅干し)を行う
カエル
カメ

環境によって体温が変化する動物。熱はおもに太陽光などの環境から得る。

恒温動物の体温 「数値でみる生物学」(2009)による

	動 物	体温(℃)
哺乳類	ヒ ト	36.2 ～ 37.8
	ゾ ウ	36.2
	ハツカネズミ	38.0
	ハリネズミ(覚醒時)	35.0
	ハリネズミ(冬眠時)	6.0
鳥類	キングペンギン	37.7
	ニワトリ	41.5
	コマドリ	44.6

一般に，哺乳類より鳥類の体温が高く，大きな鳥より小さな鳥の体温が高い。

基 2 体液の塩類濃度の調節 ホルモンの働きで，体液の塩類濃度は一定に保たれている。

尿の生成 ➡p.153

バソプレシンによる調節

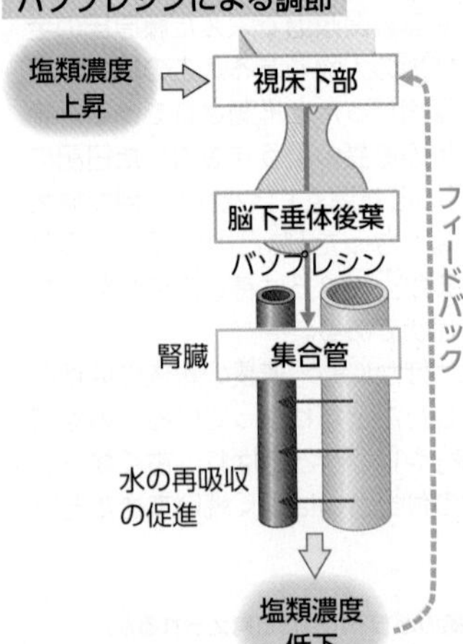

塩類濃度上昇
視床下部
脳下垂体後葉
バソプレシン
腎臓
集合管
水の再吸収の促進
塩類濃度低下
フィードバック

①水分不足による体液の塩類濃度の上昇(脱水状態)を視床下部で感知。
②脳下垂体後葉からの**バソプレシン**の分泌が促進される。
③腎臓の集合管での水の再吸収が促進される(尿量は減る)。
④体液の塩類濃度は低下する。

体液の塩類濃度の低下(水分の過剰摂取)では，バソプレシンの分泌が抑制され，水の再吸収が抑制される(尿量は増える)。

つながる生物学 生活 ストレスとからだの関係

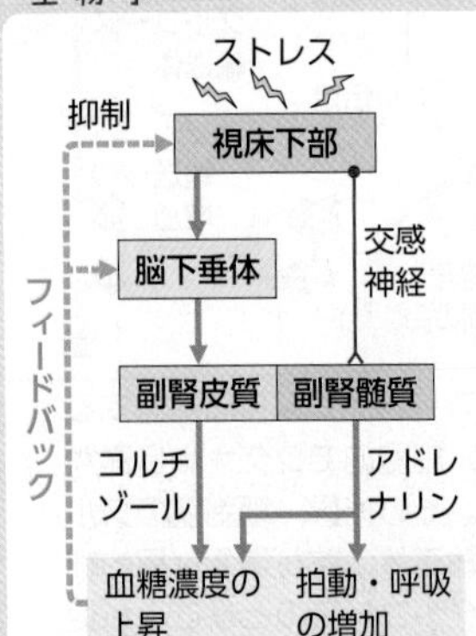

ストレス
抑制
視床下部
脳下垂体
交感神経
副腎皮質
副腎髄質
コルチゾール
アドレナリン
血糖濃度の上昇
拍動・呼吸の増加
フィードバック

食事や気温といった物理的な刺激以外に，不安や緊張といった精神的なストレスも，からだのさまざまな反応を引き起こす。

視床下部でストレスを感知すると交感神経が活発になる。また，脳下垂体や副腎に刺激が伝わり，コルチゾールが分泌される。コルチゾールは糖質コルチコイドの一種で，ストレスホルモンともいう。これらの働きで，血糖濃度の上昇，拍動や呼吸の増加が起こる。反応はフィードバックで抑制されるが，過度なストレスで反応が続くと，免疫の抑制など，からだの不調を引き起こす場合がある。

Q ストレス反応は，ヒト以外の動物でも同様に起こることがわかっている。動物でこの反応が発達したのは何のためか考えてみよう。

つながる生物学 A ストレス反応は，外敵から身を守るために発達したとされる。外敵との闘争や外敵からの逃走の際に，必要なエネルギーを確保するために働く反応だと考えられている。一見からだに不利な反応も，危険回避の際に優先度の低い活動を抑制することで，より多くのエネルギーを確保できるという考えがある。

Keywords ●尿素 urea ●尿酸 uric acid ●変態 metamorphosis

いろいろな動物の体内環境の調節

1 水生動物の塩類濃度調節

排出器の働きなどによって体液の濃度を調節している。 浸透圧 ▶p.25

A 生活環境と塩類濃度

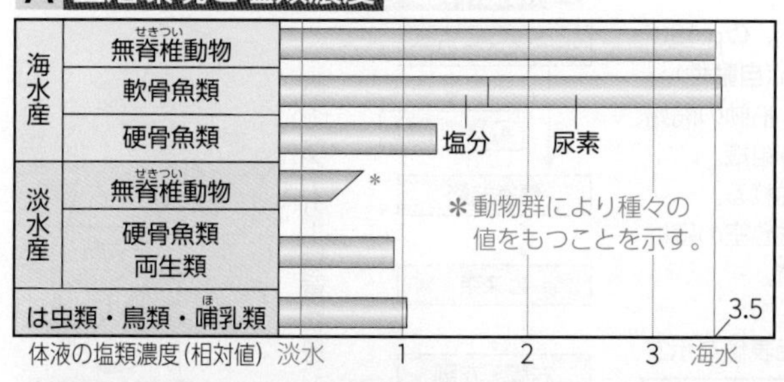
海水産
無脊椎動物
軟骨魚類
硬骨魚類
塩分
尿素
淡水産
無脊椎動物
硬骨魚類
両生類
は虫類・鳥類・哺乳類
＊動物群により種々の値をもつことを示す。
体液の塩類濃度(相対値)
淡水
1
2
3
3.5
海水

B カニ類の塩類濃度調節

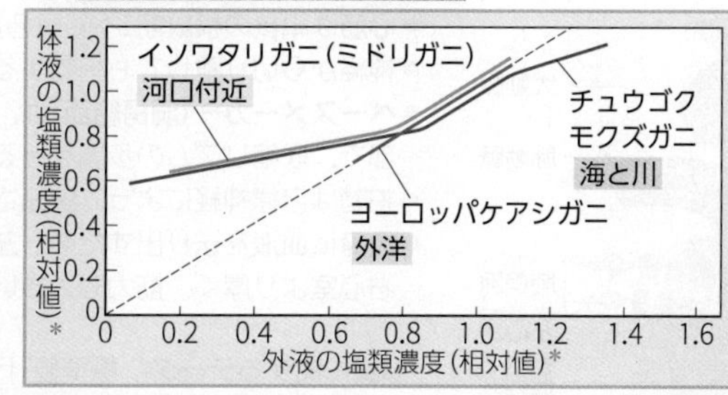
体液の塩類濃度(相対値)＊
イソワタリガニ(ミドリガニ)
河口付近
チュウゴクモクズガニ
海と川
ヨーロッパケアシガニ
外洋
外液の塩類濃度(相対値)＊

グラフが水平に近いほど，体液の塩類濃度の調節能力は高い。破線上は，外液の塩類濃度と体液の塩類濃度が等しい状態を示す。

＊海水の濃度を 1.0 としたときの相対値で示している。

C 硬骨魚類の塩類濃度調節

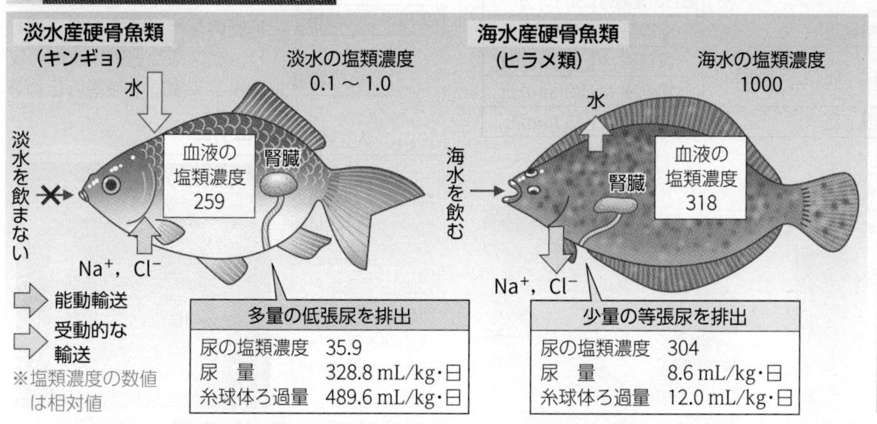
淡水産硬骨魚類
(キンギョ)
淡水の塩類濃度
0.1 ～ 1.0
水
淡水を飲まない
血液の塩類濃度
259
腎臓
Na⁺, Cl⁻
能動輸送
受動的な輸送
※塩類濃度の数値は相対値
多量の低張尿を排出
尿の塩類濃度 35.9
尿量 328.8 mL/kg・日
糸球体ろ過量 489.6 mL/kg・日
海水産硬骨魚類
(ヒラメ類)
海水の塩類濃度
1000
水
海水を飲む
腎臓
血液の塩類濃度
318
Na⁺, Cl⁻
少量の等張尿を排出
尿の塩類濃度 304
尿量 8.6 mL/kg・日
糸球体ろ過量 12.0 mL/kg・日

		淡水魚	海水魚
塩類濃度		体液 > 外液(淡水)	体液 < 外液(海水)
体表での水の出入り		吸 水	脱 水
塩類濃度の調節	腎 臓	水の再吸収を抑制し，塩類の再吸収を促進。血液よりも低張(塩類濃度が低い)の尿を多量に排出。(淡水を飲まない。)	水の再吸収を促進。血液と等張(塩類濃度が等しい)の尿を少量排出。(海水を飲む。)
	え ら	塩類を能動輸送でとりこむ。	過剰な塩類を**えら**にある塩類細胞から能動輸送で排出。

2 窒素化合物の排出

動物は，タンパク質分解産物を生活環境に応じた形で排出している。 ▶p.313

水中生活	陸上生活	
アンモニア排出型	尿素排出型	尿酸排出型
両生類(幼生)、魚類	哺乳類、両生類(成体)	は虫類、鳥類、尿酸の結晶、鳥の糞
アンモニアは毒性は強いが，水に溶けやすく，すぐに水中に拡散するため水中生活の動物に適している。	**尿素**(▶p.154)は毒性が低く，高濃度でも害が少ないため，濃縮して水とともに大量に排出することができる。	**尿酸**は不溶性で結晶になりやすく，排出に水がほとんど不要なので，乾燥地での生活に適している。最も毒性が低く，卵の発生では安全に卵殻内にためることができる。

動物の排出する窒素化合物の割合

動 物 名	種類	生活場所	排出系(総排出量に対する%) アンモニア	尿素	尿酸	その他
コ イ	魚類	淡 水	60	6.2	0.2	8.5
ツメガエル(成体)	両生類	淡 水	75	25	—	—
カエル(幼生)	両生類	淡 水	75	10	—	—
カエル(成体)	両生類	陸 上	3.2	91.4	—	0.8
ウミガメ	は虫類	海水・陸上	16.1	45.1	19.1	—
ニシキヘビ	は虫類	陸 上	8.7	—	89	2.3
ニワトリ	鳥類	陸 上	3.4	10	87	—
ヒ ト	哺乳類	陸 上	4.8	86.9	0.65	3.6

3 いろいろな動物のホルモン

ホルモンの働きで，発生や生殖などが調節される。

ホルモン	生 物	おもな働きなど
エクジステロイド(前胸腺ホルモン)	昆虫類	脱皮・変態の促進
幼若ホルモン(アラタ体ホルモン)	昆虫類	幼虫期：幼虫形態の維持 成虫期：生殖機能の発達
インテルメジン(メラニン細胞刺激ホルモン)	魚類 両生類 は虫類 哺乳類	体色の黒化(色素顆粒の拡散) ※哺乳類では脳下垂体中葉から分泌され，メラニン合成を促進する。ヒトでは分泌量が非常に少ない。

脱皮・変態とホルモン 例 カイコガ

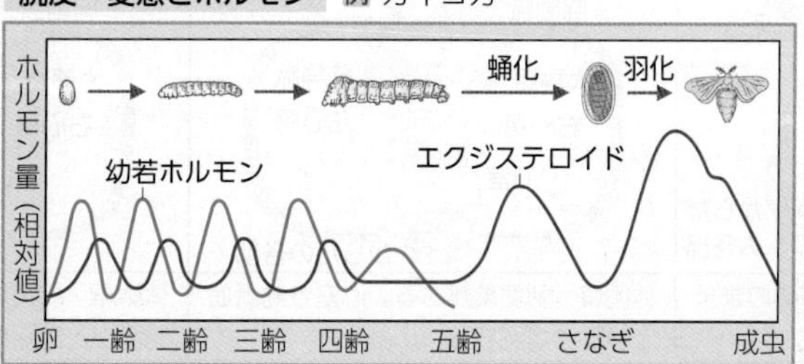
ホルモン量(相対値)
蛹化
羽化
幼若ホルモン
エクジステロイド
卵
一齢
二齢
三齢
四齢
五齢
さなぎ
成虫

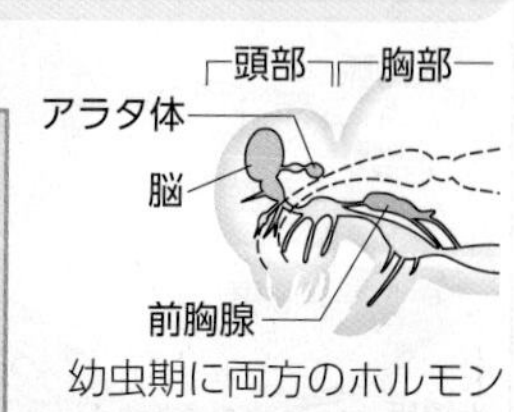
頭部
胸部
アラタ体
脳
前胸腺

幼虫期に両方のホルモンが働くと幼虫脱皮が起こり，エクジステロイドだけが働くと，蛹化や羽化が起こる。

プチ雑学 多くの哺乳類は，尿酸をより水に溶けやすい物質に変化させる酵素をもっているが，ヒトにはこの酵素がない。したがって，血液中の尿酸の濃度が上がると，尿酸は結晶となって沈着し，関節などが激しく痛む痛風を引き起こす。

血液の循環

基 1 心臓と血管　心臓の拍動は，ペースメーカーが歩調をとり，自律神経系によって調節される。

拍動の調節 ▶p.143

A 心臓の構造 Link

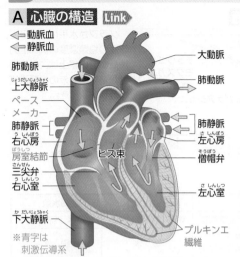

⇦動脈血
⇦静脈血
肺動脈
上大静脈（じょうだいじょうみゃく）
ペースメーカー
肺静脈
右心房（うしんぼう）
房室結節（ぼうしつ）
三尖弁（さんせん）
右心室（うしんしつ）
下大静脈（かだいじょうみゃく）
大動脈
肺動脈
肺静脈
左心房（さしんぼう）
ヒス束
僧帽弁（そうぼう）
左心室（さしんしつ）
プルキンエ繊維

※青字は刺激伝導系

- **心筋**は単核の横紋筋（不随意筋）。▶p.190
- 神経から切り離しても拍動する（**自動性**）。
- **ペースメーカー**（**洞房結節**）は，拍動の開始部で，収縮リズムの歩調をとる組織。
- 拍動は自律神経によって調節される。
- 全身に血液を送り出すため，左心室の壁は右心室より厚く，筋力も大きい。

心臓に関するデータ　標準値・代表値を示す。

送出血液量	休止時	5 L/分
	激しい運動時	30 L/分
拍動数	安静時	70 回/分
血　圧（上腕動脈）	収縮期	120 mmHg
	拡張期	80 mmHg
血　圧	毛細血管	15 mmHg

C 刺激の伝導

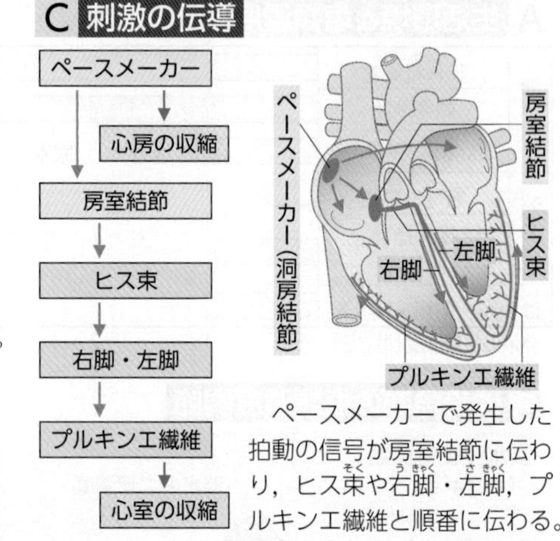
ペースメーカー
心房の収縮
房室結節
ヒス束
右脚・左脚
プルキンエ繊維
心室の収縮
ペースメーカー（洞房結節）
房室結節
ヒス束
左脚
右脚
プルキンエ繊維

ペースメーカーで発生した拍動の信号が房室結節に伝わり，ヒス束や右脚・左脚，プルキンエ繊維と順番に伝わる。

Memo 人工ペースメーカー

心臓の刺激伝導系に異常が生じるなどして，心拍数が低下することを徐脈性不整脈という。この治療には，人工ペースメーカーという医療機器が使用される。

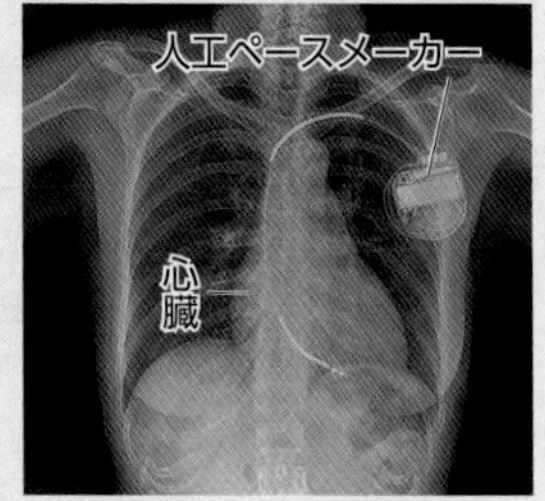
人工ペースメーカー
心臓

人工ペースメーカーは，本体からつながる導線を通して心臓に拍動の信号を伝え，心臓を収縮させることで，正常な拍動を回復・維持することができる。機器は，体内に埋め込んで使用される。

B 血管の構造

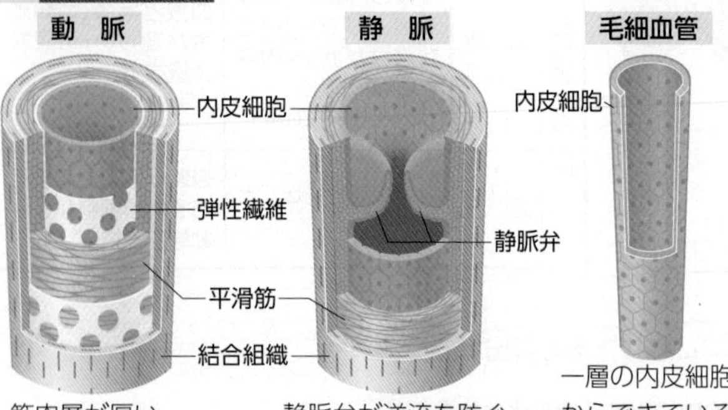
動　脈
静　脈
毛細血管
内皮細胞
弾性繊維
平滑筋
結合組織
静脈弁
内皮細胞

筋肉層が厚い。　静脈弁が逆流を防ぐ。　一層の内皮細胞からできている。

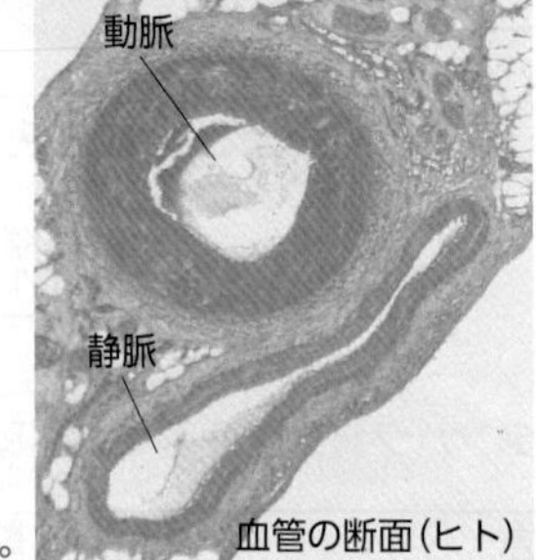
動脈
静脈

血管の断面（ヒト）

基 2 動物の循環系　肺呼吸が発達した脊椎動物ほど，心室の分離が完全となり動脈血と静脈血が混じらなくなる。

A 血管系

閉鎖血管系　脊椎動物，環形動物，紐形動物（▶p.305）など。

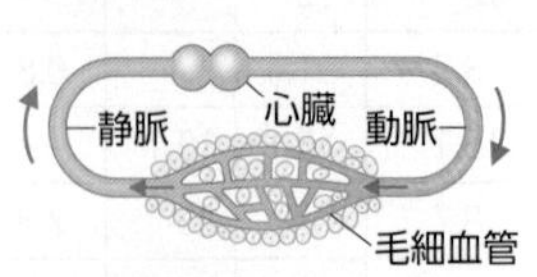
静脈
心臓
動脈
毛細血管

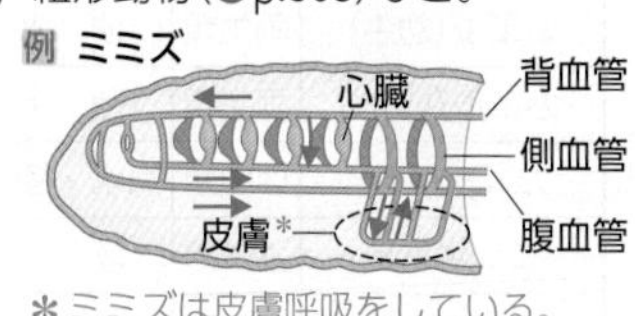
例 ミミズ
心臓
背血管
側血管
腹血管
皮膚*

＊ミミズは皮膚呼吸をしている。

血液の大部分は血管外へ出ることはない。

開放血管系　軟体動物（頭足類を除く），節足動物（▶p.305）など。

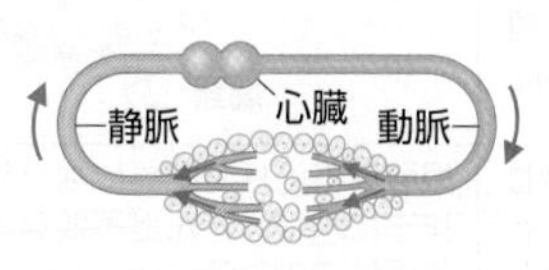
静脈
心臓
動脈

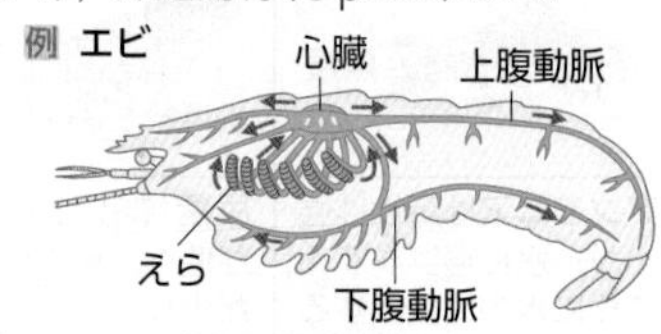
例 エビ
心臓
上腹動脈
えら
下腹動脈

血液はいったん血管外へ出て心臓に戻る。静脈のないものもいる。

B 脊椎動物の循環系

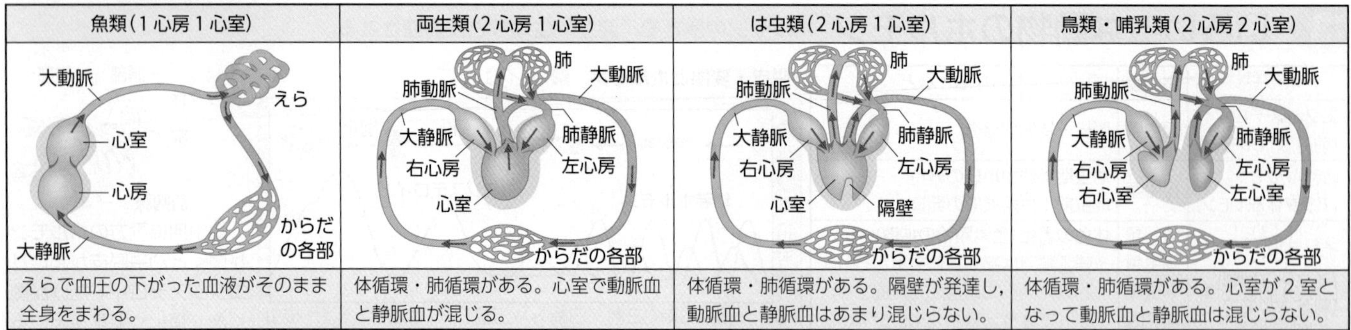
大動脈
えら
心室
心房
からだの各部
大静脈
肺
肺動脈
大動脈
大静脈
肺静脈
右心房
左心房
心室
隔壁
右心室
左心室
からだの各部

魚類（1 心房 1 心室）	両生類（2 心房 1 心室）	は虫類（2 心房 1 心室）	鳥類・哺乳類（2 心房 2 心室）
えらで血圧の下がった血液がそのまま全身をまわる。	体循環・肺循環がある。心室で動脈血と静脈血が混じる。	体循環・肺循環がある。隔壁が発達し，動脈血と静脈血はあまり混じらない。	体循環・肺循環がある。心室が 2 室となって動脈血と静脈血は混じらない。

プチ雑学　ヒトの場合，血液の総質量は体重の約 8%，血管の全長は約 10 万 km（地球の 2 周半），血液が全身をめぐる時間は約 30 秒，拍動数は毎分約 70 回（1 日に約 10 万回），血液の総循環量は 1 日約 7000 L という見積りがある。

Keywords
●心臓 heart ●血管 blood vessel ●動脈 artery ●静脈 vein
●循環系 circulatory system ●動脈血 arterial blood ●静脈血 venous blood
●ヘモグロビン hemoglobin ●酸素ヘモグロビン oxyhemoglobin

基

3 酸素の運搬 赤血球中のヘモグロビンが酸素を運ぶ(▶p.40, 42)。

進化 View

A ヘモグロビンの性質

*混合気体を構成する成分気体が，単独でその混合気体の全体積を占めたと仮定したときに示す圧力。

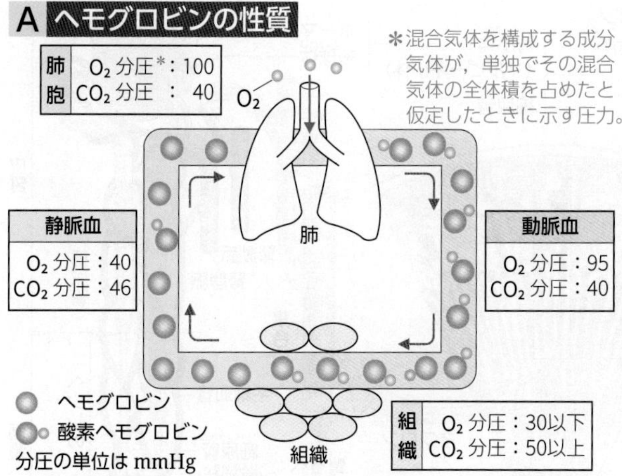

肺胞 O_2 分圧*：100 CO_2 分圧：40
O_2
肺
静脈血
O_2 分圧：40
CO_2 分圧：46
動脈血
O_2 分圧：95
CO_2 分圧：40
ヘモグロビン
酸素ヘモグロビン
分圧の単位は mmHg
組織
組織 O_2 分圧：30以下 CO_2 分圧：50以上

ヘモグロビンは，O_2 が多く CO_2 が少ないところ(肺)では O_2 と結合しやすく，O_2 が少なく CO_2 が多いところ(組織)では O_2 と離れやすいため，肺から組織へ酸素を運搬することができる。

酸素が多く含まれる血液を**動脈血**(どうみゃくけつ)といい，酸素の少ない血液を**静脈血**(じょうみゃくけつ)という。

酸素解離曲線 酸素解離曲線は，CO_2 分圧が高いほど右にずれる。

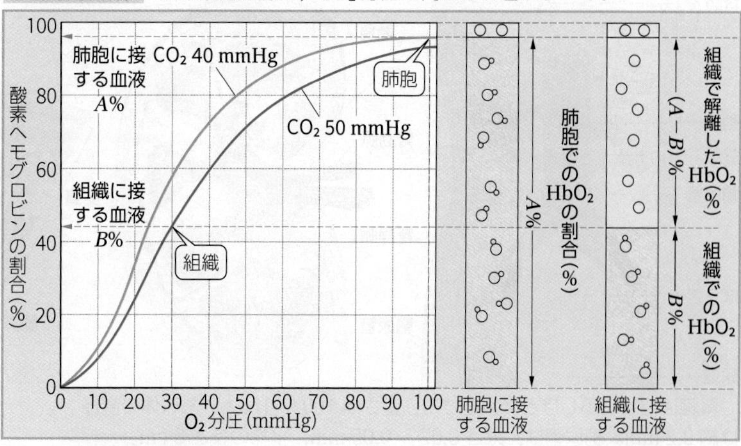

肺胞に接する血液 A%
CO_2 40 mmHg
肺胞
CO_2 50 mmHg
組織に接する血液 B%
組織
酸素ヘモグロビンの割合(%)
O_2 分圧(mmHg)
肺胞での HbO_2 の割合(%)
A%
組織で解離した HbO_2 (A−B)%(%)
組織での HbO_2 B%(%)
肺胞に接する血液
組織に接する血液

※ 760 mmHg = 1 気圧 ≒ 1013 hPa

静脈血 動脈血

脊椎動物の血液が赤く見えるのは，ヘモグロビンが存在するからである。

ブタの血液(10倍に希釈)

● **酸素ヘモグロビンの割合**
血液中のヘモグロビン(Hb)の何 % が酸素ヘモグロビン(HbO_2)かを示したもの

● **酸素解離曲線(酸素平衡曲線)**
O_2 分圧に対する HbO_2 の割合の変化を示した曲線

ヘモグロビンと酸素の反応

$$Hb + O_2 \rightleftarrows HbO_2$$

肺(O_2 多，CO_2 少)（右向き）／組織(O_2 少，CO_2 多)（左向き）

Hb (暗紅色) ヘモグロビン　O_2 酸素　HbO_2 (鮮紅色) 酸素ヘモグロビン

※ヘモグロビン1分子は4つのサブユニットでできていて，酸素4分子と結合する。

B 酸素解離曲線と環境

二酸化炭素分圧の影響

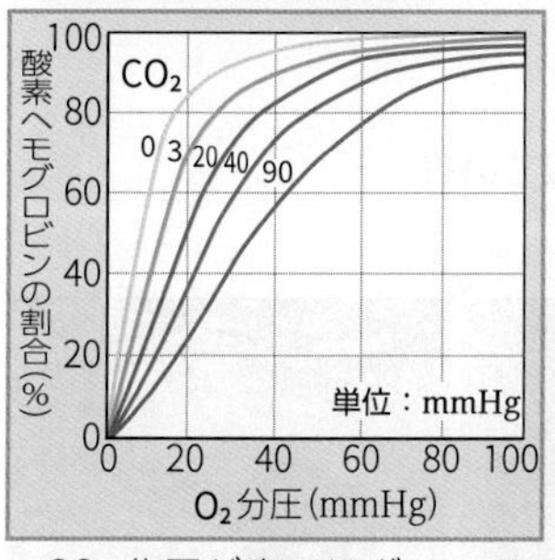

CO_2
0 3 20 40 90
単位：mmHg
酸素ヘモグロビンの割合(%)
O_2 分圧(mmHg)

CO_2 分圧が高いほど，ヘモグロビンは O_2 と結びつきにくくなる。これは組織での酸素解離に都合がよい。

ミオグロビンとヘモグロビン

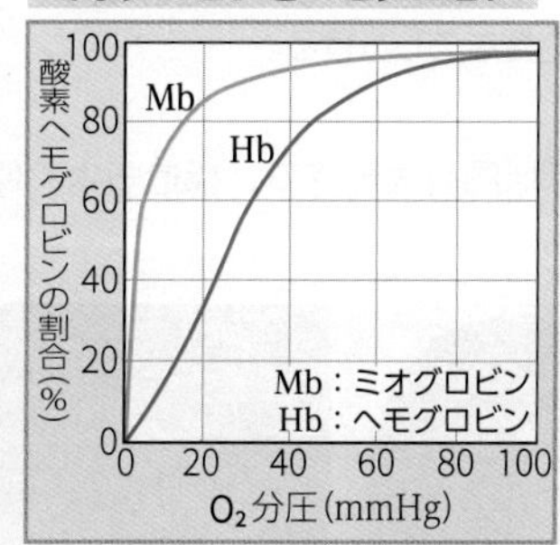

Mb
Hb
Mb：ミオグロビン
Hb：ヘモグロビン
酸素ヘモグロビンの割合(%)
O_2 分圧(mmHg)

ミオグロビンは O_2 を蓄えるのに適し，ヘモグロビンは O_2 を運ぶのに適している。

胎児と母体

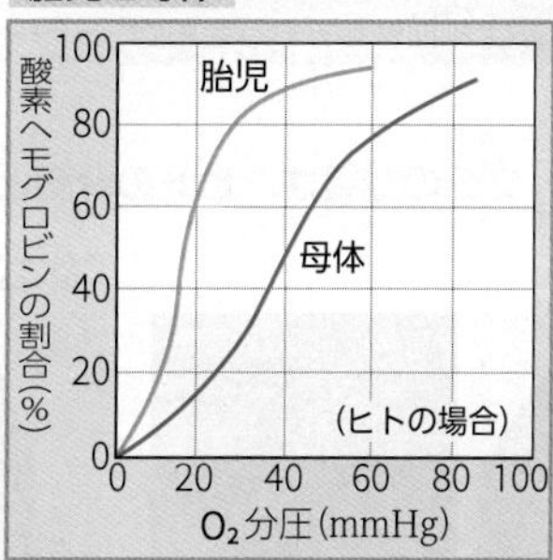

胎児
母体
(ヒトの場合)
酸素ヘモグロビンの割合(%)
O_2 分圧(mmHg)

胎児のヘモグロビンは低い O_2 分圧でも HbO_2 をつくることができる。このため，胎児は母体から O_2 を受けとりやすい。

Step up いろいろな呼吸色素

呼吸色素(含有金属)[色]	所在	動物
ヘモグロビン (Fe)[赤]	血球	脊椎動物
	血球	軟体動物(アカガイ)
	血しょう	環形動物(ミミズ)
ヘモシアニン (Cu)[青]	血しょう	軟体動物(イカ)
	血しょう	甲殻類(カニ)

呼吸色素の濃度が大きいほど，酸素を多く運ぶことができる。しかし，呼吸色素の濃度が大きくなると，血液の粘性が増すので，血液は流れにくくなる。脊椎動物などでは，血球内に呼吸色素を隔離して，この問題を解決している。

基

4 二酸化炭素の運搬 二酸化炭素は血液によって肺に運ばれ，外界へ排出される。

二酸化炭素と水の反応

$$CO_2 + H_2O \rightleftarrows H^+ + HCO_3^-$$

組織（右向き）／肺（左向き）
H^+ → Hb に結合　HCO_3^- → 血しょう中に出る

組織で生じた CO_2 は血しょうから赤血球に入り，H_2O と反応して H_2CO_3 になる。H_2CO_3 は H^+ と HCO_3^- に解離し，H^+ はヘモグロビンと結合し，HCO_3^- は血しょう中に出て(実際は $NaHCO_3$ の形で)肺まで運ばれる。

肺胞では逆の反応が起こって CO_2 が放出される。

血液による運搬

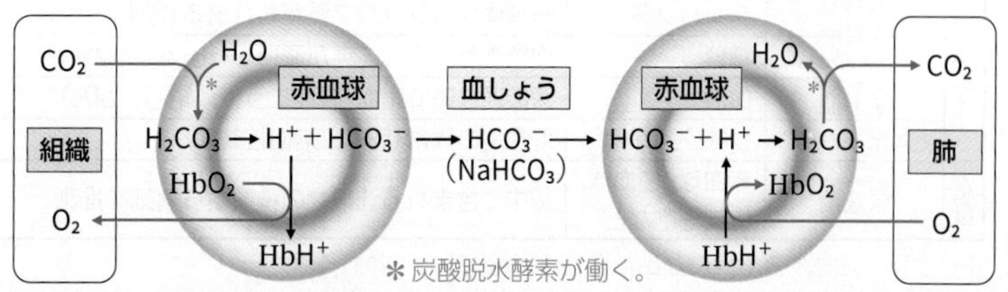

CO_2
組織
O_2
H_2O
赤血球
H_2CO_3 → H^+ + HCO_3^-
HbO_2
HbH^+
血しょう
HCO_3^- ($NaHCO_3$)
HCO_3^- + H^+ → H_2CO_3
肺

*炭酸脱水酵素が働く。

進化 View 3 鳥類の肺は，気のうとよばれる多数の袋とつながった複雑な構造をしており，常に一方向から新鮮な空気が肺に流れ込む。このつくりにより，鳥類の肺はヒトなどの哺乳類の肺に比べてガス交換の効率が高い。気のうは鳥類と恐竜の共通祖先において，中生代三畳紀の低酸素環境への適応として進化したとする説がある。Link

腎臓の構造と働き

基 1 腎臓の構造　ネフロンが基本単位で，1個の腎臓に約100万個のネフロンがある。

Link

腎臓の位置

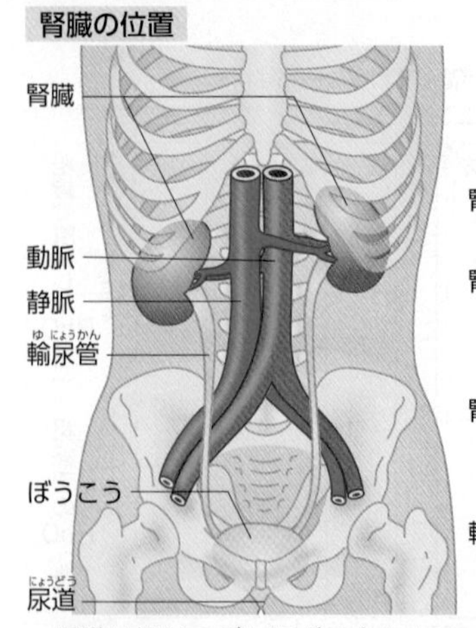

腎臓
動脈
静脈
輸尿管
ぼうこう
尿道

腎臓の断面

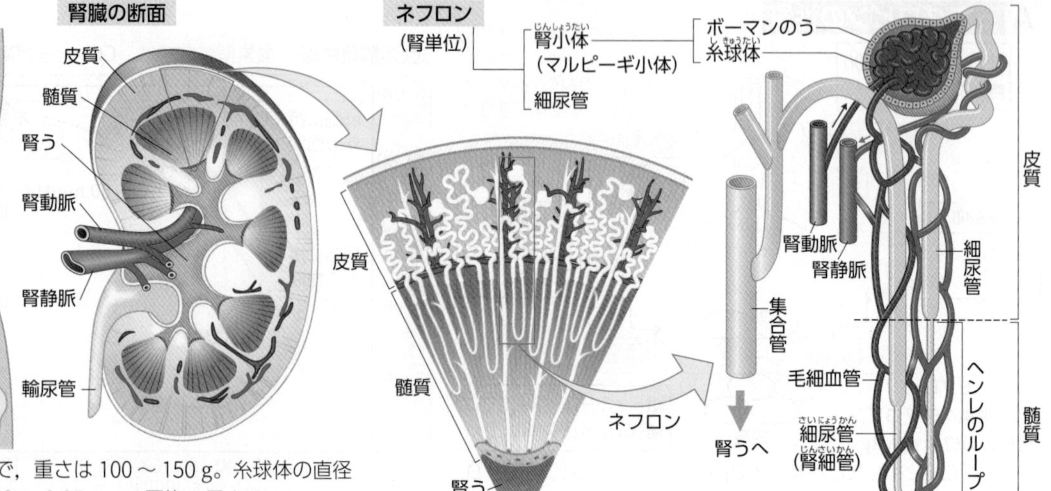

皮質
髄質
腎う
腎動脈
腎静脈
輸尿管
ネフロン
(腎単位)
腎小体
(マルピーギ小体)
細尿管
ボーマンのう
糸球体
皮質
髄質
ネフロン
腎う
集合管
腎うへ
腎動脈
腎静脈
細尿管
毛細血管
細尿管
(腎細管)
ヘンレのループ
皮質
髄質

腎臓は握りこぶしほどの大きさで，重さは100～150 g。糸球体の直径は約0.2 mm。細尿管は，太さ0.02～0.05 mm，平均の長さ5 cm。

糸球体

※着色画像

足細胞
毛細血管
糸球体

※着色画像

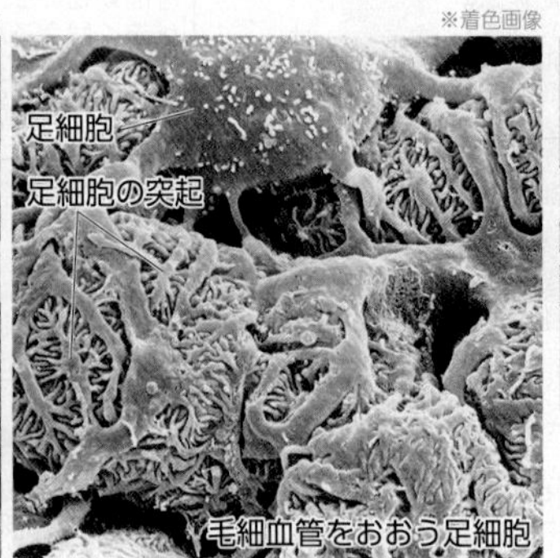

足細胞
足細胞の突起
毛細血管をおおう足細胞

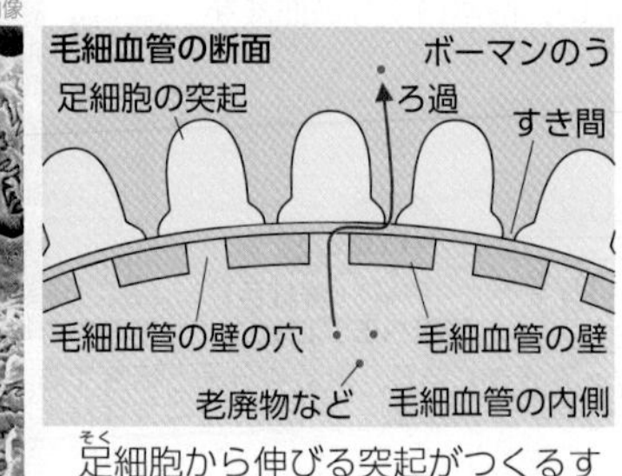

毛細血管の断面
ボーマンのう
足細胞の突起
ろ過
すき間
毛細血管の壁の穴
毛細血管の壁
老廃物など
毛細血管の内側

足細胞から伸びる突起がつくるすき間は，毛細血管の穴よりもせまく，ここで物質をこし分ける。

おもな働き

腎臓には，排出器官としての働き(①，②)と，内分泌器官としての働き(③～⑤)がある。

①老廃物の排出
②体液濃度の調節
③血圧の調節(レニンの分泌)
④赤血球の産生促進(エリスロポエチンの分泌)
⑤骨の維持(活性型ビタミンDの分泌)

基 2 ブタの腎臓の観察 実験　ブタの腎臓は，ヒトの腎臓とほぼ同じ大きさで，構造もよく似ている。

外観と断面

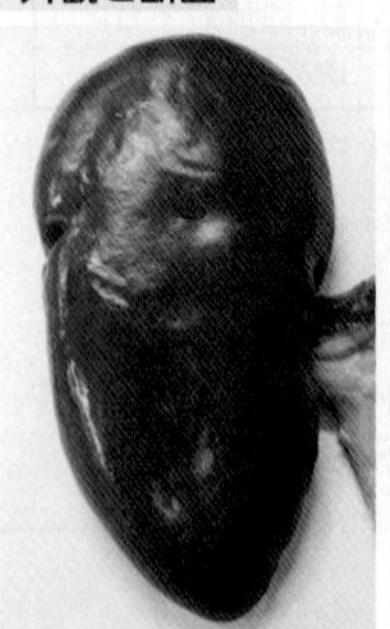

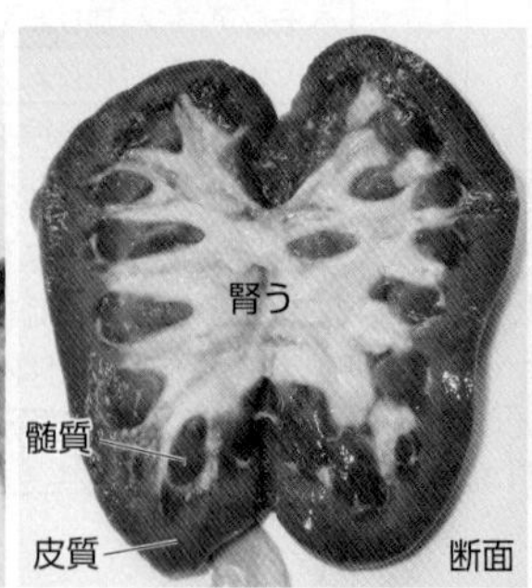

腎う
髄質
皮質
断面

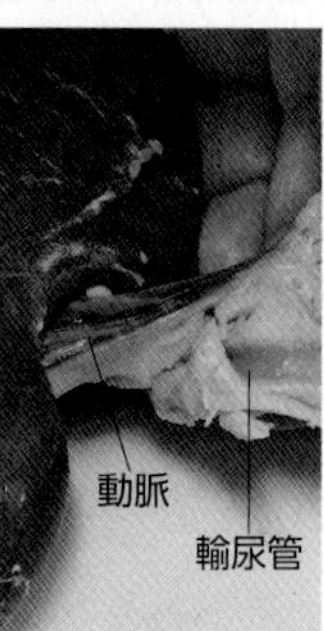

動脈
輸尿管

糸球体

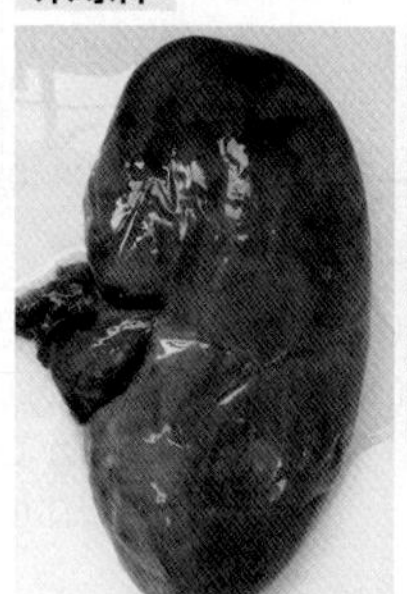

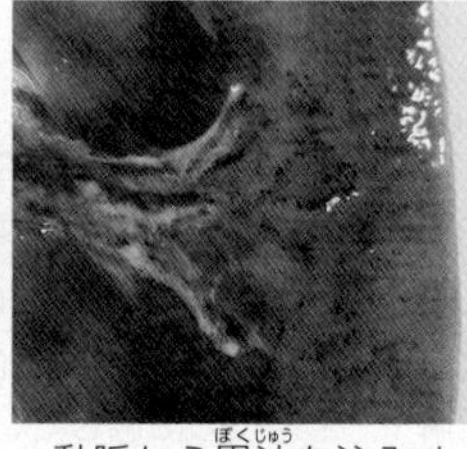

動脈から墨汁を注入すると，糸球体が点々と黒く見える。

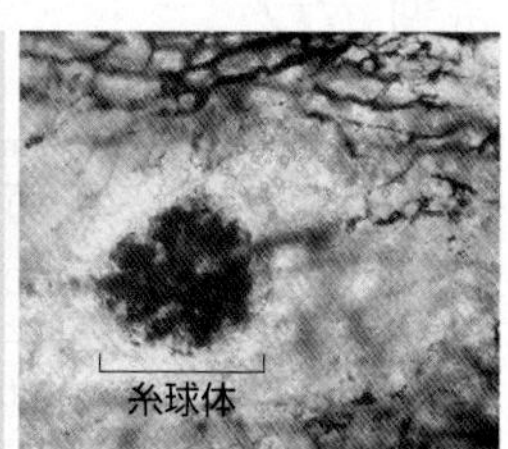

糸球体

糸球体付近の切片を顕微鏡で観察する。

つながる生物学　医療　尿検査でわかること

定性	尿蛋白	タンパク質	糸球体からタンパク質がもれ出る(腎炎)
	尿糖	糖分	血糖濃度が高く，糖が尿にもれ出る(糖尿病)
	尿潜血	血液	尿の通り道で出血(ぼうこう炎，結石，がん)
	尿ウロビリノーゲン	ウロビリノーゲン	肝機能の異常(肝炎，溶血性貧血)
定量	尿沈渣	赤血球，白血球，上皮細胞など	尿中に含まれる沈殿物の種類から病気を推測

※一般に，定性検査で異常が出た場合，定量検査が行われる。

尿を調べると，腎臓や体内環境の状態がわかる。尿検査には，定性検査(基準内かを判定，右の写真)と定量検査(数値で測定)がある。健康診断などでは，試験紙を用いた定性検査を行う。

Q　検査する尿は朝一番のものがよいとされる。それはなぜか。

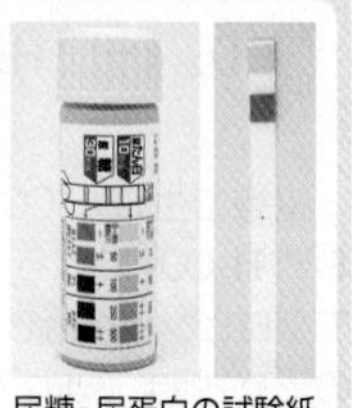

尿糖・尿蛋白の試験紙

腎臓に異常がある場合，安静時の検査結果にも影響が現れることが多い。そのため，一般には朝一番の尿が使われる。ただし，運動後や発熱時などだけに異常が出ることもあるので，早朝以外のタイミングで採取した尿が使われる場合もある。

Keywords ●腎臓 kidney ●ネフロン nephron ●腎単位 kidney unit ●腎小体 renal corpuscle ●細尿管 renal tubule ●糸球体 glomerulus ●ボーマンのう Bowman's capsule ●集合管 collecting tube ●ろ過 filtration ●再吸収 reabsorption ●尿素 urea

基 3 尿の生成 ろ過に続けて，グルコースや無機塩類，水などを再吸収し，尿をつくる。

水生動物の塩類濃度調節 ▶p.149

ろ過と再吸収

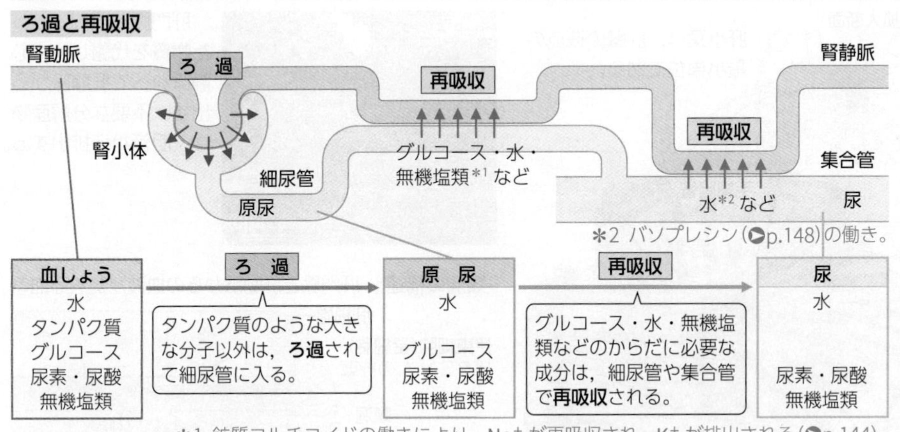

腎動脈
ろ 過
再吸収
腎静脈
腎小体
グルコース・水・
無機塩類*1 など
再吸収
集合管
細尿管
原尿
水*2 など
尿
*2 バソプレシン(▶p.148)の働き。
血しょう
水
タンパク質
グルコース
尿素・尿酸
無機塩類
ろ 過
タンパク質のような大きな分子以外は，ろ過されて細尿管に入る。
原 尿
水
グルコース
尿素・尿酸
無機塩類
再吸収
グルコース・水・無機塩類などのからだに必要な成分は，細尿管や集合管で再吸収される。
尿
水
尿素・尿酸
無機塩類

*1 鉱質コルチコイドの働きにより，Na⁺ が再吸収され，K⁺ が排出される(▶p.144)。

血しょう成分のろ過量と再吸収量 例 ヒト

成分	ろ過量(g/日)	排出量(g/日)	再吸収量(g/日)	再吸収率(%)
水	180 (L/日)	1.45 (L/日)	178.6 (L/日)	99.2
Na^+	600	6.1	593.9	99
Cl^-	690	9.1	680.9	98.7
K^+	35	3.4	31.7	90.6
Ca^{2+}	5	0.3	4.7	94.0
グルコース	200	微量	200	100
尿素	60	30	30	50

水や無機塩類，グルコースは，ろ過した量のほとんどを**再吸収**(さいきゅうしゅう)している。このように，糸球体でろ過して大きな分子以外をとり出したあと，必要な物質を細尿管や集合管で再吸収し，残ったものを尿として排出している。

血しょうと尿の成分比較 例 ヒト

成分	血しょう(%) A	尿(%) B	濃縮率 $\frac{B}{A}$
水	90～93	95	1
タンパク質	7～ 9	0	0
グルコース	0.1	0	0
尿素	0.03	2	70
尿酸	0.004	0.05	12
クレアチニン	0.001	0.075	75
Na^+	0.3	0.35	1
K^+	0.02	0.15	7
Ca^{2+}	0.008	0.015	1.9
NH_4^+	0.001	0.04	40
Cl^-	0.37	0.6	1.6
PO_4^{3-}	0.009	0.15	16
SO_4^{2-}	0.003	0.18	60

Column 血液透析

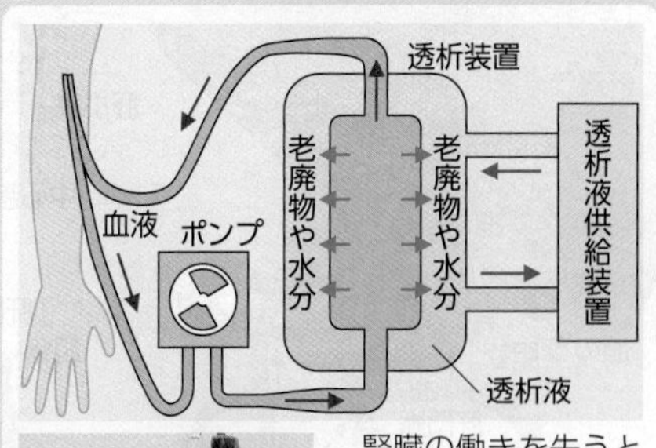

透析装置
老廃物や水分
老廃物や水分
透析液供給装置
血液
ポンプ
透析液

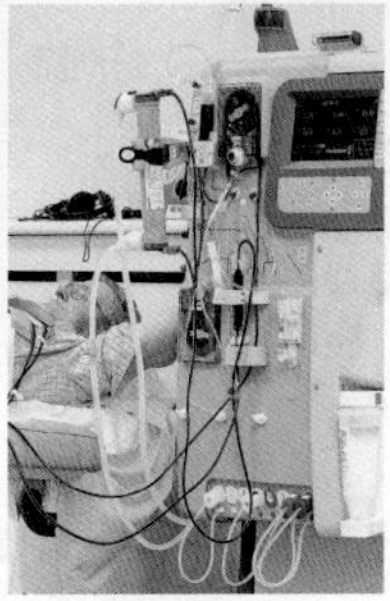

腎臓の働きを失うと，老廃物や余分な水分が排出できなくなり，体内環境を維持できなくなる。それを防ぐため，人工的に腎臓の働きを行うことを**人工透析**(とうせき)という。**血液透析**はその方法の１つで，血液を体外にとり出して透析装置に通し，処理した血液を体内に戻す。

Memo クレアチニン

クレアチニンはクレアチン(▶p.192)の代謝(たいしゃ)産物で，おもに筋肉の活動によって生じて血液で運ばれ，腎臓をへて排出される。ほとんど再吸収されないので，クレアチニンの量から糸球体でのろ過量が算出できる。また，血液中のクレアチニン濃度が高い場合，糸球体のろ過機能が低下していると推定できる。

基 4 体液の調節 再吸収を制御して，血液の濃度や血圧，血液量の調節を行っている。

A 血液濃度の調節

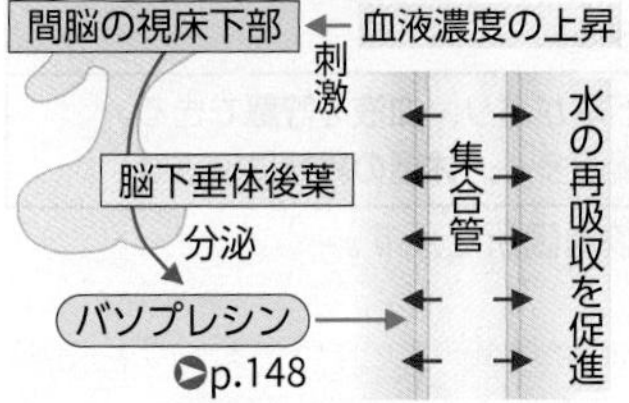

間脳の視床下部
血液濃度の上昇
刺激
脳下垂体後葉
分泌
バソプレシン
▶p.148
集合管
水の再吸収を促進

バソプレシンは，集合管での水の再吸収を促進し，上昇した血液濃度を下げる。このとき，尿の量は減る。

B 血圧，血液の量の調節

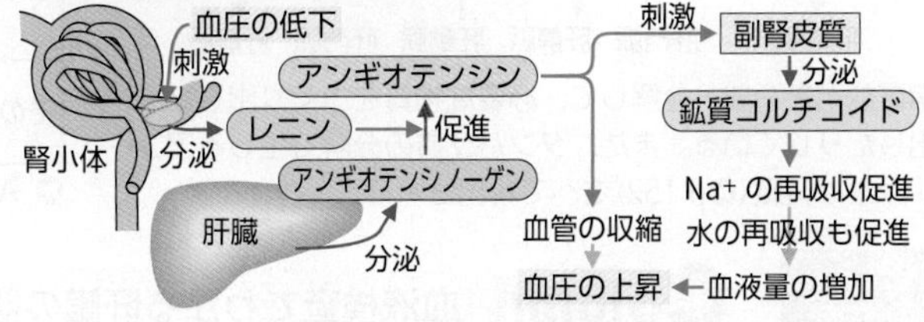

血圧の低下
刺激
腎小体
分泌
アンギオテンシン
レニン
促進
アンギオテンシノーゲン
肝臓
分泌
刺激
副腎皮質
分泌
鉱質コルチコイド
Na⁺ の再吸収促進
水の再吸収も促進
血管の収縮
血圧の上昇
血液量の増加

レニンはアンギオテンシノーゲンをアンギオテンシンにする酵素である。アンギオテンシンは，血管を収縮させ，鉱質コルチコイドの分泌を促す。

生 5 再吸収の詳しいしくみ 水やグルコース，イオンを輸送する膜タンパク質の働きによる。

A 水の再吸収 ▶p.26，27，28，148

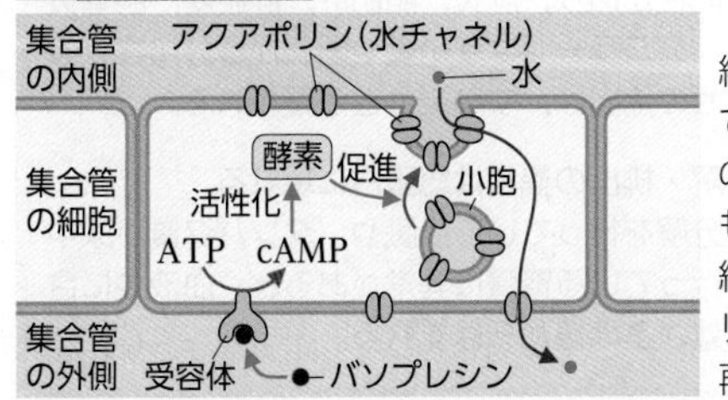

集合管の内側
アクアポリン(水チャネル)
水
集合管の細胞
酵素
促進
活性化
小胞
ATP
cAMP
集合管の外側
受容体
バソプレシン

バソプレシンが受容体に結合すると，cAMP が生じて酵素を活性化する。酵素の働きで，アクアポリンをもつ小胞が集合管の内側の細胞膜と融合し，アクアポリンが増加することで水の再吸収が促進される。

B グルコースの再吸収 ▶p.26

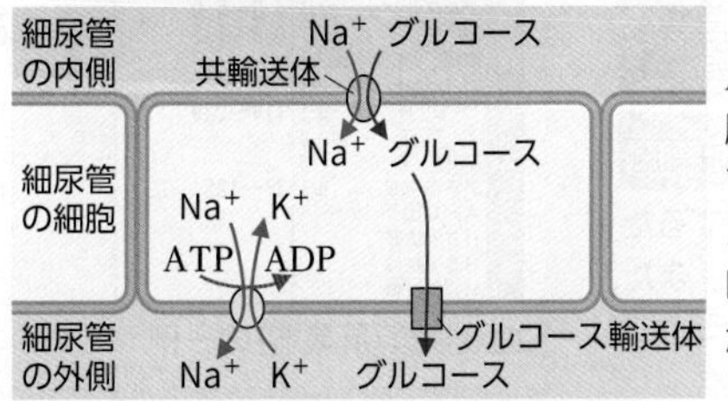

細尿管の内側
Na⁺ グルコース
共輸送体
Na⁺ グルコース
細尿管の細胞
Na⁺ K⁺
ATP ADP
グルコース輸送体
細尿管の外側
Na⁺ K⁺
グルコース

ナトリウム-カリウムATPアーゼの働きで，細胞内の Na^+ 濃度が低くなっている。ナトリウム-グルコース共輸送体によって，Na^+ とともにグルコースが細胞内にとり込まれる。

プチ雑学 アンギオテンシンは血圧を上昇させる働きをもつ。アンギオテンシンをつくらせないようにする薬(アンギオテンシン変換酵素阻害薬)，アンギオテンシンの働きを妨害する薬(アンギオテンシン受容体拮抗(きっこう)薬)が開発されていて，高血圧症の治療薬として広く使われている。

154 肝臓の構造と働き

基 1 肝臓の構造 肝小葉という基本単位が集まって，肝臓をつくっている。

Link

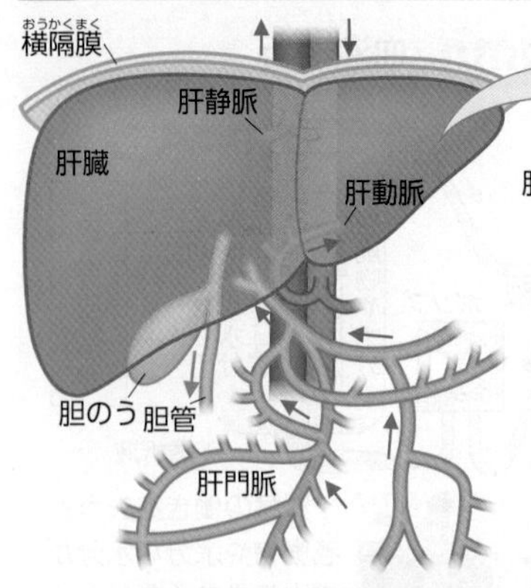
横隔膜
肝静脈
肝臓
肝動脈
胆のう
胆管
肝門脈

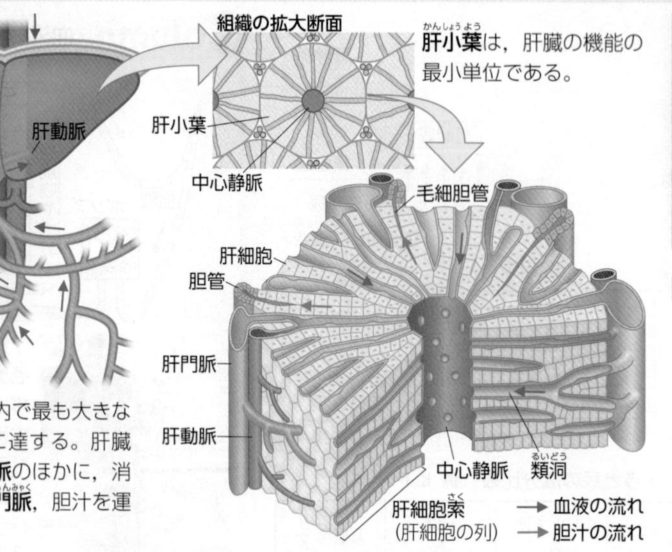
組織の拡大断面
肝小葉
中心静脈
毛細胆管
肝細胞
胆管
肝門脈
肝動脈
中心静脈
類洞
肝細胞索
(肝細胞の列)
血液の流れ
胆汁の流れ

肝小葉は，肝臓の機能の最小単位である。

ヒトの肝臓は，体内で最も大きな内臓で，約 1200 g に達する。肝臓には，**肝動脈**と**肝静脈**のほかに，消化管からつながる**肝門脈**，胆汁を運ぶ**胆管**がある。

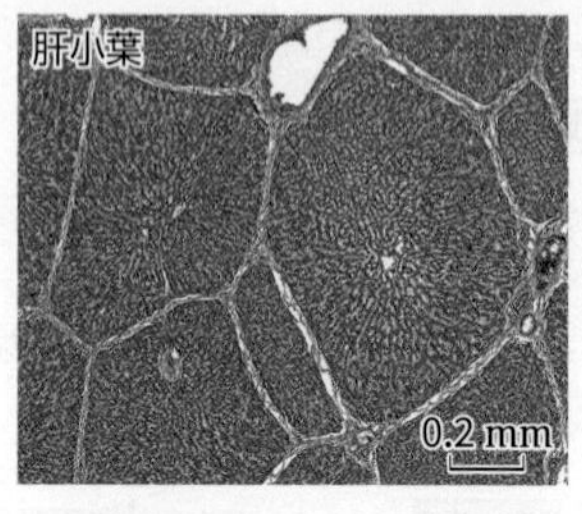
肝小葉
0.2 mm

肝門脈を通って入った物質を代謝し，中心静脈をへて肝静脈から出す。不要な分解産物は，胆管から排出する。

類洞の構造 肝門脈と肝動脈からの血液が流れる血管。

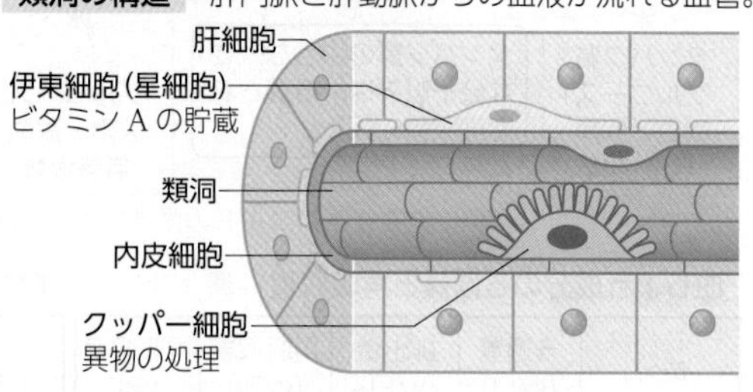
肝細胞
伊東細胞(星細胞)
ビタミン A の貯蔵
類洞
内皮細胞
クッパー細胞
異物の処理

基 2 肝臓の働き(概略) 肝臓は，物質の合成や分解，貯蔵を通じて，体液の成分を調節している。

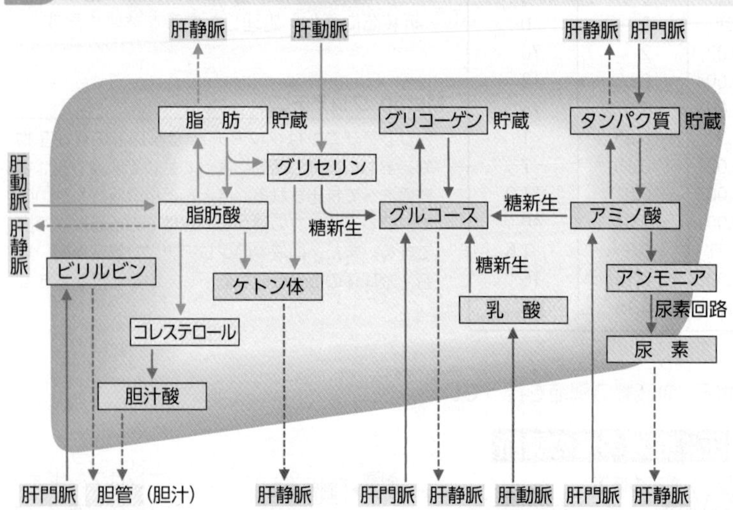
肝静脈
肝動脈
肝静脈
肝門脈
脂 肪
貯蔵
グリコーゲン
貯蔵
タンパク質
貯蔵
グリセリン
肝動脈
肝静脈
脂肪酸
糖新生
グルコース
糖新生
アミノ酸
ビリルビン
ケトン体
糖新生
アンモニア
乳 酸
尿素回路
コレステロール
尿 素
胆汁酸
肝門脈
胆管 (胆汁)
肝静脈
肝門脈
肝静脈
肝動脈
肝門脈
肝静脈

糖質，タンパク質，脂質などを合成・分解して，必要な物質をつくり出したり，余分な物質を貯蔵，排出したりしている。また，タンパク質の分解で生じるアンモニアを尿素に変える。尿素は腎臓(▶p.152)をへて排出される。

血糖濃度の調節 ▶A	高血糖：グルコースからグリコーゲンを合成して貯蔵。 低血糖：グリコーゲンを分解してグルコースにして放出。 **グルコース**(血液中) ⇄ **グリコーゲン**(肝臓中) 糖質以外(乳酸，アミノ酸，グリセリン)からグルコースを合成する(**糖新生**)。
タンパク質の合成 ▶B	血しょうタンパク質(アルブミン，フィブリノーゲン，プロトロンビン)やアミノ酸の合成。
タンパク質の分解 ▶B	タンパク質の分解産物として生じた有害なアンモニアを，毒性の少ない**尿素**に合成する(**尿素回路**)。
胆汁の生成 ▶C	**胆汁酸**(脂肪を乳化して消化を助ける)，**ビリルビン**(ヘモグロビンの分解産物で，便の色のもと)などから**胆汁**をつくり，胆のうに貯蔵したあと，十二指腸に排出する。▶p.157
有害物質などの解毒 ▶D	有害な物質，アルコール，薬などを無毒化する。アルコール(エタノール)は，アセトアルデヒド，酢酸をへて，水と二酸化炭素になる。
その他	多くの毛細血管(類洞)があり，**血液を貯蔵**できる。 活発な代謝で発熱量が多く，**体温の維持**に役立つ。

▶A ～ ▶Dは，右ページの該当箇所を示す。

※着色画像

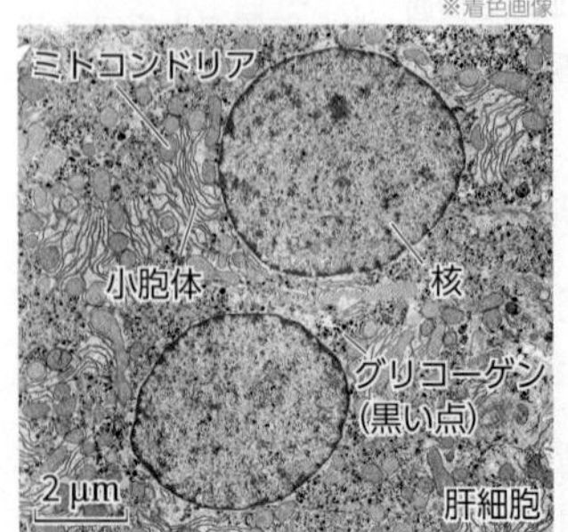
ミトコンドリア
小胞体
核
グリコーゲン
(黒い点)
2 μm
肝細胞

代謝に必要な酵素を合成するため，小胞体が発達している。また，エネルギーを得るために，ミトコンドリアも発達している。

Column 血液検査でわかる肝臓の健康

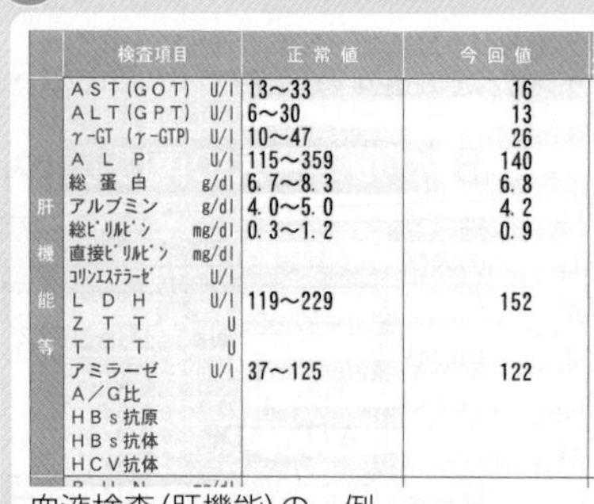

	検査項目		正常値	今回値
肝機能等	AST(GOT)	U/l	13～33	16
	ALT(GPT)	U/l	6～30	13
	γ-GT (γ-GTP)	U/l	10～47	26
	ALP	U/l	115～359	140
	総蛋白	g/dl	6.7～8.3	6.8
	アルブミン	g/dl	4.0～5.0	4.2
	総ビリルビン	mg/dl	0.3～1.2	0.9
	直接ビリルビン	mg/dl		
	コリンエステラーゼ	U/l		
	LDH	U/l	119～229	152
	ZTT	U		
	TTT	U		
	アミラーゼ	U/l	37～125	122
	A/G比			
	HBs抗原			
	HBs抗体			
	HCV抗体			

血液検査(肝機能)の一例

酵素が働く細胞が破壊されると，その酵素が血液中に流出する

AST，ALT，γ-GTP，ALP はおもに肝臓で働く酵素である。これらが血液中に多く含まれるとき，肝細胞が破壊されるなどして酵素が流出している可能性があり，肝炎，脂肪肝，肝硬変，胆管炎などの病気が疑われる。アミラーゼはすい臓や唾腺から分泌される酵素なので，アミラーゼの流出は，すい炎などが疑われる。

タンパク質の合成・分解・排出の異常は総蛋白に現れる

タンパク質の合成・分解を行っている肝臓や，タンパク質が尿中に出ないようにろ過を行っている腎臓に異常があると，血液中に含まれるタンパク質の総量が基準値からはずれる。

プチ雑学 胆汁色素(ビリルビン)は，胆汁の成分として十二指腸に排出され，これが便の色になる。肝機能などに障害があると，ビリルビンの排出ができなくなり，体内に蓄積する。皮膚や粘膜が黄色くなる黄だんの症状はビリルビンによる。

Keywords ●肝臓 liver ●肝小葉 lobulus hepatis ●肝門脈 hepatic portal vein ●グリコーゲン glycogen ●糖新生 gluconeogenesis ●尿素回路 urea cycle ●胆汁 bile ●ビリルビン bilirubin ●解毒 detoxication

基 3 肝臓の働き(詳細) 糖の代謝，アミノ酸の代謝，脂肪の代謝，有害物質の解毒などを担っている。

A 血糖濃度の調節 糖の代謝 ▶p.146

グリコーゲンの合成・分解

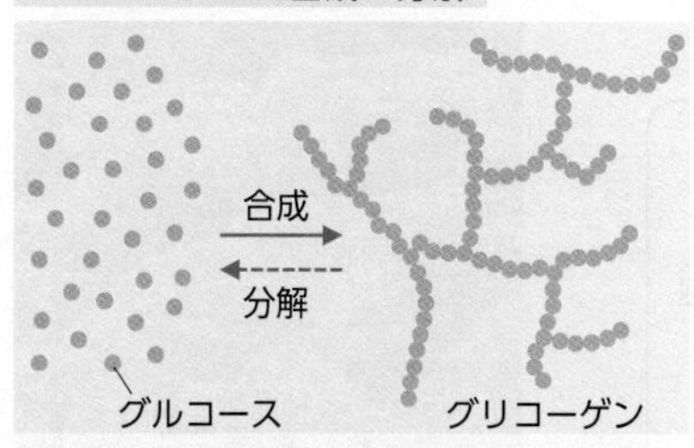

合成
分解
グルコース
グリコーゲン

グリコーゲンは，グルコースが多数結合した高分子化合物で，枝分かれが非常に多い。植物におけるデンプンのように，動物は糖質をグリコーゲンの形で貯蔵する。

糖新生

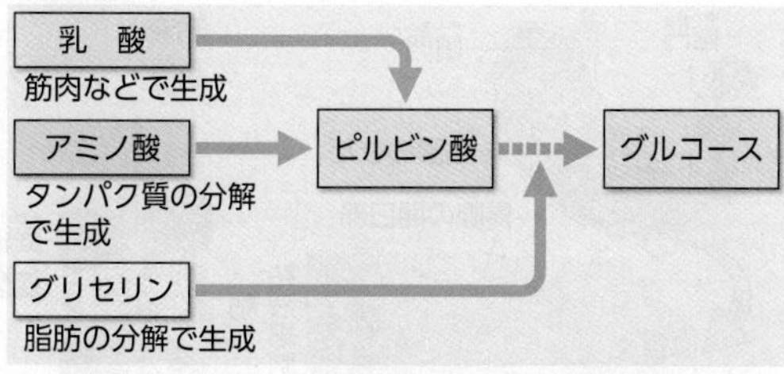

乳 酸
筋肉などで生成
アミノ酸
タンパク質の分解で生成
グリセリン
脂肪の分解で生成
ピルビン酸
グルコース

食物が得られないとき，体内のタンパク質や脂肪を分解し，得られたアミノ酸やグリセリンからグルコースをつくる。また，筋肉などで生じた乳酸からグルコースをつくり，筋肉のグルコース不足を補う。

Step up 肝臓が運動をささえる

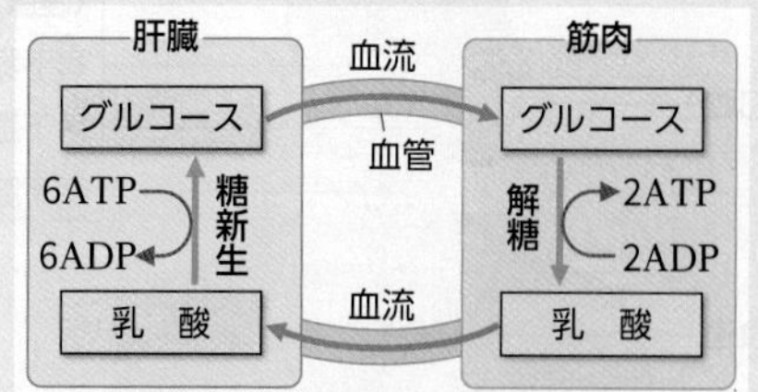

肝臓
筋肉
血流
血管
グルコース
グルコース
6ATP
6ADP
糖新生
解糖
2ATP
2ADP
乳 酸
乳 酸
血流

筋肉が激しく動くとき，エネルギー源であるグルコースが不足するが，肝臓での糖新生により，それを補うことができる。▶p.192

B タンパク質の合成・分解 アミノ酸の代謝

合成されるおもなタンパク質 血しょう中に存在

アルブミン	浸透圧調節，脂肪酸などの運搬
フィブリノーゲン	血液凝固(▶p.139)
プロトロンビン	血液凝固(▶p.139)
リポタンパク質	脂肪，コレステロールなどの運搬
アンギオテンシノーゲン	血圧の上昇(▶p.153)
ヘプシジン	鉄分の調節

アミノ酸の合成 ▶p.246

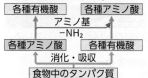

各種有機酸 → 各種アミノ酸
アミノ基 $-NH_2$
各種アミノ酸 → 各種有機酸
消化・吸収
食物中のタンパク質

小腸で吸収したアミノ酸のアミノ基を，有機酸*に転移させて，別のアミノ酸(非必須アミノ酸)を合成する。

*酸性を示す有機化合物。

尿素回路 アンモニアの無毒化

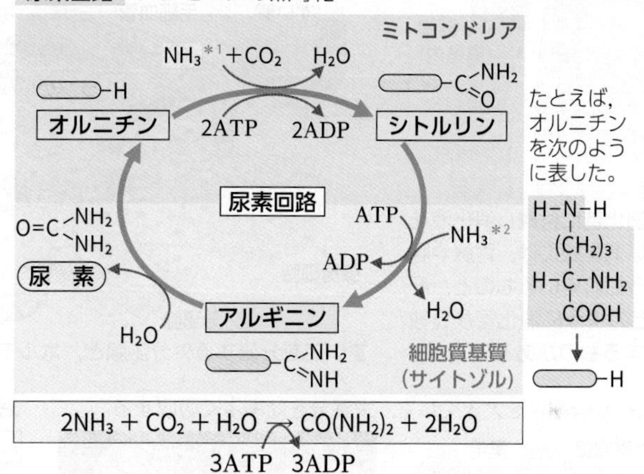

ミトコンドリア
NH3*1 + CO2
H2O
オルニチン
2ATP
2ADP
シトルリン
尿素回路
ATP
NH3*2
ADP
H2O
O=C(NH2)NH2
尿 素
アルギニン
H2O
細胞質基質(サイトゾル)

たとえば，オルニチンを次のように表した。

H−N−H
$(CH_2)_3$
H−C−NH_2
COOH

$$2NH_3 + CO_2 + H_2O \rightarrow CO(NH_2)_2 + 2H_2O$$

3ATP 3ADP

タンパク質の分解によって有害なアンモニアが生じる。哺乳類などでは，これを肝臓で毒性の少ない**尿素**に合成する。このときの反応経路を**尿素回路**(オルニチン回路)という。

＊1 カルバモイルリン酸をへて回路にとり込まれる。
＊2 アスパラギン酸をへて回路にとり込まれる。

C 胆汁の生成

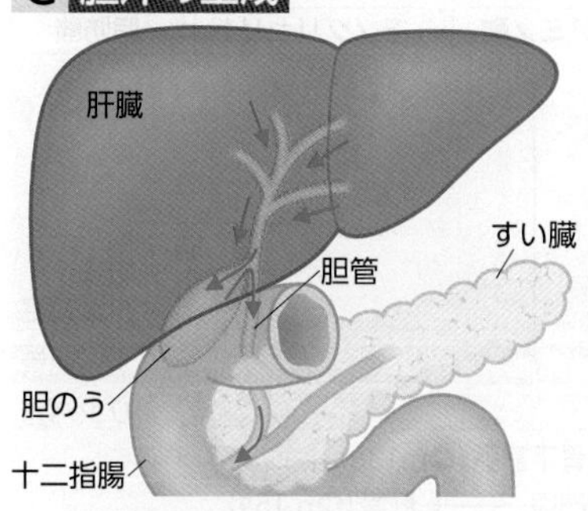

肝臓
すい臓
胆管
胆のう
十二指腸

脂肪酸から**胆汁酸**(脂肪を乳化して消化を助ける成分)を生成する。

ヘモグロビンの分解産物である**ビリルビン**(黄色の色素，便の色のもとになる)と，胆汁酸などから**胆汁**ができる。

胆汁は，胆管を通って胆のうに貯蔵されたあと，十二指腸に排出される。

Step up 脂肪の代謝 ▶p.55，58

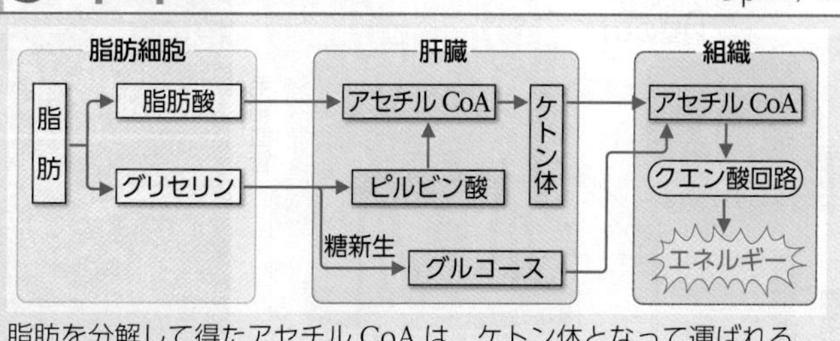

脂肪細胞
肝臓
組織
脂肪
脂肪酸
グリセリン
アセチル CoA
ケトン体
ピルビン酸
糖新生
グルコース
アセチル CoA
クエン酸回路
エネルギー

脂肪を分解して得たアセチル CoA は，ケトン体となって運ばれる。

D 有害物質などの解毒 薬の代謝

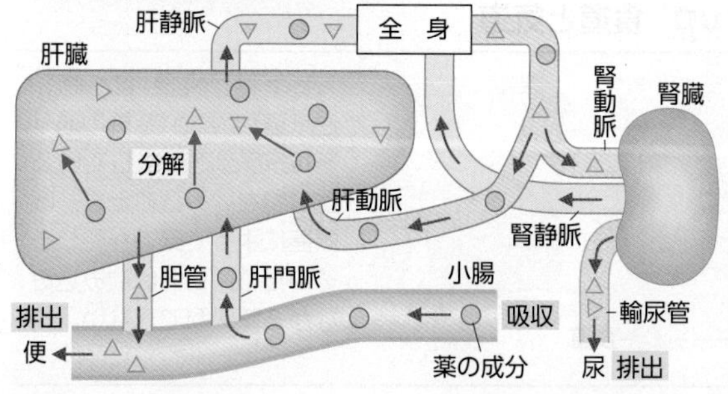

肝静脈
全 身
肝臓
分解
肝動脈
腎動脈
腎臓
腎静脈
胆管
肝門脈
小腸
排出
便
吸収
薬の成分
輸尿管
尿 排出

薬は小腸で吸収され，肝門脈から肝臓に入る。薬の多くは疎水性(脂溶性)であるが，酵素によって分解され，親水性に変化する。分解物は血液によって腎臓に運ばれ，おもに尿として排出される。一部は胆汁と一緒に便として排出される。肝臓の分解力の上限を超え，分解されず通過した薬は，全身をめぐって効果を発揮する。肝臓の分解力には個人差があるため，薬の効き目に個人差が生じる。アルコールや有害物質も同様に分解(解毒)される。

アルコールの代謝

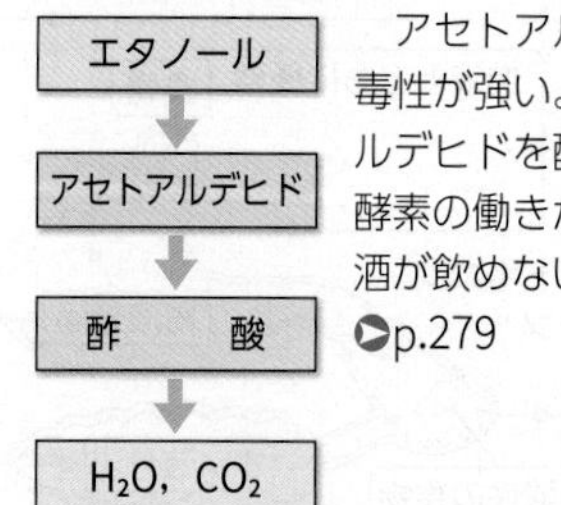

エタノール
アセトアルデヒド
酢 酸
H2O，CO2

アセトアルデヒドは毒性が強い。アセトアルデヒドを酢酸にする酵素の働きが弱い人は，酒が飲めない。▶p.279

プチ雑学 ヒトが1日に必要なグルコースは160gである。全体液中に含まれるグルコースは20gで，グリコーゲンから合成できるグルコースは190gであるため，体内のグリコーゲンで1日に必要なグルコースをまかなえる。一方，長期の絶食や飢餓状態では，糖新生によるグルコースの合成が重要である。

156 消化系の構造と働き

基 1 消化系の構造 消化管の一部は消化腺に分化し，消化酵素を分泌する。

A 消化管と消化腺

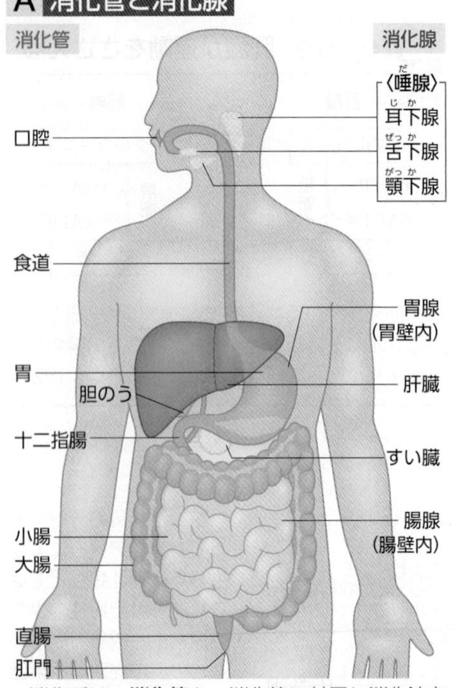
消化管
消化腺
〈唾腺〉
耳下腺
舌下腺
顎下腺
口腔
食道
胃腺
(胃壁内)
胃
胆のう
肝臓
十二指腸
すい臓
腸腺
(腸壁内)
小腸
大腸
直腸
肛門

消化系は，**消化管**と，消化管に付属し消化液を分泌する**消化腺**からなる。消化腺には，胃腺や腸腺などのように管の壁にうもれているものと，肝臓(▶p.154)，すい臓などのように消化管から独立して1個の器官を形成するものがある。

胃 ペプシノーゲンは胃の内部で酵素活性をもつペプシンになり，周囲の組織を消化しない。

幽門
噴門
粘膜のひだ
胃腺の開口部
粘液細胞
粘液
粘液
塩酸
ペプシン
分泌
壁細胞
塩酸
主細胞
ペプシノーゲン
内分泌細胞
ガストリン
胃腺
粘液細胞
胃の内壁

粘液が胃壁を保護する。

すい臓

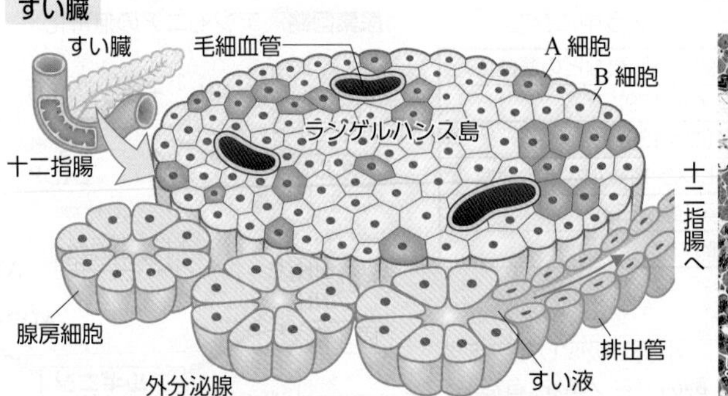
すい臓
毛細血管
A 細胞
B 細胞
ランゲルハンス島
十二指腸
十二指腸へ
腺房細胞
外分泌腺
すい液
排出管

ランゲルハンス島
外分泌腺
50 µm

すい液を分泌する外分泌腺と，ホルモンを分泌するランゲルハンス島(▶p.144)が散在している。

小 腸 柔毛・微柔毛により表面積を大きくして，栄養分を効率よく吸収する。

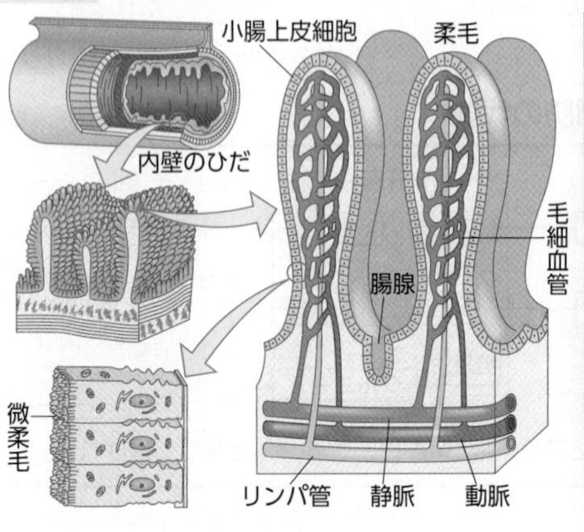
小腸上皮細胞
柔毛
内壁のひだ
毛細血管
腸腺
微柔毛
リンパ管
静脈
動脈

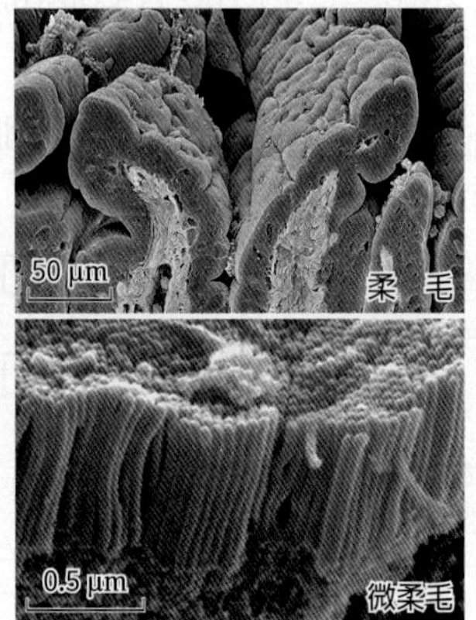
50 µm
柔 毛
0.5 µm
微柔毛

消化産物の吸収 グルコースの輸送 ▶p.26

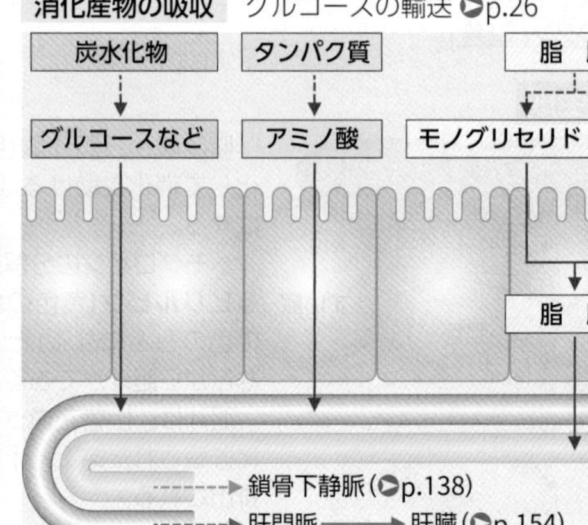
炭水化物
タンパク質
脂 肪
グルコースなど
アミノ酸
モノグリセリド
脂肪酸
脂 肪
小腸
上皮細胞
血管
リンパ管
鎖骨下静脈(▶p.138)
肝門脈
肝臓(▶p.154)

B ホルモンによる制御

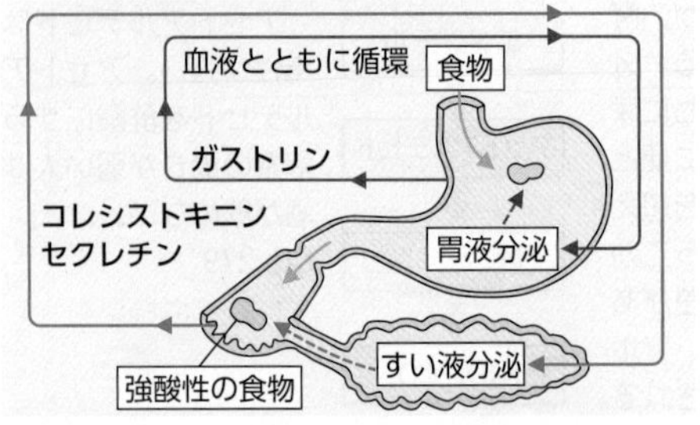
血液とともに循環
食物
ガストリン
コレシストキニン
セクレチン
胃液分泌
すい液分泌
強酸性の食物

胃から分泌されるガストリン(胃液の分泌を促進)が胃に，十二指腸から分泌されるセクレチン(酸性を中和する物質の分泌を促進)やコレシストキニン(すい液の分泌を促進)がすい臓に働く。

Step up 食道と気道

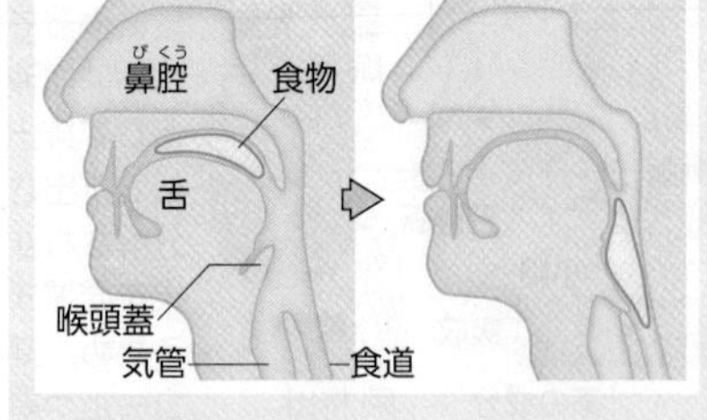
鼻腔
食物
舌
喉頭蓋
気管
食道

ヒトは，食道(食べ物の通り道)と気道(空気の通り道)がのどで交さしている。食べ物を飲み込むとき，喉頭蓋によって気道が閉じる。そのため，ヒトは飲み込みながら呼吸ができない。

プチ雑学 ヒトの胃の体積は，空腹時には 50 mL 程度しかないが，2～4 L にまで広げられるため，食物をためておくことができる。

基 2 消化の過程 口と胃で予備的に消化され，小腸が消化の中心になる。

進化View

消化器官	消化腺	分泌液と分泌量	分泌液のpH	分泌液中に含まれる消化酵素など(▶p.49)	炭水化物：デンプン	炭水化物：スクロース	炭水化物：ラクトース	タンパク質	脂肪
口腔	唾腺（顎下腺，舌下腺，耳下腺）	唾液 1.5L/日	6.2〜7.6（中性）	**アミラーゼ** 少量…マルターゼ，ペルオキシダーゼ，その他	口からすぐ酸性の胃に送られるため，消化にはほとんど関係しない。				
食道									
胃	胃腺	胃液 2.5L/日	1.2〜3.0（強酸性）	ペプシノーゲン*1 → **ペプシン** 塩酸（殺菌作用など） 少量…リパーゼ，子のみ存在：キモシン（レンニン）	キモシン（レンニン）は乳の中のタンパク質カゼインをパラカゼインに変えて消化しやすくする。			ペプトン	
肝臓・胆のう	小腸（十二指腸）へ分泌される。	胆汁 0.5L/日	7.6〜8.0（弱アルカリ性）	**胆汁酸塩**（乳化作用）*2	胆汁は肝臓から分泌後胆のうに蓄えられ，濃縮されてすい液と合流し，十二指腸へ分泌される。				乳化され分解されやすくなる。
すい臓		すい液 1.5L/日	8.3〜9.0（アルカリ性）	トリプシノーゲン*1 ↓ **トリプシン** **アミラーゼ** **リパーゼ** **ペプチダーゼ** ↑ プロペプチダーゼ*1	マルトース			ポリペプチド アミノ酸	脂肪酸 モノグリセリド
小腸	**十二指腸腺**（ブルンナー腺） **腸腺**（リーベルキューン腺）	腸液*3 1.0L/日	7.7（弱アルカリ性）	**エンテロキナーゼ** **マルターゼ** **ラクターゼ** **スクラーゼ** **ペプチダーゼ**	グルコース	グルコース フルクトース	グルコース ガラクトース	アミノ酸	
大腸	水分を吸収して糞便をつくる。								

食物にはタンパク質や炭水化物，脂肪などの巨大な分子が多く含まれる。タンパク質はアミノ酸(▶p.42)，炭水化物はグルコースなどの単糖類(▶p.45)，脂肪(▶p.44)はモノグリセリドと脂肪酸に分解される。

＊1 酵素活性の低い物質（前駆体）として分泌され，胃や小腸の内部で活性をもつ酵素になる。
＊2 脂肪と水の両方に結合して，脂肪を水の中に分散させる。
＊3 腸腺から分泌された酵素の多くは，腸の中に広がらず，微柔毛の表面に付着している。

Column 腸内細菌との共生－マイクロバイオーム－

腸内細菌と健康

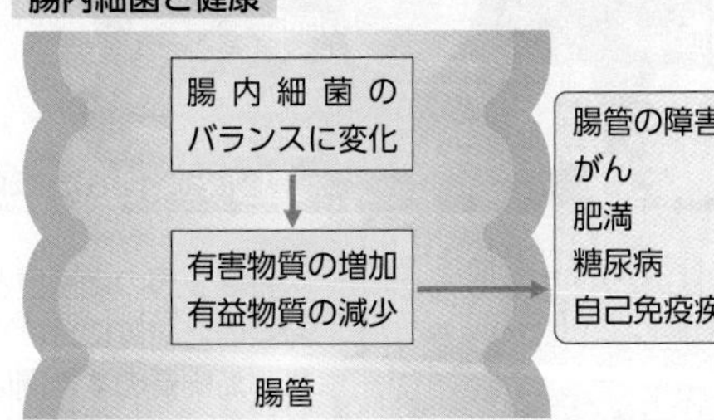
腸内細菌のバランスに変化
有害物質の増加
有益物質の減少
腸管の障害
がん
肥満
糖尿病
自己免疫疾患
腸管

腸内細菌とヒト

	細胞数	重さ	遺伝子数
腸内細菌	100兆個以上（約1000種）	1.5kg	330万個
ヒト	約37兆個	60kg	2.1万個

おもな研究方法

メタゲノム解析 ▶p.123
単独では培養できない細菌なども含めて，その環境中のすべてのDNAを解析する方法。

16S rRNA 遺伝子解析
rRNAの小サブユニット16S rRNA(▶p.83)の塩基配列を比較して，生物の系統を知る方法。

無菌生物を用いた研究
無菌の実験生物を使用する方法。調べたい細菌を無菌生物に摂取させ，その細菌の影響を調べる。

腸内には多様な細菌が共生している。セルロースの分解やビタミンの合成など，有益な働きをする腸内細菌もおり，腸内細菌のバランスを失うと健康を損なう。
腸内細菌の多くは単独で培養できない。そのため，メタゲノム解析を行い，16S rRNAの塩基配列などから生息している細菌の種類を調べる。さらに，無菌生物に細菌を摂取させ，影響を調べることで，免疫の働きや肥満などに関わる腸内細菌がわかってきた。細菌が出す物質が免疫反応を抑えており，アレルギー反応や自己免疫疾患の一部が腸内細菌に関係する可能性が示されている。清潔な環境や抗菌物質の乱用が腸内細菌のバランスを壊しているとの指摘もある。
腸内細菌の研究は，私たちの健康に深く関わる新しい知識をもたらすのかもしれない。

進化View 2 東アジアでは，多くのヒトは離乳後にラクターゼをつくれなくなる。一方，ヨーロッパなどの酪農が盛んな地域では，多くのヒトが大人になってもラクターゼをつくれる。これは，これらのヒトの祖先において，ラクターゼ遺伝子の働きを調節する遺伝子が変化し，この変化が集団内に広まったためと考えられている。Link

生体防御のしくみ

Overview 生体防御

私たちのからだは，体外からの異物の侵入を3段階のしくみで防御し，感染による発病を防いでいる。

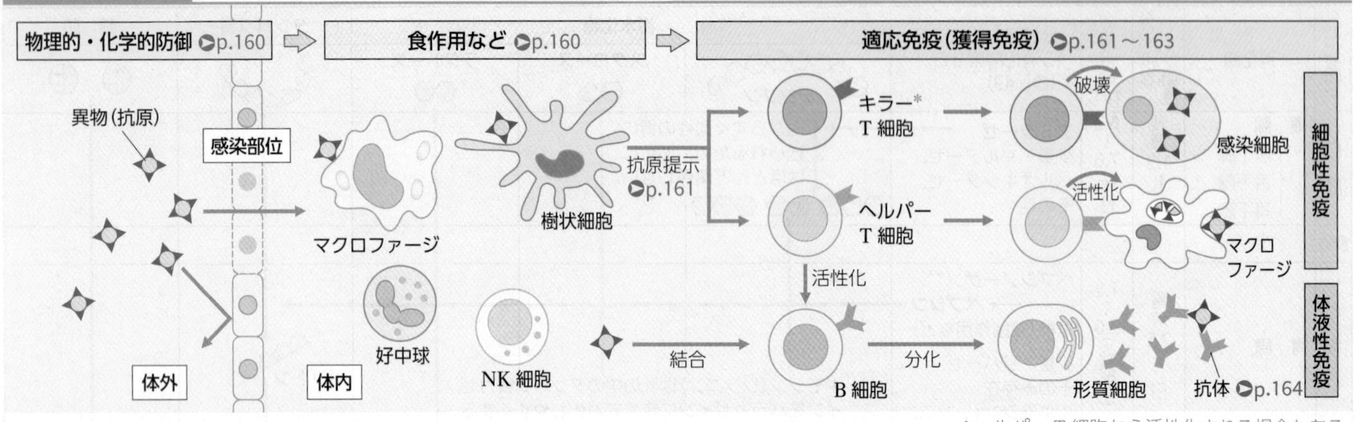
物理的・化学的防御 ▶p.160
食作用など ▶p.160
適応免疫（獲得免疫） ▶p.161〜163
異物（抗原）
感染部位
マクロファージ
樹状細胞
抗原提示 ▶p.161
キラー* T細胞
破壊
感染細胞
ヘルパー T細胞
活性化
マクロファージ
細胞性免疫
活性化
好中球
NK細胞
結合
B細胞
分化
形質細胞
抗体 ▶p.164
体液性免疫
体外
体内

＊ヘルパーT細胞から活性化される場合もある。

1 生体防御の種類 動物のからだには，異物に対する防御のしくみが備わっている。

自然免疫	物理的防御	皮膚や粘膜の構造，気道の繊毛運動による異物の侵入阻止 せきやくしゃみなどの反射による異物の侵入阻止	体外	すべての動物
	化学的防御	抗菌作用のある化学物質（例リゾチーム，ディフェンシン）の分泌や，胃の酸性環境などによる異物の分解		
	食作用など	食細胞による異物の分解（食作用） NK（ナチュラルキラー）細胞による感染細胞の破壊	体内	
適応免疫（獲得免疫）	細胞性免疫	T細胞による感染細胞の破壊 食作用の増強		脊椎動物
	体液性免疫	B細胞が産生する抗体による異物の凝集・排除		

自然免疫
- 先天性
- 感染初期に働く
- 免疫記憶なし
- 少数の受容体で多様な異物を認識する

適応免疫
- 後天性
- 感染後期に働く
- 免疫記憶あり
- 多様な受容体で異物を特異的に認識する

自己成分と異物を識別し，異物を排除する反応を**免疫**（めんえき）という。

※物理的防御と化学的防御は，自然免疫に含まないこともある。

2 リンパ系の分布と構造 リンパ系は，免疫に関与する組織・器官である。

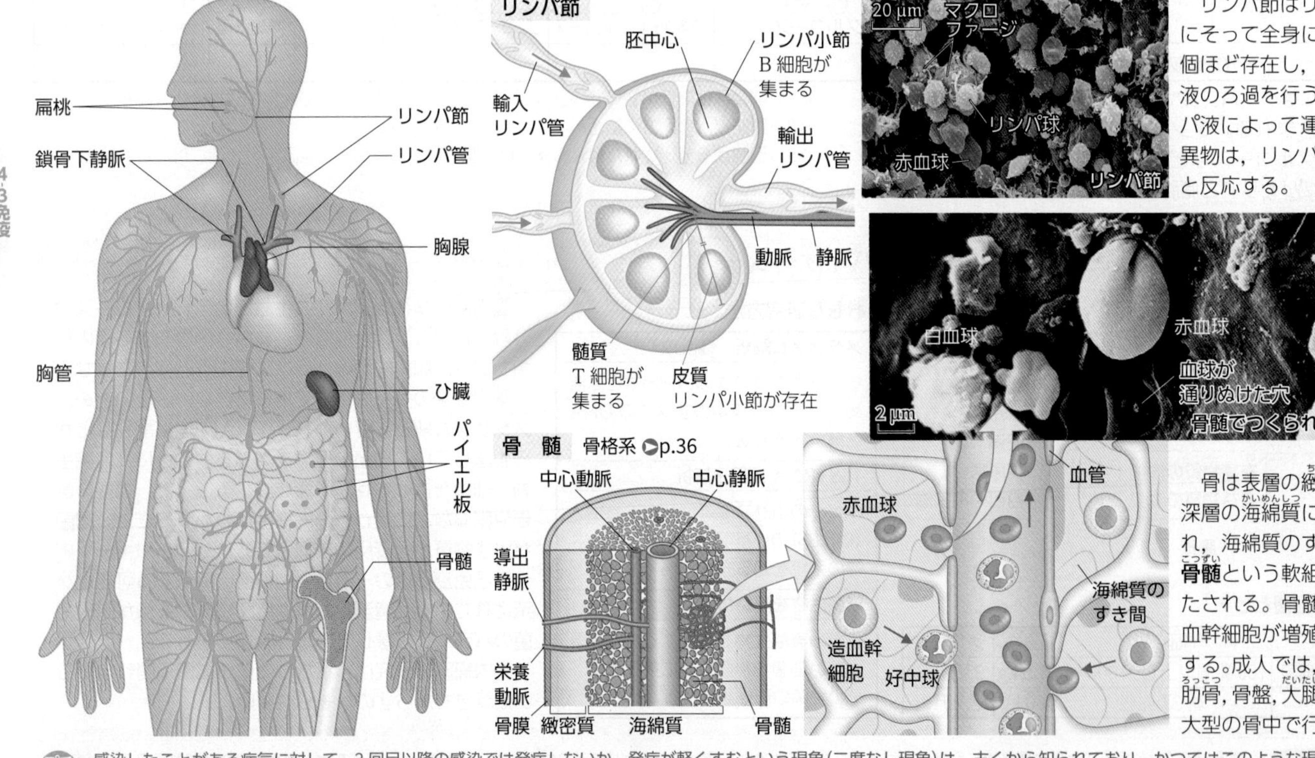
扁桃
鎖骨下静脈
リンパ節
リンパ管
胸腺
胸管
ひ臓
パイエル板
骨髄
リンパ節
胚中心
リンパ小節 B細胞が集まる
輸入リンパ管
輸出リンパ管
動脈
静脈
髄質 T細胞が集まる
皮質 リンパ小節が存在
※着色画像
20 μm
マクロファージ
リンパ球
赤血球
リンパ節
白血球
赤血球
血球が通りぬけた穴
2 μm
骨髄でつくられた血球
骨髄 骨格系 ▶p.36
中心動脈
中心静脈
導出静脈
栄養動脈
骨膜
緻密質
海綿質
骨髄
赤血球
血管
海綿質のすき間
造血幹細胞
好中球

リンパ節はリンパ管にそって全身に約600個ほど存在し，リンパ液のろ過を行う。リンパ液によって運ばれた異物は，リンパ球などと反応する。

骨は表層の緻密質（ちみつしつ）と深層の海綿質（かいめんしつ）に分けられ，海綿質のすき間は**骨髄**（こつずい）という軟組織で満たされる。骨髄では造血幹細胞が増殖・分化する。成人では，造血は肋骨（ろっこつ），骨盤，大腿骨（だいたいこつ）など大型の骨中で行われる。

プチ雑学 感染したことがある病気に対して，2回目以降の感染では発病しないか，発病が軽くすむという現象（二度なし現象）は，古くから知られており，かつてはこのような現象を免疫（免：免れる，疫：病気）とよんだ。現在は，二度なし現象だけでなく，先天性の自然免疫や，自己の細胞を識別する免疫寛容（▶p.161）なども免疫として研究されている。

Keywords ●生体防御 biophylaxis ●自然免疫 natural immunity ●適応免疫（獲得免疫） adaptive immunity (acquired immunity) ●リンパ系 lymphatic system ●リンパ節 lymph node ●胸腺 thymus ●骨髄 bone marrow ●造血幹細胞 hematopoietic stem cell ●白血球 leucocyte ●食細胞 phagocyte ●リンパ球 lymphocyte

基 3 血球の生成と種類 造血幹細胞から血球が分化する。

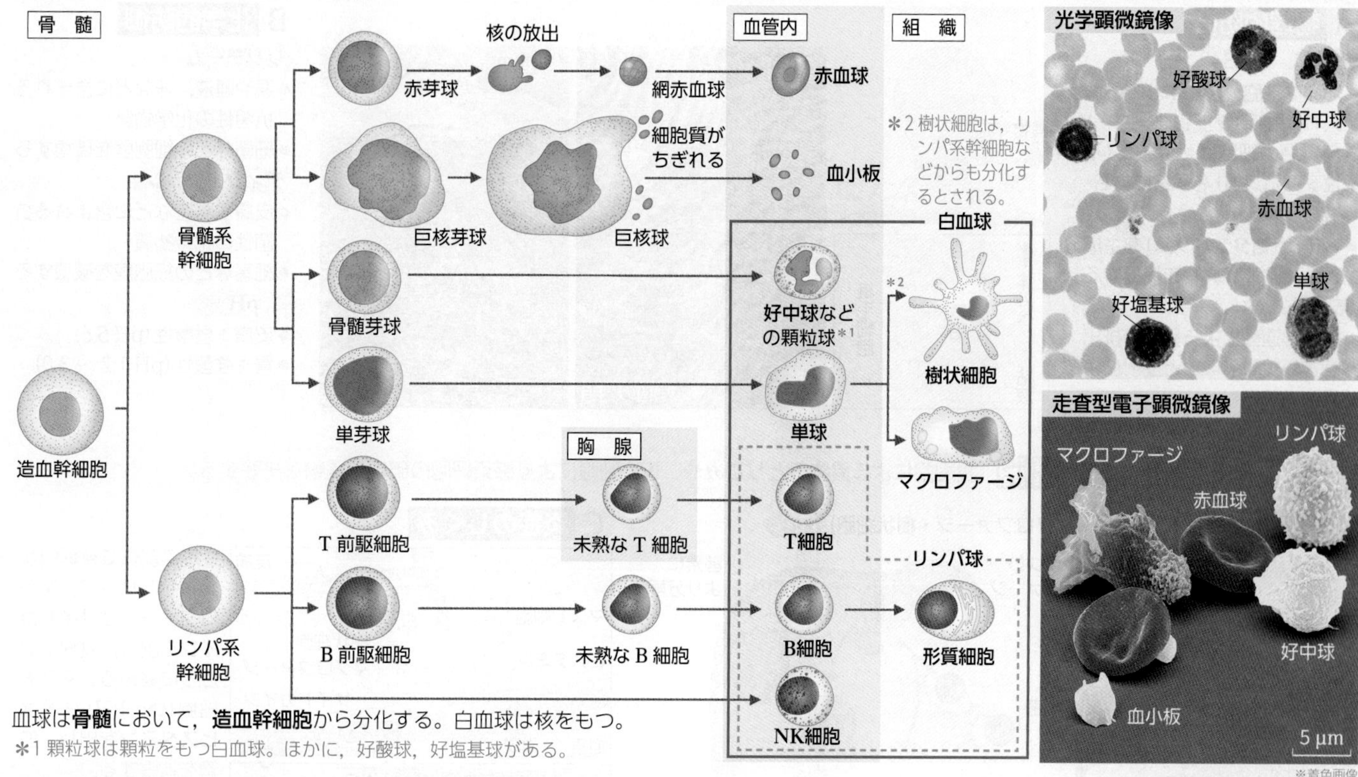

骨　髄
血管内
組　織
核の放出
赤芽球
網赤血球
赤血球
細胞質がちぎれる
血小板
巨核芽球
巨核球
骨髄系幹細胞
＊2 樹状細胞は，リンパ系幹細胞などからも分化するとされる。
白血球
骨髄芽球
好中球などの顆粒球＊1
＊2
樹状細胞
単芽球
単球
マクロファージ
造血幹細胞
胸　腺
T 前駆細胞
未熟な T 細胞
T細胞
リンパ球
リンパ系幹細胞
B 前駆細胞
未熟な B 細胞
B細胞
形質細胞
NK細胞
光学顕微鏡像
好酸球
好中球
リンパ球
赤血球
好塩基球
単球
走査型電子顕微鏡像
リンパ球
マクロファージ
赤血球
好中球
血小板
5 μm
※着色画像

血球は**骨髄**において，**造血幹細胞**から分化する。白血球は核をもつ。

＊1 顆粒球は顆粒をもつ白血球。ほかに，好酸球，好塩基球がある。

基 4 白血球の種類と働き 白血球は，免疫に関与する細胞である。

A 白血球の種類

成人の末梢血中の割合（%）

好中球 65～70　顆粒球　リンパ球 25　単球 5　好塩基球 0.5　好酸球 2～3

白血球には，**好中球**などの顆粒球，**単球**，**リンパ球**がある。最も数が多いのは好中球である。好中球や単球は**食作用**をもち，**食細胞**ともいう。

B 食細胞 TLR：Toll-like receptor ➲p.160

好中球	マクロファージ	樹状細胞
核（分葉核）　異物　顆粒　自然免疫	単球　分化　マクロファージ　異物　小胞　核　自然免疫　適応免疫	異物　核　自然免疫　適応免疫
●異物を**食作用**でとりこみ，消化・分解する ●炎症部位で血管から組織に移動する ●トル様受容体（TLR）で異物を認識	●異物を**食作用**でとりこみ，ヘルパーT 細胞に**抗原提示**する ●血管内の単球が組織に移動して分化 ●トル様受容体（TLR）で異物を認識	●異物を**食作用**でとりこみ，T 細胞に**抗原提示**する（適応免疫の始動） ●全身のさまざまな組織に広く分布 ●トル様受容体（TLR）で異物を認識

C リンパ球 TCR：T cell receptor，BCR：B cell receptor

T 細胞		B 細胞	NK（ナチュラルキラー）細胞
ヘルパーT 細胞 T 細胞受容体（TCR）　核　適応免疫	キラーT 細胞 T 細胞受容体（TCR）　核　適応免疫	B 細胞　形質細胞　小胞体　分化　B 細胞受容体（BCR）　核　適応免疫	核　顆粒　自然免疫
●B 細胞の抗体産生を助ける ●マクロファージなどの食作用の活性化	●感染細胞を直接攻撃する ●細胞傷害性 T 細胞ともいう	●形質細胞（抗体産生細胞）に分化して**抗体**を産生する ➲p.164 ●骨髄（Bone marrow）で分化 ●表面に B 細胞受容体（BCR，免疫グロブリン）をもち，抗原を認識する	●体内を監視し，感染細胞やがん細胞などの異常な細胞を攻撃する ➲p.160 ●異常な細胞に共通の特徴を認識し，抗原非特異的に働く
●胸腺（Thymus）で分化 ●表面に T 細胞受容体（TCR）をもち，抗原を認識する ➲p.161			

プチ雑学 樹状細胞の働きは長年分かっていなかったが，カナダのスタインマンと，その共同研究者の稲葉カヨによって解明された。樹状細胞の発見者であるスタインマンは，2011 年にノーベル生理学・医学賞を授与されたが，受賞発表の 3 日前にがんで亡くなった。

自然免疫

Link 動画

Keywords ●食作用 phagocytosis ●炎症 inflammation ● TLR Toll-like receptor

1 物理的防御と化学的防御 外界と接する部分には，異物の侵入を防ぐ構造や異物を分解するしくみが備わっている。

A 物理的防御

皮膚 ▶p.34

- 活発な細胞分裂によって外層が入れかわる(ターンオーバー)
- 角質層の細胞はケラチン(不溶性タンパク質)を多量に含む

粘膜

- ムチン(糖タンパク質)を主成分とした粘液が異物を捕捉する

気道

- 繊毛の運動による異物の排出
- せきやくしゃみなど反射による異物の排出

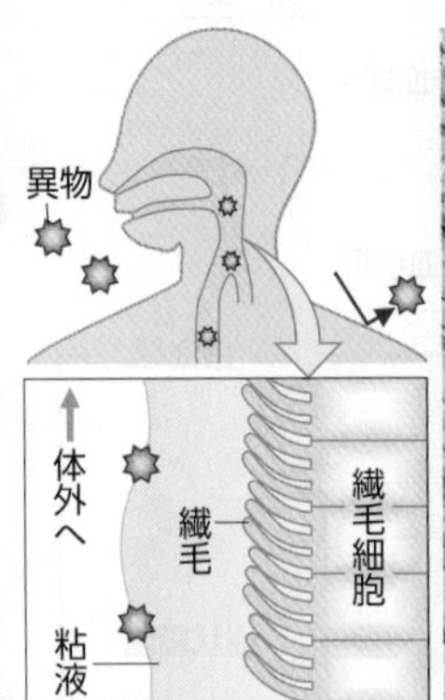

異物
体外へ
繊毛
繊毛細胞
粘液

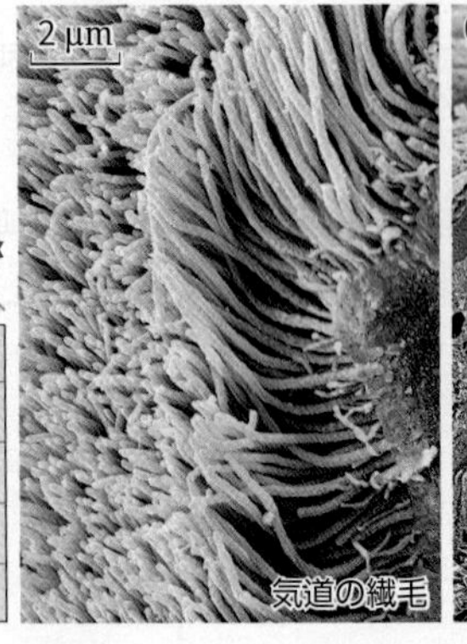

2 μm
気道の繊毛

※着色画像

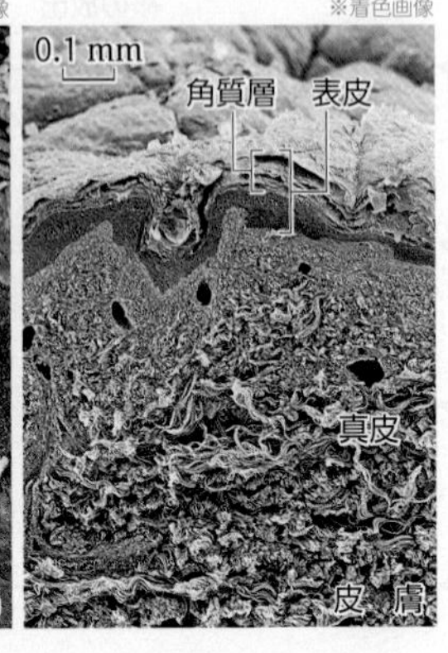

0.1 mm
角質層
表皮
真皮
皮膚

※着色画像

B 化学的防御

リゾチーム

- 涙や唾液，汗などに含まれる抗菌性の化学物質
- 細菌などの細胞壁を破壊する

ディフェンシン

- 皮膚や腸管などに含まれる抗菌性の化学物質
- 細菌などの細胞膜を破壊する

pH

- 皮膚：弱酸性(pH 5.5)
- 胃：強酸性(pH 1.2 ～ 3.0)

2 食細胞とNK細胞 食細胞による異物のとりこみや，NK細胞による感染細胞の破壊で異物を排除する。

A 食作用 食細胞(好中球・マクロファージ・樹状細胞) Link

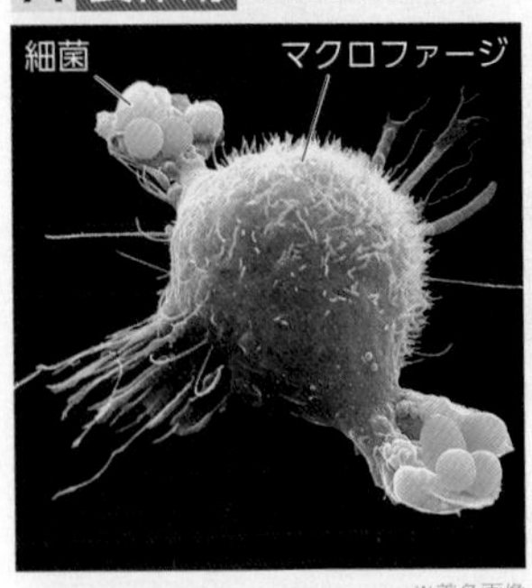

細菌
マクロファージ

※着色画像

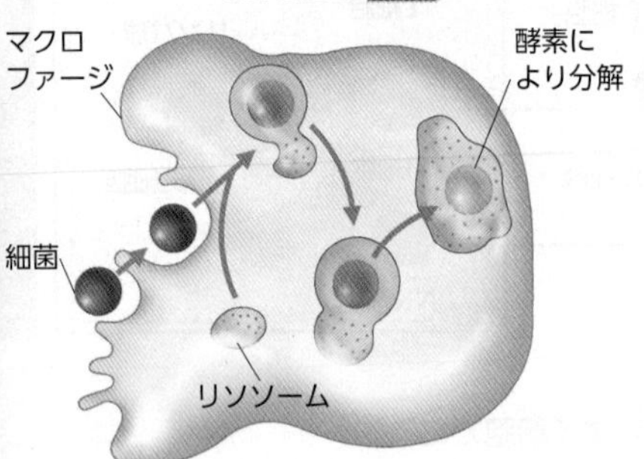

マクロファージ
酵素により分解
細菌
リソソーム

B NK(ナチュラルキラー)細胞

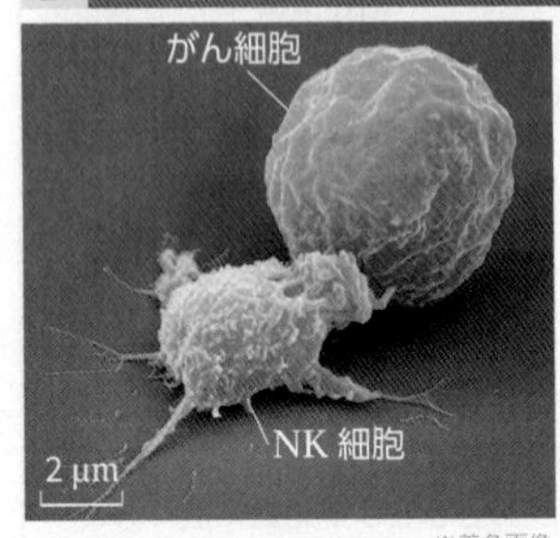

がん細胞
NK 細胞
2 μm

※着色画像

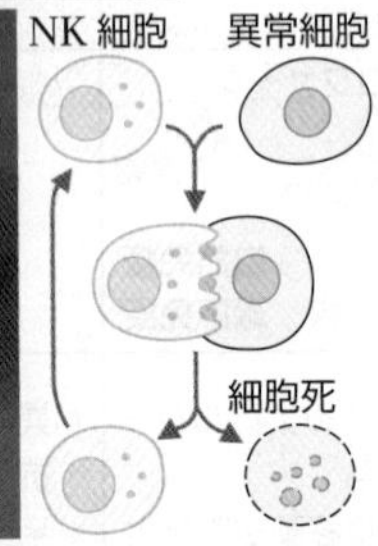

NK 細胞
異常細胞
細胞死

NK細胞はウイルス感染細胞やがん細胞を破壊する。異常がある細胞に結合して，細胞死を誘導する物質を送りこむ。腸管や肺の上皮，胎盤などの組織にも存在する。抗原刺激なしで働くため，ナチュラル(生まれつき)と名づけられた。

C 炎症のしくみ

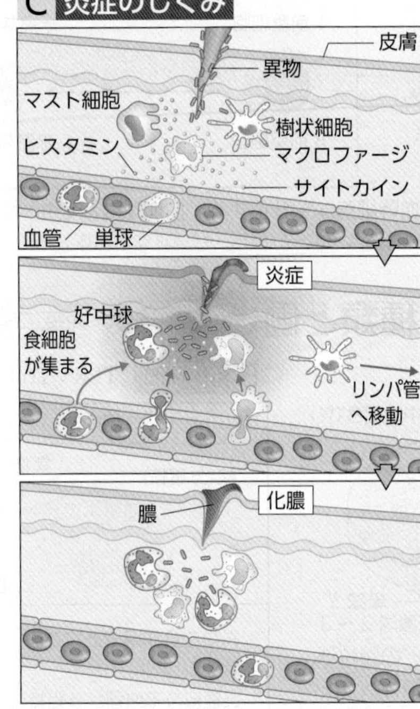

皮膚
異物
マスト細胞
樹状細胞
ヒスタミン
マクロファージ
サイトカイン
血管
単球
炎症
好中球
食細胞が集まる
リンパ管へ移動
膿
化膿

感染部位で食細胞が異物をとりこむ。マクロファージは**サイトカイン**を出し，食細胞をさらに集める。マスト細胞(▶p.167)などは**ヒスタミン**を出し，血管を拡張する。

血管が拡張すると，血管壁をぬけて食細胞が感染部位に集まり，食作用を行う。樹状細胞はリンパ管へ移動し，異物の情報をリンパ球に伝える。

感染部位は，かゆみや痛み，熱感とともに赤く腫れる(**炎症**)。また，異物や死んだ食細胞などが膿として蓄積する(**化膿**)。

3 食細胞の異物認識 食細胞は，病原体などの異物に共通したパターンを認識できる。

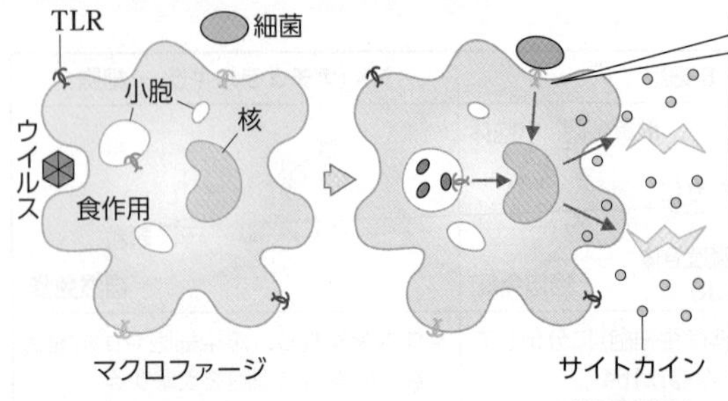

TLR
細菌
小胞
核
ウイルス
食作用
マクロファージ
サイトカイン

食細胞は**TLR**（**T**oll-**l**ike **r**eceptor，**トル様受容体**）などで異物を認識する。異物を認識した食細胞は，**サイトカイン**を合成・分泌して，炎症反応などを促進する。

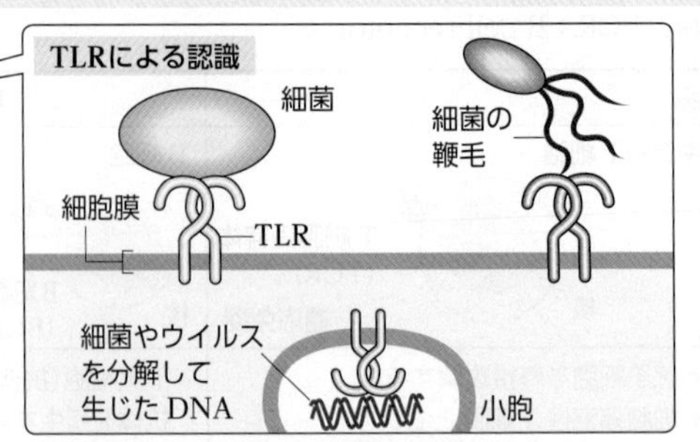

TLRによる認識
細菌
細菌の鞭毛
細胞膜
TLR
細菌やウイルスを分解して生じたDNA
小胞

細胞膜では細菌の細胞壁に特有の成分(ペプチドグリカンなど ▶p.298)や鞭毛のタンパク質を，小胞では異物由来のDNAやRNAを認識する。

Memo パターン認識受容体

TLRは，自己成分にはない，細菌やウイルスなどの病原体に共通の構造(パターン)を区別できる。食細胞には，TLR以外にも，NOD様受容体(NLR)，RIG-I様受容体(RLR)などの，同様の働きの受容体が発現している。これらの受容体を総称して，**パターン認識受容体**という。

1つの食細胞の表面には，多種類のパターン認識受容体が発現する。このため，T細胞やB細胞とは違って，食細胞は多種類の異物を認識できる。

プチ雑学 好中球の動態は，単細胞生物のアメーバに似ている。病原体が体内に侵入すると，好中球は感染部位にすばやく移動する。その高い反応性は，柔軟な細胞膜と発達した細胞骨格によって支えられている。

Keywords ●免疫寛容 immunological tolerance
●抗原提示 antigen presentation
●サイトカイン cytokine

Link コラム

基 1 リンパ球の性質

T 細胞や B 細胞は抗原と特異的に結合するが，多様な種類があるため，全体で多くの抗原を認識できる。

A リンパ球と抗原の関係 例 T 細胞

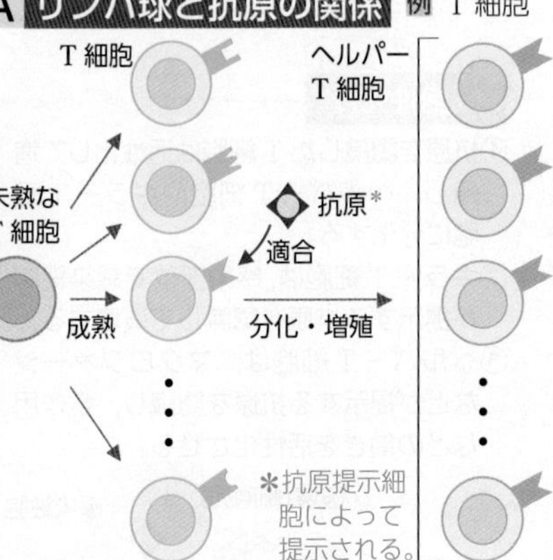
T 細胞
ヘルパー T 細胞
未熟な T 細胞
抗原*
適合
成熟
分化・増殖
*抗原提示細胞によって提示される。

1 種類のリンパ球(T 細胞や B 細胞)が多様な抗原を認識できるよう分化するのではなく，1 種類のリンパ球が認識できる抗原は 1 種類にあらかじめ決まっており，何百万もの多様なリンパ球が存在する。

リンパ球は，特定の抗原に適合する受容体をもつ。同じ受容体をもつリンパ球はふつう，体内に少数ずつしか存在しないが，抗原と結合することで，同種のリンパ球が増殖する。

B 免疫寛容 例 T 細胞

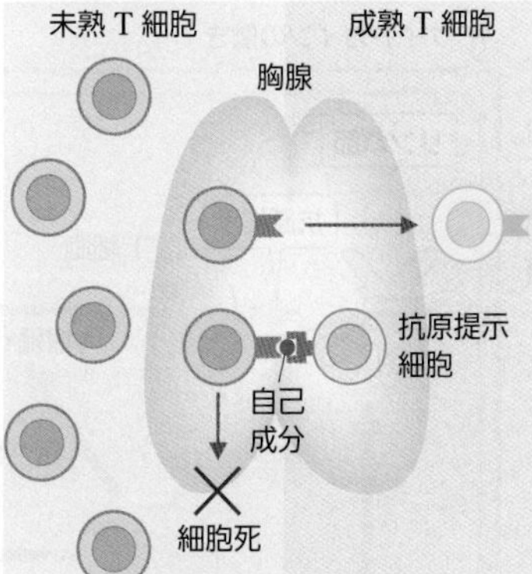
未熟 T 細胞
成熟 T 細胞
胸腺
抗原提示細胞
自己成分
細胞死

免疫が自己成分に反応しない状態を**免疫寛容**(めんえきかんよう)という。

T 細胞は，胸腺で成熟する際に，自己成分・異物の区別ができるかどうかを検査される。自己成分に反応する T 細胞は，細胞死によって排除される。

しかし，自己反応性の T 細胞が胸腺で自己成分と接触せず，残る場合もある。この抑制には，制御性 T 細胞(▶p.169)が関与する。

生 2 抗原提示とその認識

白血球の表面に存在するタンパク質が，抗原提示やその認識に関わる。

進化 View

A MHC 分子と TCR

HLA(ヒトの MHC 分子)▶p.163

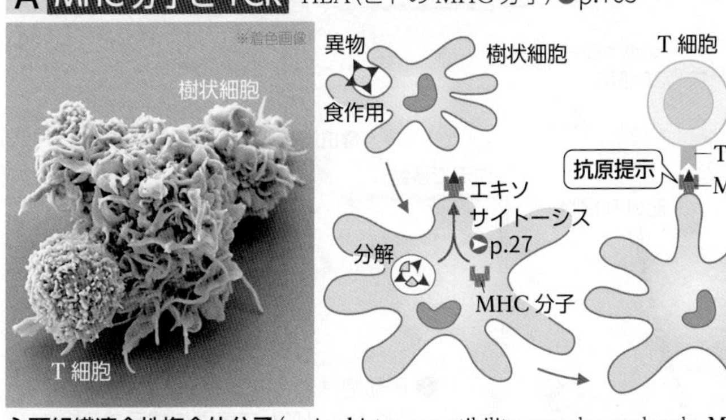
※着色画像
樹状細胞
T 細胞
異物
樹状細胞
食作用
エキソサイトーシス ▶p.27
分解
MHC 分子
T 細胞
TCR
抗原提示
MHC 分子

主要組織適合性複合体分子(**m**ajor **h**istocompatibility **c**omplex molecule, **MHC 分子**)

ほとんどの細胞の表面に発現するタンパク質で，個体に固有な構造をもつ。食作用で分解された異物は MHC 分子と結合して，細胞表面で**抗原提示**される。

T 細胞受容体(**T c**ell **r**eceptor，**TCR**)

T 細胞の表面に発現するタンパク質で，MHC 分子が提示した抗原を認識できる。適合する抗原に応じて，構造が少しずつ異なる(▶p.165)。

B MHC 分子の種類

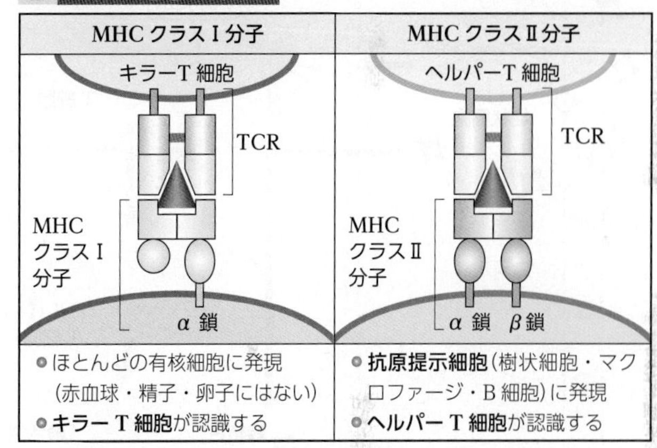
MHC クラス I 分子
キラーT 細胞
TCR
MHC クラス I 分子
α 鎖
●ほとんどの有核細胞に発現(赤血球・精子・卵子にはない)
●キラー T 細胞が認識する
MHC クラス II 分子
ヘルパーT 細胞
TCR
MHC クラス II 分子
α 鎖 β 鎖
●抗原提示細胞(樹状細胞・マクロファージ・B 細胞)に発現
●ヘルパー T 細胞が認識する

MHC 分子は，構造や働きの違いで 2 つに分類される。中央に溝をもち，溝を構成する領域は多様性が高い。細胞内では常に自己成分が分解されているため，通常は MHC 分子に自己成分の断片が提示されるが，感染時には異物の断片(抗原)が提示される。

C 抗原情報の伝達

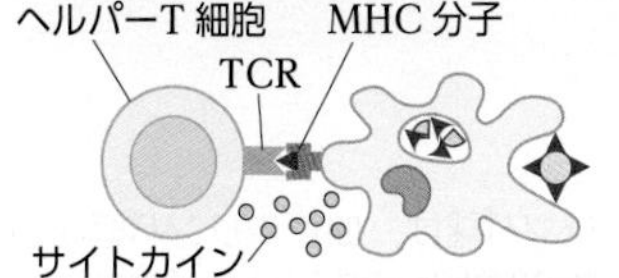
ヘルパーT 細胞
MHC 分子
TCR
サイトカイン

マクロファージの食作用の促進

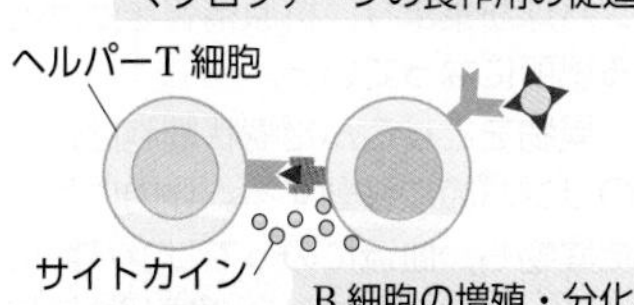
ヘルパーT 細胞
サイトカイン

B 細胞の増殖・分化

キラーT 細胞

サイトカイン

感染細胞の細胞死の誘導

抗原提示を受けた T 細胞は，ヘルパー T 細胞やキラー T 細胞に分化する。それぞれの細胞が感染部位で働く際には，再度 MHC 分子の提示する抗原を TCR が認識し，適合する抗原かどうかがチェックされる。

適合する抗原と確認された場合は，サイトカインが分泌され，マクロファージの食作用の促進や B 細胞の増殖・分化，細胞死の誘導などが起こる。

このように，免疫反応は誤作動を起こさないように厳重なチェックが行われている。また，自然免疫と適応免疫(獲得免疫)は互いに協調して働いている。

Step up サイトカインの種類と働き

サイトカイン	働き(分泌するおもな細胞)
インターロイキン(IL)	炎症反応の促進(マクロファージ) T 細胞の分化(樹状細胞) B細胞の増殖・分化(ヘルパーT細胞) キラーT細胞の活性化(ヘルパーT細胞)
インターフェロン(IFN)	マクロファージの食作用の活性化(ヘルパー T 細胞) 感染細胞の細胞死を誘導(NK 細胞・キラー T 細胞)
腫瘍壊死因子(しゅようえし いんし)(TNF)	炎症反応の促進(マクロファージ) 感染細胞の細胞死を誘導(NK 細胞・キラー T 細胞)
ケモカイン	食細胞の誘引(マクロファージ)

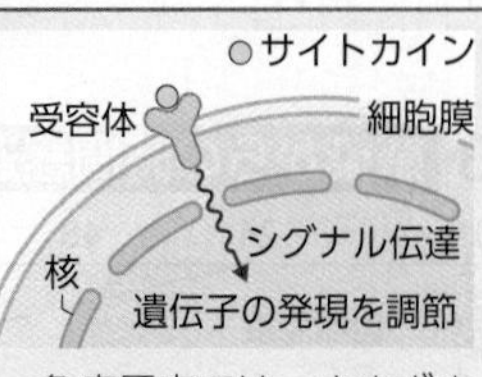
サイトカイン
受容体
細胞膜
シグナル伝達
核
遺伝子の発現を調節

免疫反応では，さまざまな**サイトカイン**が細胞間の情報伝達を仲介する。サイトカインは，免疫細胞表面の受容体に結合し，細胞内のシグナル伝達(▶p.28)を活性化する。シグナルが核内に伝わって，遺伝子の発現が調節されると，免疫細胞の働きが変化する。

進化 View 2 多様な MHC 分子をもつことは，病原体への耐性が高まるという点で適応的だと考えられる。多くの脊椎動物では，MHC 分子の型が配偶者としての選ばれやすさに影響することが知られている(性選択 ▶p.285)。MHC 分子の型に応じた配偶者選択は，病原体への耐性が高い子孫を残すための適応と考えられている。 Link

適応免疫(2) 細胞性免疫・体液性免疫

1 適応免疫(獲得免疫)のしくみ 細胞性免疫と体液性免疫が協調して，異物を排除している。

A 適応免疫の概要

＊キラーT細胞は，同じ抗原を認識するヘルパーT細胞から活性化される場合もある。

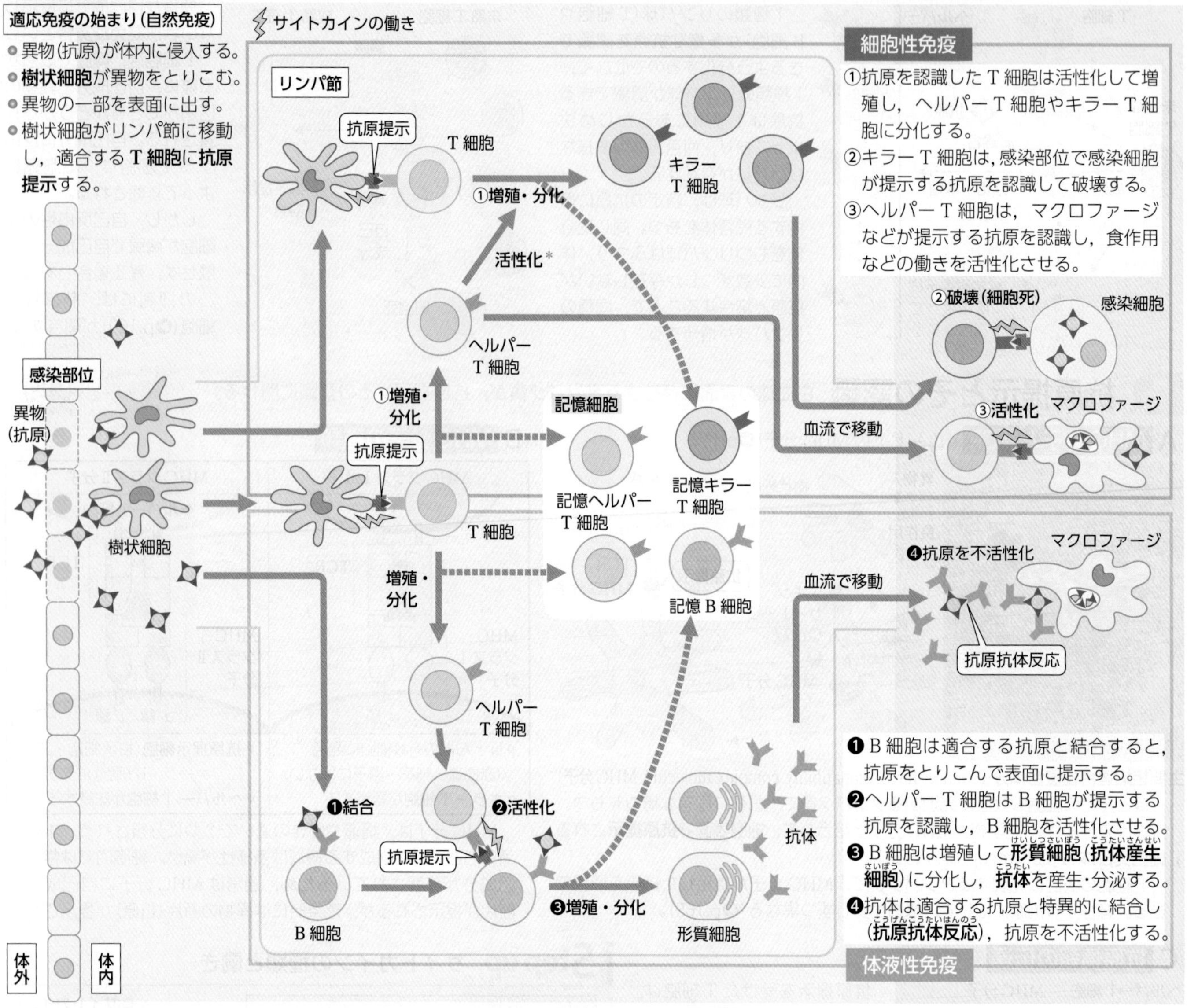

適応免疫の始まり(自然免疫)

- 異物(抗原)が体内に侵入する。
- **樹状細胞**が異物をとりこむ。
- 異物の一部を表面に出す。
- 樹状細胞がリンパ節に移動し，適合する**T細胞**に**抗原提示**する。

サイトカインの働き

細胞性免疫

①抗原を認識したT細胞は活性化して増殖し，ヘルパーT細胞やキラーT細胞に分化する。
②キラーT細胞は，感染部位で感染細胞が提示する抗原を認識して破壊する。
③ヘルパーT細胞は，マクロファージなどが提示する抗原を認識し，食作用などの働きを活性化させる。

リンパ節　抗原提示　T細胞　①増殖・分化　キラーT細胞　活性化＊　ヘルパーT細胞　②破壊(細胞死)　感染細胞　③活性化　マクロファージ　血流で移動　感染部位　異物(抗原)　①増殖・分化　記憶細胞　抗原提示　記憶ヘルパーT細胞　記憶キラーT細胞　樹状細胞　T細胞　増殖・分化　記憶B細胞　❹抗原を不活性化　マクロファージ　血流で移動　抗原抗体反応　ヘルパーT細胞　❶結合　❷活性化　抗原提示　B細胞　❸増殖・分化　形質細胞　抗体　体外　体内

❶B細胞は適合する抗原と結合すると，抗原をとりこんで表面に提示する。
❷ヘルパーT細胞はB細胞が提示する抗原を認識し，B細胞を活性化させる。
❸B細胞は増殖して**形質細胞**(けいしつさいぼう)(**抗体産生細胞**(こうたいさんせいさいぼう))に分化し，**抗体**(こうたい)を産生・分泌する。
❹抗体は適合する抗原と特異的に結合し(**抗原抗体反応**(こうげんこうたいはんのう))，抗原を不活性化する。

体液性免疫

B 感染からの時間経過

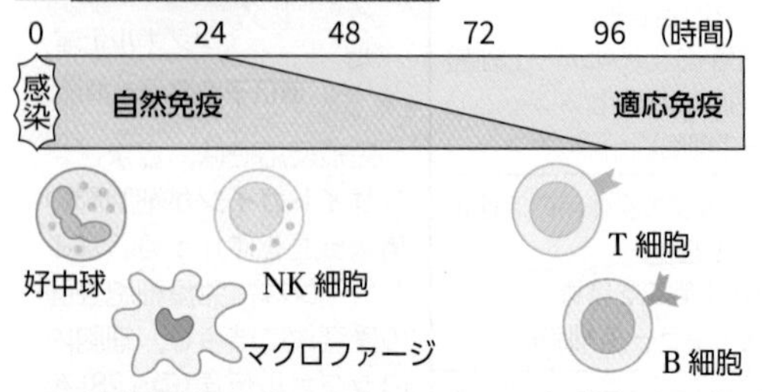

0
24
48
72
96
(時間)
感染
自然免疫
適応免疫
好中球
NK細胞
T細胞
マクロファージ
B細胞

物理的防御・化学的防御を破って異物が侵入すると，すぐにマクロファージや好中球が食作用を行い，炎症が起こる。24時間以内には，NK細胞による免疫反応が起こる。96時間ほどで，T細胞・B細胞が活性化して増殖し，適応免疫による反応が起こる。

C リンパ球がたどる経路

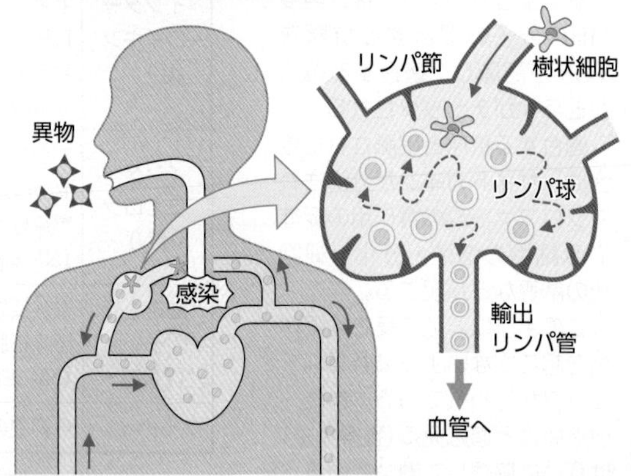

異物
感染
リンパ節
樹状細胞
リンパ球
輸出
リンパ管
血管へ

リンパ球は，血管やリンパ管を通って全身をめぐる。リンパ節は，リンパ球が集まり，抗原情報を受けとる場所になっている。

異物をとりこんだ樹状細胞は近くのリンパ節に移動する。体内に入った異物も，血流にのってリンパ節に入る。リンパ節でリンパ球が抗原情報を受けとると，適応免疫が始まる。適応免疫によって産生した，キラーT細胞やヘルパーT細胞，抗体は，リンパ節を出ると，血流にのって感染部位に届き，免疫反応を起こす。

プチ雑学

適応免疫で働くリンパ球の寿命は数日から数週間と短いが，記憶細胞の寿命は長く，年単位といわれている。

Keywords ●適応免疫 adaptive immunity ●細胞性免疫 cell-mediated immunity ●体液性免疫 humoral immunity
●免疫記憶 immunological memory ●二次(免疫)応答 secondary [immune] response
●記憶細胞 memory cell ●拒絶反応 rejection ●臓器移植 organ transplantation

基 2 免疫記憶 抗原情報は記憶され，記憶細胞が働いて二次応答が起こる。

A 二次応答

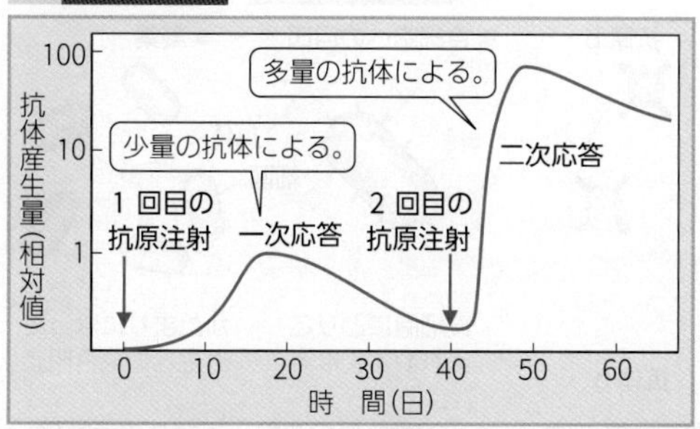
100
10
1
抗体産生量(相対値)
多量の抗体による。
少量の抗体による。
二次応答
1 回目の
抗原注射
一次応答
2 回目の
抗原注射
0 10 20 30 40 50 60
時 間(日)

抗原が初めて侵入したときの免疫反応を**一次応答**という。同じ抗原が再び侵入したとき，1 回目より急速で強い反応が起こる。これを**二次応答**という。

一次応答で，一部のT細胞やB細胞が**記憶細胞**となる。二次応答では記憶細胞が抗原と反応し，短時間で抗原を排除するため，感染の症状が出ない場合もある。

B 拒絶反応

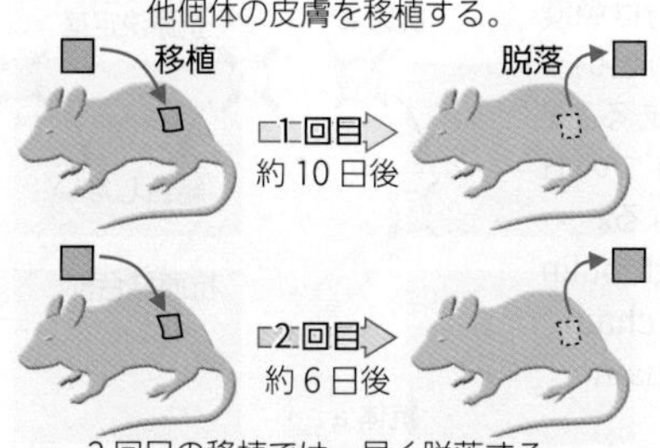
他個体の皮膚を移植する。
移植
脱落
1 回目
約 10 日後
2 回目
約 6 日後

2 回目の移植では，早く脱落する。

移植における**拒絶反応**にも二次応答が見られる。拒絶反応では，おもに細胞性免疫*が働く。キラー T 細胞，ヘルパー T 細胞の一部が記憶細胞となって抗原を記憶し，同じ抗原が侵入したときにすばやく応答する。

＊体液性免疫が働く場合もある。

Memo ヌードマウス

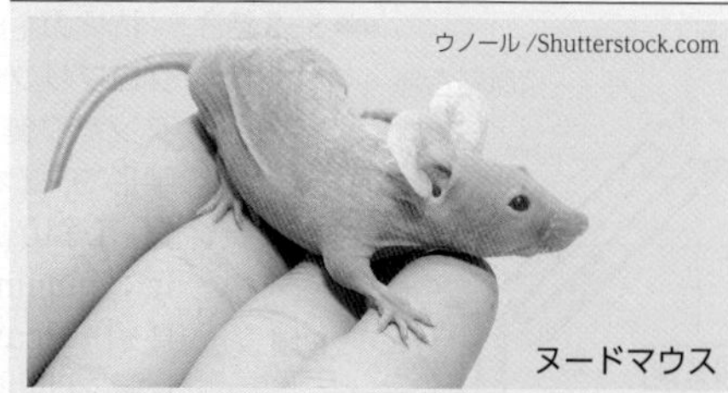
ウノール /Shutterstock.com
ヌードマウス

先天的に胸腺をもたないマウス。T 細胞の成熟が起こらない。リンパ球の分化・成熟や移植時の拒絶反応など，免疫のしくみを調べる際に用いられる。ヒトの疾病の研究でモデルとされる場面も多い。

左の移植実験で，ヌードマウスに他個体の皮膚を移植した場合には，皮膚は脱落せず定着する。成熟した T 細胞をもたず，免疫反応が正常に機能しないためである。

生 3 臓器移植と拒絶反応 ヒトでは，HLA によって移植臓器が異物と認識されると，拒絶反応が起こる。

A HLA による拒絶反応 MHC 分子 ▶p.161

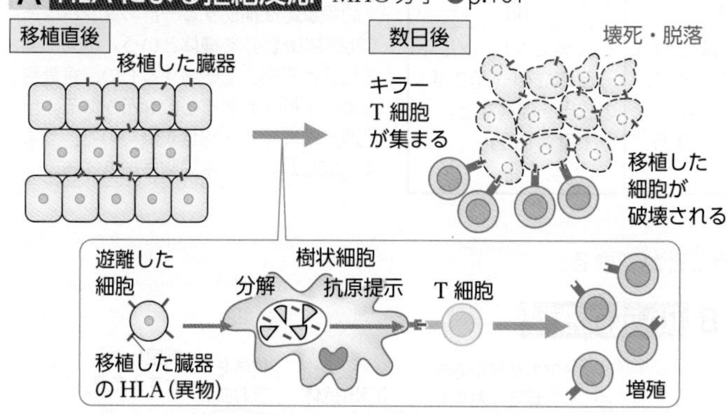
移植直後
移植した臓器
数日後
壊死・脱落
キラー
T 細胞
が集まる
移植した
細胞が
破壊される
遊離した
細胞
樹状細胞
分解
抗原提示
T 細胞
移植した臓器
の HLA(異物)
増殖

ヒトの MHC 分子は **HLA**（ヒト白血球抗原，**h**uman **l**eucocyte **a**ntigen）である。HLA は，ほぼすべての細胞の表面に存在する。HLA にはさまざまな型があり，HLA 型の異なる臓器を移植すると，移植した細胞が異物と認識され，拒絶反応が起こる。

つながる生物学 社会 臓器提供の意思表示

表 面

臓器提供意思表示カード
0120-22-0149

裏 面

《 1．2．3．いずれかの番号を○で囲んでください。》
1. 私は，脳死後及び心臓が停止した死後のいずれでも，移植の為に臓器を提供します。
2. 私は，心臓が停止した死後に限り，移植の為に臓器を提供します。
3. 私は，臓器を提供しません。
《 1 又は 2 を選んだ方で，提供したくない臓器があれば，×をつけてください。》
【 心臓・肺・肝臓・腎臓・膵臓・小腸・眼球 】
〔特記欄：　　　　　　　　　　　　　　〕
署名年月日：　　年　　月　　日
本人署名(自筆)：
家族署名(自筆)：

臓器移植には，生体からの場合（多くは家族）と心停止や脳死（▶p.141）の提供者からの場合がある。

心停止や脳死の場合，本人の書面による同意や家族の同意が必要である。その意思表示は，臓器提供意思表示カードへの記入やインターネット登録のほか，運転免許証などの意思表示欄への記入でも可能である。

臓器移植では，HLA 型や血液型，体格などの適合が必要である。現在，日本で臓器提供を待つ人は約 15000 人，移植を受ける人は 1 年に約 400 人とされ，提供者不足が続いている。

B HLA 遺伝子

HLA 遺伝子の位置

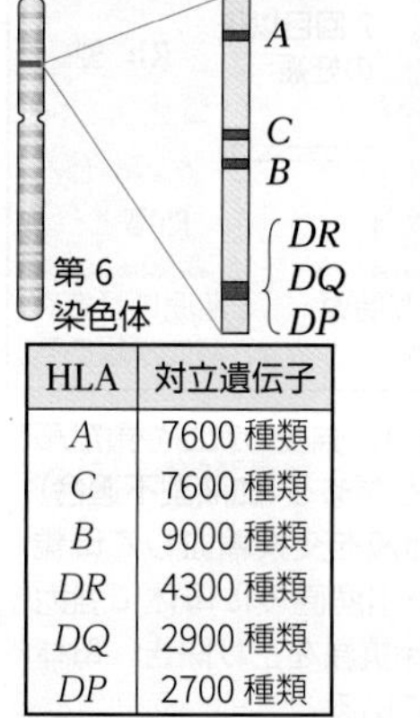
A
C
B
DR
DQ
DP
第 6
染色体

HLA	対立遺伝子
A	7600 種類
C	7600 種類
B	9000 種類
DR	4300 種類
DQ	2900 種類
DP	2700 種類

IPD-IMGT/HLA database (2022) による

HLA 型の遺伝 臓器移植では，*A*・*B*・*DR* が重要

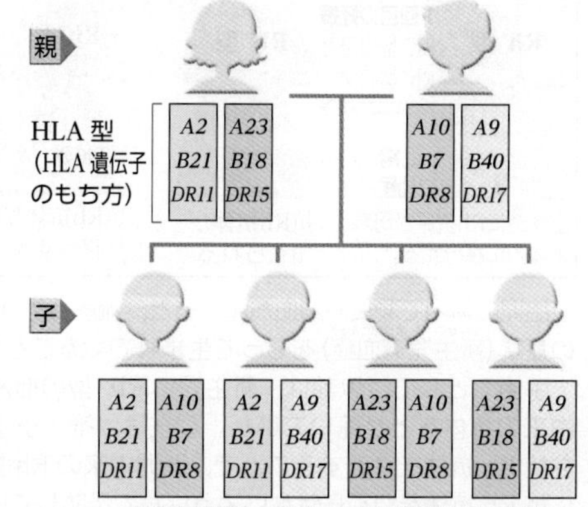
親
HLA 型
(HLA 遺伝子
のもち方)
A2 B21 DR11
A23 B18 DR15
A10 B7 DR8
A9 B40 DR17
子
A2 B21 DR11 / A10 B7 DR8
A2 B21 DR11 / A9 B40 DR17
A23 B18 DR15 / A10 B7 DR8
A23 B18 DR15 / A9 B40 DR17

兄弟姉妹間で完全一致する確率は 25%

HLA 型は第 6 染色体にある 6 つの遺伝子で決まる。これらの遺伝子には多数の対立遺伝子（アレル）があるので，他人と HLA 型が完全に一致する確率は非常に小さい。この遺伝子の一致が多いほど移植の成功率が高くなる。

HLA 遺伝子群は組換え（▶p.274）が起こりにくいため，子の HLA 型は最大 4 通りになる。つまり，兄弟姉妹間では，25％の確率で HLA 型が一致する。

C 免疫抑制剤

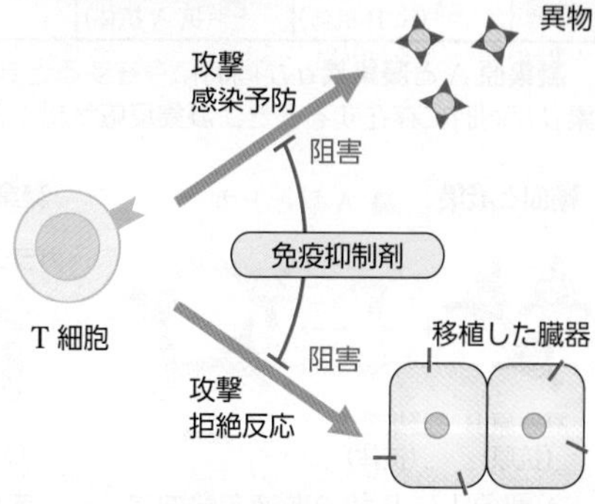
異物
攻撃
感染予防
阻害
免疫抑制剤
T 細胞
阻害
移植した臓器
攻撃
拒絶反応

HLA 型の完全一致はまれなので，通常は免疫を抑える薬（**免疫抑制剤**）を使う。免疫を抑えすぎると，感染への抵抗力が弱まるため，拒絶反応と感染予防のバランスが重要である。

プチ雑学 骨髄移植は，白血病などにより，正常な造血ができない患者の骨髄を，健康な人から提供された骨髄に置き換える治療法である。臓器移植よりも厳密な HLA 型の一致が必要である。また，提供の意思がある場合は，骨髄バンクへの登録が必要で，登録には年齢や健康状態などの条件がある。

抗体の構造と働き

1 抗 体　抗体は特定の抗原に特異的に結合する。

A 免疫グロブリン

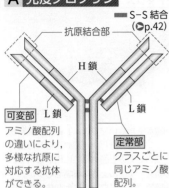

S–S 結合 (▶p.42)
抗原結合部
H 鎖
L 鎖
L 鎖
可変部
アミノ酸配列の違いにより，多様な抗原に対応する抗体ができる。
定常部
クラスごとに同じアミノ酸配列。

抗体の主成分は**免疫グロブリン**(Ig)というタンパク質である。Y字形で，2本ずつのH鎖，L鎖からなる。
Ig：Immunoglobulin
H 鎖：Heavy chain
L 鎖：Light chain

B 抗原抗体反応

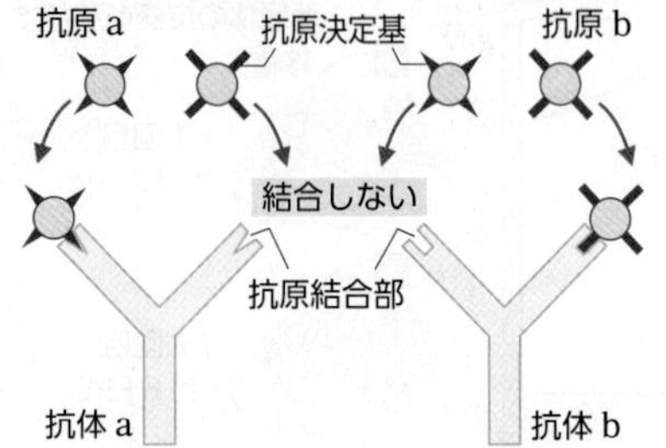

抗原 a
抗原決定基
抗原 b
結合しない
抗原結合部
抗体 a
抗体 b

抗原の抗原決定基と抗体の抗原結合部には，「**かぎとかぎ穴**」の関係があり，**特異的に結合**する。この反応を**抗原抗体反応**という。

D 抗体の働き

● 食細胞への目印　● 凝集

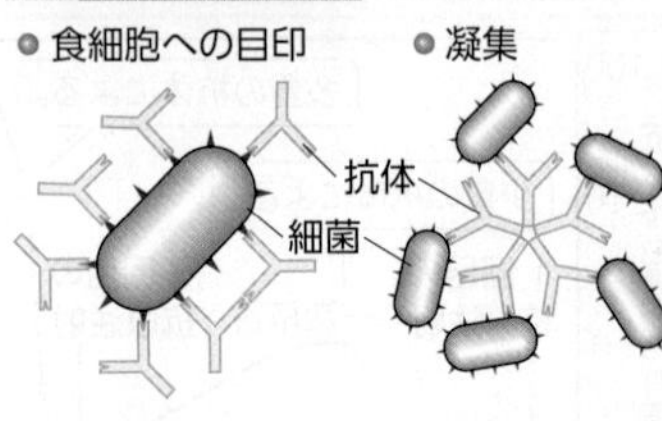

抗体
細菌

食細胞にとりこまれやすくなる。

かたまりになって宿主との結合阻止。

● 可溶性抗原の沈殿　● 補体の活性化

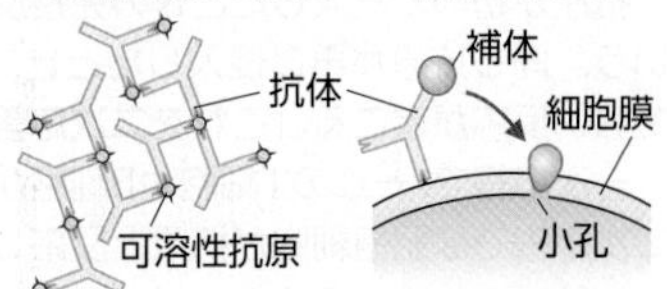

補体
抗体
細胞膜
可溶性抗原
小孔

沈殿になって宿主との結合阻止。

補体が活性化され，細胞膜を破壊する。

C 抗体の種類　抗体は，その構造から5つのクラスに大別され，それぞれ膜結合型と分泌型がある。

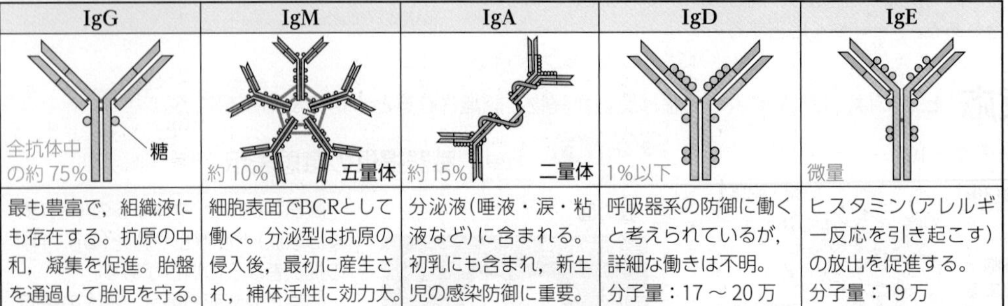

糖
五量体
二量体

IgG	IgM	IgA	IgD	IgE
全抗体中の約 75%	約 10%	約 15%	1%以下	微量
最も豊富で，組織液にも存在する。抗原の中和，凝集を促進。胎盤を通過して胎児を守る。 分子量：15 万	細胞表面でBCRとして働く。分泌型は抗原の侵入後，最初に産生され，補体活性に効力大。 分子量：90 万	分泌液(唾液・涙・粘液など)に含まれる。初乳にも含まれ，新生児の感染防御に重要。 分子量：39 万	呼吸器系の防御に働くと考えられているが，詳細な働きは不明。 分子量：17 ～ 20 万	ヒスタミン(アレルギー反応を引き起こす)の放出を促進する。 分子量：19 万

Memo 補　体

免疫反応を補助する一群のタンパク質(血液中の成分)を**補体**という。抗体の刺激を受けて細胞を破壊するもの，食細胞を集める働きをするものなどがある。自己成分と異物を区別せず働くので，うまく制御しないと正常細胞も破壊する。

2 血液型　抗原抗体反応による凝集の有無で，血液を分類することができる。

A ABO 式血液型

※凝集素は生後つくられるので，新生児にはない。

	A 型	B 型	AB 型	O 型
凝集原(抗原)赤血球表面の	凝集原 A	凝集原 B	凝集原 A，B ともにあり	なし
凝集素(抗体)血清中の	凝集素 β (抗 B 抗体)	凝集素 α (抗 A 抗体)	なし	

赤血球

凝集原(ぎょうしゅうげん) A と**凝集素**(ぎょうしゅうそ) α が同時に存在するとき，または**凝集原** B と**凝集素** β が同時に存在するとき，**凝集反応**が起こる。

輸血と凝集　例 A 型と B 型

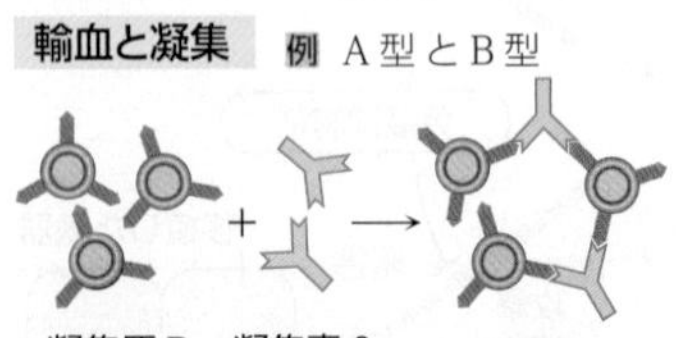

凝集原 B
(抗原)
凝集素 β
(抗体)
凝集

A 型の人に B 型の血液を輸血すると，A 型の人がもつ抗体と，輸血された B 型の血液中の抗原による抗原抗体反応が起こり，血液が凝集する。

凝集原の違い

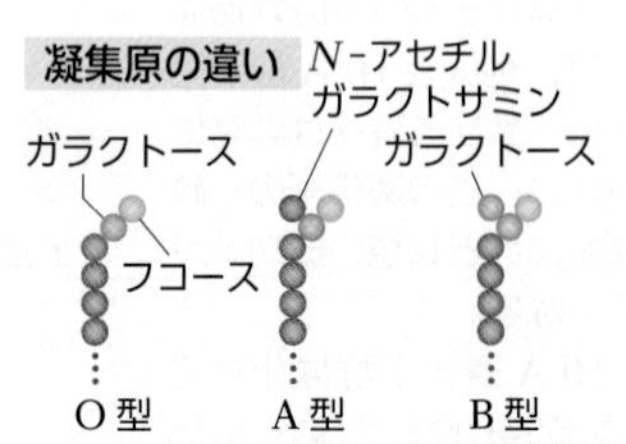

N-アセチルガラクトサミン
ガラクトース
ガラクトース
フコース
O 型
A 型
B 型

赤血球の細胞膜表面には糖鎖(とうさ)がある。糖鎖の最後の 1 つの糖の違いによって，ABO 式の血液型は分類される。

B Rh 式血液型

アカゲザルの赤血球を注射する
Rh抗原
抗Rh抗体
Rh抗原に対する抗体ができる
抗体を含む血清
判定しようとする血液
Rh⁺型：凝集　Rh⁻型：凝集しない

アカゲザルは赤血球に Rh 抗原をもつ。アカゲザルの赤血球で免疫したウサギの血清に，反応する血液と反応しない血液がある。

＊IgG 抗体は胎盤を通るが，他のクラスの抗体や血液は混ざらない。(▶p.105)

血液型不適合

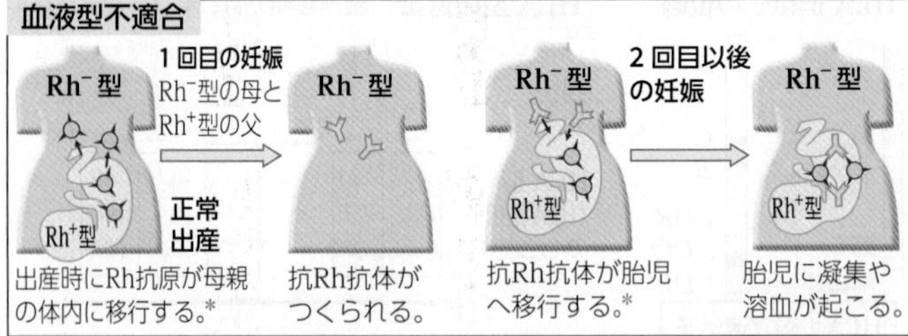

Rh⁻型
1 回目の妊娠
Rh⁻型の母と
Rh⁺型の父
Rh⁻型
2 回目以後の妊娠
Rh⁻型
Rh⁻型
Rh⁺型
正常出産
Rh⁺型
Rh⁺型
出産時にRh抗原が母親の体内に移行する。*
抗Rh抗体がつくられる。
抗Rh抗体が胎児へ移行する。*
胎児に凝集や溶血が起こる。

胎児の体内で凝集や溶血が起こると，流産したり，強度の貧血や黄(おう)だんの症状(**新生児溶血症**(しんせいじようけつしょう))をもって生まれてくることがある(**血液型不適合**(けつえきがたふてきごう))。

手当てとして，以前は，新生児に Rh^- 型の血液を交換輸血して母親由来の抗体をとり除いていた。現在は，第 1 子出産直後に母体に強力な抗 Rh 抗体を注射することで，胎児由来の Rh 抗原をとり除き，母体に抗 Rh 抗体をつくらせないようにして予防している。

プチ雑学　Rh 抗原はタンパク質で，輸血や出産などで他の血液が体内に入ってはじめて，抗体がつくられる。この抗体は IgG で，胎盤を通過するため，Rh 式血液型不適合は第 2 子で症状が出る。ABO 抗原に対する抗体は IgM なので，胎盤を通過しないが，まれに IgG のことがある。この場合に ABO 式血液型不適合が起こる。

Keywords ●免疫グロブリン immunoglobulin ●抗原抗体反応 antigen-antibody reaction ●血液型 blood group, blood type ●形質細胞 plasma cell

3 抗体の多様性 抗体の多様性は，遺伝子再編成，突然変異，クラススイッチなどによって生じる。

A 遺伝子再編成

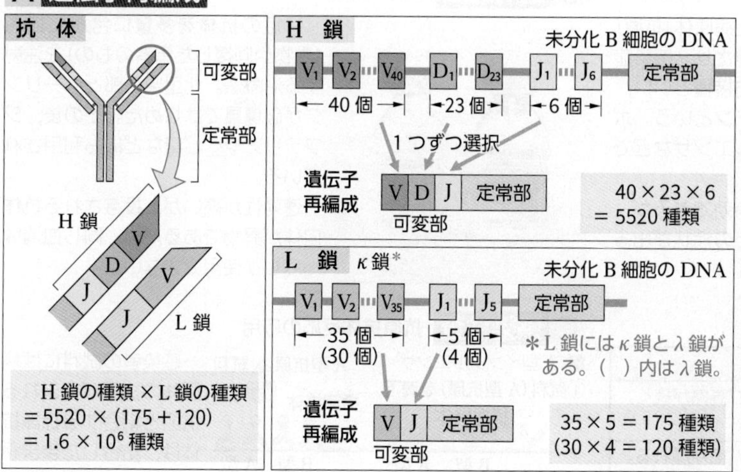
抗 体
可変部
定常部
H 鎖
L 鎖
H 鎖の種類 × L 鎖の種類
＝5520 ×（175＋120）
＝1.6 × 10⁶ 種類
H 鎖
未分化 B 細胞の DNA
定常部
40 個
23 個
6 個
1 つずつ選択
遺伝子再編成
可変部
40 × 23 × 6
＝ 5520 種類
L 鎖 κ 鎖*
35 個（30 個）
5 個（4 個）
＊L 鎖には κ 鎖と λ 鎖がある。（ ）内は λ 鎖。
35 × 5 ＝ 175 種類
（30 × 4 ＝ 120 種類）

ヒトの抗体は 1 億種類以上の抗原に対応できるとされているが，ヒトの遺伝子は 2 万ほどしかない。抗体をつくる遺伝子には特別なしくみが働き，多様性がうまれる。

抗体の可変部の遺伝子は，H 鎖で見られる V・D・J 領域のように，複数の領域に分かれている。H 鎖と L 鎖の可変部の DNA では，まず切断・再結合が起こり（**遺伝子再編成**），転写とスプライシングをへて，各領域から断片が 1 つずつ選択される。さらに，H 鎖と L 鎖の組み合わせにより，非常に多くの種類の抗体が生じる。

Memo スプライシングとの比較

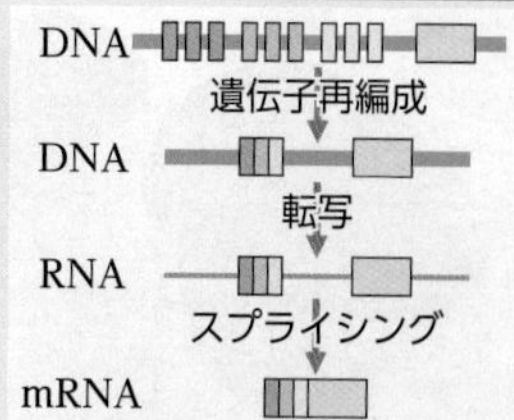
DNA
遺伝子再編成
DNA
転写
RNA
スプライシング
mRNA

遺伝子再編成と似たしくみにスプライシングがあるが，スプライシングは RNA，遺伝子再編成は DNA で起こる。V・D・J 領域とはエキソンがさらに断片化したもので，遺伝子再編成後にスプライシングが起こる。

Step up TCR の多様性

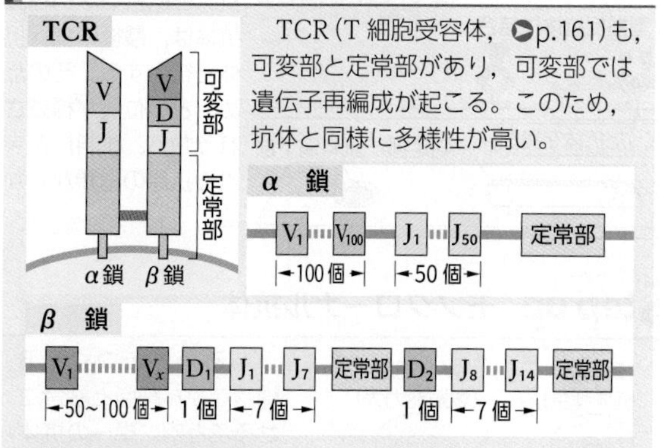
TCR
可変部
定常部
α 鎖 β 鎖
α 鎖
定常部
100 個
50 個
β 鎖
定常部
50~100 個
1 個
7 個
1 個
7 個

TCR（T 細胞受容体，➲p.161）も，可変部と定常部があり，可変部では遺伝子再編成が起こる。このため，抗体と同様に多様性が高い。

Column "DNA の再編成" の発見

利根川進

1890 年，ベーリングと北里柴三郎によって抗体の存在が発見されたあと，抗体の具体的な機能や産生のしくみが熱心に研究された。そのなかで，「1 つの遺伝子でつくられるタンパク質は 1 つのはずなのに，限られた数の遺伝子で無数の種類がある抗体をどうやってつくるのか。」は長年の問いだった。利根川進は，遺伝子の組み合わせの変化によって多くの種類の抗体をつくり出すことを，制限酵素を使った実験で証明した（1977 年）。この業績により，1987 年にノーベル生理学・医学賞を受賞した。

利根川進（1939 〜，日本）

B 結合部の遺伝子突然変異

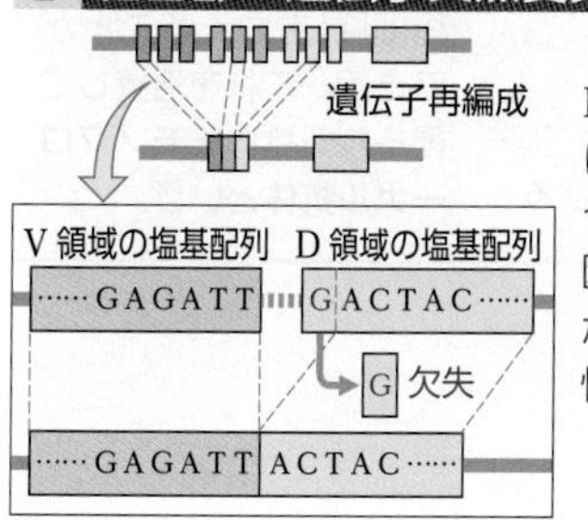
遺伝子再編成
V 領域の塩基配列
D 領域の塩基配列
……GAGATT
GACTAC……
G 欠失
……GAGATT ACTAC……

遺伝子再編成によって DNA 断片が再結合する際には，結合部で塩基の欠失や挿入が起こる。これが原因で可変部のアミノ酸配列が変化すると，新たな特異性をもつ抗体がうまれる。

C クラスの切り替え（クラススイッチ）

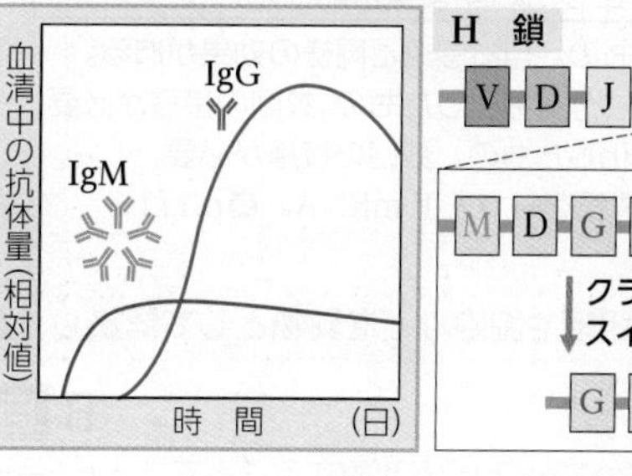
血清中の抗体量（相対値）
IgG
IgM
時 間 （日）
H 鎖
V D J 定常部
M D G E A
IgM
クラススイッチ
G E A
IgG

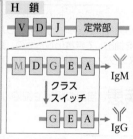

B 細胞は抗原刺激を受けた直後には IgM を分泌するが，免疫反応が進むと一部の B 細胞は分泌する抗体のクラスを IgG などに切り替える。共通の可変部をもつ抗体でも，クラスを切り替えることで働きが多様化する。

4 形質細胞の働き 形質細胞は，抗体産生に特化して分化している。

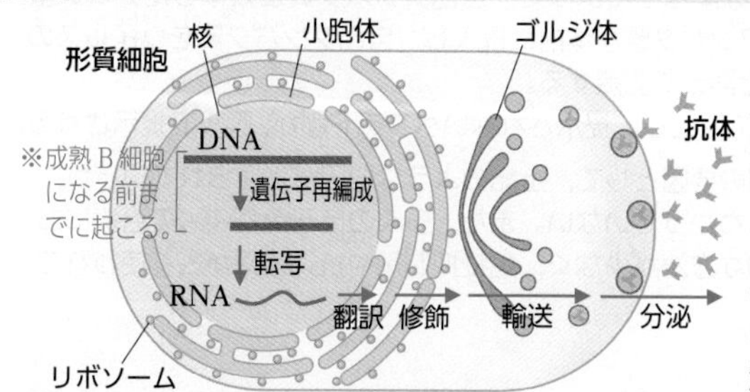
形質細胞
核
小胞体
ゴルジ体
DNA
※成熟 B 細胞になる前までに起こる。
遺伝子再編成
転写
RNA
翻訳 修飾
輸送
分泌
抗体
リボソーム

形質細胞（抗体産生細胞）の核では，抗体に関する一部の遺伝子がおもに使われる。遺伝子再編成された DNA が転写・翻訳され，抗体のもとになるタンパク質が合成される。タンパク質は小胞体で折りたたまれ，抗体の立体構造が完成する。抗体はゴルジ体によって輸送され，細胞外へ分泌される。

※着色画像

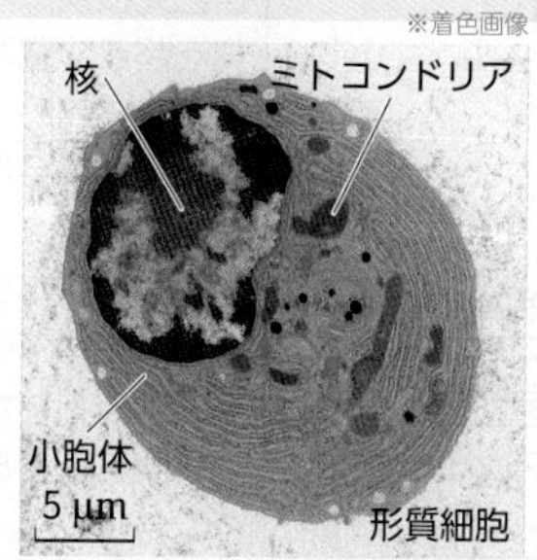
核
ミトコンドリア
小胞体
5 μm
形質細胞

抗体を大量につくるため小胞体が発達する。大部分の DNA は使われず，染色体は凝集している。

プチ雑学 利根川進は，大学・大学院時代は免疫学ではなく化学や分子生物学の研究をしており，このときに精密な実験を行う技術を体得した。そして，免疫学に分子生物学的な視点からとり組み，抗体の多様性を解明した。

基 1 免疫の応用 免疫のしくみを応用した治療法や検査法が開発されてきた。

Link

A 予防接種 二次応答(▶p.163)の応用

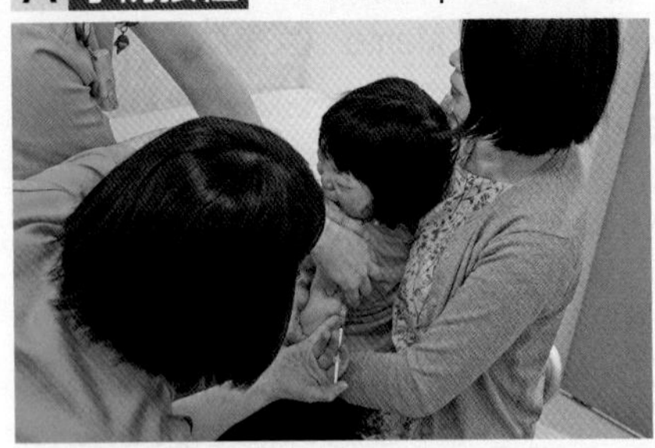

無毒化，弱毒化した病原体(抗原)を注射して抗原を記憶させ，感染症を予防する方法を**予防接種**といい，接種する抗原を**ワクチン**という。ポリオ，風疹，インフルエンザなどで利用されている。

ワクチンは予防に有効であるが，まれに発熱・発疹などの症状が出ることがある(**副反応**)。

ワクチンと予防できるおもな感染症

	病名	病原体(感染経路)	症状など
生ワクチン	麻疹(はしか)	麻疹ウイルス(空気・飛沫・接触感染)	●発熱後，一度熱が下がり，再び高熱が続く。●特有の発疹が全身にできる。
	風疹	風疹ウイルス(飛沫・母子感染)	●発熱，耳の後ろなどのリンパ節が腫れる。●特有の発疹が全身にできる。●妊婦の感染で胎児に影響がでる場合がある。
	結核	結核菌(空気・飛沫感染)	●たんのからんだせきが長期間続く。●BCGワクチンが用いられる。
不活化ワクチン	ポリオ	ポリオウイルス(感染者の便から経口感染)	●頭痛，発熱，嘔吐，のどの痛み。●発症すると，手足や呼吸に関わる筋肉がまひする場合がある。
	日本脳炎	日本脳炎ウイルス(カによる媒介)	●高熱，頭痛，めまい，嘔吐，意識・神経障害●幼児では死亡率が高く，重い後遺症が残ることが多い。
	B型肝炎	B型肝炎ウイルス(体液・母子感染)	●食欲不振，倦怠感，嘔吐，腹痛，黄だん。●重症化すると，肝硬変，肝がんに進展。
	百日せき	百日せき菌(飛沫・接触感染)	●激しいせき。●乳児ではチアノーゼ，呼吸困難など重症化。
トキソイド	ジフテリア	ジフテリア菌(飛沫感染)	●気道に偽膜ができ，犬がほえるような独特のせきが出る。
	破傷風	破傷風菌(傷口からの侵入)	●開口障害や顔のゆがみ。●全身の硬直，呼吸困難。

生ワクチン　生きた病原体の毒性を弱めたもの。自然感染と同様の効果がある。
不活化ワクチン　病原体から免疫に必要な成分を抽出したもの。数回の接種が必要。
トキソイド　病原体の毒素を抽出して無毒化したもの。数回の接種が必要。
mRNAワクチン　ウイルスのタンパク質情報をもつ人工mRNA。▶p.171

B 血清療法 抗体の利用

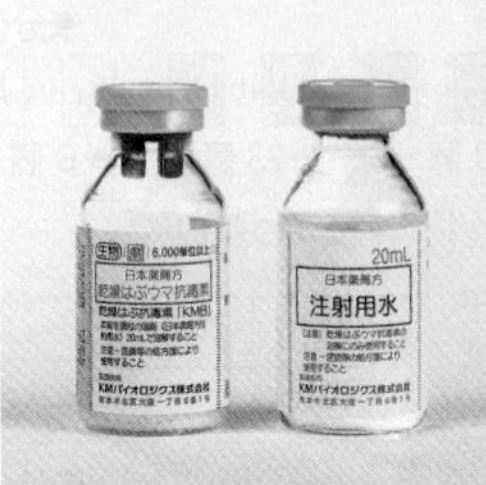
注射用水
20mL

特定の抗体を多量に含んだ**血清**(動物や回復した患者のもの)を注射する治療法。北里柴三郎とベーリングが破傷風ではじめた。その後，ジフテリアやヘビ毒などにも利用されている。

速効性が高いが，投与される抗体自体が異物であるため，同じ血清は一度しか使用できない。

C 感染検査 抗原抗体反応の応用

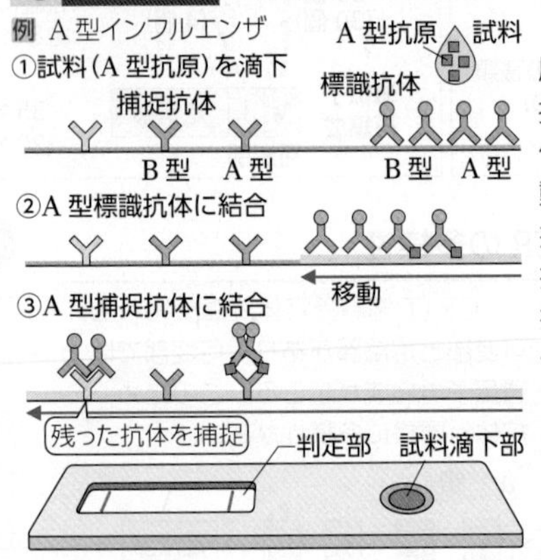
例 A型インフルエンザ
A型抗原
試料
①試料(A型抗原)を滴下
標識抗体
捕捉抗体
B型
A型
B型
A型
②A型標識抗体に結合
移動
③A型捕捉抗体に結合
残った抗体を捕捉
判定部
試料滴下部

感染者の試料には病原体の抗原が含まれる。抗原と結合する標識抗体は，結合したまま移動し，抗原と結合する捕捉抗体に捉えられる。抗原と結合しない標識抗体は，最後の捕捉抗体と結合する。そのため，どの位置が標識されるかで，試料に含まれる抗原の種類がわかる。

Step up モノクローナル抗体

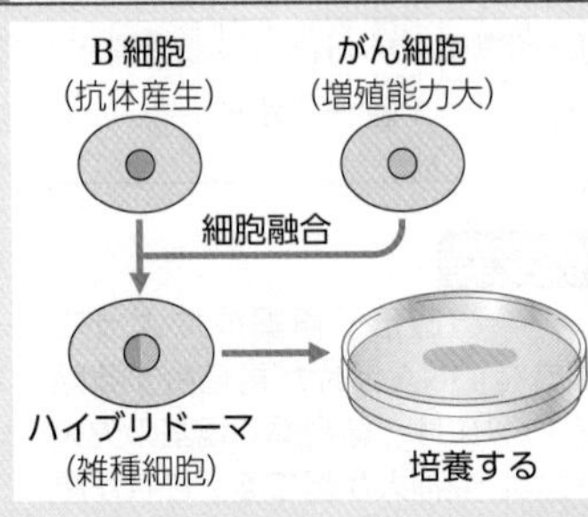
B細胞
(抗体産生)
がん細胞
(増殖能力大)
細胞融合
ハイブリドーマ
(雑種細胞)
培養する

ある抗体をつくるB細胞をがん細胞と融合させることで，単一の抗体を多量に産生する能力をもつ**ハイブリドーマ**(雑種細胞)をつくることができる。これを培養して得られる抗体を**モノクローナル抗体**という。

基 2 自己免疫疾患 自己の組織や細胞などを異物として認識し，攻撃する場合がある。

A 種類

臓器特異的自己免疫疾患(病変の場)
バセドウ病(甲状腺)
橋本甲状腺病(甲状腺)
1型糖尿病(ランゲルハンス島)▶p.147
アジソン病(副腎)
多発性硬化症(脳)
自己免疫性溶血性貧血(赤血球)
ギラン・バレー症候群(末梢神経)

全身性自己免疫疾患(病変する組織)
全身性エリテマトーデス(結合組織など)
慢性関節リウマチ(関節，結合組織など)

免疫系が自己を攻撃することで起こる病変を**自己免疫疾患**という。自己免疫疾患は，特定の臓器に病変を起こす**臓器特異的自己免疫疾患**と，体内のさまざまな組織に炎症が広がる**全身性自己免疫疾患**とがある。

全身性エリテマトーデスは，染色体内のヒストン(▶p.70)などに対する抗体ができるため，影響は全身におよぶ。

B 自己免疫疾患の要因

① 自己抗原に反応するT細胞の細胞死が，何らかの原因によって不完全である。
② ウイルスの感染などによって，自己タンパク質と類似したアミノ酸配列をもつタンパク質が体内に侵入し，自己タンパク質をウイルスのタンパク質と誤って認識する。
③ 通常は自己抗原として提示されないペプチド鎖が，誤って提示される。

自己免疫疾患の要因として，上記のような要因が考えられているが，詳細なしくみはわかっていない。また，多くの自己免疫疾患の治療においては，効果的な方法が少なく，免疫抑制剤や抗炎症薬が広く使われている。

プチ雑学 日本では1980年以来，ポリオの感染は報告されていないが，現在でもワクチンの接種が推奨されている。これは海外では依然としてポリオが流行している地域があり，感染に気づかないまま帰国(または入国)した人からの感染を防ぐためである。また，免疫をもつ人が増えることで，感染症の大規模な流行を防ぐこともできる。

Keywords ●ワクチン vaccine ●血清 blood serum ●自己免疫疾患 autoimmune disease
●アレルギー allergy ●アレルゲン allergen ●アナフィラキシーショック anaphylactic shock
●マスト細胞(肥満細胞) mast cell (mastocyte) ●ヒスタミン histamine
Link コラム

基 3 アレルギー 多くの人が何らかのアレルギーをもち，アレルギーが国民病とまでいわれている。

スギ花粉の飛散

免疫反応が過剰に起こり，生体に不利に働くことを**アレルギー**といい，これを引き起こす抗原を**アレルゲン**という。

花粉が原因で，鼻水やくしゃみ，眼の充血やかゆみなどの症状を起こしたり，特定の食品が原因で，下痢(げり)や発疹などの症状を起こしたりする。急激な血圧の低下などの激しい症状を起こし(**アナフィラキシーショック**)，危険な状態になることもある。

アナフィラキシーショック

急激なⅠ型アレルギーにより，下痢・嘔吐・発疹・呼吸困難などの激しい症状を起こす。血管が拡張して極度の低血圧になり，意識を失うなど，全身にわたる症状を急速に引き起こす。迅速に適切な処置をしなければ死にいたることもある。

なお，一度緩和したあとに重症化することもあるため，経過の観察が必要とされている。また，おもに既往歴(きおうれき)のある患者向けに，自己注射用の補助治療薬なども販売されている。

A いろいろなアレルゲン

分類		例
花粉	吸入アレルゲン	スギ，ヒノキ，カモガヤ，ブタクサ
植物性ダスト	吸入アレルゲン	コムギ，ソバ，コンニャク，ラッカセイ
ハウスダスト	吸入アレルゲン	コナヒョウヒダニ，ネコ，イヌ
菌類	吸入アレルゲン	カビ
食物	経口アレルゲン	卵白，牛乳，サバ，ダイズ，エビ
昆虫	刺すことによる	ハチ
薬物	———	抗生物質，サルファ剤
その他	接触アレルゲン	ウルシ，化粧品，色素

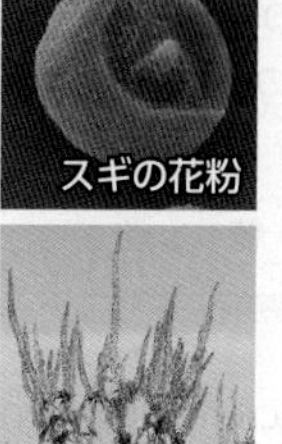
スギの花粉

オオブタクサ

B アレルギーの分類

	分類	関与する細胞や物質	例
即時型	Ⅰ型アレルギー(アナフィラキシー反応)	マスト細胞，好塩基球 IgE	花粉症，湿疹(しっしん) ペニシリンショック
即時型	Ⅱ型アレルギー(細胞融解反応)	IgM，IgG，補体	Rh 不適合 自己免疫性溶血性貧血
即時型	Ⅲ型アレルギー(抗原・抗体複合反応)	抗原抗体複合体 補体，好中球	全身性エリテマトーデス 過敏性肺臓炎
遅延型	Ⅳ型アレルギー(細胞性免疫反応)	感作T細胞 サイトカイン	ツベルクリン反応* 移植の拒絶反応，接触性皮膚炎

*結核菌に対する細胞性免疫の二次応答。結核菌に対する免疫の程度を調べる。

生 4 アレルギーのしくみ アレルギーは，即時型と遅延型に大別される。

A 即時型アレルギー Ⅰ型アレルギー

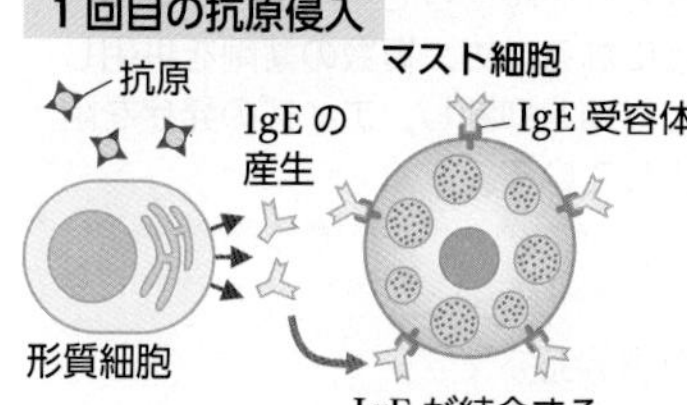
1回目の抗原侵入
抗原
マスト細胞
IgE の産生
IgE 受容体
形質細胞
IgE が結合する

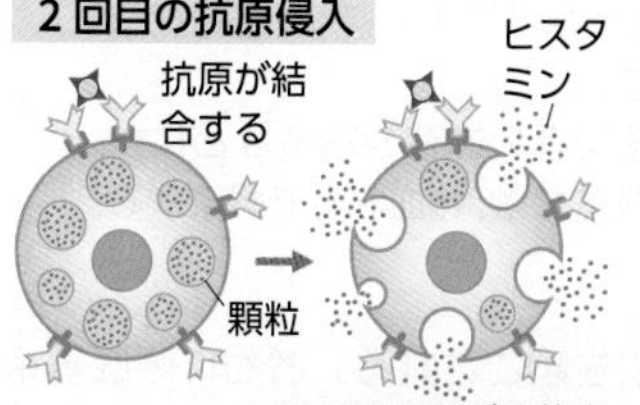
2回目の抗原侵入
抗原が結合する
ヒスタミン
顆粒
ヒスタミンなどの放出

花粉などが抗原として認識されると，IgE 抗体がつくられることがある。この抗体は，**マスト細胞(肥満細胞)**の表面にある受容体に結合する。再び抗原が体内に入り，マスト細胞の表面の IgE 抗体と結合すると，マスト細胞から**ヒスタミン**などが放出される。この物質が作用して，くしゃみやかゆみなどのアレルギー症状が現れる。

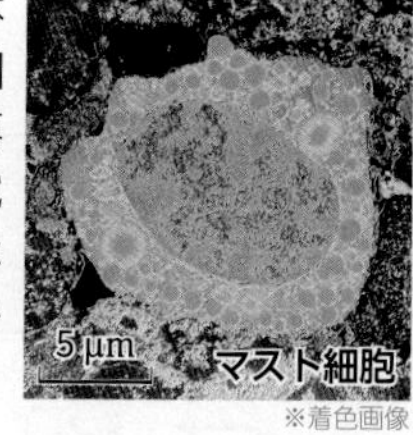
5μm
マスト細胞
※着色画像

B 遅延型アレルギー Ⅳ型アレルギー

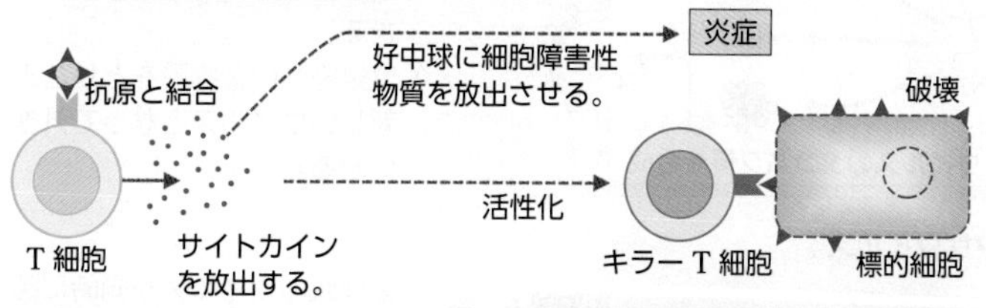
抗原と結合
T細胞
サイトカインを放出する。
好中球に細胞障害性物質を放出させる。
炎症
活性化
キラーT細胞
破壊
標的細胞

抗原と反応したT細胞から放出されるサイトカインにより，キラーT細胞が活性化したり，好中球を引き寄せて細胞障害性物質などを放出させたりする。これにより，発赤(ほっせき)や水疱(すいほう)が生じるなどの炎症が起こる。

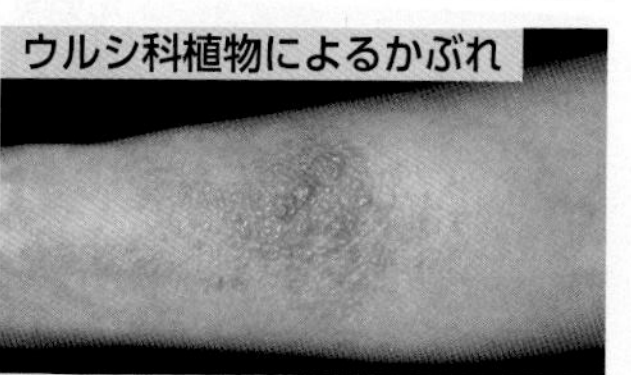
ウルシ科植物によるかぶれ

Column IgE の発見

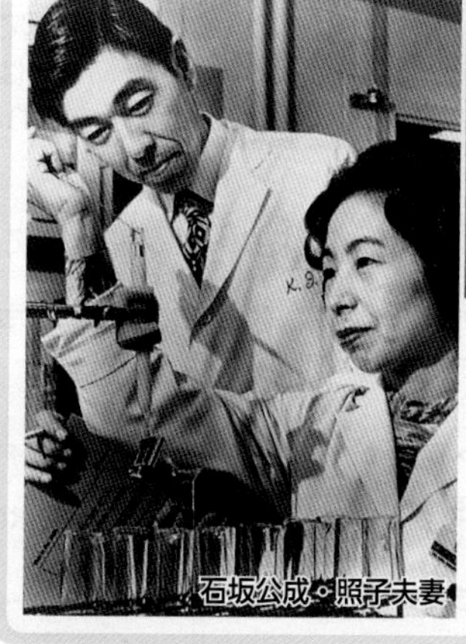
石坂公成・照子夫妻

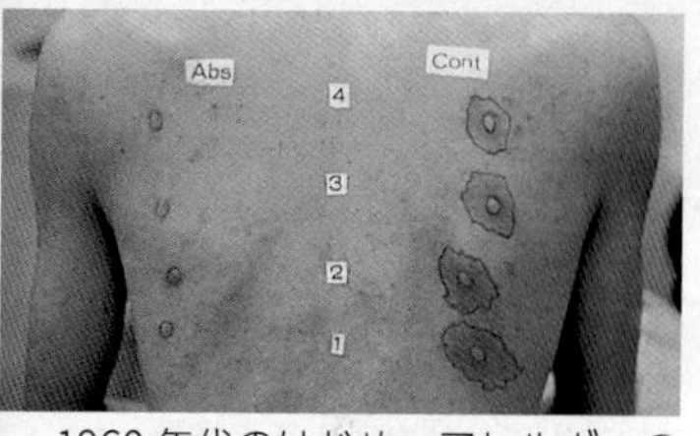
Abs
Cont
4
3
2
1

1960年代のはじめ，アレルギーの原因はIgA抗体だと考えられていたが，精製されたIgA抗体は，かならずしもアレルギー性反応を起こさないことがわかった。1966年，石坂夫妻は自分たちの皮膚などで実験し，微量のIgE抗体を発見した。

石坂公成(1925～2018，日本)，石坂照子(1926～2019，日本)

つながる生物学 医療 アレルゲンでアレルギーを克服？

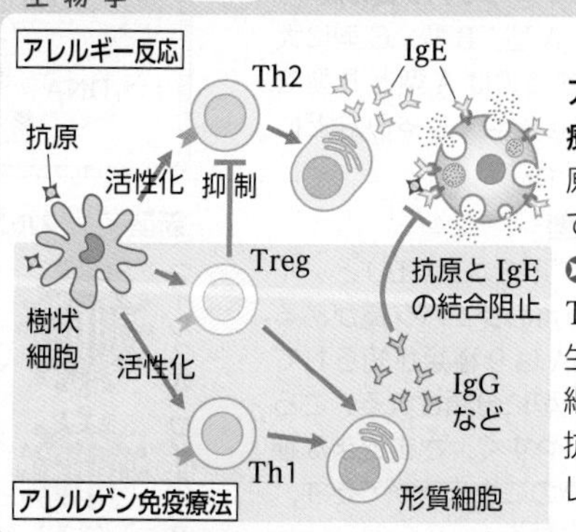
アレルギー反応
Th2
IgE
抗原
活性化
抑制
Treg
樹状細胞
活性化
抗原と IgE の結合阻止
IgG など
Th1
形質細胞
アレルゲン免疫療法

アレルギーの治療法として，**アレルゲン免疫療法(減感作療法)**がある。アレルゲン(抗原)を継続的に摂取することで，制御性T細胞(Treg，➡p.169)やTh1型ヘルパーT細胞が活性化され，IgE産生を促すTh2型ヘルパーT細胞の抑制や，IgGなどの抗体産生の促進が起こり，アレルギー反応が抑制される。

プチ雑学 蚊に刺されたとき，ふつうは数分でかゆくなり腫(は)れてくる。これが即時型アレルギー(Ⅰ型アレルギー)である。虫に刺されてもすぐには変化がなく，1日後くらいにかたく腫れて水疱(すいほう)ができたりすることがある。これが遅延型アレルギー(Ⅳ型アレルギー)である。

免疫と病気(2)

1 エイズ　HIV がヘルパー T 細胞に感染し，免疫の機能を極端に低下させる。

進化 View

A HIV　ヒト免疫不全ウイルス(HIV，Human Immunodeficiency Virus)

HIV の構造

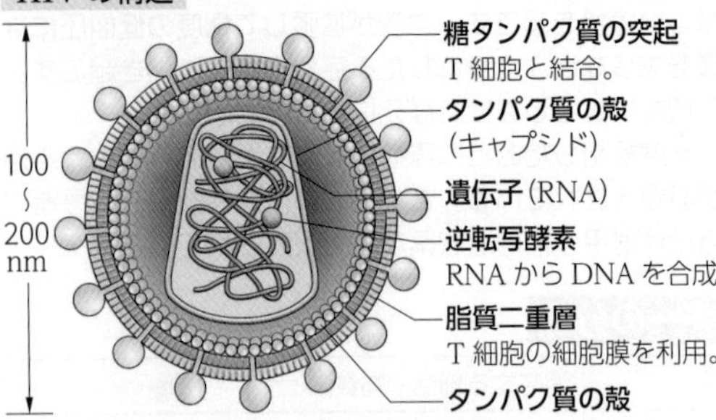
糖タンパク質の突起
T 細胞と結合。
タンパク質の殻
(キャプシド)
100
〜
200
nm
遺伝子(RNA)
逆転写酵素
RNA から DNA を合成
脂質二重層
T 細胞の細胞膜を利用。
タンパク質の殻

RNA を遺伝子とし，**逆転写酵素**(▶p.117)をもつウイルス(**レトロウイルス**)。変異が非常に速いため，免疫の対応が追いつかない。逆転写酵素を使って，RNA から DNA をつくり，それを宿主の T 細胞の DNA に組みこんで増殖する。

HIV の増殖のしくみ

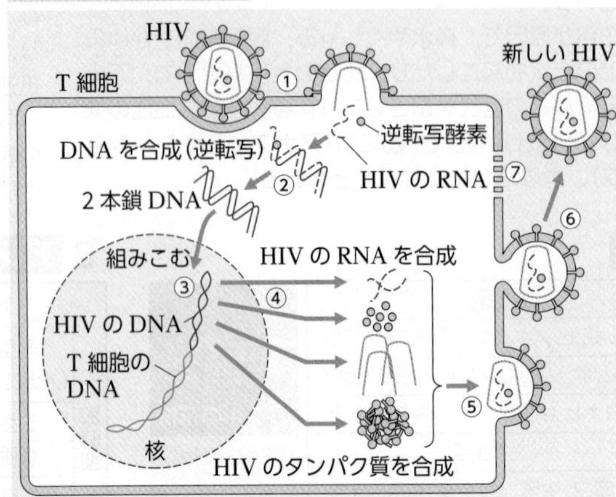
HIV
T 細胞
新しい HIV
DNA を合成(逆転写)
逆転写酵素
HIV の RNA
2 本鎖 DNA
組みこむ
HIV の RNA を合成
HIV の DNA
T 細胞の
DNA
核
HIV のタンパク質を合成

①HIV が T 細胞に結合し，RNA と逆転写酵素が放出される。
②逆転写酵素で RNA から DNA がつくられる。
③つくられた DNA は T 細胞の核の DNA に組みこまれる。
④HIV のタンパク質，RNA が合成される。
⑤新しい HIV の中心部ができる。
⑥T 細胞の細胞膜をとりこみ，新しい HIV となって外部に出る。
⑦T 細胞は破壊される。

B エイズ　後天性免疫不全症候群(AIDS(エイズ)，Acquired Immunodeficiency Syndrome)

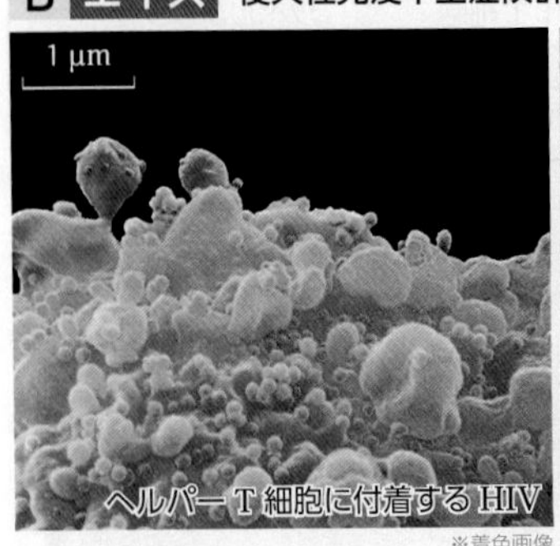
1 μm
ヘルパー T 細胞に付着する HIV
※着色画像

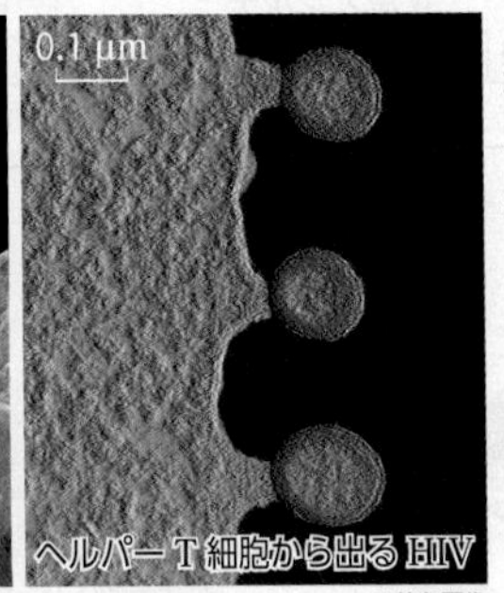
0.1 μm
ヘルパー T 細胞から出る HIV
※着色画像

HIV はヘルパー T 細胞(▶p.159)を破壊する。HIV の増加とともにヘルパー T 細胞が減少していく。ヘルパー T 細胞は重要な免疫細胞で，極端に減少すると免疫が機能しなくなる。このような状態が**エイズ**で，病原性の低い細菌やウイルス，カビなどによる感染(**日和見感染**(ひよりみかんせん))を起こす。

HIV は感染者の血液や精液などに多く含まれ，性的接触，輸血などで感染する。

Column　エイズの治療法

エイズの完全な治療法はまだないが，薬剤(抗 HIV 剤)で HIV の増殖を抑制する治療で，進行を大幅に抑えることが可能になった。HIV は変異を起こして薬剤耐性をもつようになるため，複数の薬剤を併用して増殖を抑制し，エイズの発症を阻止している。

2 インフルエンザ　インフルエンザウイルスによって引き起こされる，おもに呼吸器系の感染症。

インフルエンザウイルスの構造　例 A 型，B 型

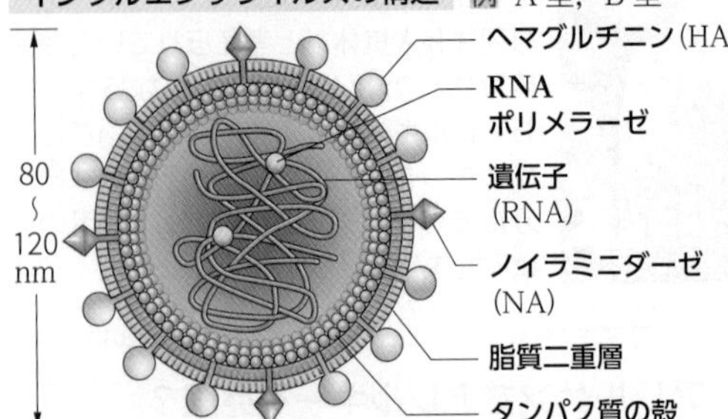
ヘマグルチニン(HA)
RNA
ポリメラーゼ
80
〜
120
nm
遺伝子
(RNA)
ノイラミニダーゼ
(NA)
脂質二重層
タンパク質の殻

インフルエンザウイルスは，A 型，B 型，C 型に大きく分けられる。おもに流行するのは A 型と B 型で，特に A 型は症状が重くなる。せきやくしゃみなどによる飛沫(ひまつ)，接触によって感染する。

インフルエンザウイルスの増殖

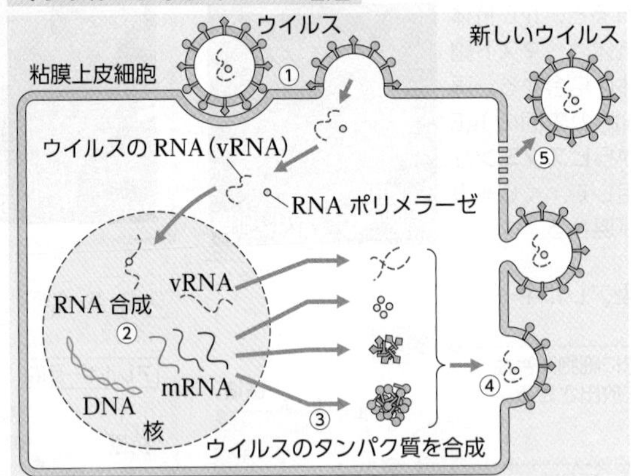
ウイルス
粘膜上皮細胞
新しいウイルス
ウイルスの RNA(vRNA)
RNA ポリメラーゼ
vRNA
RNA 合成
mRNA
DNA
核
ウイルスのタンパク質を合成

①ウイルスが細胞に結合し，RNA と RNA ポリメラーゼが放出される。
②酵素の働きで，RNA が核内で複製される。
③複製された RNA をもとに，ウイルスのタンパク質が合成される。
④新しいウイルスの中心部ができる。
⑤感染細胞の細胞膜をとりこみ，新しいウイルスとなって外部に出る。

インフルエンザウイルスの亜型

ウイルスの表面には，ヘマグルチニン(HA)とノイラミニダーゼ(NA)という 2 種類のタンパク質がある。A 型では，HA は 16 種類，NA は 9 種類が知られていて，H1N1，H5N1 などの亜型に分類される。さらに，RNA は突然変異を起こしやすく，さまざまな種類が生まれる。そのため，免疫の二次応答ができず，何度も感染して発症することになる。

新型インフルエンザウイルス

ウイルスA
ウイルスB
同じ細胞に感染する
新型ウイルスが出現

2 種類のウイルスが同時に感染することで，新型ウイルスが出現することがある。強い病原性，強い感染力をあわせもつ新型ウイルスが生まれると，急激な大規模流行(パンデミック)の危険がある。

進化 View 1　HIV が薬剤耐性を獲得するのは，治療薬が HIV に対する自然選択(▶p.284)として働き，薬剤耐性をもつウイルス株の割合が増すためである。HIV による薬剤耐性の獲得は短時間で生じる進化の一例である。Link

Keywords
●エイズ(後天性免疫不全症候群) AIDS(Acquired Immunodeficiency Syndrome)
●ヒト免疫不全ウイルス HIV(Human Immunodeficiency Virus)
●インフルエンザウイルス influenza virus ●がん cancer

Link コラム

3 がん

がん(悪性腫瘍)では，体細胞の一部が無制限に増殖して周囲に浸潤し，血管を介して転移する。

進化View

A がん発生のしくみ

正常な細胞ががん化し，それが増殖することで がん が発生する。▶p.78

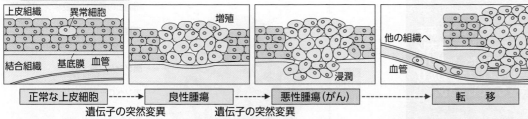

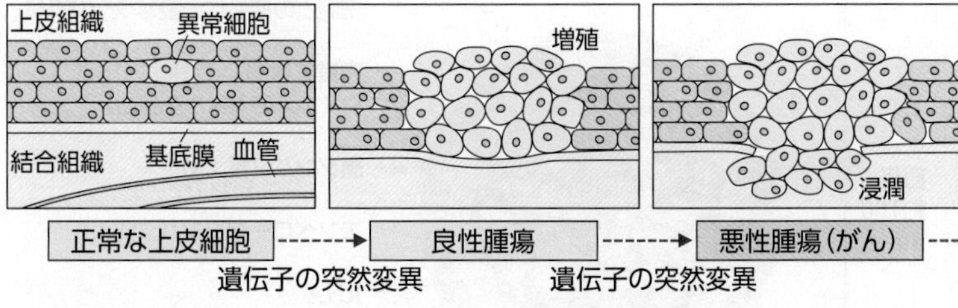
上皮組織
異常細胞
結合組織
基底膜
血管
増殖
浸潤
他の組織へ
血管
正常な上皮細胞
良性腫瘍
悪性腫瘍(がん)
転　　移
遺伝子の突然変異
遺伝子の突然変異

がん細胞は，自分自身の細胞が変化したもので，次のような特徴をもつ。
①無秩序に**増殖**する。
②周囲に**浸潤**する。
③他に**転移**する。

がんのおもな原因　遺伝子の突然変異を引き起こすもの。

- **ウイルス，細菌などの継続感染**
  ヘリコバクター・ピロリ(胃がん)，B型肝炎ウイルス(肝がん)，C型肝炎ウイルス(肝がん)，ヒトパピローマウイルス(子宮頸がん)など
- **化学物質**　アスベスト，ベンゼン，コールタール，ダイオキシンなど
- **その他**　紫外線，放射線，喫煙など

がんのおもな治療法

- **外科療法**　外科的にがんをとり除く。
- **化学療法**　抗がん剤など，がん細胞を破壊する薬物を投与する。
- **放射線治療**　がん細胞の染色体を破壊して細胞分裂を抑える。

その他，免疫療法など新しい方法が研究されているが，まだ標準的な治療法にはなっていない。

B 遺伝子とがん

遺伝子の突然変異の蓄積が，がん化を引き起こすと考えられている。

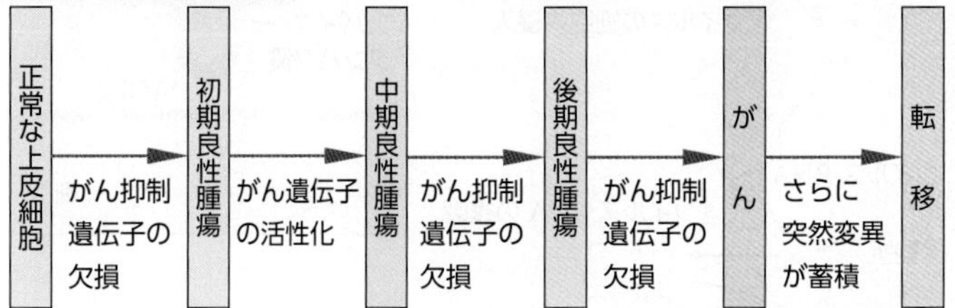
正常な上皮細胞
がん抑制遺伝子の欠損
初期良性腫瘍
がん遺伝子の活性化
中期良性腫瘍
がん抑制遺伝子の欠損
後期良性腫瘍
がん抑制遺伝子の欠損
がん
さらに突然変異が蓄積
転移

がん遺伝子が活性化するだけではがん化しない。さまざまな突然変異が蓄積してはじめて，がんになる。年齢が高くなるにつれてがんの発生率が増すのは，加齢とともに突然変異が蓄積するからである。

がん遺伝子
細胞増殖に関する遺伝子(がん原遺伝子)が突然変異を起こしたもの。細胞増殖の調節機構の変化などで，細胞のがん化を誘導する。
例 *src* 遺伝子

がん抑制遺伝子
細胞周期の進行の抑制に関する遺伝子。
例 *Rb* 遺伝子，*p53* 遺伝子

Memo がんと癌
「がん」と「癌」は区別して使われる。「がん」が悪性腫瘍の総称なのに対して，「癌」は悪性腫瘍のなかでも上皮細胞に由来する腫瘍を指す場合が多い。たとえば，白血病は血液のがんであり，上皮細胞には由来しないため，「癌」とは表記されない。

C 免疫とがん

がん細胞は通常，免疫によって排除される。排除のしくみを応用した薬が開発されている。

がんに対する免疫反応

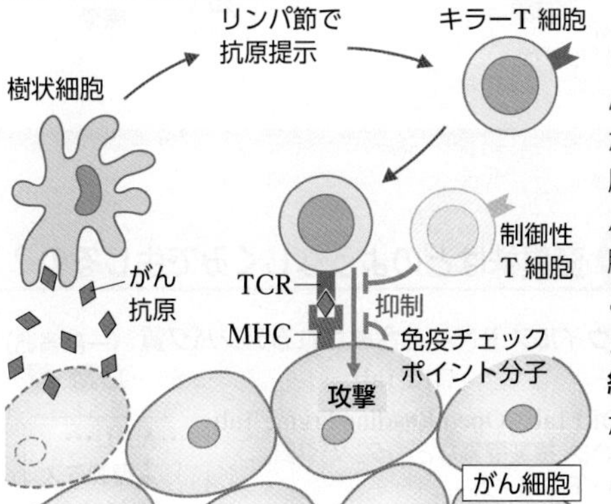
リンパ節で抗原提示
キラーT細胞
樹状細胞
制御性T細胞
がん抗原
TCR
MHC
抑制
免疫チェックポイント分子
攻撃
がん細胞

生体には，がんを異物と認識して排除するしくみがある。がん細胞はがん抗原を放出する。がん抗原は，樹状細胞などの抗原提示細胞にとりこまれ，リンパ球に抗原提示される。がん細胞の排除には**キラーT細胞**などが働くが，この働きが**免疫チェックポイント分子**や**制御性T細胞**などによって抑制されると，がんが進行してしまう。

がん免疫の応用　免疫チェックポイント阻害剤

免疫チェックポイント分子(PD-1)の働き

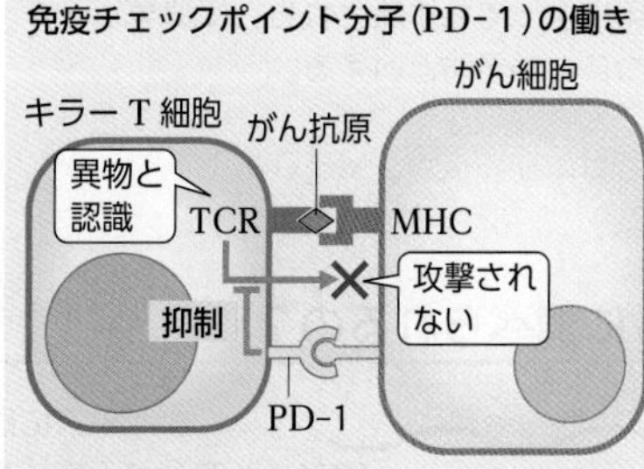
がん細胞
キラーT細胞
がん抗原
異物と認識
TCR
MHC
攻撃されない
抑制
PD-1

阻害剤を投与した場合

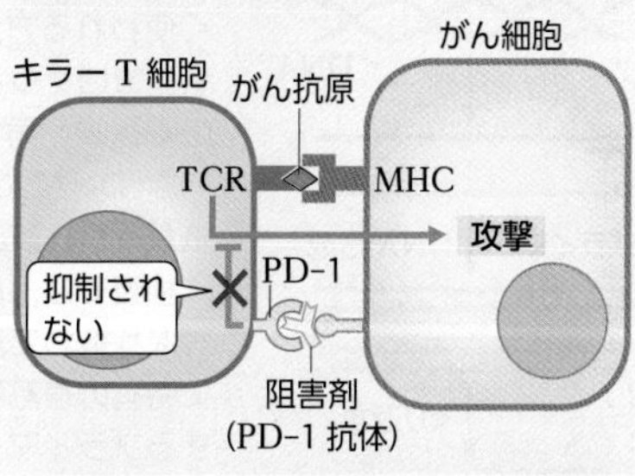
がん細胞
キラーT細胞
がん抗原
TCR
MHC
攻撃
PD-1
抑制されない
阻害剤
(PD-1抗体)

免疫チェックポイント分子はT細胞などに発現する受容体で，過剰な免疫反応を抑制する。キラーT細胞はPD-1という受容体をもつ。がん細胞には，PD-1を利用してキラーT細胞の攻撃を抑制するものがあり，これが増殖して がん が進行する。これを応用し，PD-1に結合する阻害剤が開発された。阻害剤が受容体に結合すると，キラーT細胞が抑制されず，がん細胞を攻撃できるようになる。この方法では，免疫を活性化させるのではなく，不活性化を防いでいる。開発された薬(ニボルマブ，商品名オプジーボ)は一部のがんで大きな効果が認められている。本庶佑は，PD-1の発見で2018年にノーベル生理学・医学賞を受賞した。

Step up 制御性T細胞

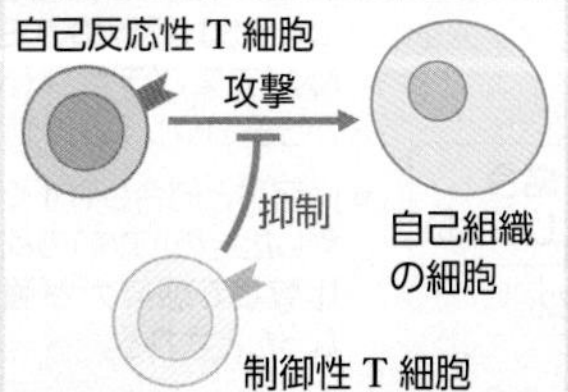
自己反応性T細胞
攻撃
抑制
自己組織の細胞
制御性T細胞

制御性T細胞(regulatory T cell, Treg)は，免疫の抑制に働く免疫細胞として，1995年，坂口志文によって存在が発見された。胸腺のチェック(▶p.161)からもれた自己反応性のT細胞を抑制する。末梢に存在するT細胞の10%を占めるとされる。制御性T細胞の機能低下は自己免疫疾患(▶p.166)にも関与する。

進化View 3　遺伝子の突然変異により がん が生じることから，体が大きくて細胞数の多い動物では がん が生じやすくなると考えられる。ヒトやマウスなど多くの哺乳類では，がんの抑制に働く遺伝子 *p53* は1コピーのみある。一方，アフリカゾウでは20コピーあり，これは がん の発生を抑えるうえで適応的と考えられている。Link

新型コロナウイルス

新型コロナウイルス感染症は，2019 年末に最初の患者が報告された後，短期間で拡大して，世界の人々に影響を与えました。新型コロナウイルスとはどのようなウイルスで，わたしたちはどのように対策できるのでしょうか。

感染経路と感染予防

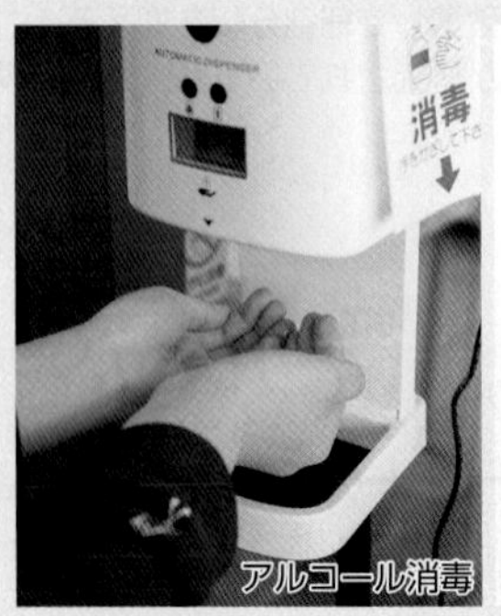
消毒
アルコール消毒

マスクの着用

感染経路は，おもに接触感染と飛沫(ひまつ)感染だとされている。予防としては，手洗いやアルコール消毒，マスクの着用，人ごみを避けることなどがあげられる。

ウイルスがもつ脂質二重層の膜は，界面活性剤やアルコールで壊れるため，手洗いやアルコール消毒でウイルスを壊すことができる。

ヒトのからだでは自然免疫も働く(▶p.160)。たとえば，皮膚や粘膜が体内へのウイルスの侵入を防ぎ，侵入したウイルスは食作用によっても排除される。体調を整えて免疫の働きを保つことも予防といえる。

新型コロナウイルスについて

構造

直径約100 nm

スパイクタンパク質：S
細胞との結合に必要なタンパク質。

脂質二重層
ウイルスの RNA を包む。

膜タンパク質：M

エンベロープタンパク質：E

RNA
約30000塩基と RNA ウイルスのなかでも大きい。

ヌクレオキャプシドタンパク質：N
RNA に結合するタンパク質の殻。

感染のしくみ

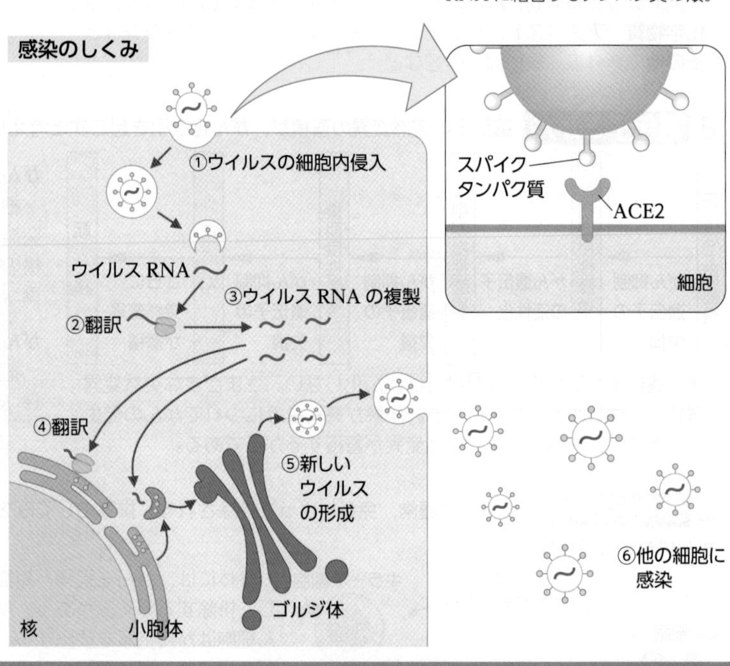
①ウイルスの細胞内侵入
スパイク
タンパク質
ACE2
細胞
ウイルス RNA
②翻訳
③ウイルス RNA の複製
④翻訳
⑤新しい
ウイルス
の形成
⑥他の細胞に
感染
核
小胞体
ゴルジ体

感染はどのように調べられるの？

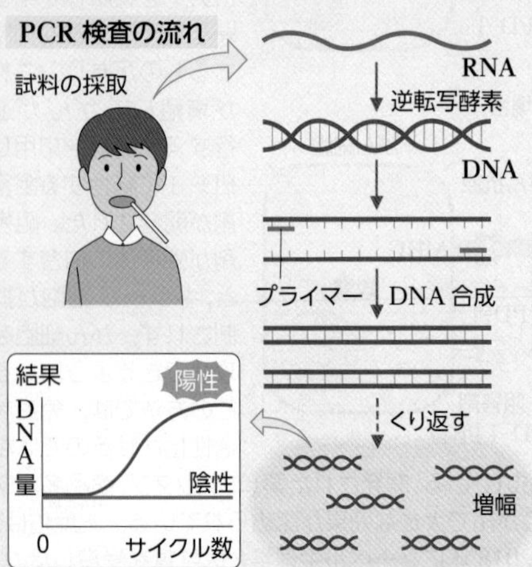
PCR 検査の流れ
試料の採取
RNA
逆転写酵素
DNA
プライマー
DNA 合成
くり返す
増幅
結果
陽性
DNA量
陰性
0
サイクル数

ウイルスに感染しているかどうかを調べる方法の 1 つに PCR 検査がある。PCR 法は生物学の研究によく使われる方法である(▶p.121)。新型コロナウイルスは RNA をもつので，逆転写酵素(▶p.117)で相補的な DNA に変換されてから PCR 法が行われる。

検査では，鼻やのどの粘膜，唾液等を採取して試料とする。ウイルスに特有の塩基配列をもつ領域を認識するプライマーを使い，その DNA 領域が増幅された場合は陽性，増幅されなかった場合は陰性の判定となる。

変異株はどのようなしくみで生じるの？

ウイルス RNA と合成されるタンパク質 (一部省略)

— ORF1ab ‐ S ‐ E ‐ M ‐ N —

ORF1ab：Open Reading Frame 1ab
RNA 複製酵素などのタンパク質。
S／E／M／N
構造タンパク質。上の図を参照。

…AAU…
↓複製ミス
…UAU…

形質の変化 例 アルファ株(N501Y変異)

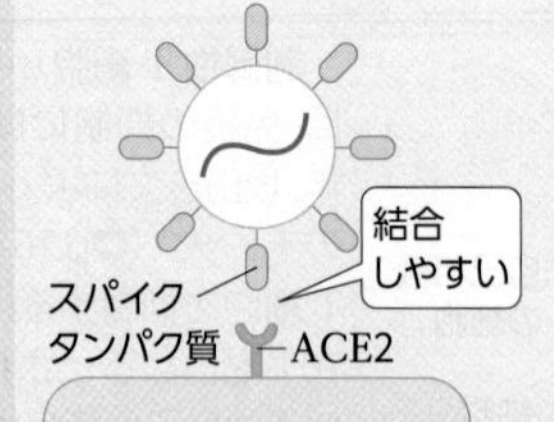
結合
しやすい
スパイク
タンパク質
ACE2
細胞

- スパイクタンパク質をつくる501番目のアミノ酸がアスパラギン(N)からチロシン(Y)に変化。
- 受容体と結合しやすく変異したため，以前の株と比較して感染力が強くなったとされる。

Link

由来

他の動物に感染するコロナウイルスが突然変異を起こした結果，ヒトに感染できるよう形質が変化して生じたと推測されている。

症状

発熱，せき，のどの痛み，倦怠感など。重症化すると肺炎や，血栓による全身症状などを引き起こす。また，潜伏期間が長く，軽症や無症状の感染者が多いため，感染が拡大しやすい特徴がある。

構造

遺伝物質であるRNAが脂質二重層の膜に包まれた構造。膜には様々なタンパク質が存在する。一般に，RNAをもつウイルスは変異しやすい。

感染のしくみ

①細胞膜に存在する ACE2 がウイルスの受容体として働く。ACE2 とウイルスのスパイクタンパク質が結合すると，ウイルスが細胞内に侵入する。
②細胞の機能でウイルスの RNA が翻訳され，RNAの複製に働くタンパク質が合成される。
③ウイルスの RNA が複製されて増える。
④ウイルスの材料となるタンパク質が合成される。
⑤細胞内で新しいウイルスが組み立てられ，増殖する。
⑥新しいウイルスが細胞外に出て，他の細胞に感染が広がる。

Memo ACE2（アンギオテンシン変換酵素 2）

本来は，血圧の調整に関与する物質である，アンギオテンシン（▶p.153）の活性化に関わる酵素。気道や肺，腸管などの細胞に多く存在する。これらの臓器はウイルスが感染する場所になり，感染による症状も出やすい。

ウイルスが増殖する際，RNA 複製の途中では一定の確率で塩基配列の複製ミス（▶p.264）が起こる。複製ミスの多くは形質の変化の原因にはならないが，ウイルスの形質を変化させるミスも起こる。たとえば，スパイクタンパク質をつくる塩基配列にミスが起こり，スパイクタンパク質が受容体と結合しやすく変化すると，ウイルスの感染力が強まる。

新型コロナウイルスには様々な変異株が報告されており，時期によって流行した株が異なることがわかっている。日本で流行した変異株にはアルファ株やデルタ株，オミクロン株などがあり，株によって感染力や重症化の程度などに違いがある。

mRNAワクチンとは何？これまでのワクチンとは違うの？

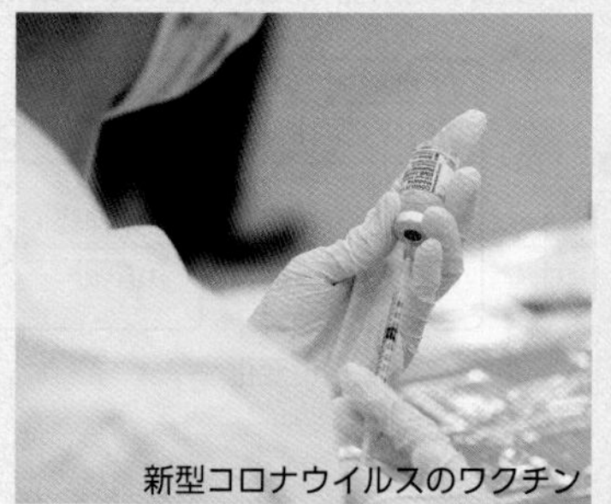
新型コロナウイルスのワクチン

	従来のワクチン ▶p.166	mRNA ワクチン
接種する物質	弱毒化・不活性化した病原体	ウイルスのタンパク質の情報をもつ mRNA
製造方法	鶏卵等で病原体を培養する	RNA を人工的に合成する
時間	開発・製造に時間がかかる	開発・製造が速い

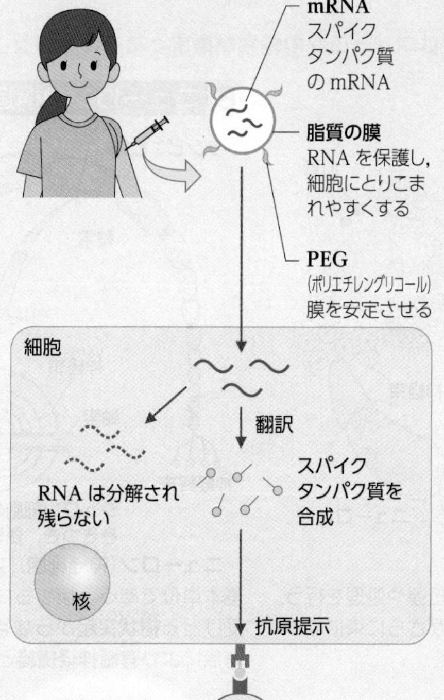
mRNA
スパイクタンパク質のmRNA
脂質の膜
RNA を保護し，細胞にとりこまれやすくする
PEG
(ポリエチレングリコール)
膜を安定させる
細胞
翻訳
RNA は分解され残らない
スパイクタンパク質を合成
核
抗原提示
適応免疫が働く

新型コロナウイルスのワクチンの開発は急ピッチで行われた。そのなかで，新しい種類のワクチン「mRNA ワクチン」が初めて実用化された。

従来のワクチンでは，毒性を弱めたり，感染力をなくしたりした病原体自体を接種するが，mRNA ワクチンでは mRNA を接種する。

新型コロナウイルスの mRNA ワクチンでは，スパイクタンパク質の mRNA を脂質の膜で包んだものが接種される。これが細胞にとりこまれると，mRNA が翻訳されてスパイクタンパク質ができる。このスパイクタンパク質に対して適応免疫（▶p.162）が働き，体内に新型コロナウイルスに対する免疫記憶が誘導されるため，感染しにくくなったり，感染時の重症化を免れたりする。

Memo RNA の安定化

mRNA ワクチンの開発では，RNA の安定化が課題だった。RNA は分解されやすいため，脂質の膜や PEG によって保護されており，ワクチンは超低温での保管が必要である。また，ウイルスと同じ RNA を使うと，TLR（▶p.160）に認識されて食作用で排除されるので，RNA に修飾を加えることで，安定して体内に導入することが可能になった。

※日本で接種できる新型コロナワクチンでは，ファイザー社と武田／モデルナ社のものが mRNA ワクチン。

ヒトとウイルスとのたたかい

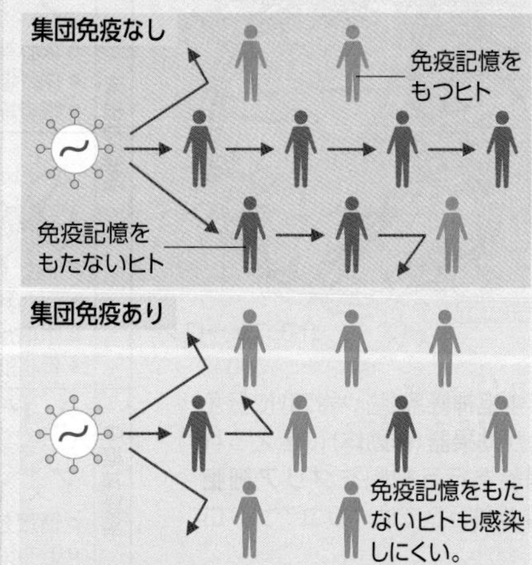
集団免疫なし
免疫記憶をもつヒト
免疫記憶をもたないヒト
集団免疫あり
免疫記憶をもたないヒトも感染しにくい。

現代では，ウイルスの宿主となる動物とヒトの生活圏が重なっていることや，交通の発達によって，新規のウイルスが発生・拡大しやすくなったと考えられている。よって，今後も新規のウイルスが流行する可能性がある。

ヒトはこれまでも様々な病原体とたたかってきた。麻疹（はしか）は感染しやすく，重症化する疾患である。1963 年にワクチン接種が始まると，多くのヒトが免疫記憶をもつことで，流行を防げるようになった。このように，人口の一定割合以上が免疫記憶をもつと，感染症が流行しにくくなり，免疫記憶をもたないヒトも感染から守られる状態を集団免疫という。

これまでに培ってきた研究や対策を今後も活かしていくことが大切である。

2022 年 8 月時点の情報をもとに作成しています。

ニューロンの構造と情報伝達

Overview 動物の環境応答

環境からの刺激は受容器で受けとられ，神経系によって伝えられる。神経系からの命令を受け，効果器で反応が起こる。動物は，刺激に対して適切に反応することで生命活動を行う。

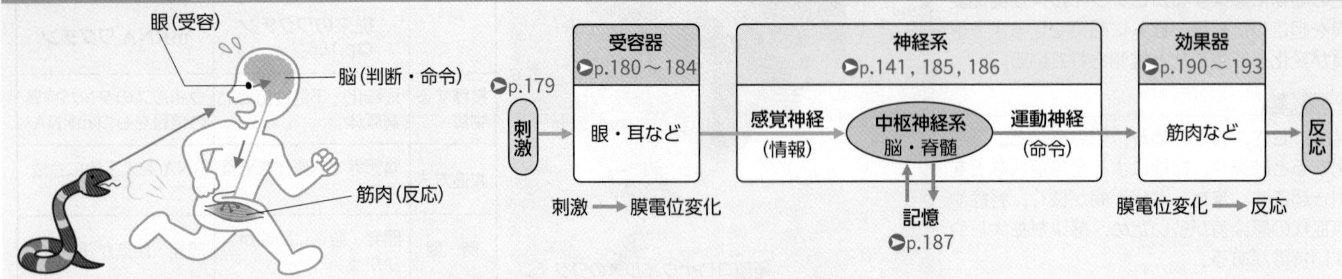

眼(受容)
脳(判断・命令)
筋肉(反応)
p.179
刺激
受容器
p.180～184
眼・耳など
神経系
p.141，185，186
感覚神経
(情報)
中枢神経系
脳・脊髄
運動神経
(命令)
効果器
p.190～193
筋肉など
反応
刺激→膜電位変化
記憶
p.187
膜電位変化→反応

1 神経とニューロン 神経はニューロンの軸索が集まったものである。

Link

A 神経の構造 神経系 p.141

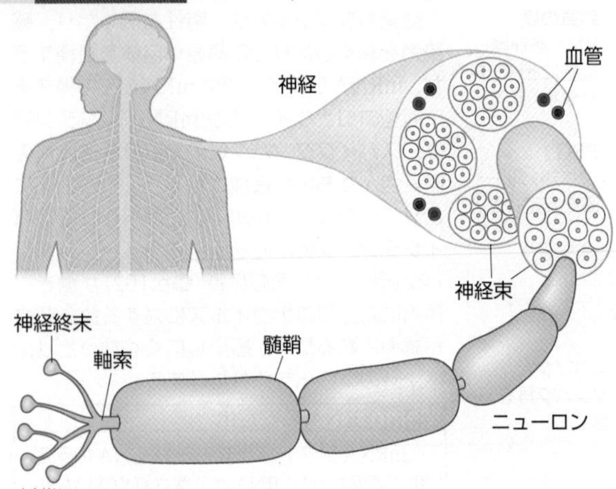

神経
血管
神経束
神経終末
軸索
髄鞘
ニューロン

神経(しんけい)は全身に張りめぐらされており，情報の伝達や処理を行う。ニューロンの軸索が束になって神経束，神経束がさらに束になって神経を構成している。

B ニューロンの構造 有髄神経

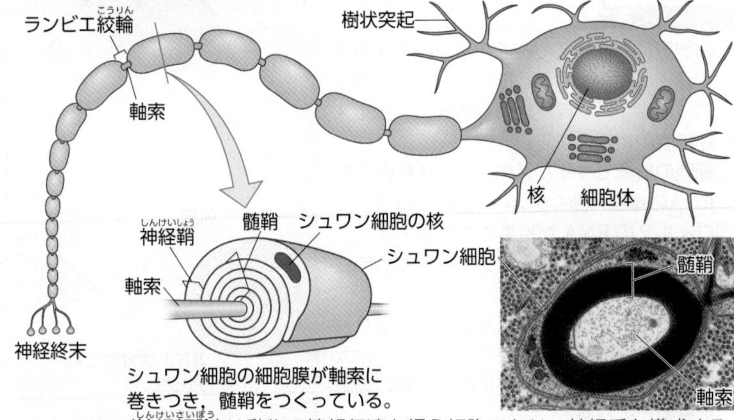

ランビエ絞輪
樹状突起
軸索
核
細胞体
神経鞘
髄鞘
シュワン細胞の核
シュワン細胞
軸索
神経終末
シュワン細胞の細胞膜が軸索に巻きつき，髄鞘をつくっている。
髄鞘
軸索

ニューロン(**神経細胞**)は動物の情報伝達を担う細胞であり，神経系を構成する基本単位である。核をもつ**細胞体**，1本の**軸索**，ほかのニューロンからの情報を受けとる**樹状突起**からなる。軸索は**神経繊維**＊ともよばれ，**髄鞘**(ミエリン鞘)の有無により**有髄神経繊維**と**無髄神経繊維**(p.175)に分けられる。

＊軸索と神経鞘をあわせて神経繊維ということもある。

2 受容器・効果器とニューロン 受容器で受けとった刺激は，ニューロンを介して中枢神経系や効果器に伝わる。

A 受容器から効果器へ

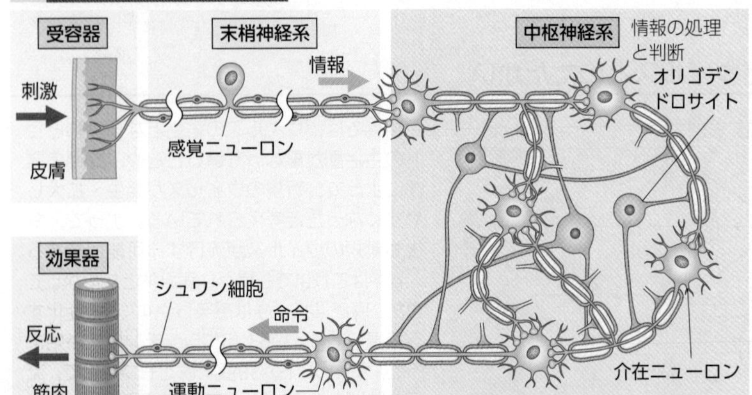

受容器
末梢神経系
中枢神経系
情報の処理と判断
刺激
情報
オリゴデンドロサイト
感覚ニューロン
皮膚
効果器
シュワン細胞
命令
反応
筋肉
運動ニューロン
介在ニューロン

刺激は**受容器**(**感覚器**)からニューロンを介して**中枢神経系**(脳や脊髄)に伝えられ，処理・判断される。中枢神経系からの命令が**効果器**(**作動体**)に伝えられると反応が起こる。ニューロンの支持や栄養補給を行う細胞を**グリア細胞**(p.35)といい，**末梢神経系**では**シュワン細胞**，中枢神経系ではオリゴデンドロサイトなどがある。

B ニューロンの種類 自律神経系 p.142

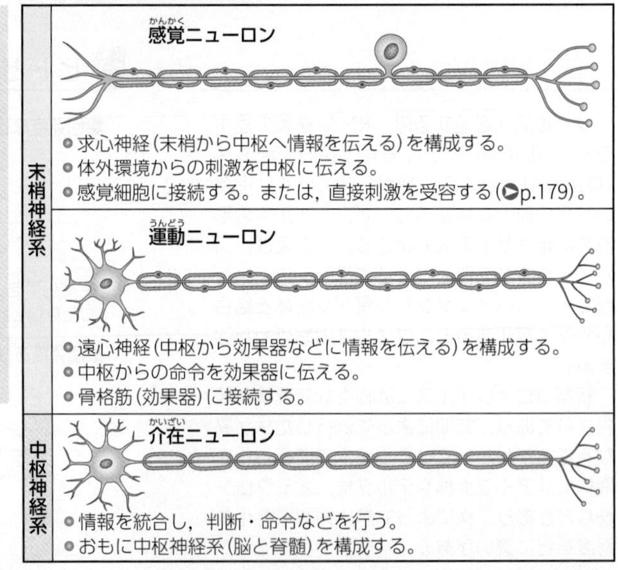

末梢神経系
感覚ニューロン
求心神経(末梢から中枢へ情報を伝える)を構成する。
体外環境からの刺激を中枢に伝える。
感覚細胞に接続する。または，直接刺激を受容する(p.179)。
運動ニューロン
遠心神経(中枢から効果器などに情報を伝える)を構成する。
中枢からの命令を効果器に伝える。
骨格筋(効果器)に接続する。
中枢神経系
介在ニューロン
情報を統合し，判断・命令などを行う。
おもに中枢神経系(脳と脊髄)を構成する。

プチ雑学 イタリアの組織学者ゴルジは，ニューロンどうしが細胞の一部で融合し，つながることで神経回路を形成していると考えた。一方，スペインの組織学者カハールは，ニューロンの間にはすき間があり，そのすき間を介して連絡していると考えた。その後，電子顕微鏡によりシナプスの構造が解明され，カハールの説が正しいことがわかった。

Keywords ●刺激 stimulus ●神経 nerve ●ニューロン neuron(e) ●軸索 axon ●細胞体 cell body ●樹状突起 dendrite ●ランビエ絞輪 Ranvier's constriction (node of Ranvier) ●興奮 excitation ●全か無かの法則 all or none《nothing》 law《principle》 ●閾値 threshold

Link 動画 

3 興奮が伝わるしくみ ニューロンは伝導と伝達によって興奮を伝える。

A 興奮の伝導と伝達

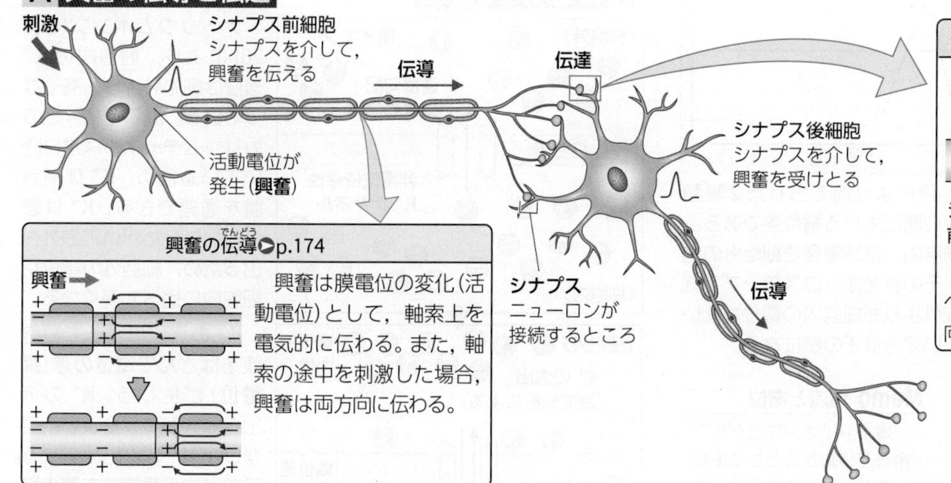
刺激
シナプス前細胞
シナプスを介して，興奮を伝える
伝導
伝達
活動電位が発生(興奮)
シナプス後細胞
シナプスを介して，興奮を受けとる
シナプス
ニューロンが接続するところ
伝導
興奮の伝達 ▶p.176
シナプス小胞
神経伝達物質
興奮
興奮
シナプス前細胞
Na⁺
シナプス後細胞

興奮は神経伝達物質により，次のニューロンへ化学的に伝わる。シナプスでは，興奮は一方向にのみ伝わる。

興奮の伝導 ▶p.174

興奮は膜電位の変化(活動電位)として，軸索上を電気的に伝わる。また，軸索の途中を刺激した場合，興奮は両方向に伝わる。

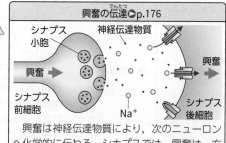

刺激を受けてニューロンが興奮すると，興奮は軸索上を伝導により伝わり，伝達によって次のニューロンへと伝えられる。

4 刺激の強弱 刺激の強弱は，ニューロンの興奮頻度と興奮するニューロンの数として伝わる。

A 刺激の強さと興奮

全か無かの法則

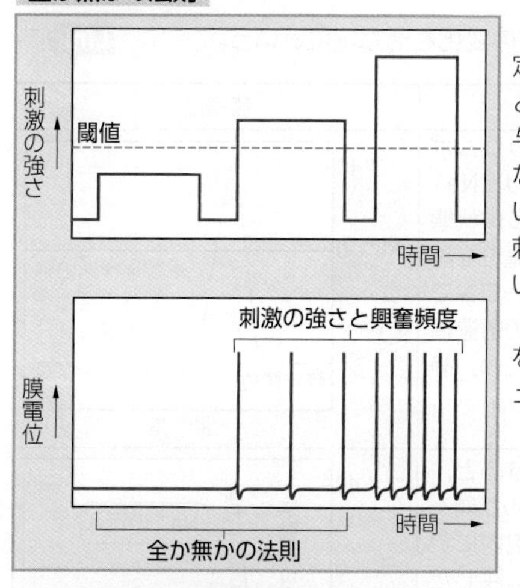
刺激の強さ
閾値
時間
刺激の強さと興奮頻度
膜電位
時間
全か無かの法則

1本のニューロンは，ある一定値以上の強さの刺激を与えると興奮するが，より強い刺激を与えても興奮の大きさは変わらない。これを**全か無かの法則**という。このとき，興奮が起こる刺激の最小値を**閾値**(**限界値**)という。

ニューロンに閾値以上の刺激を与えるとき，強い刺激ほどニューロンの興奮頻度は多くなる。

多数のニューロンの興奮

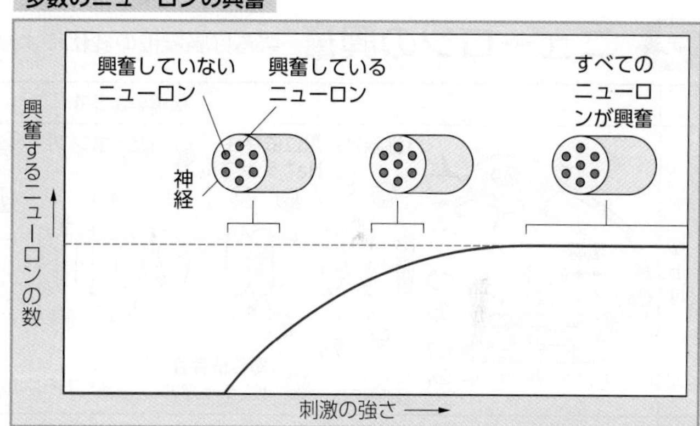
興奮していないニューロン
興奮しているニューロン
すべてのニューロンが興奮
神経
興奮するニューロンの数
刺激の強さ

1本1本のニューロンは全か無かの法則に従って興奮するが，それぞれの閾値が異なるので，多数の軸索からなる神経全体では，刺激が強くなるほど興奮するニューロンが多くなり，感覚は強くなる。

B 刺激の強さと感覚

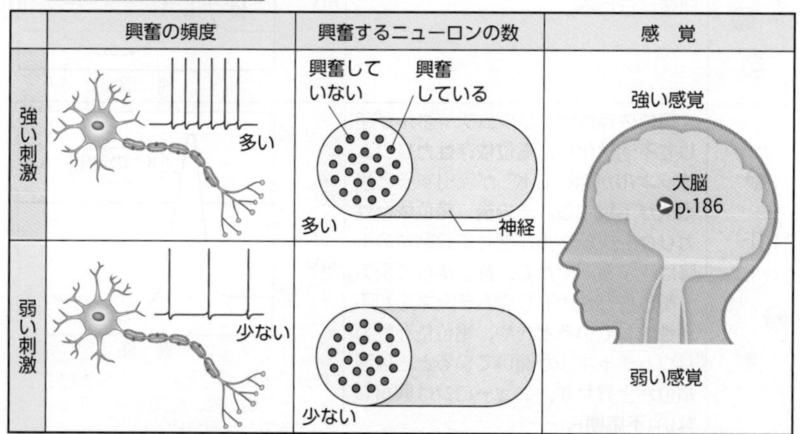
興奮の頻度
興奮するニューロンの数
感覚
強い刺激
多い
興奮していない
興奮している
多い
神経
強い感覚
大脳 ▶p.186
弱い刺激
少ない
少ない
弱い感覚

Column 順応

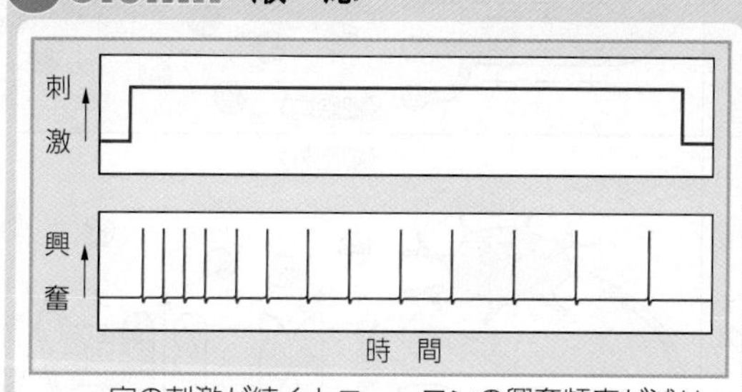
刺激
興奮
時間

一定の刺激が続くとニューロンの興奮頻度が減り，時間とともに感覚が低下することがある(順応)。同じにおいを長時間かいでいると，においを感じなくなるのはこのためである。感覚の種類によって順応の速さは異なり，痛覚は嗅覚に比べて順応が遅い。

プチ雑学 ヒトの場合，ニューロンの軸索の長さは1mm程から1m以上まで幅広く，軸索の直径(太さ)も1～25μmと多様である。軸索の直径は伝導速度(▶p.175)にも関わり，接続する受容器の種類ごとに異なる。たとえば，筋紡錘(▶p.184)には最も太く，伝導速度が速いニューロンが接続する。

興奮の伝導

1 膜電位　細胞膜を隔てたイオンの出入りによって，膜電位が生じる。

A 膜電位とその測定

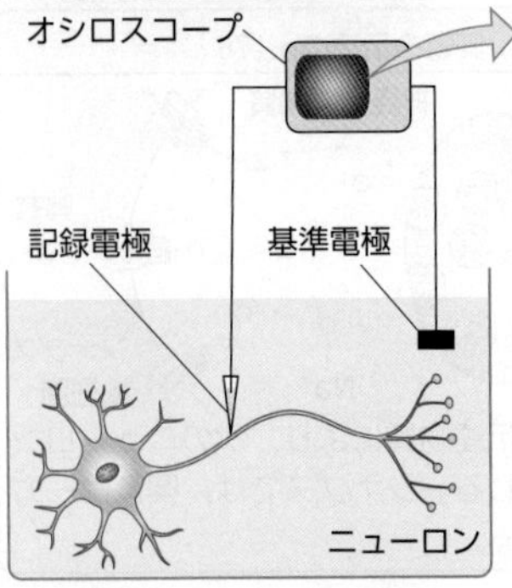

オシロスコープ
記録電極　基準電極
ニューロン

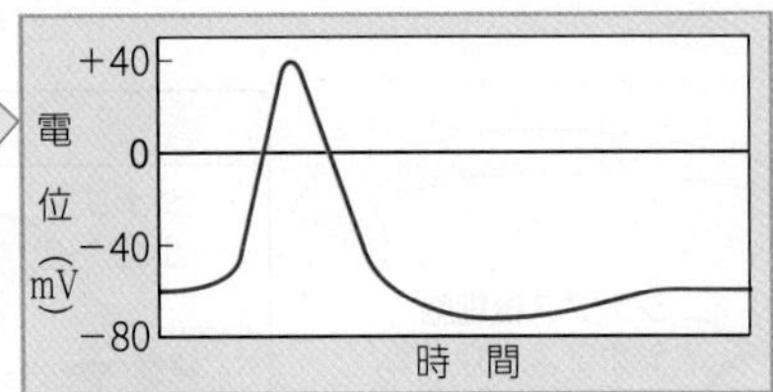

+40
0
−40
−80
電位（mV）
時　間

膜電位は，膜により隔てられた2種類の電解質溶液の間に生じる電位差である。記録電極で細胞内，基準電極で細胞外の電位をはかり，その差をオシロスコープで測定する。細胞外よりも細胞内の電位が低い場合は負，高い場合は正の値になる。

細胞内外のイオンの濃度

イオン	細胞外〔$\times 10^{-3}$ mol/L〕	細胞内〔$\times 10^{-3}$ mol/L〕
Na^+	140	15
K^+	4	130
Cl^-	120	5
Ca^{2+}	2.5	0.0001

Memo 電流と電位

電子やイオンなどがもつ電荷が移動するときに生じる電気の流れを電流という。電流は電位の高い場所から低い場所へ流れる。電位差(電圧)とは，電流を流そうとする能力の大きさである。

B 静止電位の発生

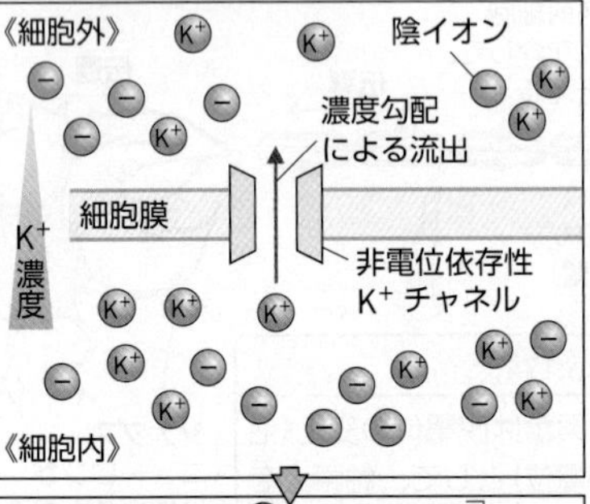

《細胞外》
陰イオン
濃度勾配による流出
細胞膜
K^+濃度
非電位依存性K^+チャネル
《細胞内》

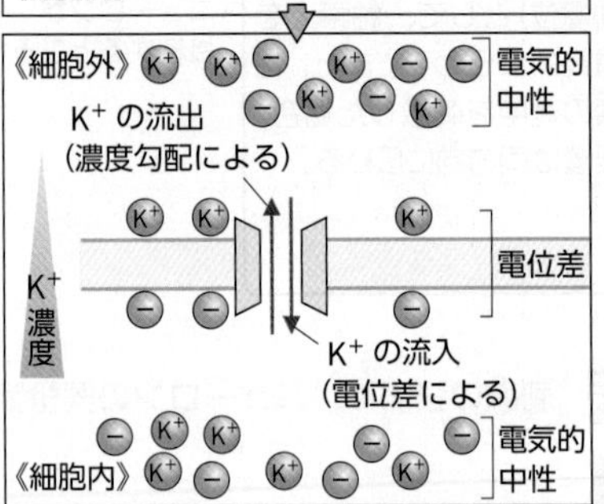

《細胞外》
電気的中性
K^+の流出（濃度勾配による）
電位差
K^+濃度
K^+の流入（電位差による）
《細胞内》
電気的中性

ナトリウムポンプ(▶p.26)により，細胞内のK^+濃度は細胞外よりも高くなっている。非電位依存性のカリウムチャネルは常に開いているため，K^+は細胞膜を通過できる。K^+は濃度勾配にしたがい細胞外へ出るため，細胞外の電位が細胞内に比べて高くなる。

K^+の流出によって細胞膜をはさんで電位の差(**膜電位**)が生じる。K^+の流出と流入がつり合うと，見かけ上K^+の流出は止まる。このときの膜電位を**静止電位**という。電位の差は，わずかなイオンの移動によって生じる。

2 ニューロンの興奮　興奮は膜電位の変化により軸索上を伝わる。この膜電位の変化を活動電位という。 Link

	伝導のようす		膜電位
静止時	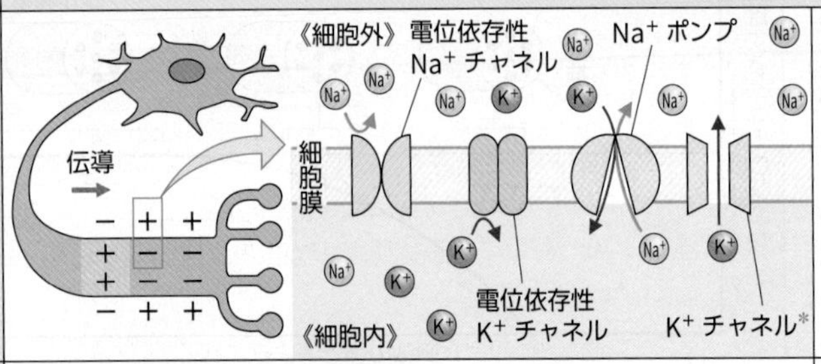 《細胞外》 電位依存性Na^+チャネル　Na^+ポンプ　伝導　細胞膜　電位依存性K^+チャネル　K^+チャネル*　《細胞内》	カリウムチャネル*とナトリウムポンプ(▶p.26)は常に働いており，Na^+は細胞外で，K^+は細胞内で多い状態に保たれている。静止時の膜電位を**静止電位**という。静止時のニューロンでは，ほかのイオンに比べK^+の透過性が高く，細胞膜を通過できるため，静止電位はK^+の濃度に依存する。 ＊非電位依存性	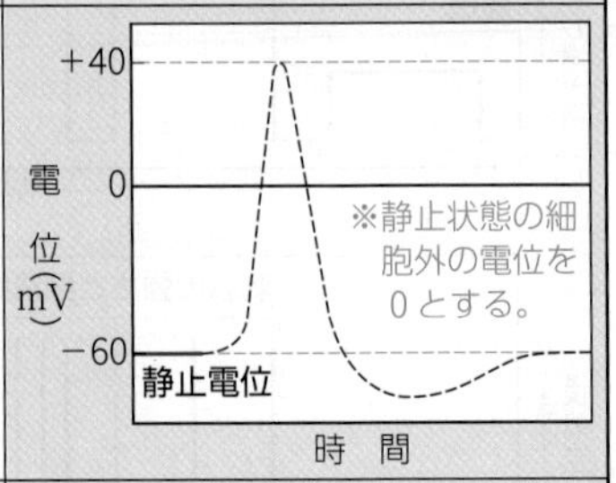 +40 / 0 / −60　電位(mV)　静止電位　時間 ※静止状態の細胞外の電位を0とする。
上昇時	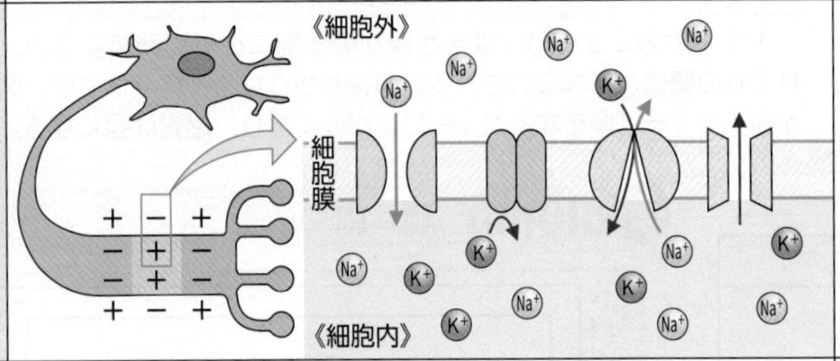 《細胞外》 細胞膜 《細胞内》	興奮が伝わり膜電位が上昇すると，電位依存性ナトリウムチャネルが開く。Na^+が濃度勾配に従って細胞内に流入すると，膜電位が逆転する。生じた**活動電流**(**局所電流**)が隣接部に流れ，興奮が伝わる。	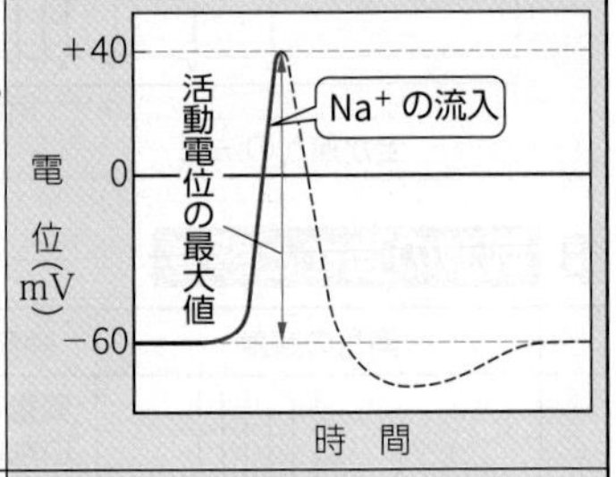 +40 / 0 / −60　電位(mV)　活動電位の最大値　Na^+の流入　時間
下降・回復時	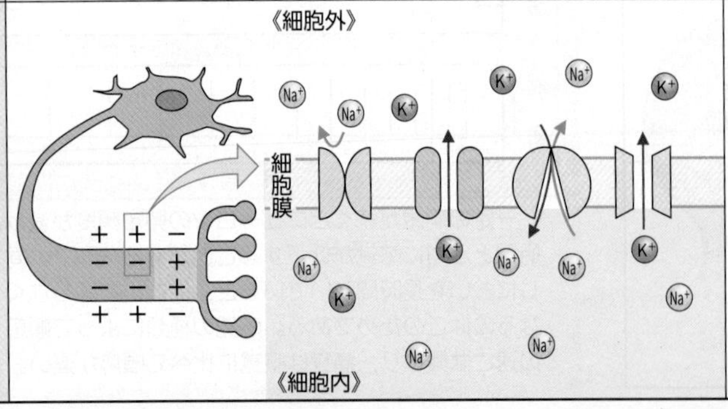 《細胞外》 細胞膜 《細胞内》	電位依存性ナトリウムチャネルが閉じて不活性化し，電位依存性カリウムチャネルが開いてK^+が流出すると膜電位が下降する。その後，電位依存性カリウムチャネルが閉じて膜電位の下降は止まる。やがて，静止電位に戻る。 電位依存性ナトリウムチャネルが不活性化しているときや，電位依存性カリウムチャネルが開いているときは膜電位が上昇せず，ニューロンは興奮しない(**不応期**)。	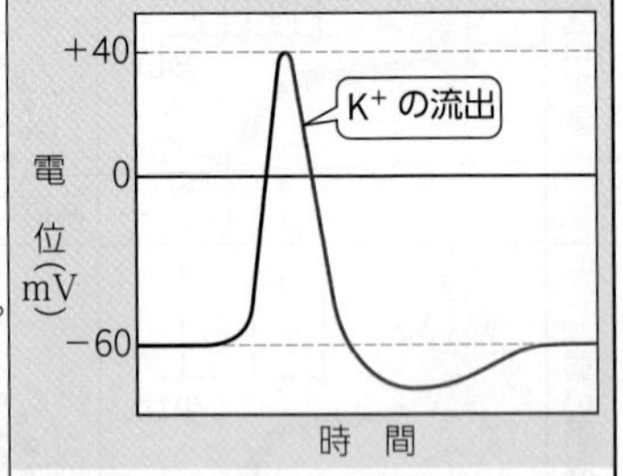 +40 / 0 / −60　電位(mV)　K^+の流出　時間 ※負の分極が減少する方向に変化することを脱分極，増加する方向に変化することを過分極という。

プチ雑学　活動電位の発生時の細胞膜を介したイオンの移動は，細胞内外のイオンの濃度勾配を変えるほど大きなものではない。100ミリ mol/L のK^+を含む直径50 μm の細胞で考えたとき，膜電位が0 mV から−80 mV に変化するために必要なK^+は約0.00001ミリ mol/L である。

Keywords ●膜電位 membrane potential ●静止電位 resting potential ●活動電位 action potential ●不応期 refractory period ●活動電流 action current ●伝導 conduction ●跳躍伝導 saltatory conduction

生 3 電位依存性イオンチャネル 膜電位の変化によって開き，細胞膜のイオンの透過性を変化させる。

電位依存性ナトリウムチャネル

電位依存性 Na^+ チャネル
Na^+
活動電流
開

活動電位が発生し，細胞内の膜電位が逆転すると，細胞内外で活動電流が流れ，静止部の膜電位が上昇する。

静止部の膜電位が上昇すると，電位依存性ナトリウムチャネルが開き，活動電位が発生する。

電位依存性イオンチャネル

電位依存性ナトリウムチャネル	●膜電位が上昇すると，立体構造が変化して開く。 ● Na^+ の細胞内への流入は膜電位をさらに上昇させ，活動電位を発生させる。 ●チャネルは開いたあと，すぐに閉じて不活性化し，しばらく開かない。
電位依存性カリウムチャネル	●膜電位が上昇すると，電位依存性ナトリウムチャネルに遅れて立体構造が変化して開く。 ● K^+ の細胞外への流出は膜電位の下降を引き起こす。
電位依存性カルシウムチャネル	●膜電位が上昇すると，立体構造が変化して開く。 ● Ca^{2+} が細胞内に流入するとシナプス小胞のエキソサイトーシスが起こり，神経伝達物質が放出される(▶p.176)。

膜のイオン透過性と活動電位

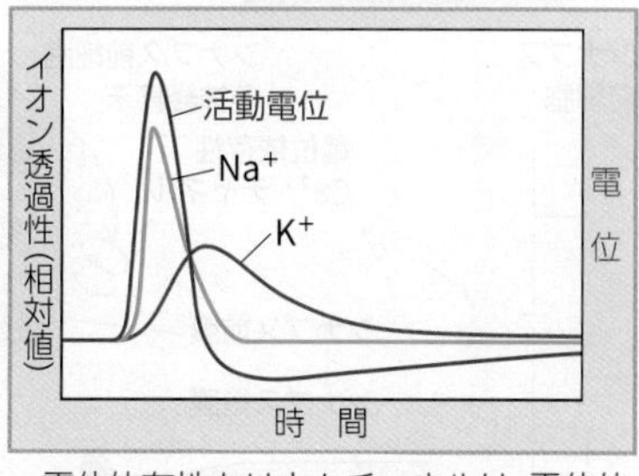
イオン透過性(相対値)
活動電位
Na^+
K^+
電位
時間

電位依存性カリウムチャネルは，電位依存性ナトリウムチャネルより遅れて開く。

生 4 興奮の伝導と電位差の変化 細胞の内外の電位差の変化が隣接部に次々と伝わることで，興奮が伝導する。

A 細胞内外の電位差の変化

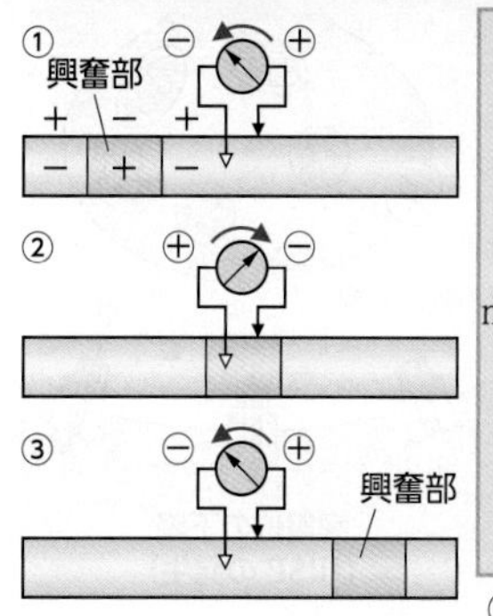
①
興奮部
②
③
興奮部

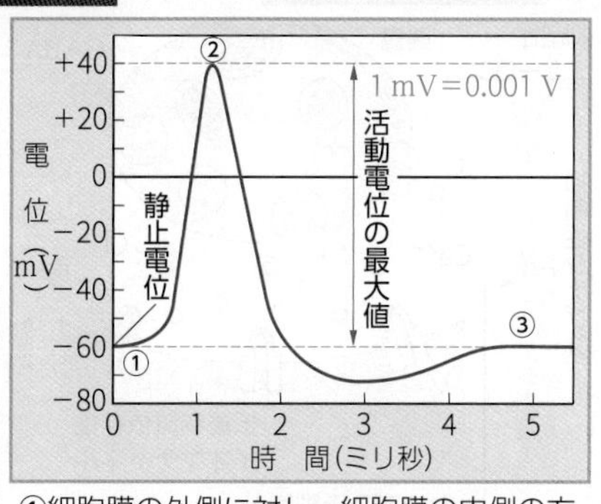
1 mV＝0.001 V
活動電位の最大値
静止電位
電位(mV)
+40
+20
0
−20
−40
−60
−80
時間(ミリ秒)

①細胞膜の外側に対し，細胞膜の内側の方が－になっている。
②電位が逆転し，細胞膜の内側が＋になる。
③電位がもとに戻り，内側が－になる。

B 細胞表面の電位差の変化

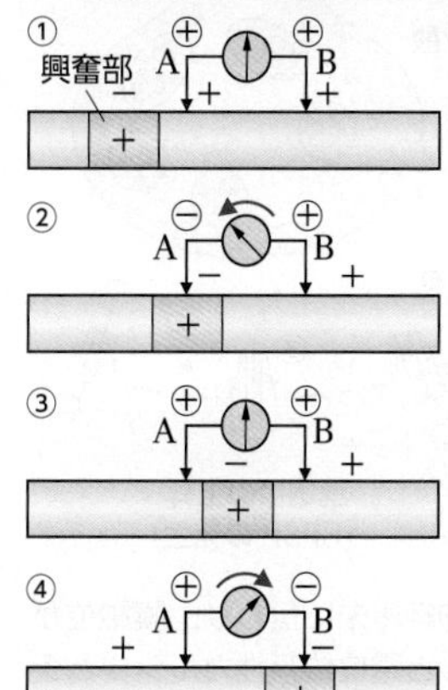
①
興奮部
A
B
②
③
④

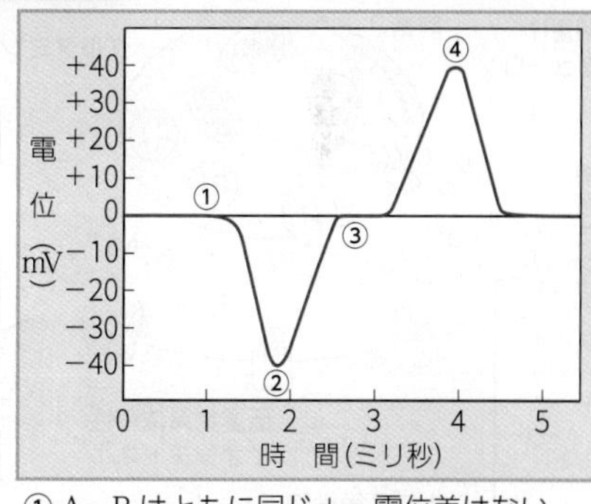
電位(mV)
+40
+30
+20
+10
0
−10
−20
−30
−40
時間(ミリ秒)

① A，B はともに同じ＋。電位差はない。
② A は－，B は＋。A の方が電位は低い。
③ A，B の電位が等しくなる。
④ A は＋，B は－。A の方が電位は高い。

生 5 無髄神経繊維と有髄神経繊維 同じ太さの場合，有髄神経繊維の伝導速度は無髄神経繊維よりも大きい。

	特徴	伝導のようす	
無髄神経繊維	●軸索が髄鞘に包まれていない。 ●おもに無脊椎動物の神経。 ●伝導速度は小さい。	① 軸索 刺激 活動電流 ② 興奮部 不応期	興奮部の膜電位が上昇しているため，隣接部との間に活動電流が流れる(①)。活動電流によって隣接部の電位依存性ナトリウムチャネルが開き，興奮は隣接部へ次々と伝導していく。興奮後はしばらく**不応期**になるため，興奮は逆戻りせずに一方向に伝わっていく(②)。
有髄神経繊維	髄鞘 ●軸索が髄鞘に包まれている。 ●おもに脊椎動物の神経。 ●伝導速度は大きい。	① 刺激 活動電流 髄鞘 ②	有髄神経繊維では，髄鞘が絶縁体となって活動電流を細胞外へもらさず，活動電流の減衰を防ぐ。このため，活動電流はより速く遠くまで伝わる(①)。電位依存性イオンチャネルはランビエ絞輪周辺に集中して存在しているため，絞輪から絞輪へと興奮はとびとびに伝わる。これを**跳躍伝導**という(②)。

いろいろな伝導速度

	動物[℃]	直径(μm)	伝導速度(m/s)
無髄神経繊維	イカ[23]	520	35
	ミミズ[22]	40～90	7.5～45
	カニ[21]	30	3～4
有髄神経繊維	コイ[20]	55～65	55～63
	ネコ[37]	20	110
		2	10

伝導速度は神経繊維の太さにも依存する。同じ種類の神経繊維では，太いものほど伝導速度は大きい。

軸索の電気的性質により，軸索の途中で刺激を与えると，興奮は両方向へ伝わる。しかし，生体内では多くの場合，伝達によって細胞体に伝えられた興奮は，細胞体から神経終末方向へ一方向に伝わる。

プチ雑学 有髄神経繊維の跳躍伝導による伝導速度を 100 m/s とした場合，時速に換算すると 360 km/h である。この速さは，新幹線の最高速度にも匹敵する。

興奮の伝達

1 シナプス　シナプスでは，神経伝達物質によって興奮が化学的に伝わる。

代謝型受容体 ▶p.200

A シナプスの構造　終板 ▶p.191

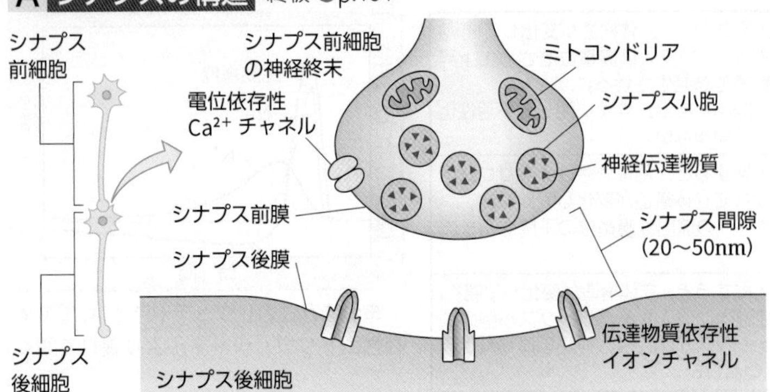

シナプス前細胞
シナプス前細胞の神経終末
ミトコンドリア
電位依存性 Ca^{2+} チャネル
シナプス小胞
神経伝達物質
シナプス前膜
シナプス間隙 (20〜50nm)
シナプス後膜
伝達物質依存性イオンチャネル
シナプス後細胞
シナプス後細胞

- 神経終末と他の細胞がすき間を介して接続する部分を**シナプス**という。
- **神経伝達物質**は**シナプス小胞**の中に蓄積されている。
- シナプス小胞はシナプス前細胞の神経終末にあり，伝達物質依存性イオンチャネル*（▶p.28）はシナプス後細胞にあるため，興奮は一方向に伝わる。
- 興奮の大きさは，神経伝達物質の放出量として伝わる。
- 放出された神経伝達物質は，分解または回収されて，除去・再利用される。

※着色画像

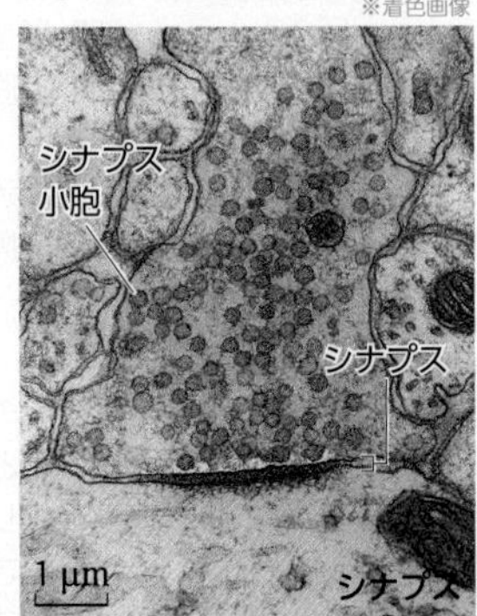

シナプス小胞
シナプス
1 μm
シナプス

＊イオンチャネル型の受容体。リガンド依存性イオンチャネルともいう。

2 シナプス伝達のしくみ　興奮性シナプスは膜電位を上昇させ，抑制性シナプスは膜電位を下降させる。

A 興奮性シナプス　EPSP (excitatory postsynaptic potential)

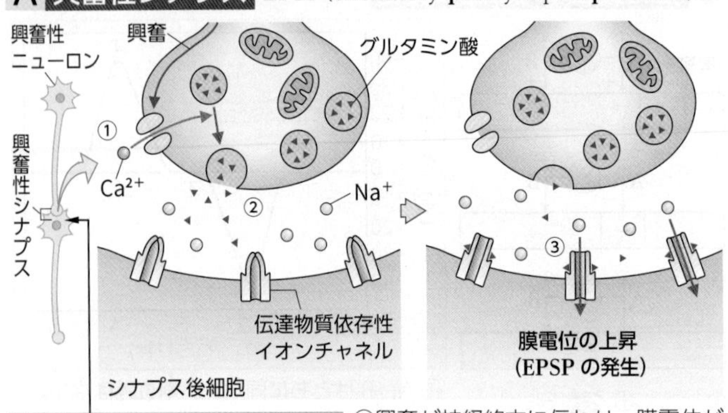

興奮性ニューロン
興奮
グルタミン酸
①
Ca^{2+}
②
Na^+
③
興奮性シナプス
伝達物質依存性イオンチャネル
膜電位の上昇 (EPSP の発生)
シナプス後細胞

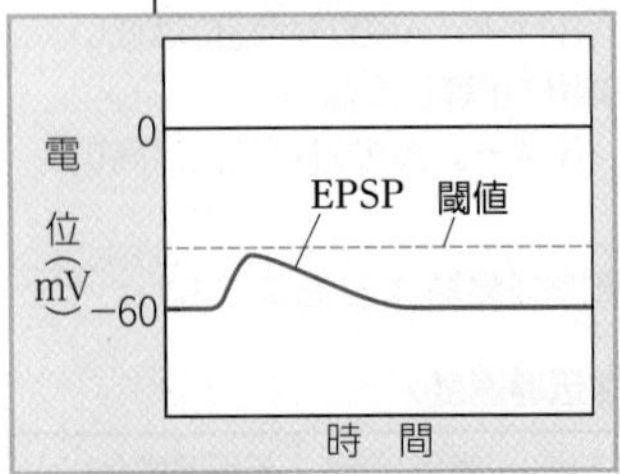

電位 (mV)
0
−60
EPSP
閾値
時間

EPSP が閾値を超えると活動電位が発生する。（▶p.174）

①興奮が神経終末に伝わり，膜電位が上昇すると電位依存性カルシウムチャネルが開き，Ca^{2+} が流入する。
②Ca^{2+}はシナプス小胞中のグルタミン酸を放出させる（エキソサイトーシス）。
③グルタミン酸がシナプス後細胞にある伝達物質依存性イオンチャネルに結合する。Na^+ が流入して膜電位が上昇し，**興奮性シナプス後電位**（**EPSP**）が発生する。

B 抑制性シナプス　IPSP (inhibitory postsynaptic potential)

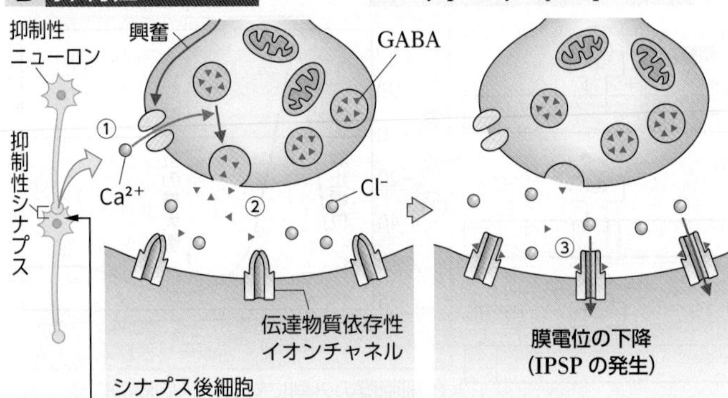

抑制性ニューロン
興奮
GABA
①
Ca^{2+}
②
Cl^-
③
抑制性シナプス
伝達物質依存性イオンチャネル
膜電位の下降 (IPSP の発生)
シナプス後細胞

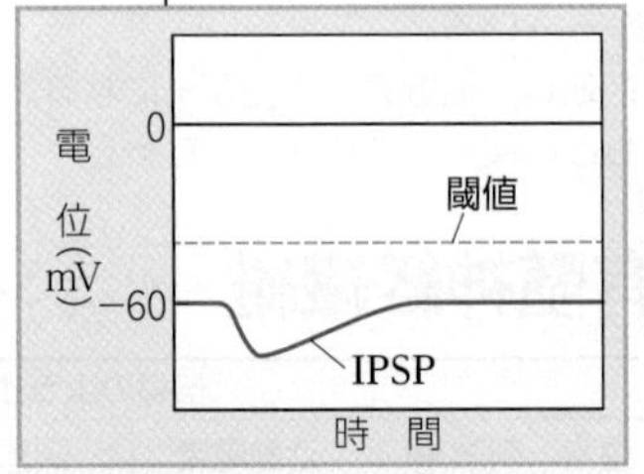

電位 (mV)
0
−60
閾値
IPSP
時間

膜電位が下降するため，活動電位が発生しにくくなる。

①興奮が神経終末に伝わり，膜電位が上昇すると電位依存性カルシウムチャネルが開き，Ca^{2+} が流入する。
② Ca^{2+} はシナプス小胞中の GABA（ギャバ）を放出させる。
③ GABA がシナプス後細胞にある伝達物質依存性イオンチャネルに結合する。Cl^- が流入して膜電位が下降し，**抑制性シナプス後電位**（**IPSP**）が発生する。

C おもな神経伝達物質

神経伝達物質	種　類	特　徴
アセチルコリン	末梢神経系 中枢神経系	●骨格筋の収縮（▶p.191） ●学習・記憶・覚せい
ノルアドレナリン	末梢神経系 中枢神経系	●不安・恐怖反応
グルタミン酸	中枢神経系	●最も主要な興奮性伝達物質 ●学習・記憶
セロトニン	中枢神経系	●情動行動，睡眠，食欲調節，嘔吐調節
ドーパミン	中枢神経系	●随意運動，報酬行動，動機づけ
GABA（γ-アミノ酪酸）	中枢神経系	●最も主要な抑制性伝達物質 ●抗不安作用，鎮静作用

Column 脳の発生と神経回路

軸索
細胞体

ニューロンを別々の色で蛍光標識したマウスの脳の海馬。複雑なニューロンの配線を調べられる。

Image by Tamily Weissman. The Brainbow mouse was produced by Livet J, Weissman TA, Kang H, Draft RW, Lu J, Bennis RA, Sanes JR, Lichtman JW. Nature (2007) 450:56-62

脳におけるニューロンの複雑な配線は，遺伝情報と環境からの刺激によって形成される。

まず，遺伝情報によって基本的な配線が形成される。その後，神経活動により調整され，不要なシナプスはなくなり，必要なものは残る。また，新たな神経回路が形成されることもある（記憶 ▶p.187，学習 ▶p.200）。

プチ雑学　1921 年，レーウィは，カエルの心臓を使った実験で，副交感神経の末端から分泌される物質が心臓の拍動を遅くすることを示した。この物質は，のちにアセチルコリンであることがわかった。（レーウィの実験，▶p.143）

Keywords ●伝達 transmission ●シナプス synapse ●神経伝達物質 neurotransmitter
●興奮性シナプス excitatory synapse ●抑制性シナプス inhibitory synapse
●空間的加重 spatial summation ●時間的加重 temporal summation

3 シナプスにおける情報の統合 シナプスでは，空間的・時間的加重により情報が統合される。

A 軸索小丘

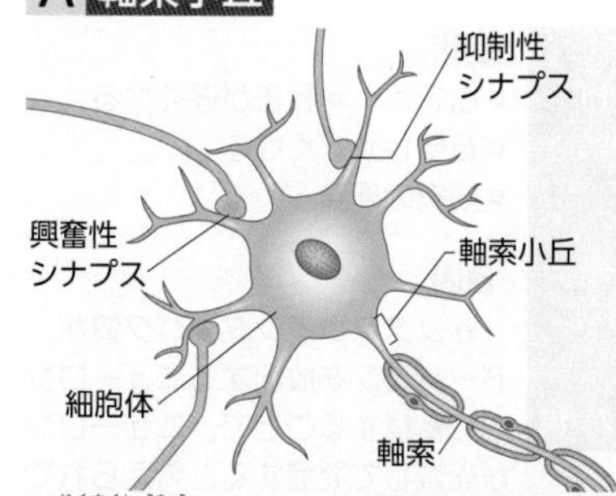
抑制性
シナプス
興奮性
シナプス
軸索小丘
細胞体
軸索

- 軸索小丘(じくさくしょうきゅう)には，多くの電位依存性ナトリウムチャネルがあり，活動電位はおもに軸索小丘で発生する。
- 各シナプスでの膜電位の変化は軸索小丘で加算され，加算された膜電位が閾値を超えると活動電位が発生する（全か無かの法則，▶p.173）。
- 膜電位の変化の加算は，刺激の大きさなどの情報検出，情報の空間的な統合や処理に重要な役割を果たす。

B 空間的加重・時間的加重

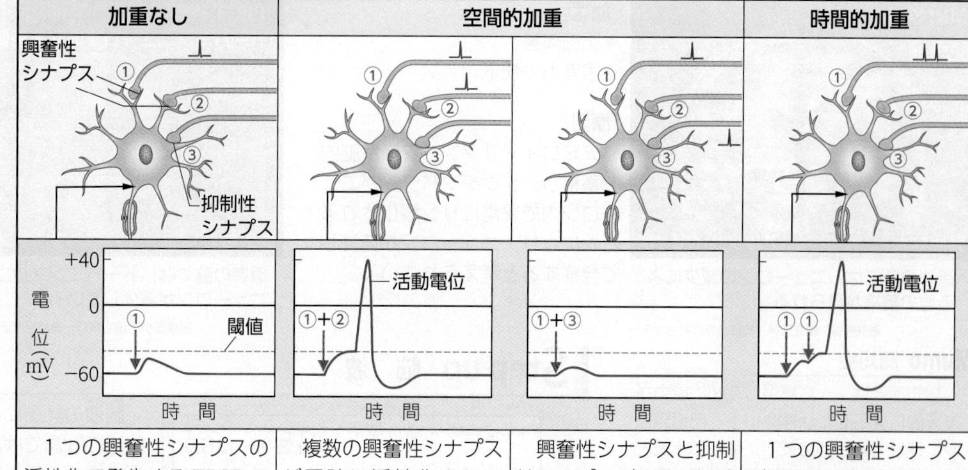
加重なし
空間的加重
時間的加重
興奮性
シナプス
抑制性
シナプス
+40
電
位
(mV)
0
-60
閾値
活動電位
①+②
①+③
時 間

加重なし	空間的加重		時間的加重
1つの興奮性シナプスの活性化で発生するEPSPでは，多くの場合，膜電位が閾値を超えるほど上昇せず，活動電位は発生しない。	複数の興奮性シナプスが同時に活性化されてEPSPが発生すると，EPSPが加算されて活動電位が発生する。	興奮性シナプスと抑制性シナプスが同時に活性化されると，EPSPの上昇が抑えられ，活動電位は発生しにくくなる。	1つの興奮性シナプスが連続して活性化されてEPSPが発生すると，EPSPは加算されて活動電位が発生する。

4 中枢パターン発生器 周期的な信号を発生する神経回路から，リズミカルな運動が生まれる。

A 中枢パターン発生器のしくみ CPG(central pattern generator)

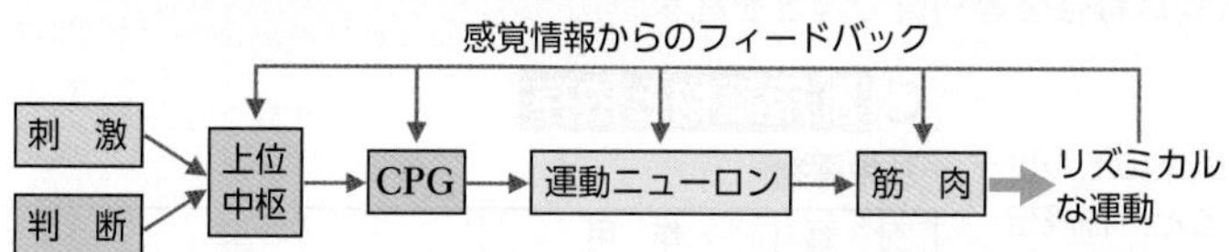
感覚情報からのフィードバック
刺 激
判 断
上位
中枢
CPG
運動ニューロン
筋 肉
リズミカル
な運動

- 中枢(ちゅうすう)パターン発生器(はっせいき)(CPG)は，一定パターンの信号を出力し，リズミカルな運動を生みだす神経回路。
- 上位中枢は，運動の開始と停止を指示する。
- 感覚情報がフィードバックされ，運動が調節される。
- 歩行や飛翔などさまざまな行動に関わる。
- **生得的行動**（▶p.198）の1つである。

バッタの飛翔

つながる生物学 工業 ロボットから学ぶ生物のしくみ

ヒトや動物の歩行など，CPGはさまざまな行動に関わっており，その原理はロボットの歩行技術に応用され始めている。感覚情報のフィードバックにより，複雑な地形での運動調節ができるため，ロボットはより安定した歩行ができる。

写真はイモリのCPGを応用して作ったロボット Pleurobot で，その動きは本物のイモリのようにスムーズである。

このように生物のしくみを模倣したロボットを作ることで，生物の複雑な神経回路や行動のしくみを解明しようとする研究も行われている。

写真提供：Konstantinos Karakasiliotis & Robin Thandiackal, BioRob, EPFL, 2013/PPS通信社

B バッタの飛翔

バッタの体

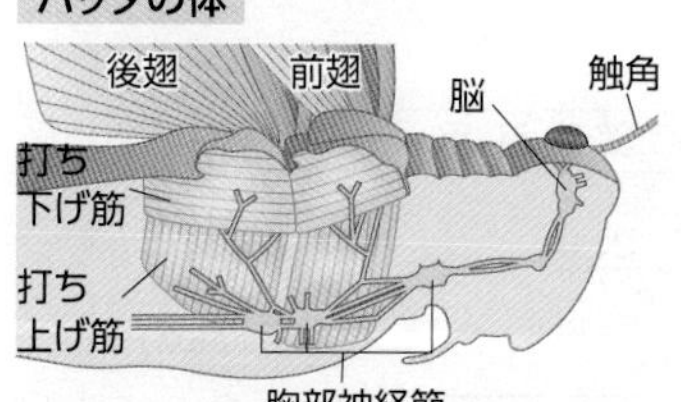
後翅
前翅
脳
触角
打ち
下げ筋
打ち
上げ筋
胸部神経節

バッタのCPG構成ニューロンは胸部神経節にあり，打ち上げ筋と打ち下げ筋に交互に信号を出してはばたき運動を生み出す。

バッタの中枢パターン発生器

Robertson (1986) を改変

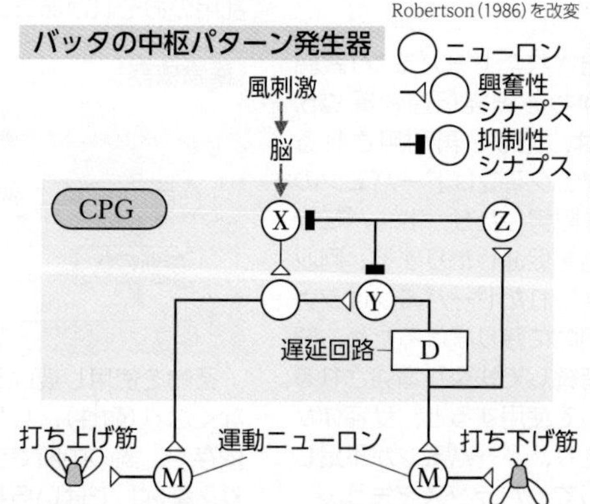
ニューロン
興奮性
シナプス
抑制性
シナプス
風刺激
脳
CPG
X
Y
Z
遅延回路
D
打ち上げ筋
運動ニューロン
打ち下げ筋
M

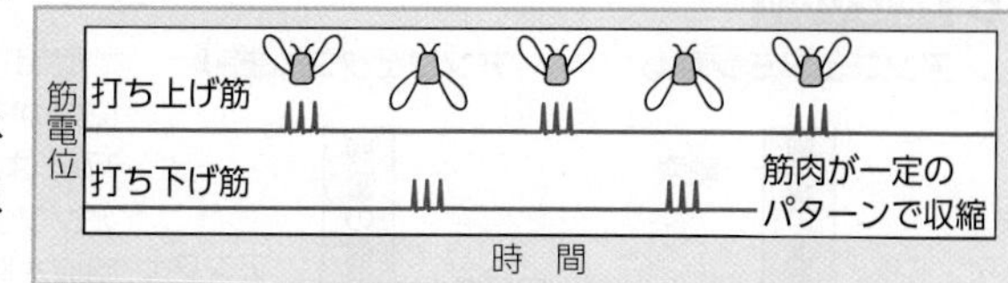
筋電位
打ち上げ筋
打ち下げ筋
筋肉が一定の
パターンで収縮
時 間

①風刺激を受けると脳からCPGに興奮が伝わる。
②遅延回路（D，興奮が伝わるのに時間がかかる）により打ち下げ筋へ伝達が遅れるので，打ち上げ筋が先に収縮する。
③遅れて打ち下げ筋が収縮し始める。ZによってXとYが抑制されるので打ち上げ筋は収縮しない。
④遅延回路の伝達が止まり，XとYの抑制が解除され，再び打ち上げ筋が収縮する（①へ）。

プチ雑学 シナプス伝達を抑制するほかの方法として，シナプス前抑制がある。抑制性ニューロンの神経終末が，興奮性ニューロンの神経終末でシナプスを形成している。これにより，ある1つのシナプスからの興奮性伝達を選択的に抑制できる。

ニューロンと病気

Keywords ●アルツハイマー病 Alzheimer's disease ●パーキンソン病 Parkinson's disease

1 ニューロンと病気 ニューロンが原因となって発症する病気がある。

A アルツハイマー病

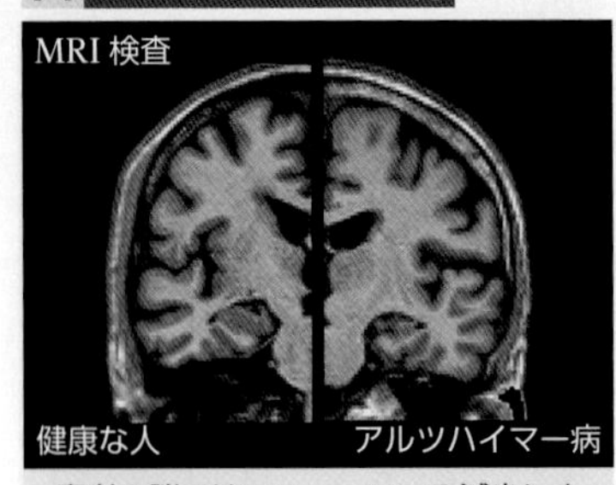
MRI 検査
健康な人
アルツハイマー病

患者の脳では，ニューロンの減少による脳の萎縮が見られる。

画像提供：国立精神・神経医療研究センター

症状

- 記憶障害
- 思考力の低下

原因

アミロイドβタンパク質が脳内で蓄積し，タウタンパク質がニューロン内で異常にリン酸化されることにより，ニューロンが死滅して発症すると考えられている。

B パーキンソン病

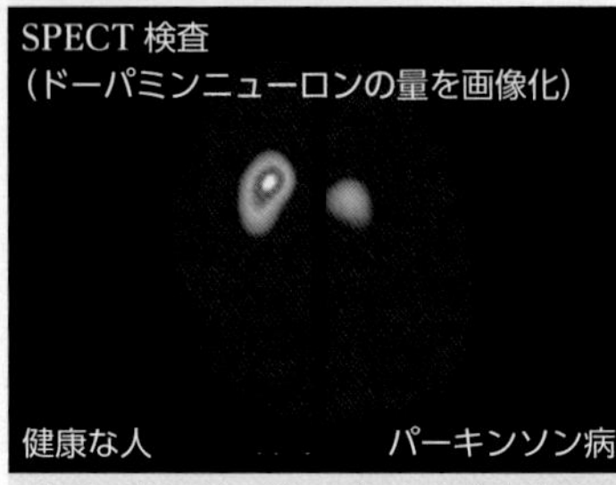
SPECT 検査
(ドーパミンニューロンの量を画像化)
健康な人
パーキンソン病

患者の脳では，ドーパミンを放出するニューロンが減少している。

画像提供：国立精神・神経医療研究センター

症状

- ふるえ
- 動きが遅くなる
- 転倒しやすくなる
- 筋肉の硬直

原因

αシヌクレインタンパク質が，ドーパミンを放出するニューロン内に蓄積することで，ニューロンが死滅して発症すると考えられている。

Memo 認知症

認知症とは，一度獲得した知的能力が後天的に低下した状態をいう。記憶障害や，理解・判断力の低下，抑うつ状態といった行動や心理の変化などが現れる。

認知症は，さまざまな原因によって発症する。タンパク質が原因でニューロンが減少して発症するアルツハイマー型認知症やレビー小体型認知症，脳梗塞(のうこうそく)などの脳血管障害が原因でニューロンが減少して発症する脳血管性認知症などがある。

Step up 脳波

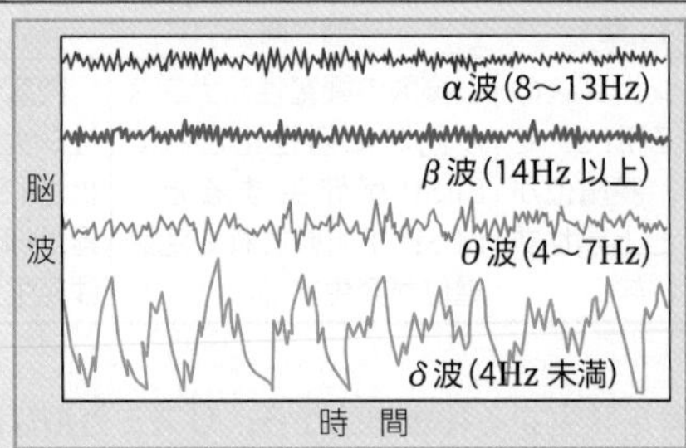
脳波
α波(8～13Hz)
β波(14Hz 以上)
θ波(4～7Hz)
δ波(4Hz 未満)
時間

脳波(のうは)の計測によって，脳の働きを調べることができる。脳波の計測では，特殊な電極を頭皮に置いて脳のニューロン全体の電位変化をとらえて記録する。通常，脳波は周波数によってα(アルファ)波(覚せい時)，β(ベータ)波(覚せい時・レム睡眠時)，θ(シータ)波・δ(デルタ)波(ノンレム睡眠時)に分けられる。レム睡眠中は脳の活動が活発で夢を見ている。ノンレム睡眠中は脳の活動が低下し，脳が休息をとっている。睡眠中は，ノンレム睡眠→レム睡眠→ノンレム睡眠の変化を約 90 分周期でくり返す。

2 興奮の伝達を変化させる物質 ある種の薬物は神経伝達物質の働きを乱す。

A モルヒネ

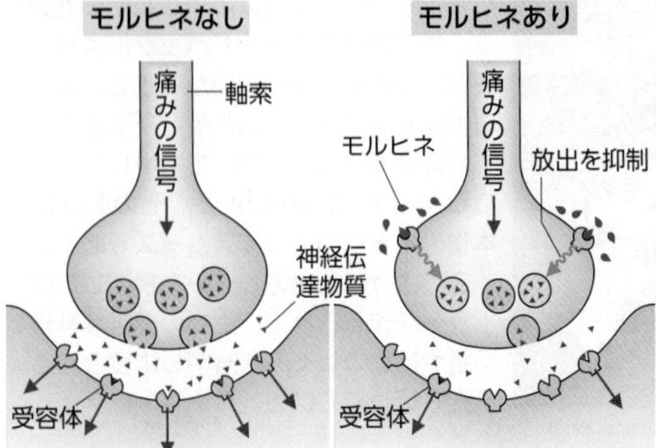
モルヒネなし
モルヒネあり
痛みの信号
軸索
モルヒネ
放出を抑制
神経伝達物質
受容体
受容体

モルヒネが神経終末のモルヒネ受容体に結合すると，神経伝達物質の放出が抑制され，痛みが和らぐ。強力な鎮痛作用があり，痛みを緩和する重要な医薬品である。しかし，乱用すると，神経伝達物質の放出量が回復して，効き目は弱くなり(耐性)，モルヒネなしでは神経伝達物質が過剰になる(依存性)。

B 覚せい剤

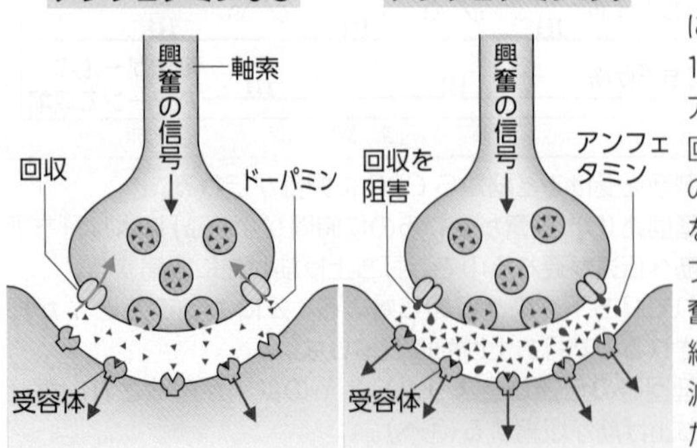
アンフェタミンなし
アンフェタミンあり
興奮の信号
軸索
回収
ドーパミン
回収を阻害
アンフェタミン
受容体
受容体

放出されたドーパミン(報酬にかかわる神経伝達物質 ➡p. 176)は，回収・再利用される。アンフェタミンはドーパミンの回収を阻害したり，ドーパミンの放出を促進したりする。回収を阻害されたドーパミンはシナプス間隙に残り続けるため，興奮が持続して快楽が増強される。継続して使用すると，受容体が減ったり，ドーパミンが不足したりして，バランスを失う。

C 乱用薬物と依存

乱用薬物

分類	作用	例
興奮剤	興奮を持続させ，元気が出る。	覚せい剤(アンフェタミン，メタンフェタミン) コカイン
抑制剤	苦痛を和らげる。	アヘン系(モルヒネ，ヘロイン)
幻覚剤	幻覚を見る。	LSD

薬物を治療以外の目的で，必要以上に連用したり，増量して用いることを薬物の乱用といい，乱用が起こりやすい薬物を**乱用薬物**という。乱用薬物の多くが脳に作用し，精神に影響する向精神薬(こうせいしんやく)である。

酒(**アルコール**)やタバコ(**ニコチン**)も一種の薬物であり，乱用のおそれがある。

薬物依存

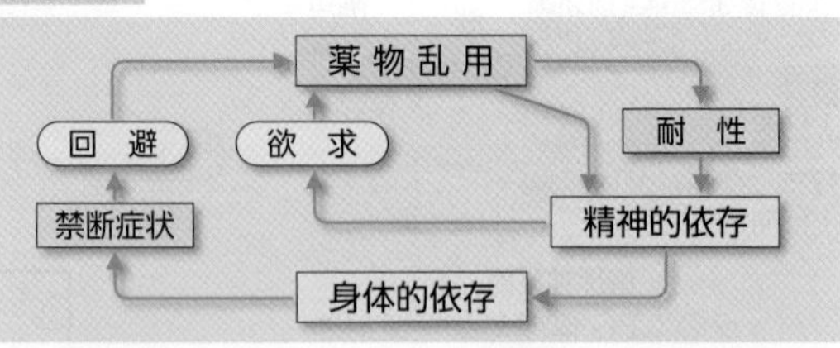
薬物乱用
回避
欲求
耐性
禁断症状
精神的依存
身体的依存

薬物を使用し続けると，やがて少量では薬の効果を感じなくなり(**耐性**)，しだいに薬の量は増える。さらに**精神的依存**や，薬の中断で苦痛を感じる**禁断症状**を伴うようになり，薬なしではいられない状態(**薬物依存**)にいたる。

プチ雑学 モルヒネの受容体をもつのは，体内に類似物質があるからだと考えられ，実際に脳下垂体後葉からβ-エンドルフィンなどが発見された。これは陣痛を和らげ，マラソンでのランナーズ・ハイを引き起こすと考えられる。

Keywords ●刺激 stimulus ●受容器 receptor ●感覚神経 sensory nerve
●適刺激 adequate stimulus ●感覚 sensation
●ウェーバーの法則 Weber's law

生 1 適刺激 受容器が自然の状態で受けとる刺激を適刺激という。

A いろいろな適刺激

例 ヒト

適刺激	受容器	大脳での感覚
光 380～780* nm	**視覚器** ▶p.180 網膜にある視細胞	視 覚
重 力（加速度）	**平衡受容器** ▶p.183 回転…半規管にある感覚細胞 傾き…前庭にある感覚細胞	平衡覚
音 波 20～20000* Hz	**聴覚器** ▶p.182 うずまき管にある聴細胞	聴 覚
化学物質（分子）	**嗅覚器** ▶p.184 嗅上皮にある嗅細胞	嗅 覚
化学物質（分子・イオン）	**味覚器** ▶p.184 味覚芽にある味細胞	味 覚
筋肉の伸長	**伸長受容器** ▶p.184 筋紡錘にある感覚ニューロン	筋肉の伸長の程度
圧力・熱	**皮膚感覚器** ▶p.184 表皮や真皮にある感覚ニューロン	皮膚感覚

＊適刺激には個人差がある。

B 刺激を受容する細胞

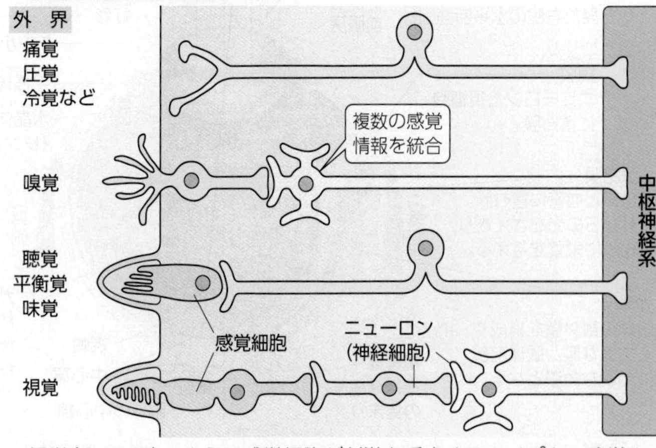
外 界
痛覚
圧覚
冷覚など
複数の感覚情報を統合
嗅覚
聴覚
平衡覚
味覚
感覚細胞
ニューロン（神経細胞）
視覚
中枢神経系

視覚（▶p.180）のように感覚細胞が刺激を受容するタイプと，嗅覚や痛覚（▶p.184）のように細胞体や神経繊維の末端が刺激を受容するタイプがある。受容された刺激は電位変化（▶p.174）として感覚神経を介して，中枢神経系へ伝えられる。

生 2 さまざまな生物の受容器 赤外線や水圧の変化，電気を適刺激とする受容器もある。

ピット器官
赤外線受容器
ピット器官
マムシ

マムシ，ハブなどは赤外線をピット器官で感知するので，夜間でもネズミなどをとらえることができる。

側線器官
機械受容器（水圧）
側線
（側線器官が並んだ線）
ギンブナ

魚は側線器官への水の出入りから水圧の変化を感知し，周囲の流れの強さや向きを知ることができる。

ロレンチニ器官 電気受容器 ロレンチニ器官 サメ

サメは，電気刺激をロレンチニ器官で感知する。砂の中に隠れた魚でも，活動時に発生する微弱な電流を検出して，とらえることができる。

洞 毛
機械受容器（振動）
洞毛
ジャガー

ネコ科の動物などのヒゲや眼の上の長い毛は洞毛（どうもう）とよばれ，空気の流れや接触などを体毛より鋭敏に感知できる。このため，暗い夜間でも移動や狩りができる。

Column ウェーバーの法則

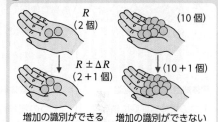

R（2個） → $R \pm \Delta R$（2＋1個） 増加の識別ができる

（10個） → （10＋1個） 増加の識別ができない

$$\frac{\Delta R}{R} = k$$ （一定，感覚の種類により値は異なる）

R：最初に加えられた刺激量

ΔR：感覚の増（減）がわかる最小の刺激量

刺激が強いときは，変化量を大きくしないと変化を感知できない。k の値が小さいほど感覚が鋭敏であるといえる。

生 3 適刺激の範囲 適刺激の範囲は，動物によって異なる。

A 視覚の範囲

波長（nm） 300 400 500 600 700

ヒト

魚類

ミツバチ

B 聴覚の範囲

振動数（Hz） 10 100 1000 10000 100000 超音波

ヒト

イヌ

イルカ

コウモリ

コウモリはヒトには聞こえない超音波を聞くことができる。これはコウモリが夜行性で視覚が使いにくいことに関係していると考えられる。ほかの動物も，適刺激の範囲はそれぞれ異なる。

Step up 紫外線で見る

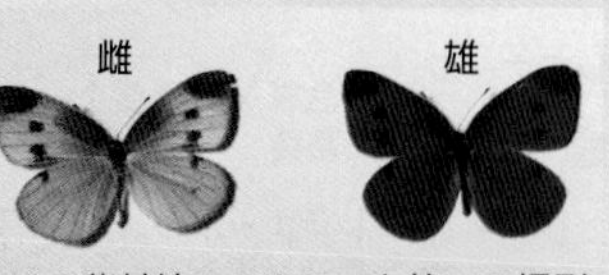
雌
雄

紫外線フィルターを使って撮影

モンシロチョウは，雄と雌で紫外線の反射の仕方が異なる。モンシロチョウは紫外線を感知でき，交尾の際には「色」で雄か雌かを識別していると考えられている。

プチ雑学 渡りを行う鳥や回遊する魚は，目的地へ移動するために太陽や地磁気を利用すると考えられている（▶p.196，197）。サメも，ロレンチニ器官を地磁気の感知に用いて，移動や回遊に役立てているといわれている。

180 視覚器

1 眼の構造と働き（ヒト） ヒトの眼は発達したカメラ眼で，網膜の視細胞（錐体細胞と桿体細胞）が光を受容する。

A 眼の構造

（上から見た右眼の水平断面図）

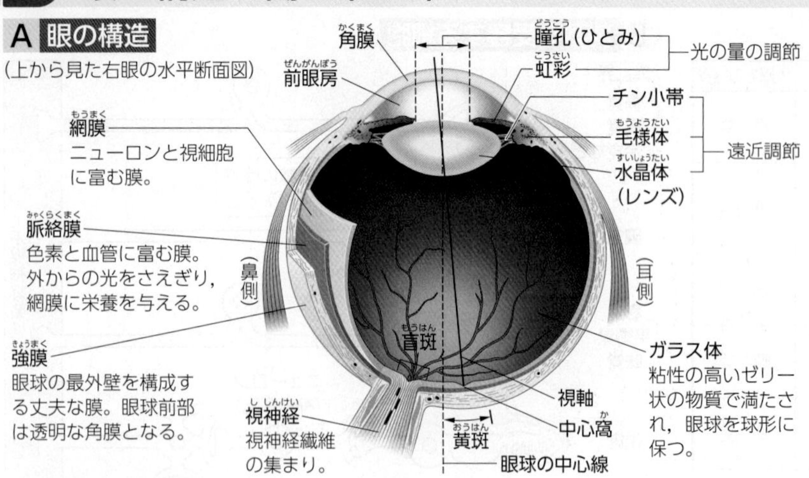

角膜
瞳孔（ひとみ）
虹彩
光の量の調節
前眼房
チン小帯
毛様体
水晶体（レンズ）
遠近調節
網膜
ニューロンと視細胞に富む膜。
脈絡膜
色素と血管に富む膜。外からの光をさえぎり，網膜に栄養を与える。
（鼻側）
（耳側）
盲斑
強膜
眼球の最外壁を構成する丈夫な膜。眼球前部は透明な角膜となる。
ガラス体
粘性の高いゼリー状の物質で満たされ，眼球を球形に保つ。
視軸
中心窩
視神経
視神経繊維の集まり。
黄斑
眼球の中心線

B 光刺激の受容と伝達 Link

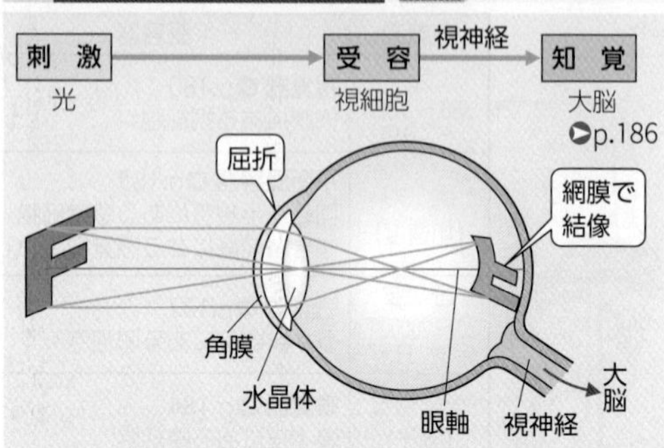

刺激
光
受容
視細胞
視神経
知覚
大脳
▶p.186
屈折
網膜で結像
角膜
水晶体
眼軸
視神経
大脳

角膜と**水晶体**（レンズ）で屈折した光は**網膜**で像を結ぶ。網膜に届いた光は**視細胞**に受容され，視覚情報が視神経によって大脳へと伝えられる。

C 網膜の構造

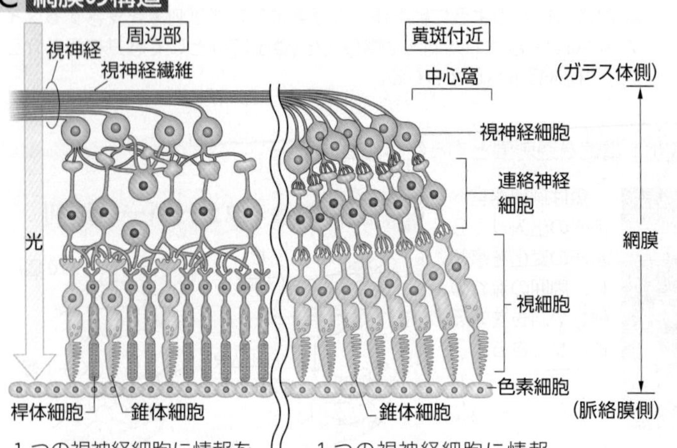

周辺部
黄斑付近
視神経
視神経繊維
中心窩
（ガラス体側）
視神経細胞
連絡神経細胞
網膜
光
視細胞
色素細胞
桿体細胞
錐体細胞
錐体細胞
（脈絡膜側）

1つの視神経細胞に情報を伝える視細胞（おもに桿体細胞）の数が多く，高い光感受性をもつ。

1つの視神経細胞に情報を伝える視細胞（おもに錐体細胞）の数が少なく，より鮮明な視覚情報を得られる。

視細胞の分布

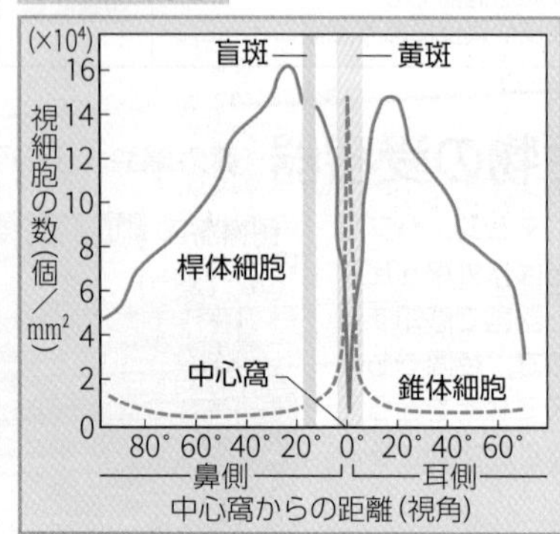

(×10⁴)
16
14
12
10
8
6
4
2
0
視細胞の数（個／mm²）
盲斑
黄斑
桿体細胞
中心窩
錐体細胞
80° 60° 40° 20° 0° 20° 40° 60°
鼻側
耳側
中心窩からの距離（視角）

視細胞が光を受容すると，その刺激は連絡神経細胞を介して視神経細胞に伝わる。**盲斑**では，視神経が網膜を貫いているため視細胞がない。

視細胞

錐体細胞
色を識別する（▶p.181）。
明所で働く。
黄斑に集中的に分布。
鳥類で発達。

桿体細胞
光に対する感受性大。
暗所で働く。
網膜の周辺部にも分布。
夜行動物で発達。

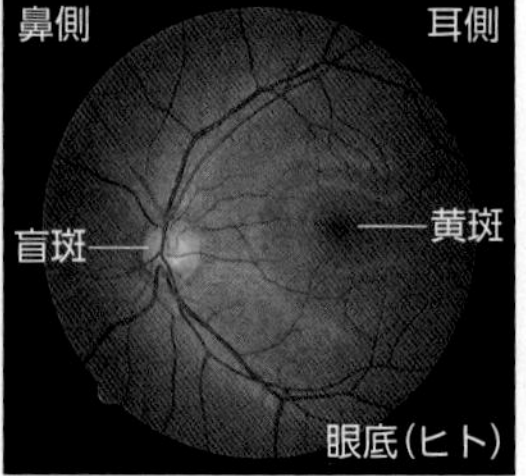

鼻側
耳側
盲斑
黄斑

眼底（ヒト）

2 明順応と暗順応 視細胞は，周囲の明るさに応じて光に対する感度を変化させる。

A 光を受容するしくみ

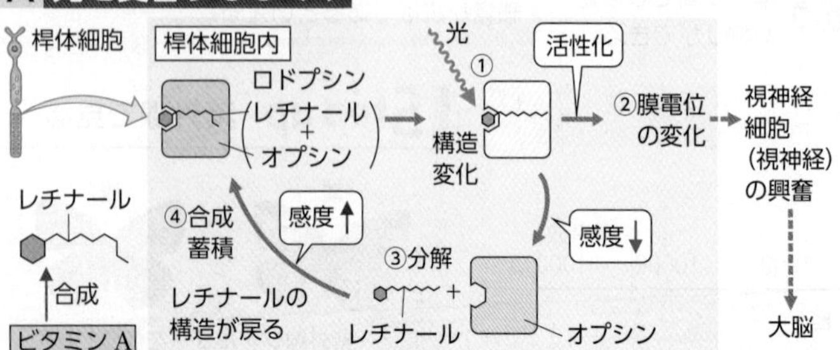

桿体細胞
桿体細胞内
ロドプシン
（レチナール＋オプシン）
光
①
構造変化
活性化
②膜電位の変化
視神経細胞（視神経）の興奮
大脳
レチナール
④合成蓄積
感度↑
感度↓
③分解
レチナールの構造が戻る
レチナール
オプシン
合成
ビタミンA

桿体細胞にはオプシン（タンパク質）とレチナール（ビタミンA誘導体）からなる，**ロドプシン**とよばれる視物質（感光物質）がある。
①光を吸収したレチナールの立体構造が変化し，ロドプシンが活性化する。
②桿体細胞の膜電位が変化すると，視神経を介し大脳へ刺激が伝わる。
③ロドプシンは分解されて減少するため，光に対する感度が下がる。
④暗所では，再びロドプシンが合成・蓄積されるため，感度が上がる。

B 明順応と暗順応

明順応	暗順応
明るい所に出ると，はじめはまぶしくてよく見えないが，時間とともに視細胞の感度が下がり，見えるようになる。	暗い所に入ると，はじめはよく見えないが，時間とともに視細胞の感度が上がり，見えるようになる。

明順応は暗順応に比べて著しく速く，ヒトでは1～2分で完了する。

暗順応 ＊感じる最小の明るさ。小さいほど感度が高い。

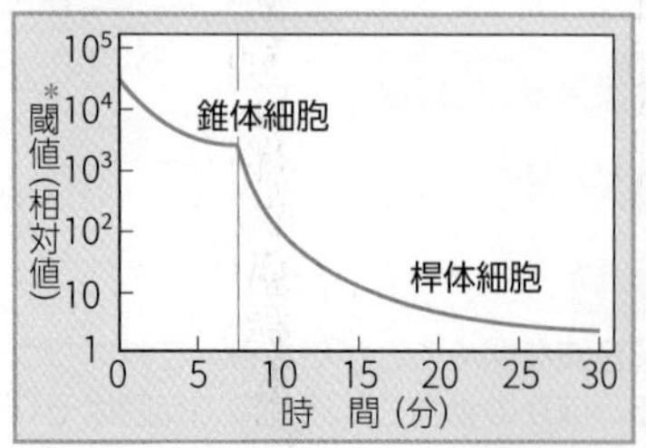

10^5
10^4
10^3
10^2
10
1
閾値＊（相対値）
錐体細胞
桿体細胞
0 5 10 15 20 25 30
時間（分）

最初に錐体細胞の順応が起こり，遅れて桿体細胞が順応する。桿体細胞の順応は，ロドプシンが合成・蓄積されることにより起こる。錐体細胞は数分で速やかに約10倍感度が増すのに対し，桿体細胞はゆっくりと30分ほどかけて約1万倍も感度が増す。

プチ雑学 赤いものを見たあとに，白いものを見ると，青緑（赤の補色）が浮かび上がって見える。このような現象を補色残像という。赤いものを見続けると赤錐体細胞の反応性が低くなるため，この状態ですべての波長が含まれる「白色」を見ると，「青緑色」が浮かび上がって見える。

Keywords ●角膜 cornea ●水晶体 crystalline lens ●網膜 retina ●視細胞 visual cell ●錐体細胞 cone cell ●桿体細胞 rod cell ●盲斑 blind spot ●黄斑 macula ●明順応 light adaptation ●暗順応 dark adaptation ●ロドプシン rhodopsin

Link 動画・コラム

3 色感覚 3種類の錐体細胞の反応の強さが脳に伝えられて色が識別される。

錐体細胞が吸収する波長

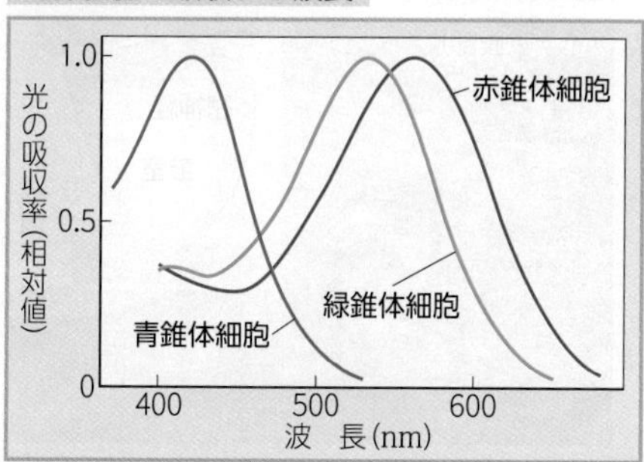

1.0
0.5
0
光の吸収率(相対値)
赤錐体細胞
緑錐体細胞
青錐体細胞
400
500
600
波 長(nm)

Bowmaker, Dartnall (1980) による

ヒトには3種類の錐体細胞がある。錐体細胞はそれぞれ異なる視物質(フォトプシン)をもち，それぞれ約420nm，約530nm，約560nm付近の波長の光に最も強く反応する。

3種類の錐体細胞の反応の強さは，光の波長によって異なる。脳は，その反応の強さから総合的に判断して，色を認識する。

※反応する波長には個人差がある。

光の3原色

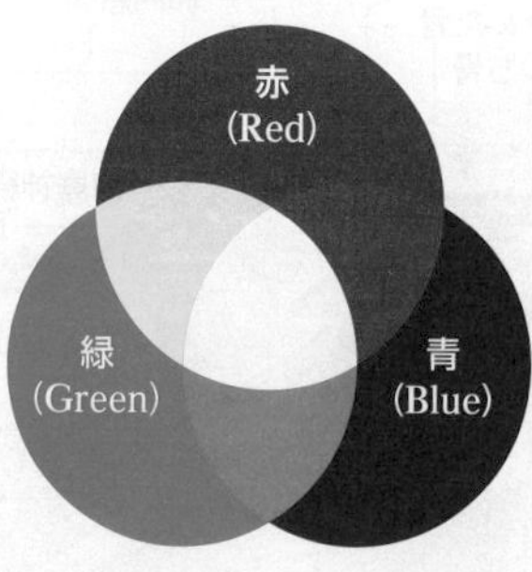

赤 (Red)
緑 (Green)
青 (Blue)

3種類の錐体細胞の反応の強さが同じであれば，複数の波長の光の組み合わせで，単一の波長の光と同じ色を感じられる。

例 赤と緑の光で，黄を感じる。

赤(R)・緑(G)・青(B)を**光の3原色**という。強度を変えてこれらを組み合わせることで，3種類の錐体細胞の反応の強さの違いから，さまざまな色を認識できる。

4 眼の調節 水晶体や瞳孔で，結像する位置や光の量が調節される。

A 遠近調節

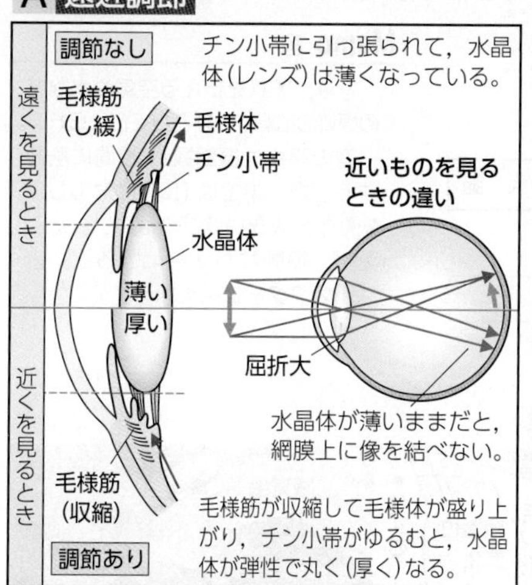

調節なし
チン小帯に引っ張られて，水晶体(レンズ)は薄くなっている。
遠くを見るとき
毛様筋 (し緩)
毛様体
チン小帯
近いものを見るときの違い
水晶体
薄い
厚い
屈折大
水晶体が薄いままだと，網膜上に像を結べない。
近くを見るとき
毛様筋 (収縮)
毛様筋が収縮して毛様体が盛り上がり，チン小帯がゆるむと，水晶体が弾性で丸く(厚く)なる。
調節あり

水晶体の厚さで結像する位置を調節する。

屈折異常

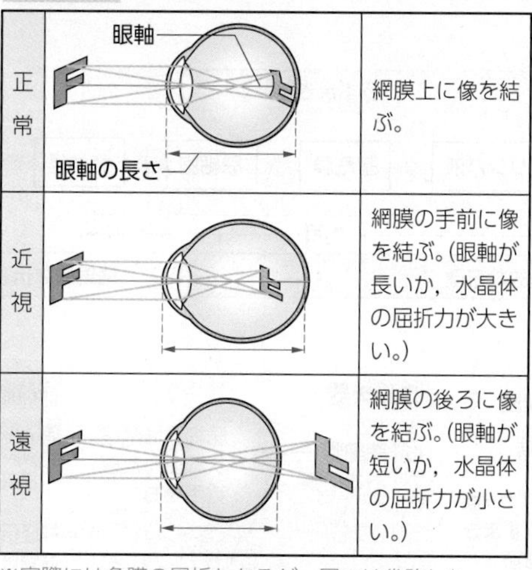

正常
眼軸
眼軸の長さ
網膜上に像を結ぶ。
近視
網膜の手前に像を結ぶ。(眼軸が長いか，水晶体の屈折力が大きい。)
遠視
網膜の後ろに像を結ぶ。(眼軸が短いか，水晶体の屈折力が小さい。)

※実際には角膜の屈折もあるが，図では省略した。

B 明暗調節

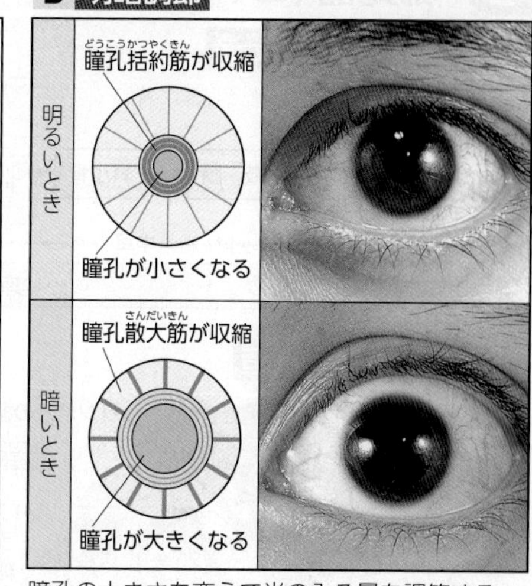

明るいとき
瞳孔括約筋が収縮
瞳孔が小さくなる
暗いとき
瞳孔散大筋が収縮
瞳孔が大きくなる

瞳孔の大きさを変えて光の入る量を調節する。

5 いろいろな生物の視覚器 光を受容する視覚器には，動物の種類によりさまざまな構造や働きがある。

進化 View

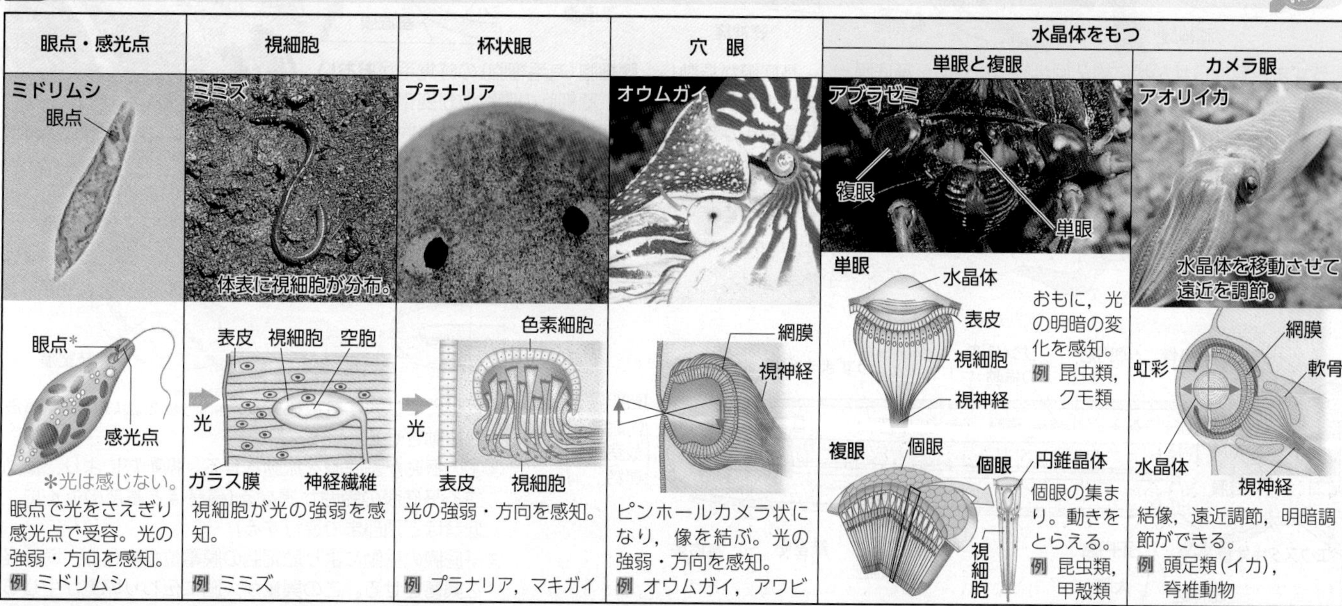

眼点・感光点
視細胞
杯状眼
穴 眼
水晶体をもつ
単眼と複眼
カメラ眼
ミドリムシ
眼点
ミミズ
体表に視細胞が分布。
プラナリア
オウムガイ
アブラゼミ
複眼
単眼
アオリイカ
水晶体を移動させて遠近を調節。
眼点*
感光点
*光は感じない。
表皮
視細胞
空胞
光
ガラス膜
神経繊維
色素細胞
表皮
視細胞
網膜
視神経
単眼
水晶体
表皮
視細胞
視神経
おもに，光の明暗の変化を感知。
例 昆虫類，クモ類
複眼
個眼
円錐晶体
視細胞
個眼の集まり。動きをとらえる。
例 昆虫類，甲殻類
網膜
虹彩
軟骨
水晶体
視神経

眼点・感光点	視細胞	杯状眼	穴眼	単眼と複眼	カメラ眼
眼点で光をさえぎり感光点で受容。光の強弱・方向を感知。 例 ミドリムシ	視細胞が光の強弱を感知。 例 ミミズ	光の強弱・方向を感知。 例 プラナリア，マキガイ	ピンホールカメラ状になり，像を結ぶ。光の強弱・方向を感知。 例 オウムガイ，アワビ		結像，遠近調節，明暗調節ができる。 例 頭足類(イカ)，脊椎動物

進化 View 5 進化の過程で動物の視覚器は，光の強弱を感じるための簡単なつくりから，像を結ぶことができる複雑なつくりのものまでさまざまに多様化した。またヒト(脊椎動物)の眼とイカ(軟体動物)の眼のつくりは似ているが，これらは異なる進化の道すじを経てそれぞれ獲得された(収れん ➡p.290)。Link

聴覚器・平衡受容器

1 耳の構造と働き(ヒト)

ヒトの耳には聴覚，平衡覚(回転と傾き)の受容器がある。

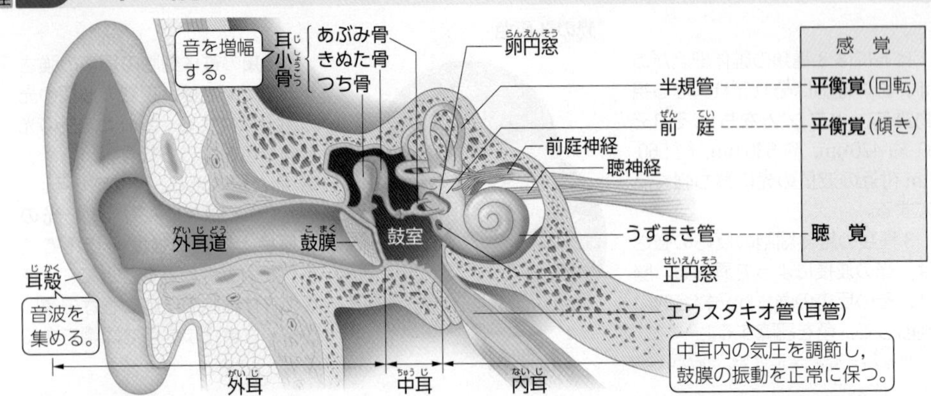

音を増幅する。
耳小骨
あぶみ骨
きぬた骨
つち骨
卵円窓
半規管
前庭
前庭神経
聴神経
外耳道
鼓膜
鼓室
うずまき管
正円窓
耳殻
音波を集める。
エウスタキオ管(耳管)
中耳内の気圧を調節し，鼓膜の振動を正常に保つ。
外耳
中耳
内耳
感覚
平衡覚(回転)
平衡覚(傾き)
聴覚

昆虫の聴覚器

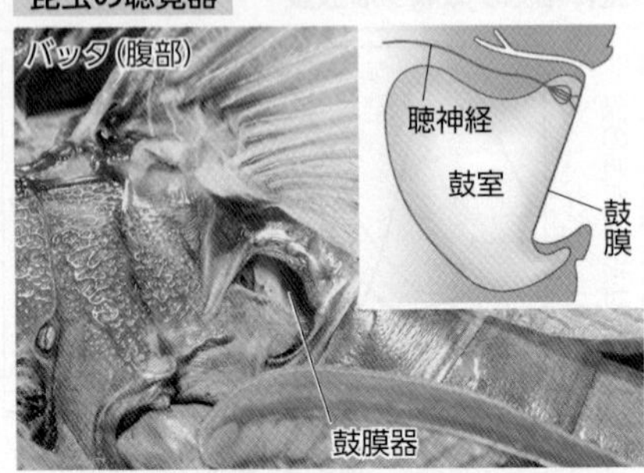

バッタ(腹部)
聴神経
鼓室
鼓膜
鼓膜器

腹部にある鼓膜の内側に聴神経が接続し，鼓膜の振動を受容して脳へ伝える。

2 聴覚器(ヒト)

音波は，内耳に伝わったあと，聴細胞によって電気的信号に変えられて脳に伝わる。

A 音刺激の受容と伝達

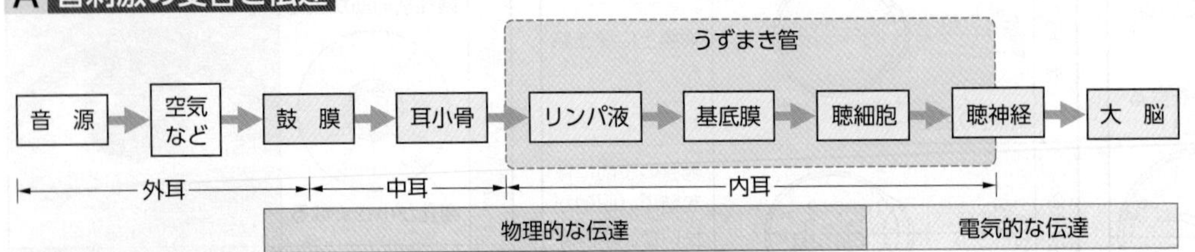

うずまき管
音源
空気など
鼓膜
耳小骨
リンパ液
基底膜
聴細胞
聴神経
大脳
外耳
中耳
内耳
物理的な伝達
電気的な伝達

Memo 音

音は，それを伝える空気や水などの媒質の振動(音波)として伝えられる。
音の高さは振動数(1秒間に振動する回数。単位はHz。)に対応し，振動数が大きいほど音は高い。たとえば，振動数が2倍になると，音は1オクターブ高くなる。

B うずまき管の構造

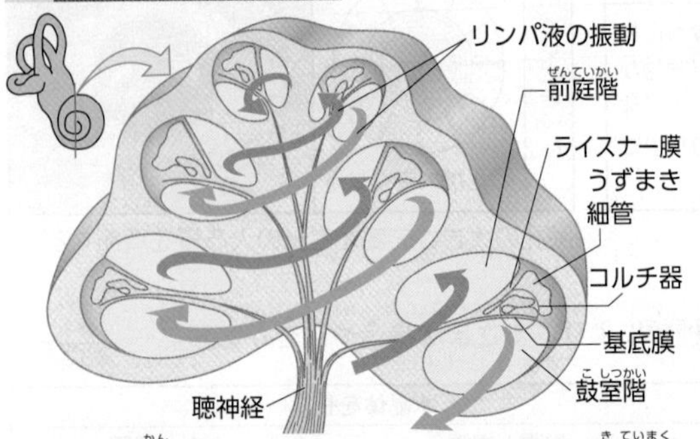

リンパ液の振動
前庭階
ライスナー膜
うずまき細管
コルチ器
基底膜
鼓室階
聴神経

うずまき管はらせん状に約2回半巻いた管で，**基底膜**とライスナー膜により3つの階に分けられる。

コルチ器

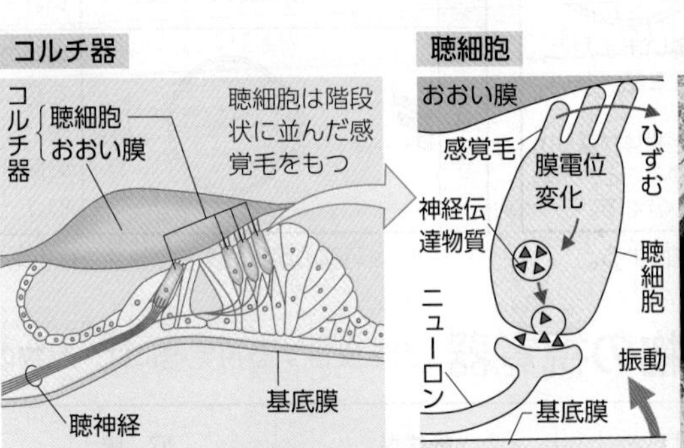

コルチ器
聴細胞
おおい膜
聴細胞は階段状に並んだ感覚毛をもつ
聴神経
基底膜

聴細胞

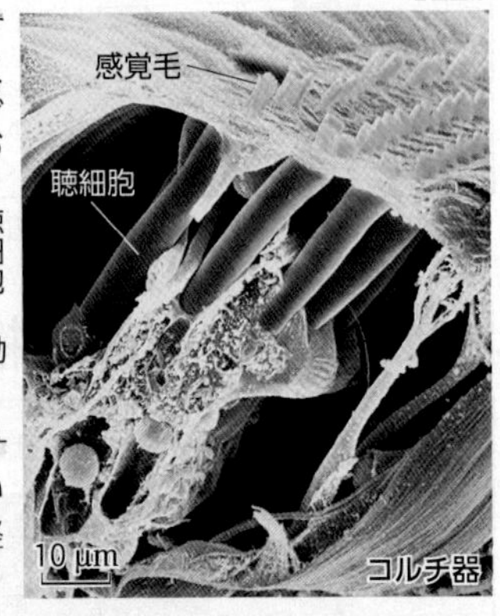

おおい膜
感覚毛
膜電位変化
ひずむ
神経伝達物質
聴細胞
ニューロン
振動
基底膜
※着色画像
感覚毛
聴細胞
10 μm
コルチ器

基底膜が振動し，**聴細胞**(有毛細胞)の感覚毛が**おおい膜**に押されてひずむと，聴細胞の膜電位が変化し，神経伝達物質が放出されて**聴神経**(ニューロン)が興奮する。

C 音が伝わるしくみ

※説明のため，うずまき管のらせん構造を伸ばした状態で考えている。

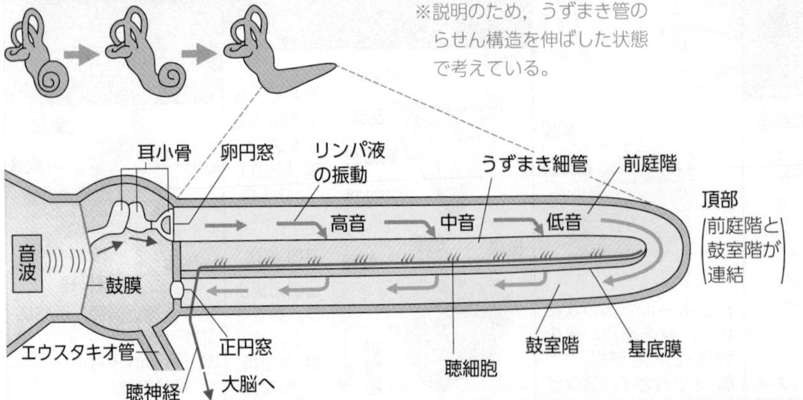

耳小骨
卵円窓
リンパ液の振動
うずまき細管
前庭階
頂部
(前庭階と鼓室階が連結)
高音
中音
低音
音波
鼓膜
エウスタキオ管
正円窓
聴神経
大脳へ
聴細胞
鼓室階
基底膜

断面

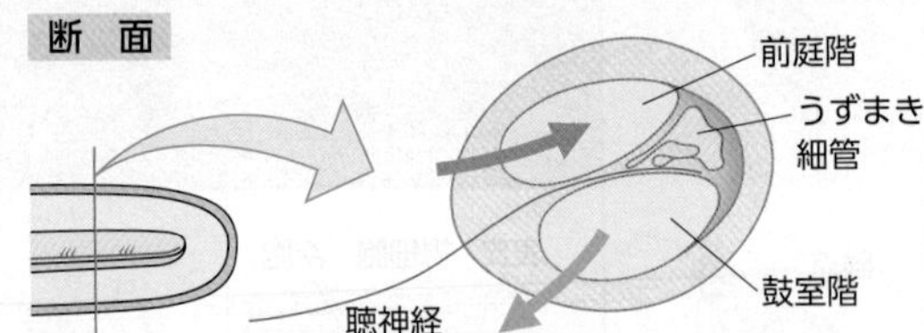

前庭階
うずまき細管
鼓室階
聴神経

①耳小骨で拡大された振動が，卵円窓を通してリンパ液を振動させる。
②①の振動が基底膜を振動させる。振動数により，振動する基底膜の範囲が異なる(高音ほど基部の近くに，低音ほど頂部まで進行する)。
③基底膜の振動により聴細胞の膜電位が変化し，聴神経を興奮させる。この興奮が大脳に伝わり聴覚が生じる。

プチ雑学 耳殻には，パラボラアンテナのように音波を集めるという働き以外に，ラジエーターのように熱を放射する効果もある(p.148，228)。これは，外気に触れる面積が広いことによる。

Keywords ●鼓膜 tympanum ●うずまき管 cochlea ●基底膜 basilar membrane ●コルチ器 organ of Corti ●感覚毛 sensory hair ●半規管 canalis semicircularis

3 音の識別

音の高さは，基底膜が振動する場所の違いから識別される。

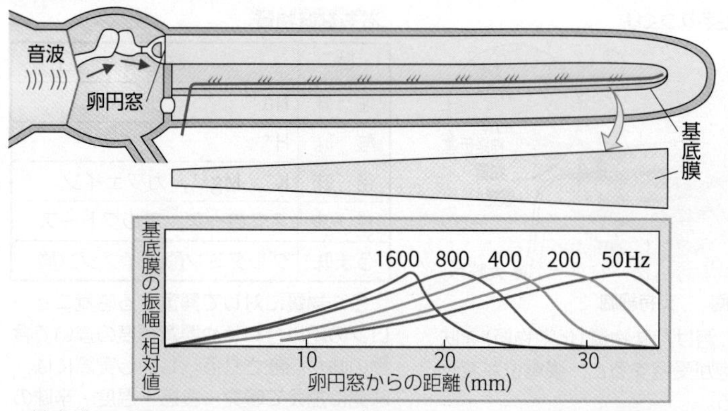

音波
卵円窓
基底膜
基底膜の振幅（相対値）
1600 800 400 200 50Hz
10 20 30
卵円窓からの距離(mm)

基底膜は，場所により幅やかたさが異なるため，音の高さ(振動数)に応じて基底膜上で最も振動する場所が異なる。したがって，音の高さは膜電位が変化した聴細胞の場所により識別される。

つながる生物学 健康 骨を伝わる音

伝音性難聴	感音性難聴
外耳・中耳に原因 ●外耳道の異物のつまり ●中耳炎 ●鼓膜の破れ	内耳に原因 ●聴神経，聴細胞の障害や消失

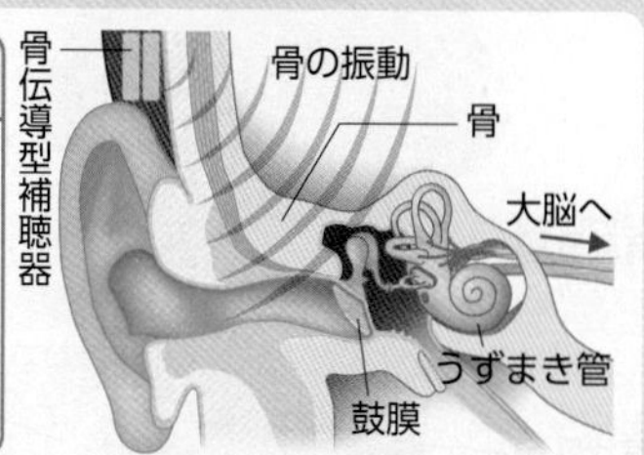

骨伝導型補聴器
骨の振動
骨
大脳へ
うずまき管
鼓膜

難聴には，伝音性難聴と感音性難聴がある。そして難聴に悩む人々のために，さまざまな補聴器が販売されている。補聴器には音を増幅するもののほかに，骨伝導を利用したものがある。この補聴器では，直接骨を振動させて，うずまき管に振動を伝える。

Q 骨伝導を利用した補聴器は，伝音性難聴と感音性難聴の両方に対し効果的だろうか。

4 平衡受容器（ヒト）

からだの回転や傾きを受容することで，私たちは姿勢を保つことができる。

半規管 回転

回転開始

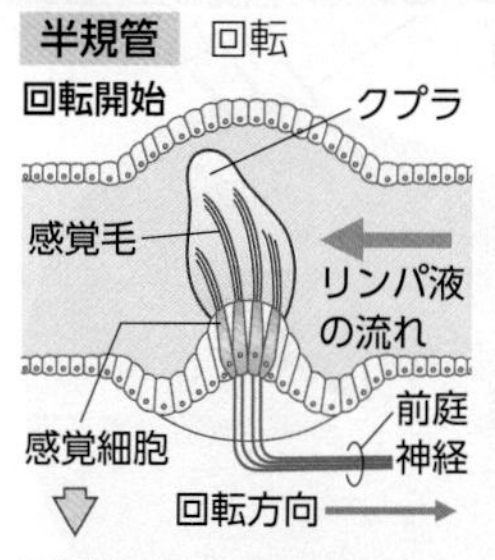

クプラ
感覚毛
リンパ液の流れ
感覚細胞
前庭神経
回転方向

回転が始まると，リンパ液は慣性によりもとの位置にとどまろうとするので，感覚毛は倒れる。感覚細胞の膜電位が変化して，感覚細胞が前庭神経を興奮させると，刺激が大脳へと伝わる。

回転中

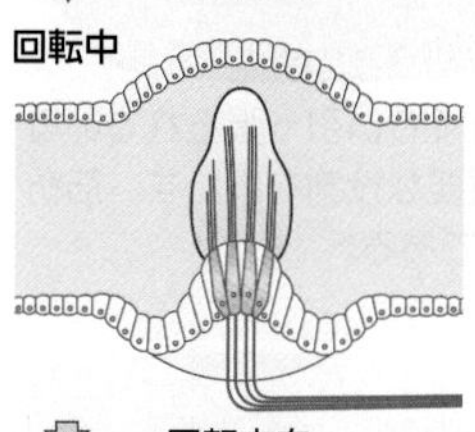

回転方向

一定速度で回転を続けると，からだとリンパ液は一緒に回転するため，感覚毛は倒れず，回転感覚は生じない。

回転停止

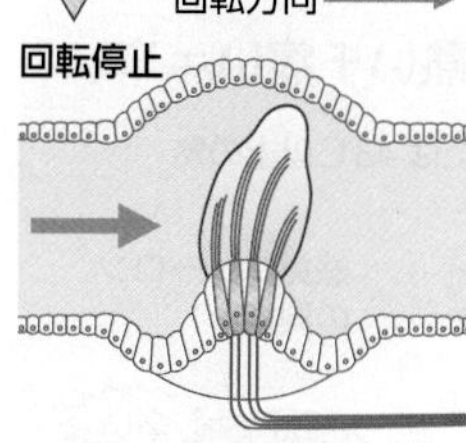

回転が停止すると，慣性によりリンパ液は回転方向に流れ続けようとするので，感覚毛は反対方向(回転していた方向)に倒れ，反対方向の回転感覚が生じる。

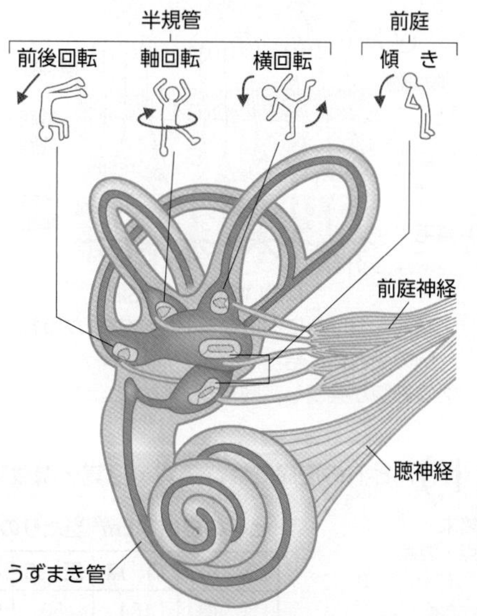

半規管
前庭
前後回転
軸回転
横回転
傾き
前庭神経
聴神経
うずまき管

半規管では3つの管が3つの平面に配置されているため，どの方向の動きも感知できる。

平衡受容器など，体内にあって自身の状態を感知する受容器を自己受容器という。

前庭 傾き

傾いていないとき

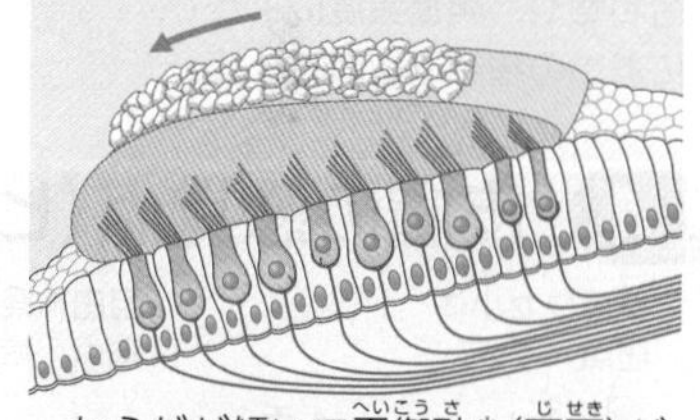

リンパ液
平衡砂(耳石)*
感覚毛
感覚細胞
前庭神経
傾く

からだが傾いて平衡砂(へいこうさ)*(耳石(じせき))が動くと，感覚毛が倒れ，感覚細胞の膜電位が変化する。感覚細胞により前庭神経が興奮し，刺激が大脳へと伝わる。

＊平衡石ともいう。

Memo 慣性

物体に対して外から力が働かない，または物体に働く力がつり合っている場合，静止している物体は静止し続け，運動している物体は等速直線運動を続ける。これを慣性の法則という。物体のもつこのような性質を慣性という。

Step up 前庭動眼反射

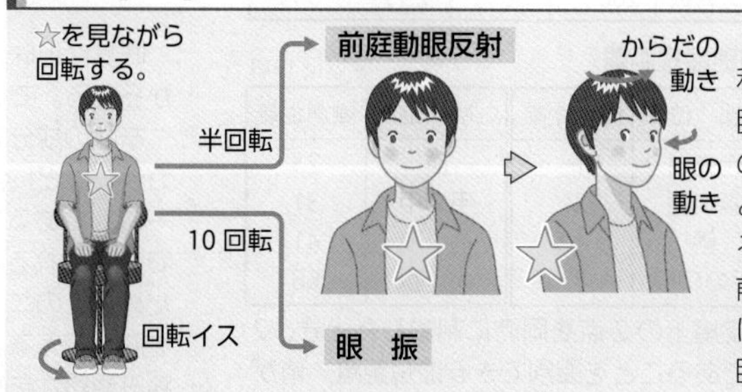

☆を見ながら回転する。
半回転
10回転
回転イス
前庭動眼反射
眼振
からだの動き
眼の動き

歩きながらカメラで撮影していると像はぶれてしまうが，私たちが見る像はぶれることなく安定である。これは前庭動眼反射が働くためである。たとえば，軸回転の場合にからだの回転情報は，半規管→脳→眼の筋肉へと伝わり，回転の方向と逆向きに眼球を動かす。このようにからだの動きを代償するように眼球が動くため，像はぶれない。さらに回転が続くと，前庭動眼反射は一定の間隔で中断されるため，眼が揺れるように往復運動する(眼振)。フィギュアスケート選手が高速スピンで眼が回らないのは，訓練によって眼振が抑えられるからである。

つながる生物学 A 伝音性難聴に対してのみ効果がある。 感音性難聴では，電気的な刺激の伝達経路に原因があるので，物理的な振動を与えても刺激は伝わらない。ドイツの作曲家ベートーベンは，難聴に苦しみながらも作曲活動を続けた。このとき，ベートーベンは骨伝導のしくみを利用してピアノの音を聴いていたといわれている。

さまざまな受容器

Keywords ●味覚芽 taste bud ●味細胞 taste cell ●嗅細胞 olfactory cell ●筋紡錘 muscle spindle

1 味覚器(ヒト) 味細胞が味物質を受容すると味覚が生じる。

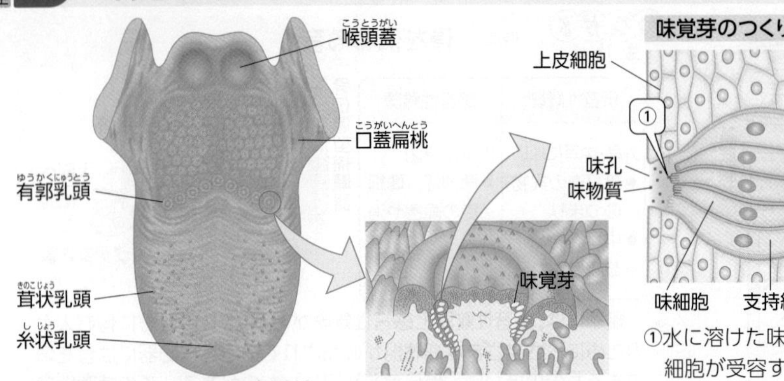
喉頭蓋
口蓋扁桃
有郭乳頭
茸状乳頭
糸状乳頭
味覚芽
味覚芽のつくり
上皮細胞
①
②
味孔
味物質
神経伝達物質
感覚ニューロン
大脳へ
味細胞
支持細胞

舌の表面には数種類の舌乳頭*がある。舌乳頭の上皮内には，2000～5000個の**味覚芽(味蕾)**があり，それぞれの味覚芽には 50個ほどの**味細胞**がある。

＊有郭乳頭，茸状乳頭，糸状乳頭は，それぞれ舌乳頭の一種である。

①水に溶けた味物質(化学物質)を味細胞が受容すると，膜電位が変化する。
②味細胞の膜電位の変化は，感覚ニューロンを介して大脳へ伝わる。

おもな味物質

味	味物質
塩　味	Na^+
酸　味	H^+
苦　味	K^+，Mg^{2+}，カフェイン
甘　味	スクロース，フルクトース
うま味	グルタミン酸，イノシン酸

各味物質に対して興奮する感覚ニューロンの組み合わせや興奮頻度の違いで食物の味が認識される。しかし実際には，味覚に加えて嗅覚・食感・温度・辛味の情報が脳で統合されることで食物の味が認識される。

2 嗅覚器(ヒト) 嗅細胞が嗅物質を受容すると嗅覚が生じる。

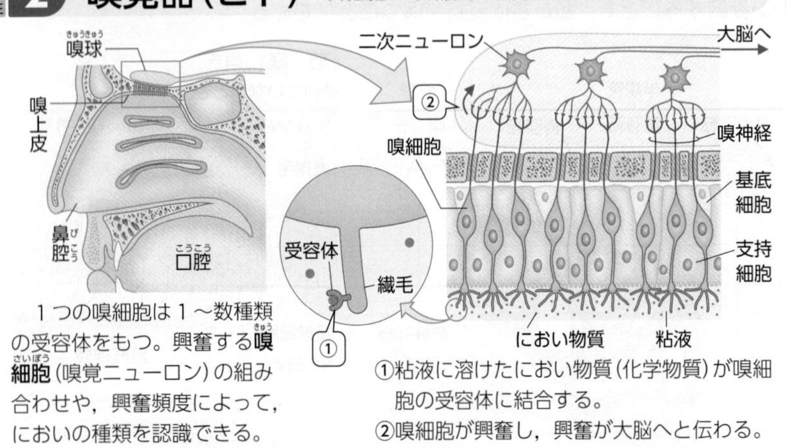
嗅球
嗅上皮
鼻腔
口腔
二次ニューロン
大脳へ
②
嗅細胞
嗅神経
基底細胞
支持細胞
受容体
繊毛
①
におい物質
粘液

1つの嗅細胞は1～数種類の受容体をもつ。興奮する**嗅細胞**(嗅覚ニューロン)の組み合わせや，興奮頻度によって，においの種類を認識できる。

①粘液に溶けたにおい物質(化学物質)が嗅細胞の受容体に結合する。
②嗅細胞が興奮し，興奮が大脳へと伝わる。

3 伸長受容器(ヒト)

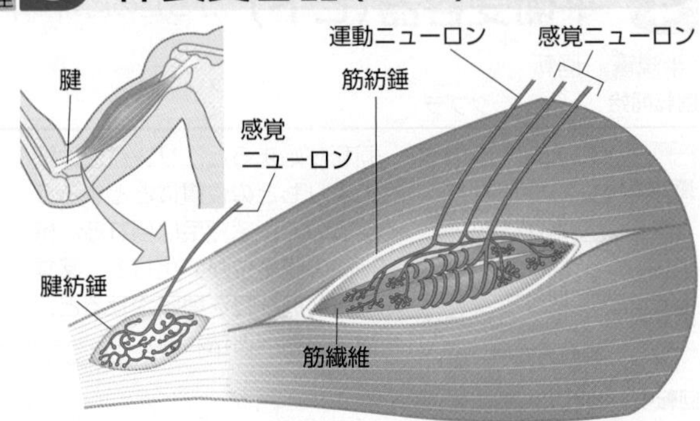
腱
運動ニューロン
感覚ニューロン
筋紡錘
感覚ニューロン
腱紡錘
筋繊維

筋紡錘や**腱紡錘**は，骨格筋がどれくらい引っ張られているかを受容し，運動や姿勢の保持に重要な役割を果たす。筋紡錘や腱紡錘は自己受容器(▶p.183)である。

4 皮膚の感覚点(ヒト) ヒトの皮膚では，痛覚・圧覚・温度覚(冷覚と温覚)が受容される。

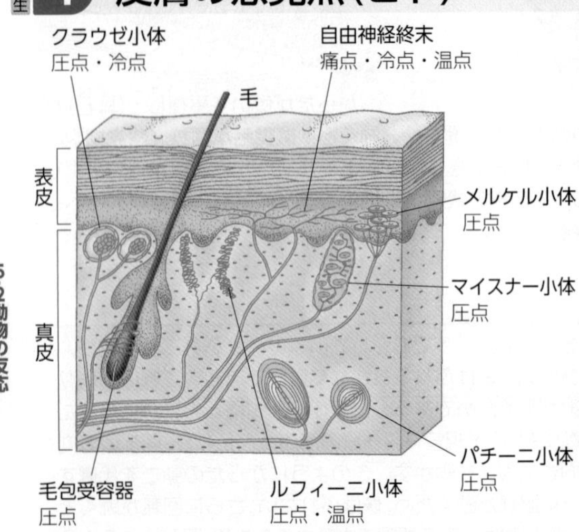
クラウゼ小体
圧点・冷点
自由神経終末
痛点・冷点・温点
毛
表皮
真皮
メルケル小体
圧点
マイスナー小体
圧点
パチーニ小体
圧点
毛包受容器
圧点
ルフィーニ小体
圧点・温点

感覚ニューロンの先端で刺激を受容し，興奮が中枢へ伝えられる。皮膚感覚を受容する点状の部分を感覚点といい，痛点，圧点，冷点，温点がある。

ヒトの皮膚 1 cm^2 当たりの感覚点の数

部　位	痛　点	圧　点	冷　点	温　点
前　額	184	50	5.5～8	0.6
前　腕	200	23～27	6～17	0.3～0.4
手の甲	188	14	7.5	0.5
指の腹	60～95	100	2～4	1.6
大　腿	75～190	11～13	4～5	0.4
全身平均	100～200	25	6～23	0～3
全身総数	200万	50万	25万	3万

識別最短距離 単位はmm

部　位	識別距離	部　位	識別距離
舌先端	1	額	23
指　端	2	手の甲	31
唇	4.5	前　腕	41
手のひら	8	大　腿	68

皮膚上の2点を同時に刺激したとき，2点であることを識別できる最短距離。値が小さいほど敏感といえる。

Column 熱い＋痛い＝辛い

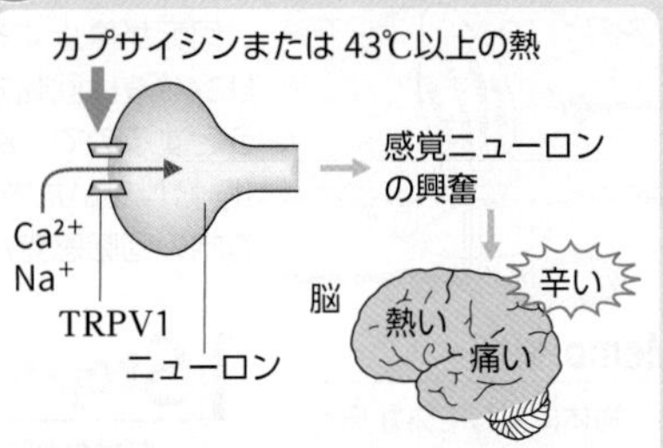
カプサイシンまたは 43℃以上の熱
Ca^{2+}
Na^+
TRPV1
ニューロン
感覚ニューロンの興奮
脳
熱い
痛い
辛い

味覚は塩味，酸味，苦味，甘味，うま味からなる。では，辛味とは何なのだろう。

辛味の成分であるカプサイシンはトウガラシなどに含まれ，痛みを伝えるニューロンにあるチャネル型受容体 TRPV1 で受容される。TRPV1 は熱も受容するため，このニューロンは痛みと熱の情報を脳へ伝える。辛いものを食べたときに痛みや熱さを感じるのはこのためである。

プチ雑学 辛さの程度を示す値として，カプサイシンなどの辛味成分の量によって決まるスコヴィル値が用いられる。ドラゴンブレスチリという大変辛いトウガラシのスコヴィル値は248万で，ハバネロは45万である。大量のカプサイシンは粘膜を傷つけ，気管支収縮を引き起こすので，辛いものの食べ過ぎには注意が必要である。

Keywords ●神経系 nervous system ●脊髄 spinal cord ●反射 reflex ●反射弓 reflex arc

神経系と伝達経路

1 神経系

神経系は，ニューロンやグリア細胞などからなり，からだ中に神経回路のネットワークを形成する。▶p.37

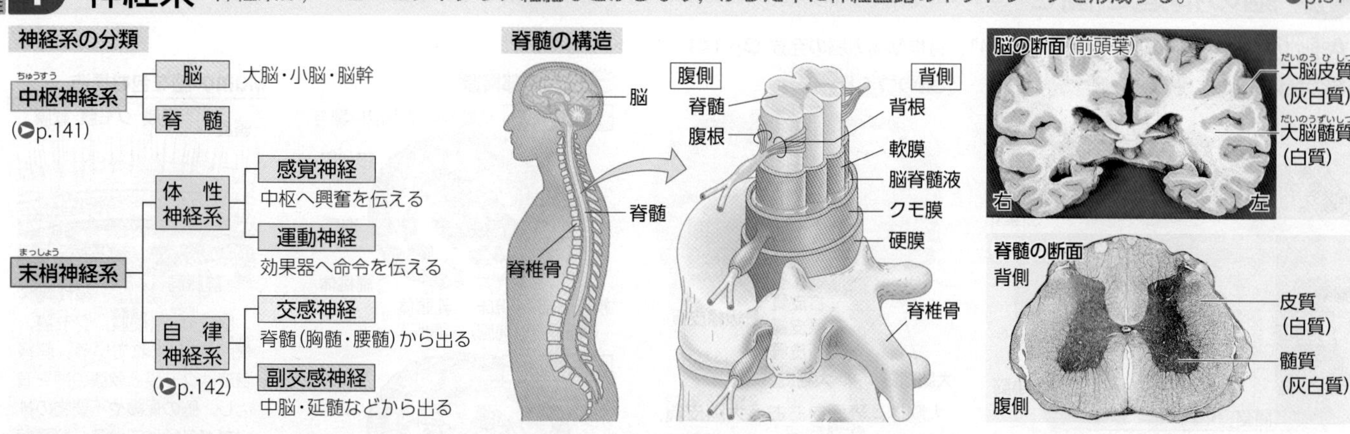
神経系の分類
中枢神経系
(▶p.141)
脳
大脳・小脳・脳幹
脊髄
末梢神経系
体性神経系
感覚神経
中枢へ興奮を伝える
運動神経
効果器へ命令を伝える
自律神経系
(▶p.142)
交感神経
脊髄(胸髄・腰髄)から出る
副交感神経
中脳・延髄などから出る
脊髄の構造
脳
脊髄
脊椎骨
腹側
背側
背根
腹根
軟膜
脳脊髄液
クモ膜
硬膜
脳の断面(前頭葉)
大脳皮質(灰白質)
大脳髄質(白質)
右
左
脊髄の断面
背側
皮質(白質)
髄質(灰白質)
腹側

2 興奮伝達の経路

運動神経，感覚神経は延髄または脊髄で交さする。

A 興奮伝達の経路

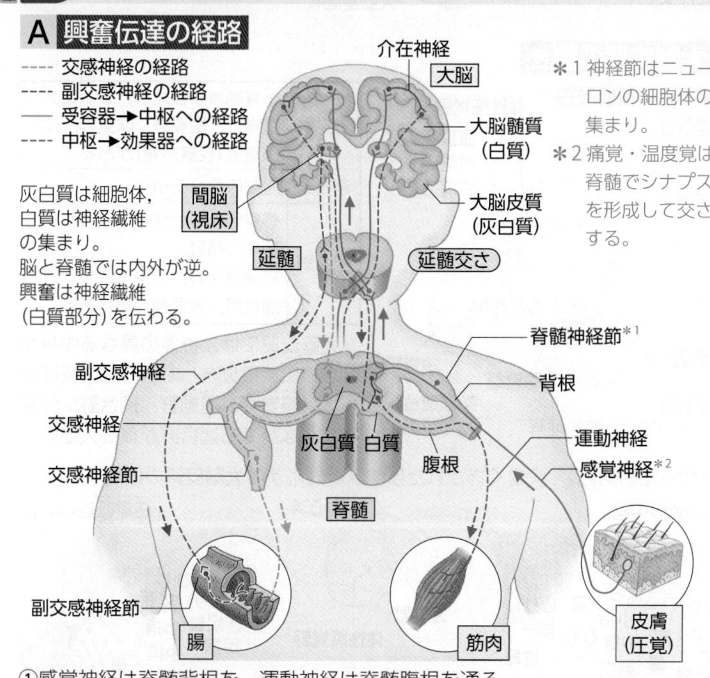
交感神経の経路
副交感神経の経路
受容器→中枢への経路
中枢→効果器への経路
介在神経
大脳
大脳髄質(白質)
大脳皮質(灰白質)
間脳(視床)
延髄
延髄交さ
灰白質は細胞体，白質は神経繊維の集まり。
脳と脊髄では内外が逆。
興奮は神経繊維(白質部分)を伝わる。
*1 神経節はニューロンの細胞体の集まり。
*2 痛覚・温度覚は脊髄でシナプスを形成して交さする。
脊髄神経節*1
背根
副交感神経
交感神経
交感神経節
灰白質
白質
腹根
運動神経
感覚神経*2
脊髄
副交感神経節
腸
筋肉
皮膚(圧覚)

①感覚神経は脊髄背根を，運動神経は脊髄腹根を通る。
②運動神経，感覚神経は延髄または脊髄で交さする。このため，大脳右半球の感覚中枢が機能を失うと，左半身の感覚を失う。

B 反射

反射弓

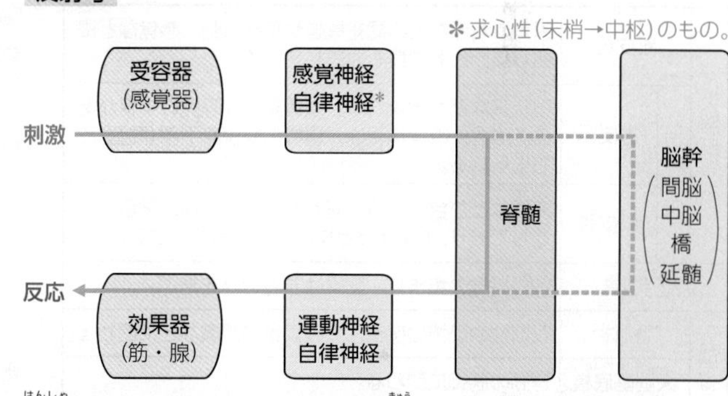
＊求心性(末梢→中枢)のもの。
刺激
受容器(感覚器)
感覚神経
自律神経*
脊髄
脳幹
間脳
中脳
橋
延髄
反応
効果器(筋・腺)
運動神経
自律神経

反射における興奮伝達の経路を**反射弓**という。

反射の種類

反射中枢	例
脊　髄	伸張反射，屈筋反射
脳　幹	唾液の分泌，せき，くしゃみ，瞳孔反射，まばたき，立ち直り反射

反射は，大脳と無関係であるため，すばやい反応が起こる。内臓の運動など，生命の維持に関わる反射は脳幹が中枢になる。

C 伸張反射 例 膝蓋腱反射

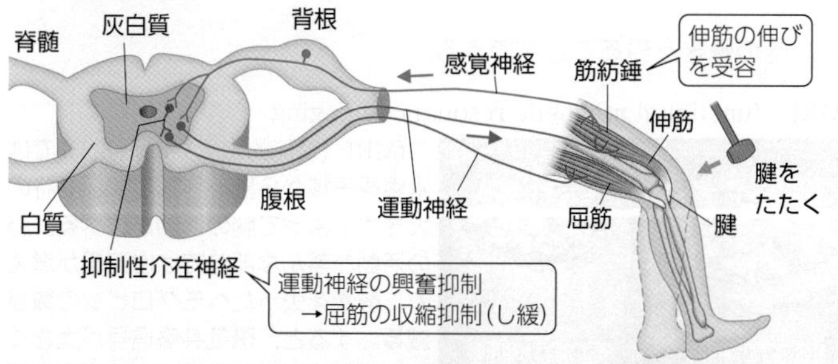
脊髄
灰白質
背根
感覚神経
筋紡錘
伸筋の伸びを受容
伸筋
腱をたたく
白質
腹根
運動神経
屈筋
腱
抑制性介在神経
運動神経の興奮抑制
→屈筋の収縮抑制(し緩)

刺激→筋紡錘→感覚神経→脊髄─┬→運動神経→伸筋の収縮
　　　　　　　　　　　　　　└→抑制性介在神経→運動神経→屈筋のし緩

D 屈筋反射

※伸筋：伸ばすときに収縮する筋肉
屈筋：曲げるときに収縮する筋肉

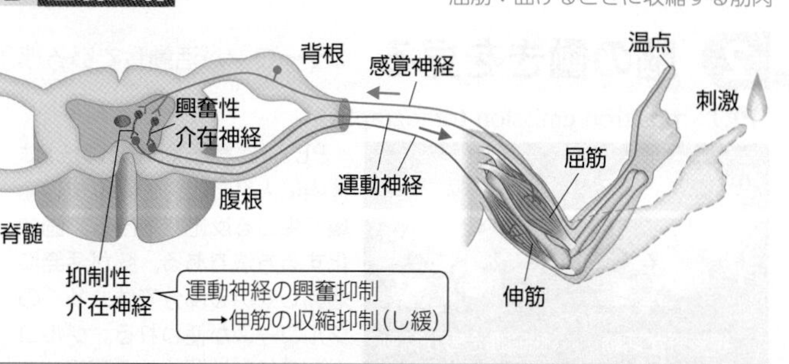
背根
感覚神経
温点
刺激
興奮性介在神経
屈筋
腹根
運動神経
脊髄
抑制性介在神経
運動神経の興奮抑制
→伸筋の収縮抑制(し緩)
伸筋

刺激→温点→感覚神経→脊髄─┬→興奮性介在神経→運動神経→屈筋の収縮
　　　　　　　　　　　　　└→抑制性介在神経→運動神経→伸筋のし緩

プチ雑学 からだが前に傾くと，ふくらはぎの屈筋が伸ばされる。この刺激を筋紡錘(▶p.184)が受容して，膝蓋腱反射と同様に伸筋と屈筋の収縮・し緩が起こるため，からだは直立状態に戻る(姿勢反射)。また，姿勢保持には平衡受容器(▶p.183)からの情報による調節も働く。

脳による情報処理

1 脳の構造と働き

ヒトでは大脳の新皮質が発達しており，高度な情報処理が行われる。

A 脳の構造

脳の区分と働き ➲p.141，脊椎動物の脳の発達 ➲p.143

脳の全体像

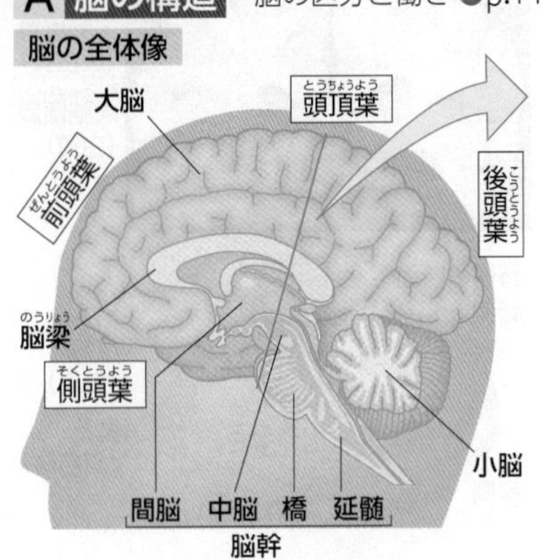
大脳
頭頂葉
前頭葉
後頭葉
脳梁
側頭葉
小脳
間脳
中脳
橋
延髄
脳幹

- ニューロン数…約 1000 億個
- シナプス数…数千～数万 / ニューロン

大脳のつくり

脳梁
間脳
古皮質
原皮質
辺縁皮質
新皮質
大脳髄質
大脳皮質

大脳は，表面をおおう**大脳皮質**，その内部の**大脳髄質**，さらに深部の**大脳核**からなる。大脳皮質は**新皮質**と**辺縁皮質**(古皮質，原皮質)からなる。

大脳の内部構造

大脳辺縁系　情動や記憶形成に関与

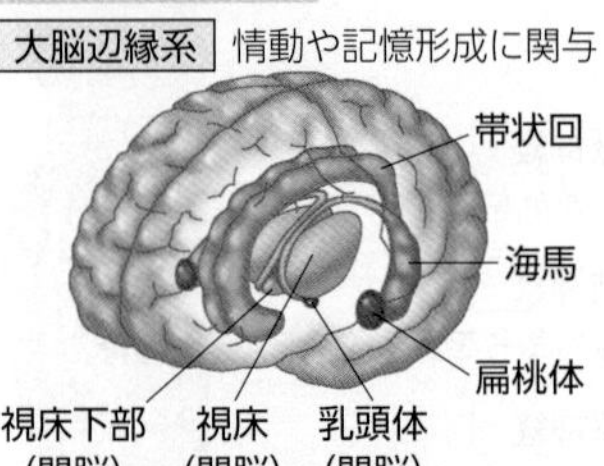
帯状回
海馬
扁桃体
視床下部
(間脳)
視床
(間脳)
乳頭体
(間脳)

大脳基底核

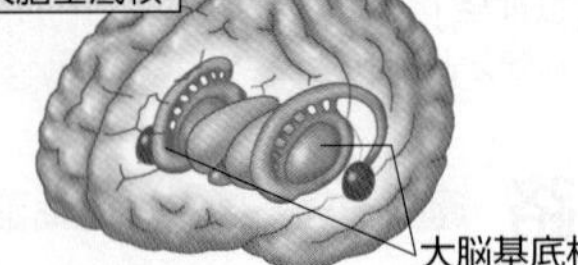
大脳基底核

Memo 脳を包む構造

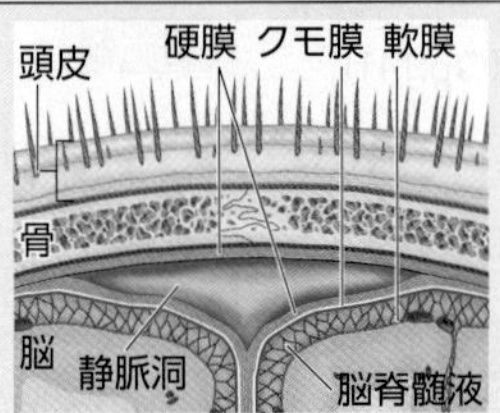
頭皮
硬膜
クモ膜
軟膜
骨
脳
静脈洞
脳脊髄液

脳は髄膜(硬膜，クモ膜，軟膜)に包まれている。脳脊髄液はクモ膜と軟膜の間を満たし，脳の保護や不要物の排出などを行っている。脳脊髄液は脳内部の空間や脊髄のまわりにも存在する。

B 大脳の働き

大脳皮質	新皮質		思考や判断などの認知機能や精神活動，感覚などに関わる。ヒトで最も発達している。
大脳皮質	辺縁皮質	古皮質	梨状葉などが含まれる。梨状葉には嗅覚の中枢がある。なお，嗅覚情報は，扁桃体や視床下部(間脳)にも送られる。
大脳皮質	辺縁皮質	原皮質	海馬などが含まれる。海馬は情動や記憶，学習に関連しており，損傷すると長期記憶が困難になる。
大脳髄質			神経繊維の集まり。脳梁は左右の脳を結ぶ。
大脳核	扁桃体*		攻撃性や恐怖の感情，顔の表情の認識などに関わる。
大脳核	大脳基底核		運動の制御に関わる。

＊扁桃体は大脳基底核に含まれることがある。

C 左脳と右脳の違い

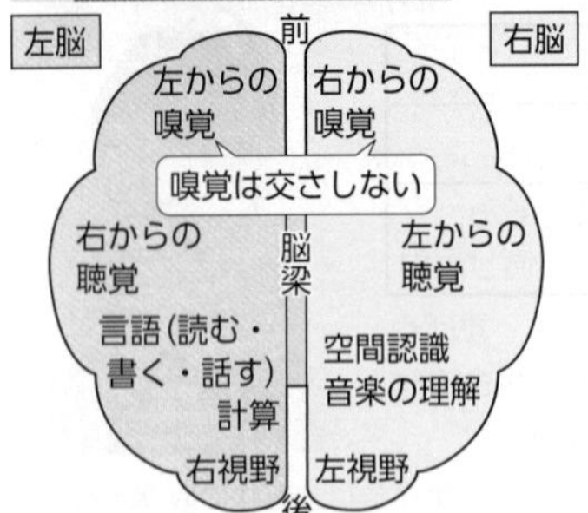
左脳
右脳
前
後
左からの
嗅覚
右からの
嗅覚
嗅覚は交さしない
右からの
聴覚
左からの
聴覚
脳梁
言語(読む・
書く・話す)
計算
空間認識
音楽の理解
右視野
左視野

大脳の左半球と右半球で，優位な能力は違う。特に言語能力については差が大きいと考えられ，左脳の対応する部分の損傷は言語障害の原因になる。

一方で，言語能力以外の能力については，左右の差は大きくない。また，脳梁で密な情報連絡が行われる。

D 大脳皮質の働き

大脳皮質の機能局在

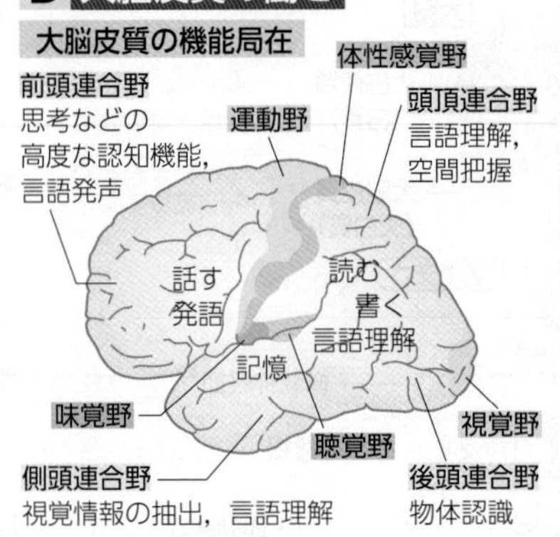
体性感覚野
前頭連合野
思考などの
高度な認知機能，
言語発声
運動野
頭頂連合野
言語理解，
空間把握
話す
発語
読む
書く
言語理解
記憶
味覚野
聴覚野
視覚野
側頭連合野
視覚情報の抽出，言語理解
後頭連合野
物体認識

感覚野	感覚刺激が伝えられる領域。視覚野，聴覚野，味覚野，体性感覚野(皮膚感覚)がある。
運動野	運動の命令を出す。
連合野	感覚野からの情報を統合して処理する領域。前頭連合野，頭頂連合野，側頭連合野，後頭連合野がある。

大脳皮質には，機能の異なる中枢が特定の領域に分布している。中枢はおもに，**感覚野**，**運動野**，**連合野**に分類され，なかでも連合野が最も大きい。

脳とからだの対応　大きく描かれた部位ほど対応する大脳皮質の領域が広い。

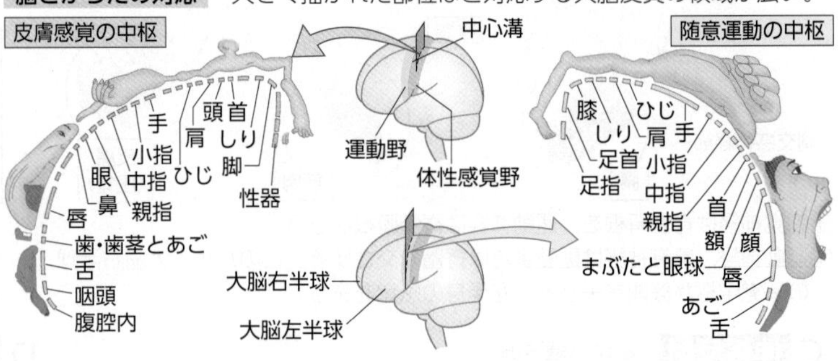
皮膚感覚の中枢
中心溝
随意運動の中枢
手
頭
首
肩
しり
小指
ひじ
脚
眼
中指
鼻
親指
性器
唇
歯・歯茎とあご
舌
咽頭
腹腔内
運動野
体性感覚野
大脳右半球
大脳左半球
膝
しり
ひじ
肩
手
足首
足指
小指
中指
親指
首
額
顔
まぶたと眼球
唇
あご
舌

2 脳の働きを見る

ニューロンが活動している場所から，脳の働きを見ることができる。

PET　positron emission tomography

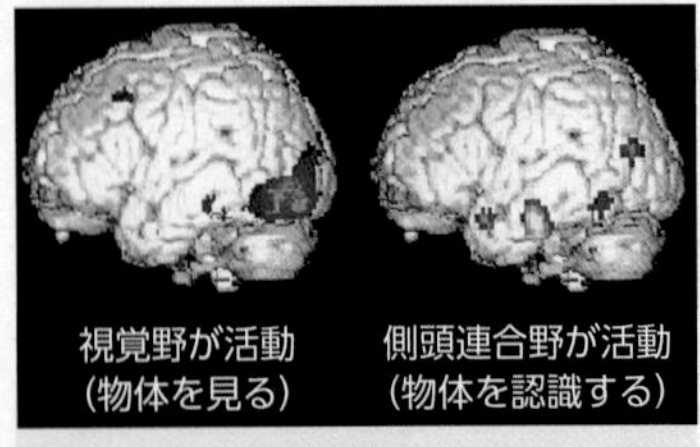
視覚野が活動
(物体を見る)
側頭連合野が活動
(物体を認識する)

活動が盛んな部分が黄や赤で表示される。

PET (陽電子断層撮影法)は，体内に入れた放射性同位体の崩壊で生じる反応を検出し，画像化する方法である。脳が活発に活動している部分では，多くのグルコースが使われる。グルコースの放射性同位体を利用して脳の活動を可視化する。

fMRI　functional magnetic resonance imaging

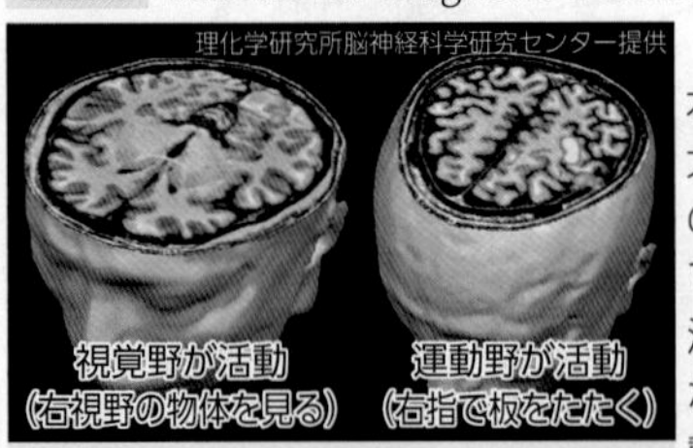
理化学研究所脳神経科学研究センター提供
視覚野が活動
(右視野の物体を見る)
運動野が活動
(右指で板をたたく)

活動が盛んな部分が黄や赤で表示される。

fMRI (機能的磁気共鳴画像法)では，水素原子核から出る「磁気共鳴信号」の大きさによって脳の活動を調べる。脳の活動が盛んな部分では血流量が増えて，酸素を失ったヘモグロビンの数が減る。すると，磁気共鳴信号が大きくなるため，この信号の大きさが脳の活動の強さとして反映される。

プチ雑学

大脳皮質の新皮質・古皮質・原皮質という分け方は，系統発生に基づいている。初期に出現した魚類では原皮質のみで，両生類では古皮質が分化する。は虫類になると新皮質が分化し，哺乳類で特に発達している。原皮質と古皮質は本能行動に，新皮質は学習や思考，感情など高度な認知機能や精神活動に関与するとされる。

生 3 ものを見るしくみ 眼から入った情報は，脳の複数の領域で処理されたあと，統合される。

A 視覚経路

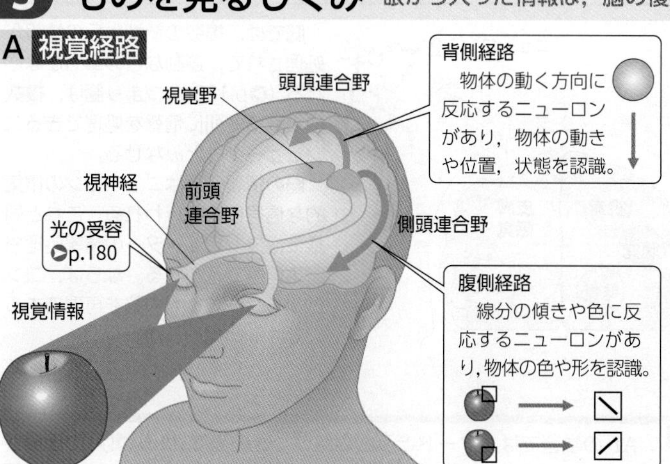
視覚野
頭頂連合野
視神経
前頭連合野
側頭連合野
光の受容 ▶p.180
視覚情報
背側経路
物体の動く方向に反応するニューロンがあり，物体の動きや位置，状態を認識。
腹側経路
線分の傾きや色に反応するニューロンがあり，物体の色や形を認識。

※腹側経路と背側経路は左脳のみ示してある。

網膜で得られた視覚情報は，視覚野に伝わったあと，背側経路（動きや位置の認識）と腹側経路（色や形の認識）に分かれる。私たちは，それぞれの経路で処理された情報を，最終的に前頭連合野で統合することにより，「ものを見る」ことができる。

B 視交さ

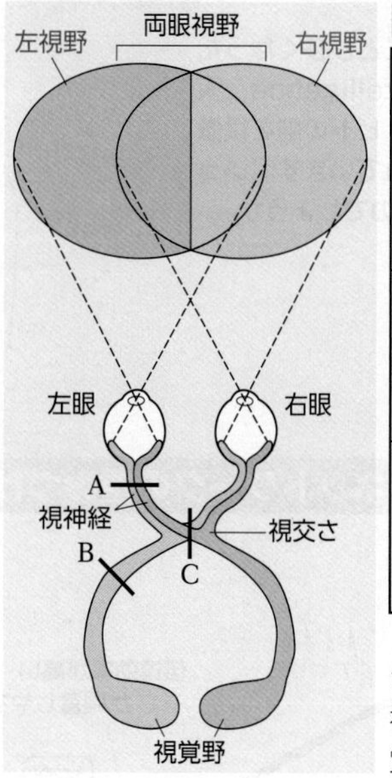
左視野
両眼視野
右視野
左眼
右眼
A
視神経
B
C
視交さ
視覚野

視神経の切断と視野の欠損

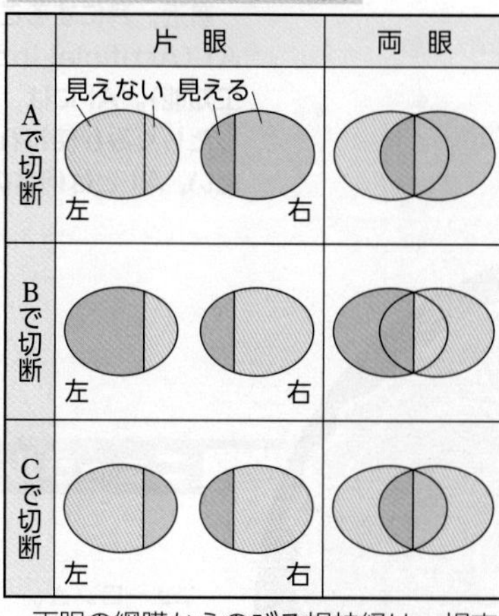
片眼
両眼
見えない
見える
Aで切断
Bで切断
Cで切断
左
右

両眼の網膜からのびる視神経は，視交さで合流し，左視野の情報は大脳の右の視覚野へ，右視野の情報は大脳の左の視覚野へと分かれて伝えられる。

生 4 記憶 記憶は，シナプスでの伝達効率が変化することにより形成されると考えられている。

A 記憶に関する仮説 ヘブの仮説

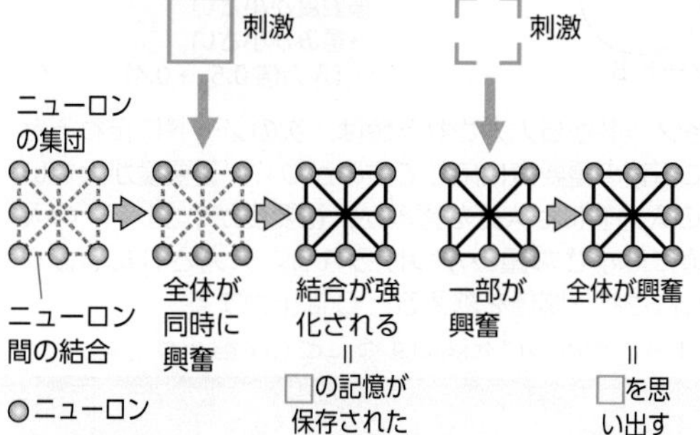
刺激
刺激
ニューロンの集団
ニューロン間の結合
全体が同時に興奮
結合が強化される
一部が興奮
全体が興奮
＝
□の記憶が保存された
＝
□を思い出す
○ニューロン

- 記憶は，特定のニューロン集団の結合に保存される。
- ある刺激に対し，特定のニューロン集団が同時に興奮し，これが続くと，これらのニューロン間の結合が強くなる。
- 集団内の一部のニューロンが興奮すると，結合が強化された集団全体の興奮が誘発される。全体が興奮することで，記憶が思い出される。

B 記憶の種類

短期記憶 ── 数十秒程度しか保持できない。覚えられる量に限界がある。

長期記憶
- 陳述（ちんじゅつ）記憶（海馬）（言葉で表せる）
  - エピソード記憶 個人の経験など
  - 意味記憶 歴史の年号など，知識に関する記憶
- 非陳述記憶（小脳）（言葉で表せない）─ 手続き記憶 自転車の乗り方など，技術に関する記憶

保持時間により**短期記憶**と**長期記憶**に分けられる。

C 記憶形成のしくみ 例 陳述記憶（海馬）

記憶の形成

感覚情報
↓ リン酸化による伝達効率の増大
短期記憶
↓ 記憶の固定 新規タンパク質による伝達効率の増大 ・新規シナプスの形成 ・シナプス結合の強化
長期記憶

刺激によってシナプスの伝達効率が変化することを**シナプス可塑（かそ）性（せい）**という。記憶や学習（▶p.200）は，シナプスの伝達効率が変化することにより起こる。

タンパク質のリン酸化による伝達効率の増大は短時間しか維持されないが，遺伝子発現が変化して新規タンパク質が合成されると，伝達効率の増大が長時間維持されることがわかっている。

リン酸化による伝達効率の増大 LTP（long-term potentiation）

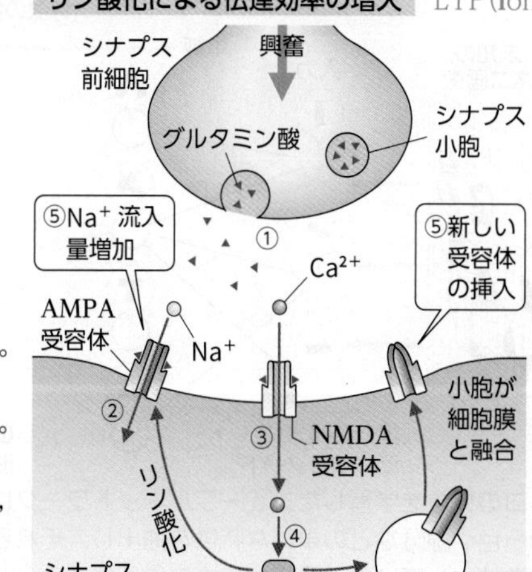
シナプス前細胞
興奮
シナプス小胞
グルタミン酸
⑤Na⁺流入量増加
①
Ca²⁺
⑤新しい受容体の挿入
AMPA受容体
Na⁺
②
③
NMDA受容体
小胞が細胞膜と融合
リン酸化
④
シナプス後細胞
リン酸化酵素
小胞

シナプスの伝達効率の増大が維持される現象を**長期増強（ちょうきぞうきょう）（LTP）**といい，長期増強が起こると EPSP が大きくなりやすくなる。

シナプス後細胞には，AMPA 受容体と NMDA 受容体の 2 種類の伝達物質依存性イオンチャネルがある。伝達効率の増大は NMDA 受容体によるカルシウムイオンの流入により起こる。強い刺激によってシナプス後細胞の膜電位が大きく上昇すると NMDA 受容体は活性化されるため，伝達効率の増大にはシナプス前細胞とシナプス後細胞が同時に興奮することが必要である。

①シナプス前細胞からグルタミン酸（神経伝達物質）が放出される。
②グルタミン酸が AMPA 受容体に結合すると，ナトリウムイオンが流入し，シナプス後細胞の膜電位が上昇する。
③膜電位の上昇による NMDA 受容体の活性化とグルタミン酸の結合により，カルシウムイオンが流入する。
④カルシウムイオンはリン酸化酵素を活性化する。
⑤ AMPA 受容体がリン酸化されてイオンの流入量が増えたり，新しい AMPA 受容体が挿入されたりして，伝達効率が増大する。

プチ雑学 シナプスの伝達効率が低下する現象を長期抑圧（LTD，long-term depression）という。自転車の乗り方に関するような記憶は，小脳で形成される。自転車の練習中に転ぶと，間違った動作の情報が小脳に伝わり，長期抑圧が起こって間違った動作を引き起こす回路の接続が切られる。最終的に正しい動作を引き起こす回路が残るため，自転車に乗れるようになる。

脳とAI

最近，耳にすることが多くなったAI（Artificial Intelligence，人工知能）。AIには，ヒトの脳を模倣したしくみが使われています。いったい，AIとは何なのでしょうか。

脳は並列コンピューター？

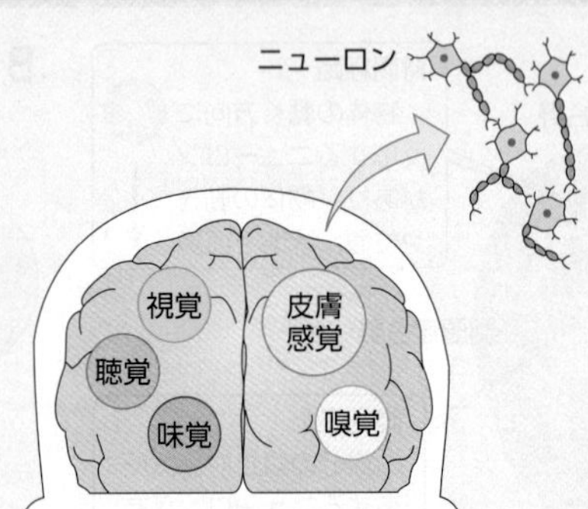

ニューロン
視覚
皮膚感覚
聴覚
味覚
嗅覚

脳では，複数の領域からの情報が処理されて，運動などの命令がなされる（▶p.186）。つまり脳は，複数の領域で並列に情報を処理できるコンピューターとみなせる。

脳の情報処理はニューロンの電気的な信号により行われる。これと同様に，コンピューターの情報処理も電気信号で行われる。ならば，コンピューターでヒトの脳を再現できるのではないだろうか。

ニューラルネットワークの重みづけ

AIの学習では，ノードどうしの結びつきの強度（重みづけ）の調節が行われる。このしくみは，ニューロンにおけるシナプスの伝達効率の調節を模倣している。

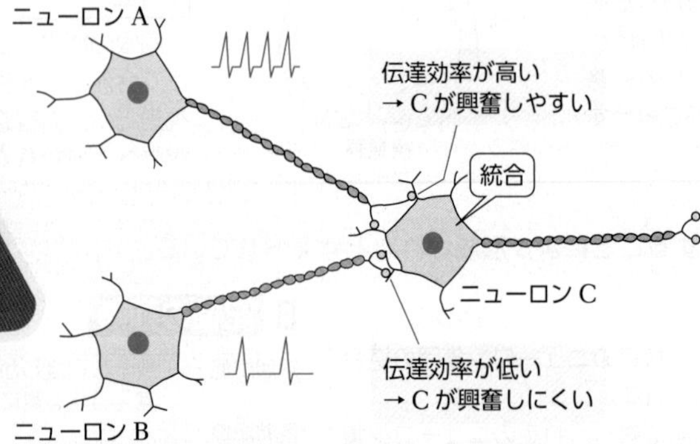

ニューロンA
伝達効率が高い
→Cが興奮しやすい
統合
ニューロンC
伝達効率が低い
→Cが興奮しにくい
ニューロンB

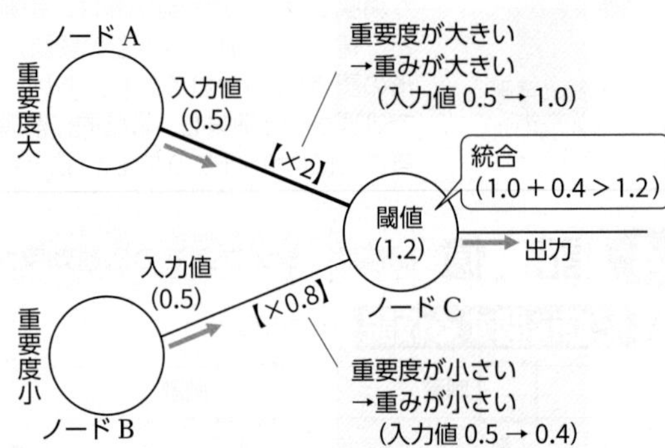

ノードA
重要度大
入力値
(0.5)
【×2】
重要度が大きい
→重みが大きい
（入力値 0.5 → 1.0）
統合
（1.0＋0.4＞1.2）
閾値
(1.2)
出力
ノードC
入力値
(0.5)
【×0.8】
重要度小
ノードB
重要度が小さい
→重みが小さい
（入力値 0.5 → 0.4）

ニューロンAがニューロンCをくり返し興奮させると，シナプスの伝達効率が上がる。すると，AによってCが興奮しやすくなる（▶p.187）。BからCへの伝達頻度が少ないと，伝達効率は下がる。このように，シナプスの伝達効率の違いによって，特定のニューロンからの伝達に強弱がつく。AとBからの入力はCで統合され，閾値を越えるとCは興奮する（▶p.177）。

各ノードから入力される値は，次のノードに伝わるときに情報の重要度に応じて重みがつく。重要度が大きいAの入力値には大きな重みが，重要度が小さいBの入力値には小さな重みがつけられる。入力された値はCで統合され，閾値を越えるとCは出力する。

AIは，重みづけを調節することで学習する。

AIはどのように画像の特徴を抽出するの？

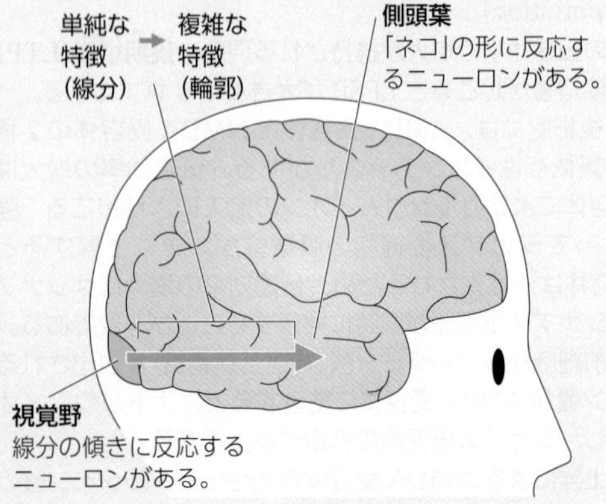

単純な特徴（線分）→複雑な特徴（輪郭）
側頭葉
「ネコ」の形に反応するニューロンがある。
視覚野
線分の傾きに反応するニューロンがある。

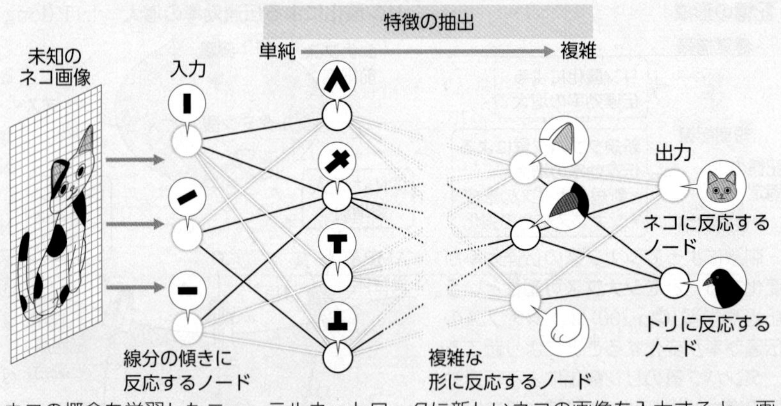

特徴の抽出
単純 → 複雑
未知のネコ画像
入力
出力
ネコに反応するノード
トリに反応するノード
線分の傾きに反応するノード
複雑な形に反応するノード

ニューラルネットワークによる画像の特徴の抽出方法は，脳の視覚情報の処理経路（▶p.187）を模倣したものである。視覚野から側頭葉への経路では，単純な特徴を積み重ねて複雑な特徴が抽出される。

ネコの概念を学習したニューラルネットワークに新しいネコの画像を入力すると，画像から色や線分などの単純な特徴を抽出し，それらを積み重ねて輪郭などのより複雑な特徴を抽出していく。最終的にネコに反応するノードにたどり着くと，その画像がネコであると認識される。

AIとは何？

ニューラルネットワーク

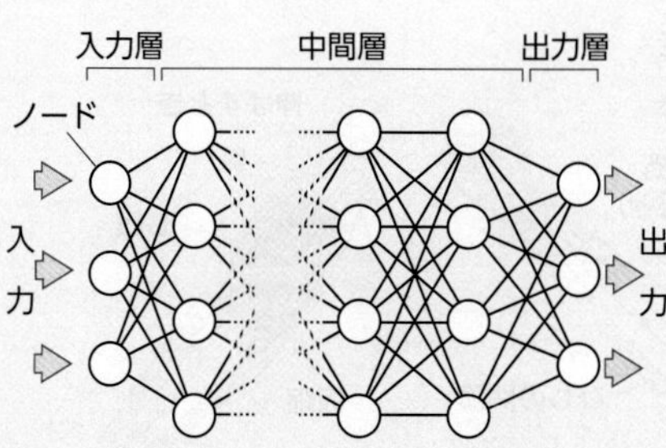
入力層
中間層
出力層
ノード
入力
出力

AI とは，人間の知能を再現する情報処理システムであり，現在の代表的なAIには，脳のしくみを模倣した「ニューラルネットワーク」が使われている。ニューラルネットワークの基本単位をノードといい，これはニューロンに相当する。

AI はニューラルネットワークによって学習し，さまざまな機能を獲得する。中間層を多層化したニューラルネットワークによる学習をディープラーニング（深層学習）という。

身近なAI

スマートスピーカー

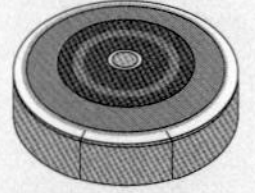
掃除ロボット

現在，スマートスピーカーや掃除ロボットなどで使われているAIは，ある1つの働きに特化したAIである。これに対し，ヒトの脳のようにさまざまな働きができるAIの開発が目指されている。

AIの学習

私たちは，ネコを見てそれが「ネコ」であると認識できる。それは，私たちが「ネコ」がどのようなものであるか，「ネコの概念」をもっているからである。では，AIは，どのように「概念」を学習するのだろう。

例「ネコ」の概念を学習する

ビッグデータ

大量のネコの画像　入力

コンピューター

特徴を抽出しながら重みづけを調節

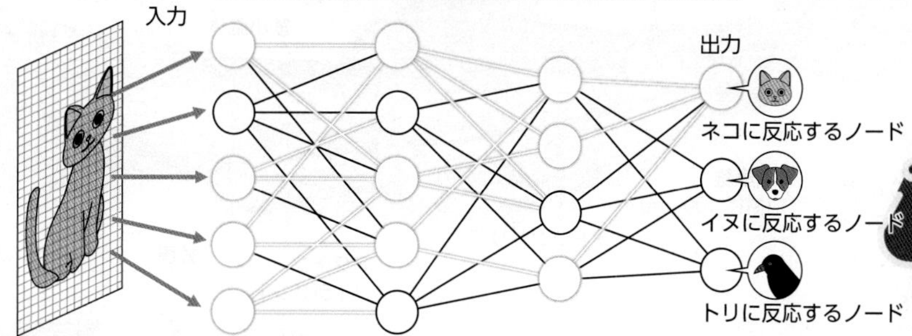
入力
出力
ネコに反応するノード
イヌに反応するノード
トリに反応するノード

AI は入力された大量のネコの画像から形や色などの特徴をくり返し抽出し，ネコに共通する項目を発見する。このとき，ニューラルネットワークに入力した画像から「ネコに反応するノード」にたどり着くようにノードの重みづけを調節していく。ネコに反応するノードにたどり着くようになったとき，AIは「ネコ」の概念を獲得したといえる。

つまり AI の学習とは，大量のデータから特徴を抽出し，正しい情報にたどり着くようにネットワークの結びつきを調節することである。

AIはどのように使われるの？

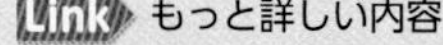

Link もっと詳しい内容

医療

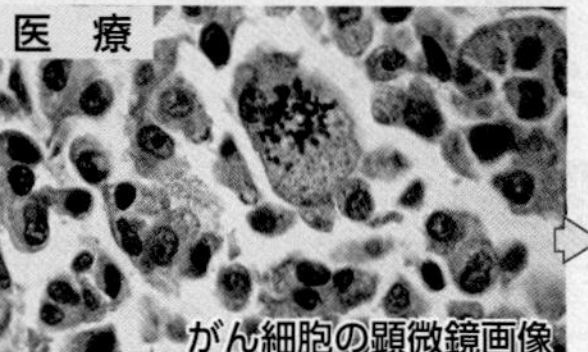
がん細胞の顕微鏡画像

①正常細胞の特徴を学習
②異常な細胞（がん細胞）を検出

医師の診断をサポート

がん細胞の可能性があります。

大量の正常細胞の顕微鏡画像から，正常細胞の特徴を学習させたAIに，正常細胞から外れる異常な細胞（がん細胞）を検出させ，医師の診断のサポートをさせようとする試みがある。

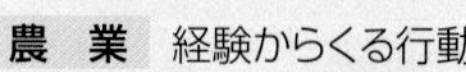
農業　経験からくる行動

葉やつぼみの様子はどうか。

①熟練農家の行動を学習
②状況に応じた適切なアドバイス

今日は○○をすると良いですよ。
端末

農作業のサポート

熟練農家は長年の経験から，環境や作物の状況に応じた判断・作業を行う。このような経験からくる行動と，気温や湿度などとの相関性を AI に学習させ，農家の生産力向上にいかそうとする試みがある。

AIと私たちの未来

○○まで行きたい。
了解しました。

AI を搭載した車があなたを目的地まで連れて行ってくれるかもしれない。

AI を搭載したロボットが，あなたの好みや体調に合った料理を作ってくれるかもしれない。

AI は日々発展し，それにともない私たちの生活も変わっていくと予想される。AI の発展によって，AI が人間の知能を超える転換点をシンギュラリティといい，これは 2045 年ごろに到来するといわれている。

あなたは，AI とともに生きる未来をどのように想像するだろうか。

筋肉の構造と収縮のしくみ

1 筋肉の種類とその構造

生

横紋筋は筋繊維の束からなり，筋繊維の中には筋原繊維が存在する。 筋肉系 ▶p.36

A 横紋筋の構造 骨格筋

腱
筋肉
(長さ数 cm)
血管
神経
筋繊維束
細胞膜
T 管
筋繊維を
包む膜
核
筋原繊維
(直径 1 μm)
暗帯
明帯
筋小胞体
筋繊維
(直径 100 μm)
ミトコンドリア
Z 膜
サルコメア(筋節)2.5 μm
Z 膜

骨格筋は**筋繊維**(**筋細胞**)が束になって集まった構造をしている。筋繊維は多核の細胞で，細胞質には**筋原繊維**がある。

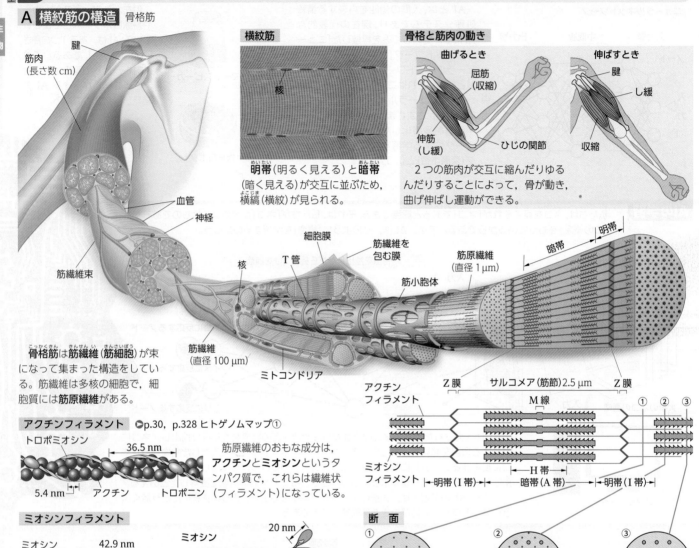

横紋筋

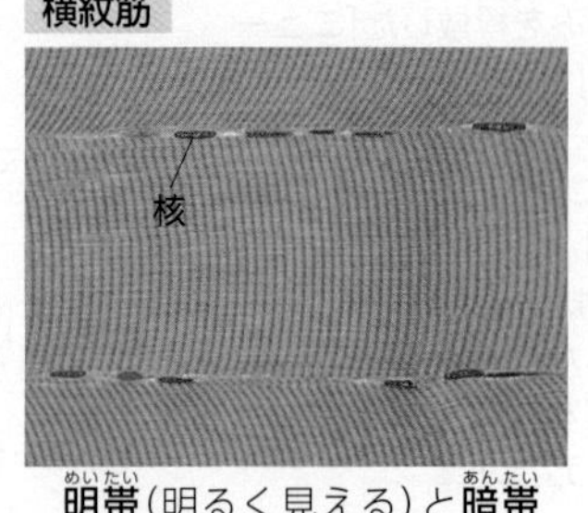
核

明帯(明るく見える)と**暗帯**(暗く見える)が交互に並ぶため，横縞(横紋)が見られる。

骨格と筋肉の動き

曲げるとき
屈筋
(収縮)
伸筋
(し緩)
ひじの関節
伸ばすとき
腱
し緩
収縮

２つの筋肉が交互に縮んだりゆるんだりすることによって，骨が動き，曲げ伸ばし運動ができる。

アクチン
フィラメント
M 線
①
②
③
ミオシン
フィラメント
H 帯
明帯(I 帯)
暗帯(A 帯)
明帯(I 帯)

アクチンフィラメント ▶p.30，p.328 ヒトゲノムマップ①

トロポミオシン
36.5 nm
5.4 nm
アクチン
トロポニン

筋原繊維のおもな成分は，**アクチン**と**ミオシン**というタンパク質で，これらは繊維状(フィラメント)になっている。

ミオシンフィラメント

ミオシン
の頭部
42.9 nm
ミオシン
20 nm
頭部

断　面

①
②
③
アクチン
フィラメント
ミオシン
フィラメント

B 筋肉の種類 ▶p.35

種類			特徴
横紋筋	骨格筋	随意筋	横縞(横紋)があり，多核の筋繊維からなる。収縮は速く収縮力が大きいが，疲労しやすい。
横紋筋	心筋	不随意筋	心臓は内臓であるが，単核の横紋筋からなる。拍動をくり返すが，疲労は少ない。
平滑筋	内臓筋	不随意筋	横縞(横紋)がなく，紡錘形の単核細胞からなる。収縮はゆるやかで収縮力も小さいが，疲労は少ない。

C Ⅰ型とⅡ型の比較

種類	Ⅰ型(遅筋)	Ⅱ型(速筋)
色(ミオグロビン)	赤(多い)	白(少ない)
収縮の速さ	遅い	速い
収縮の力	弱い	強い
エネルギー代謝	呼吸	解糖
持久力	高い	低い
ミトコンドリア	多い	少ない

ヒトの骨格筋には，収縮が遅く持久力の高いⅠ型と，収縮が速く持久力の低いⅡ型がある。

Ⅰ型には，毛細血管が豊富に分布し，酸素と結合できる赤色色素ミオグロビン(▶p.42，151)が多く含まれる。そのため，Ⅰ型は赤色をしている。

D 筋肉と pH

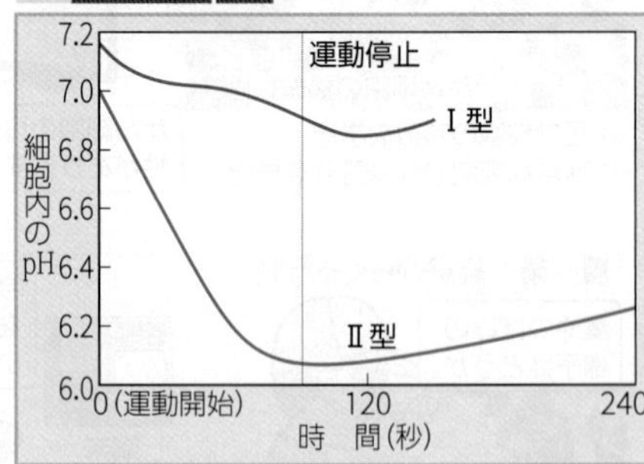
7.2
7.0
6.8
6.6
6.4
6.2
6.0
細胞内のpH
運動停止
Ⅰ型
Ⅱ型
0(運動開始)
120
240
時　間(秒)

Ⅱ型は，グルコースを解糖する際に乳酸を生成するため，pH が低下する(筋収縮のエネルギー源，▶p.192)。

プチ雑学 「アクチン(actin)」は，セント-ジェルジによって命名された。これは，アクチンを加えることで，ミオシンが活性化(activate)されると考えたからである。

Keywords ●筋肉 muscle ●明帯 light band ●暗帯 dark band ●アクチン actin ●ミオシン myosin
●筋収縮 muscular contraction ●滑り説 sliding (filament) theory

2 筋収縮のしくみ

筋肉は，アクチンフィラメントがミオシンフィラメントの間に滑りこんで収縮する（滑り説）。

A 骨格筋の収縮とし緩

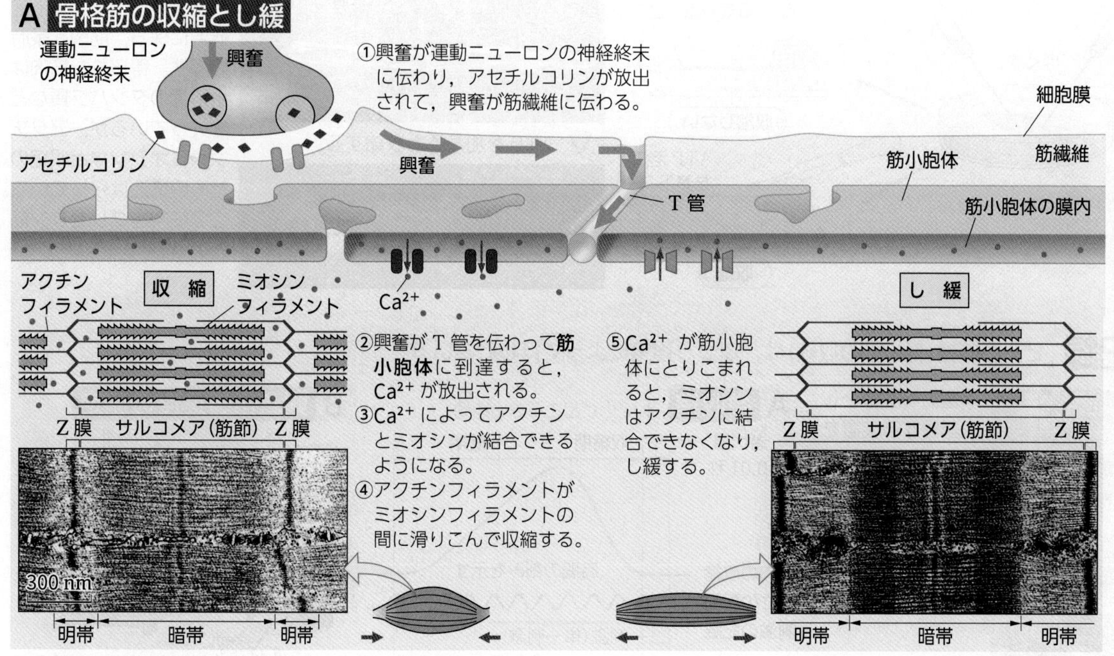
運動ニューロンの神経終末
興奮
アセチルコリン
①興奮が運動ニューロンの神経終末に伝わり，アセチルコリンが放出されて，興奮が筋繊維に伝わる。
細胞膜
筋繊維
筋小胞体
T管
筋小胞体の膜内
Ca^{2+}
アクチンフィラメント
収縮
ミオシンフィラメント
し緩
②興奮がT管を伝わって**筋小胞体**に到達すると，Ca^{2+}が放出される。
③Ca^{2+}によってアクチンとミオシンが結合できるようになる。
④アクチンフィラメントがミオシンフィラメントの間に滑りこんで収縮する。
⑤Ca^{2+}が筋小胞体にとりこまれると，ミオシンはアクチンに結合できなくなり，し緩する。
Z膜 サルコメア（筋節） Z膜
300 nm
明帯 暗帯 明帯

収縮の際，明帯の幅は狭くなるが，暗帯の幅は変わらない。

※着色画像

終板
血管
運動ニューロン
神経終末
5 μm 筋繊維

運動ニューロンの神経終末と筋繊維はシナプス（▶p.176）を形成しており，この部分を**終板**（しゅうばん）という。

ミオシン頭部の結合（③）

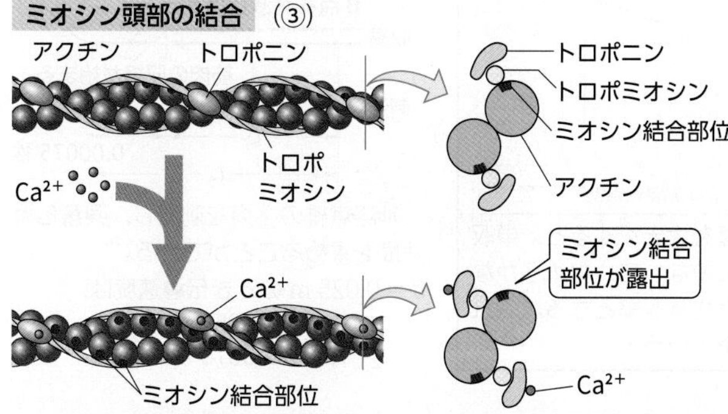
アクチン
トロポニン
トロポミオシン
Ca^{2+}
トロポニン
トロポミオシン
ミオシン結合部位
アクチン
ミオシン結合部位が露出
ミオシン結合部位
Ca^{2+}

Ca^{2+}がないときは，アクチン上のミオシン結合部位を**トロポミオシン**がおおうため，ミオシンがアクチンに結合できない。

Ca^{2+}がトロポニンに結合すると，トロポミオシンの立体構造が変化してミオシン結合部位が露出し，ミオシンがアクチンに結合できるようになる。

滑りのしくみ（④）

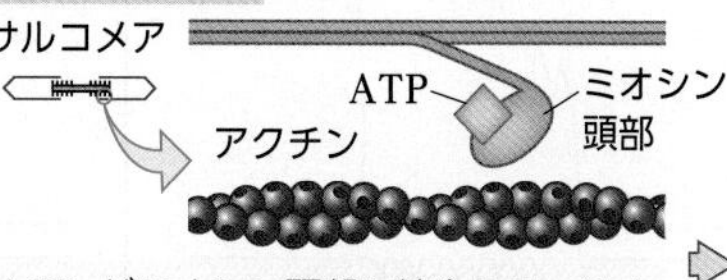
サルコメア
ATP
ミオシン頭部
アクチン

ATPがミオシン頭部に結合して，ミオシンとアクチンの結合がはずれる。

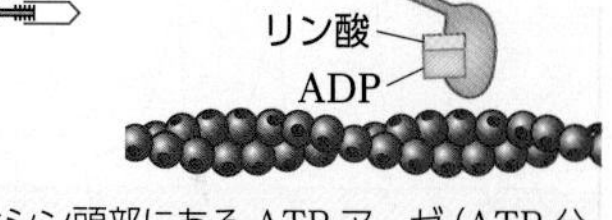
リン酸
ADP

ミオシン頭部にあるATPアーゼ（ATP分解酵素）がATPを分解する。このエネルギーでミオシン頭部の立体構造が変わる。

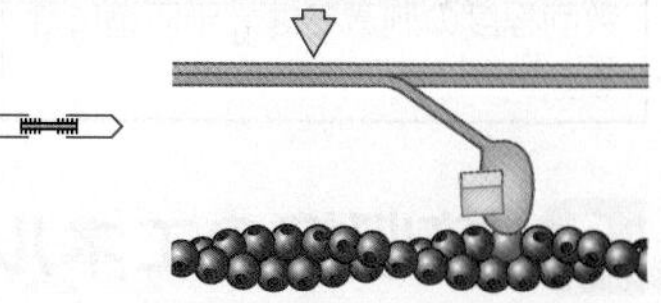

ミオシン頭部がアクチンに結合する。（Ca^{2+}がこの結合を可能にする。）

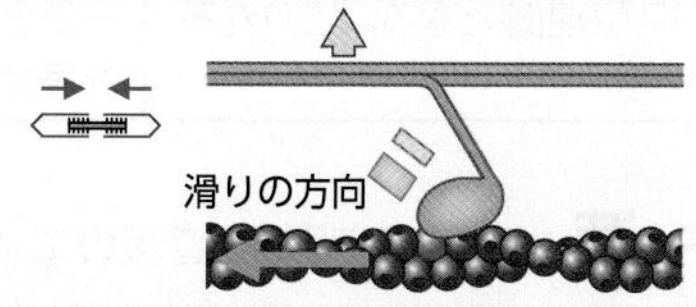
滑りの方向

ADPとリン酸がミオシン頭部から離れるとともに，ミオシンはアクチンフィラメントを動かす。

B カルシウムイオンと筋収縮

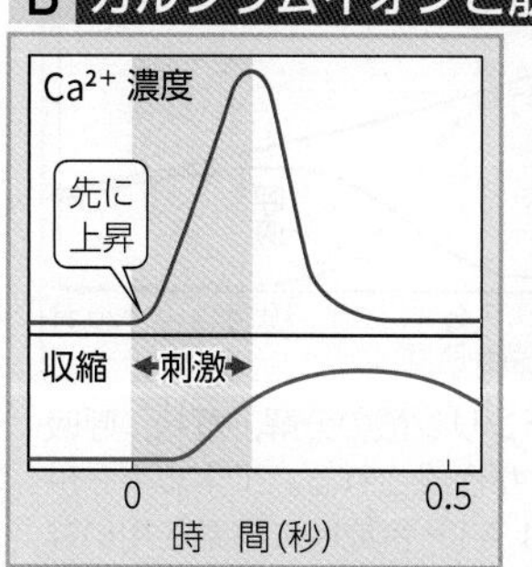
Ca^{2+}濃度
先に上昇
収縮
刺激
0
0.5
時間（秒）

筋繊維に刺激を与えると，Ca^{2+}の濃度が上昇してから，収縮が起こる。

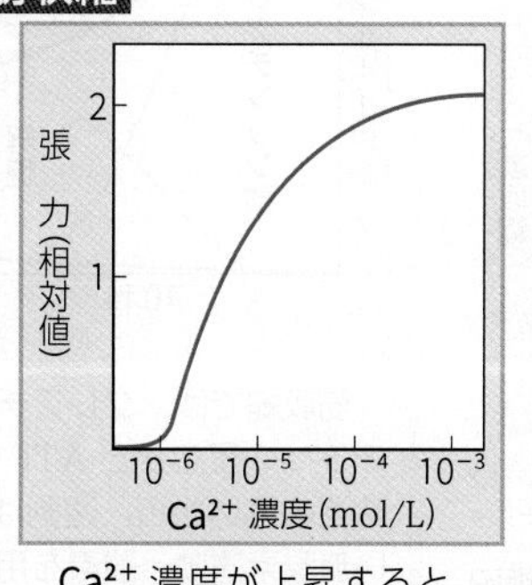
張力（相対値）
2
1
10^{-6} 10^{-5} 10^{-4} 10^{-3}
Ca^{2+}濃度（mol/L）

Ca^{2+}濃度が上昇すると，筋繊維の張力も上昇する。

C サルコメアの長さと張力

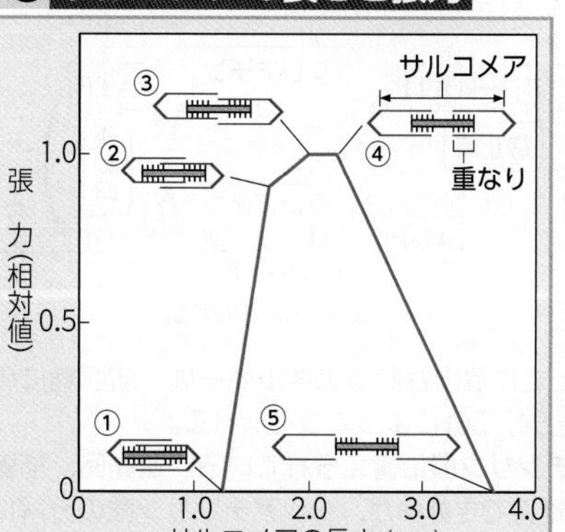
張力（相対値）
1.0
0.5
0
①
②
③
④
⑤
サルコメア
重なり
0 1.0 2.0 3.0 4.0
サルコメアの長さ（μm）

筋収縮は，ミオシンとアクチンの相互作用によって引き起こされるため，張力（筋肉が引っ張る力）はミオシン頭部とアクチンフィラメントが重なる部分の長さに依存する。重なり（張力）が最大のとき（③～④）のサルコメアの長さをLとする。

- **サルコメア＜Lのとき**（①～③）
  アクチンフィラメントどうしが重なり合ったり，ミオシンフィラメントがZ膜にぶつかったりして張力が小さくなる。
- **サルコメア＞Lのとき**（④～⑤）
  重なりが減少し張力が小さくなる。

プチ雑学　筋力は，おもに筋肉の断面積で決まる。体長が$\frac{1}{2}$になると，筋肉の断面積は$\frac{1}{4}$になり，筋力も$\frac{1}{4}$に低下する。しかし，体重（体積）は$\frac{1}{8}$になるため，体重に対する筋力が非常に大きくなると考えられる。このため，昆虫には体長の何倍もの高さにまでジャンプできるものがいる。

192 筋収縮とエネルギー

Keywords ●グリセリン筋 glycerinated muscle
●単収縮 twitch ▶強縮 tetanus
●クレアチンリン酸 creatine phosphate

1 筋収縮の実験 実験 筋肉は ATP によって収縮する。

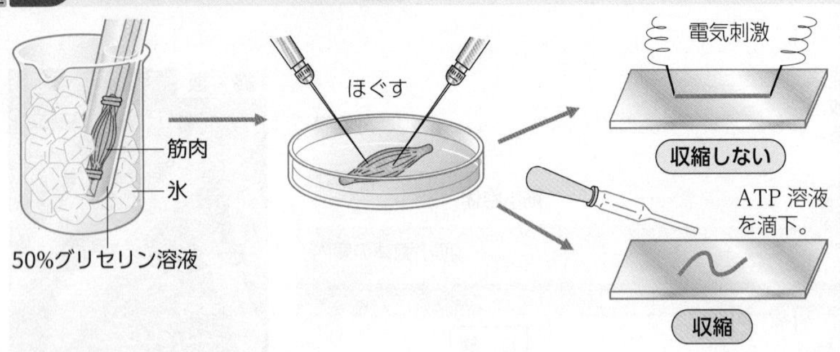
筋肉
氷
50%グリセリン溶液
ほぐす
電気刺激
収縮しない
ATP 溶液
を滴下。
収縮

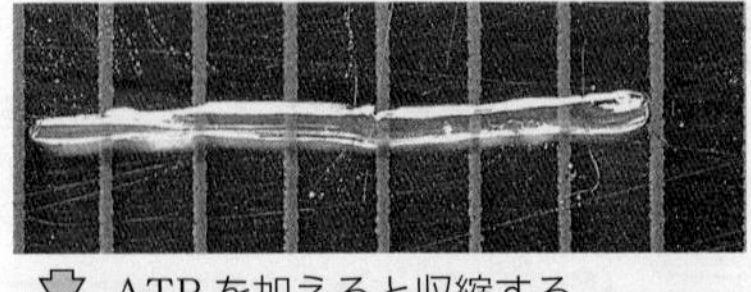

▼ ATP を加えると収縮する。

50% グリセリン溶液を低温に保ち，筋肉を長時間浸す。得られた筋肉は，水溶性のタンパク質などを失っているが，アクチンやミオシンなど収縮のための構造は残っている。この筋肉を**グリセリン筋**という。

2 筋収縮の記録 ヒトの運動（骨格筋の収縮）は，ふつう強縮によって行われている。

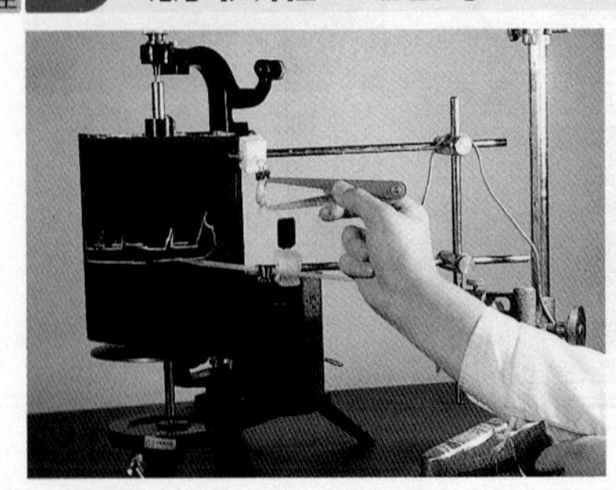

運動を曲線として記録する装置を**キモグラフ**という。

単収縮のような速く短い運動を記録する装置を**ミオグラフ**という。

A 単収縮 ＊変化が起こらない期間

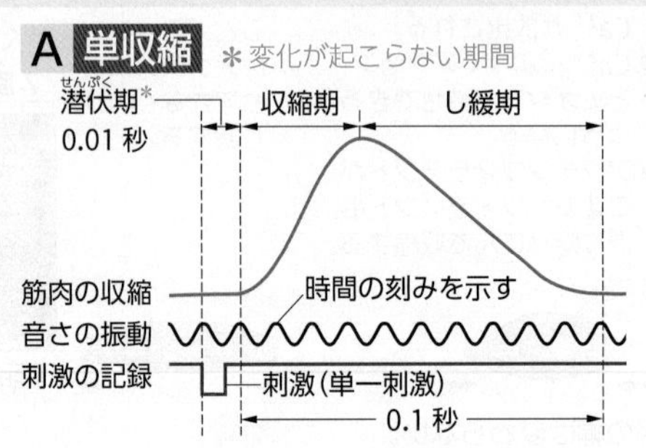
潜伏期＊
0.01 秒
収縮期
し緩期
筋肉の収縮
時間の刻みを示す
音さの振動
刺激の記録
刺激（単一刺激）
0.1 秒

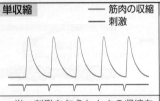

単収縮 — 筋肉の収縮 — 刺激	不完全強縮	完全強縮
	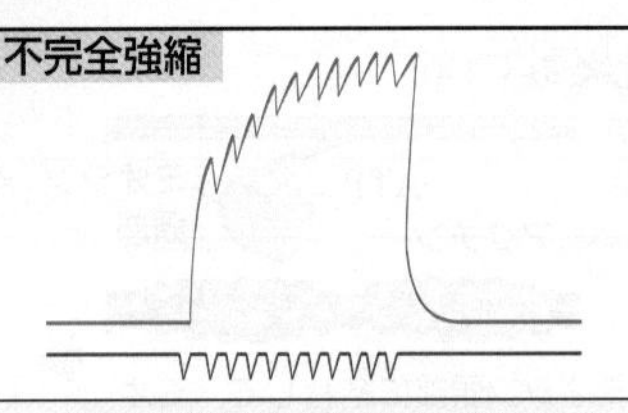	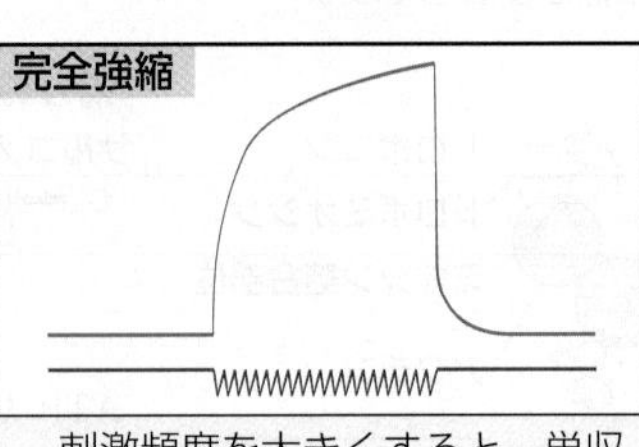
単一刺激を与えたときの収縮を**単収縮**（れん縮）という。1 秒間に数回程度の刺激では，単収縮になる。	前回の単収縮が終わる前に次の刺激を与えると，収縮が重なって，ギザギザの曲線となる。これを**不完全強縮**という。	刺激頻度を大きくすると，単収縮が完全に重なって，なめらかな一続きの大きな収縮となる。これを**完全強縮**という。

B 興奮伝導速度の測定

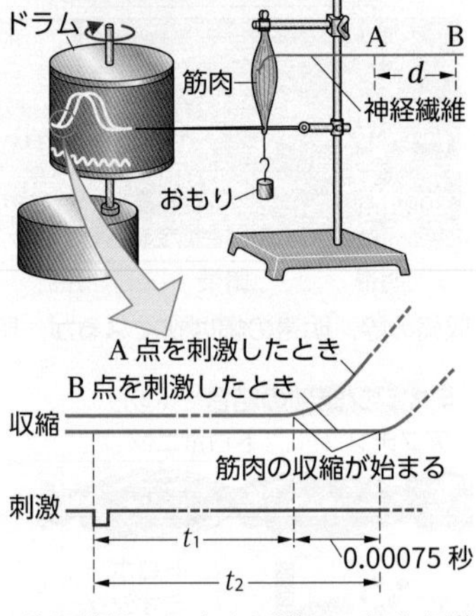
ドラム
A
B
d
筋肉
神経繊維
おもり
A 点を刺激したとき
B 点を刺激したとき
収縮
筋肉の収縮が始まる
刺激
t_1
0.00075 秒
t_2

神経繊維の 2 点を刺激し，興奮伝導速度を求めることができる。

$d = 0.025$ m のとき伝導速度は，

$$\frac{d}{t_2 - t_1} = \frac{0.025}{0.00075} \fallingdotseq 33\,(\mathrm{m/s})$$

3 筋収縮のエネルギー源 ATP が筋収縮の直接のエネルギー源である。

ATP▶p.47

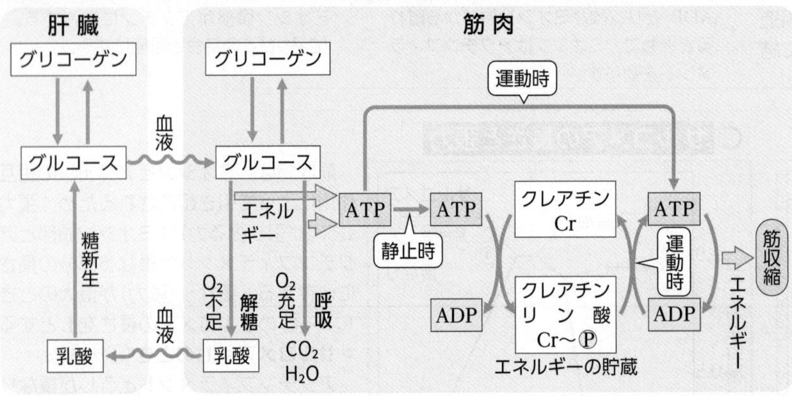
肝臓
筋肉
グリコーゲン
グリコーゲン
血液
グルコース
グルコース
運動時
エネルギー
ATP
ATP
静止時
クレアチン
Cr
ATP
運動時
糖新生
O_2不足
解糖
O_2充足
呼吸
クレアチン
リン酸
Cr～Ⓟ
ADP
ADP
筋収縮
エネルギー
血液
乳酸
乳酸
CO_2
H_2O
エネルギーの貯蔵

ATP が ADP とリン酸に分解されるときに放出されるエネルギーは，筋収縮に用いられる（▶p.191）。ATP は呼吸や解糖（▶p.54，56）によってつくられる。

静止時，ATP のエネルギーは**クレアチンリン酸**に蓄えられている。運動時，筋繊維中の ATP だけでは 1 秒間も筋肉の収縮を維持できないが，クレアチンリン酸の分解によってすみやかに ADP から ATP が再生されるため，筋収縮が持続する。

つながる生物学 体育 有酸素運動と無酸素運動

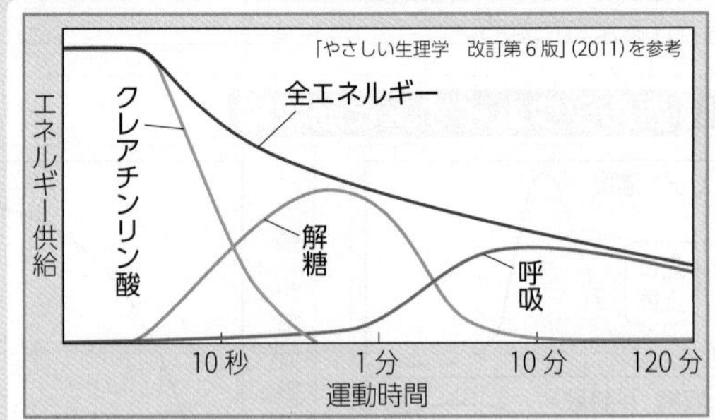
「やさしい生理学 改訂第 6 版」(2011) を参考
全エネルギー
エネルギー供給
クレアチンリン酸
解糖
呼吸
10 秒
1 分
10 分
120 分
運動時間

筋収縮では，クレアチンリン酸の分解，解糖，呼吸の 3 つの反応から ATP が合成される。エネルギー供給源の違いから，運動は ATP 合成時に酸素を用いない無酸素運動，酸素を用いる有酸素運動に分けられる。

Q ある男子高校生の 50 m 走のタイムが 7.5 秒であった。彼は有酸素運動と無酸素運動のどちらを行っていただろうか。

つながる生物学 **A** 無酸素運動　クレアチンリン酸の分解，解糖は無酸素運動，呼吸は有酸素運動のエネルギー供給源。グラフより，運動開始から 4 分ごろまでは，おもにクレアチンリン酸の分解，解糖からエネルギーが供給される。どんな運動でも無酸素系と有酸素系のエネルギーのどちらも使われるが，その割合は時間とともに変化する。

1 いろいろな効果器 効果器は，筋肉のほかにもさまざまなものがある。

分泌腺（化学効果器）▶p.140

A 繊毛・鞭毛 ▶p.31

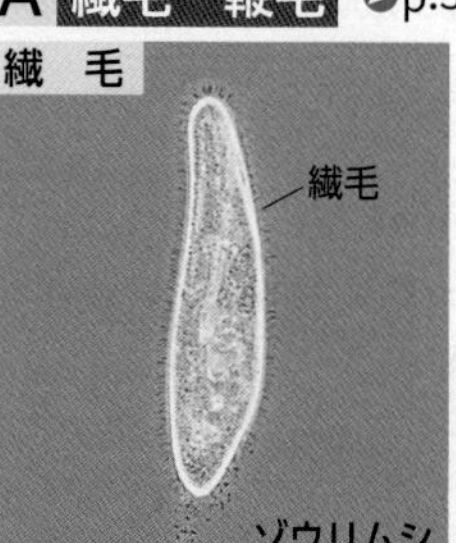

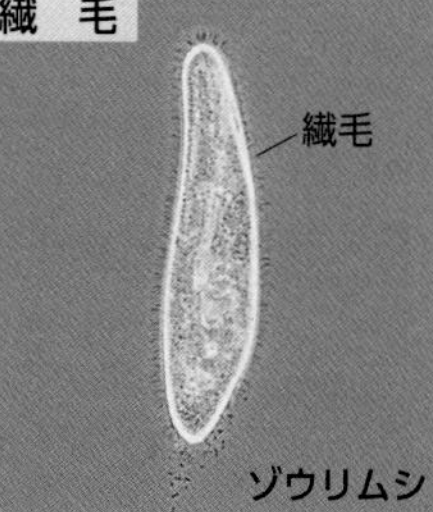
繊毛
繊毛
ゾウリムシ
鞭毛
鞭毛
ミドリムシ

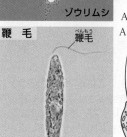

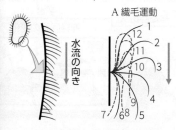

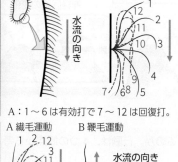

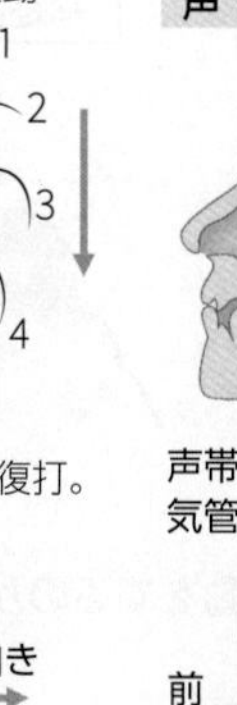
A 繊毛運動
水流の向き
A 繊毛運動
B 鞭毛運動
水流の向き

A：1～6は有効打で7～12は回復打。

B：連続的に波打たせて水流をつくる。

B 発音器官

声帯 例 ヒト

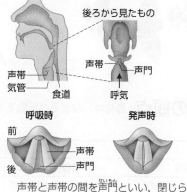

呼気により声帯（せいたい）が振動し，音を出す。

後ろから見たもの
声帯
気管
食道
声帯
声門
呼気
呼吸時
発声時
前
後
声帯
声門

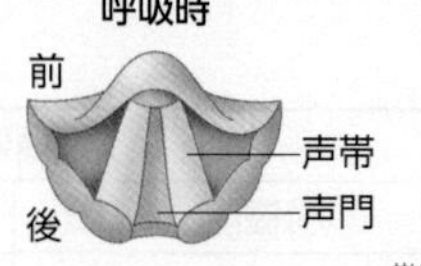

声帯と声帯の間を声門（せいもん）といい，閉じられた声門を呼気が通過するとき声帯が振動して音が出る。

鼓膜器 例 セミ

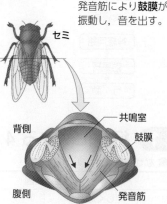

発音筋により**鼓膜**が振動し，音を出す。

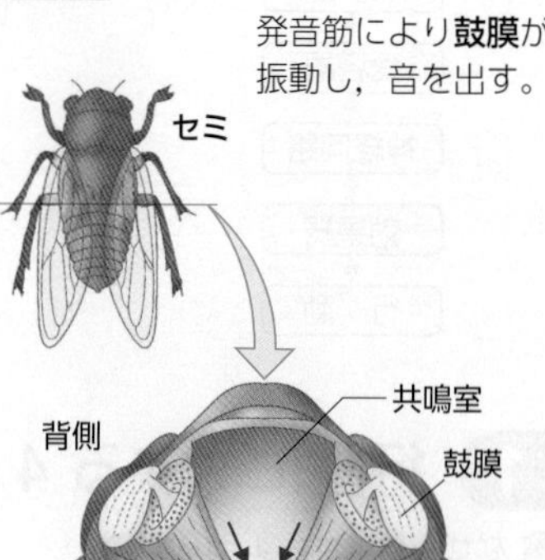
セミ
共鳴室
背側
鼓膜
腹側
発音筋

発音筋の収縮で鼓膜が引っ張られてへこみ，発音筋が戻ると鼓膜ももとに戻る。このとき音が出る。

C 発電器官 例 シビレエイ

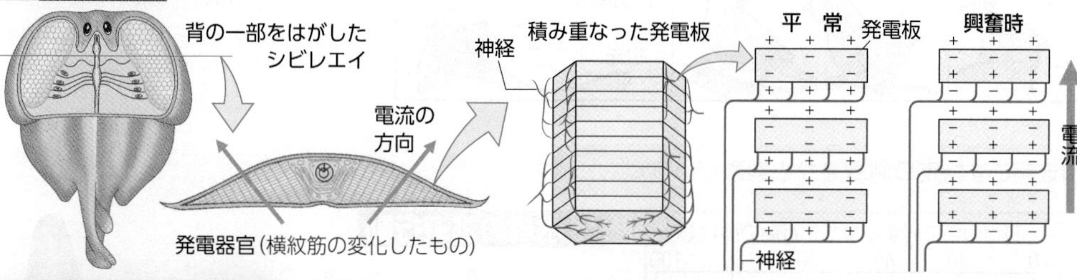
背の一部をはがしたシビレエイ
電流の方向
発電器官（横紋筋の変化したもの）
神経
積み重なった発電板
平常
発電板
興奮時
電流
神経

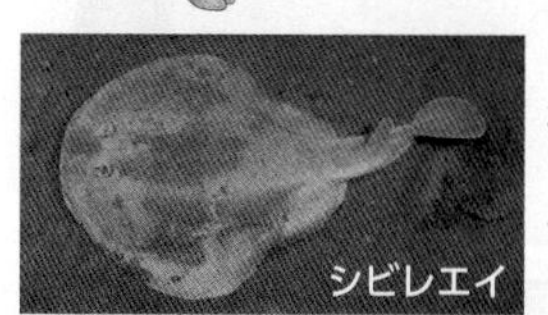
シビレエイ

発電板はうすい板状で，一方の側だけに神経が分布している。平常では，発電板の表面は＋になっているが，神経からの刺激を受けると，神経が分布している側の表面が－になり，発電板は1個の電池になる。これがたくさん積み重なり，直列つなぎになって大きな電圧が生まれる。これを放電することで，食物をとったり，身を守ったりしている。

Memo 独立効果器

イソギンチャク
刺細胞

受容器の働きをあわせもち，受容した刺激にすぐに反応する効果器を独立効果器という。たとえば，刺胞動物がもつ刺細胞などがある。刺細胞は触手などに分布し，接触刺激に対して刺胞を発射し，えさをとったり，身を守ったりする。

D 色素胞 例 メダカ

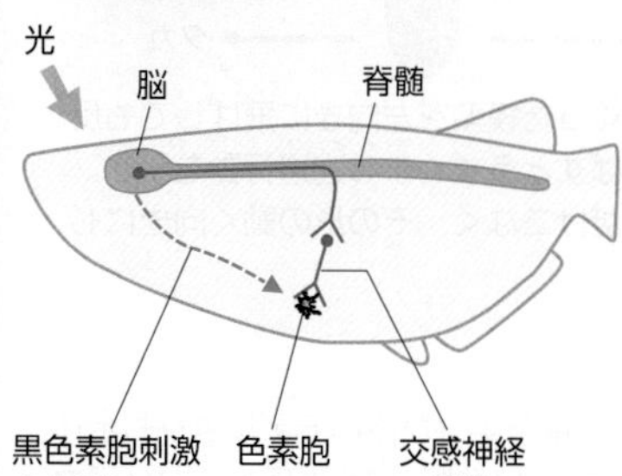
光
脳
脊髄
黒色素胞刺激ホルモン→拡散
色素胞
交感神経→凝集

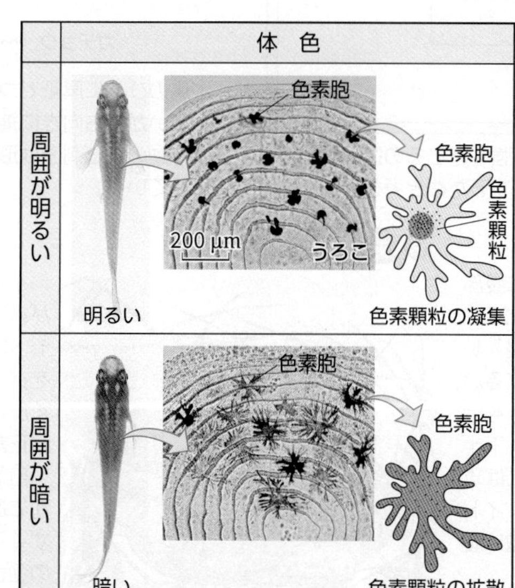
体色
周囲が明るい
色素胞
色素胞
色素顆粒
200 μm
うろこ
明るい
色素顆粒の凝集
周囲が暗い
色素胞
色素胞
暗い
色素顆粒の拡散

メダカは周囲の明るさに応じて体色を変え，外敵に発見されることを防ぐ。

色素胞（しきそほう）内の色素顆粒は，交感神経によって凝集し，脳下垂体から分泌される黒色素胞刺激ホルモンによって拡散する。

E 発光器官 例 ホタル

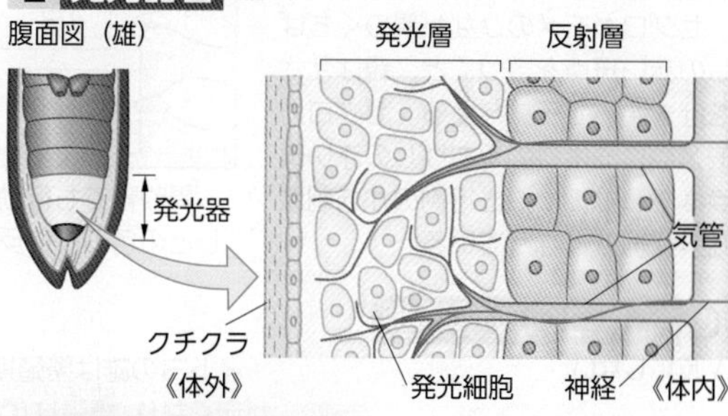
腹面図（雄）
発光器
発光層
反射層
気管
クチクラ
《体外》
発光細胞
神経
《体内》

ゲンジボタル

ホタルの腹部にある発光器は，発光層と反射層からなる。気管に沿って走行している神経は発光細胞の発光を引き起こす。発光細胞では，気管に近い位置にミトコンドリアが多数あり，発光に必要なATPを供給している。

進化View 1 声帯はヒトだけではなく哺乳類に広く見られる，のどのひだ状の構造である。ただし，ヒトはのどの構造が他の哺乳類とは異なっており，複雑な音声言語を話すことができる。音声言語はヒトへと至る進化の過程で生じたはずだが，いつ音声言語が進化したのかはよくわかっていない。Link

生得的行動(1)

Overview 動物の行動

動物が刺激を受容すると，その情報は神経回路で処理され，刺激に対して適切な行動が生み出される。動物の行動には，生得的かつ習得的に成立するものも多い。

●行動が生じるしくみ

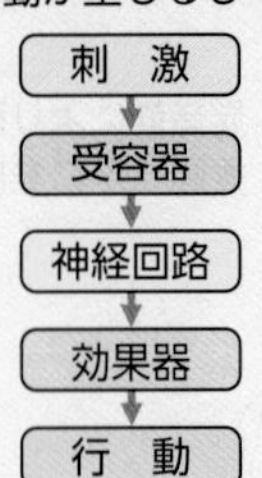
刺　激
受容器
神経回路
効果器
行　動

●生得的行動 ▶p.194～199
学習や経験を必要とせず，生まれつき備わっている。

●習得的行動（学習により生まれる行動）▶p.200，201

神経回路 X
学習
神経回路 X′
神経回路の変化
経験
親
子

1 行動に対する4つの観点

動物は，なぜその行動をするのか。行動は，4つの観点から考えられる。

例 なぜ，鳥はさえずるのか

至近要因		究極要因	
①しくみ	②発達	③機能	④系統進化
どのようにして，その行動が成り立っているのか。	どのようにして，その行動は発達したのか。（1世代内の変化）	どのような役割が，その行動にはあるのか。	どうして，その行動が進化したのか。（世代間の変化）
ホルモン，神経系，発声器官（図：脳，発声器官）	学習による発達（図：成鳥，幼鳥）	配偶者の獲得（図：♀，♂）	祖先の単純な鳴き声から進化*（図：祖先）

行動を生じさせている要因のうち，その行動を生じさせる直接的な要因を至近要因（①と②），進化や適応に関わる要因を究極要因（③と④）という。①～④は動物の行動を研究する際の重要な観点であり，ティンバーゲン（▶p.195）によって示された。

＊現存する最も原始的な鳥は単純な音を出すことから，鳥のさえずりは祖先の単純な鳴き声から進化したと仮定できる。

2 かぎ刺激

生得的行動を引き起こす特定の刺激をかぎ刺激という。

A ひなのつつき行動

ウミネコの親子

セグロカモメのひなが親のくちばしの赤い斑点をつつくと，親はえさを吐き戻して子に与える。セグロカモメやウミネコのくちばしの赤い斑点は，ひなのつつき行動の**かぎ刺激**（**信号刺激**）となっている。

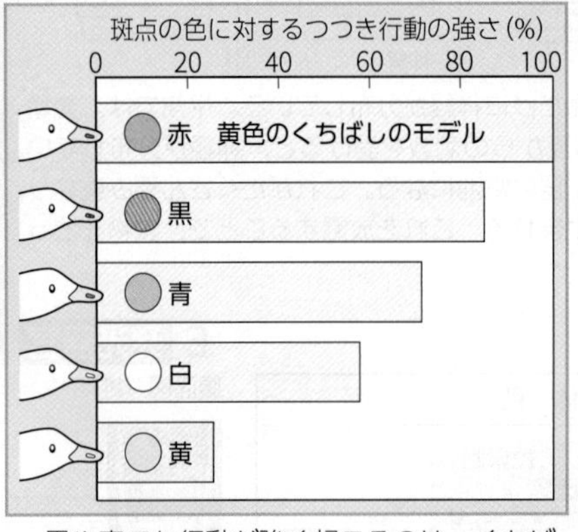
斑点の色に対するつつき行動の強さ（%）
0
20
40
60
80
100
赤　黄色のくちばしのモデル
黒
青
白
黄

黒や青でも行動が強く起こるのは，くちばしとの色の差に反応するためと考えられる。

B 水鳥の逃避行動

ガチョウ ←　→ タカ

水鳥のひなに厚紙でつくった模型を左向きに飛ばしても反応しないが，右向きに飛ばすとうずくまる逃避行動を示す。逃避行動のかぎ刺激は形だけでなく，その形の動く向きにも関係している。

C イトヨの攻撃行動

A 反応しない

B 攻撃する

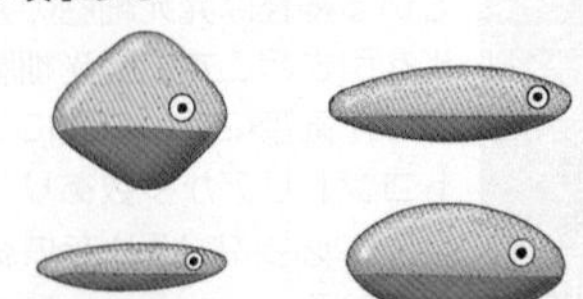

イトヨの雄は繁殖期に腹部が赤くなり，縄張り（▶p.237）をもつようになって，侵入してきたほかの雄を攻撃する。

姿がよく似た模型（A）を近づけても反応しないが，下半分を赤くした模型（B）には攻撃する。このことから，イトヨの攻撃行動のかぎ刺激は腹部の「赤い色」といえる。

D 超正常刺激

イトヨは下半分が赤いモデルよりも全体が赤いモデルにより強く反応し，セグロカモメは自分の卵よりも，大きなモデルの方を抱こうとする。本来のかぎ刺激よりも強く反応するこのような人工刺激のことを，**超正常刺激**という。

自然界では，信号として目立つことは有利であると同時に，捕食者に見つけられやすく不利となるので，かぎ刺激は中間程度の強さに抑えられていると考えられる。

進化View 1　行動に対する4つの観点は，互いに関連しあっている。また，機能（③）は自然選択（▶p.284）によって生み出されるため，これら4つの観点は生物の行動を進化的な視点から理解する上でも重要である。

生 3 反応の連鎖 単純な反射の連続で，複雑な行動が引き起こされる。

A イトヨの生殖行動

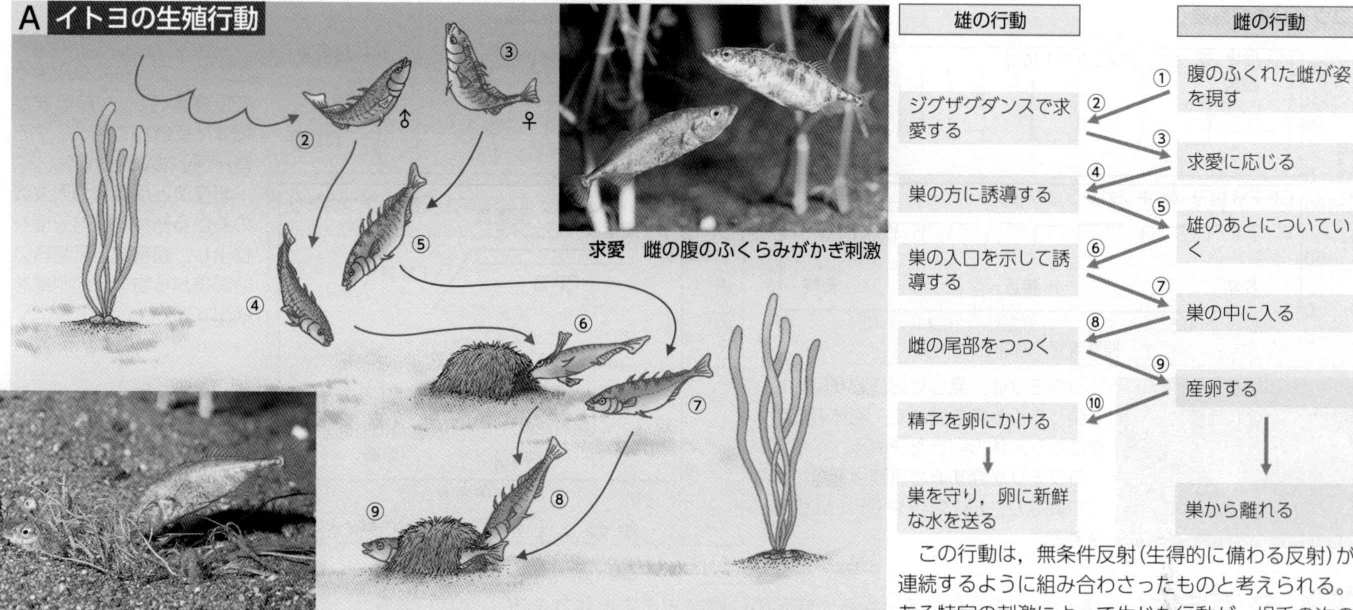
①
②
③
④
⑤
⑥
⑦
⑧
⑨
♂
♀
雄の行動
雌の行動
① 腹のふくれた雌が姿を現す
② ジグザグダンスで求愛する
③ 求愛に応じる
④ 巣の方に誘導する
⑤ 雄のあとについていく
⑥ 巣の入口を示して誘導する
⑦ 巣の中に入る
⑧ 雌の尾部をつつく
⑨ 産卵する
⑩ 精子を卵にかける
巣を守り，卵に新鮮な水を送る
巣から離れる

求愛　雌の腹のふくらみがかぎ刺激

産卵　雌は雄につつかれると産卵

この行動は，無条件反射（生得的に備わる反射）が連続するように組み合わさったものと考えられる。ある特定の刺激によって生じた行動が，相手の次の行動のかぎ刺激として働くことが多い。

生 4 定　位 動物は，光や重力などの情報をもとに，特定の方向に体位を向ける。

A 走　性

走　性	刺　激	正の走性	負の走性
光走性	光	ミドリムシ，ガ，魚類	ミミズ，ゴキブリ
化学走性	化学物質	ゾウリムシ（弱酸），カ（二酸化炭素）	ゾウリムシ（強酸）
重力走性	重　力	ミミズ	ゾウリムシ，カタツムリ
流れ走性	水　流	アメンボ，メダカ	サケ，マス（成長期）
電気走性	電　流	エビ，ミミズ，ヒトデ（陽極に向かう）	ゾウリムシ（陰極に向かう）
温度走性	温　度	ゾウリムシ（低温から適温に向かう）	ゾウリムシ（高温から適温に向かう）

生まれつき備わっている行動で，刺激に対して一定の方向に移動する行動を**走性**（そうせい）という。刺激に向かうときを正の走性，刺激から遠ざかるときを負の走性という。

メダカの走性

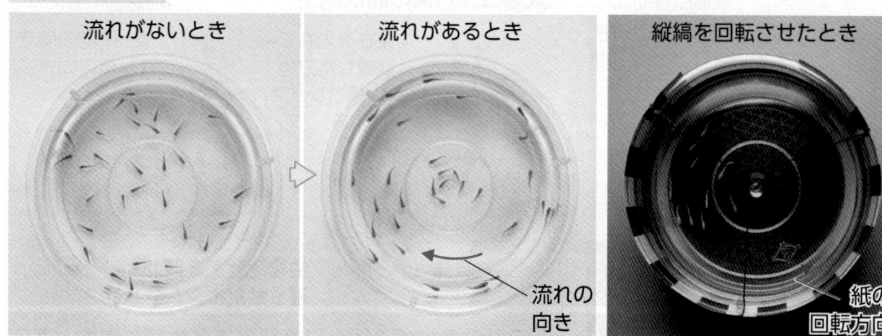
流れがないとき
流れがあるとき
縦縞を回転させたとき
流れの向き
紙の回転方向

メダカは水流に逆らって泳ぎ（正の流れ走性），同じ位置にとどまろうとする（保留走性）。これは，側線器官（▶p.179）で感知した水の流れと眼で認識した景色の変化を刺激とする走性である。

水槽を縦縞模様の紙で囲み，紙を回転させると，メダカは模様と同じ向きに泳ぐ。これは，縞の動きに対してからだの位置を一定に保とうとするからである。

Step up ゾウリムシの温度走性のしくみ

ゾウリムシが泳ぐ向きは，繊毛（せんもう）が波打つ方向によって決まる。繊毛表面の膜に活動電位が発生すると，繊毛内に Ca^{2+} が流入し，繊毛打（▶p.193）を逆転させる。

ゾウリムシの細胞膜には温度変化に反応して開閉するイオンチャネルがあり，適温から離れると細胞内外の電位差を小さくするため，活動電位が発生しやすくなる。そのため，適温から離れるとゾウリムシは頻繁に方向転換を行い，適温付近ではまっすぐに泳ぐことになる。結果としてゾウリムシは適温付近に集まる。

Column 動物行動学の父

ティンバーゲン

ローレンツ

フリッシュ

ティンバーゲン（イトヨの行動），ローレンツ（刷込み▶p.201），フリッシュ（ミツバチの行動▶p.197）は，1973年にノーベル生理学・医学賞を受賞した。彼らによって，動物の行動を研究する学問である「動物行動学」が生物学の1つの分野として認知されるようになった。

Nikolaas Tinbergen（1907～1988，オランダ，イギリス），
Konrad Zacharias Lorenz（1903～1989，オーストリア），
Karl Ritter von Frisch（1886～1982，オーストリア）

プチ雑学

ヒトにも生得的行動はある。たとえば，新生児は口のまわりに触れられると乳首を探す行動を，そして乳首に触れられると乳を吸う行動を示す。また，感情を表現するための表情も，生得的行動であると考えられている。

生得的行動(2)

1 反響定位(エコーロケーション) コウモリは，発した超音波と反響音の違いから，物体の位置を知る。

コウモリの超音波

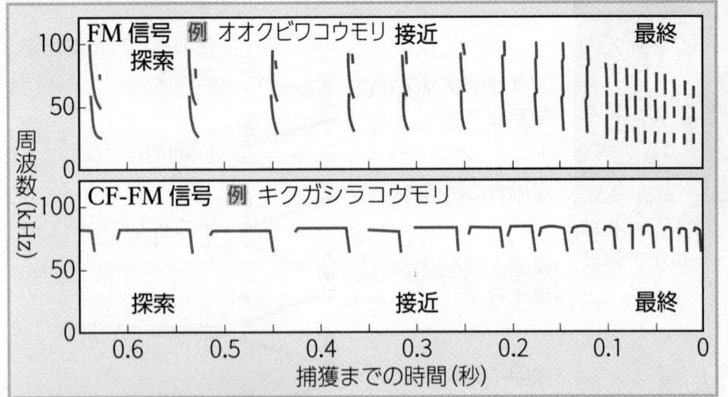
FM 信号 例 オオクビワコウモリ
探索
接近
最終
CF-FM 信号 例 キクガシラコウモリ
探索
接近
最終
周波数(kHz)
捕獲までの時間(秒)

コウモリ

コウモリは，発した超音波が反射して戻ってくるのを受けて，物体の位置をはかり，体の向きを決める。

コウモリが発する超音波は種類によって異なり，FM 信号や CF-FM 信号がある。

CF - FM 信号による定位

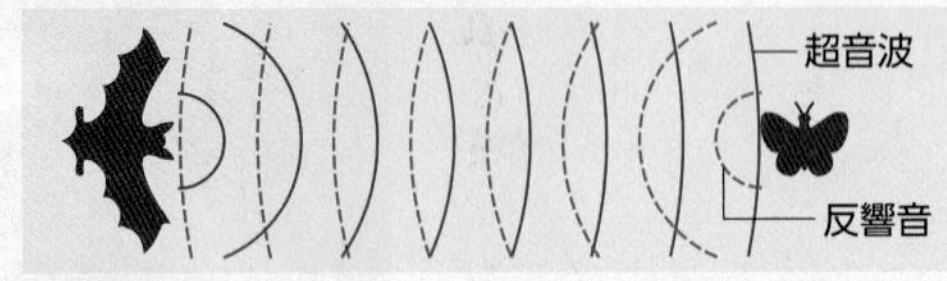
超音波
反響音

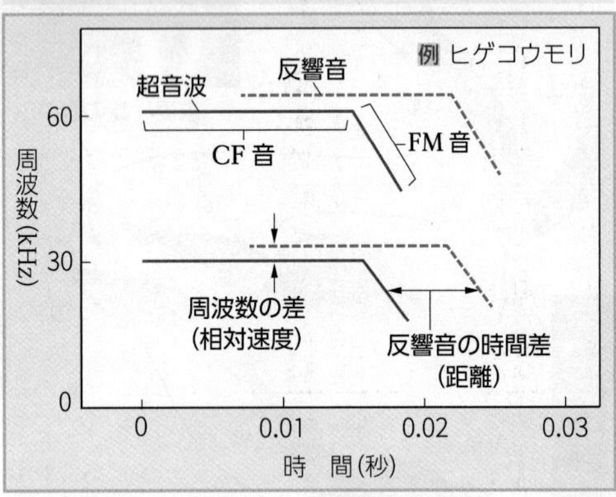
例 ヒゲコウモリ
反響音
超音波
CF 音
FM 音
周波数の差
(相対速度)
反響音の時間差
(距離)
周波数(kHz)
時　間(秒)

コウモリが物体に近づくと，ドップラー効果によって反響音(発した超音波が物体に反射して戻ってくる音)の周波数が上がる。

超音波と反響音の周波数の差から物体の相対速度を検出し，超音波と反響音の時間差から物体との距離を検出する。

Memo ドップラー効果

音源や観測者が動くことで，もとの周波数と異なった周波数が観測される現象。

2 音源定位 左右の耳に届く音の違いから，音源の位置を知ることができる。

メンフクロウ

夜行性のメンフクロウは，音だけを頼りに獲物をとらえる。獲物の位置は，水平方向の角度と垂直方向の角度から判断する。

水平方向 時間差

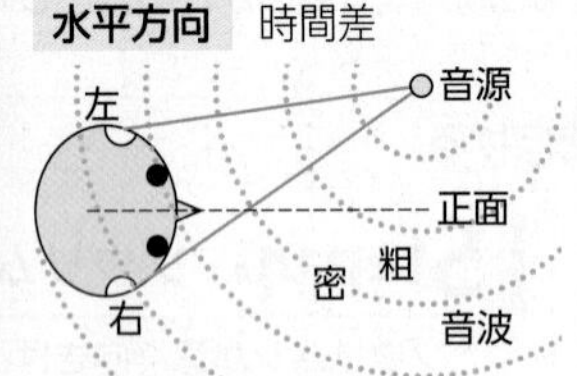
左
音源
正面
密
粗
右
音波

左右の耳に届く音に時間差が生じる。

垂直方向 強度差

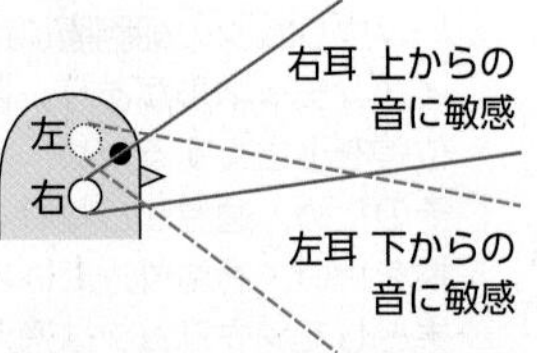
右耳 上からの
音に敏感
左
右
左耳 下からの
音に敏感

耳が左右で違う高さと向きでついているので，両耳で感じる音の強さに違いが生じる(強度差)。

音源定位のしくみ

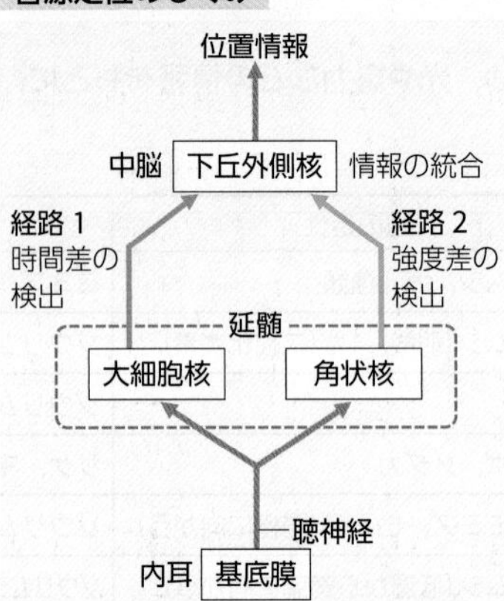
位置情報
中脳
下丘外側核
情報の統合
経路 1
時間差の
検出
経路 2
強度差の
検出
延髄
大細胞核
角状核
聴神経
内耳
基底膜

両耳の内耳で感知した音の情報は，脳において 2 つの経路に分岐する。

経路 1　音の時間差が検出され，水平方向の位置情報になる

経路 2　音の強度差が検出され，垂直方向の位置情報になる

これらの情報は中脳で統合される。

3 太陽コンパスによる定位 太陽の位置から，方角を知ることができる。

太陽コンパス

Kramer (1950) による

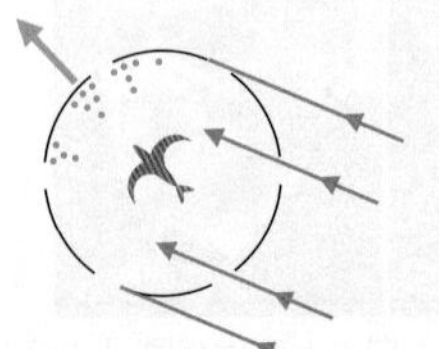
晴れの日

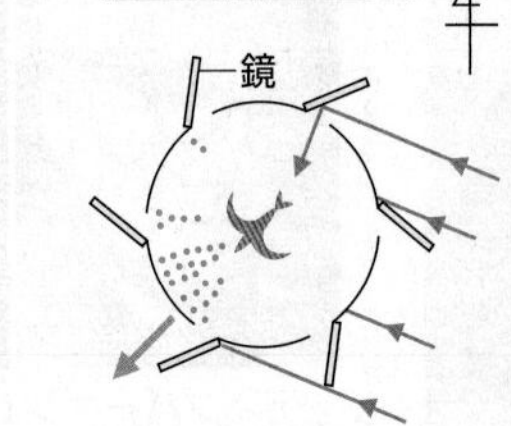
くもりの日
光の向きを変える
鏡

一定の方向を向く。　バラバラになる。　向く方向が変わる。

ホシムクドリは渡りの季節になると，渡りの方向へ頭を向ける。

∵ 鳥の向き
⬅ 平均の向き
← 光の向き

ホシムクドリは，太陽の位置を基準にして移動する方向を定める。この能力を**太陽コンパス**といい，鳥や昆虫などの多くの動物にみられる。しかし，太陽の方角は日周運動によって変化するため，生物時計による補正が必要である。

ホシムクドリ

太陽コンパスの時間補正

Hoffmann (1954) による

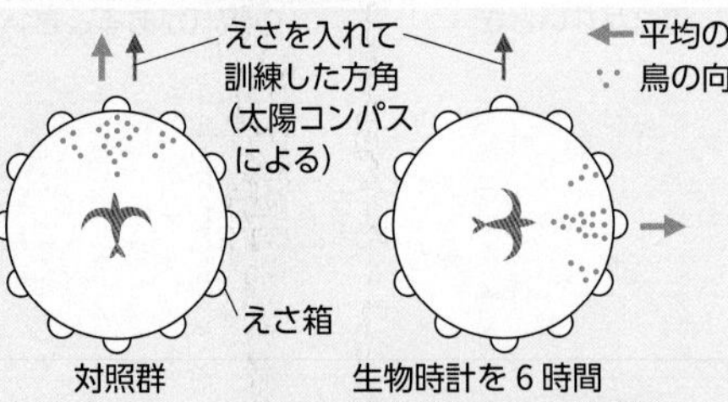
えさを入れて
訓練した方角
(太陽コンパス
による)
平均の向き
鳥の向き
えさ箱
対照群
生物時計を 6 時間
遅らせたホシムクドリ

円形の鳥かごの周りに等間隔でえさ箱を置き，ある特定の方角のえさ箱からえさをとるようにホシムクドリを訓練した。生物時計を 6 時間遅らせると，対照群とは $(6 \div 24) \times 360^\circ = 90^\circ$ ずれた方向を向いた。これより，生物時計(▶p.199)で太陽の位置の時間変化を調節していることがわかる。

プチ雑学

左右の耳で識別できる音の時間差は，ヒトでは 0.01 ～ 0.02 秒，メンフクロウで 0.01 秒であるといわれている。

Keywords ●定位 orientation ●太陽コンパス solar compass

4 地磁気コンパスによる定位 地磁気から，方角を知ることができる。

地磁気のモデル

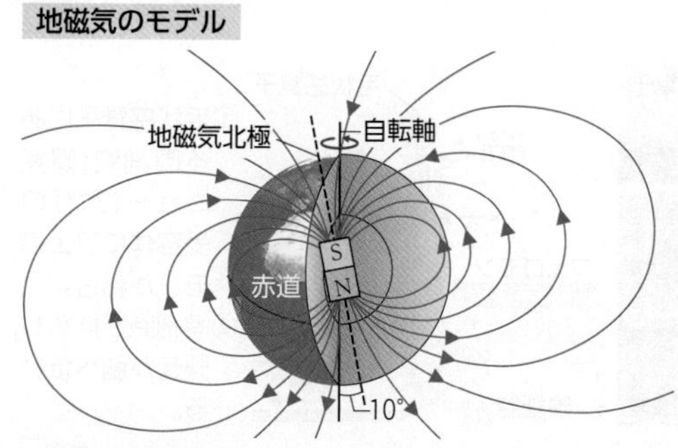
地磁気北極
自転軸
S
N
赤道
10°

地球の磁気（地磁気）は，地球内部に短い棒磁石を置いたときにつくられるものとよく似ている。地磁気の極と，地理上の極は約 10° ずれている。

Step up 星座コンパス

ルリノジコ

プラネタリウム内で星座の位置を変えながらルリノジコが飛び立つ方角を調べる実験をしたところ，星の位置に応じて飛び立つ方角が変化した。これより，ルリノジコは星の位置をもとに定位していることがわかった。ルリノジコは，生まれてから最初の渡りまでの臨界期（▶p. 201）の間に星座コンパスを学習する。

地磁気コンパス

Walcott (1974) による

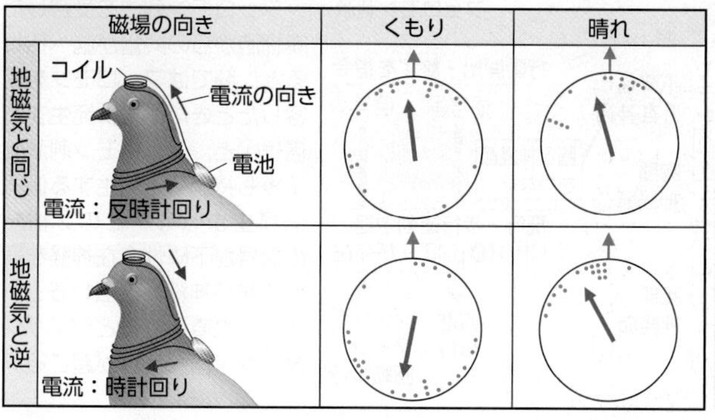
磁場の向き
くもり
晴れ
地磁気と同じ
コイル
電流の向き
電池
電流：反時計回り
地磁気と逆
電流：時計回り
巣がある方向
鳥が飛び立った平均の方向
鳥が飛び立った方向

伝書バトは，遠く離れた場所から放しても，巣に帰ることができる能力を利用して，古くは通信手段として用いられていた。伝書バトの頭に装着したコイルに電流を流すと，頭部の周りで磁場*が発生する。地磁気と逆向きの磁場をつくると，ハトは巣の方向と逆方向に飛び立った。これより，ハトは地磁気を利用して飛び立つ方角を決定していると考えられる。

太陽が見えるときには磁場に関係なく巣へ戻ることから，地磁気コンパスは太陽コンパス（▶p.196）が使えないくもりの日に補助的に使われると考えられる。

＊磁気が働く空間を磁場（磁界）という。

5 カエルの対向行動と回避行動 物体の大きさによって対向行動をとるか，回避行動をとるかが決まる。

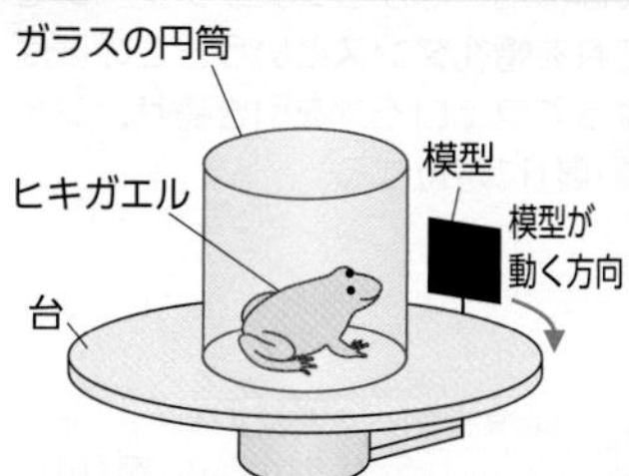
ガラスの円筒
ヒキガエル
模型
模型が動く方向
台

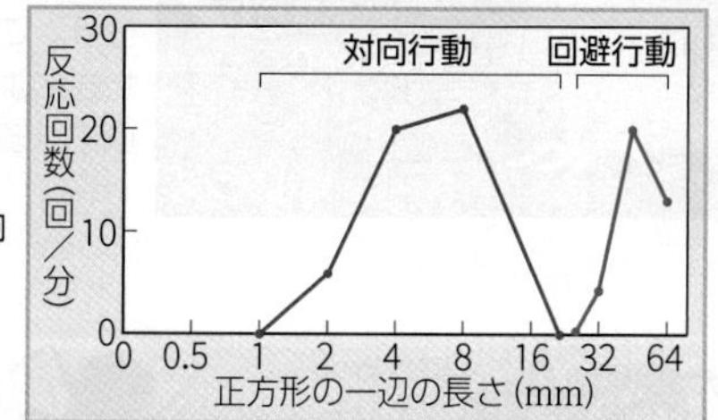
対向行動
回避行動
反応回数（回／分）
30
20
10
0
0 0.5 1 2 4 8 16 32 64
正方形の一辺の長さ（mm）

カエルは，視覚情報によって獲物か敵かを判断する。獲物を見ると対向行動（獲物の方を向く）をとり，敵を見ると回避行動（体をふくらませる，縮こまる，逃げる）をとる。カエルにさまざまな大きさの正方形の模型を見せると，模型の大きさによって，模型に対してとる行動や反応回数が変化した。これより，カエルは獲物と敵を大きさで見分けていることがわかる。

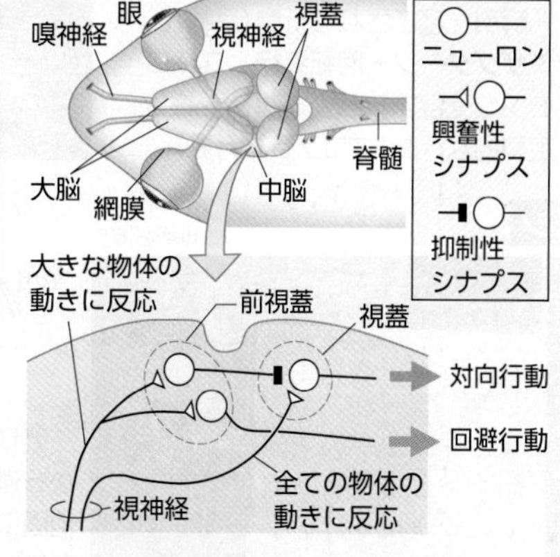
嗅神経
眼
視神経
視蓋
脊髄
大脳
網膜
中脳
ニューロン
興奮性シナプス
抑制性シナプス
大きな物体の動きに反応
前視蓋
視蓋
対向行動
回避行動
視神経
全ての物体の動きに反応

カエルの視覚情報は，網膜から前視蓋（視床後部の領域）や視蓋に伝わる。カエルでは，物体の大きさはおもに網膜で判断される。

網膜から大きさの情報が伝わると，前視蓋と視蓋でのニューロンの興奮と抑制のバランスが決まり，対向または回避行動が起こる。

前視蓋を破壊すると，大きな物体に対しても対向行動をとるようになる。

6 ダンスによる情報伝達 ミツバチは，えさ場までの距離や方向を，ダンスで伝える。

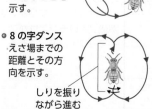

ミツバチのダンス

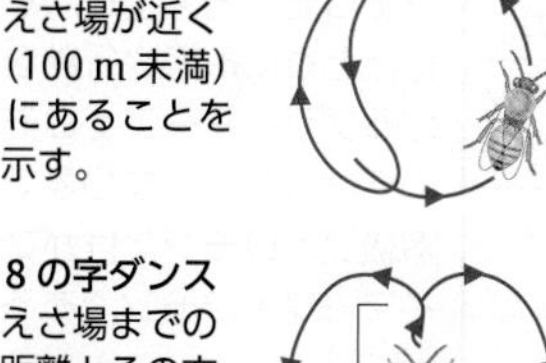
円形ダンス
えさ場が近く（100 m 未満）にあることを示す。
8 の字ダンス
えさ場までの距離とその方向を示す。
しりを振りながら進む

えさ場までの距離

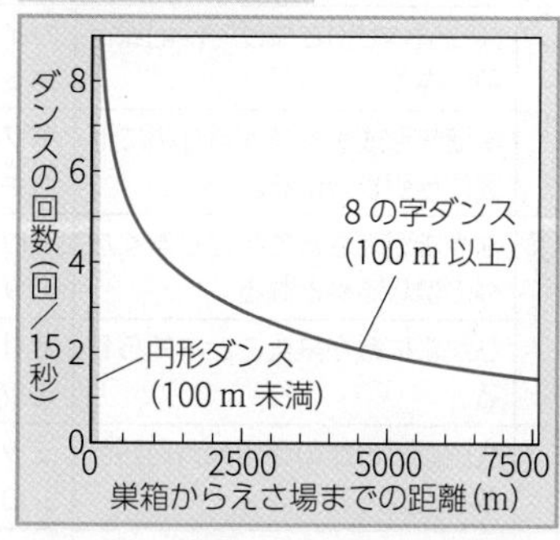
ダンスの回数（回／15 秒）
8
6
4
2
0
0 2500 5000 7500
巣箱からえさ場までの距離（m）
8 の字ダンス（100 m 以上）
円形ダンス（100 m 未満）

えさ場の方向

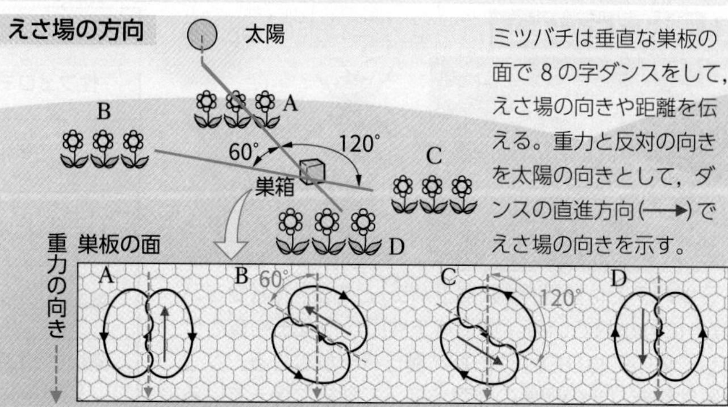
太陽
A
B
C
D
60°
120°
巣箱
重力の向き
巣板の面

ミツバチは垂直な巣板の面で 8 の字ダンスをして，えさ場の向きや距離を伝える。重力と反対の向きを太陽の向きとして，ダンスの直進方向（⟶）でえさ場の向きを示す。

プチ雑学 多くの鳥は，季節によって繁殖地と非繁殖地を往復する。季節の変化や生物時計（▶p.199）から，渡りの時期の訪れを知ると，性ホルモンの働きによって移動を開始する。渡り鳥は，太陽や星，地磁気をもとに定位し，目的地に向かう。

生 生物

1 フェロモンによる情報伝達

フェロモンは体外に分泌され，同種の他個体に特有の反応を引き起こす。

A 性フェロモン

カイコガの生殖行動

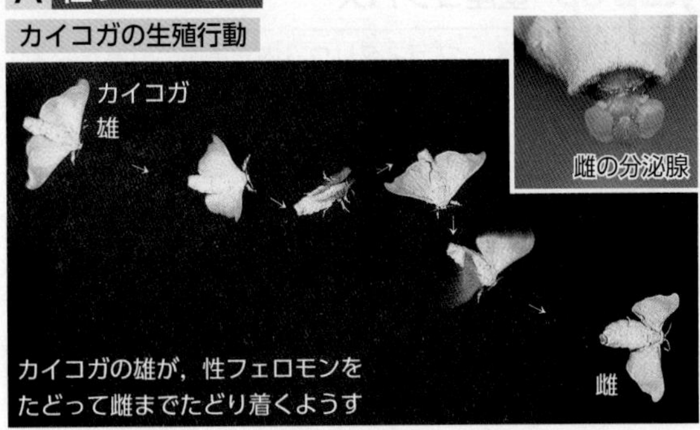

カイコガ
雄
雌の分泌腺
雌

カイコガの雄が，性フェロモンをたどって雌までたどり着くようす

体外に分泌され，微量で同種のほかの個体に特有の反応を引き起こす物質を，**フェロモン**という。

雌は腹部の先端にある分泌腺から**性フェロモン**を出す。雄はこのフェロモンを触角で受容して誘引され，雌雄は交尾する。

フェロモンの受容

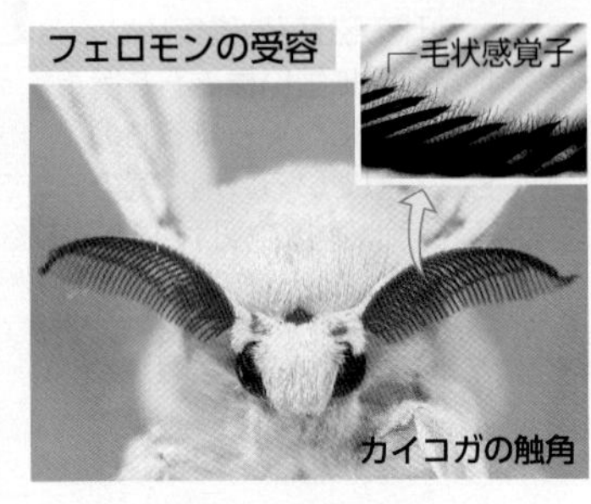

毛状感覚子
カイコガの触角

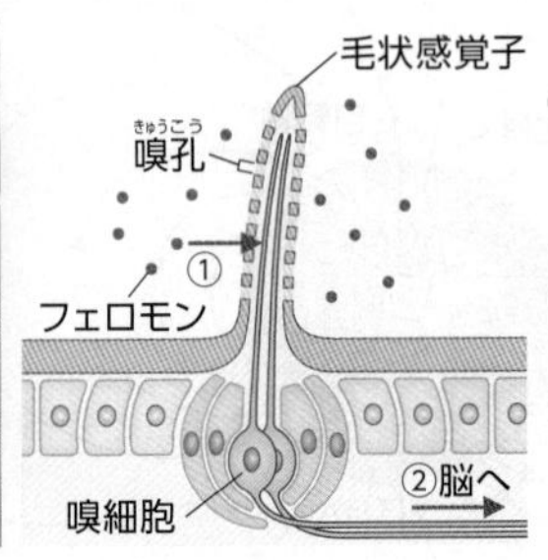

毛状感覚子
嗅孔
①
フェロモン
嗅細胞
②脳へ

①毛状感覚子にある嗅細胞(嗅覚ニューロン)の受容体にフェロモンが結合。
②嗅細胞が興奮し，興奮が脳へ伝わる。

フェロモン源探索行動

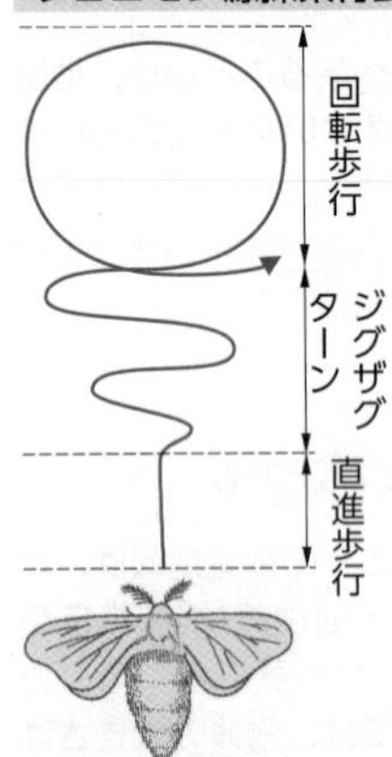

回転歩行
ジグザグターン
直進歩行

カイコガは，フェロモン刺激を受容すると直進→ジグザグターン→回転と歩行パターンを変えてフェロモン源(雌)にたどり着く。刺激のたびにリセットされて直進歩行が始まるため，刺激を受容する間は直進歩行を行う。刺激を受容できなくなるとジグザグターンや回転歩行を行う。

直進歩行　フェロモンを受容すると一瞬引き起こされる行動(反射)。

ジグザグターン・回転歩行　フェロモンを受容すると引き起こされる定型的な行動(プログラム行動)。

カイコガの神経系と行動

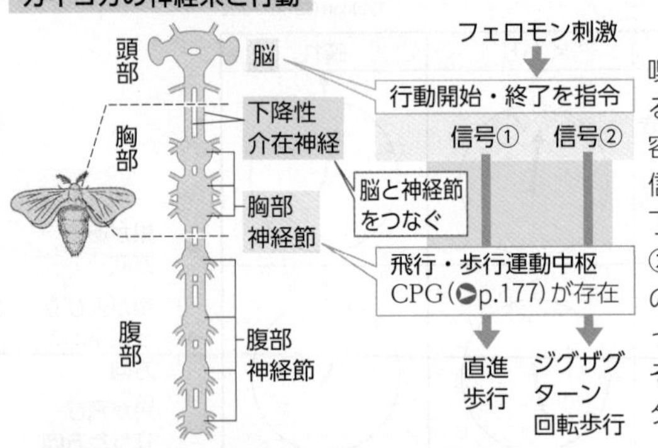

頭部
胸部
腹部
脳
下降性介在神経
脳と神経節をつなぐ
胸部神経節
腹部神経節
フェロモン刺激
行動開始・終了を指令
信号①
信号②
飛行・歩行運動中枢
CPG(▶p.177)が存在
直進歩行
ジグザグターン
回転歩行

フェロモン刺激を受容した嗅細胞からの興奮が脳へ伝わると，脳ではフェロモンを受容したときだけ一瞬発生する信号①と，フェロモン刺激終了後も持続して発生する信号②が生まれる。この2種類の信号が下降性介在神経を通って胸部神経節に伝わると，それぞれ直進歩行とジグザグターン・回転歩行が起こる。

婚礼ダンス

はばたきによって引き寄せられる煙の流れ

婚礼ダンス

カイコガの雄は，フェロモンを受容すると激しくはばたきながらジグザグターンを行う。これを**婚礼ダンス**という。このはばたきによってフェロモンを引き寄せ，フェロモン源(雌)に定位する。

B 道しるべフェロモン

山岡亮平提供

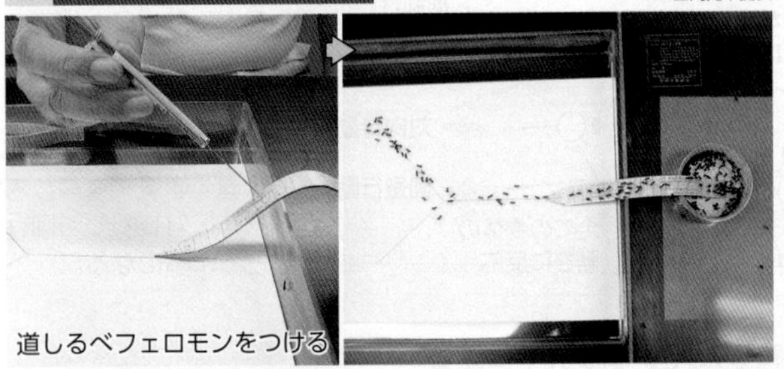

道しるべフェロモンをつける

触角
道しるべフェロモン

アリは，えさを発見すると腹部から**道しるべフェロモン**を分泌し，地面につけながら巣に戻る。これをほかの働きアリが触角でたどり，えさ場にたどり着く。

山岡亮平提供

アリのケンカ

アリの触角には，体表の油の層(巣に特有の組成・組成比)をなぞり，同じ巣のなかまを識別する役割もあると考えられている。違う巣のアリだと判断されるとケンカになる。

C 階級フェロモン

▶p.239

女王バチをとりまく働きバチ

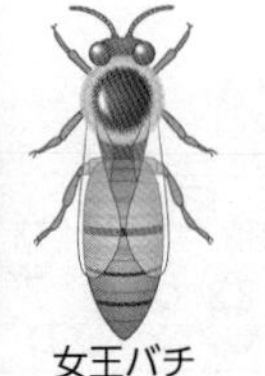

女王バチ

働きバチ

ミツバチでは生殖階級(女王バチ)と労働階級(働きバチ)とに分かれている。女王バチは口から女王物質(じょおうぶっしつ)を分泌して体中にぬりつけ，これを働きバチがなめる。女王物質は働きバチの卵巣の発育を抑えて階級を保っている。

種類	働き	例
性フェロモン	異性個体を引きつけて，配偶行動へ導く。	カイコガ ヨトウガ
集合フェロモン	集団を形成・維持するために他個体を引きつける。	キクイムシ ゴキブリ
道しるべフェロモン	なかまがえさまでたどり着くための道しるべとなる。	シロアリ アリ
警報フェロモン	なかまに敵が来たことを知らせる。	アリ ミツバチ
階級フェロモン (女王物質)	女王以外の雌の卵巣発育を妨げる(女王が分泌)。	ミツバチ シロアリ

フェロモンは，特有の行動を引き起こすリリーサーフェロモンと，生理的な変化とともに形態や行動を変えるプライマーフェロモンに分けられる。左の表では，階級フェロモンだけがプライマーフェロモンである。

プチ雑学　黒澤明監督の映画『8月の狂詩曲(ラプソディー)』には，アリの行列がバラの木を登っていくシーンがある。この行列は自然にできたものではなく，アリの道しるべフェロモンを利用してつくりだしたものである。

Keywords ●フェロモン pheromone ●生物時計 biological clock
●概日リズム circadian rhythm

2 生物時計 生物の体内には時間をはかるしくみがあり，このしくみが基本的なリズムを支配する。

A 概日リズム

明 暗 ― ムササビの活動時期

時刻(時) 0 4 8 12 16 20 24
実験日数(日) 0 5 10 15 20 25 30 35 40 45

ムササビ

生体内には時間をはかるしくみ，**生物時計**(**体内時計**)がある。ほぼ1日を単位とするリズムを**概日リズム**(**サーカディアンリズム**)といい，このリズムは生物時計によって生まれる。

夜行性のムササビは，暗所で飼育しても活動時間(図の青線の長さ)がほぼ一定になる。しかし，概日リズムは正確に24時間ではないため，徐々に活動時間帯がずれていく。暗所で飼育して昼夜を逆転させても，明暗のある環境に戻せば，そのずれは補正される。

B 生物時計の実体

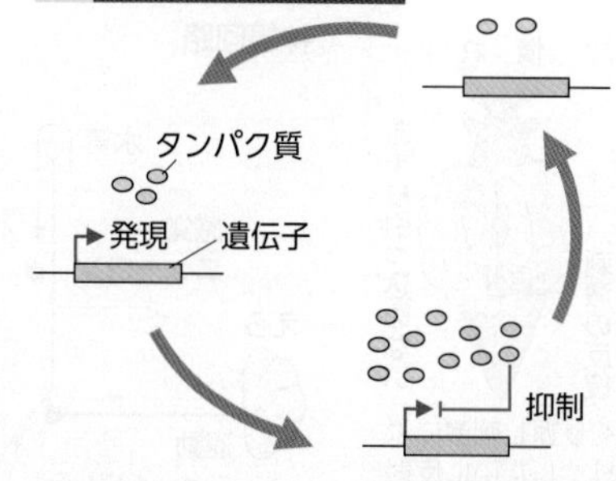
タンパク質
発現
遺伝子
抑制

ある遺伝子が発現してつくられるタンパク質が，直接または間接的に自身の遺伝子の発現を抑制することがある(負のフィードバック調節)。そのような遺伝子で，転写開始から抑制効果が現れるまでに時間差があると，タンパク質の量は一定の周期で増減する。このような現象は，生物時計のリズムを生み出すしくみの1つと考えられている。

Column 光による生物時計のリセット

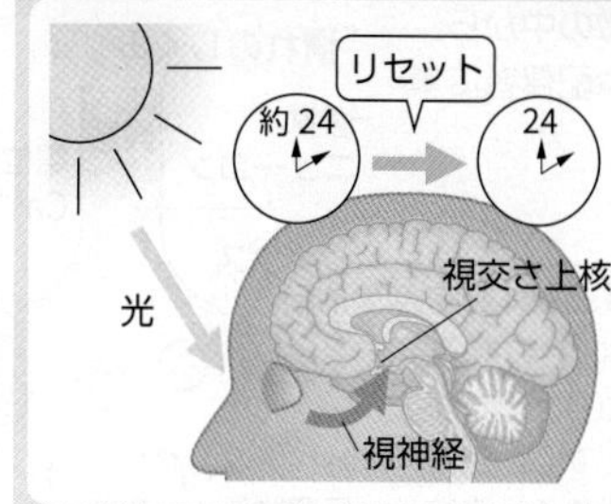
リセット
約24
24
光
視交さ上核
視神経

ヒトの概日リズムは24時間よりも少し長い。一部の視神経細胞*(▶p.180)がもつメラノプシンという視物質が光を受容すると，その視神経細胞が興奮し，視床下部の視交さ上核に光の情報を伝える。視交さ上核からの情報によって生物時計がリセットされ，概日リズムと1日のリズム(24時間)とのずれが補正される。

＊多くの視神経細胞はメラノプシンを含まない。

3 行動と遺伝子 遺伝子によって，生得的行動を生み出す神経回路が形成される。

A ショウジョウバエの求愛行動

①定位・追尾 ②雌の腹部をたたく

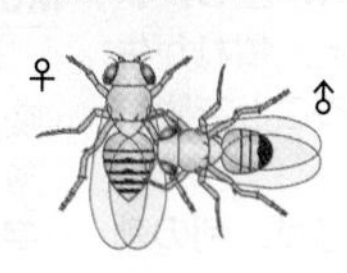

③求愛歌 ④雌の尾部をなめる ⑤交尾

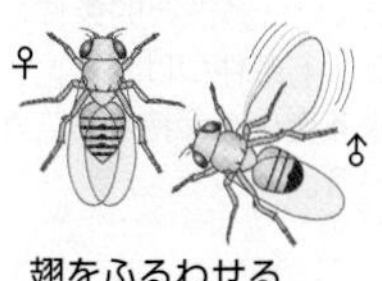
翅をふるわせる

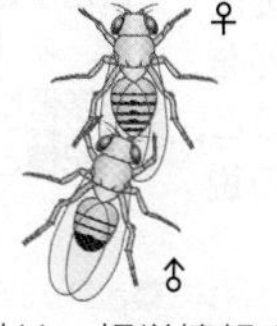

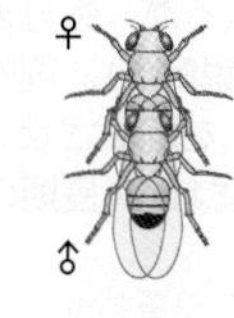

雄(♂)による求愛行動は，視覚情報や，雌(♀)の体表に分泌される性フェロモンなどによって引き起こされる。前脚には味覚の受容器があり，性フェロモンを受容する。

求愛行動と遺伝子

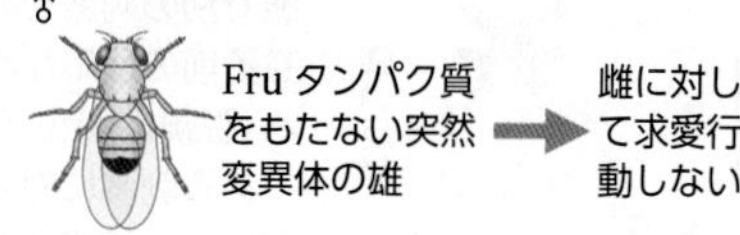
Fruタンパク質をもたない突然変異体の雄
雌に対して求愛行動しない

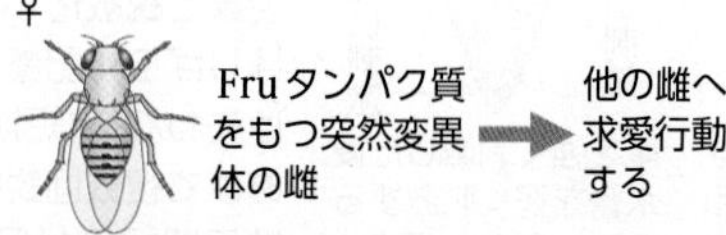
Fruタンパク質をもつ突然変異体の雌
他の雌へ求愛行動する

fruitless(フルートレス)遺伝子は雄の脳のニューロンでのみタンパク質(Fru)が合成される調節遺伝子で，雄に特有な神経回路の形成(脳の雄化)に関わる。雌ではスプライシングの違いにより，Fruタンパク質は合成されない。

Step up 神経回路の形成と遺伝子

Kohatsu, S., Koganezawa, M, Yamamoto, D. (2011) Neuron 69, 498-508.

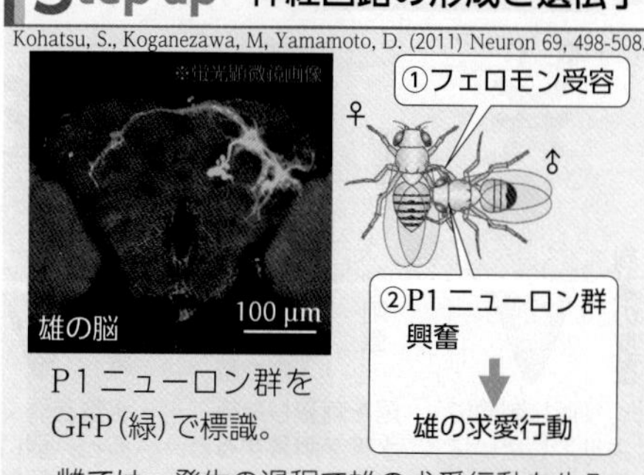
雄の脳
100 μm
①フェロモン受容
②P1ニューロン群興奮
雄の求愛行動

P1ニューロン群をGFP(緑)で標識。

雌では，発生の過程で雄の求愛行動を生み出す神経回路を構成するP1ニューロン群が細胞死する。雄のみに存在するこの神経回路は，性フェロモンの刺激によって興奮し，求愛行動を生み出す。この回路の形成には*fruitless*遺伝子が関係すると考えられている。

B ミツバチの行動と遺伝

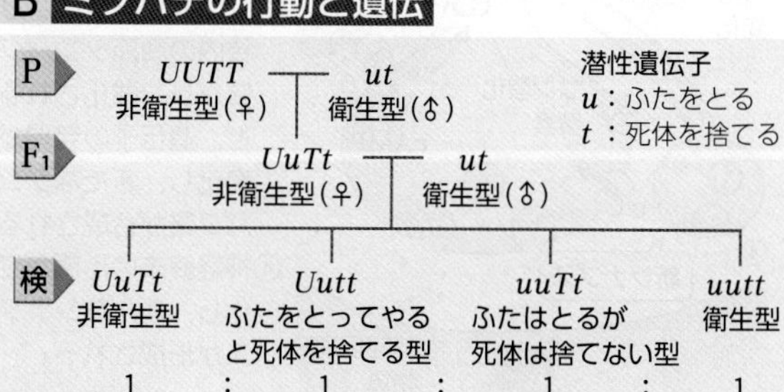
P UUTT 非衛生型(♀) ut 衛生型(♂)
潜性遺伝子
u：ふたをとる
t：死体を捨てる
F₁ UuTt 非衛生型(♀) ut 衛生型(♂)
検 UuTt 非衛生型 : Uutt ふたをとってやると死体を捨てる型 : uuTt ふたはとるが死体は捨てない型 : uutt 衛生型
1 : 1 : 1 : 1

ミツバチの幼虫が腐蛆(ふそ)病で死んだとき，働きバチが幼虫の部屋のふたを開けて死体を捨てる系統(衛生型)と，このような行動をとらない系統(非衛生型)とがある。衛生型と非衛生型を交雑すると，F_1はすべて非衛生型になる。さらにF_1と衛生型とを交雑すると，図のような比で表現型が現れた。

この結果は，2つの潜性遺伝子(u，t)を仮定すると説明できる。しかし，これらの遺伝子がミツバチの行動をどのように支配しているのかは解明されていない。

※ミツバチの雄の核相は単相である。

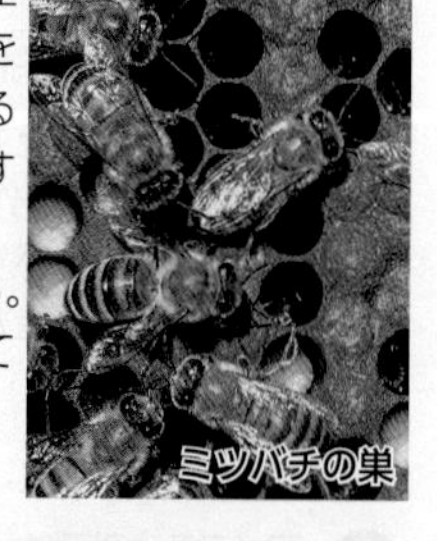
ミツバチの巣

プチ雑学 サーカディアンリズム(概日リズム)の「サーカディアン(circadian)」は，ラテン語で「およそ」という意味である「circa」と，「日」という意味である「dies」に由来する。

学 習

1 慣れと鋭敏化 慣れや鋭敏化は，興奮伝達の効率が変化することで起こる。

A 慣れ

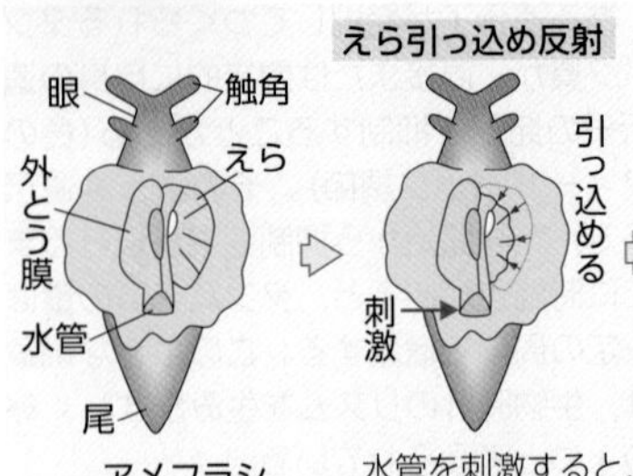
えら引っ込め反射
眼
触角
えら
外とう膜
水管
尾
アメフラシ
刺激
引っ込める

水管を刺激すると，えらを引っ込める反射が起こる。

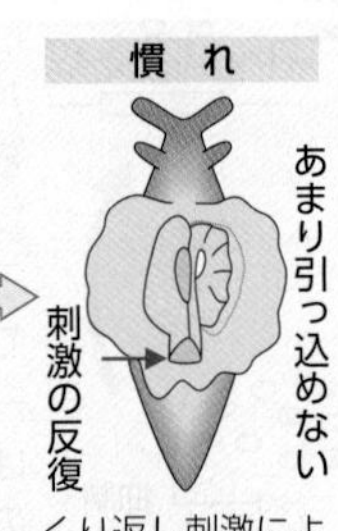
慣れ
あまり引っ込めない
刺激の反復

くり返し刺激により，しだいに反射が起こらなくなる。

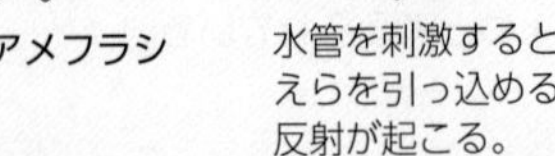

同じ刺激をくり返すと，しだいに反応しなくなる現象を**慣れ**(馴化)という。慣れには，さまざまな刺激の中から，生存や繁殖に関係しないものを排除し，危険や配偶者に集中できるという意義がある。

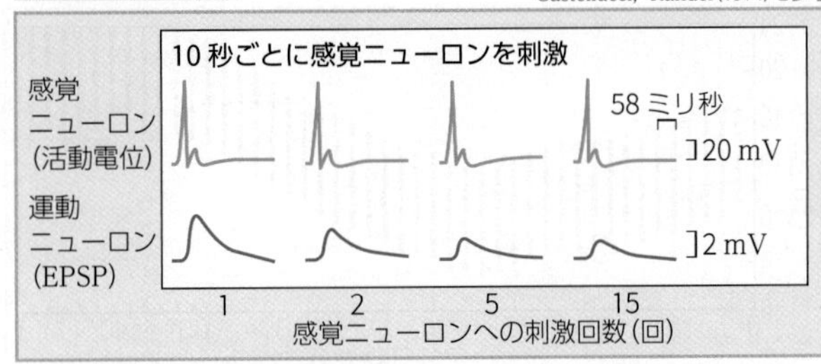
神経回路
水管
感覚ニューロン
えら
運動ニューロン
慣れと電位変化
Castellucci，Kandel(1974)を参考
10秒ごとに感覚ニューロンを刺激
感覚ニューロン(活動電位)
運動ニューロン(EPSP)
58ミリ秒
20 mV
2 mV
1
2
5
15
感覚ニューロンへの刺激回数(回)

くり返し刺激により感覚ニューロンの活動電位は変化しないが，運動ニューロンで発生するEPSP(▶p.176)が小さくなる。

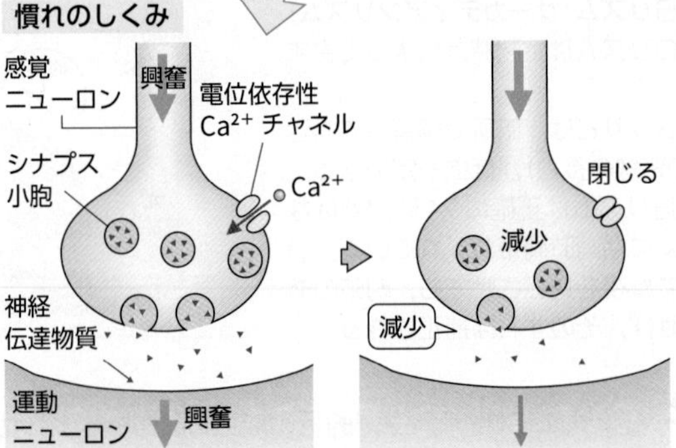
慣れのしくみ
感覚ニューロン
興奮
電位依存性Ca^{2+}チャネル
シナプス小胞
Ca^{2+}
閉じる
減少
神経伝達物質
減少
運動ニューロン
興奮

くり返し刺激を加えることにより，感覚ニューロンの神経終末で電位依存性カルシウムチャネルの不活性化やシナプス小胞の減少が起こる。これによって，感覚ニューロンから放出される神経伝達物質の量が減少するため，運動ニューロンで発生するEPSPが小さくなり，活動電位が発生しにくくなる。

Memo アメフラシ

アメフラシ

海辺に生息する軟体動物。体長は30 cmほどになる。単純な反射をもち，それが学習により変化する。また，ニューロンが大きく，総数が少ないため，行動の研究のモデル生物になっている。

B 脱慣れと鋭敏化

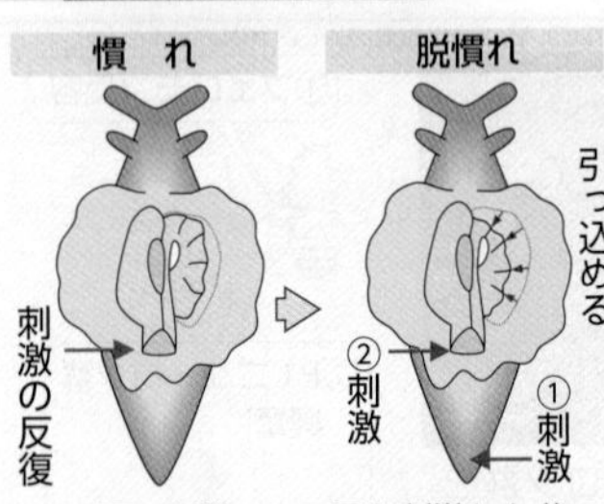
慣れ
刺激の反復

くり返し刺激により，しだいに反射が起こらなくなる。

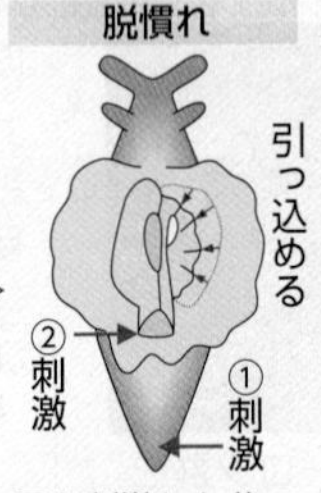
脱慣れ
引っ込める
②刺激
①刺激

尾を刺激した後，水管を刺激すると，再び反射が起こるようになる。

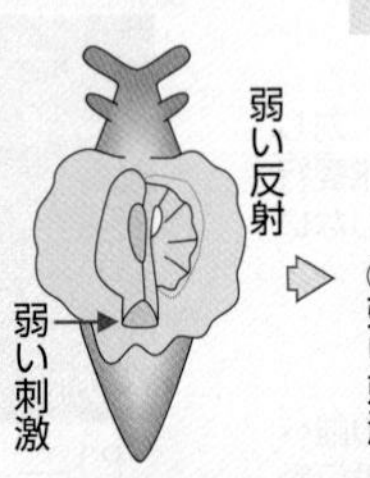
弱い反射
弱い刺激

水管を弱く刺激すると，弱いえら引っ込め反射が起こる。

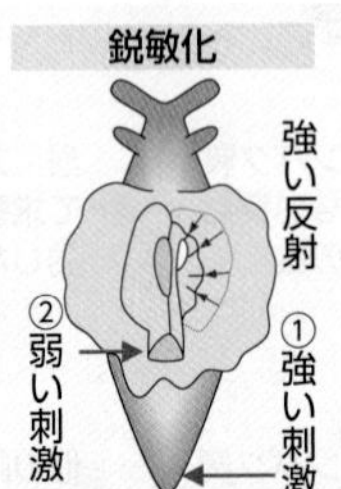
鋭敏化
強い反射
②弱い刺激
①強い刺激

尾を強く刺激した後，水管を弱く刺激すると強い反射を起こすようになる。

ある刺激に対して慣れが生じた状態で別の刺激を与えると，慣れが生じる前の反応が回復することを**脱慣れ**(脱馴化)という。

ある刺激に対する反応が，別の刺激によって強く反応するようになる現象を**鋭敏化**(感作)という。鋭敏化はしばらく記憶されるが，数分後には失われる(短期の鋭敏化)。間隔をあけて複数回鋭敏化を経験させると，数日間記憶が保持される(長期の鋭敏化)。

Memo 学習と記憶

経験を通して獲得される行動の変化を**学習**という。1つの刺激に対して起こる行動の変化を**非連合学習**という(例 慣れ，鋭敏化)。さまざまな出来事を関連づけて学習することで起こる，行動の変化を**連合学習**という(例 古典的条件づけ，オペラント条件づけ)。

学習による変化を保持することを**記憶**という。

※セロトニン受容体はGタンパク質共役型受容体(▶p.28)。代謝型受容体ともよばれる。

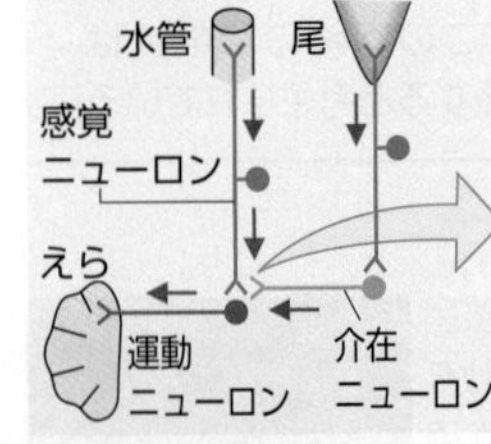
神経回路
水管
尾
感覚ニューロン
えら
運動ニューロン
介在ニューロン

脱慣れと鋭敏化はともに，介在ニューロンが放出するセロトニンにより，感覚ニューロンの反応性が上がることで起こる。

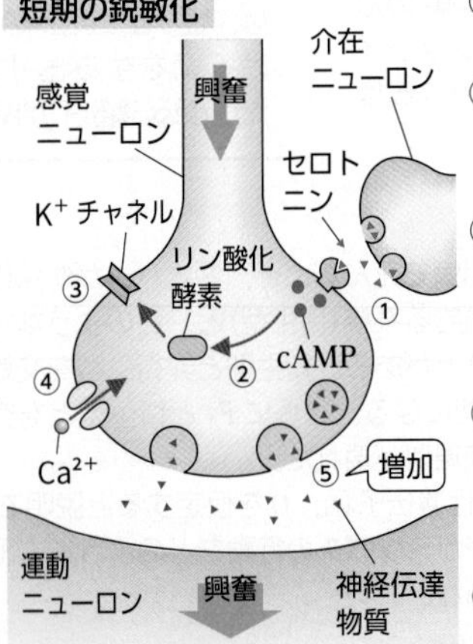
短期の鋭敏化
感覚ニューロン
興奮
介在ニューロン
セロトニン
K^+チャネル
リン酸化酵素
cAMP
Ca^{2+}
増加
運動ニューロン
興奮
神経伝達物質

①感覚ニューロンがセロトニンを受容する。
②cAMPがつくられて，リン酸化酵素を活性化する。
③リン酸化酵素によりカリウムチャネルがリン酸化されて閉じるため，活動電位が持続する。
④電位依存性カルシウムチャネルの開口時間が長くなり，Ca^{2+}の流入量が増加する。
⑤神経伝達物質の放出量が増加する。

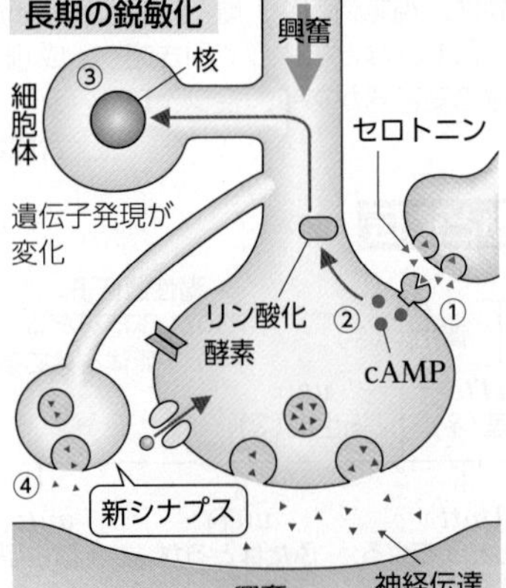
長期の鋭敏化
興奮
核
細胞体
セロトニン
遺伝子発現が変化
リン酸化酵素
cAMP
新シナプス
興奮
神経伝達物質

①感覚ニューロンがセロトニンを受容する。
②cAMPがつくられて，リン酸化酵素を活性化する。
③リン酸化酵素により核内の調節タンパク質がリン酸化されると，遺伝子の発現が変化し，新たなタンパク質が合成される。
④神経終末の形態が変化し，新たなシナプスが形成される。

プチ雑学

アメフラシの実験は，エリック・カンデルによってなされた。カンデルは鋭敏化の実験から，セロトニンによってcAMP(▶p.28)が合成され，そのシグナルによって短期の鋭敏化や長期の鋭敏化が起こるしくみを発見した。この発見が記憶のしくみの解明につながったとして，カンデルは2000年にノーベル生理学・医学賞を受賞した。

生 2 条件づけ 刺激や報酬などが行動と結びつくことで，より適応した行動を学習できる。

A 古典的条件づけ パブロフの実験

Pavlov (1904) による

無条件反射 食物を口に入れると唾液を分泌
味覚中枢　唾液分泌中枢(延髄)　イヌ　食物　唾腺　味覚芽

条件刺激 ベルの音を聞かせる
聴覚中枢　ベル　内耳

条件づけ 食物を与えると同時にベルの音を聞かせる
条件反射の中枢　シナプス連絡形成

条件づけの成立 ベルの音を聞くだけで，唾液を分泌
聴覚中枢と唾液分泌中枢の間に連絡路が生じた

本来無関係な刺激(**条件刺激**)のもとで無条件反射をくり返すと，条件刺激だけで無条件反射と同じ反応が起こるようになる(**古典的条件づけ**)。これは，大脳皮質に新しい神経回路が形成されたことによる。

B オペラント条件づけ

レバー
ネズミ
えさのとり出し口

レバーを押すとえさ(報酬)が出る装置の中にネズミを入れる。ネズミは**試行錯誤**をくり返しながら，レバーを押すとえさを得られることを学習する。ネズミは満腹になるまでレバーを押す。

このように，レバー押しのような動物の自発的な行動と，その後に得られる報酬などとを結びつけて学習することを**オペラント条件づけ**という。えさは強化刺激である。動物は試行錯誤をくり返しながら，新しい反応を学習していき，より適応した行動をとるようになる。

生 3 特定の時期に成立する学習 特定の時期に成立した学習が，その後の行動に影響をおよぼすことがある。

進化 View

A 刷込み(インプリンティング)

動物行動学者ローレンツ
あとを追うひな
刷込み

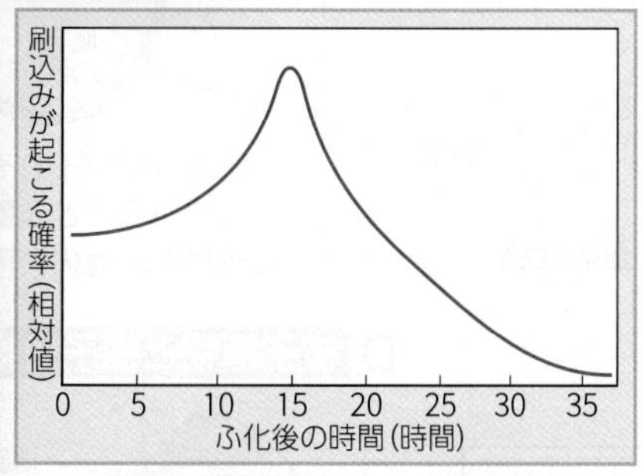
刷込みが起こる確率(相対値)
0
5
10
15
20
25
30
35
ふ化後の時間(時間)

ガン・カモ類のひなは，ふ化直後に見た動くものを「親」とみなして，あとを追う。このような生後すぐに起こる特殊な学習を**刷込み**といい，学習が成立する時期を**臨界期**という。何を「親」とするかは学習によるが，「親」とみなしてあとを追う行動は生得的である。

B 鳥のさえずり学習 例 ミヤマシトド

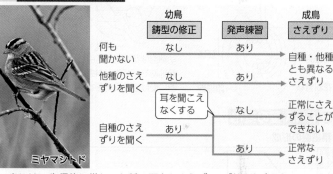

ミヤマシトド

	幼鳥 鋳型の修正	発声練習	成鳥 さえずり
何も聞かない	なし	あり	自種・他種とも異なるさえずり
他種のさえずりを聞く	なし	あり	自種・他種とも異なるさえずり
自種のさえずりを聞く（耳を聞こえなくする）	あり	なし	正常にさえずることができない
自種のさえずりを聞く	あり	あり	正常なさえずり

鳥には，生得的に備わった種に固有なさえずりの「鋳型」が脳内にあると考えられている。幼鳥は自種の他個体のさえずりを聞き，脳内の鋳型を修正する(鋳型の修正)。成鳥近くになると，自分のさえずりと脳内の鋳型を比較し，自分のさえずりを修正する(発声練習)。こうして，正常なさえずりを獲得する。鳥のさえずりは，生得的な行動が学習により変化して発達する。

生 4 知能行動 大脳皮質が発達した動物は，思考を働かせ，先を見通した行動をとることができる。

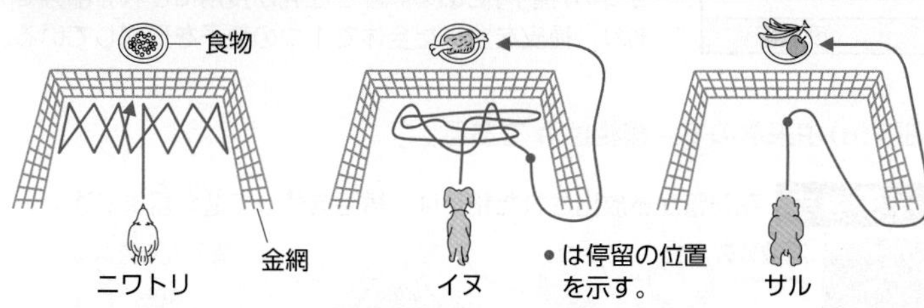
食物
金網
ニワトリ
イヌ
●は停留の位置を示す。
サル

ニワトリは，うろうろするだけで食物にたどり着けないが，イヌはしばらくうろうろした後，金網の横があいていることに気づいて食物にたどり着く。これに対して，サルはほとんど迷わずに食物にたどり着く。このように，経験していないことを過去の経験をもとに推理して行う行動を**知能行動**といい，サルやヒトなど大脳皮質の発達した哺乳類で見られる。

ただし，ある行動をとれるかどうかは，動物の生活環境によって決まることが多く，1つの課題だけから知能の高さを測ることはできない。また，同じ鳥類でも，ウズラやカモメは迂回に成功し，ニワトリやカナリアは失敗する。

チンパンジー

木の枝を使って人工の蟻塚の中のジュースをなめている。チンパンジーの道具使用は，同じ群れの個体の間で伝えられ，**文化**の一種と考えられている。

カラス

木の枝

カラスは発達した大脳をもち，複雑な知能行動をとる。

カレドニアガラスは，木の枝を加工してフックのような道具をつくり，虫を引っかけてとる。

進化View 3 生物がどのような刺激に反応して学習行動を見せるかは，生得的に(遺伝的に)決まっている。さまざまな刺激がある中から特定の刺激にだけ反応して学習するほうが有利であるため，自然選択(p.284)がかかり，特定の刺激にだけ反応して学習するように進化するのだと考えられる。Link

生 1 被子植物の生殖 2個の精細胞は卵細胞および中央細胞と重複受精を行う。

進化 View

A 配偶子形成 やくの中で精細胞が，胚珠の中で卵細胞がそれぞれつくられる。

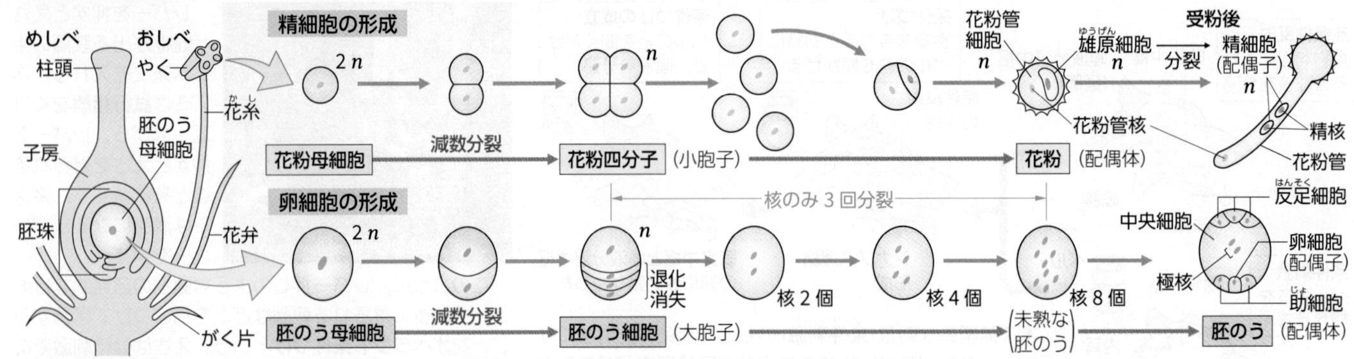
めしべ
おしべ
柱頭
やく
花糸
肧のう母細胞
子房
胚珠
花弁
がく片
精細胞の形成
2n
n
減数分裂
花粉母細胞
花粉四分子（小胞子）
花粉（配偶体）
花粉管細胞 n
雄原細胞 n
花粉管核
受精後
分裂
精細胞（配偶子）n
精核
花粉管
卵細胞の形成
2n
n
退化消失
核のみ3回分裂
核2個
核4個
核8個
減数分裂
胚のう母細胞
胚のう細胞（大胞子）
未熟な胚のう
反足細胞
中央細胞
卵細胞（配偶子）
極核
助細胞
胚のう（配偶体）

B 重複受精 精細胞(n)と中央細胞(n + n)が合体してできた胚乳の核相は3nである。

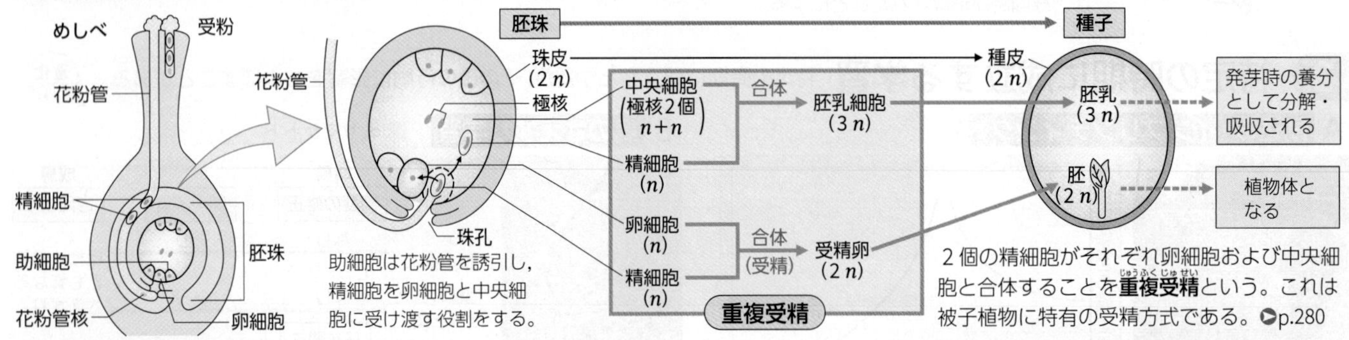
めしべ
受粉
花粉管
精細胞
助細胞
花粉管核
胚珠
卵細胞
花粉管
珠皮（2n）
極核
珠孔
助細胞は花粉管を誘引し，精細胞を卵細胞と中央細胞に受け渡す役割をする。
胚珠
種子
中央細胞（極核2個 n+n）
精細胞（n）
合体
胚乳細胞（3n）
卵細胞（n）
精細胞（n）
合体（受精）
受精卵（2n）
重複受精
種皮（2n）
胚乳（3n）
胚（2n）
発芽時の養分として分解・吸収される
植物体となる

2個の精細胞がそれぞれ卵細胞および中央細胞と合体することを**重複受精**という。これは被子植物に特有の受精方式である。➡p.280

C DNA量の変化

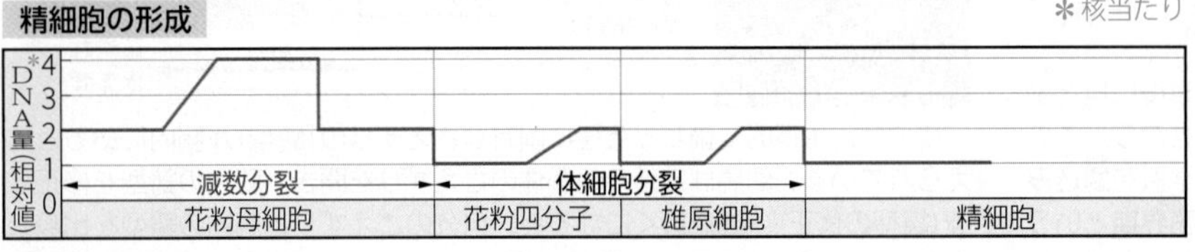
精細胞の形成
＊核当たり
DNA量（相対値）
4
3
2
1
0
減数分裂
体細胞分裂
花粉母細胞
花粉四分子
雄原細胞
精細胞

卵細胞の形成

DNA量（相対値）＊ 4 3 2 1 0

受精

減数分裂 ／ 3回の核分裂

胚のう母細胞 ／ 胚のう細胞 ／ 卵細胞 ／ 受精卵

D 被子植物と裸子植物の種子

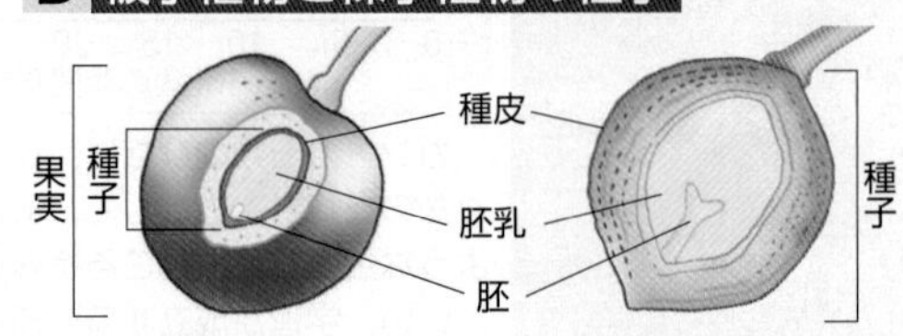
果実
種子
種皮
胚乳
胚
種子

オウトウの果実（サクランボ）　イチョウの種子（ギンナン）

被子植物では胚珠が子房に包まれており，子房が成長して果実ができる。一方，裸子植物には子房がない。したがって，ギンナンは果実のように見えるが，イチョウの「種子」である。胚と胚乳が食用にされる部分であり，種皮を含めた全体で1つの種子を形成している。

生 2 裸子植物の生殖 胚乳は減数分裂で生じた胚のう細胞(n)由来なので，核相はnである。

A マツ 精細胞は，花粉管によって造卵器まで運ばれる。

B イチョウ 花粉管から放出された精子は，繊毛を使って造卵器まで泳ぐ。

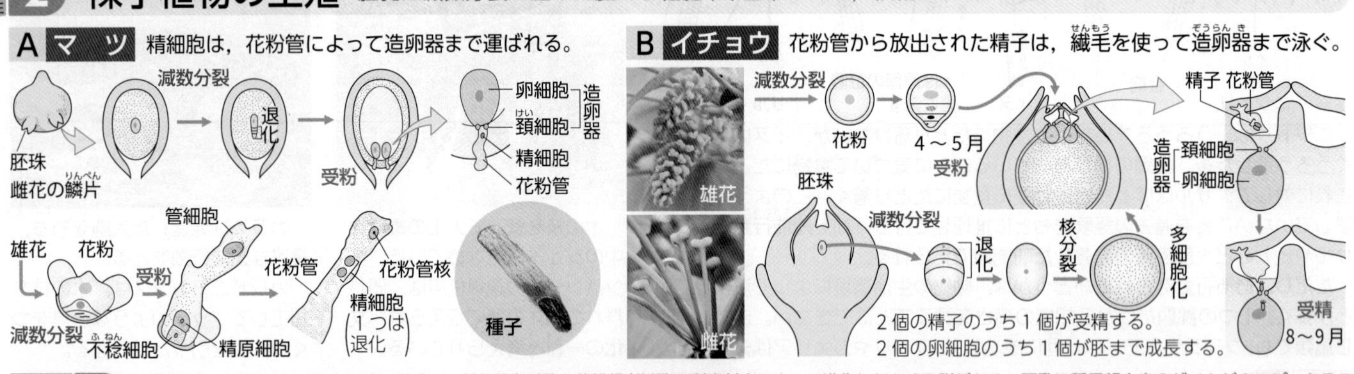
減数分裂
胚珠
雌花の鱗片
退化
受粉
卵細胞
頸細胞
造卵器
精細胞
花粉管
雄花
花粉
受粉
管細胞
減数分裂
不稔細胞
精原細胞
花粉管
花粉管核
精細胞（1つは退化）
種子
雄花
雌花
減数分裂
花粉
4～5月
受粉
胚珠
減数分裂
退化
核分裂
多細胞化
精子
花粉管
造卵器
頸細胞
卵細胞
受精
8～9月
2個の精子のうち1個が受精する。
2個の卵細胞のうち1個が胚まで成長する。

進化View 1 被子植物で見られる3倍体(3n)の胚乳は，種子親（母親）と花粉親（父親）の利害対立によって進化したとする説がある。胚乳に種子親由来のゲノムが2コピーあることで，胚乳の成熟に対して花粉親よりも種子親による制御が強く働いている可能性が指摘されている。Link

3 花粉管の観察 花粉管が伸長するようすを観察し，生殖のしくみを調べる。

花粉管の伸長 例 ツバキ

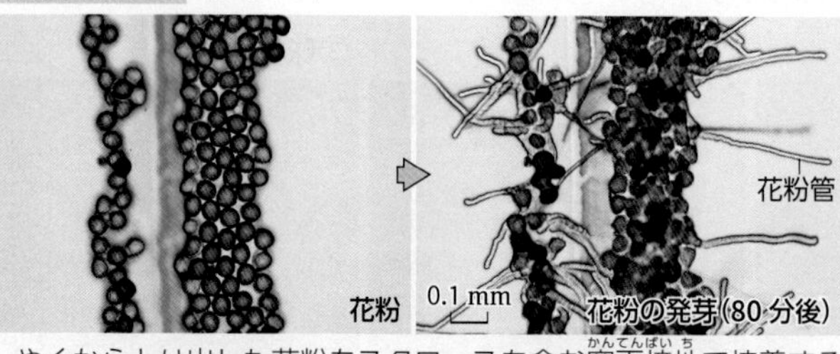
花粉管
花粉
0.1 mm
花粉の発芽(80分後)

やくからとり出した花粉をスクロースを含む寒天培地で培養すると，花粉が発芽し，花粉管が伸びてくる。

雄原細胞の分裂

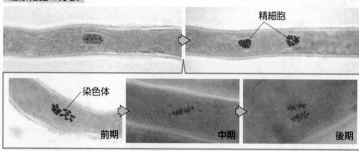

精細胞
染色体
前期
中期
後期

4 花粉管の誘引 トレニアを用いた研究によって，被子植物の受精のしくみが明らかになってきている。

A トレニア

トレニア

胚珠の構造

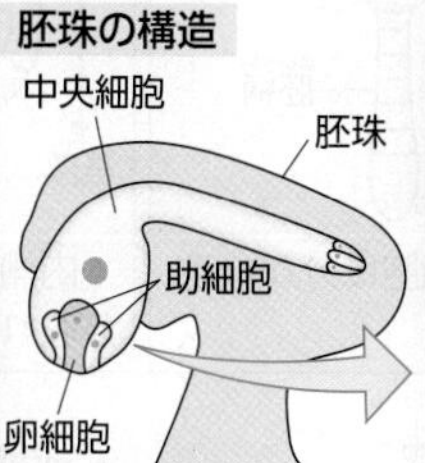
中央細胞
胚珠
助細胞
卵細胞

名古屋大学／東山哲也 提供

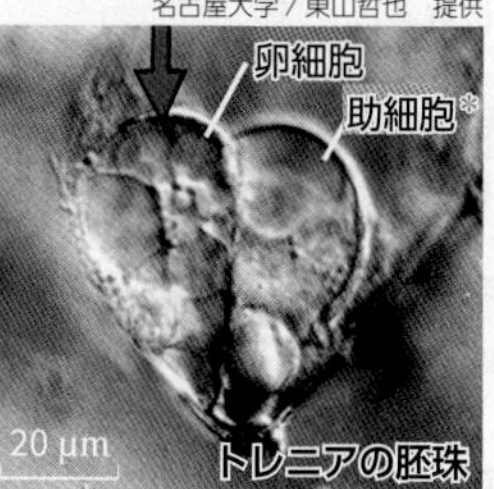
卵細胞
助細胞*
20 µm
トレニアの胚珠

一般的な植物では，胚のうが珠皮に包まれているため，生殖のようすを観察することは非常に難しい。トレニアは胚のうの一部が珠孔からとび出しており，観察に適している。

＊助細胞は奥に重なって２つ存在する。

B 胚のうの細胞破壊実験

方 法

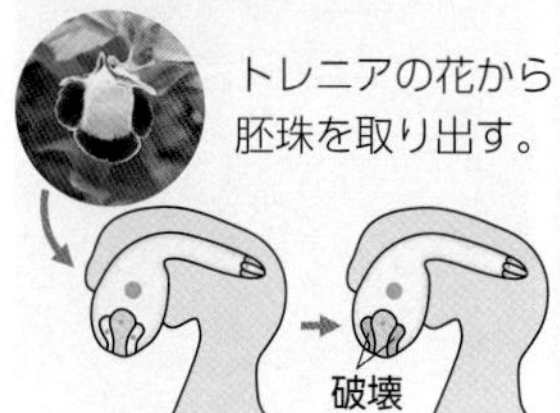
トレニアの花から
胚珠を取り出す。
破壊

顕微鏡下で細胞にUVレーザーを当て，破壊する。

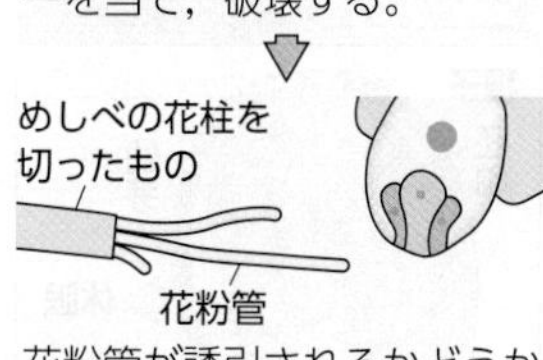
めしべの花柱を
切ったもの
花粉管

花粉管が誘引されるかどうかを24時間観察する。

結 果

東山哲也(2001)による

胚のうの状態	それぞれの細胞の存在				花粉管が誘引された割合
	卵細胞	中央細胞	助細胞	助細胞	
正　常	+	+	+	+	48/49(98%)
1細胞破壊	−	+	+	+	35/37(94%)
	+	−	+	+	10/10(100%)
	+	+	−	+	35/49(71%)
2細胞破壊	−	−	+	+	13/14(93%)
	−	+	−	+	11/18(61%)
	+	−	−	+	10/14(71%)
	+	+	−	−	0/77(0%)
3細胞破壊	−	−	−	+	5/8(63%)
	+	−	−	−	0/20(0%)
	−	+	−	−	0/18(0%)
4細胞破壊	−	−	−	−	0/79(0%)

C 花粉管誘引物質

ルアー(LURE)

名古屋大学／東山哲也 提供

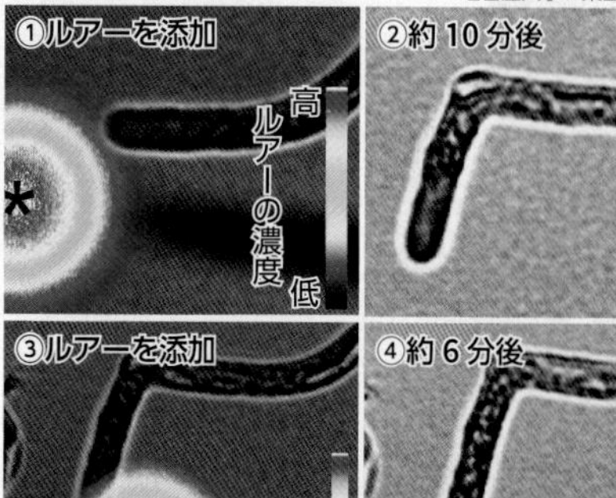
①ルアーを添加
②約10分後
高
ルアーの濃度
低
③ルアーを添加
④約6分後

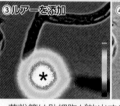

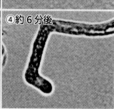

花粉管は助細胞が放出する誘引物質によって卵細胞に引き寄せられる。この誘引物質は２種類の低分子量のタンパク質であることが明らかにされ，“ルアー”(LURE1，LURE2)と名づけられた。

種特異性

名古屋大学／東山哲也 提供

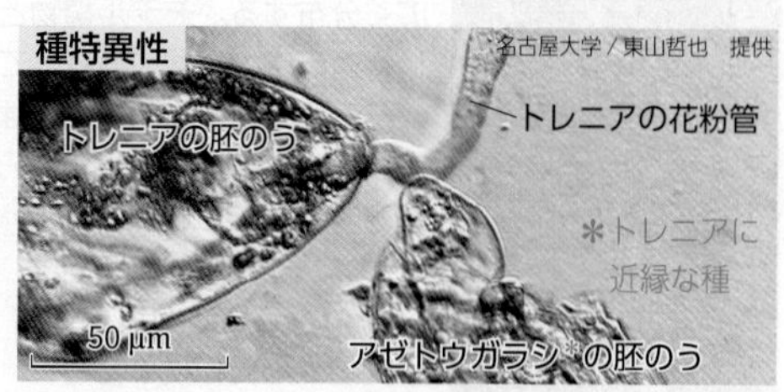
トレニアの胚のう
トレニアの花粉管
＊トレニアに
近縁な種
50 µm
アゼトウガラシ＊の胚のう

花粉管は同種のルアーに誘引される。

Column 自家不和合性

同じ個体の花粉と柱頭の間での受精が起こらないことを**自家不和合性**といい，種子植物の遺伝的な多様性を維持するしくみであると考えられている。

バラ科の植物には自家不和合性のものが多い。よく知られているソメイヨシノも，この性質によって，通常ソメイヨシノのみが植えられている環境では受精が起こらない。現在見られるソメイヨシノは接木という方法でつくられたクローン(▶p.133)である。

バラ科植物では，花粉の遺伝子型(▶p.269)によって不和合性が決まる。柱頭の遺伝子と異なる遺伝子をもつ花粉のみが受精でき，柱頭の遺伝子と同じ遺伝子をもつ花粉は花粉管の伸長が途中で止まり，受精することができない。

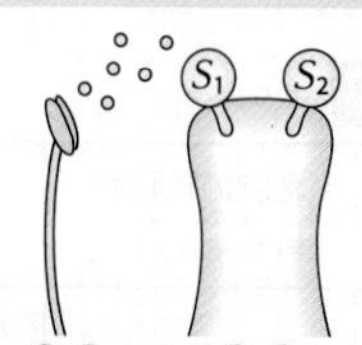
S_1
S_2
S_1 S_2
S_1 S_2

S_1，S_2 の遺伝子をもつ花粉ともに，受精できない。

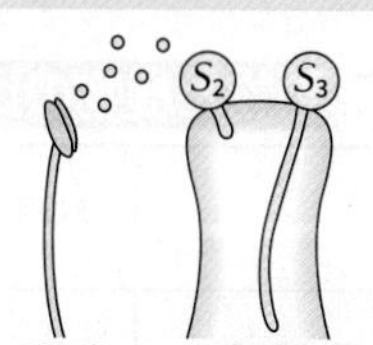
S_2
S_3
S_2 S_3
S_1 S_2

S_3 の遺伝子をもつ花粉のみ受精できる。

プチ雑学

19世紀後半には花粉管の誘引物質が存在すると考えられていたが，多くの植物では卵細胞が珠皮に包まれているため，生きたまま観察できず，長い間その実態は分かっていなかった。東山哲也は，当時モデル植物ではなかったトレニアを研究材料として見いだし，受精の瞬間を撮影した。

1 被子植物の胚発生

植物の発生では細胞の移動は起こらず，おもに細胞の分裂と成長によってからだが形成される。

A 生活環　例 シロイヌナズナ

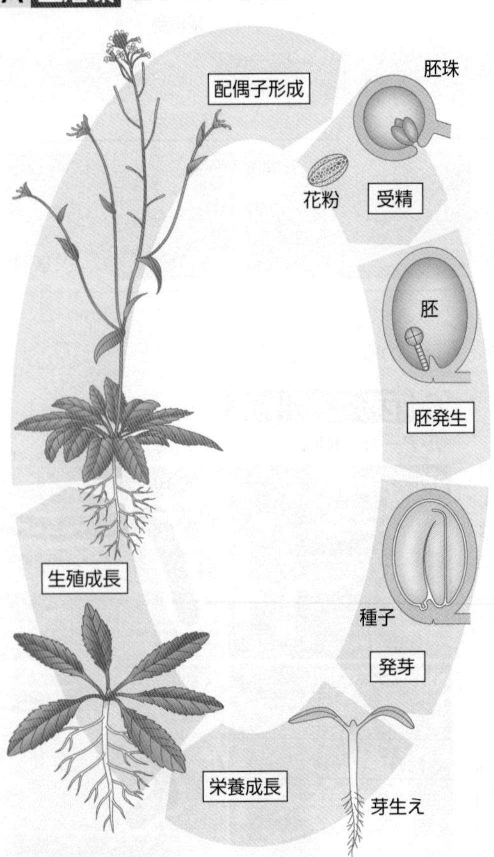
配偶子形成
胚珠
花粉
受精
胚
胚発生
種子
発芽
芽生え
栄養成長
生殖成長

シロイヌナズナ

坂本亘提供

シロイヌナズナ(*Arabidopsis thaliana*)は，アブラナ科シロイヌナズナ属の一年草で，北半球に広く分布する。モデル植物として植物遺伝学の発展に貢献してきた。

モデル植物としての利点は，
①一世代が約2ヶ月と短い
②室内で栽培できる
③ゲノムサイズが小さい（約1億2000万塩基対）
④交配や形質転換が容易（突然変異体が多数）
などが挙げられる。また，2000年12月に全塩基配列が解読された。

B 胚発生　例 シロイヌナズナ

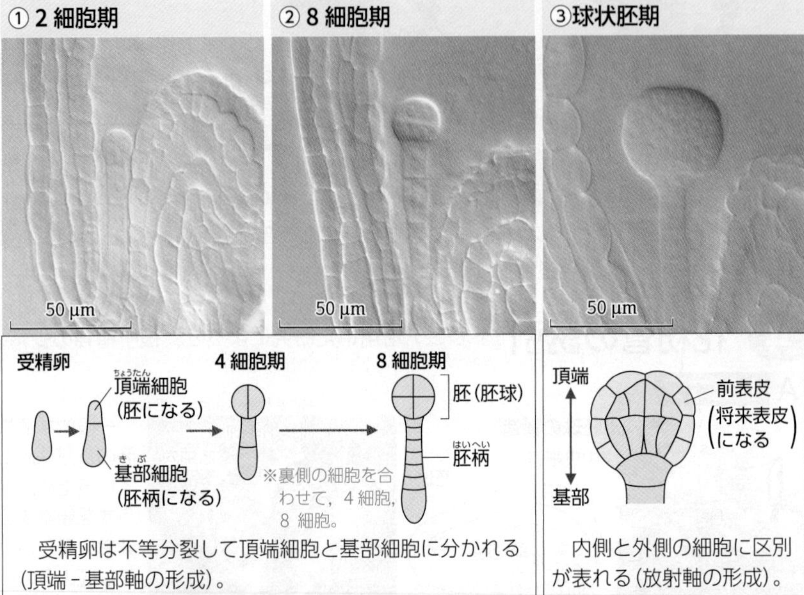
①2細胞期
②8細胞期
③球状胚期
50 μm
50 μm
50 μm
受精卵
頂端細胞(胚になる)
基部細胞(胚柄になる)
4細胞期
8細胞期
胚(胚球)
胚柄
※裏側の細胞を合わせて，4細胞，8細胞。
頂端
基部
前表皮(将来表皮になる)

受精卵は不等分裂して頂端細胞と基部細胞に分かれる(頂端－基部軸の形成)。

内側と外側の細胞に区別が表れる(放射軸の形成)。

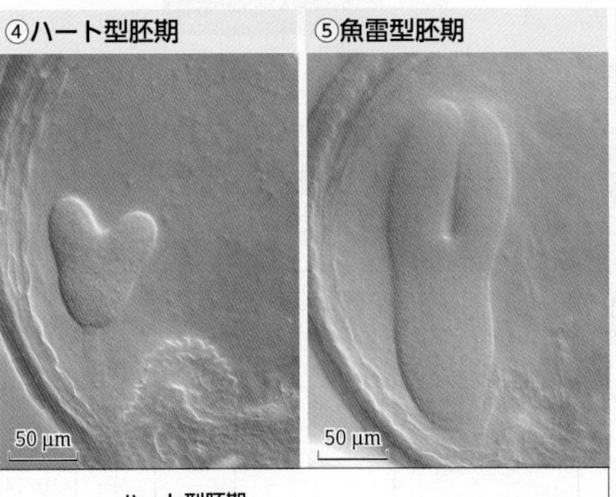
④ハート型胚期
⑤魚雷型胚期
⑥成熟した胚
50 μm
50 μm
50 μm

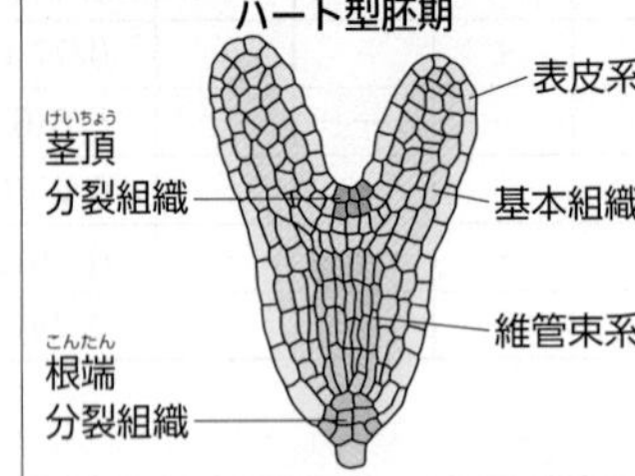
ハート型胚期
表皮系
茎頂分裂組織
基本組織系
維管束系
根端分裂組織

子葉になる部分が盛り上がり，左右相称の形になる。表皮系，基本組織系，維管束系が分化し，**茎頂分裂組織**と**根端分裂組織**が形成される。

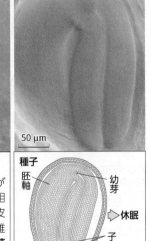

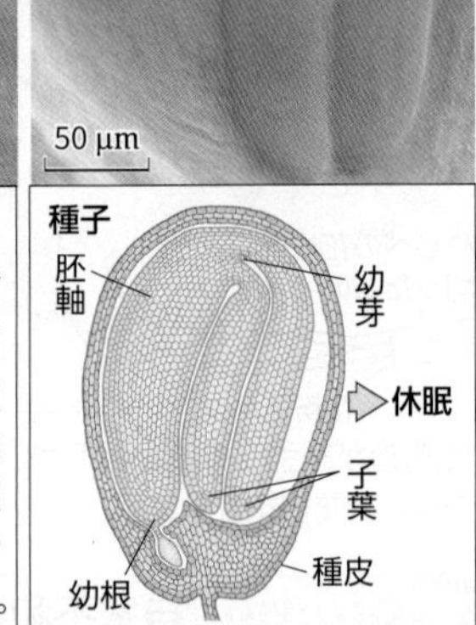
種子
胚軸
幼芽
休眠
子葉
種皮
幼根

C 動物と植物の比較

	細胞壁	細胞の移動や折りたたみ	胚発生終了時の状態	分化した細胞の可塑性
動物の発生	なし	起こる	構造がほぼすべてそろい，成体は運動をして生活する。	ほかの種類の細胞に変化しにくい。
植物の発生	あり	起こらない	運動ができず，胚発生終了後もからだを成長させながら，環境に適応していく。▶p.208	移植や組織培養によって，分化した細胞をほかの種類の細胞に変化させることができる。▶p.212

動物の発生は「粘土細工」，植物の発生は「レンガ造り」にたとえられる。動物，植物ともに，細胞の運命は，位置情報と細胞間コミュニケーションによって決まる。

プチ雑学 シロイヌナズナは約27000個の遺伝子をもつ。この中にはイネ，コムギ，ダイズなどの主要な農作物と共通する遺伝子が多数含まれている。したがって，シロイヌナズナの遺伝子の情報は，農作物の品種開発などに応用することができる。

Keywords ●胚発生 embryogenesis ●休眠 dormancy ●発芽 germination ●胚柄 suspensor ●胚軸 hypocotyl ●子葉 cotyledon ●胚乳 endosperm ●有胚乳種子 albuminous seed ●無胚乳種子 exalbuminous seed ●シュート shoot ●頂端－基部軸 apical-basal axis ●放射軸 radial axis

生 2 胚の予定運命 球状胚の段階で，子葉と茎頂分裂組織，胚軸，根端分裂組織の 3 つの領域に分けられる。

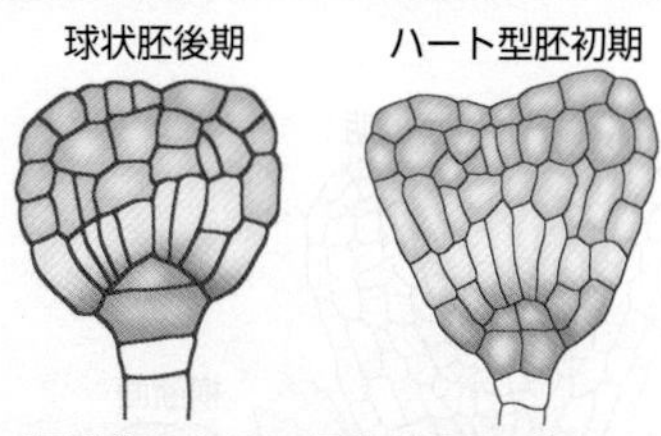
球状胚後期

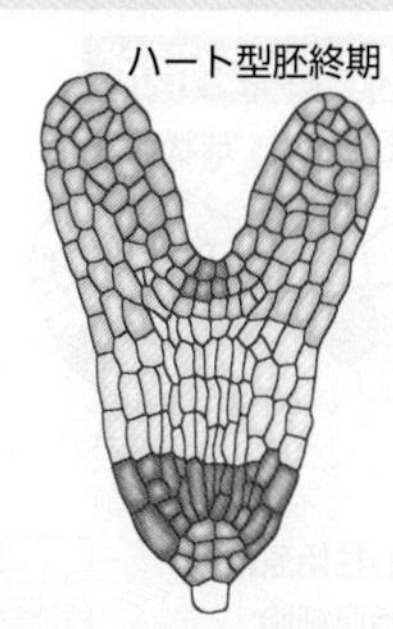
ハート型胚初期

胚発生における細胞分裂のパターンは決まっており，初期胚の段階で大体の予定運命図を描くことができる。

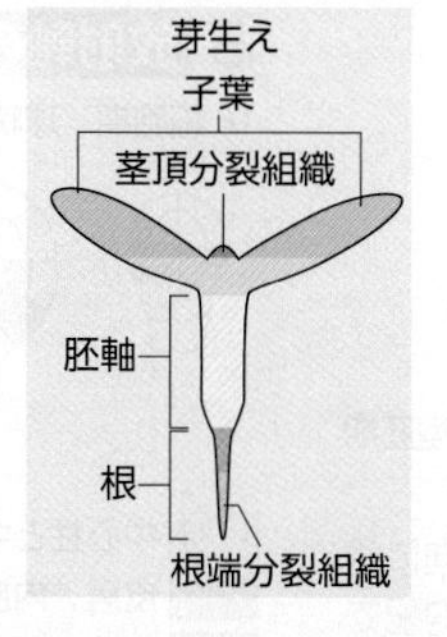
ハート型胚終期
芽生え
子葉
茎頂分裂組織
胚軸
根
根端分裂組織

垂層分裂と並層分裂

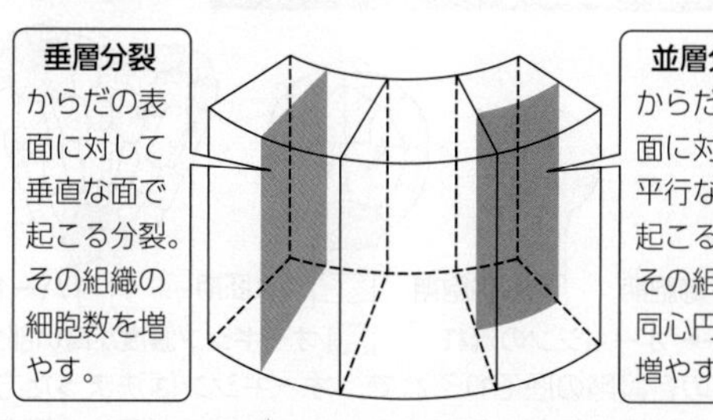
垂層分裂
からだの表面に対して垂直な面で起こる分裂。その組織の細胞数を増やす。
並層分裂
からだの表面に対して平行な面で起こる分裂。その組織を同心円状に増やす。

生 3 胚乳の形成 胚乳は，胚発生に必要な栄養を供給する。

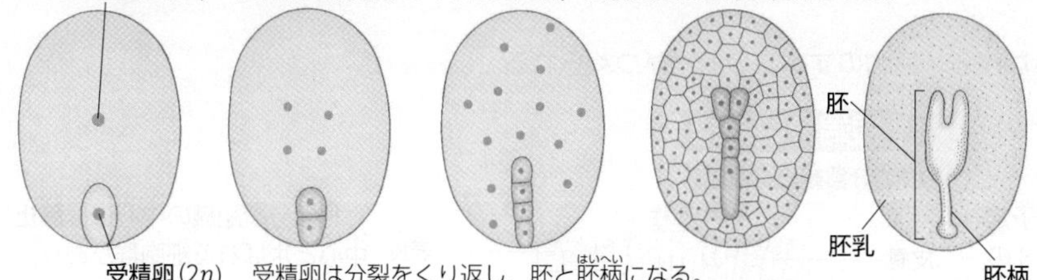
胚乳核 (3*n*) 胚乳核が核分裂をくり返した後，細胞質分裂を行い胚乳になる。
受精卵 (2*n*) 受精卵は分裂をくり返し，胚と胚柄になる。
胚
胚乳
胚柄

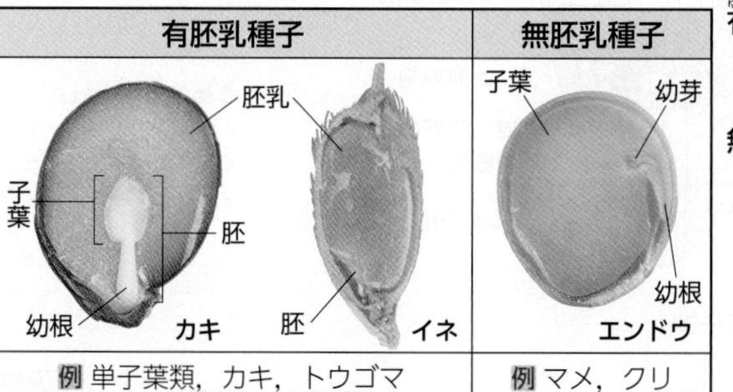

有胚乳種子	無胚乳種子
胚乳 子葉 胚 幼根 カキ　胚 イネ	子葉 幼芽 幼根 エンドウ
例 単子葉類，カキ，トウゴマ	例 マメ，クリ

有胚乳種子 胚乳をもつ種子。胚乳に蓄えられた養分は，胚発生に使われる。

無胚乳種子 発生初期にあった胚乳が，分解・吸収されてなくなった種子。養分は子葉に蓄えられることが多い。

イネの胚乳の観察

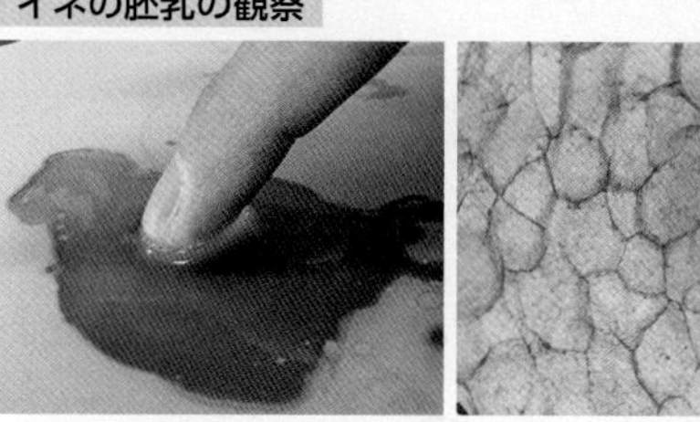
胚乳の細胞

玄米をすりガラスでこする。裏返してさらにこすり，薄片にしてプレパラートをつくる。トルイジンブルー液で細胞壁を染色して顕微鏡で観察すると，胚乳が細胞でできていることがわかる。

Memo イネのどこを食べているのか

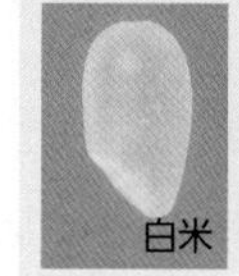
白米

イネの果実（もみ）には果肉がなく，ほとんどが種子である。種子は胚と胚乳，それらを包む層（ぬか）でできている。もみがらをとり除いたものを玄米，玄米からぬかと胚をとり除き（精米），胚乳だけにしたものが白米である。

生 4 植物のからだと成長 茎，根などの器官は分裂組織から生じ，これによって植物は成長していく。

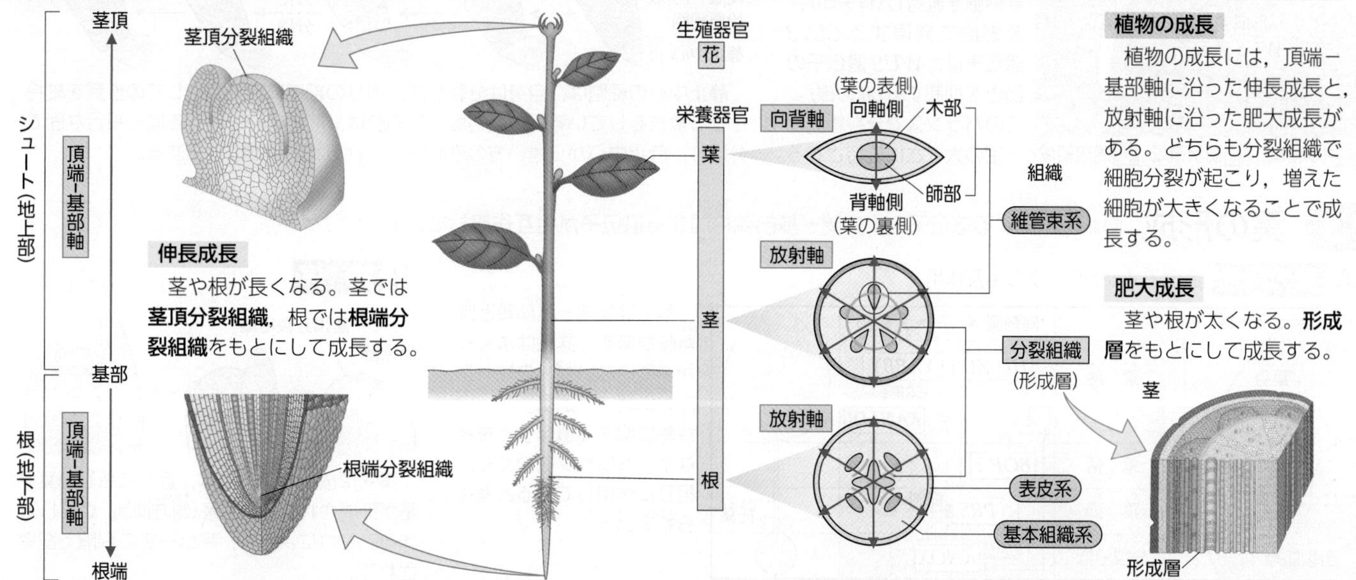
茎頂
茎頂分裂組織
シュート（地上部）
頂端－基部軸
基部
根（地下部）
頂端－基部軸
根端分裂組織
根端
生殖器官
花
栄養器官
葉
茎
根
向背軸
（葉の表側）
向軸側
木部
師部
背軸側
（葉の裏側）
放射軸
放射軸
組織
維管束系
分裂組織
（形成層）
表皮系
基本組織系
茎
形成層

伸長成長

茎や根が長くなる。茎では**茎頂分裂組織**，根では**根端分裂組織**をもとにして成長する。

植物の成長

植物の成長には，頂端－基部軸に沿った伸長成長と，放射軸に沿った肥大成長がある。どちらも分裂組織で細胞分裂が起こり，増えた細胞が大きくなることで成長する。

肥大成長

茎や根が太くなる。**形成層**をもとにして成長する。

プチ雑学 植物は自分自身で栄養をつくることができるため，動物のようにえさを求めて動く必要がない。環境の変化には，からだを成長させて適応する（➲p.208）。植物はこのような「動かない生き方」で，広く地球上に繁栄している。

206 植物の発生(2) 器官形成

1 パターン形成 細胞の分裂とともに，頂端－基部軸，放射軸に沿ったパターンが形成される。

A 頂端－基部軸のパターン形成

2細胞期　8細胞期　球状胚期　ハート型胚期

→ オーキシンの流れ　■ オーキシン濃度が高い部分

発生の各段階の胚それぞれで，オーキシンは決まった方向に輸送され，特定の場所に局在する。オーキシンが正しい濃度勾配で分布することで，子葉の形成や頂端－基部軸に沿ったパターン形成が行われる。オーキシンの輸送が異常になった突然変異体では，カップ状の子葉が形成されるなどの形態異常が起こる(▶p.212)。

B 放射軸のパターン形成

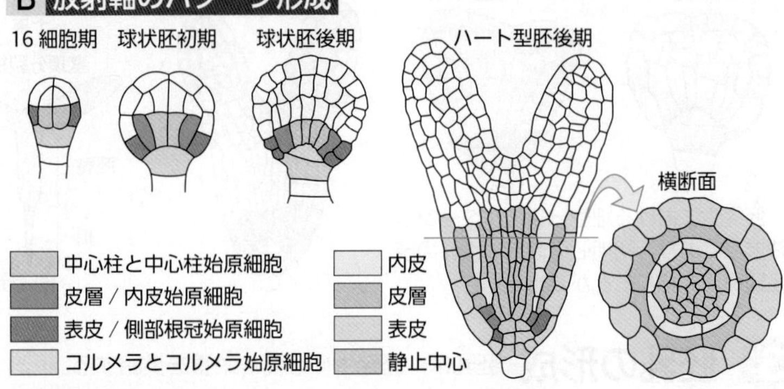
16 細胞期
球状胚初期
球状胚後期
ハート型胚後期
横断面

■ 中心柱と中心柱始原細胞　■ 内皮
■ 皮層／内皮始原細胞　■ 皮層
■ 表皮／側部根冠始原細胞　■ 表皮
■ コルメラとコルメラ始原細胞　■ 静止中心

発生が進むにつれて，放射軸のパターンが形成されていく。

2 分裂組織 分裂組織では，幹細胞を維持しながら，植物のすべての器官がつくられる。

A 茎頂分裂組織

茎頂分裂組織の構造

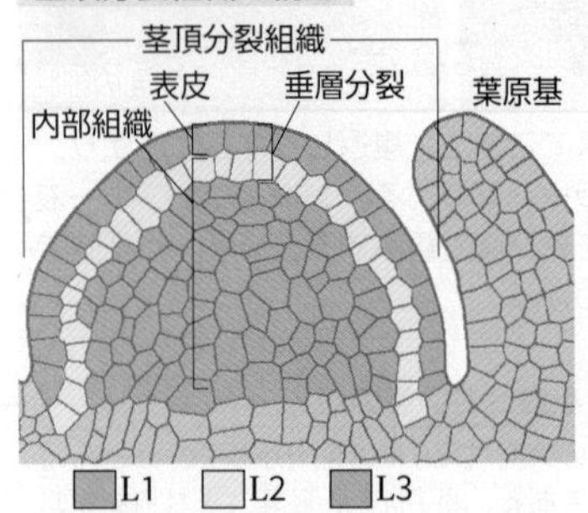
茎頂分裂組織
表皮
垂層分裂
内部組織
葉原基

■ L1　■ L2　■ L3

茎頂分裂組織はその予定運命から，L1，L2，L3の3つの層に区分でき，L1は表皮，L2とL3は内部組織をつくる。L1，L2では大部分が垂層分裂(▶p.205)をするが，L3の分裂はランダムである。

幹細胞数の制御

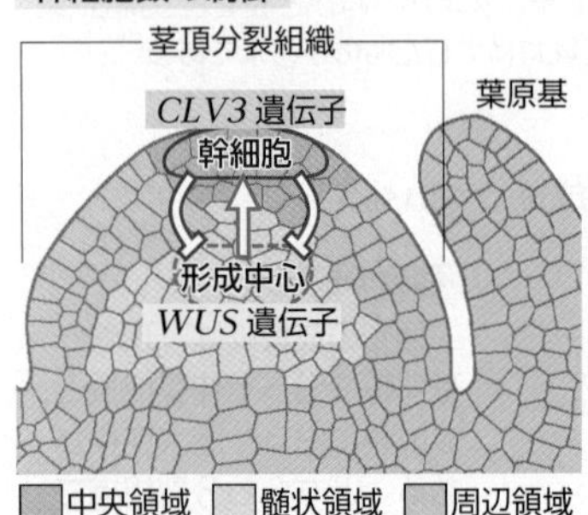
茎頂分裂組織
葉原基
CLV3 遺伝子
幹細胞
形成中心
WUS 遺伝子

■ 中央領域　■ 髄状領域　■ 周辺領域

茎頂分裂組織には，その機能から3つの領域がある。髄状領域にある**形成中心**で発現する *WUS* 遺伝子は，幹細胞を維持し(青矢印)，幹細胞で発現する *CLV3* 遺伝子は，*WUS* 遺伝子の働きを抑制する(赤の線)。このバランスで分裂組織は一定の大きさに維持される。

B 根端分裂組織

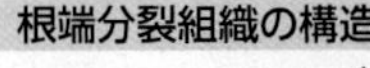

根端分裂組織の構造

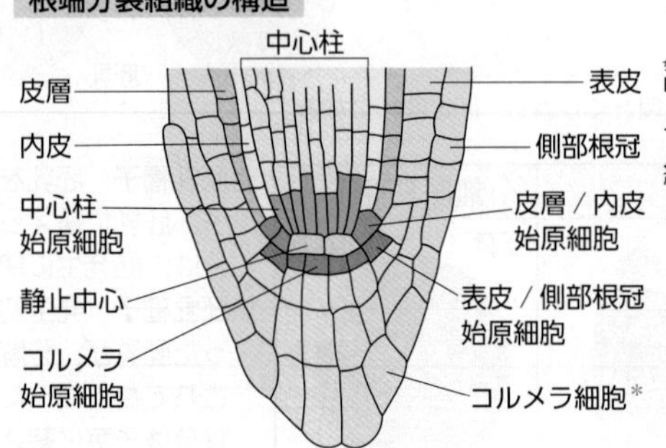
中心柱
皮層
表皮
内皮
側部根冠
中心柱
始原細胞
皮層／内皮
始原細胞
静止中心
表皮／側部根冠
始原細胞
コルメラ
始原細胞
コルメラ細胞*

根端分裂組織の中心には**静止中心**とよばれる細胞群があり，その周りをそれぞれの組織の幹細胞(始原細胞)が囲んでいる。

＊コルメラ細胞　根冠にある重力を感受する部分(▶p.211)。

幹細胞の分裂パターン

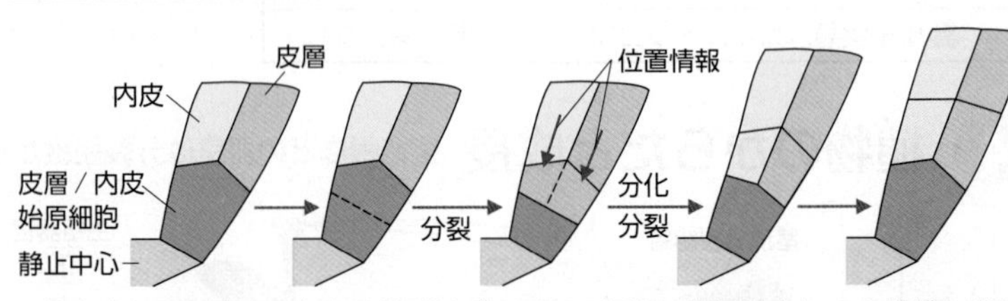
皮層
内皮
位置情報
皮層／内皮
始原細胞
静止中心
分裂
分化
分裂

静止中心の細胞は，自身は分裂せず，周りの細胞に幹細胞としての性質を維持させる働きをしている。分裂組織の幹細胞は，静止中心に接する面と平行な面で分裂し，静止中心から遠い方の細胞が，それぞれの組織に分化する。

3 葉の形成 向背軸に関する遺伝子と，先端－基部軸に関する遺伝子が相互作用している。

A 葉の極性 遺伝子ネットワークの相互作用

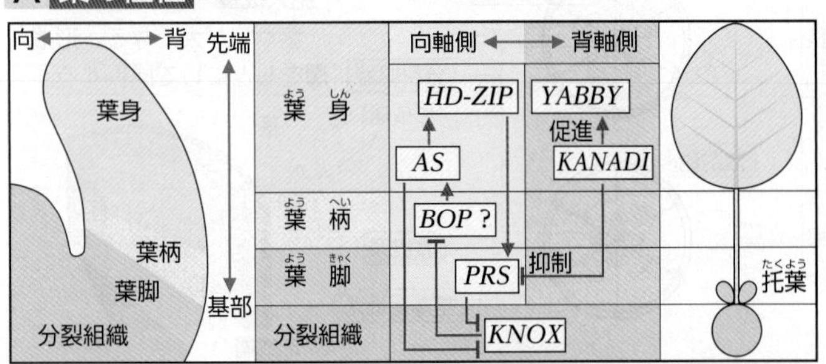
向
背
先端
基部
葉身
葉柄
葉脚
分裂組織
向軸側
背軸側
葉身
葉柄
葉脚
分裂組織
HD-ZIP
YABBY
促進
AS
KANADI
BOP?
PRS
抑制
KNOX
托葉

葉には先端－基部軸と向背軸がある。詳細はよくわかっていないが，先端－基部軸に関する遺伝子が，向背軸に関する遺伝子と複雑なネットワークをつくり，相互に作用していると考えられている。

B 葉 序

※1～4は葉原基の番号

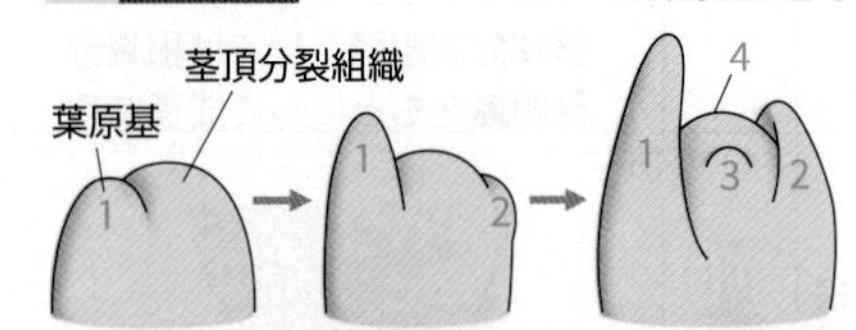
茎頂分裂組織
葉原基
1
2
3
4

葉を形成する**葉原基**は，近くに新しい葉原基が形成されるのを阻害(側方抑制，▶p.112)する。これによって，葉は一定の間隔で配置される。

プチ雑学　葉の形は，細胞の大きさや数で変化する。葉の多様な形を決める遺伝子について，そのしくみが調べられている。葉の細胞の数を少なくする遺伝子が，同時に葉の細胞を大きくすることが明らかになるなど，葉の形を決める遺伝子は，複雑にからみ合った関係にあることがわかってきている。

Keywords ●分裂組織 meristem ●茎頂分裂組織 shoot apical meristem ●根端分裂組織 root apical meristem ●葉原基 leaf primordium ●葉序 phyllotaxis ● ABC モデル ABC model

生 4 花の形成 シロイヌナズナの変異体の研究から，ABC モデルがつくられた。

植物の構造 ▶p.335

A ABC モデル

花芽の中心

B B
A C A
領域 1 2 3 4 4 3 2 1
がく片 花弁 おしべ めしべ おしべ 花弁 がく片

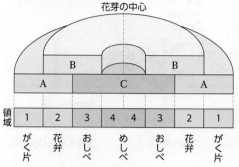

花の器官の決定は，次のルールで説明できる(ABC モデル)。

①A クラス遺伝子はがく片(領域 1)，A, B クラス遺伝子は花弁(領域 2)，B，C クラス遺伝子はおしべ(領域 3)，C クラス遺伝子はめしべ(領域 4)を決定する。

②A クラス遺伝子と C クラス遺伝子は，互いの発現を抑制する。

③C クラス遺伝子は，幹細胞を消失させる(花の形成を終える)。

B ABC モデルのしくみ

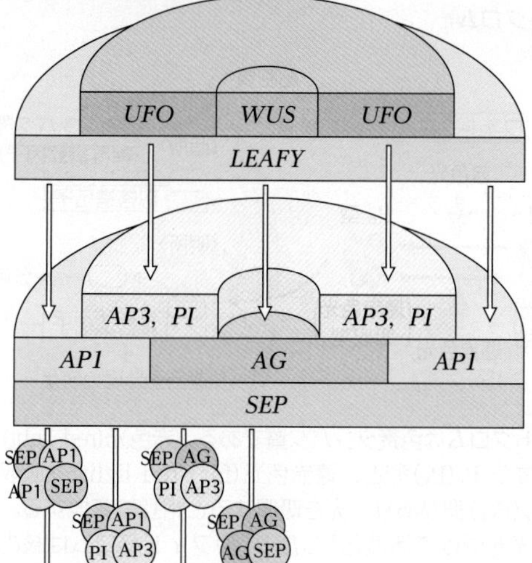
UFO
WUS
UFO
LEAFY
AP3，PI
AP3，PI
AP1
AG
AP1
SEP
SEP AP1 AP1 SEP
SEP AP1 PI AP3
SEP AG PI AP3
SEP AG AG SEP
領域 1 2 3 4 4 3 2 1
がく片 花弁 おしべ めしべ おしべ 花弁 がく片

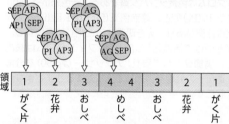

A クラス遺伝子には *AP1* と *AP2*，B クラス遺伝子には *AP3* と *PI*，C クラス遺伝子には *AG* が含まれることがわかった。これらはホメオティック遺伝子(▶p.115)で，遺伝子の発現を調節するタンパク質をつくる遺伝子(調節遺伝子，▶p.87)である。さらに，花芽分裂組織決定遺伝子 *SEP* が発見され，図のように，それぞれ 4 つのタンパク質が複合して，器官を決定していると考えられている。なお，*AP2* は別のしくみで発現が抑制されている。

AP2 を除く，これらの遺伝子は，MADS(マッズ)ボックスという塩基配列をもっている。器官形成に関する遺伝子が共通の塩基配列をもつことは，動物のホメオボックス(▶p.115)に類似している。

C シロイヌナズナの変異体

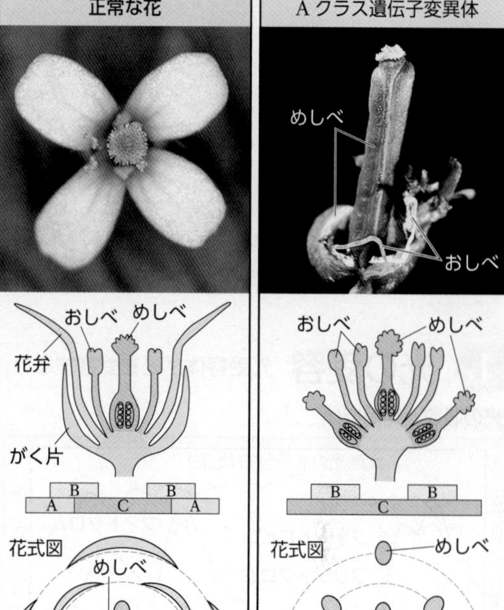
正常な花
A クラス遺伝子変異体
めしべ
おしべ
おしべ めしべ
花弁
がく片
B B
A C A
花式図
めしべ
おしべ
がく片
花弁
おしべ
めしべ
B B
C
花式図
めしべ
おしべ

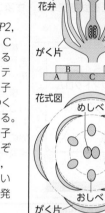

B クラス遺伝子変異体

A～C クラス遺伝子変異体

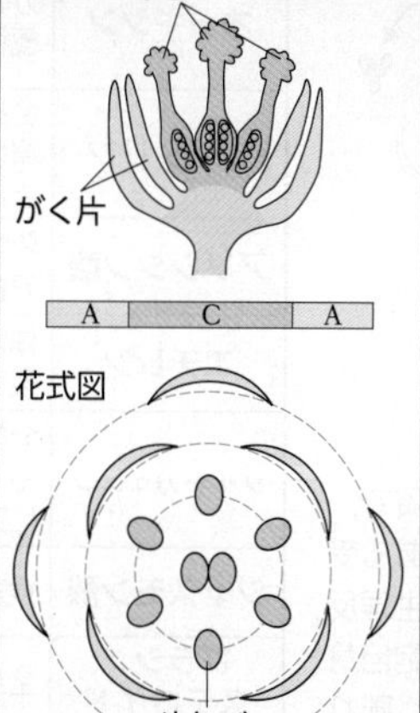
めしべ
がく片
めしべ
がく片
A C A
花式図
めしべ
がく片

葉のようなものが並んでいる。

A～C クラス遺伝子すべてがない場合に葉だけになったことから，花は葉が変化してできたものと考えられる。

Step up 八重咲きの花

標準型のサクラ

八重咲きのサクラ

3 次花 2 次花
幹細胞
B B
A A
がく片 花弁 2次花 3次花 花弁 がく片

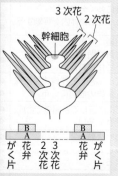

分裂組織は，*WUS* 遺伝子と *CLV3* 遺伝子の相互作用で維持されている(▶p.206)。C クラス遺伝子は，*WUS* 遺伝子の働きを抑制して，幹細胞を消失させる。C クラス遺伝子が機能しないと，分裂組織が維持され，がく片，花弁，花弁のくり返しが生じて八重(やえ)咲きになる。

プチ雑学 ドイツの文豪であり，哲学，自然科学などにも幅広く才能を発揮したゲーテは，植物の研究も行った。彼は，おしべが葉に変化した変異体などを詳しく調べ，花の各器官は葉が変形したものと考えた。

Keywords ●光形態形成 photomorphogenesis ●光受容体 photoreceptor ●フィトクロム phytochrome ●赤色光 red light ●遠赤色光 far - red light ●植物ホルモン phytohormone

Overview 植物の一生

植物の発生は一生続く。移動能力がない植物は，環境の変化に応じてからだの形や性質を変化させながら成長したり，生理反応を起こしたりして，環境に適応する。

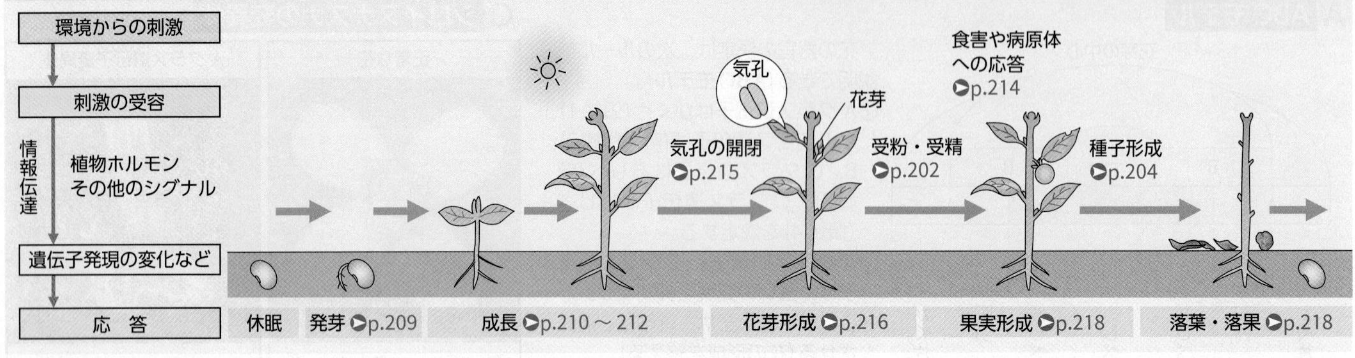
環境からの刺激
刺激の受容
情報伝達
植物ホルモン
その他のシグナル
遺伝子発現の変化など
応　答
気孔
花芽
食害や病原体への応答 ▶p.214
気孔の開閉 ▶p.215
受粉・受精 ▶p.202
種子形成 ▶p.204
休眠
発芽 ▶p.209
成長 ▶p.210～212
花芽形成 ▶p.216
果実形成 ▶p.218
落葉・落果 ▶p.218

1 光の受容　光受容体が光を受容すると，さまざまな反応が起こる。

光の吸収と光受容体

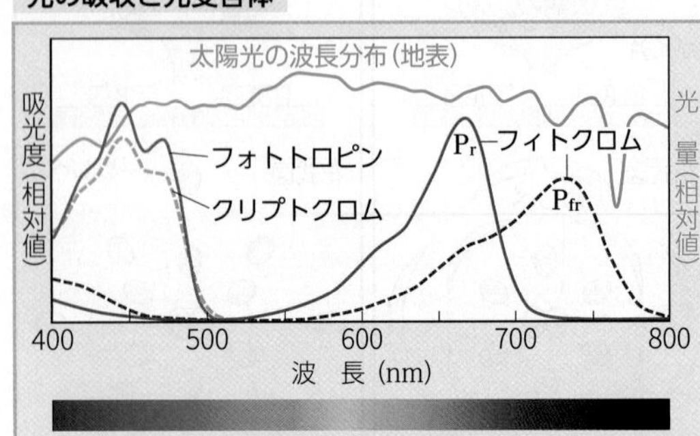
太陽光の波長分布（地表）
吸光度（相対値）
光量（相対値）
フォトトロピン
クリプトクロム
P_r フィトクロム
P_{fr}
400
500
600
700
800
波　長（nm）

植物は，おもに赤色光と青色光を光合成（▶p.60）に利用する。

また，光は光合成に利用されるだけでなく，環境応答にも重要である。光によって植物の発生や分化が調節される現象を**光形態形成**（ひかりけいたいけいせい）という。

光受容体	吸収光	おもな生理作用
フィトクロム	赤色光 遠赤色光	●光発芽種子の発芽 ▶p.209　●避陰反応 ▶p.212 ●生物時計の調節 ▶p.218　●花芽形成 ▶p.216
フォトトロピン	青色光	●光屈性 ▶p.211　●気孔の開口 ▶p.215 ●葉緑体の定位運動 ▶p.215
クリプトクロム	青色光	●胚軸伸長の抑制　●花芽形成 ▶p.216 ●生物時計の調節 ▶p.218

光受容体は，特定の波長領域の光（特定の色の光）を受容すると，立体構造が変化して活性化する。

フィトクロム

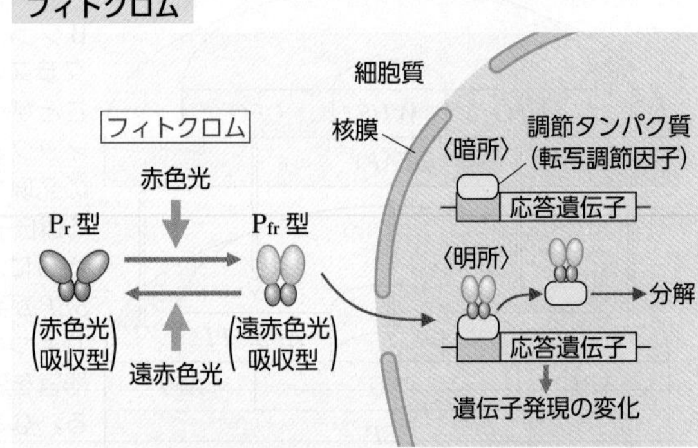
細胞質
フィトクロム
核膜
調節タンパク質（転写調節因子）
〈暗所〉
応答遺伝子
赤色光
P_r 型
P_{fr} 型
〈明所〉
分解
（赤色光吸収型）
（遠赤色光吸収型）
遠赤色光
応答遺伝子
遺伝子発現の変化

フィトクロムは色素タンパク質である。赤色光（red light）を吸収する P_r（P_R）型と，遠赤色光（far - red light）を吸収する P_{fr}（P_{FR}）型があり，光を吸収すると相互に変換する。

赤色光を受けて活性化*した P_{fr} 型フィトクロムは核内に移動し，調節タンパク質（リプレッサー ▶p.90）を分解に導き，遺伝子の発現を調節して光に対するさまざまな反応を引き起こす。

＊ P_r 型が活性化型として働く場合もある。

2 植物ホルモン　受容した刺激の情報は，植物ホルモンによって伝えられる。

植物ホルモンの働き ▶p.28

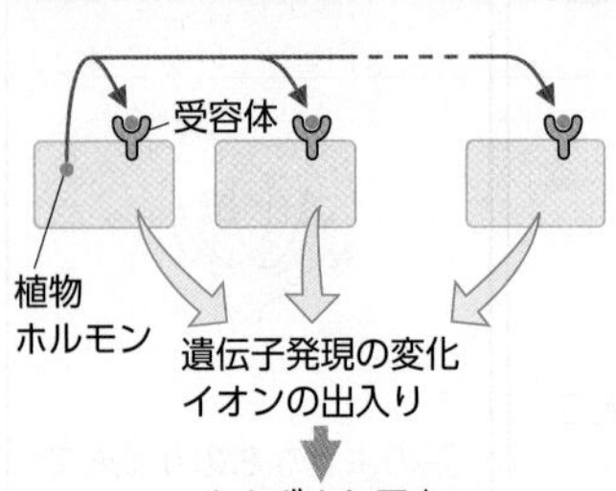
受容体
植物ホルモン
遺伝子発現の変化
イオンの出入り
さまざまな反応

植物ホルモンは低分子の物質で，標的細胞の細胞膜や細胞内にある受容体に結合し，植物の成長や生理反応を引き起こす。合成した細胞自身やその周辺の細胞で働くもの，離れた場所にある細胞で働くものがある。

植物ホルモン	植物体内での分布	おもな働き
オーキシン	分裂組織に多く分布。 極性をもって植物体内を移動する。	●細胞の成長促進（高濃度で抑制）▶p.210　●細胞分裂の促進 ●不定根の形成促進（さし木に利用）　●頂芽優勢の維持 ▶p.212 ●子房の発育促進 ▶p.218　●離層形成の抑制 ▶p.218
ジベレリン	全身の組織に分布。 環境や生育段階に応じて，合成または不活化される。	●種子の発芽促進（休眠の打破）▶p.209　●細胞の伸長促進 ▶p.210 ●開花促進　●子房の成長促進 ▶p.218
アブシシン酸	乾燥などに応答して維管束柔組織で合成。全身の器官に分布。	●種子の発芽抑制（休眠の維持）▶p.209　●細胞の伸長抑制 ●気孔の閉鎖 ▶p.215
エチレン	傷害などに応答して各組織で合成。 果実や花弁に多い。	●細胞の肥大促進（伸長抑制）▶p.210　●果実の成熟促進 ▶p.218 ●離層形成（落葉・落果）の促進 ▶p.218　●老化の促進
サイトカイニン	分裂組織や未熟種子に多い。 根で合成され，地上部を含む全身に運ばれる。	●細胞分裂の促進　●頂芽優勢の解除（側芽の成長促進）▶p.212 ●カルスから茎・葉を分化 ▶p.212　●果実の成長促進 ●細胞の老化抑制
ジャスモン酸	食害を受けた組織で合成。	●食害の防止（捕食者の消化酵素を阻害する物質などの合成）▶p.214 ●離層形成（落葉・落果）の促進
ブラシノステロイド	全身の組織に分布。	●細胞の伸長促進 ▶p.210　●細胞分裂の促進 ●木部の分化

※フロリゲン（▶p.217）は低分子ではないため植物ホルモンに含めないが，フロリゲンを植物ホルモンに含める考え方もある。

プチ雑学　植物の3つの光受容体のうち，クリプトクロムだけは動物にも存在する。クリプトクロムは，動物体内では概日リズム（▶p.199）の調節に関わるほか，磁場を感じ取る地磁気コンパス（▶p.197）としても機能していることがわかっている。

Keywords ●休眠 dormancy ●発芽 germination ●アブシシン酸 abscisic acid ●ジベレリン gibberellin ●糊粉層 aleurone layer ●光発芽種子 photoblastic seed

種子の発芽

生 1 種子の休眠と発芽 休眠状態の種子が水分を吸収すると，胚の成長が再開する。

A 種子の休眠

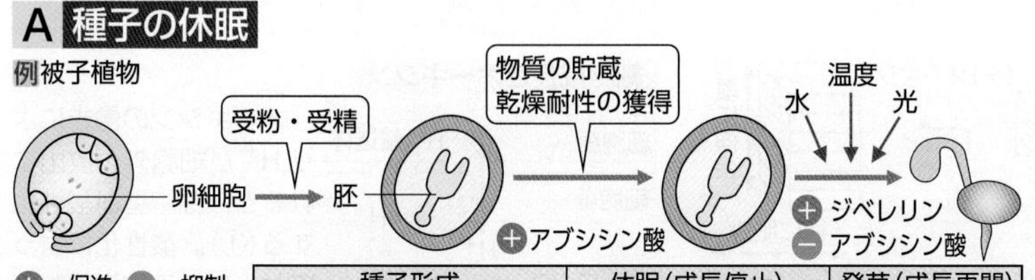
例被子植物
受粉・受精
卵細胞
胚
物質の貯蔵
乾燥耐性の獲得
+アブシシン酸
水
温度
光
+ジベレリン
−アブシシン酸
+…促進 −…抑制
種子形成
休眠(成長停止)
発芽(成長再開)

多くの植物では，種子形成(▶p.204)のあと，胚の成長が止まる(**休眠**)。休眠により，離れた場所まで種子が移動したり，適切な環境条件での発芽が可能になる。

B 種子の休眠解除 例 オオムギ

ジベレリン量(ng/g乾燥)
アブシシン酸量(ng/g乾燥)
アブシシン酸
ジベレリン
吸水後の日数(日)
0 1 2 3 4 5

小林ら(1995)による

植物の芽や種子の休眠は，**アブシシン酸**によって促進され，**ジベレリン**によって抑制される。

オオムギの種子が十分な吸水をすると，アブシシン酸の急激な減少とジベレリンの増加が起こり，発芽の準備が始まる。

C 発芽のしくみ

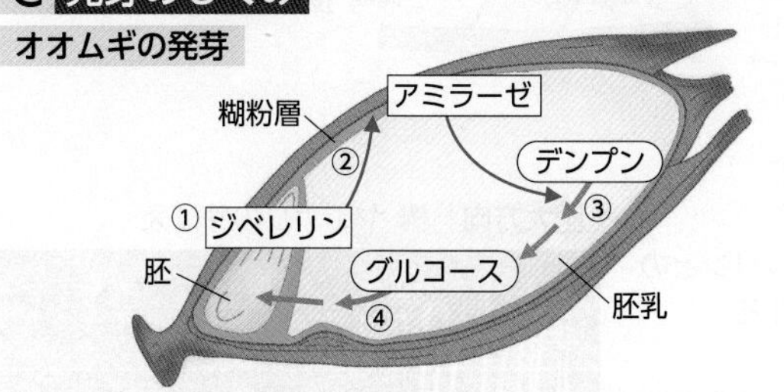
オオムギの発芽
糊粉層
アミラーゼ
デンプン
①
②
③
④
ジベレリン
胚
グルコース
胚乳

①吸水により，アブシシン酸が減少し，胚でジベレリンが合成される。
②ジベレリンの働きにより，糊粉層(こふんそう)でアミラーゼが合成される。
③アミラーゼにより胚乳中のデンプンが分解され，最終的にグルコースになる。
④生じたグルコースは，発芽や胚の成長のエネルギー源となる。

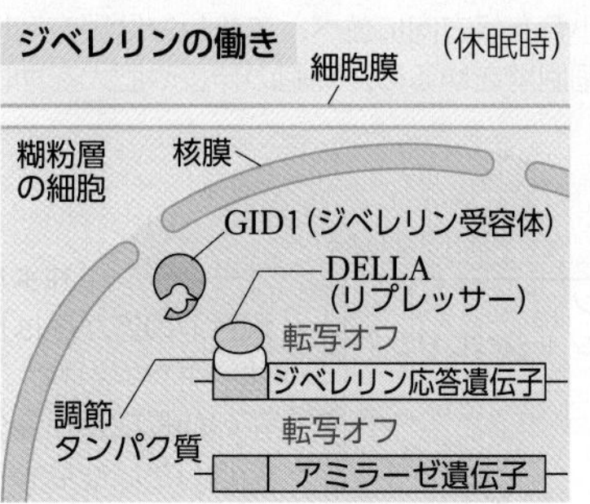
ジベレリンの働き
(休眠時)
細胞膜
糊粉層の細胞
核膜
GID1(ジベレリン受容体)
DELLA
(リプレッサー)
転写オフ
ジベレリン応答遺伝子
調節タンパク質
転写オフ
アミラーゼ遺伝子

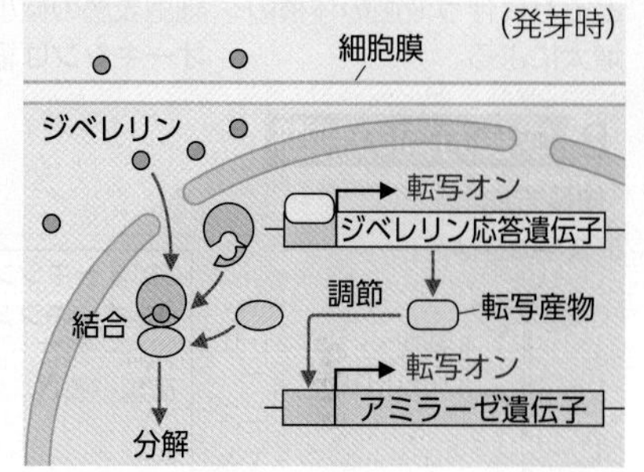
(発芽時)
細胞膜
ジベレリン
転写オン
ジベレリン応答遺伝子
調節
転写産物
結合
転写オン
分解
アミラーゼ遺伝子

休眠時にはジベレリンがなく，DELLA タンパク質というリプレッサーが存在するため，ジベレリン応答遺伝子の転写は抑制されている。ジベレリンが合成されるようになると，ジベレリンは受容体(GID1)と結合し，DELLA タンパク質を分解へ導く。その結果，ジベレリン応答遺伝子の転写が進み，発芽する。

生 2 光発芽種子 光発芽種子の発芽は，赤色光によって促進される。

A 光と発芽 例 レタス

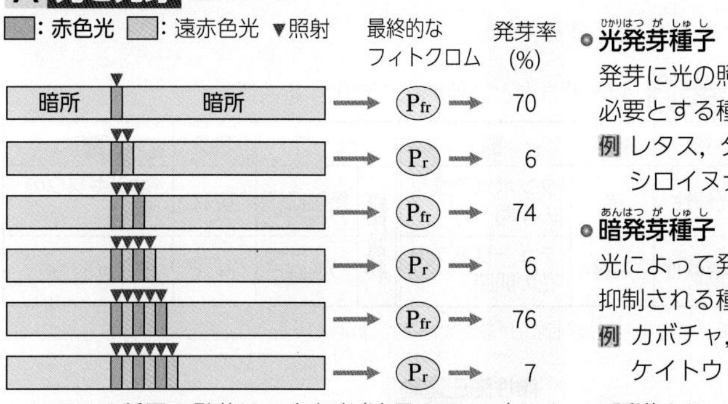
: 赤色光 : 遠赤色光 ▼照射
最終的なフィトクロム
発芽率(%)
暗所
暗所
Pfr 70
Pr 6
Pfr 74
Pr 6
Pfr 76
Pr 7

●**光発芽種子**(ひかりはつがしゅし)
発芽に光の照射を必要とする種子。
例 レタス，タバコ，シロイヌナズナ

●**暗発芽種子**(あんはつがしゅし)
光によって発芽が抑制される種子。
例 カボチャ，ケイトウ

レタスの種子の発芽は，赤色光(波長 660 nm)によって誘導され，遠赤色光(波長 730 nm)の照射によって阻害される。赤色光と遠赤色光を交互に照射すると，最後に照射した光の効果が現れる。

B 光による発芽促進の意義

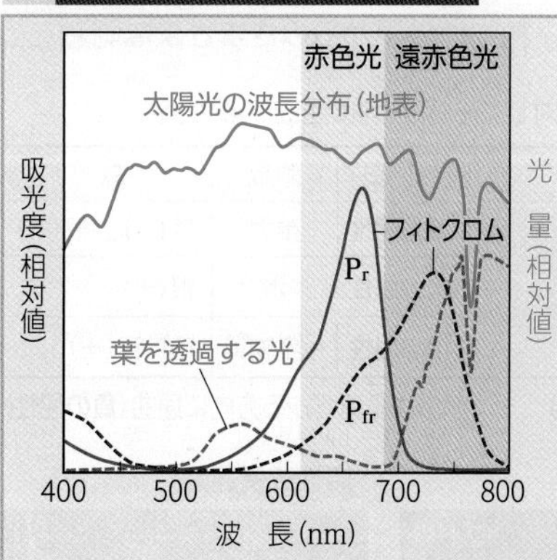
赤色光 遠赤色光
太陽光の波長分布(地表)
吸光度(相対値)
光量(相対値)
フィトクロム
Pr
Pfr
葉を透過する光
400 500 600 700 800
波 長(nm)

赤色光はクロロフィルにより吸収されるが，遠赤色光は葉を透過する。よって，赤色光を多く含む光は，光合成に適した環境の指標となり，遠赤色光を多く含む光は，ほかの植物の陰になっていることの指標となる。赤色光と遠赤色光による発芽制御は，発芽後に確実に光合成を行うために必要である*。

＊光発芽種子は，小型で貯蔵栄養が少ないものが多い。

C 光発芽種子の発芽のしくみ

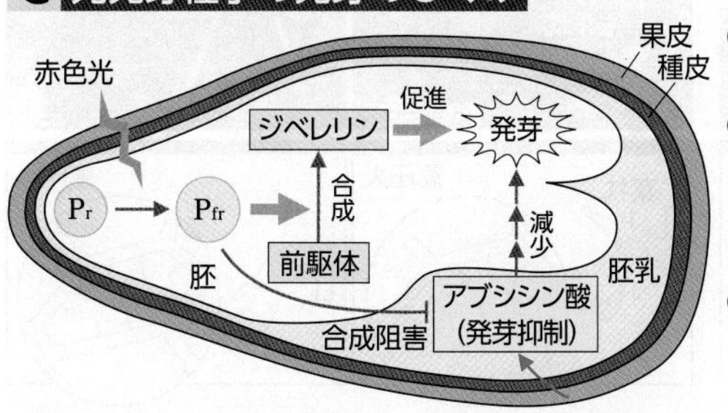
赤色光
果皮
種皮
促進
ジベレリン
発芽
Pr
Pfr
合成
減少
前駆体
胚
胚乳
アブシシン酸
(発芽抑制)
合成阻害

①暗所では，アブシシン酸は種子の発芽を抑制する。
②赤色光でフィトクロム Pfr が活性化するとジベレリンの合成が促され，アブシシン酸の合成が阻害される。
③ジベレリンの増加とアブシシン酸の減少により，発芽が促される。

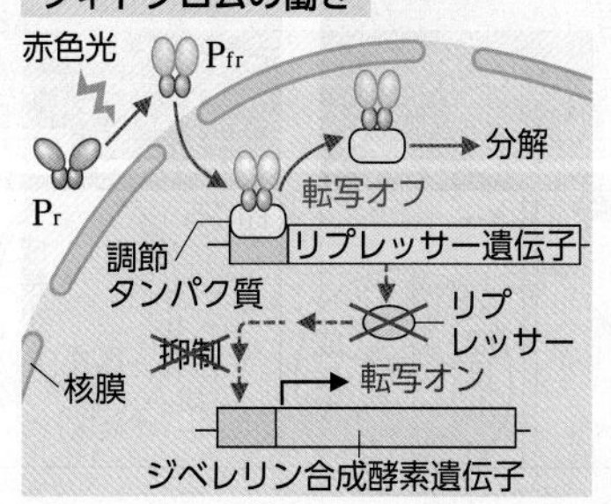
フィトクロムの働き
赤色光
Pfr
Pr
分解
転写オフ
調節タンパク質
リプレッサー遺伝子
リプレッサー
抑制
核膜
転写オン
ジベレリン合成酵素遺伝子

暗所では，ジベレリン合成酵素の合成はリプレッサーによって抑制されている。赤色光によって活性化したフィトクロムは，リプレッサーの発現を阻害するためジベレリンがつくられる。

プチ雑学 植物の種子や芽は，成長に不適当な環境下では発芽・成長しない。大賀一郎(おおがいちろう)は，千葉市検見川(けみがわ)町の遺跡からハスの種子を発掘し，発芽・開花させることに成功した(1951 年)。この種子は，約 2000 年間も休眠していたと考えられる。

1 細胞の成長 細胞が成長する方向は植物ホルモンの働きによって決まる。

A 成長のしくみ

細胞の成長

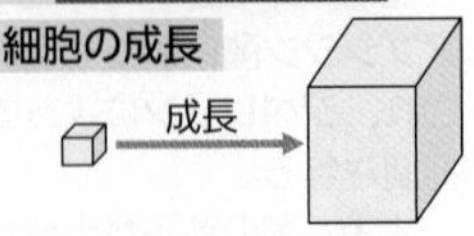
成長

断面
液胞
核

植物細胞は成長すると体積が 10 ～ 1000 倍になる。この成長の大部分は，吸水とそれに伴う液胞の体積の増大による。

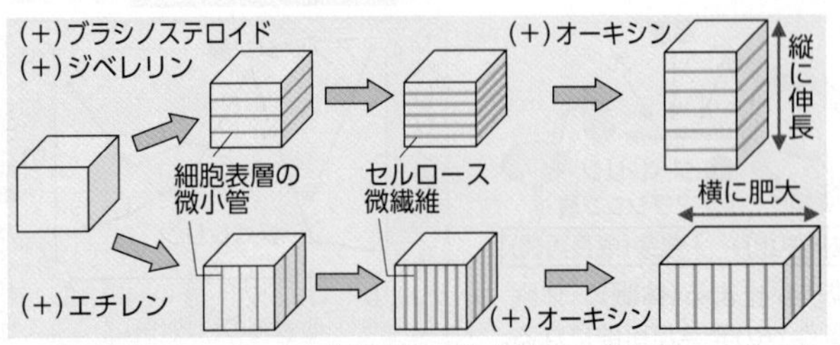
(+)ブラシノステロイド
(+)ジベレリン
(+)オーキシン
縦に伸長
細胞表層の微小管
セルロース微繊維
横に肥大
(+)エチレン
(+)オーキシン

細胞壁中のセルロース微繊維は，微小管の方向に沿って合成される。植物ホルモンのうち，**ジベレリン**と**ブラシノステロイド**は細胞表層の微小管を横方向に並べ，**エチレン**は縦方向に並べる。**オーキシン**は細胞壁をゆるめ，細胞の伸長や肥大を助ける。

細胞成長とオーキシン

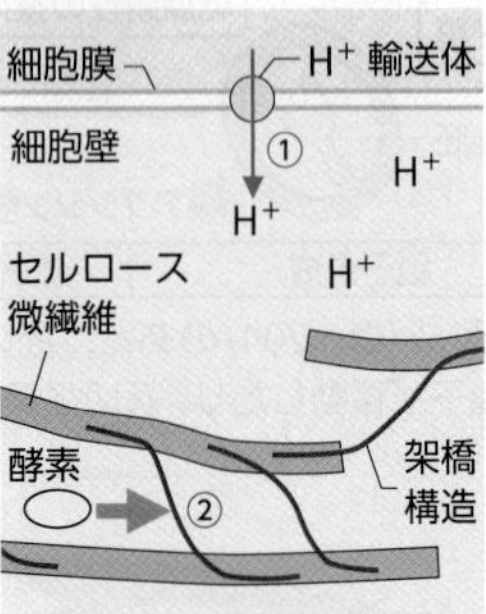
細胞膜
H^+ 輸送体
細胞壁
①
H^+
H^+
セルロース微繊維
H^+
酵素
②
架橋構造

オーキシンの働きにより H^+ が細胞外へ放出されると，細胞壁が酸性化する(①)。酸性化によってセルロース微繊維などをつなぐ架橋構造をゆるめる酵素が活性化されると，細胞壁がゆるみ，成長が促進される(②)。

B 成長方向の制御

伸長方向

アズキの芽ばえ

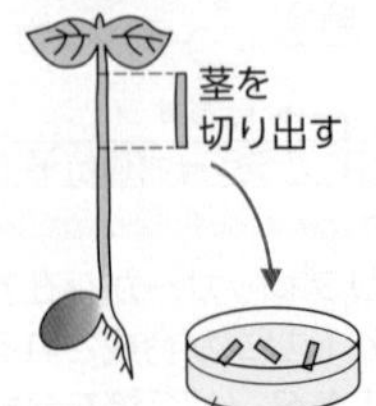
茎を切り出す
植物ホルモンを含む液

アズキの芽ばえの茎を植物ホルモンを含む液に浮かべ，成長のようすを観察する。

柴岡(1972)による

- オーキシン
- オーキシン＋ジベレリン
- 実線…長さ
- 破線…重さ

縦軸：長さと重さの増加(%)　0，50，100
横軸：処理時間(時間)　0，2，4，6，8，10，12

- オーキシン単独より，ジベレリンとの混合液の方が茎は長く伸長する。
- オーキシン単独
  茎の伸長成長が減少したあとも重さが増加した。すなわち，長さと太さが増加した。
- オーキシン＋ジベレリン
  茎の長さと重さがほぼ比例しながら増加した。すなわち，長さのみが増加した。
  →ジベレリンにより，伸長成長が促進された。

肥大方向 例 ヤエナリの芽ばえ

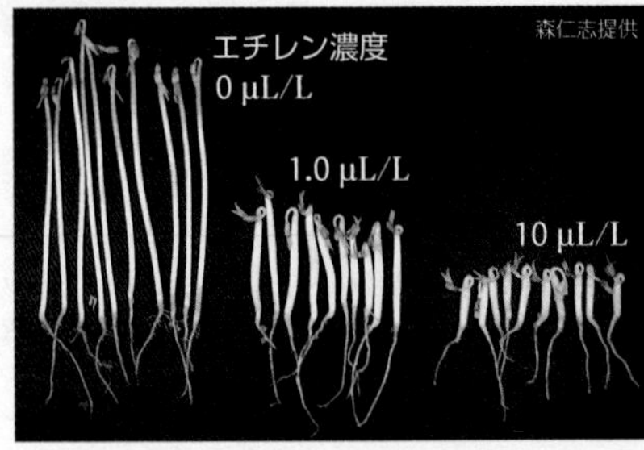
森仁志提供
エチレン濃度
0 μL/L
1.0 μL/L
10 μL/L

双子葉類の芽ばえにエチレンを作用させると，伸長が抑制され，肥大する。

2 屈性と傾性 植物は外界からのさまざまな刺激を受けとり，それに反応する。

A 屈性 刺激の方向に対して一定方向に屈曲する性質。

性質	刺激	例	性質	刺激	例
光屈性	光	茎(+)，根(−)	**重力屈性**	重力	茎(−)，根(+)
			水分屈性	水	根(+)
接触屈性	接触	ブドウの巻きひげ(+)	**化学屈性**	化学物質	花粉管(+)

+：刺激の方向に屈曲(**正の屈性**)　−：刺激から遠ざかる方向に屈曲(**負の屈性**)

B 傾性 刺激の方向とは無関係に変化する性質。

	性質	刺激	例
成長運動	**光傾性**	光	タンポポの頭花の開閉
成長運動	**温度傾性**	温度	チューリップの花の開閉
膨圧運動	**接触傾性**	接触	オジギソウの葉枕*
膨圧運動	**光傾性**	光など	気孔の開閉

*オジギソウの場合，接触刺激がなくても夜には葉枕の細胞の膨圧が低下する(就眠運動)。

接触屈性

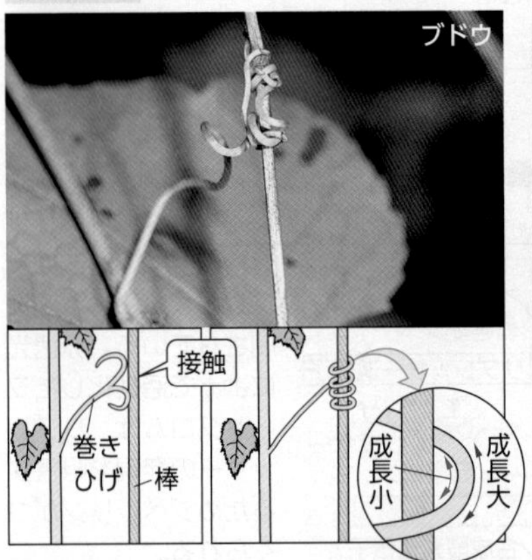
ブドウ
接触
巻きひげ
棒
成長小
成長大

傾性成長運動

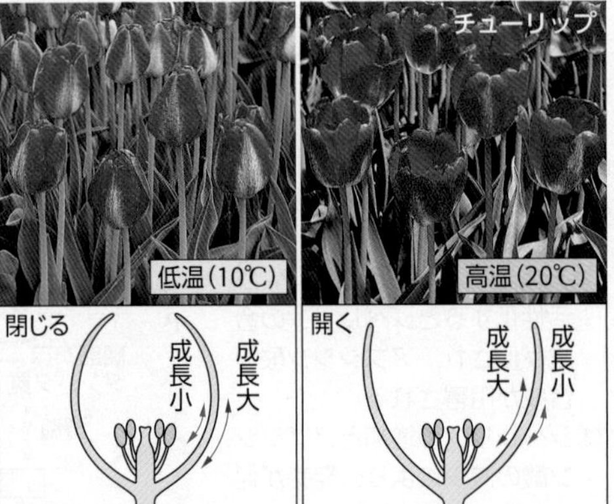
チューリップ
低温(10℃)
高温(20℃)
閉じる
成長小
成長大
開く
成長大
成長小

傾性膨圧運動

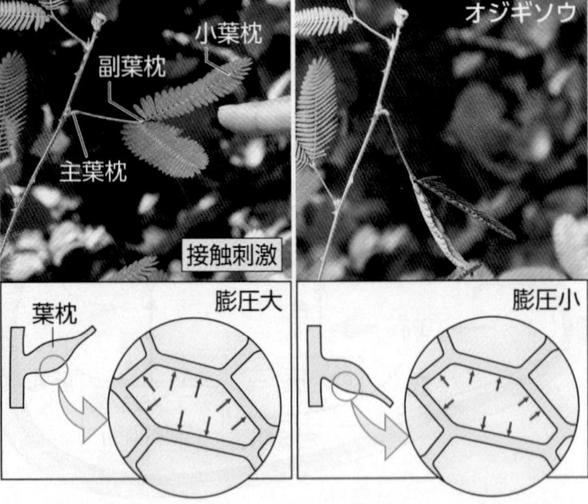
オジギソウ
小葉枕
副葉枕
主葉枕
接触刺激
葉枕
膨圧大
膨圧小

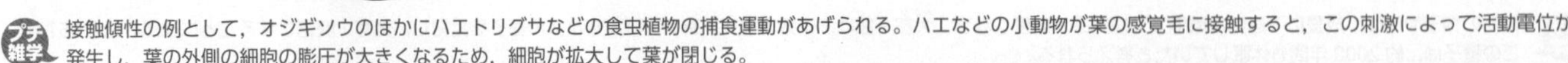
プチ雑学 接触傾性の例として，オジギソウのほかにハエトリグサなどの食虫植物の捕食運動があげられる。ハエなどの小動物が葉の感覚毛に接触すると，この刺激によって活動電位が発生し，葉の外側の細胞の膨圧が大きくなるため，細胞が拡大して葉が閉じる。

Keywords ●ジベレリン gibberellin ●ブラシノステロイド brassinosteroid ●エチレン ethylene ●オーキシン auxin ●屈性 tropism ●傾性 nasty ●光屈性 phototropism

生 3 光屈性 植物は，光の方へ向かって伸びて，光を効率的に吸収する。

A 光屈性のしくみ 幼葉鞘（ようようしょう） ▶p.213

①フォトトロピンが光(青色光)を感知。 ②光が当たっていない側で，オーキシン濃度が上がる。 ③光に向かって伸びる。

光　オーキシン　マカラスムギの幼葉鞘　砂　成長小　成長大

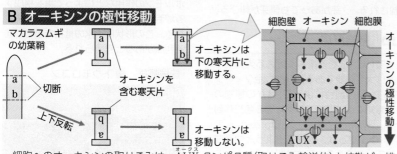

植物は光の方へ屈曲することで，光の吸収を最適化する。オーキシンは細胞の成長を促進する作用がある(▶p.210)ので，光が当たっていない側の成長が促進され，光の方へ曲がる。

光屈性

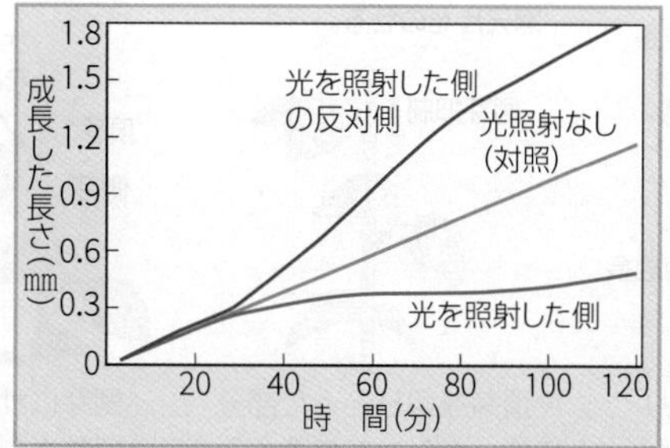
※幼葉鞘に青色光を照射。
成長した長さ(mm)
1.8
1.5
1.2
0.9
0.6
0.3
0
光を照射した側の反対側
光照射なし(対照)
光を照射した側
20 40 60 80 100 120
時間(分)
Iino，Briggs(1984)による

フォトトロピン

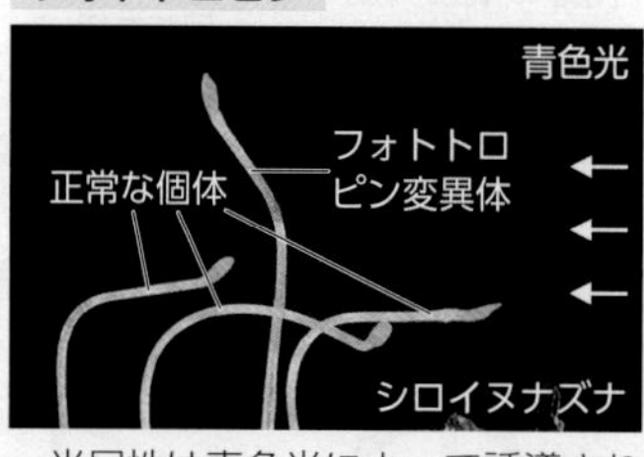
青色光
正常な個体
フォトトロピン変異体
シロイヌナズナ

光屈性は青色光によって誘導される。フォトトロピンをもたない変異体は光の方向に曲がらない。

B オーキシンの極性移動

マカラスムギの幼葉鞘　a b　切断　オーキシンを含む寒天片　上下反転　オーキシンは下の寒天片に移動する。　オーキシンは移動しない。

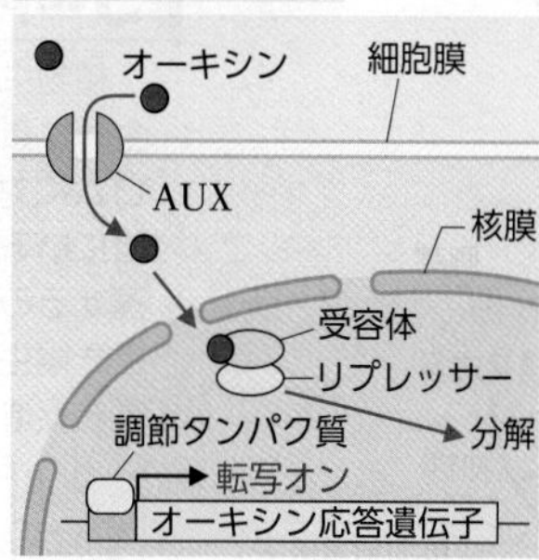
細胞壁
オーキシン
細胞膜
PIN
AUX
オーキシンの極性移動

細胞へのオーキシンの取りこみは，AUX（オークス）タンパク質(取りこみ輸送体)と拡散が，排出にはPIN（ピン）タンパク質(排出輸送体)が関わる。PINタンパク質は細胞の基部側(根側)の細胞膜にのみ存在するため，オーキシンは先端→基部の一方向に移動する(**極性移動**（きょくせいいどう）)。

オーキシンの働き

オーキシン　細胞膜　AUX　核膜　受容体　リプレッサー　分解　調節タンパク質　転写オン　オーキシン応答遺伝子

オーキシン応答遺伝子は，リプレッサー(▶p.90)によって転写が抑制されている。オーキシンが核内の受容体に結合すると，受容体がリプレッサーに結合し，リプレッサーを分解に導く。リプレッサーがなくなるため，オーキシン応答遺伝子の転写が促進される。

生 4 重力屈性 根や茎で重力を感知し，オーキシンの働きによって成長が制御される。

A マカラスムギの芽ばえ

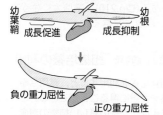

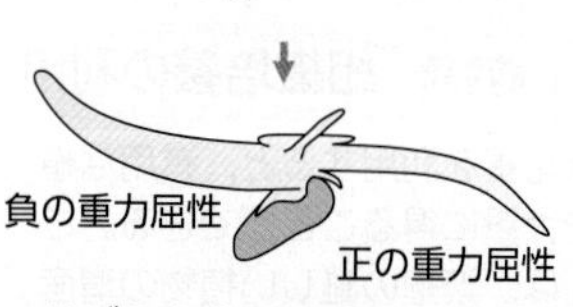
幼葉鞘
成長促進
成長抑制
幼根
負の重力屈性
正の重力屈性

芽ばえを水平に置くと下方のオーキシン濃度が高くなる。オーキシン感受性が異なるため，幼葉鞘では負，幼根では正の重力屈性を示すと考えられる。

オーキシン濃度と重力屈性

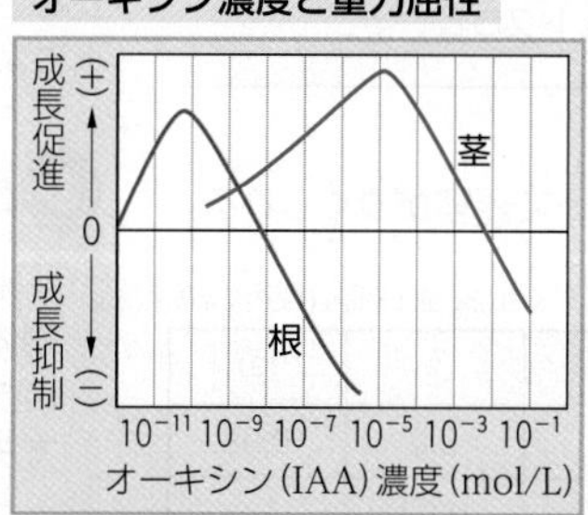
成長促進 (+)
0
成長抑制 (−)
茎
根
10^{-11} 10^{-9} 10^{-7} 10^{-5} 10^{-3} 10^{-1}
オーキシン(IAA)濃度(mol/L)

オーキシンが成長を促進する最適濃度は器官により異なる。最適濃度を超えると成長が阻害される。

重力屈性

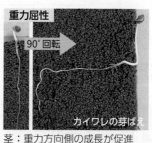

90°回転　カイワレの芽ばえ

茎：重力方向側の成長が促進
→重力と反対の向きに曲がる。
根：重力方向側の成長が抑制
→重力の向きに曲がる。

つながる生物学 農業 オーキシンの利用

除草剤の散布

オーキシンは，高濃度で成長を抑制する。農業で使用されている除草剤の中には，オーキシンの成長抑制作用を利用したものがあり，合成オーキシンである2,4-Dが含まれている。

B 根の重力屈性

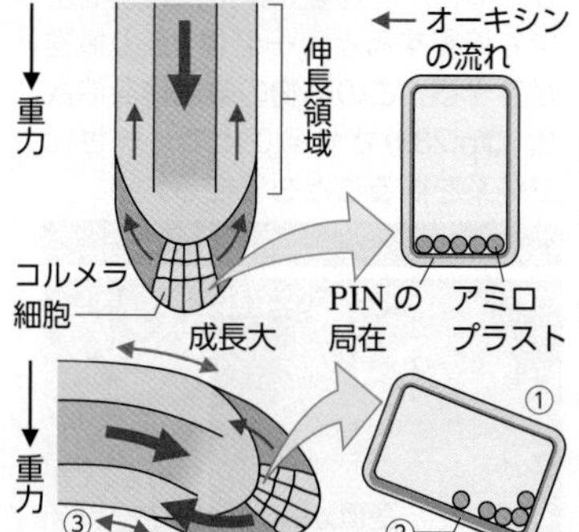
重力
伸長領域
オーキシンの流れ
コルメラ細胞
PINの局在
アミロプラスト
成長大
成長小
①
②
③

根における重力の感知は，根冠のコルメラ細胞に含まれるアミロプラスト(▶p.23)の働きによる。根を重力方向に対して水平に置くと，
①アミロプラストが重力方向に移動する。
②一部のPINタンパク質がコルメラ細胞の下側の細胞膜に移動する。
③根の下側でオーキシン濃度が増え，伸長成長が抑制される。

C 茎の重力屈性

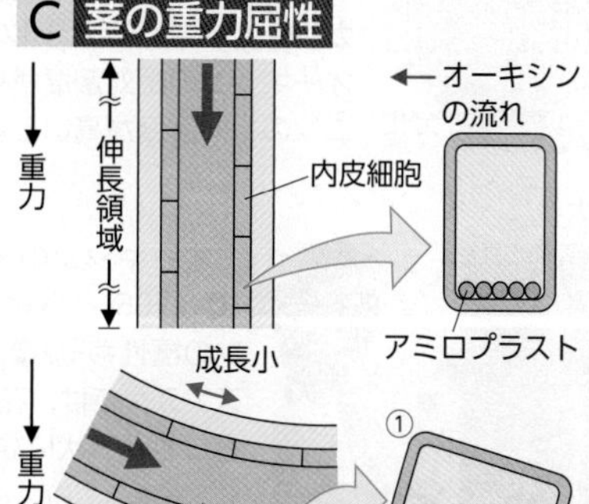
重力
伸長領域
オーキシンの流れ
内皮細胞
アミロプラスト
成長小
成長大
①
②

茎における重力の感知は，内皮細胞に含まれるアミロプラストの働きによる。茎を重力方向に対して水平に置くと，
①アミロプラストが重力方向に移動する。
②茎の下側でオーキシン濃度が増え，伸長成長が促進される。
※茎の重力屈性においても，オーキシンの輸送にPINタンパク質が関わっていると考えられている。

プチ雑学 根において，コルメラ細胞中のアミロプラストが重力を感知していることは，アミロプラストの変異体の実験などからわかった。しかし，コルメラ細胞から，どのように重力シグナルが伝わるのかはまだわかっていない。

Keywords ●頂芽優勢 apical dominance ●オーキシン auxin

1 頂芽優勢 頂芽は，側芽の成長を抑制することで，植物体の垂直方向への成長を促す。

側芽の成長抑制

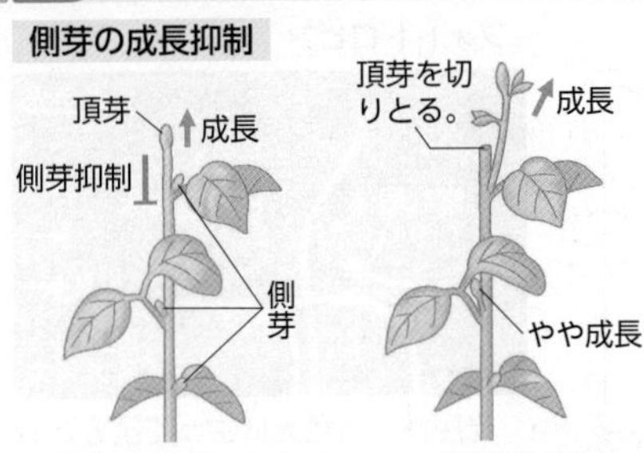
頂芽
成長
側芽抑制
側芽
頂芽を切りとる。
成長
やや成長

頂芽でつくられるオーキシンが側芽の成長を抑制する(頂芽優勢)。

頂芽を切りとると側芽が成長し始める。

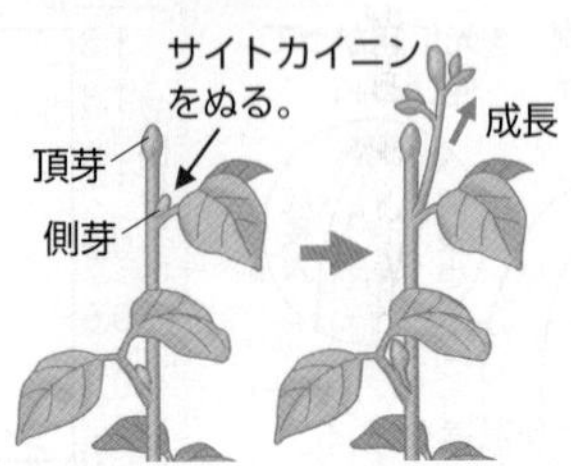
オーキシンを含む寒天片をのせる。
側芽抑制

頂芽を切りとった部分にオーキシンを与えると側芽の成長は抑制される。

側芽の成長促進

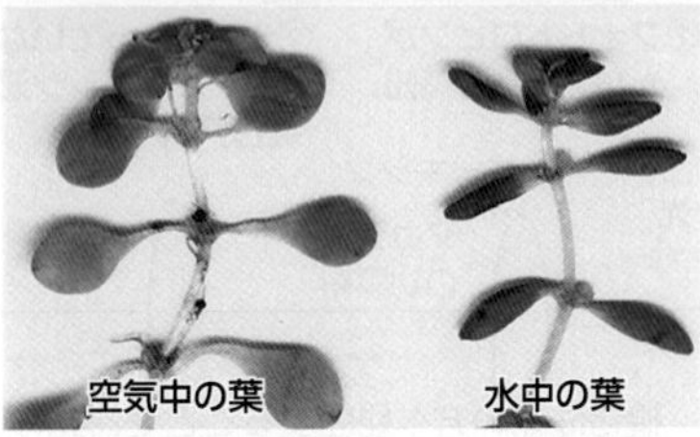
サイトカイニンをぬる。
頂芽
側芽
成長

側芽にサイトカイニンという植物ホルモンをぬると，頂芽があっても側芽が伸びる。

A 頂芽優勢のしくみ

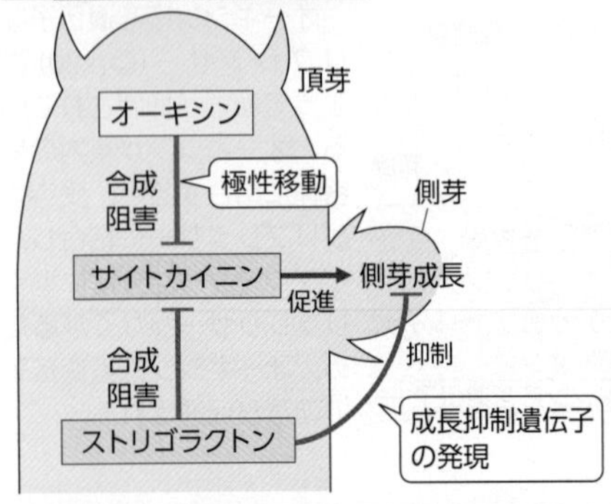
頂芽
オーキシン
合成阻害
極性移動
側芽
サイトカイニン
促進
側芽成長
合成阻害
抑制
ストリゴラクトン
成長抑制遺伝子の発現

頂芽から下へ輸送されるオーキシンが，側芽伸長作用をもつサイトカイニンの合成を阻害するため，側芽の成長が抑制される。

このほか，ストリゴラクトンという植物ホルモンも側芽の成長を抑制すると考えられている。

Step up 避陰反応

植物にとって，光合成を効率よく行える光環境で生育することは大変重要である。植物は，全フィトクロムに対するP_{fr}型の割合によって，ほかの植物の陰にいるかを感知する。植物の陰では，遠赤色光が到達するのでP_{fr}型の割合は減少する(▶p.209)。このとき陽生植物(▶p.222)は，陰から出ようと伸長成長を促進させる。このような反応を避陰反応という。

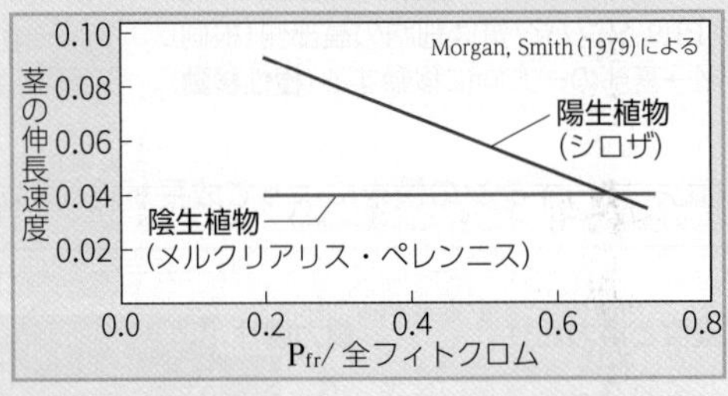
Morgan, Smith (1979) による
茎の伸長速度
0.10
0.08
0.06
0.04
0.02
陽生植物(シロザ)
陰生植物(メルクリアリス・ペレンニス)
0.0
0.2
0.4
0.6
0.8
Pfr/全フィトクロム

2 刺激と成長

水刺激 例 ミズハコベ

空気中の葉　水中の葉

水生植物のミズハコベは，水中と空気中で葉の形状を変える。水中では，植物ホルモンの作用などによって葉を構成する細胞が細長く成長し，葉全体が細長くなる。この形状は，水の抵抗を小さくする利点があると考えられる。

機械刺激 例 トウモロコシ

幼葉鞘

芽ばえ

土の中で発芽した芽生えの茎は，小石に当たると太くなる。これは，小石に当たったという刺激によってエチレンが合成され，茎の伸長が抑制されて肥大するためである(▶p.210)。茎は太くなることによって丈夫になる。

3 植物ホルモンと器官形成 植物ホルモンの働きによって器官がつくられる。

組織培養

例 ニンジン

①未分化(カルス)

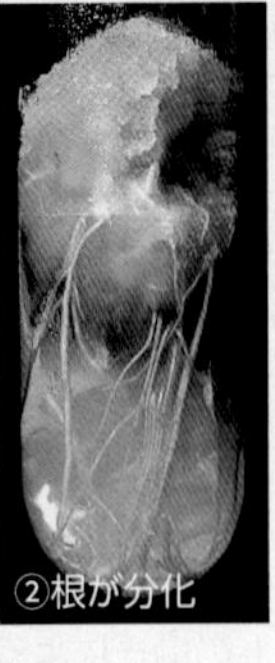
②根が分化

③茎・葉が分化

Skoog and Miller (1957) による

例タバコ	①	②	③
オーキシン(mg/L)	3.0	3.0	0.03
サイトカイニン(mg/L)	0.2	0.02	1.0
器官の分化	カルス	根	茎・葉

植物細胞の組織の一部を取り出し，オーキシンとサイトカイニンを適当な濃度比で培地に加えて培養すると，**カルス**とよばれる未分化の細胞の塊ができる。さらに，オーキシンの相対濃度が高いと根が分化し，サイトカイニンの相対濃度が高いと茎や葉が分化する。

器官の形成 例 シロイヌナズナ

正常な植物体

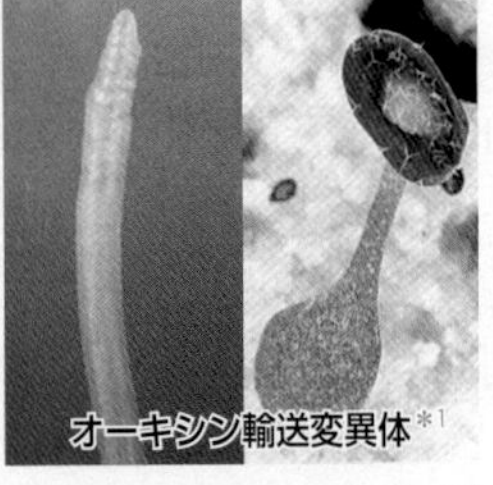
オーキシン輸送変異体*1

オーキシンの分布や濃度勾配は植物の胚発生(▶p.206)と器官分化に影響を与える。オーキシンの極性移動(▶p.211)が正常に行えないシロイヌナズナでは，花芽が形成されない*2，子葉が融合しカップ状になるなど，形態に異常が見られる。

*1 写真は，PIN タンパク質(排出輸送体)の遺伝子の突然変異体。

*2 異常な構造をもつ花芽が形成される場合もある。

Column 組織培養の利用

組織培養を利用すると，有用な植物体を大量に得ることができる。この技術は，繁殖の難しい植物の増産方法の1つとして利用されている。

どの組織を培養するかは目的によって異なる。たとえば，茎頂組織にはウイルスがほとんどいないため，茎頂組織からカルスをつくり，再び分化(再分化)させると，ウイルスフリー植物ができる。また，花粉を用いて培養すると，一倍体(n)の植物ができる。この植物の染色体を倍数加(▶p.289)させることで，一世代で純系を得ることもできる。

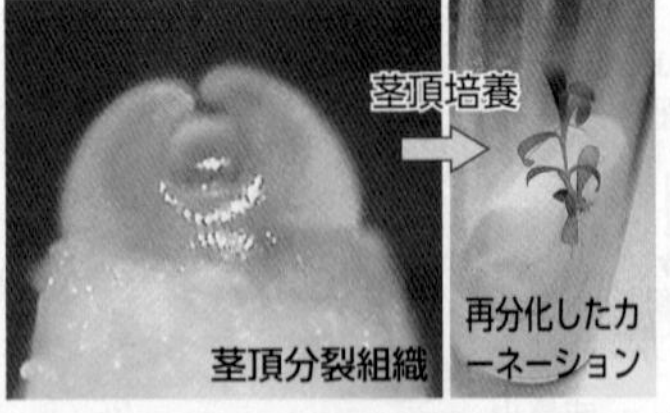
茎頂培養
茎頂分裂組織
再分化したカーネーション

プチ雑学

動物に食べられたりして頂芽が失われると，茎頂分裂組織(▶p.206)がなくなるため，植物は成長や花芽形成ができなくなる。そこで，代わりに側芽の成長を促進させる。側芽の成長促進は，植物にとって生存や繁殖に必要な戦略の1つであるといえる。

生 1 光屈性とオーキシン

光屈性の研究により，オーキシンという植物ホルモンが発見された。

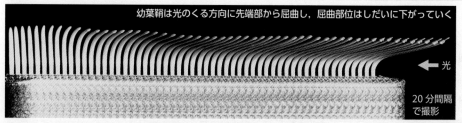

幼葉鞘は光のくる方向に先端部から屈曲し，屈曲部位はしだいに下がっていく

← 光

20分間隔で撮影

A 光屈性(正)のしくみ

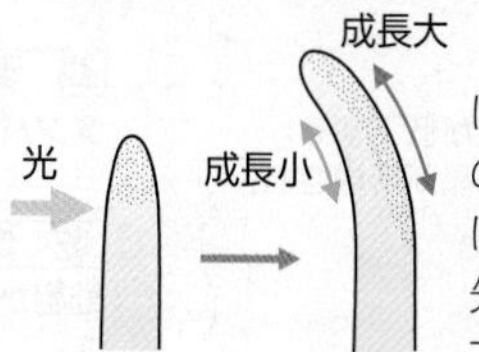

光
成長小
成長大

光の当たる側では成長が遅く，光の当たらない側では成長が速いため，先端部は光のくる方向に屈曲する。

B オーキシンの発見

ダーウィンの実験(1880年)

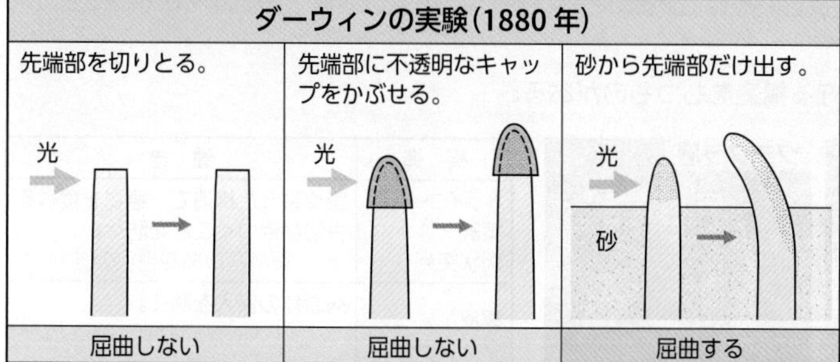

先端部を切りとる。	先端部に不透明なキャップをかぶせる。	砂から先端部だけ出す。
屈曲しない	屈曲しない	屈曲する

光
光
光
砂

光の受容

光を感じるのは幼葉鞘(ようようしょう)の先端部である。そこから下方に影響が伝わって屈曲が起こる。

Memo マカラスムギの芽ばえ

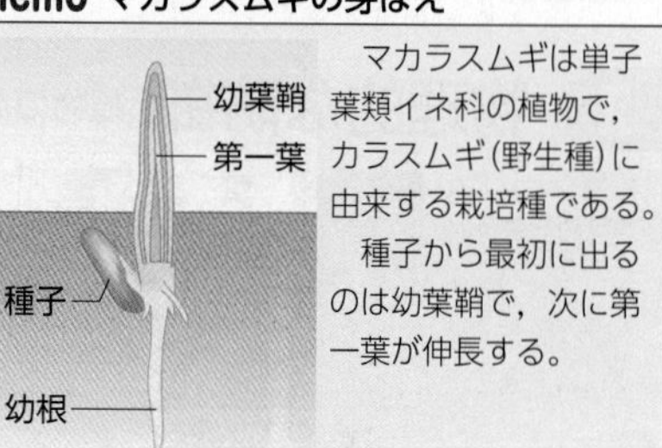

幼葉鞘
第一葉
種子
幼根

マカラスムギは単子葉類イネ科の植物で，カラスムギ(野生種)に由来する栽培種である。

種子から最初に出るのは幼葉鞘で，次に第一葉が伸長する。

ボイセン=イェンセンの実験(1913年)

先端部を切りとり，間にゼラチンをはさむ。	光の当たる側に雲母(うんも)片を水平に差しこむ。	光の当たらない側に雲母片を水平に差しこむ。
屈曲する	屈曲する	屈曲しない

ボイセン=イェンセン，ニールセンの実験(1925年)

白金板を光と平行に差しこむ。	白金板を光と垂直に差しこむ。
屈曲する	屈曲しない

成長促進物質の移動

光の刺激は，先端部で生産される水溶性の成長促進物質によって，下方に伝えられる。この物質が光の当たらない側へ横移動しながら下降して屈曲が起こる。

パールの実験(1919年)

暗所

先端部を切りとり，ずらしておく。

屈曲する

ウェントの実験(1928年)

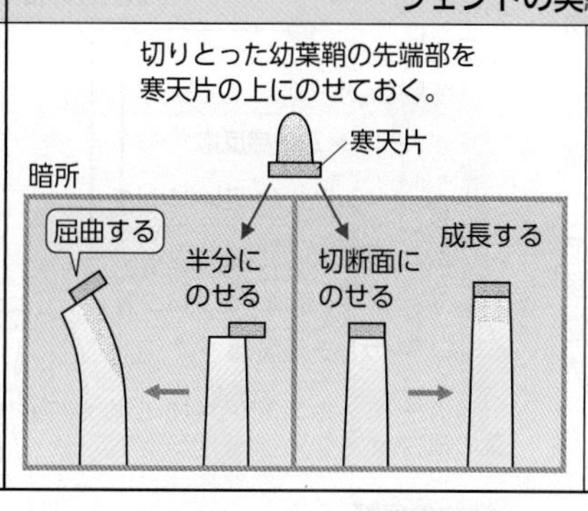

切りとった幼葉鞘の先端部を寒天片の上にのせておく。
寒天片
暗所
屈曲する
半分にのせる
切断面にのせる
成長する

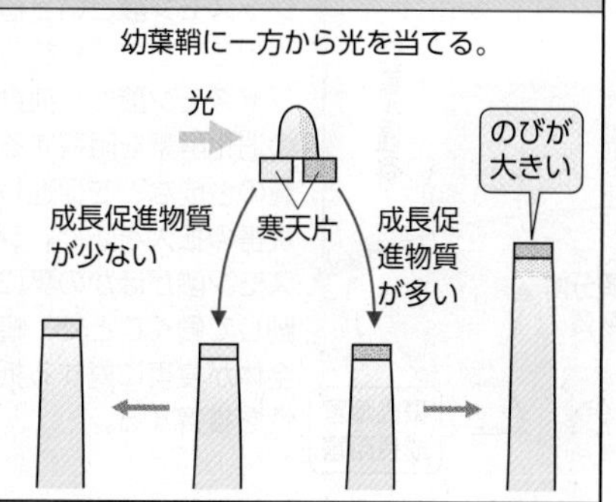

幼葉鞘に一方から光を当てる。
光
寒天片
成長促進物質が少ない
成長促進物質が多い
のびが大きい

成長促進物質の存在

先端部に存在する成長促進物質(**オーキシン**)が，光の当たらない側に移動するため，不均等に成長して屈曲する(コロドニー，ウェントの説)。

※ゼラチンや寒天片は，水溶性の物質を通す。

オーキシンの実体

天然オーキシン	合成オーキシン	
インドール酢酸(IAA)	ナフタレン酢酸(NAA)	2, 4−D*

天然オーキシン：インドール環に $-CH_2COOH$（インドール酢酸(IAA)）

合成オーキシン：ナフタレン環に CH_2COOH（ナフタレン酢酸(NAA)）；Cl−(ベンゼン環, Cl)−O−CH_2COOH（2, 4−D*）

＊2, 4-ジクロロフェノキシ酢酸

インドール酢酸は植物中に含まれる天然のオーキシンであり，1934年ケーグルらによって分離された。オーキシンとは，数種類の天然オーキシンや，これと同じ作用をもつナフタレン酢酸や2，4−Dなどの合成オーキシンの総称である。

アベナ屈曲試験法

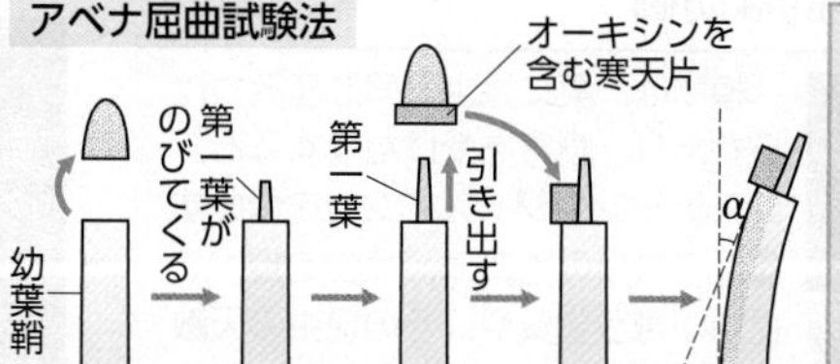

オーキシンを含む寒天片
幼葉鞘
第一葉がのびてくる
第一葉
引き出す
α

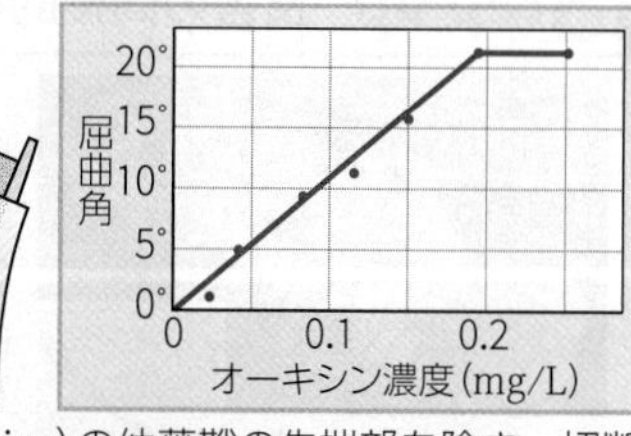

屈曲角
20°
15°
10°
5°
0°
0
0.1
0.2
オーキシン濃度(mg/L)

暗所で発芽したマカラスムギ(*Avena sativa*)の幼葉鞘の先端部を除き，切断面にオーキシンを含む寒天片をのせ，屈曲角(α)を測定する。

屈曲角はオーキシン濃度に比例するので，屈曲角からオーキシン濃度を求めることができる。この測定法を**アベナ屈曲試験法**という。

プチ雑学

オーキシンは，ギリシャ語で「成長」や「増加」を意味するauxeinから名づけられた。

ストレスへの応答

1 植物とストレス 植物は，さまざまなストレスにさらされている。

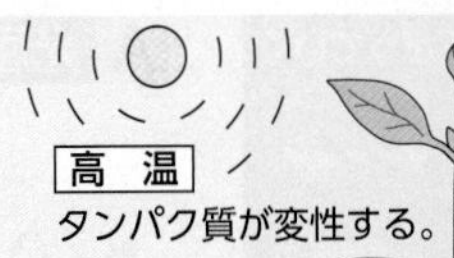

低温 生体膜の流動性が低下する。細胞内外に氷結晶が形成され，細胞が脱水する。

高温 タンパク質が変性する。

乾燥 細胞が水分を喪失する。

病原体 成長の阻害や枯死をもたらす。

強光 過剰な光エネルギーによって細胞内に活性酸素*が でき，細胞に損傷をもたらす。

食害 昆虫に食べられる。

塩 土中の塩類濃度が高くなり，まわりの浸透圧が上昇すると，吸水しにくくなる。細胞内にイオンが過剰にとりこまれると，タンパク質が変性する。

低酸素 冠水により，土中の酸素が不足し，嫌気状態になる。

外的な要因によって，植物の成長が妨げられている状態を**ストレス**という。

植物はストレスに対してさまざまな応答を示す。

*活性酸素は，高い反応性を示す酸素の誘導体で，過酸化水素などがある。生体膜の酸化や細胞小器官の分解，細胞死をもたらす。

2 物理的な防御 植物のなかには，物理的にからだを守る構造をもつものがある。

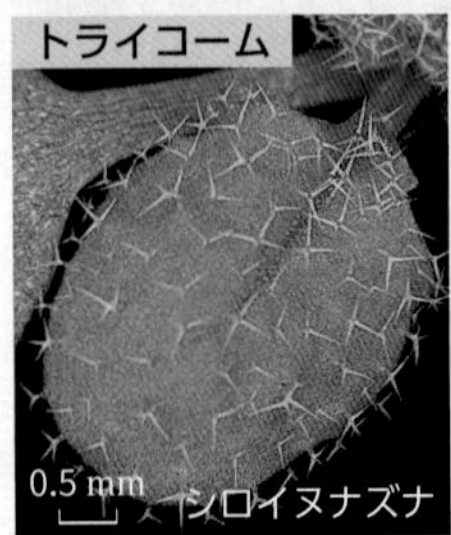
0.5 mm
トライコーム シロイヌナズナ

葉針 サボテン

刺状突起 バラ

クチクラ層 ツバキ

構造	働き
トライコーム*1 葉針 刺状突起	鋭く尖った構造で，植物を食べる生物が近づくことを防ぐ。 *1 葉や茎にある毛状の細胞。
表皮 クチクラ層*2	病原体の侵入を防ぐ。 *2 ロウや脂肪酸からなる，表皮をおおう層。
細胞壁	病原体の侵入を防ぐ。病原体が侵入すると，細胞壁が強化される。

3 生物的ストレスへの応答 食害や病原体などの生物的なストレスに応答するしくみがある。

進化 View

A 食害に対する応答

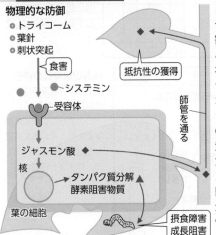

物理的な防御
トライコーム
葉針
刺状突起
食害
システミン
受容体
ジャスモン酸
核
タンパク質分解酵素阻害物質
抵抗性の獲得
師管を通る
葉の細胞
摂食障害 成長阻害

植物は，トライコームや葉針などで物理的に食害を防ぐ。食害を受けると，周辺の細胞で合成されたシステミンによって**ジャスモン酸**という植物ホルモンがつくられる。ジャスモン酸は，捕食者の消化酵素を阻害する物質の合成などを促進し，食害の拡大を防ぐ。ジャスモン酸がほかの葉に移動して働くことで，植物全体が食害に対する抵抗性を獲得する。

B 病原体に対する応答

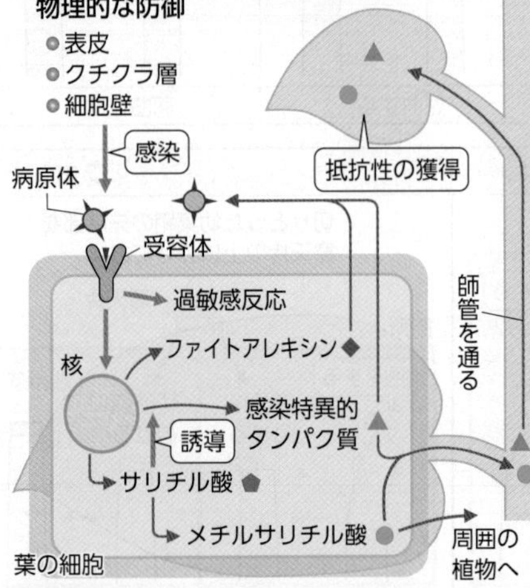

物理的な防御
表皮
クチクラ層
細胞壁
感染
病原体
受容体
過敏感反応
ファイトアレキシン
核
感染特異的タンパク質
誘導
サリチル酸
メチルサリチル酸
抵抗性の獲得
師管を通る
周囲の植物へ
葉の細胞

植物は，表皮などで物理的に病原体の感染を防ぐ。細胞に病原体が感染すると，周辺の細胞で細胞死を誘導して病原体の拡散を防いだり（過敏感反応），植物ホルモンの**サリチル酸**や抗菌性物質の**ファイトアレキシン**を合成したりして，防御反応を引き起こす。サリチル酸から合成される揮発性のメチルサリチル酸は，ほかの葉や個体に病原体に対する抵抗性を与える。

Step up 食害の間接的な防御

寄生 ▶p.242

卵を産みつけられた幼虫と，天敵の寄生バチ。

植物は，葉に昆虫の卵を産みつけられたり，食害を受けたりすると，システミンやジャスモン酸を合成する。これらの物質は，植物を食べる昆虫が嫌う物質や，その昆虫の天敵を誘引する物質の合成を促す。誘引された天敵は，葉を食べている昆虫に卵を産みつけ，寄生させる。こうして，植物は間接的に食害に抵抗する。

植物の病気

うどんこ病

いもち病

病原体が植物に感染すると，植物の成長が阻害されたり，枯死したりする。

うどんこ病は，体表にうどん粉をまき散らしたような特徴を表すことから名づけられた。

進化 View 3 食害から逃れるため，植物は毒性の物質などを合成することで防御するしくみ（化学的な防御）を進化させてきた。また，植物を利用する昆虫は解毒能力を進化させてきた。植物の化学的な防御の進化に合わせて昆虫が進化し続けたことが，植物を利用する昆虫が多様化した原因の1つではないかとされている。

4 非生物的ストレスへの応答 乾燥や温度などの非生物的なストレスに応答するしくみがある。

A 乾燥に対する応答

気孔の閉鎖

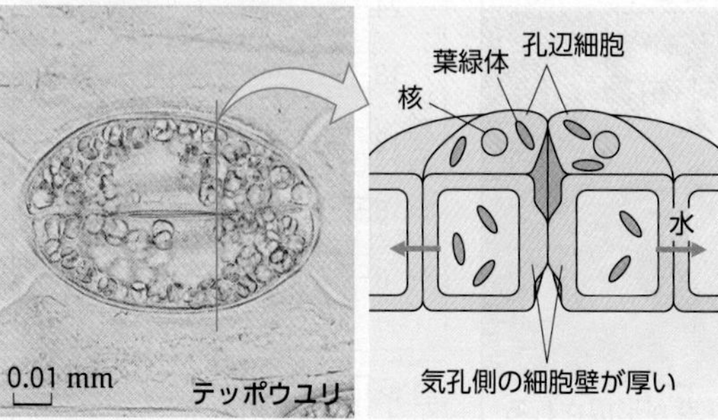
葉緑体
孔辺細胞
核
水
0.01 mm
テッポウユリ
気孔側の細胞壁が厚い

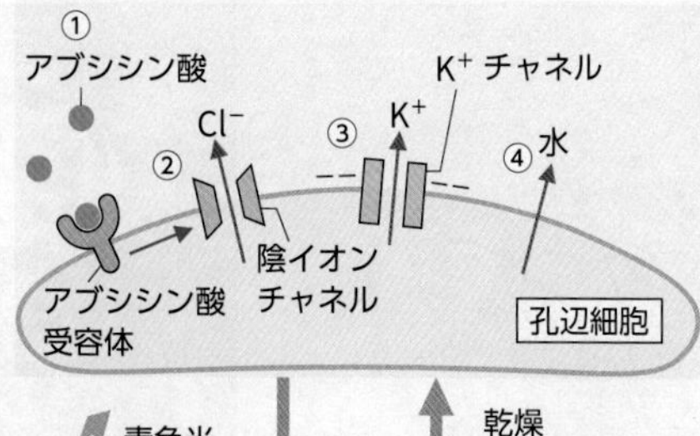
①
アブシシン酸
Cl⁻
②
③
K⁺
K⁺ チャネル
④水
アブシシン酸受容体
陰イオンチャネル
孔辺細胞

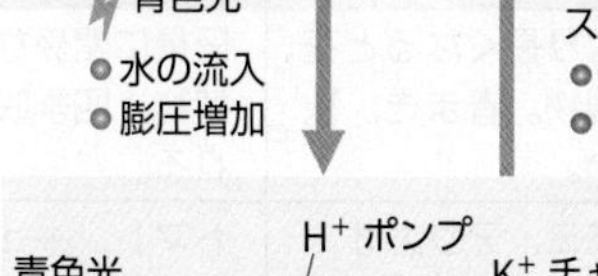
青色光
水の流入
膨圧増加
乾燥ストレス
水の流出
膨圧減少

①植物が水不足を感知すると，**アブシシン酸**の合成が促進される。
②アブシシン酸が孔辺細胞の受容体に結合すると，陰イオンチャネルから Cl^- が細胞外へ流出する。
③細胞内外の電位差が小さくなると，K^+ チャネルが開き，K^+ が細胞外へ流出する。
④細胞の浸透圧（▶p.25）が減少し，水が細胞外へ流出する。孔辺細胞の体積や膨圧（▶p.25）が減少し，気孔が閉じる。

気孔の開口

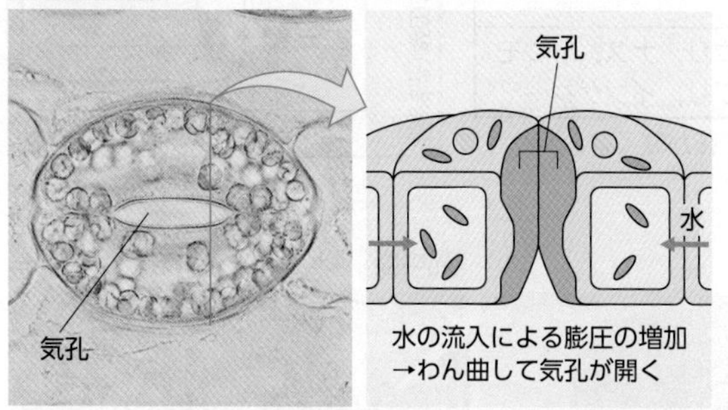
気孔
水
気孔
水の流入による膨圧の増加
→わん曲して気孔が開く

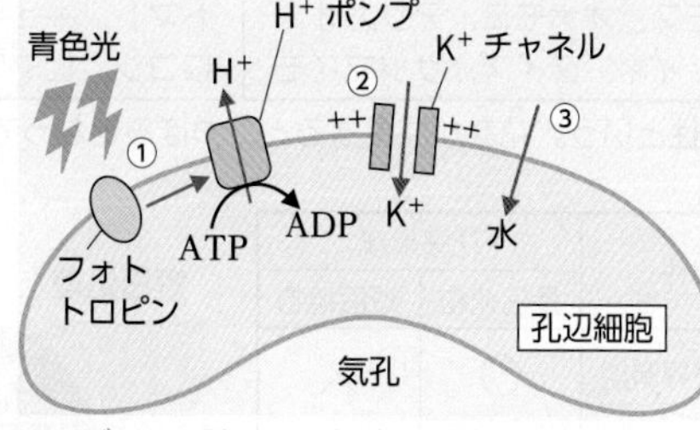
H⁺ ポンプ
青色光
H⁺
K⁺ チャネル
②
③
①
ATP
ADP
K⁺
水
フォトトロピン
孔辺細胞
気孔

※アブシシン酸による気孔の閉鎖は，光による気孔の開口よりも優位に働く。

①孔辺細胞の**フォトトロピン**が青色光を受容し，H^+ ポンプが活性化する。H^+ ポンプはATPエネルギーを使って H^+ を細胞外へ輸送する。
②細胞内外の電位差が大きくなると，K^+ チャネルが開き，K^+ が細胞内に流入する。
③孔辺細胞の浸透圧が上昇し，細胞内に水が流入する。孔辺細胞の体積や膨圧が増加し，気孔が開く。

植物は，乾燥ストレスを感知すると**気孔**を閉めて水分の喪失を防ぐ。また，有機物を合成して細胞の浸透圧を調節することによっても，水分の喪失を防ぐ。

B 温度の変化に対する応答

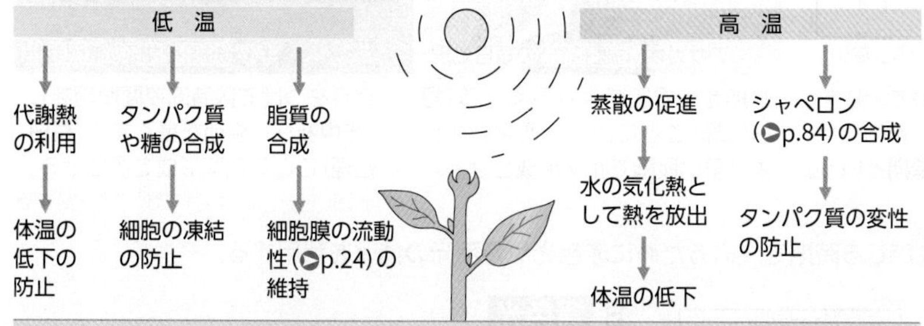
低温
代謝熱の利用
タンパク質や糖の合成
脂質の合成
体温の低下の防止
細胞の凍結の防止
細胞膜の流動性（▶p.24）の維持
高温
蒸散の促進
水の気化熱として熱を放出
体温の低下
シャペロン（▶p.84）の合成
タンパク質の変性の防止

植物にも，動物と同様に体温（葉温）を調節するしくみがあるが，動物ほどの調節能力はない。

C 低酸素に対する応答 プログラム細胞死 ▶p.112

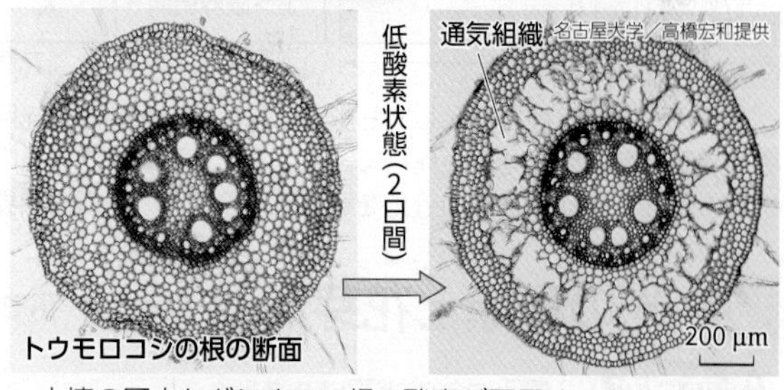
通気組織
名古屋大学／高橋宏和提供
低酸素状態（2日間）
トウモロコシの根の断面
200 µm

土壌の冠水などによって根で酸素が不足すると，エチレンが合成されて成長が抑制される。また，プログラム細胞死を起こして通気組織とよばれる空洞をつくり，酸素を供給する。

D 塩に対する応答

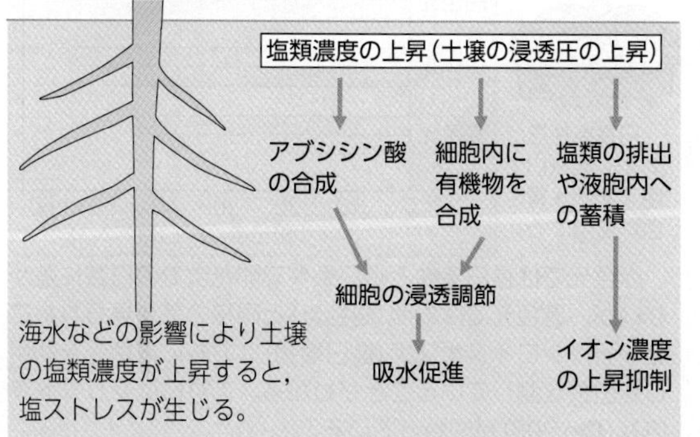
塩類濃度の上昇（土壌の浸透圧の上昇）
アブシシン酸の合成
細胞内に有機物を合成
塩類の排出や液胞内への蓄積
細胞の浸透調節
吸水促進
イオン濃度の上昇抑制
海水などの影響により土壌の塩類濃度が上昇すると，塩ストレスが生じる。

塩生植物の応答

- 塩類をろ過し，水だけを吸収（ヤエヤマヒルギ）
- 葉の表面にある排出腺から塩類を排出（ヒルギダマシ）
- 特別な細胞に塩類を蓄積（アイスプラント）

塩生植物は，塩類濃度の高い土地に生育する植物で，高い塩耐性をもつ。

E 強光に対する応答

葉緑体の定位運動

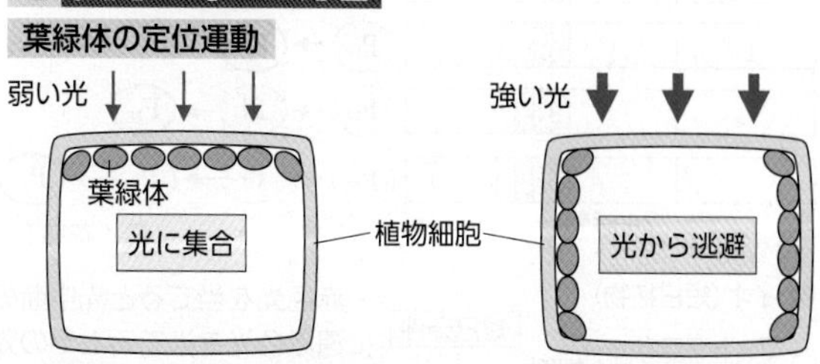
弱い光
強い光
葉緑体
光に集合
植物細胞
光から逃避

葉緑体は，弱光下では光をよく受けるように細胞表面に集まる。強光下では光によるダメージを避けるように光から逃げて受光量を減らし，活性酸素の発生を防ぐ。葉緑体の定位運動はフォトトロピン（▶p.208）により制御される。

プチ雑学 過剰な光エネルギーが供給されると，光合成（▶p.64）において光化学系の反応がカルビン回路の反応よりも大きくなる。過剰にできた電子は細胞内の酸素と反応して活性酸素を発生させ，細胞損傷を引き起こす。葉緑体が損傷し，光合成速度が低下することを光阻害という。

216 花芽形成のしくみ

1 花芽形成と日長　多くの植物では，花芽形成は日長の影響を受ける。

進化 View

A 光周性

長日植物	短日植物	中性植物
 アヤメ	コスモス	トマト
暗期が限界暗期より短くなると花芽が形成される植物。春咲き，秋まき，越年の植物に多い。	暗期が限界暗期より長くなると花芽が形成される植物。春まき，秋咲きの植物に多い。	日長に関係なく花芽が形成される植物。四季咲きの植物に多く見られる。
アヤメ，ダイコン，ホウレンソウ，ヒメジョオン，アブラナ	コスモス，オナモミ，アサガオ，キク，イネ，ダイズ，サツマイモ	トマト，キュウリ，ナス，トウモロコシ，ヒマワリ，インゲン

植物が光の明暗の周期に反応する性質を**光周性**(こうしゅうせい)という。花芽(かが)が成長すると，つぼみとなって花が咲く。

昼夜の長さと花芽形成

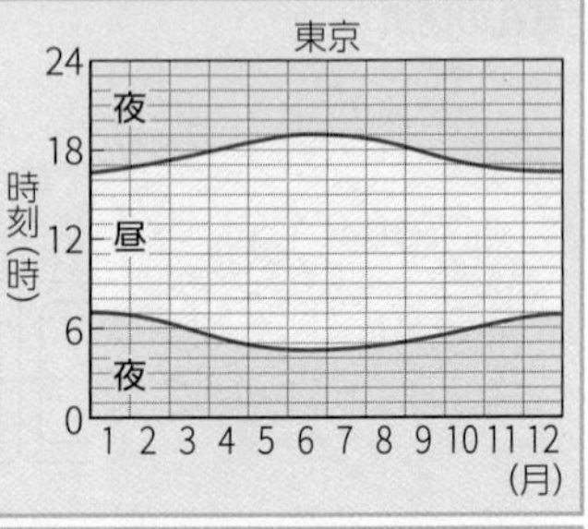
東京
24
18
12
6
0
夜
昼
夜
時刻(時)
1 2 3 4 5 6 7 8 9 10 11 12
(月)

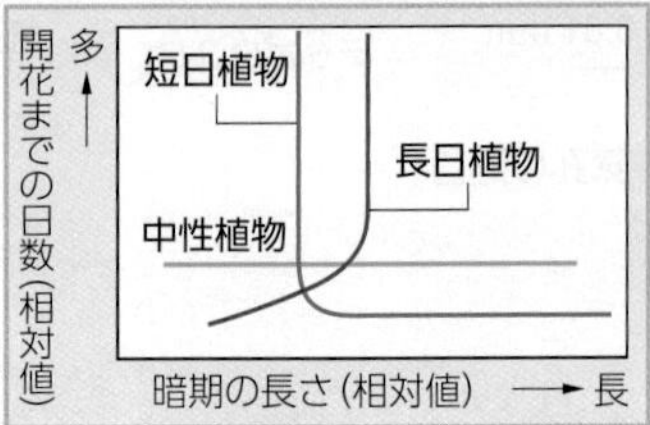
多
花芽までの日数(相対値)
短日植物
長日植物
中性植物
暗期の長さ(相対値)
長

B 限界暗期

限界暗期
明　期　暗　期
明期の中断
光中断
A　B
光中断
A　B
24 時間

光条件	花芽形成	
	長日植物	短日植物
暗期＜限界暗期	○	×
暗期＞限界暗期	×	○
暗期＜限界暗期	○	×
A，B＜限界暗期	○	×
B＞限界暗期	×	○

○：花芽形成する　×：花芽形成しない

明期の途中に暗期を挿入しても影響はないが，短時間の光照射で暗期を中断する(**光中断**(ひかりちゅうだん))と結果が異なる。よって花芽形成を決めるのは連続した暗期の長さである。花芽の分化を導く一定の長さの暗期を**限界暗期**(げんかいあんき)という。

短日処理

アサガオ(短日植物)の短日処理

暗期を限界暗期より長くする(**短日処理**(たんじつしょり))ことにより，通常の成長より早い段階で花芽形成させる。

光中断

キク(短日植物)の電照栽培

電灯をつけて数時間夜間照明をし(**光中断***)，明期を長くする(**長日処理**(ちょうじつしょり))ことで花芽形成を遅らせる。

* 弱い光では光中断に数時間を要する。

2 光の種類と花芽形成　植物は，花を咲かせる時期を決めるために赤色光や青色光の情報を利用する。

A 赤色光

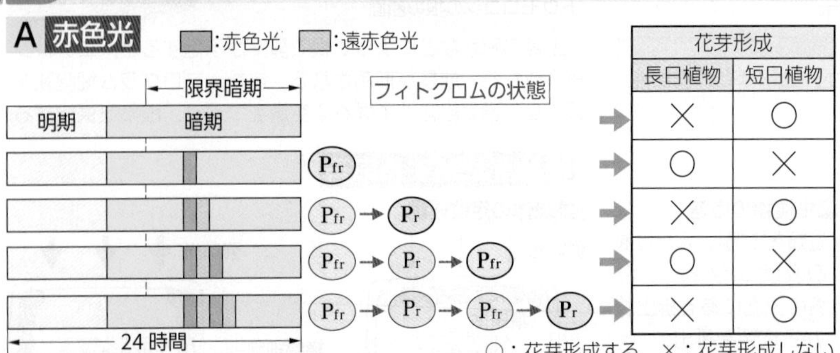
:赤色光　:遠赤色光
限界暗期
明期
暗期
フィトクロムの状態
Pfr
Pfr → Pr
Pfr → Pr → Pfr
Pfr → Pr → Pfr → Pr
24 時間

花芽形成	
長日植物	短日植物
×	○
○	×
×	○
○	×
×	○

○：花芽形成する　×：花芽形成しない

例 イネ(短日植物)

フィトクロム
P_r → P_{fr}　抑制
短日条件
花芽形成
光中断(赤色光)

赤色光を当てると光中断の効果は現れるが，すぐ後に遠赤色光を当てるとその効果は打ち消される。この実験から，光中断には赤色光が有効であり，花芽形成の調節に**フィトクロム**(▶p.208)が関わることが明らかになった。花芽形成するかどうかは，最後に当てた光により決まる。

B 青色光

光の波長と日長感受性　例 シロイヌナズナ(長日植物)

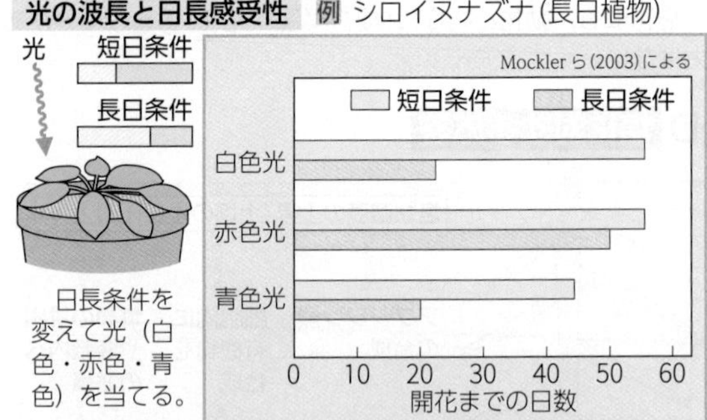
光
短日条件
長日条件
Mockler ら (2003) による
短日条件
長日条件
白色光
赤色光
青色光
0 10 20 30 40 50 60
開花までの日数

日長条件を変えて光(白色・赤色・青色)を当てる。

赤色光では長日条件と短日条件で開花までの日数に差がないが，青色光では対照(白色光)と同様の差が見られたことから，シロイヌナズナ(長日植物)はおもに青色光を利用して日長を測っていることがわかる。これにはクリプトクロム(▶p.208)が関わっている。

進化 View 1　私たちが普段「花」として認識しているのは，被子植物のうち特に動物媒の花(昆虫などが花粉を運ぶことで受粉する花)である。被子植物の多様化は中生代白亜紀以降に起こった(▶p.312)。訪花性昆虫の多様化も中生代白亜紀以降に起こっており，被子植物と訪花性昆虫の共進化(▶p.285)が起こっていたと考えられる。Link

3 フロリゲン フロリゲンは，茎頂での花芽形成に関わる遺伝子の発現を促進する。

ABC モデル ▶p.207

A フロリゲンの存在を示す実験

短日処理　＊両枝の間で道管，師管がつながる。

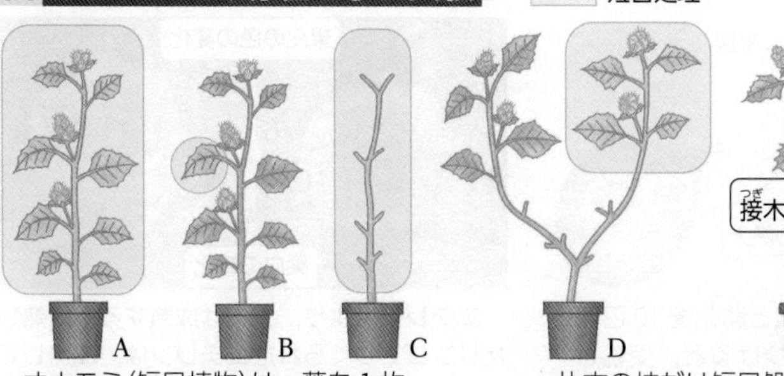
A
B
C

オナモミ(短日植物)は，葉を１枚でも短日処理すると花芽を形成する(A，B，C)。

⇨ 葉で光を受容している。

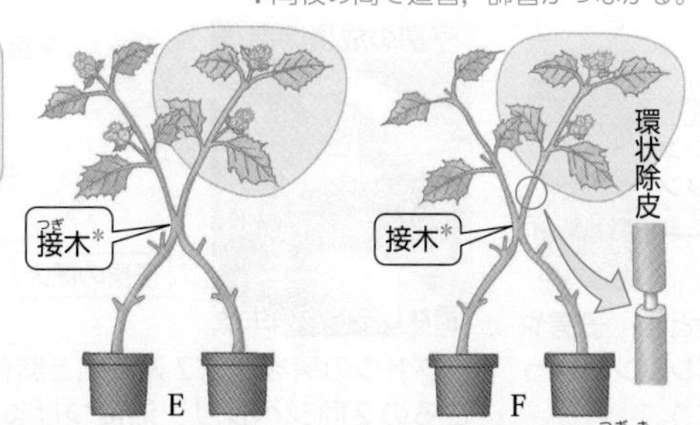
接木＊
接木＊
環状除皮
D
E
F

片方の枝だけ短日処理すると，他方の枝も花芽を形成し，接木をしても同様に花芽を形成する(D，E)。しかし，環状除皮を行い師部を断つと花芽を形成しない(F)。

⇨ 花芽形成を促進する**フロリゲン**(**花成ホルモン**)は，葉でつくられ，師管を通って茎頂に送られる。

Memo 環状除皮

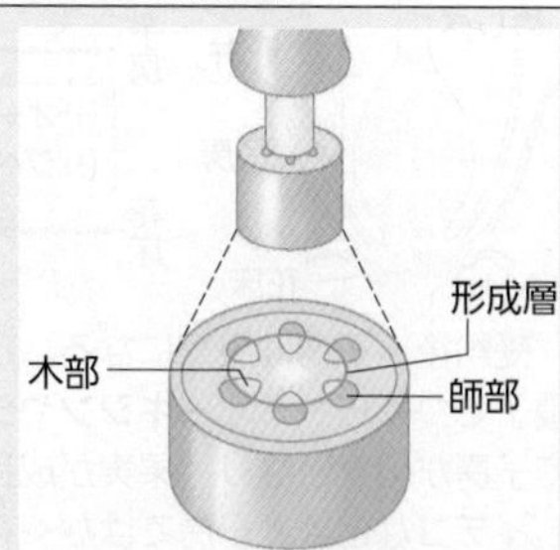
形成層
木部
師部

茎の形成層から外側を環状にはぎとることを**環状除皮**という。このとき，師部は断たれるが，木部は残っている。

B フロリゲンの働き

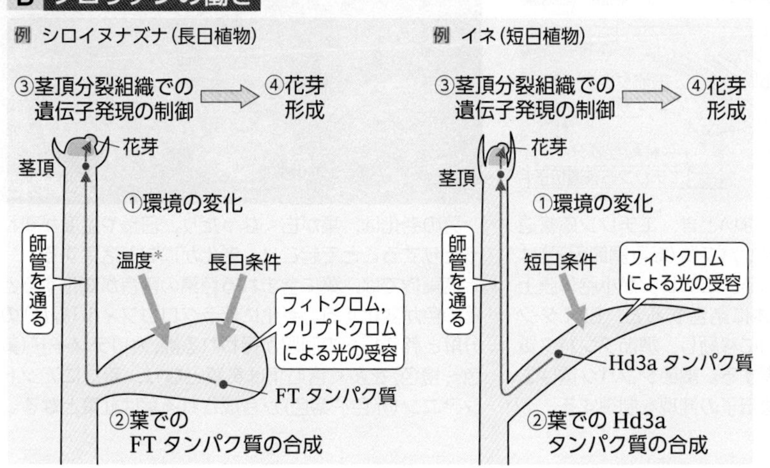
例 シロイヌナズナ(長日植物)
③茎頂分裂組織での遺伝子発現の制御
④花芽形成
花芽
茎頂
①環境の変化
師管を通る
温度＊
長日条件
フィトクロム，クリプトクロムによる光の受容
FT タンパク質
②葉での FT タンパク質の合成
例 イネ(短日植物)
③茎頂分裂組織での遺伝子発現の制御
④花芽形成
花芽
茎頂
①環境の変化
師管を通る
短日条件
フィトクロムによる光の受容
Hd3a タンパク質
②葉での Hd3a タンパク質の合成

＊越冬型のシロイヌナズナでは花芽形成に春化(低温条件)が必要である。

C FT タンパク質の働き

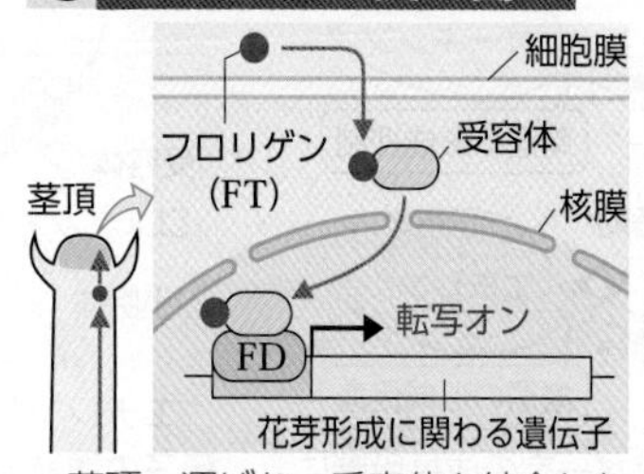
細胞膜
フロリゲン(FT)
受容体
茎頂
核膜
転写オン
FD
花芽形成に関わる遺伝子

茎頂へ運ばれ，受容体と結合したFT タンパク質は核へ移動する。そこで，調節タンパク質(転写調節因子)であるFD タンパク質と結合すると，花芽形成に関わる遺伝子の発現が次々に促進されて花芽ができる。花芽が成長して花が咲く(▶p.207)。

フロリゲンの実体

※蛍光顕微鏡画像

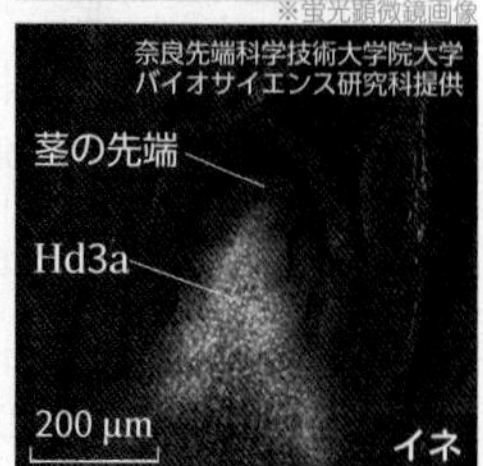
奈良先端科学技術大学院大学 バイオサイエンス研究科提供
茎の先端
Hd3a
200 μm
イネ

シロイヌナズナでは FT タンパク質，イネでは Hd3a タンパク質がフロリゲンの分子実体として発見された。

4 春　化 秋に発芽し，春に開花する植物には，低温を経験しないと花芽形成が起こらないものがある。

※十月桜など，もともと春以外に咲く品種もある。

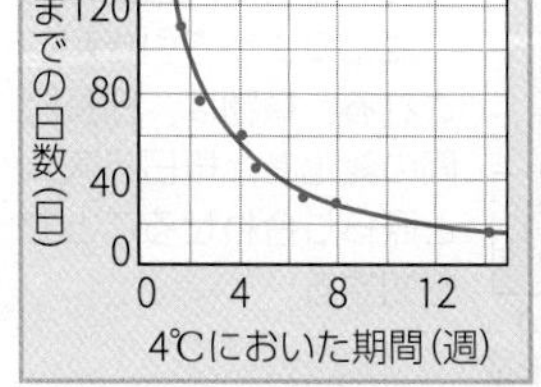
0～10℃ 低温処理
未処理

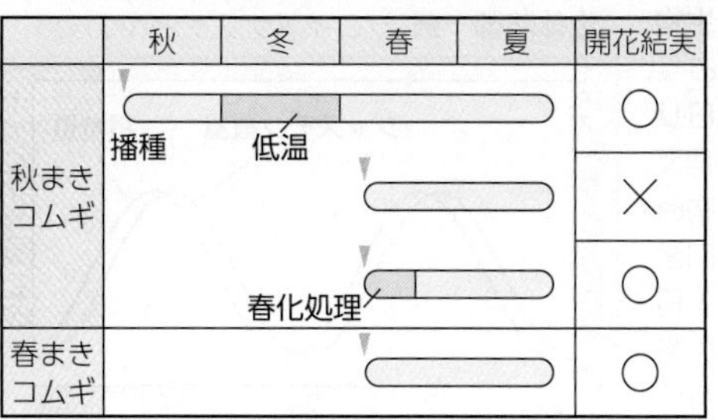

		秋	冬	春	夏	開花結実
秋まきコムギ	播種→低温					○
						×
	春化処理					○
春まきコムギ						○

春化の意義

長日植物では，秋の日長条件が花芽形成に十分である場合がある。春化は，春の暖かい時期になるまで花芽形成が起こらないようにして，冬に開花するのを防ぐためだと考えられている。

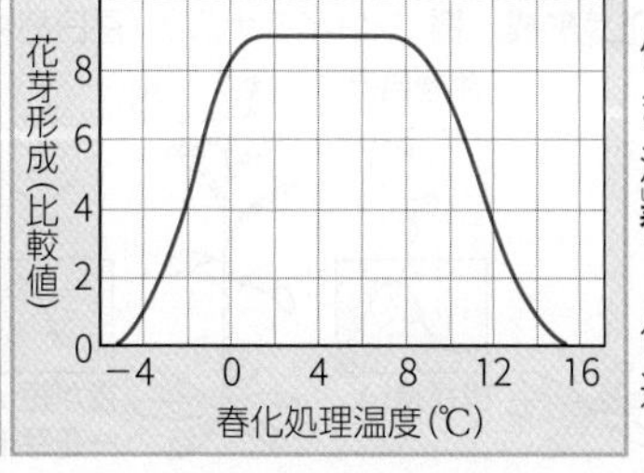
開花までの日数(日)
160
120
80
40
0
0 4 8 12
4℃においた期間(週)
花芽形成(比較値)
8
6
4
2
0
−4 0 4 8 12 16
春化処理温度(℃)

秋まきコムギの発芽種子を約 4℃の低温下で 40 ～ 50 日間おくと，春にまいても約 40 日で開花結実する。低温処理によって花芽形成させることを**春化処理**(**バーナリゼーション**)という。

低温状態では，クロマチン構造の変化(▶p.89)が起こり，フロリゲンの遺伝子の発現が促進される。

つながる生物学 生活 **サクラ舞う秋**

サクラの狂い咲き(9 月撮影)

サクラは春に咲く花である。しかし，秋にサクラが咲くことがある。この季節外れの開花を「狂い咲き」という。サクラの花芽は夏につくられる。秋になり，日長時間の変化を感知すると，葉でつくられたアブシシン酸が花芽の休眠を誘導する。しかし，台風などで葉が落ちると，アブシシン酸がつくられず，休眠が解除されてしまうため，花芽が成長して開花するのである。

プチ雑学 1937 年に植物学者ミハイル・チャイラヒアンが花芽形成に関わる物質として「花成ホルモン」という概念を提唱し，そのホルモンを仮に「フロリゲン」と名付けた。しかし，フロリゲンの存在は接木の実験などから示されたものの，その実体は不明であった。その後 2005 年に FT タンパク質がフロリゲンの有力候補として発見された。

果実の形成・成熟と落葉

Keywords
●オーキシン auxin ●ジベレリン gibberellin
●エチレン ethylene ●離層 abscission layer
●生物時計 biological clock ●概日リズム circadian rhythm

1 果実の形成 受粉後，植物ホルモンの働きによって果実ができる。

A 果実の形成

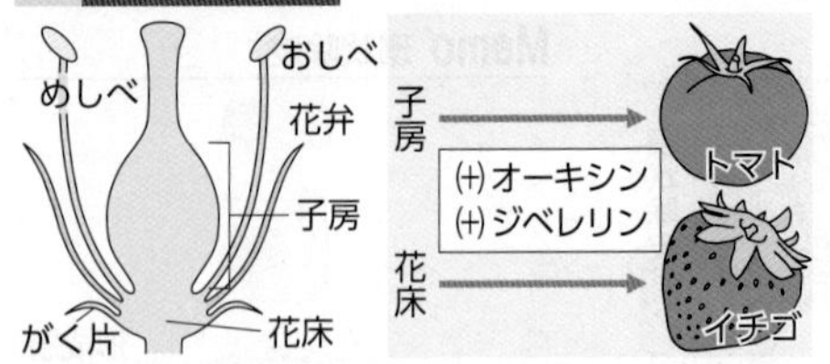
おしべ
めしべ
花弁
子房
がく片
花床
子房
(+)オーキシン
(+)ジベレリン
花床
トマト
イチゴ

受粉後，子房は果実になる。このとき，子房や種子でつくられる**オーキシン**や**ジベレリン**によって子房が果実となり，果実が成長する。

イチゴなどは，子房ではなく花床(花托)とよばれる部位が成長する(偽果，▶p.335)。

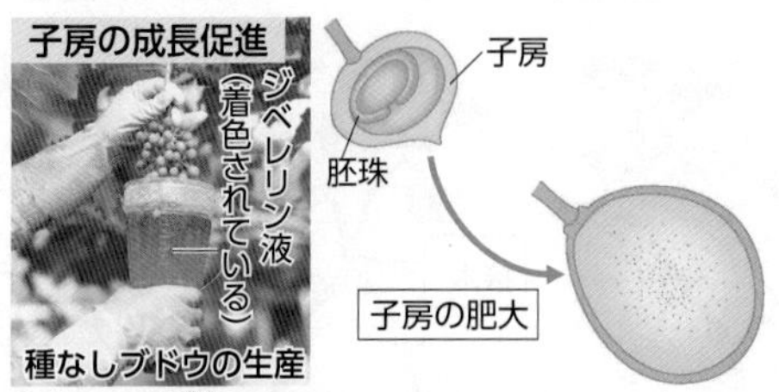
子房の成長促進
ジベレリン液(着色されている)
子房
胚珠
子房の肥大
種なしブドウの生産

ブドウの房を開花2週間前と開花後10日目ごろの2回ジベレリン液につけると，受粉しなくても子房が肥大(**単為結実**)する。

B 果実の成熟

果皮の色の変化
果皮の軟化

エチレンにより，果実は成熟する。成熟したリンゴでつくられたエチレンは，成熟していないバナナの成熟を促す。エチレンは，果実の成熟に関わる遺伝子の発現を促進する。

2 落葉・落果 葉や果実は，エチレンの影響で落下する。

離層の形成

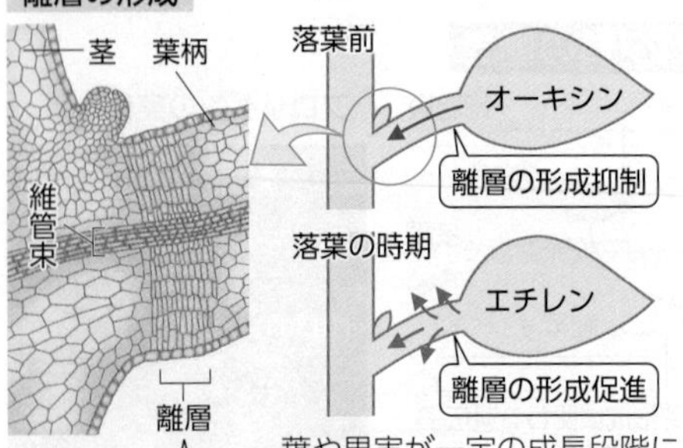
茎
葉柄
維管束
落葉前
オーキシン
離層の形成抑制
落葉の時期
エチレン
離層の形成促進
離層
離層の細胞の細胞壁が分解される。
落葉

葉や果実が一定の成長段階に達すると，葉柄や果柄の一部に**離層**が形成されて，落葉や落果が起こる。

離層の形成は**オーキシン**と**エチレン**の働きにより制御される。

エチレンの働き

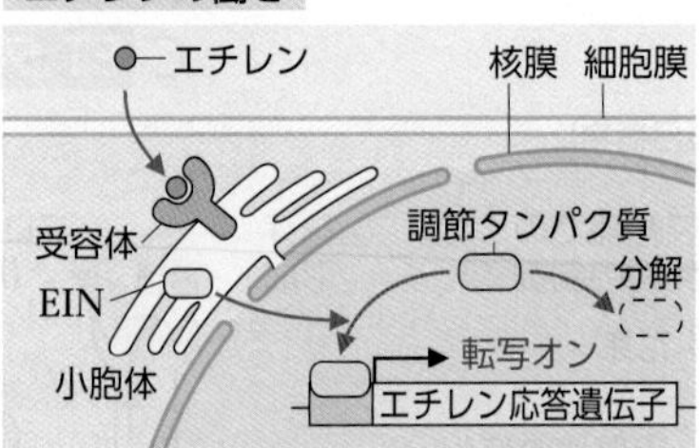
エチレン
核膜
細胞膜
受容体
調節タンパク質
分解
EIN
転写オン
小胞体
エチレン応答遺伝子

エチレンがないとき，エチレン応答遺伝子の調節タンパク質(転写調節因子)は分解されている。エチレンが小胞体膜上にある受容体に結合すると，EINタンパク質が核内に移動し，調節タンパク質の分解を阻害する。調節タンパク質はエチレン応答遺伝子の発現を制御する。

葉の老化と紅葉

紅葉と黄葉

葉の老化は，葉が古くなったり，日長や温度が変わったりすることで起こり，老化が進むと落葉する。

落葉樹では，葉に含まれる色素の割合が変化すると葉の色が変化する。老化に伴うクロロフィル(緑色)の分解と幹や根への回収が行われる際，カロテノイド(黄色～橙色)を多く含む葉は黄葉となり，新たにアントシアニン(赤色～紫色)が合成される葉は紅葉となる。

3 植物の生物時計 植物の成長や生理反応の多くは，概日リズムによって制御される。

A 植物の生物時計

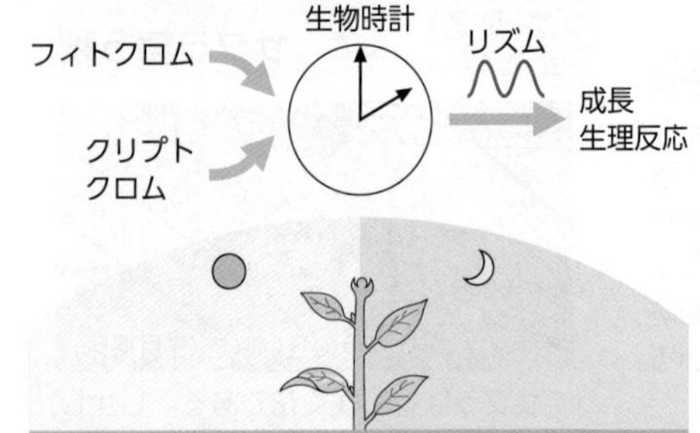
生物時計
フィトクロム
リズム
成長
生理反応
クリプトクロム

動物と同様に，植物も**生物時計**(▶p.199)をもっており，生物時計がつくりだす**概日リズム**は，植物の成長や生理反応を制御する。植物の生物時計は，明暗の切り替えが刺激となってリセットされ，1日の明暗周期に同調する。生物時計のリセットには光受容体(▶p.208)が関わる。

B 生物時計が関わる反応

生体防御 例 シロイヌナズナとヤガ

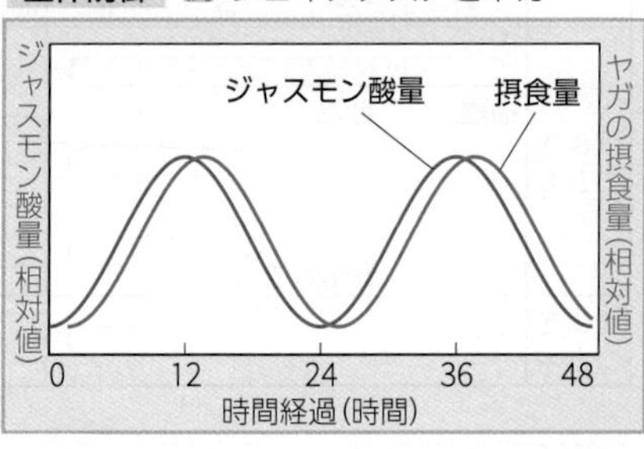
ジャスモン酸量(相対値)
ヤガの摂食量(相対値)
ジャスモン酸量
摂食量
0
12
24
36
48
時間経過(時間)

シロイヌナズナのジャスモン酸の合成量は概日リズムにしたがって変化する。このリズムは，ヤガの幼虫の摂食リズムと合うため，効率的に生体防御(▶p.214)が行える。

植物の概日リズム 例 概日リズムが28時間の場合

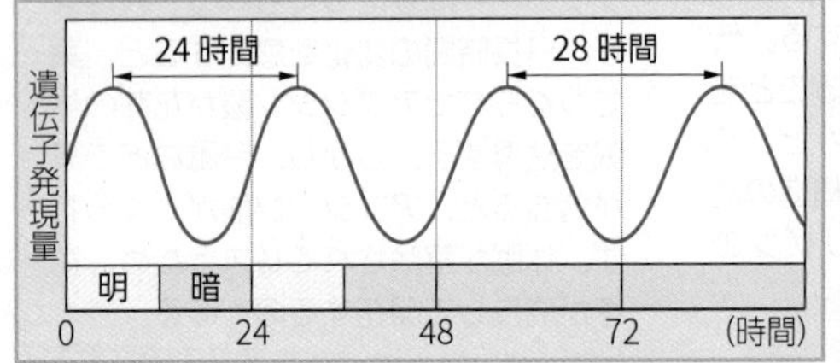
24時間
28時間
遺伝子発現量
明
暗
0
24
48
72
(時間)

連続暗期では，生物時計がリセットされず，概日リズムが現れる。

植物の遺伝子の多くは，その発現が概日リズムにより制御されているといわれている。

花芽形成 例 シロイヌナズナ(長日植物) ▶p.216

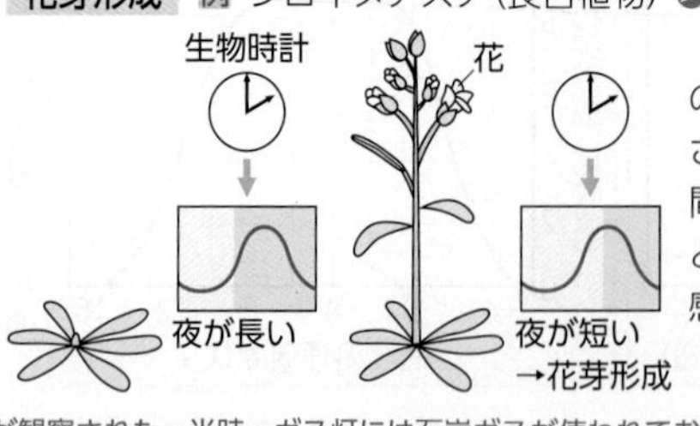
生物時計
花
夜が長い
夜が短い
→花芽形成

花芽形成は，日長時間の変化によって引き起こされる。植物は，日長時間の変化を，概日リズムと照らし合わせることで感知する。

プチ雑学 19世紀末のヨーロッパで，ガス灯の近くの街路樹の葉がまわりより早く枯れるという現象が観察された。当時，ガス灯には石炭ガスが使われており，ガス管からもれ出たエチレンが原因であった。

Keywords ●ストリゴラクトン strigolactone
●菌根菌 mycorrhizal fungi
●アレロパシー allelopathy

生 1 ストリゴラクトンと植物の相互作用

ストリゴラクトンは，共生と寄生のシグナルとして働く。 共生・寄生 ▶p.242

A 共生・寄生シグナル

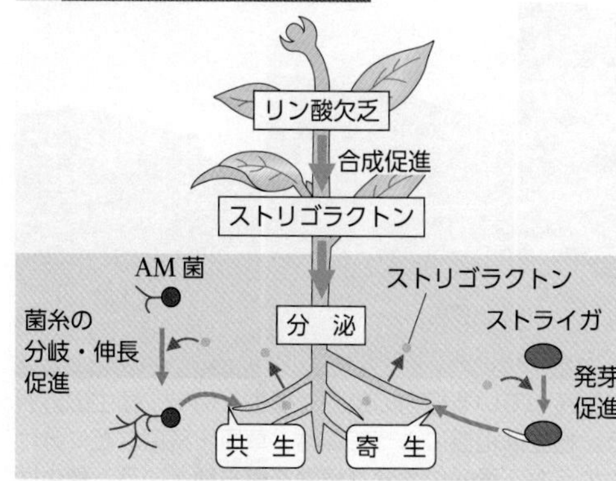
リン酸欠乏
合成促進
ストリゴラクトン
AM菌
菌糸の分岐・伸長促進
ストリゴラクトン
分泌
ストライガ
発芽促進
共生
寄生

土壌中のリン酸が欠乏すると，植物はストリゴラクトン(▶p.212)という植物ホルモンを分泌する。このシグナルを感知したアーバスキュラー菌根菌(きんこんきん)(AM菌)は植物との共生を開始する。一方，寄生植物ストライガはこのシグナルを感知すると発芽し，植物に寄生する。ストライガは進化の過程で，植物とAM菌の共生シグナルを利用するようになったと考えられている。

B 共生

菌根 菌類 ▶p.304

アーバスキュラー菌根	外生菌根
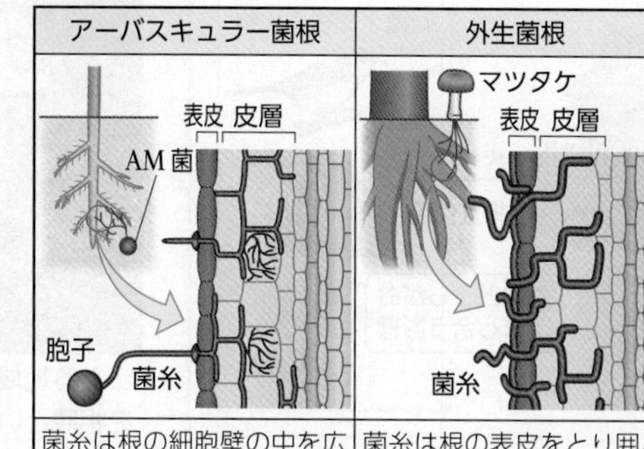	
菌糸は根の細胞壁の中を広がり，皮層細胞の中で細かく枝分かれする。この菌根をつくるのはグロムス菌類である。	菌糸は根の表皮をとり囲んで表面をおおい，細胞壁の中を広がるが，細胞の中には侵入しない。一部の担子菌類や子のう菌類がつくる。
例 アーバスキュラー菌根菌(AM菌)	例 マツタケ，ホンシメジ，セイヨウショウロ(トリュフ)

表皮 皮層
AM菌
胞子
菌糸
マツタケ
表皮 皮層
菌糸

陸上植物の根と菌類が共生して形成される構造を菌根という。菌根を形成する菌類を菌根菌という。

植物とAM菌 相利共生 ▶p.242

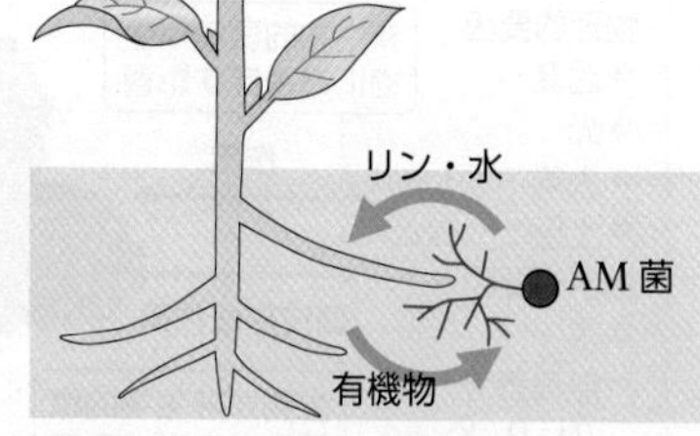
リン・水
AM菌
有機物

胞子
根
菌糸
菌根菌

アーバスキュラー菌根菌(AM菌)は土壌中を広がり，植物の根が届かない場所から物質を吸収し，植物に供給する。植物は光合成でできた有機物をAM菌に供給する。

C 寄生

ストライガの寄生

土屋雄一朗提供
ストライガ
寄生された トウモロコシ
トウモロコシ

ストライガは，宿主の植物から養分や水分などを吸いとり，宿主の成長を妨げる。

ストライガと農業

土屋雄一朗提供
(奥) ストライガに寄生されていない
(手前) ストライガに寄生されている
アフリカのソルガム畑

アフリカでは，イネ科穀物のソルガムにストライガが寄生することで，ソルガムが枯れる農業被害が深刻となっている。この問題に対して現在，ストリゴラクトンを利用してストライガを駆除する研究が行われている(下記「プチ雑学」参照)。

Column 菌根菌の巨大ネットワーク

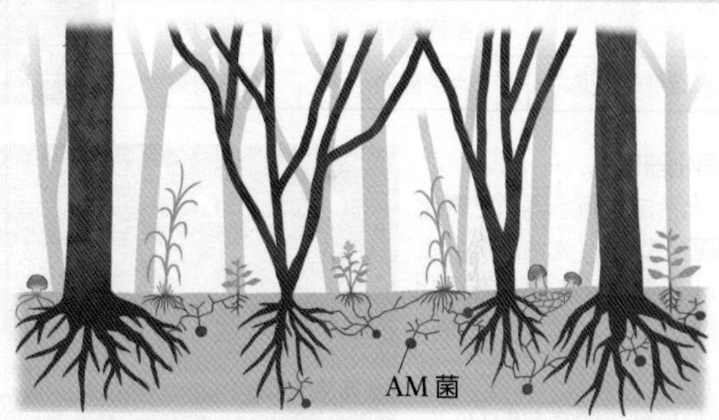
AM菌

アーバスキュラー菌根菌は，陸上植物の約8割と種類を問わず共生するため，共生するさまざまな種類の植物どうしを菌糸でつなぎ合わせ，生態系の中で巨大なネットワークを形成する。植物はこの菌糸ネットワークを通じて情報の伝達や物質のやりとりを行っていると考えられている。

生 2 アレロパシー

ある植物から放出される物質が，他の植物の生育に影響を与える。

阻害作用

高さ1～3m
根から化学物質を分泌*。
群生するセイタカアワダチソウ

ムクノキ
アカマツ
ムクノキの下には草が生育するが，隣のアカマツの下には草がない。

ある植物の分泌する化学物質が，他の植物の生育を阻害または促進する作用を**アレロパシー(他感作用)**という。セイタカアワダチソウやアカマツは根から化学物質を分泌し，他の草本類の生育を阻害する。

＊高密度で生育するようになると自分自身にも作用して自家中毒を引き起こすため，生育できなくなる。

促進作用

後藤(1995)による

シロイヌナズナの高さ(cm)：0，25，30，35
レピジモイド濃度(mg/L)：0，1，10，100

アブラナ科の植物クレス(*Lepidium sativum L.*)の種子から抽出された化学物質レピジモイドは，他の植物の成長を促進する。

プチ雑学 ストリゴラクトンを用いたストライガの駆除では，ソルガムの種子をまく前の土壌にストリゴラクトンを散布して，土壌中のストライガの種子を発芽させる。宿主となる植物がないため，ストライガは生育できずに枯れてしまう。これを「自殺発芽」という。ストライガが枯れた後にソルガムの種子をまく。

1 生態系と植生 その地域の環境に応じて，異なる植生がみられる。

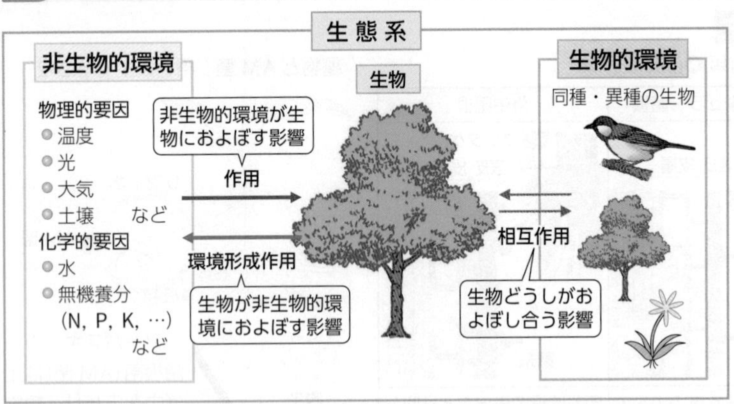

生態系
非生物的環境
物理的要因
温度
光
大気
土壌　など
化学的要因
水
無機養分
(N, P, K, …)
など
非生物的環境が生物におよぼす影響
作用
環境形成作用
生物が非生物的環境におよぼす影響
生物
生物的環境
同種・異種の生物
相互作用
生物どうしがおよぼし合う影響

ある地域に生息するすべての生物と，それをとりまく環境を合わせたまとまりを**生態系**という。生物をとりまく環境は，**生物的環境**と**非生物的環境**に分けられる。

植生と相観

森林
草原
荒原

ある地域に生育している植物の集団を**植生**といい，植生の外観を**相観**という。植生は相観によって森林・草原・荒原などに分けられる。植生のうち，量的に主要な植物を**優占種**という。植生は，その地域の環境や人間活動の影響によって決まる。

2 植物の生活形 生物の生活様式を反映した，形態的な特徴による区分を生活形という。

分類の観点	生活形の例	
葉の形態	針葉樹	広葉樹
葉をつける期間	常緑樹	落葉樹
茎の形態・構造	草本	木本(樹木)
	多肉植物	つる植物
水環境への適応	水中植物	湿生植物

針葉樹
マツ
広葉樹
サクラ

同化器官

光合成を行う器官を**同化器官**といい，光合成をほとんど行わない器官を**非同化器官**という。葉は，効率よく光合成を行うために特殊化した同化器官である。

非同化器官 例 花
同化器官 例 葉
ヒヨドリバナ

ラウンケルの生活形　Raunkiær (1907) による

冬季や乾季に残る部分　休眠芽　30 cm

生活形	地上植物	地表植物	半地中植物	地中植物	一年生植物	水生植物
休眠芽の位置	地上 30 cm 以上	地上 30 cm 以下	地表面に接する	地表に達しない	種子(残りは枯れる)	水中か水で飽和した土壌中
例	ブナ スダジイ	シロツメクサ ヤブコウジ	タンポポ ヒメジョオン	キキョウ ヤマユリ	アサガオ イヌタデ	スイレン セリ

ラウンケルは，生育不適期(冬季や乾季)の**休眠芽**の位置で植物の生活形を分類した。

3 生産構造 物質生産から見た植生の空間的な構造を生産構造という。

A 層別刈取法

一定面積内に存在する植物を一定の高さ(10 cm)ごとに刈り取り，同化器官(葉)と非同化器官(根・茎・花)に分けて，各層ごとの重量を測定する。

B 生産構造図 生産構造を相対照度とともに表したものを**生産構造図**という。

広葉型　門司・佐伯(1953)による

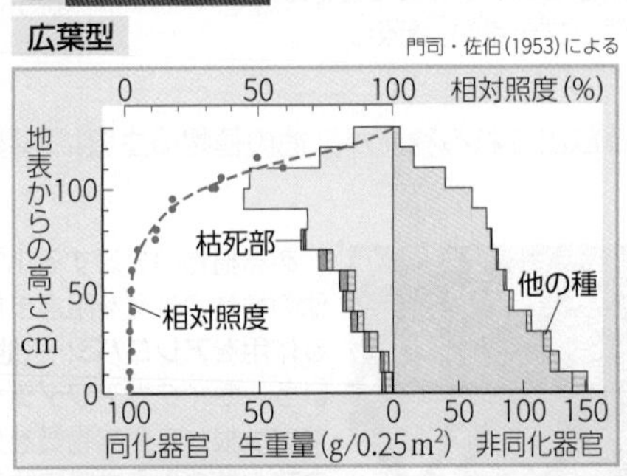

0 50 100 相対照度(%)
地表からの高さ(cm)
100
50
0
枯死部
相対照度
他の種
100 50 0 50 100 150
同化器官 生重量(g/0.25 m²) 非同化器官

アカザ

ほぼ水平な広い葉が上部に集中する。下部は暗くなり，葉は少ない。早く丈を伸ばすことができれば，競争に強い。

イネ科型　門司・佐伯(1953)による

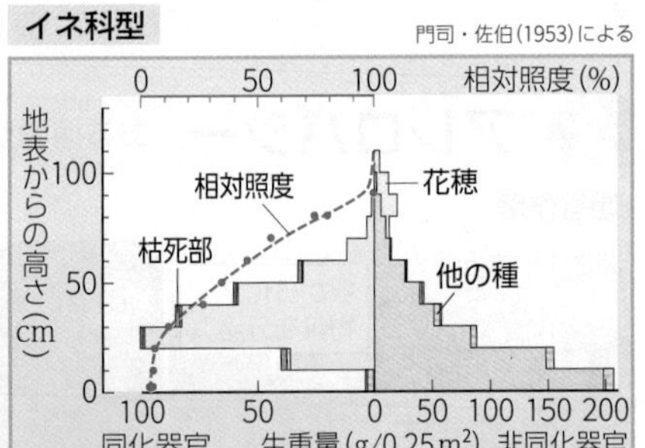

0 50 100 相対照度(%)
地表からの高さ(cm)
100
50
0
相対照度
花穂
枯死部
他の種
100 50 0 50 100 150 200
同化器官 生重量(g/0.25 m²) 非同化器官

チカラシバ

細く長い葉が斜めに位置するので，光が下部まで入り，非同化器官の割合が少ない。広葉型よりも光合成の効率がよい。

プチ雑学　草本(草)と木本(木)は，一般には茎が肥大成長して木質化するかどうかで区別されるが，実際には区別が難しい場合もある。単子葉類は基本的に草本であるが，タケ類やヤシ類などは茎が木質化する。また，シダ植物のヘゴは茎から多数の根が伸び，肥大化して木のようになるため，木性シダとよばれる。

Keywords ●生態系 ecosystem ●生物的環境 biotic environment ●非生物的環境 abiotic environment ●作用 action ●環境形成作用 reaction ●植生 vegetation ●相観 physiognomy ●優占種 dominant species ●生活形 life form ●生産構造 productive structure ●階層構造 stratification

基 4 森林の階層構造　発達した森林では階層構造がみられる。

照葉樹林

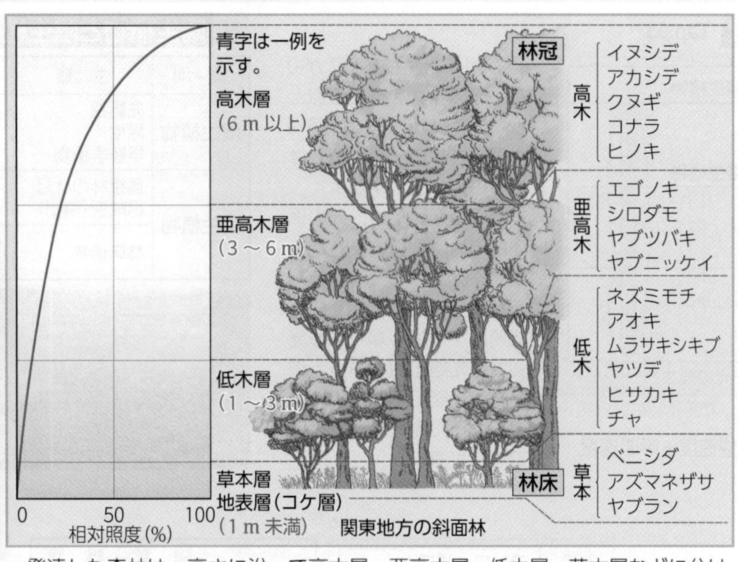
青字は一例を示す。
高木層 (6 m 以上)
亜高木層 (3〜6 m)
低木層 (1〜3 m)
草本層
地表層(コケ層) (1 m 未満)
0
50
100
相対照度(%)
林冠
林床
高木
イヌシデ
アカシデ
クヌギ
コナラ
ヒノキ
亜高木
エゴノキ
シロダモ
ヤブツバキ
ヤブニッケイ
低木
ネズミモチ
アオキ
ムラサキシキブ
ヤツデ
ヒサカキ
チャ
草本
ベニシダ
アズマネザサ
ヤブラン
関東地方の斜面林

発達した森林は，高さに沿って高木層・亜高木層・低木層・草本層などに分けられる。この構造を**階層構造**という。上層のものほど光補償点(▶p.63，222)が高く，下層ほど低い。熱帯多雨林では，林床に届く光が少ないので草本層の発達が悪い。

人工林

ヒノキ林

スギやヒノキなどの人工林では雑草や雑木が取り除かれる。また，密植されることが多く林内に光が届かない。このため低木層や草本層は発達せず単層となる。

基 生 5 植生の調査 実験　区画法(方形区法)を用いて，被度や頻度を調査する。

方形のわくの設置

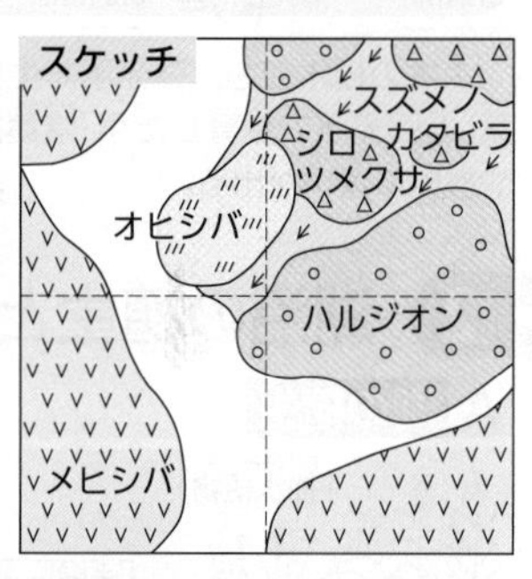
スケッチ
スズメノカタビラ
シロツメクサ
オヒシバ
ハルジオン
メヒシバ

被度の測定

ある種の植物が，わく内で占めている面積を**被度**という。被度は，右のような被度階級で表される。

被度階級

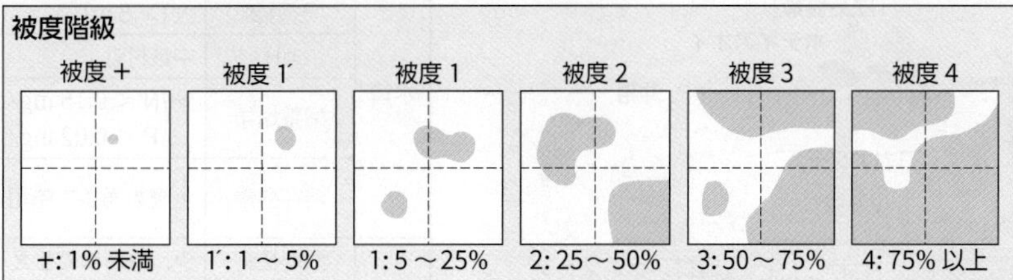
被度＋
被度1´
被度1
被度2
被度3
被度4
＋: 1% 未満
1´: 1〜5%
1: 5〜25%
2: 25〜50%
3: 50〜75%
4: 75% 以上

高さの測定

高さ
高さ

ある種の植物の，葉の最も高いところを測る。

調査結果

わく数が少ないため，頻度は用いずに優占度を算出した。＋は 0.04，1´ は 0.2 として計算する。

植物名		わく番号 1	2	3	………	10	実測値 平均被度	平均高さ	頻度	相対値 相対被度	相対高さ	相対頻度	優占度
オヒシバ	被度	4	2	1	………		1.4	18.3	80	100	100	100	100
	高さ	31	25	23	………								
メヒシバ	被度		1´	2	………	2	0.66	2.5	60	47.1	13.7	75	30.4
	高さ		4.6	4.2	………	4.3							
ハルジオン	被度		＋	1	………		0.12	1.7	30	8.5	9.3	37.5	8.9

頻度　その種が出現したわくの割合(%)

相対値　実測値が最大のものを 100 としたときの他種の値

$$\text{優占度} = \frac{\text{相対被度} + \text{相対高さ}}{2}$$

優占種　優占度が最大のものをその植生の優占種とする(この表の場合はオヒシバ)。

標徴種　ある特定の植生だけに現れ，ほかの植生にはほとんど出現しない植物をその植生の標徴種という。

プチ雑学　低木やつる植物が森林の縁をおおうように生育している植物の集まりをマント群落，マント群落の外側にある草本を中心とする植物の集まりをソデ群落という。マント群落やソデ群落は，森林の中へ風が吹き込んだり，日光が差し込んだりするのを防ぎ，森林内の温度や湿度を一定に保つ役割をはたしている。

基 1 植物の光合成特性　植物は，光環境に応じて異なる光合成特性をもつ。

A 光環境と光合成速度 ▶p.63

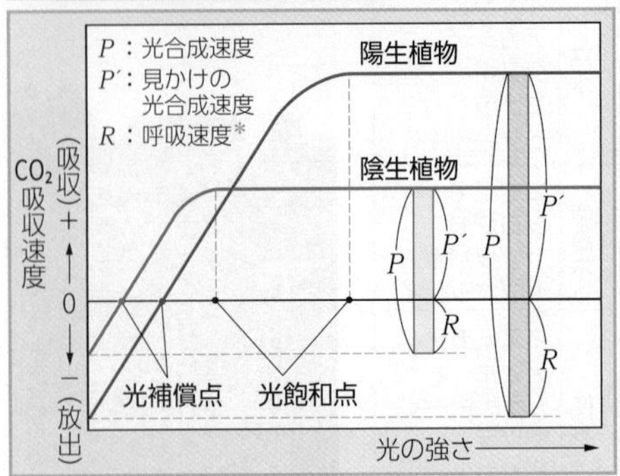
P：光合成速度
P′：見かけの光合成速度
R：呼吸速度*
陽生植物
陰生植物
CO2吸収速度
(吸収)＋
0
−(放出)
光補償点
光飽和点
光の強さ

＊呼吸速度は光の強さによって変化しないと仮定

光合成速度＝見かけの光合成速度＋呼吸速度

見かけの光合成速度が0になる光の強さを**光補償点**(ひかりほしょうてん)という。光補償点以下では植物は生育できない。陰生植物は弱光下の光合成効率がよく，光補償点が低いため，光の弱い場所では陰生植物が有利に成長する。

それ以上光を強くしても光合成速度が増加しなくなる光の強さを**光飽和点**(ひかりほうわてん)という。陽生植物は光飽和点が高く，強光下では速く光合成を行えるので成長が速い。

B 陽生植物と陰生植物

種別	生態	性質	例
陽生植物	先駆種 陽樹 早春季植物	●強光下でよく成長する ●弱光下で生育できない	アブラナ アカマツ カタクリ
陰生植物	極相林の林冠構成種(陰樹)	●強光下でよく成長する ●弱光下でも生育できる	ブナ スダジイ
	林床植物	●強光下で生育が阻害される	アオキ ミヤマカタバミ

アブラナ

ブナ

ミヤマカタバミ

C 陽葉と陰葉

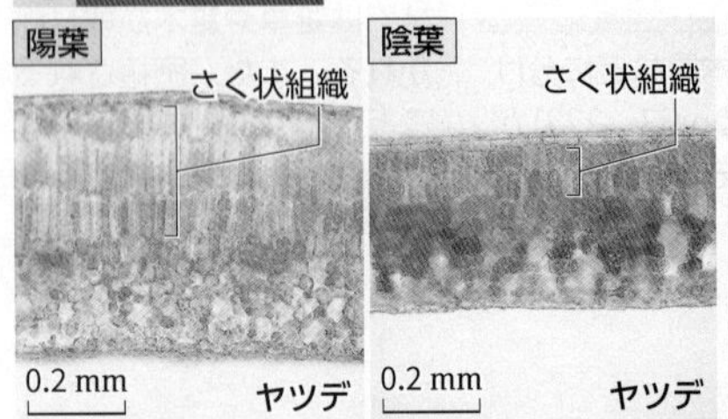
陽葉
さく状組織
0.2 mm
ヤツデ
陰葉
さく状組織
0.2 mm
ヤツデ

1本の樹木でも，強光下で生育した葉(**陽葉**(ようよう))と弱光下で生育した葉(**陰葉**(いんよう))では，形態や機能に違いが出る。

Retter (1965) による

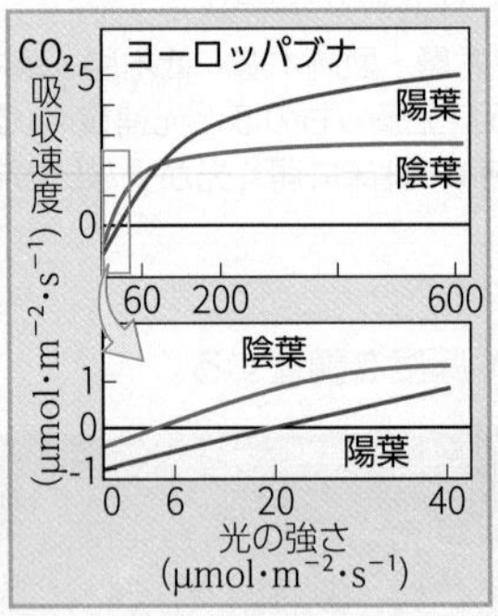

（グラフ）ヨーロッパブナ：CO2吸収速度（$\mu mol \cdot m^{-2} \cdot s^{-1}$）— 陽葉，陰葉；光の強さ（$\mu mol \cdot m^{-2} \cdot s^{-1}$）0, 6, 20, 40, 60, 200, 600

	陽葉	陰葉
葉の厚さ	厚い	薄い
さく状組織	発達している	発達が悪い
光補償点	高い	低い
気孔の数	多い	少ない
葉緑体の数	多い	少ない
葉緑体の大きさ	小さい	大きい

D 光環境への応答

Grahl and Wild (1972) による

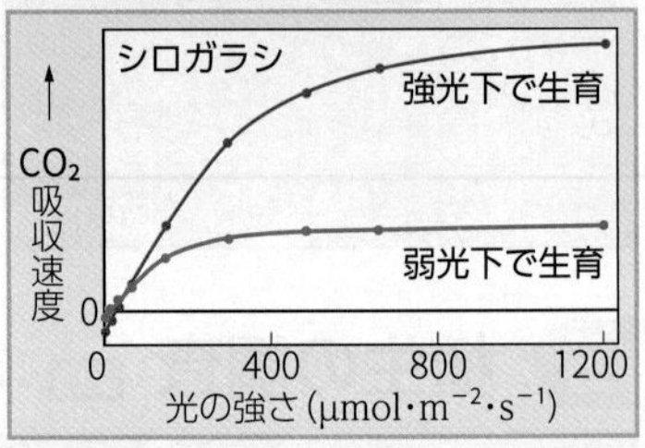

（グラフ）シロガラシ：CO2吸収速度 — 強光下で生育，弱光下で生育；光の強さ（$\mu mol \cdot m^{-2} \cdot s^{-1}$）0, 400, 800, 1200

同じ種であっても，生育する光環境の違いにより，個体によって異なる性質になることがある。

基 生 2 湖沼の植生と生態系　水深や栄養塩類などの環境要因によって湖沼生態系の特性が決まる。

A 湖の植生

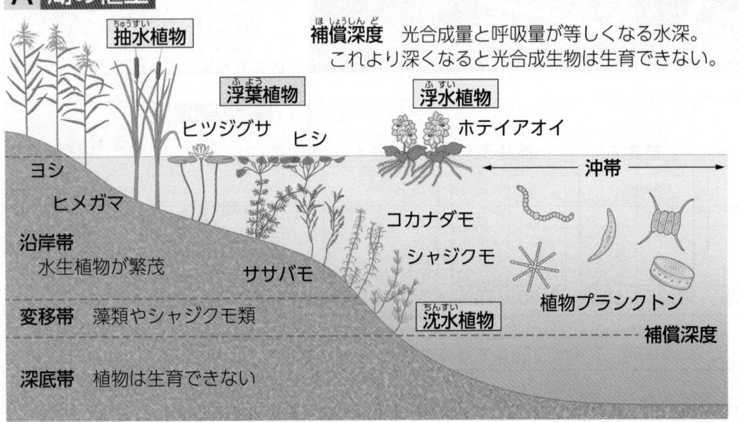
抽水植物
補償深度　光合成量と呼吸量が等しくなる水深。
これより深くなると光合成生物は生育できない。
浮葉植物
浮水植物
ヒツジグサ
ヒシ
ホテイアオイ
ヨシ
ヒメガマ
沖帯
コカナダモ
沿岸帯
水生植物が繁茂
シャジクモ
ササバモ
植物プランクトン
沈水植物
変移帯　藻類やシャジクモ類
補償深度
深底帯　植物は生育できない

B 貧栄養湖と富栄養湖

吉村 (1937) による

特徴		貧栄養湖	富栄養湖
水質	色	藍色または緑色	緑〜黄色
	透明度	大(> 5 m)	小(< 5 m)
	pH	中性付近	中性〜弱アルカリ性
	栄養塩類	少 $\begin{pmatrix} N < 0.15\ mg/L, \\ P < 0.02\ mg/L \end{pmatrix}$	多 $\begin{pmatrix} N > 0.15\ mg/L, \\ P > 0.02\ mg/L \end{pmatrix}$
	溶存酸素	全層を通じて飽和	表水層は飽和または過飽和，深水層は欠乏
生物	沿岸植物	少，深所まで生える	多，浅所のみで生える
	プランクトン	貧弱	豊富
	魚類	貧弱，狭温性	豊富，広温性
	底生生物	種類が多い	種類が少ない

C 水温と湖水の循環　温帯湖

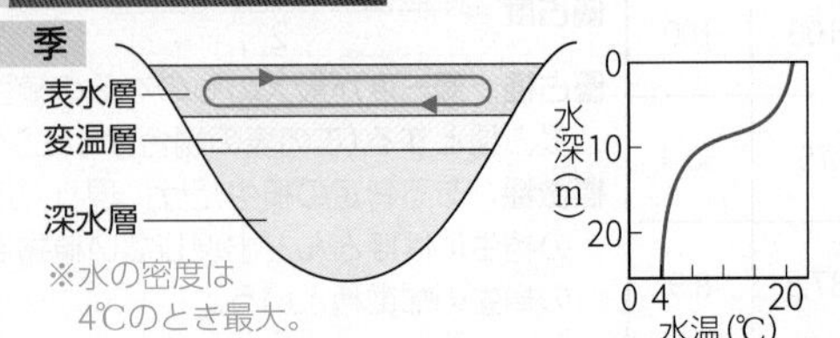
夏季
表水層
変温層
深水層
水深(m)
0
10
20
0 4 20
水温(℃)

※水の密度は4℃のとき最大。

表水層と深水層の密度差が大きいため水の循環は起こらず，深水層から表水層への栄養塩類の移動，表水層から深水層への酸素の移動は妨げられる。

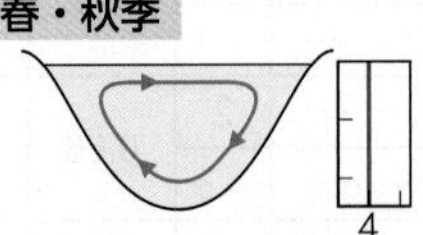
春・秋季
4

上下の水温が等しくなると循環が起こる。

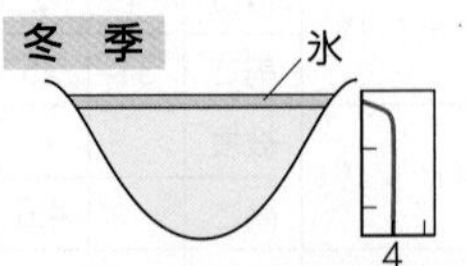
冬季
氷
4

結氷すると表水層は4℃以下となり循環しない。

プチ雑学

カタクリなど，早春の林床に短い期間だけ姿を見せる早春季植物は，スプリング・エフェメラル(春の儚(はかな)い命)ともよばれる。これらは，林冠の落葉樹が葉を出す前の早春に，林床に届く光を利用する戦略をとっている。林床が暗くなる夏には地上部が枯れ，地下の根茎として翌年の春まで休眠する。

Keywords ●光補償点 light compensation point ●光飽和点 light saturation point ●陽生植物 sun plant ●陰生植物 shade plant ●陽葉 sun leaf ●陰葉 shade leaf ●補償深度 compensation depth ●貧栄養湖 oligotrophic lake ●富栄養湖 eutrophic lake ●植生図 vegetation map

Link HP

基 3 土壌 森林など，有機物が豊富に供給される場所では，土壌が発達する。

A 土壌の構造

©日本ペドロジー学会ホームページ
森林の土壌*

表層には落葉・落枝がたまる。より深い場所では，有機物が分解・変性(腐植化)し，無機物とまじり合って存在する層(A層)が分布する。A層の下には，ケイ酸塩の粘土や鉄・アルミニウムの酸化物，分解の進んだ有機物が集積した層(B層)，さらに深い場所では，風化した母岩からなる層が見られる。

*北海道農牧地土壌分類(第二次案)による褐色森林土[引用文献：北海道土壌分類委員会 1979. 北海道の農牧地分類 第2次案，北海道立農業試験場資料 10：1-89]

団粒構造

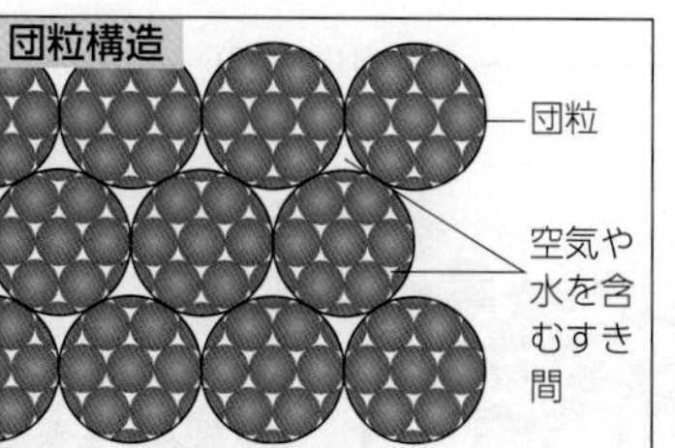
団粒
空気や水を含むすき間

生物の働きによって細かな土の粒子が形成・配置され，生じる構造。団粒構造をとることで，土壌は空気や水分を適度に含むようになる。

B 土壌の生成

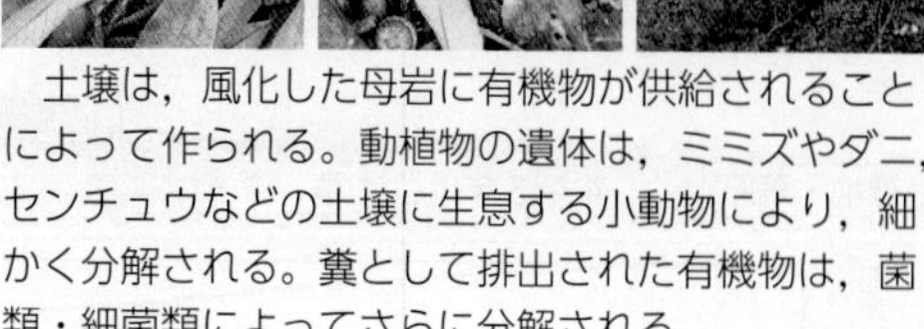

土壌は，風化した母岩に有機物が供給されることによって作られる。動植物の遺体は，ミミズやダニ，センチュウなどの土壌に生息する小動物により，細かく分解される。糞として排出された有機物は，菌類・細菌類によってさらに分解される。

基 生 4 植生図 植物の分布は植生図で表される。

Link

植物の分布を表した地図を植生図(しょくせいず)という。植生は，群集，クラスなどの区分で表される。

シラビソ-オオシラビソ群集

コマクサ-イワツメクサクラス

白根山
湯釜
弓池
鏡池
本白根山
0 500m
1/25,000 植生図「上野草津」GISデータ(環境省生物多様性センター)より作成

高山ハイデ及び風衝(ふうしょう)草原

ササ-ダケカンバ群落

もともとの植生である自然植生に対し，人間活動の影響で置き換わった二次林などの植生を代償(だいしょう)植生という。

- コケモモ-ハイマツ群集
- 高山ハイデ及び風衝草原
- コマクサ-イワツメクサクラス
- シラビソ-オオシラビソ群集
- コメツガ群落
- カラマツ群落
- ミヤマハンノキ群落
- ササ-ダケカンバ群落
- ナナカマド-ミネカエデ群落
- ササ群落(Ⅱ)
- ダケカンバ群落(Ⅲ) 代償植生
- ササ群落(Ⅲ) 代償植生
- ススキ群団(Ⅴ) 代償植生
- 硫気孔原植生
- カラマツ植林
- ツルコケモモ-ミズゴケクラス 高層湿原
- 市街地
- 水域
- 自然裸地

植生区分

大区分 ←→ 細区分

クラス　オーダー　群団　群集 ＜ 植生区分の基本単位

群落 群集が決定できない場合の暫定的な区分

植生図では，植生は群集を基本単位とし，階層的に分類して表される。

潜在自然植生

自然植生 —(人間活動)→ 代償植生 ‥(人間活動がなくなったと仮定)‥→ 潜在自然植生

人間の影響がなくなった場合に予想される植生を潜在(せんざい)自然植生という。

つながる生物学 地学 地質と植生

植生は，その場所の地質に影響を受けることがある。岩石の成分などの影響で植物の生育が阻害されると，その環境に耐性をもつ植物のみが生育するので，地質に応じた特殊な植生ができる。このような環境では，低地でも高山のような植生となり，固有種も多い。

石灰岩植生

石灰岩

石灰岩は炭酸カルシウムを主成分とする岩石で，カルスト地形を形成する。土壌はアルカリ性でカルシウム分を多く含む。

例 イワシデ，クモノスシダ

蛇紋岩(じゃもんがん)植生

蛇紋岩

蛇紋岩はかんらん岩が変質してできた岩石で，マグネシウムを大量に含む。もろくて崩れやすく，マグネシウムやニッケルが生育を阻害する。

例 オゼソウ，ホソバヒナウスユキソウ

硫気孔原(りゅうきこうげん)植生

噴気孔

火山の噴気孔の周辺では，硫化水素など火山ガスの影響を受ける。また，硫黄分が酸化して硫酸となり，土壌は非常に酸性度が高い。

例 ヤマタヌキラン，コメススキ

プチ雑学

アメリカ中西部の湿潤地帯の例では，1gの土壌中に約35億個の細菌が存在するという計算がある。また，土壌には，細菌以外にも多種多様な菌類や小動物が生息している。これらの生物の活動により，森林において1年を通じて降り積もる1haあたり数トンもの落葉・落枝は，たまることなく分解されているのである。

植生の遷移(1)

基 1 一次遷移 それまで植物が存在しなかった場所に植物が侵入して起こる遷移を一次遷移という。

A 乾性遷移 乾性遷移は，岩石や，岩石が風化してできた基質からはじまる。

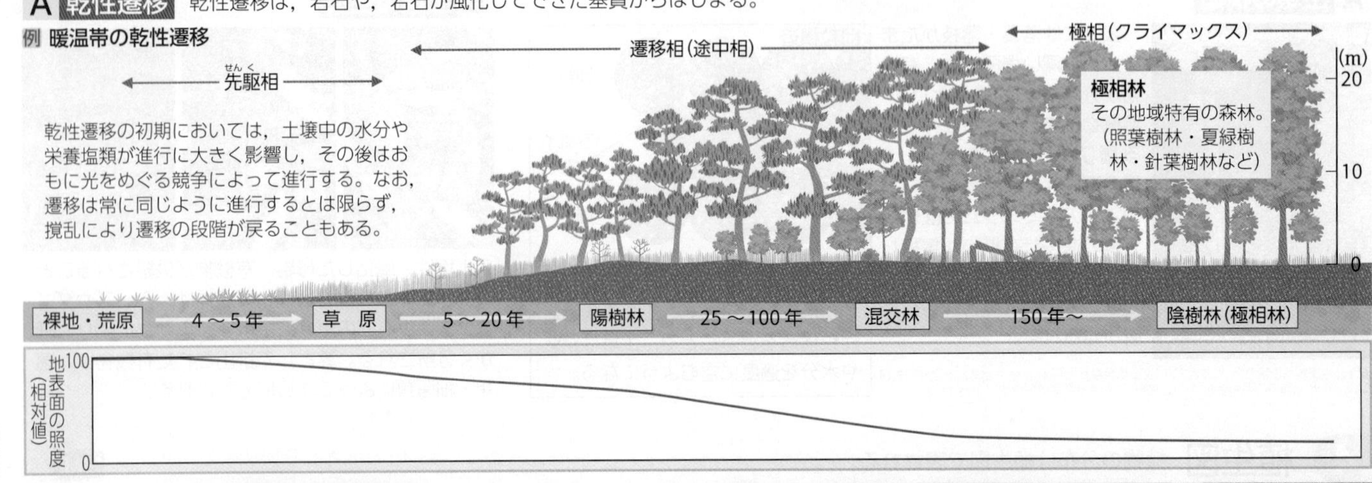
例 暖温帯の乾性遷移
先駆相
遷移相(途中相)
極相(クライマックス)
乾性遷移の初期においては，土壌中の水分や栄養塩類が進行に大きく影響し，その後はおもに光をめぐる競争によって進行する。なお，遷移は常に同じように進行するとは限らず，撹乱により遷移の段階が戻ることもある。
極相林
その地域特有の森林。
(照葉樹林・夏緑樹林・針葉樹林など)
(m)
20
10
0
裸地・荒原
4～5年
草 原
5～20年
陽樹林
25～100年
混交林
150年～
陰樹林(極相林)
地表面の照度(相対値)
100
0

荒 原

裸地に地衣類・コケ植物・草本などの**先駆種**が生育し，枯死体などにより土壌(▶p.223)が形成されはじめる。

草 原
ススキ草原

ススキなどの多年生草本が生育する。アカマツなどの**陽樹**が侵入してくる。

陽樹林
アカマツ林

アカマツなどの陽樹が大きくなると林床が暗くなり，陽樹の幼木は生育できず，**陰樹**の幼木が生育してくる。

陰樹林(極相林)
スダジイ林

陰樹が大きくなり，林床には陰樹の次世代が育ち，その地域特有の安定した森林(**極相林**)となる。

B 湿性遷移 一次遷移のうち，湖沼などの水中からはじまり陸上へと遷移するものを湿性遷移という。

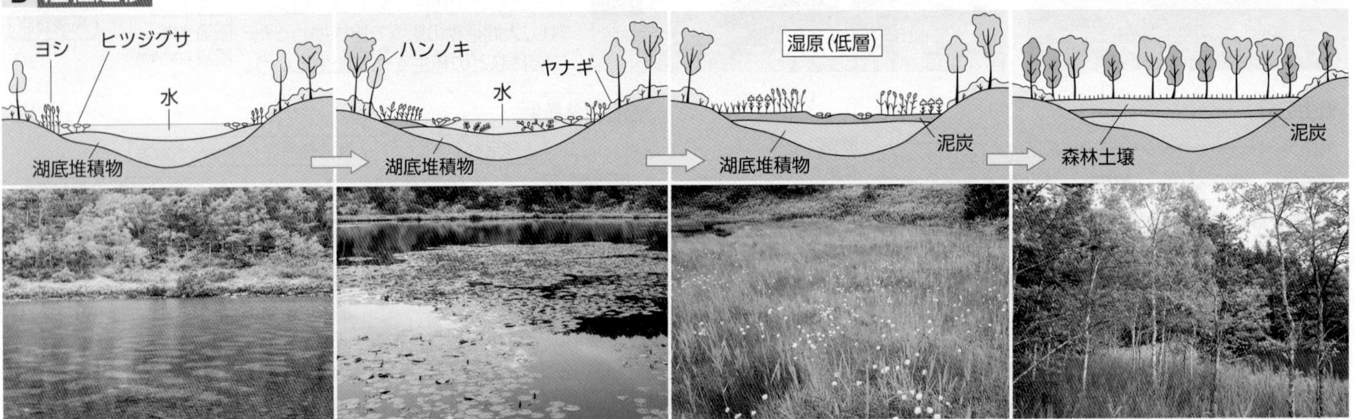
ヨシ
ヒツジグサ
水
湖底堆積物
ハンノキ
ヤナギ
水
湖底堆積物
湿原(低層)
泥炭
湖底堆積物
泥炭
森林土壌

土砂や植物の遺体が堆積して，湖沼は浅くなる。

植物遺体は分解されにくく，形を残したまま泥炭層を形成していく。

周辺部からしだいに陸地化が進み，湿原が形成される。

乾燥化が進むと陽樹が侵入し，乾性遷移と同様の過程で陰樹林へ変わる。

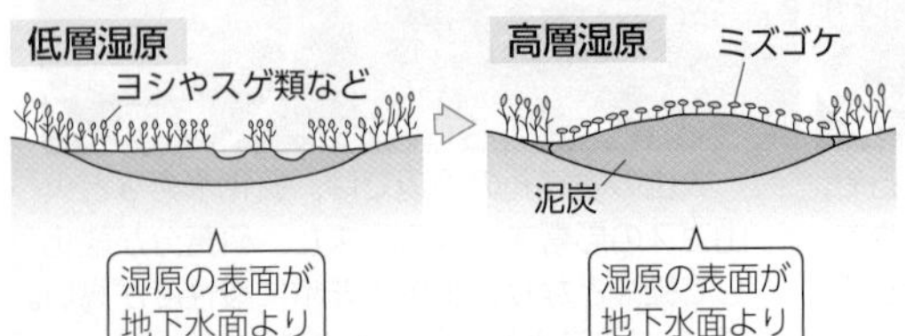
低層湿原
ヨシやスゲ類など
湿原の表面が地下水面よりも低い。
高層湿原
ミズゴケ
泥炭
湿原の表面が地下水面よりも高い。

泥炭地上に発達した草原を泥炭湿原といい，低層湿原は，環境によっては，高層湿原へと発達する。

寒冷で水はけの悪い地域では，植物遺体は分解しにくく泥炭となり堆積する。堆積した泥炭は酸性で無機養分が少ないため，ミズゴケのみが生育し，ミズゴケの泥炭ができる。これが次第に積み重なり，中央部が盛り上がった高層湿原になる。高層湿原もやがて草原，森林へと遷移する。

八島ヶ原湿原(長野)

プチ雑学

長野県の霧ヶ峰高原にある八島ヶ原湿原は，約1万2千年かかって形成されたと推定されており，泥炭層の厚さは8mにもおよぶ。

Keywords ●一次遷移 primary succession ●乾性遷移 xerarch succession ●極相林 climax forest
●湿性遷移 hydrarch succession ●湿原 moor ●高層湿原 high moor ●低層湿原 low moor
●ギャップ gap

基 2 伊豆大島の一次遷移

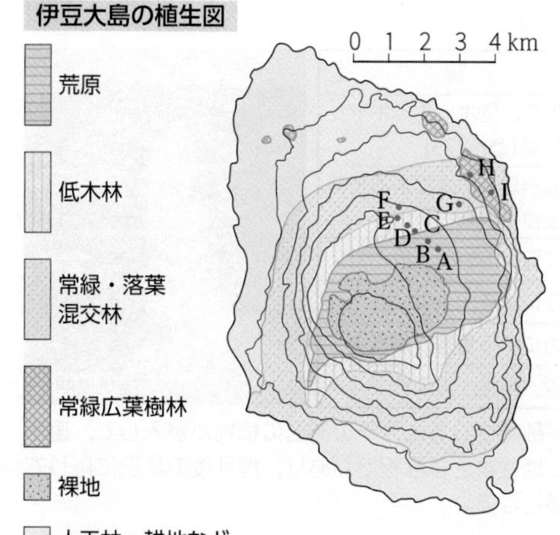
伊豆大島の植生図
0 1 2 3 4 km
荒原
低木林
常緑・落葉混交林
常緑広葉樹林
裸地
人工林・耕地など
A B C D E F G H I
手塚(1961)による

遷移はゆっくり進行するので，直接の観察は難しい。しかし，伊豆大島では過去に何度も火山活動があり，遷移の段階が異なるさまざまな植生が成立しているので，遷移の過程を推定できる。

荒原 | 低木林 | 常緑・落葉混交林 | 常緑広葉樹林

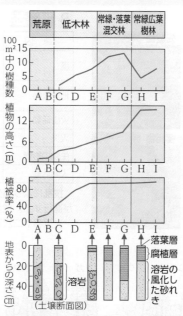

100 m² 中の樹種数 / 植物の高さ(m) / 植被率(%) / 地表からの深さ(cm)
A B C D E F G H I
落葉層
腐植層
溶岩
溶岩の風化した砂れき
(土壌断面図)

植生の種類		荒原 (A，B)	低木林 (C，D，E)	常緑・落葉混交林 (F，G)	常緑広葉樹林 (H，I)
草本	シマタヌキラン				
	ハチジョウイタドリ				
	ススキ				
低木	オオバヤシャブシ				
	ハコネウツギ				
落葉樹	ミズキ				
	オオシマザクラ				
	エゴノキ				
	カラスザンショウ				
	ハチジョウキブシ				
	ハチジョウイボタ				
常緑広葉樹(照葉樹)	ヒサカキ				
	シロダモ				
	ヤブニッケイ				
	ヤブツバキ				
	イヌツゲ				
	シイ				
	タブノキ				

荒 原

低 木 林

常緑・落葉混交林

常緑広葉樹林(照葉樹林)

基 3 ギャップ更新 極相に達しても，部分的に遷移がくり返される。

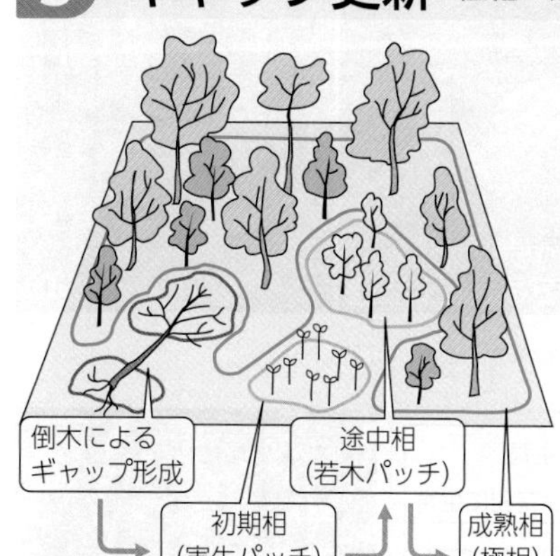
倒木による ギャップ形成
途中相 (若木パッチ)
初期相 (実生パッチ)
成熟相 (極相)

枯死などによって林冠(りんかん)を構成する高木が倒れると，林冠に穴があき，林床に光が差し込むようになる。このような場所を**ギャップ**とよぶ。ギャップが形成されると，林床で生育が抑えられていた幼木が急速に成長したり，埋土(まいど)種子が発芽して成長したりする。一般的に，小さいギャップでは林床の陰樹の幼木が成長し，大きいギャップでは陽樹の種子が発芽して成長する。

このように，極相林でも部分的に遷移がくり返されているので，多様な樹種が生育する。

ギャップの大きさと成因 (小→大)	ギャップ形成後の経過
枝折れ	周囲の高木の枝が成長
立ち枯れ	林床の幼木が成長
幹折れ	
根がえり	埋土種子が発芽
複数本の倒木	周囲から種子が侵入し発芽

ギャップ
ギャップ下の林床

種子の発芽

高さ 60～200 cm
ホソアオゲイトウ

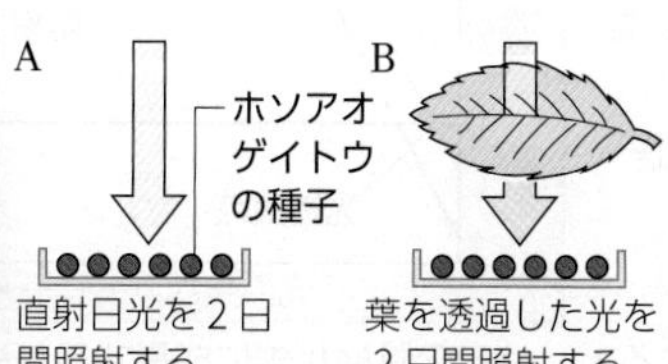
A
ホソアオゲイトウの種子
直射日光を2日間照射する。
B
葉を透過した光を2日間照射する。
→処理後，明所または暗所に置く。

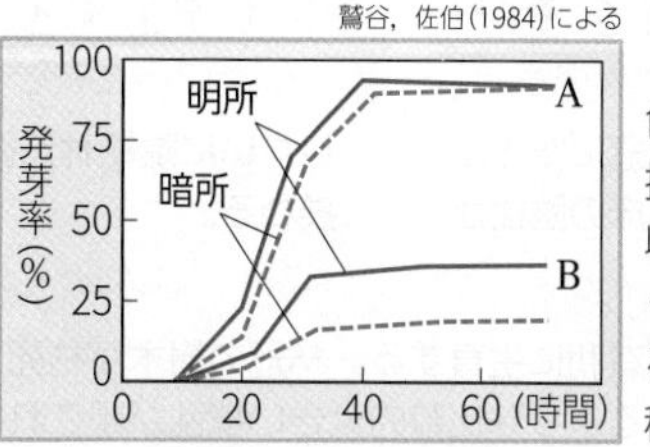
鷲谷，佐伯(1984)による
発芽率(%)
100
75
50
25
0
明所
暗所
A
B
0 20 40 60(時間)

ギャップに生育する植物の種子の多くは赤色光により発芽が促進され，遠赤色光により抑制される(▶p.209)。葉は赤色光をよく吸収するので，林床では遠赤色光の割合が大きく，発芽は抑制される。ギャップが形成されると，赤色光の割合が大きくなり発芽する。種子は生育に有利な環境を光で感知している。

プチ雑学 極相の概念には，1つの気候帯に1つの極相があるという「単極相説」，1つの気候帯の中にも，土壌の違いなどによって多くの極相があるという「多極相説」，特定の極相はなく，環境の連続的な変化にしたがって極相も連続的に変化するという「極相パターン説」の3つがある。

植生の遷移(2)

1 遷移のしくみ

植物の競争と環境への適応戦略の違い，環境形成作用，撹乱の影響により，優占種が変化する。

A 先駆種と極相種

		先駆種	極相種
種子	サイズ	小さい	大きい
	散布範囲	広い	狭い
植物体	成長	速い	遅い
	耐陰性	低い	高い
	寿命	短い	長い
	個体のサイズ	小さい	大きい

先駆種
オオバヤシャブシ
極相種
シラカシ

一般に先駆種は種子散布能力が高く，裸地などの厳しい環境に耐える性質をもつ。極相種は種間の競争に強く，撹乱の少ない安定した環境で有利に生育する。

B 撹乱 ▶p.250

原因	例
風	枝折れ，倒木によるギャップ形成(▶p.225)
地表変動	斜面崩壊，洪水による土砂の浸食・堆積
火山活動	火砕流，溶岩流，火山ガス
火災	落雷による山火事
生物の影響	シカによる食害，病害虫
人間活動	伐採，剪定，火入れ

がけ崩れ

撹乱により植生が破壊されると，そのあとに植物が侵入して，遷移が進行する。撹乱にはさまざまな程度があり，撹乱後の状況に応じて一次遷移や二次遷移となる。

C 土壌の形成

例 氷河後退後の土壌(アラスカ)

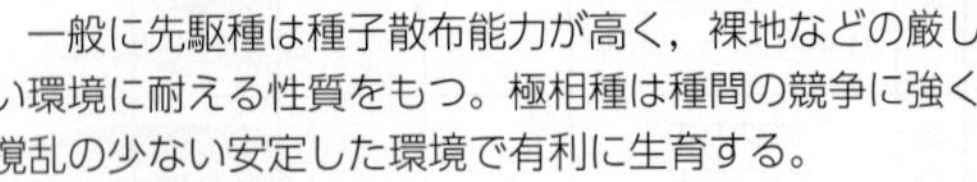
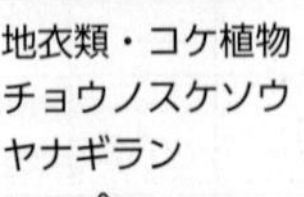

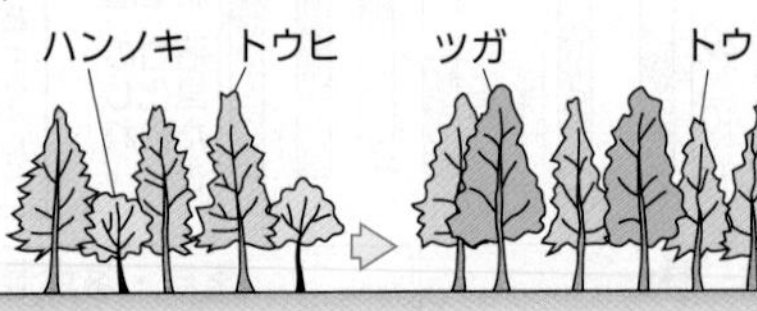
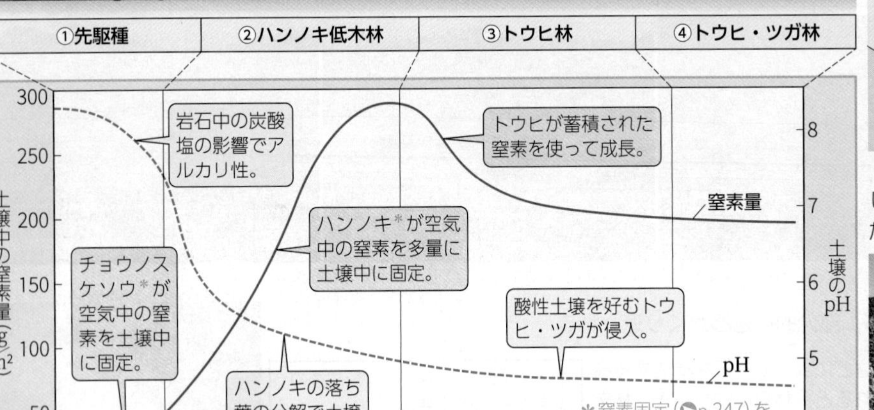

地衣類・コケ植物
チョウノスケソウ
ヤナギラン
ハンノキ
ハコヤナギ
ハンノキ
トウヒ
ツガ
トウヒ
①先駆種
②ハンノキ低木林
③トウヒ林
④トウヒ・ツガ林
土壌中の窒素量(g/m²)
土壌のpH
岩石中の炭酸塩の影響でアルカリ性。
トウヒが蓄積された窒素を使って成長。
窒素量
ハンノキ*が空気中の窒素を多量に土壌中に固定。
チョウノスケソウ*が空気中の窒素を土壌中に固定。
酸性土壌を好むトウヒ・ツガが侵入。
pH
ハンノキの落ち葉の分解で土壌が酸性になる。
*窒素固定(▶p.247)を行う共生細菌をもつ。
氷河後退後の年数(年)

遷移にともなって土壌の性質が変化し，土壌の性質の変化はまた遷移に影響をおよぼす。

20 km
グレイシャー・ベイ
アラスカ

氷河は矢印の方向へ後退していった。①が最も新しく生じた土地で，④は約200年前に氷河があったところ。

ヤナギランが優占する先駆種の植生

トウヒ・ツガ林

D 陽樹林から陰樹林へ

陽樹
陰樹の幼木
林床の陰樹が成長
陰樹

陽樹林の林床では，陽樹の幼木は育たない。

枯死などで林冠に空きができると，林床の陰樹が成長する。

しだいに陰樹林に置き換わる。

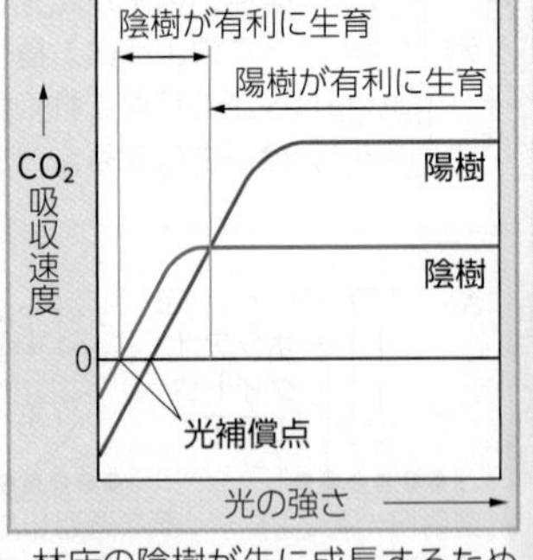

陰樹が有利に生育
陽樹が有利に生育
CO₂吸収速度
陽樹
陰樹
0
光補償点
光の強さ

陽樹林の林床

林床は光が弱いので，耐陰性の高い陰樹が有利に生育する。林冠の樹木が枯死すると，林床の陰樹が先に成長するため，陰樹がしだいに優占する。林床まで破壊されるような比較的大きい撹乱が起これば，成長の速い陽樹が侵入できる。

進化View 1　遷移の初期は土壌が発達しておらず，耐乾燥性や栄養塩類の確保が必要となる。草原で優占するススキは C_4 植物(▶p.68)であり，これが乾燥に対する適応となっている。また，木本では根粒菌などの窒素固定細菌(▶p.247)や菌根菌(▶p.219)と共生するものが多く，これが栄養塩類の確保に対する適応となっている。Link

Keywords ●先駆種 pioneer species ●極相種 climax species ●撹乱 disturbance ●二次遷移 secondary succession ●二次林 secondary forest

基 2 二次遷移

山火事や森林の伐採後など，土壌が形成されており，植物の一部が残った場所で起こる遷移を二次遷移という。

A 放棄畑の二次遷移

すでに土壌があり，種子や根茎が埋もれているので，一次遷移に比べ遷移の進行が速い。一次遷移とは出現する植物種が異なることが多い。特に初期の草本ではかなり異なる。

例 関東地方

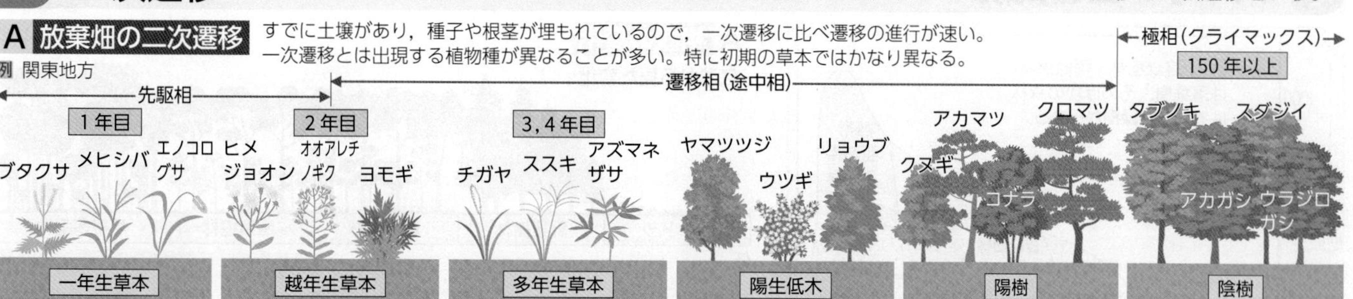

先駆相
遷移相（途中相）
極相（クライマックス）
1年目
2年目
3，4年目
150年以上
ブタクサ
メヒシバ
エノコログサ
ヒメジョオン
オオアレチノギク
ヨモギ
チガヤ
ススキ
アズマネザサ
ヤマツツジ
ウツギ
リョウブ
クヌギ
アカマツ
コナラ
クロマツ
タブノキ
スダジイ
アカガシ
ウラジロガシ
一年生草本
越年生草本
多年生草本
陽生低木
陽樹
陰樹

裸地化1年目：ブタクサの生育
土に埋まっていたブタクサの種子が，裸地化や掘り返しにより冬季の低温にさらされることで，一斉の発芽と低温での発芽が促進される。

裸地化2年目：ヒメジョオンなどへの交代
ブタクサは一年生のため秋には枯れる。その間に芽ばえ始めていたヒメジョオンなどがロゼット葉で冬を越し，翌春，他の植物に先駆けて成長しブタクサにとってかわる。

B 山火事後の二次遷移

イエローストーン国立公園の山火事　山火事後，再生してきたロッジポールパインの幼木

ロッジポールパインは，一時的に高温にさらされることで球果がはじけ，種子が散布される。このしくみにより，1988年にアメリカのイエローストーン国立公園で起こった大規模な山火事後，幼木が成長した。

C 一次遷移と二次遷移 ➲p.224

＊乾性遷移の場合

	土壌	種子・植物体	水分	栄養塩類	遷移の進行
一次遷移	なし	なし	少ない＊	少ない	遅い
二次遷移	あり	あり	多い	多い	速い

一次遷移では植物の生育にとって厳しい環境から始まるので，それに耐える種類が初期に優占しやすい。二次遷移では埋土(まいど)種子や地下茎が残ったものや，最初に種子が到達したものが初期に優占する。

基 生 3 人間活動による遷移相の維持

二次林や二次草原は，人の手によって維持されている遷移相である。

A 二次林

高さ約15m
クヌギ林

コナラの葉と果実

樹液に集まる昆虫

二次林は人の手が加わった林で，おもに陽樹からなり，二次遷移の途中の林といえる。ミズナラ林，照葉樹二次林，クヌギ－コナラ林，アカマツ林などがある。

林床の植物

高さ約15cm
カタクリ

高さ約50cm
キンラン

二次林の保全

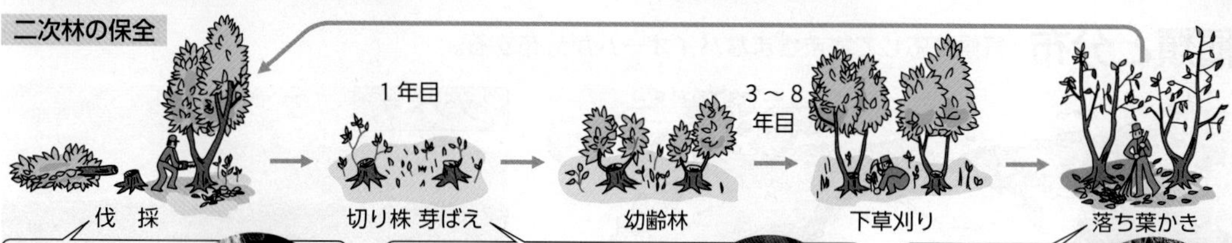

1年目
3～8年目

伐　採　切り株 芽ばえ　幼齢林　下草刈り　落ち葉かき

伐採した木を，薪炭やシイタケ栽培のほだ木として使う。

クヌギやコナラは切り株からの再生力が強く，伐採後に容易に新しい芽が生える。切り株に養分があるため，種子からの生育より成長が早い。

落ち葉かきを行い，落ち葉で堆肥(たいひ)をつくる。

古くから人間が利用している山を**里山**とよぶ。里山は人の手が加わることで成立している二次林であり，木を伐採し薪炭(しんたん)（燃料）などへ利用することで維持されてきた。

近年ではエネルギー資源の転換や過疎化などにより放棄され，遷移が進行している。里山の環境が失われることによる生物多様性の喪失が問題となっている。

B 二次草原

火入れ（阿蘇）

放牧（久住高原）

現在の日本の草原の多くは，火入れ，放牧など人の手が加わって成立する二次草原である。近年，農畜産業の減少によって草原が放棄されて遷移が進み，草原は減少している。観光資源としての活用や，生物多様性の保全のための草原の維持活動が行われている。

高さ10～30cm
オキナグサ

オキナグサは日当たりのよい草地に生育する植物で，絶滅危惧(きぐ)種に指定されている。毒を含むため，放牧区では牛に食べられずに有利に生育できるが，放牧が放棄されると生育できない。

プチ雑学
熊本県にある阿蘇の草原は，日本最大の草原であり，人の手が加わることで千年もの間維持されてきたことから，「千年の草原」ともよばれている。

基 1 バイオームと気候 陸上のバイオームは，気温と降水量に対応する。

進化View

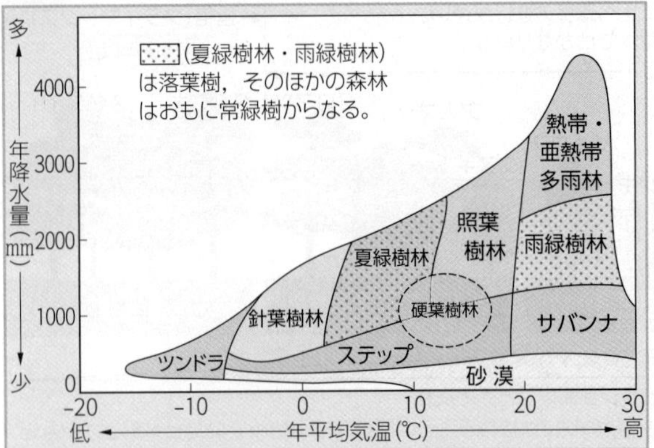

(夏緑樹林・雨緑樹林)は落葉樹，そのほかの森林はおもに常緑樹からなる。
多
4000
3000
2000
1000
0
少
年降水量(mm)
熱帯・亜熱帯多雨林
照葉樹林
雨緑樹林
夏緑樹林
硬葉樹林
針葉樹林
サバンナ
ツンドラ
ステップ
砂漠
-20
-10
0
10
20
30
低
年平均気温(℃)
高

ある地域に生息するすべての生物の集団を**バイオーム**(**生物群系**)という。陸上のバイオームは植物の影響が大きいので，植生の相観(▶p.220)によって区別される。

A 相観の変化

気温から見た変化

ツンドラ	針葉樹林	夏緑樹林	照葉樹林	熱帯多雨林

低 ― 気温 ― 高

降水量から見た変化

砂漠	サバンナ	雨緑樹林	熱帯多雨林

少 ― 降水量 ― 多

B 動物の温度への適応

例 からだの大きさ(クマ)

ホッキョクグマ	ヒグマ	ツキノワグマ	マレーグマ
体長 220～270 cm	体長 150～300 cm	体長 130～200 cm	体長 110～140 cm
北極周辺	北アメリカ，ユーラシア	アジア南部，東南部	東南アジア

寒地 ⟷ 暖地

例 耳の長さ(ウサギ)

ホッキョクノウサギ	カワリウサギ	オグロジャックウサギ	アンテロープジャックウサギ
カナダ，グリーンランド	アラスカ，カナダ	北アメリカ	アメリカ合衆国

ベルクマンの規則

恒温動物は寒地ほど大形になる傾向がある。大形になるほど，体重に対する表面積が小さくなるので，失われる熱が少なく，体温の維持に有利だと考えられる。

アレンの規則

寒地ほど耳・吻(ふん)(口先)・首・肢(あし)・翼・尾などの突出部が短い。これは熱の発散を防ぐ効果がある。

つながる生物学 地理 **気候区分**

地理では，気候を気温と降水量により分類したケッペンの気候区分(1936年)がよく使われる。気候を区分するにあたり，ケッペンは，気候の特徴を反映するものとして植生を利用したので，実際のバイオームとよく対応する。ケッペンの気候区分は，気候変動による植生変化の予測にも使われることがある。

ケッペンの気候区分

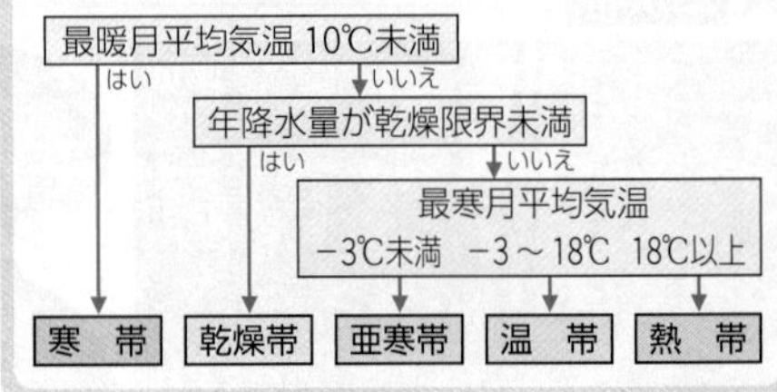

最暖月平均気温 10℃未満
はい
いいえ
年降水量が乾燥限界未満
はい
いいえ
最寒月平均気温
-3℃未満
-3～18℃
18℃以上
寒帯
乾燥帯
亜寒帯
温帯
熱帯

基 2 バイオームの種類と分布 気候に応じてさまざまなバイオームが分布する。

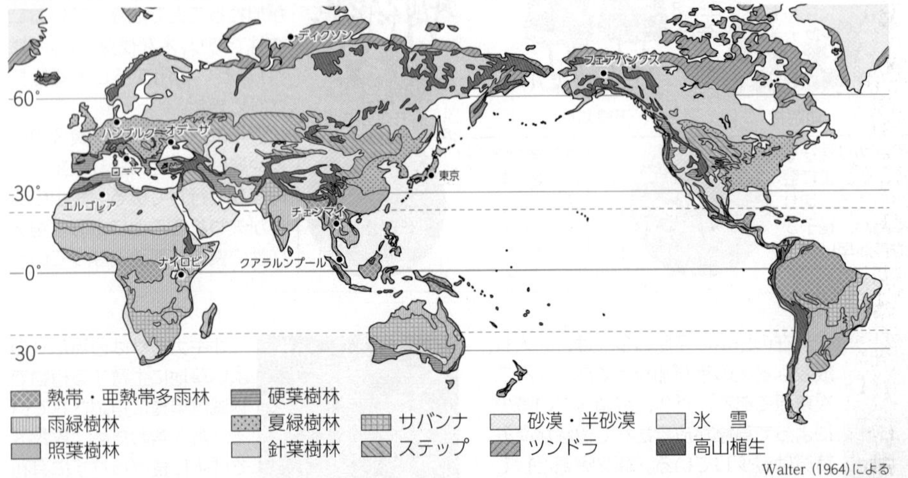

ディクソン
フェアバンクス
ハンブルク
オデーサ
ローマ
東京
エルゴレア
チェンマイ
ナイロビ
クアラルンプール
60°
30°
0°
30°
熱帯・亜熱帯多雨林
雨緑樹林
照葉樹林
硬葉樹林
夏緑樹林
針葉樹林
サバンナ
ステップ
砂漠・半砂漠
ツンドラ
氷雪
高山植生

Walter (1964) による

ある地域の植生は，その地域の気候に適応した植物が優占するため，やがて気候に対応した極相に達すると考えられる。同じような気候の地域には，同じようなバイオームが成立する。

ツンドラ

アラスカ

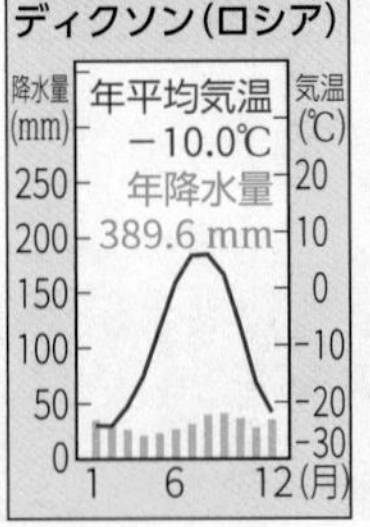

ディクソン(ロシア)
年平均気温 -10.0℃
年降水量 389.6 mm
降水量(mm)
気温(℃)
1
6
12(月)

ごく低温。永久凍土(とうど)がある(**ツンドラ**)。夏だけ表面が少しとける。

植 地衣類(ハナゴケ)・コケ植物・キョクチヤナギ

動 トナカイ・夏に大量の虫(とけた凍土の水たまりに発生)

進化View 1 気温への適応の結果，クマではからだの大きさが変化するベルクマンの規則がある。動物のからだの大きさが変化するものとして，島嶼(とうしょ)化が知られている。これは，離島では他の地域よりもからだが大きくなるかあるいは小さくなるというものである。どのような動物が大きくなり，どのような動物が小さくなるのだろうか。Link

Keywords ●バイオーム(生物群系) biome ●熱帯多雨林 tropical rain forest ●雨緑樹林 rain green forest ●硬葉樹林 sclerophyll forest ●照葉樹林 laurel forest ●夏緑樹林 summer green forest ●針葉樹林 coniferous forest ●ツンドラ tundra ●サバンナ savanna(h) ●ステップ steppe ●砂漠 desert

Link コラム コンテンツ

植：生育する植物など　動：生息する動物　気温と降水量は気象庁のデータ(2021)による

照葉樹林

日本

東京(日本)
降水量(mm)　気温(℃)
15.8℃
1598.2 mm
1　6　12(月)

暖温帯気候(夏高温，冬寒冷)。気温・降水量ともに亜熱帯気候に近いので一年中葉をつける(**常緑広葉樹**)。葉の表面にクチクラ層を発達させ，冬の乾燥に耐える(**照葉樹**)。

植 シイ類・カシ類・タブノキ・ツバキ

雨緑樹林(モンスーン林)

乾季
雨季
タイ

チェンマイ(タイ)
降水量(mm)　気温(℃)
26.4℃
1112.4 mm
1　6　12(月)

熱帯・亜熱帯のモンスーン気候。季節風(モンスーン)により，乾季と雨季ができる。乾季は落葉してのりきる(**落葉広葉樹**)。雨季に葉をつける(**雨緑樹林**)。

植 チーク・コクタン

熱帯多雨林

板根
マレーシア

クアラルンプール(マレーシア)

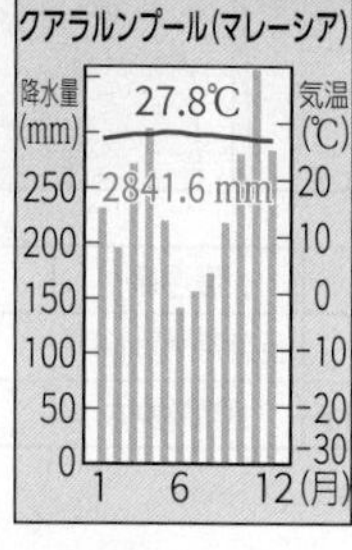
降水量(mm)
気温(℃)
27.8℃
2841.6 mm
1　6　12(月)

熱帯気候(高温多雨)。一年中，植物の生育に適する(**常緑広葉樹**)。樹高が高い。樹種が多い。着生植物，つる植物が多い。板根が発達。

植 フタバガキ科・イチジク・マングローブ

動 オランウータン・テナガザル

針葉樹林

カナダ

フェアバンクス(アメリカ・アラスカ州)
降水量(mm)　気温(℃)
−2.0℃
291.5 mm
1　6　12(月)

亜寒帯気候(一年中冷涼)。低温のため，夏の光合成量が少なく，冬も光合成が必要(**常緑樹**)。冬の寒さに備え，葉の表面積が小さい(**針葉樹**)。厳寒地では落葉針葉樹もある。

植 トウヒ類・マツ類・モミ類・ツガ類

動 ムース(ヘラジカ)・ヒグマ

夏緑樹林

ドイツ

ハンブルク(ドイツ)

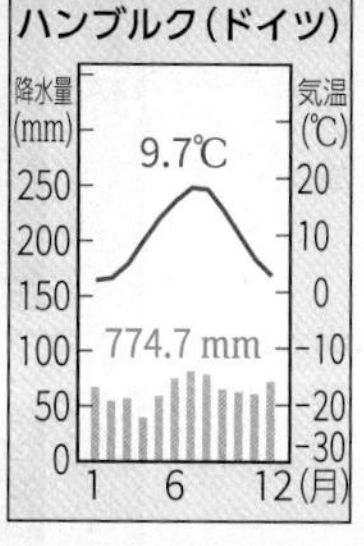
降水量(mm)
気温(℃)
9.7℃
774.7 mm
1　6　12(月)

冷温帯気候(夏温暖，冬寒冷)。夏の生育期に葉をつけて光合成を行う(**夏緑樹林**)。冬は厳しい寒さのため落葉する(**落葉広葉樹**)。

植 ブナ・カエデ類(紅葉・黄葉)・ナラ類・キノコ類

動 シカ・ツキノワグマ

硬葉樹林

スペイン

ローマ(イタリア)

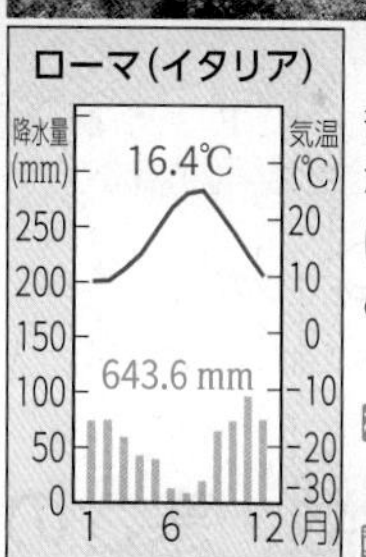
降水量(mm)
気温(℃)
16.4℃
643.6 mm
1　6　12(月)

地中海性気候(夏少雨，冬多雨)。生育期の夏に雨が少ないため，植物にとって乾燥はより厳しい。乾燥を防ぐため，葉を小さくし，表面を硬くする(**硬葉**)。

植 オリーブ・ゲッケイジュ・コルクガシ

動 シカ・ヤギ

ステップ(温帯草原の一種)

ウクライナ

オデーサ(ウクライナ)
降水量(mm)　気温(℃)
11.3℃
457.9 mm
1　6　12(月)

温帯気候。雨が少なく，草原になる。ユーラシアの**ステップ**，北アメリカのプレーリー，南アメリカのパンパとよばれる温帯草原。土壌は肥沃な黒土(チェルノーゼム)。

植 イネ科の草本

動 バイソン・プレーリードッグ

サバンナ(熱帯草原)

ケニア

ナイロビ(ケニア)

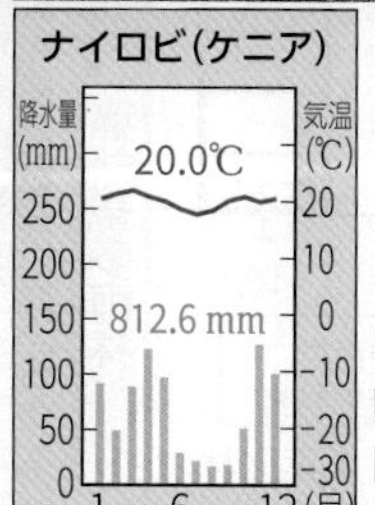
降水量(mm)
気温(℃)
20.0℃
812.6 mm
1　6　12(月)

熱帯・亜熱帯気候。雨が少なく草原になる。アフリカなどに分布する**サバンナ**とよばれる熱帯草原。温帯草原に比べ，樹木が点在することが特徴。

植 イネ科の草本・アカシア

動 ライオン・キリン・シマウマ

砂　漠

アルジェリア

エルゴレア(アルジェリア)

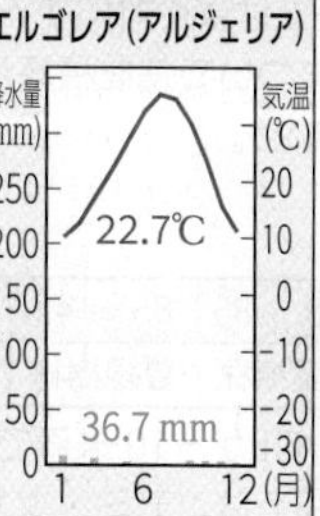
降水量(mm)
気温(℃)
22.7℃
36.7 mm
1　6　12(月)

雨が少ない。

植 サボテン類・多肉植物

動 ガラガラヘビ・カンガルーネズミ

海霧の湿り気で冬に出現する。

花園「ロマス」(チリ)

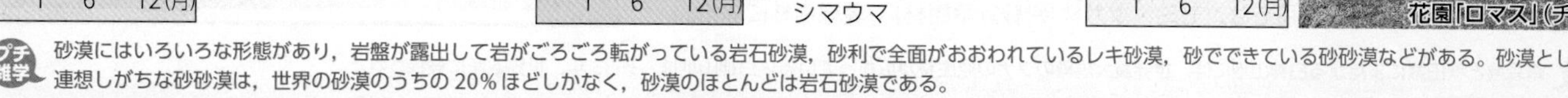
プチ雑学 砂漠にはいろいろな形態があり，岩盤が露出して岩がごろごろ転がっている岩石砂漠，砂利で全面がおおわれているレキ砂漠，砂でできている砂砂漠などがある。砂漠として連想しがちな砂砂漠は，世界の砂漠のうちの20%ほどしかなく，砂漠のほとんどは岩石砂漠である。

基 1 日本の植生分布 降水量の多い日本では，おもに気温によって植生が決まる。

A 垂直分布 標高が 100 m 上がるごとに，気温は約 0.6℃下がる。

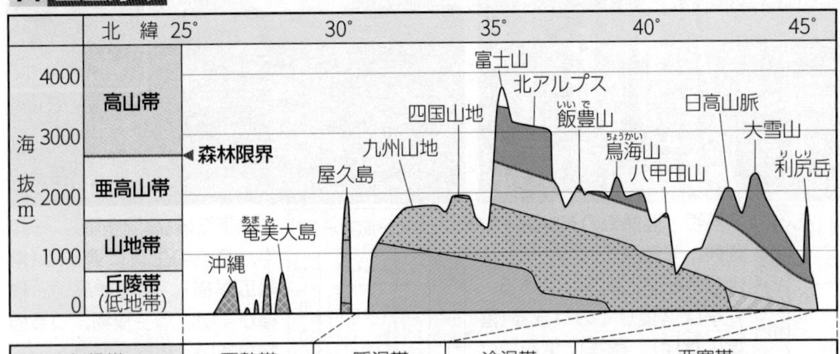

北緯 25° 30° 35° 40° 45°
海抜(m)
4000
3000
2000
1000
0
高山帯
森林限界
亜高山帯
山地帯
丘陵帯(低地帯)
富士山
北アルプス
四国山地
飯豊山
九州山地
日高山脈
大雪山
鳥海山
八甲田山
利尻岳
屋久島
奄美大島
沖縄

気候帯	亜熱帯	暖温帯	冷温帯	亜寒帯	
垂直分布	—	丘陵帯(低地帯)	山地帯	亜高山帯	高山帯
バイオーム	**亜熱帯多雨林**	**照葉樹林**	**夏緑樹林**	**針葉樹林**	**高山植生**

高山植生
ハイマツ

B 水平分布

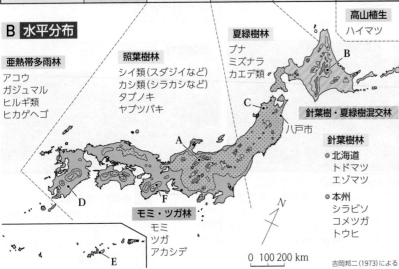

亜熱帯多雨林
アコウ
ガジュマル
ヒルギ類
ヒカゲヘゴ

照葉樹林
シイ類(スダジイなど)
カシ類(シラカシなど)
タブノキ
ヤブツバキ

夏緑樹林
ブナ
ミズナラ
カエデ類

針葉樹・夏緑樹混交林

針葉樹林
● 北海道
トドマツ
エゾマツ
● 本州
シラビソ
コメツガ
トウヒ

モミ・ツガ林
モミ
ツガ
アカシデ

A B C D E F 八戸市 N
0 100 200 km

吉岡邦二(1973)による

ハイマツ(立山：A)
高山植生

エゾマツ・トドマツ林(北海道：B)
針葉樹林

ブナ林(青森：C)
夏緑樹林

シイ・カシ林(宮崎：D)
照葉樹林

ヒルギ林(マングローブ)(沖縄：E)
亜熱帯多雨林

基 2 暖かさの指数・寒さの指数

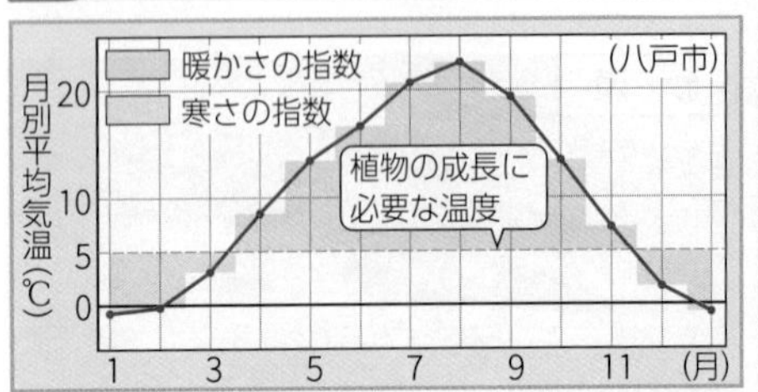

暖かさの指数
寒さの指数
(八戸市)
月別平均気温(℃)
20
10
5
0
植物の成長に必要な温度
1 3 5 7 9 11 (月)

月	平均気温	5をひく 暖かさの指数の計算	寒さの指数の計算
1	−0.7	—	−5.7
2	−0.2	—	−5.2
3	3.1	—	−1.9
4	8.6	3.6	—
5	13.5	8.5	—
6	16.7	11.7	—
7	20.7	15.7	—
8	22.6	17.6	—
9	19.4	14.4	—
10	13.5	8.5	—
11	7.3	2.3	—
12	1.7	—	−3.3
		↓ 82.3	↓ −16.1

気象庁のデータ(2021)による

例 八戸市は夏緑樹林帯

5℃と月平均気温との差を，月平均気温が5℃以上の月について積算したものを，**暖かさの指数(WI)**という。WI とバイオームはよく対応する。

月平均気温が5℃未満の月について差を積算したものを，寒さの指数(CI)という。

バイオームとの関係

暖かさの指数	240～180	180～85	85～45	45～15	15～0
バイオーム	亜熱帯多雨林	照葉樹林	夏緑樹林	針葉樹林	高山植生

WI が85以上であっても，CI が−10未満であれば冬の厳しい寒さのため，照葉樹林は分布しない。このような場所では，モミ・ツガ林(常緑針葉樹林)や夏緑樹林になる。

プチ雑学 青森県と秋田県にまたがる白神山地には，世界最大規模のブナの原生林が広がっている。白神山地は，1993年，世界遺産に登録された。

Keywords ●垂直分布 vertical distribution ●水平分布 horizontal distribution ●高山帯 alpine zone ●亜高山帯 subalpine zone ●山地帯 montane zone ●丘陵帯 hilly zone ●森林限界 forest limit, forest line ●暖かさの指数 warmth index ●胎生種子 viviparous seed

ハイマツ(北海道)

ハイマツ帯と森林限界

高山草原(お花畑)
ハイマツ帯
森林限界

森林限界より上部が高山帯である。森林限界のすぐ上がハイマツ帯になっている。

コケモモ　高さ10～15 cm

コマクサ　高さ5～15 cm

ライチョウ　体長35～40 cm

シラビソ林の林内(麦草峠)

オオシラビソ

樹氷(蔵王)

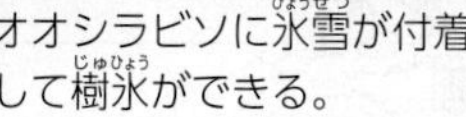
オオシラビソに氷雪が付着して樹氷ができる。

ダケカンバ　葉の長さ5～10 cm

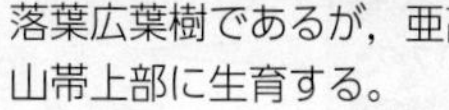
落葉広葉樹であるが，亜高山帯上部に生育する。

キクイタダキ　体長約10 cm

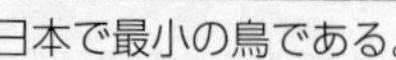
日本で最小の鳥である。

ブナ林の林内(夏季)　ブナ林の林内(冬季)

ショウジョウバカマ　花茎の高さ10～40 cm　早春季植物(スプリングエフェメラル)

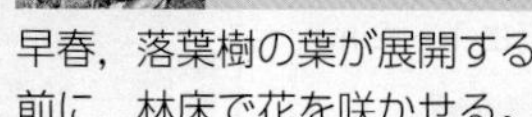
早春，落葉樹の葉が展開する前に，林床で花を咲かせる。

ナメコ　傘の直径3～10 cm

夏緑樹林には，キノコ類が多く生育している。

カモシカ　体長70～100 cm

スダジイ林の林内(三重)

スダジイ

葉は厚くて硬く，葉の裏面は黄色を帯びる。果実は食用になる。

表
裏

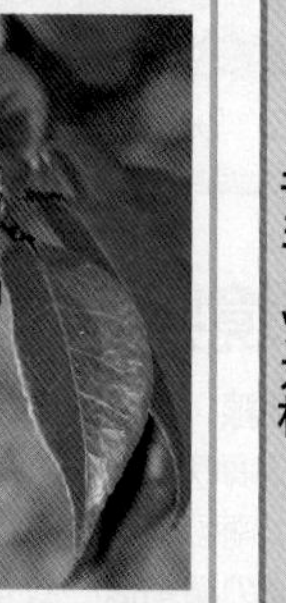
ヤブツバキ

モミ・ツガ林

モミ・ツガ林(奈良：F)

太平洋側の山地に分布する常緑針葉樹林。

ヒルギ林(マングローブ)(沖縄)

胎生種子

果実が母体についたままの状態で種子が発芽する。

ガジュマル(鹿児島)　高さ約20 m

ヒカゲヘゴ(沖縄)　高さ5～6 m

ヤンバルクイナ(沖縄)　体長約30 cm

プチ雑学　ハイマツやライチョウは1万年前に終了した最終氷期の生き残りであり，日本の高山帯に広く分布しているが，富士山には生息していない。これは，現在の富士山は最終氷期以降の噴火によりできた新しい山であるためである。富士山ではハイマツの代わりにカラマツが生育している。

基 1 植物の区系分布

世界各地の植物相を比較すると，6つの植物区系に分けられる。

全北区

高さ25～50 cm
ウスユキソウ(日本)
花径約15 cm
ハクモクレン(中国)
花径約10 cm
コブシ(日本)
花径12～20 cm
タイサンボク(北米)
高さ5～15 cm
エーデルワイス(ヨーロッパ)
花径1.5～2 cm
タマノカンアオイ(日本)
花径1～3 cm
セイガンサイシン(北米)

ウスユキソウ・カエデ
ハクモクレン・ヤナギ
カンアオイ・コブシ
ホオノキ・マツ
エーデルワイス
セイガンサイシン
タイサンボク

新熱帯区

高さ約2 m
ハシラサボテン
葉の長さ1～2 m
リュウゼツラン
葉の直径1.2～2 m
オオオニバス

サボテン・イトラン・リュウゼツラン
オオオニバス

Walter and Breckle(2002)を参考
全北区
旧熱帯区
新熱帯区
ケープ区
オーストラリア区
南極区

旧熱帯区

高さ2～4 m バナナ
高さ30～40 m インドゴムノキ
高さ2～4 m イチジク

ガジュマル・バナナ・ゴムノキ
イチジク・コーヒーノキ・アコウ

ケープ区

高さ約30 cm
マツバギク
高さ1～2 m
キダチアロエ

マツバギク・アロエ

オーストラリア区

ナンヨウスギ 高さ約60 m
高さ40～100 m ユーカリ

ナンヨウスギ・ユーカリ
モクマオウ・アカシア

南極区

高さ12～15 m
ナンキョクブナ
葉の長さ3～20 mm
ナンキョクミドリナデシコ

ナンキョクブナ・
ナンキョクミドリナデシコ

基 2 日本周辺の生物分布境界線

A 植物
シュミット線
エゾマツ
ササ類
シナノキ
の北限
全北区
宮部線
トドマツ
エゾマツ
ミズナラ
の北限
渡瀬線
スギ
リンドウの南限
旧熱帯区

宮部線　千島列島のウルップ海峡に引かれた境界線。以南の南千島三島と北海道の植物は一致するが，以北では針葉樹林は見られない。

シュミット線　樺太を斜めに幌内川低地に沿って引かれた線。ヒトツバオキナグサ属は以北の特産。

渡瀬線　屋久島と奄美諸島との間の境界線。以南にはスギ属，ヒメシャラ属，リンドウ属は見られず，旧熱帯区に属す。

B 動物
旧北区
八田線
ナキウサギ
シマリス
エゾリス
ヒグマ
エゾヤマドリ
ブラキストン線
ツキノワグマ
カモシカ
ニホンザル
イノシシ
ヤマドリ
渡瀬線
ケナガネズミ
オオコウモリ
アマミノクロウサギ
ルリカケス・ハブ
東洋区

八田線　宗谷海峡に東西に引かれた境界線。両生類・は虫類の分布をもとに以北がシベリア亜区，以南が満州亜区に属す。

ブラキストン線　鳥類と哺乳類の分布をもとに津軽海峡に引かれた境界線。以北にはニホンザル，ツキノワグマは分布しない。

渡瀬線　屋久島と奄美諸島との間の境界線。以北が旧北区，以南が東洋区である。

プチ雑学

ハクモクレン，コブシ，タイサンボクなどのモクレン科の花は，おしべとめしべがらせん状に並び，花弁とがく片の区別がはっきりしていないなど，被子植物の中で最も原始的な特徴をもつ。

Keywords ●植物区系 floral region ●動物区系 faunal region ●宮部線 Miyabe's line ●シュミット線 Schmidt's line ●渡瀬線 Watase's line ●八田線 Hatta's line ●ブラキストン線 Blakiston's line

基 3 動物の区系分布

おもに哺乳類と鳥類の分布から，世界の動物相は 6 つの動物区系に分けられる。

エチオピア区
体長 6 ～ 7.5 m
アフリカゾウ
体長約 60 cm
ボノボ
体長 3.5 ～ 4 m
カバ
体高約 2.5 m
ダチョウ
アフリカゾウ・ゴリラ・チンパンジー
ボノボ・カバ・キリン・シロサイ
クロサイ・シマウマ・ダチョウ
旧北区
体長 2.2 ～ 3.5 m
フタコブラクダ
体長 50 ～ 60 cm
ホンドタヌキ
体長：雄約 80 cm
雌約 60 cm
キジ
フタコブラクダ・ヒグマ
タヌキ・モグラ類・キジ類
新北区
体長約 1 m
シチメンチョウ（野生）
体長 45 ～ 60 cm
アライグマ
体長約 1.2 m
ニシダイヤガラガラヘビ
アライグマ・ビーバー
シチメンチョウ
ガラガラヘビ
アメリカバイソン
Walter and Breckle (2002) を参考
旧北区
新北区
オーストラリア区
エチオピア区
東洋区
新熱帯区

東洋区
身長 115 ～ 140 cm
オランウータン
羽の長さ約 1.5 m
インドクジャク
体長 35 ～ 40 cm
マレーヒヨケザル
メガネザル・テナガザル
ヒヨケザル・マレーバク
クジャク・センザンコウ
コブラ・オランウータン

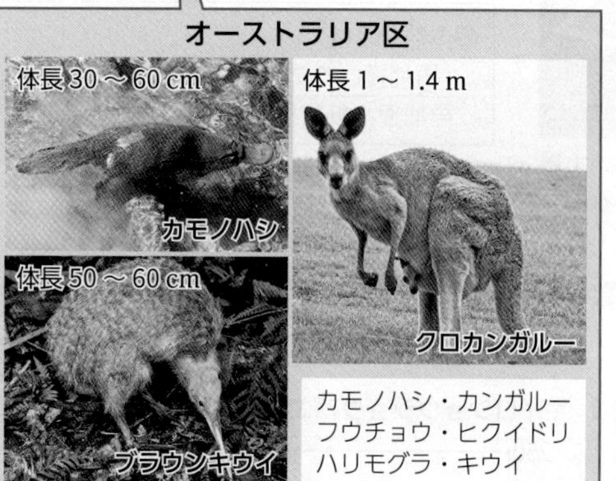

オーストラリア区
体長 30 ～ 60 cm
カモノハシ
体長 1 ～ 1.4 m
クロカンガルー
体長 50 ～ 60 cm
ブラウンキウイ
カモノハシ・カンガルー
フウチョウ・ヒクイドリ
ハリモグラ・キウイ

新熱帯区
体長 1 ～ 1.2 m
オオアリクイ
体長 50 ～ 60 cm
ノドチャミユビナマケモノ
翼開長約 3 m
カリフォルニアコンドル
体長 80 ～ 90 cm
コンゴウインコ
オオアリクイ・アルマジロ・リスザル
クモザル・ナマケモノ・コンドル
コンゴウインコ・ハチドリ・ラマ

基 4 オーストラリア区と東洋区の境界線

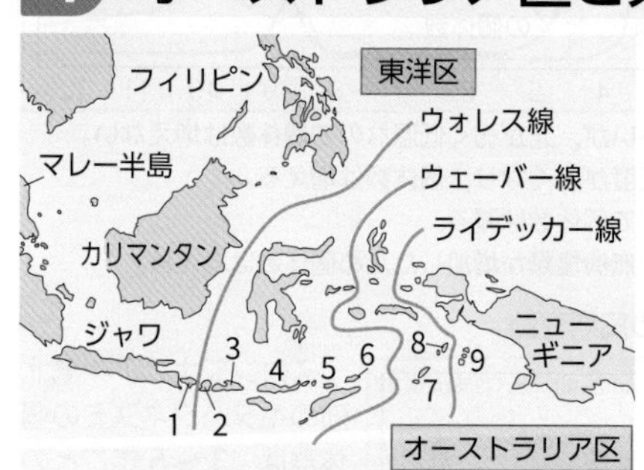

フィリピン
東洋区
ウォレス線
マレー半島
ウェーバー線
ライデッカー線
カリマンタン
ジャワ
ニューギニア
1 2 3 4 5 6 7 8 9
オーストラリア区

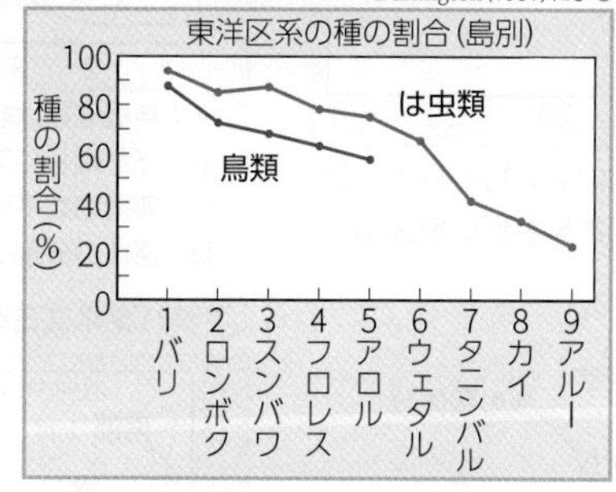

Darlington (1957) による
東洋区系の種の割合（島別）
種の割合（%）
100 80 60 40 20 0
は虫類
鳥類
1 バリ
2 ロンボク
3 スンバワ
4 フロレス
5 アロル
6 ウェタル
7 タニンバル
8 カイ
9 アルー

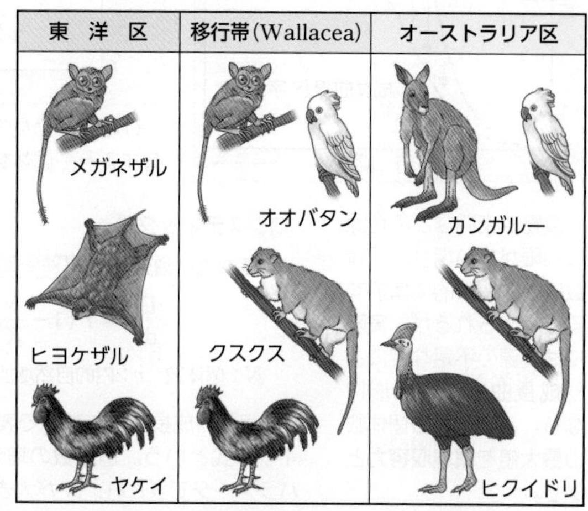

東洋区
移行帯（Wallacea）
オーストラリア区
メガネザル
オオバタン
カンガルー
ヒヨケザル
クスクス
ヤケイ
ヒクイドリ

- 東洋区の境界はカリマンタン島の東側のウォレス線，オーストラリア区の境界はニューギニア島の西側のライデッカー線である。その間の島々は両区からさまざまな度合いで動物が侵入する移行帯であり，Wallacea（ワラセア）とよばれる。
- 両区の動物の占める割合は動物群によって多少異なるが，およそ半々となる中間線がウェーバー線である。

プチ雑学 ウォレス線は，マレー群島の動物標本を採集・調査したイギリスの博物学者ウォレスによって発見された。ウォレスは，マレー群島滞在中にダーウィンとは独立して自然選択説を思いつき，それを述べた論文をダーウィンに送った。これがダーウィンの自然選択説発表の契機になり，二人の論文は併読される形で発表された。

生 1 個体群とその大きさ 個体群の全個体数を数えることが難しい場合に，個体群の一部を調べて推定する。

A 個体群と生物群集

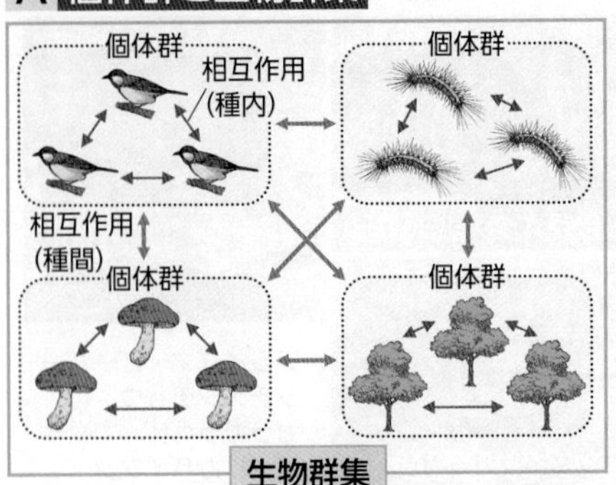
個体群
相互作用
(種内)
個体群
相互作用
(種間)
個体群
個体群
生物群集

ある地域に生息する同種の生物の集団を**個体群**といい，個体どうしは集団内で互いに影響を与えている(相互作用)。また，異種の個体群によって構成される生物の集団を**生物群集**といい，生物群集内で各個体群は相互作用している。

B 個体の分布

集中分布

個体を示す
イルカ

群れをつくるなど，個体の場所にかたよりがある場合。

一様分布

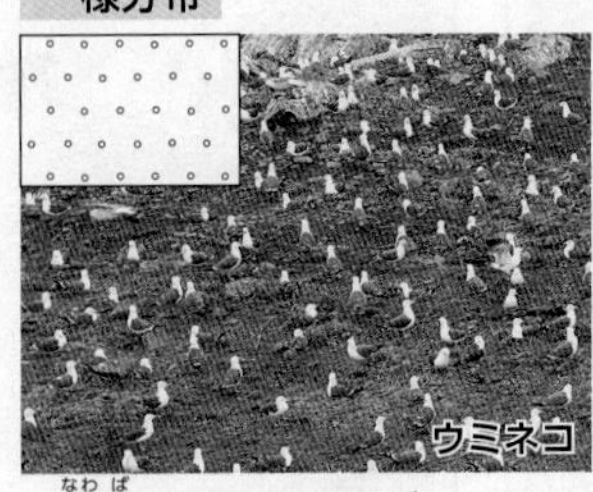
ウミネコ

縄張りをつくるなど，まわりの個体を排除する場合。

ランダム分布

タンポポ

個体どうしの相互作用がなく，場所が偶然により決まる場合。

C 区画法 ▶p.221

一定の面積の区画内の個体数を数える。土壌生物や植物など移動の少ない生物に用いる。

D 標識再捕法

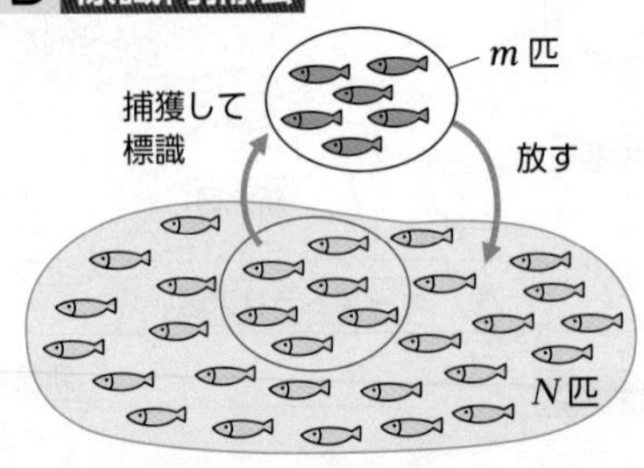
捕獲して
標識
m 匹
放す
N 匹
しばらく
経ってから
再度捕獲し，
標識個体数
を数える
r 匹
c 匹

ある池のメダカ個体群(N は未知数)

$$\text{個体数}(N) = \frac{\text{再捕獲された全個体数}(c)}{\text{再捕獲された標識個体数}(r)} \times \text{最初の標識個体数}(m)$$

例　$c = 5$，$r = 1$，$m = 6$ のとき，$N = \frac{5}{1} \times 6 = 30$ (匹)

標識再捕法の適用できる条件

- どの個体も同じ確率で捕獲される。
- 標識をつけても捕獲効率に差がない。
- 標識をつけても生残率に差がない。
- 調査地での個体の出入りがない。

生 2 個体群の成長 個体数の時間的増加を表したグラフ(成長曲線)は S 字形の曲線を描く。

A 成長曲線

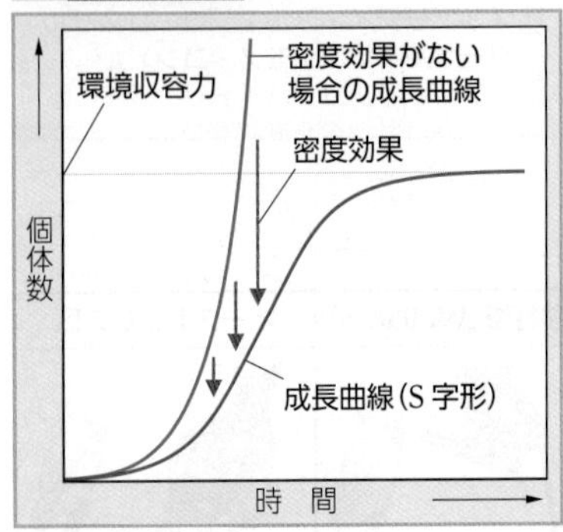
環境収容力
密度効果がない
場合の成長曲線
密度効果
個体数
成長曲線(S 字形)
時　間

キイロショウジョウバエの増殖

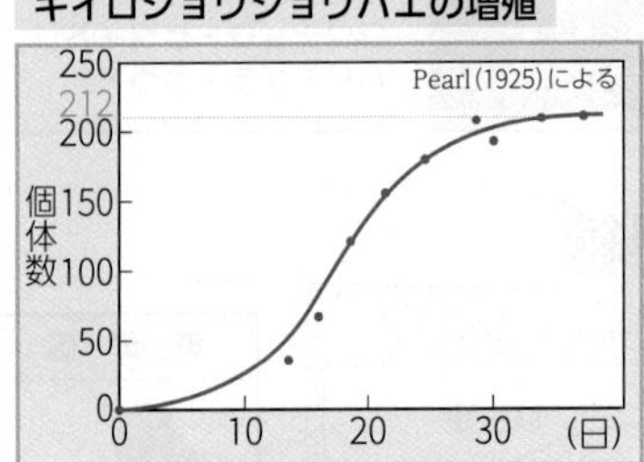
Pearl (1925) による
250
212
200
個体数150
100
50
0
0
10
20
30
(日)

びんの中で食物を定期的に与えて飼育すると，個体数は S 字形に増える。

食物や空間などの資源に制限がない場合，個体数は指数関数的に増加すると考えられるが，実際には資源の不足などにより**成長曲線**は S 字形になる。このときの個体数の最大値を**環境収容力**という。

ロジスティック式

個体数の増分　密度効果を表す　今の個体数

$$\frac{dN}{dt} = r\left(1 - \frac{N}{K}\right)N$$

N：個体数　r：内的自然増加率　K：環境収容力

S 字形の成長曲線を数式で表したものをロジスティック式という。個体数の増分は r と K の 2 つのパラメータで表され，N が大きいほど小さくなる。

B 個体群の変動

ケイ藻類の季節変動

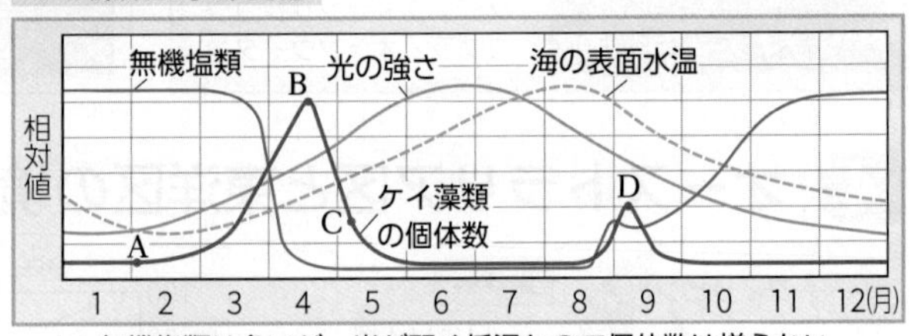
無機塩類
光の強さ
海の表面水温
相対値
A
B
C
D
ケイ藻類
の個体数
1
2
3
4
5
6
7
8
9
10
11
12(月)

A：無機塩類は多いが，光が弱く低温なので個体数は増えない。
B：光が増して温度が高くなり，個体数は増える。
C：無機塩類不足で個体数は減る。
D：遺体の分解で無機塩類が増加したため個体数は増える。

キタハタネズミの周期変動

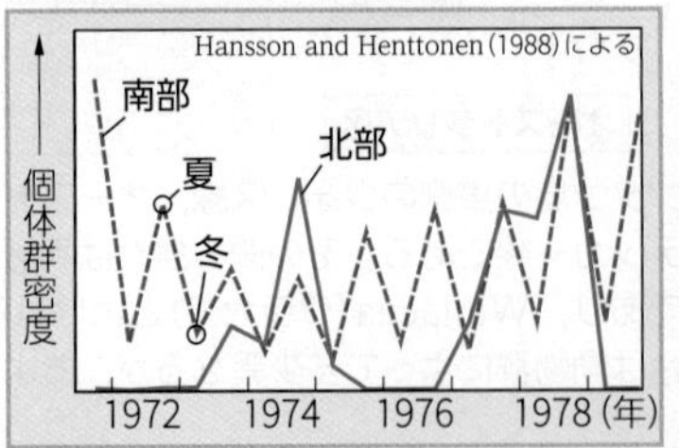
Hansson and Henttonen (1988) による
南部
夏
冬
北部
個体群密度
1972
1974
1976
1978 (年)

スカンジナビア半島北部のキタハタネズミの個体群は，3～5 年ごとの周期的な個体数変動がみられる。半島南部の個体群は，季節変動はみられるが年ごとの周期変動はみられない。

プチ雑学 ねずみ算は，生物の指数関数的な増殖をもとにした計算問題であり，江戸時代の算術書「塵劫記」に出てくる。正月に 2 匹 1 つがいのネズミがいて，12 匹の子を産む。2 月には合わせて 14 匹 7 つがいのネズミがそれぞれ 12 匹の子を産む。12 月にはネズミは何匹になるか。ひと月に 7 倍にふえるのだから，2×7^{12}=27,682,574,402 匹となる。

Keywords ●個体群 population ●生物群集 biocoenosis ●区画法 quadrat method
●標識再捕法 capture[-and]-recapture method ●成長曲線 growth curve ●環境収容力 carrying capacity
●密度効果 density effect ●相変異 phase variation ●孤独相 solitary phase ●群生相 gregarious phase

3 密度効果

個体群密度の変化により増殖率や形態などに変化が現れる。密度効果は個体群の調節の大きな要因である。

A 動物個体群における密度効果

密度と体重 例 ショウジョウバエ

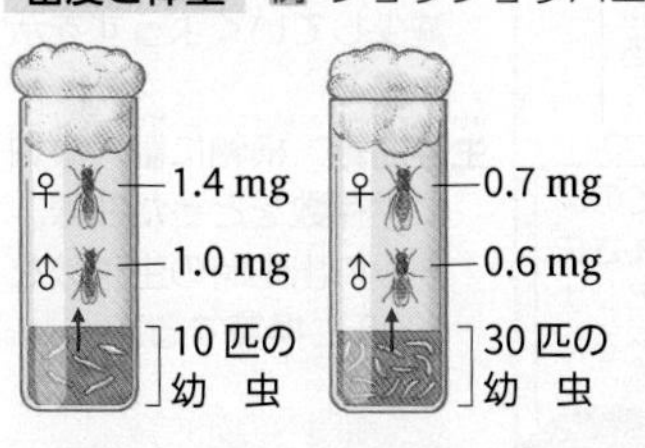
♀ 1.4 mg
♂ 1.0 mg
10 匹の幼虫
♀ 0.7 mg
♂ 0.6 mg
30 匹の幼虫

飼育びん（一定の食物と空間）に入れる幼虫の数を増やすと，成虫の平均体重が減少する。

密度と増殖率

内田(1950) による

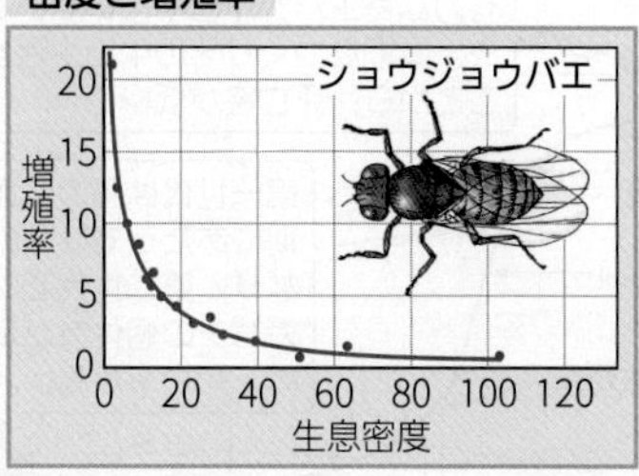
ショウジョウバエ
増殖率
生息密度

生息密度が高くなると急激に産卵数が減少して増殖率が小さくなる。

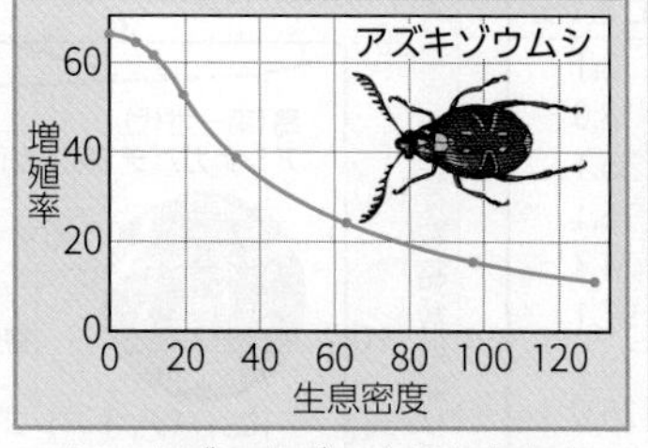
アズキゾウムシ
増殖率
生息密度

ショウジョウバエよりも高密度で増殖率に影響が現れる。

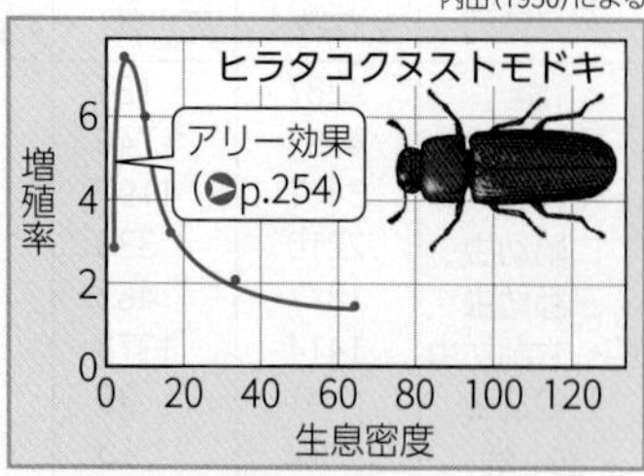
ヒラタコクヌストモドキ
アリー効果 (▶p.254)
増殖率
生息密度

低密度でも高密度でも増殖率が小さく，途中に最適密度がある。

B 植物個体群における密度効果

最終収量一定の法則 例 ダイズ ※自己間引きが起こらない密度で実験。

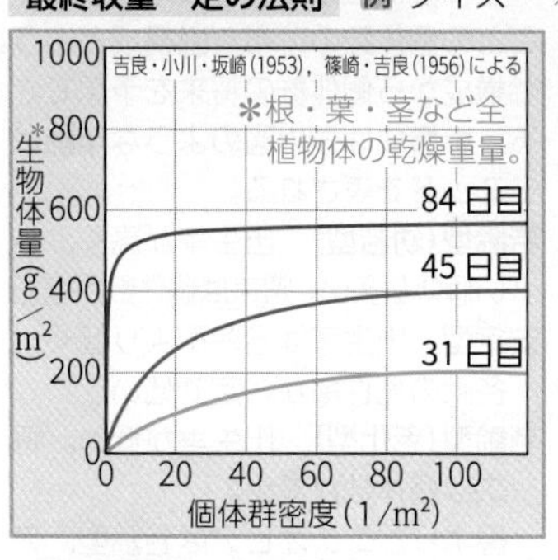
吉良・小川・坂崎(1953)，篠崎・吉良(1956) による
＊根・葉・茎など全植物体の乾燥重量。
生物体量＊(g/m²)
84 日目
45 日目
31 日目
個体群密度（1/m²）

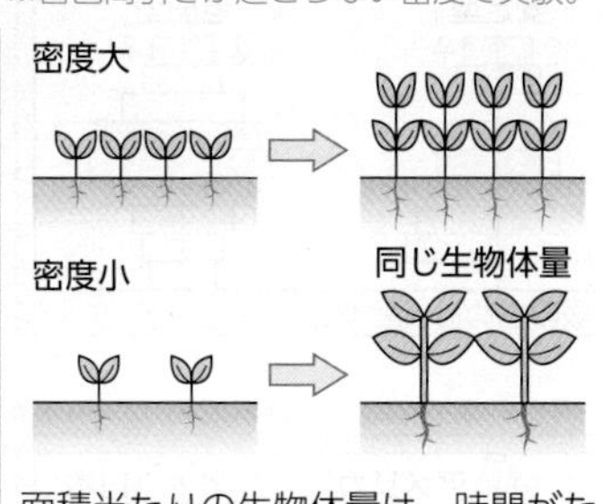
密度大
密度小
同じ生物体量

面積当たりの生物体量は，時間がたてば初期密度によらず一定になる。

自己間引き

高密度で生育すると，一部の個体は枯死する。これを自己間引きとよぶ。枯死により密度が低下するが，生存個体のサイズは大きくなる。

C トビバッタ類の相変異

例 トノサマバッタ 体長：50～65 mm

		特徴
孤独相	♂ ♀ 前胸背（ぜんきょうはい） 前翅（ぜんし） 後腿節（こうたいせつ）	●体色は緑色で，前胸背はもり上がっている。 ●不活発で，行進運動は発達しない。 ●産卵数は多く，小さい卵を産む。卵期間が長い。
群生相	♂  ♀	●体色は黒っぽく，前胸背がくぼんでいる。 ●活動的で，行進運動が起こる。 ●産卵数は少なく，大きな卵を産む。卵期間は短い。

個体群密度により形態・行動・生理的性質などが変化することを**相変異**（そうへんい）という。バッタは低密度のときは**孤独相**（こどくそう）であるが，大発生して密度が高まると3世代で飛翔（ひしょう）や移動に都合のよい**群生相**（ぐんせいそう）に変わる（▶p.92）。

つながる 生物学 数学 カオス理論

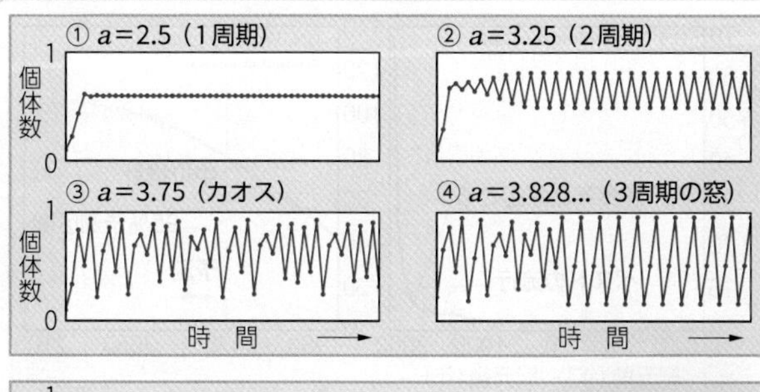
① a＝2.5（1周期）
② a＝3.25（2周期）
③ a＝3.75（カオス）
④ a＝3.828…（3周期の窓）
個体数
時間

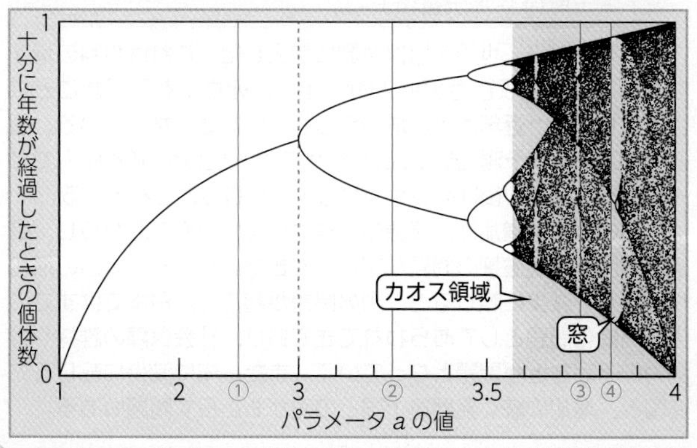
十分に年数が経過したときの個体数
カオス領域
窓
パラメータ a の値

S字形の成長曲線は，細菌のような連続的にふえる生物によく適合する。しかし，動植物では1年に1回といった定期的に繁殖するものが多い。そこで，来年の個体数が，今年の個体数によって決まる簡単なモデルを考え，次の式で表してみよう。

$$x_{n+1} = a(1 - x_n)x_n$$

個体数 x は 0 から 1 の範囲（$0 \leqq x \leqq 1$）で表し，添え字 n は年数とする。（$1 - x_n$）は，「今年の個体数が多いと来年の個体数が減少する」という密度効果を表す。a は繁殖力に対応するパラメータ（$1 \leqq a \leqq 4$）である。

十分に年数が経過したとき，個体数はどうなるだろうか。a の値を変えてさまざまな場合を調べてみよう。$1 \leqq a \leqq 3$ の場合，個体数は一定の値に近づく。a が 3 を超えると，個体数は 2 つの値を交互にくり返す。さらに，$a = 3.5$ 付近では，個体数は 4 つの値を周期的にくり返す。

$a = 3.5699456\cdots$を超えると，個体数は特定の値をくり返さず，不規則に見える複雑な変動を示すようになる。このような非周期的なふるまいをカオスとよぶ。数理生態学者ロバート・メイは，この式のふるまいを研究して発表した（1976年）。これにより，カオスが広く知られるようになった。

カオスは，単純な数式から非常に複雑なふるまいが現れるものとして注目されている。代表的なカオスの性質に，初期値鋭敏性がある。これは，最初の個体数がわずかに違うだけで，その後の個体数変動のようすがまったく違ってしまうという性質である。この性質は，長期的な変動の予測を難しくしている。気象シミュレーションでも同様の現象があり，長期の天気予報が難しい原因となっている。

プチ雑学 相変異によく似た現象として，翅多型現象がある。アブラムシのなかまには，翅のある有翅型と翅のない無翅型がある。翅型の決定は，密度だけでなく，えさの質や量，日長や温度の影響も受ける。

Keywords ●生命表 life table ●生存曲線 survival curve ●齢構成 age structure ●r 戦略 r strategy ●K 戦略 K strategy

1 生命表と生存曲線

個体群の変動のようすを詳しく知るために，生命表や生存曲線が用いられる。

アメリカシロヒトリの生命表（第二世代）

発育段階	はじめの生存数	期間内の死亡数	期間内の死亡率(%)[*1]
卵	4287	134	3.1
ふ化幼虫	4153	746	18.0
一齢幼虫[*2]	3407	1197	35.1
二齢幼虫	2210	333	15.1
三齢幼虫	1877	463	24.7
四～六齢幼虫	1414	1373	97.1
七齢幼虫	41	29	70.7
前蛹	12	3	25.0
蛹	9	2	22.2
羽化成虫	7	計 4280	99.84

アメリカシロヒトリの生存曲線と死亡要因

伊藤・桐谷「動物の数は何できまるか」(1971)を参考

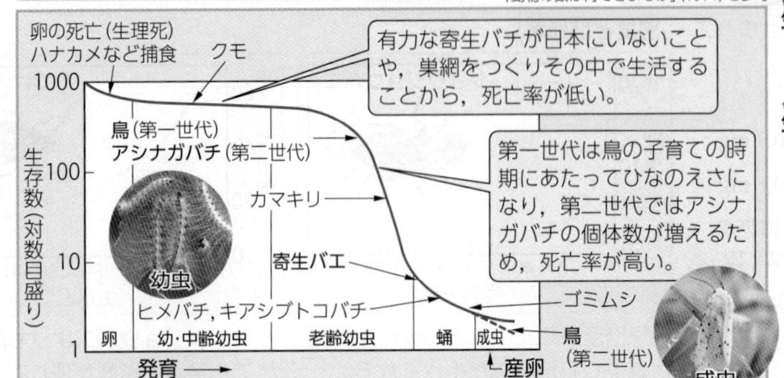
卵の死亡(生理死)
ハナカメなど捕食
クモ
有力な寄生バチが日本にいないことや，巣網をつくりその中で生活することから，死亡率が低い。
1000
鳥(第一世代)
アシナガバチ(第二世代)
生存数(対数目盛り)
100
第一世代は鳥の子育ての時期にあたってひなのえさになり，第二世代ではアシナガバチの個体数が増えるため，死亡率が高い。
カマキリ
幼虫
10
寄生バエ
ゴミムシ
ヒメバチ，キアシブトコバチ
1
卵
幼・中齢幼虫
老齢幼虫
蛹
成虫
鳥(第二世代)
発育
産卵
成虫

生命表 一群の同種個体が減少していくようすを示す表。

生存曲線 横軸に齢，縦軸に生存数をとった曲線。一般に出生時の生存数を1000に換算する。

＊1 $\frac{\text{期間内の死亡数}}{\text{はじめの生存数}} \times 100$

＊2 巣網をつくって定着した一齢幼虫。

A 生存曲線の型

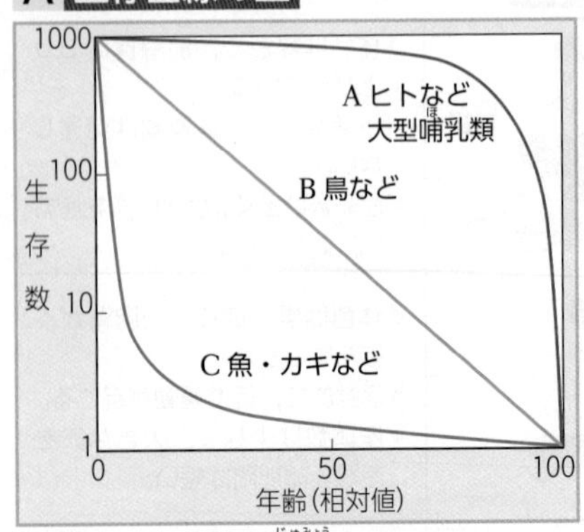
1000
Aヒトなど
大型哺乳類
100
Bの鳥など
生存数
10
C魚・カキなど
1
0
50
100
年齢(相対値)

A型：大部分が平均寿命まで生きる。
B型：死亡率がどの年齢でもほぼ一定。
C型：初期の死亡率が高い。

B 齢構成

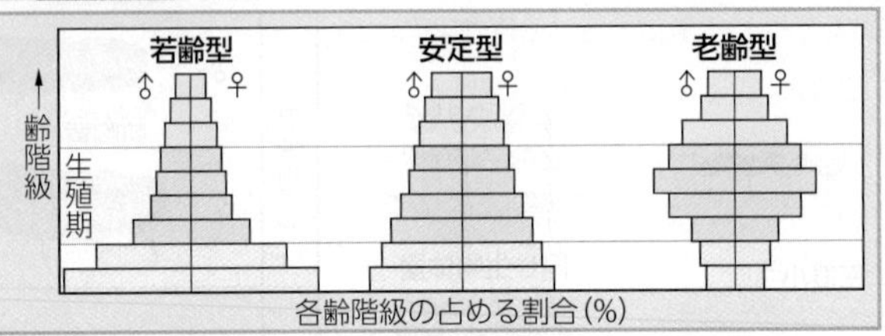
若齢型
安定型
老齢型
♂
♀
齢階級
生殖期
各齢階級の占める割合(%)

人口の年齢ピラミッド

国際連合資料(2010)による

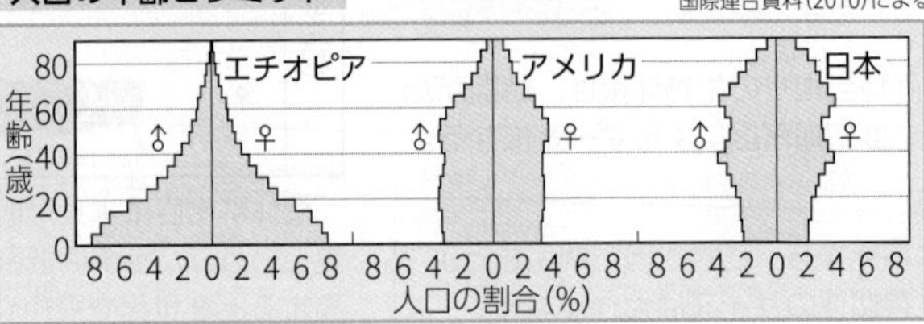
エチオピア
アメリカ
日本
年齢(歳)
80
60
40
20
0
♂
♀
8 6 4 2 0 2 4 6 8
人口の割合(%)

個体群における発育段階(齢階級)ごとの個体数の分布を**齢構成**という。齢構成から個体群の将来を予想できる。齢構成は左の図のような**年齢ピラミッド**で表される。

若齢型(幼若型) 出生率が高く，若い個体が多い。将来は個体数が増加。

安定型 出生率は若齢型より低く，各齢の死亡率が一定で低い。

老齢型(老化型) 出生率が低い。将来は個体数が減少。

図より，エチオピアは若齢型，アメリカは安定型，日本は老齢型である。日本は出生率が低く，人口は減少傾向にある。

2 r 戦略と K 戦略

異なる2つの最適戦略がある。

r 戦略者

マンボウ

K 戦略者

クジラ

	r 戦略	K 戦略
有利な環境	●予測不能な環境変動 ●競争が少ない ●死亡率は密度に依存せず，しばしば壊滅的	●環境変動が少ないか予測できる ●種内，種間競争が激しい ●密度に依存した死亡率
生存曲線	C型	A型，B型
性質の例	速い成長 高い増殖率 早い繁殖 小さい体 1回繁殖 短い寿命 小卵多産	高い競争力 高い資源利用効率 遅い繁殖 大きい体 多回繁殖 長い寿命 大卵少産

環境の変動が激しく，個体間の競争が少ない場合，速く成長・繁殖する性質が有利であると考えられる。これをr戦略という。

一方，環境が安定しており，個体群密度が環境収容力付近に達している場合，個体間の競争力を高めるような性質が有利である。これをK戦略という。

生物種によって戦略の傾向が異なり，また，個体群密度により戦略を変える場合もある。r，Kはロジスティック式(▶p.234)に由来する。

つながる生物学 公民 世界人口

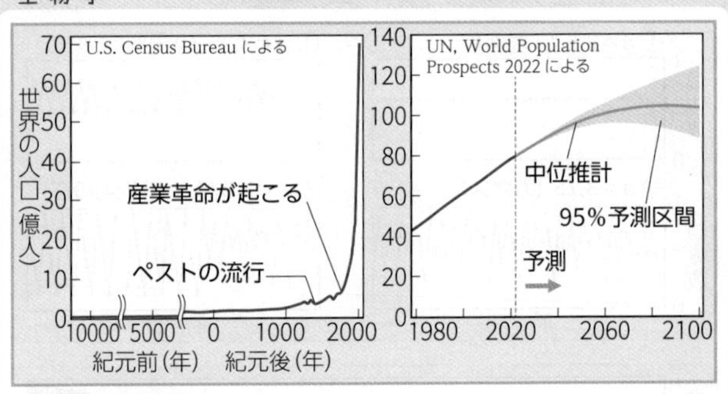
U.S. Census Bureau による
世界の人口(億人)
産業革命が起こる
ペストの流行
10000 5000 0 1000 2000
紀元前(年) 紀元後(年)
UN, World Population Prospects 2022 による
中位推計
95%予測区間
予測
1980 2020 2060 2100

産業革命以来，世界人口は急激に増大した。これは食料の増産などにより環境収容力(▶p.234)を上げ，死亡率を下げたことによる。しかし，近年は人口増加率はしだいに低くなっている。国連の2022年の予測では，2080年代には人口は約104億人でピークを迎え，その後はゆるやかな減少に転じるとされている。

人口の急激な増加は，資源の消費や環境の改変をもたらし，飢餓や貧困，環境破壊の問題が起こってきた。しかし，人口の増加が頭打ちや減少に転じると，別の問題が起こる。日本ではすでに少子高齢化問題としてあらわれてきており，社会保障の維持や労働力の不足などが問題となっている。また，先に減少に転じる先進国と，増加の続く発展途上国との差がもたらす問題もある。

プチ雑学 アメリカシロヒトリは北アメリカ原産のガで，戦後日本に侵入した。都会の街路樹(特にサクラなどの落葉広葉樹)で幼虫が大発生することがある。刺されても人体に害はないが，樹木の食害のため駆除される。春から夏に見られる第一世代と，夏に生まれて蛹で越冬する第二世代がいる。なお，成虫には口がない。

Keywords ●群れ band, flock, group, swarm
●縄張り territory

生 1 群れ

群れをつくることで得られる個体の利益が不利益を上回るとき，個体は群れをつくる。

体長 85 ～ 95 cm
オウサマペンギン

体長 220 ～ 250 cm
シマウマ

体長 25 ～ 35 cm
ヨスジフエダイ

群れの利益
- 捕食者を発見しやすく，集団で防衛でき，攻撃も分散される。
- 食物を見つけやすい。
- 配偶相手を見つけやすい。

群れの不利益
- 捕食者に発見されやすい。
- 卵や子が他個体に食われやすい。
- 食物をめぐる競争が激しい。
- 病気や寄生虫の害を受けやすい。

食物の発見

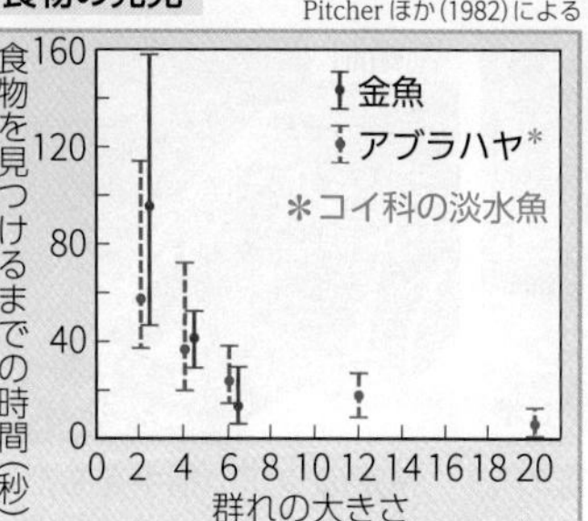
Pitcher ほか(1982)による
食物を見つけるまでの時間(秒)
160
120
80
40
0
0 2 4 6 8 10 12 14 16 18 20
群れの大きさ
金魚
アブラハヤ*
*コイ科の淡水魚

ランダムに置かれた食物を見つけるまでの時間。群れが大きいほど，食物を見つけやすい。

捕食者からの防衛

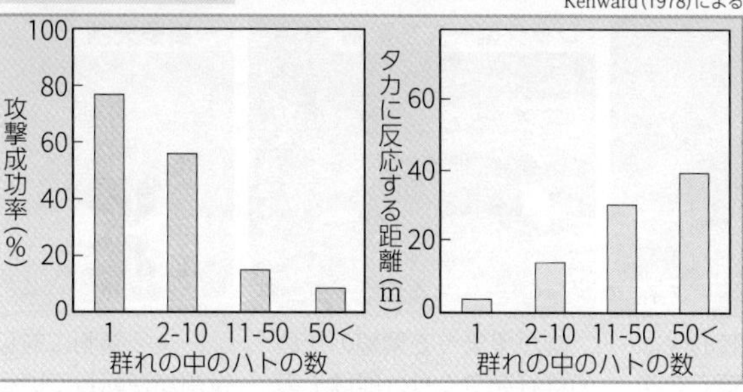
Kenward(1978)による
攻撃成功率(%)
100
80
60
40
20
0
1 2-10 11-50 50<
群れの中のハトの数
タカに反応する距離(m)
60
40
20
0
1 2-10 11-50 50<
群れの中のハトの数

タカによるハトへの攻撃成功率。ハトは群れが大きいほどタカを早く発見でき，攻撃から逃れやすい。

A 群れの利益とコスト

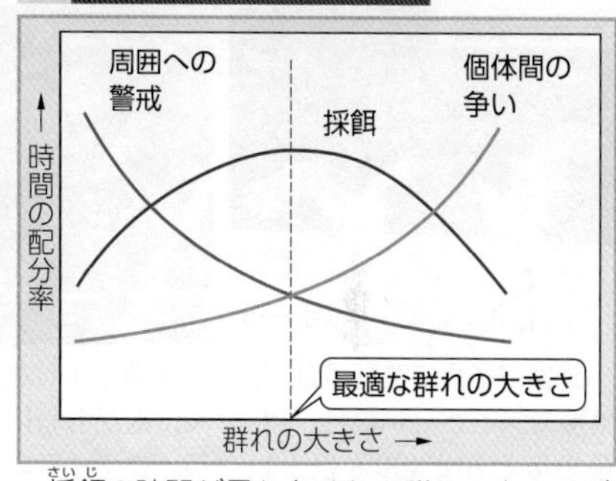
周囲への警戒
個体間の争い
採餌
時間の配分率
最適な群れの大きさ
群れの大きさ

採餌の時間が最も多くなる群れの大きさが，最適な大きさである。

生 2 縄張り

食物や交尾・子育ての場を確保するため，動物はある特定の防衛する空間(縄張り，テリトリー)をもつことがある。

A アユの縄張り

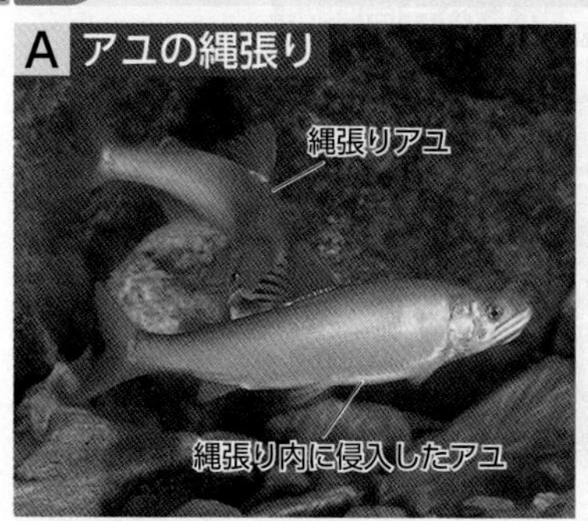
縄張りアユ
縄張り内に侵入したアユ

アユはえさである藻類を確保するため，川の瀬で縄張りをつくる。

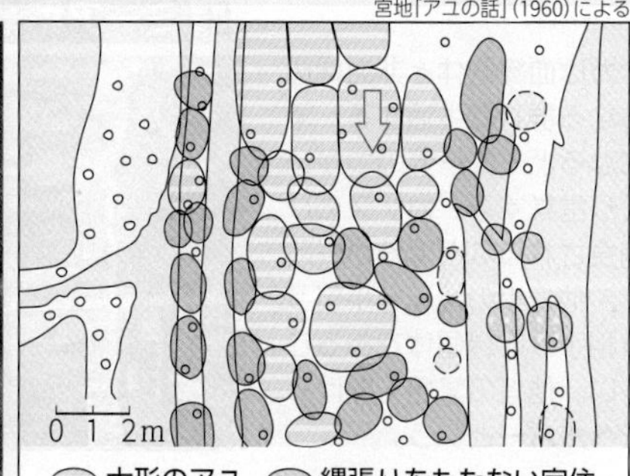
宮地「アユの話」(1960)による
0 1 2m
大形のアユ
中形のアユ
小形のアユ
縄張りをもたない定住個体
群れアユ
水流

川那部(1968)による

密度	0.3 匹 /m²	0.9 匹 /m²	5.5 匹 /m²
群れアユ	62%	55%	95%
体長	5 15 25 cm	5 15 25 cm	5 15 25 cm
縄張りアユ	38%	45%	5%

- 高密度になると縄張り防衛ばかりで食べる時間がなくなり，縄張りを捨てるので，群れアユの割合が増える。
- 密度が 1 匹 /m² のとき，縄張りアユの割合は最大である。このとき縄張りアユの方がよく成長する。
- 低密度のとき，縄張りアユと群れアユに成長の差はない。

B ホオジロの縄張り

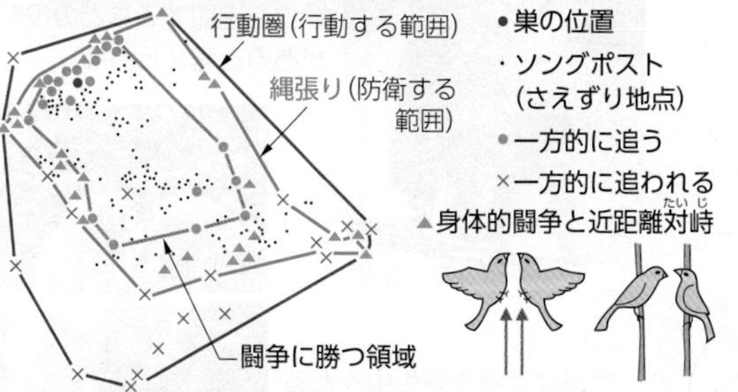
山岸(1971)による
行動圏(行動する範囲)
縄張り(防衛する範囲)
闘争に勝つ領域
●巣の位置
・ソングポスト(さえずり地点)
●一方的に追う
×一方的に追われる
▲身体的闘争と近距離対峙

ホオジロなどの鳥は繁殖期に縄張りをつくる。さえずりによって自分の縄張りを誇示し，縄張りに侵入する個体に対しては闘争を挑む。

C 縄張りの利益とコスト

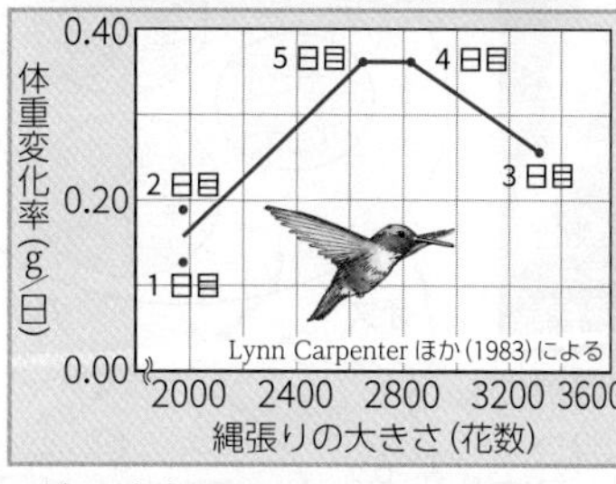
体重変化率(g/日)
0.40
0.20
0.00
5日目
4日目
3日目
2日目
1日目
2000 2400 2800 3200 3600
縄張りの大きさ(花数)
Lynn Carpenter ほか(1983)による

渡り途中のアカフトオハチドリのえさ場で，体重変化を5日間調べた。体重の増加が最大になるように縄張りの大きさを調節していた。

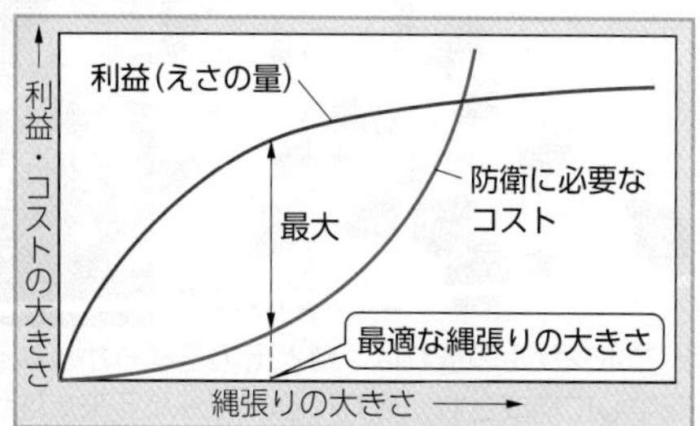
利益・コストの大きさ
利益(えさの量)
最大
防衛に必要なコスト
最適な縄張りの大きさ
縄張りの大きさ

縄張りが大きいほどえさの量は増えるが防衛に必要なコストも大きくなる。縄張りから得られる利益と防衛に必要なコストの差が最大になる縄張りの大きさが，最も得である。

プチ雑学 魚の巨大な群れを水族館などで観察すると，協調的で複雑な動きをするのが見られる。この動きは，群れのリーダーがいるわけではなく，個々の魚がまわりの魚の動きに合わせた単純なルールで動いているとすると説明できる。このことは，コンピューターシミュレーションによって明らかになった。

個体群内の相互関係(2)

生 1 順位制 群れの中で個体間の優劣が見られることがある。

A つつきの順位

ニワトリ

Schjelderup-Ebbe(1922)による

つつく個体	つつかれる個体					
A	B	C	D	E	F	G
B		C		E	F	G
C			D	E	F	G
D	B			E	F	G
E					F	G
F						G
G						

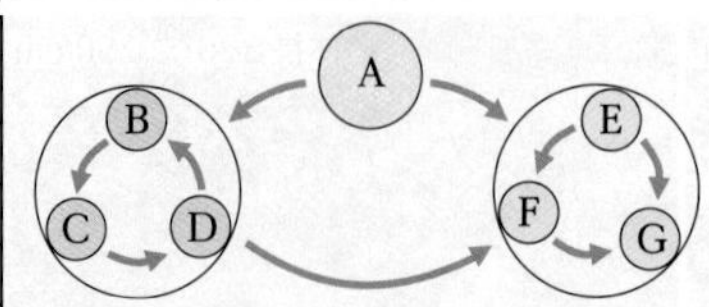
A
B
C
D
E
F
G

小屋で飼育されているニワトリは，つつき合いによって順位を決める。Aが最高位，Gが最下位で，B，C，D間には三すくみの関係が見られる。

順位制の成立の要因

優位者は，食物や繁殖で得る利益が群れであることの不利益を上回る。劣位者は，食物や繁殖で被る不利益より敵から逃れるなどの群れにとどまる利益の方が上回る。

優位者にとっても劣位者にとっても利益が不利益を上回るため，群れの**順位制**が進化した。

生 2 つがい関係 多様なつがい関係がある。

一夫一妻制

タンチョウ

雌雄で子育てを行うなど，繁殖コストが高い場合。鳥類のほとんど(90%以上)は一夫一妻制である。

一夫多妻制

ウグイス

繁殖コストが比較的少なく，雌がおもに子育てをする。ウグイスの雄は縄張りをつくり資源を防衛する。

レック型一夫多妻制

♂
♂
♀
♂

クロライチョウ

雄が集まって繁殖のための群れをつくり，雌はその中から雄を選択する。鳥類の35種で見られる。

一妻多夫制

♀
♂

タマシギ

一夫多妻制に対し雌雄の役割が逆転している。雌の産卵コストは小さい。シギ類の一部で見られる。

乱婚制

イワヒバリ

特定のつがい相手をもたない場合。イワヒバリは複数の雌雄からなる群れで繁殖を行う。

生 3 共同繁殖 他の個体の繁殖を手伝うことで利益が得られる。

A エナガの共同繁殖

エナガ

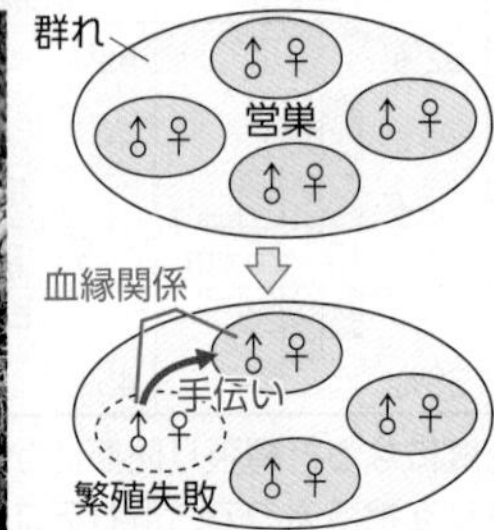
群れ
♂♀
営巣
♂♀
♂♀
♂♀
血縁関係
♂♀
手伝い
♂♀
♂♀
♂♀
繁殖失敗

エナガは血縁個体と非血縁個体からなる群れで生活する。繁殖期になると一夫一妻のつがいをつくり営巣する。カケスにひなを捕食されるなど繁殖が失敗すると，他の巣の繁殖を手伝う。手伝う相手は血縁個体であることが多い。他者の繁殖を助ける個体を**ヘルパー**という。

B ミーアキャットの共同繁殖

ミーアキャット

群れの優位雄と優位雌のみ繁殖するが，繁殖の成功はヘルパーに依存している。群れを大きくすることで，ヘルパーも利益を受ける。

生 4 ニホンザルの社会 ニホンザルの群れは個体どうしが親密にコミュニケーションをとる集団である。

ニホンザルの群れ

親子

ニホンザルの群れは，雌とその子どもからなる血縁集団を中心に構成され，それに群れの外から来た雄が加わって成り立っている。雌は生まれた群れに一生とどまり，母娘という親密な関係を保つ。順位制があり，雄は年齢が高いほど，また，群れに長くいるほど順位が高くなる。雌は親の順位を継承し，生まれた雌は母親のすぐ下の順位となる。

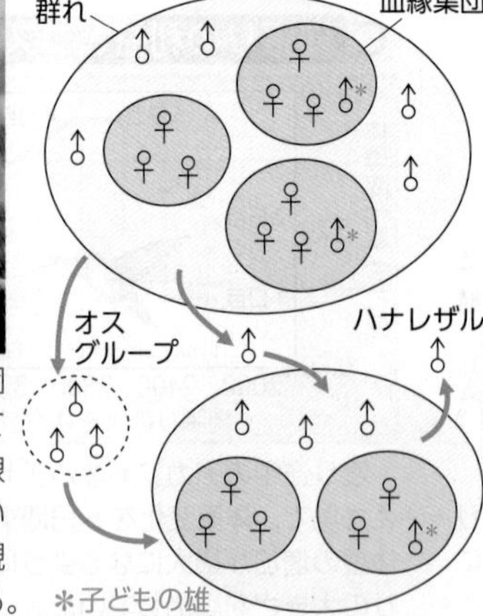
群れ
血縁集団
オスグループ
ハナレザル
＊子どもの雄

マウンティング

本来は交尾の姿勢であるが，同性どうしでも行われ，順位を確認するなどの役割があると考えられる。

グルーミング(毛づくろい)

本来はごみや寄生虫をとるために行われるが，親しさを表す行動でもある。血縁間や雄どうしでよく行われる。

プチ雑学 ニホンザルは英語でSnow Monkeyとよばれ，ヒト以外のすべての霊長類の中で最も北に生息する種である。最北の生息地は青森県の下北半島である。

Keywords ●順位制 dominance hierarchy ●共同繁殖 communal breeding ●ヘルパー helper ●社会性昆虫 social insect ●利他行動 altruistic behavior ●血縁度 coefficient of relatedness ●適応度 fitness ●包括適応度 inclusive fitness

5 真社会性 集団生活をする動物には，分業が進み形態にも分化が見られるものがいる。

A 社会性昆虫

労働カースト
働きバチ 不妊の♀

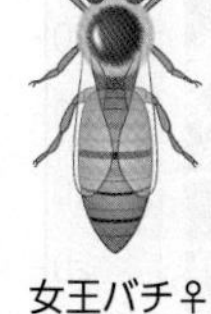

複眼が大きい

生殖カースト
雄バチ♂ 女王バチ♀

ミツバチは，1匹の女王バチとその女王バチから生まれた雄バチ，働きバチで社会をつくる。新女王誕生の前に，旧女王と働きバチの大半は巣を離れ（分封），新しい巣をつくる。

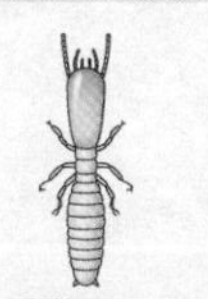

労働カースト
兵隊アリ 不妊の♀♂　働きアリ 不妊の♀♂

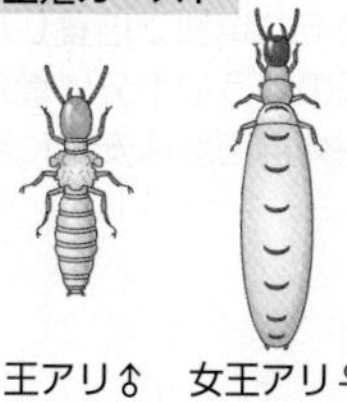
生殖カースト
王アリ♂ 女王アリ♀

シロアリの社会は，1対の女王アリ・王アリと，幼虫形質を保つ働きアリ・兵隊アリでつくられている。兵隊アリは侵入者から巣を守るため，頭部が大きく発達している。

次の3つを満たすものを**真社会性**という。
- 同種の複数個体による共同の子育て
- 親世代と子世代の共存
- 生殖カーストと労働カーストの分化

アレクサンダーツノアブラムシの兵隊

アブラムシは，外敵に対して無抵抗な昆虫だと考えられていたが，いくつかの種では兵隊をもつことがわかった（1977年）。

B 真社会性の哺乳類

土を外に出す労働カースト
食物をとる労働カースト
巣穴を掘る労働カースト
子を産む生殖カースト

ハダカデバネズミ

地中の巣に20～300匹でコロニーをつくる。1匹の女王と1～3匹の繁殖雄が生殖カーストで，残りは雌雄の労働カーストからなる。

Step up 協力行動の発達

協力行動		相手 する	相手 しない
自分	する	2 互恵	−1 損失
自分	しない	4 ただ乗り	0 中立

血縁でなくても，自分が利他的な協力行動をした結果，相手からお返しをもらえるなら，自分の利益になる。このため協力行動が発達することがある。

双方の行動によって自分が得られる利益の例を，表に数値で示す。この場合，長期的には，双方が協力し続けた方が全体の利益は大きくなる。しかし，お返しをもらえない場合は損失となるので，短期的には，協力しない選択が有利である。このため，協力行動をするかどうかにはジレンマがある。

6 血縁度と真社会性の発達 血縁度の高い個体に対しては利他行動が発達しやすい。

A 血縁度

二倍体の種

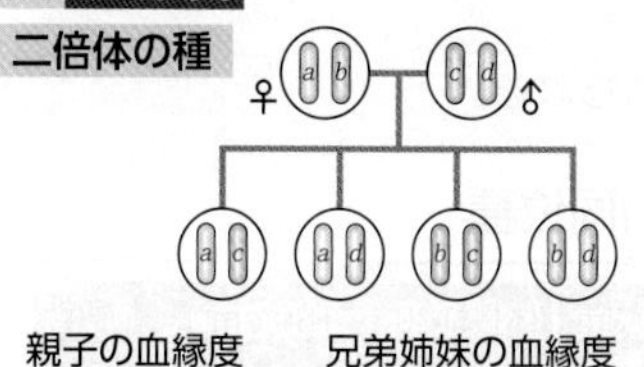

親子の血縁度　兄弟姉妹の血縁度

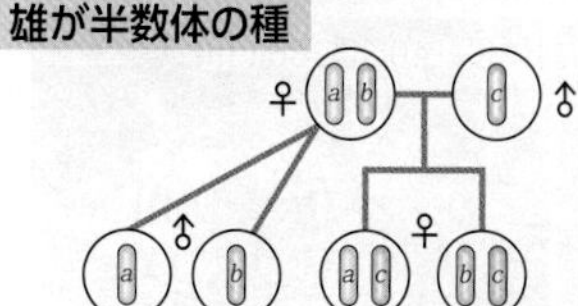

親
0.5
子
子A
子B
0.5

ある個体について，対象の個体が，共通の祖先に由来する同一の遺伝子のコピーをもっている確率を**血縁度**という。二倍体（$2n$）の種では，親のある遺伝子を子がもつ確率は0.5なので，親子の血縁度は0.5である。兄弟姉妹の血縁度（子Aのある遺伝子を子Bがもつ確率）は次のように計算できる。子Aのある遺伝子を母親がもつ確率は0.5，さらにその遺伝子を子Bがもつ確率は$0.5 \times 0.5 = 0.25$である。同様に，父親経由の確率も0.25なので，血縁度は$0.25 + 0.25 = 0.5$である。

B 真社会性の発達

雄が半数体の種

母娘の血縁度　姉妹の血縁度

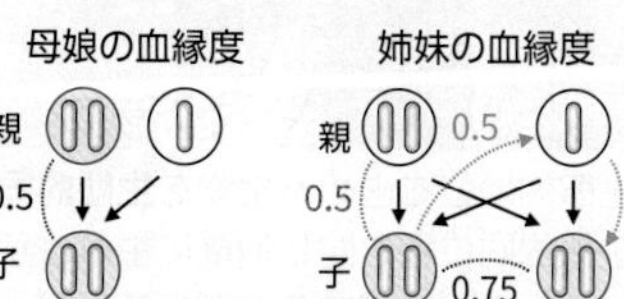

親
0.5
子
1
0.75

父親からみた娘の血縁度は1であるが，娘からみた父親の血縁度は0.5である。

ミツバチなど，雄が半数体（n）の種では，母親と娘の血縁度は二倍体の種と同じで0.5である。父親のもつ遺伝子は減数分裂をへずにすべて娘に伝わるので，娘がもつ確率は1である。一方，娘のもつある遺伝子を父親ももつ確率は0.5である。姉妹の血縁度は，母親経由は二倍体と同じで0.25であるが，父親経由は$0.5 \times 1 = 0.5$で，合わせて$0.25 + 0.5 = 0.75$である。

ある雌について，自分の子よりも姉妹の方が血縁度が高いので，自分の子を残すよりも姉妹の世話をした方が自分と同じ遺伝子をより多く残せる。このため，雄が半数体の種では利他行動（他個体の利益になる行動）が発達しやすい。

C ハミルトン則

> 利他行動が発達する条件　$rB > C$
> r：血縁度　B：受け手の利益　C：行為者のコスト

利他行動が自然選択（▶p.284）により発達するための条件を表したものを**ハミルトン則**とよぶ。行為者のコストCより，受け手の利益Bに行為者と受け手の血縁度rをかけたものが大きければ，利他行動が広がる。

ある個体または遺伝子が次世代にどれだけふえるかを表したものを**適応度**という。ある遺伝子について，それをもつ個体自身の行動による適応度と，血縁の他個体への行動による適応度の変化の和を**包括適応度**という。

D ミツバチの生活環

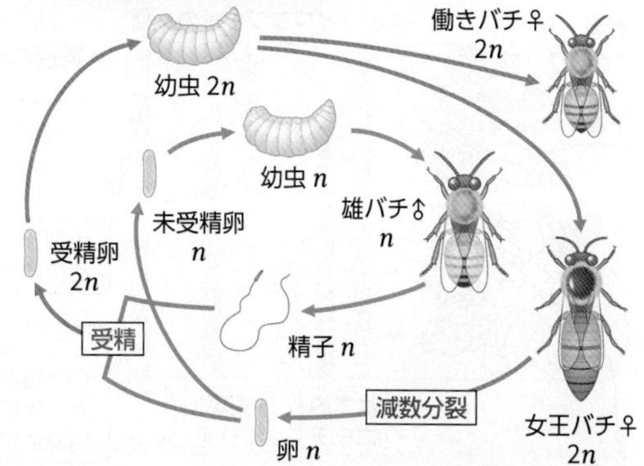

幼虫 $2n$
働きバチ♀ $2n$
幼虫 n
未受精卵 n
雄バチ♂ n
受精卵 $2n$
受精
精子 n
減数分裂
卵 n
女王バチ♀ $2n$

進化View 6 姉妹の血縁度が自分の子よりも高くなるのは，女王が半数体の雄1匹としか交尾しない一夫一妻制の場合である。しかし，ミツバチなどは女王が複数の雄と交尾する一妻多夫制である。このような種が真社会性をもつ1つの仮説として，姉妹が互いに子を産まないよう監視し合う行動が進化していると考えられる。Link

種間関係(1)

生 1 競 争 同様の資源を利用する個体群間では，競争が起こる。

ゾウリムシ

Gause (1934) による

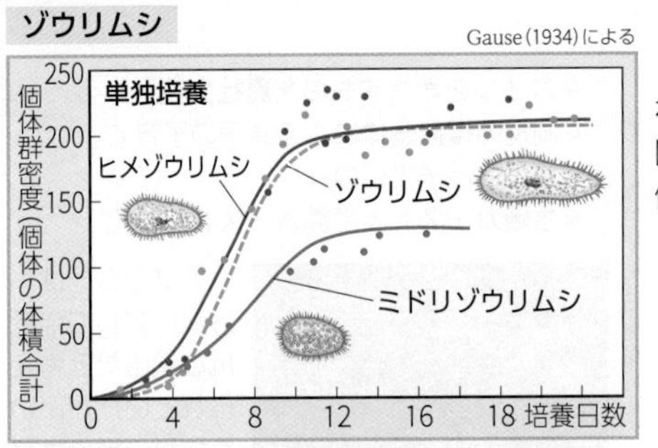

単独培養
個体群密度(個体の体積合計)
ヒメゾウリムシ
ゾウリムシ
ミドリゾウリムシ
培養日数

3種のゾウリムシをそれぞれ単独で培養した場合，図のように十分に増殖し，個体群密度は安定に至る。

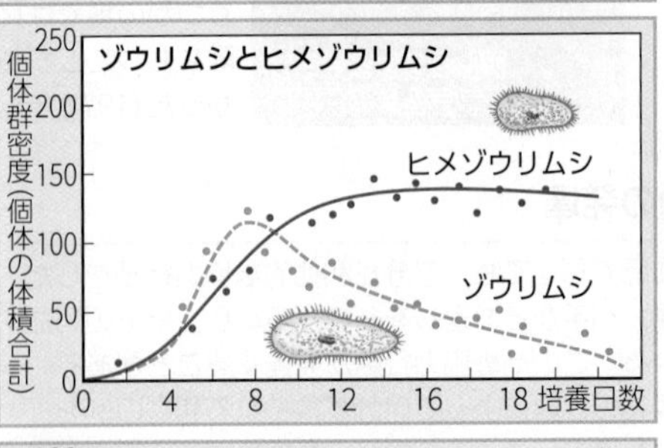

ゾウリムシとヒメゾウリムシ
個体群密度(個体の体積合計)
ヒメゾウリムシ
ゾウリムシ
培養日数

ゾウリムシは資源が多い場合はヒメゾウリムシよりも資源利用効率が高いが，ヒメゾウリムシは最低資源要求量が少ないため，資源が少なくなった段階でゾウリムシより有利になる。

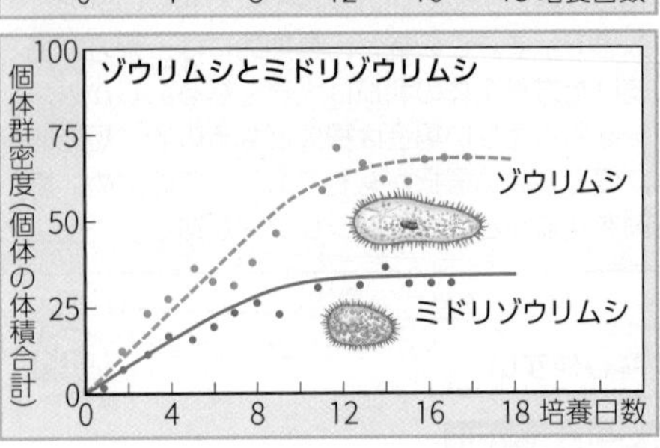

ゾウリムシとミドリゾウリムシ
個体群密度(個体の体積合計)
ゾウリムシ
ミドリゾウリムシ
培養日数

ゾウリムシは浮いている細菌を捕らえる傾向があり，ミドリゾウリムシは底の方に生育する酵母を好んで食べる。両者は資源の利用のしかたがある程度異なるため共存できる。

ソバとヤエナリ

岩城 (1959) による

ソバ
ヤエナリ

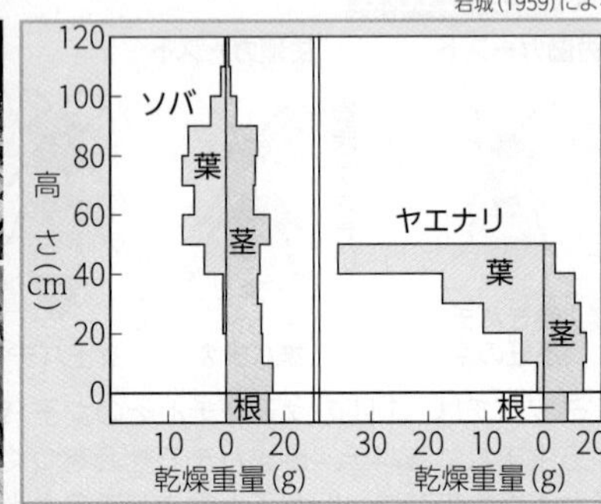

ソバ
葉
茎
根
高さ(cm)
乾燥重量(g)
ヤエナリ

ソバとヤエナリを同じ密度で別々に栽培すると，重量はほぼ等しい。

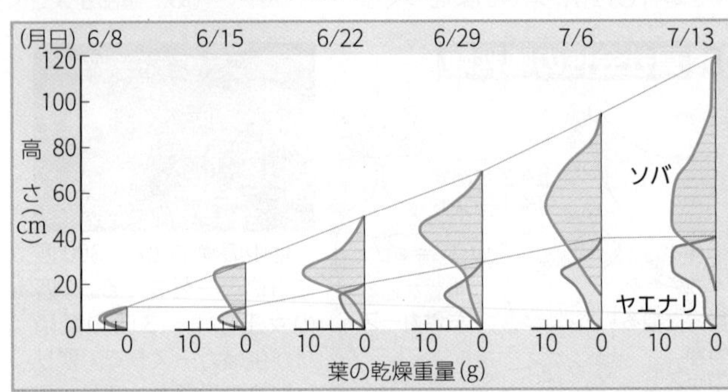

(月日) 6/8 6/15 6/22 6/29 7/6 7/13
高さ(cm)
ソバ
ヤエナリ
葉の乾燥重量(g)

両者を混植すると，ソバは高さの成長が速く上層に位置するため，重量は減らないが，ヤエナリは光合成量が低下し著しく重量が減る。

- 生態的地位が同じである2つの種が同所に存在すると，競争によって一方の種のみが生き残り，他方は絶滅する。これを，**競争的排除**(競争排除則)という。

生 2 生態的地位(ニッチ) ある生物の生態的地位は，利用できる資源や環境の範囲で定められる。

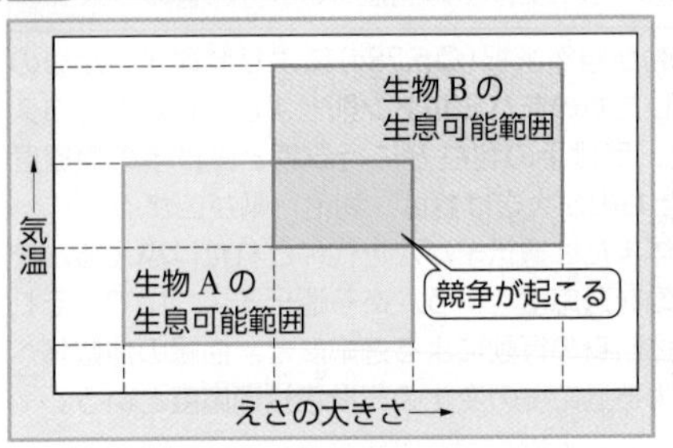

生物Bの生息可能範囲
生物Aの生息可能範囲
競争が起こる
気温
えさの大きさ

ある生物が利用できる食物や生息場所などの資源の範囲を**生態的地位**(**ニッチ**)という。生態的地位はえさの種類や環境要因などあらゆる要求の組み合わせである。図の生物A，Bは微妙に異なる生態的地位をもつ。両者の重なるところでは競争が起こり，競争的排除によりどちらかしか生存できない。

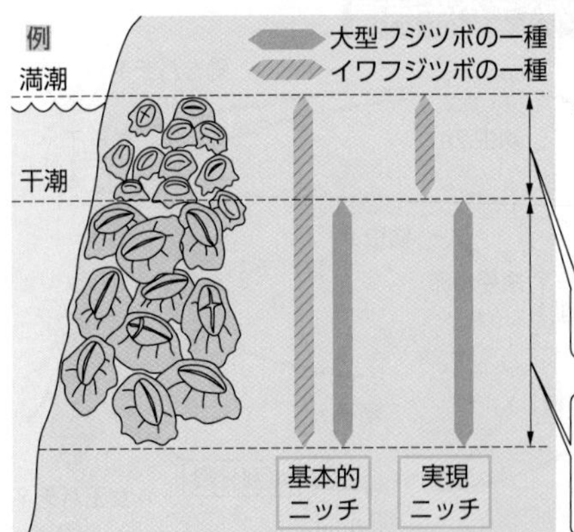

例
大型フジツボの一種
イワフジツボの一種
満潮
干潮
基本的ニッチ
実現ニッチ
大型フジツボの一種は，乾燥に弱いため生息できない。
イワフジツボの一種は，大型フジツボの一種との競争に負けて生息できないが，大型フジツボの一種を取り除くと容易に生息できる。

- **基本的ニッチ** ある種が占める可能性のある生態的地位。
- **実現ニッチ** ある種が実際に占めている生態的地位。種間競争がある場合は，実現ニッチは基本的ニッチより小さくなる。

Step up 生態的同位種

体長約 150 cm
ピューマ(北米)

体長 120 ～ 180 cm
ジャガー(南米)

体長約 180 cm
ライオン(アフリカ)

体長 140 ～ 280 cm
トラ(アジア)

異なる地域で同じ生態的地位を占める生物を**生態的同位種**という。人為的に生態的同位種を同じ地域に生息させると，種間競争が起こり，一方が絶滅するなど生態系が大きく変化する。

プチ雑学 ニッチとは元来，西洋建築において，像や花瓶などを飾るために壁をえぐって作ったくぼみ部分のこと。

Keywords
●競争 competition ●競争的排除(競争排除則) competitive exclusion
●生態的地位 ecological niche ●基本的ニッチ fundamental niche ●実現ニッチ realized niche
●生態的同位種 ecological homologue ●捕食者 predator ●被食者 prey

Link コラム

生 3 捕食と被食 動物間では，被食者-捕食者相互関係(食う・食われるの関係)が広く見られる。

進化 View

A 捕食者と被食者の個体数の変動

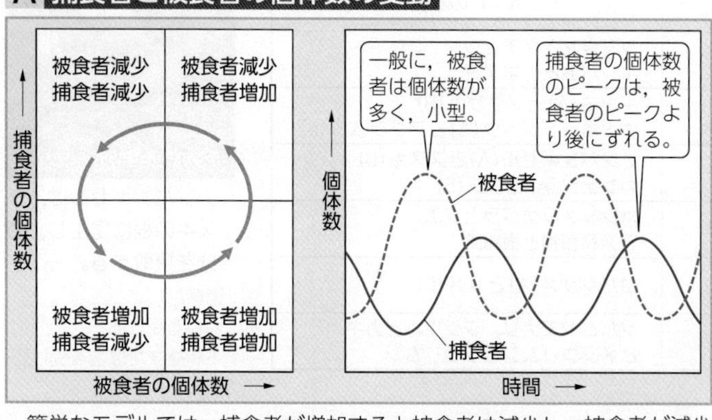
被食者減少
捕食者減少
被食者減少
捕食者増加
捕食者の個体数
被食者増加
捕食者減少
被食者増加
捕食者増加
被食者の個体数
一般に，被食者は個体数が多く，小型。
捕食者の個体数のピークは，被食者のピークより後にずれる。
個体数
被食者
捕食者
時間

簡単なモデルでは，捕食者が増加すると被食者は減少し，被食者が減少すると捕食者も減少する。両者は同じ周期の変動をくり返す(共振動)。自然界でも共振動がみられるが，単純な実験環境で再現するのは難しい。

単純な飼育環境の場合 例 ディディニウムとゾウリムシ

Gause (1934) による

①
個体数
ゾウリムシ
ディディニウム
培養日数

②
個体数
ゾウリムシ
ディディニウム
培養日数

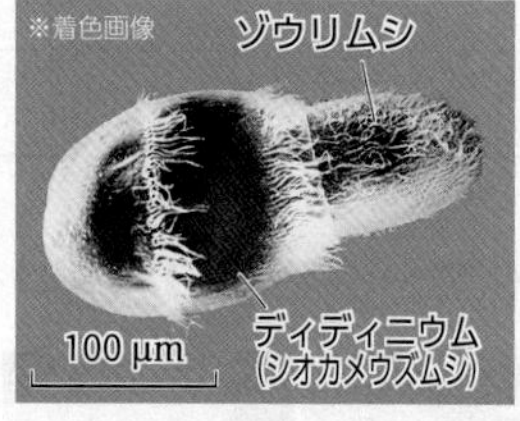
※着色画像
ゾウリムシ
ディディニウム
(シオカメウズムシ)
100 μm

培養器に捕食者のディディニウムを入れると，ゾウリムシは食べつくされ，その後ディディニウムも餓死して絶滅する(グラフ①)。

培養器内に堆積物を入れ，ゾウリムシのみが隠れる場所をつくった場合は，ゾウリムシは捕食から逃れ増殖するが，ディディニウムは餓死して絶滅する(グラフ②)。

自然界の場合 例 オオヤマネコとカンジキウサギ

MacLulich (1937) による

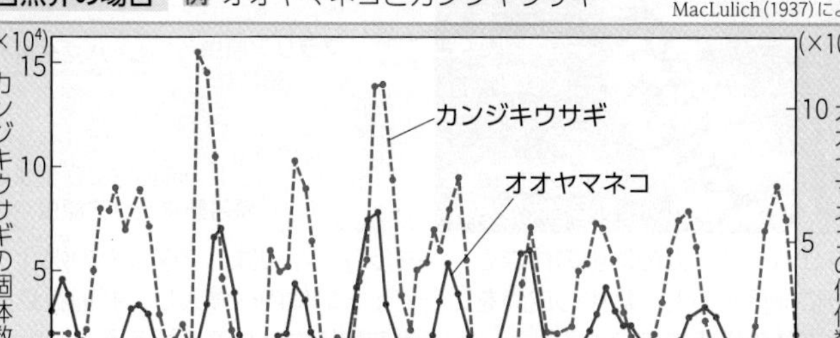
(×10⁴)
カンジキウサギの個体数
(×10³)
オオヤマネコの個体数
カンジキウサギ
オオヤマネコ
(年)

カンジキウサギを追うオオヤマネコ

カナダの針葉樹林帯では，カンジキウサギの個体数と，その捕食者オオヤマネコの個体数は，10年周期で大きな変動をくり返す。

この変動は，複数の要因(食物，捕食など)によって起こると考えられている。

生 4 メタ個体群 個体群全体は，局所的な個体群の集まりとしてとらえられる。

Huffaker (1958,1963) による

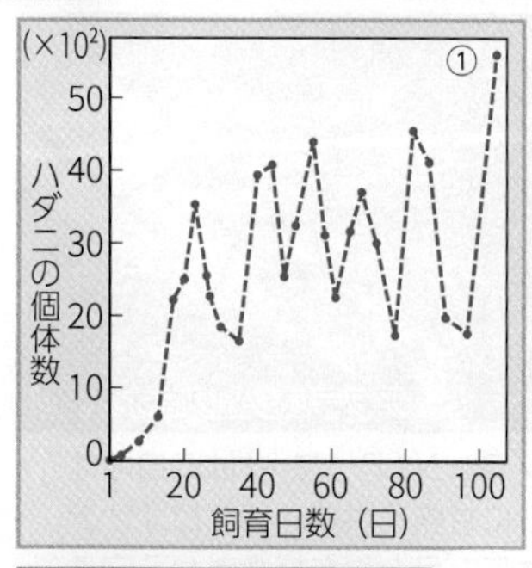
(×10²)
①
ハダニの個体数
飼育日数 (日)

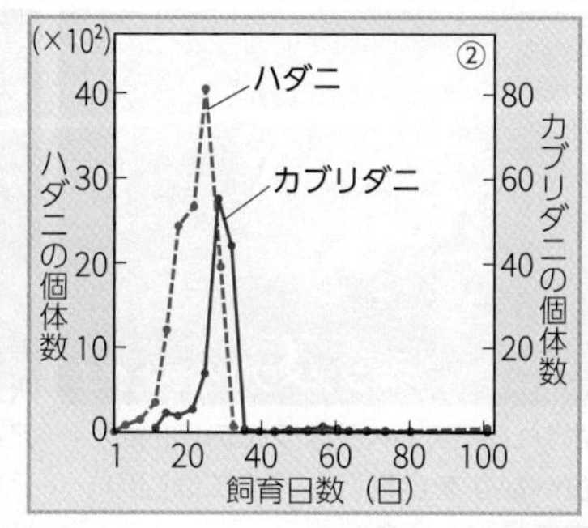
(×10²)
②
ハダニ
カブリダニ
ハダニの個体数
カブリダニの個体数
飼育日数 (日)

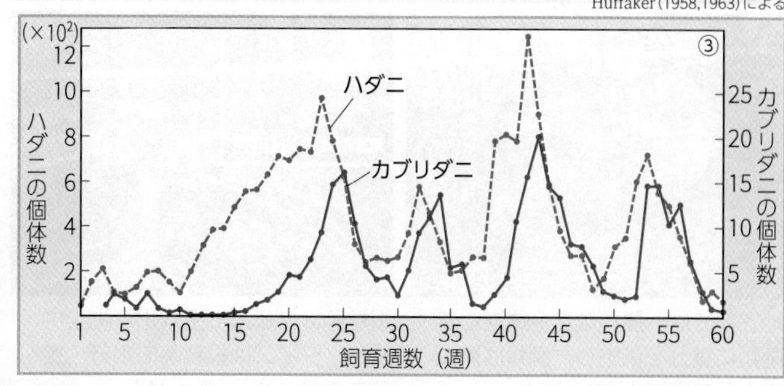
(×10²)
③
ハダニ
カブリダニ
ハダニの個体数
カブリダニの個体数
飼育週数 (週)

カブリダニの一種
(捕食者)
ハダニの一種
(被食者)

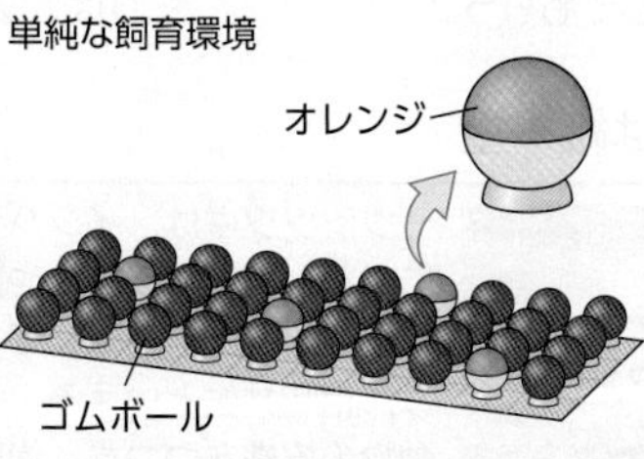
単純な飼育環境
オレンジ
ゴムボール

複雑な飼育環境
柱
金網

オレンジをえさとするハダニと，それを捕食するカブリダニを飼育する実験が行われた。オレンジをゴムボールの間に置いた単純な飼育環境の場合，被食者のみを飼育すると存続したが(グラフ①)，捕食者を同時に飼育すると絶滅した(グラフ②)。

飼育箱に多数のオレンジを3層に配置した複雑な飼育環境を用意した。ダニは，柱や金網をつたって3次元的に移動できる。すると，被食者と捕食者の個体数は変動しながら存続した(グラフ③)。

1つのオレンジ上では食べつくしにより絶滅が起こる。しかし，被食者が捕食者のいない他のオレンジに分散して増殖したり，捕食者が食べつくしにより絶滅する前に被食者のいるオレンジに分散したりすることで，被食者と捕食者の双方が存続できた。

この実験では，局所的な個体群は不安定であるが，飼育環境を複雑なパッチ状にし，局所的な個体群を多数つくることにより，全体を安定させることができた。

局所的な個体群の集まりをメタ個体群という。メタ個体群の変動は，局所個体群の絶滅と他のパッチへの分散によって決まる。

進化 View 3 捕食者は被食者を食べやすいように，被食者は食べられないようにそれぞれが進化してきた。しかし，たとえば被食者が有利になりすぎると，個体数のバランスがとれなくなり，両者ともに絶滅してしまうこともある。被食者にとって捕食者は敵ではあるが，敵がいることが被食者の絶滅を防ぐことにもなっている。 Link

1 個体群間の相互関係 同所に生息する異種の個体群間には，捕食・寄生・共生などの相互関係が生じる。

2種の個体群A，Bの相互関係		いっしょにすむ場合 A	いっしょにすむ場合 B	A，Bの実例
中立	AとBとは要求（食性や生息場所）の重複がないか，または少ない。たがいに影響はない。	0	0	シマウマとダチョウ キジバトとノネズミ
捕食 ▶p.241	捕食者(A)は被食者(B)を捕らえ食物とすることで，被食者に害を与える。	+	−	キツネ(A)とノウサギ(B) ナナホシテントウ(A)とアブラムシ(B)
寄生	寄生者(A)は，宿主(B)の体内や体表で生活し，宿主に害を与える。	+	−	ナンバンギセル(A)とススキ(B) カンテツ(A)とウシ(B)
相利共生	共生により，A・B両方が利益を受ける。	+	+	ホンソメワケベラとクエ マメ科植物と根粒菌
片利共生	共生により，Aのみが利益を受けるが，Bには影響がない。	+	0	コバンザメ(A)とサメ(B)
競争 ▶p.240	AとBとは要求が大幅に重複するため，共存が不可能。食いわけ，すみわけが見られる場合もある。	−	−	ソバとヤエナリ，フジツボとカキ ヒメゾウリムシとゾウリムシ

ナンバンギセルとススキ
ナンバンギセルは，ススキの根に寄生し，養分を摂取する。

0：影響なし
＋：利益を受ける
−：不利益または害を受ける

2 寄生 寄生者は他種の体内や体表で生活し利益を受けるが，寄生される宿主は害を受ける。

宿主の樹木
ヤドリギ
樹木に寄生するヤドリギ
ヤドリギは，寄生根を通じて他の樹木から養分を吸収する。

虫こぶ
虫こぶの断面
クリに寄生するクリタマバチ
クリタマバチは，クリの芽に寄生して虫こぶ（虫えい）をつくり，中で養分を吸いながら成長する。

ガの幼虫
コマユバチのまゆ
ガの幼虫に寄生するコマユバチ
コマユバチは，ガの幼虫の体内で十分に成長すると，幼虫の皮膚を破って体外にまゆをつくる。

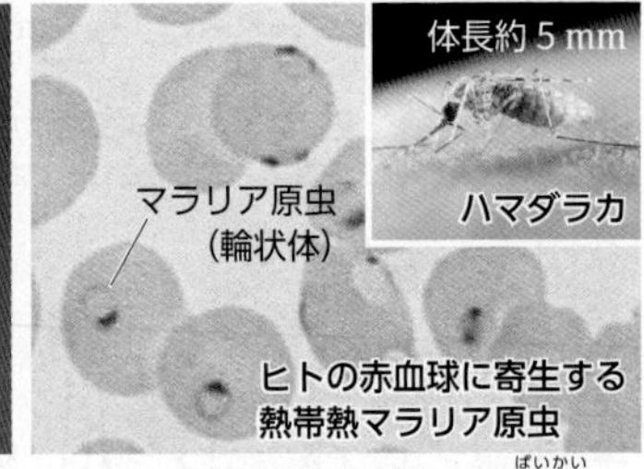
体長約5 mm
マラリア原虫（輪状体）
ハマダラカ
ヒトの赤血球に寄生する熱帯熱マラリア原虫
マラリア原虫はハマダラカの媒介でヒトの体内へ侵入し，肝細胞や赤血球に寄生して増殖する。

3 共生 異種の生物がいっしょに生活し，両方または片方が利益を受ける。

進化 View

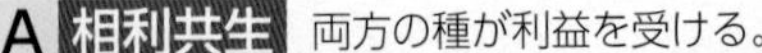

A 相利共生 両方の種が利益を受ける。

ウメノキゴケ（地衣類）
地衣類では，藻類は光合成をして菌類に養分を供給し，菌類は藻類の水分を保つ。（▶p.304）

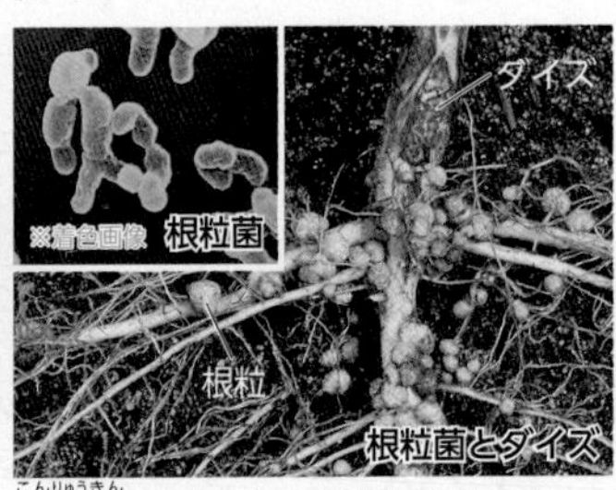
ダイズ
※着色画像 根粒菌
根粒
根粒菌とダイズ
根粒菌はダイズに窒素化合物を供給し，ダイズは根粒菌に水分・養分を供給する。（▶p.247）

クエ
ホンソメワケベラ
ホンソメワケベラとクエ
ホンソメワケベラはクエの口内の食べかすを食物とし，クエは口の中を掃除してもらう。

アブラムシとクロオオアリ
アブラムシ（アリマキ）はクロオオアリに甘露を供給し，クロオオアリはアブラムシを捕食者から守る。

B 片利共生 片方だけが利益を受ける。

サメ
コバンザメ
コバンザメとサメ
コバンザメは背面の吸盤でサメにくっついて，遠くまで移動する。

Step up 共生と寄生は紙一重

インパラ
アカハシウシツツキ
インパラとアカハシウシツツキ

ウシツツキは，インパラなどの草食動物のからだに付着している寄生虫や昆虫を突いて食べる。草食動物はからだを掃除してもらうことで利益を得ており，相利共生といえる。しかし，ウシツツキは草食動物の皮膚をつつき，傷口から流れ出る血を舐めることもあり，この場合はむしろ寄生といえる。

共生は，それぞれの個体が自己の利益を求めた結果として成り立っているにすぎず，状況によって簡単に寄生へと転換する。

進化View 3 相利共生では，相手をだまして自分の利益をより大きくできる場合がある。カンコノキとハナホソガの間では，ハナホソガによる「裏切り」が見られる。しかし，裏切りに対する「罰」をカンコノキが進化させ，その罰への対処をハナホソガが進化させることで，安定的な相利共生が保たれている（共進化 ▶p.285）。Link

4 すみわけと食いわけ 生態的地位の近い異種の個体群が，生息場所や食物をわけ合って共存する場合がある。

イワナとヤマメ

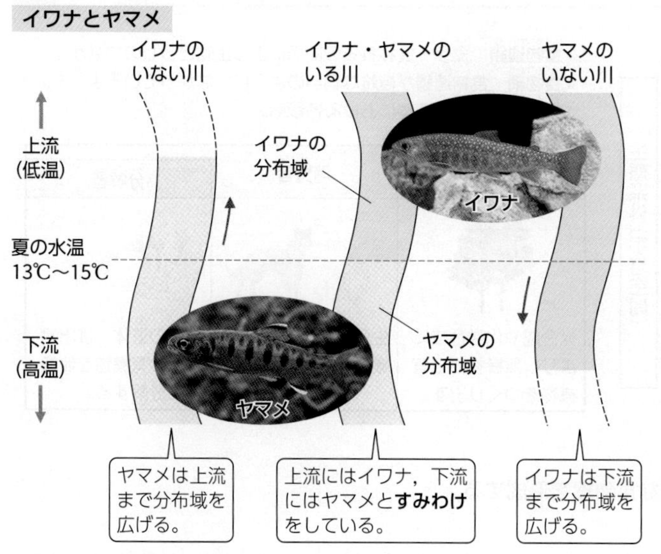
イワナのいない川
イワナ・ヤマメのいる川
ヤマメのいない川
上流(低温)
イワナの分布域
イワナ
夏の水温 13℃〜15℃
ヤマメの分布域
下流(高温)
ヤマメ

ヤマメは上流まで分布域を広げる。

上流にはイワナ，下流にはヤマメと**すみわけ**をしている。

イワナは下流まで分布域を広げる。

ヨーロッパヒメウとカワウ

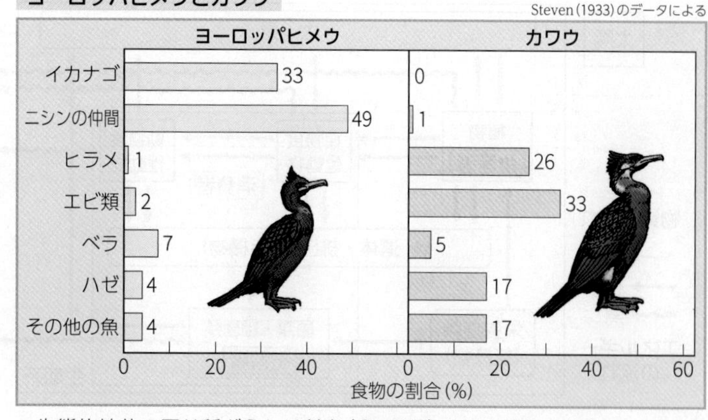

Steven (1933) のデータによる

食物	ヨーロッパヒメウ	カワウ
イカナゴ	33	0
ニシンの仲間	49	1
ヒラメ	1	26
エビ類	2	33
ベラ	7	5
ハゼ	4	17
その他の魚	4	17

食物の割合 (%)

生態的地位の同じ種どうしは競争(➲p.240)のため共存できない。ヨーロッパヒメウとカワウは同じ場所に生息しているが，ヨーロッパヒメウは沖合の魚を，カワウは河口や港湾の浅い海底にいる魚などを食べる。これらは異なる食物を利用することで共存している(**食いわけ**)。

アユ・オイカワ・カワムツ

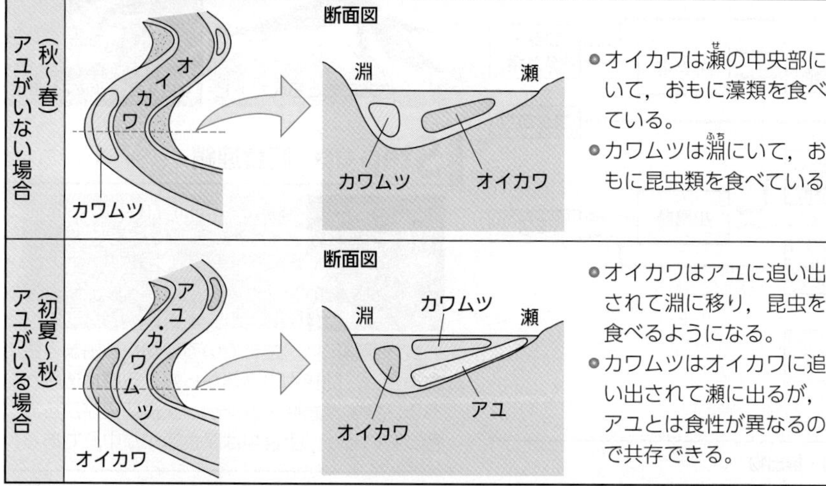
アユがいない場合(秋〜春)
オイカワ
カワムツ
断面図
淵
瀬
カワムツ
オイカワ
アユがいる場合(初夏〜秋)
アユ・カワムツ
オイカワ
断面図
淵
カワムツ
瀬
オイカワ
アユ

●オイカワは瀬の中央部にいて，おもに藻類を食べている。
●カワムツは淵にいて，おもに昆虫類を食べている。

●オイカワはアユに追い出されて淵に移り，昆虫を食べるようになる。
●カワムツはオイカワに追い出されて瀬に出るが，アユとは食性が異なるので共存できる。

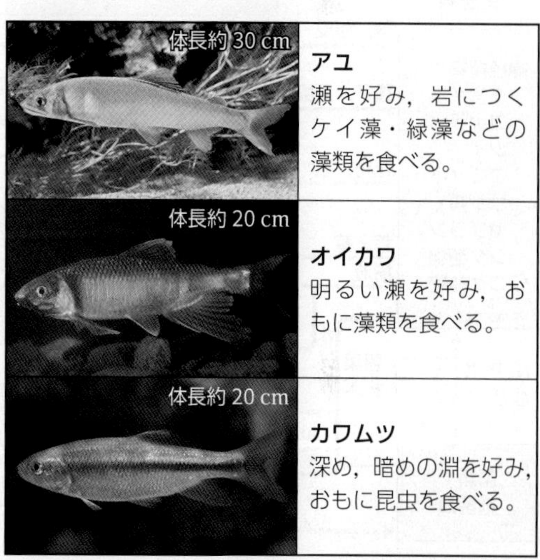
体長約 30 cm
体長約 20 cm
体長約 20 cm

アユ
瀬を好み，岩につくケイ藻・緑藻などの藻類を食べる。

オイカワ
明るい瀬を好み，おもに藻類を食べる。

カワムツ
深め，暗めの淵を好み，おもに昆虫を食べる。

5 形質置換 生態的地位の近い2種が同じところに生息する場合，形態が変化して形質置換が起こることがある。

ダーウィンフィンチ類

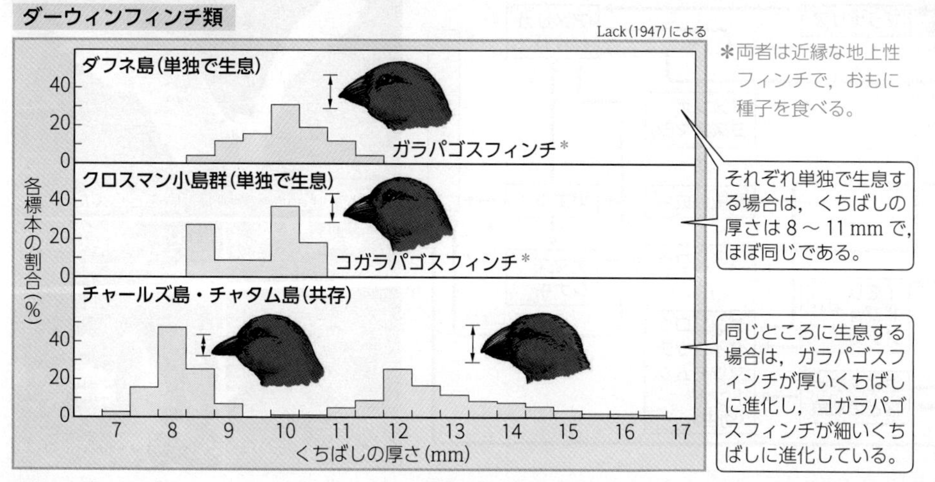
Lack (1947) による
ダフネ島(単独で生息)
ガラパゴスフィンチ*
クロスマン小島群(単独で生息)
コガラパゴスフィンチ*
チャールズ島・チャタム島(共存)
各標本の割合(%)
0
20
40
7 8 9 10 11 12 13 14 15 16 17
くちばしの厚さ(mm)

*両者は近縁な地上性フィンチで，おもに種子を食べる。

それぞれ単独で生息する場合は，くちばしの厚さは 8 〜 11 mm で，ほぼ同じである。

同じところに生息する場合は，ガラパゴスフィンチが厚いくちばしに進化し，コガラパゴスフィンチが細いくちばしに進化している。

Memo ダーウィンフィンチ類

中米のガラパゴス諸島にのみ生息する鳥(➲p.290)。ダーウィンが進化論を考えるもとになったことから，この名称がついた。ガラパゴスフィンチ類ともよばれる。

昆虫食，植物食，サボテン食のものが知られており，食性によってくちばしの長さや曲がり方が微妙に異なる。ガラパゴス諸島のほとんどすべての島に生息しているが，島ごとに独自の進化をとげている。

よく似た2種が同じところに生息する場合には，単独で生息する場合に比べて形態を変化させニッチの分化が生じることがある。この現象を**形質置換**(けいしつちかん)という。ただし，形態の変化は，種間競争ではなく環境条件によることもある。

プチ雑学 活動時間をずらすことによってすみわけをしている生物もいる。ワシ・タカ・フクロウは同じえさを食べるが，ワシとタカは昼間に活動し，フクロウは夜に活動する。

244 食物連鎖と物質循環

Overview 生態系の構造

生産者により無機物から有機物がつくられ，食物連鎖を通して無機物に分解され物質は循環する。エネルギーは生態系外から取り込まれ，最終的に熱として生態系外に放出される。

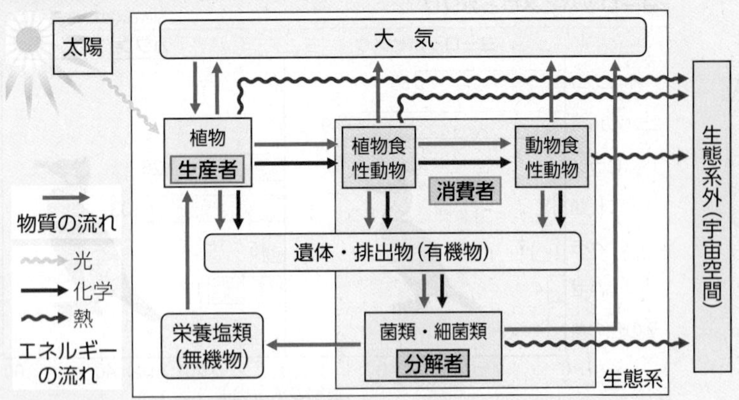

太陽
大気
植物
生産者
植物食性動物
動物食性動物
消費者
遺体・排出物（有機物）
栄養塩類（無機物）
菌類・細菌類
分解者
生態系
生態系外（宇宙空間）
物質の流れ
光
化学
熱
エネルギーの流れ

- **食物連鎖**　食う－食われるの関係による生物どうしのつながり。
- **食物網**　食物連鎖が複雑な網目のようにつながっているようす。
- **栄養段階**　食物連鎖における各段階。

生産者	消費者	分解者
光合成や化学合成により，無機物から有機物をつくり出す。	生産者がつくった有機物を消費する。	生物の遺体・排出物などの有機物を無機物に分解する。

1 食物連鎖　食物連鎖(食う－食われるのつながり)は，複雑な食物網を形成する。

A 森林生態系の食物網

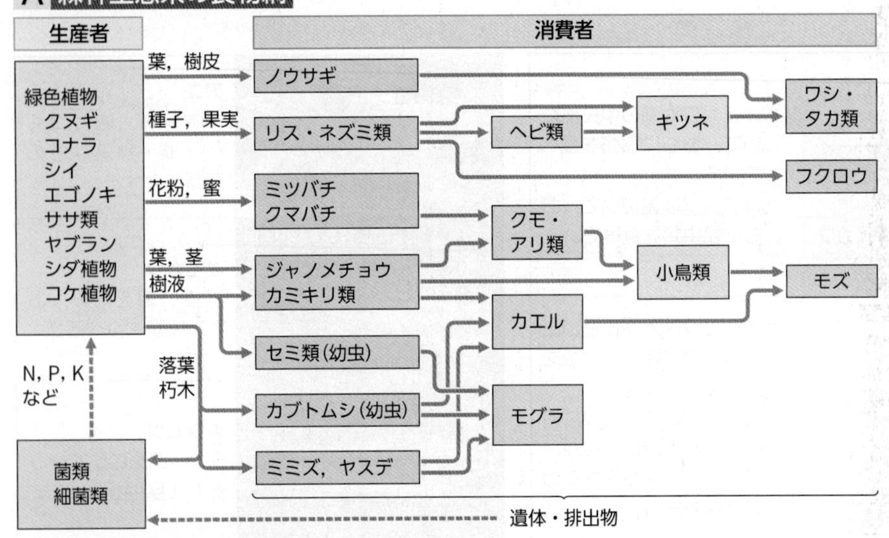

生産者
消費者
緑色植物
クヌギ
コナラ
シイ
エゴノキ
ササ類
ヤブラン
シダ植物
コケ植物
葉，樹皮
種子，果実
花粉，蜜
葉，茎
樹液
落葉
朽木
N, P, K など
菌類
細菌類
ノウサギ
リス・ネズミ類
ミツバチ
クマバチ
ジャノメチョウ
カミキリ類
セミ類(幼虫)
カブトムシ(幼虫)
ミミズ，ヤスデ
ヘビ類
クモ・アリ類
カエル
モグラ
キツネ
小鳥類
ワシ・タカ類
フクロウ
モズ
遺体・排出物

翼開長 157～162 cm
ネズミをとらえたトビ

体長 3～4 cm
幼虫を食べるアマガエル

Step up 腐食連鎖

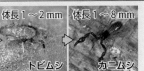

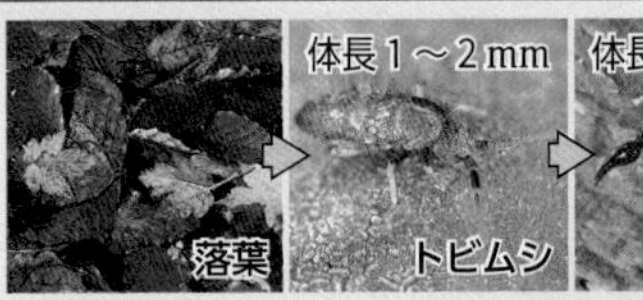

体長 1～2 mm
体長 1～8 mm
落葉
トビムシ
カニムシ

食物連鎖には，生きている植物から始まる**生食連鎖**と，動植物の遺体から始まる**腐食連鎖**がある。食物連鎖は生食連鎖と腐食連鎖がからみ合っているが，土壌中は腐食連鎖が中心である。

B 湖沼生態系の食物網

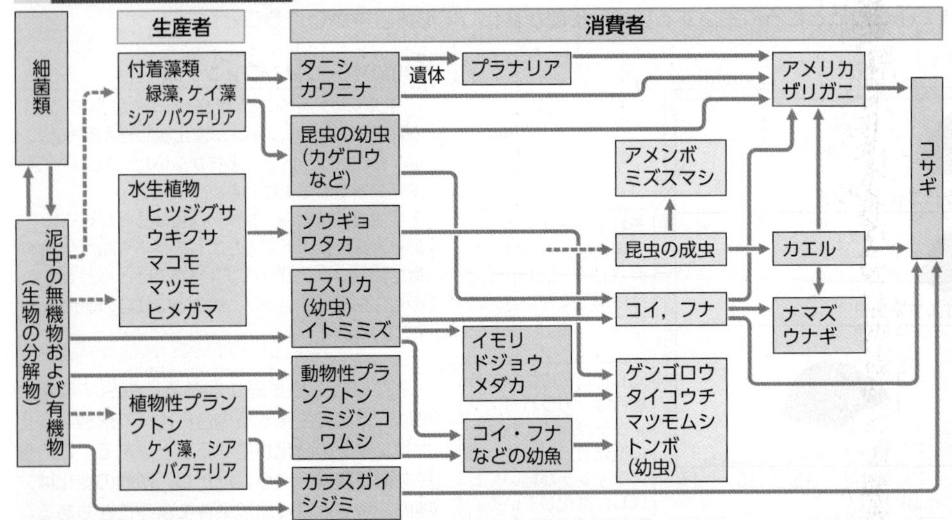

細菌類
泥中の無機物および有機物(生物の分解物)
生産者
消費者
付着藻類
緑藻，ケイ藻
シアノバクテリア
水生植物
ヒツジグサ
ウキクサ
マコモ
マツモ
ヒメガマ
植物性プランクトン
ケイ藻，シアノバクテリア
タニシ
カワニナ
遺体
プラナリア
昆虫の幼虫(カゲロウなど)
ソウギョ
ワタカ
ユスリカ(幼虫)
イトミミズ
動物性プランクトン
ミジンコ
ワムシ
カラスガイ
シジミ
イモリ
ドジョウ
メダカ
コイ・フナなどの幼魚
アメンボ
ミズスマシ
昆虫の成虫
コイ，フナ
ゲンゴロウ
タイコウチ
マツモムシ
トンボ(幼虫)
アメリカザリガニ
カエル
ナマズ
ウナギ
コサギ

体長約 60 cm
魚をとらえたコサギ
茎の長さ 20～80 cm マツモ
体長約 8 cm
アメリカザリガニ

進化 View 2　植物はリグニンを獲得したことで細胞壁を強固にし，背を高くして光合成効率を高め繁栄してきた。リグニンは分解されにくいため動物は消化できないが，一部の菌類は分解できる。リグニンを分解できる菌類は約3億年前の石炭紀末期(▶p.310)に登場したとされ，それにより炭素の循環は大きく変化したと考えられる。Link

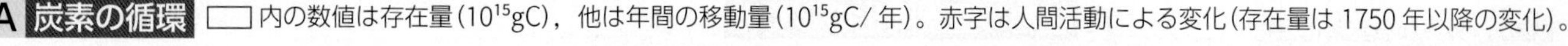

2 物質循環 炭素や窒素は，地球全体を循環する。

A 炭素の循環

□内の数値は存在量（10^{15}gC），他は年間の移動量（10^{15}gC/年）。赤字は人間活動による変化（存在量は1750年以降の変化）。

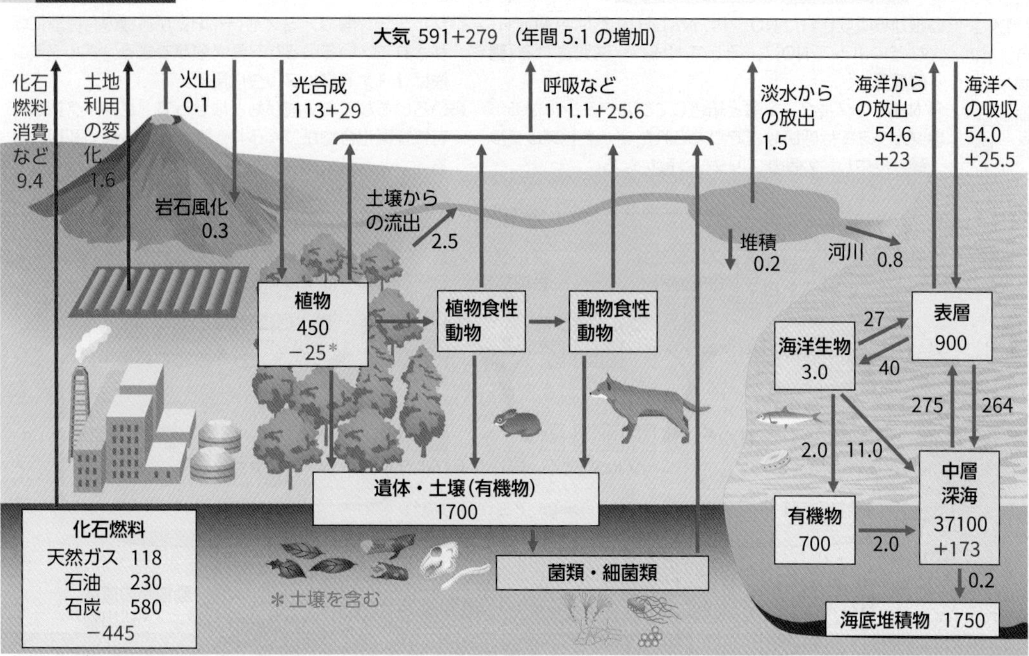

大気 591+279 （年間 5.1 の増加）
化石燃料消費など 9.4
土地利用の変化 1.6
火山 0.1
岩石風化 0.3
光合成 113+29
呼吸など 111.1+25.6
土壌からの流出 2.5
淡水からの放出 1.5
堆積 0.2
河川 0.8
海洋からの放出 54.6 +23
海洋への吸収 54.0 +25.5
植物 450 −25*
植物食性動物
動物食性動物
遺体・土壌（有機物） 1700
菌類・細菌類
＊土壌を含む
化石燃料 天然ガス 118 石油 230 石炭 580 −445
海洋生物 3.0
表層 900
27
40
275
264
2.0
11.0
有機物 700
中層深海 37100 +173
0.2
海底堆積物 1750

数値はIPCC第6次評価報告書(2021)による

- 大気中のCO_2は，光合成により有機物として取り込まれる。有機物は食物連鎖を通じて移動し，各栄養段階において呼吸によりCO_2として放出される。
- CO_2は海水中に溶け込み，海洋生物に取り込まれる。一部は堆積物として固定される。
- 化石燃料の使用は，大気中のCO_2を増加させ，地球温暖化（▶p.256）の原因となる。また，海洋の酸性化を引き起こす。

石炭の露天掘り

B 窒素の循環

□内の数値は存在量（10^{12}gN），他は年間の移動量（10^{12}gN/年）。赤字は人間活動による変化（存在量は1750年以降の変化）。

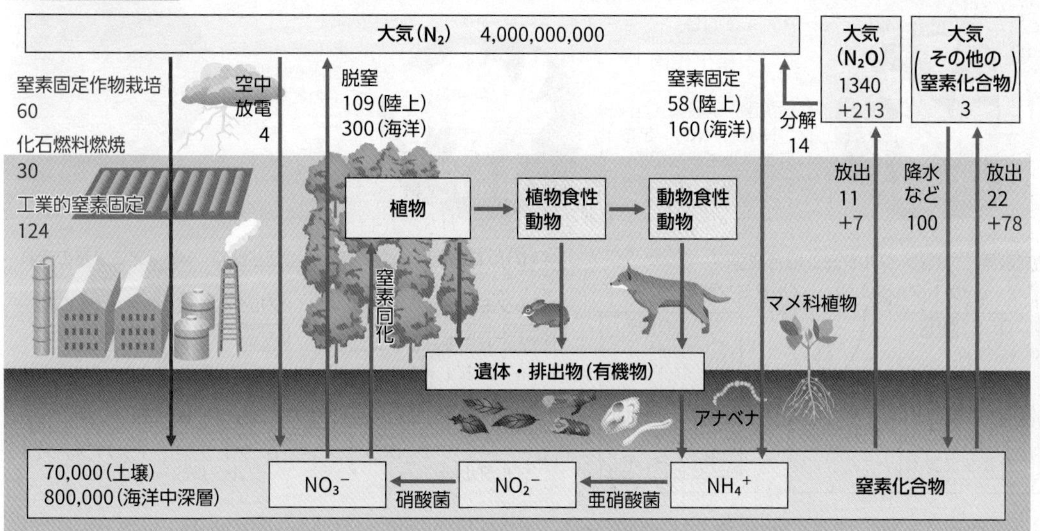

大気(N_2) 4,000,000,000
大気(N_2O) 1340 +213
大気（その他の窒素化合物） 3
窒素固定作物栽培 60
化石燃料燃焼 30
工業的窒素固定 124
空中放電 4
脱窒 109（陸上） 300（海洋）
窒素固定 58（陸上） 160（海洋）
分解 14
放出 11 +7
降水など 100
放出 22 +78
植物
植物食性動物
動物食性動物
窒素同化
マメ科植物
遺体・排出物（有機物）
アナベナ
70,000（土壌） 800,000（海洋中深層）
NO_3^-
硝酸菌
NO_2^-
亜硝酸菌
NH_4^+
窒素化合物

移動量，N_2Oの存在量の数値はIPCC第5次評価報告書(2013)，他の数値は角皆(1989)による

- 大気中のN_2は，窒素固定により窒素化合物となり，植物に取り込まれる。細菌による脱窒で再びN_2になる（▶p.246）。
- N_2O（一酸化二窒素）は温室効果ガス（▶p.256）の1つであり，人間活動により増加している。

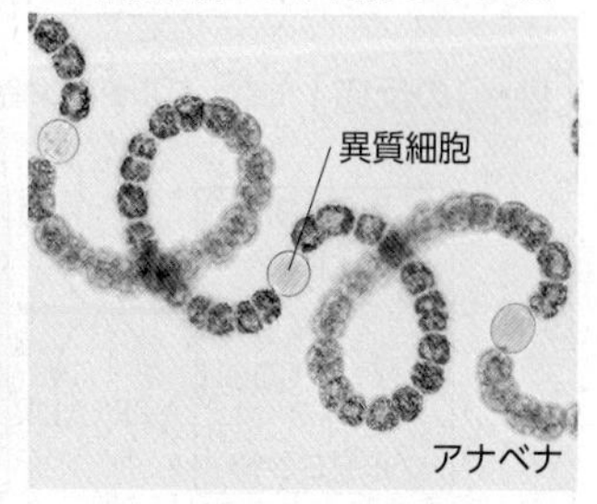

異質細胞
アナベナ

異質細胞（ヘテロシスト）とよばれる細胞内で窒素固定を行う。

つながる生物学 化学 工業的窒素固定

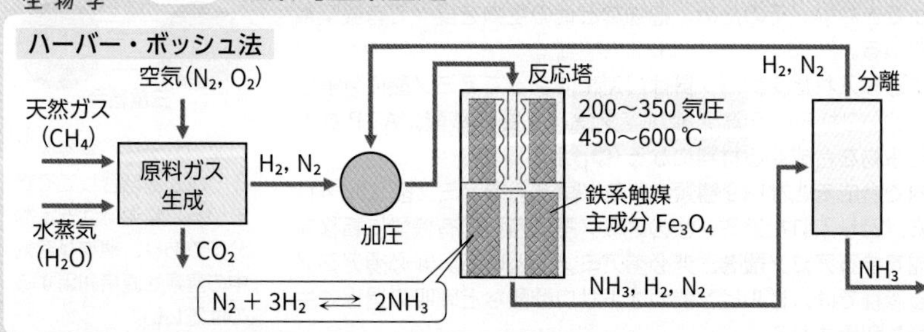

ハーバー・ボッシュ法
空気(N_2, O_2)
天然ガス(CH_4)
水蒸気(H_2O)
原料ガス生成
CO_2
H_2, N_2
加圧
反応塔
200〜350気圧
450〜600℃
鉄系触媒 主成分 Fe_3O_4
$N_2 + 3H_2 \rightleftarrows 2NH_3$
NH_3, H_2, N_2
H_2, N_2
分離
NH_3

空気中の窒素から，工業的に窒素肥料を作る方法が開発され，農産物の生産量は大幅に増加した。現在，ハーバー・ボッシュ法によるアンモニア製造が工業的窒素固定の大部分を占める。これは，窒素を高温・高圧のもとで，鉄を主成分とする触媒を使って水素と反応させる方法である。

工業的窒素固定の量は，陸上での自然の窒素固定量の2倍にも達していると推定されている。

Q 工業的窒素固定は，人間生活や地球環境にどのような影響を与えているか。利点と問題点を考えてみよう。

つながる生物学 A 工業的窒素固定は，窒素肥料による食料の増産を可能にし，20世紀の急激な人口増加を支えた。しかし，農地から流出した肥料分が湖沼や内湾に流れ込んで富栄養化（▶p.251）を起こし，生態系のバランスを大きく変動させている。

1 窒素同化と窒素の移動

植物は土壌中の窒素成分をとり入れ，アミノ酸をつくる。 ▶p.245

生物が，外界から窒素化合物をとり入れ，タンパク質などの有機窒素化合物につくりかえる働きを**窒素同化**という。

多くの植物は，空気中の窒素を直接利用できないので，根から吸収した無機窒素化合物から有機化合物を合成する。動物は，植物が合成した有機窒素化合物をとり入れて，必要な有機窒素化合物につくりかえている。

A 植物の窒素同化のしくみ

❶根から吸収されたNO_3^-は，NADH（またはNADPH）などによってNO_2^-，そしてNH_4^+へ還元される（**硝酸還元**）。

❷ NH_4^+はグルタミン酸と結合してグルタミンになる。

❸グルタミンは呼吸などでつくられたα－ケトグルタル酸と反応し，2個のグルタミン酸になる。

❹グルタミン酸のアミノ基（$-NH_2$）が各種の有機酸に転移されて，いろいろなアミノ酸ができる。グルタミン酸はα－ケトグルタル酸に戻る。

❺いろいろなアミノ酸がもとになって，タンパク質など有機窒素化合物がつくられ，植物体の各部で利用される。

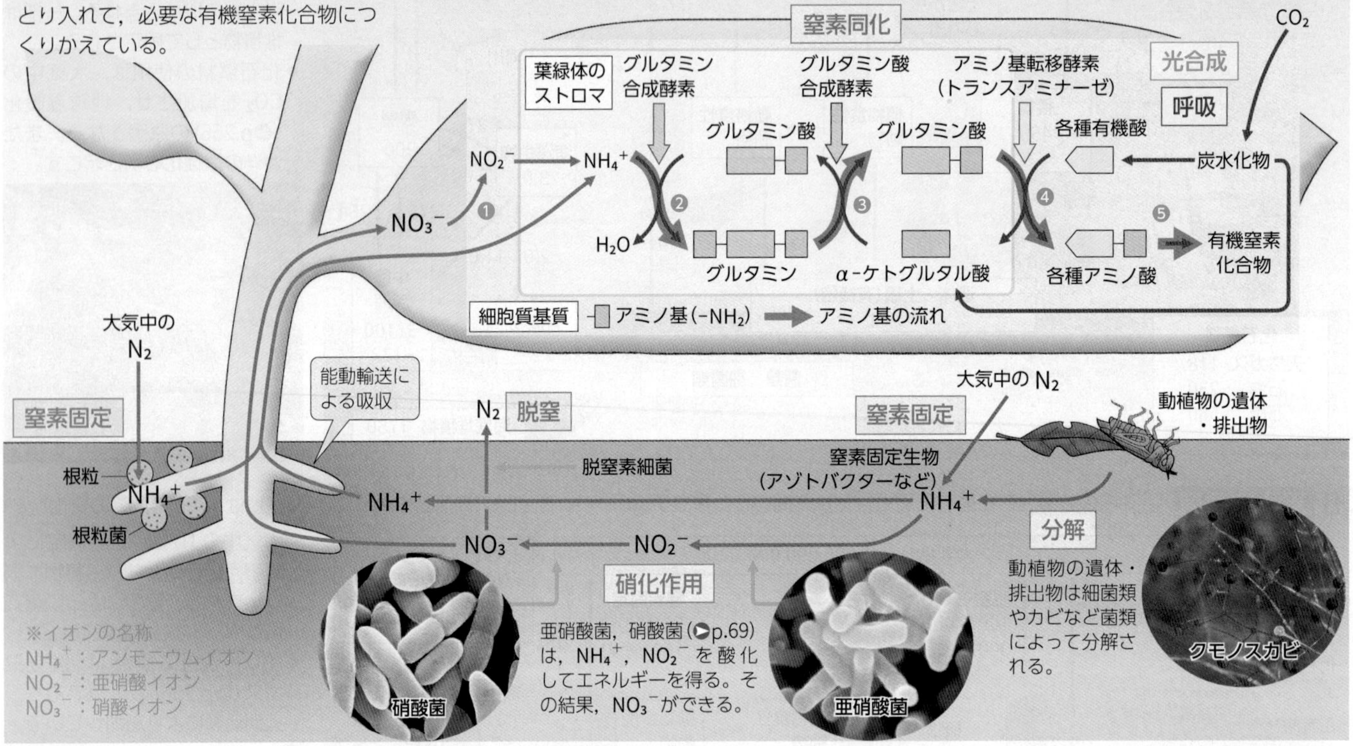

窒素同化
CO_2
葉緑体のストロマ
グルタミン合成酵素
グルタミン酸合成酵素
アミノ基転移酵素（トランスアミナーゼ）
光合成
呼吸
グルタミン酸
グルタミン酸
各種有機酸
NO_2^-
NH_4^+
炭水化物
NO_3^-
H_2O
グルタミン
α－ケトグルタル酸
各種アミノ酸
有機窒素化合物
細胞質基質
アミノ基（$-NH_2$）
アミノ基の流れ
大気中のN_2
能動輸送による吸収
N_2
脱窒
窒素固定
大気中のN_2
窒素固定
動植物の遺体・排出物
根粒
NH_4^+
根粒菌
脱窒素細菌
窒素固定生物（アゾトバクターなど）
NH_4^+
NH_4^+
NO_3^-
NO_2^-
分解
硝化作用
動植物の遺体・排出物は細菌類やカビなど菌類によって分解される。
亜硝酸菌，硝酸菌（▶p.69）は，NH_4^+，NO_2^-を酸化してエネルギーを得る。その結果，NO_3^-ができる。
硝酸菌
亜硝酸菌
クモノスカビ
※イオンの名称
NH_4^+：アンモニウムイオン
NO_2^-：亜硝酸イオン
NO_3^-：硝酸イオン

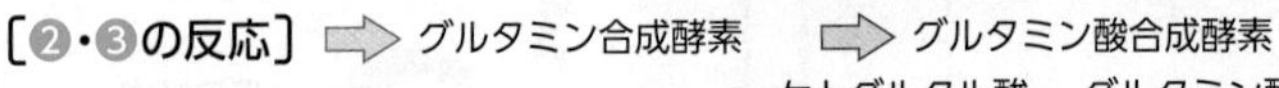

［❷・❸の反応］ グルタミン合成酵素 グルタミン酸合成酵素

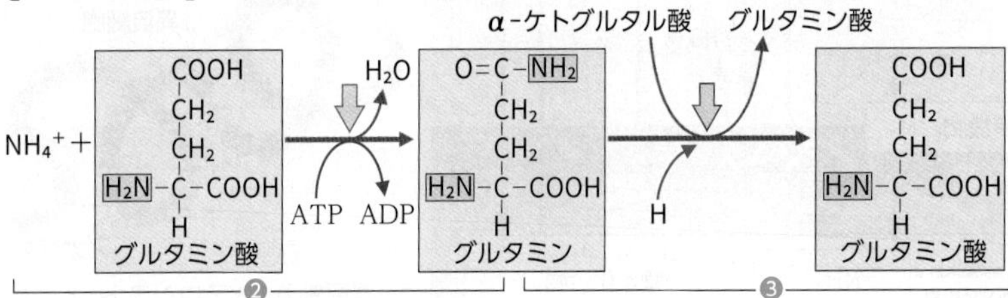

NH_4^+＋
COOH
CH_2
CH_2
H_2N－C－COOH
H
グルタミン酸
H_2O
ATP ADP
O＝C－NH_2
CH_2
CH_2
H_2N－C－COOH
H
グルタミン
α－ケトグルタル酸
グルタミン酸
H
COOH
CH_2
CH_2
H_2N－C－COOH
H
グルタミン酸
❷
❸

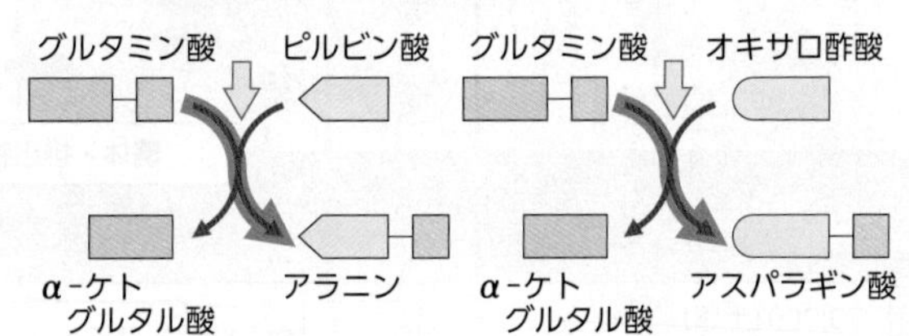

［❹の反応例］ アミノ基転移酵素 アミノ基の流れ
グルタミン酸
ピルビン酸
グルタミン酸
オキサロ酢酸
α-ケトグルタル酸
アラニン
α-ケトグルタル酸
アスパラギン酸

B 動物の窒素同化のしくみ

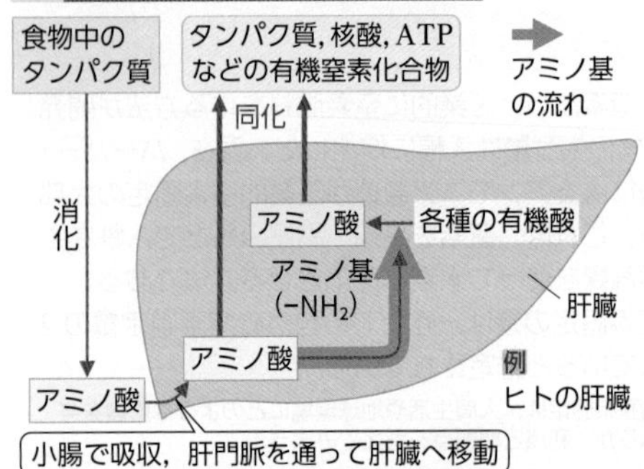

食物中のタンパク質
タンパク質，核酸，ATPなどの有機窒素化合物
アミノ基の流れ
同化
消化
アミノ酸
各種の有機酸
アミノ基（$-NH_2$）
肝臓
アミノ酸
例 ヒトの肝臓
アミノ酸
小腸で吸収，肝門脈を通って肝臓へ移動

動物は，無機窒素化合物から直接タンパク質などの有機窒素化合物をつくることができない。そのため，植物など他の生物を食べて有機窒素化合物を得ている。

食物としてとり入れたタンパク質は，消化によってアミノ酸に分解される（▶p.157）。これらのアミノ酸が，タンパク質や核酸，ATPなどの有機窒素化合物を合成する材料になる（▶p.155）。

ヒトが体内で合成できない9種類のアミノ酸を必須アミノ酸（▶p.41）という。一方，とり入れたアミノ酸のアミノ基を各種の有機酸に転移することで合成できるアミノ酸を，非必須アミノ酸という。非必須アミノ酸を合成する過程では，ピルビン酸やオキサロ酢酸など呼吸の過程で生成する有機酸も利用される。

Memo 窒素分子

窒素分子の分子モデル

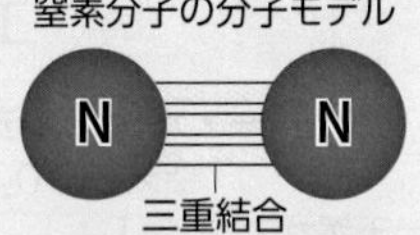

N
N
三重結合

窒素分子は，窒素原子2つが三重結合してできている。常温では安定な分子であり，植物が空気中の窒素を直接利用するのは難しい。

プチ雑学 雷が多いと豊作になるという言い伝えがある。これは，雷のエネルギーにより大気中の窒素が酸化され，亜硝酸や硝酸として雨とともに土中に入り込み，窒素肥料の役割を果たすため，と考えられている。

Keywords ●窒素同化 nitrogen assimilation ●窒素固定 nitrogen fixation ●硝酸還元 nitrate reduction
●アミノ酸 amino acid ●根粒 root nodule, root tubercle
●根粒菌 leguminous bacteria, root nodule bacteria ●肥料 fertilizer, manure

生 2 窒素固定
ある種の細菌は，土壌中の窒素成分からではなく，直接空気中の窒素をとり入れることができる。

A 窒素固定のしくみ

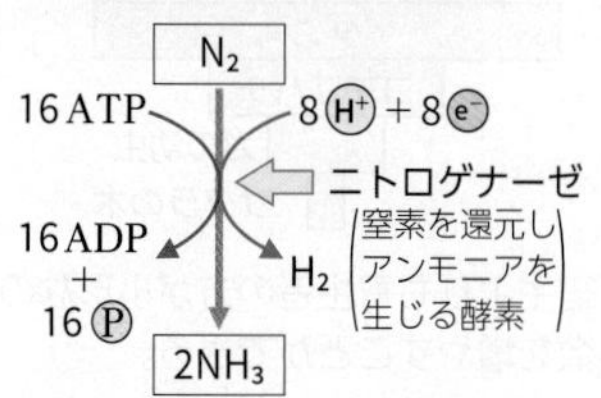

N_2
16ATP
8H^+＋8e^-
ニトロゲナーゼ
窒素を還元しアンモニアを生じる酵素
16ADP＋16Ⓟ
H_2
$2NH_3$

生物の中には，空気中の窒素からアンモニア(土壌中では NH_4^+)をつくり，アミノ酸などを合成するものがある。窒素をアンモニアに変える働きを**窒素固定**という。

B 窒素固定細菌

＊酸素のあるところでは好気性

生活様式	生物名	代謝	生活場所など
非共生	アゾトバクター	好気性	pH6.0 以上の土壌・水中に広く分布
	クロストリジウム	嫌気性	酸性土壌にも分布
	ロドスピリルム(光合成細菌，▶p.69)	通性嫌気性＊ 非酸素発生型光合成	沼土のような場所を好む
共生 非共生	ネンジュモ アナベナ (シアノバクテリア)	酸素発生型光合成	土壌・水中 ソテツなどの根に共生 アカウキクサの葉に共生
共生	リゾビウム(根粒菌)	好気性	マメ科植物と根粒をつくり共生
	フランキア(放線菌)	好気性	ハンノキなどと根粒をつくり共生
	シトロバクター	通性嫌気性＊	シロアリの腸に共生

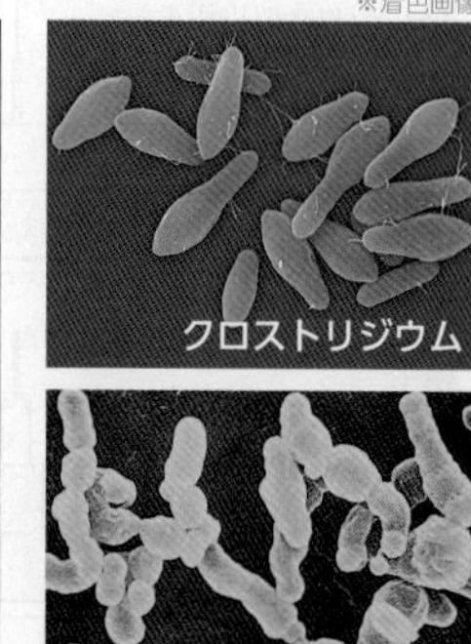
※着色画像
クロストリジウム
リゾビウム(根粒菌)
※着色画像

C 根粒と根粒菌

ダイズの根粒

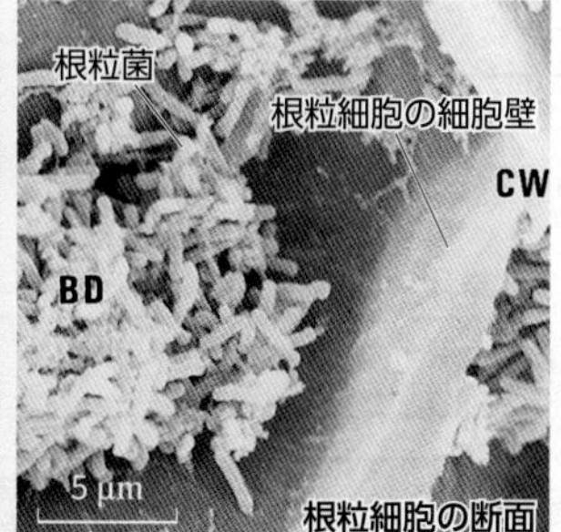

根粒菌
根粒細胞の細胞壁
CW
BD
5 μm

根粒細胞の断面

※ CW は細胞壁，BD は根粒菌が充満している根粒細胞を示す。

マメ科植物の根には，**根粒菌**(こんりゅうきん)が共生(▶p.242) し，**根粒**をつくっている。

共生しているとき，根粒菌は窒素固定によってアンモニウムイオンをつくる。そのアンモニウムイオンはそのまま，または植物からの炭水化物と結びついてアミノ酸となってから，植物が利用する。

根粒の形成過程 例 ダイズ

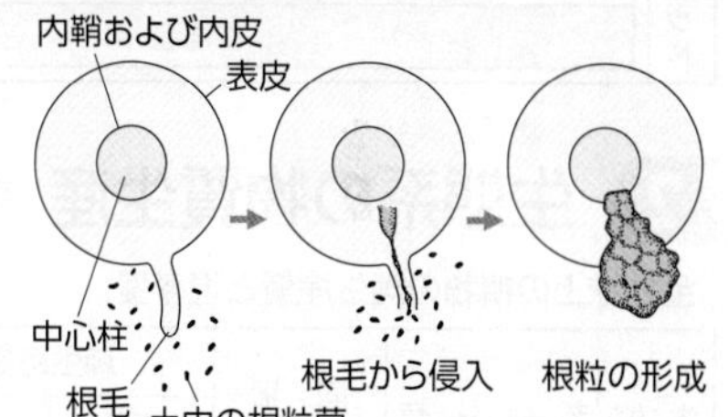

内鞘および内皮
表皮
中心柱
根毛
土中の根粒菌
根毛から侵入
根粒の形成

根の維管束は分岐して根粒とつながり，炭水化物やアミノ酸などの通路になる。

生 3 植物の生育と栄養
植物の生育にはいろいろな栄養が必要である。

A 植物に必要な元素
植物でも，水と二酸化炭素があれば生育できるわけではなく，そのほかに必要な元素を，土壌中の無機養分からとり入れる。

	元素	働き	吸収	欠乏症
多量元素(比較的多量に必要な元素)	C, H, O	タンパク質・脂質・炭水化物などの主要構成成分	CO_2, H_2Oとして	
	N	タンパク質・アミノ酸・核酸の構成成分	イオンとして根から吸収	葉の黄変・落葉，成長の抑制
	K	酵素の活性化因子として重要な元素		葉に黄色斑点，やがて，組織壊死(えし)・落葉
	P	核酸・リン脂質・ATP の構成成分		葉の成長は悪く，落葉
	Ca	細胞膜や細胞壁の構造・機能保持に役立つ		根・茎の先端部発育異常，葉の奇形
	S	アミノ酸として生体内酸化還元反応に関与する		植物は小形化，葉色淡くなる
	Mg	葉緑素の成分，酵素反応の活性化因子		葉の黄変・落葉
微量元素(微量でよい元素)	Fe…呼吸で重要なシトクロムの成分，葉緑素生成に必要 ほかに，Mn，B，Zn，Cu，Mo，Cl など			Fe…葉の黄変 Mn…葉に黄色斑点，落葉

K 欠乏症(トマト)

Fe 欠乏症(トマト)

B 肥料としての窒素

化学肥料(無機窒素肥料)	天然肥料(有機窒素肥料)
硫酸アンモニウム $(NH_4)_2SO_4$ 塩化アンモニウム NH_4Cl 硝酸アンモニウム NH_4NO_3 硝酸ナトリウム $NaNO_3$ 尿素 $CO(NH_2)_2$ 石灰窒素 $CaCN_2$	魚かす粉末 骨粉 ダイズ油かす 家畜糞・鶏糞 草木灰 堆肥・緑肥
水に溶けると，NH_4^+ や NO_3^- などになって，すぐ吸収される。	土中で微生物の働きにより NH_4^+ や NO_3^- にまで分解されてから吸収される。

水田とレンゲソウ

マメ科のレンゲソウは，水田に植えて田植え前に土に混ぜ，肥料(緑肥)として使われることがある。

トマト
正常
窒素欠乏

窒素肥料は葉を大きく，茎を長くする。

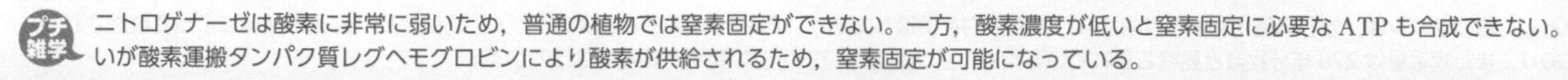
プチ雑学 ニトロゲナーゼは酸素に非常に弱いため，普通の植物では窒素固定ができない。一方，酸素濃度が低いと窒素固定に必要な ATP も合成できない。根粒内では，酸素濃度は低いが酸素運搬タンパク質レグヘモグロビンにより酸素が供給されるため，窒素固定が可能になっている。

1 生態ピラミッド
栄養段階が上がるにつれて，個体数・生物量・生産力は一般に減少し，ピラミッド状になる。

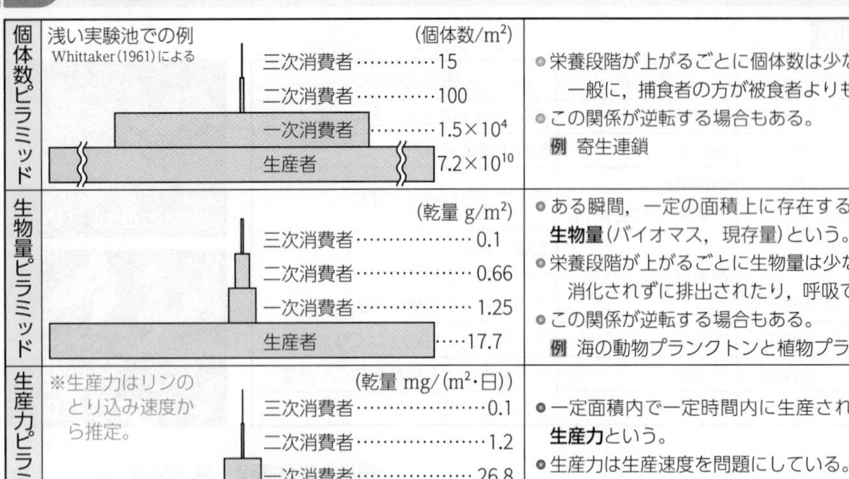
個体数ピラミッド
浅い実験池での例
Whittaker (1961) による
(個体数/m²)
三次消費者…………15
二次消費者…………100
一次消費者…………1.5×10⁴
生産者 7.2×10¹⁰
生物量ピラミッド
(乾量 g/m²)
三次消費者………0.1
二次消費者………0.66
一次消費者………1.25
生産者……17.7
生産力ピラミッド
※生産力はリンのとり込み速度から推定。
(乾量 mg/(m²・日))
三次消費者………0.1
二次消費者………1.2
一次消費者………26.8
生産者……280

- 栄養段階が上がるごとに個体数は少なくなる。
  一般に，捕食者の方が被食者よりも大形であるため。
- この関係が逆転する場合もある。
  例 寄生連鎖

- ある瞬間，一定の面積上に存在する生物体の総量を**生物量**(バイオマス，現存量)という。
- 栄養段階が上がるごとに生物量は少なくなる。
  消化されずに排出されたり，呼吸で消費されるため。
- この関係が逆転する場合もある。
  例 海の動物プランクトンと植物プランクトン

- 一定面積内で一定時間内に生産される有機物の量を**生産力**という。
- 生産力は生産速度を問題にしている。
- 完全なピラミッド状になり，逆転することはない。

寄生連鎖 (個体数)

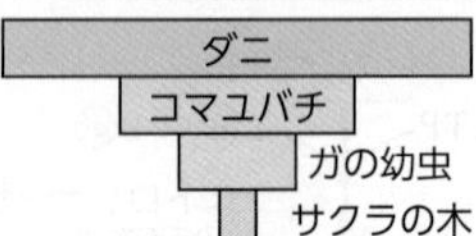
ダニ
コマユバチ
ガの幼虫
サクラの木

宿主よりも寄生者の方が小形なので数を増やすことができる。

イギリス海峡の例 (生物量)

動物プランクトン
植物プランクトン

植物プランクトンは１世代が短く，短期間に成長と被食・死滅をくり返す。このため，ある瞬間で動物プランクトンと植物プランクトンの生物量が逆転することがある。

2 生態系の物質生産
森林は，地球上の植物の現存量のうち大部分を占めている。

全地球上の植物の純生産量と現存量 Whittaker and Likens (1975) による

生態系の分類	面積 (10^6 km²)	純生産量 平均 (t/(ha・年))	純生産量 総量 (10^9 t/年)	現存量 平均 (t/ha)	現存量 総量 (10^9 t)
熱帯多雨林	17.0	22	37.4	450	765
雨緑樹林	7.5	16	12	350	260
照葉・硬葉樹林	5.0	13	6.5	350	175
夏緑樹林	7.0	12	8.4	300	210
針葉樹林	12.0	8	9.6	200	240
森林小計	48.5	15	73.9	340	1650
疎林・草原・砂漠	82.5	3.4	27.7	17	142.5
農耕地	14.0	6.5	9.1	10	14
湖沼・河川・沼沢地	4.0	17	4.5	75.1	30.1
全陸地小計	149	7.73	115	123	1837
海洋	361	1.52	55.0	0.1	3.9
全地球上の合計	510	3.33	170	36	1841

森林 草原など 海洋
面積
純生産量 疎林・草原・砂漠 農耕地 湖沼
現存量 熱帯多雨林 雨緑樹林 照葉・硬葉樹林 夏緑樹林 針葉樹林
0 20 40 60 80 100(%)

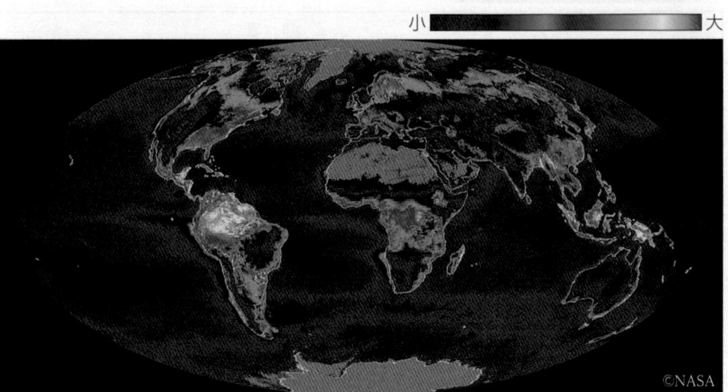
小
大
©NASA

上の図は，1年・1 m² あたりの炭素固定量(kg)を相対的に示している。

A 森林の総生産量の配分

極相林では成長量はわずかで，総生産量に対する呼吸量の割合が大きい。幼齢林は成長量が大きく，非同化器官(▶p.220)の呼吸量の割合が小さい。

総生産量 = 純生産量 + 呼吸量

総生産量		
純生産量		呼吸量
枯死量	成長量	

※森林では被食量の割合は小さい。

熱帯多雨林 吉良ほか (1967) による

幹 葉 枝 根 呼吸量 純生産量 枯死 成長量 葉 葉以外 幹 枝

総生産量：123 t/(ha・年)

コジイ幼齢林 只木 (1968) による

葉 呼吸量 根・幹・枝 純生産量 葉 枯死 成長量 幹 葉以外 根 枝 根

総生産量：52 t/(ha・年)

B 森林の成長量と純生産量
只木・蜂屋 (1968) による

シラビソ天然林
総生産量
葉の呼吸量
根・幹・枝の呼吸量
純生産量
生産量 (t/(ha・年)) 0 20 40
現存量 (t/ha) 0 100 200 300

- 森林が成長するにしたがって葉が増加する。このため総生産量が増加するが，やがて葉量は一定になる。
- 根・幹・枝の呼吸量がしだいに増加するため，純生産量はしだいに減少する。

プチ雑学 窒素とともに無機養分として重要なリンは，岩石の風化により供給され，生態系内を循環したあと，最終的に海底に堆積する。人工的にはリン鉱石の採掘によって供給されるが，産出地が限られており，また埋蔵量は270年分程度と見積もられているため，リン資源の持続可能な利用が課題となっている。

Keywords ●生態ピラミッド ecological pyramid ●物質生産(量) matter production ●総生産量 gross production ●純生産量 net production ●現存量 standing crop ●成長量 growth increment ●エネルギー効率 energy efficiency

基生 3 食物連鎖における物質・エネルギー収支 栄養段階が上がるほど，利用できるエネルギーは少なくなる。

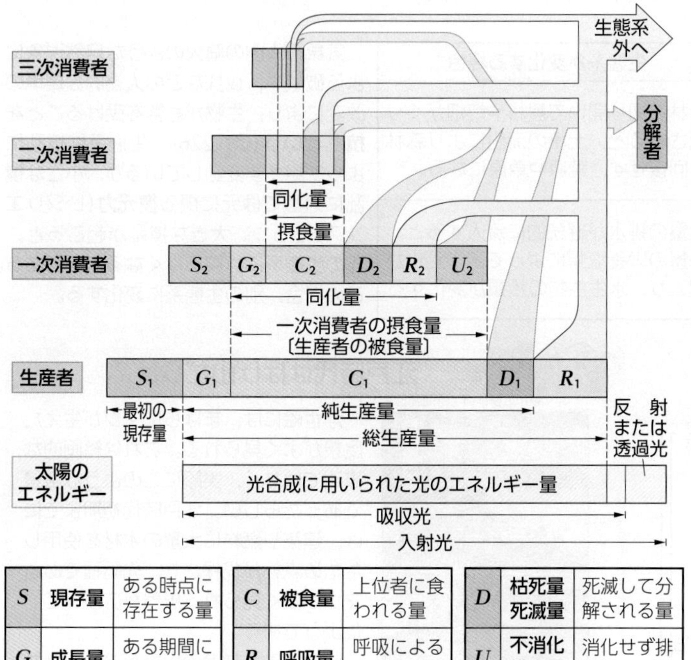

三次消費者
二次消費者
一次消費者
生産者
太陽のエネルギー
生態系外へ
分解者
同化量
摂食量
S_2 G_2 C_2 D_2 R_2 U_2
同化量
一次消費者の摂食量〔生産者の被食量〕
S_1 G_1 C_1 D_1 R_1
最初の現存量
純生産量
総生産量
反射または透過光
光合成に用いられた光のエネルギー量
吸収光
入射光

S	現存量	ある時点に存在する量	C	被食量	上位者に食われる量	D	枯死量 死滅量	死滅して分解される量
G	成長量	ある期間に増加した量	R	呼吸量	呼吸による消費量	U	不消化排出量	消化せず排出される量

A 湖沼におけるエネルギー収支

Lindeman (1942) による
例 セダー・ボッグ湖（アメリカ）

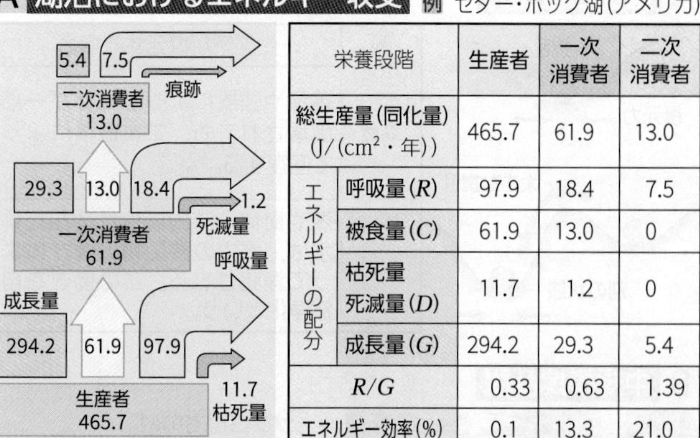

5.4 7.5 痕跡
二次消費者 13.0
29.3 13.0 18.4 1.2 死滅量
一次消費者 61.9
呼吸量
成長量
294.2 61.9 97.9
11.7 枯死量
生産者 465.7
光合成
465.7
未利用
太陽の入射エネルギー 497360 J/(cm²・年)

栄養段階		生産者	一次消費者	二次消費者
総生産量（同化量）(J/(cm²・年))		465.7	61.9	13.0
エネルギーの配分	呼吸量(R)	97.9	18.4	7.5
	被食量(C)	61.9	13.0	0
	枯死量 死滅量(D)	11.7	1.2	0
	成長量(G)	294.2	29.3	5.4
R/G		0.33	0.63	1.39
エネルギー効率(%)		0.1	13.3	21.0

栄養段階が上がるほど成長量に対する呼吸量の割合(R/G)が大きくなる。これは，捕食活動に多くのエネルギーを消費していることを示す。また一般に消費者のエネルギー効率は生産者よりも高い。

$$\text{生産者のエネルギー効率(\%)} = \frac{\text{総生産量}}{\text{入射した太陽の光エネルギー}} \times 100$$

$$\text{消費者のエネルギー効率(\%)} = \frac{\text{同化量}}{\text{1つ下の栄養段階の同化量(総生産量)}} \times 100$$

物質・エネルギーの量的関係

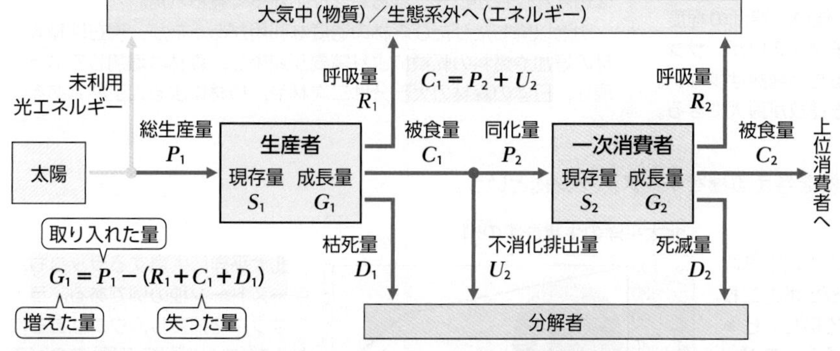

大気中(物質)／生態系外へ(エネルギー)
未利用光エネルギー
呼吸量 R_1
$C_1 = P_2 + U_2$
呼吸量 R_2
総生産量 P_1
被食量 C_1
同化量 P_2
被食量 C_2
太陽
生産者 現存量 成長量 S_1 G_1
一次消費者 現存量 成長量 S_2 G_2
上位消費者へ
取り入れた量
$G_1 = P_1 - (R_1 + C_1 + D_1)$
増えた量
失った量
枯死量 D_1
不消化排出量 U_2
死滅量 D_2
分解者

エネルギーは生態系内において，有機物の化学エネルギーとして流れるので，エネルギー収支を表す式は物質収支と同じ形となる。

たとえば，呼吸量は，物質収支では「呼吸により失われる有機物の重量」である。エネルギー収支では「呼吸により失われる有機物のもつエネルギー量」であり，熱エネルギーとして生態系外に失われる量に等しい。

	物質収支	エネルギー収支
意味	有機物の重量	有機物のもつエネルギー量
単位	例 kg/年，kg/(m²・年)	例 J/年，J/(m²・年)

つながる生物学 物理 エネルギーはなぜ循環しないのか

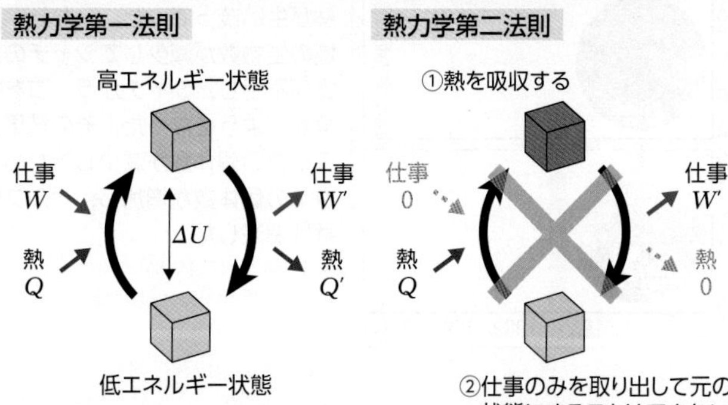

熱力学第一法則
高エネルギー状態
仕事 W
熱 Q
ΔU
仕事 W'
熱 Q'
低エネルギー状態
$\Delta U = W + Q$
物体のもつエネルギーの変化
物体に出入りする仕事と熱の和
熱力学第二法則
①熱を吸収する
仕事 0
熱 Q
仕事 W'
熱 0
②仕事のみを取り出して元の状態にすることはできない
熱を仕事に 100% 変換することはできない

生態系において，物質は生態系を循環するが，エネルギーは利用された後，最終的に生態系外に放出される。

熱力学第一法則によれば，エネルギーの量は保存され，消えてしまうことはない。生物がエネルギーを利用しても，放出される熱エネルギーを考えると総量は同じである。では，この放出されたエネルギーを回収して再利用すれば，エネルギーを循環させることができるのではないだろうか。

しかし，**熱力学第二法則**によれば，エネルギーには質的な差がある。仕事を熱に変えることは簡単だが，逆に，熱を仕事に変えるのは難しい。生物に利用されたエネルギーは，しだいに使いにくい熱の形に変わってしまう。エネルギーの量は変わらないが，質はしだいに劣化していくのである。この使えなくなった熱は，生態系外に放出して捨てるしかない。よって，エネルギーは循環しない。

周囲から熱エネルギーを吸収して，それをすべて仕事に変える装置を第二種永久機関という。これは，エネルギーを循環させ永久に利用する夢の装置である。熱力学第二法則は，このような装置は実現できないことを表している。

プチ雑学 森林での植物の現存量は，すべて刈り取って調査することは難しいため，樹木の直径や高さの測定値から推定する。エネルギー量は乾燥重量から換算され，植物の種類により異なるが 1g あたりおよそ 17 ～ 20kJ である。

1 生態系のバランス

生態系には，撹乱に対し元に戻ろうとする復元力が働く。

A 撹乱と復元力

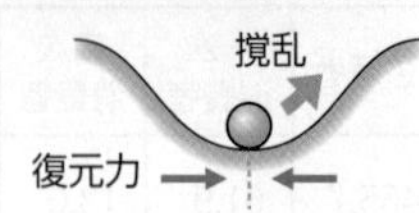

撹乱
復元力

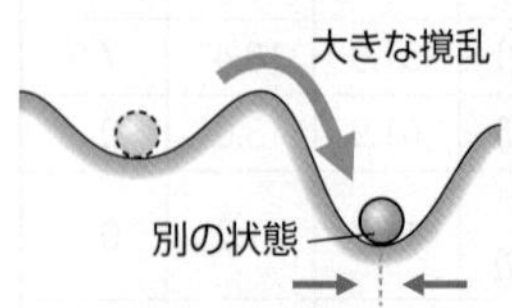

大きな撹乱
別の状態

例	生態系が復元する場合	生態系が変化する場合
森林	落雷や強風によって森林が一部破壊されても，二次遷移によって回復する。	森林を切り開いて農耕や焼畑がくり返されると，土壌の流出により森林は回復せず，荒原や草原になる。
水界	湖や海に一時的に流れ込んだ排水は，水中の微生物の働きによって浄化される。この働きを**自然浄化**という。	大量の排水が継続的に流入すると，多量の栄養塩類によって富栄養化が起こり，水生生物の種類が変化する。

気象や火山の噴火のような自然現象による破壊や，伐採などの人為的な環境の改変により，生物が影響を受けることを**撹乱**(かくらん)という(▶p.226)。生態系は撹乱によって絶えず変動しているが，小さな撹乱に対しては元に戻る**復元力**(レジリエンス)をもつ。大きな撹乱が起こると，元の生態系には戻らなくなることがある。この場合，別の生態系に変化する。

B 中規模撹乱説

倒木

撹乱が多い場所では撹乱に強い種が生き残り，撹乱が少ない場所では種間の競争(▶p.240)に強い種が生き残る。他は絶滅するので，多様性は少なくなる。

中程度の撹乱を受けるときに，種の多様性は最大になると考えられる。これを，**中規模撹乱説**(ちゅうきぼかくらんせつ)という。

サンゴ礁での例

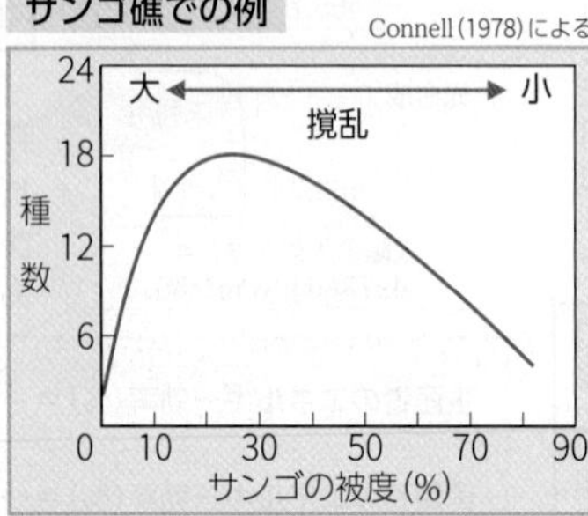

Connell (1978) による
大
撹乱
小
種数
24
18
12
6
0
10
30
50
70
90
サンゴの被度(%)

サンゴは波浪(はろう)によって撹乱を受ける。撹乱の程度が大きい場所では被度(海底をおおう割合)は低い。撹乱の程度が小さい場所では被度は高いが，サンゴ間で競争が起こるため種数は少ない。撹乱が中程度のとき種数が最大になる。

つながる生物学　歴史　江戸時代ははげ山だらけ？

丹波

歌川広重「六十余州名所図会」

浮世絵には，まばらにマツが生えた風景がよく見られる。これは絵画的な表現ではなく，実際にこのような風景であったらしい。江戸時代初期までには，建築や燃料に大量の木材を使用したため森林が伐採され，先駆種であるマツが多く見られる風景が広がっていたようである。

頻繁に洪水などの災害が発生したため，藩による森林の保護や植林が行われた。しかし，村の入会地(いりあい)(共有地)では過度な伐採が続き，なおもはげ山が多く見られた。

明治以降もたびたび森林の過度な利用があったが，現在は輸入材の増加や燃料の転換により需要が減少し，森林は増加している。現在，日本の森林の大部分は二次林や，植林による人工林である。

2 キーストーン種

生態系に大きな影響を与える種をキーストーン種という。

岩礁潮間帯の生物群集の例

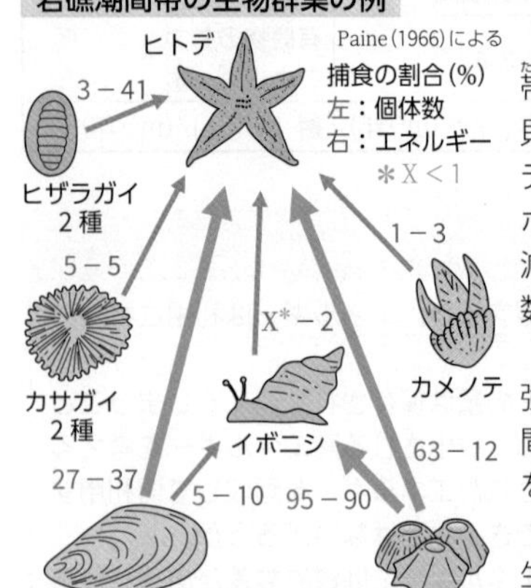

Paine (1966) による
ヒトデ
捕食の割合(%)
左：個体数
右：エネルギー
＊X＜1
3－41
ヒザラガイ 2種
5－5
カサガイ 2種
X*－2
1－3
カメノテ
イボニシ
63－12
27－37
5－10
95－90
二枚貝(ムラサキイガイの仲間) 1種
フジツボ 3種

この生物群集においては，ヒトデが**キーストーン種**である。

アメリカの北西海岸の岩礁潮間帯(がんしょうちょうかんたい)では，ヒトデがフジツボと二枚貝を特に多く捕食していた。ヒトデを実験的にとり除くと，フジツボと二枚貝が急増して他の種が激減し，この潮間帯の生物群集の種数は半減した。

このように，捕食者が競争力の強い種を好んで捕食する場合，種間競争を抑え，生物群集の多様性を高めることが知られている。

ヒトデのように，数は少ないが，生態系に大きな影響を与える種を**キーストーン種**という。キーストーン種は生物群集内で優占しているとは限らない。

北太平洋の生物群集の例

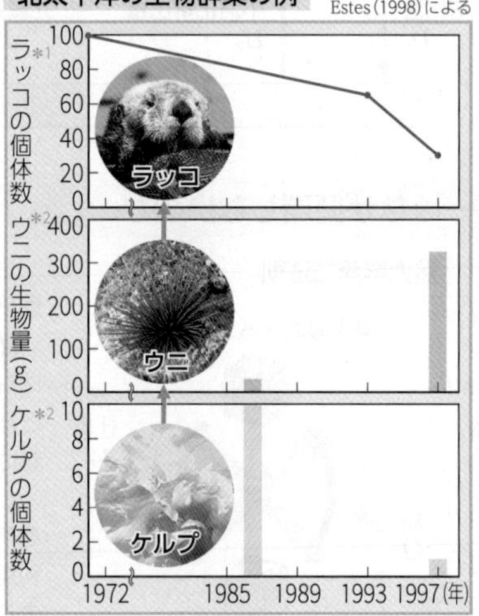

Estes (1998) による
ラッコの個体数*1
100
80
60
40
20
0
ラッコ
ウニの生物量(g)*2
400
300
200
100
0
ウニ
ケルプの個体数*2
10
8
6
4
2
0
ケルプ
1972
1985
1989
1993
1997(年)

北太平洋に生息するラッコも，キーストーン種の例である。ラッコはウニを捕食し，ウニはおもにケルプ(コンブ科の海藻)を食べる。

ラッコの個体数が多い海域では，ウニの個体数は少なく，ケルプの林が生い茂っていた。しかし，海域の生物数が減少してシャチのえさが不足し，シャチがラッコを捕食するようになった。その結果，ラッコの個体数が減少したため，ウニの個体数が増加し，ケルプの林は消滅した。

＊1 最大目視数(%)
＊2 0.25 m^2 あたりの値

間接効果

競争や捕食などの関係で直接つながっていない生物間で影響をおよぼすことを**間接効果**(かんせつこうか)という。キーストーン種の影響は，間接効果によるところも大きい。

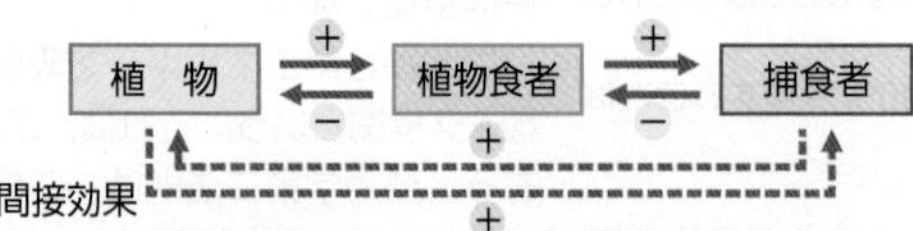

植物
植物食者
捕食者
+
−
+
−
+
間接効果
+

植物－植物食者－捕食者の3者からなる場合を考える。植物が増加すると，植物食者が増加するので，捕食者も増加する。一方，捕食者が増加すると，植物食者は減少するので，植物は増加する。

プチ雑学 オオタカのような食物連鎖の最高位の生物は，食物連鎖を通じて多くの生物の影響を受けている。生態系の保全において，このような生物を保全することは，食物連鎖の下位の多くの生物を保全することにつながる。そのため，これをアンブレラ種とよび，保全のターゲットとされる。

基生 3 自然浄化と水質の汚染

河川や海の自然浄化の範囲を超えた量の排水が流入すると，水質の汚染が進む。

A 河川の自然浄化

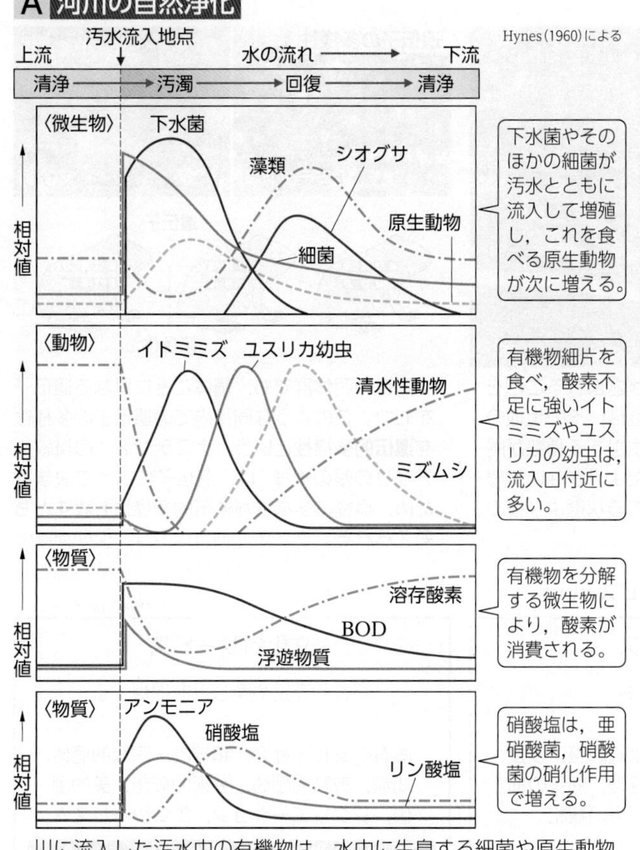
Hynes(1960)による
汚水流入地点
上流
水の流れ
下流
清浄
汚濁
回復
清浄
〈微生物〉
下水菌
藻類
シオグサ
原生動物
細菌
相対値
下水菌やそのほかの細菌が汚水とともに流入して増殖し，これを食べる原生動物が次に増える。
〈動物〉
イトミミズ
ユスリカ幼虫
清水性動物
ミズムシ
有機物細片を食べ，酸素不足に強いイトミミズやユスリカの幼虫は，流入口付近に多い。
〈物質〉
溶存酸素
BOD
浮遊物質
有機物を分解する微生物により，酸素が消費される。
〈物質〉
アンモニア
硝酸塩
リン酸塩
硝酸塩は，亜硝酸菌，硝酸菌の硝化作用で増える。

川に流入した汚水中の有機物は，水中に生息する細菌や原生動物などの働きで分解され，川は浄化される。

B 海や湖沼の富栄養化

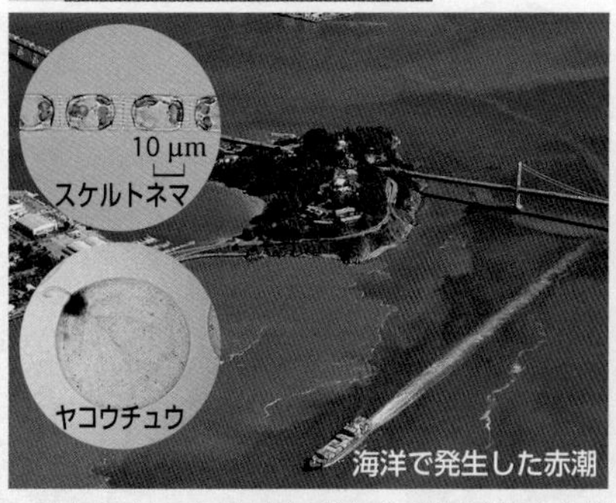
10 µm
スケルトネマ
ヤコウチュウ
海洋で発生した赤潮

ミクロキスチス
淡水湖で発生したアオコ

多量のリンや窒素などを含む生活排水や農地からの排水が海や湖沼に流入すると，**富栄養化**してプランクトンが増殖し，**赤潮**(あかしお)や**アオコ**(**水の華**)が発生する。このような水域では，有毒物質が発生することや，プランクトンの死骸が分解されて水中の酸素が消費され，魚介類が死滅することがある。

C 水質汚染の指標 化学的水質判定

指　標	指標の内容	環境基準値
pH (水素イオン指数)	溶液中の水素イオン濃度を示す指数で，溶液の酸性アルカリ性の強さを示す。富栄養化が進むと，植物プランクトンの光合成で水中の二酸化炭素が減少するため，アルカリ性が強まる。	6.0 ～ 8.5
BOD (生物化学的酸素要求量)	水中の好気性微生物の呼吸により消費される酸素量。値が大きいほど，水中の有機物汚染度は高い。	5 mg/L 以下 ※河川の場合
COD (化学的酸素要求量)	水中の有機物を $KMnO_4$ などの酸化剤で分解したときに消費される酸素量。値が大きいほど，水中の有機物汚染度は高い。	8 mg/L 以下 ※湖沼の場合
DO (溶存酸素量)	水中に溶けている酸素の量。水が浄化するにしたがって溶存酸素量は多くなる。	5 mg/L 以上

D 指標生物

河川や湖沼に生息する生物の種類を調べることで，水質の汚染の度合いを知ることができる(**生物学的水質判定**)。

水質階級Ⅰ(きれいな水)	水質階級Ⅱ(少しきたない水)	水質階級Ⅲ(きたない水)	水質階級Ⅳ(大変きたない水)
カワゲラ ヒラタカゲロウ ヤマトビケラ ヘビトンボ ブユ　アミカ サワガニ　ウズムシ	コガタシマトビケラ オオシマトビケラ ヒラタドロムシ ゲンジボタル コオニヤンマ　ヤマトシジミ イシマキガイ　カワニナ	タイコウチ ミズムシ イソコツブムシ ニホンドロソコエビ タニシ ヒル	セスジユスリカ アメリカザリガニ チョウバエ サカマキガイ エラミミズ
(図：カワゲラ，ヒラタカゲロウ)	(図：コガタシマトビケラ)	(図：ヒル，ミズムシ)	(図：セスジユスリカ，サカマキガイ)

基生 4 下水処理

生物の働きを利用して下水の処理が行われる。

A 活性汚泥法

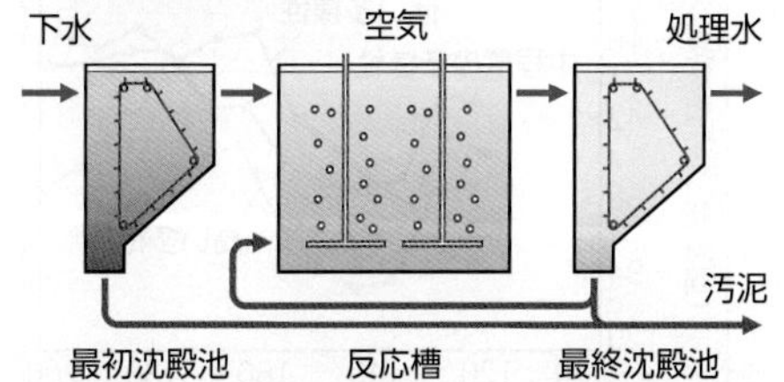
下水
空気
処理水
汚泥
最初沈殿池
反応槽
最終沈殿池

下水に空気を送ることで，水中の微生物により有機物が分解される。増殖した微生物の集合体を活性汚泥といい，細菌類のほか，ツリガネムシ，ワムシなどが含まれる。

B 高度処理 嫌気-無酸素-好気法(A2O 法)

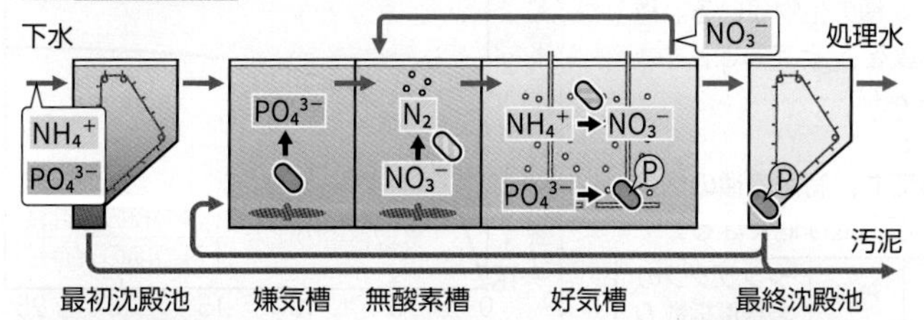
下水
NO_3^-
処理水
NH_4^+
PO_4^{3-}
PO_4^{3-}
N_2
NO_3^-
$NH_4^+ \rightarrow NO_3^-$
$PO_4^{3-} \rightarrow$ P
P
汚泥
最初沈殿池
嫌気槽
無酸素槽
好気槽
最終沈殿池

富栄養化の防止のため，リン，窒素を除去する高度処理が行われている。通常の処理ではリン・窒素の除去率は 50% 程度であるが，高度処理では 70 ～ 80% 以上除去できる。

リンの除去

嫌気槽でリン蓄積細菌(PAO)はリンを放出する。その後 PAO は好気槽に入ると大量のリンを吸収する。後に汚泥として除かれる。

窒素の除去

窒素は好気槽で硝化菌により酸化された後，無酸素槽へ送られる。脱窒素細菌により窒素ガスに還元され，大気中に放出される。

プチ雑学 1970 年代以降の排出規制により，富栄養化による問題はかなり改善したが，近年は逆に貧栄養による水産資源の減少が新たな問題となっている。瀬戸内海では，従来の水質，景観の保全に加え，藻場・干潟などの沿岸環境の保全・再生や，水産資源の持続的利用が目標として定められた。

生物の多様性

1 生物の多様性

地球上には多様な種類の生態系や生物が存在し，人間は多様性から恩恵を受けている。

A 多様性の３つの階層

生態系の多様性

種の多様性

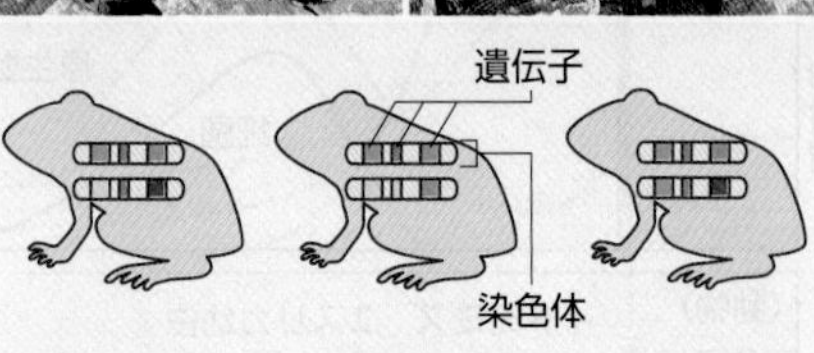
遺伝子の多様性
ナミテントウ
アサリ
遺伝子
染色体

気温や降水量が異なる地域では，生態系を構成する生物の種類や個体数にも違いが生じる。また，同じ気候の地域でも，林・河原・河川・草原など，さまざまな生態系が見られる。さまざまな生態系があることを，**生態系の多様性**という。

生物の集団に多様な生物種が含まれることを**種の多様性**という。種の多様性は，その土地の環境と歴史を反映している。生息する種数が同じ場合，種ごとに個体数のかたよりがない状態の方が，個体数のかたよりがある状態より種の多様性が高いといえる。

同種の個体群でも，個体ごとに異なる遺伝子をもつ。このような同種内での遺伝子の多様性を**遺伝的多様性**という。ナミテントウの斑紋（はんもん）やアサリの殻の模様*は，遺伝子によって決まるため，模様の多様さが遺伝的多様性を表すとも考えられる。＊アサリの殻の模様は，生息環境の影響も受ける。

B 生態系サービス

ヒトが生態系から得るさまざまな恩恵を，**生態系サービス**という。

分類はミレニアム生態系評価(2005)による

供給サービス

人間の生活に重要な資源を供給する

食料，繊維，燃料，木材，生物素材，遺伝子資源，薬用資源，観賞用資源，淡水

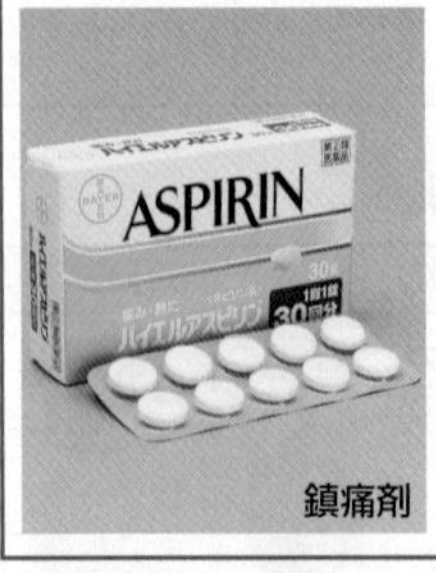
ASPIRIN
バイエルアスピリン
鎮痛剤

動物や植物から得られる物質は，薬用資源として利用されている。ヤナギの樹皮がもつ鎮痛作用の研究から得られたアセチルサリチル酸は，鎮痛剤の有効成分としてさまざまな薬に使用されている。

調整サービス

環境を制御する

大気質調整，気候調整，水量調整，侵食抑制，水質浄化，廃棄物処理，病気の抑制，病害虫の制御，自然災害の緩和

サロマ湖の塩性湿地(北海道)

文化的サービス

精神的充足や楽しみを提供する

固有の文化・社会，精神的・宗教的価値，知識，教育的価値，芸術的着想，美的価値，レクリエーション，エコツーリズム

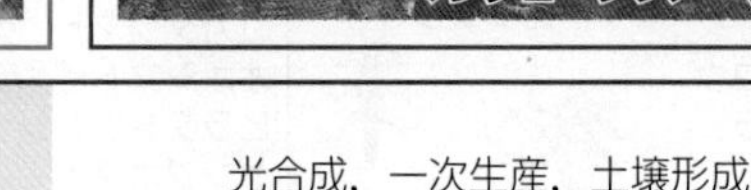
マングローブツアー(奄美大島)

基盤サービス

上の３つのサービスを支える

光合成，一次生産，土壌形成，栄養塩循環，水循環

C 多様度指数

種の多様性の大きさを数値で表したものを**多様度指数**とよぶ。シンプソンの多様度指数 D は次のように計算される。ある地域に S 種の生物がいる。種の個体数を $n_1 \sim n_S$，全個体数を N とすると，

$$D = 1 - \frac{n_1{}^2 + n_2{}^2 + \cdots + n_s{}^2}{N^2}$$

同じ種数，全個体数であっても，特定の種の個体にかたよっている場合，多様度指数は低くなる。

	種1	種2	種3	種4	シンプソンの多様度指数 D
A	30	30	30	30	0.75
B	60	30	20	10	0.65
C	100	10	5	5	0.30

D 生物多様性の働き

多様性と抵抗力

Tilman (1994) による

縦軸：現存量の比*（対数目盛り）　1, 1/2, 1/4, 1/8, 1/16
横軸：干ばつ前の種数　0, 5, 10, 15, 20, 25

＊現存量の比 = 干ばつ後の現存量 / 干ばつ前の現存量

草原に種数の異なる実験区を設置し，干ばつ前と干ばつ後を比較した。種数が多いほど現存量の比は大きく，抵抗力が高かった。

多様性と生産力

＊正の値は CO_2 の放出，負の値は CO_2 の吸収を表す。

Naeem (1994) による

縦軸：CO_2*変化量（ppm/48時間）　10, −16, −42, −68, −94, −120
横軸：経過日数　100, 120, 140, 160, 180, 200

低い多様性
中程度の多様性
高い多様性

種数が異なる生態系をつくり，CO_2 量の変化を調べた。多様性が高い生態系ほど CO_2 吸収量が大きく，生産力が高かった。

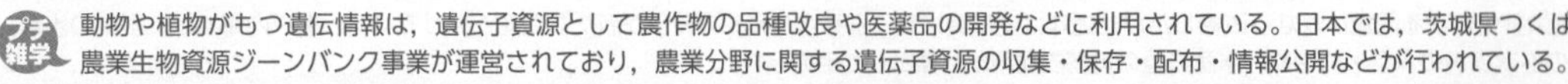
プチ雑学　動物や植物がもつ遺伝情報は，遺伝子資源として農作物の品種改良や医薬品の開発などに利用されている。日本では，茨城県つくば市の農業生物資源研究所が中心となって，農業生物資源ジーンバンク事業が運営されており，農業分野に関する遺伝子資源の収集・保存・配布・情報公開などが行われている。

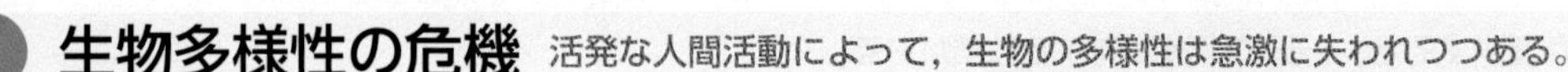
Keywords ●生物多様性 biodiversity ●生態系サービス ecosystem service ●絶滅 extinction ●絶滅危惧種 endangered species ●レッドリスト Red List

基生 2 生物多様性の危機 活発な人間活動によって，生物の多様性は急激に失われつつある。

A 危機の原因

温暖化
酸性雨
ダム化による
生息地の分断
SOx，NOx
CO2
森林の破壊
都市化による
生息地の破壊
人工海岸化による
生息地の破壊
外来生物の移入
富栄養化
乱獲

生物多様性が失われるおもな原因は，**生息地の破壊**，**乱獲**，**外来生物の移入**，**地球規模の変化**の4つに分類できる。

B 生物多様性のホットスポット

コンサベーション・インターナショナルによる

ホットスポット

生物多様性が豊富であるにもかかわらず，それが失われる危険性の高い地域を，生物多様性の**ホットスポット**という。非政府組織のコンサベーション・インターナショナルは，世界で36か所の地域をホットスポットに選定している。植物の50%，両生類の60%，は虫類の40%，鳥類・哺乳類の30%がこの地域に集中しているという。ホットスポットは重点的に保全すべき地域であり，日本も含まれる。

C 絶滅危惧種

環境省，IUCNによる

	区分	英名	説明
評価済み・十分なデータあり	絶滅	Extinct (EX)	すでに絶滅したと考えられる種
	野生絶滅	Extinct in the Wild (EW)	飼育・栽培下でのみ存続している種
絶滅危惧種	絶滅危惧ⅠA類（深刻な危機）	Critically Endangered (CR)	ごく近い将来における野生での絶滅の危険性が極めて高い種
絶滅危惧種	絶滅危惧ⅠB類（危機）	Endangered (EN)	ⅠA類ほどではないが，近い将来における野生での絶滅の危険性が高い種
絶滅危惧種	絶滅危惧Ⅱ類（危急）	Vulnerable (VU)	絶滅の危険が増大している種
	準絶滅危惧	Near Threatened (NT)	現時点での絶滅危険度は小さいが，環境の変化によっては「絶滅危惧」となる可能性がある種
	低懸念	Least Concern (LC)	上記に該当しない種
評価済み	データ不足	Data Deficient (DD)	評価の情報が不足している種
	絶滅のおそれのある地域個体群	Threatened Local Population (LP)	地域的に孤立している個体群で，絶滅のおそれが高いもの

野生生物種の**絶滅**の危険度を評価し，まとめた**レッドリスト**が公表されている。日本の生物についてのリストは環境省のほか，各都道府県や学会などでも作成されている。世界の生物についてのリストは国際自然保護連合（IUCN）によって作成されている。

日本のレッドリスト掲載種数 環境省レッドリスト2020による

分類群	EX	EW	CR	EN	VU	NT	DD
哺乳類	7	0	12	13	9	17	5
鳥類	15	0	24	31	43	22	17
は虫類	0	0	5	9	23	17	3
両生類	0	0	5	20	22	19	1
汽水・淡水魚類	3	1	71	54	44	35	37
昆虫類	4	0	75	107	185	351	153
貝類	19	0	39	28	328	440	89
その他無脊椎動物	1	0	0	2	43	42	44
植物等	61	13	1361		909	421	195

※日本のレッドデータブック／リスト（環境省） Link
https://ikilog.biodic.go.jp/Rdb/

CR EN VU IUCNレッドリストVer.3.1によるランク

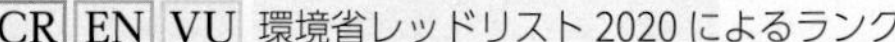
CR EN VU 環境省レッドリスト2020によるランク

CR
体長：雄約170 cm
雌約150 cm
マウンテンゴリラ
EN 体長53 cm
ガラパゴスペンギン
VU 高さ5～10 cm
ハエトリグサ
VU CR 体長2.5～3 m
ジュゴン
EN CR 全長6～25 cm
ムジナモ
EN 体長51～76 cm
タスマニアデビル
CR EN 甲長約80 cm
タイマイ
EN 高さ25～30 m
レナラ（バオバブの一種）
VU 体長35 mm
ゲンゴロウ
EN CR 全長約110 cm
コウノトリ

プチ雑学 レッドリストに掲載されている種について，生息状況などの解説をまとめて作成された書籍をレッドデータブックという。環境省では，およそ10年ごとにレッドデータブックを全面改訂して刊行している。

基生 1 絶　滅　一度個体数が減少すると，一気に絶滅に向かう危険がある。

絶滅の渦（うず）

小さな個体群
遺伝的浮動
近親交配
人口学的確率性
アリー効果
適応度の低下
偶然による減少
遺伝的多様性の低下
より小さな個体群

個体数の減少による影響	
アリー効果	群れの利益（▶p.237）の減少，繁殖機会の減少などによる適応度の低下
近交弱勢	近親交配による潜性有害遺伝子の発現
遺伝的浮動（▶p.286）	●偶然による遺伝子の消失のための，遺伝的多様性（▶p.252）の低下 ●突然変異による有害遺伝子の集団への蓄積
人口学的確率性	偶然による出生数，死亡数の変化，性比のかたより

一度生物の個体数が減少すると，さらに個体数が減少し，急速に絶滅に向かう場合がある。また，小さな個体群ほど偶然の変動による影響を受けやすく，絶滅のリスクが高い。

アリー効果

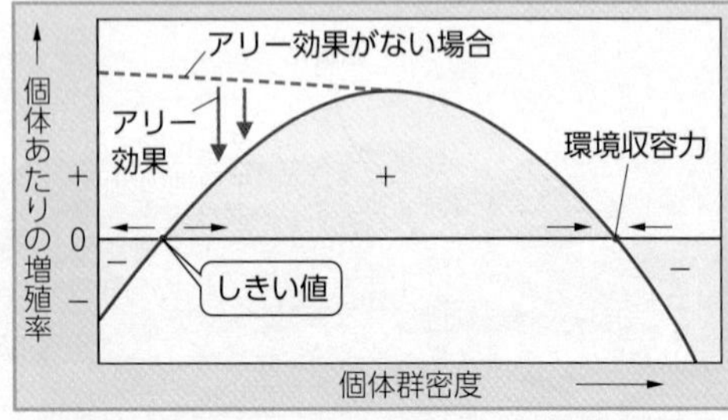

アリー効果がない場合
アリー効果
環境収容力
個体あたりの増殖率
＋
0
－
しきい値
個体群密度

個体群密度の低下により適応度が低下することを**アリー効果**（正の密度効果）という。負の密度効果*（▶p.234）とは逆の現象である。個体群密度がしきい値を下回ると急速に個体数が減少し絶滅に向かう。

＊個体群密度の上昇により適応度が低下することを負の密度効果という。

基生 2 生息地の破壊　人間の活動によって，生態系の破壊が急速に進んでいる。

A 陸上生態系の消失

消失の時期：～1950年／1950－1990年／～2050年（予想）

ツンドラ
北方林
温帯針葉樹林
熱帯・亜熱帯湿潤広葉樹林
山地の草地と低木林
熱帯・亜熱帯草原と低木林
氾濫原草地とサバンナ
熱帯・亜熱帯広葉樹林
温帯広葉樹林と混合樹林
温帯ステップと森林
地中海性森林・低木林

＊植林などによる増加

−10　0　20　40　60　80　100
消失の割合（%）

ミレニアム生態系評価（2005）による

人口の増加と豊かさの追求により，地球上の陸地の約83%は人間によって改変されている。近年では，輸出用木材とされる熱帯林の消失が著しい。非持続的な利用や劣化が進行している陸地は約60%にのぼる。

B 熱帯林の減少

焼畑による森林破壊

熱帯林では有機物の分解が速く，土壌の厚さは通常数cmしかない。焼畑や伐採によってむき出しになった土壌は，雨季の豪雨で洗い流されてしまい，再びもとの熱帯林には戻らない。

熱帯林面積と減少率

Global Forest Resources Assessment 2015 による

地　域	森林面積（km^2） 1990年	森林面積（km^2） 2015年	年平均森林減少面積（km^2）	年平均減少率（%）
ラテンアメリカ	9,127,692	8,246,093	35,263	0.41
アジア・オセアニア	3,526,697	3,281,664	9,801	0.29
ア　フ　リ　カ	7,001,031	6,173,806	33,088	0.50
全　体	19,655,420	17,701,564	78,154	0.42

熱帯林の減少のようす

NASA による

2000年

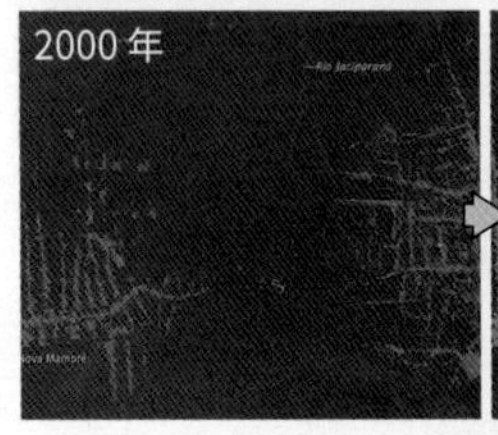
2005年

2010年

ブラジル，ロンドニア地方

2000年には，多くの熱帯林が残されていたが，しま模様の支線がつくられるとともに，伐採や開発が進んで，森林が急激に失われた。

C 生息地の分断化

© BCT ジャパン

プランテーション化が進む熱帯林（ボルネオ）

熱帯林などの広大な生物の生息地は，開発や伐採によって面積が減少していくとともに，小さな断片に分割される。生息地が分断されると，そこで暮らす生物の個体群のサイズが小さくなり，絶滅のリスクが高まる。

D 砂漠化

United States Department of Agriculture による

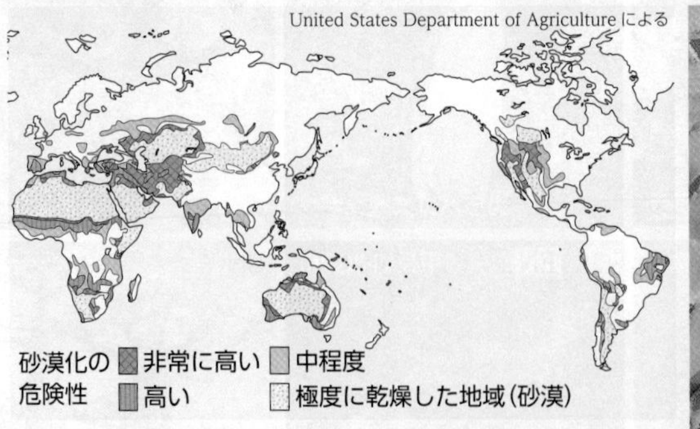

砂漠化の危険性
非常に高い
高い
中程度
極度に乾燥した地域（砂漠）

押し寄せる砂漠

乾燥地や半乾燥地において，植生が破壊されて土壌が劣化することを**砂漠化**という。過剰な放牧や灌漑（かんがい）*農業を導入した結果，砂漠化が急激に進行している。

＊灌漑　人工的に農地に水を供給すること。

プチ雑学　国際自然保護連合（IUCN）は，すでに絶滅した種，絶滅危惧種，最近数百年で希少になった種などのうちの約73%が，物理的な生息地の破壊が原因で個体数が減少したと推測している。

基生 3 乱 獲

野生生物を，その繁殖力を上回る速度で獲り続けることを，乱獲という。

進化 View

ニホンオオカミ

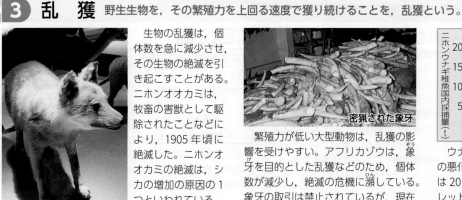

生物の乱獲は，個体数を急に減少させ，その生物の絶滅を引き起こすことがある。ニホンオオカミは，牧畜の害獣として駆除されたことなどにより，1905 年頃に絶滅した。ニホンオオカミの絶滅は，シカの増加の原因の1つといわれている。

密猟された象牙

繁殖力が低い大型動物は，乱獲の影響を受けやすい。アフリカゾウは，象牙を目的とした乱獲などのため，個体数が減少し，絶滅の危機に瀕している。象牙の取引は禁止されているが，現在も密猟が後を絶たない。

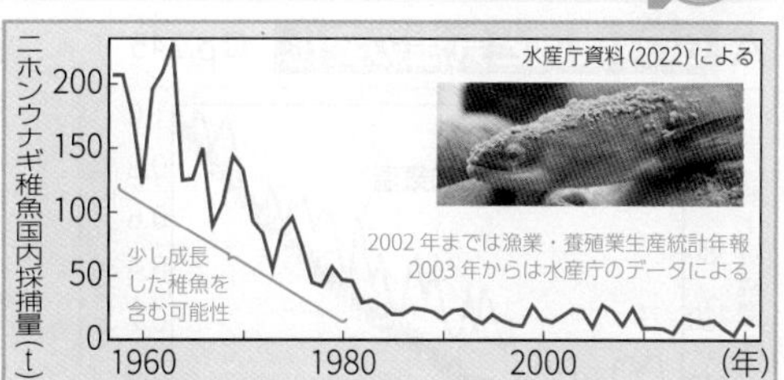
水産庁資料(2022)による
ニホンウナギ稚魚国内採捕量(t)
200
150
100
50
0
1960
1980
2000
(年)
少し成長した稚魚を含む可能性
2002 年までは漁業・養殖業生産統計年報
2003 年からは水産庁のデータによる

ウナギの採捕量は減少傾向であり，乱獲や生息環境の悪化などが原因といわれている。国際自然保護連合は 2014 年，ニホンウナギを絶滅危惧種(EN)としてレッドリスト(▶p.253)に掲載した*。漁獲量の制限や，卵からの養殖の実用化などの対策が急がれている。

*環境省は，2013 年にニホンウナギをレッドリストに掲載した。

基生 4 外来生物の移入

輸送手段の変化や技術の発達にともなって，生物の移入の頻度が高くなっている。

A 移入の特徴

Ricciardi (2007) による

特　徴	自然移入	人為的な移入
地理的な障壁の影響	大きい	ほとんど問題にならない
長距離分散の頻度	きわめて低い	きわめて高い
侵入のしくみと分散ルート	限定的	きわめて多様
侵入事象の時間的・空間的なスケール	散発的 近隣地域に限定	連続的 同時に他地域に影響

本来生息していなかった土地に人間がもち込み定着した生物を**外来生物**(**外来種**)という。外来生物の移入は，その土地に生息する**在来生物**がつくり上げた生態系のバランスを崩す場合がある。

現代の人為的な移入は自然移入の速度をはるかに超えており，生物の分布拡大とは特徴が異なる。

バラスト水*を排出する輸送船

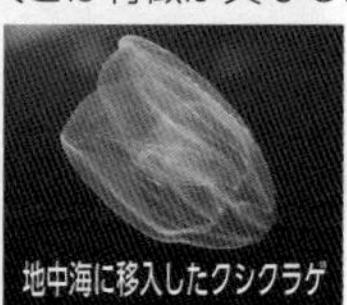
地中海に移入したクシクラゲ

*積み降ろしの際に，船のバランスを調整するために出し入れする海水。

Memo 外来生物法

海外起源の外来生物には，生態系や人の生命・身体，農林水産業への被害を与える(またはその危険のある)ものも存在する。こうした問題を引き起こす外来生物を**特定外来生物**として指定し，その飼育，栽培，保管，運搬，輸入などの取り扱いを規制して，特定外来生物の防除などを行う法律を**外来生物法**という。規制の対象には，生きた個体だけでなく，卵，種子，器官なども含まれる。

B 生態系への影響

※外国から移入した生物だけでなく，国内においても生物の移動には配慮が必要である。

捕　食

体長 25 ～ 70 cm　ブラックバス

琵琶湖では多くの在来生物が減少している。これは，ブラックバス(オオクチバス)やブルーギルによる捕食などが原因とされている。生態系に大きな影響を与え，生物多様性を脅かすおそれのある外来生物を**侵略的外来生物**という。

競　争

ホテイアオイ

外来生物が在来生物の生息環境を奪ったり，在来生物とえさをめぐって競争することもある。ホテイアオイは南アメリカ原産の水草であり，水面をおおって光をさえぎることで，在来の水生植物の成長を阻害する。

遺伝的撹乱

タイワンザル

外来生物が近縁の在来生物と交雑し，地域固有の遺伝子構成が乱される現象(**遺伝的撹乱**)も問題である*。和歌山県では，タイワンザルとニホンザルの雑種が発見され，駆除が行われた。

*遺伝子組換え生物と野生種の交雑によるものも懸念されている(▶p.129)。

C 外来生物の駆除

オガサワラゼミを捕食したグリーンアノール

グリーンアノールは，1960 年代にグアム島から小笠原諸島へ入り込み，天敵が存在せず繁殖力が高いことから大増殖した。固有種のオガサワラゼミなどを捕食し，絶滅の危機に追いやった。現在では，さくによる封じ込めや粘着トラップによる駆除が進められ，成果を上げている。

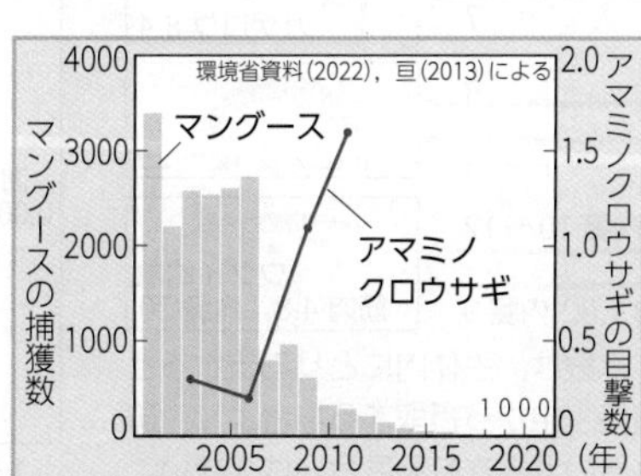
環境省資料(2022)，亘(2013)による
マングースの捕獲数
4000
3000
2000
1000
0
マングース
アマミノクロウサギ
アマミノクロウサギの目撃数
2.0
1.5
1.0
0.5
0
1000
2005
2010
2015
2020
(年)

奄美大島に，ハブの駆除を目的に移入されたマングースは，固有種であるアマミノクロウサギなどを捕食し，個体数を減少させた。2000 年から本格的な駆除が始まり，約10000 頭いたマングースはほぼ根絶したとみられ，アマミノクロウサギの個体数は増加したと報告されている。

進化 View 3 タイセイヨウダラは，生存力の高い子孫をより多く残すために，十分大きくなってから成熟して繁殖を開始する。しかし，漁業で大きな個体が乱獲される状況が続いたことで，早熟で小さい個体に進化したことが観察されている(自然選択 ▶p.284)。Link

生態系への人間活動の影響

1 地球温暖化 温室効果ガスの増加により，地球の温暖化が進んでいる。

A CO_2 濃度と気温の変化 ▶p.245

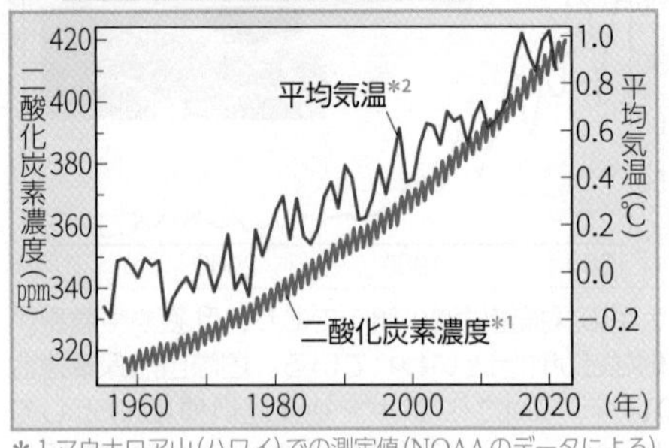

二酸化炭素濃度（ppm）
平均気温（℃）
平均気温*2
二酸化炭素濃度*1
1960
1980
2000
2020（年）

＊1 マウナロア山（ハワイ）での測定値（NOAAのデータによる）
＊2 1951～1980年の平均気温との差（NASAのデータによる）

人間活動により排出された温室効果ガスにより，地球の気温が上昇し，生態系に大きな影響を与えている。2015年に採択されたパリ協定では，気温上昇を産業革命以前に対し1.5℃までに抑える目標が掲げられている。

B 温暖化の影響

- **気候の変化** 気候の変化に適応できない生物が減少・絶滅する。農産物の適地や品質が変化する。昆虫などが広げる感染症が増加する。
- **海面上昇** 海水の膨張や極地域の氷の融解＊で海面が上昇する。標高の低い地域が水没する。
- **異常気象** 気象災害が増加する。

＊流氷のように海に浮かぶ氷が溶けても，海面は上昇しない。

C 温室効果

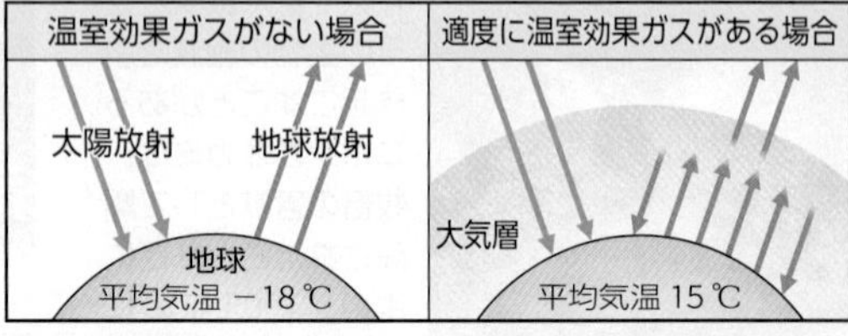

温室効果ガスがない場合
適度に温室効果ガスがある場合
太陽放射
地球放射
地球
平均気温 −18℃
大気層
平均気温 15℃

温室効果ガスは地球放射（赤外線）をよく吸収する。このため，温室効果ガスが増加すると，地球はさらに暖められる（**温室効果**）。

おもな温室効果ガスとその発生源

ガス	発生源
水蒸気（H_2O）	−
二酸化炭素（CO_2）	化石燃料の消費，セメントの生産
メタン（CH_4）	天然ガスの生産，水田，家畜
一酸化二窒素（N_2O）	窒素肥料の使用，工業生産
代替フロン等3ガス：ハイドロフルオロカーボン（HFC）	冷蔵庫やエアコンの冷媒，エアゾール
代替フロン等3ガス：パーフルオロカーボン（PFC）	半導体の製造
代替フロン等3ガス：六フッ化硫黄（SF_6）	電気機器の絶縁ガス

2 オゾン層の破壊

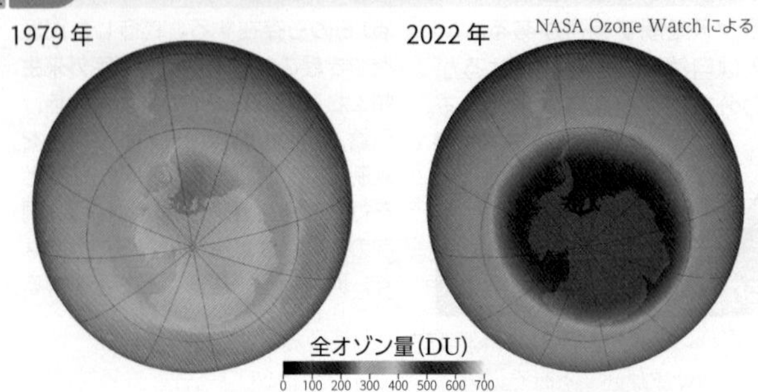

1979年
2022年
NASA Ozone Watch による
全オゾン量（DU）
0 100 200 300 400 500 600 700

成層圏のオゾン層は，生体に有害な紫外線を吸収する。図は南極上空におけるオゾンの量を示す。青色の部分はオゾン全量が極端に小さく，**オゾンホール**とよばれる。排出されたフロンガスが上空で塩素原子となり，オゾンを次々に分解する。

オゾン層破壊のメカニズム

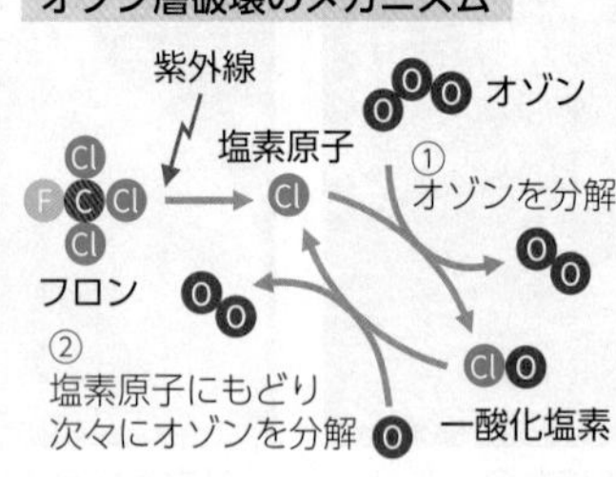

紫外線
オゾン
塩素原子
① オゾンを分解
フロン
② 塩素原子にもどり次々にオゾンを分解
一酸化塩素

3 酸性雨 酸性雨は森林の立ち枯れなどを引き起こしている。

A 酸性雨のしくみ

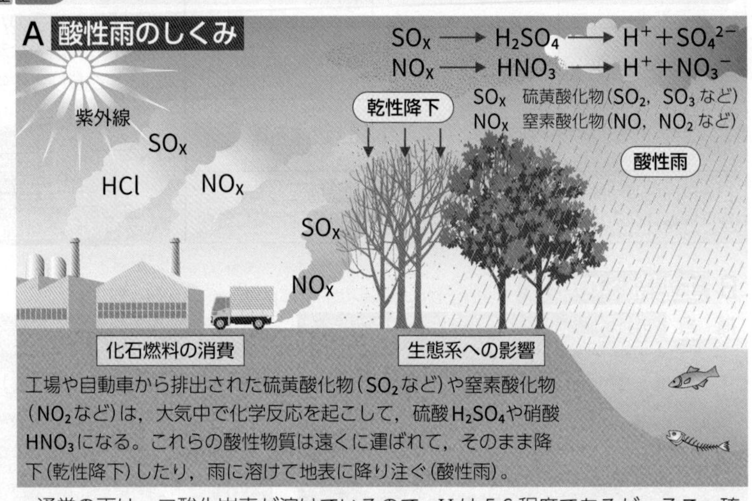

$SO_X \longrightarrow H_2SO_4 \longrightarrow H^+ + SO_4^{2-}$
$NO_X \longrightarrow HNO_3 \longrightarrow H^+ + NO_3^-$
SO_X 硫黄酸化物（SO_2，SO_3 など）
NO_X 窒素酸化物（NO，NO_2 など）
乾性降下
紫外線
SO_X
HCl
NO_X
酸性雨
化石燃料の消費
生態系への影響

工場や自動車から排出された硫黄酸化物（SO_2など）や窒素酸化物（NO_2など）は，大気中で化学反応を起こして，硫酸H_2SO_4や硝酸HNO_3になる。これらの酸性物質は遠くに運ばれて，そのまま降下（乾性降下）したり，雨に溶けて地表に降り注ぐ（酸性雨）。

通常の雨は，二酸化炭素が溶けているのでpHは5.6程度であるが，そこへ硫酸や硝酸が溶け込むとpHは5.6より小さくなる（**酸性雨**）。酸性雨の被害は，原因物質の発生源から遠く離れた地域にもおよぶ。

4 化学物質の生物濃縮 生体内で分解・排出されにくい化学物質は，食物連鎖をへて濃縮され，上位の生物に害をおよぼす。

水銀の生物濃縮 河川のモデル 藤田・橋爪（1973）による

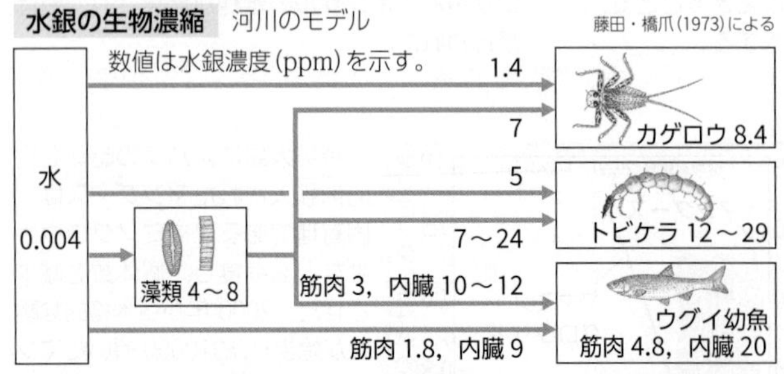

数値は水銀濃度（ppm）を示す。
水
0.004
藻類 4～8
1.4
7
カゲロウ 8.4
5
7～24
トビケラ 12～29
筋肉 3，内臓 10～12
筋肉 1.8，内臓 9
ウグイ幼魚
筋肉 4.8，内臓 20

吸収されると中毒症状を起こす水銀は，生体内にとりこまれると容易には排出されない。水銀を直接水中から摂取する場合より，藻類を食べて摂取する場合の方が水銀の濃縮される度合いは大きい。

DDTの生物濃縮 数値はDDT濃度（ppm）を示す。 Woodwell ほか（1967）による

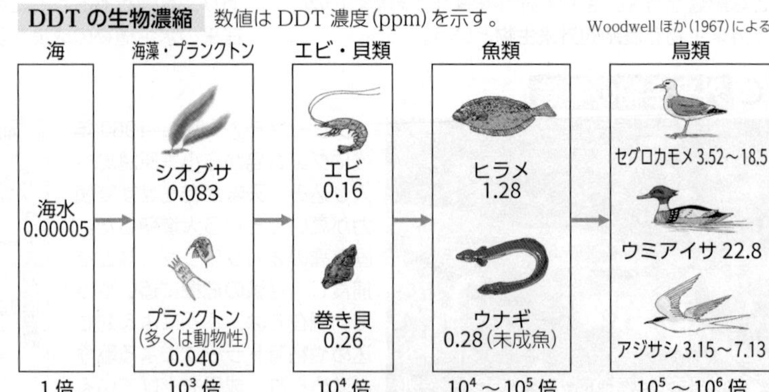

海
海水 0.00005
1倍
海藻・プランクトン
シオグサ 0.083
プランクトン（多くは動物性）0.040
10^3 倍
エビ・貝類
エビ 0.16
巻き貝 0.26
10^4 倍
魚類
ヒラメ 1.28
ウナギ 0.28（未成魚）
10^4～10^5 倍
鳥類
セグロカモメ 3.52～18.5
ウミアイサ 22.8
アジサシ 3.15～7.13
10^5～10^6 倍

プチ雑学 温暖化は農作物の生産にも影響を与える。イネは，開花期の気温が高くなりすぎると，受精障害が生じて収量が減る。日本では，受精後の高温の影響で白濁したコメ（乳白米）が多発し，品質の低下が問題になっている。

基生 5 生態系の保全 持続可能な自然資源の利用のために，生物多様性の保護が必要である。

A 生息地の保全

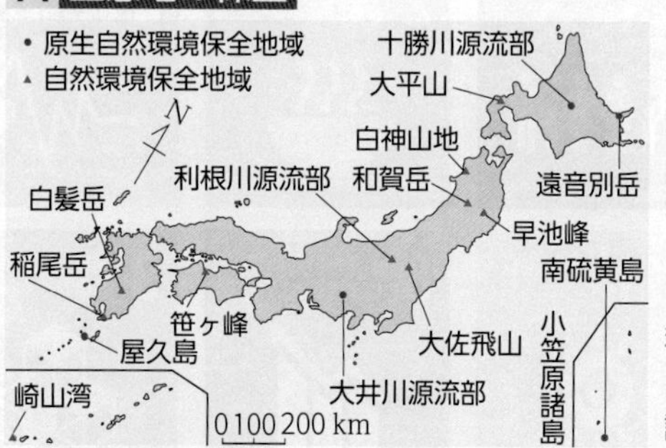

・原生自然環境保全地域
▲自然環境保全地域
十勝川源流部
大平山
白神山地
和賀岳
利根川源流部
白髪岳
遠音別岳
早池峰
南硫黄島
稲尾岳
笹ヶ峰
屋久島
大佐飛山
小笠原諸島
崎山湾
大井川源流部
0 100 200 km

日本国内では，人の手がほとんど加わらず原生が保たれた地域や，優れた自然環境を維持した地域が，自然環境保全地域に指定されている。

生物多様性のホットスポット(▶p.253)には多くの絶滅危惧種が生息する。そのため，ホットスポットを中心に生息地の保護が行われている。

*現在は，水鳥に限らず生物多様性の維持に重要な湿地が保全対象である。

湿地の保全

釧路湿原(北海道)

干潟・湿原などの湿地は，陸と水の接点で，水生生物やそれを食べる鳥類など，多様な生物の生息地として重要である。

ラムサール条約は，1971 年に，国境を越えて渡りをする水鳥の生息地として重要な湿地を，国際的に保全するために制定された。日本では，52 か所の湿地が登録されている*。

生息地の分断の解消

動物横断橋(北海道)

分断された生息地をつなぐ経路を確保し，生物の移動を促すことが，生息環境の保護につながると期待されている。

熱帯林では，分断された土地の間を植林でつなぎ，緑の回廊をつくる取り組みがある。

写真は，エゾシカなどの動物が移動できる専用の橋である。渡りやすいように木を植えて隠れ場所を作るなどの工夫がある。

絶滅種の再導入

放鳥されたトキ

ある地域について，一度その生息地から絶滅した生物種を再びその地に戻す試みを再導入という。絶滅の原因は生息環境が失われたためであることが多く，生息地の生態系の修復とあわせて取り組むことが必要である。

トキは狩猟による乱獲などで個体数が減少した。佐渡に保護区が設定されたが，2003 年に日本産のトキは絶滅した。しかし，中国から贈られたトキをもとに繁殖を進め，野生復帰が目指されている。

B 保全に関する取り決め

生物多様性の保全を目的とした取り決め(日本)

年	条約・法律	目 的
1993 年	生物多様性条約(国際条約)	地球の生物多様性の保全と持続可能な利用，遺伝子資源利用から生ずる利益の公正・衡平な配分(1992 年 国連環境開発会議で署名)。
1993 年	環境基本法	環境の保全についての基本理念を定め，保全対策を推進。
2003 年	自然再生推進法	過去に損なわれた自然環境の再生の推進。
2004 年	カルタヘナ法(▶p.129)	生物多様性の確保のため，遺伝子組換え生物の使用などを制限。
2005 年	外来生物法(▶p.255)	特定外来生物を指定し，取り扱いを規制。
2008 年	生物多様性基本法	生物多様性対策を進める上での基本的な考え方を提示。

1992 年の国連環境開発会議において，生物多様性の保全が国際的な課題とされ，生物多様性条約の加盟国では生物多様性国家戦略に基づく法整備が義務づけられた。

日本でも，さまざまな法律が制定され，国土管理において生物多様性保全の観点が求められるようになった。

持続可能な資源利用

- **環境アセスメント** 道路や発電所などの開発事業の際，環境への影響を事前に調査・予測・評価し，よりよい事業計画を作るための制度。
- **SATOYAMA イニシアティブ** 里地里山のような，人の手が加わった二次的自然環境である農地や二次林(▶p.227)を持続的に保全・利用していこうという取り組み。
- **認証制度** 商品の生産・加工・流通などが環境に配慮した方法で行われていることを保証する制度。森林環境に配慮した商品であることを保証する FSC 認証などがある。
- **生態系サービスに対する支払い** 生態系サービスの受益者が，その維持コストを支払うしくみ。

つながる生物学 歴史 真の文明とは

田中正造

日本において，産業の急速な近代化とともに，環境問題も発生するようになった。全国の銅鉱山周辺では，排水による土壌汚染や，製錬にともなう二酸化硫黄(亜硫酸ガス)の排出による大気汚染が問題化した。最も早く問題が表面化した足尾銅山は「公害の原点」とよばれている。

田中正造(1841 ～ 1913)は，議会で鉱毒問題を訴え，天皇へ直訴しようとするなど，鉱毒反対運動を行った。その結果，鉱毒予防工事や遊水池を建設するなどの対策が行われたものの，当時の殖産興業，富国強兵の国策や，日清・日露戦争により，公害への対応は後手に回った。

田中正造が 1912 年の日記に記した「真の文明は山を荒さず，川を荒さず，村を破らず，人を殺さざるべし。」の言葉は現代の環境保全の考えとも共通する。足尾では，今も環境回復の努力が続けられている。

1877	古河市兵衛が足尾銅山を買い取る 産銅量が急増する
1884	この頃，鉱毒の流出を確認する
1891	田中正造が議会で初めて鉱毒事件を問題化
1897	鉱毒予防工事が行われるが解消せず
1901	田中正造が議員を辞職し，天皇に直訴しようとしたが失敗
1907	谷中村の農民に強制立ち退き命令を出し，遊水池を建設する
1956	鉱毒ガスの排出がほぼ解消
1973	足尾銅山閉山
1989	製錬所の操業停止

プチ雑学 2010 年，生物多様性条約第 10 回締約国会議(CBD-COP10)が愛知県で開催された。生物多様性を保全するための 2020 年までの目標である愛知目標などが採択された。締約国会議はその後も 2 年ごとに開催されている。

SDGs と生物学

SDGs は，2015 年に国連で採択された，すべての人にとってのより良い未来を目指した目標です。SDGs と生物学とのつながりを考えてみましょう。

2 飢餓を ゼロに

飢餓を終わらせ，食料安全保障及び栄養改善を実現し，持続可能な農業を促進する

SDGs のスローガン「No one will be left behind」の根幹となる目標といわれる。世界では8億人が慢性的な栄養不足であり，5 歳未満児の死亡要因の半分を栄養不良が占める。

干ばつの被害にあった畑(南アフリカ)

干ばつなど，農地が気候の影響を受け，食料の生産が減少することがある。このとき，海外から食料を輸入できればよいが，国の経済力によっては，食料の確保が難しい場合もある。また，武力紛争により，必要な地域に食料が届かないこともある。このようなさまざまな理由で飢餓(きが)が発生する。

Q ヒトは，とり入れた栄養分を，どのように利用しているか。

Q ターゲットに「2.5 種子，栽培植物，飼育・家畜化された動物及(およ)びこれらの近縁野生種の遺伝的多様性を維持する」がある。農業で栽培・飼育される生物の，遺伝的多様性が重視される理由を考えて説明しよう。

アクション SDGs の各目標の間には，それぞれ関連がある。たとえば，目標 3「すべての人に健康と福祉を」の達成には，目標 2「飢餓をゼロに」にあるようなすべての人の栄養改善が必要と考えられる。目標 2「飢餓をゼロに」とほかの目標との関連について，友達と一緒に考えてみよう。

関連する生物の学習

同化と異化 ▶p.46，消化系 ▶p.156，窒素同化 ▶p.246，生物の多様性 ▶p.252

6 安全な水とトイレを世界中に

すべての人々の水と衛生の利用可能性と持続可能な管理を確保する

世界では，22 億人が安全な飲み水を入手できず，42 億人が安全な衛生設備を利用できない。工場排水や糞便などで汚染された水の利用による下痢(げり)が原因となって，1 日に 700 人の子どもたちが亡くなっている。

Q 海水は，そのままでは飲み水として利用できないのはなぜか。

Q 安全な飲み水が得られない地域では，コレラの感染が起こることがある。コレラとはどのような病気か，説明しよう。

Q 下水処理は，どのように行われているか，説明しよう。

アクション ターゲットに「6.6 山地，森林，湿地，河川，帯水層*，湖沼などの水に関連する生態系の保護・回復を行う」がある。学校の近くで水に関する生態系(取水される河川や上流の山地など)を調べ，それらを保護する活動について考えよう。 ＊地下水で満たされた地層。

関連する生物の学習

浸透 ▶p.25，コレラ ▶p.27，下水処理 ▶p.251，生態系サービス ▶p.252

世界を変えるための17の目標

1 貧困を なくそう

2 飢餓を ゼロに

3 すべての人に 健康と福祉を

7 エネルギーをみんなに そしてクリーンに

8 働きがいも 経済成長も

9 産業と技術革新の 基盤をつくろう

13 気候変動に 具体的な対策を

14 海の豊かさを 守ろう

15 陸の豊かさも 守ろう

● **SDGs はどのようにしてつくられたか**

SDGs は，2015 年に国連総会で全会一致で採択された「持続可能な開発目標(**S**ustainable **D**evelopment **G**oals)」である。持続可能な開発とは，「将来世代のニーズを満たす能力を損なわずに，現在世代のニーズも満たす開発」を意味する。

2030 年までの達成を目指す 17 の目標が挙げられている。これらは，国連史上，最大規模の意見聴取にもとづき，協議を重ね，できあがったものである。

水を運ぶ人々(ケニア)

何 km も離れた場所で水をくむため，多くの時間を費やさなければならない人たちもいる。

瓜割の滝(福井)

森林の土壌には，水をたくわえ(緑のダムとよばれる)，ろ過する働きがある。

5 ジェンダー平等を実現しよう

10 人や国の不平等をなくそう

11 住み続けられるまちづくりを

12 つくる責任 つかう責任

16 平和と公正をすべての人に

17 パートナーシップで目標を達成しよう

4 質の高い教育をみんなに　6 安全な水とトイレを世界中に

17 の各目標の下には，「**ターゲット**」といわれるより具体的な 169 の目標が挙げられている。

● **スローガン　No one will be left behind**

SDGs は多様なすべての人のための目標である。これはスローガン「**No one will be left behind**（誰 1 人取り残さない）」からも読み取れる。

17 の目標は，「経済・環境・社会」の 3 つの軸で構成されている。これらは，先進国も途上国も，国も企業も NPO も，すべての人が力を合わせ，今だけでなく未来を生きる人すべてのために，より良い未来を目指した目標になっている。

SDGs と生物学のつながりには，ほかにどんなものがあるか，考えてみよう。

また，下の URL は SDGs に関する Web ページのリンク集である。これを参考に理解を深め，このページの **アクション** も参考に，自分たちに何ができるか話し合おう。

Link SDGs リンク集 https://www.hamajima.co.jp/rika/bio/sdgs

※右の QR コードからも見ることができる。

12 つくる責任 つかう責任　持続可能な生産消費形態を確保する

世界の人々のライフスタイルは，大量生産・大量消費・大量廃棄へと変わってきた。このライフスタイルは，限りある資源の枯渇をもたらすだけでなく，気候変動やゴミによる環境汚染を引き起こすことにもなる。

石油は，限りある資源ではあるが，燃料としてだけでなく，プラスチックなどの原料としても使われている。

石油の採掘

漂着した海洋ゴミ（沖縄）

一般にプラスチックは分解されにくく，排出されると環境中へ長い間残る。細かくなったマイクロプラスチックは広く環境中に拡散しており，摂取した生物に影響を与えることが懸念されている。

Q プラスチックは広く使われる有機物である。プラスチック製品の生産・消費，廃棄されたものの焼却は，炭素の循環の図（▶p.245）のどこに関係するか。また，焼却で生じる CO_2 の気候への影響として指摘されていることを，説明しよう。

アクション ターゲットに「12.5 廃棄物の発生防止，削減，再生利用及び再利用により，廃棄物の発生を大幅に削減する」がある。家や学校での廃棄物の発生量を調べよう。そして，発生量を抑制する方法を考え，目標を設定し，行動しよう。

関連する生物の学習

炭素の循環 ▶p.245，地球温暖化 ▶p.256

15 陸の豊かさも守ろう　陸域生態系の保護，回復，持続可能な利用の推進，持続可能な森林の経営，砂漠化への対処，ならびに土地の劣化の阻止・回復及び生物多様性の損失を阻止する

人間だけでなく，地球上の生き物が享受する自然の恵みとそれをもたらす生態系に関する目標で，社会や経済に関する各目標の土台になる。ワシントン条約や砂漠化防止条約，さらには生物多様性条約締約国会議で採択された愛知目標などと関連している。

Q 持続可能な森林の利用の方法には，どのようなものがあるか，説明しよう。

Q 砂漠（荒原），草原，森林の年降水量と年平均気温の条件を，説明しよう。

Q 現在，森林の減少や砂漠化は，どのような原因で起こっているか，説明しよう。

アクション ターゲットに「15.2 あらゆる種類の森林の持続可能な経営の実施を促進し，森林減少を阻止する」がある。これに対し，適切に管理された森林資源を利用している商品に対する FSC 認証制度がある。FSC マークのある商品を探し，まわりの人に紹介しよう。また，自分が商品を購入するときの参考にしよう。

炭水化物 17.5g
ナトリウム 98mg
FSC マーク
FSC
アレルギー物質（27品目中）
乳

FSC マークのある商品

関連する生物の学習

二次林 ▶p.227，世界のバイオーム ▶p.228，
生息地の破壊 ▶p.254，生態系の保全 ▶p.257

開発のために伐採された森林（ブラジル）

生命の起源(1) 有機物から生物へ

Overview 生命の起源 Link

原始地球で化学進化をへて生命が誕生した。初期の生物は酸素を利用せずに代謝を行う生物であったが，水中や大気中の酸素が増えると，酸素を利用できる生物が繁栄した。

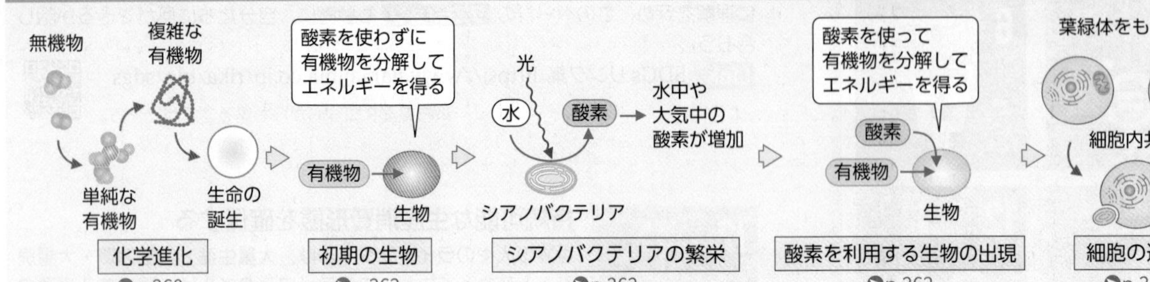

無機物
複雑な有機物
単純な有機物
生命の誕生
酸素を使わずに有機物を分解してエネルギーを得る
有機物
生物
光
水
酸素
水中や大気中の酸素が増加
シアノバクテリア
酸素を使って有機物を分解してエネルギーを得る
酸素
有機物
生物
葉緑体をもつ真核生物
細胞内共生
オゾン層の形成
生物の陸上進出
化学進化
初期の生物
シアノバクテリアの繁栄
酸素を利用する生物の出現
細胞の進化

化学進化 ▶p.260　初期の生物 ▶p.262　シアノバクテリアの繁栄 ▶p.262　酸素を利用する生物の出現 ▶p.262　細胞の進化 ▶p.263

1 生命の誕生 原始地球で化学進化をへて生命を構成する物質が生じ，やがて生命が誕生した。

A 原始地球

紫外線
雷
隕石
火山
海

原始地球(想像図)

46億年前に地球は誕生した。38～39億年前の地層で枕状溶岩(海底でできる岩石)が発見されたことから，このころには海があったと推定されている。温室効果ガスが海に溶けて減少し，地表の温度はさらに下がった。岩や海でおおわれ，太陽からの紫外線，地球外から飛来する隕石(いんせき)，激しい火山活動や雷のある世界が，原始地球の姿と考えられている。

B 化学進化

無機物
H_2O，CO_2，N_2 など
↓
単純な有機物
単糖類，アミノ酸，ヌクレオチドなど
↓
複雑な有機物
多糖類，タンパク質，核酸，脂質など
↓ 組織化
生命の誕生

無機物から有機物が合成され，生命が誕生するまでの過程を**化学進化**という。38～39億年前の岩石に含まれる炭素同位体の割合から，生命の存在が示唆されており，生命の誕生は約40億年前と考えられている。

C 生命誕生の場所

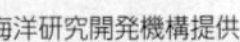
海洋研究開発機構提供

熱水噴出孔

海底の**熱水噴出孔**(ねっすいふんしゅつこう)付近で生命が誕生したという説が有力視されている。熱水噴出孔には，還元型の成分(H_2, CH_4, H_2S, NH_3)が豊富にあり，原核生物の祖先と思われる超好熱菌も生息している。還元型分子には，分子の結合に必要な電子を供給しやすい性質がある。

Memo 陸上火山起源説

火山
火山性の温泉
海

生命誕生の場所はほかにもさまざまな説がある。陸上の火山性の温泉もそのひとつで，近年注目されている。ここでは，有機物が濃縮して結合しやすい乾燥期と，水和して小胞になりやすい湿潤期がくり返される。

つながる生物学 地学 ハビタブルゾーン

化学進化が進むには，液体の水が必要だとされる。ハビタブルゾーンとは，地球のように生命が存在できる宇宙の領域を指し，液体の水が安定に存在できる条件から求められる。

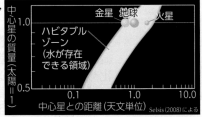

中心星の質量(太陽=1) / 中心星との距離(天文単位)
金星　地球　火星
ハビタブルゾーン(水が存在できる領域)
1.0　0.5　0.1　1.0　10.0
Selsis(2008)による

液体の水が存在するには，惑星の表面温度や重力が重要である。一般には，表面温度は恒星が放射するエネルギー量と恒星からの距離で決まり，重力は惑星の質量で決まる。

太陽系以外でもハビタブルゾーンに存在する地球型惑星(岩石惑星)が見つかっており，それらは地球外生命が存在する有力な候補とされている。

Column 自然発生説の否定

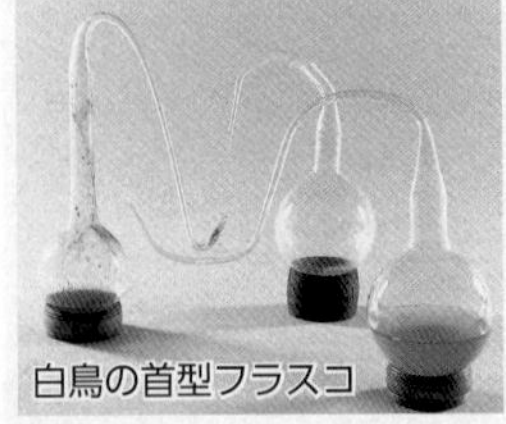
白鳥の首型フラスコ

17世紀の中ごろまでは，生物は親から生まれるとともに，ある種の生物は自然に発生するものと信じられていた(**自然発生説**)。その後，自然発生説の肯定派と否定派がさまざまな論争をくり返した。

19世紀後半，パスツールは，これまでの自然発生の実験は，空気中の微生物が関わっていると考えた。そして，特殊な形(白鳥の首型)のフラスコを使って微生物が入らないようにした実験を行い，自然発生説を完全に否定した。現在の地球上の生物は，共通の祖先から進化して多様化したものである。

パスツール
Louis Pasteur(1822～1895, フランス)

プチ雑学 生命誕生のもととなる有機物には，地球由来とする説のほかに，宇宙由来とする説も存在する。1969年にオーストラリア南東部のマーチソン村に落下したマーチソン隕石から，80種類以上のアミノ酸が見つかっている。ほかにも，脂質，単糖，ウラシルのような窒素を含む塩基なども見つかっている。

2 ミラーの実験 歴史 原始大気から有機物が合成できる可能性を示した。

A 有機物の起源

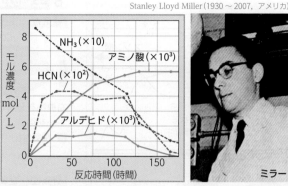

Stanley Lloyd Miller (1930〜2007, アメリカ)

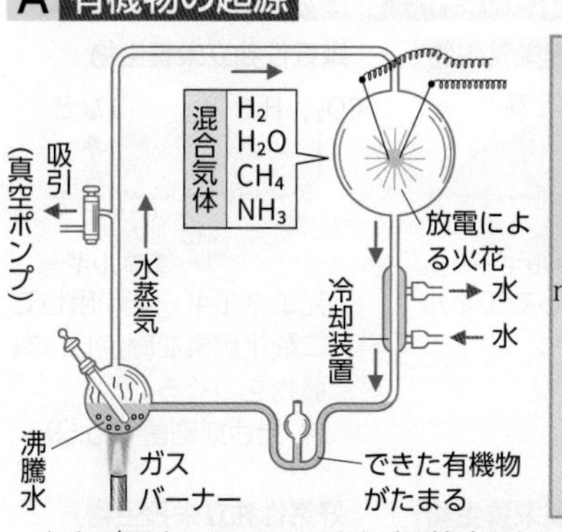

吸引(真空ポンプ)
混合気体
H_2
H_2O
CH_4
NH_3
水蒸気
放電による火花
冷却装置
水
水
沸騰水
ガスバーナー
できた有機物がたまる

モル濃度(mol/L)
NH_3(×10)
アミノ酸(×10^3)
HCN(×10^2)
アルデヒド(×10^3)
反応時間(時間)

ミラー

生命が誕生したころの大気(**原始大気**)の組成について，ミラーらは水素 H_2，メタン CH_4，アンモニア NH_3，水蒸気 H_2O を主成分とした還元型大気を考えた。ミラーは，これらの主成分を放電管に密封し，放電(約6万ボルト)・冷却・加熱をくり返した。1週間後，たまった赤い液体を分析すると，アミノ酸ができていた。この実験により，原始大気の成分から有機物が合成できる可能性が示された。

現在では，原始大気の組成は，ミラーが想定していたものと異なり，水蒸気 H_2O，二酸化炭素 CO_2，窒素 N_2 が主成分であるという説が有力である。このような大気でも，有機物が合成されることがわかっている。

Step up 合成生物学

0.5μm
分裂する人工細胞

生物がもつしくみを人工的につくり出すことで，そのしくみの理解を目指す学問を，合成生物学という。クレイグ・ベンターらは，生命に必要な条件を理解するため，初めて人工的に生命体をつくった。彼らは，生命維持に欠かせない遺伝子をつきとめ，ゲノムサイズ53万塩基対，遺伝子数473個のDNAを合成した。このDNAを移植した細胞は，3時間に一度のペースで分裂し，増殖した。

3 原始細胞 生命には，内と外を区切る膜，自己複製系，代謝系が必要である。

A 原始細胞の要素

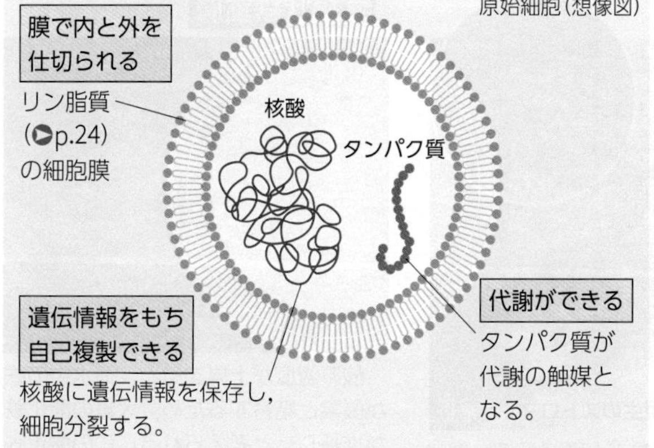

原始細胞(想像図)
膜で内と外を仕切られる
リン脂質(▶p.24)の細胞膜
核酸
タンパク質
遺伝情報をもち自己複製できる
核酸に遺伝情報を保存し，細胞分裂する。
代謝ができる
タンパク質が代謝の触媒となる。

B 膜構造の起源の研究 歴史

Alexander Ivanovich Oparin (1894〜1980, ロシア)

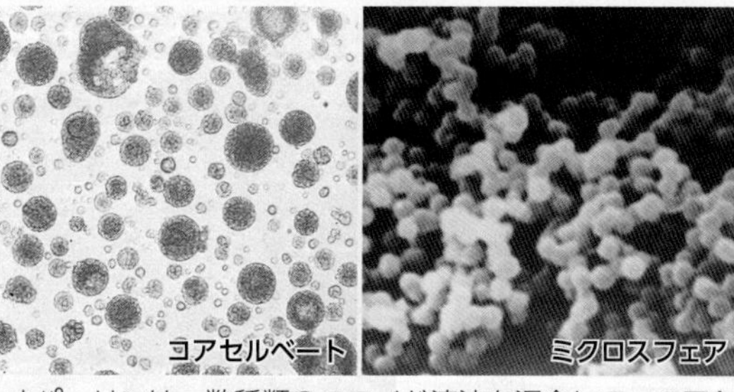

コアセルベート
ミクロスフェア

オパーリン

オパーリンは，数種類のコロイド溶液を混合して，**コアセルベート**という液滴をつくった。コアセルベートは，条件によって分裂・成長し，内部で化学反応を行う。

アミノ酸の混合液を加熱後，塩類溶液に入れると球状体(ミクロスフェア)ができる。また，原始の海のような条件で，同様の構造(マリグラヌール)ができることもわかっている。このような構造が，生命の誕生には重要である。

4 RNAワールドからDNAワールドへ 初期の生命は，遺伝子も触媒もRNAでできていた可能性がある。

RNAワールド

複製 RNA →(触媒)→ 代謝　　遺伝情報 RNA／触媒 RNA

複製 RNA →(翻訳)→ タンパク質 →(触媒)→ 代謝　　遺伝情報 RNA／触媒 タンパク質

DNAワールド

複製 DNA →(転写)→ RNA →(翻訳)→ タンパク質 →(触媒)→ 代謝　　遺伝情報 DNA／触媒 タンパク質

地球上のすべての生物は，核酸(DNAやRNA)に遺伝情報を保存し，同じ遺伝暗号を用いてつくられたタンパク質が触媒となって代謝を行っている。このことから，地球上のすべての生物は共通の祖先から進化してきたと考えられる。

核酸とタンパク質のどちらが先に生命の誕生に関与したのか長い間明らかになっていなかった。ところが，触媒として働くRNAであるリボザイムが発見され，初期の生命は，RNAが遺伝情報も触媒機能ももつ世界(**RNAワールド**)であったという考えが生まれた。

RNAワールドの後に，タンパク質合成系ができた。その後，より安定なDNAを遺伝子とする世界(**DNAワールド**)が広まったと考えられるようになってきている。

Memo リボザイム

酵素(enzyme)活性をもつRNA(リボ核酸, ribonucleic acid)だから，リボザイム(ribozyme)という名が付いた。スプライシング(▶p.83)に関わるタンパク質を探す研究で，最初に発見された。リボザイムはRNAの切断や再結合を行うほか，リボソームでのタンパク質合成(翻訳，▶p.83)も行うことがわかっている。

プチ雑学 オパーリンは，大気成分などが自然に起こす化学反応によって，生命が誕生したととなえた。ユーリーは，自分が考えた原始大気組成でそれを確かめようとした。ミラーは，ユーリーの研究室の大学院生で，水蒸気が循環する装置をつくり実験に成功した。

生命の起源(2) 生物の出現と発展

1 生物の出現と地球環境

生物により地球環境が変化し，その環境に適応した生物が発達していった。

A 大気中の酸素濃度

Kasting (2004)，Klein and Beukes (1992) などを参考

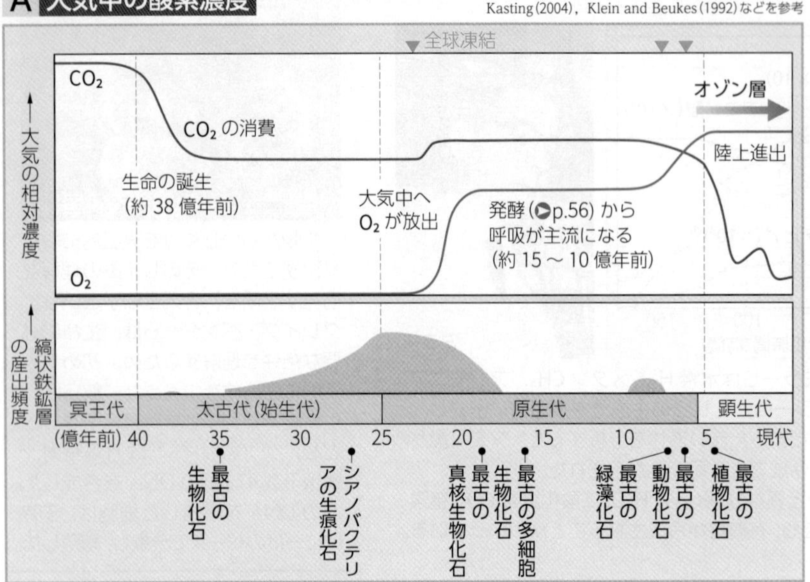

全球凍結
CO_2
CO_2の消費
オゾン層
陸上進出
大気の相対濃度
生命の誕生（約38億年前）
大気中へO_2が放出
発酵(p.56)から呼吸が主流になる（約15～10億年前）
O_2
縞状鉄鉱層の産出頻度
冥王代
太古代(始生代)
原生代
顕生代
(億年前) 40 35 30 25 20 15 10 5 現代
最古の生物化石
シアノバクテリアの生痕化石
最古の真核生物化石
最古の多細胞生物化石
最古の緑藻化石
最古の動物化石
最古の植物化石

シアノバクテリアが行う光合成によって，酸素が蓄積していき，一部は海水中の鉄と結合した。その後，葉緑体をもつ真核生物が出現し，繁栄した。その結果，大気中の酸素が急激に増加して**オゾン層**ができ，生物の陸上進出の条件が整っていった。

B 生物のエネルギー獲得様式

嫌気性[*1] **従属栄養生物**

CO_2など
有機物
エネルギー

有機物を分解してエネルギーを得る。

例 嫌気性細菌

嫌気性独立栄養生物

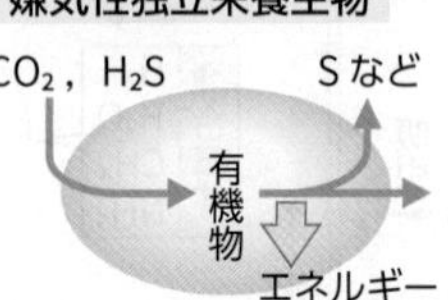

CO_2，H_2S
Sなど
有機物
エネルギー

光エネルギーを利用して二酸化炭素を固定し，有機物をつくる。

例 光合成細菌 p.69

好気性[*2] **従属栄養生物**

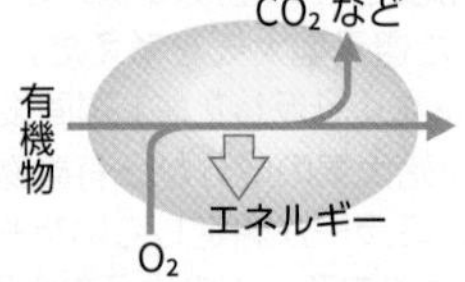

CO_2など
有機物
エネルギー
O_2

酸素を用いて有機物を分解してエネルギーを得る。

例 動物

好気性独立栄養生物

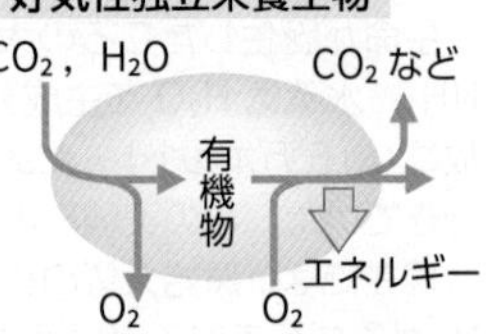

CO_2，H_2O
CO_2など
有機物
エネルギー
O_2
O_2

水素源として水を利用すると酸素が発生する。

例 植物

*1 酸素のない環境で生存できる性質。
*2 酸素のある環境で生存できる性質。

C 最古の生物の化石

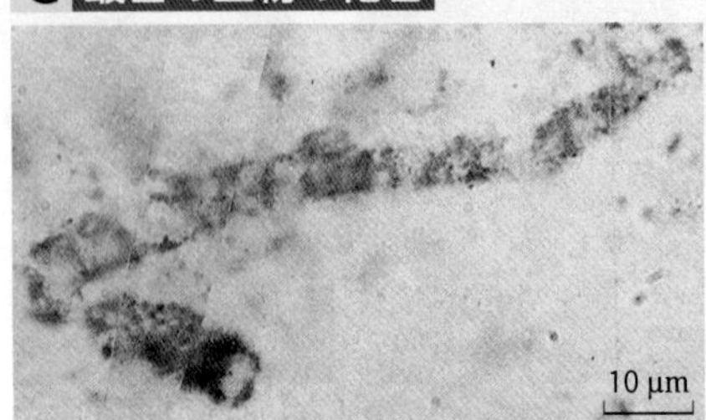

10 μm

現在，最古の化石とされているのは，西オーストラリアで発見されたもので，約35億年前のものである。その形状から，はじめはシアノバクテリアという説もあった。しかし，産出した地層は，光の届かない深海底で堆積したものと推定された。そのため，光合成を行うシアノバクテリアではなく，好熱性の化学合成細菌ではないかと考えられている。

D ストロマトライト

化石
現生のストロマトライト

シアノバクテリアが出す粘液に砂などが混じって，層状のかたまり(**ストロマトライト**)ができる。ストロマトライトの化石は，シアノバクテリアの生痕(せいこん)化石(p.318)である。その最古の化石は，約27億年前のもので，このころから酸素が蓄積されはじめたと考えられる。

E 縞状鉄鉱層

酸素濃度が上昇すると，海水中の鉄が酸素と結合するため，大量の酸化鉄が堆積したと考えられる。この酸化鉄は，**縞状鉄鉱層(しまじょうてっこうそう)(縞状鉄鉱床(しまじょうてっこうしょう))**として現在に残っている。この鉄鉱層が，酸素濃度上昇の証拠であり，その時期を調べる手がかりにもなる。

Step up 光合成の進化

光合成のしくみ p.64

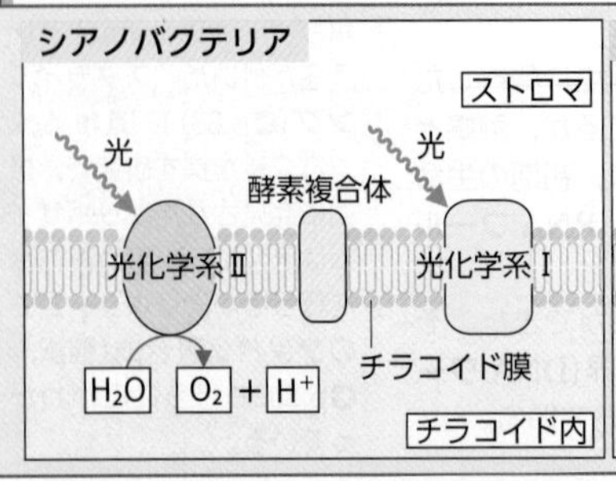

シアノバクテリア
ストロマ
光
酵素複合体
光化学系Ⅱ
光化学系Ⅰ
H_2O
O_2 + H^+
チラコイド膜
チラコイド内

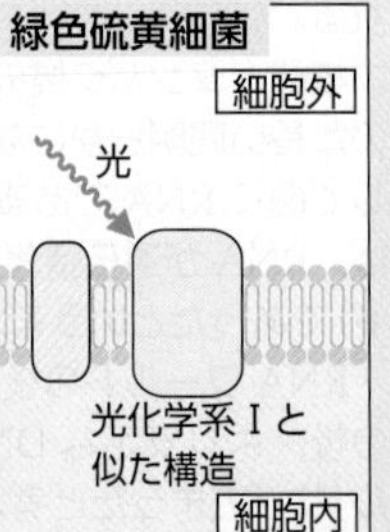

紅色硫黄細菌
細胞外
光
光化学系Ⅱと似た構造
細胞内
緑色硫黄細菌
細胞外
光
光化学系Ⅰと似た構造
細胞内

葉緑体の起源はシアノバクテリアとされているが，シアノバクテリアが行う酸素発生型光合成はどのように発達したのだろうか。光合成細菌(p.69)には，シアノバクテリアとは異なる光合成のしくみをもつものがおり，緑色硫黄細菌は光化学系Ⅰ，紅色硫黄細菌は光化学系Ⅱに似た構造をもつ。光化学系ⅠとⅡの両方をもつシアノバクテリアは，このような細菌が同じ生物体内で働くようになって誕生したと考えられる。さらに，光化学系Ⅱで水の分解から電子をとり出す機能が発達したことで，酸素が発生するようになったとされる。

プチ雑学 現在利用されている鉄の多くは，25～18億年前に形成された縞状鉄鉱層から採掘されている。

Keywords ●シアノバクテリア Cyanobacteria ●ストロマトライト stromatolite
●細胞内共生説 endosymbiotic theory ●葉緑体 chloroplast
●ミトコンドリア mitochondrion, mitochondria (複数形) ●全球凍結 snowball earth

2 細胞の進化 共生することで複雑な構造ができていった。

A 細胞内共生説

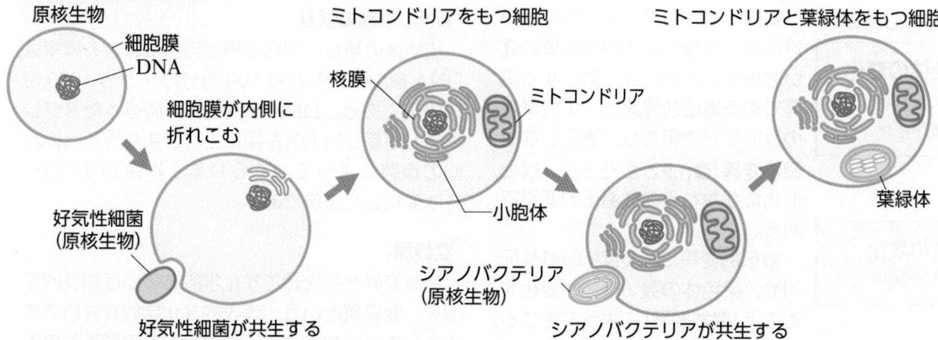
原核生物
細胞膜
DNA
細胞膜が内側に折れこむ
好気性細菌(原核生物)
好気性細菌が共生する
ミトコンドリアをもつ細胞
核膜
ミトコンドリア
小胞体
シアノバクテリア(原核生物)
シアノバクテリアが共生する
ミトコンドリアと葉緑体をもつ細胞
葉緑体

※核膜の形成と好気性細菌の共生の順は明らかではない。

核膜や小胞体は，細胞膜が内側に折れこんでできた。また，真核生物全体の共通祖先が，好気性細菌を細胞内共生させ，それがミトコンドリアになった。真核生物がある程度多様化した後に，シアノバクテリアを細胞内共生させて葉緑体になったと考えられている(▶p.19)。この考えは**細胞内共生説**とよばれ，1967年にマーグリスによって提唱された。

その後，葉緑体をもつ真核生物を共生させるものも現れ，藻類の系統は非常に複雑になっている(▶p.299)。

B 細胞内共生説の根拠

- ミトコンドリアと葉緑体は原核生物と同じ環状のDNAをもつ。

ミトコンドリアDNA

- 細胞分裂とは別の分裂によって増殖する。

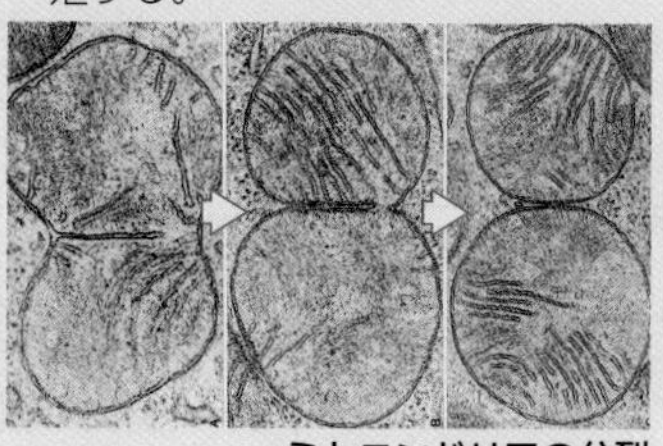
※着色画像
ミトコンドリアの分裂

- 原核生物のものと似た，独自のリボソーム(70S)をもつ(▶p.298)。

- 2重膜の内側の膜が原核生物のものと似ている。また，一部の生物の葉緑体に細胞壁の名残がある。

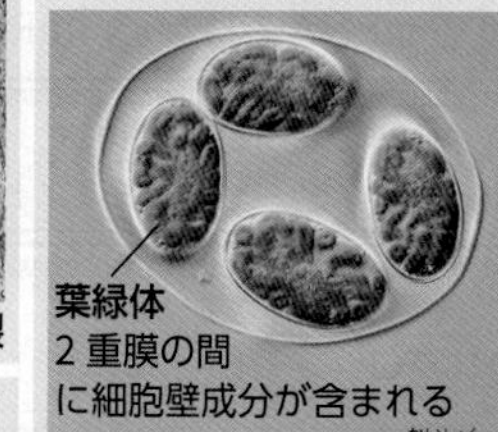
葉緑体
2重膜の間に細胞壁成分が含まれる
灰色藻

C 細胞内共生をする生物

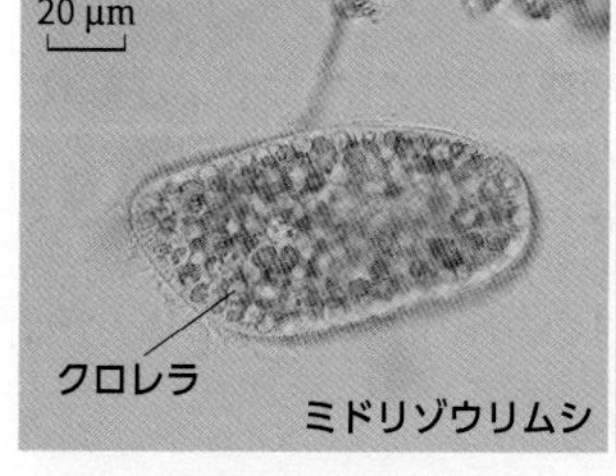
20 μm
クロレラ
ミドリゾウリムシ

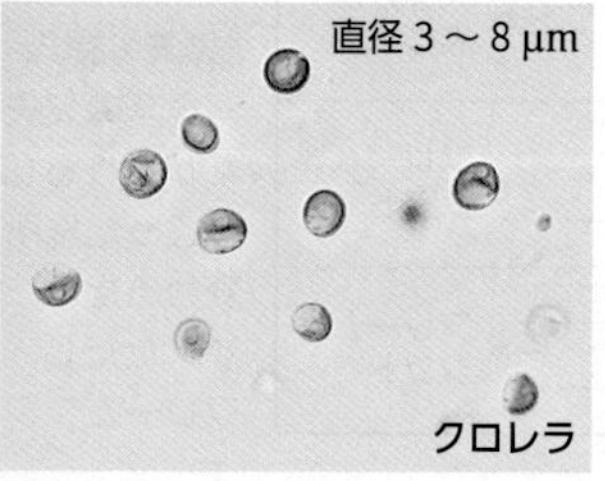
直径 3～8 μm
クロレラ

ミドリゾウリムシはクロレラを細胞内に共生させており，光合成産物や無機物のやりとりをしている。

ミドリゾウリムシはクロレラを除いても生きることができ，再度共生させることもできる。

Step up 遺伝子の水平伝播

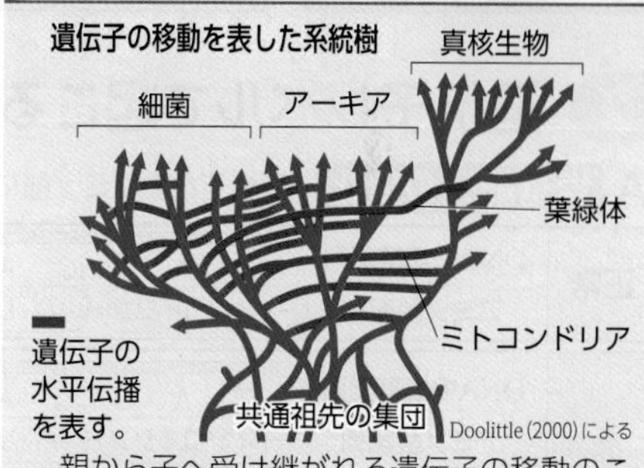
遺伝子の移動を表した系統樹
真核生物
細菌
アーキア
葉緑体
ミトコンドリア
遺伝子の水平伝播を表す。
共通祖先の集団
Doolittle (2000) による

親から子へ受け継がれる遺伝子の移動のことを垂直伝播という。これに対して，遺伝子がある個体から別の個体へと受け継がれる現象を水平伝播という。これは，グリフィスの実験(▶p.74)によって初めて発見された。真核生物は核膜によってDNAが隔離されているため，水平伝播の多くはウイルス感染によって起きる。しかし，細菌は核膜をもたないため水平伝播は頻繁に起こっており，水平伝播は細菌の進化の原動力のひとつとなっている。たとえば，菌体間でのプラスミド(▶p.117)の移行は水平伝播の例である。

3 全球凍結と生物進化 全球凍結は，生物の大量絶滅とその後の飛躍的な進化をもたらしたと考えられる。

A 全球凍結

想像図

約22億年前，約7億年前，約6.5億年前には，地球全体が氷河におおわれる**全球凍結**が起こった。一度全球凍結すると，太陽光をよく反射するため気温が上がらず，簡単には凍結から回復しない。しかし，海面凍結で火山ガス中の二酸化炭素が海洋へ溶解できずに蓄積することで，温室効果が強まって，全球凍結から脱したと考えられている。

B 全球凍結と生物進化の関係

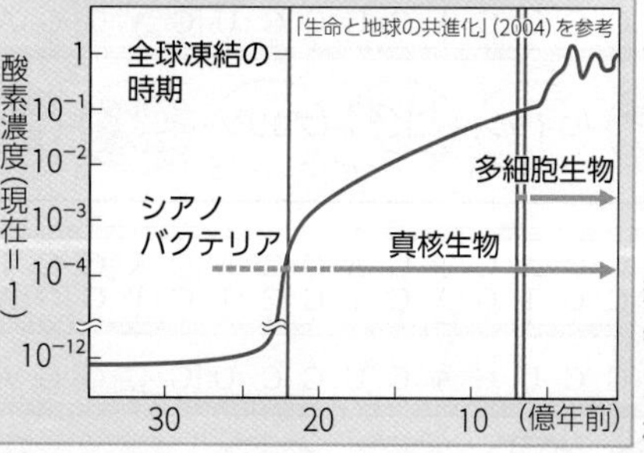
「生命と地球の共進化」(2004)を参考
酸素濃度(現在＝1)
1
10^{-1}
10^{-2}
10^{-3}
10^{-4}
10^{-12}
全球凍結の時期
多細胞生物
シアノバクテリア
真核生物
30
20
10
(億年前)

シアノバクテリアの光合成による二酸化炭素の消費や，侵食作用により溶け出た岩石の成分が二酸化炭素と結びつくことによって，二酸化炭素が減少したため，温室効果が小さくなった。これにより気候が変動し，約22億年前の全球凍結が起きたと考えられている。この時代に起こった酸素の増加(大酸化イベント)が真核生物の誕生につながったと考える研究者は多い。また，約7億年前，約6.5億年前の全球凍結後には大型のエディアカラ生物群の登場があった。

プチ雑学 ウミウシは，フシナシミドロ(藻類の一種)の葉緑体を取り込み，葉緑体の光合成能を保ちながらしばらく利用する。このように，従属栄養生物がほかの生物から葉緑体を奪って利用することを盗葉緑体現象という。

264 遺伝子の変化

1 進化にかかわる変異 進化にかかわるのは遺伝的変異である。

A 変異

変異の例 例 花の色

赤色

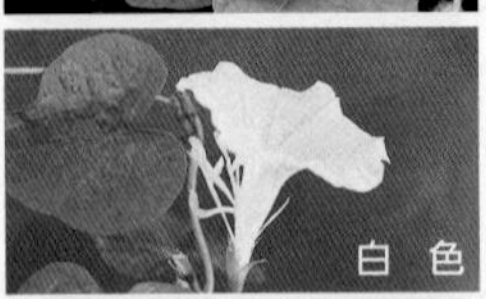
白色

桃色

遺伝的変異が生じるしくみ

遺伝子や染色体の変化
生殖細胞のDNAの塩基配列や，染色体の数・構造が変化

↓

タンパク質の変化
アミノ酸配列が変化

↓

形質の変化
形態などの性質が変化

変異とは，アサガオの花の色の違いなど同種の個体間の形質の違いを指す。変異には，遺伝する変異である**遺伝的変異**と，生育環境の違いなどで起こり，遺伝しない**環境変異**（▶p.92）がある。一般に，進化にかかわるのは遺伝的変異である。

遺伝的変異は，DNAの塩基配列や，染色体の数・構造が変化すること（**突然変異**）によって生じる。遺伝的変異が生じるのは，**生殖細胞**に突然変異が起こったときで，体細胞に突然変異が起こっても遺伝しない。

B 突然変異を引き起こす要因

DNA複製の誤り

染色体の新しい突然変異が自然に起こる確率は，DNA複製1回あたり100万分の1から1000億分の1である。DNA複製の際，間違ったヌクレオチドが新しいDNA鎖にとりこまれ残ると，次回の複製によってつくられる2本鎖DNAの一方は変化したままである。

変異原

突然変異を引き起こす化学的あるいは物理的原因を，**変異原**（へんいげん）という。代表的な化学的変異原である臭化（しゅうか）エチジウムは，2本鎖DNAの塩基対のすき間に入りこみ，隣接する塩基対間の距離を広げる。これにより，DNAの複製エラーが誘起され，塩基対の欠失や挿入が起こる。

2 遺伝子レベルで起こる突然変異 遺伝子の構造が変化して，形質が変化することがある。

A 塩基配列の変化

それぞれのアミノ酸に対応するmRNAではなく，mRNAの鋳型（いがた）となる，DNA鎖を示している。 遺伝暗号表 ▶p.86

正常	DNAの塩基配列	T A G C A T A T G T G C G	
	アミノ酸配列	イソロイシン－バリン－チロシン－トレオニン	
置換	DNAの塩基配列	T A G C A G A T G T G C G	アミノ酸は変化しない（同義置換）
	アミノ酸配列	イソロイシン－バリン－チロシン－トレオニン	
	DNAの塩基配列	T A G T A T A T G T G C G	アミノ酸が変化（非同義置換）
	アミノ酸配列	イソロイシン－イソロイシン－チロシン－トレオニン	
	DNAの塩基配列	T A G C A T A T C T G C G	大部分が失われる
	アミノ酸配列	イソロイシン－バリン－（終止コドン）	
欠失	DNAの塩基配列	T A G C T A T G T G C G A	フレームシフト
	アミノ酸配列	イソロイシン－アスパラギン酸－トレオニン－アルギニン	
挿入	DNAの塩基配列	T A G C G A T A T G T G C	フレームシフト
	アミノ酸配列	イソロイシン－アラニン－イソロイシン－ヒスチジン	

置換

1つの塩基が別の塩基に置き換わる突然変異。**置換**によってアミノ酸が変化すると，タンパク質の機能が向上または低下したり，新たな機能を獲得したりする場合がある（例 鎌状赤血球貧血症）。また，終止コドンに変化すると，タンパク質は機能を失うことが多い。

コドンの3番目の塩基が変化しても，指定するアミノ酸は変わらないことが多い（▶p.86）。

欠失・挿入

塩基の**欠失**や**挿入**が起こり，コドンの読みわくがずれる（**フレームシフト**）と，欠失や挿入が起こった場所より下流のアミノ酸配列が大きく変わるため，タンパク質に大きな変化をもたらす。ただし，3の倍数の塩基の欠失や挿入では，フレームシフトは起こらない。

B 鎌状赤血球貧血症

正常な赤血球ヘモグロビン	DNAの塩基配列	C A C G T G G A C T G A G G A [C T C] C T C G T G C A C C T G A C T C C T [G A G] G A G
	mRNAの塩基配列	G U G C A C C U G A C U C C U [G A G] G A G
	アミノ酸配列	バリン(1)－ヒスチジン(2)－ロイシン(3)－トレオニン(4)－プロリン(5)－グルタミン酸(6)－グルタミン酸(7)
鎌状赤血球ヘモグロビン	DNAの塩基配列	C A C G T G G A C T G A G G A [C A C] C T C G T G C A C C T G A C T C C T [G T G] G A G
	mRNAの塩基配列	G U G C A C C U G A C U C C U [G U G] G A G
	アミノ酸配列	バリン(1)－ヒスチジン(2)－ロイシン(3)－トレオニン(4)－プロリン(5)－バリン(6)－グルタミン酸(7)

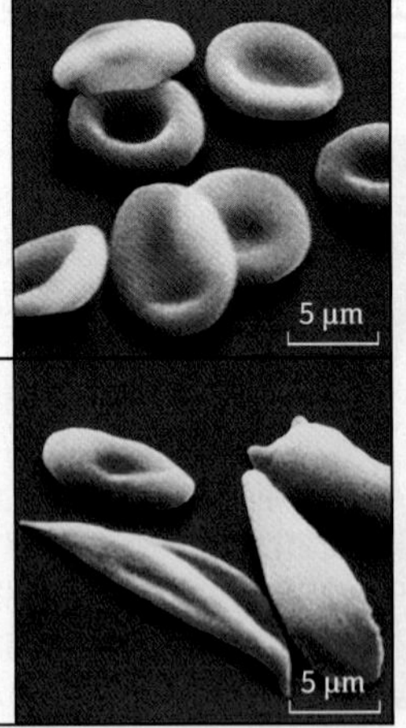
5 µm
5 µm

鎌状赤血球は，ヘモグロビンS（HbS）をもつ。正常な赤血球のヘモグロビンA（HbA）では，ヘモグロビン分子を構成するβ鎖（▶p.42）の末端から6番目のアミノ酸がグルタミン酸であるが，HbSではバリンになっている。

これは，HbAのDNAの塩基配列のうち1つの塩基が置換し（T→A），アミノ酸を指定するコドンが変化した（GAG→GUG）ためである。（ヘテロ接合体の有利性，▶p.285）

プチ雑学 DNAに結合し突然変異を引き起こす臭化エチジウムは，紫外線照射されると蛍光を発する性質をもつ。そのため，ゲル電気泳動（▶p.121）の際にDNAバンドの可視化に用いられている。電気泳動したゲルを臭化エチジウム溶液に15分程度浸した後，紫外線を照射してバンドの位置を確認する。

3 遺伝子と代謝 ある酵素の合成を支配する遺伝子の突然変異が，代謝の異常を引き起こす場合がある。

A アルギニンの合成経路

アカパンカビの変異株の種類

変異株	最少培地*1に加える物質		
	オルニチン	シトルリン	アルギニン
Ⅰ株	＋	＋	＋
Ⅱ株	−	＋	＋
Ⅲ株	−	−	＋

＋：育つ　−：育たない

＊1 最少培地　正常なアカパンカビが育つのに必要な最小限の栄養を含む合成培地。

アカパンカビの変異株Ⅰ～Ⅲ株は，アルギニン合成にかかわる遺伝子の1つに突然変異が起こった株で，最少培地では生育できない。表のように最少培地に物質を加えて培養すると，どの遺伝子に異常があるか推定できる。

アルギニン合成経路

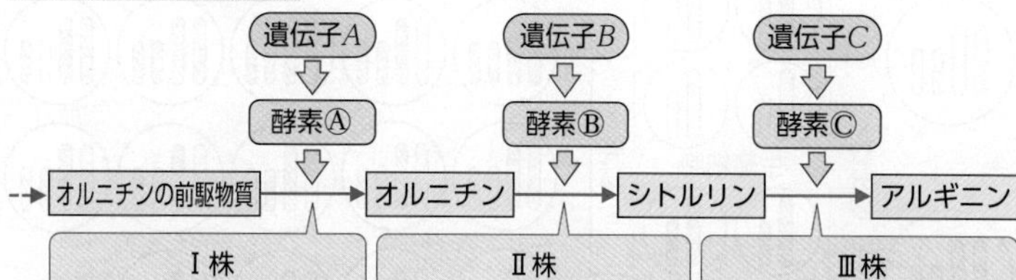
遺伝子A
遺伝子B
遺伝子C
酵素Ⓐ
酵素Ⓑ
酵素Ⓒ
オルニチンの前駆物質
オルニチン
シトルリン
アルギニン

Ⅰ株
遺伝子 A が変化して酵素Ⓐを合成できないため，前駆物質からオルニチンをつくれない。

Ⅱ株
遺伝子 B が変化して酵素Ⓑを合成できないため，オルニチンからシトルリンをつくれない。

Ⅲ株
遺伝子 C が変化して酵素Ⓒを合成できないため，シトルリンからアルギニンをつくれない。

B ヒトの代謝異常

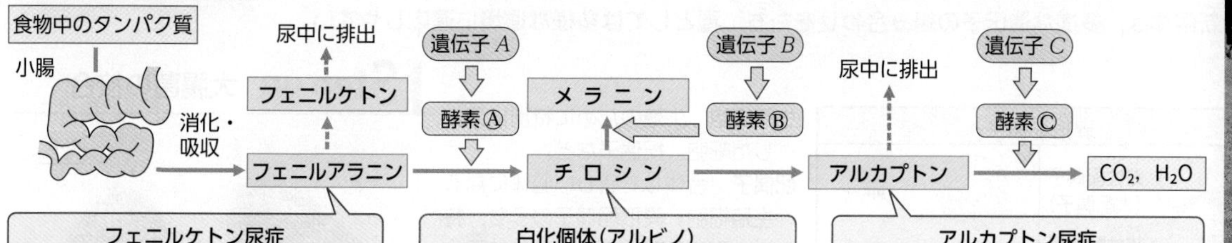
食物中のタンパク質
小腸
消化・吸収
尿中に排出
フェニルケトン
フェニルアラニン
遺伝子 A
酵素Ⓐ
メ ラ ニ ン
遺伝子 B
酵素Ⓑ
チ ロ シ ン
尿中に排出
アルカプトン
遺伝子 C
酵素Ⓒ
CO_2, H_2O

フェニルケトン尿症
遺伝子 A を欠くため酵素Ⓐが合成されない。フェニルアラニンが血中に蓄積し，発育不全などになる。一部はフェニルケトンになり，尿中に排出される。

白化個体（アルビノ）
遺伝子 B を欠くため酵素Ⓑが合成されない。黒色色素のメラニンがつくられず，毛・皮膚が白くなり，虹彩は毛細血管の血液のため赤く見える。

アルカプトン尿症
遺伝子 C を欠くため酵素Ⓒが合成されない。アルカプトンが蓄積され，尿中に排出される。アルカプトンは空気に触れると黒くなるため黒尿症ともいう。

※これらの形質は1組の対立遺伝子（アレル）で決まる潜性形質である。

カンガルー
白化個体（アルビノ）のカンガルー。

4 染色体レベルで起こる突然変異 染色体の構造や数が変化することがある。

染色体構造の変化

＊2 じゅうふくとも読む。

正常	欠失	重複（ちょうふく）*2	逆位（ぎゃくい）	転座（てんざ）
A B C D E 染色体	A B C D E → A B D E	A B C D E → A B C C D E	A B C D E → A B D C E	A B C D E / P Q R S → P C D E / A B Q R S
	一部が切れて欠ける	一部が重複する	一部が切れて配列が逆になる	一部が他の染色体へ付着する

染色体数の変化

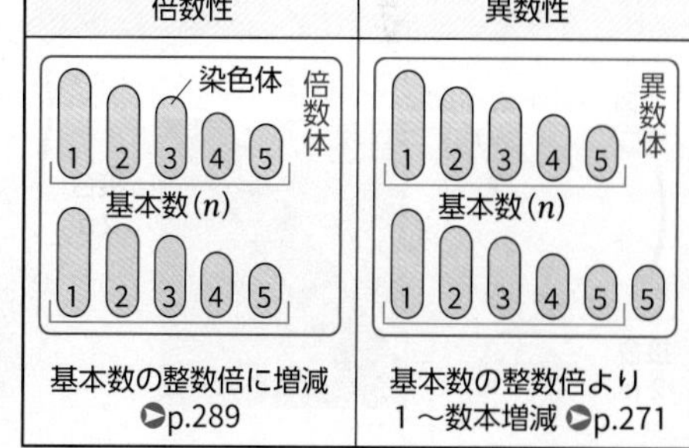
倍数性
異数性
染色体
倍数体
異数体
基本数（n）
基本数の整数倍に増減 ▶p.289
基本数の整数倍より1～数本増減 ▶p.271

5 遺伝子重複

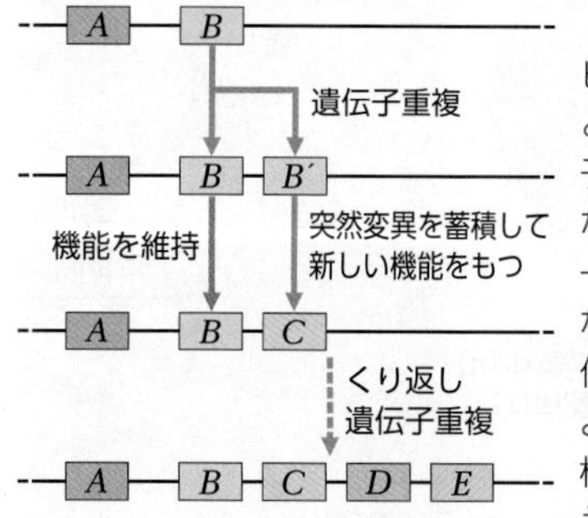
A
B
遺伝子重複
B′
機能を維持
突然変異を蓄積して新しい機能をもつ
C
くり返し
遺伝子重複
D
E

DNA上で，ある遺伝子がコピーをつくることを**遺伝子重複**という。重要な機能をもつ遺伝子は，維持しなければ生存できない。しかし，遺伝子重複した一方の遺伝子は，役割が自由になるため，新しい機能をもつ遺伝子に変化が可能である。このように遺伝子重複によって，多様な遺伝子が生み出されたと考えられている。

Step up 動く遺伝子トランスポゾン

トランスポゾン（転写因子）とよばれるDNA領域は，DNAのほかの部分に転移する。トランスポゾンには，DNAが切りとられて移動し，別の部位に挿入されるものと，転写されたRNAが移動後に逆転写され，合成されたDNAが挿入されるもの（レトロトランスポゾン）がある。トランスポゾンは，遺伝子の多様性の増加や，突然変異を起こすことから，進化を促進してきたと考えられる。

DNA
挿入
トランスポゾン
DNA または RNA で移動

オシロイバナ

花ができる過程で，一部の細胞でトランスポゾンが色素遺伝子に入り込み，色素が作られなくなると，写真のように色が斑（ふ）になる。

プチ雑学　ショウジョウバエの唾腺染色体（▶p.85）は大きいので，染色体の構造の変化は顕微鏡で観察できる。例えば，一方の相同染色体に逆位があり，もう一方の相同染色体が正常であった場合，一方の染色体がループをつくって対合するようすが見られる。

1 生殖と遺伝情報　有性生殖と無性生殖とでは，親から子へ遺伝情報を伝えるしくみが異なる。

有性生殖

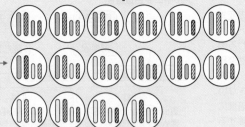

親　減数分裂　生殖細胞　受精　子　親

有性生殖では，それぞれの親から子へ，染色体が1セットずつ渡される（▶p.71）。
受けとる染色体の組み合わせの違いにより，子がもつ遺伝情報は異なるものになる。
※実際には組換え（▶p.274）が起こるため，子の遺伝情報はさらに多様性に富む。

無性生殖

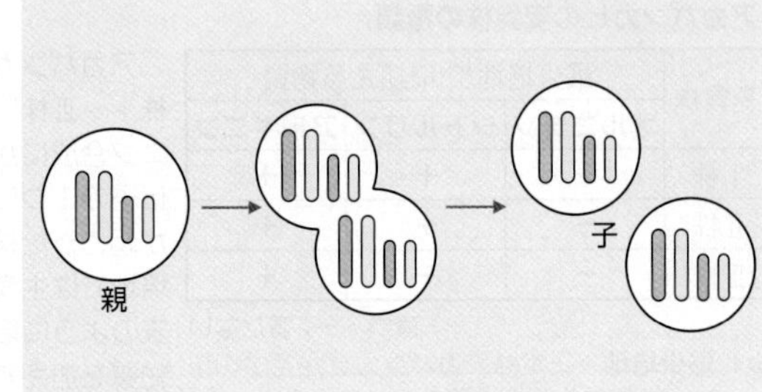
親
子

無性生殖では，親から子へ同じ遺伝情報が伝えられる。

2 有性生殖　新個体は，多様な遺伝子の組み合わせをもち，種としては多様な環境に適応しやすい。

A 配偶子の分化

同形配偶子	異形配偶子	
形・大きさは同じ	雌性配偶子（大配偶子） 雄性配偶子（小配偶子）	卵 精子
クラミドモナス，ヒビミドロ　など	ミル，ムチモ，アオサ　など	コケ植物，シダ植物，ほとんどの動物　など

生殖細胞　生殖のために特別に分化した細胞。配偶子など。

配偶子　合体して新しい個体になる生殖細胞。異形配偶子のうち，特に大形で運動性のないものを**卵**，小形で運動性のあるものを**精子**という。

B 接合

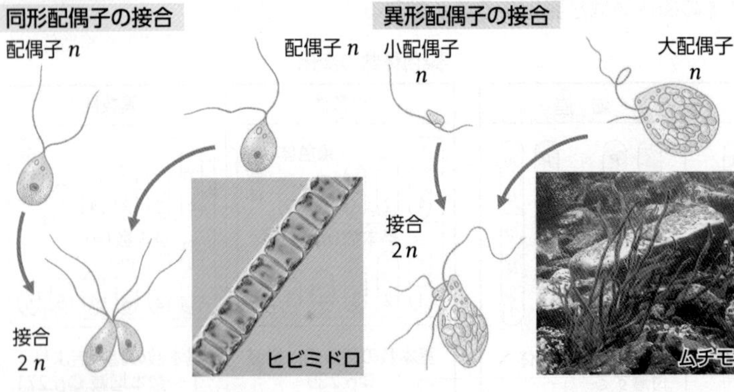
同形配偶子の接合
配偶子 n
配偶子 n
接合
2n
ヒビミドロ
異形配偶子の接合
小配偶子
n
大配偶子
n
接合
2n
ムチモ

配偶子は同形・同大のものから，精子・卵のように分化したものまである。その配偶子が合体（**接合**）することにより新個体ができる。配偶子の接合によってできたものを**接合子**という。

Step up　大腸菌の接合

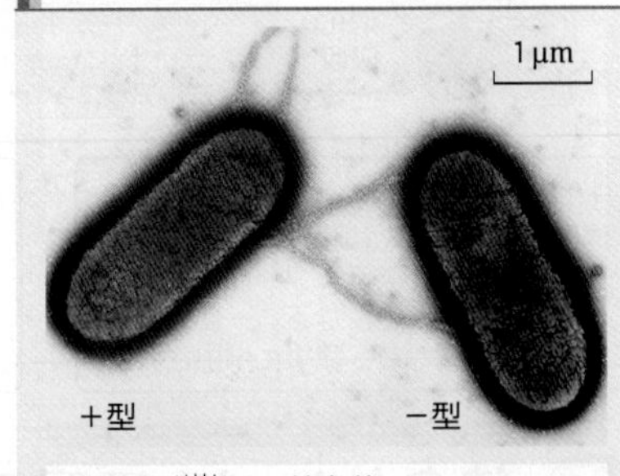
1 μm
＋型
－型

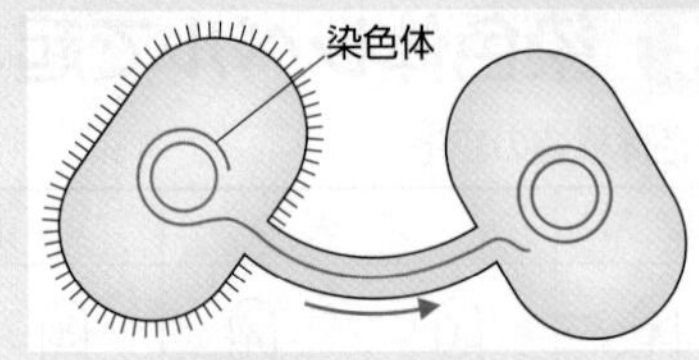
染色体

2つの大腸菌が結合し，染色体が移動する現象が発見された（1946年）。他の細菌でも，接合を行うものがある。ただし，細菌の接合は，＋型（雄菌）から－型（雌菌）への一方向に，染色体の一部が移動するのみである。

C 受精　卵と精子が接合することを**受精**という。

ハムスター　哺乳類

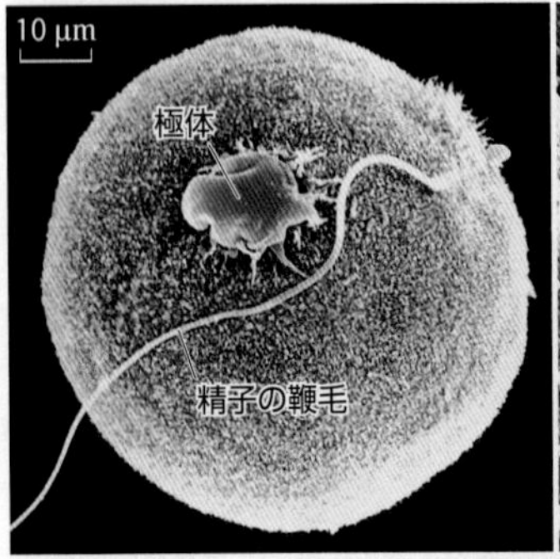
10 μm
極体
精子の鞭毛

卵の表面に到着した精子

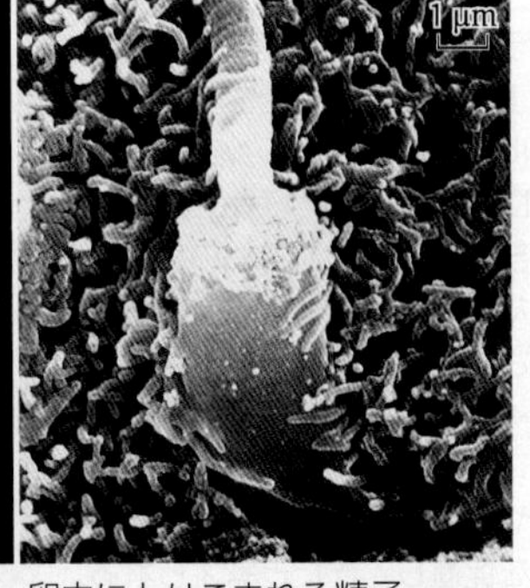
1 μm

卵内にとりこまれる精子

イヌワラビ　シダ植物　＊他個体間で行われる。

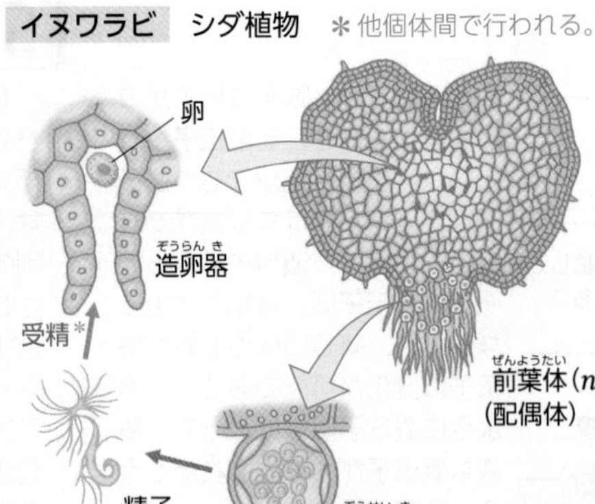
卵
造卵器
受精＊
精子
造精器
前葉体（n）
（配偶体）

▶p.303

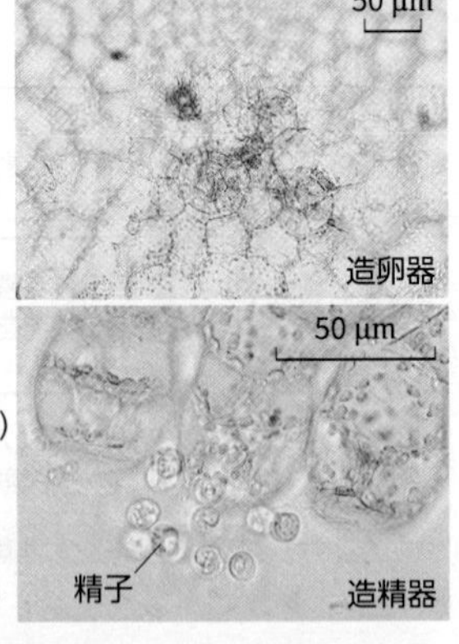
50 μm
造卵器
50 μm
精子
造精器

プチ雑学　配偶子はもともと同形であり，進化の過程で大形の卵と小形の精子とに分かれたものが出現した。受精のあとに続く発生に必要な栄養を蓄えるものと，配偶子どうしが出会う確率を上げるために運動能力を高めたものに役割が分担されたと考えられる。

Keywords ●有性生殖 sexual reproduction ●無性生殖 asexual reproduction ●配偶子 gamete ●接合 conjugation ●接合子 zygote ●受精 fertilization ●分裂 division ●出芽 budding ●栄養生殖 vegetative reproduction

3 無性生殖 新個体は，親の形質をそのまま受け継ぐ(遺伝的性質はまったく同じ)。

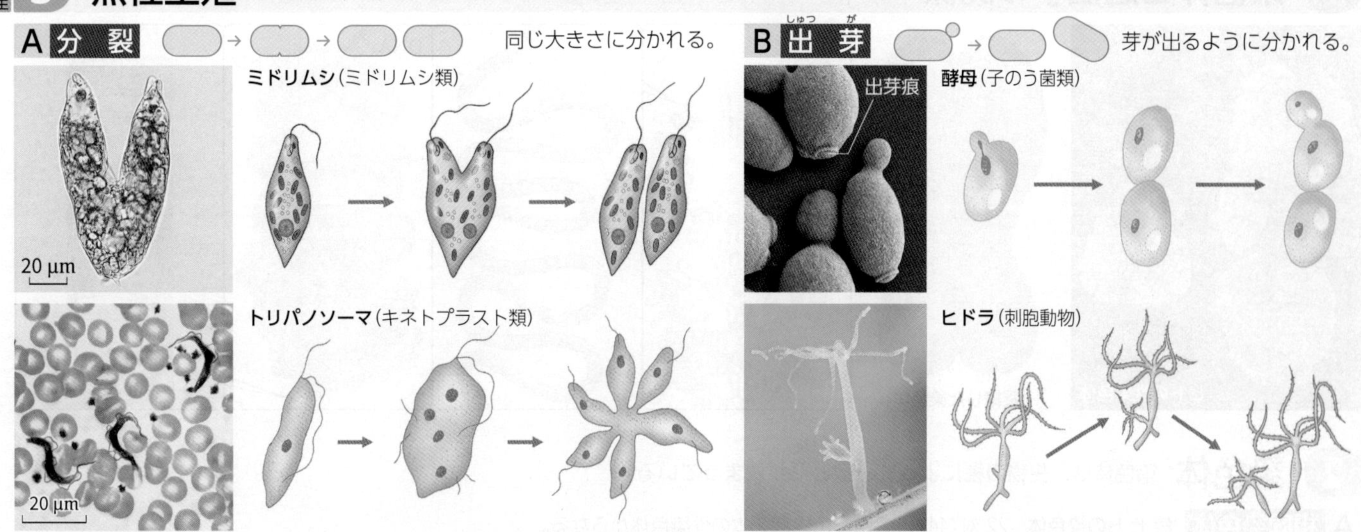
A 分裂
同じ大きさに分かれる。
ミドリムシ(ミドリムシ類)
20 μm
トリパノソーマ(キネトプラスト類)
20 μm
B 出芽
芽が出るように分かれる。
出芽痕
酵母(子のう菌類)
ヒドラ(刺胞動物)

C 栄養生殖

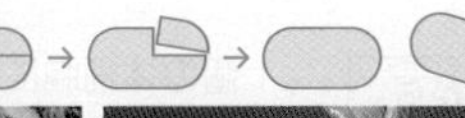

栄養器官(茎・葉など)の一部から分かれる。

イチゴ

走出枝 茎が地面をはうようにのびて，その先が新しい個体になる。

むかご
オニユリ

むかご 生じた芽が変形し，はなれて新しい個体になる。

セイロンベンケイソウ

不定芽 葉などから芽が出て，新しい個体になる。

モウソウチク

地下茎 地下茎がのびて，そこから新しい個体が生じる。

ジャガイモ

塊茎 特殊な地下茎で，芽が出て新しい個体になる。

4 有性生殖と無性生殖を行う生物 条件によって，有性生殖と無性生殖を使い分ける生物がいる。

ゾウリムシ 繊毛虫類 2つの個体の遺伝子が混じって若返る(通常は分裂でふえる)。

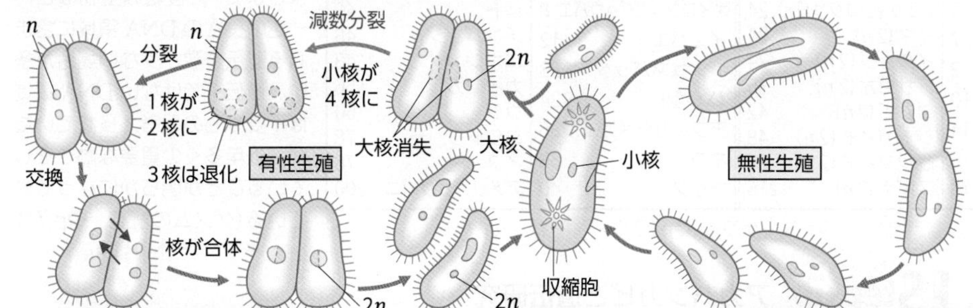
n
n
分裂
減数分裂
小核が
4核に
2n
1核が
2核に
大核消失
大核
小核
3核は退化
有性生殖
無性生殖
交換
核が合体
2n
2n
収縮胞

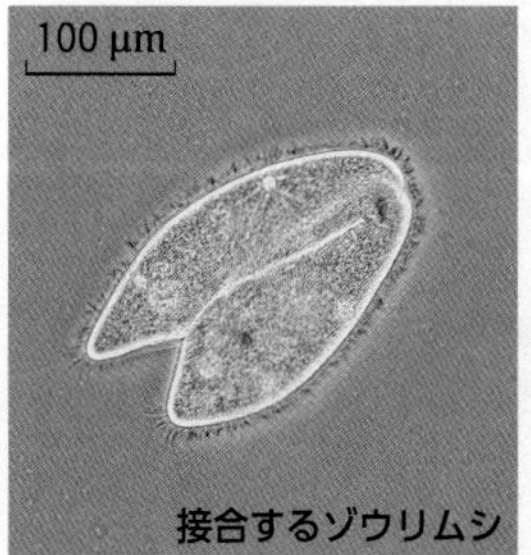
100 μm
接合するゾウリムシ

ゾウリムシは，栄養が豊富にあり，生育条件のよいときには，分裂（無性生殖）によって爆発的にふえる。生育条件が悪いときには，接合(有性生殖)を行う。

ゾウリムシは接合するときに，核の一部を交換することで若返りを試みる。分裂できる回数には限度があり，それまでに有性生殖ができなければ，若返ることができず，やがて死ぬ。

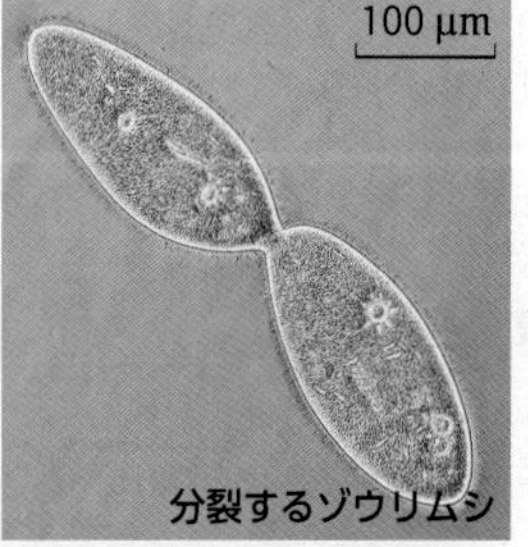
100 μm
分裂するゾウリムシ

有性生殖と無性生殖の比較

	有性生殖	無性生殖
核相	親 子 2n → n → 2n 2n → n ↗	親 子 2n → 2n
子の遺伝情報	親と異なる	親と同じ
利点	●遺伝的多様性をすばやくつくりだすため，急な環境の変化に対応しやすい。	●1個体でふえるので，すばやく増殖できる。
欠点	●生殖細胞をつくるためのコストがかかる。 ●2個体が出会うための探索行動などにコストがかかる。	●親の遺伝情報をそのまま受け継ぐので，突然変異による有害な形質を受け継いでしまう。

プチ雑学 ヒドラでは，必ずからだの中央よりやや下の決まった位置から出芽し，それ以外の場所から出芽が起こることはない。これは，からだの形成を抑制する物質が頭部から足にかけて濃度勾配をつくっており，抑制物質が最も少ない位置で出芽が起こるからである。

染色体の構造

生 1 染色体と遺伝子の関係

染色体の中に DNA が折りたたまれており，DNA の一部の領域が遺伝子である。

X 染色体
Y 染色体
ヒトの性染色体

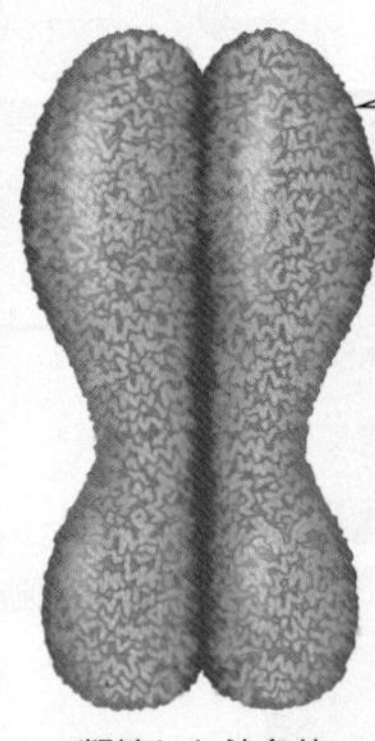

凝縮した染色体

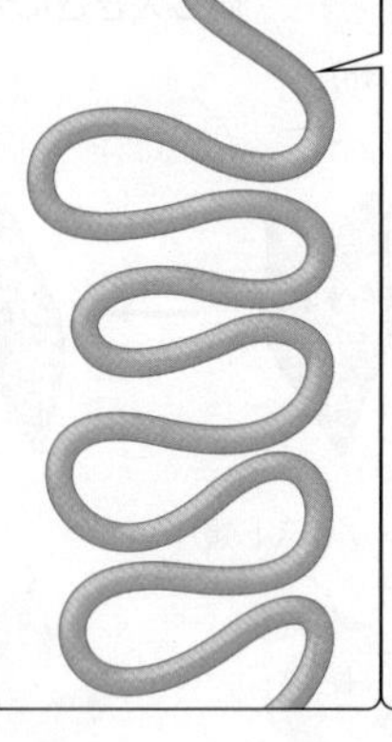

DNA
ヒストン
クロマチン

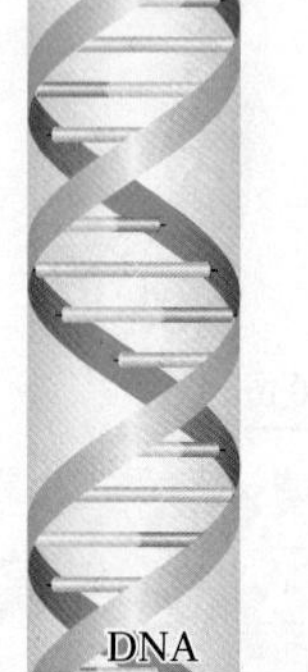
DNA

生 2 染色体

染色体は，生物の種によって，数と形が決まっている。

A 相同染色体

例 ヒトの染色体　22 対(44 本)の常染色体と 2 本の性染色体からなる。

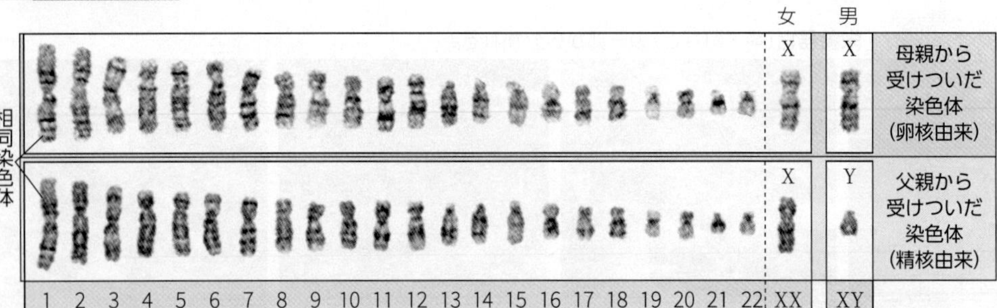
女
男
X
X
母親から受けついだ染色体(卵核由来)
X
Y
父親から受けついだ染色体(精核由来)
相同染色体
1 2 3 4 5 6 7 8 9 10 11 12 13 14 15 16 17 18 19 20 21 22 XX XY

常染色体
性染色体以外の染色体。ヒトの場合，大きさの順に 1 ～ 22 の番号がつけられている。

性染色体
性を決める染色体。ヒトの場合，XX のとき女性，XY のとき男性になる。

1 個の体細胞に含まれる，大きさ・形が等しい対になった染色体を**相同染色体**(そうどうせんしょくたい)という。相同染色体は，それぞれ両親の配偶子に由来する(ゲノムの継承，▶p.71)。

Memo 配偶子の組み合わせ

例 $2n=4$

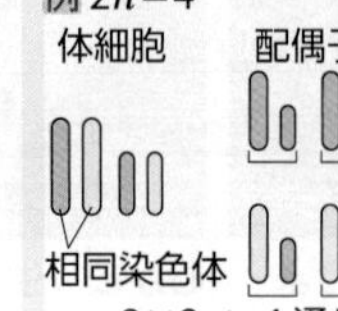
体細胞
配偶子
相同染色体
2×2 → 4 通り

染色体を n 対もつ生物の配偶子の組み合わせは，2^n 通りである。ヒト($2n=46$)の場合，$2^{23}=8388608$ 通りとなる。

B 生物の種と染色体

体細胞の染色体数

サケ($2n=74$)

ニジマス($2n=58～60$)

同じサケのなかまであるが，染色体数は異なっている。

藻類・菌類・植物				動物($2n$)			
チシマクロノリ(n)	5	ムラサキツユクサ($2n$)	24	キイロショウジョウバエ	8	ヒト	46
アカパンカビ(n)	7	イネ($2n$)	24	イエバエ	12	チンパンジー	48
ゼニゴケ(n)	9	イチョウ($2n$)	24	トノサマバッタ	♂23	ニホンメダカ	48
シロイヌナズナ($2n$)	10	アサガオ($2n$)	30	(XO型)	♀24	カイコガ	56
エンドウ($2n$)	14	コムギ($2n$)	42	アフリカツメガエル	36	ウシ	60
酵母(n)	16	ジャガイモ($2n$)	48	ネコ	38	ニワトリ	78
ニンジン($2n$)	18	サツマイモ($2n$)	90	マウス	40	イヌ	78
		スギナ($2n$)	216			アメリカザリガニ	200

※藻類・菌類・植物には核相が変化するものがある(▶p.302)。

染色体数は生物種によってさまざまで*，複雑な生物ほど，一定の長さの DNA 領域に含まれる遺伝子数が少ない場合が多い。遺伝子ではない DNA 領域は不要なものと考えられていたが，近年多くの重要な働きをしていることが明らかになってきている(ゲノムの解読，▶p.71)。

＊2 ～ 50 本のものが多い。

核相

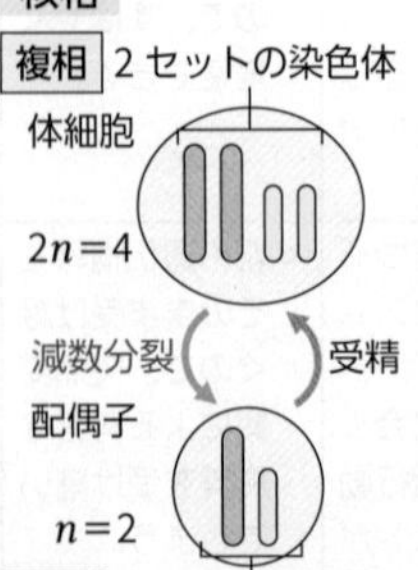
複相 2 セットの染色体
体細胞
2n=4
減数分裂
受精
配偶子
n=2
単相 1 セットの染色体

個体や細胞の核の染色体構成の状態を**核相**という。卵や精子のように 1 セットの染色体をもつものを**単相**(たんそう)(n)，ヒトの体細胞のように 2 セットの染色体をもつものを**複相**($2n$)という。

Step up アカパンカビと遺伝研究

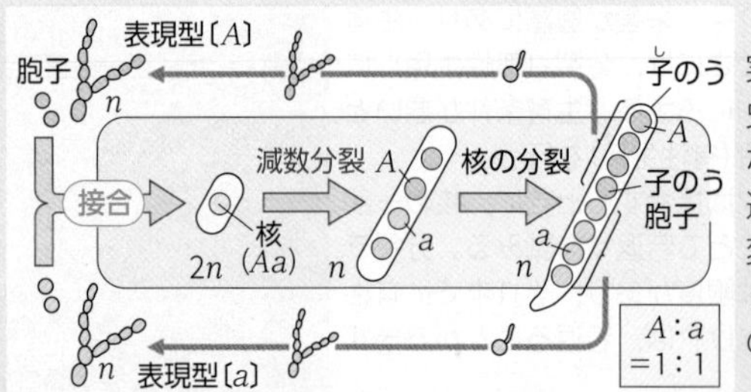
表現型〔A〕
胞子
n
子のう
減数分裂
A
核の分裂
A
子のう胞子
接合
核
2n (Aa)
n
a
a
n
A : a
=1 : 1
表現型〔a〕
n

アルギニン合成経路(▶p.265)の推定実験で用いられたアカパンカビは，生活史の多くを単相(n)で過ごす。このような生物は，生活史の多くを複相($2n$)で過ごす生物と違い，1 つの遺伝子の突然変異が直接個体の表現型として現れる(遺伝子型と表現型が等しい)ため，遺伝の研究に適している。

プチ雑学 アカパンカビは有性生殖を行うとき，核が合体して $2n$ になるが，すぐに減数分裂をして n になる。その後，核が分裂して核相 n の子のう胞子が 8 個できる。また，アカパンカビは無性生殖も行う。

Keywords ●染色体 chromosome ●相同染色体 homologous chromosome ●常染色体 autosome ●性染色体 sex chromosome ●遺伝子 gene ●遺伝子座 gene locus ●対立遺伝子 allele ●ホモ接合 homozygosis ●ヘテロ接合 heterozygosis ●遺伝子型 genotype ●表現型 phenotype

生 3 性染色体の性決定

性染色体による性決定の様式には，いくつかのパターンがある。 性決定と遺伝子 ➡p.282

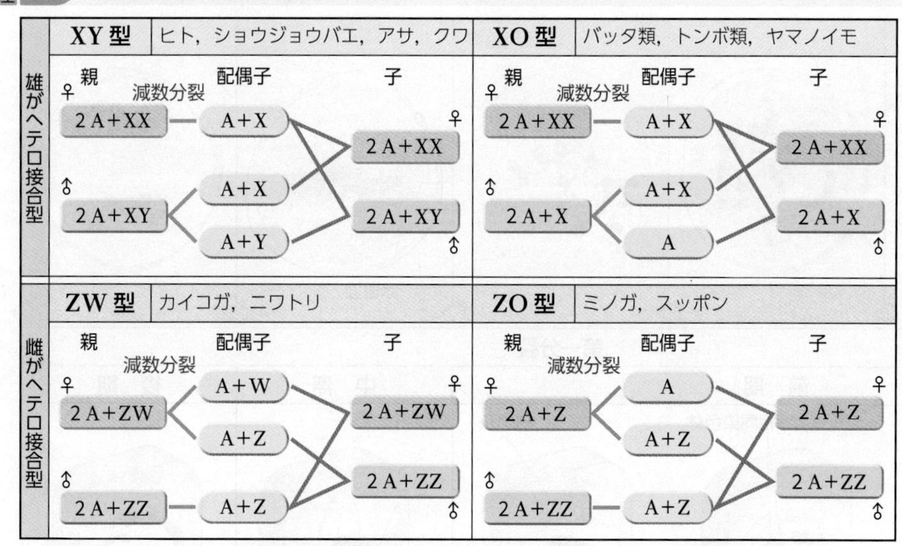
雄がヘテロ接合型
XY 型 ヒト，ショウジョウバエ，アサ，クワ
親 減数分裂 配偶子 子
♀ 2A+XX — A+X
♂ 2A+XY A+X A+Y
♀ 2A+XX
2A+XY ♂
XO 型 バッタ類，トンボ類，ヤマノイモ
親 減数分裂 配偶子 子
♀ 2A+XX — A+X
♂ 2A+X A+X A
♀ 2A+XX
2A+X ♂
雌がヘテロ接合型
ZW 型 カイコガ，ニワトリ
親 減数分裂 配偶子 子
♀ 2A+ZW A+W A+Z
♂ 2A+ZZ — A+Z
♀ 2A+ZW
2A+ZZ ♂
ZO 型 ミノガ，スッポン
親 減数分裂 配偶子 子
♀ 2A+Z A A+Z
♂ 2A+ZZ — A+Z
♀ 2A+Z
2A+ZZ ♂

● 雄にあって雌にない性染色体を **Y 染色体**，雌に 2 本ある性染色体を **X 染色体**という。
● 雌にあって雄にない性染色体を **W 染色体**，雄に 2 本ある性染色体を **Z 染色体**という。

例 キイロショウジョウバエ

♀(2A＋XX) ♂(2A＋XY)

常染色体 性染色体 ♀ ♂ 減数分裂 A+X A+X A+Y 受精 ♀ ♂

子の雌雄の比(**性比**)は 1：1 になる。

生 4 染色体と遺伝子座

遺伝子は，染色体上の決められた位置(遺伝子座)に存在する。

A 遺伝子座と対立遺伝子

例 ヒトの第 9 染色体

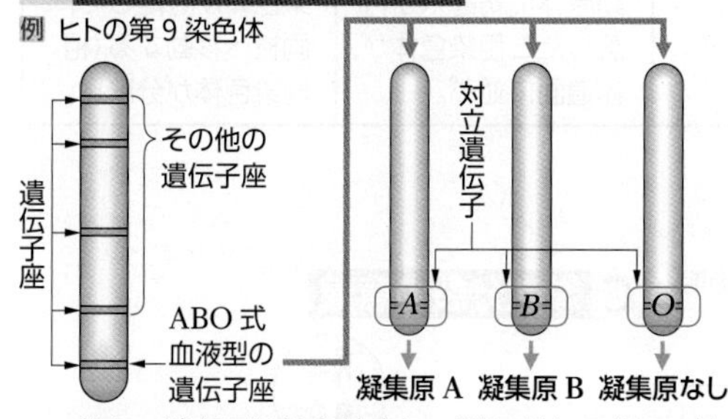
その他の
遺伝子座
遺伝子座
ABO 式
血液型の
遺伝子座
対立遺伝子
A
B
O
凝集原 A
凝集原 B
凝集原なし

一般に，遺伝子は染色体上に一列に並んでおり，決められた位置に存在する。染色体上でそれぞれの遺伝子のあるべき場所を**遺伝子座**(いでんしざ)といい，その並び順や位置は生物種によって決まっている。このことを利用して，染色体地図が作製される(➡p.276)。

ヒトの ABO 式血液型(➡p.164，279)の *A*，*B*，*O* 遺伝子のように，遺伝子座が同じで，異なる形質を現す遺伝子を**対立遺伝子**(たいりついでんし)(**アレル**)という。

B 遺伝子と染色体の表記

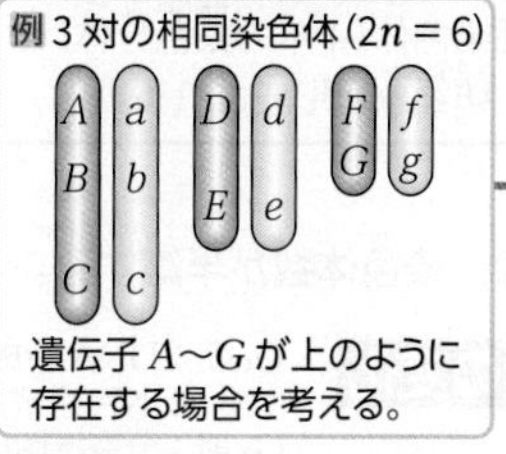
例 3 対の相同染色体(2n＝6)
A B C
a b c
D E
d e
F G
f g
遺伝子 A〜G が上のように
存在する場合を考える。

遺伝子の表し方は生物種によって異なるが，エンドウでは *Round*＊の頭文字から「*R*」とするなど，わかりやすく記号で表し，通常アルファベットのイタリック体で書く。*A*，*B*，*C*，… と単にアルファベット順に記号をつけることも多い。

＊「丸」を意味する。

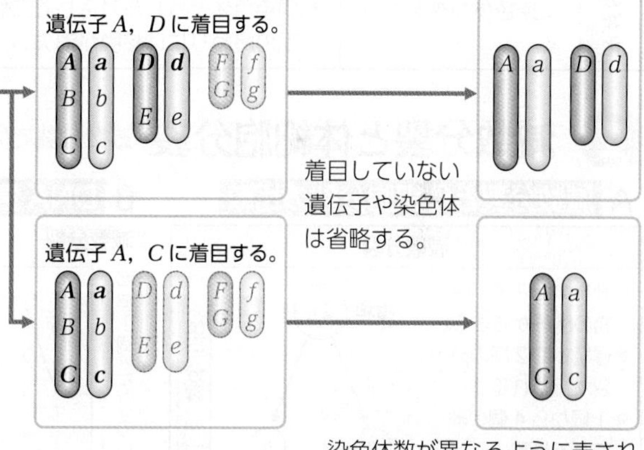
遺伝子 A，D に着目する。
遺伝子 A，C に着目する。
着目していない
遺伝子や染色体
は省略する。

染色体数が異なるように表されるが，着目していない染色体が省略されているだけである。

C 相同染色体と遺伝子座

ホモ接合とヘテロ接合

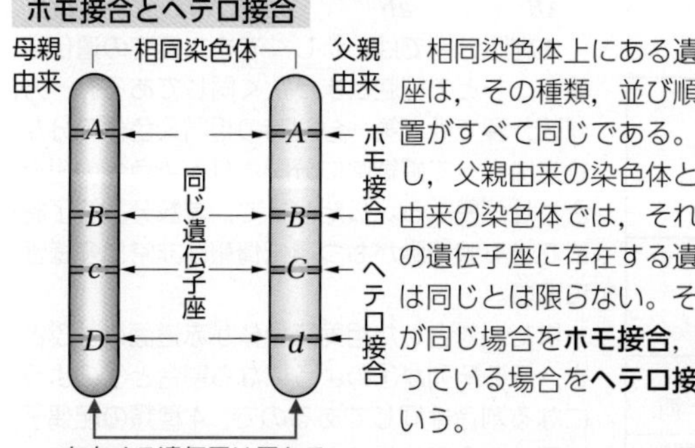
母親
由来
相同染色体
父親
由来
A
B
c
D
A
B
C
d
同じ遺伝子座
ホモ接合
ヘテロ接合
存在する遺伝子は異なる

相同染色体上にある遺伝子座は，その種類，並び順，位置がすべて同じである。しかし，父親由来の染色体と母親由来の染色体では，それぞれの遺伝子座に存在する遺伝子は同じとは限らない。それらが同じ場合を**ホモ接合**，異なっている場合を**ヘテロ接合**という。

遺伝子型と表現型 例 エンドウの種子の色

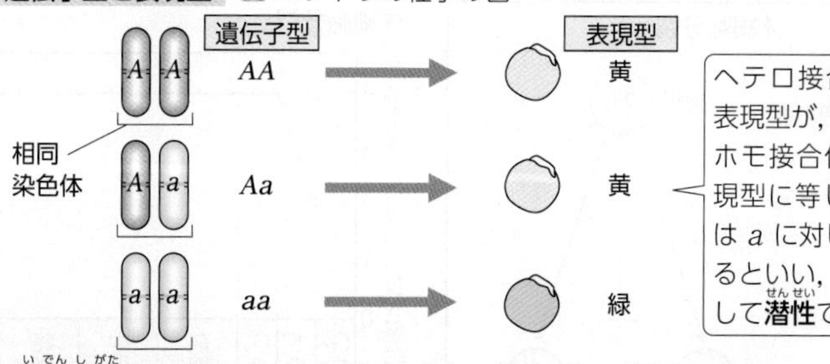
遺伝子型
表現型
相同
染色体
AA
黄
Aa
黄
aa
緑

ヘテロ接合体(*Aa*)の表現型が，遺伝子 *A* のホモ接合体(*AA*)の表現型に等しいとき，*A* は *a* に対して**顕性**(けんせい)であるといい，*a* は *A* に対して**潜性**(せんせい)であるという。

● **遺伝子型**(いでんしがた) *AA*，*Aa*，*aa* などのような，個体のもつ遺伝子の構成。
● **表現型**(ひょうげんがた) 遺伝子によって現れた形質。

プチ雑学 「顕性」を「優性」，「潜性」を「劣性」ともいう。長い間，Dominant，Recessive の訳語として「優性」・「劣性」が使われてきたが，「優れている」・「劣っている」という語感が強く，誤解されやすい用語であるため，代わりに「顕性」・「潜性」が使われるようになった。

減数分裂

1 減数分裂の過程

1 回の染色体の複製と 2 回の細胞分裂で，細胞 1 個当たりの染色体数は半減する。

花粉母細胞の減数分裂（テッポウユリ $2n=24$）

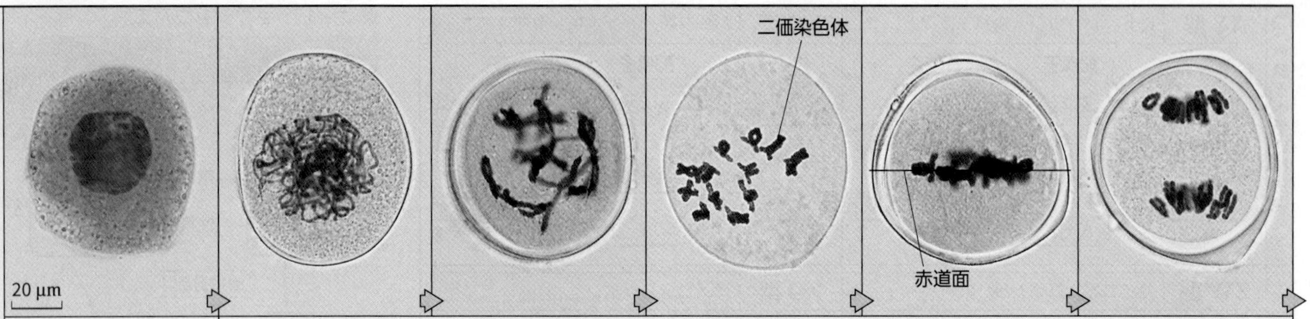

20 μm

二価染色体

赤道面

	間期	第一分裂		
		前期	中期	後期
減数分裂の過程（動物細胞 $2n=4$） 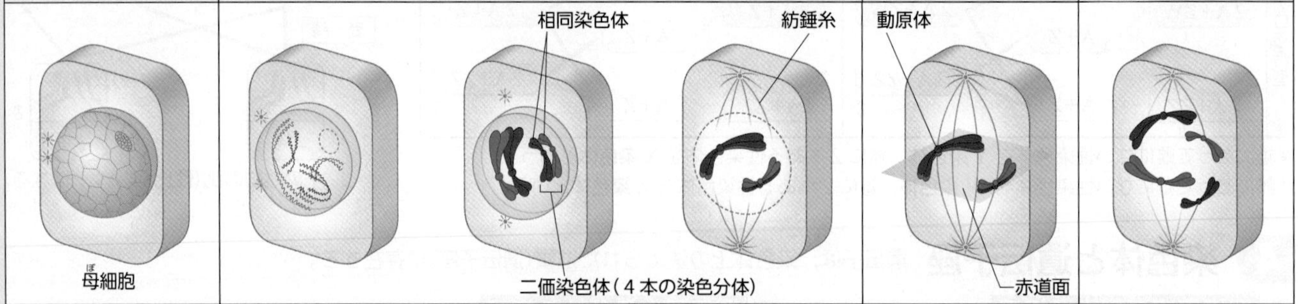	母細胞	相同染色体 紡錘糸 二価染色体（4 本の染色分体）	動原体 赤道面	
核の変化	S 期（DNA 合成期）に染色体が複製される。	糸状の染色体はらせん状に巻かれて太く短くなる。相同染色体どうしが対合して二価染色体（4 本の染色分体）をつくる。前期の終わりには核膜が消失し，紡錘糸が形成される。	動原体に紡錘糸が付着した二価染色体が，赤道面に並ぶ。	染色体が分離して，両極へ移動する（相同染色体が分離）。

2 減数分裂と体細胞分裂

減数分裂では，染色体数が半減する。

A 減数分裂と体細胞分裂の比較

減数分裂

- 動物の配偶子，植物の胞子ができる。
- 連続して 2 回の分裂が行われる。
- 1 個から **4 個**の細胞ができる。
- 染色体数が**半減**する。

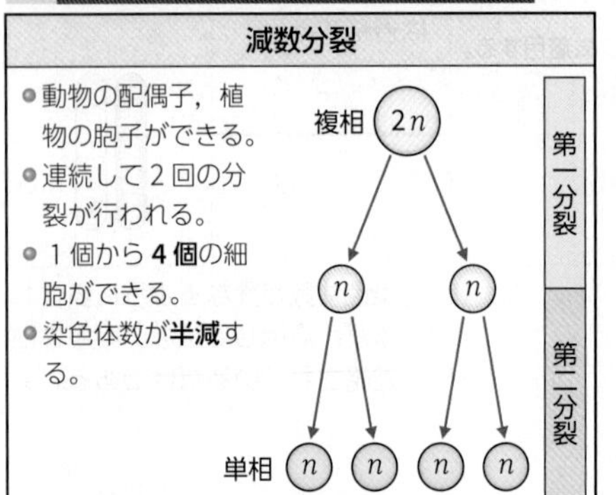

複相
2n
n
n
単相
n
n
n
n
第一分裂
第二分裂

体細胞分裂

- **体細胞**の増殖。
- 1 個から **2 個**の細胞ができる。
- 染色体数は**変わらない**。

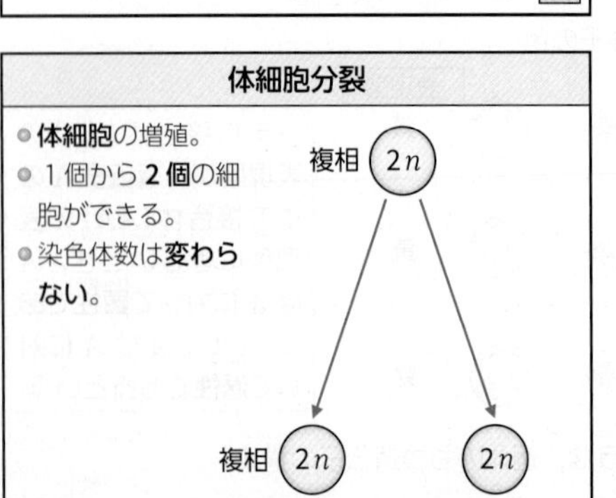

複相
2n
複相
2n
2n

B DNA 量の変化

G_1 期：DNA 合成準備期
S 期：DNA 合成期
G_2 期：分裂準備期

減数分裂

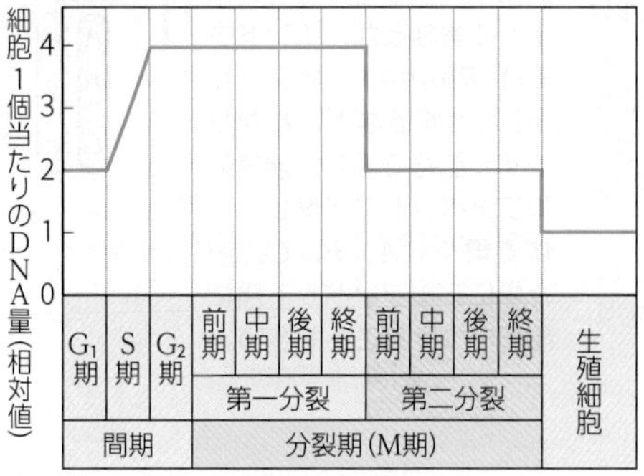

細胞 1 個当たりの DNA 量（相対値）：0, 1, 2, 3, 4

G_1 期	S 期	G_2 期	前期	中期	後期	終期	前期	中期	後期	終期	生殖細胞
間期			第一分裂				第二分裂				
			分裂期（M期）								

体細胞分裂

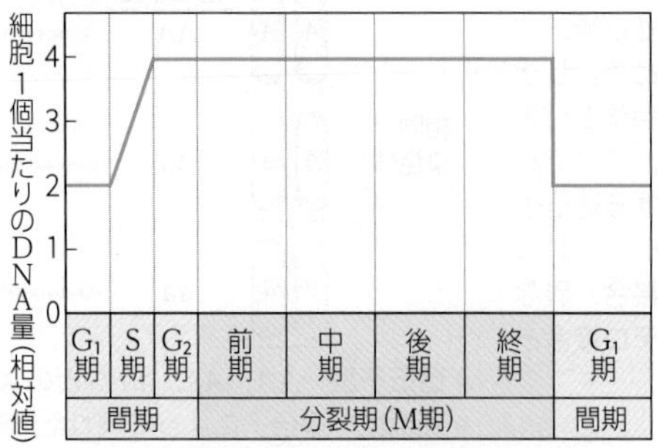

細胞 1 個当たりの DNA 量（相対値）：0, 1, 2, 3, 4

G_1 期	S 期	G_2 期	前期	中期	後期	終期	G_1 期
間期			分裂期（M期）				間期

C 減数分裂の意義

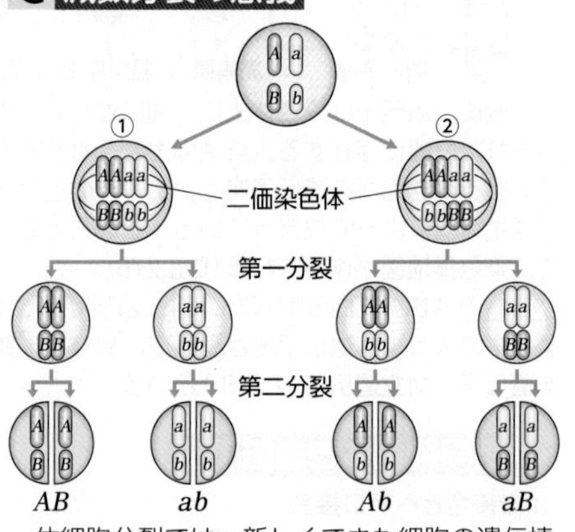

A
a
B
b
①
②
二価染色体
第一分裂
第二分裂
AB
ab
Ab
aB

体細胞分裂では，新しくできた細胞の遺伝情報は，もとの細胞とまったく同じである。一方，減数分裂では，第一分裂時の相同染色体の分かれ方によって娘細胞に分配される染色体の組み合わせが異なる。したがって，減数分裂終了時にできる娘細胞がもつ遺伝情報は非常に多様性に富む。

また，対合した相同染色体が赤道面に並ぶとき，その配列が①のようになる割合と②のようになる割合は同じであるので，4 種類の配偶子は同じ割合で生じる。

プチ雑学 動原体（kinetochore）は，紡錘糸が付着する構造体であり，セントロメア（centromere）とよばれる，染色体のくびれた領域に形成される（➡p.78）。以前はセントロメアも動原体とよばれていたが，研究が進み，動原体の実態が解明されているため，現在は区別されることが多い。

Keywords ●減数分裂 meiosis ●相同染色体 homologous chromosome ●二価染色体 bivalent chromosome ●対合 synapsis ●動原体 kinetochore

第一分裂前期で相同染色体がたがいに接着する現象を**対合**(たいごう)といい，対合している染色体を**二価染色体**(にかせんしょくたい)という。この時期に染色体は縦裂しているので，二価染色体はふつう4本の染色分体からなる。

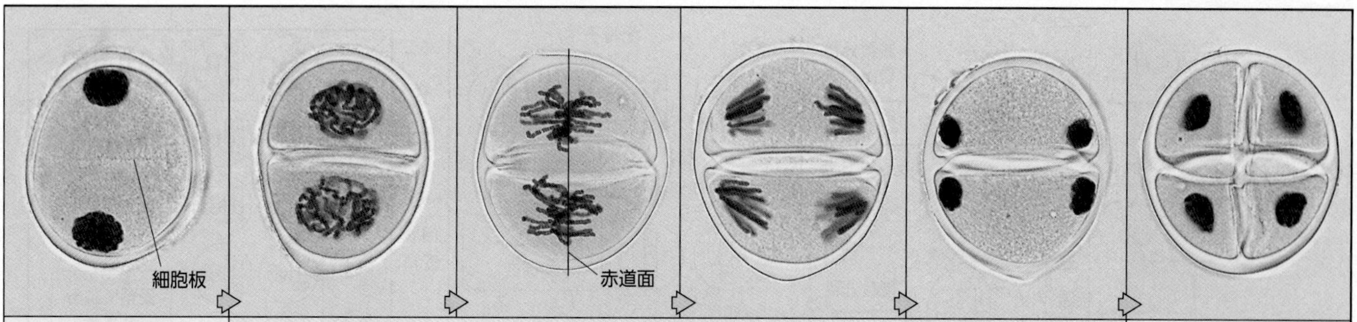

細胞板　赤道面

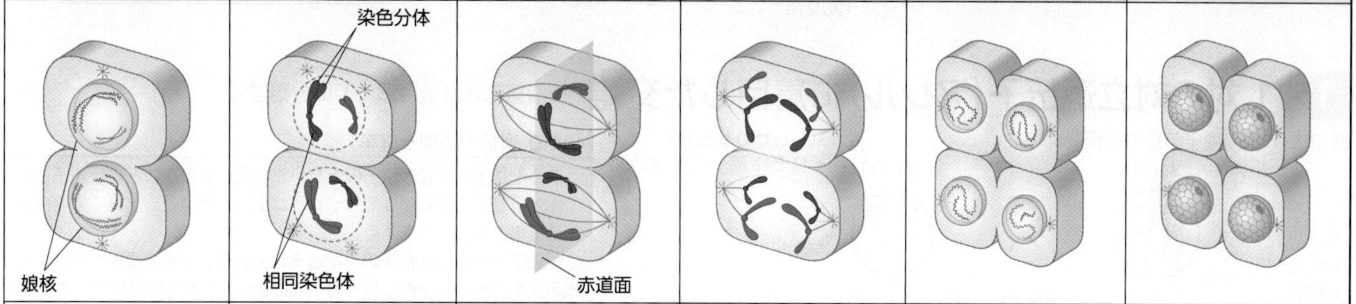

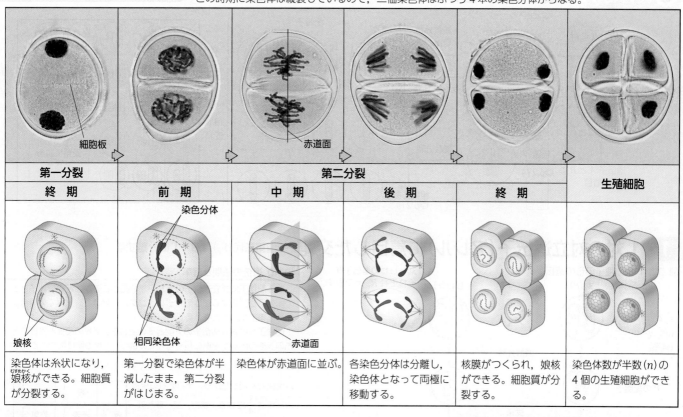

第一分裂	第二分裂				生殖細胞
終　期	前　期	中　期	後　期	終　期	
娘核	染色分体 相同染色体	赤道面			
染色体は糸状になり，娘核(むすめかく)ができる。細胞質が分裂する。	第一分裂で染色体が半減したまま，第二分裂がはじまる。	染色体が赤道面に並ぶ。	各染色分体は分離し，染色体となって両極に移動する。	核膜がつくられ，娘核ができる。細胞質が分裂する。	染色体数が半数(n)の4個の生殖細胞ができる。

生 3 減数分裂の観察 実験

A 花粉の形成 例 ムラサキツユクサ

＊すぐに観察する場合は，固定する必要はない。

5 mm

ムラサキツユクサ

いろいろな大きさのつぼみの中から2～4 mmの若いつぼみを選んで長さを測った後，カルノア液(▶p.324)などで固定する＊。つぼみの長さ(成長)によって，減数分裂の進行が異なる。

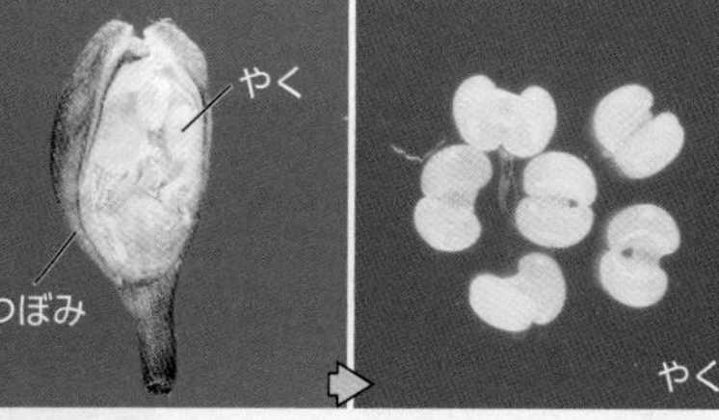
やく
つぼみ

やく

白いやくをつぶして，酢酸オルセイン溶液などで染色し，観察する。

B 精子の形成 例 オンブバッタ

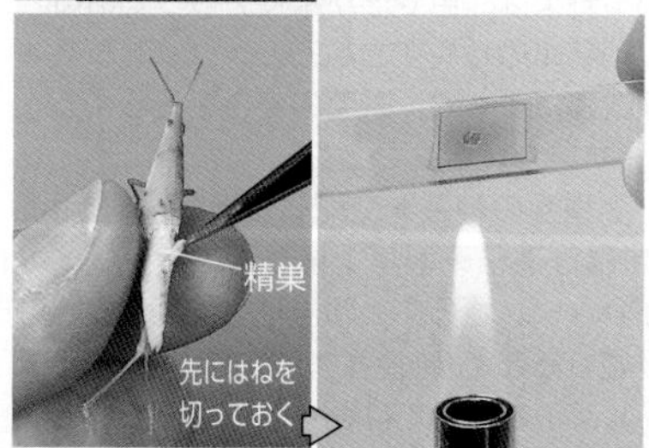
精巣
先にはねを切っておく

精巣をとり出して水で洗い，酢酸などで固定する。

数秒加熱して，上から押しつぶす。

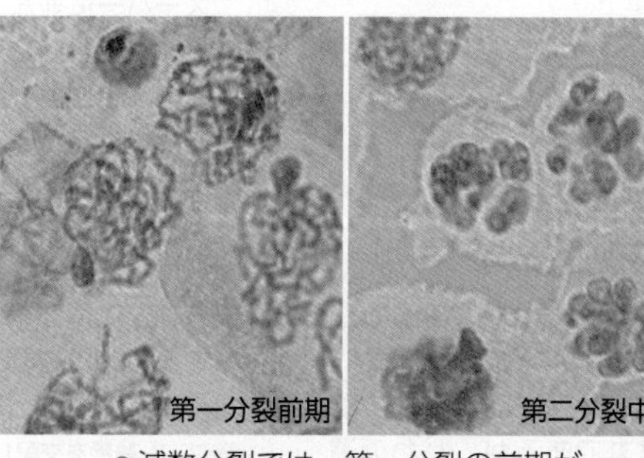
第一分裂前期
第二分裂中期

●減数分裂では，第一分裂の前期がほとんどの時間を占めている。

生 4 染色体の不分離

A ヒトの染色体異常

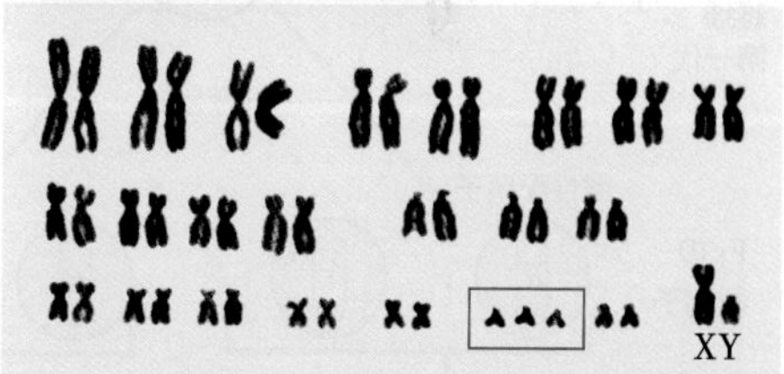

XY

ダウン症候群の染色体(男性)

ダウン症候群は，1866年，ダウンによって記述された。多くは21番常染色体を3本もつことが原因で起こり，心身の発育不全を起こす。

ダウン症候群などの異数性(▶p.265)のほとんどは，卵や精子が形成される減数分裂時(受精後の場合もある)に偶発的に起こる染色体の不分離によるものであり，遺伝性のものではない。したがって，ほとんどの場合，両親は健康である。なお，性染色体の不分離によるものには，クラインフェルター症候群やターナー症候群などがある。

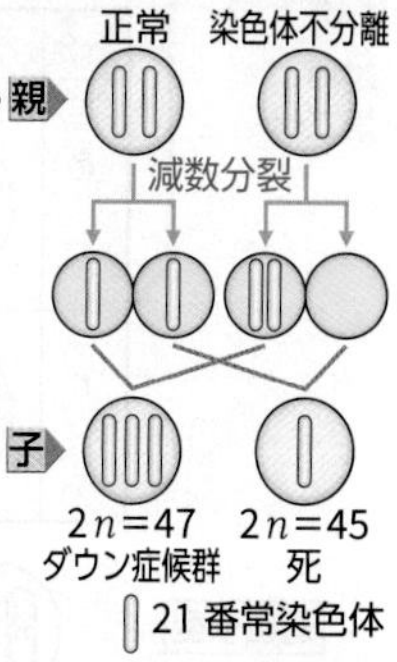

正常　染色体不分離
親
減数分裂
子
$2n=47$ ダウン症候群　$2n=45$ 死
21番常染色体

プチ雑学　基本数(n)の3倍の染色体数をもつ三倍体は，減数分裂がうまくいかず，植物の場合は種子ができない。種なしスイカは，紡錘体の形成を妨げる「コルヒチン」という物質により四倍体となった花のめしべに，二倍体の花粉を人工受粉させてできた三倍体である。

遺伝の法則・検定交雑

Overview 遺伝子の組み合わせ

減数分裂の過程で，配偶子は多様な遺伝子の組み合わせをもつ。さらに，配偶子が受精することで，子の遺伝子の組み合わせはきわめて多様になる。

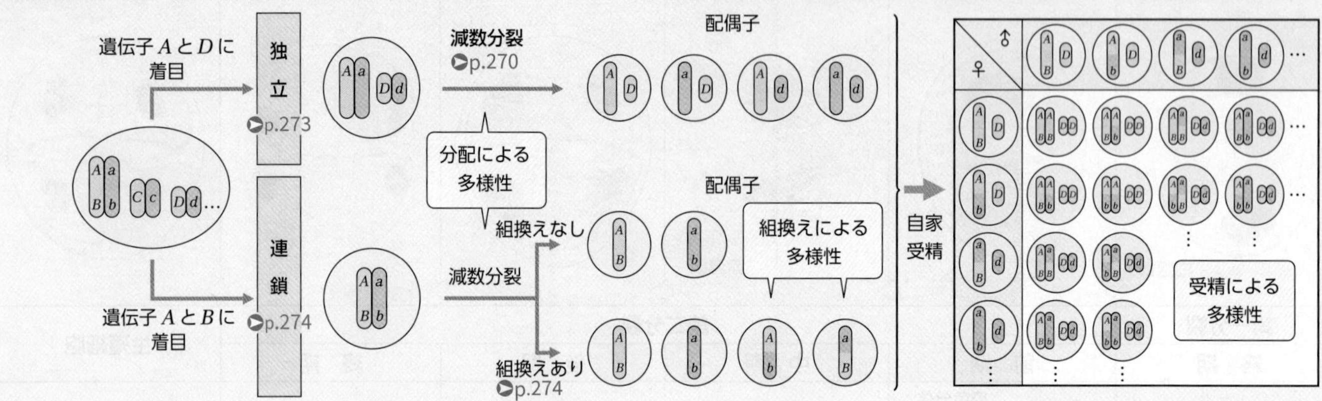

遺伝子AとDに着目
独立
p.273
減数分裂
p.270
配偶子
分配による多様性
連鎖
p.274
遺伝子AとBに着目
減数分裂
組換えなし
組換えあり
p.274
組換えによる多様性
自家受精
受精による多様性

1 1対の対立遺伝子（アレル）に着目した交雑 雑種第二代(F_2)は3：1に分離する。

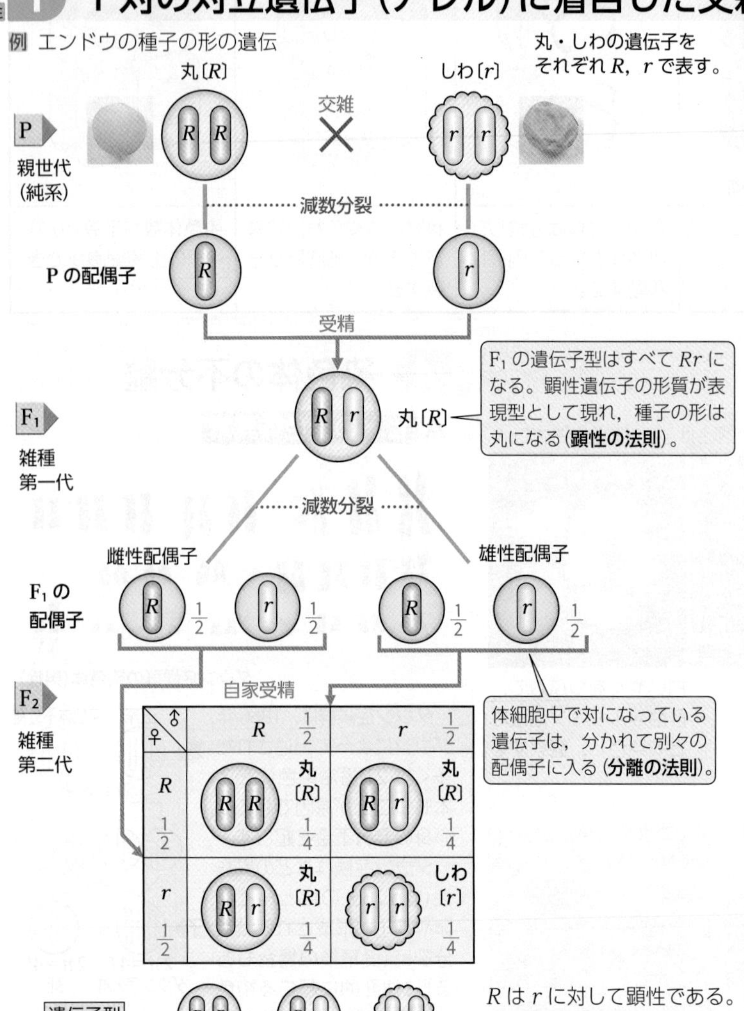

例 エンドウの種子の形の遺伝
丸・しわの遺伝子をそれぞれR，rで表す。
丸〔R〕
しわ〔r〕
交雑
P 親世代（純系）
減数分裂
Pの配偶子
受精
F1の遺伝子型はすべてRrになる。顕性遺伝子の形質が表現型として現れ，種子の形は丸になる（顕性の法則）。
F1 雑種第一代
丸〔R〕
減数分裂
雌性配偶子
雄性配偶子
F1の配偶子
1/2
F2 雑種第二代
自家受精
体細胞中で対になっている遺伝子は，分かれて別々の配偶子に入る（分離の法則）。
丸〔R〕 1/4
しわ〔r〕 1/4

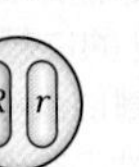

遺伝子型 ＝ 1 ： 2 ： 1

表現型 丸〔R〕 しわ〔r〕 ＝ 3 ： 1

Rはrに対して顕性である。種子の形が丸のものをRR，しわのものをrrとすると，F_1はRrとなる。F_1の表現型は丸であるが，しわの遺伝子rは保存されている。

Memo 遺伝の法則と確率

ある配偶子に対立遺伝子のどちらが分配されるか，どの配偶子とどの配偶子が受精するかはそれぞれランダムに起こり，すべての場合が同じ確率で生じると考える。

配偶子への対立遺伝子の分配とその受精を，2枚の硬貨を投げたときの表裏の出かたを例にして考えてみよう。1枚の硬貨について表が出る確率と裏が出る確率はどちらも$\frac{1}{2}$で，2枚の出かたの組み合わせは全部で4通りだから，それぞれの場合の確率は$\frac{1}{4}$になる。また，表・裏と裏・表を同じと考えると，表表：表裏：裏裏＝1：2：1となる。

	表 $\frac{1}{2}$	裏 $\frac{1}{2}$
表 $\frac{1}{2}$	表表 $\frac{1}{4}$	表裏 $\frac{1}{4}$
裏 $\frac{1}{2}$	表裏 $\frac{1}{4}$	裏裏 $\frac{1}{4}$

つながる生物学 農業 F_1雑種はいい野菜？

子(F_1)
親
親
トウモロコシ畑

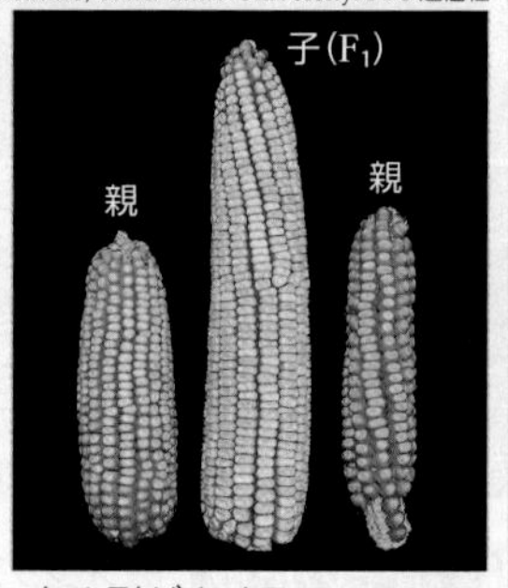

子(F_1)
親
親

スーパーに並んでいる野菜は，色や形がよくそろっている。見た目のきれいさや，箱詰めのしやすさなどのメリットがあるため，生産者は品種改良によって，野菜のできをそろえる努力をしてきた。

この努力の1つに，2種類の純系を交配したF_1雑種を用いる方法がある。F_1雑種は遺伝子型が1種類なので，個体間の形質のばらつきが少ない。さらに，親よりも強く大きくなるなど形質が親より優れること（雑種強勢（ざっしゅきょうせい））が古くから知られている。この詳しいしくみについては明らかになっておらず，研究者によってさまざまな説が提唱されている。

Q F_1雑種を交配して得たF_2雑種では，形質のばらつきはどのようになると考えられるか。

つながる生物学 A 遺伝子型が1種類でないため，F_1雑種に比べて形質のばらつきが多い。

Keywords ●顕性の法則 law of dominance ●分離の法則 law of segregation ●検定交雑 test cross ●独立の法則 law of independence

2 検定交雑 検定交雑によって，顕性形質個体の遺伝子型を知ることができる。

A 検定交雑の役割

被験個体の遺伝子型を推測 → 被験個体 AAまたはAa ／ 潜性ホモ接合体 aa → 配偶子 ／ 配偶子 → 子 子の表現型の比率 → 被験個体の配偶子の種類と比率を推測

顕性形質を示す個体にはホモ接合体(AA)とヘテロ接合体(Aa)とがあり，表現型からは区別できない。

このような個体の遺伝子型を検定するために，被験個体(調べようとする個体)と潜性ホモ接合体(aa)とを交雑することを**検定交雑**(こうざつ)という。

検定交雑で生じる子の表現型とその比率は，被験個体の配偶子の遺伝子型の種類と比率を直接示す。

B 1対の対立遺伝子に着目した例

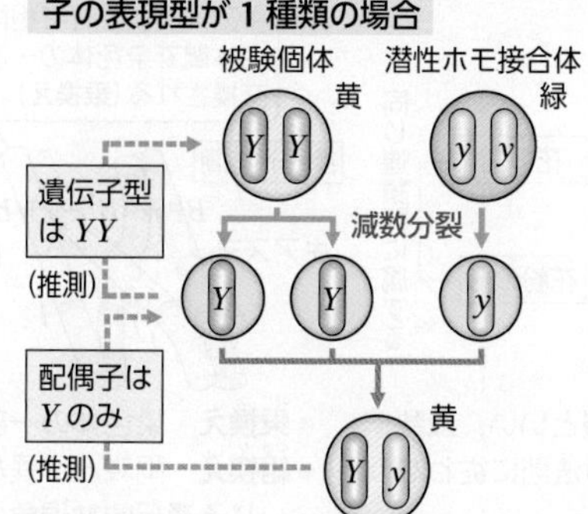
子の表現型が1種類の場合
被験個体 黄
潜性ホモ接合体 緑
遺伝子型は YY (推測)
減数分裂
配偶子は Yのみ (推測)
黄
被験個体の配偶子は1種類 → ホモ接合体

子の表現型が2種類の場合
被験個体 黄 ／ 潜性ホモ接合体 緑
遺伝子型は Yy (推測)
減数分裂
配偶子は $Y:y=1:1$ (推測)
黄 緑 1：1
配偶子は2種類 → ヘテロ接合体

3 2対の対立遺伝子に着目した交雑

例 種子の形と子葉の色の遺伝

R：丸，r：しわ …種子の形の遺伝子
Y：黄，y：緑 …子葉の色の遺伝子

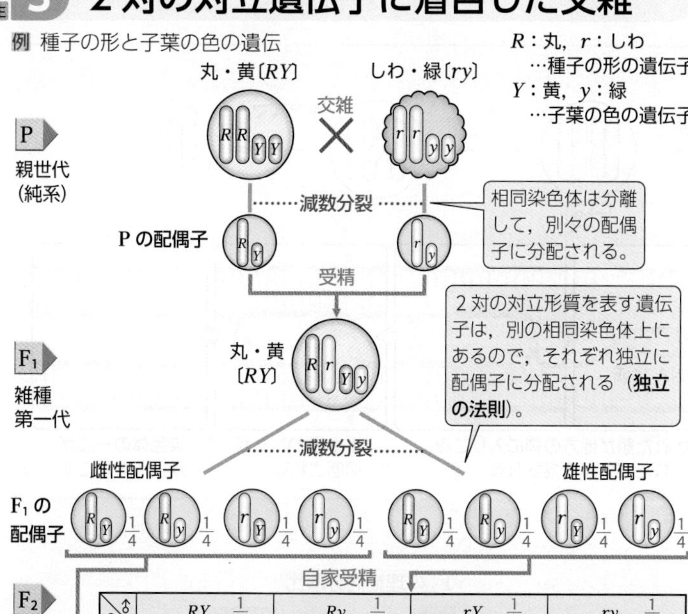
丸・黄〔RY〕
しわ・緑〔ry〕
交雑
P 親世代(純系)
減数分裂
Pの配偶子
相同染色体は分離して，別々の配偶子に分配される。
受精
2対の対立形質を表す遺伝子は，別の相同染色体上にあるので，それぞれ独立に配偶子に分配される(独立の法則)。
F1 雑種第一代
丸・黄〔RY〕
減数分裂
雌性配偶子
雄性配偶子
F1の配偶子
自家受精

F₂ 雑種第二代

♀＼♂	RY 1/4	Ry 1/4	rY 1/4	ry 1/4
RY 1/4	丸・黄〔RY〕 1/16	丸・黄〔RY〕 1/16	丸・黄〔RY〕 1/16	丸・黄〔RY〕 1/16
Ry 1/4	丸・黄〔RY〕 1/16	丸・緑〔Ry〕 1/16	丸・黄〔RY〕 1/16	丸・緑〔Ry〕 1/16
rY 1/4	丸・黄〔RY〕 1/16	丸・黄〔RY〕 1/16	しわ・黄〔rY〕 1/16	しわ・黄〔rY〕 1/16
ry 1/4	丸・黄〔RY〕 1/16	丸・緑〔Ry〕 1/16	しわ・黄〔rY〕 1/16	しわ・緑〔ry〕 1/16

遺伝子型 $RRYY$ 1, $RRYy$ 2, $RrYY$ 2, $RrYy$ 4 ／ $RRyy$ 1, $Rryy$ 2 ／ $rrYY$ 1, $rrYy$ 2 ／ $rryy$ 1

表現型 丸・黄〔RY〕：丸・緑〔Ry〕：しわ・黄〔rY〕：しわ・緑〔ry〕
＝ 9 ： 3 ： 3 ： 1

4 メンデルの法則

分離の法則	顕性の法則	独立の法則
配偶子の形成にあたって，対立遺伝子はそれぞれ分離して別々の配偶子に入る。	F_1(雑種第一代)では，P(親世代)のもつ対立形質のうちいずれか一方のみが発現する。現れる形質を**顕性**，現れない形質を**潜性**とよぶ。	2対以上の対立遺伝子は，ほかの対立遺伝子に関係なく，それぞれ独立に配偶子に分配される。

第1染色体
無色種皮
緑色子葉
第7染色体
しわ種子

着目する2対以上の対立遺伝子が別の相同染色体上にあるときに独立の法則が成り立つ。たとえば，種皮の色と子葉の色は同じ相同染色体上にあるので独立の法則は成り立たない(連鎖，▶p.274)。左の実験で着目した，種子の形と子葉の色は別の相同染色体上にあり，独立の法則が成り立つ。

Column メンデル

Gregor Johann Mendel
(1822～1884，オーストリア)

walter6730 (C) 123RF.com
メンデル　メンデルが実験を行った修道院の庭

メンデルは，経済的な事情で，大学に進学せず，ブルノ(現在のチェコ)の修道院の修道士となった。この時代の修道院は教育や農業にも取り組んでいたため，メンデルはそこで勉学を続けた。エンドウの交雑実験は8年間にわたって修道院の庭で行われた。

当時，遺伝の現象は知られていたが，親の形質は絵の具のように混ざって子に伝えられると考えられていた。それに対してメンデルは，親の形質は混ざらない粒子(遺伝子に相当)によって伝わると発表した。メンデルは生物学だけでなく数学や物理学も学んでおり，実験結果の解析にそれらの考え方を取り入れるという，当時の生物学にはない画期的な手法を使った。メンデルの主張はすぐには評価されなかったが，メンデルの死後に再発見された。

プチ雑学 メンデルは当初，良質なワインをつくるためのブドウの品種改良をまかされていた。効率よく新しい品種を得るために，遺伝に法則性があればそれを解明しようと試みた。ブドウは1世代が長いため，多くの予備実験の末にエンドウを実験材料に選んだのである。メンデルが栽培していたブドウを株分けしたものが小石川植物園に植えられている。

1 連鎖と組換え

染色体上には複数の遺伝子が存在しており（連鎖），連鎖している遺伝子間で組換えが起こる場合がある。

A 連 鎖

相同染色体

紫花 B　対立遺伝子（アレル）　b 赤花 → 花の色

長花粉 L　　l 丸花粉 → 花粉の形

同じ連鎖群に属する

このとき，「遺伝子 B と遺伝子 L は連鎖している」という。

同一染色体上にある遺伝子の関係を**連鎖**（れんさ）といい，減数分裂では同じ配偶子に分配される（独立の法則に従わない）。

また，これらの遺伝子群を**連鎖群**（れんさぐん）といい，その数は染色体数の半数（n）に等しい。

B 組換え

キアズマができて相同染色体間で染色体の一部が交換される（**乗換え**）。

遺伝子の連鎖が切れて新しい組み合わせができる（**組換え**）。

第一分裂前期　キアズマ

- **乗換え**（のりかえ）　染色体の一部の物理的な交換。
- **組換え**（くみかえ）　両親とは異なる遺伝子の組み合わせが生じる遺伝的な現象。
- **キアズマ**　染色体が X 字型に交さし，結合している部分。

Memo 不等交さ

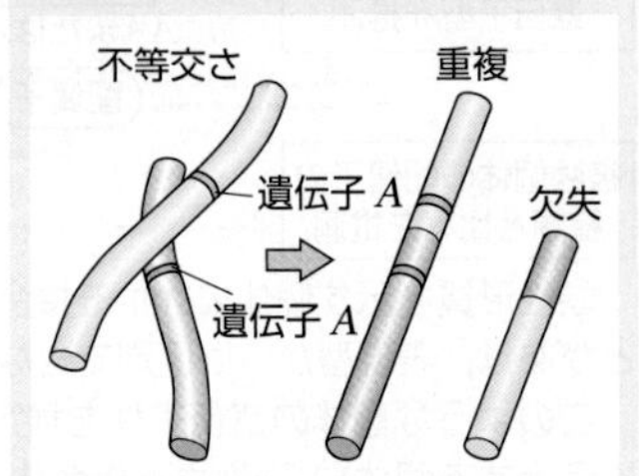

不等交さ
重複
遺伝子 A
欠失
遺伝子 A

乗換えは通常，染色体上の同じ位置で起きるが，異なる位置で乗換えが起きることもある。これは遺伝子の重複（▶p.265）や欠失の要因となる。

Step up 減数分裂時の乗換えのしくみ

キアズマの形成

動原体
キアズマ

アナナスショウジョウバエの精母細胞

キアズマは染色体が正しく分配されるのに重要な役割を果たしている。相同染色体は，第一分裂中期までキアズマによって結びついており，後期になるとキアズマの接着がほどかれて分離する（▶p.270）。キアズマが形成されないと，相同染色体が正常に分配されない原因の 1 つとなる。

相同染色体の対合と乗換え

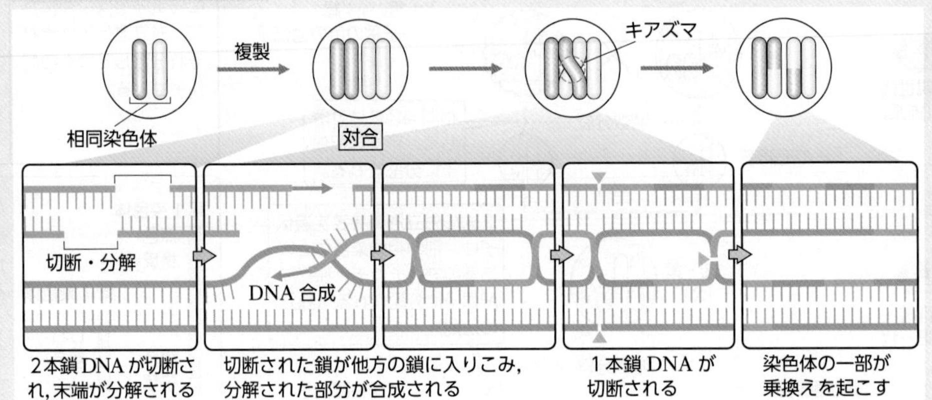

複製
キアズマ
相同染色体
対合
切断・分解
DNA 合成
2 本鎖 DNA が切断され，末端が分解される
切断された鎖が他方の鎖に入りこみ，分解された部分が合成される
1 本鎖 DNA が切断される
染色体の一部が乗換えを起こす

C ベーツソンとパネットの実験　スイートピーの交雑実験

花の色と花粉の形に着目　1904 年

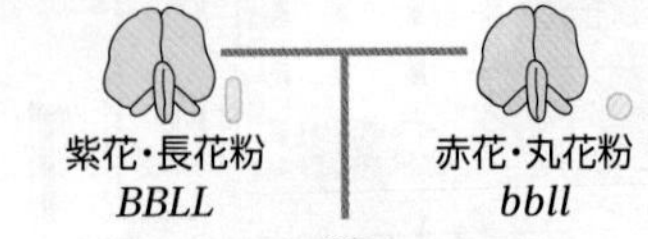

P
紫花・長花粉 $BBLL$
赤花・丸花粉 $bbll$

F_1
紫花・長花粉 $BbLl$

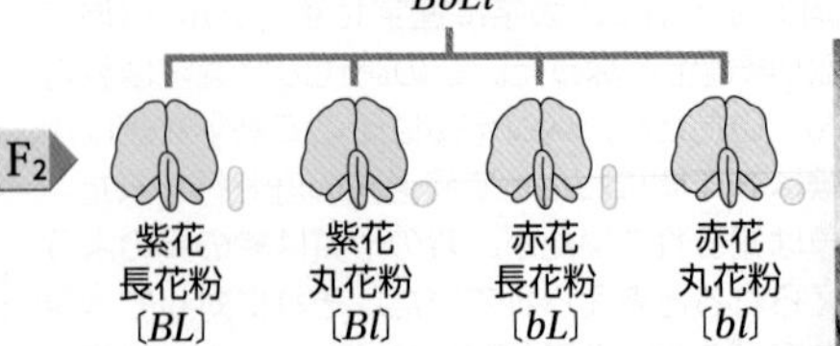

F_2
紫花 長花粉 〔BL〕
紫花 丸花粉 〔Bl〕
赤花 長花粉 〔bL〕
赤花 丸花粉 〔bl〕

	〔BL〕		〔Bl〕		〔bL〕		〔bl〕
実験値	1528	:	106	:	117	:	381
独立	9	:	3	:	3	:	1

F_1 の検定交雑

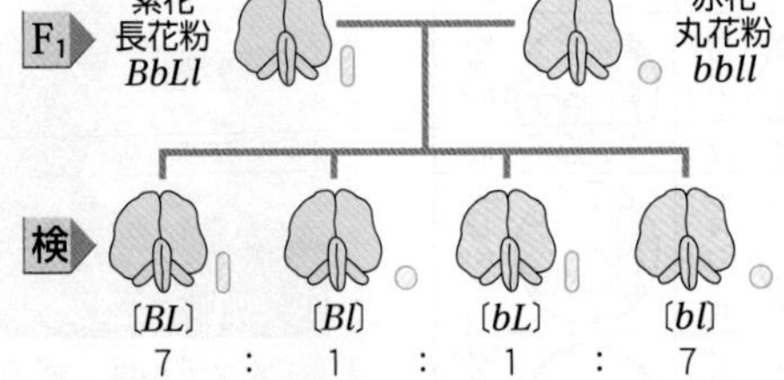

F_1
紫花 長花粉 $BbLl$
赤花 丸花粉 $bbll$
検
〔BL〕 〔Bl〕 〔bL〕 〔bl〕
7 : 1 : 1 : 7

ベーツソン

William Bateson（1861～1926，イギリス）

交雑実験の結果，F_2 は独立の法則にあてはまらない分離比になった。

そこで，F_1 の配偶子が BL : Bl : bL : bl = 7 : 1 : 1 : 7 の比で生じたとすると，この結果をうまく説明できると考えた。しかし，そのしくみについて明らかにすることはできなかった。

F_2 の理論的分離比

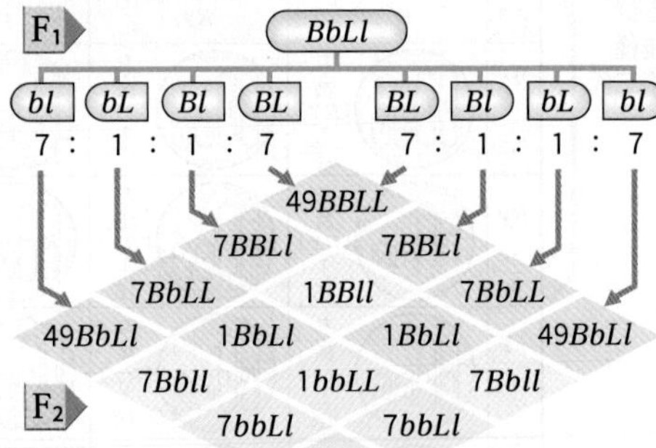

F_1
$BbLl$
bl bL Bl BL BL Bl bL bl
7 : 1 : 1 : 7　7 : 1 : 1 : 7
49$BBLL$
7$BBLl$ 7$BBLl$
7$BbLL$ 1$BBll$ 7$BbLL$
49$BbLl$ 1$BbLl$ 1$BbLl$ 49$BbLl$
7$Bbll$ 1$bbLL$ 7$Bbll$
7$bbLl$ 7$bbLl$
49$bbll$
F_2

	〔BL〕	〔Bl〕	〔bL〕	〔bl〕	合計
理論値	177	15	15	49	256
補正値	1474*	125	125	408	2132
実験値	1528	106	117	381	2132

＊理論値の補正の例　$2132 \times \frac{177}{256} \fallingdotseq 1474$

プチ雑学　キアズマの形成は，減数分裂第一分裂での染色体の分配や，配偶子の遺伝的多様性（▶p.252）に関わるので重要である。染色体の長さに関わらず，相同染色体 1 対につき 1 か所以上キアズマが形成されるように制御されており，ヒトでは相同染色体 1 対につき平均 2，3 か所で乗換えが起こっている。

Keywords ●連鎖 linkage ●連鎖群 linkage group ●組換え recombination ●乗換え crossing-over ●組換え価 recombination value

生 2 組換え価 組換え価は，検定交雑で生じた個体の表現型の分離比から求める。

$$組換え価(\%) = \frac{組換えを起こした配偶子の数}{被験個体の全配偶子の数} \times 100 = \frac{組換えによって生じた個体数}{検定交雑によって生じた全個体数} \times 100$$

組換えが起こる割合(組換え価)は，とりあげる形質によって一定である。実際には配偶子の遺伝子は見えないので，検定交雑の結果から求める。

組換え価 10%の例

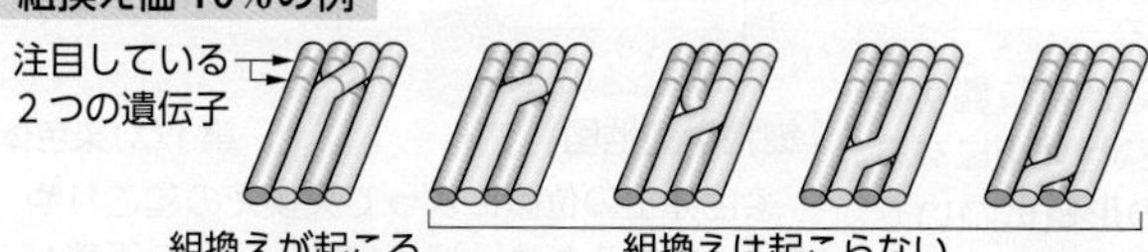

注目している2つの遺伝子
組換えが起こる
組換えは起こらない

この場合，被験個体の全配偶子の数は20個，2つの遺伝子が組換えを起こした配偶子の数は2個だから，

$$組換え価 = \frac{2}{20} \times 100 = 10\ (\%)$$

Step up 二重乗換え

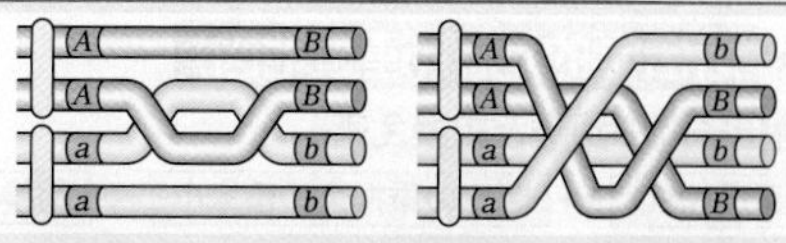

A
B
A
B
a
b
a
b
A
b
A
B
a
b
a
B

連鎖している2つの遺伝子間が非常に離れている場合は乗換えが頻繁(ひんぱん)に起こる。その結果，配偶子の遺伝子の組み合わせが変わらない場合もあるため，乗換えと組換えの頻度は異なる。また，それらを踏(ふ)まえた統計学的な計算では，組換え価は理論上50%を超えない。

生 3 独立遺伝・連鎖・組換えと配偶子の比率 組換えが起こると，配偶子の種類や比率が変わる。

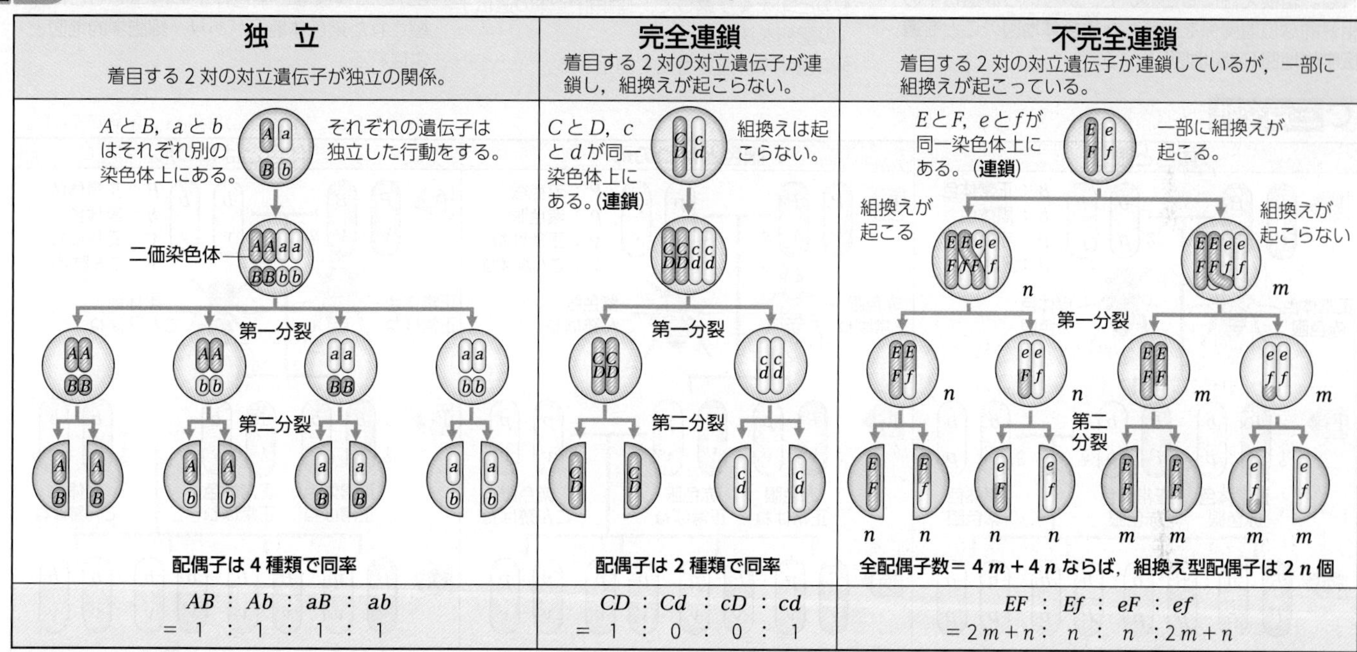

独立
着目する2対の対立遺伝子が独立の関係。
AとB，aとbはそれぞれ別の染色体上にある。
それぞれの遺伝子は独立した行動をする。
二価染色体
第一分裂
第二分裂
配偶子は4種類で同率
AB : Ab : aB : ab
= 1 : 1 : 1 : 1
完全連鎖
着目する2対の対立遺伝子が連鎖し，組換えが起こらない。
CとD，cとdが同一染色体上にある。(連鎖)
組換えは起こらない。
第一分裂
第二分裂
配偶子は2種類で同率
CD : Cd : cD : cd
= 1 : 0 : 0 : 1
不完全連鎖
着目する2対の対立遺伝子が連鎖しているが，一部に組換えが起こっている。
EとF，eとfが同一染色体上にある。(連鎖)
一部に組換えが起こる。
組換えが起こる
組換えが起こらない
第一分裂
第二分裂
全配偶子数＝4m＋4nならば，組換え型配偶子は2n個
EF : Ef : eF : ef
＝2m＋n : n : n : 2m＋n

生 4 染色体と遺伝子の関係 配偶子の種類と比率から，染色体と遺伝子の関係が推定できる。

	Pの組み合わせ	F₁の検定交雑から推定される配偶子の割合	F₁の染色体と遺伝子の関係	組換え価(%)	F₂の表現型の分離比			
①	AABB × aabb	AB : Ab : aB : ab ＝1 : 1 : 1 : 1	独立	(50)	[AB] 9	[Ab] 3	[aB] 3	[ab] 1
②	AAbb × aaBB	AB : Ab : aB : ab ＝1 : 1 : 1 : 1	独立	(50)	[AB] 9	[Ab] 3	[aB] 3	[ab] 1
③	CCDD × ccdd	CD : Cd : cD : cd ＝1 : 0 : 0 : 1	顕性と顕性が完全連鎖	0	[CD] 3	[Cd] 0	[cD] 0	[cd] 1
④	CCdd × ccDD	CD : Cd : cD : cd ＝0 : 1 : 1 : 0	顕性と潜性が完全連鎖	0	[CD] 2	[Cd] 1	[cD] 1	[cd] 0
⑤	EEFF × eeff	EF : Ef : eF : ef ＝100−r : r : r : 100−r (r＜50)	一部に組換え	r	例 EF : Ef : eF : ef ＝3 : 1 : 1 : 3のとき，組換え価は $\frac{1+1}{3+1+1+3} \times 100 = 25\,(\%)$ 組換え価17%のとき，EF : Ef : eF : ef ＝83 : 17 : 17 : 83			
⑥	EEff × eeFF	EF : Ef : eF : ef ＝r : 100−r : 100−r : r (r＜50)	一部に組換え	r	例 EF : Ef : eF : ef ＝1 : 4 : 4 : 1のとき，組換え価は $\frac{1+1}{1+4+4+1} \times 100 = 20\,(\%)$ 組換え価23%のとき，EF : Ef : eF : ef ＝23 : 77 : 77 : 23			

F_1を検定交雑した結果から，F_1の減数分裂によって生じた配偶子の種類と割合がわかり，それによって組換え価やF_2の分離比を求められる。

プチ雑学 2対の対立遺伝子が独立の関係にある場合，配偶子の割合から組換え価が50%であると考えられる。したがって，2対の対立遺伝子が連鎖している場合に組換え価が50%となるものと区別がつかなくなる。遺伝子間の距離が大きいと，実際には連鎖していても遺伝的には独立であるようにふるまう。

生 1 染色体地図 組換え価から，遺伝子間の距離や配列を求めることができる。

A 遺伝学的地図(連鎖地図)

遺伝子間の距離と組換え価

距離が小さい → 間での乗換えの確率小 → 組換え価小

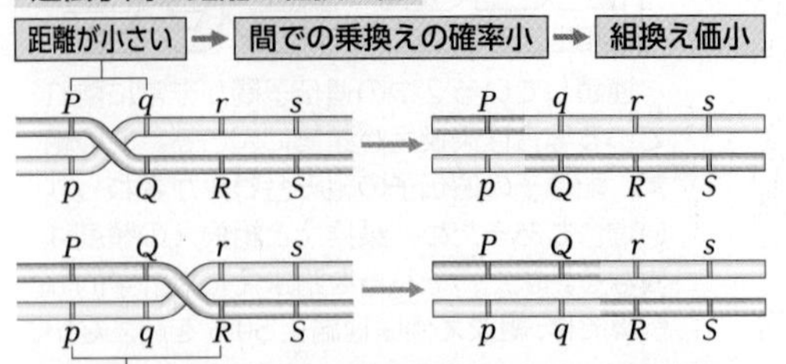

P q r s
p Q R S
P q r s
p Q R S
P Q r s
p q R S
P Q r s
p q R S

距離が大きい → 間での乗換えの確率大 → 組換え価大

組換え価は，遺伝子間の距離に比例すると考えられる。組換え価にもとづいて，いろいろな遺伝子の相対的な位置関係を図示した**染色体地図**(せんしょくたいちず)のことを**遺伝学的地図(連鎖地図**(れんさちず)**)**という。

作製の手順

遺伝学的地図は，同一染色体上に連鎖している３つの遺伝子間の組換え価から，遺伝子間の距離や配列を求める方法(**三点交雑**(さんてんこうざつ))をくり返すことにより作製される。

①連鎖の有無を調べる。同じ連鎖群に属する形質の遺伝子は，同じ相同染色体上にある。
②同じ連鎖群に属する３対の形質について交雑を行い，組換え価を計算する。
③組換え価が遺伝子間の距離に比例するとして，遺伝子の配列を決める。
④②と③をくり返して，連鎖群全体の遺伝子の配列を決める。
⑤染色体の構造を考えて補正する。

B 細胞学的地図

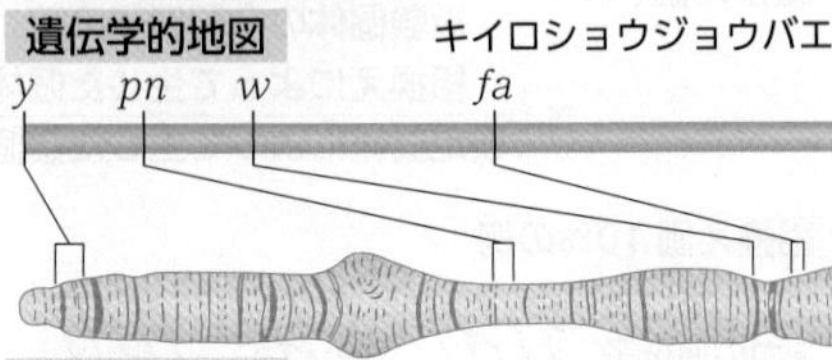

遺伝学的地図
キイロショウジョウバエ
y pn w fa
細胞学的地図
第１(X)染色体

染色体上の位置によって乗換えの起こりやすさは異なるため，遺伝学的地図上の距離が実際の染色体上での距離を表すわけではない。

染色体地図には，ほかに，だ腺染色体(▶p. 85)の縞模様など染色体上の目印をもとに作製された染色体地図があり，**細胞学的地図**とよばれる。

C 三点交雑

※紫色眼 *pr* を *p*，こん跡ばね *vg* を *v* で表した。

体色と眼色

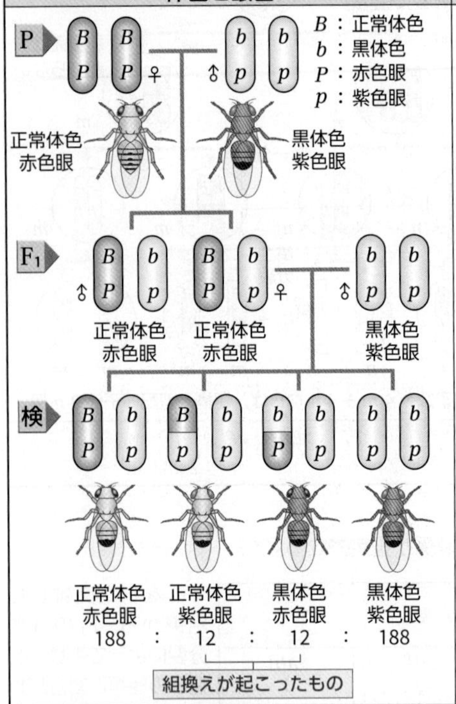

P：BBPP ♀ × ♂ bbpp
B：正常体色 *b*：黒体色 *P*：赤色眼 *p*：紫色眼
正常体色 赤色眼 × 黒体色 紫色眼

F₁：♂ BbPp，BbPp ♀ × ♂ bbpp
正常体色 赤色眼，正常体色 赤色眼，黒体色 紫色眼

検：Bb Pp，Bb pp，bb Pp，bb pp

正常体色 赤色眼	正常体色 紫色眼	黒体色 赤色眼	黒体色 紫色眼
188	12	12	188

12：12 組換えが起こったもの

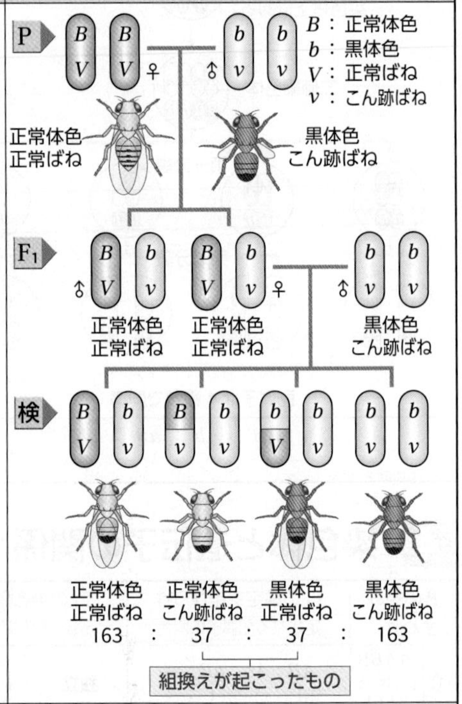

黒体色遺伝子と紫色眼遺伝子

$$組換え価\ \frac{12+12}{188+12+12+188}\times100=\mathbf{6.0}(\%)$$

眼色とはねの形

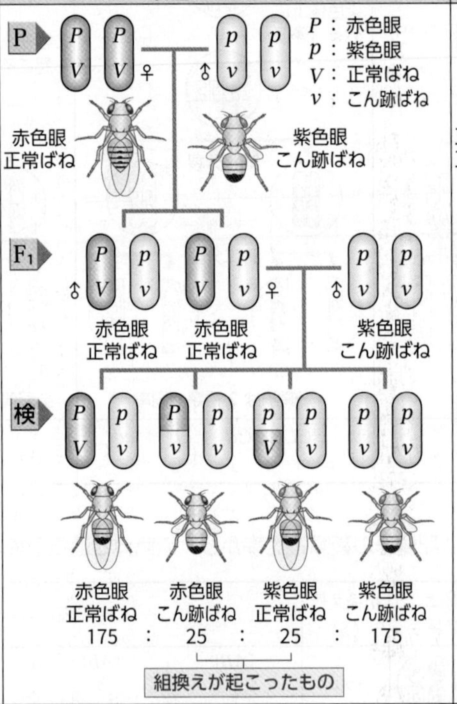

P：PPVV ♀ × ♂ ppvv
P：赤色眼 *p*：紫色眼 *V*：正常ばね *v*：こん跡ばね
赤色眼 正常ばね × 紫色眼 こん跡ばね

F₁：♂ PpVv，PpVv ♀ × ♂ ppvv
赤色眼 正常ばね，赤色眼 正常ばね，紫色眼 こん跡ばね

検：Pp Vv，Pp vv，pp Vv，pp vv

赤色眼 正常ばね	赤色眼 こん跡ばね	紫色眼 正常ばね	紫色眼 こん跡ばね
175	25	25	175

25：25 組換えが起こったもの

紫色眼遺伝子とこん跡ばね遺伝子

$$組換え価\ \frac{25+25}{175+25+25+175}\times100=\mathbf{12.5}(\%)$$

体色とはねの形

P：BBVV ♀ × ♂ bbvv
B：正常体色 *b*：黒体色 *V*：正常ばね *v*：こん跡ばね
正常体色 正常ばね × 黒体色 こん跡ばね

F₁：♂ BbVv，BbVv ♀ × ♂ bbvv
正常体色 正常ばね，正常体色 正常ばね，黒体色 こん跡ばね

検：Bb Vv，Bb vv，bb Vv，bb vv

正常体色 正常ばね	正常体色 こん跡ばね	黒体色 正常ばね	黒体色 こん跡ばね
163	37	37	163

37：37 組換えが起こったもの

黒体色遺伝子とこん跡ばね遺伝子

$$組換え価\ \frac{37+37}{163+37+37+163}\times100=\mathbf{18.5}(\%)$$

D 結果の整理

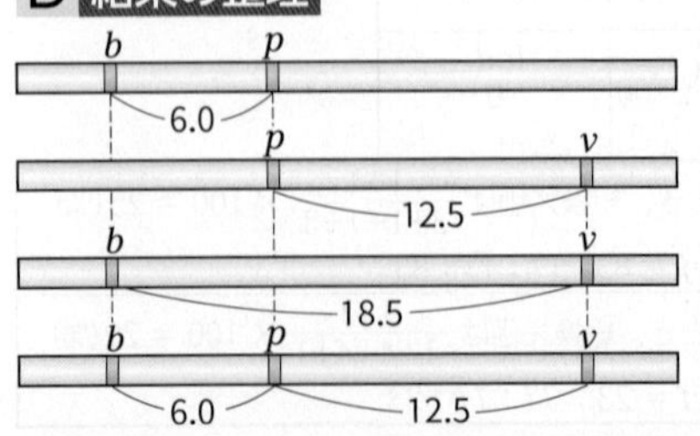

b p
6.0
p v
12.5
b v
18.5
b p v
6.0 12.5

黒体色(*b*)と紫色眼(*p*)…組換え価 6.0%

紫色眼(*p*)とこん跡ばね(*v*)…組換え価 12.5%

黒体色(*b*)とこん跡ばね(*v*)…組換え価 18.5%

↓

遺伝子間の距離と配列を整理する。

Memo 遺伝学的地図(連鎖地図)の注意点

連鎖群全体の遺伝子の配列は，各遺伝子間の組換え価を加えていくことによって求められるため，地図上の数字が 100 を超えることもある。

また，組換え価の値をそのまま距離として使うことができるのは，組換え価がおよそ 20%以内の，遺伝子間の距離が小さい場合のみである。遺伝子間の距離がこれより大きい場合は，組換え価を使って遺伝学的地図を作製するのに適していない。

プチ雑学

組換え価は雄と雌で異なる場合が多い。キイロショウジョウバエの雄では，組換えがまったく起こらない。

Keywords ●染色体地図 chromosome map ●遺伝学的地図(連鎖地図) genetic map (linkage map) ●三点交雑 three-point cross ●遺伝子マッピング gene mapping ●連鎖解析 linkage analysis

生 2 キイロショウジョウバエの染色体地図

モーガンらは，三点交雑実験によってショウジョウバエの連鎖地図を作製した。

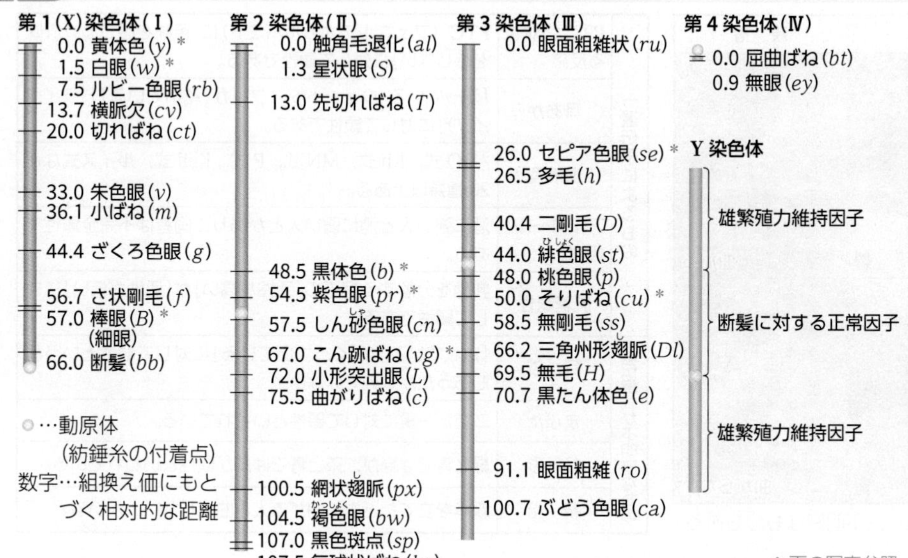

第1(X)染色体(Ⅰ)
0.0 黄体色(y)*
1.5 白眼(w)*
7.5 ルビー色眼(rb)
13.7 横脈欠(cv)
20.0 切ればね(ct)
33.0 朱色眼(v)
36.1 小ばね(m)
44.4 ざくろ色眼(g)
56.7 さ状剛毛(f)
57.0 棒眼(B)*(細眼)
66.0 断髪(bb)
第2染色体(Ⅱ)
0.0 触角毛退化(al)
1.3 星状眼(S)
13.0 先切ればね(T)
48.5 黒体色(b)*
54.5 紫色眼(pr)*
57.5 しん砂色眼(cn)
67.0 こん跡ばね(vg)*
72.0 小形突出眼(L)
75.5 曲がりばね(c)
100.5 網状翅脈(px)
104.5 褐色眼(bw)
107.0 黒色斑点(sp)
107.5 気球状ばね(ba)
第3染色体(Ⅲ)
0.0 眼面粗雑状(ru)
26.0 セピア色眼(se)*
26.5 多毛(h)
40.4 二剛毛(D)
44.0 緋色眼(st)
48.0 桃色眼(p)
50.0 そりばね(cu)*
58.5 無剛毛(ss)
66.2 三角州形翅脈(Dl)
69.5 無毛(H)
70.7 黒たん体色(e)
91.1 眼面粗雑(ro)
100.7 ぶどう色眼(ca)
第4染色体(Ⅳ)
0.0 屈曲ばね(bt)
0.9 無眼(ey)
Y染色体
雄繁殖力維持因子
断髪に対する正常因子
雄繁殖力維持因子
○…動原体(紡錘糸の付着点)
数字…組換え価にもとづく相対的な距離

＊下の写真参照

Column モーガン

モーガン

モーガンは，サットンらの「遺伝子は染色体上にある」という染色体説を証明した人物である。彼は実験材料にショウジョウバエを選び，交配から得た多数の子孫の中から突然変異体を見つけ出した。

それらを交配した結果，眼色の遺伝子が性染色体と関連していることを発見した(▶p.281)。その後，彼の学生のスターテヴァントは三点交雑を重ね，遺伝子の位置関係を調べた。その結果，ショウジョウバエには4つの連鎖群があることがわかり，これは染色体が4本あることと一致した。作製された遺伝学的地図は染色体説のさらなる証拠となった。

Thomas Hunt Morgan (1866 ～ 1945，アメリカ)

突然変異体

黄体色(*y*)　白眼(*w*)　セピア色眼(*se*)　こん跡ばね(*vg*)

黒体色(*b*)　紫色眼(*pr*)　棒眼(*B*)　そりばね(*cu*)

キイロショウジョウバエの特徴

- 一世代が短い(親になるのに約10日)。
- 人為突然変異を起こさせやすい。
- 染色体の数が少ない($2n = 8$)。

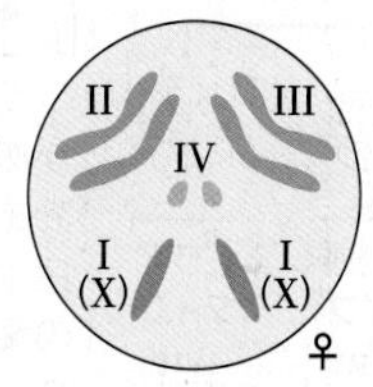

II
III
IV
I (X)
I (X)
♀

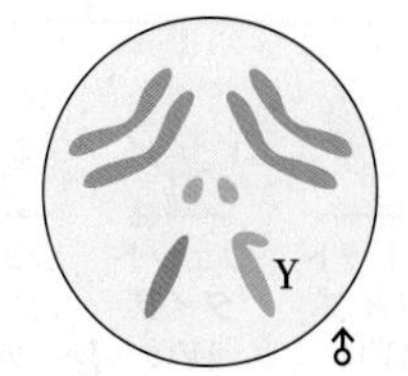

Y
♂

- 唾腺染色体(▶p.85)を利用して染色体の異常を光学顕微鏡で観察できる。

これらの特徴により，遺伝の実験材料に適している。

Step up 遺伝子マッピング

連鎖解析

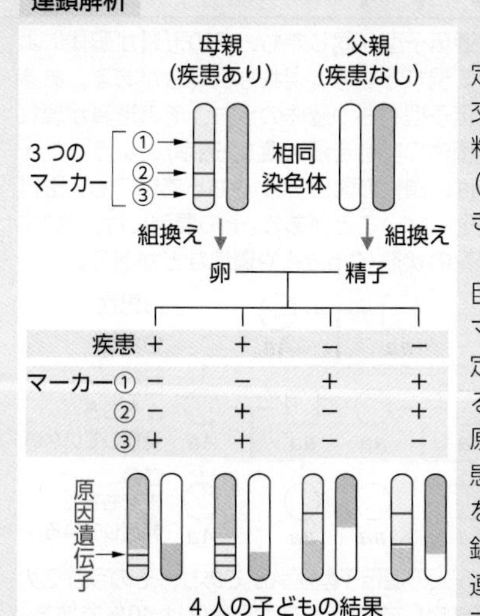

母親(疾患あり)
父親(疾患なし)
3つのマーカー
①
②
③
相同染色体
組換え
組換え
卵
精子
疾患 + + − −
マーカー① − − + +
② − + − +
③ + + − −
原因遺伝子
4人の子どもの結果

ある遺伝子が，どの染色体のどこにあるかを決定することを**遺伝子マッピング**という。ヒトでは交雑実験を行えないが，多くの家系からDNA試料の提供を受けることで，おもに単一遺伝子病(▶p.130，131)の原因遺伝子の位置を推定してきた。

連鎖解析は，DNAマーカーとの連鎖を調べて，目的の遺伝子の位置を決める方法である。DNAマーカーとは，染色体上の位置が分かっている特定の塩基配列のことで，個人によって配列が異なる(一塩基多型 ▶p.129)。たとえば，ある疾患の原因遺伝子の位置を特定したいときを考える。疾患の有無とその個人がもつDNAマーカーの有無を調べることで，原因遺伝子と各マーカーとの連鎖の有無がわかる。遺伝子間の距離が小さいほど連鎖しやすいので，左の図の場合，原因遺伝子はマーカー②と③の間に位置していると推定できる。

FISH法

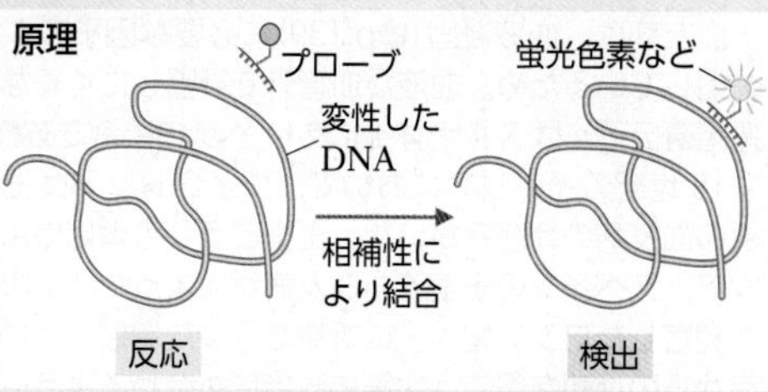

原理
プローブ
変性したDNA
蛍光色素など
相補性により結合
反応
検出

熱処理などで変性したDNAに，プローブ(DNAやRNAの1本鎖断片)を加えると，2本鎖のDNAの間にプローブが入り，相補性によって結合する。

塩基配列が明らかな遺伝子の場所を知りたいとき，プローブの塩基配列を調整し，その塩基配列に結合させることで，遺伝子がどの染色体のどの位置にあるかが分かる。遺伝子マッピングでは，蛍光色素で検出するFISH(**f**luorescence ***i**n **s**itu* **h**ybridization，フィッシュ)法が多く用いられる。

プチ雑学 FISH(fluorescence *in situ* hybridization)法の *in situ* は「本来の場所で」を意味するラテン語，fluorescence，hybridizationはそれぞれ「蛍光」「相補性による2本鎖形成」を意味する英語である。

ヒトの遺伝現象

生 1 いろいろな遺伝形質

生物のもっている特徴には，親から子へと遺伝するもの(遺伝形質)がある。

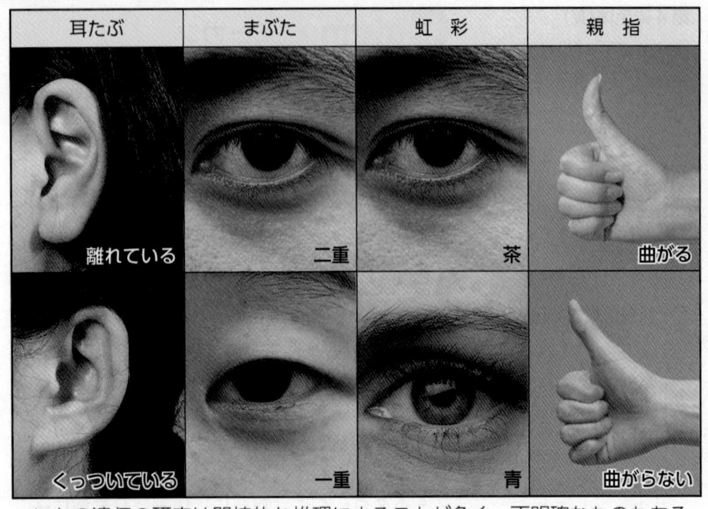
耳たぶ
まぶた
虹　彩
親　指
離れている
二重
茶
曲がる
くっついている
一重
青
曲がらない

ヒトの遺伝の研究は間接的な推理によることが多く，不明確なものもある。

一遺伝子によるもの	PTCに対する反応	PTC（フェニルチオカルバミド）に「苦味を感じる」が「味を感じない」に対して顕性である。
	耳あか	「湿っている(ウェットタイプ)」が「乾いている(ドライタイプ)」に対して顕性である。
	血液型	ABO式，Rh式，MN式，P式，Kell式，ルイス式など20種類以上ある。
	アルコール代謝	酒に強い人と酒に弱い人とがあり，両者は不完全顕性である。
	乳糖耐性	乳糖を分解する酵素の「活性が高い」が「活性が低い」に対して顕性である。
遺伝様式が不明確なもの	耳たぶ	「離れている」が「くっついている」に対して顕性という説もあったが単純ではない。
	まぶた	二重が一重に対して顕性といわれている。
	虹　彩	緑と青では緑が，茶と青では茶が顕性といわれている。
	親　指	親指を立てたときに曲がる人と曲がらない人がいる。

耳あかの遺伝

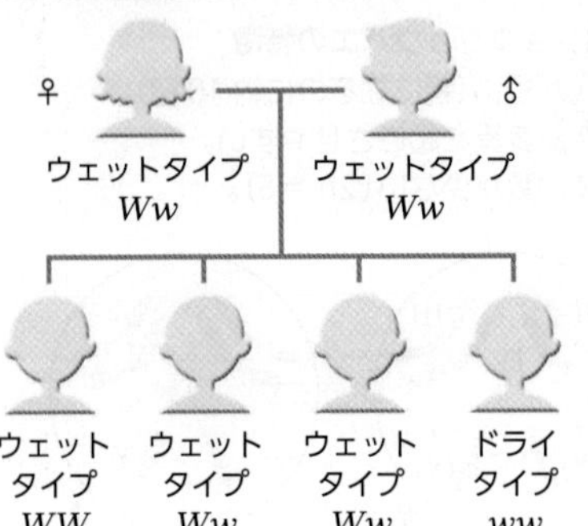
♀
♂
ウェットタイプ
Ww
ウェットタイプ
Ww
ウェットタイプ
WW
ウェットタイプ
Ww
ウェットタイプ
Ww
ドライタイプ
ww

W：ウェットタイプの遺伝子
w：ドライタイプの遺伝子

ウェットタイプ	ドライタイプ
●湿っている。 ●耳垢腺からの分泌物が多い。 ●白人・黒人に多い。	●乾いている。 ●耳垢腺からの分泌物が少ない。 ●黄色人種に多い。

ヒトの耳あかには，ウェットタイプとドライタイプがあり，ウェットタイプがドライタイプに対して顕性である。これらの割合は，人種によって大きく異なる。日本人全体ではドライタイプが多いが，これは日本人の集団の中ではドライタイプの遺伝子(w)が圧倒的に多いからである。欧米やアフリカなどではドライタイプは少ない。耳あかは，脱落した表皮細胞やほこりなどが，汗腺の一種である耳垢腺から出る分泌物と混ざったもので，皮膚の表面を保護する働きがある。

乳糖不耐性の遺伝

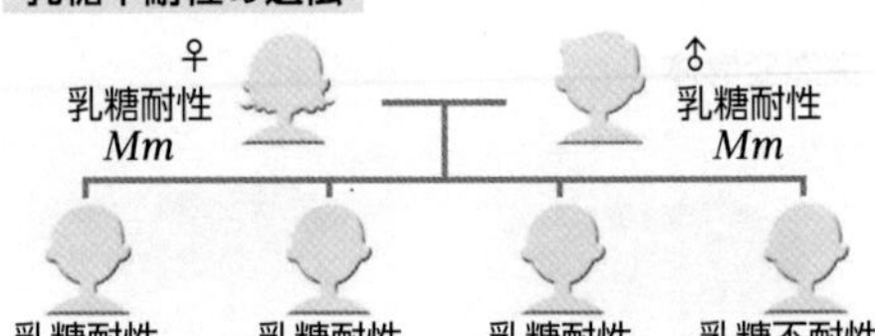
♀
乳糖耐性
Mm
♂
乳糖耐性
Mm
乳糖耐性
MM
乳糖耐性
Mm
乳糖耐性
Mm
乳糖不耐性
mm

M：乳糖耐性の遺伝子　m：乳糖不耐性の遺伝子

乳糖不耐性とは，乳糖を分解する酵素(ラクターゼ)の活性が授乳期後に低くなるために，牛乳などを摂取すると腹痛や下痢などを引き起こす体質のことである。乳糖不耐性が乳糖耐性に対して潜性である。ヨーロッパでは多くの人が乳糖耐性であるが，東アジアでは9割以上が乳糖不耐性であるといわれている。乳糖不耐性であっても，乳糖をどれだけ許容できるかには個人差がある。

つながる生物学　歴史　ヴィクトリア女王と血友病

血友病は，血液凝固(▶p.139)に必要な因子の1つが先天的に欠如しているため，血液が血管外で凝固しにくくなる病気である。原因遺伝子 a はX染色体上にあり，ヘテロ接合であれば発症しない。

ロシア皇后
ヴィクトリア女王

ヴィクトリア女王とその親族

19世紀のイギリスにおいて，ヴィクトリア女王の子孫には多くの血友病の発症者がいた。王室どうしの婚姻により，ドイツ，ロシア，スペインの王室でも血友病が広まった。その中で，血友病を発症したロシア皇太子に祈祷を行った僧侶ラスプーチンは，皇后からの信頼を得て，次第に政治にも関わるようになった。このことが間接的にロシア革命につながったといわれている。

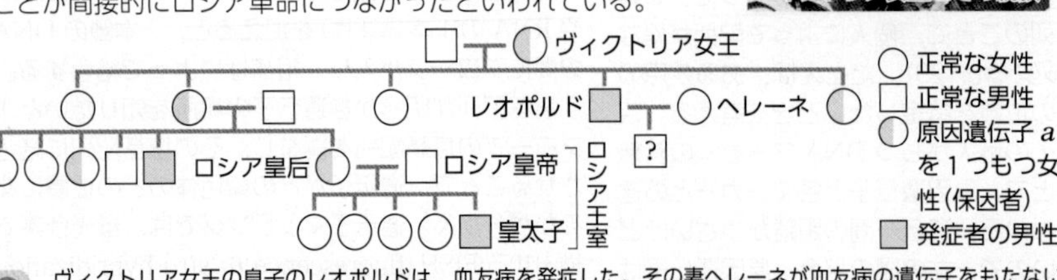
ヴィクトリア女王
レオポルド
ヘレーネ
?
ロシア皇后
ロシア皇帝
ロシア王室
皇太子
正常な女性
正常な男性
原因遺伝子aを1つもつ女性(保因者)
発症者の男性

Q　ヴィクトリア女王の息子のレオポルドは，血友病を発症した。その妻ヘレーネが血友病の遺伝子をもたないとすると，レオポルドの息子は血友病を発症するだろうか。

Step up　浸透度

遺伝子型が同じでも，その形質が個体によって現れる場合と現れない場合がある。ある遺伝子型をもつ個体のうち，その形質が現れる個体の割合を**浸透度(浸透率)**という。たとえば，顕性の遺伝子 A をもっていても，形質が現れないことがある。その要因には，クロマチンの状態(▶p.89)や環境などがある。

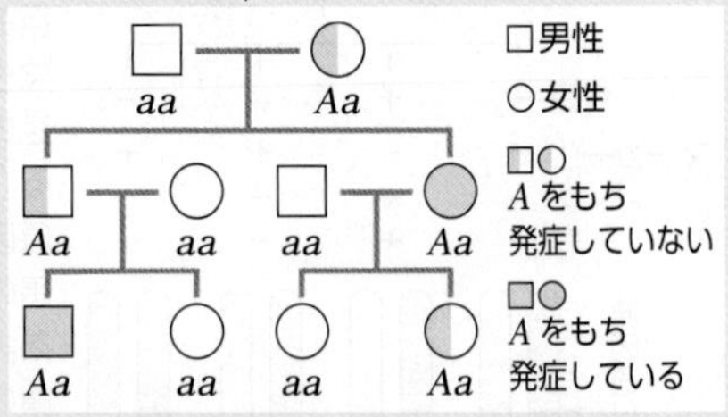
aa
Aa
□男性
○女性
Aa
aa
aa
Aa
Aをもち発症していない
Aa
aa
aa
Aa
Aをもち発症している

5人の遺伝子型が Aa であり，そのうち2人が発症しているので，浸透度は40%である。

つながる生物学 A　発症しない。レオポルド：X^aY，ヘレーネ：X^AX^A，息子：X^AY

Keywords ●耳あか ear wax ●乳糖不耐性 lactose intolerance ●血友病 hemophilia
●ABO 式血液型 ABO blood type ●ALDH2 aldehyde dehydrogenase 2

2 ABO 式血液型の遺伝 複対立遺伝子(▶p.280)による遺伝様式である。

A 両親と子の血液型の関係

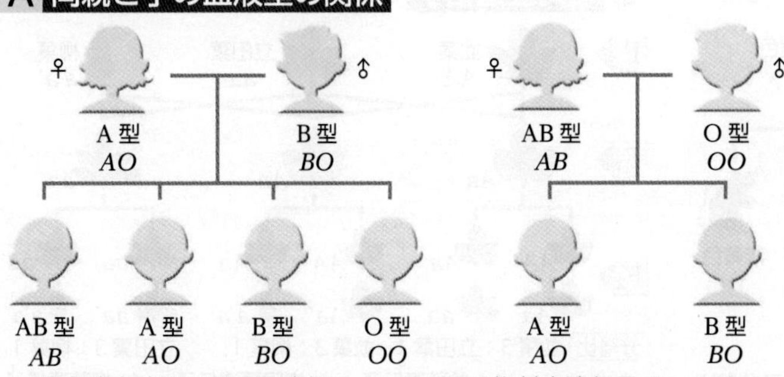
♀
♂
A 型
AO
B 型
BO
AB 型
AB
O 型
OO
AB 型
AB
A 型
AO
B 型
BO
O 型
OO
A 型
AO
B 型
BO

母＼父	表現型	A 型		B 型		AB 型	O 型
表現型	遺伝子型	*AA*	*AO*	*BB*	*BO*	*AB*	*OO*
A 型	*AA*	A	A	AB	A, AB	A, AB	A
	AO	A	A, O	AB, B	A, B, AB, O	A, B, AB	A, O
B 型	*BB*	AB	B, AB	B	B	B, AB	B
	BO	A, AB	A, B, AB, O	B	B, O	A, B, AB	B, O
AB 型	*AB*	A, AB	A, B, AB	B, AB	A, B, AB	A, B, AB	A, B
O 型	*OO*	A	A, O	B	B, O	A, B	O

ABO 式血液型に関する遺伝子 *A*, *B*, *O* は複対立遺伝子で，*O* は *A*, *B* のいずれにも潜性であるが，*A* と *B* には顕性・潜性の関係はない。

＊ABO 式血液型の遺伝子は第 9 染色体にある(▶p.329)。

Step up ABO 式血液型の例外

▶p.164, 269

cisAB 型

AB 型
(cisAB 型)
O 型
AB 型
(cisAB 型)
O 型

通常の AB 型では，*A* と *B* の遺伝子はそれぞれ別の染色体上にあるが，まれに同じ染色体上にあることがあり，cisAB 型とよばれる。このとき，AB 型と O 型の親でも O 型や AB 型の子が生まれる。

ボンベイ型

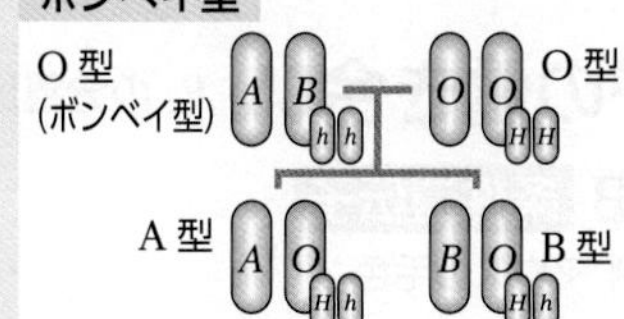
O 型
(ボンベイ型)
O 型
A 型
B 型

A や *B* の遺伝子をもっているが，糖鎖の一部が欠けており，凝集原が正常に形成されない血液型をボンベイ型という。ABO 式血液型では O 型と判定されることがある。原因遺伝子 *h* がホモ接合のときに現れる。

3 アルコール不耐性の遺伝 正常型の遺伝子と変異型の遺伝子は不完全顕性(▶p.280)である。

A アルコール不耐性の遺伝

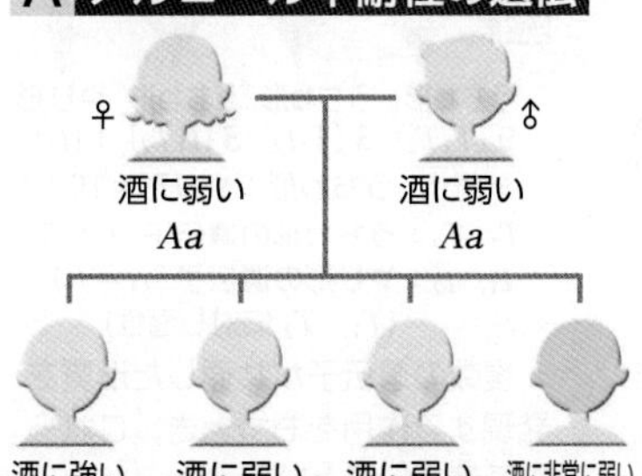
♀
♂
酒に弱い
Aa
酒に弱い
Aa
酒に強い
AA
酒に弱い
Aa
酒に弱い
Aa
酒に非常に弱い
aa

A：正常型の *ALDH2* 遺伝子
a：変異型の *ALDH2* 遺伝子

B アルコールの代謝経路

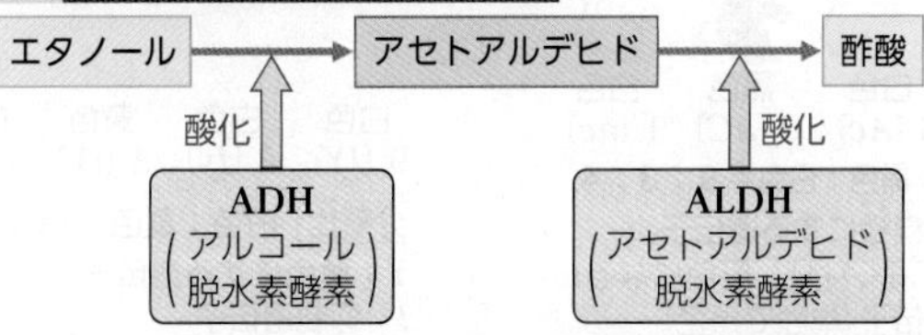
エタノール
アセトアルデヒド
酢酸
酸化
酸化
ADH
(アルコール脱水素酵素)
ALDH
(アセトアルデヒド脱水素酵素)

エタノールは，おもに肝臓で ADH によって酸化され，アセトアルデヒドになる。アセトアルデヒドは毒性が強く，顔面紅潮，動悸，吐き気，頭痛などを引き起こす。ALDH の一種である ALDH2 は，これを無害な酢酸に酸化するが，この働きが弱い人は，アセトアルデヒドを速やかに酸化できないため，酒が飲めない。

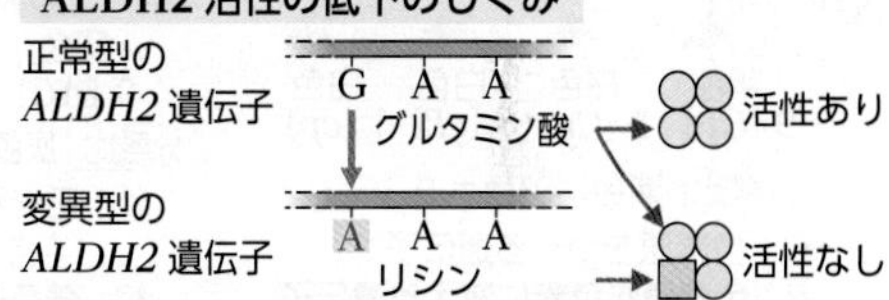
ALDH2 活性の低下のしくみ
正常型の
ALDH2 遺伝子
G A A
グルタミン酸
活性あり
変異型の
ALDH2 遺伝子
A A A
リシン
活性なし

ALDH2 遺伝子の 1 つの塩基が置換して，指定するアミノ酸が変化する(▶p.264)と ALDH2 活性が低下する。ALDH2 は，タンパク質が 4 つ集まって酵素をつくる(四量体，▶p.42)が，変異型の ALDH2 を 1 つでも含むと，酵素活性がほとんど見られなくなる。

C ALDH2 低活性型(不活性型を含む)の分布

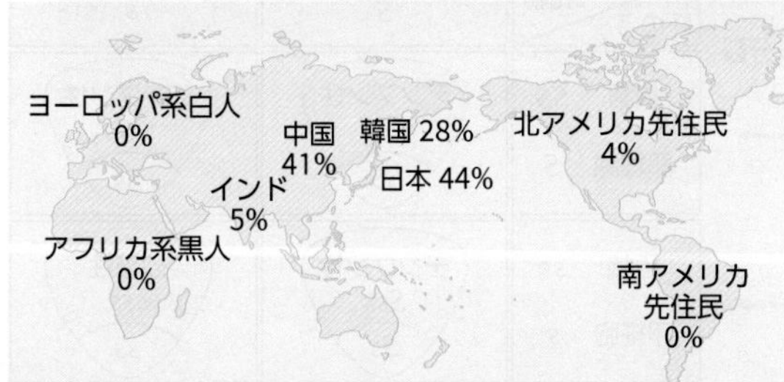
ヨーロッパ系白人
0%
中国
41%
韓国 28%
日本 44%
北アメリカ先住民
4%
インド
5%
アフリカ系黒人
0%
南アメリカ
先住民
0%

現在では，ALDH2 の活性が低いか欠けている人の存在は，黄色人種に特有のものであり，白人・黒人には見られない。これは，黄色人種の中で ALDH2 の活性をなくす突然変異が起こり，徐々に集団に広がっていったのだと考えられる。

D アルコールパッチテスト

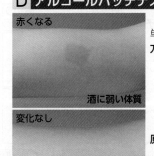

赤くなる
酒に弱い体質
変化なし

ALDH2 の活性の有無はアルコールパッチテストで簡単に測定できる。

方法

①テープのついたガーゼを消毒用エタノール(70%)で湿らす。
②上腕の内側など，皮膚のやわらかいところに貼る。
③ 7 分経過したらテープをはがし，はがしてから約 10 分後に反応を見る。

原理

ALDH2 の活性が低いと，アセトアルデヒドが蓄積して毛細血管が拡張するため，皮膚が赤くなる。ALDH2 の活性が高いと，アセトアルデヒドは速やかに分解されるので，赤くならない。

プチ雑学 ALDH2 活性のない人はアルコール使用障害(依存症)やアルコール性肝障害にかかる可能性は低いが，正常な ALDH2 活性をもつ人はこれらの疾患にかかりやすい。また，低活性型の人でも習慣的な飲酒により発症する危険性がある。

いろいろな遺伝現象(1)

1 対立遺伝子(アレル)の働き合い

対立遺伝子の働き合いには，さまざまなものがある。

A 不完全顕性

例 マルバアサガオの花の色

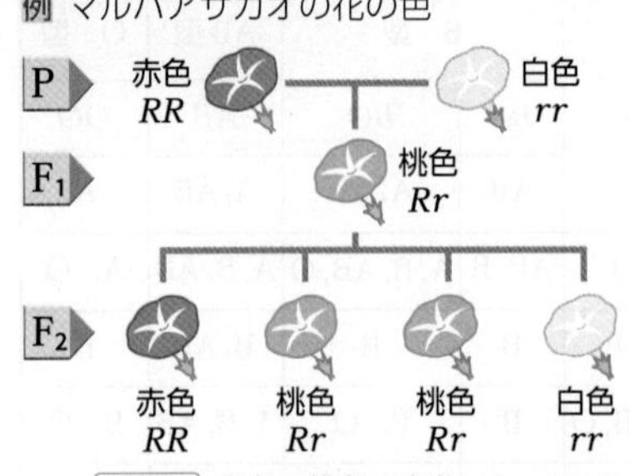
P
赤色 RR
白色 rr
F1
桃色 Rr
F2
赤色 RR
桃色 Rr
桃色 Rr
白色 rr

分離比 赤色：桃色：白色＝1：2：1
R：赤色遺伝子　r：白色遺伝子

R と r とは**不完全顕性**なので，ヘテロ接合体 Rr は中間の形質(桃色)を現す。

アルコール不耐性の遺伝 ➡p.279

B 致死遺伝子

例 マウスの毛色

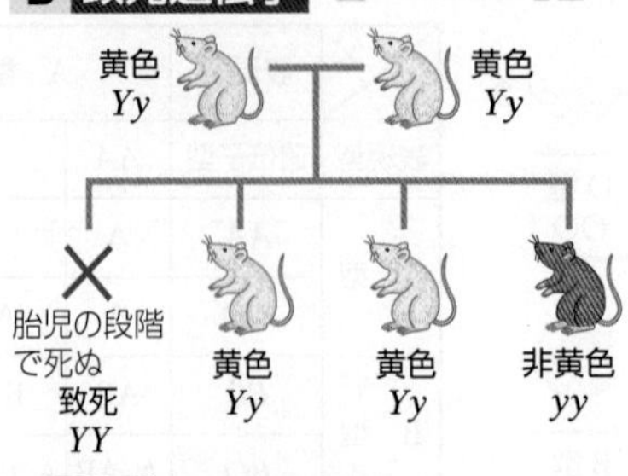
黄色 Yy
黄色 Yy
胎児の段階で死ぬ
致死 YY
黄色 Yy
黄色 Yy
非黄色 yy

分離比 黄色：非黄色＝2：1
Y：黄色遺伝子(顕性)，致死遺伝子(潜性)
y：非黄色遺伝子

Y は毛色の黄色化(顕性)とともに，**致死作用**(潜性)を示す遺伝子である。YY の個体は胎児の段階で死ぬので，黄色のホモ接合体 YY は存在しない。

C 複対立遺伝子

例 アサガオの葉の形

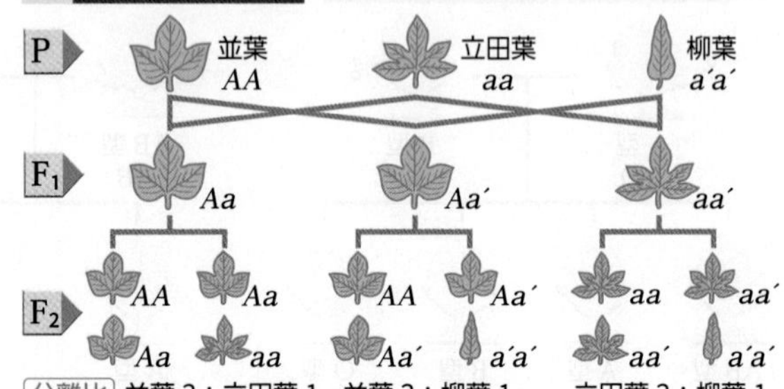
P
並葉 AA
立田葉 aa
柳葉 a′a′
F1
Aa
Aa′
aa′
F2
AA
Aa
Aa
aa
AA
Aa′
Aa′
a′a′
aa
aa′
aa′
a′a′

分離比 並葉3：立田葉1　並葉3：柳葉1　立田葉3：柳葉1
A：並葉遺伝子　a：立田葉遺伝子　a'：柳葉遺伝子

3つ以上の遺伝子が対立形質の発現に関与しているとき，これらを**複対立遺伝子**という。アサガオの葉形に関する遺伝子 A, a, a' は複対立遺伝子で，a' は A にも a にも潜性であり，a は A に対して潜性である。

ABO 式血液型の遺伝 ➡p.279

2 2対の対立遺伝子の働き合い

F_2 の分離比から遺伝子の働き合いについて推測できる。

A 補足遺伝子

例 スイートピーの花の色

P 白色 $CCpp$ × 白色 $ccPP$
F1 紫色 $CcPp$

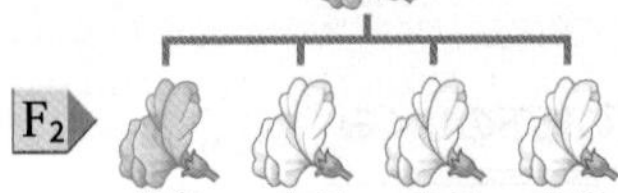

F2 紫色 9〔CP〕 白色 3〔Cp〕 白色 3〔cP〕 白色 1〔cp〕

分離比 紫色：白色＝9：7
C：色素原をつくる遺伝子
P：色素原を色素に変える遺伝子

C と P はたがいに補足し合って形質を発現するので**補足遺伝子**という。C, P 単独では紫色の色素をつくることができない。

B 条件遺伝子

例 マウスの毛色

灰色 AACC
白色 aacc
灰色 AaCc

F2 灰色 9〔AC〕 白色 3〔Ac〕 黒色 3〔aC〕 白色 1〔ac〕

分離比 灰色：黒色：白色＝9：3：4
A：毛を縞模様にする遺伝子(毛色が薄くなり，灰色になる)
C：着色遺伝子(単独で黒色)

A は C の存在下でのみ形質が発現するので**条件遺伝子**という。

Ac, ac は色素がつくられないので白色となる。

C 抑制遺伝子

例 カイコガのまゆの色

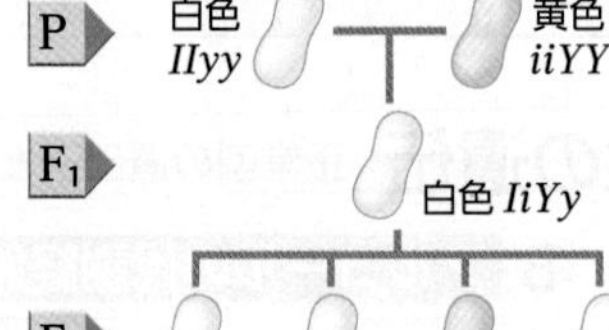
P
白色 IIyy
黄色 iiYY
F1
白色 IiYy
F2

F2 白色 9〔IY〕 白色 3〔Iy〕 黄色 3〔iY〕 白色 1〔iy〕

分離比 白色：黄色＝13：3
Y：黄色にする遺伝子
I：抑制遺伝子

I は Y の働きを抑制する働きをもつので，**抑制遺伝子**という。

IY では黄色にする働きが抑えられるので白色となる。

D 同義遺伝子

例 ナズナの果実の形

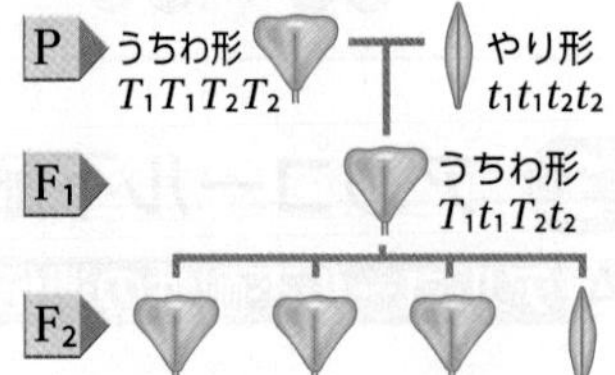
P
うちわ形 T1T1T2T2
やり形 t1t1t2t2
F1
うちわ形 T1t1T2t2
F2

F2 うちわ形 9〔T_1T_2〕 うちわ形 3〔T_1t_2〕 うちわ形 3〔t_1T_2〕 やり形 1〔t_1t_2〕

分離比 うちわ形：やり形＝15：1
T_1, T_2：うちわ形の遺伝子($T_1 = T_2$)
t_1, t_2：やり形の遺伝子($t_1 = t_2$)(T_1, T_2 に対し潜性)

複数の遺伝子が共通した形質を発現する作用をもつとき，これらを**同義遺伝子**という。

3 胚乳の形質の遺伝

胚乳の遺伝子型は，中央細胞 $(n + n)$ と精細胞 (n) の遺伝子型によって決まる。

例 トウモロコシ

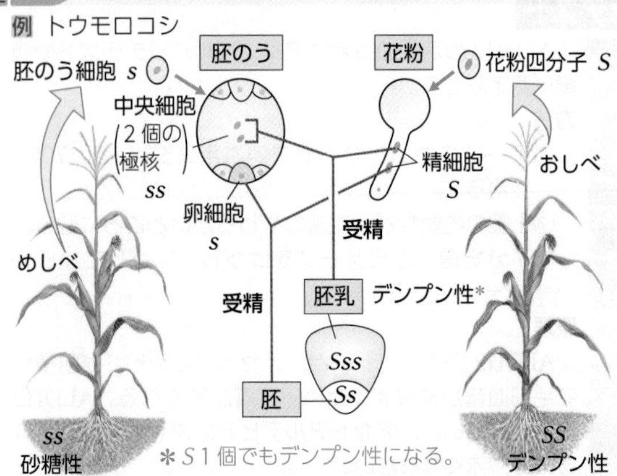
胚のう
花粉
胚のう細胞 s
花粉四分子 S
中央細胞
(2個の極核
ss
精細胞
S
おしべ
卵細胞
s
受精
めしべ
受精
胚乳
デンプン性*
Sss
胚
Ss
ss
砂糖性
SS
デンプン性

＊S 1個でもデンプン性になる。

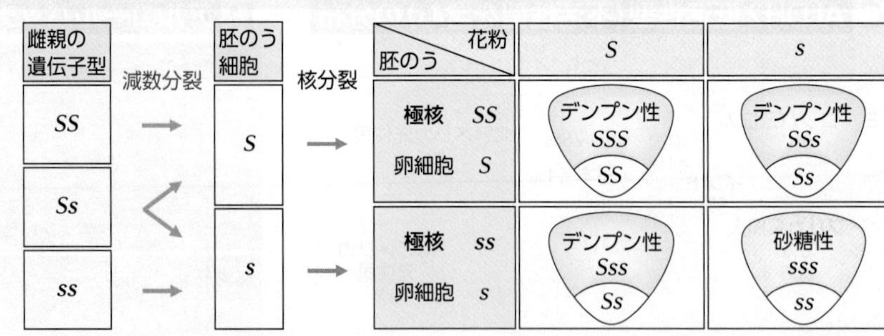
雌親の遺伝子型
減数分裂
胚のう細胞
核分裂
SS
Ss
ss
S
s
花粉
胚のう
S
s
極核 SS
卵細胞 S
デンプン性 SSS
SS
デンプン性 SSs
Ss
極核 ss
卵細胞 s
デンプン性 Sss
Ss
砂糖性 sss
ss

胚乳の形質は，2個の極核 $(n + n)$ をもつ中央細胞と花粉内の精細胞 (n) が合体した胚乳細胞 $(3n)$ のもつ遺伝子によって決まる。胚のう細胞 (n) が核分裂してできるので，2個の極核は同じ遺伝子型である(➡p.202)。左の図のように，トウモロコシの砂糖性 (ss) の株にデンプン性 (SS) の株の花粉がつくと，デンプン性の種子ができる。

プチ雑学 大抵の場合，ある形質の発現には“多数の”遺伝子が関わっている。ここでは，形質が発現する際の遺伝子の働き合いの例として，古典的によく知られている“2対の”対立遺伝子の関係について取り上げている。

生 4 細胞質の影響　雄親とは無関係に，雌親の細胞質の影響のみを受けて現れる表現型がある。

A ミトコンドリアの遺伝

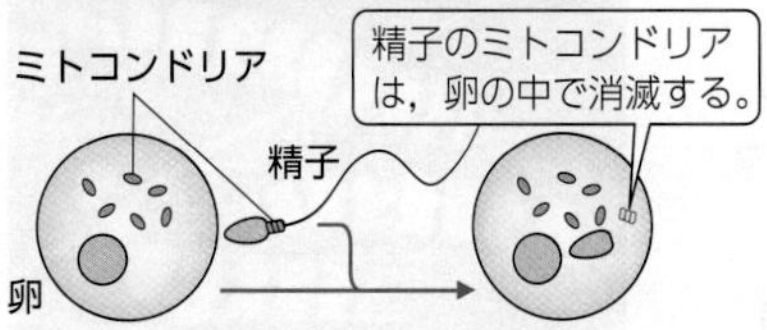
ミトコンドリア
精子のミトコンドリアは，卵の中で消滅する。
精子
卵

精子のミトコンドリアは，卵への進入後に消滅するため，卵の細胞質にあるミトコンドリアが子に引き継がれる。このように，雄性配偶子が関与せず，雌性配偶子の形質だけが子に伝わることを**母性遺伝**という。

B 殻の巻き方の遺伝　例 モノアラガイの遅滞遺伝

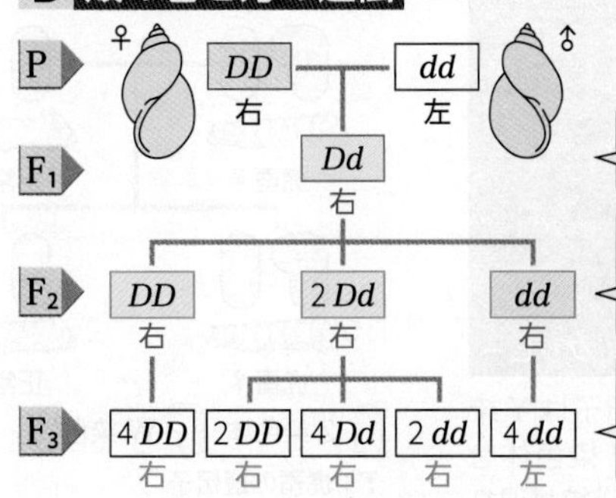
P ♀ DD 右 dd 左 ♂
F1 Dd 右
F2 DD 右 2Dd 右 dd 右
F3 4DD 右 2DD 右 4Dd 右 2dd 右 4dd 左
子の表現型は雌親の遺伝子型に支配されている。
雌親(F1)の遺伝子型がDdなので，F2の表現型はすべて右巻きとなる。
ddを雌親にもつF3だけが左巻きとなる。
右巻き：左巻き＝3：1

右巻きが顕性，左巻きが潜性であり，この遺伝子は核内にあってメンデルの法則に従っている。

しかし，殻の巻き方は受精卵の1回目の核分裂によって決まり，これは受精卵の細胞質(母性因子)の影響を受ける。このため，子の殻の巻き方は雌親の遺伝子型に支配され，結果的に1代ずつ遅れて発現することになる(**遅滞遺伝**)。

生 5 伴性遺伝　性染色体上にある遺伝子による遺伝を伴性遺伝という。伴性遺伝では，形質の発現は性によって異なる。

A 眼色の遺伝　キイロショウジョウバエ

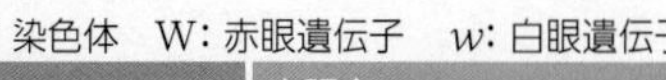
X 染色体　Y 染色体　W: 赤眼遺伝子　w: 白眼遺伝子

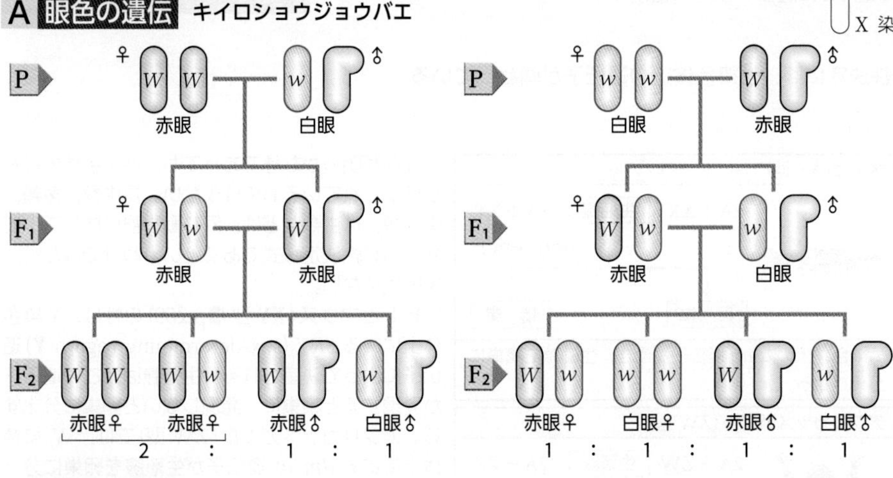
P ♀ W W 赤眼　w ♂ 白眼
F1 ♀ W w 赤眼　W ♂ 赤眼
F2 W W 赤眼♀　W w 赤眼♀　W 赤眼♂　w 白眼♂
2 : 1 : 1
P ♀ w w 白眼　W ♂ 赤眼
F1 ♀ W w 赤眼　w ♂ 白眼
F2 W w 赤眼♀　w w 白眼♀　W 赤眼♂　w 白眼♂
1 : 1 : 1 : 1

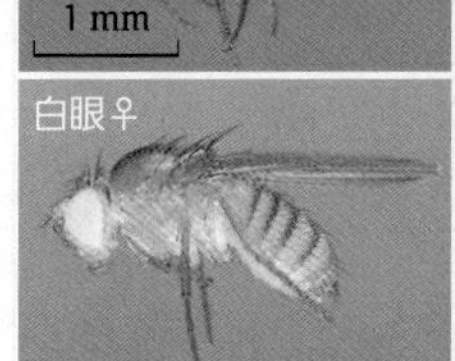
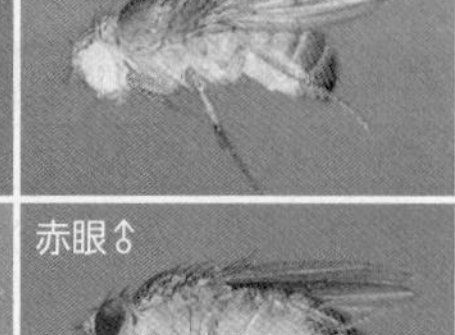
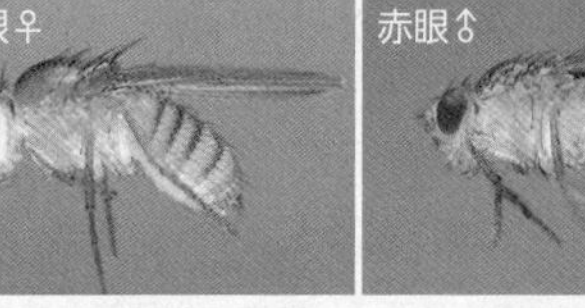
赤眼♀
白眼♂
1 mm
白眼♀
赤眼♂

- 形質が雌雄逆の場合，F_1 の表現型が異なる。
- F_2 の表現型の分離比が雌雄で異なることがある。
- F_1 で父の形質が娘に，母の形質が息子に現れる場合(右)があり，これを十文字遺伝という。

B 色覚の遺伝　ヒト　a：1型2色覚(赤錐体に変異がある)　A：3色覚(a に対し顕性)

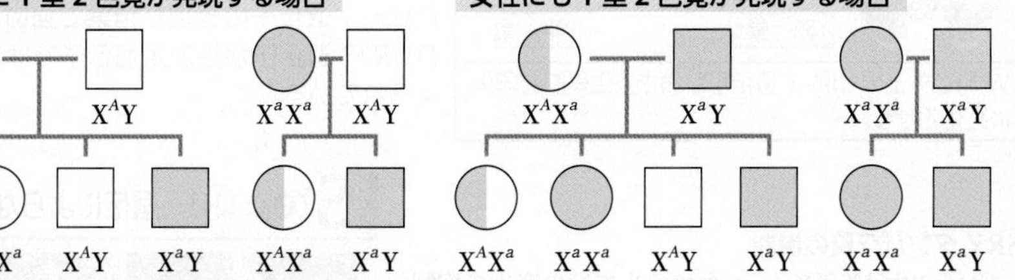
男性のみに1型2色覚が発現する場合
X^AX^a X^AY
X^AX^A X^AX^a X^AY X^aY
X^aX^a X^AY
X^AX^a X^aY
女性にも1型2色覚が発現する場合
X^AX^a X^aY
X^AX^a X^aX^a X^AY X^aY
X^aX^a X^aY
X^aX^a X^aY

□3色覚の男性　■1型2色覚の男性
○3色覚の女性　●1型2色覚の女性
◐3色覚だが1型2色覚の遺伝子をもつ女性(保因者)

色覚に関わる遺伝子はX染色体上にある。女性はこの遺伝子が変異しても，ヘテロ接合であれば，色覚はほとんど変わらない。男性はX染色体を1個しかもたないので，変異した遺伝子をもつと色覚が変わる。よって，色覚多様性は男性に多く見られる。

1型2色覚のしくみ

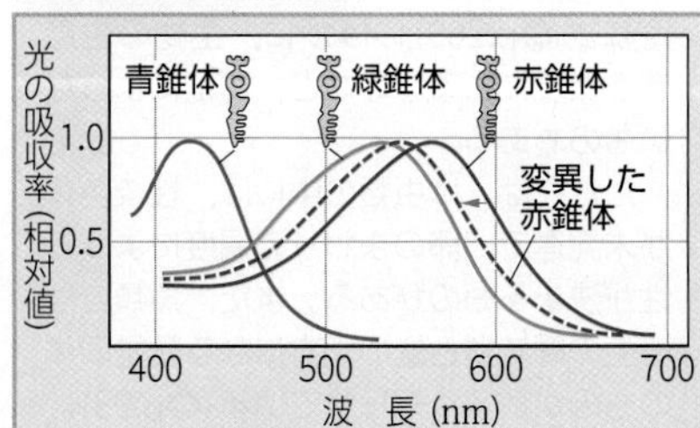
光の吸収率(相対値)
1.0
0.5
青錐体
緑錐体
赤錐体
変異した赤錐体
400 500 600 700
波長(nm)

ヒトは網膜に3種類の錐体細胞(▶p.180)があり，それぞれ強く反応する波長が異なる。脳は，これらの細胞の反応を総合的に判断して色を認識する。

たとえば，赤錐体に変異があると，赤〜緑の色を区別しにくくなる。

実際には，色覚の特性は多様で，個人差が大きい。日本では，約5%の男性，約0.2%の女性は，3色覚とは異なる色覚をもつ。

Column ドルトニズム

John Dalton (1766~1844，イギリス)

ドルトン　ゼラニウム

ドルトニズム(Daltonism)とは，先天性2色覚(1種類の錐体細胞に変異がみられること)を指す。この言葉はイギリスの科学者であるドルトンに由来する。ドルトンは原子説などを提唱し，近代化学の基礎を築いた科学者である。

ドルトンは先天性2色覚であった。彼は，あるとき，ゼラニウムのピンクの花弁の見え方が他者と違うことに気づき，自分の色覚と他者の色覚について調べた。そして，1798年に，色覚に関する論文を世界で初めて発表した。

論文の中には，調べた約50人の内3人の色覚が異なっていたことや，色覚が異なる者の中に女性は一人もいなかったことなどが書かれていた。

プチ雑学　モノアラガイの受精卵は，ウニやカエルのような動・植物極軸に平行または垂直な卵割(▶p.96)をせず，割球がらせん状に並ぶ「らせん卵割」(▶p.309)を行う。分裂するごとにもとの割球の右か左へずれた位置に新しい割球が生じ，らせん配列を形成する。右巻きと左巻きはたがいに鏡像の関係にある。

いろいろな遺伝現象(2)

Keywords
●限性遺伝 sex-limited inheritance
●性決定 sex determination

1 限性遺伝 Y(または W)染色体上にある遺伝子による形質の発現は，一方の性のみに限られる。

A 背びれの斑紋 グッピー

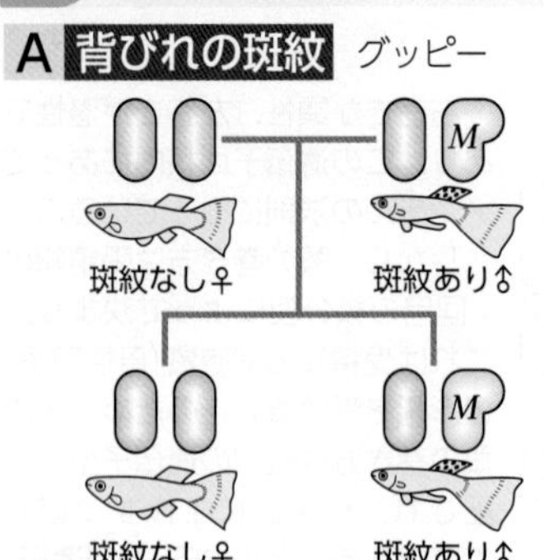
M
斑紋なし♀
斑紋あり♂
M
斑紋なし♀
斑紋あり♂

X 染色体　Y 染色体
M：背びれの斑紋遺伝子

グッピー

背びれの斑紋(はんもん)遺伝子はY染色体にある。雄はY染色体をもつので，背びれに斑紋が現れる。一方，雌はY染色体をもたないので斑紋は現れない。背びれの斑紋は雄のみに遺伝する。

B からだの斑紋 カイコガの幼虫

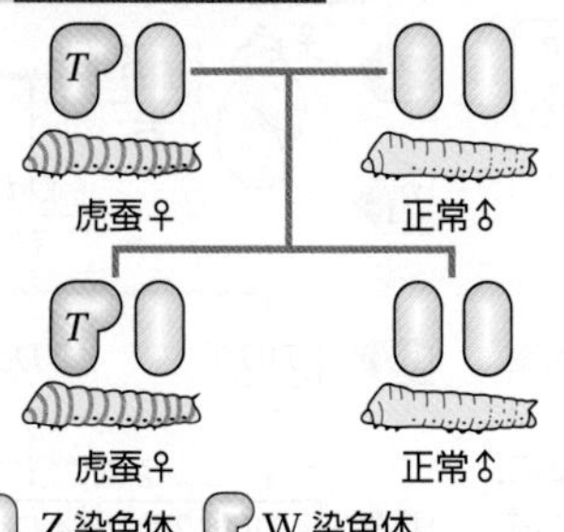
T
虎蚕♀
正常♂
T
虎蚕♀
正常♂

Z 染色体　W 染色体
T：虎蚕の遺伝子

虎蚕(とらこ)×正常で生じる雌はすべて虎蚕。雄はすべて正常なので，斑紋で雌雄の区別がつく。

虎蚕
正常

2 性決定と遺伝子 遺伝による性決定には，性染色体上の遺伝子が関わっている。

A 脊椎動物の性決定遺伝子

ヒト，マウス(XY 型)

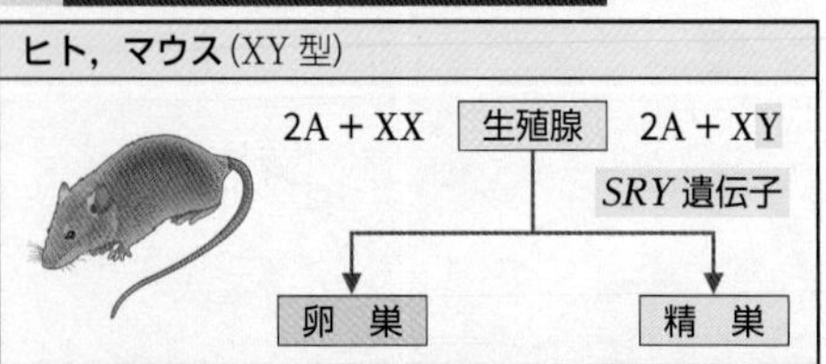
2A + XX
生殖腺
2A + XY
SRY 遺伝子
卵　巣
精　巣

Y 染色体上の *SRY* 遺伝子が働き，生殖腺を精巣に分化させる。

メダカ(XY 型)

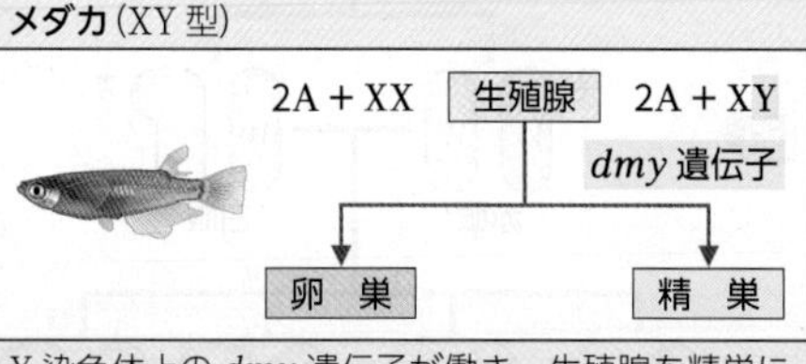
2A + XX
生殖腺
2A + XY
dmy 遺伝子
卵　巣
精　巣

Y 染色体上の *dmy* 遺伝子が働き，生殖腺を精巣に分化させる。

ニワトリ(ZW 型)

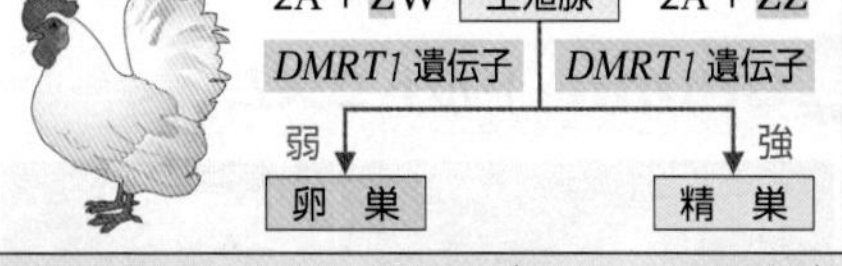
2A + ZW
生殖腺
2A + ZZ
DMRT1 遺伝子
DMRT1 遺伝子
弱
強
卵　巣
精　巣

Z 染色体上の *DMRT1* 遺伝子が雌雄両方で働くが，精巣でより強く発現する。

アフリカツメガエル(ZW 型)

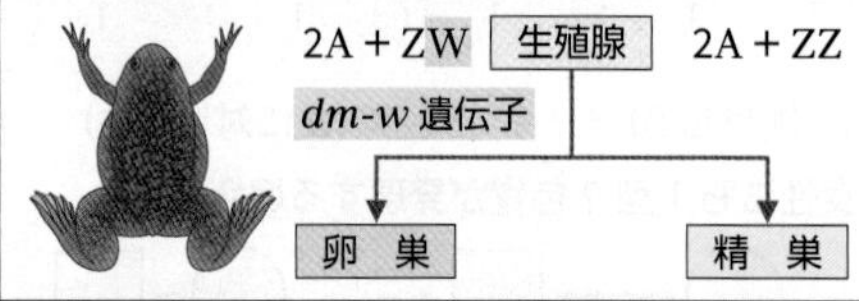
2A + ZW
生殖腺
2A + ZZ
dm-w 遺伝子
卵　巣
精　巣

W 染色体上の *dm-w* 遺伝子が働き，生殖腺を卵巣に分化させる。

性別が明らかな種であっても，性染色体の存在が確認されているものは少ない。昆虫類，魚類，両生類，は虫類などは，同じ動物群に属していても，同じ性決定様式であるというわけではなく，規則性はない。

ヒトとマウス(XY 型 ▶p.269)の性は，Y 染色体上にある *SRY* (**s**ex-determining **r**egion **Y**)遺伝子によって決定される。生殖腺は，この遺伝子が発現すると精巣に，発現しないと卵巣に分化する。アフリカツメガエル(ZW 型)では，W 染色体上にある *dm-w* 遺伝子が生殖腺を卵巣に分化させる。ニワトリ(ZW 型)では，特定の性決定遺伝子は分かっていない。Z 染色体上にある *DMRT1* 遺伝子の発現が精巣で強いことから，*DMRT1* 遺伝子が性決定遺伝子ではないかと考えられている。

B *SRY* 遺伝子 例 ヒト

SRY 遺伝子の位置

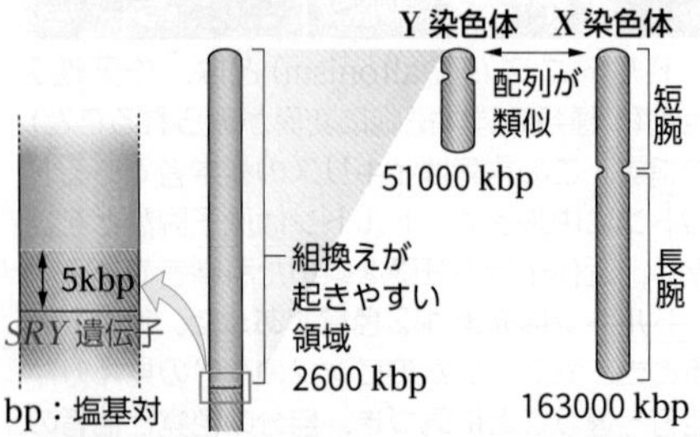
Y 染色体
X 染色体
配列が類似
短腕
51000 kbp
長腕
5kbp
SRY 遺伝子
組換えが起きやすい領域
2600 kbp
163000 kbp
bp：塩基対

SRY 遺伝子はY染色体上にある。Y染色体の短腕の末端部には，減数分裂時に組換えが起きやすい領域がある。この領域からわずか 5 kbp 離れたところに *SRY* 遺伝子がある。*SRY* 遺伝子まで含めた領域で組換えが起きると，Y染色体をもっていても雌になる場合がある。

SRY タンパク質の機能

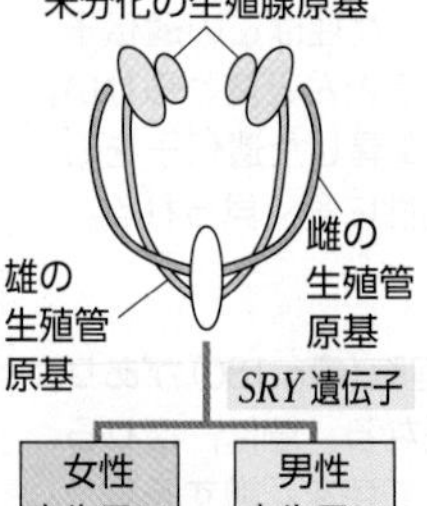
未分化の生殖腺原基
雄の生殖管原基
雌の生殖管原基
SRY 遺伝子
女性ホルモン
男性ホルモン
卵巣
精巣
輸卵管
輸精管

●**女性ホルモンの産生の抑制**
未分化の生殖腺原基は，精巣と卵巣のどちらにもなる能力をもっている。SRY タンパク質は，女性ホルモンの産生を抑える。

●**雌の生殖管の発達の抑制**
生殖管が分化する前は，雄の生殖管原基と雌の生殖管原基の両方をもっている。SRY タンパク質は，雌の生殖管原基の発達を抑制する因子の産生を促す。

Step up 遺伝によらない性決定

アオウミガメ

クロダイ

性決定は，性染色体によるもの(性決定様式 ▶p.269)のほかに，生物の生息する環境によるものなど，遺伝によらないものもある。

たとえば，は虫類の中には，性染色体が未発達で，卵のまわりの温度によって性が決まるものがある。また，魚類では，一生の間で雌と雄の両方になる雌雄同体のものが数多く知られている(▶p.93)。

プチ雑学 毛色が黒，白，茶色のまだらのネコは三毛猫とよばれる。ネコの性決定は XY 型で，毛色を茶色にする遺伝子は X 染色体上に存在し，対立形質は黒色である。この遺伝子をヘテロにもつと，X 染色体の不活性化(▶p.89)によって茶色と黒色の遺伝子がランダムに発現して部分的に毛色が茶色になる。このため，三毛猫は基本的に雌のみである。

Overview 進化のしくみ

世代をへて，集団で遺伝子頻度の変化が起きることを進化という。

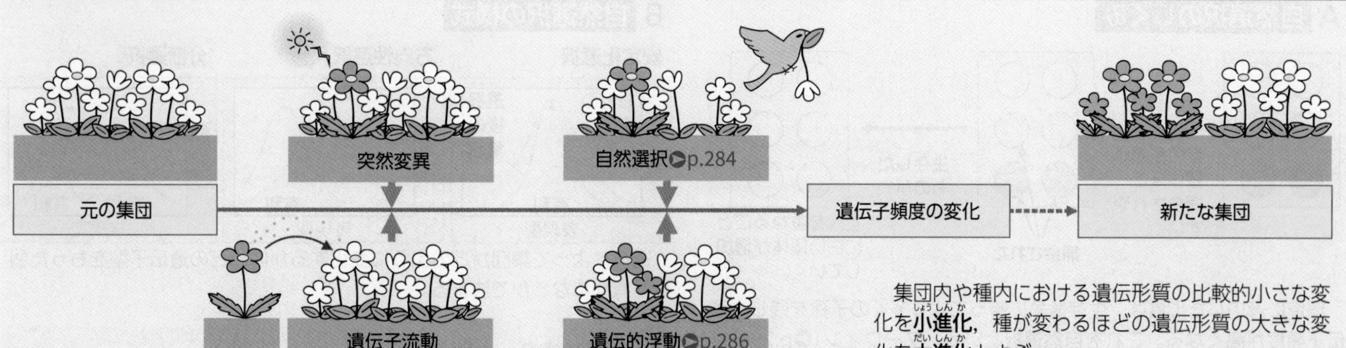

突然変異
自然選択▶p.284
元の集団
遺伝子頻度の変化
新たな集団
遺伝子流動
遺伝的浮動▶p.286

集団内や種内における遺伝形質の比較的小さな変化を**小進化**，種が変わるほどの遺伝形質の大きな変化を**大進化**とよぶ。

1 遺伝子の頻度

突然変異も選択も起こらず，任意に交配している大きな集団では，遺伝子頻度は変化しない。

A 遺伝子プールと遺伝子頻度

集団（個体群）がもっている遺伝子全体を**遺伝子プール**，ある対立遺伝子（アレル）が遺伝子プールに存在する割合を**遺伝子頻度**という。

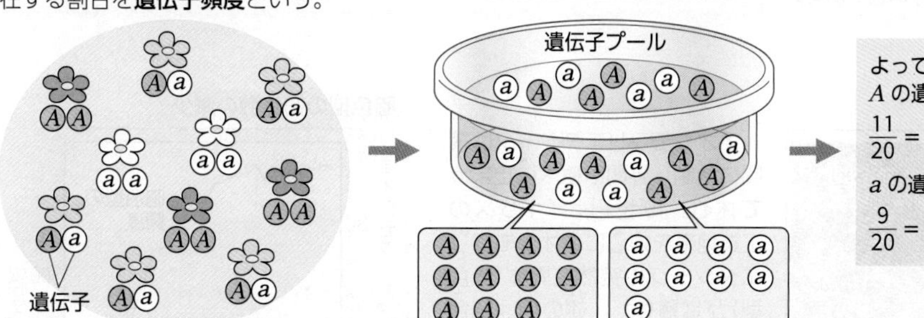

遺伝子
遺伝子プール
よって，
A の遺伝子頻度は
$\frac{11}{20}=0.55$
a の遺伝子頻度は
$\frac{9}{20}=0.45$

ある集団では，遺伝子型の頻度は，$AA:Aa:aa=3:5:2$ である。

この集団の，すべての対立遺伝子の数は 20 である。このうち，A の 数は 11，a の数は 9 である。

つながる生物学　生活　生物の「進化」

「過酷な練習を通して，スポーツ選手として進化をした。」など，日常でも「進化」という言葉がよく使われている。しかし，生物学においての進化は「世代をへて，集団の形質や遺伝子頻度が変化すること」である。この文の「進化」は，世代をへておらず，生物学的な「進化」ではない。また，オタマジャクシからカエルへの形態の変化も，世代をへていないので，生物学的な「進化」ではない。このような変化は「変態」とよばれる。

B ハーディ・ワインベルグの法則

① 突然変異が起こらない。　② 自然選択が起こらない。
③ 任意交配が起こる。　④ 個体数が十分に多い。
⑤ 外部との遺伝子の出入りがない。

左のような集団を考えるとき，遺伝子頻度は一定に保たれ（**ハーディ・ワインベルグ平衡**），世代をくり返しても遺伝子頻度は変化しない。これを**ハーディ・ワインベルグの法則**という。この状態では，遺伝子頻度が変化しないため，進化は起こらない。

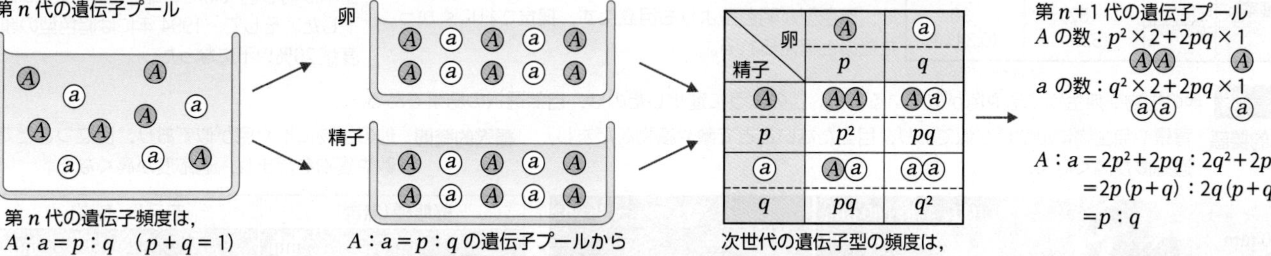

第 n 代の遺伝子プール
卵
精子
第 $n+1$ 代の遺伝子プール
A の数：$p^2\times2+2pq\times1$
a の数：$q^2\times2+2pq\times1$

精子＼卵	A (p)	a (q)
A (p)	AA (p^2)	Aa (pq)
a (q)	Aa (pq)	aa (q^2)

第 n 代の遺伝子頻度は，$A:a=p:q\quad(p+q=1)$

$A:a=p:q$ の遺伝子プールからつくられる配偶子の遺伝子頻度は，$A:a=p:q$

次世代の遺伝子型の頻度は，$AA:Aa:aa=p^2:2pq:q^2$

$$A:a=2p^2+2pq:2q^2+2pq=2p(p+q):2q(p+q)=p:q$$

よって，遺伝子頻度に変化はない。

C 遺伝子頻度の変化の要因

突然変異 ▶p.264	自然選択	性選択	遺伝的浮動	遺伝子流動
紫外線の影響などで，DNA の塩基配列が変化することがある。	環境に適応した形質は，より多くの子孫を残すため，遺伝子頻度が高くなる。	配偶者に好まれる形質は，より多くの子孫を残すため，遺伝子頻度が高くなる。	小さな集団では，特定の遺伝子頻度が，偶然に極端な変化を起こすことがある。	他の集団から，いままでにない遺伝子が流入されることがある。

プチ雑学　イギリスの数学者ハーディと，ドイツの医者ワインベルグとが独立に発表したため，2 人の名を並べて，ハーディ・ワインベルグの法則という。ハーディは，独学でさまざまな発見をしたインドの天才数学者ラマヌジャンを援助したことでも有名である。

生 1 自然選択

環境に適応した個体は，より多く子孫を残す。

A 自然選択のしくみ

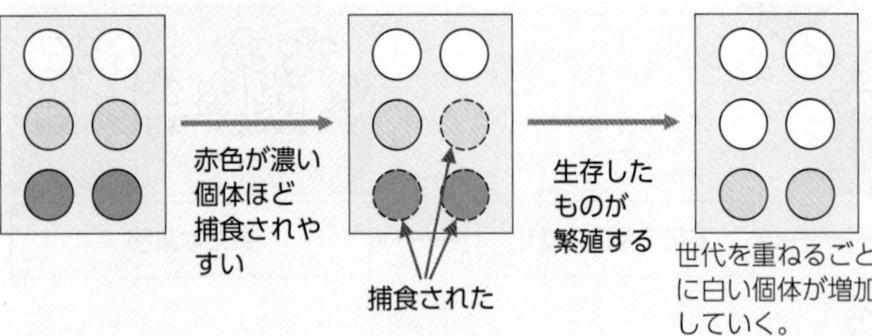

赤色が濃い個体ほど捕食されやすい
捕食された
生存したものが繁殖する
世代を重ねるごとに白い個体が増加していく。

環境に適応した形質は，生存競争に勝ってより多くの子孫を残し，遺伝子頻度が高くなる。これを**自然選択**という。ダーウィン(▶p.291)は，これにより進化が起こると考えた。しかし自然選択が進化に結びつくためには，①個体群の中に変異が存在する，②変異が生存率に違いを生む，③変異が子孫に遺伝する，という条件を満たさなければならない。

Memo 適応度

自然選択に対して個体が有利か不利かを表す尺度を適応度といい，ある個体が次世代にどれだけふえるかで表される(▶p.239)。このとき数えられるのは，生まれた子すべてではなく，生殖可能な年齢まで生きのびた子の数である。

B 自然選択の様式

安定化選択

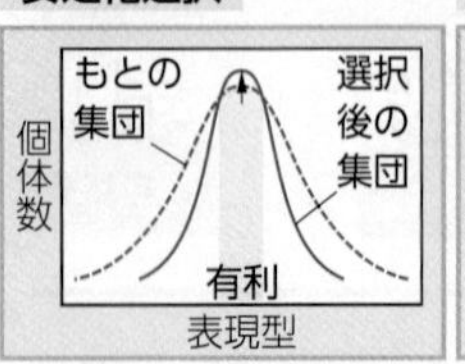

もとの集団
選択後の集団
個体数
有利
表現型

方向性選択

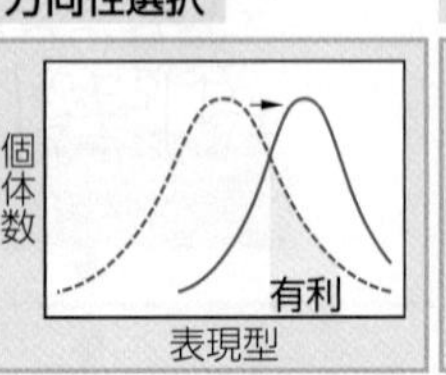

個体数
有利
表現型

分断選択

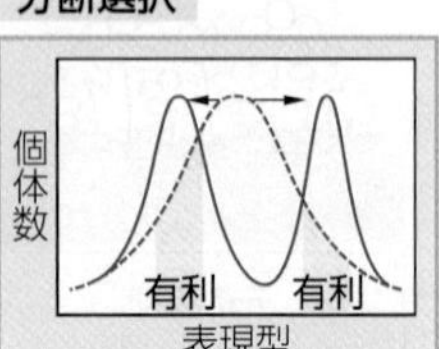

個体数
有利
有利
表現型

選択によって集団がどのように変化するかは，どの遺伝子型をもった個体が有利になるかで決まる。

Column 人為選択

クジャクバト

カワラバトから好みの形質に近いものを人間が選択(**人為選択**)して，クジャクバトやムナダカバトなどの品種をつくり出した。

人為選択は，選択が進化を引き起こす例ともいえる。ダーウィンはそのように考え，育種についても調べた。

C 工業暗化 例 オオシモフリエダシャク

明色型と暗色型の生存率の違い

暗色型
明色型

明色型
暗色型

		工業地帯の森	田園地帯の森
標識放逐虫数	明色型	64	496
	暗色型	154	473
再捕虫数(再捕獲率)	明色型	16 (25%)	62 (12.5%)
	暗色型	82 (53%)	30 (6.34%)

Kettlewell (1956) による

オオシモフリエダシャクは夜間に活動し昼間は樹木に止まって休む。19世紀，イギリスの工業地帯を中心にオオシモフリエダシャクの突然変異体(暗色型)が増殖した。翅の色は明色型が正常である。暗色型か明色型かは1遺伝子で決まり，暗色型が顕性である。

左の表は，工業地帯と田園地帯とで，明色型と暗色型のそれぞれにマークして放し，数日後，再捕獲して両型の割合を調べたものである。再捕獲率が高い方が鳥などに捕食されにくかったと考えられる。

この頃，工業地帯では工場の煤煙で樹木が黒くなっていた。工業地帯で暗色型が増えたのは，黒い樹木の上では，暗色型が明色型よりも目立たず，捕食されにくかったためと考えられる。

暗色型の個体数の減少

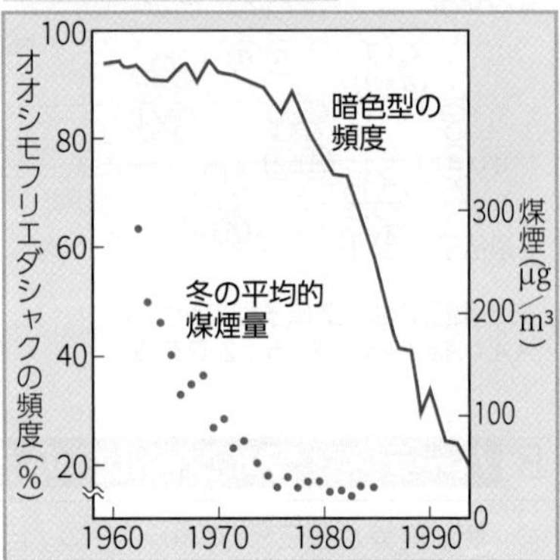

オオシモフリエダシャクの頻度(%)
100
80
60
40
20
暗色型の頻度
冬の平均的煤煙量
煤煙(μg/m³)
300
200
100
0
1960
1970
1980
1990

1956年に大気汚染防止法が制定されたため，煤煙量は減少していった。すると，樹木は再び白くなり，暗色型の頻度は低下した。そして，1994年には暗色型の頻度が20%以下になった。

D 擬態

他の生物や無生物に形や色が似ていること。このように進化したのは，自然選択の結果である。

隠ぺい的擬態 背景や無生物に形や色が似ており，目立たないことで敵や獲物をだまし，適応度が高くなる。

標識的擬態 他の生物に形や色が似ており，目立つことで敵や獲物をだまし，適応度が高くなる。

前翅長
45〜50 mm
コノハチョウ

枯れ葉に似ていることで，捕食から逃れる。

体長：雄約 40 mm
雌約 70 mm
ハナカマキリ

ランの花にまぎれて，よってきた虫をとらえる。

体長 40〜85 cm
ヒラメ

背景の色に似ていることで，捕食から逃れる。(**保護色**)

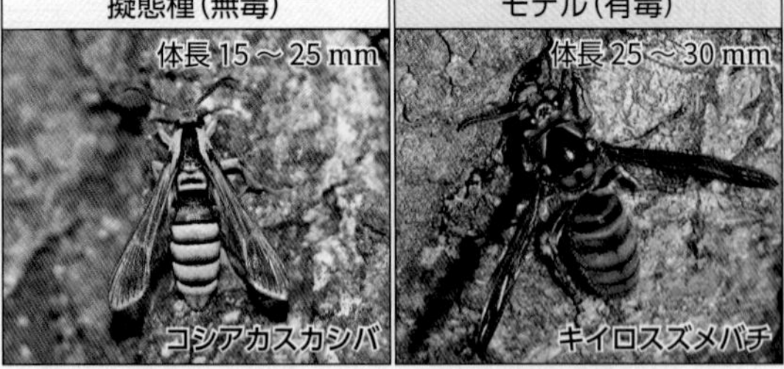

擬態種(無毒)
モデル(有毒)
体長 15〜25 mm
体長 25〜30 mm
コシアカスカシバ
キイロスズメバチ

ガの一種であるコシアカスカシバは，有毒のキイロスズメバチに似ていることで，捕食から逃れる。(**警告色**)

プチ雑学 ブルーギルの雄の中には，雌にからだの模様や行動を似せているものもいる。このような雌擬態雄は，他の雄の縄張りに侵入し，縄張り雄と雌が産卵・放精しているところに忍び寄り，放精して子孫を残す。雌に似せているのは，縄張り雄に発見されて追い払われないようにするのに役立つ。

Keywords ●自然選択 natural selection ●適応度 fitness ●人為選択 artificial selection ●工業暗化 industrial melanism ●擬態 mimicry ●保護色 protective coloration ●警告色 warning coloration ●性選択 sexual selection ●共進化 coevolution

2 性選択 配偶者に好まれる個体は，繁殖機会に恵まれ，子孫を残しやすい。

生

コクホウジャク

コクホウジャクの雄の尾の長い羽は，生存には有利に見えない。しかし，雌がより長い尾の雄を選ぶため，繁殖の機会に恵まれる。このようにして起こる選択を**性選択**という。

その他の例

全長約 40 cm
♀
♂
オシドリ

雄が美しい羽で雌に求愛する。

雄の体長約5m，雌の体長約3m
♂
♂
キタゾウアザラシ

同性内で配偶者をめぐり競争する。

前翅長約 20 mm

えさを贈るガガンボモドキ

贈り物をすることで配偶者を獲得する。

3 共進化 一方の進化が他方の自然選択を促し，相互作用をしながら進化する。

生

A 相利共生によるもの

ランとスズメガ

口吻
距
ラン
スズメガ

生物が互いに影響し合いながら適応していくことを**共進化**という。スズメガはランの蜜をもらい，ランの花粉を運ぶ（相利共生，▶p.242）。蜜を貯めるランの距が長くなると，スズメガに花粉を付着させやすくなる。それに合わせてスズメガの口吻の長いものが自然選択される。これをくり返した結果，ランの距は長くなり，スズメガの口吻も長くなった。

B 捕食によるもの

サメハダイモリとガーターヘビ

サメハダイモリ

サメハダイモリ（被食者）は毒をもつが，ガーターヘビ（捕食者）に捕食される。

サメハダイモリがより強い毒をもつよう進化すると，ガーターヘビが毒への抵抗性を進化させることがわかっている。

C 寄生によるもの

カッコウとヨシキリ

ヨシキリの卵
カッコウの卵
ヨシキリの巣

カッコウ（寄生者）はヨシキリ（宿主）などの巣に卵を産み，その巣の持ち主に子育てをさせる（托卵）。

カッコウの卵がかえると，ひなが宿主の卵を排除してしまうため，宿主の子孫は減る。宿主は托卵を見分ける能力を獲得するが，それに対してカッコウも宿主に似た卵を産むよう変化する。

Column 赤の女王仮説

鏡の国のアリスの一場面

ルイス・キャロルの小説「鏡の国のアリス」では，アリスが突然走り出すシーンがある。アリスが走り続けても，風景はまったく変わらない。赤の女王は「その場に留まるためには全力で走り続けねばならない」と言った。

共進化において，種が生き残るためには，他方が進化したらもう一方も進化するというように，進化を続けなければならない，という仮説がある。この仮説は，このシーンにちなんで，「赤の女王仮説」とよばれる。

4 遺伝的変異の維持 自然選択の働き方によっては，遺伝的変異が集団に残されることがある。

生

A ヘテロ接合体の有利性 例 HbS 遺伝子の頻度

HbS の遺伝子頻度

15～20
10～15
5～10
1～ 5
(%)

鎌状赤血球貧血症（▶p.264）は，正常な遺伝子 A に対して潜性である遺伝子 S によって発症し，発症すると幼児で死ぬことが多い。しかし，S をもっていても，ヘテロ接合（AS）である場合は発症せず，顕性ホモ接合体（AA）に比べてマラリアにかかりにくい。

マラリア流行地

HbS→ 貧血症によって失われる
HbA→ マラリアによって失われる
ほぼつりあう
HbS：HbA の比は変わらない

マラリアの流行地では S をヘテロ接合でもつことが有利になるため，S がある程度の頻度で存在するようになる。つまり，自然選択によって，対立遺伝子 A と S はどちらかに固定されるのではなく，共存するように働く。

B 頻度依存選択 例 インフルエンザウイルス

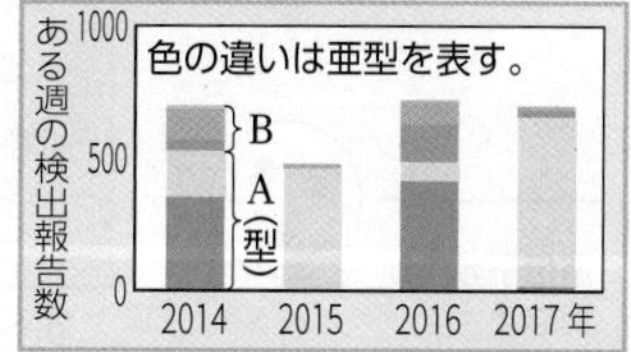
ある週の検出報告数
1000
500
0
色の違いは亜型を表す。
B
A
(型)
2014
2015
2016
2017年

インフルエンザウイルスにはさまざまな亜型がある（▶p.168）が，どれが流行するかは年によって異なる。

インフルエンザは一度流行すると，しだいに多くの人がその亜型に対する免疫をもつようになる。すると，流行していない他の亜型が流行するようになる。このように，インフルエンザウイルスは，数が少ない亜型をもつものが有利に働いている。

プチ雑学 ゾウアザラシの雄は，群れの雌をめぐって闘争し，勝った雄が多数の雌を独占する。闘争に勝つのは大きくて強い雄で，雌に比べてからだが非常に大きくなる。また，雌の集団の中に潜んでいる雌程度のからだの大きさの雄がいて，こっそり交尾して子孫を残している。このような遺伝子も維持される。

遺伝的浮動

Keywords
●遺伝的浮動 genetic drift
●びん首効果 bottleneck effect
●創始者効果 founder effect

1 遺伝的浮動 偶然によって遺伝子頻度が変動することがある。

遺伝的浮動のしくみ

卵
無作為に抽出
精子
遺伝子プール
●:■ =4：4
●:■ =3：5

交配時の配偶子選択の偶然によって，遺伝子頻度が変化する。このような現象を**遺伝的浮動**(いでんてきふどう)という。最終的に対立遺伝子（アレル）は，固定，もしくは消失する。遺伝的浮動によって固定される遺伝子は，有益なものだけでなく，有害なものや中立なものもある。

集団の大きさによる遺伝的浮動の影響

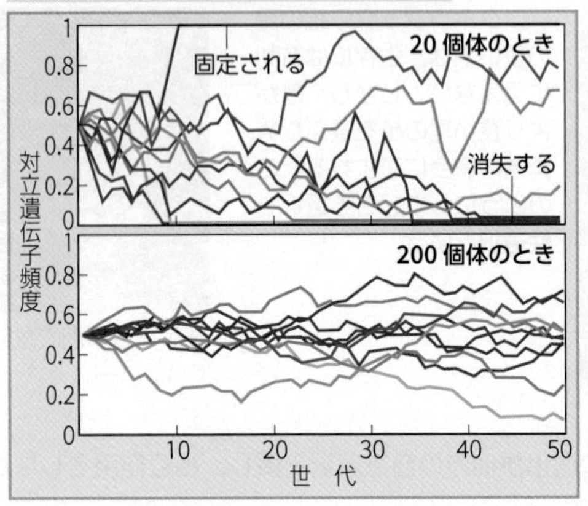
20個体のとき
固定される
消失する
200個体のとき
対立遺伝子頻度
1
0.8
0.6
0.4
0.2
0
10
20
30
40
50
世代

※1本の線が1回のシミュレーション結果を表している。

図は，集団からランダムに設定数の個体を選び，繁殖した場合をシミュレーションした結果である。世代ごとの遺伝子頻度を追跡している。

20個体では遺伝的浮動の影響を受けやすく，多くの対立遺伝子が固定・消失した。200個体では遺伝的浮動の影響が弱まり，対立遺伝子の固定・消失は起こらなかった。しかし，さらに世代を重ねると，いずれは対立遺伝子は固定・消失する。

2 びん首効果と創始者効果 急激に集団が小さくなるとき，遺伝的浮動が集団に大きな影響を与えることがある。

A びん首効果

びん首効果のしくみ

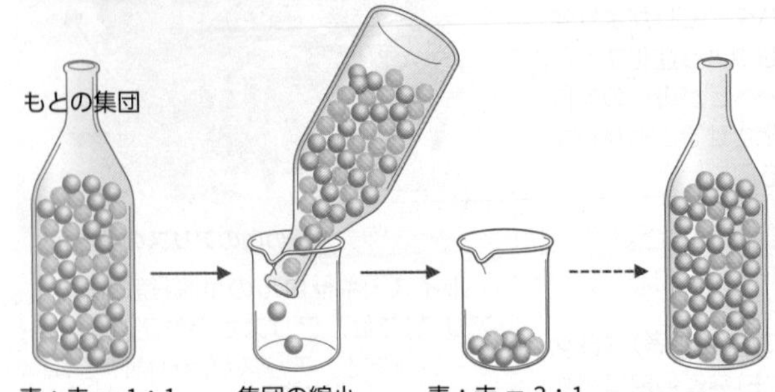
もとの集団
青：赤＝1：1
集団の縮小
青：赤＝3：1

集団の個体数が一時的に減少すると，そのときの遺伝子構成が後の代に大きな影響を与える。これを**びん首効果**(くびこうか)という。

ソウゲンライチョウ

ソウゲンライチョウ

＊DNAは博物館の標本から採取した。

場所		集団サイズ	6遺伝子座の対立遺伝子数	卵のふ化率
イリノイ州	びん首効果前＊	25000	31	93%
	びん首効果後	50	22	56%
カンザス州	びん首効果なし	750000	35	99%
ミネソタ州	びん首効果なし	4000	32	85%
ネブラスカ州	びん首効果なし	75000～200000	35	96%

イリノイ州にはソウゲンライチョウがかつて数百万羽生息していたが，すみかの草原が農地などに転換されたため，1993年には50羽まで減少した。DNA解析によって，びん首効果を受けた集団では，受けていない集団と比べて，対立遺伝子数が少なく，卵のふ化率も低いことがわかった。

B 創始者効果

創始者効果のしくみ

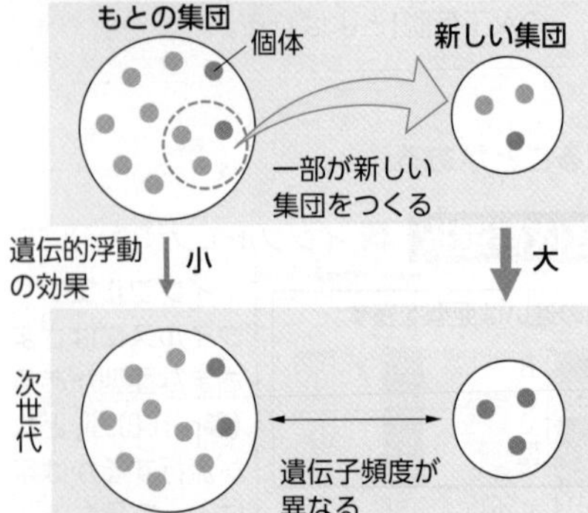
もとの集団
個体
新しい集団
一部が新しい集団をつくる
遺伝的浮動の効果
小
大
次世代
遺伝子頻度が異なる

少数個体が移動して，新しい集団をつくるとき，びん首効果と同様の影響がある。これを**創始者効果**(そうししゃこうか)という。もとの集団と新しい集団の遺伝子頻度が大きく異なる場合は，種分化(▶p.288)の要因となる。

現生人類の多様性

Li (2008) を参考

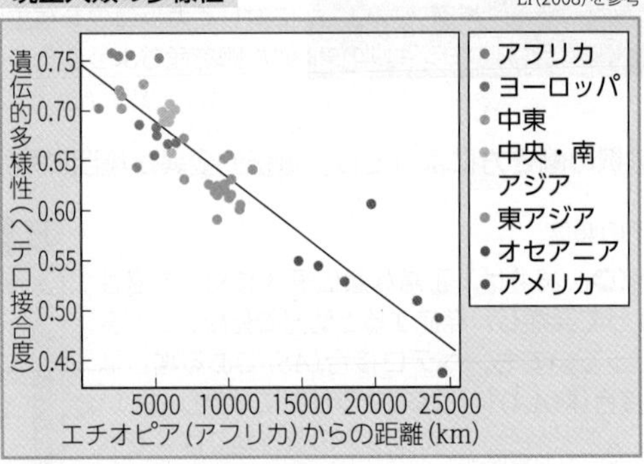
遺伝的多様性（ヘテロ接合度）
0.75
0.70
0.65
0.60
0.55
0.50
0.45
5000
10000
15000
20000
25000
エチオピア（アフリカ）からの距離（km）
アフリカ
ヨーロッパ
中東
中央・南アジア
東アジア
オセアニア
アメリカ

すべての現生人類の共通祖先は，アフリカにいたと考えられている。世界各地の集団における遺伝子の変異を比較したところ，アフリカから離れた地域にいる集団ほど，遺伝的多様性は低くなることがわかった。これは，新たな大陸へ進出する人類が少数であったため，創始者効果が次々と起きたからだと考えられる。

つながる生物学 数学 進化の模倣

のぞみN700系

最も騒音の少ない新幹線をつくるには，先頭はどのような形にすればよいか。このような新幹線の設計に，進化の過程を模倣した，遺伝的アルゴリズムという方法が使われた。これは，いくつかの候補の中からより適する形を選び，形同士を掛け合わせたり，ランダムな変化（突然変異）を起こさせたりして，最適な形をシミュレーションするという方法である。こうして，のぞみN700系の先頭は，現在のような流線形になった。

プチ雑学 集団が一度小さくなると，その後個体数が増加しても遺伝的多様性は回復しにくい。たとえば，19世紀に乱獲により個体数が激減したキタゾウアザラシ(▶p.285)の遺伝的多様性は，現在でもきわめて低い。

Keywords ●分子進化 molecular evolution
●分子時計 molecular clock
●中立説 neutral theory

1 分子進化 遺伝子レベルの分析により，進化の速度や系統について理解できる。

分子系統解析 ▶p.294

A 分子時計 例 ヘモグロビンα鎖(▶p.42)

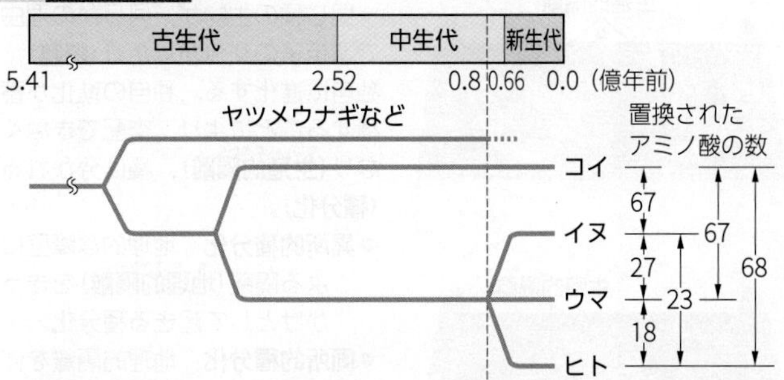
古生代
中生代
新生代
5.41
2.52
0.8
0.66
0.0（億年前）
ヤツメウナギなど
置換された
アミノ酸の数
コイ
イヌ
ウマ
ヒト
67
67
68
27
23
18

進化におけるDNAの塩基配列やタンパク質のアミノ酸配列の変化を**分子進化**という。分子進化の多くは，自然選択をほとんど受けていない変化である(中立説)。このような変化は同じ遺伝子では生物の種類によらずほぼ一定の割合で蓄積されていくので，変化の差を調べることにより，共通の祖先から分岐した時期を推定することができる。この性質から分子進化の速度を**分子時計**とよぶ。

B 進化の速度

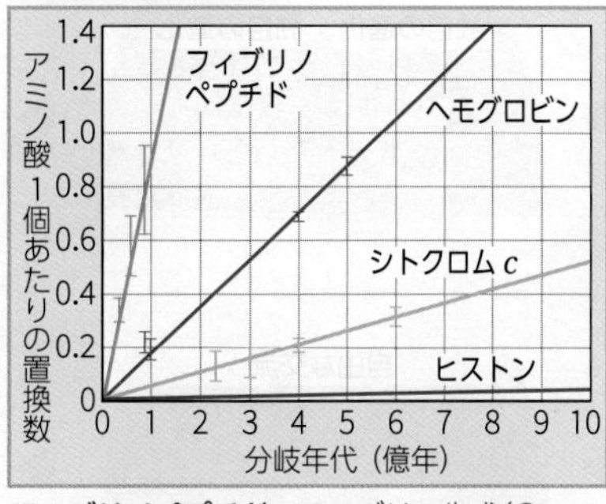
アミノ酸1個あたりの置換数
フィブリノペプチド
ヘモグロビン
シトクロムc
ヒストン
分岐年代（億年）

フィブリノペプチド フィブリン生成(▶p.139)の副産物。
ヘモグロビン 酸素を運搬する赤血球成分。
シトクロムc 呼吸にかかわるタンパク質(▶p.55)。
ヒストン DNAとヌクレオソームを形成。

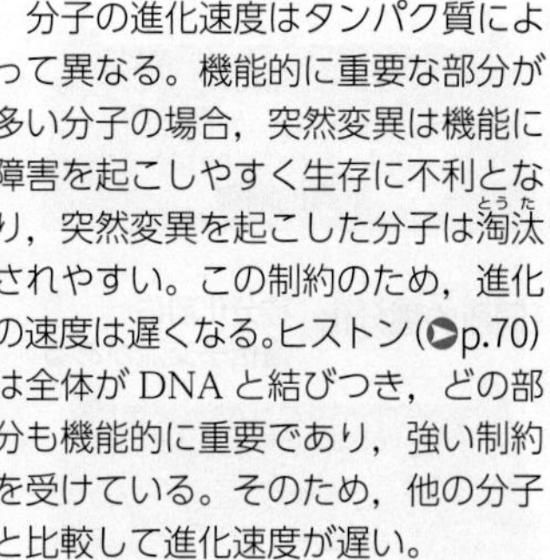

分子の進化速度はタンパク質によって異なる。機能的に重要な部分が多い分子の場合，突然変異は機能に障害を起こしやすく生存に不利となり，突然変異を起こした分子は淘汰されやすい。この制約のため，進化の速度は遅くなる。ヒストン(▶p.70)は全体がDNAと結びつき，どの部分も機能的に重要であり，強い制約を受けている。そのため，他の分子と比較して進化速度が遅い。

C 分子進化のしくみ

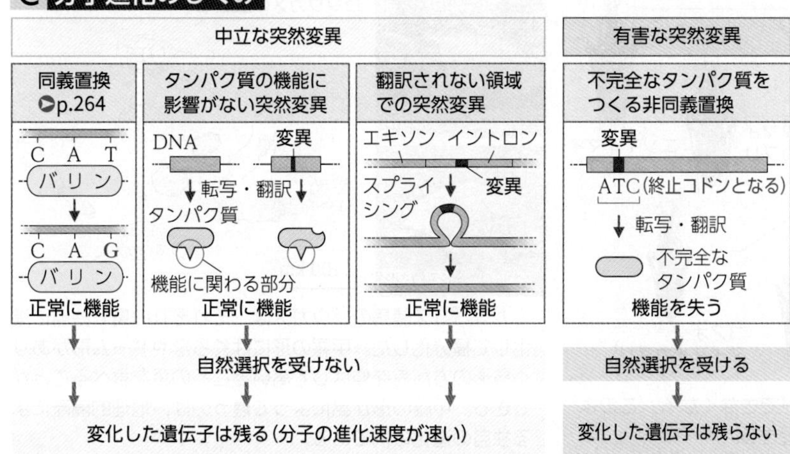
中立な突然変異
有害な突然変異
同義置換 ▶p.264
タンパク質の機能に影響がない突然変異
翻訳されない領域での突然変異
不完全なタンパク質をつくる非同義置換
C A T
バリン
C A G
バリン
DNA
変異
転写・翻訳
タンパク質
機能に関わる部分
エキソン イントロン
スプライシング
変異
ATC(終止コドンとなる)
不完全なタンパク質
正常に機能
正常に機能
正常に機能
機能を失う
自然選択を受けない
自然選択を受ける
変化した遺伝子は残る(分子の進化速度が速い)
変化した遺伝子は残らない

突然変異によりDNAの塩基配列が変化することで，指定するアミノ酸が変化すると，タンパク質の機能が変わることがある。この変化が，生存に不利に働く場合，自然選択などで淘汰されるため，変化した遺伝子は集団に残りにくい。一方で，タンパク質の機能が変化しない場合や，変化しても生存に影響を与えない場合は，自然選択を受けにくいため，変化した遺伝子は集団に残りやすい。このような自然選択とは無関係な(中立な)突然変異が集団に広まることを**中立進化**という。

Memo 同義置換と非同義置換

指定するアミノ酸が変化しない塩基置換は同義置換あるいはサイレント置換とよばれている。これに対して，指定するアミノ酸が変化する塩基置換を非同義置換あるいはミスセンス置換という。コドンの3番目の塩基が変化しても，アミノ酸は変わらないことが多い(置換とアミノ酸の指定，▶p.86)。

2 中立説 生物間の分子レベルの違いの多くは，生存に有利でも不利でもない中立な変化が蓄積したものである。

中立な突然変異の広がり

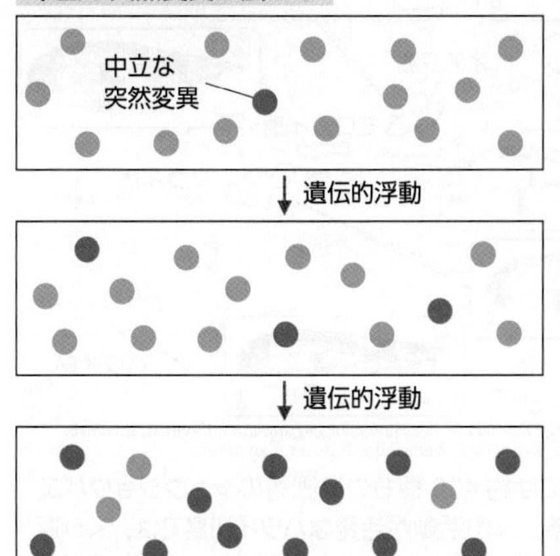
中立な
突然変異
遺伝的浮動
遺伝的浮動

自然選択ではなく，遺伝的浮動によって，中立な突然変異が広まる。

突然変異に対する考え方の違い

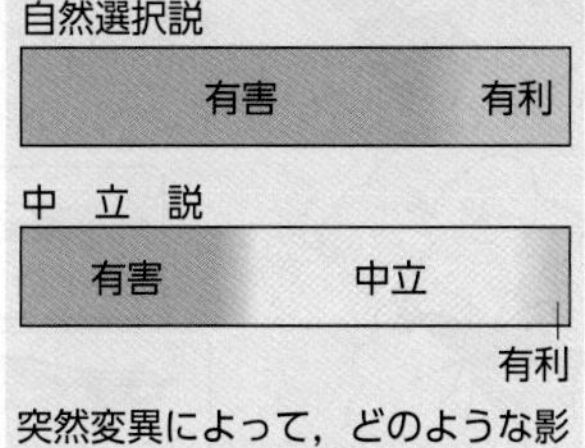
自然選択説
有害
有利
中立説
有害
中立
有利

突然変異によって，どのような影響を受けるかを模式的に表した。

木村資生は，「進化過程におけるアミノ酸や遺伝子の置換のほとんどは，自然選択とは無関係な(有益でも有害でもない；中立)突然変異が遺伝的浮動により，偶然集団に広がっていったものである」とする**中立説**を提唱した(1968年)。ダーウィンの自然選択説が，環境に適応したものが生き残る(適者生存)という発想で成り立つのに対し，中立説は，「運のいいものが生き残る」という発想で成り立つ。ただし，中立説は自然選択説を万能としていないというだけであり，自然選択を否定しているわけではない(▶p.291)。

中立進化と遺伝子頻度

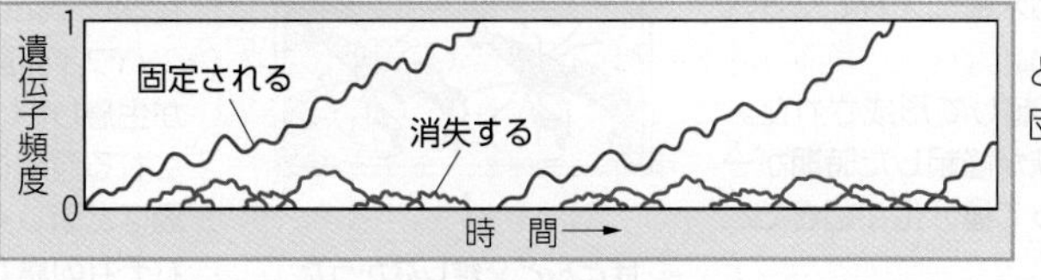
遺伝子頻度
1
0
固定される
消失する
時間

中立な突然変異は長い時間をへると，遺伝的浮動により，いくつかは集団に固定され，いくつかは消失する。

プチ雑学 分子レベルの分析は，形質の違いを客観的に評価でき，数値化することで分岐した年代を推測できる。しかし，化石種のDNA情報はないので，現存する生物しか扱えず，過去の生物の遺伝情報を推定できても，その形質を推測するのはむずかしい。

隔離と種分化

生

1 種分化のしくみ 生息地が分断されたり，行動に違いが生まれたりすることで，新しい種が生じることがある。

異所的種分化 種分化前に遺伝子交流がない

地理的隔離

独自の進化
独自の進化
突然
変異

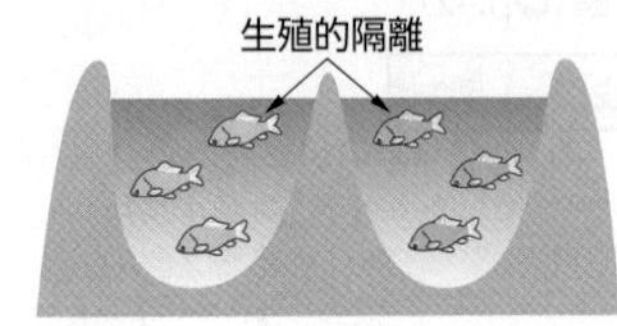
生殖的隔離

同所的種分化 種分化前に遺伝子交流がある

自由な交流
突然変異

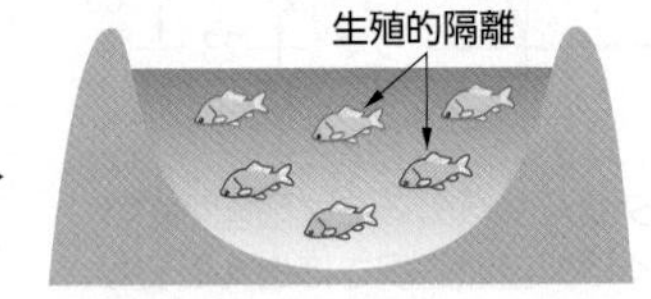
生殖的隔離

同じ種の生物が，何らかの理由で遺伝子の交流がたたれ(**隔離**)，独自に進化する。独自の進化が蓄積することにより，交配できなくなり(**生殖的隔離**)，種は分かれる(**種分化**)。

- **異所的種分化** 地理的な障壁による隔離(**地理的隔離**)をきっかけとして起きる種分化。
- **同所的種分化** 地理的隔離を伴わない種分化。

生

2 異所的種分化 生息地が異なると，それぞれの場所で独自の進化が進むことがある。

Link

A 地理的隔離

マイマイカブリ

「世界のオサムシ大図鑑」むし社

20 mm

オキマイマイカブリ
サド マイマイカブリ
アオマイマイ カブリ
キタマイ マイカブリ
エゾマイマイ カブリ
マイマイカブリ (滋賀)
マイマイカブリ (屋久島)
ヒメ マイマイカブリ
コアオ マイマイカブリ

マイマイカブリは行動範囲が狭く，少し離れると出会うことができなくなる。このような地理的隔離によって各地域で独自の進化が進み，種分化が起きる。

ガラパゴス諸島のゾウガメ

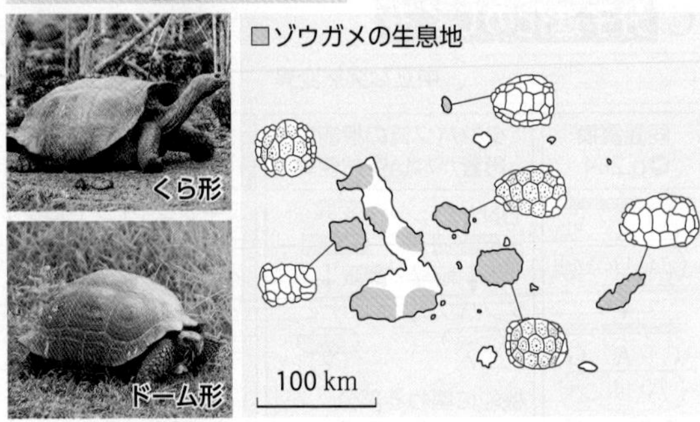
くら形
ドーム形
ゾウガメの生息地
100 km

ガラパゴス諸島のゾウガメは，それぞれの島で独自に進化して種分化した。甲羅の形にはくら形やドーム形があり，くら形の方が首を伸ばして高いところの葉を食べることができる。甲羅の形が島によって違うのは，地理的隔離による独自の進化の例である。

パナマ地峡のテッポウエビ

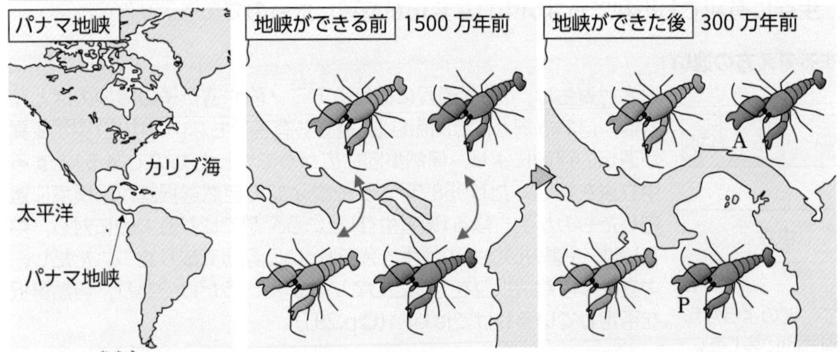
パナマ地峡
カリブ海
太平洋
パナマ地峡
地峡ができる前 1500 万年前
地峡ができた後 300 万年前
A
P

パナマ地峡をはさんだ太平洋とカリブ海の2つの海に，たがいに最も近縁な種のテッポウエビが7組生息している。これらの近縁な種同士を同じ水槽に入れて交雑させても，幼生はほとんど得られない。

パナマ地峡は約300万年前に隆起して形成された。テッポウエビが分化した時期と地峡が隆起した時期が一致することから，地理的隔離によって種分化が起きたと考えられている。

交雑実験

同じ水槽に入れる

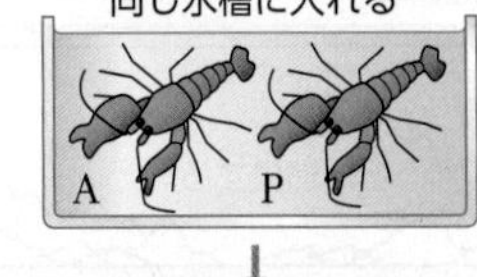
A
P

ほとんど交雑しなかった

ハワイのショウジョウバエ

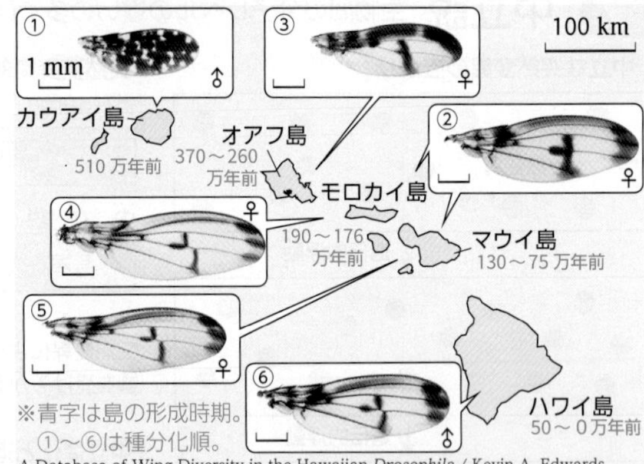
①
1 mm
♂
③
♀
②
♀
④
♀
⑤
♀
⑥
♂
100 km
カウアイ島
510 万年前
オアフ島
370～260 万年前
モロカイ島
190～176 万年前
マウイ島
130～75 万年前
ハワイ島
50～0 万年前

※青字は島の形成時期。①～⑥は種分化順。

A Database of Wing Diversity in the Hawaiian *Drosophila* / Kevin A. Edwards, Linden T. Doescher, Kenneth Y. Kaneshiro, Daisuke Yamamoto

ハワイ列島には約400種もの島固有のショウジョウバエが生息している。火山活動が活発なハワイ列島では，くり返される溶岩の流出により，次々に島が生じた。東側にある島ほど新しく，新しい島へ移住したショウジョウバエは，それぞれの島で独自に進化し，種分化したと考えられている。

プチ雑学 生殖的隔離は，配偶子の接合前に起こる隔離と接合後に起こる隔離に分けられる。「接合前隔離」は，生息場所の違いや生殖器の違いなどで配偶子が接合できないことであり，「接合後隔離」は，配偶子が接合してできた雑種が生存できなかったり，繁殖力がなかったりすることである。

Keywords ●隔離 isolation ●地理的隔離 geographic(al) isolation ●生殖的隔離 reproductive isolation ●異所的種分化 allopatric speciation

3 同所的種分化 生息地が同じでも，さまざまな要因により隔離が生じて種分化が起こることがある。

A 行動的隔離 例 シクリッド

ヴィクトリア湖とシクリッド

アフリカ大陸
ヴィクトリア湖
インド洋
大西洋
最大長 7.7cm
シクリッド

アフリカのヴィクトリア湖は，約1万2000年前にできた若い湖で，この短期間のうちに数百種に分化したシクリッドが生息している。

ヴィクトリア湖は濁った湖で，浅所では短波長の青い光が散乱し，深所では長波長の赤い光が届く。

視覚の適応

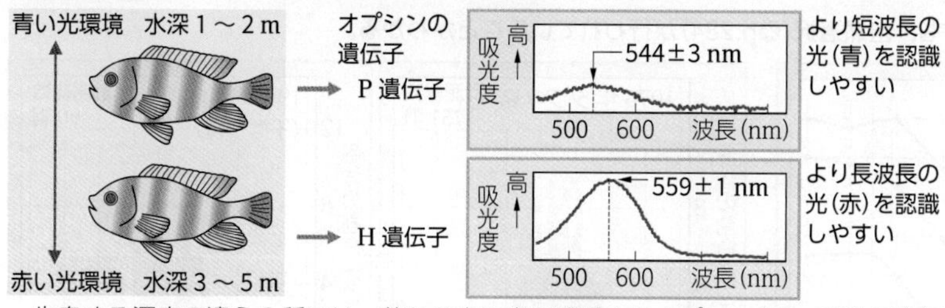
青い光環境 水深1～2 m
赤い光環境 水深3～5 m
オプシンの遺伝子
P 遺伝子
H 遺伝子
吸光度 高
544±3 nm
559±1 nm
500 600 波長(nm)
より短波長の光(青)を認識しやすい
より長波長の光(赤)を認識しやすい

生息する深度の違う2種では，黄から赤の光を感受するオプシン(▶p.180)の遺伝子が異なる。このことから，光環境に視覚が適応していると考えられる。

性選択

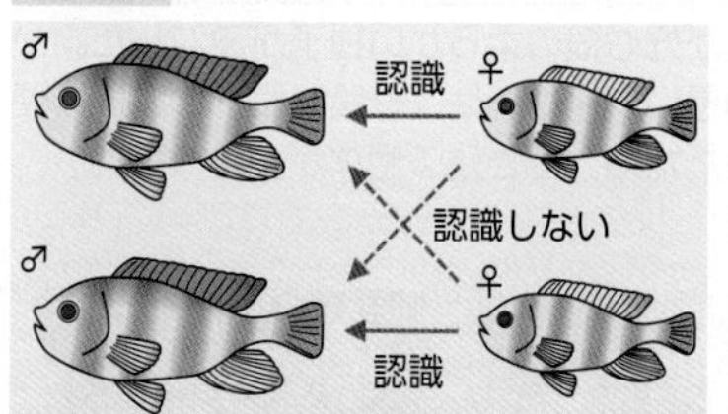
♂
♀
認識
認識しない
認識

シクリッドは婚姻色を示した雄を雌が選んで交配する。雌は目立つ婚姻色を好むため，浅所のシクリッドの婚姻色はより青く，深所のシクリッドの婚姻色はより赤くなるように分化が進む。婚姻色と視覚が一致しないもの同士は交配しなくなるため，行動による隔離が起こる。

B 時間的隔離 例 サンザシとリンゴミバエ

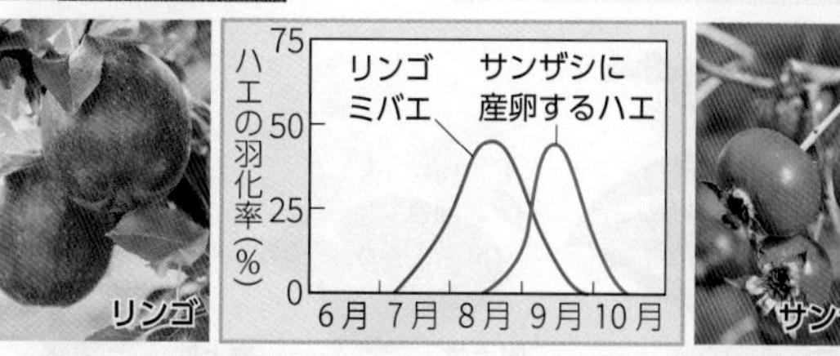
リンゴ
サンザシ
ハエの羽化率(%)
75
50
25
0
リンゴミバエ
サンザシに産卵するハエ
6月 7月 8月 9月 10月

北アメリカに生息するハエの一種は，サンザシの果樹のまわりで交配し，雌は果実に産卵するため，サンザシの結実と生殖時期が一致している。このハエと同属のリンゴミバエは，サンザシではなくリンゴに産卵する。リンゴが北アメリカに移入されたのは最近であることから，もとはサンザシを選んでいたハエのなかから，リンゴを選ぶものが現れ，生殖時期のずれが生じて隔離が起きたと考えられている。

C 機械的隔離 例 マイマイ

マイマイの交配

マイマイの殻には右巻きと左巻きがあり，これらはからだの構造ごと逆になっている。マイマイは生殖孔を向かい合わせて交配するが，右巻きと左巻きでは生殖孔の位置が逆になるため，交配できず，隔離が起こる。

マイマイはほとんどが右巻きだが，日本では西表島周辺で左巻きが見られる。西表島には右巻きを捕食するのが得意なヘビが生息しており，左巻きが生存に有利であったと考えられる。

D 染色体の倍数化による種分化 染色体レベルで起こる突然変異 ▶p.265

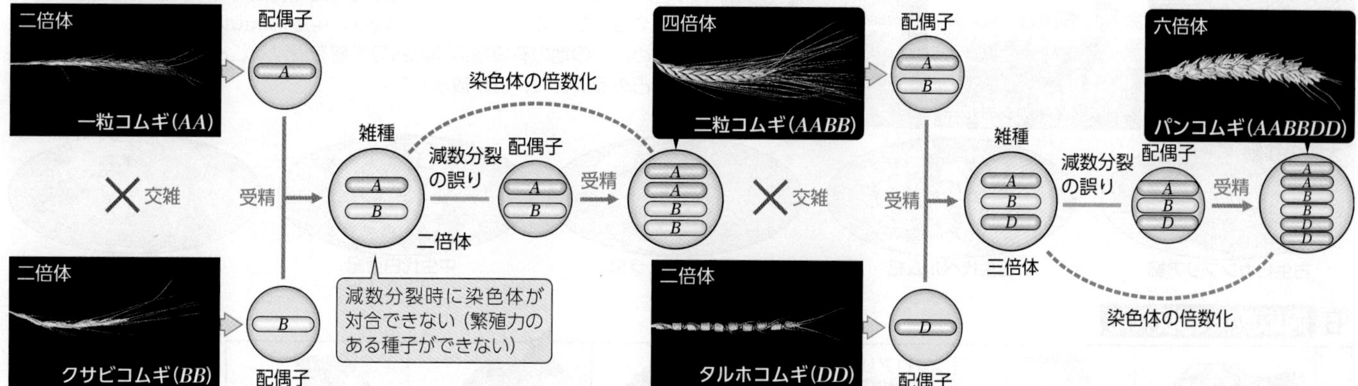
二倍体
一粒コムギ(AA)
二倍体
クサビコムギ(BB)
配偶子
交雑
受精
雑種
二倍体
減数分裂の誤り
配偶子
受精
染色体の倍数化
減数分裂時に染色体が対合できない(繁殖力のある種子ができない)
四倍体
二粒コムギ(AABB)
二倍体
タルホコムギ(DD)
交雑
受精
雑種
三倍体
減数分裂の誤り
配偶子
受精
六倍体
パンコムギ(AABBDD)
染色体の倍数化

植物では，染色体の倍数化による迅速な種分化が見られる。二倍体から染色体の倍数化でできた四倍体は，自家受粉や他の四倍体との交配で繁殖力のある種子をつくる性質(稔性)をもつ。また，四倍体と二倍体の交配で生じた三倍体は減数分裂時に染色体が対合できないため，稔性をもたない。よって，二倍体から四倍体が生じるときの一世代で生殖的隔離が起きているといえる。

また，雑種はふつう稔性をもたないが，染色体の倍数化によって減数分裂時に対合できるようになり，稔性をもつ場合がある。パンコムギはその例である。

倍数性

ガーベラ(花の大型化) 三倍体　巨峰(果実の大型化) 四倍体

体細胞の染色体数が**基本数**(n)と倍数関係にあるものを**倍数体**(▶p.265)といい，ふつうは二倍体が基準となる。三倍体以上の倍数体は二倍体に比べ，からだ全体や器官の大きさなどが増すことがある。三倍体は稔性をもたないことが多いが，無性生殖で繁殖することもある。

例 ヒガンバナ(三倍体)の栄養生殖

プチ雑学 アフリカのヴィクトリア湖では，シクリッドは多様化していたが，ナイルパーチの放流により，多くが絶滅した。ナイルパーチは重要な食用魚で，ナイルパーチによる産業が栄えたが，ヴィクトリア湖の生態系には，深刻な影響を与えた。

適応放散

Keywords
●適応放散 adaptive radiation
●収れん convergence
●大陸移動 continental drift

1 フィンチ ガラパゴス諸島のフィンチは，さまざまな環境に適応して分化したものである。

A フィンチのくちばし

地上性
オオガラパゴスフィンチ
(木の実・種子)

樹上性
ハシブトフィンチ
(芽・果実)

樹上性
オオダーウィンフィンチ
(大形昆虫)

サボテンのとげ
樹上性
キツツキフィンチ
(樹の内部の昆虫)

サボテンフィンチ
地上性
サボテンフィンチ
(サボテンの種子など)

共通の祖先をもつ生物が，さまざまな環境に適応して，多くの種に分化していくことを**適応放散**という。ガラパゴス諸島のフィンチは，偶然この島にたどり着いた1種類のフィンチが，空いている生態的地位(▶p.240)を埋めるように適応放散したものだと考えられる。

B 地上性フィンチにみられる自然選択 現在においても，自然選択(▶p.284)が行われていることがわかる。

個体数の変化
ガラパゴスフィンチ
個体数
1400
1000
600
200
0
1975
1976
1977
1978(年)

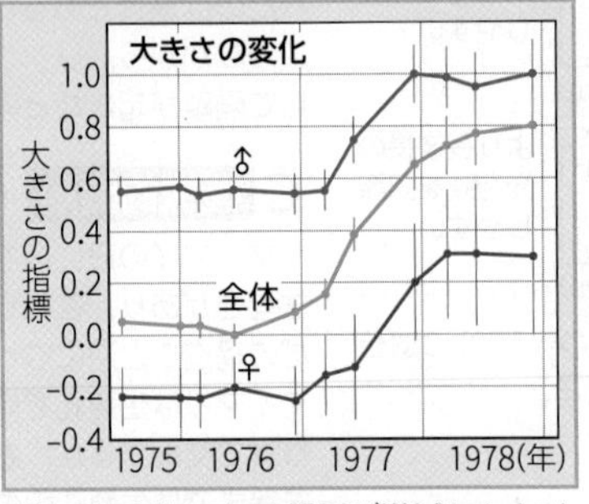
大きさの変化
大きさの指標
1.0
0.8
0.6
0.4
0.2
0.0
-0.2
-0.4
♂
全体
♀
1975
1976
1977
1978(年)

1976年 ダフネ島 計測総数 751羽
個体の割合(%)
くちばしの厚さ(mm)

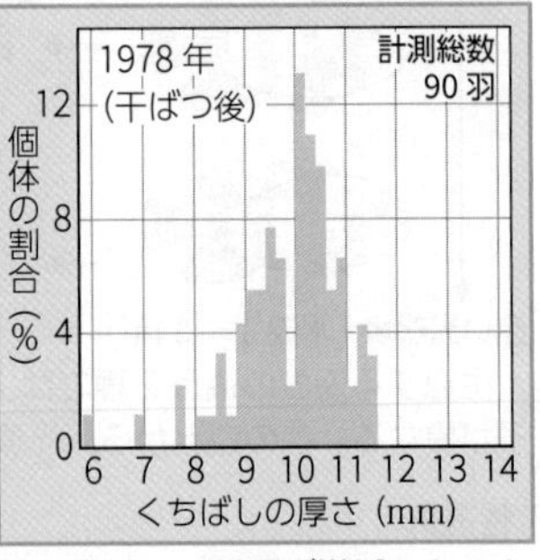
1978年
(干ばつ後)
計測総数
90羽
個体の割合(%)
12
8
4
0
6 7 8 9 10 11 12 13 14
くちばしの厚さ(mm)

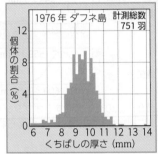

1977年にガラパゴス諸島では大干ばつがあり，食物である種子が激減したため，多くのフィンチが死亡した。干ばつ後，からだが大きく，くちばしの厚い個体の割合が増加していた。

干ばつにより，フィンチが好む殻の柔らかい種子が激減した。からだが大きく，くちばしの厚いフィンチは，普段は食べない殻の硬い種子を食べることができたため，生き残る個体が多かった。

2 有袋類と真獣類 哺乳類の多くの種など，多様な生物は，適応放散した結果である。

哺乳類の進化 ▶p.314

A 有袋類の適応放散

コアラ

カンガルー

フクロモグラ

有袋類は，原始的な哺乳類で，子は母親の袋の中で育つ。中生代白亜紀に現れて世界各地に分布したが，その後に現れた哺乳類である**真獣類**の増加で絶滅に追いやられた。オーストラリア大陸は，中生代末には他の大陸から孤立していたため，この地の有袋類は真獣類の影響を受けることがなく，多くの生態的地位を占めることで，適応放散した。

大陸の移動

古生代カンブリア紀

パンゲア
古生代ペルム紀

ローラシア
ゴンドワナ
中生代ジュラ紀

中生代白亜紀

新生代新第三紀

B 適応放散と収れん

有袋類	フクロネコ	フクロムササビ	フクロアリクイ	フクロモグラ	カンガルー	コアラ
類似点	肉食性 消化器官の発達	滑空 飛膜の発達	食虫性 顎・舌の構造	地下生活 眼の退化	植物食性・草原走行 四肢の構造	樹上生活 肢指の構造
真獣類	オセロット	ムササビ	アリクイ	モグラ	レイヨウ類	ロリス

有袋類の形態は，他の大陸で同じ生態的地位(▶p.240)にある真獣類と似ている。系統の異なる生物が相似の形質を表すように進化することを**収れん**(**収束進化**)という。

プチ雑学 ドイツで生まれたウェゲナーは，大西洋両岸の海岸線の形が類似していること，氷河の跡や古生物の分布などから，大陸移動説を提唱した。しかし，当時は，大陸を動かした原動力についてうまく説明できなかったため，多くの支持は得られなかった。

Keywords
●自然選択説 natural selection theory
●種の起源 origin of species
●中立説 neutral theory

進化のしくみの解明 歴史

1 いろいろな進化仮説 自然選択説や中立説は，進化の考え方に大きな影響を与えた。

A 用不用説 ラマルク(1809 年)

キリンは高い木の葉を食べるために首が使用され続け，首が長く発達したと考える説。しかし，個体がその一生の間に**獲得した形質は遺伝しない**ため，**この説は成立しない**。

ラマルク

ラマルクは 1809 年に著した「動物哲学」の中で，生物が進化することを初めて述べたが，実験的証拠を示すことはできなかった。

Jean-Baptiste de Lamarck (1744 ～ 1829，フランス)

B 自然選択説 ダーウィン(1858 年)

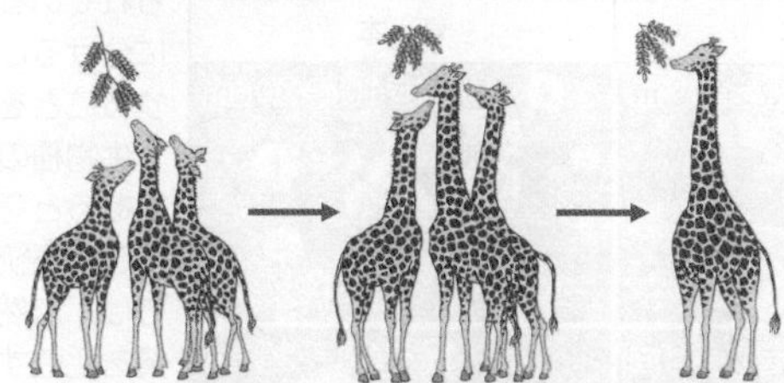

キリンの集団の中では，首が長いキリンほど木の葉を食べる上で有利となり，**生存競争**に勝って子孫を残すと考える説。個体だけではなく，**集団を考察に加えた点**が重要であった。

ダーウィン

ダーウィンは 1858 年にウォレスとともに**自然選択説**についての論文を発表した。翌年「**種の起源**」を著し，その中でガラパゴス諸島での生物の観察や，人為選択の実験をもとに進化を説明した。

Charles Robert Darwin (1809 ～ 1882，イギリス)

Column 種の起源

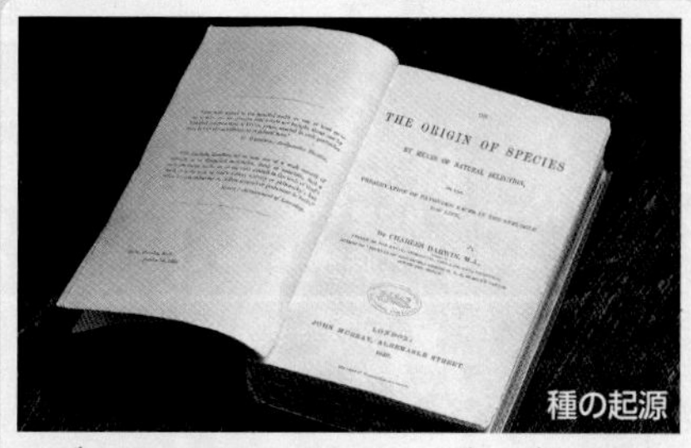
種の起源

ダーウィンは，1831 年にビーグル号に乗船し，世界一周の航海に出た。この航海で，ダーウィンは進化を考察することになり，帰国後，集めた標本を整理・研究して，自然選択にもとづく進化の仮説をまとめた。しかし，当時は，創造主が多様な生物をつくったという考え(創造論)が広く信じられていた。そのため，1859 年にダーウィンが著した「種の起源」は，当時の科学者や宗教者の間に大きな反響を巻き起こした。

C 突然変異説 ド＝フリース(1901 年)

ド＝フリース

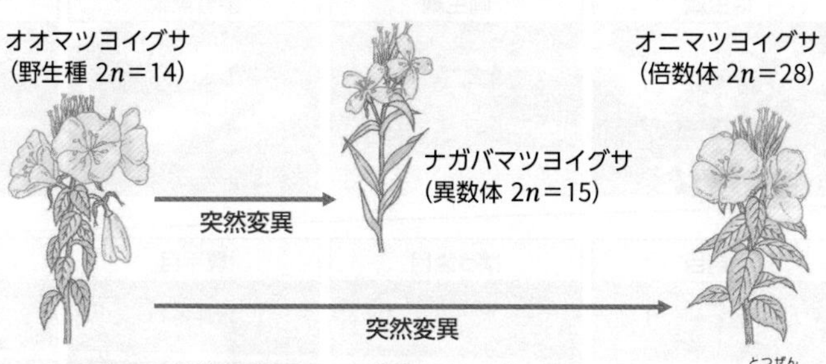
オオマツヨイグサ
(野生種 $2n=14$)
ナガバマツヨイグサ
(異数体 $2n=15$)
オニマツヨイグサ
(倍数体 $2n=28$)
突然変異
突然変異

ド＝フリースは，オオマツヨイグサの交雑実験を行い，「種は少しずつではなく飛躍的な突然変異により生じる」と唱えた。ド＝フリースが観察した突然変異体の多くは染色体数の変化によるものである(▶p.265)。

Hugo de Vries (1848 ～ 1935，オランダ)

D 中立説 木村資生(1968 年)

木村資生

木村資生は，「進化過程におけるアミノ酸や遺伝子の置換のほとんどは，自然選択とは無関係な(中立な)突然変異が遺伝的浮動により，偶然集団に広がっていったものである」とする**中立説**を提唱した。当時は自然選択説が万能と考えられていたため，批判もあったが，現在は自然選択説と組み合わせた考え方が受け入れられている。

木村資生 (1924 ～ 1994，日本)

E 現在支持されている進化仮説

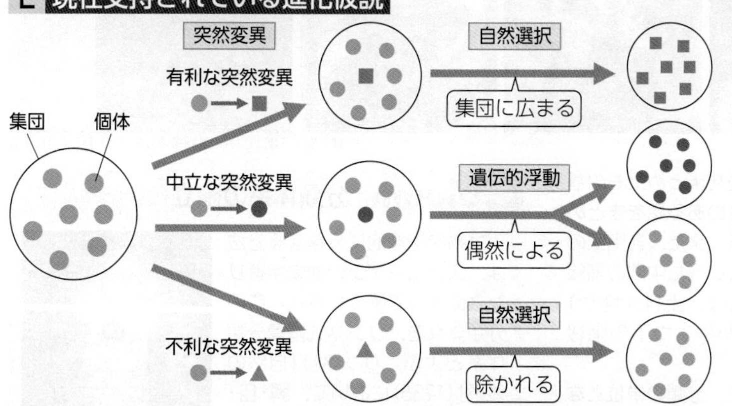
突然変異
集団
個体
有利な突然変異
中立な突然変異
不利な突然変異
自然選択
集団に広まる
遺伝的浮動
偶然による
自然選択
除かれる

現在，進化のしくみは，自然選択説と中立説(▶p.287)を組み合わせた考え方が支持されている。自然選択は，有利な突然変異は集団に広まるように，不利な突然変異は除くように働く。集団に固定された突然変異の多くは中立的で，その中立な突然変異は遺伝的浮動によって広がったものである。

Step up 断続平衡説

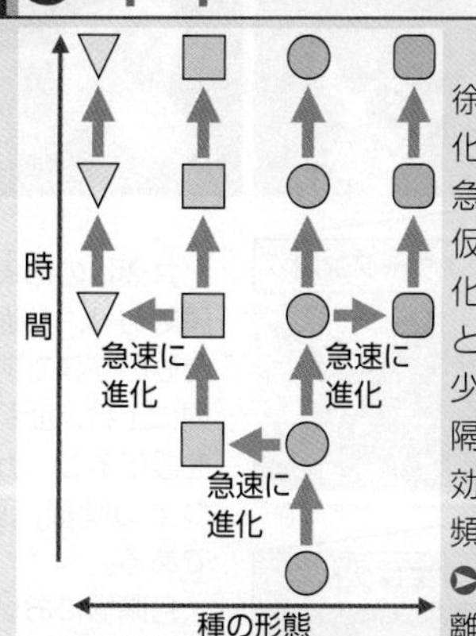
時間
急速に進化
急速に進化
急速に進化
種の形態

断続平衡説とは，種の進化は徐々に起こるのではなく，長く進化が停滞する時期(平衡状態)と，急速に進化する時期があるという仮説である。この仮説では，種分化は急速に進化する時期に起きるといわれる。たとえば，集団から少数個体が隔離されたとき，その隔離された集団では遺伝的浮動の効果を大きく受け，急速に遺伝子頻度が変化する(創始者効果，▶p.286)。その結果，生殖的隔離が起き，種分化する。

一度変化が止まり安定した環境が続くと，長い間大きな変化は起こらず形態が維持される。これは，化石記録に形態が変化しない時期が多く見られることが根拠となっている。

プチ雑学 クジャクの雄は美しい羽をもつが，これは生存競争に有利とはいえない。この性質は自然選択説では説明できなかったため，ダーウィンをひどく悩ませた。友人にあてた手紙では「クジャクの羽を見ると気分が悪くなる。」とまで打ち明けている。後に，ダーウィンはこれを性選択という考え方で説明した(▶p.285)。

1 分類の方法 系統を反映した分類が目指されている。

生

		生活形による分類（人為分類）		
		高 木	低 木	草 本
系統分類（自然分類）	マメ科	高さ約 25 m ハリエンジュ	高さ約 3 m エニシダ	高さ 10 〜 30 cm シロツメクサ
	バラ科	高さ 20 〜 25 m ヤマザクラ	高さ 2 〜 3 m ユスラウメ	高さ 10 〜 25 cm オランダイチゴ

生物にはさまざまな種があり，約 200 万の生物種が知られている。生物を，共通にもつ属性に基づいてグループに分けることを**分類**といい，自然の類縁関係によって分類することを**自然分類**という。

生物種の類似は，これらが共通の祖先から進化した結果であると考えられる。進化を反映した生物の関係を**系統**とよび，系統によって分類することを**系統分類**という。現在では，自然分類として系統分類が行われている。多数の形質を比較することで進化の過程を推定し，系統を反映した分類体系の構築が目指されている。

これに対し，系統に基づかない，人為的な基準による分類を**人為分類**という。生物の形態や，有用性などに基づくさまざまな人為分類が行われている。

2 分類の階級 ドメイン・界・門・綱・目・科・属・種の分類階級がある。

生

生物間の共通性にはそれぞれ差があるので，その差を分かりやすく示すために，**ドメイン・界・門・綱・目・科・属・種の階級**を設けている。

階級						
ドメイン	真核生物ドメイン	アーキアドメイン	細菌ドメイン			
界	動物界	植物界	菌 界	原生生物界		
門	脊索動物門	棘皮動物門	線形動物門	節足動物門	軟体動物門	環形動物門
綱	哺乳綱	鳥 綱	は虫綱	両生綱	硬骨魚綱	軟骨魚綱
目	霊長目	真無盲腸目	食肉目	げっ歯目	翼手目	偶蹄目
科	ヒト科	テナガザル科	オナガザル科	オマキザル科	メガネザル科	キツネザル科
属	ヒト属	オランウータン属				
種	ヒト（ホモ・サピエンス）	ホモ・エレクトス				

哺乳綱の分類は「世界哺乳類標準和名リスト」(2021) による

共通性のある種をまとめたものが属であり，共通性のある属をまとめたものが科である。また，各階級の間に上科，亜科といった中間の階級を設けることがある。上科は科の 1 つ上の階級，亜科は 1 つ下の階級である。

各階級において，分類の単位となるグループを**分類群**という。たとえば，ヒト科は科の階級の分類群である。系統分類では，分類群は系統に対応付けられる（▶p.294）。

Column 分類体系の確立

リンネ

生物を階層的に分類する方法は，スウェーデンの博物学者リンネによって確立された。この分類体系を，リンネ式階層分類体系とよぶ。リンネは「自然の体系」(1735) において，綱・目・属・種の階級を採用した。また「植物の種」(1753) で，種名を 2 語のラテン語で表し，二名法（二語名法）を確立した。

Carl von Linné (1707 〜 1778，スウェーデン)

プチ雑学 進化が認められる以前は，系統分類は行われていなかった。リンネは，植物を花の形態で分類することが最も自然であると考え，おしべの本数などにより植物を 24 の綱に分類した。

Keywords ●自然分類 natural classification ●系統分類 phylogenetic systematics ●人為分類 artificial classification ●階級 rank ●分類群 taxon ●種 species ●学名 scientific name ●二名法(二語名法) binominal nomenclature

生 3 種 種は分類の基本単位である。

A 種とは

種は，分類の基本となる単位である。種の基準としては，**生物学的種概念**が広く用いられている。これは，種を「相互に交配可能な自然集団であり，他の集団から生殖的に隔離されている」と定義する。異なる種どうしでは，生殖的隔離(▶p.288)が存在し，生存可能で繁殖力のある子孫を生じない。

生活 **品　種**

セントバーナードとチワワ

イヌを人為的に選別することによって，さまざまな品種がつくられている。たとえば，セントバーナードとチワワでは形質は大きく異なるが，これらは同じ種(イヌ)に属している。これらが別々の種とされないのは，人為的な選別がなされなければ互いに交配し，やがて1つの野生種になると考えられるからである。

もし，自然状態でも交配せず，独立した集団が維持されるなら，新しい種が誕生したといえるだろう。

B 種の概数

原核生物：LPSN (2022)，原生生物：Chapman (2009)，植物：The Plant List (2013)，菌類：Kirk (2020)，動物：Zhang (2013) による

原核生物	細菌類	18,000
	アーキア	630
原生生物	紅藻類	6,100
	緑藻類	4,500
	シャジクモ類	690
	褐藻類	1,800
	ケイ藻類	8,400
	卵菌類	1,000
	渦鞭毛藻類	2,300
	アピコンプレクサ類	6,000
	繊毛虫類	4,000
	ミドリムシ類	1,200
	変形菌類	900
植物	コケ植物	35,000
	シダ植物	11,000
	裸子植物	1,100
	被子植物	300,000

菌類	ツボカビ類	1,100
	接合菌類	1,100
	グロムス菌類	330
	子のう菌類	93,000
	担子菌類	50,000
動物	海綿動物	8,700
	刺胞動物	10,000
	有櫛動物	190
	扁形動物	29,000
	輪形動物	2,000
	紐形動物	1,400
	環形動物	17,000
	軟体動物	85,000
	毛顎動物	170
	節足動物	1,260,000
	線形動物	25,000
	棘皮動物	7,600
	原索動物	2,800
	脊椎動物	65,000

生 4 学　名 学名は生物の世界共通の名前である。

A 学名と和名

和名	ゾウリムシ	オオヒゲマワリ	ハナオチバタケ
学名	*Paramecium caudatum* Ehrenberg	*Volvox aureus* Ehrenberg	*Marasmius pulcherripes* Peck
和名	スギナ	イ　ネ	アサガオ
学名	*Equisetum arvense* Linnaeus	*Oryza sativa* Linnaeus	*Ipomoea nil* Roth
和名	イ　ヌ	ネ　コ	ライオン
学名	*Canis familiaris* Linnaeus	*Felis catus* Linnaeus	*Panthera leo* Linnaeus

生物名は国ごとに異なり，同じ国でも時代や場所によって異なることが多い。生物の日本語名を**和名**という。和名には標準和名と別名がある。同じ生物に対して異なる名前がついていることは，混乱を引き起こす可能性がある。確実な情報伝達を行うためには，共通の名前をつける必要がある。

国際命名規約に基づいて定められた，生物分類群の世界共通の名前を**学名**という。学名には，ラテン語またはラテン語化された単語が使用されることが多い。

B 二名法(二語名法)

種の学名は，**二名法(二語名法)**に従ってつけられる。二名法とは，生物の種を，種が所属する**属名**と属内の1種を示す**種小名**(種形容語)の2語で表す方法である。学名のうしろに命名者の名前をつけることもある。

例 和　名	属　名	＋ 種小名(種形容語)	＋ 命名者名
ヒト	*Homo* (ヒト)	*sapiens* (賢明な)	Linnaeus (リンネ)
ノウサギ	*Lepus* (ウサギ)	*brachyurus* (短い尾の)	Temminck (テミンク)
ワサビ	*Wasabia* (ワサビ)	*japonica* (日本の)	Matsumura (松村)

C 国際命名規約

- 生物の分類ごとに，国際動物命名規約，国際藻類・菌類・植物命名規約，国際原核生物命名規約が，それぞれ定められている。
- 分類群はそれぞれ，ただ1つの正しい学名(正名)をもつ。
- 学名は，ただ1つの正基準標本(ホロタイプ)につけられる。それまで1つの種として名前がつけられていたグループが，2つの異なる種を含むことがわかった場合，正基準標本を含む種はそれまでの名前を引き継ぎ，他方の種は新しい名前がつけられる。
- 1つの分類群に複数の学名がつけられた場合，命名規約に従って最も早く発表された学名が有効(正名)である(先取権の原則)。ただし，混乱を避けるために，すでに広く用いられている学名については先取権の原則に従わない場合もある。
- 種の学名は二名法(二語名法)に従う。

国立科学博物館提供

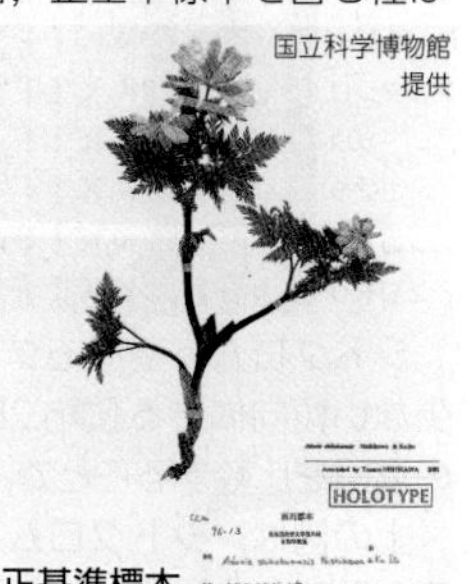
HOLOTYPE

正基準標本

プチ雑学 イヌはタイリクオオカミと交配可能であることから，生物学的種概念を適用すると，同種である。また，DNAの解析から遺伝的に近いことがわかっており，イヌをタイリクオオカミの亜種とする場合も多い。しかし，コヨーテやジャッカルなど別種とされているものも含めて相互に交配可能であり，実際には種の区別は厳密ではない。

1 系統樹　進化の過程を枝分かれで表す。

A 系統樹の見方

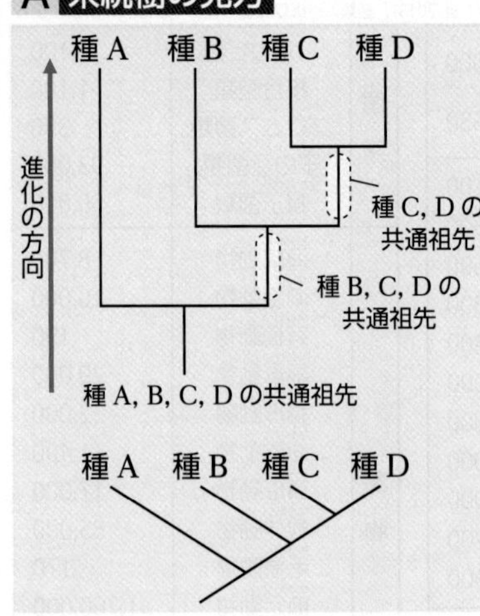
種A
種B
種C
種D
進化の方向
種C, Dの共通祖先
種B, C, Dの共通祖先
種A, B, C, Dの共通祖先

進化の過程（系統）を樹木のように表したものを**系統樹**とよぶ。系統樹は，種が共通祖先からどのように分岐（種分化，▶p.288）してきたかを表す。

系統樹の枝はそれぞれの種に対応する。左の上の図は，4種の共通の祖先が，まず種Aと種B，C，Dの共通祖先に分岐し，次に種Bが分岐し，種Cと種Dが分岐したことを表している。

系統樹の形は，特に意味が与えられていない場合，分岐のしかたのみを示す。左の下の図の系統樹は上の図と同じことを表す。

B 系統樹の種類　枝の長さが特別な意味をもつ系統樹がある。

変化を枝の長さで表す

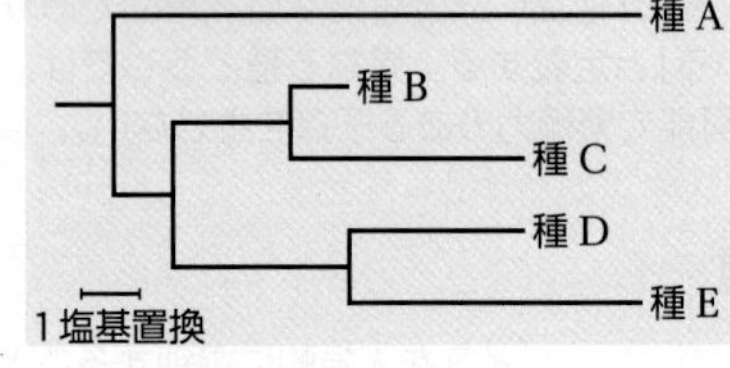
種A
種B
種C
種D
種E
1塩基置換

枝の長さで変化（進化）の量を表す系統樹。分子系統で塩基置換の数を枝の長さで表す場合に使われる。ふつうは進化速度が一定ではないので，種の位置はそろわない。

分岐年代を表す

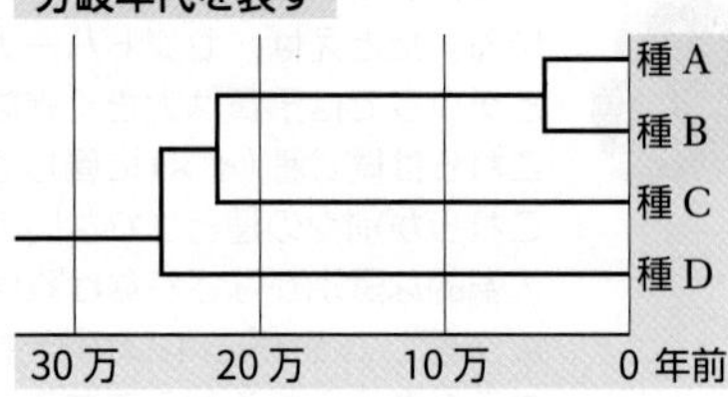
種A
種B
種C
種D
30万
20万
10万
0年前

時間軸をとり，枝の長さで時間の長さを表す系統樹。分岐点の位置は，分岐が起こった時間を表す。現生の種について示す場合，種の位置はすべて現在の位置にそろう。

2 系統と分類群　単系統群が分類群として使われる。

単系統群

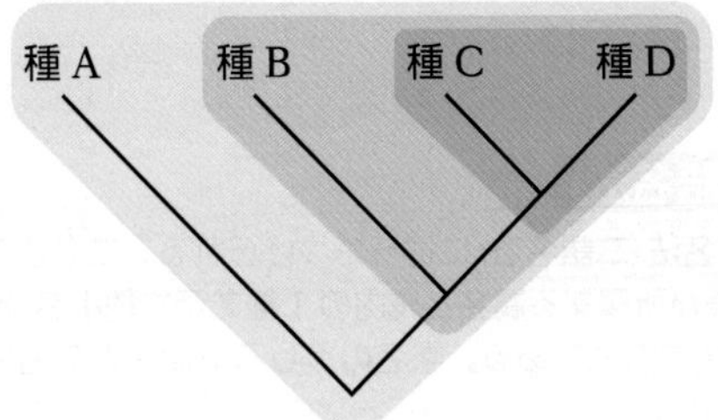
種A
種B
種C
種D

1つの共通祖先から分岐したグループ全体。通常，分類群は単系統群が使われる。単系統群は単一の祖先とそのすべての子孫を含む。

側系統群

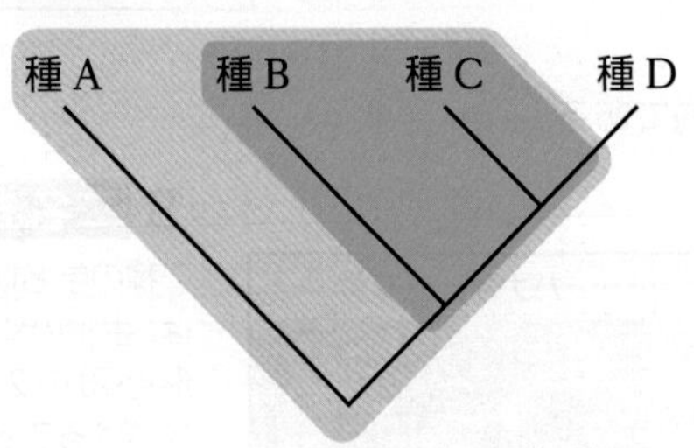
種A
種B
種C
種D

単系統群から一部の単系統群を除いた残りのグループ。分類群として扱わない立場もある。は虫類や魚類は側系統群である（▶p.308）。

多系統群

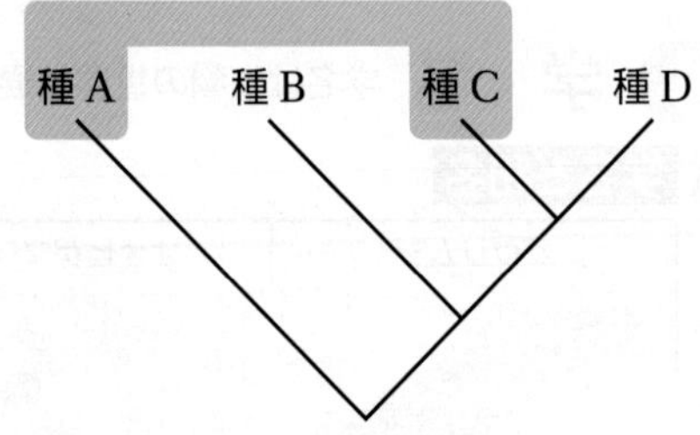
種A
種B
種C
種D

単系統群，側系統群以外のグループ。共通の祖先に由来するグループでないため，ふつうは分類群として扱われない。

3 分子系統解析　分子情報から系統が推定できる。

アミノ酸配列の比較例　例 シトクロム c　※配列の表示は一部

ヒト	DVEKGKKIFIMKCSQ
アカゲザル	DVEKGKKIFIMKCSQ
リスザル	DVEKGKRIFIQKCSQ
ウマ	DVEKGKKIFVQKCAQ
ネコ	DVEKGKKIFVQKCAQ
イヌ	DVEKGKKIFVQKCAQ
コウモリ	DVEKGKKIFVQKCAQ
ウシ	DVEKGKKIFVQKCAQ
ウサギ	DVEKGKKIFVQKCAQ
ネズミ	DVEKGKKIFVQKCAQ
アルマジロ	DVEKGKKIFVQKCAQ
ゾウ	DVEKGKKIFVQKCSQ
コアラ	DVEKGKKIFVQKCAQ
カンガルー	DVEKGKKIFVQKCAQ
ニワトリ	DIEKGKKIFVQKCSQ

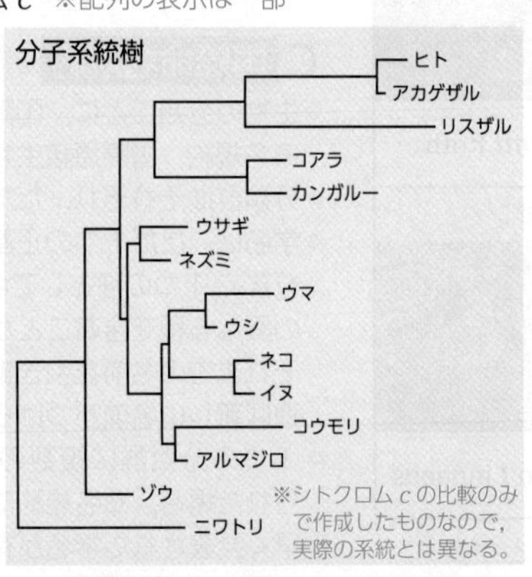
分子系統樹
ヒト
アカゲザル
リスザル
コアラ
カンガルー
ウサギ
ネズミ
ウマ
ウシ
ネコ
イヌ
コウモリ
アルマジロ
ゾウ
ニワトリ

※シトクロム c の比較のみで作成したものなので，実際の系統とは異なる。

シトクロム c やヘモグロビンなどのアミノ酸配列は，近縁のものほど違いが少ない傾向にある（▶p.287）。タンパク質のアミノ酸配列や，DNAの塩基配列の違いを比較することで，系統関係を推定できる。

上の図は，シトクロム c のアミノ酸配列を入手し，コンピューターで専用ソフトを使って解析した結果から，系統樹を描いたものである。

4 系統と階層分類

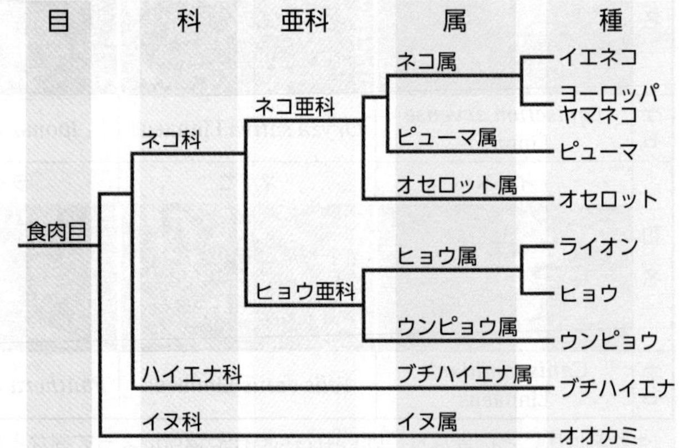
目
科
亜科
属
種
食肉目
ネコ科
ネコ亜科
ネコ属
イエネコ
ヨーロッパヤマネコ
ピューマ属
ピューマ
オセロット属
オセロット
ヒョウ亜科
ヒョウ属
ライオン
ヒョウ
ウンピョウ属
ウンピョウ
ハイエナ科
ブチハイエナ属
ブチハイエナ
イヌ科
イヌ属
オオカミ

系統樹は生物の進化的な類縁関係を表しているので，類縁関係の近い種どうしをまとめていくことにより，階層的に分類できる。この分類に階級（▶p.292）を対応づけることができる。ただし，階層のまとめ方や階級のつけ方には決まった方法はない。なるべく系統を反映し，分類として使いやすい方法がとられている。

プチ雑学　進化を表す最初期の系統樹はダーウィン（▶p.291）のノート（1837）に見られる。ダーウィンが発表した系統樹は「種の起源」（1859）において自然選択の説明で使用したもののみであるが，進化論の支持者であったヘッケルは，「一般形態学」（1866）において生物全体の系統樹を示すなど，多数の系統樹を作成した。

Keywords ●系統樹 phylogenetic tree ●単系統群 monophyletic group ●側系統群 paraphyletic group ●多系統群 polyphyletic group ●分子系統解析 molecular phylogenetic analysis ●最節約法 maximum parsimony method ●平均距離法 unweighted pair-group method with arithmetic mean ●最尤法 maximum likelihood method

生 5 系統樹の作成 最も確からしい系統樹の形を求める。一般的にはコンピューターを利用する。

A 最節約法 MP 法

可能な系統樹のうち，変化の回数が最も少なくなる系統樹を選択する方法。分子系統，形態による系統のどちらにも適用できる。

塩基	1	2	3	4
種①	G	A	G	T
種②	T	C	G	T
種③	T	C	C	T
種⓪	G	A	C	C

例 DNA 上の，共通の祖先に由来する塩基の位置 1 ～ 4 で，表のような塩基配列が得られたとき，塩基の変化(塩基置換)の回数が最も少なくなる系統樹を選択する。

種⓪は，種①～③の共通祖先に近いことがわかっているとする。

(1) 可能な系統樹を描く。

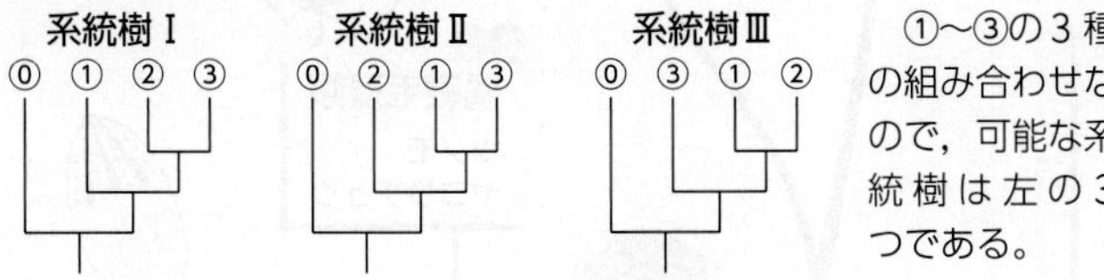

系統樹Ⅰ
⓪ ① ② ③
系統樹Ⅱ
⓪ ② ① ③
系統樹Ⅲ
⓪ ③ ① ②

①～③の 3 種の組み合わせなので，可能な系統樹は左の 3 つである。

(2) 各系統樹について，最少の塩基置換回数を求める。

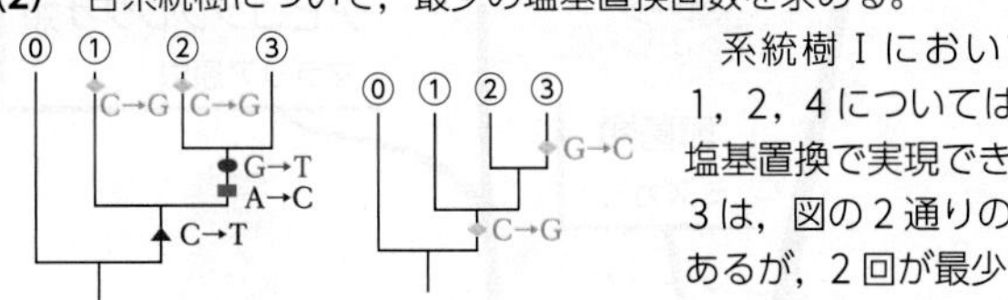

⓪ ① ② ③
C→G
C→G
G→T
A→C
C→T
⓪ ① ② ③
G→C
C→G

系統樹Ⅰにおいて，塩基 1，2，4 については，1 回の塩基置換で実現できる。塩基 3 は，図の 2 通りの可能性があるが，2 回が最少である。

(3) 塩基置換回数の合計が最も少ない系統樹を選択する。

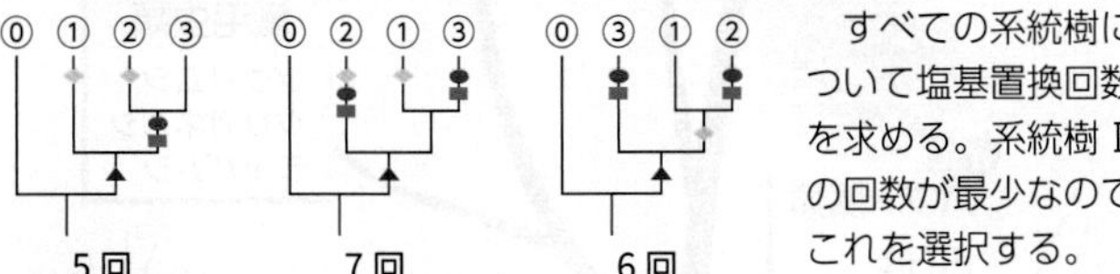

⓪ ① ② ③
⓪ ② ① ③
⓪ ③ ① ②
5 回
7 回
6 回

すべての系統樹について塩基置換回数を求める。系統樹Ⅰの回数が最少なのでこれを選択する。

B 平均距離法 UPGMA，非加重平均結合法

種間の進化的距離を数値で表し，最も距離が近い種どうしを順に結びつけていく方法。進化速度一定を仮定している。

	種②	種③	種④	種⑤
種①	0.4	0.9	2.2	2.3
種②		1.1	2.0	2.2
種③			2.1	2.4
種④				1.6

例 種①～⑤について，それぞれの進化的距離が表のように得られたとき，進化速度一定を仮定して系統樹を作成する。

(1) 進化的距離が最短の 2 種を選択する。

種①と種②が最短なので，これらを結びつける。種①，②の共通祖先との距離は半分の 0.2 である。

これを系統樹に示す。

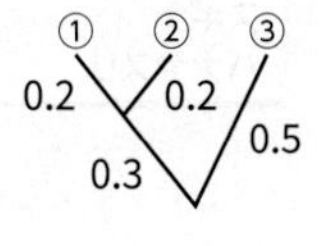

① ②
0.2 0.2

(2) 種①，②をまとめ，距離の表を更新する。まとめたものと他の種との距離は，①，②それぞれとの距離の平均とする。

	種③	種④	種⑤
種①，②	1.0	2.1	2.25
種③		2.1	2.4
種④			1.6

(3) (1)の手順をくり返す。種①，②と種③の距離が最短なのでこれらを結びつける。

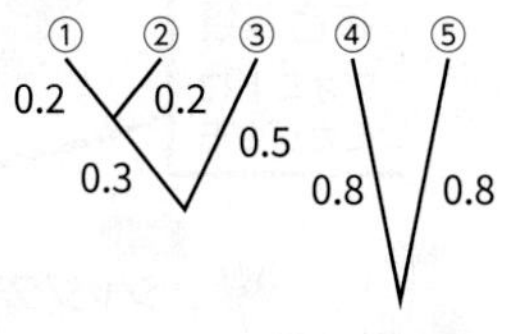

① ② ③
0.2 0.2
0.5
0.3

(4) 表を更新する。種①，②，③と種④の距離は，これら 3 つの平均とする。

	種④	種⑤
種①，②，③	2.1	2.3
種④		1.6

表より，種④と種⑤の距離が最短なので，これらを結びつける。

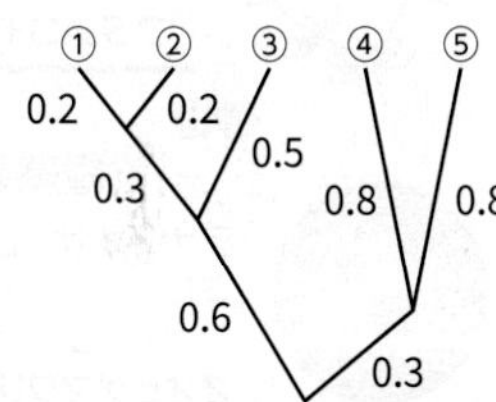

① ② ③ ④ ⑤
0.2 0.2
0.5
0.3
0.8 0.8

(5) 同様に表の更新と結合をくり返し，

	種④，⑤
種①，②，③	2.2

すべての種を結びつけると系統樹が得られる。

C 最尤法 ML 法

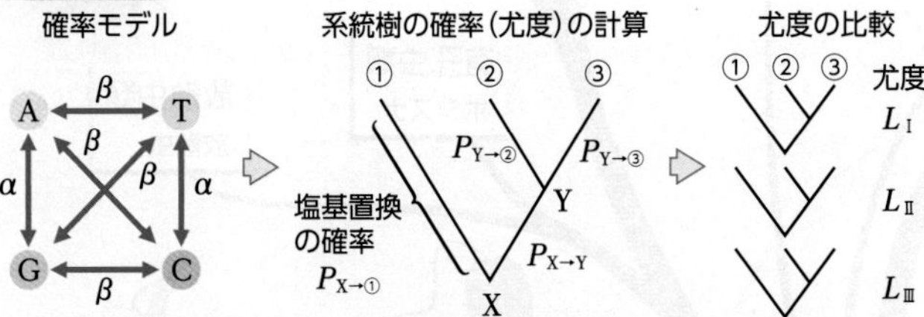

確率モデル
A T G C
α β
系統樹の確率(尤度)の計算
① ② ③
$P_{Y→②}$
$P_{Y→③}$
Y
塩基置換の確率
$P_{X→①}$
$P_{X→Y}$
X
尤度の比較
① ② ③
尤度
$L_Ⅰ$
$L_Ⅱ$
$L_Ⅲ$

塩基置換の確率から，ある系統樹が実現する確率(尤度)を計算し，実現する確率が最も高い(尤もらしい)系統樹を選択する。

D 信頼性の推定 ブートストラップ法

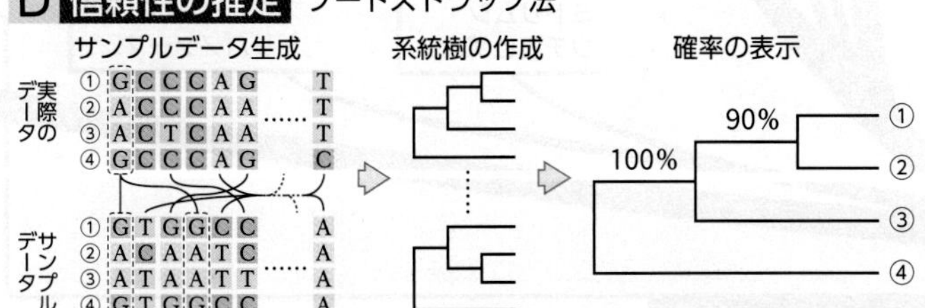

サンプルデータ生成
実際のデータ
① G C C C A G …… T
② A C C C A A …… T
③ A C T C A A …… T
④ G C C C A G …… C
サンプルデータ
① G T G G C C …… A
② A C A A T C …… A
③ A T A A T T …… A
④ G T G G C C …… A
系統樹の作成
確率の表示
100%
90%
① ② ③ ④

分子配列から比較する部分をランダムに抜き出して新しい配列を作成し，これをもとに系統樹を作成する。これを何度もくり返し，同じ枝(共通祖先)が現れる確率が高いほど，その枝の信頼性が高いと推定される。

つながる生物学 数学 組み合わせ爆発

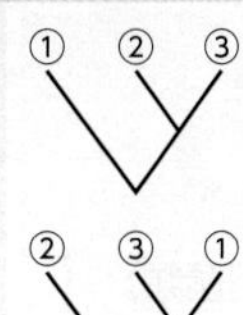

① ② ③

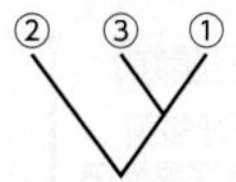

② ③ ①

3 種の生物の系統樹は，図の 3 通りがある。種数を増やすと何通りの系統樹があるだろうか。

一般に，n 種($n \geqq 3$)に対し，可能な系統樹の数は次の式で表される。

$$\frac{(2n-3)!}{2^{n-2}(n-2)!}$$ ！は階乗の記号

種数が増えると，系統樹の数は急激に増加する。系統樹の推定において，最節約法や最尤法はすべての可能な系統樹に対して計算し，最も良いものを選択する方法である。種数を増やすと計算量が急激に増加してしまい，現実的な時間で解を求めることができなくなる。このような問題の性質を組み合わせ爆発という。

総当たりで最適解を求めるのではなく，比較的良い解をもとに，より良い解を発見的に探索するなど，計算量を少なくする工夫が考えられている。

種数	可能な系統樹の数
3	3
4	15
5	105
10	34,459,425
15	213,458,046,676,875

プチ雑学 系統樹の作成は非常に計算量の多い処理である。2016 年に発表された 3083 種のアミノ酸配列データによる分子系統解析では，最尤法をベースにした発見的探索を行い，スーパーコンピューターで 3840 時間もの計算時間を要した。

生物の系統樹

植物

ⓐⓑ **被子植物**
双子葉類：エンドウ、アブラナ、ヤブツバキ、アサガオ、タンポポ
単子葉類：オオカナダモ、ヤマユリ、ココヤシ、ツユクサ、イネ

ⓐⓑ **裸子植物**
ソテツ類：ソテツ
イチョウ類：イチョウ
グネツム類：シナマオウ
球果類：アカマツ、イヌマキ、スギ、メタセコイア、イチイ

ⓐⓑ **シダ植物**
ヒカゲノカズラ、ミズニラ、マツバラン、スギナ、ハナヤスリ、ゼンマイ、ヒカゲヘゴ、ワラビ、ベニシダ、サンショウモ

種子植物

ⓐⓑ **コケ植物**
タイ類：ゼニゴケ、コマチゴケ
ツノゴケ類：ツノゴケ
セン類：ミズゴケ、スギゴケ、ヒカリゴケ、ヒョウタンゴケ

維管束植物

ⓐⓑ **接合藻類**
アオミドロ、ミカヅキモ

ⓐⓑ **シャジクモ類**
シャジクモ、フラスコモ

ⓐⓑ **緑藻類**
アナアオサ、ミル、アオミドロ、オオヒゲマワリ、クロレラ、ヒトエグサ、カサノリ、イカダモ

ⓐ **紅藻類**
アサクサノリ、トサカノリ、サンゴモ

原生生物

光合成色素（▶p.61）
ⓐ クロロフィル a
ⓑ クロロフィル b
ⓒ クロロフィル c

葉緑体の獲得（▶p.299）
一次共生（黒の破線矢印）
二次共生（灰色の破線矢印）

ⓐⓒ **褐藻類**
コンブ、ヒジキ、アミジグサ、ワカメ、モズク

ⓐⓒ **ケイ藻類**
ハネケイソウ、コアミケイソウ

ⓐⓒ **渦鞭毛藻類**
ツノモ、ヤコウチュウ

アピコンプレクサ類
マラリア原虫

卵菌類
ミズカビ

繊毛虫類
ゾウリムシ、ツリガネムシ、ラッパムシ

ⓐⓒ **ハプト藻類**
円石藻

ⓐⓒ **クリプト藻類**
クリプトモナス

有孔虫類
ホシズナ

放散虫類
放散虫

ⓐⓑ **ミドリムシ類**
ミドリムシ、ウチワヒゲムシ

キネトプラスト類
トリパノソーマ

原核生物

細菌類（バクテリア）
大腸菌、ブドウ球菌、乳酸菌、枯草菌、緑膿菌、ⓐシアノバクテリア

アーキア（古細菌類）
メタン生成菌、超好熱菌、高度好塩菌、高度好酸性菌

細菌ドメイン（バクテリアドメイン）

アーキアドメイン（古細菌ドメイン）

真核生物ドメイン（ユーカリアドメイン）

生物の共通祖先

プチ雑学

近年，DNA 塩基配列などの分子情報を利用した，生物全体の詳細な系統樹が描かれるようになってきている。これは，ゲノム解読技術（▶p.122）や，コンピューターを使った情報処理技術の発展による成果である。

Keywords ●細菌ドメイン Bacteria ●アーキアドメイン Archaea ●真核生物ドメイン Eukarya (Eukaryota) ●動物界 Animalia ●植物界 Plantae ●菌界 Fungi ●原生生物界 Protista ●原核生物界 Prokaryote

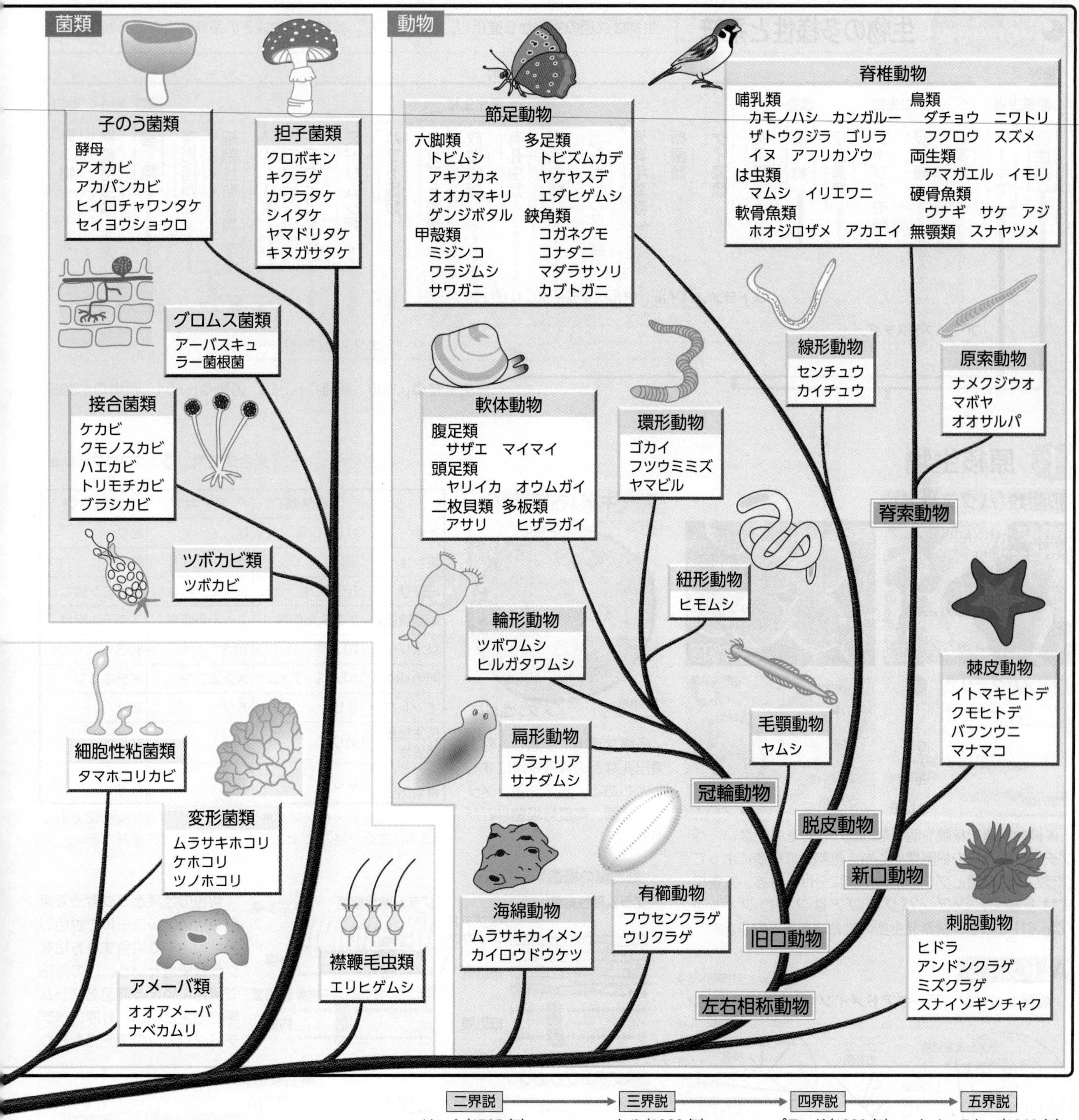

菌類

子のう菌類
酵母
アオカビ
アカパンカビ
ヒイロチャワンタケ
セイヨウショウロ

担子菌類
クロボキン
キクラゲ
カワラタケ
シイタケ
ヤマドリタケ
キヌガサタケ

グロムス菌類
アーバスキュラー菌根菌

接合菌類
ケカビ
クモノスカビ
ハエカビ
トリモチカビ
ブラシカビ

ツボカビ類
ツボカビ

細胞性粘菌類
タマホコリカビ

変形菌類
ムラサキホコリ
ケホコリ
ツノホコリ

アメーバ類
オオアメーバ
ナベカムリ

襟鞭毛虫類
エリヒゲムシ

動物

節足動物
六脚類
トビムシ
アキアカネ
オオカマキリ
ゲンジボタル
甲殻類
ミジンコ
ワラジムシ
サワガニ
多足類
トビズムカデ
ヤケヤスデ
エダヒゲムシ
鋏角類
コガネグモ
コナダニ
マダラサソリ
カブトガニ

脊椎動物
哺乳類
カモノハシ　カンガルー
ザトウクジラ　ゴリラ
イヌ　アフリカゾウ
は虫類
マムシ　イリエワニ
軟骨魚類
ホオジロザメ　アカエイ
鳥類
ダチョウ　ニワトリ
フクロウ　スズメ
両生類
アマガエル　イモリ
硬骨魚類
ウナギ　サケ　アジ
無顎類　スナヤツメ

線形動物
センチュウ
カイチュウ

原索動物
ナメクジウオ
マボヤ
オオサルパ

軟体動物
腹足類
サザエ　マイマイ
頭足類
ヤリイカ　オウムガイ
二枚貝類　多板類
アサリ　ヒザラガイ

環形動物
ゴカイ
フツウミミズ
ヤマビル

紐形動物
ヒモムシ

輪形動物
ツボワムシ
ヒルガタワムシ

毛顎動物
ヤムシ

扁形動物
プラナリア
サナダムシ

棘皮動物
イトマキヒトデ
クモヒトデ
バフンウニ
マナマコ

脊索動物
冠輪動物
脱皮動物
新口動物
旧口動物
左右相称動物

海綿動物
ムラサキカイメン
カイロウドウケツ

有櫛動物
フウセンクラゲ
ウリクラゲ

刺胞動物
ヒドラ
アンドンクラゲ
ミズクラゲ
スナイソギンチャク

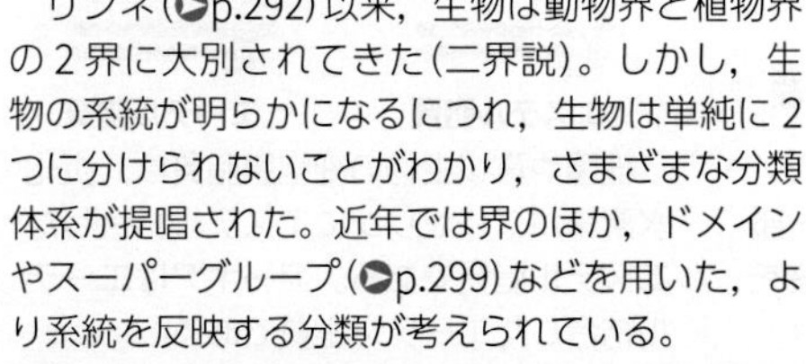

A 分類体系の変遷 歴史

リンネ(▶p.292)以来，生物は動物界と植物界の2界に大別されてきた(二界説)。しかし，生物の系統が明らかになるにつれ，生物は単純に2つに分けられないことがわかり，さまざまな分類体系が提唱された。近年では界のほか，ドメインやスーパーグループ(▶p.299)などを用いた，より系統を反映する分類が考えられている。

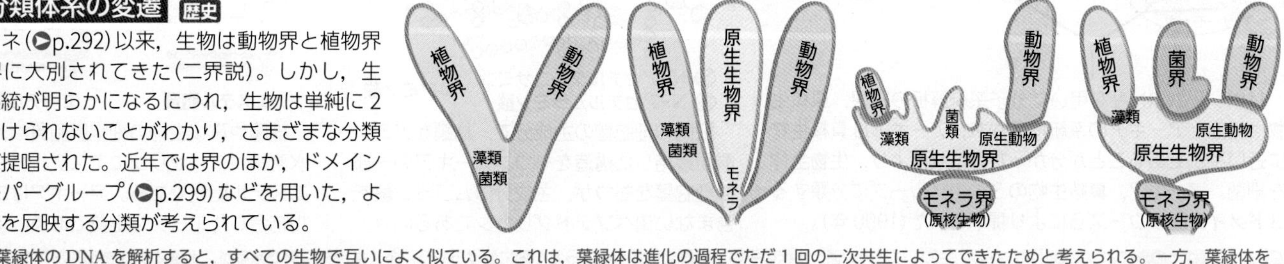
二界説
リンネ(1735年)
植物界
動物界
藻類
菌類
三界説
ヘッケル(1866年)
植物界
原生生物界
動物界
藻類
菌類
モネラ
四界説
コープランド(1938年)
植物界
動物界
藻類
菌類
原生動物
原生生物界
モネラ界
(原核生物)
五界説
ホイッタカー(1969年)
植物界
菌界
動物界
藻類
原生動物
原生生物界
モネラ界
(原核生物)

プチ雑学 葉緑体のDNAを解析すると，すべての生物で互いによく似ている。これは，葉緑体は進化の過程でただ1回の一次共生によってできたためと考えられる。一方，葉緑体をもつ生物が複数の異なる系統にあるのは，二次共生が何度も独立に起こったことを示している。

Overview 生物の多様性と系統

生物は共通の祖先から進化し，多様化した。多様な生物はその系統によって分類される。

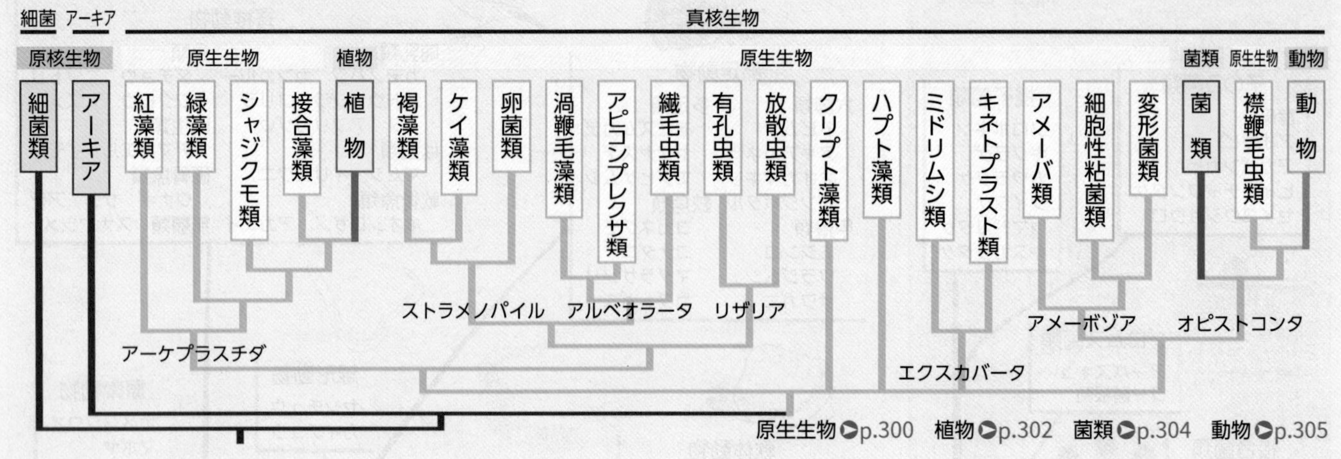

細菌
アーキア
真核生物
原核生物
原生生物
植物
原生生物
菌類
原生生物
動物
細菌類
アーキア
紅藻類
緑藻類
シャジクモ類
接合藻類
植物
褐藻類
ケイ藻類
卵菌類
渦鞭毛藻類
アピコンプレクサ類
繊毛虫類
有孔虫類
放散虫類
クリプト藻類
ハプト藻類
ミドリムシ類
キネトプラスト類
アメーバ類
細胞性粘菌類
変形菌類
菌類
襟鞭毛虫類
動物
ストラメノパイル
アルベオラータ
リザリア
アメーボゾア
オピストコンタ
アーケプラスチダ
エクスカバータ

原生生物▶p.300　植物▶p.302　菌類▶p.304　動物▶p.305

1 原核生物

光合成色素　ⓐ：クロロフィル a

細菌類(バクテリア)

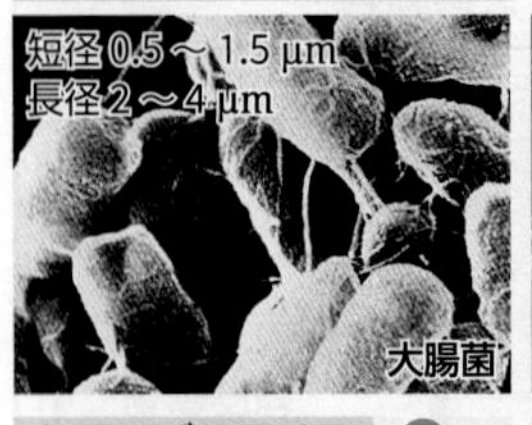

短径 0.5 ～ 1.5 μm
長径 2 ～ 4 μm

大腸菌

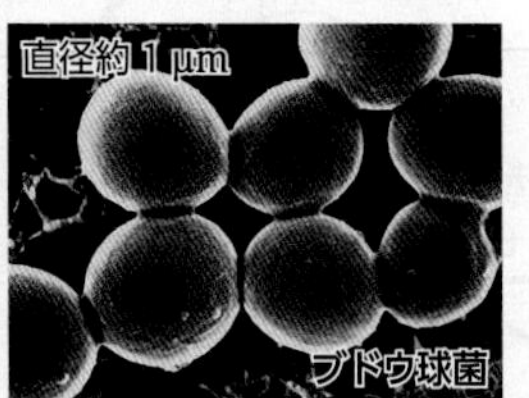

直径約 1 μm

ブドウ球菌

シアノバクテリア ⓐ

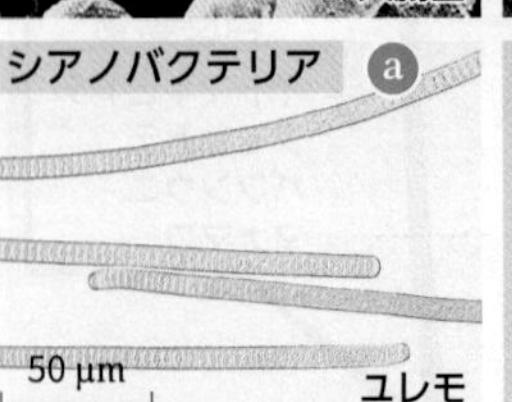

50 μm

ユレモ

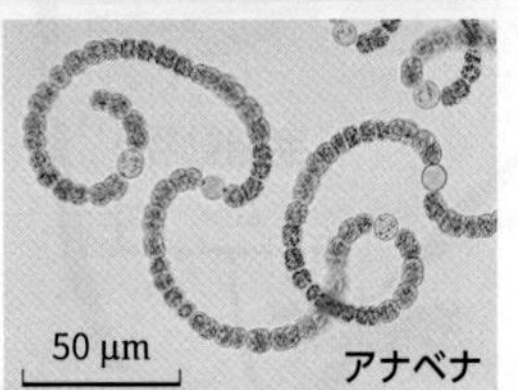

50 μm

アナベナ

単純な構造で核膜や明瞭な細胞小器官をもたない。ペプチドグリカンの細胞壁をもち，細胞壁の構造によってグラム陽性細菌とグラム陰性細菌に分けられる。栄養様式は多様で，シアノバクテリアはクロロフィル a (▶p.61)をもち，酸素発生型の光合成をおこなう。

アーキア(古細菌類)

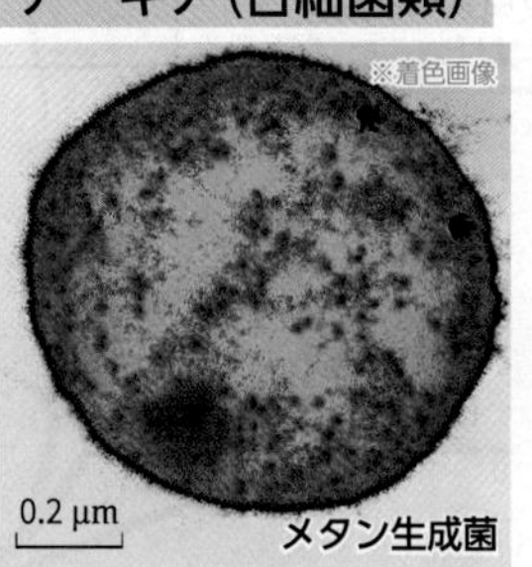

※着色画像
0.2 μm

メタン生成菌

多様な環境に生息し，熱水噴出孔などの極限環境にすむものもある。超好熱菌，メタン生成菌，高度好塩菌などがある。

	細菌類	アーキア	真核生物
核膜	なし	なし	あり
染色体	環状	環状	線状
細胞壁	ムラミン酸[*2]あり	ムラミン酸なし	ムラミン酸なし
細胞膜脂質	エステル脂質	エーテル脂質	エステル脂質
リボソーム	70 S[*3]	70 S	80 S
開始tRNA	ホルミルメチオニン	メチオニン	メチオニン
イントロン	なし	あり	あり
抗生物質[*1]感受性	あり	なし	なし
ジフテリア毒素感受性	なし	あり	あり

＊1 ストレプトマイシン　＊2 ペプチドグリカンの構成成分
＊3 Sは遠心分離の沈降係数(大きい粒子ほどS値が大きい)

A ドメイン

Woese ら(1990)による

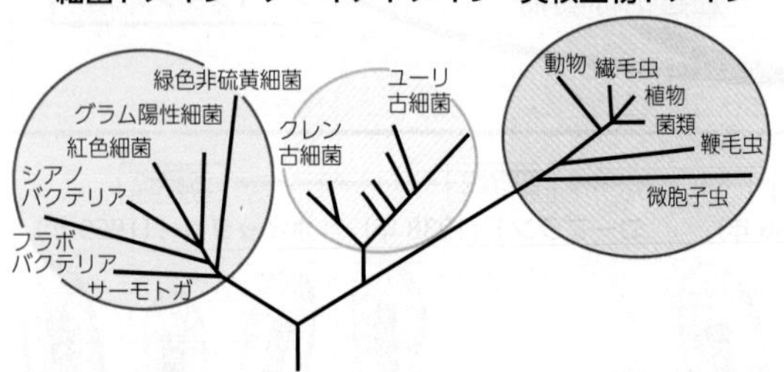

細菌ドメイン
アーキアドメイン
真核生物ドメイン
緑色非硫黄細菌
グラム陽性細菌
紅色細菌
シアノバクテリア
フラボバクテリア
サーモトガ
ユーリ古細菌
クレン古細菌
動物
繊毛虫
植物
菌類
鞭毛虫
微胞子虫

リボソーム RNA を用いた分子系統解析の結果，原核生物は細菌とアーキアの系統に分かれ，アーキアは真核生物に近い系統であることが分かった。これにより，生物全体を細菌，アーキア，真核生物の３つのグループに分類する**３ドメイン説**がウーズらにより提唱された(1990 年)。

細胞壁の構造

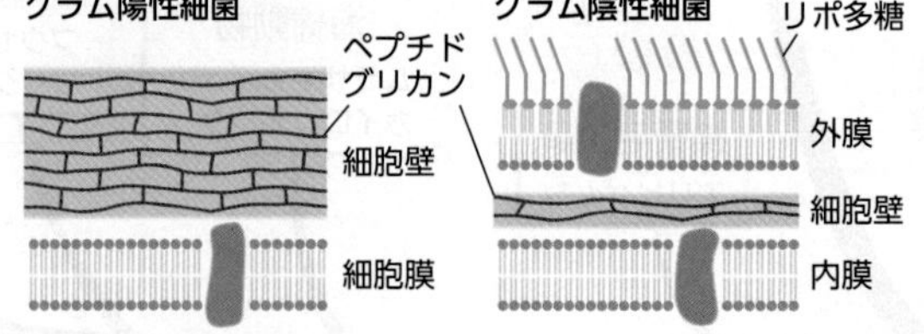

グラム陽性細菌
ペプチドグリカン
細胞壁
細胞膜
グラム陰性細菌
リポ多糖
外膜
細胞壁
内膜

紫色の色素とヨウ素液で染色した後アルコールで脱色し，赤色の色素で染色する方法をグラム染色という。この方法で紫色に染まる細菌をグラム陽性細菌といい，分厚いペプチドグリカンの細胞壁をもつ。

ペプチドグリカン

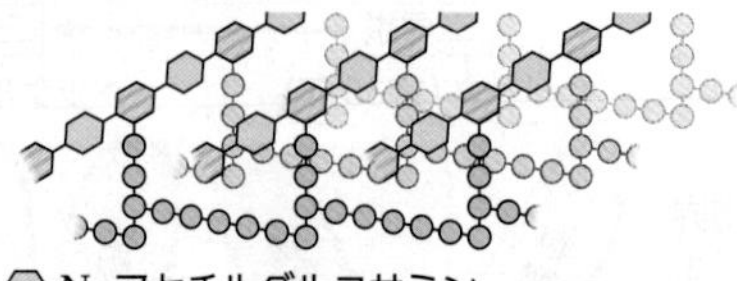

N-アセチルグルコサミン
N-アセチルムラミン酸
アミノ酸

細菌の細胞壁の主成分で，糖鎖をアミノ酸が連結した構造をもつ。アーキアの一部は細胞壁をもつが，主成分はムラミン酸を含まない偽ペプチドグリカンである。

細胞膜脂質 ▶p.44

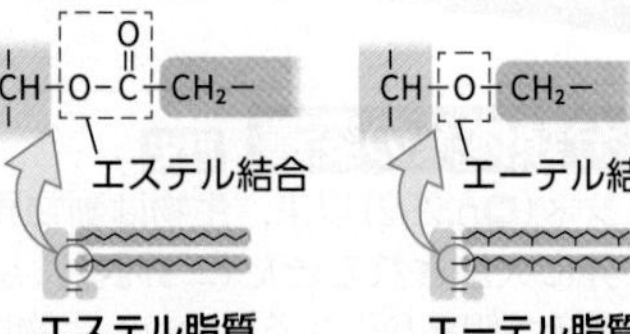

CH-O-C-CH₂-
O
エステル結合
CH-O-CH₂-
エーテル結合
エステル脂質
エーテル脂質

細菌や真核生物の細胞膜脂質は，炭化水素鎖がグリセリンにエステル結合したエステル脂質である。アーキアはエーテル結合したエーテル脂質である。

プチ雑学

細菌はその形によっても分類される。主に，球状の球菌，棒状の桿菌，細長くらせん状のらせん菌に分けられる。多くは単純な形であるが，土壌にすむ放線菌の中には複雑な枝分かれをした，カビに似た菌糸をつくるものもある。

2 真核生物の分類

A 真核生物の大分類

Adl ら (2019) による

アモルフェア		エクスカバータ	ディアフォレティケス	
アメーボゾア	オピストコンタ		クリプティスタ	ハプティスタ
アメーバ類 変形菌類　細胞性粘菌類	動物　襟鞭毛虫類 菌類	ミドリムシ類 キネトプラスト類	クリプト藻類	ハプト藻類

ディアフォレティケス				
SAR			アーケプラスチダ	
ストラメノパイル	アルベオラータ	リザリア	緑色植物	紅色植物
褐藻類　ケイ藻類 卵菌類	アピコンプレクサ類 渦鞭毛藻類　繊毛虫類	有孔虫類 放散虫類	ストレプト植物(シャジクモ類，接合藻類，植物)　緑藻類	紅藻類

従来は，真核生物から動物，植物，菌類を除いたものを原生生物にまとめていた。現在では，原生生物は多くの系統を含むことが分かっており，真核生物全体の系統が明らかになるにつれ，より系統を反映する分類体系が提唱されている。表は，2019 年に示された分類(一部)である。このような大分類は現在のところ階級(▶p.292)が与えられておらず，**スーパーグループ**とよばれることがある。

B 鞭毛の形態

真核生物の鞭毛は基本構造が共通であり，分類群ごとに特有の形態をもつ。

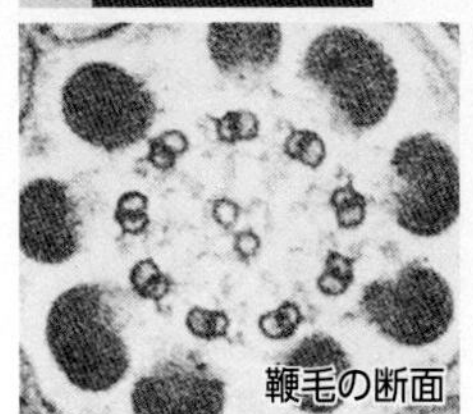
鞭毛の断面

鞭毛は 2 本の微小管を 2 連の微小管 9 組が囲む 9 + 2 構造を基本とする。

緑藻類

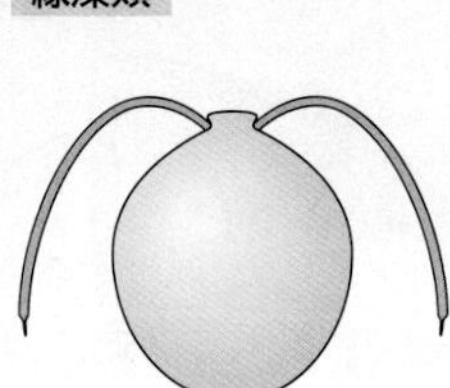

2 または 4 本の等長むち形鞭毛。

渦鞭毛藻類

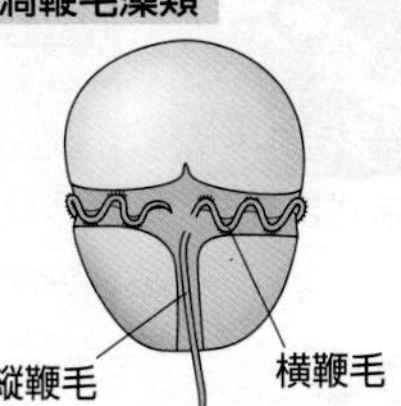
縦鞭毛
横鞭毛

細胞を 1 周する横鞭毛と後方にのびる縦鞭毛。

ミドリムシ類

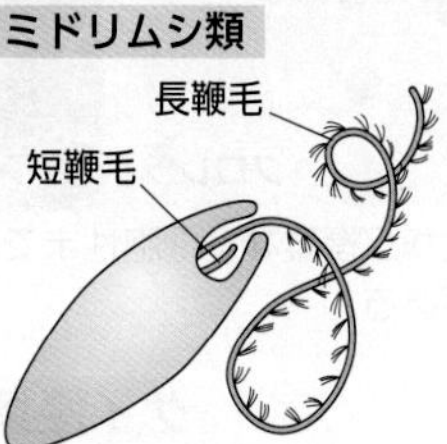
長鞭毛
短鞭毛

しなやかな小毛をもつ片羽形の長鞭毛と，短鞭毛。

褐藻類・ケイ藻類・卵菌類

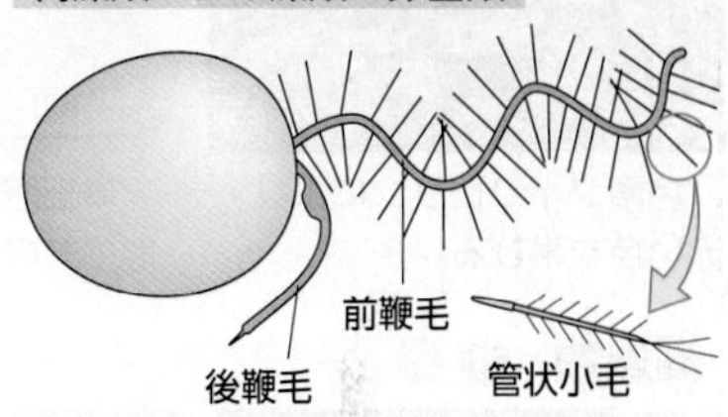
前鞭毛
後鞭毛
管状小毛

管状小毛をもつ両羽形の前鞭毛と，むち形の後鞭毛(ケイ藻類は前鞭毛のみ)。

C 葉緑体の起源

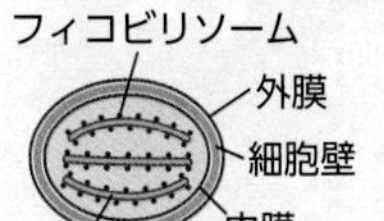
フィコビリソーム
外膜
細胞壁
内膜
チラコイド

シアノバクテリア

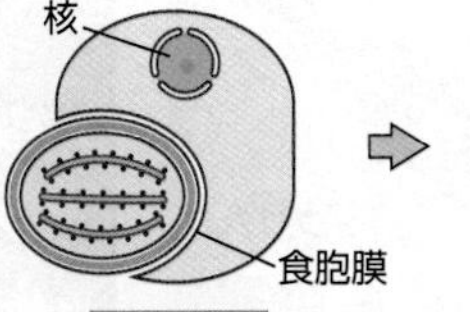
核
食胞膜

一次共生

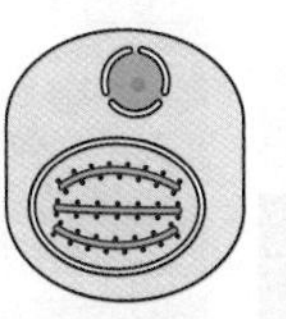

紅藻類

食胞膜

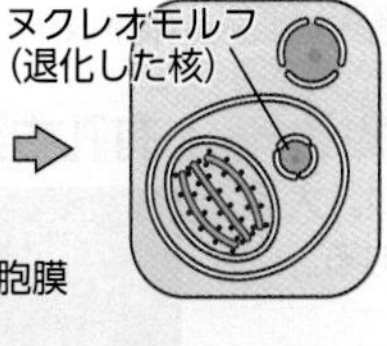
ヌクレオモルフ
(退化した核)

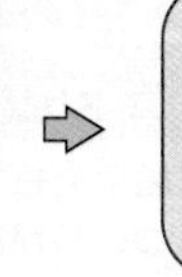

二次共生

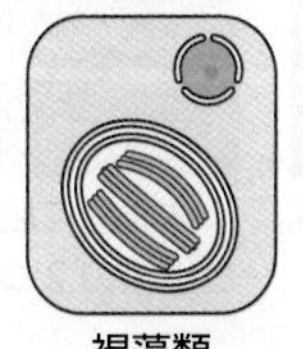

褐藻類

紅藻類などの 2 重包膜をもつ葉緑体は，真核生物とシアノバクテリアの共生(一次共生)，褐藻類などの 3 ～ 4 重包膜をもつ葉緑体は，真核生物と葉緑体をもつ別の真核生物の共生(二次共生)が起源と考えられている。

D 葉緑体の多様性

▶p.60

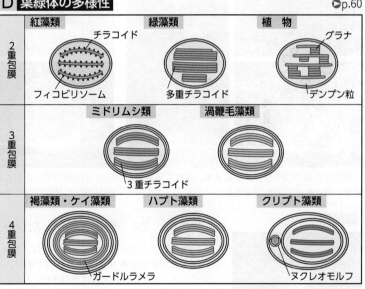

2 重包膜　紅藻類　緑藻類　植物

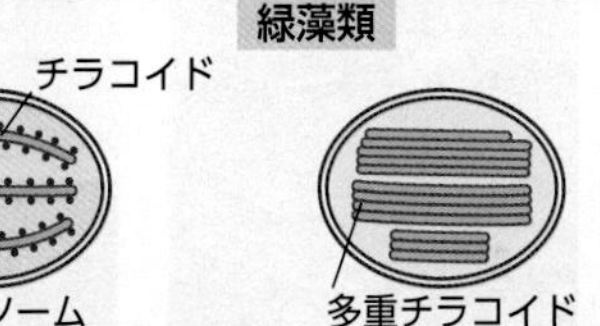
チラコイド
フィコビリソーム
多重チラコイド

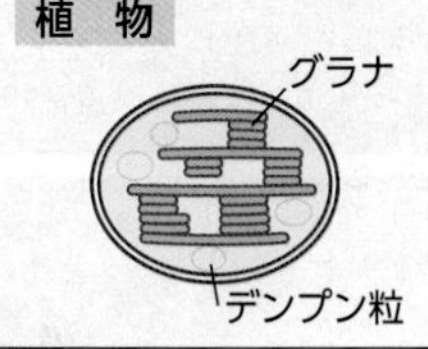
グラナ
デンプン粒

3 重包膜　ミドリムシ類　渦鞭毛藻類

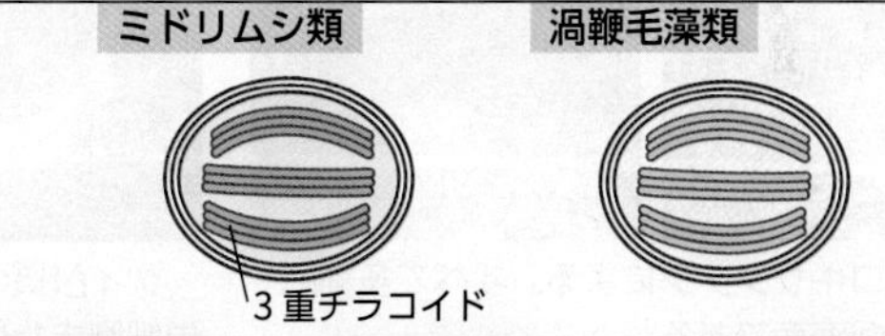
3 重チラコイド

4 重包膜　褐藻類・ケイ藻類　ハプト藻類　クリプト藻類

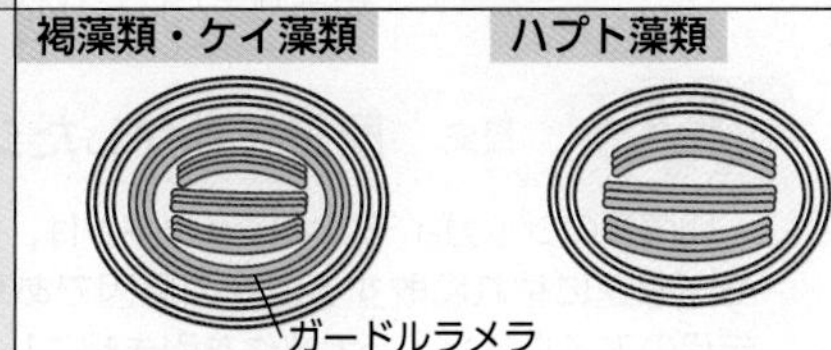
ガードルラメラ

ヌクレオモルフ

Step up ウイルス

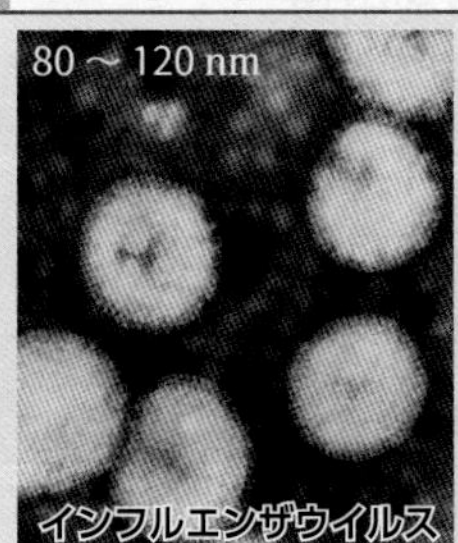
80 ～ 120 nm

インフルエンザウイルス

25 ～ 200 nm

バクテリオファージ

ウイルスは，核酸(DNA または RNA)と，それをおおうタンパク質の殻からできている。現在，約 5000 種類のウイルスが知られており，核酸の種類，タンパク質の殻の形態，宿主となる生物などにより分類されている。ウイルスの系統についてはほとんどわかっていない。

分類	おもなウイルス
1 本鎖－鎖 RNA	インフルエンザウイルス(▶p.168)，狂犬病ウイルス，エボラウイルス
1 本鎖＋鎖 RNA	コロナウイルス，西ナイルウイルス，タバコモザイクウイルス，ノロウイルス
2 本鎖 DNA	天然痘ウイルス，ヘルペスウイルス，マイオウイルス(バクテリオファージ)
逆転写ウイルス	レトロウイルス(ヒト免疫不全ウイルス(▶p.168)など)

プチ雑学

植物の病原体として発見されたウイロイドは，小さな環状 RNA である。ウイルスと異なり，タンパク質の殻をもたず，わずか 250 ～ 400 塩基の大きさであるが，植物細胞に感染し増殖することができる。

1 原生生物

光合成色素 a：クロロフィル a　b：クロロフィル b　c：クロロフィル c

紅藻類 a

高さ 20 ～ 30 cm
トサカノリ

高さ 3 ～ 5 cm
サンゴモ

色素フィコビリンにより赤い色を帯びる。

緑藻類 a b

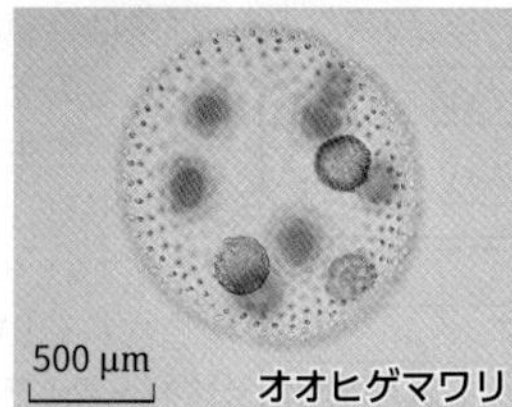
500 µm
オオヒゲマワリ

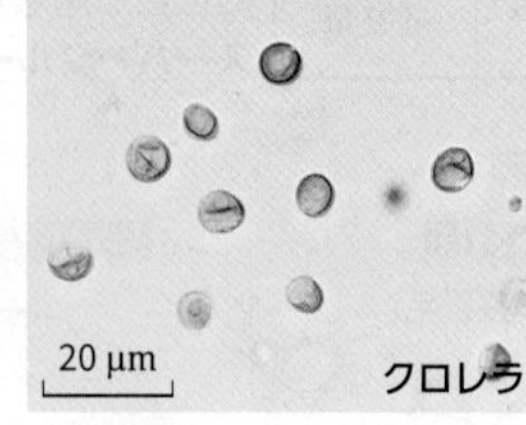
20 µm
クロレラ

高さ 10 ～ 30 cm
アナアオサ

単細胞性から複雑な多細胞性まで，さまざまな形態のものがある。

接合藻類 a b

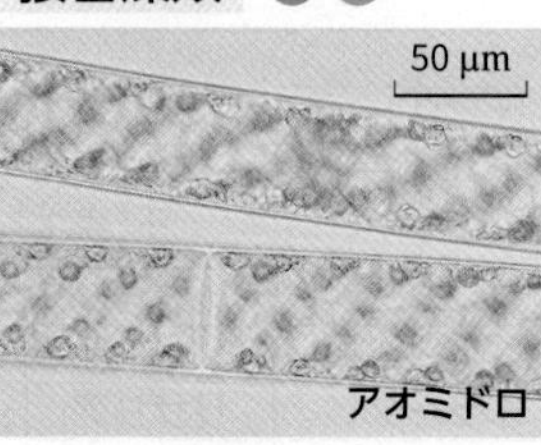
50 µm
アオミドロ

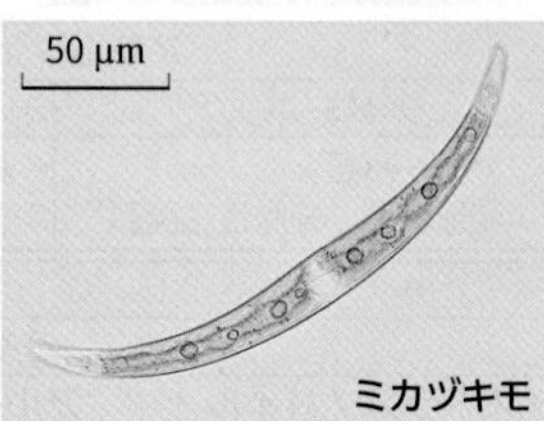
50 µm
ミカヅキモ

接合による有性生殖をおこなう。分子系統解析の結果，植物に近縁であることがわかった。

渦鞭毛藻類（うずべんもうそうるい） a c

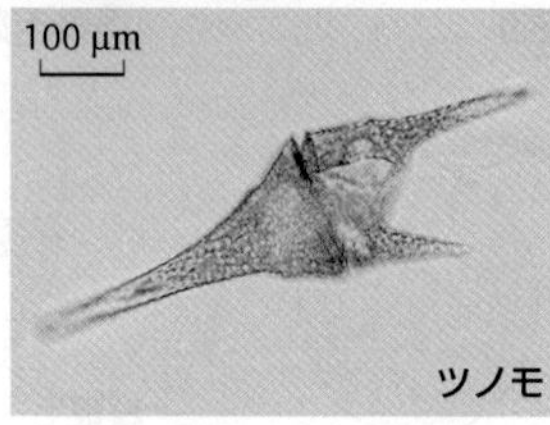
100 µm
ツノモ

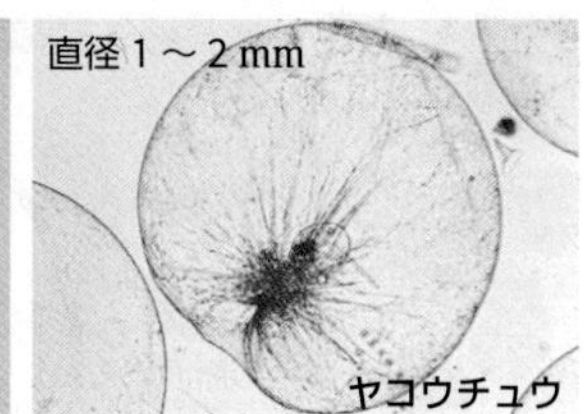
直径 1 ～ 2 mm
ヤコウチュウ

形態の異なる 2 本の鞭毛をもつ。葉緑体をもたない種も多い。染色体が凝集した特徴的な渦鞭毛藻核をもつ。

褐藻類 a c

長さ 30 ～ 80 cm
ヒジキ

長さ 2 ～ 4 m
マコンブ

直径 10 ～ 30 cm
ウミウチワ

褐色は色素フコキサンチンによる。すべて多細胞性で，ほとんどが海産である。

ケイ藻類 a c

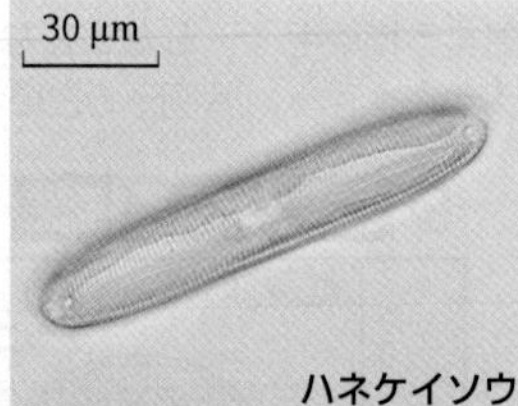
30 µm
ハネケイソウ

20 µm
コアミケイソウ

ケイ酸質の殻におおわれる。単細胞または群体性である。

繊毛虫類

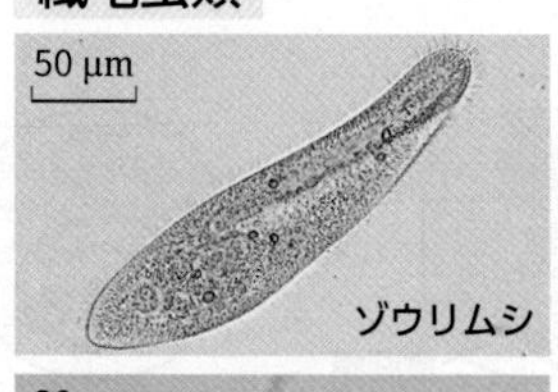
50 µm
ゾウリムシ

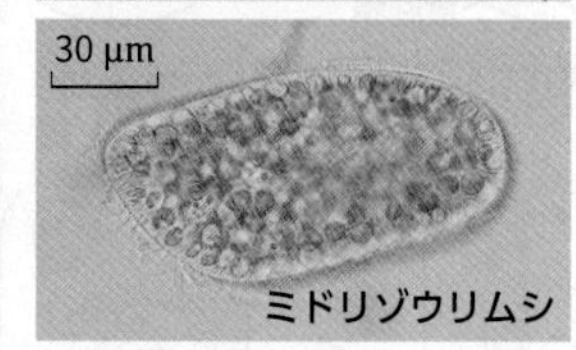
30 µm
ミドリゾウリムシ

体表面に繊毛をもつ。大核と小核の 2 つの核がある。

アピコンプレクサ類

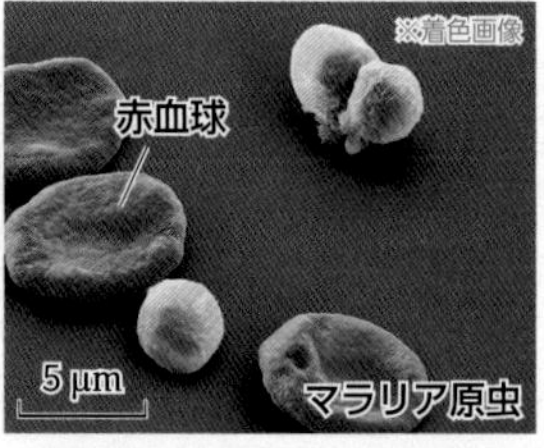
※着色画像
赤血球
5 µm
マラリア原虫

寄生生活をおこなう。葉緑体が退化した色素体をもつ。

有孔虫類

直径約 0.6 mm
タマウキガイ

石灰質の殻をもつ。糸状の仮足で移動，摂食をおこなう。

放散虫類

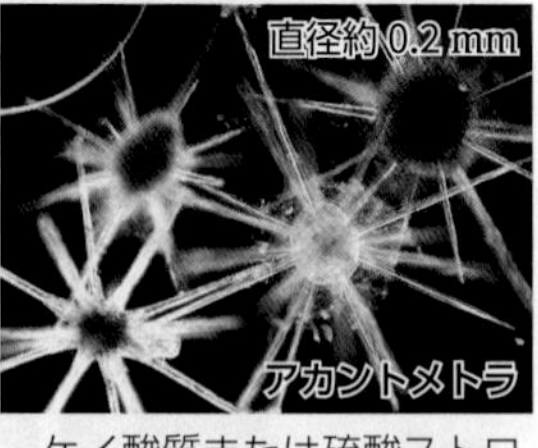
直径約 0.2 mm
アカントメトラ

ケイ酸質または硫酸ストロンチウムの骨格をもつ。

卵菌類

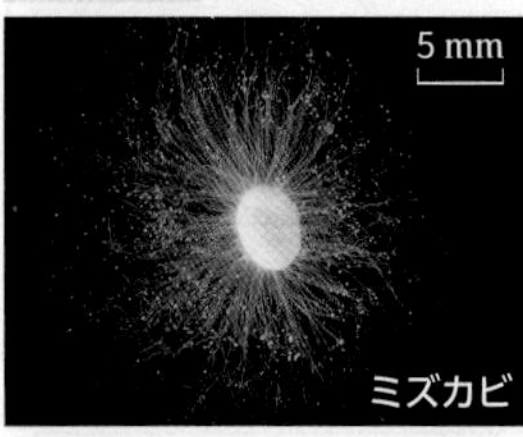
5 mm
ミズカビ

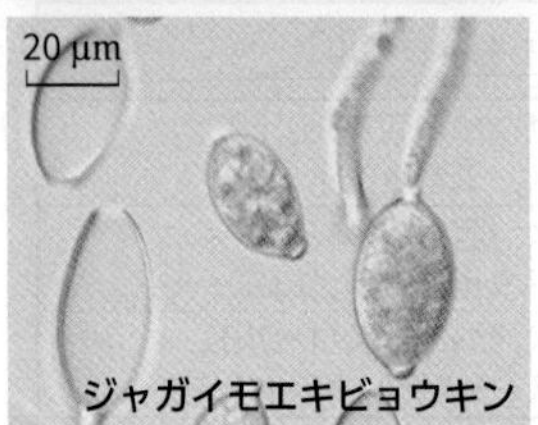
20 µm
ジャガイモエキビョウキン

菌糸体で，2 本の鞭毛をもつ遊走子で無性生殖をおこなう。

つながる生物学　歴史　歴史を動かしたジャガイモ飢饉

卵菌類のジャガイモエキビョウキンは，ジャガイモが急速に枯れ腐敗する疫病の原因であり，1840 年代のアイルランドで大凶作を引き起こした。

貧しい農民が多かったアイルランドでは，低温に強く，やせた土地でも栽培が可能なジャガイモは貴重な栄養源であり，食糧の多くを依存していた。また，単一品種の栽培に偏っており，多様性が低く，感染が広がりやすかったため，大きな被害をうけた。

この「ジャガイモ飢饉（ききん）」による深刻な食糧難に陥ったアイルランドでは，多くの農民が餓死した。また，飢えに苦しむ 100 万人以上の人々が，海外に移住したといわれる。人々が向かった先が，移民大国アメリカ合衆国である。現在のアメリカでも大きな割合を占めるアイルランド系の人々のルーツは，この飢饉から逃れた移民たちである。

ジャガイモを探す農民

プチ雑学　単細胞で運動性のある原生生物をまとめて原生動物とよぶ。原生動物は多様な系統の生物が含まれる。

クリプト藻類 ⓐⓒ

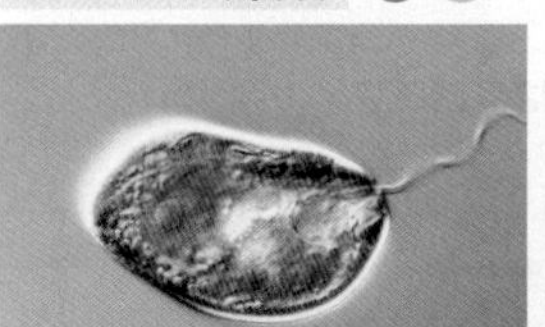
20 µm
クリプトモナス

共生藻類の痕跡的な核（ヌクレオモルフ，▶p.299）をもつ。

ハプト藻類 ⓐⓒ

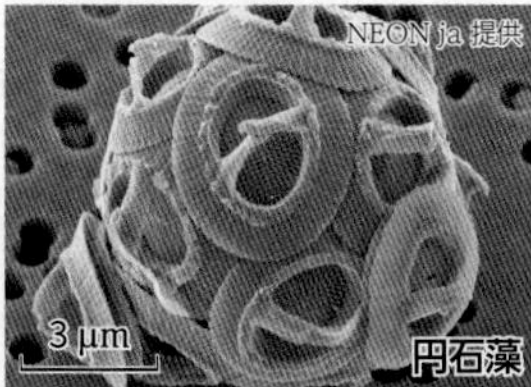
NEON ja 提供
3 µm
円石藻

ハプトネマという糸状構造で付着や移動をおこなう。

ミドリムシ類（ユーグレナ類） ⓐⓑ

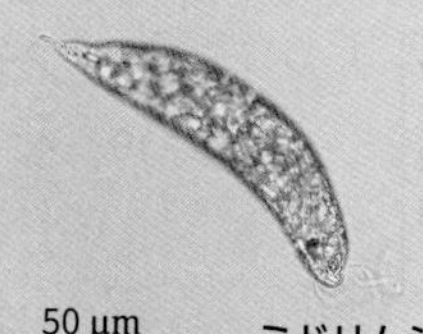
50 µm
ミドリムシ

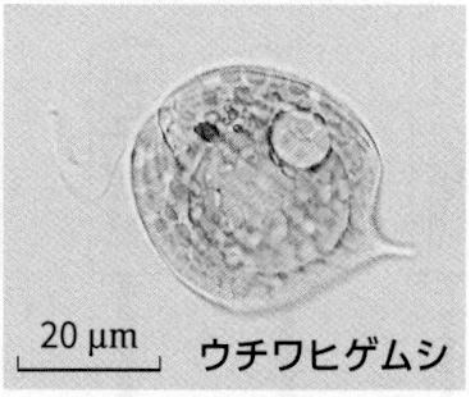

20 µm ウチワヒゲムシ

2本の鞭毛をもつ。細胞壁はなく，タンパク質性の外皮でおおわれる。

キネトプラスト類

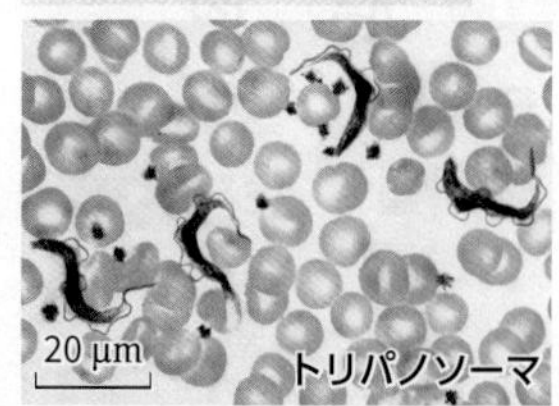
20 µm
トリパノソーマ

1〜2本の鞭毛をもつ。寄生性の種も多い。

変形菌類（真正粘菌類）

3 cm
ススホコリ（変形体）

高さ約2 cm
ムラサキホコリ（子実体）

腐った木や落ち葉に生息し，アメーバ状多核単細胞の変形体をつくる。成熟すると全体が子実体に変化し，胞子をつくる。

細胞性粘菌類

キイロタマホコリカビ（子実体）

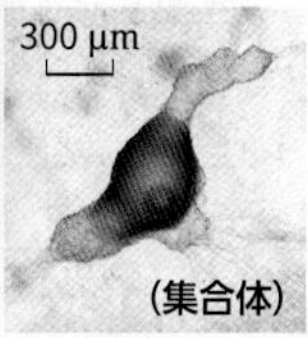
300 µm
（集合体）

アメーバ状の細胞が集まって集合体となり，子実体をつくる。

アメーバ類

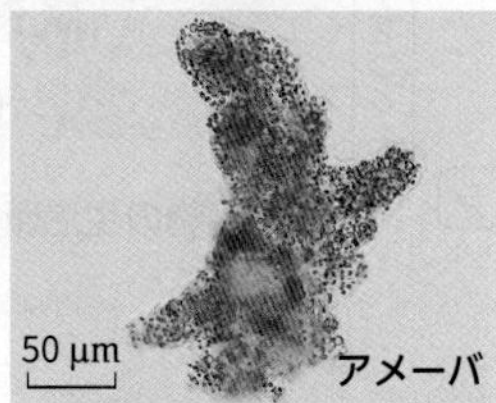
50 µm
アメーバ

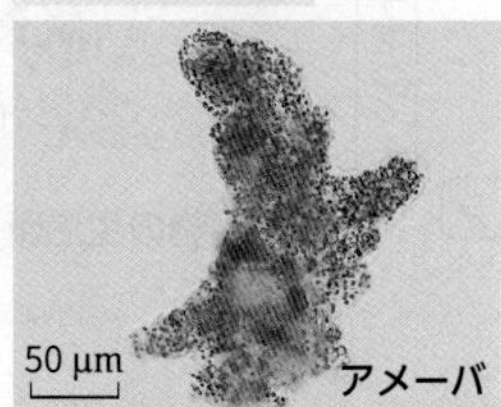

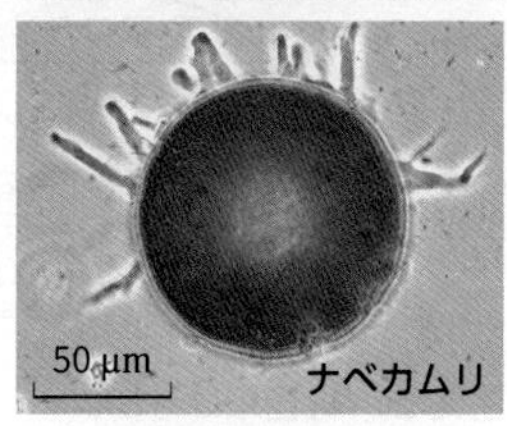
50 µm
ナベカムリ

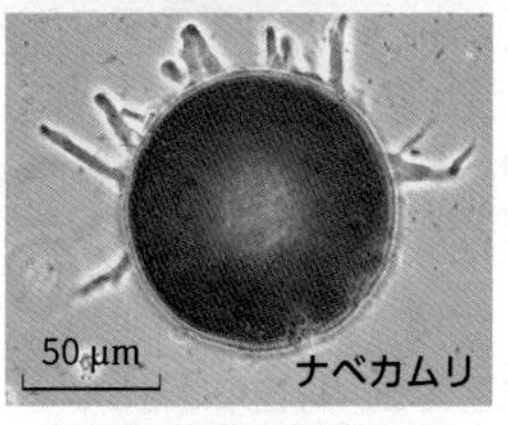

仮足で移動や摂食をおこなう。殻をもつものもある。

つながる生物学 生活 食卓の原生生物

海藻サラダ

原生生物の多くは小形で食用として意識されることは少ないが，大形になる海藻はよく食べられている。昆布や海苔は食用の原生生物である。これらは特有の多糖類を多く含み，消化されにくいので食物繊維として重要である。また，多糖類の弾力性などを利用して，加工食品の原料としてもよく使われる。単細胞の原生生物は，クロレラやミドリムシが栄養補助食品として加工されている。

Q 食卓でよくみられる原生生物を探して分類してみよう。

	分類	形態	細胞壁	葉緑体 クロロフィル	葉緑体 その他の色素	葉緑体 包膜	鞭毛	栄養	生殖	生息地
アーケプラスチダ	紅藻類	単細胞・糸状・葉状・樹枝状	セルロース，ガラクタン	●a	●β-カロテン，●●フィコビリン	2重	なし	独立栄養	卵生殖，胞子（無性），栄養生殖	海水
アーケプラスチダ	緑藻類	単細胞・群体・糸状・葉状・樹枝状	セルロース	●a，●b	●β-カロテン	2重	2または4本の等長むち形鞭毛	独立栄養	同形・異形配偶・卵生殖，分裂など	淡水・海水・土壌
アーケプラスチダ	シャジクモ類	樹枝状	セルロース	●a，●b	●β-カロテン	2重	2本の等長むち形鞭毛	独立栄養	卵生殖，栄養生殖	淡水
アーケプラスチダ	接合藻類	単細胞・群体・糸状	セルロース		●β-カロテン	2重	2本の等長むち形鞭毛	独立栄養	分裂，接合，栄養生殖	淡水
ストラメノパイル	褐藻類	糸状・葉状・樹枝状	セルロース，アルギン酸	●a，●c	●β-カロテン，●フコキサンチン	4重	前鞭毛（両羽形，管状小毛）＋後鞭毛（むち形）	独立栄養	同形・異形配偶・卵生殖，遊走子（無性）	海水
ストラメノパイル	ケイ藻類	単細胞・群体	ケイ酸質	●a，●c	●β-カロテン，●フコキサンチン	4重	前鞭毛（両羽形，管状小毛，9＋0構造）	独立栄養	卵生殖・同形配偶，分裂	海水・淡水
ストラメノパイル	卵菌類	隔壁のない多核菌糸	セルロース	なし			前鞭毛（両羽形，管状小毛）＋後鞭毛（むち形）	寄生・腐生	卵胞子（有性），遊走子（無性）	淡水
アルベオラータ	渦鞭毛藻類	単細胞・群体，渦鞭毛藻核	なし	●a，●c	●β-カロテン，●ペリディニン	3重	縦鞭毛＋横鞭毛（細胞を1周）	独立栄養・摂食・寄生	同形・異形配偶，分裂，遊走子（無性）	淡水・海水
アルベオラータ	アピコンプレクサ類	単細胞	なし	痕跡的（アピコプラスト）			なし	寄生	分裂，同形・異形配偶	寄生
アルベオラータ	繊毛虫類	単細胞，繊毛，大核，小核	なし	なし			繊毛	摂食・寄生	分裂，接合	水中・寄生
リザリア	有孔虫類	単細胞，石灰質の殻	なし	なし			1〜2本の鞭毛	摂食	分裂，遊走子（有性）	海水
リザリア	放散虫類	単細胞，骨格	なし	なし			2本の鞭毛	摂食	分裂，遊走子（有性）	海水
	クリプト藻類	単細胞，細胞外皮	なし	●a，●c	●●フィコビリン	4重	2本の鞭毛（管状小毛）	独立栄養・摂食	分裂，同形配偶	淡水・海水
	ハプト藻類	単細胞・群体・糸状，ハプトネマ	なし	●a，●c	●フコキサンチン	4重	2本のむち形鞭毛	独立栄養・摂食	分裂，同形配偶	海水
エクスカバータ	ミドリムシ類	単細胞・群体，タンパク質の細胞外皮	なし	●a，●b	●β-カロテン	3重	長鞭毛（片羽形）＋短鞭毛	独立栄養	分裂	淡水・海水
エクスカバータ	キネトプラスト類	単細胞，波動膜	なし	なし			1〜2本の鞭毛	摂食・寄生	分裂	土壌・寄生
アメーボゾア	変形菌類	多核単細胞の変形体（$2n$），単核アメーバ状（n，$2n$）	なし	なし			2本の不等長むち形鞭毛	摂食	胞子（有性），分裂	腐木・落葉・枯草
アメーボゾア	細胞性粘菌類	多細胞の集合体（n），単核アメーバ状（n）	なし	なし			なし	摂食	胞子（無性），分裂，マクロシスト（有性）	土壌
アメーボゾア	アメーバ類	単細胞，葉状仮足	なし	なし			なし	摂食	分裂	土壌・水中
	襟鞭毛虫類（▶p.305）	単細胞，襟	なし	なし			1本のむち形鞭毛	摂食	分裂	淡水・海水

つながる生物学 A　褐藻類：昆布（マコンブ，オニコンブ，ナガコンブなど），ワカメ，ヒジキ，モズク，アカモク　緑藻類：青のり（ヒトエグサ，スジアオノリ，アナアオサなど），海ぶどう（クビレズタ）　紅藻類：寒天（マクサなど），板のり（アサクサノリ，スサビノリなど），トサカノリ，フノリ（フクロフノリ，マフノリ），オゴノリ

1 植物

紅藻類　緑藻類　シャジクモ類　接合藻類　コケ植物　シダ植物　裸子植物　被子植物

子房をもつ
種子植物
種子をつくる
維管束植物
維管束をもつ
植物
造卵器をもつ
シャジクモ藻類*
ストレプト植物
クロロフィルa，bをもつ

＊広義のシャジクモ類(車軸藻類)

植物は，おもに陸上で生活し，多細胞性の造卵器をもつ。クロロフィルa，bをもち光合成をおこなう。植物の祖先は，原生生物のシャジクモ藻類に近いと考えられている。

シャジクモ類

樹枝状の体で，光合成色素はクロロフィルa，b。

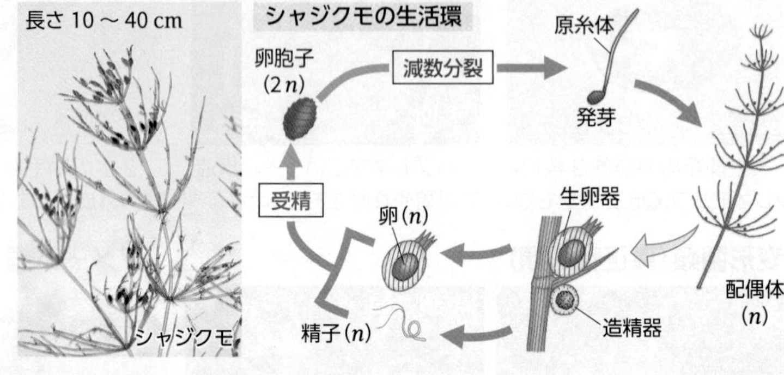

長さ 10～40 cm
シャジクモ
シャジクモの生活環
卵胞子(2n)
減数分裂
原糸体
発芽
配偶体(n)
生卵器
卵(n)
受精
造精器
精子(n)

植物の生活環

減数分裂　n　胞子
胞子のう
胞子体(2n)　複相世代
単相世代　配偶体(n)　造卵器　造精器
接合子　2n　接合(受精)　配偶子　n 卵　n 精子

植物の生活環*は**単相世代**(n)と**複相世代**(2n)からなり，これらが周期的に交代する(**世代交代**)。複相の生物体を**胞子体**，単相の生物体を**配偶体**とよぶ。

＊生活環　成長や生殖の段階を環状に表したもの。

コケ植物

配偶体が発達。胞子体は小形で配偶体上に生える。維管束はない。

セン類
高さ 5～20 cm
ウマスギゴケ

茎の長さ 10 cm 以上
オオミズゴケ

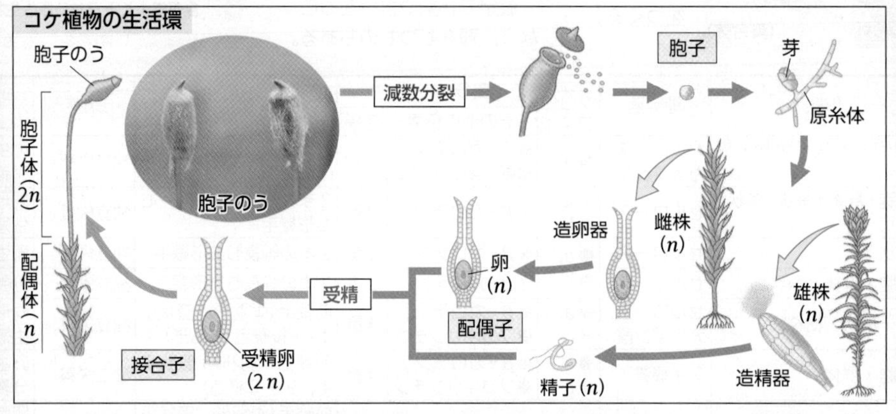

コケ植物の生活環
胞子のう
胞子体(2n)
配偶体(n)
胞子のう
減数分裂
胞子
芽
原糸体
雌株(n)
造卵器
卵(n)
雄株(n)
受精
配偶子
接合子
受精卵(2n)
精子(n)
造精器

タイ類　葉状体の長さ 3～10 cm　ゼニゴケ

ツノゴケ類
高さ 1～4 cm
ツノゴケ

分類			胞子体		配偶体		維管束	栄養	有性生殖	無性生殖	生息地
コケ植物	センイ類		蒴(胞子のう)，蒴柄		茎葉体，多細胞の仮根，原糸体発達		なし(中心束)	独立栄養，クロロフィルa，b，β-カロテン	卵細胞，精子，胞子	栄養生殖	地上・樹上・岩上
	タイ類		蒴(胞子のう)，蒴柄，弾糸		葉状体・茎葉体，単細胞の仮根		なし				
	ツノゴケ類		蒴(胞子のう)		葉状体，単細胞の仮根		なし				
シダ植物	ヒカゲノカズラ類		根，茎，小葉		塊状の前葉体，葉緑体ありまたはなし，菌類と共生		原生・管状中心柱		卵細胞，精子，胞子	栄養生殖，無融合生殖(無配生殖)	地上・樹上・岩上
	シダ類		根，根茎，大葉		心臓形の前葉体，葉緑体あり		原生・管状・網状中心柱				地上・樹上・岩上・水中
種子植物	裸子植物	ソテツ類	胚珠は子房で包まれない	木本，雌雄異株，羽状複葉	雌性配偶体は胚珠の中に形成，雄性配偶体は花粉，花粉管	雌性配偶体は造卵器(1～6個)，一次胚乳(数千核)，雄性配偶体は前葉体細胞，不稔細胞，花粉管細胞，精細胞	真正中心柱		卵細胞，鞭毛のある精細胞(精子)，種子	栄養生殖，無融合生殖(無融合種子形成)	地上
		イチョウ類		木本，雌雄異株，葉脈は二また分岐			真正中心柱				地上
		球果類		木本，葉は針状または鱗片状			真正中心柱		卵細胞，鞭毛のない精細胞，種子		地上
	被子植物	双子葉類	胚珠は子房で包まれる	木本・草本，網状脈，子葉2枚		雌性配偶体は8核7細胞の胚のう，雄性配偶体は花粉管核，精細胞2個の3核	真正中心柱		卵細胞，鞭毛のない精細胞，種子，重複受精		地上・水中
		単子葉類		草本，ひげ根，平行脈，子葉1枚			不整中心柱				地上・水中

プチ雑学　植物(陸上植物)とそれに近縁なシャジクモ藻類のなかまを，あわせてストレプト植物とよぶ。ストレプト植物は有性生殖をおこない，細胞分裂の様式が共通するなどの特徴をもつ。シャジクモ藻類のうちどれが最も植物に近縁なグループかにはいくつかの説があったが，分子系統解析の結果，接合藻類が最も近縁であることが有力となっている。

Keywords ●生活環 life-cycle ●単相 haploid phase ●複相 diploid phase ●世代交代 alternation of generations
●胞子 spore ●配偶体 gametophyte ●胞子体 sporophyte

シダ植物

胞子体が発達。維管束があり，根・茎・葉が分化する。配偶体は前葉体。

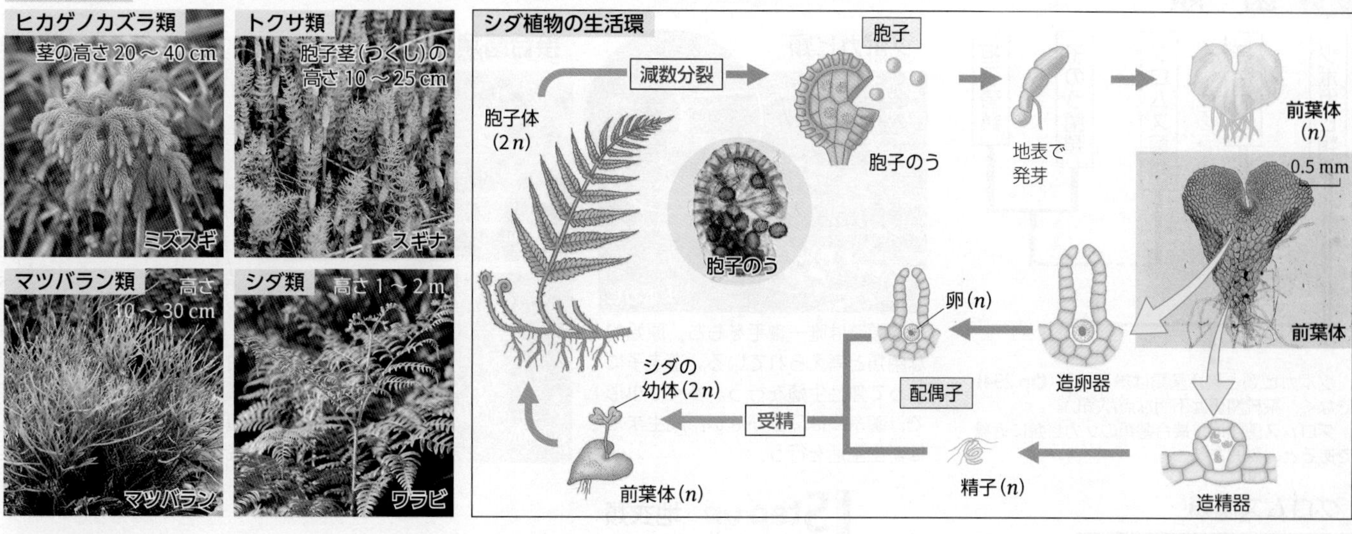
ヒカゲノカズラ類
茎の高さ 20 ～ 40 cm
ミズスギ
トクサ類
胞子茎(つくし)の高さ 10 ～ 25 cm
スギナ
マツバラン類
高さ 10 ～ 30 cm
マツバラン
シダ類
高さ 1 ～ 2 m
ワラビ
シダ植物の生活環
減数分裂
胞子
胞子体 (2n)
胞子のう
胞子のう
地表で発芽
前葉体 (n)
0.5 mm
前葉体
卵 (n)
造卵器
配偶子
シダの幼体 (2n)
受精
前葉体 (n)
精子 (n)
造精器

種子植物

胞子体は高度に分化し，種子をつくる。配偶体は退化し，胞子体の中につくられる。

裸子植物

卵が胚珠内に保護される。雌性配偶体は数個の造卵器と一次胚乳である。

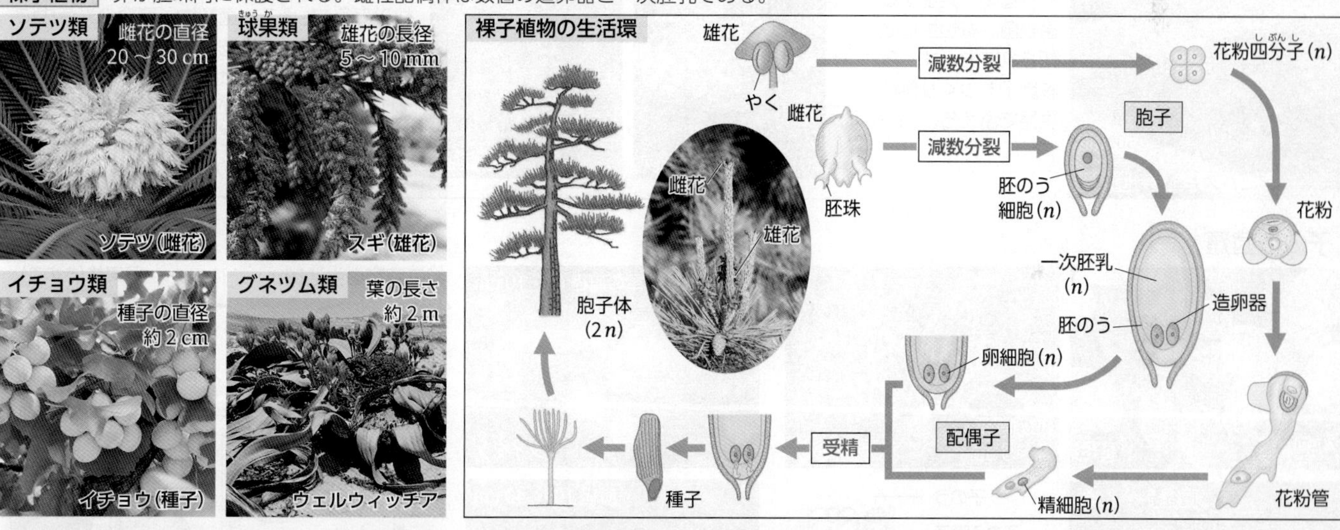
ソテツ類
雌花の直径 20 ～ 30 cm
ソテツ(雌花)
球果類
雄花の長径 5 ～ 10 mm
スギ(雄花)
イチョウ類
種子の直径 約 2 cm
イチョウ(種子)
グネツム類
葉の長さ 約 2 m
ウェルウィッチア
裸子植物の生活環
雄花
やく
減数分裂
花粉四分子 (n)
雌花
胚珠
減数分裂
胞子
胚のう細胞 (n)
花粉
雌花
雄花
胞子体 (2n)
一次胚乳 (n)
胚のう
造卵器
卵細胞 (n)
配偶子
受精
種子
精細胞 (n)
花粉管

被子植物

胚珠が子房に保護される。雌性配偶体は通常 8 核 7 細胞の胚のうである。子房は成熟して果実となる。

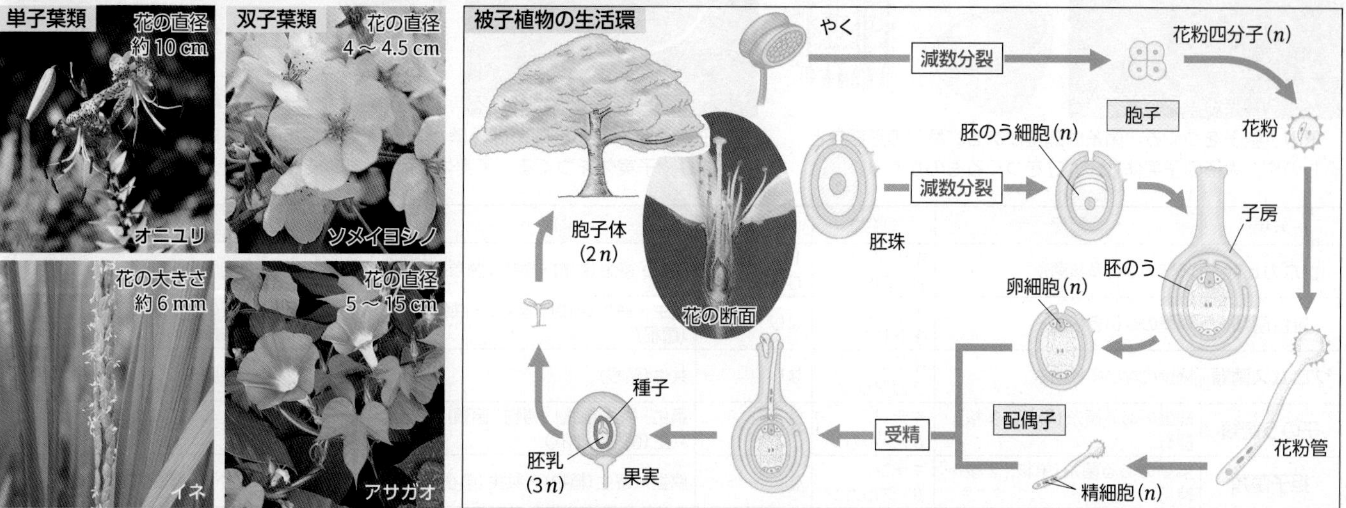
単子葉類
花の直径 約 10 cm
オニユリ
双子葉類
花の直径 4 ～ 4.5 cm
ソメイヨシノ
花の大きさ 約 6 mm
イネ
花の直径 5 ～ 15 cm
アサガオ
被子植物の生活環
やく
減数分裂
花粉四分子 (n)
胞子
花粉
胚のう細胞 (n)
減数分裂
胚珠
子房
胞子体 (2n)
花の断面
胚のう
卵細胞 (n)
種子
胚乳 (3n)
果実
受精
配偶子
精細胞 (n)
花粉管

プチ雑学 植物で最も多様化が進んだグループは双子葉類のキク科で，約 33000 種を含む。次いで多様性が高いのは単子葉類のラン科で，約 28000 種を含む。

1 菌類

ツボカビ類　接合菌類　グロムス菌類　子のう菌類　担子菌類

ツボカビ類と接合菌類は単系統群(▶p.294)でなく，系統関係は不明な点が多い。
グロムス菌類は，接合菌類のケカビ類に近縁であるとの説もある。

ツボカビ類

遊走子のうの直径 数十 μm　鞭毛　ツボカビ

菌類では唯一鞭毛をもち，原始的な菌類と考えられている。遊走子によって無性生殖を行う。多くは小形で，菌糸には隔壁がない。腐生または寄生生活を行う。

接合菌類

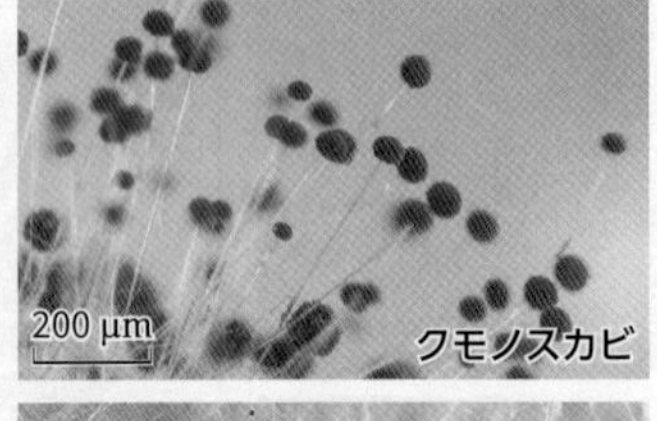
200 μm
クモノスカビ

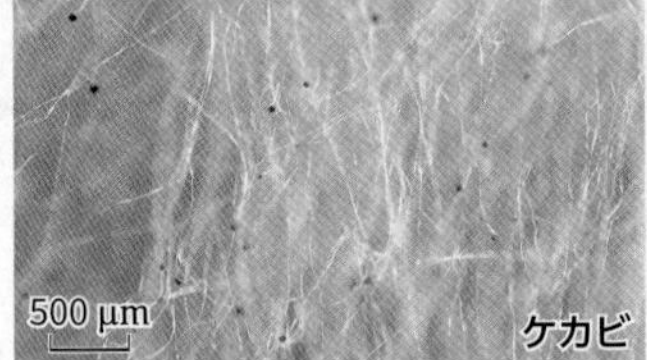
500 μm
ケカビ

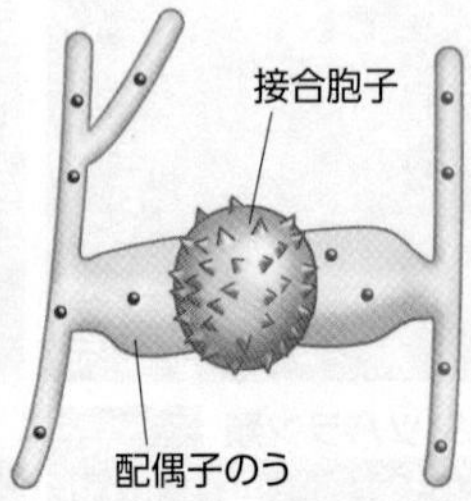
接合胞子
配偶子のう

隔壁のない多核菌糸。腐生や寄生など，多様な生活様式のものがある。有性生殖では2つの配偶子のうが接合し，接合胞子をつくる。

グロムス菌類

小林裕樹／基礎生物学研究所 提供
500 μm
アーバスキュラー菌根菌

アーバスキュラー菌根(▶p.219)をつくり植物と共生する菌根菌。有性生殖は知られておらず，多核胞子をつくり無性生殖でふえる。

Step up 地衣類

3 cm
ウメノキゴケ

5 cm
チズゴケ

地衣類は，菌類(おもに子のう菌類)と緑藻類やシアノバクテリアの共生体で，岩石や樹木の表面に生える。菌類は，藻類の光合成によりつくられた有機物を利用し，藻類は無機物や水を菌類から受け取っている。粉芽とよばれる菌糸と藻類のかたまりを散布する無性生殖や，子のう果などを形成する有性生殖でふえる。約17000種が知られている。

子のう菌類

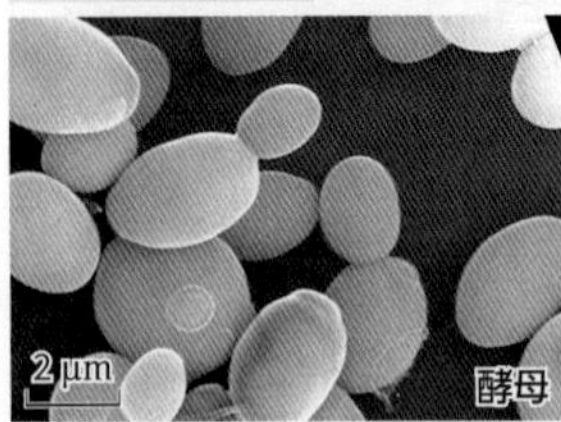
2 μm
酵母

傘の直径 2～5 cm
アミガサタケ

直径 1～4 cm
ヒイロチャワンタケ

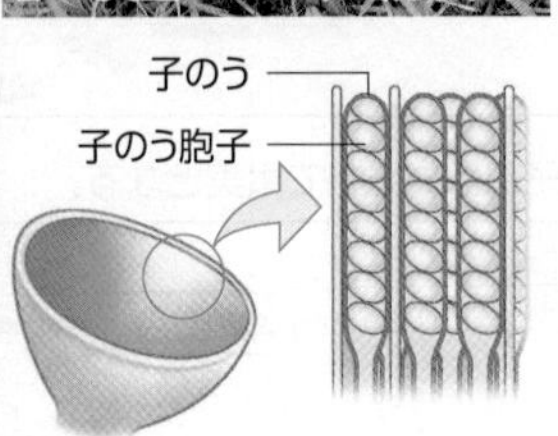
子のう
子のう胞子

子のう胞子をつくる。菌糸は隔壁がある。酵母の形態をとるものや，大形の子実体(きのこ)をつくるものがある。

担子菌類

傘の直径 6～10 cm
シイタケ

直径 10～40 cm
コフキサルノコシカケ

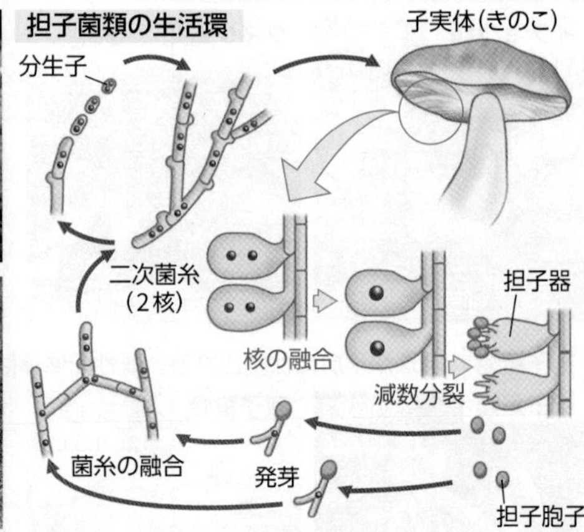
担子菌類の生活環
子実体(きのこ)
分生子
二次菌糸
(2核)
核の融合
担子器
減数分裂
担子胞子
発芽
菌糸の融合

担子胞子をつくる。菌糸は隔壁がある。発芽した菌糸は融合して2核の二次菌糸となり，子実体をつくる。子実体は大形(きのこ)となる。

分類	形態	細胞壁	鞭毛	栄養	有性生殖	無性生殖	生息地
ツボカビ類	隔壁のない多核菌糸	キチン，β-グルカン	1本の後方むち形鞭毛	腐生・寄生(動物・植物・菌類)	同形・異形配偶，卵胞子	遊走子	淡水・土壌
接合菌類	隔壁のない多核菌糸	キチン，キトサン	なし	腐生・寄生(動物・菌類)・共生(菌根)	接合胞子	胞子のう胞子，分生子，厚壁胞子	土壌
グロムス菌類	隔壁のない多核菌糸	キチン，グロマリン	なし	共生(菌根)	(未確認)	多核胞子	土壌
子のう菌類	隔壁のある菌糸(単核，多核)・酵母	キチン，β-グルカン	なし	腐生・寄生(動物・植物・菌類)・共生(菌根・地衣)	子のう胞子	分生子，厚壁胞子	土壌・淡水・海水
担子菌類	隔壁のある菌糸(単核，2核)・酵母	キチン，β-グルカン	なし	腐生・寄生(植物)・共生(菌根)	担子胞子	分生子，厚壁胞子	淡水・土壌

プチ雑学　子のう菌類と担子菌類はおもに有性生殖器官の形態によって分類される。アオカビなど有性生殖が知られていないものはかつて不完全菌類としてまとめられていたが，近年では分子系統解析などにより子のう菌類または担子菌類に分類されている。アオカビは現在では子のう菌類に含まれる。

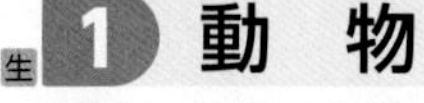

1 動物

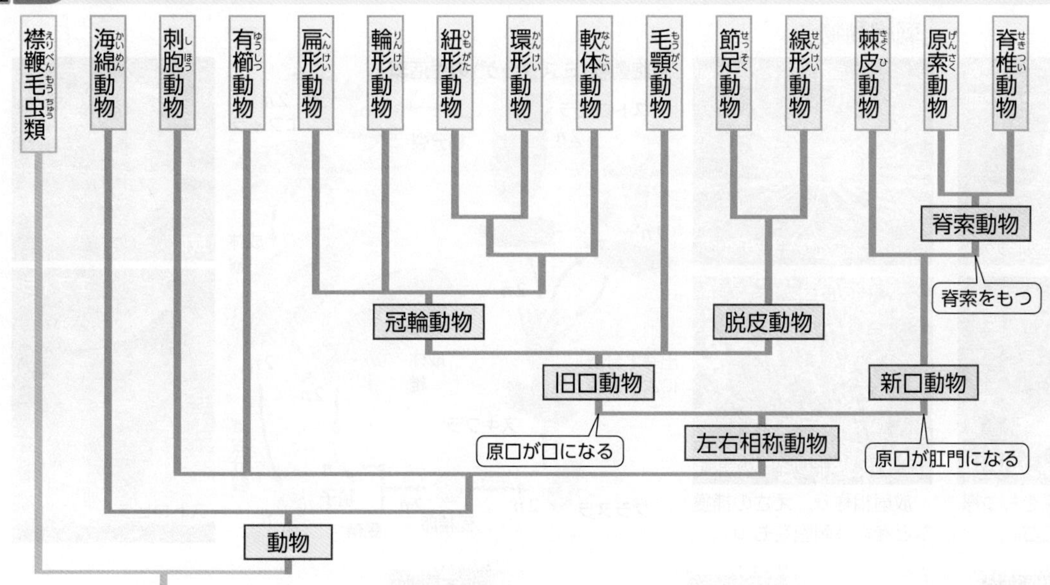

襟鞭毛虫類
海綿動物
刺胞動物
有櫛動物
扁形動物
輪形動物
紐形動物
環形動物
軟体動物
毛顎動物
節足動物
線形動物
棘皮動物
原索動物
脊椎動物
脊索動物
脊索をもつ
冠輪動物
脱皮動物
旧口動物
新口動物
原口が口になる
左右相称動物
原口が肛門になる
動物

動物は多細胞性の従属栄養生物である。動物の祖先は襟鞭毛虫類に近いと考えられている。動物の系統は，まず海綿動物などと左右相称動物に大きく分かれ，左右相称動物は旧口動物と新口動物に分かれる。旧口動物は冠輪動物と脱皮動物に分かれる。

襟鞭毛虫類

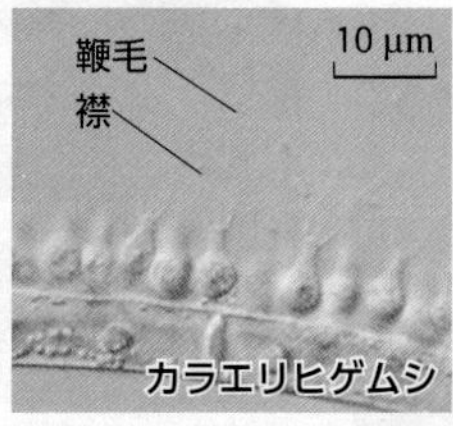

鞭毛
襟
10 μm

カラエリヒゲムシ

水中に生息する単細胞性の微小な原生生物。鞭毛の周囲に襟状の構造をもつ。群体で生活するものもあり，多細胞性の起源と考えられる。形態は海綿動物の襟細胞に似ている。

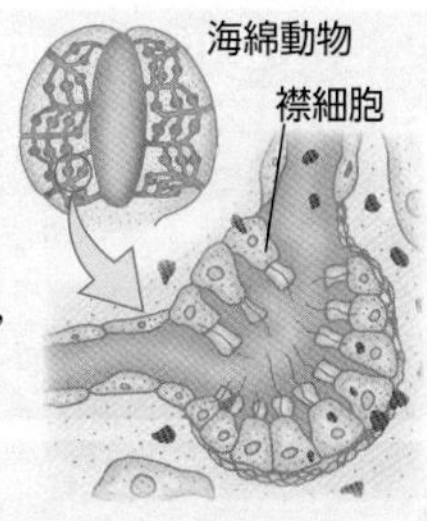

海綿動物
襟細胞

Step up 形態による系統

形態による系統樹の例

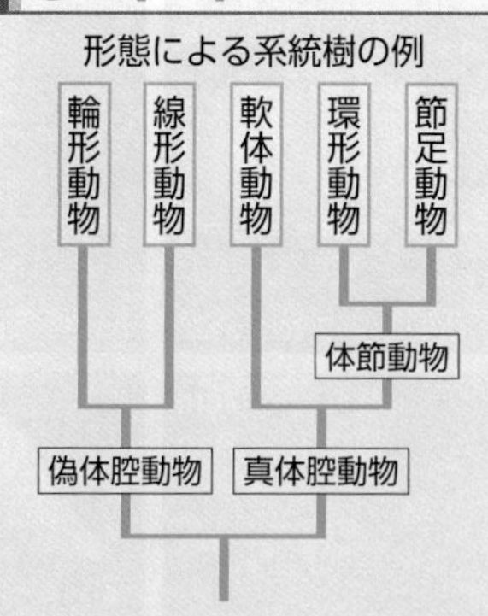

輪形動物
線形動物
軟体動物
環形動物
節足動物
体節動物
偽体腔動物
真体腔動物

動物の系統は従来，おもに形態や発生に基づき解析されていた。近年，DNA などによる分子系統の解析が進んでおり，従来と異なる結果も得られている。

たとえば，偽体腔や体節という形質は，進化の過程で一度だけ獲得されたと考えられていたが，分子系統解析の結果によると，これらの形質は別々の系統でそれぞれ独立に獲得された，収れん(▶p.290)であるとされる。

分類			発生				形態	消化器	呼吸	循環系	排出系	神経系	栄養	生殖	生息域
海綿動物			無胚葉				壺状・杯状・円筒状・不定，骨片	溝系	体表	なし	なし	なし	懸濁物食*	雌雄同体・異体，出芽	海水・淡水
刺胞動物			二胚葉				放射相称，プラヌラ幼生，ポリプ・クラゲ，刺細胞	胃水管系	体表	なし	なし	散在神経系	肉食・懸濁物食	雌雄異体，出芽	海水
有櫛動物							放射相称，櫛板	胃水管系	体表	なし	なし	散在神経系	肉食	雌雄同体	海水
旧口動物	冠輪動物	扁形動物	三胚葉	無体腔		らせん卵割	左右相称，扁平，肛門なし	袋状・枝状の腸	体表	なし	原腎管	脳，腹側神経索，横連神経	肉食・寄生	雌雄同体，分裂	海水・淡水・陸上
		輪形動物		偽体腔			左右相称，紡錘形，輪毛器	そしゃく器，胃，腸	体表	なし	原腎管	脳(頭部神経節)	懸濁物食	雌雄異体，単為生殖	淡水・土壌・海水
		紐形動物		真体腔	裂体腔		左右相称，吻，吻腔	胃，腸	体表	閉鎖血管系，心臓なし	原腎管	脳，側神経，はしご状	肉食・腐食	雌雄異体	海水
		環形動物					左右相称，体節，トロコフォア幼生	消化管	体表・えら	閉鎖血管系，心臓	腎管	脳，腹側神経索，はしご状	肉食・草食・寄生	雌雄異体・同体	海水・淡水・土壌
		軟体動物					左右相称，外とう膜，貝殻，トロコフォア幼生	胃，腸，中腸腺	えら・肺	開放・閉鎖血管系，心臓	腎管・腎臓	脳神経節，2対の神経索	肉食・懸濁物食	雌雄同体・異体	海水・淡水・陸上
	毛顎動物				腸体腔		左右相称，顎毛，側びれ，尾びれ	単純な消化管	体表	血洞系	繊毛環	脳神経節，腹神経節	肉食	雌雄同体	海水
	脱皮動物	節足動物			裂体腔		左右相称，体節，外骨格	前腸，中腸，後腸	気管・えら・書肺	開放血管系，心臓	マルピーギ管	脳，腹側神経索，はしご状	肉食·草食·腐食・寄生	雌雄異体，単為生殖	陸上・淡水・海水
		線形動物		偽体腔			左右相称，細長い体	食道，腸	体表	なし	排出細胞	脳(神経環)，腹側神経索	肉食·草食·腐食・寄生	雌雄異体	海水・淡水・陸上
新口動物	棘皮動物			真体腔	腸体腔／裂体腔	放射卵割	5放射相称(幼生は左右相称)，水管系，管足，骨片	胃	体表・えら	血洞系	なし	環状神経，放射状神経	肉食·草食·懸濁物食	雌雄異体	海水
	脊索動物	原索動物					左右相称，脊索	胃，腸	えら	開放・閉鎖血管系，心臓	原腎管	背側神経管	懸濁物食	雌雄異体・同体	海水
		脊椎動物					左右相称，脊椎	胃，腸，肝臓，すい臓	えら・肺	閉鎖血管系，心臓	腎臓	脳，脊髄	肉食·草食·腐食	雌雄異体	海水・淡水・陸上

＊水中の微小な有機物粒子などを食べる。

プチ雑学 動物は，約 33 の門に分類されている。

1 動物

海綿動物

高さ約 45 mm
ツボシメジカイメン

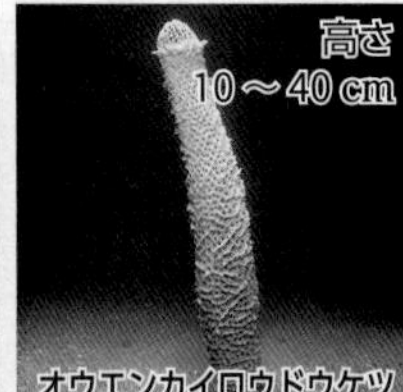
高さ 10 ～ 40 cm
オウエンカイロウドウケツ

幅 10 ～ 50 cm
高さ 1 ～ 2 cm
ダイダイイソカイメン
硬骨カイメンの一種

単純な構造で固着性の動物。鞭毛をもつ襟細胞が水流を起こし，食物をとりこむ。

刺胞動物

直径 15 ～ 25 cm
スナイソギンチャク

枝の長さ 2.5 ～ 7 cm
ミドリイシの一種

放射相称で，えさの捕獲などを行う刺胞をもつ。

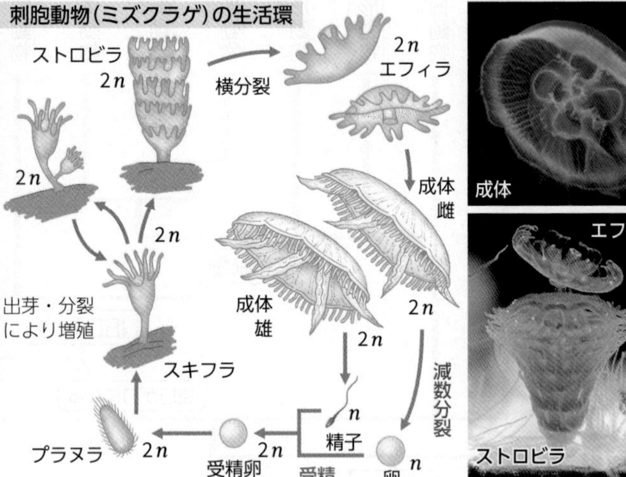
刺胞動物（ミズクラゲ）の生活環
ストロビラ
2n
横分裂
2n
エフィラ
成体
雌
2n
2n
出芽・分裂
により増殖
成体
雄
2n
2n
スキフラ
減数分裂
n
精子
プラヌラ
2n
2n
受精卵
受精
卵
n
成体
エフィラ
ストロビラ

有櫛動物

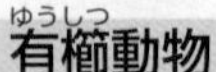

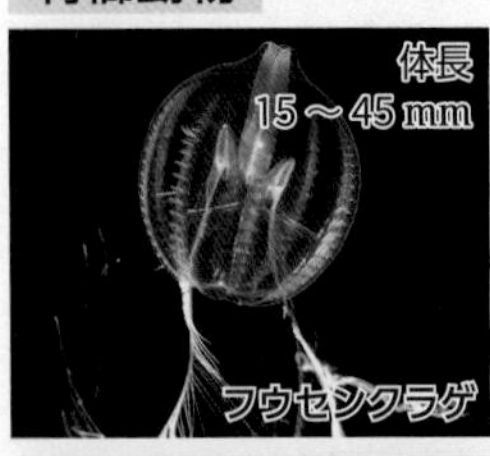
体長 15 ～ 45 mm
フウセンクラゲ

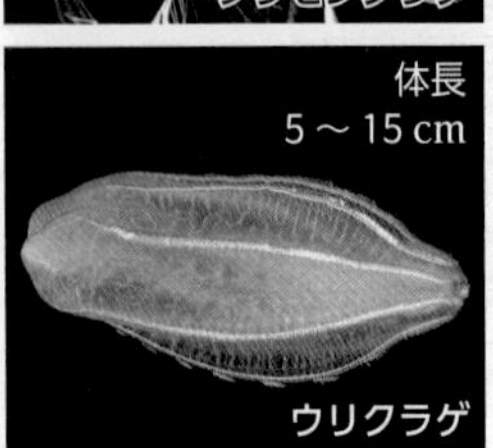
体長 5 ～ 15 cm
ウリクラゲ

海産の肉食性動物。クラゲ形の放射相称で，体表面に櫛板がある。

扁形動物

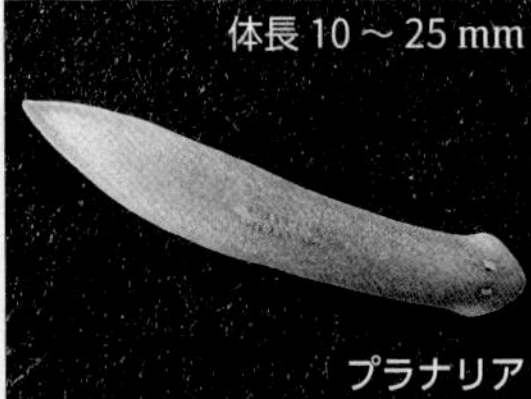
体長 10 ～ 25 mm
プラナリア

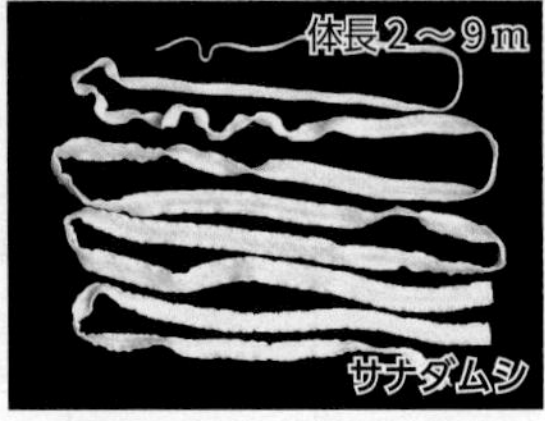
体長 2 ～ 9 m
サナダムシ

扁平な体で，消化管に肛門がなく，再生能力が高い。寄生性の種も多い。

輪形動物

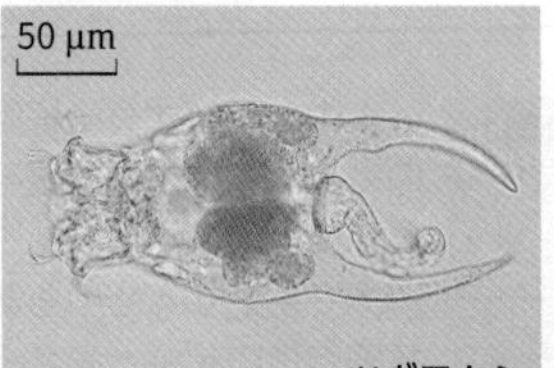
50 μm
ツボワムシ

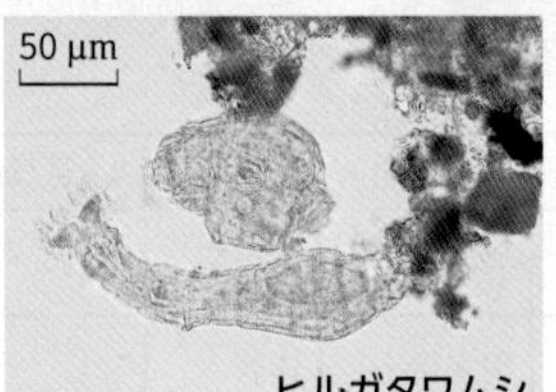
50 μm
ヒルガタワムシ

多くは 0.5 mm 以下の小形の動物。輪毛器で水流を起こして摂食や運動を行う。

軟体動物

多板類
体長約 5 cm
ヒザラガイ

二枚貝類
殻の長径 3 ～ 4 cm
アサリ

頭足類
体長約 60 cm
マダコ

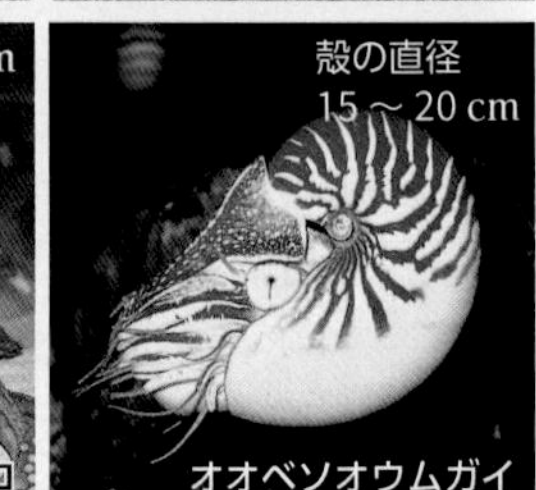
殻の直径 15 ～ 20 cm
オオベソオウムガイ

腹足類
殻の直径 1 ～ 4 cm
マイマイ

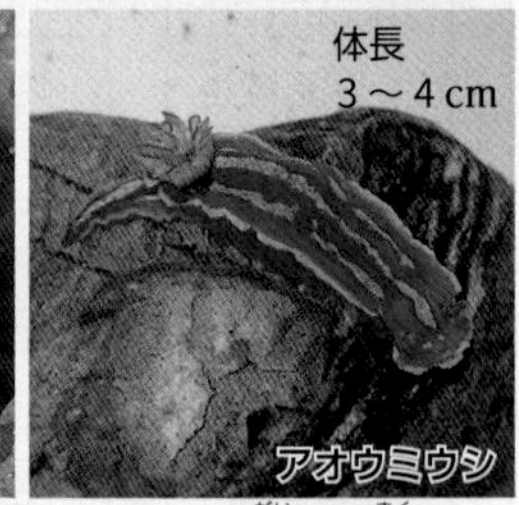
体長 3 ～ 4 cm
アオウミウシ

体節はなく，筋肉質の足と体をおおう外とう膜をもつ。多くは外とう膜から分泌される石灰質の殻をもつ。

環形動物

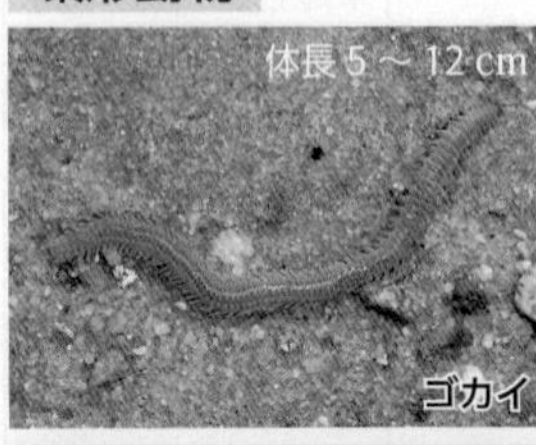
体長 5 ～ 12 cm
ゴカイ

体長 10 ～ 20 cm
ミミズ

体長 2 ～ 5 cm
ヤマビル

最大長約 3 m
ハオリムシ

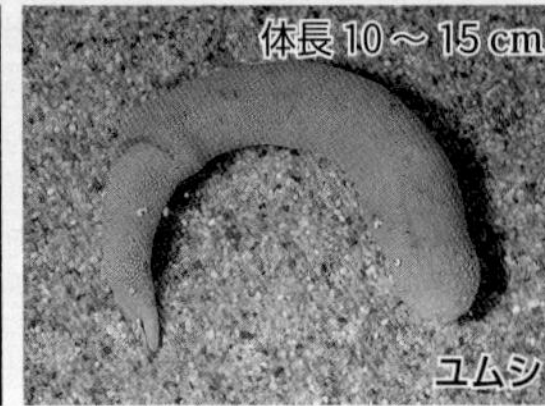
体長 10 ～ 15 cm
ユムシ

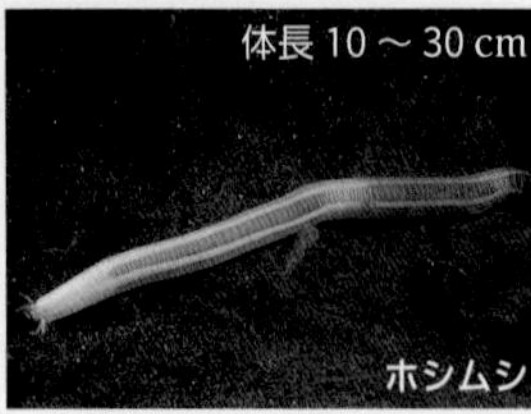
体長 10 ～ 30 cm
ホシムシ

体は一般に細長く，体長は 1 mm 以下から，大形のもので 3 m に達する。環状の体節があり，体節ごとに同様の構造がくり返す。循環系は閉鎖血管系。

トロコフォア

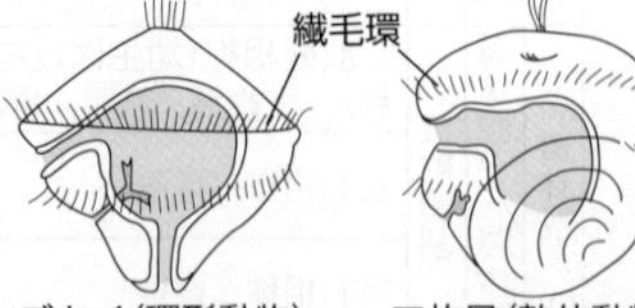
繊毛環
ゴカイ（環形動物）
二枚貝（軟体動物）

環形動物と軟体動物の幼生はよく似た形態であり，トロコフォアとよばれる。

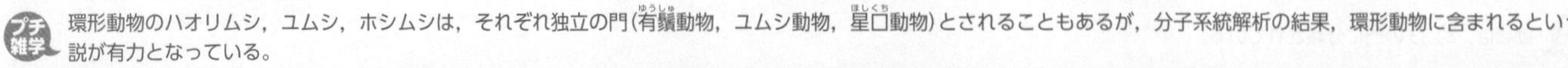

プチ雑学 環形動物のハオリムシ，ユムシ，ホシムシは，それぞれ独立の門（有鬚動物，ユムシ動物，星口動物）とされることもあるが，分子系統解析の結果，環形動物に含まれるという説が有力となっている。

Step up 微顎動物

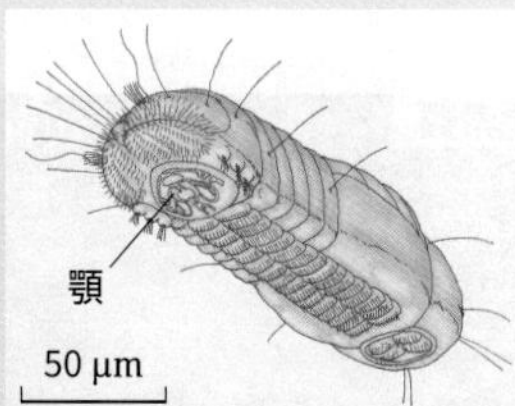
顎
50 μm

複雑な構造の顎をもつ微小な動物。1994年にグリーンランドの冷泉から発見された。2000年に微顎動物綱として発表されたが，固有の特徴を多くもつため，現在は1種で独立した微顎動物門とされる。

紐形動物

体長 30～80 cm
ヒモムシ

ひも状の体で体節はなく，閉鎖血管系をもつ。多くは海産で肉食性。

毛顎動物

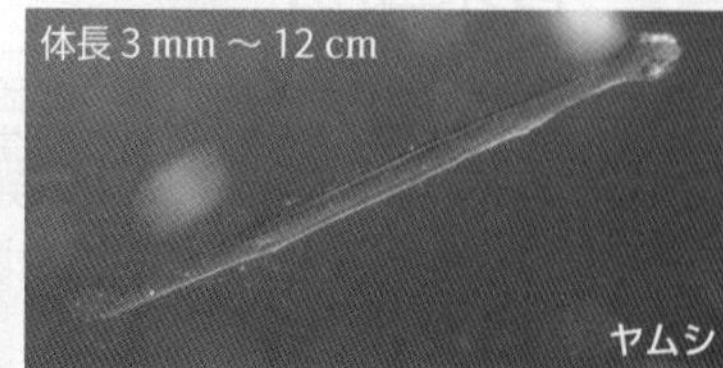
体長 3 mm～12 cm
ヤムシ

海産の肉食性動物で，素早い動きで獲物をとらえる。頭部に顎毛をもつ。

節足動物

体節をもち，体はキチン質(▶p.45)の外骨格でおおわれる。100万を超える種が知られている。

鋏角類

クモ類
体長：雄 6～10 mm
雌 15～30 mm
ジョロウグモ

体長 0.3～0.4 mm
コナダニ

剣尾類
体長 50～60 cm
カブトガニ

甲殻類

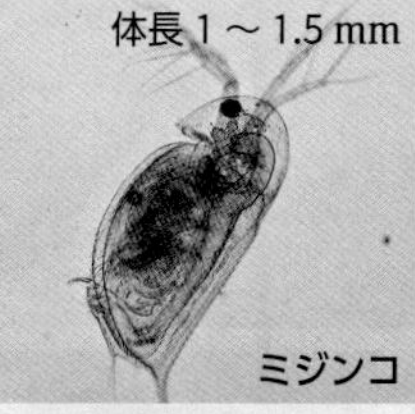
体長 1～1.5 mm
ミジンコ

体長 3～4 cm
カメノテ

体長 12 mm
ワラジムシ

甲幅
約 30 cm
タカアシガニ

多足類

体長 5～20 cm
ムカデ

体長 1～2.5 cm
ヤスデ

体長 1～8 mm
コムカデ

六脚類

内顎類
体長 1～2 mm
トビムシ

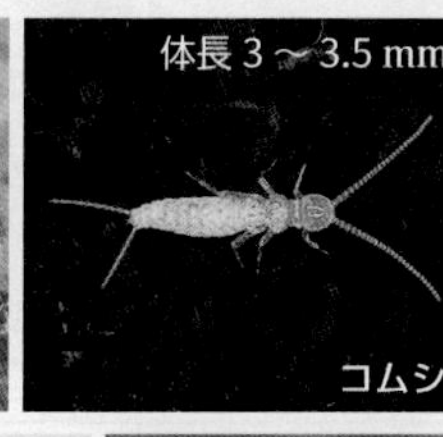
体長 3～3.5 mm
コムシ

昆虫類
体長約 1 cm
セイヨウシミ

体長約 4 cm
アキアカネ

体長 4～6 cm
クルマバッタ

体長 30～55 mm
カブトムシ

前翅長 4～6 cm
ナミアゲハ

体長 27～44 mm
オオスズメバチ

線形動物

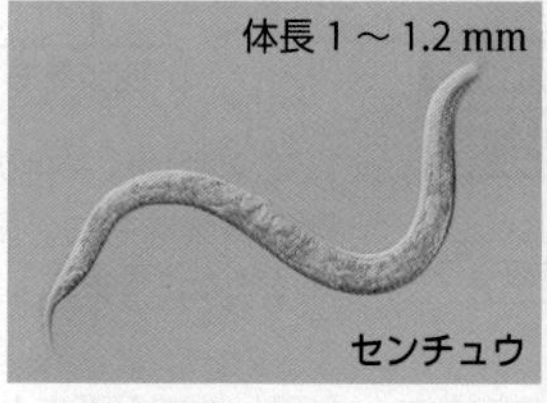
体長 1～1.2 mm
センチュウ

体長 20～30 cm
カイチュウ

多様な環境にすみ，最も広く分布する動物の1つ。体は円筒形で体節はない。寄生性の種も多い。

Step up 緩歩動物

※着色画像
50 μm

一般にクマムシの名で親しまれている。4対の足でゆっくり歩くことから，緩歩動物とよばれる。大きさはふつう0.5mmほどで，土壌中やコケの中に多く生息している。

陸産のクマムシは乾燥してくると樽形になり，乾燥に耐える。この状態で数年間生きのびることができ，−270℃の超低温や多量の放射線にも耐えるとの報告もある。

棘皮動物

高さ約 30 cm
ウミシダの一種

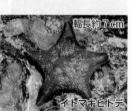

輻長約 7 cm
イトマキヒトデ

殻径約 4 cm
ムラサキウニ

体長
20～30 cm
マナマコ

成体は5放射相称で幼生は左右相称。水管系，管足，石灰質の骨格がある。海産で動きは遅い，または固着性である。

プチ雑学　昆虫類は非常に多様性が高く，今まで知られている全生物種の半数以上を占める。中でも最大のグループはカブトムシ，オサムシ，ホタルなどを含む甲虫類(鞘翅目)で，約37万種が知られている。

1 脊索動物

頭索類　尾索類　無顎類　軟骨魚類　硬骨魚類　両生類　有鱗類　カメ類　ワニ類　鳥類　哺乳類

は虫類

魚類

羊膜をもつ

四肢をもつ

原索動物　脊椎動物

脊椎をもつ

脊索動物は一生のうち少なくとも一時期に脊索をもつ。脊索動物は脊椎動物と原索動物(頭索類，尾索類)に分かれる。

原索動物

頭索類　体長 3 ～ 5 cm　ナメクジウオ

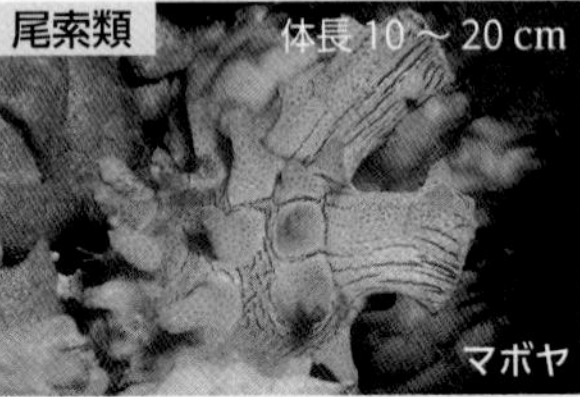
尾索類　体長 10 ～ 20 cm　マボヤ

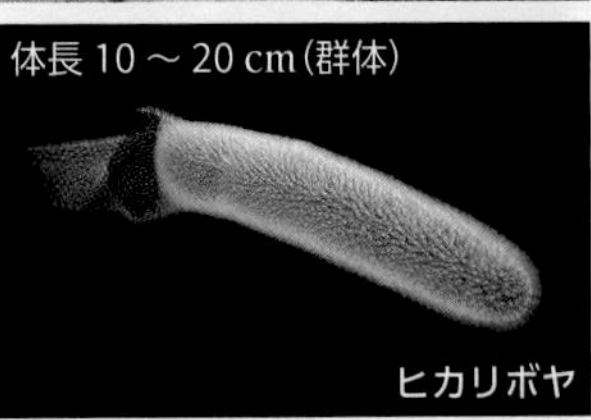
体長 10 ～ 20 cm(群体)　ヒカリボヤ

頭索類は体全長にわたる脊索を終生もつ。尾索類は幼生では脊索をもつが，成体は脊索をもたないか，尾部にのみもつ。脊椎動物は発生中の胚の段階で脊索が形成され，後に脊椎骨に置き換わる。

脊椎動物

脊椎をもつ。発達した神経系をもち，神経管の前端が脳となる。

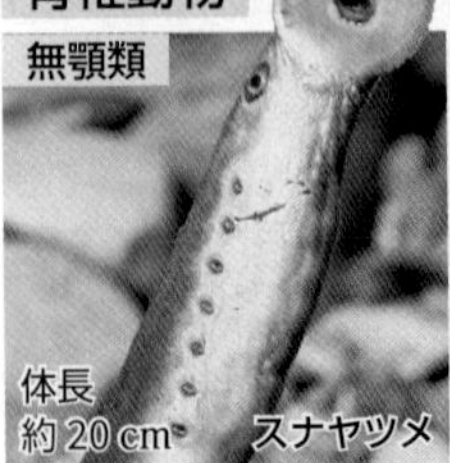
無顎類　体長約 20 cm　スナヤツメ

軟骨魚類　体長約 120 cm　マダラトビエイ

両生類　体長 8 ～ 13 cm　アカハライモリ

有鱗類　体長 16 ～ 25 cm　ニホントカゲ

カメ類　甲長 雄約 11 cm 雌約 18 cm　ニホンイシガメ

硬骨魚類　全長 60 cm　ウツボ

全長 15 ～ 30 cm　ギンブナ

体長約 30 ～ 40 mm　ニホンアマガエル

体長約 1.2 m　ニシダイヤガラガラヘビ

ワニ類　全長 3 ～ 7 m　イリエワニ

体長約 60 cm　ギンガメアジ

体長 40 cm　ハイギョ

鳥類　体高 1.7 ～ 2.8 m　ダチョウ

全長約 60 cm　マガモ

体長約 47 cm　ウミネコ

分類		形態	呼吸	循環系	排出系	神経系	体温	生殖・発生	生息域
無顎類		正中鰭(背鰭，尾鰭)，対鰭なし，軟骨，鱗なし，顎なし，脊索	えら	1心房1心室，静脈心臓(ヌタウナギ類)	前腎	特殊化した小さい脳	変温動物(外温性)	卵生 体外受精，変態	水中
軟骨魚類		正中鰭(背鰭，臀鰭，尾鰭)，対鰭(胸鰭，腹鰭)，軟骨，鱗	えら	1心房1心室	中腎	前脳(嗅覚)発達		卵生・卵胎生・胎生 体内受精	水中
硬骨魚類		正中鰭(背鰭，臀鰭，尾鰭)，対鰭(胸鰭，腹鰭)，硬骨，鱗，うきぶくろ	えら	1心房1心室	中腎	中脳発達		卵生・卵胎生 体外受精・体内受精，変態	水中
両生類		四肢，皮膚裸出	肺，えら，皮膚	2心房1心室	中腎	小脳発達しない原始的な脳		卵生・卵胎生・胎生 体外受精・体内受精，変態	淡水・陸上
は虫類	羊膜類	四肢，角質の鱗，甲羅(カメ類)	肺	2心房1心室(ワニ類は心室の隔壁発達)	後腎	小脳やや発達		卵生・卵胎生・胎生 体内受精	陸上・水中
鳥類	羊膜類	翼，羽毛，くちばし，歯なし	肺，気のう	2心房2心室	後腎	大脳，小脳発達	恒温動物(内温性)	卵生 体内受精	陸上
哺乳類	羊膜類	四肢，体毛，乳腺	肺，横隔膜	2心房2心室	後腎	大脳皮質発達		胎生 体内受精，授乳	陸上・水中

プチ雑学　は虫類や魚類は側系統群(▶p.294)であり，それぞれ単系統群から鳥類，四肢動物を除いたグループである。このようなグループは自然分類ではないとし，分類群として扱わない立場もあるが，進化段階をわかりやすく表すものとして使われている。

生 2 哺乳類

単孔類　有袋類　真獣類

胎盤が発達

哺乳類は乳腺をもち，乳で子を育てる。胎生で，単孔類のみ卵生である。有袋類は未熟な子を産み，育児のうで保護する。

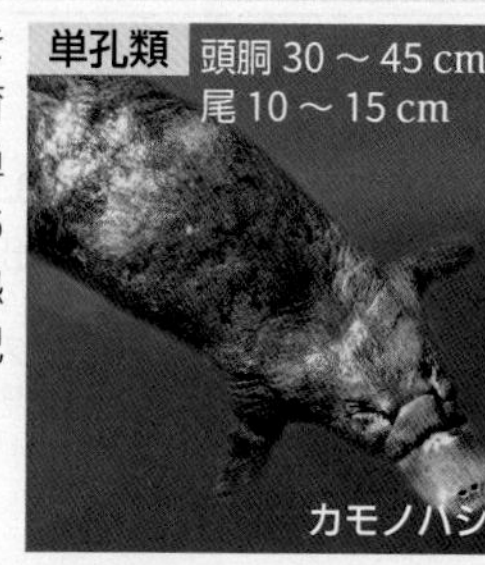
単孔類
頭胴 30 ～ 45 cm
尾 10 ～ 15 cm
カモノハシ

有袋類
体長 60 ～ 85 cm
コアラ

真獣類
頭胴 60 ～ 70 mm
尾 70 mm
カヤネズミ
体長 6 ～ 7.5 m
アフリカゾウ

生 3 動物の体制 ほとんどの動物は左右相称の体をもつ。

A 放射相称

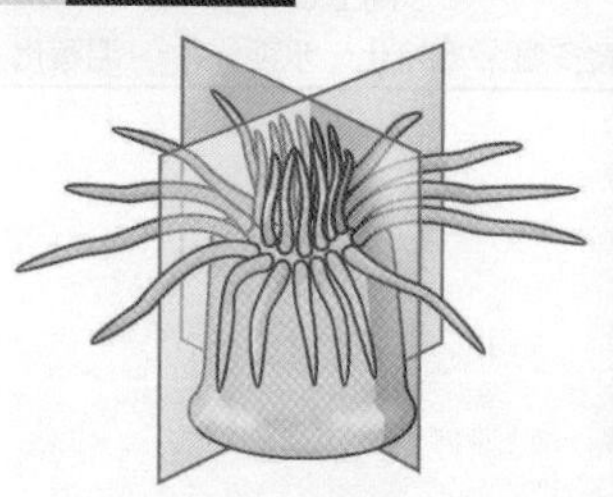

直径 10 ～ 数十 cm
カワテブクロ（棘皮動物）

体軸を通る複数の対称面がある。固着生活や浮遊生活をする動物に多い。棘皮動物は対称面が 5 つある 5 放射相称である。

B 左右相称

体長 8 ～ 15 cm
アメリカザリガニ（節足動物）

対称面が体の前後方向にただ 1 つある。運動に適しており，ほとんどの動物は左右相称である。

生 4 動物の発生と分類 動物は発生過程などから分類される。

A 旧口動物と新口動物

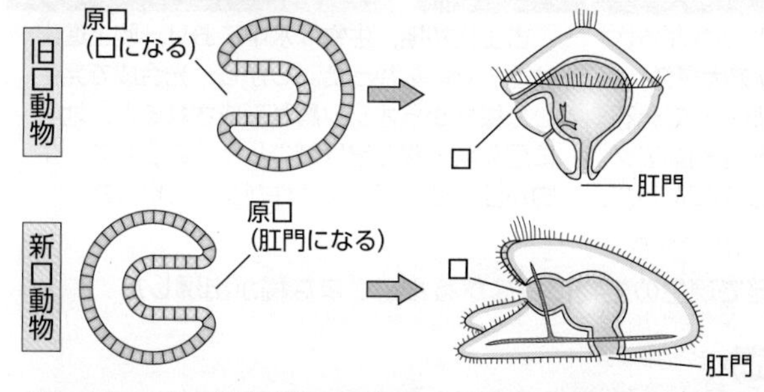
旧口動物
原口
（口になる）
口
肛門
新口動物
原口
（肛門になる）
口
肛門

原口が口になる動物を旧口動物といい，原口が肛門になる動物を新口動物という。左右相称動物はこの 2 つの系統に分けられる。

C 体　腔

原体腔動物		真体腔動物
無体腔動物	偽体腔動物	
腸　内胚葉　中胚葉　外胚葉	偽体腔	真体腔
組織で埋められ，ほとんど空所はない。	中胚葉性の細胞で部分的に囲まれる体腔をもつ。	中胚葉性の細胞で完全に裏打ちされた体腔をもつ。

B 卵　割

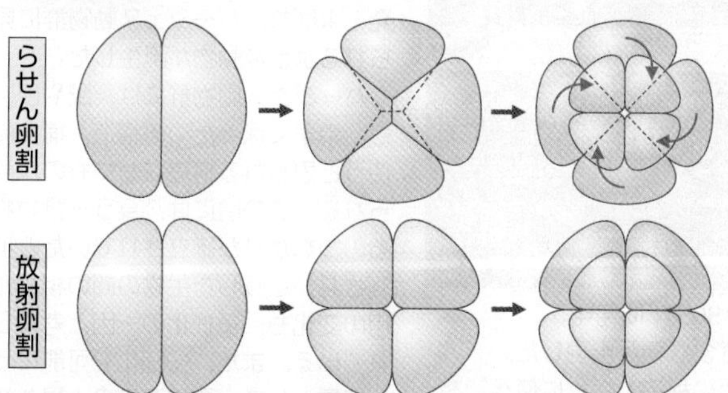
らせん卵割
放射卵割

卵割の初期に割球が動・植物極軸に対し放射相称となる放射卵割と，卵割面が動・植物極軸に対し傾くらせん卵割がある。

D 真体腔のでき方

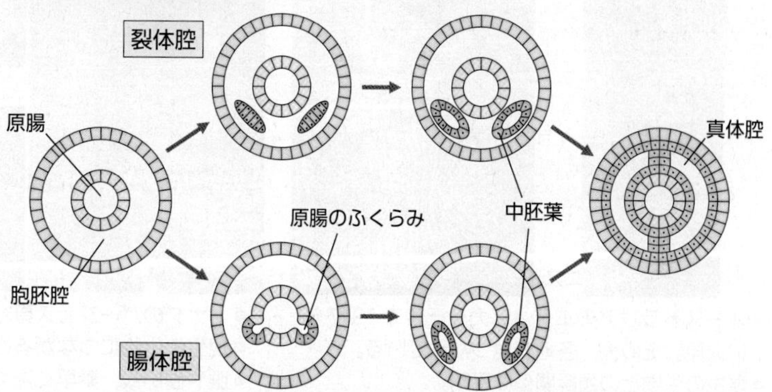
裂体腔
原腸
真体腔
原腸のふくらみ
中胚葉
胞胚腔
腸体腔

真体腔のでき方には，中胚葉の細胞が分かれてできる裂体腔と，原腸からくびれてできる腸体腔がある。毛顎動物・棘皮動物などが腸体腔である。

プチ雑学　単孔類は卵生の哺乳類で，汗腺が変形した乳腺から乳を分泌し，子を育てる。単孔類の現生種はカモノハシとハリモグラ類のみである。

生物の変遷

1 地質時代 生物の変遷をもとに，地球の歴史が時代分けされている。

先カンブリア時代			古生代(Pz)					
冥王代	太古代(始生代)	原生代	カンブリア紀(Cm)	オルドビス紀(O)	シルル紀(Sl)	デボン紀(Dv)	石炭紀(Cb)	ペルム紀(二畳紀, Pm)
46億〜40億	40億〜25億	25億〜5.41億	5.41億〜4.85億	4.85億〜4.44億	4.44億〜4.19億	4.19億〜3.59億	3.59億〜2.99億	2.99億〜2.52億
46億 地球の誕生 (化学進化)	40億 生命の誕生 シアノバクテリアの繁栄	25億 真核生物の出現 6億 最古の動物化石 有孔虫・放散虫・海生無脊椎動物出現。海藻類の多くの系統が出現。**エディアカラ生物群**	無脊椎動物のほとんどすべての系統が出現。海生の藻類が発展。脊椎動物(無顎類)の出現。**バージェス動物群**	三葉虫・フデイシ・頭足類の繁栄。貝類の発展。海生の藻類が繁栄。**植物の陸上進出**	ウミサソリ類，サンゴ類の繁栄。最古の陸上植物化石クックソニア。あごのある脊椎動物の出現。	アンモナイトの出現。初期の両生類イクチオステガの出現。**動物の陸上進出**	は虫類の出現。昆虫類・フズリナの繁栄。ロボク・リンボク・フウインボクの繁栄。両生類の繁栄。	三葉虫・フズリナの絶滅。ロボク・リンボクなどの衰退。ソテツ類の発展。
おもな示準化石			三葉虫	三葉虫	三葉虫	三葉虫	三葉虫 / フズリナ(紡錘虫)	三葉虫 / フズリナ(紡錘虫)
特徴的な植物			藻類	藻類	藻類	シダ植物	シダ植物	シダ植物
特徴的な動物			三葉虫	三葉虫	魚類	魚類	両生類	両生類
気候の変動			温暖	寒冷化			温暖多湿	寒冷化 氷期 温暖化

カンブリア紀以降を**顕生代**という。

A 先カンブリア時代

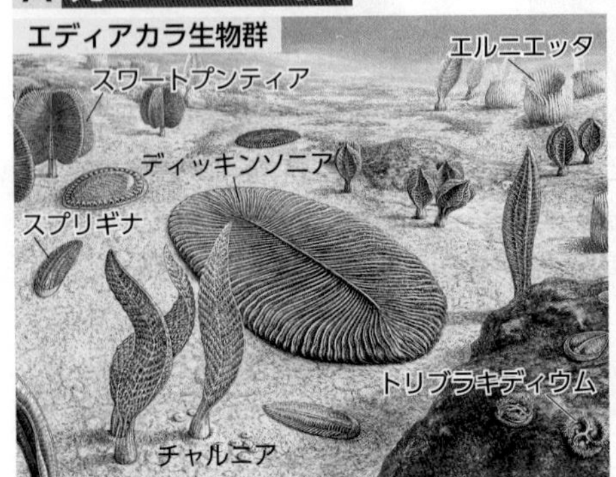
エディアカラ生物群
エルニエッタ
スワートプンティア
ディッキンソニア
スプリギナ
トリブラキディウム
チャルニア

かつては，生命の誕生は古生代の初めとされ，それより以前は先カンブリア時代として区別していた。現在では，生命の誕生はもっと前にさかのぼり，先カンブリア時代末期には，**エディアカラ生物群**とよばれる生物がいたことがわかっている。

B 古生代

バージェス動物群
アノマロカリス
オパビニア
ハルキゲニア
ディノミスクス

三葉虫
デボン紀の海

古生代に入ると，現生の生物につながるさまざまな種が出現した(**カンブリア大爆発**)。これらの生物はバージェス動物群として化石が残っている。60 cm にもなる節足動物アノマロカリスが生息する豊かな生態系であった。

古生代初期，生物は水中におり，陸上進出は進んでいなかった。しかし，光合成で発生した酸素からオゾン層が形成されると，地表に届く紫外線の量は減少した。こうして，生物が陸上進出できる条件が整っていった。

2 先カンブリア時代から古生代へ カンブリア大爆発で現生の生物につながるさまざまな種が出現した。

A エディアカラ生物群

チャルニア

トリブラキディウム
ディッキンソニア

- オーストラリアのエディアカラ丘陵で 1947 年に発見。その後，各地で見つかっている。
- 現生の生物との類縁関係は不明。
- 扁平でからだの大きいものが多く，骨格・殻などの硬い構造はない。

B バージェス動物群 Link

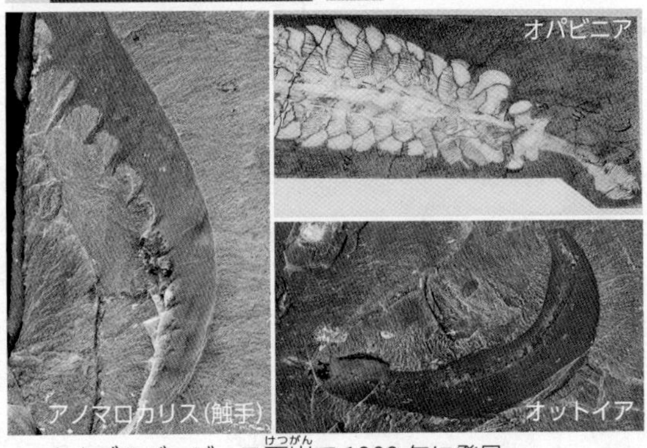
オパビニア
アノマロカリス(触手)
オットイア

- カナダのバージェス頁岩で 1909 年に発見。
- 現生の生物につながるさまざまな種が出現した。
- 眼や硬い殻，素早く泳ぐための構造，捕食に使うであろう構造をもつものが見られる。
- 同じ時代の化石は中国でも見られる(**澄江動物群**)。

カンブリア大爆発

現生の動物の門(▶p.292)の多くが，カンブリア紀に出現したといわれる。この多様化は**カンブリア大爆発**とよばれ，バージェス動物群に見られるような動物が誕生した。

バージェス動物群には，眼や硬い殻，素早く泳ぐための構造，捕食に使うと思われる構造をもつものが見られる。この頃には，食う－食われるのつながりが確立されていたと推測され，こうした生物の間の相互作用の変化も，多様化の一因と考えられている。また，多様化を可能にした背景として，酸素濃度の上昇も挙げられている。

プチ雑学 アノマロカリスは，1892 年に触手だけがみつかった。触手だけを見るとエビに似ていたことから，「奇妙なエビ」という意味をもつ「アノマロカリス」とよばれた。その後も，口の化石はクラゲの仲間，胴体の化石はナマコの仲間とされ，それらが大きな動物の一部だとわかったのは，1985 年になってからである。

Keywords
●先カンブリア時代 Precambrian era ●古生代 Paleozoic era ●中生代 Mesozoic era
●新生代 Cenozoic era, Cainozoic era ●エディアカラ生物群 Ediacara biota
●カンブリア大爆発 Cambrian Explosion ●バージェス動物群 Burgess fauna

年代は ICS(2018)による

中生代(Mz)			新生代(Cz)						
三畳紀(トリアス紀, Tr)	ジュラ紀(J)	白亜紀(K)	古第三紀(Pg)			新第三紀(N)		第四紀(Q)	
2.52 億	2.01 億	1.45 億	6600 万	5600 万	3400 万	2300 万	530 万	260 万	1 万 (年前)
			暁新世(Pa)	始新世(E)	漸新世(Og)	中新世(M)	鮮新世(Pl)	更新世(Ps)	完新世(H)
アンモナイトの繁栄。大型は虫類の出現(恐竜)。哺乳類の出現。シダ・ソテツ・松柏類の繁栄。	始祖鳥の出現。トリゴニアなど二枚貝の繁栄。ソテツ・イチョウ類の繁栄。	は虫類・アンモナイトの急速進化。恐竜の繁栄。大型は虫類・アンモナイトの絶滅。被子植物の発展。	ヌンムリテス(カヘイ石)の発展。ウマ・ゾウの祖先出現。	哺乳類の急速な発展。	類人猿とヒトの共通祖先が出現。	ウマ・ゾウの進化。被子植物の繁栄，大草原の形成。		マンモスの出現。被子植物の繁栄。	人類の発展。

アンモナイト　ビカリア(巻貝)　ナウマンゾウ
恐竜類　ヌンムリテス(カヘイ石)
裸子植物　被子植物
は虫類　哺乳類　人類
温暖　寒冷化　寒冷　温暖化

▼は大量絶滅を示す。

石炭紀の森林

オルドビス紀の地層で胞子，シルル紀の地層でクックソニアの化石がみつかり，植物の陸上進出はこの頃と考えられる。デボン紀には脊椎動物も陸上進出し，石炭紀にはシダ植物の巨木や巨大な昆虫類がいる豊かな生態系ができた。

C 中生代

ティラノサウルス
アンキロサウルス
白亜紀の陸上

動物は恐竜(きょうりゅう)を含むは虫類が繁栄した。は虫類は陸上だけでなく，水中(首長竜(くびながりゅう)や魚竜(ぎょりゅう)など)や空中(翼竜(よくりゅう)など)にも進出した(▶p.314)。また，海ではアンモナイトも繁栄した。植物は裸子植物が繁栄し，森は内陸部へ広がった。

D 新生代

モエリテリウム
古第三紀の草原

動物は哺乳類や鳥類が繁栄した。多様化する哺乳類がのちの人類の出現(▶p.316)につながる。植物は被子植物が繁栄した。

新第三紀に寒冷化が進むと，内陸部は乾燥して草原が広がり，草食動物が発展した。

3 大量絶滅 過去に 5 回の大量絶滅があった。

A 過去の大量絶滅

Sepkoski(1990)による

科の数　600　400　200　0
①　②　③　④　⑤
カンブリア紀型動物群　古生代型動物群　現代型動物群
V　Cm　O　Sl　Dv　Cb　Pm　Tr　J　K　Pg　N
古生代　中生代　新生代
5　4　3　2　1(億年前)

過去に 5 回，生物の科の数が大きく減少する大量絶滅があったといわれている。特に，ペルム紀末の大量絶滅では，種の約 9 割が絶滅したともいわれている。また，人類の活動の影響で，現在 6 回目の大量絶滅が進行中と主張する研究者もいる。

大量絶滅の原因

時　期	提案されている原因
①オルドビス紀末	氷河時代への突入 二酸化炭素の固定による気温の低下
②デボン紀後期	全地球的に起こったと考えられる寒冷化，またはその後の温暖化
③ペルム紀末(P-T 境界)	スーパープルームによる活発な火山活動，これにともなう酸素濃度の低下
④三畳紀末	活発な火山活動で二酸化炭素濃度が上昇し，地球温暖化が進んだ
⑤白亜紀末(K-Pg 境界)	活発な火山活動，ユカタン半島付近への小惑星の衝突による環境の激変

ペルム紀末の大量絶滅の原因として，次のような環境変化を挙げる説がある。

ペルム紀末に，地球深部からマントル(スーパープルーム)が上昇し，火山活動が激しくなった。火山灰で太陽光がさえぎられて光合成ができなくなった植物の絶滅と，放出される火山ガスにより，大気中の二酸化炭素濃度が高まり，地球温暖化が進んだ。

温暖化で，海水の循環がとまり，海水中の酸素濃度が低下したことから，三葉虫やフズリナなどの海生動物はほぼ全滅した。また，海底のメタンハイドレートからメタンが噴出し，さらなる温暖化とメタンの酸化による酸素濃度の減少が進んだともいわれる。

プチ雑学 古生代にいたメガネウラというトンボは，はねをひろげると，70 cm にもなった。このような巨大な昆虫が現れた背景には，現在の 1.5 倍といわれる高い酸素濃度があったといわれている。

生物の陸上進出

生 1 植物の陸上進出 乾燥にたえるしくみ，気体の二酸化炭素をとりこむしくみを獲得していった。

A シダ植物から裸子植物へ

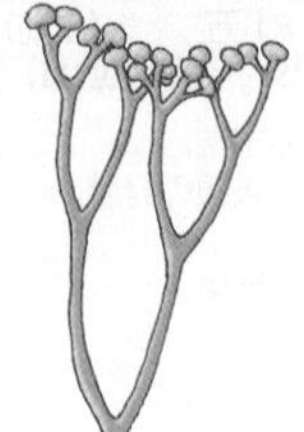

高さ数 cm

①クックソニア（シルル紀）

最古の陸上植物。高さ数 cm。根・葉はなく，茎が二また分岐し，先端に胞子のうをつける。

高さ約 20 cm

②リニア（デボン紀）

原始的なシダ植物（リニア類）。葉がなく，茎が二また分岐し，先端に胞子のうがつく。維管束をもつ。地下茎から直立に茎がのびる。

高さ約 30 m

③リンボク（石炭紀）

シダ植物。高さ 30 m に達する大木となり森林を形成した。直立した幹は二また分岐し，次第に小さな枝になって，先端部に葉が集まる。

④エンプレクトプテリス（ペルム紀）

シダ種子植物。葉などの外観はシダだが，胞子のうではなく裸子植物のソテツに似た種子を葉につける。

B 植物の進化の道すじ

塚越（2002）を参考

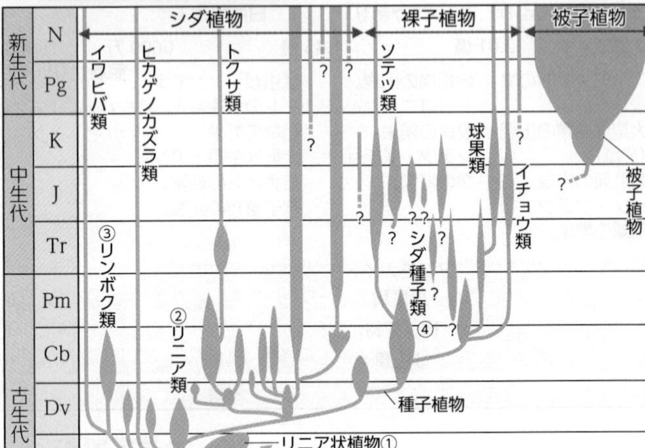
新生代
中生代
古生代
N
Pg
K
J
Tr
Pm
Cb
Dv
Sl
O
Cm
シダ植物
裸子植物
被子植物
イワヒバ類
ヒカゲノカズラ類
トクサ類
ソテツ類
球果類
イチョウ類
被子植物
③リンボク類
②リニア類
シダ種子類
④
種子植物
リニア状植物①
コケ植物
維管束植物
原始陸上植物
緑藻類

C 植物の陸上への適応 植物の生活環 ▶p.302，303

		シャジクモ類	コケ植物	シダ植物	裸子植物	被子植物
生活場所		水中	湿った土地	やや湿った土地	陸上	陸上
構造		クチクラ層をもたない。	ろう，クチンでできたクチクラ層をもち，体表からの水分蒸発を防ぐ。			
			おもに体表でガス交換をする。	気孔（開閉する）でガス交換，水分調節をする。		
		根・茎・葉の区別がない。	体表で水分を吸収する。	根・茎・葉の区別があり，維管束で水分や養分を移動させる。		
生殖		卵と精子でふえる。	乾燥に強い胞子でふえる。		種子でふえる。	果皮で種子をおおう（果実）。
		水中で受精する。	雌株・雄株が水でおおわれているときに受精する。	受精に水を必要とするが，前葉体が湿る程度でよい。	イチョウなどでは，花粉室内の水中を精子が泳いで受精。	精細胞が花粉管内を移動して受精する（水は不要）。

※陸上植物の祖先はシャジクモ類を含むシャジクモ藻類に近いなかまであったと考えられている（▶p.302）。

生 2 節足動物の陸上進出 植物とともに節足動物も陸上に進出した。

メガネウラ
アースロプレウラ

石炭紀の森林

メガネウラ

アースロプレウラ（脚の一部）

節足動物の陸上進出は，シルル紀にはすでに起こっていたと考えられている。石炭紀にはメガネウラとよばれる巨大なトンボや，アースロプレウラとよばれる巨大なムカデなどが存在していた。

節足動物が巨大化した要因として，植物の繁栄による酸素濃度の増加が挙げられる。節足動物は，酸素を気門から体内への拡散によって取り込んでいる。からだのサイズが大きくなりすぎると酸素が深部まで届かなくなり，これがからだのサイズを制限する要因となっている。しかし，酸素濃度が高くなるほど酸素を取り込みやすくなるため，現在のようなからだのサイズの制限は働かず，巨大な節足動物が登場したと考えられる。

プチ雑学 オルドビス紀に植物が陸上に進出（約 4 億 5000 万年前）した後，ちょうどカンブリア紀に動物が爆発的に多様化したように，植物の「大爆発」があったと考えられている。そこから，コケ植物・シダ植物が繁栄し，シダ植物の一部が進化して，のちに種子植物になった。

3 脊椎動物の出現から陸上進出まで 肺や四肢を獲得することで陸上に進出した。

A 原始の脊索動物と脊椎動物

原始の脊索動物 カンブリア紀
ピカイア(頭索類)

現生の頭索類 体長3～5 cm
ナメクジウオ

原始の脊椎動物 カンブリア紀
ミロクンミンギア(無顎類)

現生の無顎類 体長約60 cm
ヤツメウナギ

舒徳干・生命の海科学館提供

B 脊椎動物の進化の道すじ

Hildebrand(1995)を参考

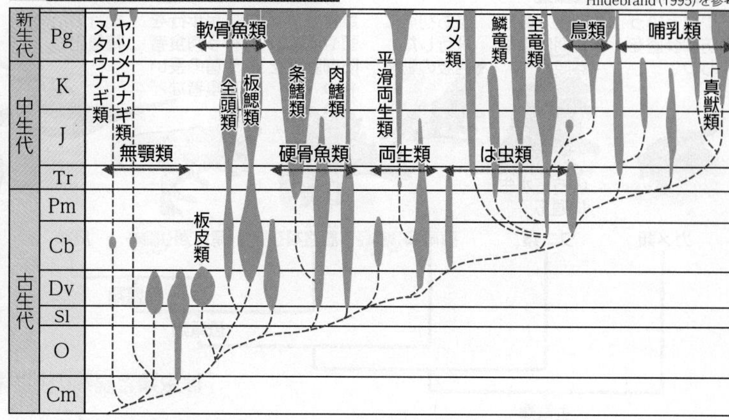
新生代
中生代
古生代
Pg
K
J
Tr
Pm
Cb
Dv
Sl
O
Cm
ヌタウナギ類
ヤツメウナギ類
無顎類
板皮類
軟骨魚類
全頭類
板鰓類
条鰭類
肉鰭類
硬骨魚類
平滑両生類
両生類
カメ類
鱗竜類
主竜類
鳥類
哺乳類
「真獣類
は虫類

C 顎の獲得

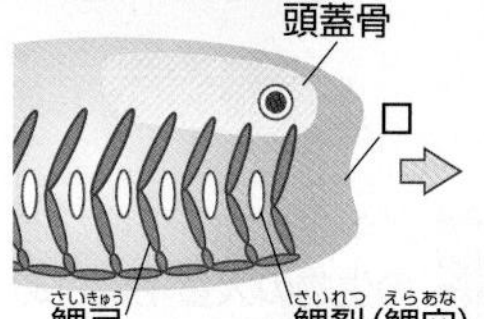
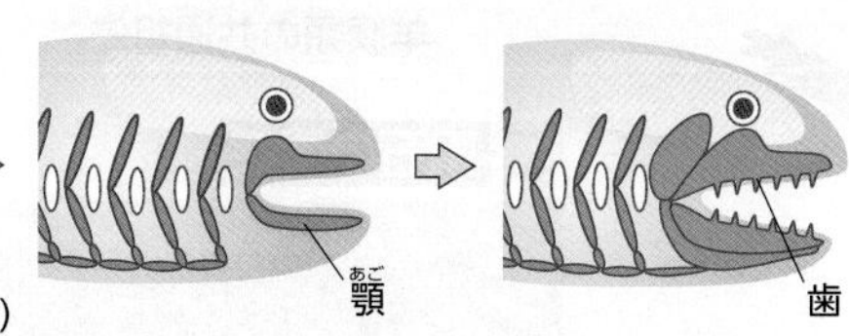
頭蓋骨
口
鰓弓
鰓裂(鰓穴)
顎
歯

顎は，無顎類の鰓を支える鰓弓とよばれる軟骨から進化したと考えられている。顎を獲得することによって捕食効率が上がり，歯を獲得することによってさまざまなかたさの餌が食べられるようになったといわれている。

D 肺の獲得

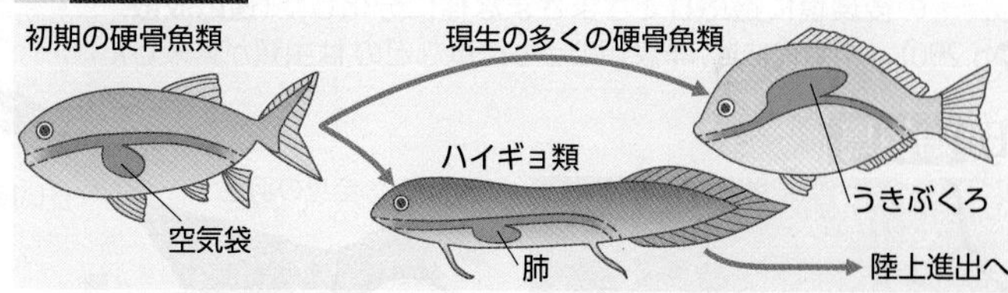
初期の硬骨魚類
現生の多くの硬骨魚類
ハイギョ類
空気袋
うきぶくろ
肺
陸上進出へ

うきぶくろや肺は，酸素濃度の低い環境で鰓呼吸を補助する空気袋から進化したものだと考えられている。からだの平衡をとるうきぶくろを獲得した生物は泳ぎが安定し，呼吸効率が高い肺を獲得した生物は陸上に進出できるようになった。

E 四肢の獲得

ユーステノプテロンの胸びれ
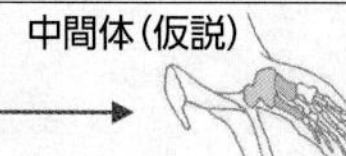
中間体(仮説)
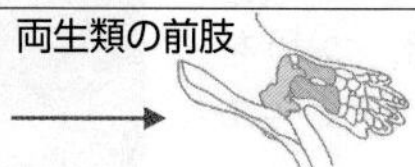
両生類の前肢
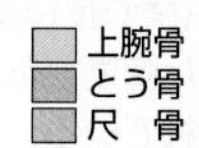
上腕骨
とう骨
尺 骨

胸びれが変化して前肢，腹びれが変化して後肢になった。

体長約1 m
ペデルペス（石炭紀）
両生類。自由な陸上歩行が可能。

体長約90 cm
イクチオステガ（デボン紀）
初期の両生類。4本の肢をもち，水辺をはって移動。

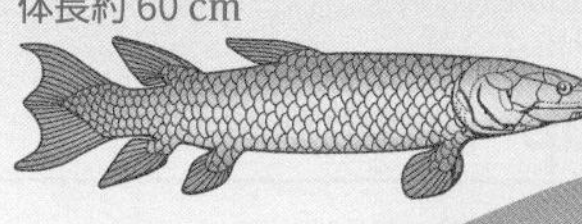

体長約60 cm
ユーステノプテロン（デボン紀）
魚類。ひれに骨格をもつ。

体長約60 cm
アカントステガ（デボン紀）
原始的な両生類。4本の肢と尾びれをもち，水中で生活。

F 脊椎動物の陸上への適応 Link

進化と胚の発達 ▶p.102，窒素化合物の排出 ▶p.149

	魚 類	両生類	は虫類	鳥 類	哺乳類
生活場所	水中	幼生：水中 成体：陸上	陸上	陸上(空中)	陸上
呼吸	鰓呼吸	幼生：鰓呼吸・皮膚呼吸 成体：肺呼吸・皮膚呼吸	肺呼吸	肺呼吸 (管状の肺，気のうが発達)	肺呼吸(肺胞が発達)
体表	うろこと粘液(変温)	粘液で保護(変温)	厚いうろこや硬いこうら (変温)	羽毛 あしにはうろこ (恒温)	毛(恒温)
生殖	卵生(殻のない卵) 体外受精*(水中)	卵生(殻のない卵) 体外受精*(抱接)	卵生(陸上に殻のある卵) 体内受精 胚膜あり	卵生(陸に丈夫な殻をもつ卵) 体内受精 胚膜あり	胎生 体内受精 胚膜あり
排出	アンモニアを排出(毒性が強いが，水に溶けやすい)	幼生：アンモニア 成体：尿素	尿酸を排出(結晶になりやすく，水がほとんど不要)		尿素を排出(毒性が弱いが，排出に水が必要)

*体内受精を行うものもある。

プチ雑学

は虫類は陸上に卵を産むが，羊膜(▶p.102)によって胚を羊水で包むことで，陸上でも水中に似た環境をつくることができる。両生類(カエル)の中には卵の中で胚から広がったひだ状の構造を呼吸器官として使うものがおり，それが胚を包み込んで羊膜になったと考えられている。

は虫類・哺乳類の変遷

Keywords ●は虫類 Reptilia ●恐竜 dinosaur ●哺乳類 Mammalia

1 は虫類の進化

中生代には，恐竜を含む は虫類 がさまざまな環境に広がっていった。

A 羊膜類の系統

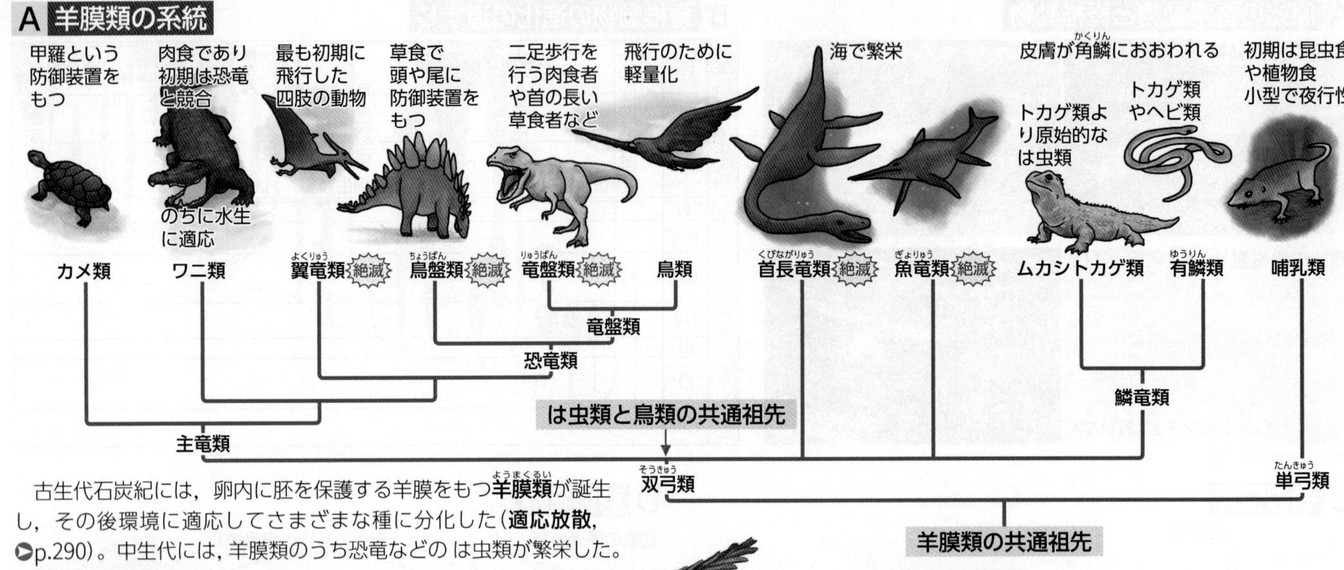

甲羅という防御装置をもつ
肉食であり初期は恐竜と競合
のちに水生に適応
最も初期に飛行した四肢の動物
草食で頭や尾に防御装置をもつ
二足歩行を行う肉食者や首の長い草食者など
飛行のために軽量化
海で繁栄
皮膚が角鱗におおわれる
トカゲ類より原始的なは虫類
トカゲ類やヘビ類
初期は昆虫食や植物食 小型で夜行性
カメ類
ワニ類
翼竜類 絶滅
鳥盤類 絶滅
竜盤類 絶滅
鳥類
首長竜類 絶滅
魚竜類 絶滅
ムカシトカゲ類
有鱗類
哺乳類
竜盤類
恐竜類
鱗竜類
は虫類と鳥類の共通祖先
主竜類
双弓類
単弓類
羊膜類の共通祖先

古生代石炭紀には，卵内に胚を保護する羊膜をもつ**羊膜類**が誕生し，その後環境に適応してさまざまな種に分化した(**適応放散**，▶p.290)。中生代には，羊膜類のうち恐竜などの は虫類が繁栄した。

B 始祖鳥

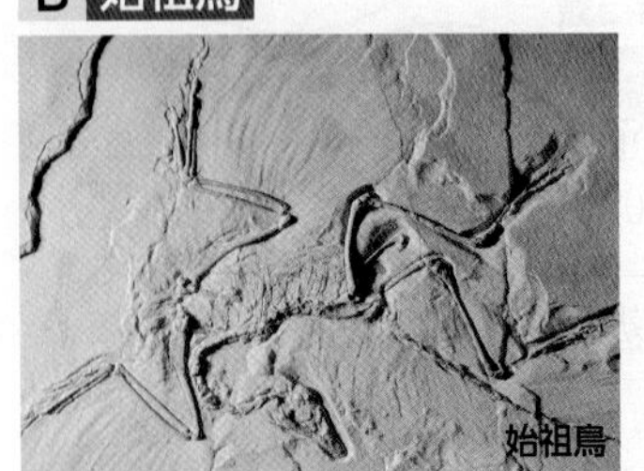
始祖鳥

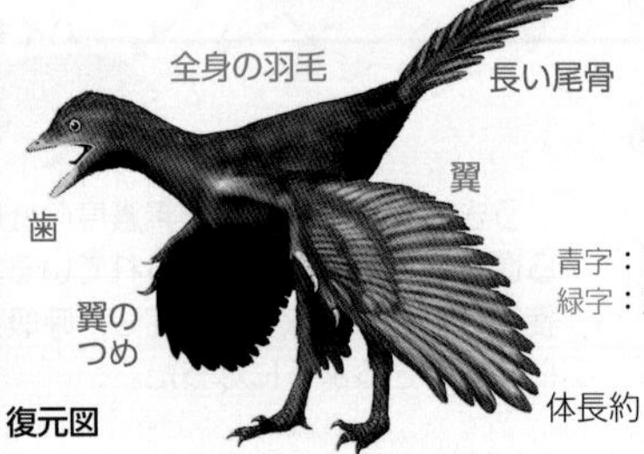

全身の羽毛
長い尾骨
翼
歯
翼のつめ
青字：は虫類的特徴
緑字：鳥類的特徴
復元図
体長約 45 cm

始祖鳥は，中生代ジュラ紀(約 1 億 5000 万年前)の原始的な鳥類である。現生の鳥類の直接の祖先ではないが，鳥類の特徴(翼や羽毛)と，は虫類の特徴(歯や長い尾骨，つめ)をもつ。ただし，骨の構造から，始祖鳥には飛ぶのに必要な発達した胸筋がなかったと考えられ，滑空はできても羽ばたいて飛ぶことはできなかったといわれている。

C 隕石の衝突

古第三紀の地層
イリジウムを多く含む層
白亜紀の地層
(スティーブン・クリント海岸，デンマーク)

中生代末，恐竜などの生物の大量絶滅があった。中生代末の地層から，隕石に特徴的なイリジウムが多く見つかったことから，巨大な隕石の衝突が原因と考えられている。隕石が衝突し，大量のちりが生じると，ちりは太陽光をさえぎり，植物の枯死や気候変動などをもたらす。

2 哺乳類の進化

中生代に繁栄した は虫類 に代わり，新生代は哺乳類が繁栄した。

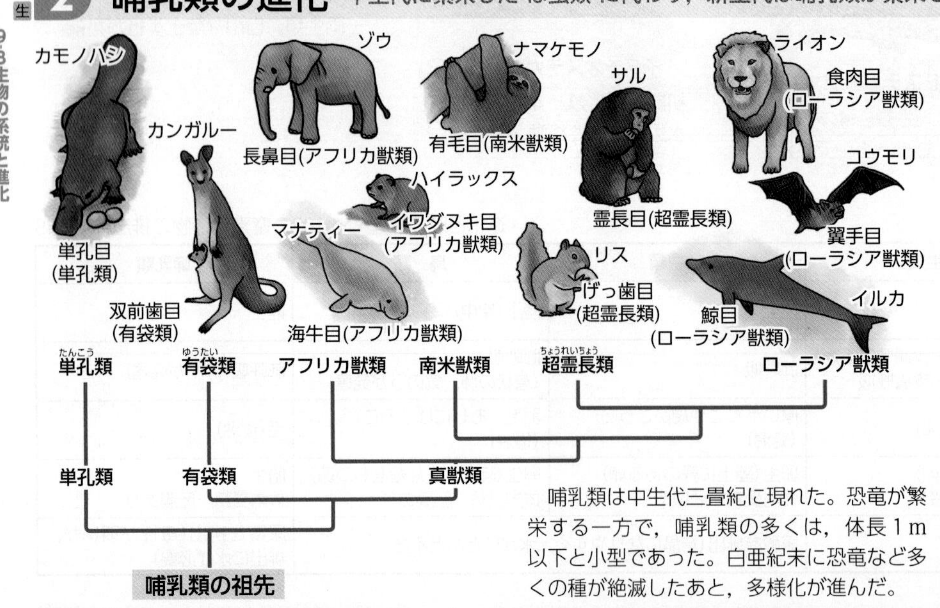

カモノハシ
単孔目(単孔類)
カンガルー
双前歯目(有袋類)
ゾウ
長鼻目(アフリカ獣類)
ハイラックス
イワダヌキ目(アフリカ獣類)
マナティー
海牛目(アフリカ獣類)
ナマケモノ
有毛目(南米獣類)
サル
霊長目(超霊長類)
リス
げっ歯目(超霊長類)
ライオン
食肉目(ローラシア獣類)
コウモリ
翼手目(ローラシア獣類)
イルカ
鯨目(ローラシア獣類)
単孔類
有袋類
アフリカ獣類
南米獣類
超霊長類
ローラシア獣類
単孔類
有袋類
真獣類
哺乳類の祖先

哺乳類は中生代三畳紀に現れた。恐竜が繁栄する一方で，哺乳類の多くは，体長 1 m 以下と小型であった。白亜紀末に恐竜など多くの種が絶滅したあと，多様化が進んだ。

Step up 胎盤の獲得

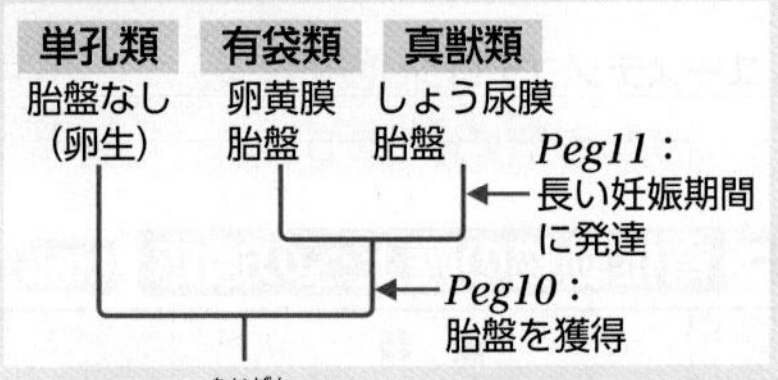

単孔類
胎盤なし(卵生)
有袋類
卵黄膜胎盤
真獣類
しょう尿膜胎盤
Peg11：長い妊娠期間に発達
Peg10：胎盤を獲得

単孔類は胎盤(▶p.105)をもたないが，有袋類と真獣類はいずれも胎盤をもつ。胎盤の獲得は，三畳紀頃の酸素濃度が低い環境で有利に働いたという説もある。

胎盤をつくるのに必要な遺伝子に *Peg10*，胎盤の働きや維持に関わる遺伝子に *Peg11* がある(Peg：Paternally expressed genes)。これらの遺伝子は，レトロウイルスの感染によって獲得した遺伝子(水平伝播，▶p.263)であるという考えがある。

プチ雑学　恐竜とほかのは虫類では姿勢が異なる。たとえば，トカゲを見ると，からだの側面から肢が出ており，からだをくねらせながら歩いている。それに対して，恐竜は，からだの真下から肢がのびているため，効率よく体重を支えながら，まっすぐ歩いたと考えられている。このことが，恐竜の大型化や長距離の走行を可能にしたといわれている。

Keywords ▶ ●霊長類 primates ●類人猿 anthropoid, ape

1 霊長類の系統樹 ヒトが分類される霊長類は，樹上生活をする哺乳類から進化した。

キツネザル
キツネザル類

メガネザル
メガネザル類

クモザル
広鼻猿類

ニホンザル
オナガザル類

テナガザル
テナガザル類

チンパンジー
大型類人猿

ヒト
人類

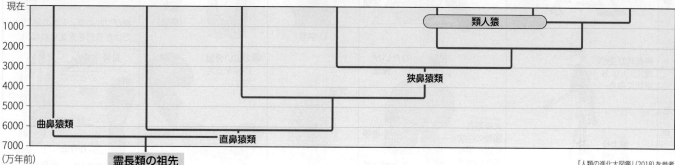

現在
1000
2000
3000
4000
5000
6000
7000
(万年前)

類人猿
狭鼻猿類
曲鼻猿類
直鼻猿類
霊長類の祖先

「人類の進化大図鑑」(2018) を参考

A 霊長類の祖先

ツパイ

霊長類の祖先は，樹上で生活して虫を食べる小型の哺乳類であったとされ，霊長類に近縁のツパイに似ていたといわれている。霊長類の祖先は，中生代白亜紀に現れ，新生代に入ってから多様化し，地上で生活するものも現れた。

B 類人猿

可動域の広い肩
フクロテナガザル(類人猿)

類人猿(るいじんえん)は，ヒトと最も近縁な霊長類のグループであり，チンパンジーやゴリラ，テナガザルなどが含まれる。ヒトと類人猿はヒト上科に分類される。類人猿は，ヒトと同様に尾がない。また，胴体部分が背腹方向に平たく，肩甲骨が背中側にあるため，腕を外側に広く動かすことができる。

2400万～2700万年前に生息していたカモヤピテクスはこのグループの最古の候補とされる。

2 樹上生活で獲得したもの 現生の霊長類は樹上生活に適応した形質をもっている。

立体視

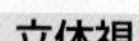

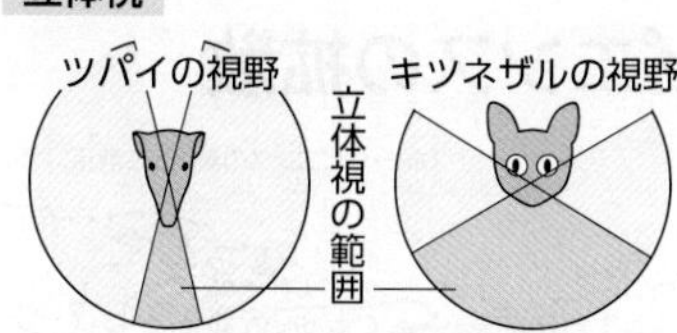
ツパイの視野
キツネザルの視野
立体視の範囲
立体視により距離を認識できる。

拇指(ぼし)対向性

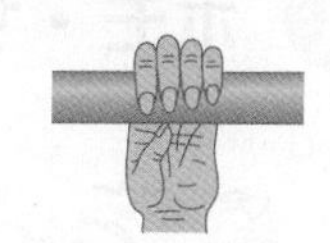
親指(拇指)が他の指と対向し，枝などをつかみやすい。

平づめ

ツパイ
かぎづめ

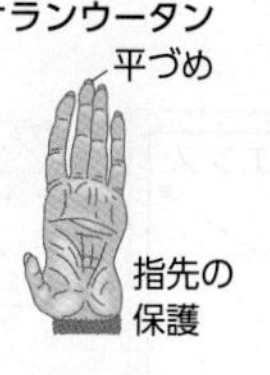
オランウータン
平づめ
指先の保護

肩の運動の自由化

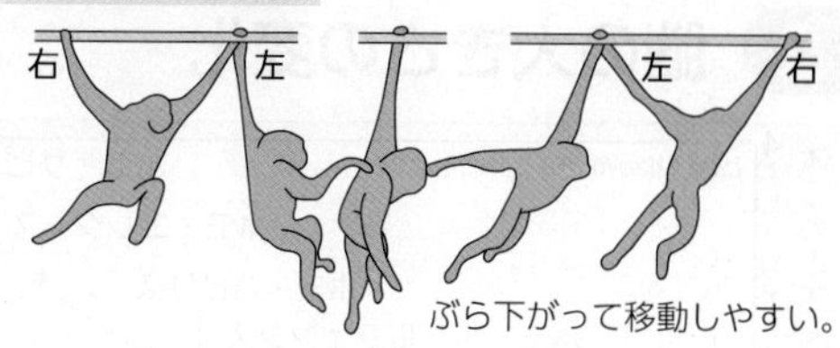
右
左
左
右
ぶら下がって移動しやすい。

3 染色体・DNAの比較 類縁関係や分岐年代を推定することができる。

A 染色体の比較

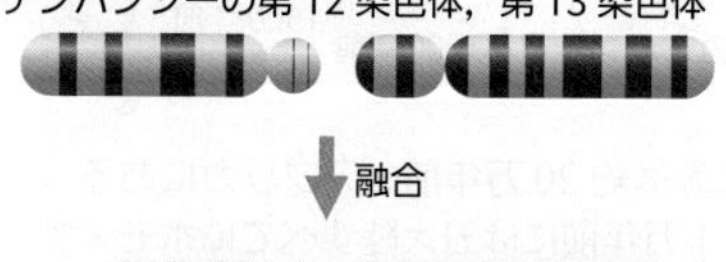
チンパンジーの第12染色体，第13染色体
融合
ヒトの第2染色体

ヒトの第2染色体は，チンパンジーの第12染色体と第13染色体に似ていることから，2つの染色体が融合してできたと考えることができる。

B DNAの比較

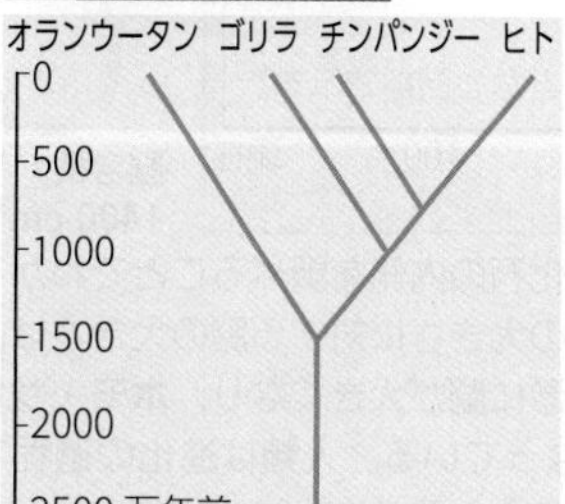
オランウータン
ゴリラ
チンパンジー
ヒト
0
500
1000
1500
2000
2500 万年前

ミトコンドリアのDNAの塩基配列を比較して，系統樹(▶p.294)をつくることができる。また，化石などの別のデータで分岐の基準の年代を決めると，他の分岐年代を推定できる。

ただし，基準の決め方や，誤差の大きさなどの問題点もある。

プチ雑学 ほとんどの哺乳類は2色型色覚だが，広鼻猿類は2色型色覚と3色型色覚が混在しており，狭鼻猿類は3色型色覚である。ニホンザルの赤い顔など，霊長類の中には鮮やかな体色を示すものがいるが，このような色を識別したことが，3色型色覚に進化した理由の1つと考えられている。

人類の変遷

1 直立二足歩行 ヒトの特徴は，直立二足歩行に関係するものが多い。

A 類人猿とヒトの比較

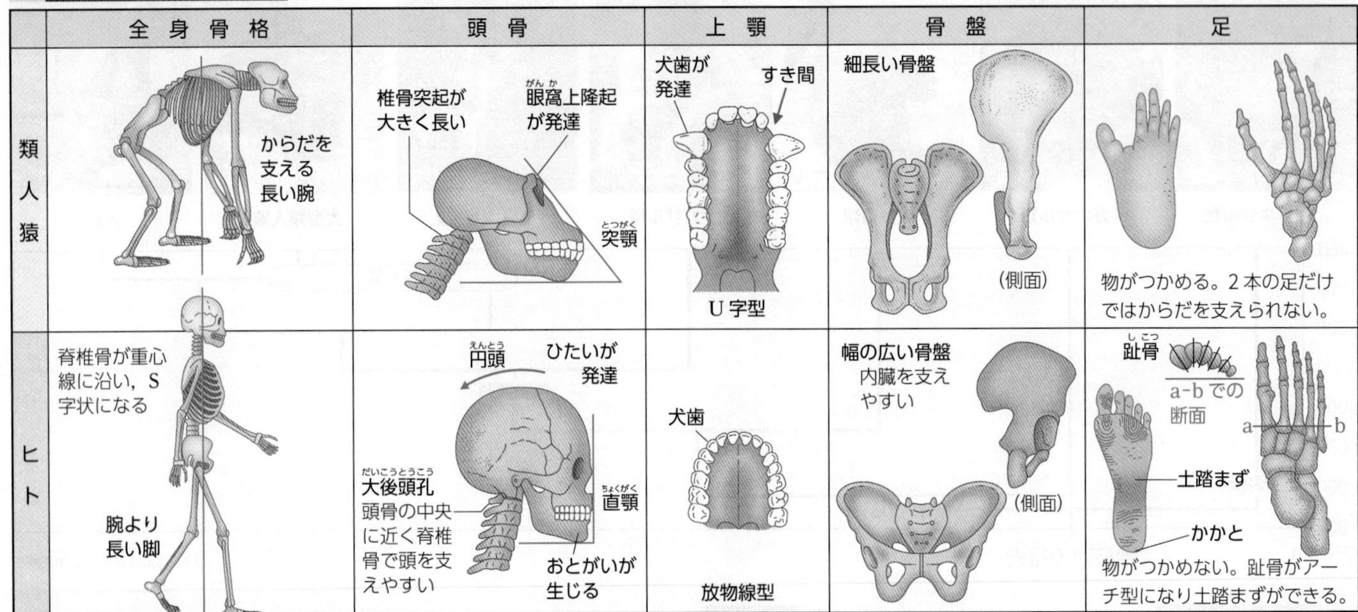
全身骨格
頭骨
上顎
骨盤
足
類人猿
からだを支える長い腕
椎骨突起が大きく長い
眼窩上隆起が発達
突顎
犬歯が発達
すき間
U字型
細長い骨盤
(側面)
物がつかめる。2本の足だけではからだを支えられない。
ヒト
脊椎骨が重心線に沿い，S字状になる
腕より長い脚
円頭
ひたいが発達
大後頭孔
頭骨の中央に近く脊椎骨で頭を支えやすい
直顎
おとがいが生じる
犬歯
放物線型
幅の広い骨盤
内臓を支えやすい
(側面)
趾骨
a-bでの断面
a
b
土踏まず
かかと
物がつかめない。趾骨がアーチ型になり土踏まずができる。

B 直立二足歩行とヒトの特徴

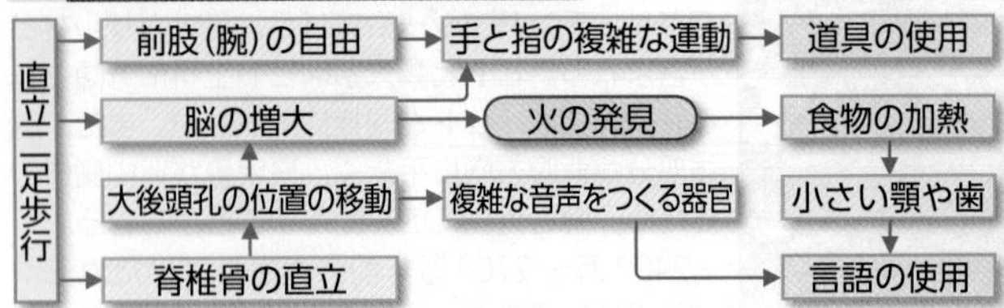
直立二足歩行
前肢(腕)の自由
手と指の複雑な運動
道具の使用
脳の増大
火の発見
食物の加熱
大後頭孔の位置の移動
複雑な音声をつくる器官
小さい顎や歯
脊椎骨の直立
言語の使用

直立二足歩行の獲得が，人類の進化に大きな影響を与えた。直立二足歩行により，道具の使用や脳の増大が可能になった。また，眼の位置が高くなり，視界が広がった。さらに，両手が使えることで，食べ物を多く運べるという利点も指摘されている。

アルディピテクス・ラミダス
新第三紀(鮮新世)の森

アルディピテクス・ラミダスは，440万年前に存在した初期の人類とされる。長い腕や親指が離れた足など樹上生活に適した特徴と，前寄りにある大後頭孔など直立二足歩行に適した特徴をもつ。初期の人類は，森の中で直立二足歩行を獲得したと考えられている。

2 脳の大きさの変化

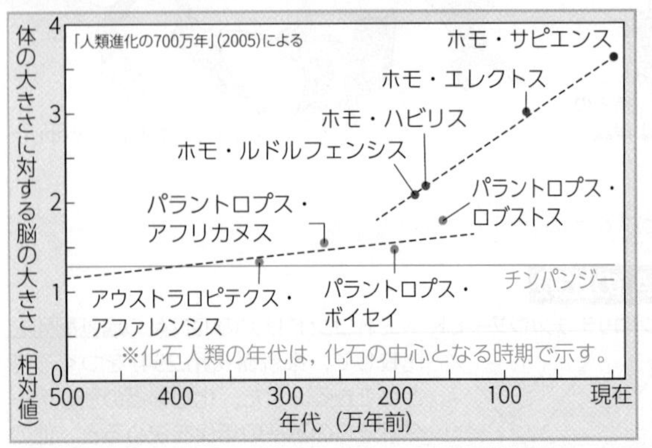
「人類進化の700万年」(2005)による
体の大きさに対する脳の大きさ(相対値)
ホモ・サピエンス
ホモ・エレクトス
ホモ・ハビリス
ホモ・ルドルフェンシス
パラントロプス・アフリカヌス
パラントロプス・ロブストス
アウストラロピテクス・アファレンシス
パラントロプス・ボイセイ
チンパンジー
※化石人類の年代は，化石の中心となる時期で示す。
年代(万年前)
500 400 300 200 100 現在
アウストラロピテクス・アファレンシス
脳容積：400～550 cm³
ホモ・サピエンス
脳容積：1400 cm³

過去の人類の脳の大きさは，頭蓋骨の化石の内側を調べることでわかる。アウストラロピテクス・アファレンシスの体の大きさに対する脳の大きさは，チンパンジーと同程度であるが，ホモ属から急激に脳が大きくなり，**ホモ・サピエンス**(現生人類)ではおよそ3倍の大きさになっている。人類は進化の過程で体も大きくなったが，脳の大きさの変化に比べると，その変化は小さい。

3 ホモ・サピエンスの拡散

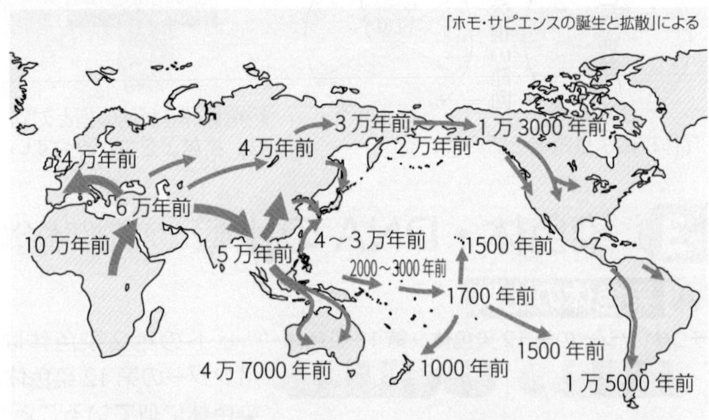
「ホモ・サピエンスの誕生と拡散」による
3万年前
1万3000年前
2万年前
4万年前
4万年前
6万年前
10万年前
5万年前
4～3万年前
1500年前
2000～3000年前
1700年前
1500年前
4万7000年前
1000年前
1万5000年前

ホモ・サピエンスの起源は約20万年前のアフリカにある。その後，世界に広がり，1万年前には五大陸すべてにホモ・サピエンスがすむようになった。なお，**ホモ・ネアンデルターレンシス**の遺伝子は，アフリカ人よりアジア人やヨーロッパ人に近い。ホモ・サピエンスが世界へ広がる過程でホモ・ネアンデルターレンシスとの交雑があったためといわれている。

プチ雑学 頭髪にすむアタマジラミと，衣服にすむコロモジラミがいる。ミトコンドリアDNAの解析から，この2種が分岐したのは，7万2000±4万2000年前と推定される。そこで，この時期より少し前から人類は衣服を着るようになった，とする研究がある。

Keywords ●直立二足歩行 erect bipedalism ●人類 humanity
●アウストラロピテクス *Australopithecus* ●ホモ・エレクトス *Homo erectus*
●ホモ・ネアンデルターレンシス *Homo neanderthalensis* ●ホモ・サピエンス *Homo sapiens*

生 4 人類の系統 さまざまな化石の比較から，人類の進化の流れが研究されている。

「ホモ・サピエンスの誕生と拡散」(2017)，「人類史マップ」(2021) などを参考

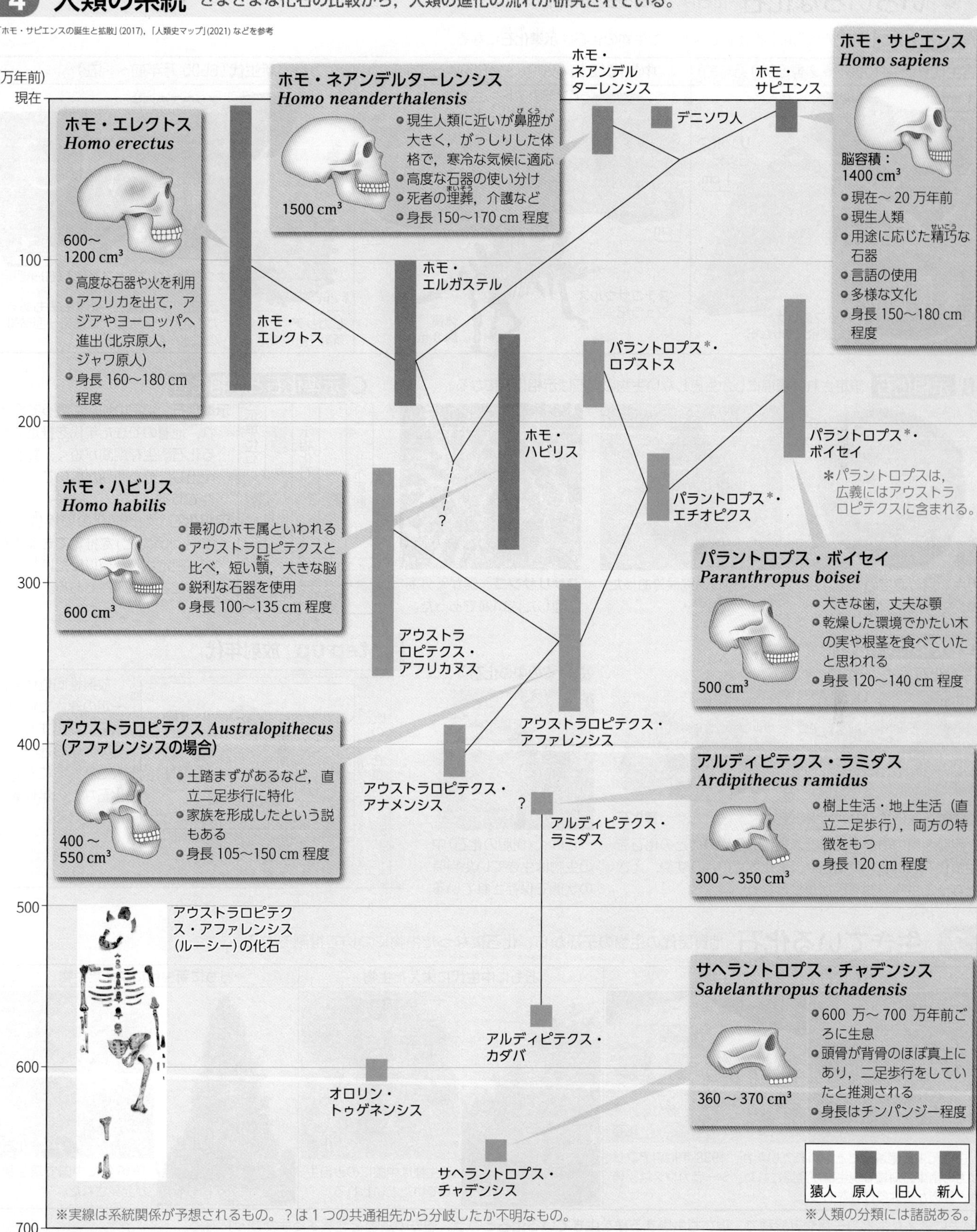
(万年前)
現在
100
200
300
400
500
600
700
ホモ・エレクトス
Homo erectus
600～1200 cm³
高度な石器や火を利用
アフリカを出て，アジアやヨーロッパへ進出（北京原人，ジャワ原人）
身長 160～180 cm 程度
ホモ・ネアンデルターレンシス
Homo neanderthalensis
1500 cm³
現生人類に近いが鼻腔が大きく，がっしりした体格で，寒冷な気候に適応
高度な石器の使い分け
死者の埋葬，介護など
身長 150～170 cm 程度
ホモ・ネアンデルターレンシス
デニソワ人
ホモ・サピエンス
ホモ・サピエンス
Homo sapiens
脳容積：1400 cm³
現在～20 万年前
現生人類
用途に応じた精巧な石器
言語の使用
多様な文化
身長 150～180 cm 程度
ホモ・エレクトス
ホモ・エルガステル
パラントロプス*・ロブストス
ホモ・ハビリス
パラントロプス*・ボイセイ
*パラントロプスは，広義にはアウストラロピテクスに含まれる。
パラントロプス*・エチオピクス
?
ホモ・ハビリス
Homo habilis
最初のホモ属といわれる
アウストラロピテクスと比べ，短い顎，大きな脳
鋭利な石器を使用
身長 100～135 cm 程度
600 cm³
アウストラロピテクス・アフリカヌス
パラントロプス・ボイセイ
Paranthropus boisei
大きな歯，丈夫な顎
乾燥した環境でかたい木の実や根茎を食べていたと思われる
身長 120～140 cm 程度
500 cm³
アウストラロピテクス *Australopithecus*（アファレンシスの場合）
土踏まずがあるなど，直立二足歩行に特化
家族を形成したという説もある
身長 105～150 cm 程度
400～550 cm³
アウストラロピテクス・アファレンシス
アウストラロピテクス・アナメンシス
?
アルディピテクス・ラミダス
アルディピテクス・ラミダス
Ardipithecus ramidus
樹上生活・地上生活（直立二足歩行），両方の特徴をもつ
身長 120 cm 程度
300～350 cm³
アウストラロピテクス・アファレンシス（ルーシー）の化石
サヘラントロプス・チャデンシス
Sahelanthropus tchadensis
600 万～700 万年前ごろに生息
頭骨が背骨のほぼ真上にあり，二足歩行をしていたと推測される
身長はチンパンジー程度
360～370 cm³
アルディピテクス・カダバ
オロリン・トゥゲネンシス
サヘラントロプス・チャデンシス
猿人 原人 旧人 新人

※実線は系統関係が予想されるもの。？は 1 つの共通祖先から分岐したか不明なもの。

※人類の分類には諸説ある。

プチ雑学 図にはないが，インドネシアでホモ・フロレシエンシスという，身長 1 m 程度の人類の化石が発見された。小柄なのは，ホモ・エレクトスが島の環境に適応した結果という説がある。1 万 7000 年前まで生きていた痕跡があり，ホモ・サピエンスと接触があった可能性がある。

1 いろいろな化石 化石は，過去の生物の遺骸(いがい)や痕跡(こんせき)である。

A 示準化石 特定の年代にしか生存しなかった生物の化石は示準化石(しじゅんかせき)になる。

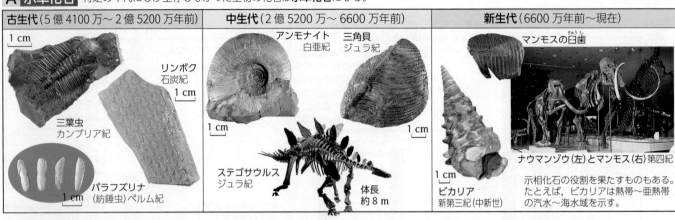

古生代(5 億 4100 万～2 億 5200 万年前)	中生代(2 億 5200 万～ 6600 万年前)	新生代(6600 万年前～現在)
1 cm 三葉虫 カンブリア紀 リンボク 石炭紀 1 cm パラフズリナ (紡錘虫) ペルム紀 1 cm	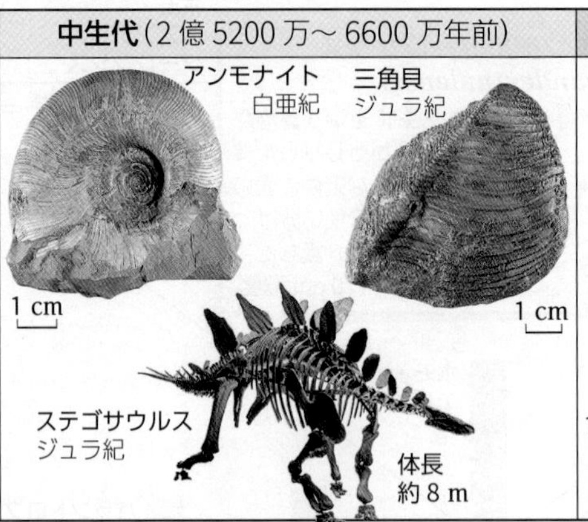アンモナイト 白亜紀 三角貝 ジュラ紀 1 cm 1 cm ステゴサウルス ジュラ紀 体長 約 8 m	マンモスの臼歯(きゅうし) 1 cm ビカリア 新第三紀(中新世) ナウマンゾウ(左)とマンモス(右)第四紀 示相化石の役割を果たすものもある。たとえば，ビカリアは熱帯～亜熱帯の汽水～海水域を示す。

B 示相化石 限定された環境にしか生息しない生物の化石は示相化石(しそうかせき)になる。

カキ 塩分濃度の低い，浅い海であった。

ブナ 涼しい気候であった。

クサリサンゴ 暖かく外海に面した浅い海であった。

C 示準化石と示相化石

分布範囲
示相化石
示準化石
A
B
C
D
地質時代

示準化石 特定の地層に限って含まれ，地層のできた年代を推定できる化石。生存期間が短く，数多く産出し，分布範囲が広いことが条件である。

示相化石 地質時代の環境(気温・水温・水深など)を推定できる化石。ある限定された環境にだけ生息していたことが条件である。

D その他の化石

生痕化石

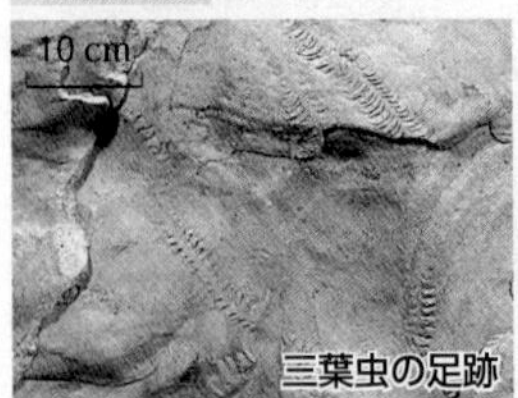
10 cm
三葉虫の足跡

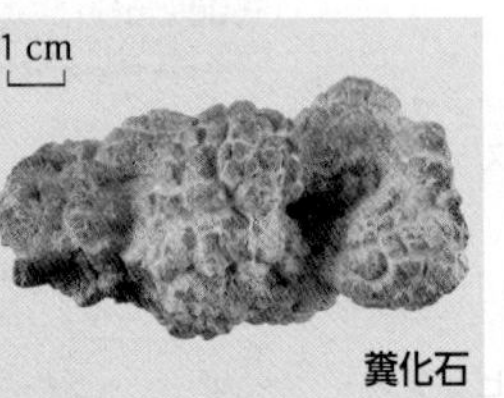
1 cm
糞化石

足跡・巣のあと・糞(ふん)など，生物の生活のあとの化石を**生痕化石**(せいこんかせき)という。糞化石は，消化器官のようすや，えさとなった生物を知る手がかりとなる。

こはくの中の化石

こはく(樹脂の化石)中の生物は生きていた当時の状態で保存されている。

Step up 放射年代

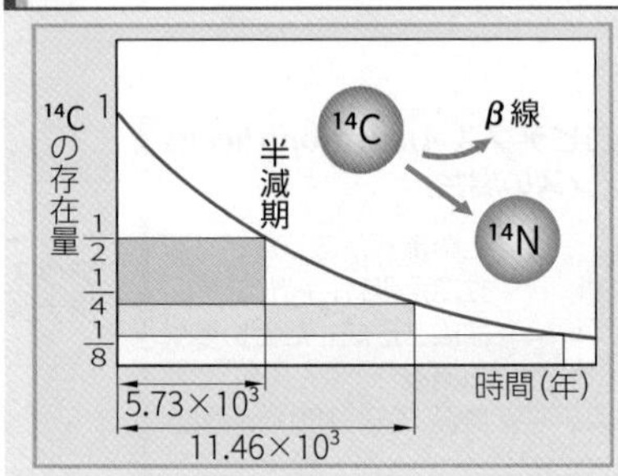
^{14}Cの存在量
1
$\frac{1}{2}$
$\frac{1}{4}$
$\frac{1}{8}$
半減期
^{14}C
β線
^{14}N
時間(年)
5.73×10^3
11.46×10^3

放射性同位体は，一定の速さで別の原子に変化する。その変化の進み具合を調べることで，化石などの年代を推定できる。

2 生きている化石 地質時代の生物の子孫から，化石になった生物について推測できる。

おもに古生代に栄えた生物

シーラカンス

化石

白亜紀末に絶滅したと思われていたが，1938 年に南アフリカの南東の海域で現生種が発見された。シーラカンスは，骨と筋肉からなるひれをもつ。

おもに中生代に栄えた生物

イチョウ

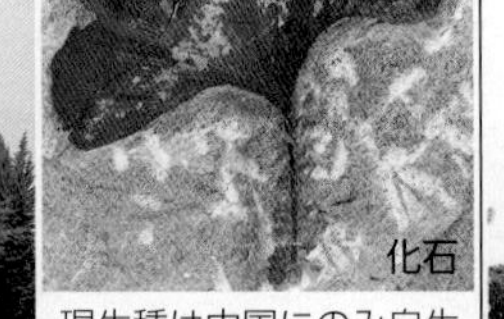
化石

現生種は中国にのみ自生していたといわれる。

おもに新生代に栄えた生物

メタセコイア　化石

1946 年に中国で現生種が発見された。

過去に栄えた生物の子孫や近縁種で，現在も生息する種を**生きている化石**という。過去の生物を理解する手がかりになる。

プチ雑学
三葉虫のからだは，中央に軸部(じくぶ)，その左右に肋部(ろくぶ)と，縦に 3 つの部分に分かれている。そこから，三葉虫という名がついた。クモやサソリに近いなかまで，比較的浅い海の底をはい回っていたと考えられている。

生 3 ウマの進化 化石から，草原の走行や食性に適応し，肢指の減少，からだや臼歯・顎骨の大形化が起こったことがわかる。

MacFadden (2005)を参考

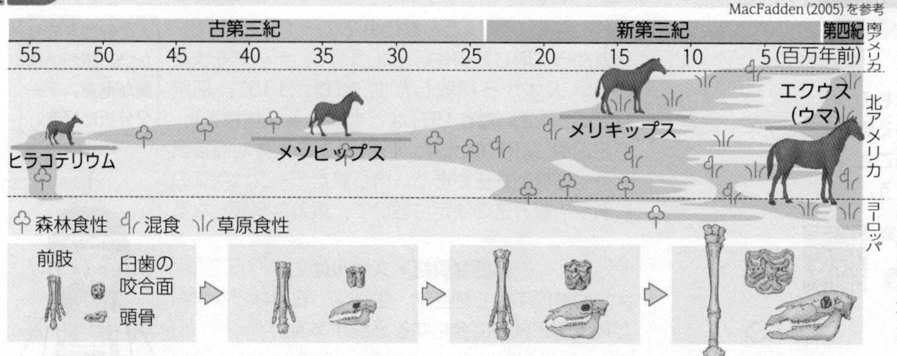
古第三紀
新第三紀
第四紀
55
50
45
40
35
30
25
20
15
10
5 (百万年前)
南アメリカ
北アメリカ
ヨーロッパ
ヒラコテリウム
メソヒップス
メリキップス
エクウス
(ウマ)
森林食性
混食
草原食性
前肢
臼歯の
咬合面
頭骨

ウマのなかまは，5000万年以上前に生息していたヒラコテリウムまでさかのぼる。ヒラコテリウムは，森に生息して木の葉を食べていたと考えられている。新生代新第三紀には寒冷化が進み，水の蒸発量が減り，大地は乾燥化し，草原が広がった。

ウマのなかまからは，草原での生活に適応したものが現れた。草原での走行に適応し，前肢は真ん中の指が長くなり，ほかの指はなくなった。そして，ひづめが発達した。また，草原の食性(硬い植物)に適応し，臼歯の咬合面(そしゃく面)が複雑で大きくなり，顎骨も長くなった。

生 4 相同器官 生活環境へ適応した形態へ変化しているが，起源は同じである。

Link

脊椎動物の前肢 さまざまな形態をしているが，前肢はすべて相同器官である。

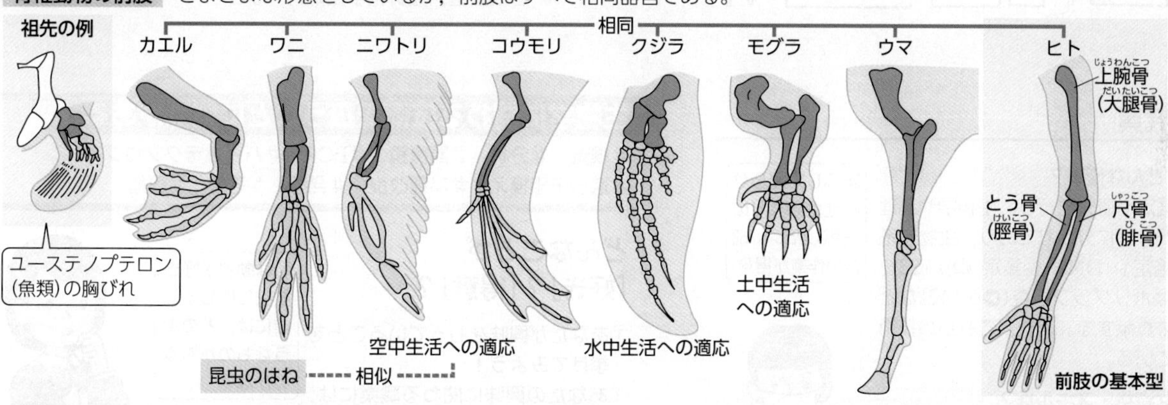
祖先の例
相同
カエル
ワニ
ニワトリ
コウモリ
クジラ
モグラ
ウマ
ヒト
上腕骨
(大腿骨)
とう骨
(脛骨)
尺骨
(腓骨)
ユーステノプテロン
(魚類)の胸びれ
土中生活
への適応
空中生活への適応
水中生活への適応
昆虫のはね
相似
前肢の基本型

形態や機能が違っても起源が同じである器官を**相同器官**という。一方，形態や機能が似ていても由来が違う器官を**相似器官**という。

種子植物

相同
相同
サツマイモの塊根(根)
ジャガイモの塊茎(茎)
ブドウの巻きひげ(茎)
カラタチのとげ(茎)
サボテンの多肉茎(茎)
サボテンのとげ(葉)
エンドウの巻きひげ(葉)
相似
相似
相似

生 5 痕跡器官 機能がなくなっている器官(痕跡器官)は，共通の祖先から進化してきたことを示す。

ヒトの痕跡器官

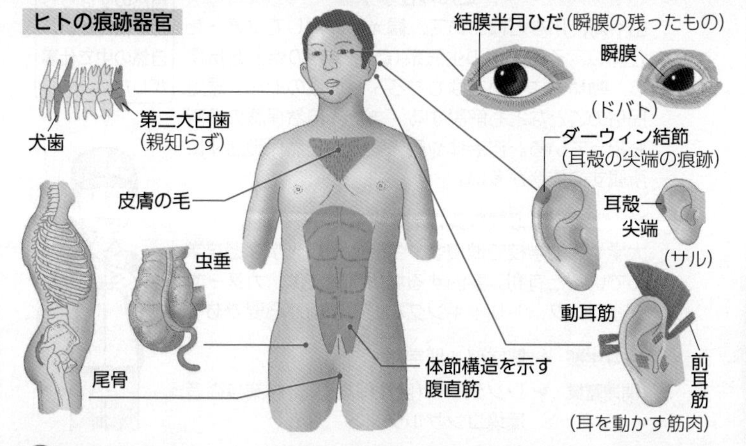
結膜半月ひだ(瞬膜の残ったもの)
瞬膜
(ドバト)
第三大臼歯
(親知らず)
犬歯
ダーウィン結節
(耳殻の尖端の痕跡)
皮膚の毛
耳殻
尖端
(サル)
虫垂
動耳筋
前耳筋
(耳を動かす筋肉)
体節構造を示す
腹直筋
尾骨

クジラの後肢

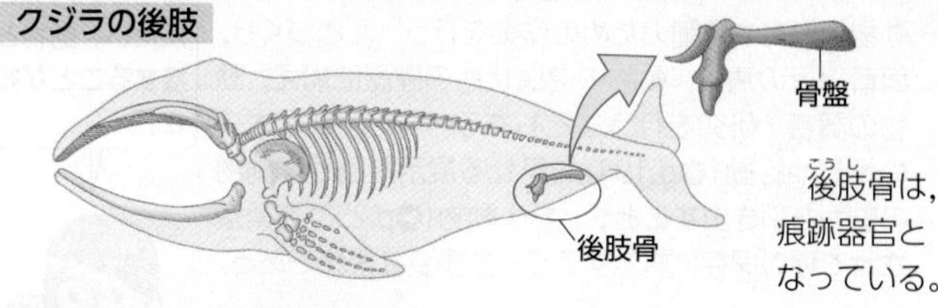
骨盤
後肢骨

後肢骨は，痕跡器官となっている。

ニシキヘビのかぎづめ

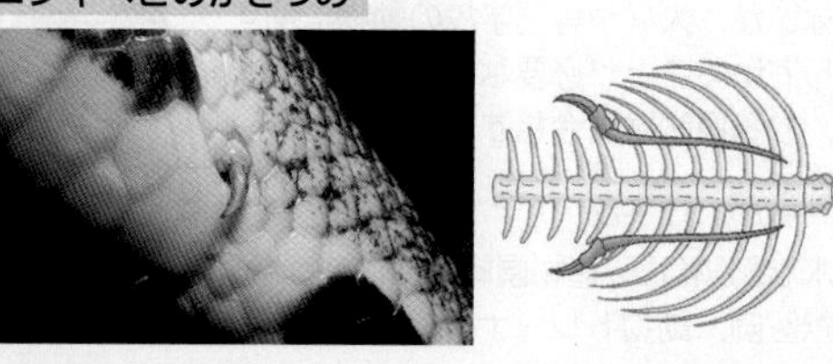

体内には，後肢が退化したと考えられる骨がある。

プチ雑学 ヒラコテリウムは，「アケボノウマ」「エオヒップス」などともよばれる。エオヒップスは「はじまりのウマ」という意味をもつ。

生物学に関わる仕事

生物の学びがいきる職業には，どのようなものがあるのだろうか。ここでは，生物学に関わる職業を紹介する。自分の好きなことや，得意なことなどから，将来の自分の姿を思い描いてみよう。

各職業のリンク集 Link

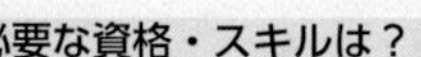

臨床検査技師

どんな仕事？

患者から採取した検体などを調べて，データをまとめる。人体から採取した血液（▶p.139），細胞（▶p.20），尿（▶p.152）などを調べる検体検査と，心電図や MRI（▶p.37，178）などで人体を直接調べる生理機能検査がある。得られたデータは病気の診断や治療方法の決定において，重要な情報となる。

必要な資格・スキルは？

大学や専門学校で細胞学，生理学，化学などを学んだ後，国家試験に合格する必要がある。

主な学部 ➜ 医学部

関連職業 ➜ 診療放射線技師，臨床工学技士，細胞検査士，分析化学技術者　など

人の健康を守りたい。細かい作業が得意。データ分析が好き。

科学捜査研究員

どんな仕事？

犯罪捜査に関わる鑑定や研究を行う。生物学や心理学，化学などの専門分野に分かれており，生物学系の研究員は血液型鑑定や DNA 型鑑定（▶p.123），心理学系の研究員はポリグラフ検査（▶p.142）などを行い，犯罪捜査に貢献する。また，これらの技術の研究開発も行っている。

必要な資格・スキルは？

大学で生物学や化学などを学び，公務員試験に合格する必要がある。合格後，科学捜査研究所（都道府県警察）や科学警察研究所（警察庁）に配属される。

主な学部 ➜ 理学部，農学部，薬学部，心理学部，医学部

関連職業 ➜ バイオ技術者　など

安心して暮らせる社会づくりに貢献したい。細かい作業が得意。

生物学に関わる技術を扱うことに興味がある

#検査　#分析　#顕微鏡　#PCR　#バイオテクノロジー　#遺伝子組換え　#品種改良　#発酵　#培養　#養殖　…

どんなことが「好き」？「得意」？

①あなたが興味をもっていることを挙げてみよう！

②あなたの興味に関わる職業には，どのようなものがあるのか調べてみよう！

私は動物が好き。動物に関わる職業には，どのようなものがあるのかな？

自然に興味がある

#自然環境　#自然保護　#動物の行動　#生態系　#動物　#植物　#自然公園　#生物多様性　#まちづくり　#農業　…

動物園飼育員

どんな仕事？

動物の飼育や繁殖のための作業を行う。えさづくり，飼育場所の清掃，動物の健康状態の確認に加え，動物の調査・研究を行うこともある。また，動物本来の性質や行動（▶p.194）を見せる展示を通じて動物の魅力を引き出すことや，希少動物（▶p.253）を繁殖させて種の保存に貢献することも重要な業務である。

必要な資格・スキルは？

必須の資格はないが，大学や専門学校の動物に関する学科を卒業していることが必要な場合もある。公立の施設なら，公務員試験に合格する必要がある。

主な学部 ➜ 農学部，理学部

関連職業 ➜ 水族館飼育員，植物園職員，動物解説員，獣医師，動物トレーナー　など

動物の魅力を伝えたい。動物と接することが好き。

ネイチャーガイド

どんな仕事？

山や海，川などにおいて，観光客に対してツアーを企画し，その土地の生態系（▶p.244）の魅力を伝える。動植物についてはもちろん，地域の地理や歴史，民俗のことなども解説する。また，自然保護の役割も担っている。自治体や観光業者，自然保護団体に所属する場合が多い。

必要な資格・スキルは？

大学や専門学校で環境学や生態学，観光学などを学んでいると有利。案内する場所次第では，カヌーやダイビング，トレッキングなどの技術が必要である。

主な学部 ➜ 農学部，理学部

関連職業 ➜ レンジャー（自然保護官），林業技術者，環境コンサルタント　など

自然のすばらしさを伝えたい。自然の中で仕事がしたい。

獣医師

どんな仕事？

動物病院や牧場，動物園などで動物の診療や健康管理を行う。この他にも，保健所や検疫所で食品の衛生管理や動物由来の感染症を予防する公衆衛生に関わったり，野生動物の管理や保護に関わったりするなど，獣医師は幅広い分野で活躍している。

必要な資格・スキルは？

大学で解剖学や生理学，病理学などを学んだ後，国家試験に合格する必要がある。国や自治体の検疫所や保健所などで働く場合，公務員試験にも合格する必要がある。

主な学部 ➜ 獣医学部，農学部

関連職業 ➜ 動物看護師，医師，看護師，トリマーなど

動物が好き。人と動物が，ともに暮らす社会に貢献したい。

理学療法士

どんな仕事？

病気やけが，高齢などによって運動機能が低下した人に対して，治療体操や電気療法，マッサージ療法などを行い，立つ，歩くなどの基本的な動作能力の回復や維持を支援する。対象者の身体能力や生活環境などを考慮したリハビリテーションを通じて，対象者が自立生活を送れるようになることを目指す。

必要な資格・スキルは？

大学や専門学校で運動療法学，解剖学，生理学，リハビリテーション医学などを学んだ後，国家試験に合格する必要がある。

主な学部 ➜ 医学部，保健医療学部

関連職業 ➜ 作業療法士，柔道整復師，義肢装具士（ぎしそうぐし），言語聴覚士　など

人とコミュニケーションをとるのが得意。人の助けになりたい。

からだのしくみや健康に興味がある

#医療　#病気　#看護　#生活　#運動　#栄養　#健康
#食事　#衛生　#免疫　#製薬　#介護　…

遺伝子を扱う技術（▶p.128）は，社会でどのように活用されているのかな？

ここで紹介した職業の他にも，生物学に関わるものはたくさんある。インターネットでキーワードを検索したり，書籍で調べたりしてみよう。

生物学を教えることに興味がある

#教育　#研究　#生物学　#学校　#教員　#科学リテラシー
#サイエンスコミュニケーション　#出版　#教材　…

栄養士・管理栄養士

生体物質 ▶p.40

どんな仕事？

学校や病院，福祉施設などで，栄養バランスやアレルギー（▶p.167），病気（糖尿病 ▶p.147 など）に配慮し，献立の作成や栄養指導を行う。栄養士は健康な人のみを対象とし，より専門性の高い管理栄養士は傷病者や特別な配慮が必要な人も対象とする。

必要な資格・スキルは？

大学や専門学校で生化学，栄養学などを学んで卒業すると，栄養士になれる。管理栄養士になるためには，栄養士の実務を経験した後，または4年制の大学や専門学校で学んだ後，国家試験に合格する必要がある。

主な学部 ➜ 家政学部，生活科学部

関連職業 ➜ 栄養教諭，食品衛生監視員，食品メーカー研究者　など

食べることや，料理をすることが好き。食と健康に興味がある。

学芸員

どんな仕事？

博物館資料の収集，保管，展示および調査研究などを行う。生物学など，それぞれに専門分野をもつ。理系の学芸員は，総合博物館や科学館，動植物園などに勤めることが多く，展示物や観察会・勉強会の企画運営などを通して科学のおもしろさを伝える。

必要な資格・スキルは？

学芸員の国家資格を得るためには，大学で博物館に関する科目を学んで卒業するか，文部科学省の認定試験に合格するか，どちらかの必要がある。

主な学部（理系の学芸員）➜ 理学部，教育学部

関連職業 ➜ サイエンスコミュニケーター，教諭，大学教授　など

学ぶことが好き。生物学の魅力をたくさんの人に伝えたい。

サイエンスイラストレーター

どんな仕事？

図鑑や教科書，論文などに載せる，科学的なイラストを描く。イラストには美しさだけでなく，科学的な正確さも求められる。このため，実物を詳しく観察したり，論文などの資料を調べたり，専門家と話し合ったりしながら作品を作り上げる。出版業界や博物館，研究機関などと連携して活躍している。

必要な資格・スキルは？

大学で生物学や医学，天文学など科学的な知識を身につけておくと有利。デザイン技術に加え，3Dグラフィック技術なども求められることがある。

主な学部 ➜ 理学部，医学部

関連職業 ➜ メディカルイラストレーター　など

絵で表現するのが得意。絵を描くのが好き。

探究活動の基本操作(1)

1 デンプン・還元糖の検出

A ヨウ素デンプン反応 デンプンの検出

▶p.45，157

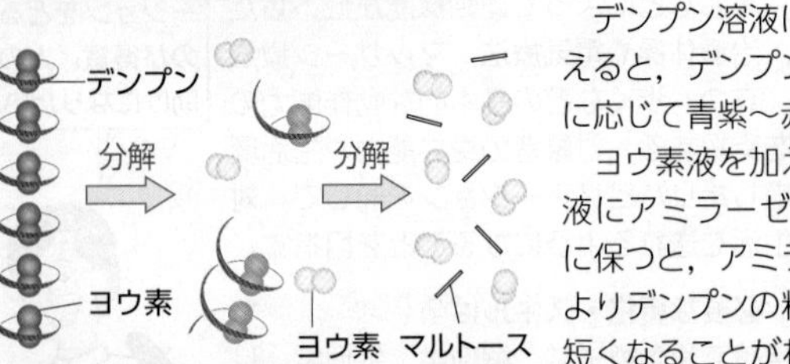
デンプン
分解
分解
ヨウ素
ヨウ素
マルトース

デンプン溶液にヨウ素液を加えると，デンプンの糖鎖の長さに応じて青紫～赤褐色を呈(てい)する。

ヨウ素液を加えたデンプン溶液にアミラーゼを加えて 40℃に保つと，アミラーゼの働きによりデンプンの糖鎖がしだいに短くなることがわかる。

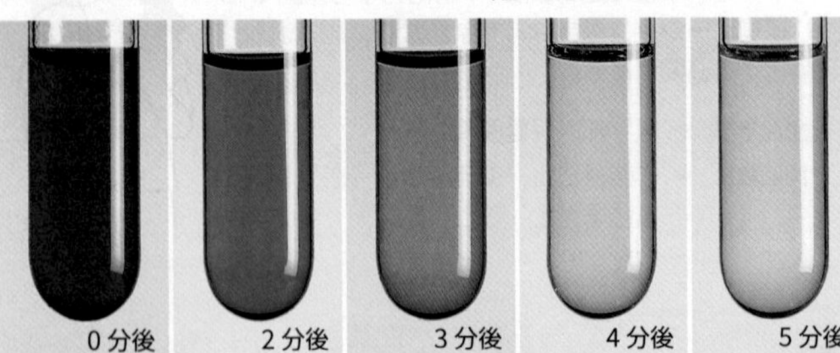
0 分後
2 分後
3 分後
4 分後
5 分後

B フェーリング液の還元 還元糖の検出

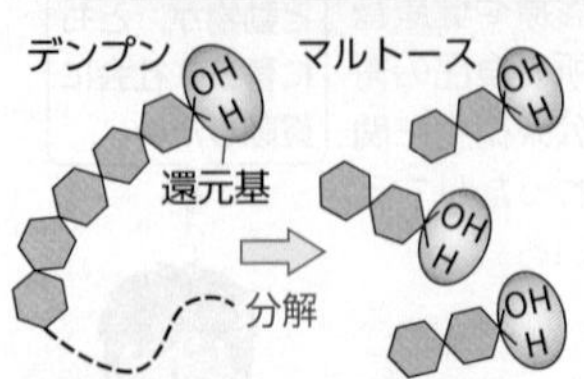
デンプン
マルトース
OH
H
還元基
分解
還元性なし
還元性あり

フェーリング液(Cu^{2+} を含む)はマルトース(還元糖)などに還元されると，赤色の酸化銅(Ⅰ)(Cu_2O)を生じる。

デンプン溶液にアミラーゼを加えて 40℃で反応させた後，フェーリング液を加えて加熱すると，アミラーゼにより分解されて生じるマルトースの量は時間とともに増加することがわかる。

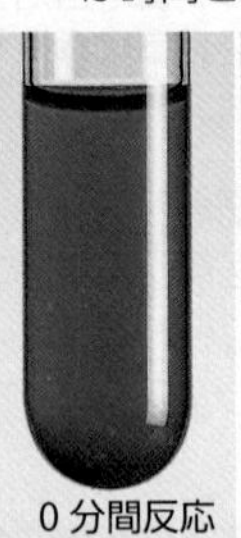
0 分間反応

2 分間反応
4 分間反応

2 タンパク質の検出反応

A ビウレット反応

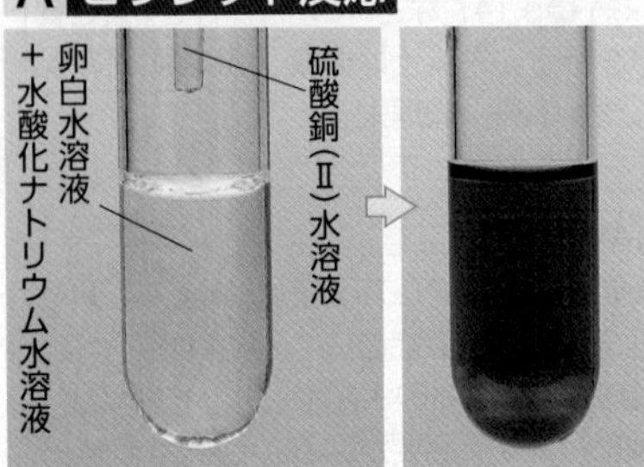
卵白水溶液＋水酸化ナトリウム水溶液
硫酸銅(Ⅱ)水溶液

水酸化ナトリウム水溶液を加え，硫酸銅(Ⅱ)水溶液を少量加えると，赤紫色を呈する。

B キサントプロテイン反応

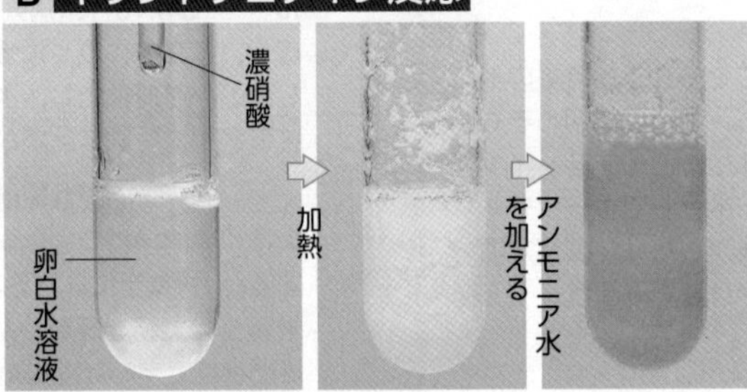
濃硝酸
卵白水溶液
加熱
アンモニア水を加える

濃硝酸を加えて加熱すると黄色を呈する。冷却後，アンモニア水を加えると橙色を呈する。

C ニンヒドリン反応

※おもにアミノ酸やペプチドの検出に用いる。

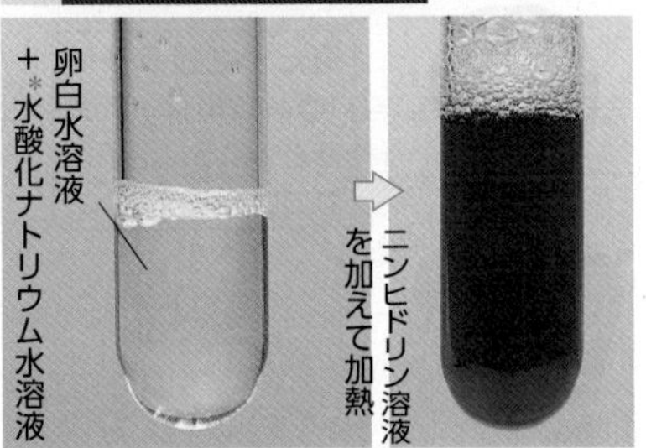
卵白水溶液＋*水酸化ナトリウム水溶液
ニンヒドリン溶液を加えて加熱

ニンヒドリン溶液を加えて加熱すると，青紫色を呈する。

＊熱変性を避け，発色がよくなるように加える。

3 その他の検出反応

A ヨードホルム反応 エタノールの検出

▶p.59

ヨウ素のエタノール溶液

水酸化ナトリウム水溶液を加える

約 60℃の湯

ヨードホルム(CHI_3)

特有の臭気が生じる

①エタノールにヨウ素を溶かし，無色になるまで水酸化ナトリウム水溶液を加える。
②湯せんにかけてあたためる。エタノールがヨウ素と反応して，特有の臭気をもつヨードホルムの**黄色沈殿(ちんでん)**が生成する。

B TTC による脱水素酵素の検出

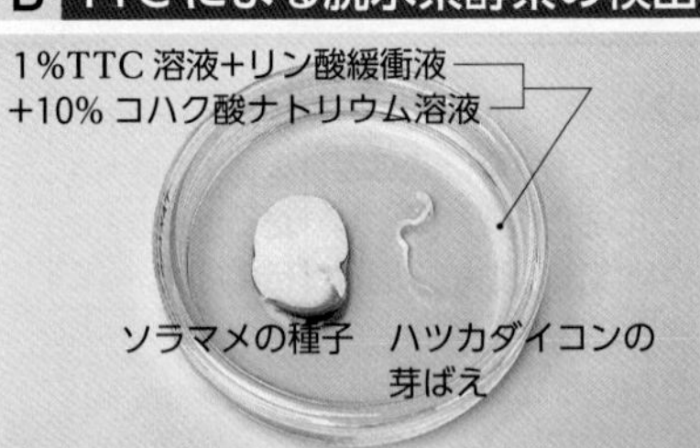
1%TTC 溶液+リン酸緩衝液
+10% コハク酸ナトリウム溶液
ソラマメの種子
ハツカダイコンの芽ばえ

TTC*を加えた溶液中に，発芽した種子を浸して 37℃に保ち，2 時間置く。

TTC は酸素のある条件でも水素と結合し，還元されて赤色になるので，脱水素酵素の働きの強い部分ほど濃い赤色になる。

＊2, 3, 5-triphenyl tetrazolium chloride

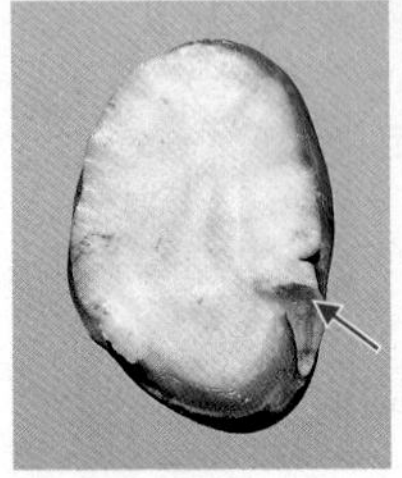

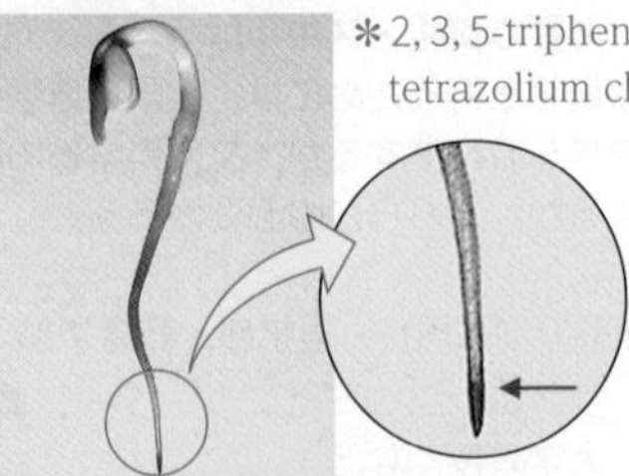
←の部分では呼吸が盛んに行われている。

4 調査キットなどを利用した測定

調査キット名など	おもな用途
ATP ふき取り検査	ATP 量の測定により，細菌などの微生物や食品由来の汚れを検出。
尿試験紙	野菜や果実中のグルコース(ブドウ糖)やタンパク質の検出。
パックテスト(簡易水質分析法)	pH・塩化物イオン濃度・硝酸イオン濃度などの測定。
ガス検知管	呼気中や自動車の排気ガス中の二酸化炭素量の測定。 室内の酸素量の測定。
検糖計	果実中の糖類の時間的変化や部分的変化の測定。
食塩濃度屈折計	海水の河川への進入の程度の調査。 魚類の体液の塩分濃度の測定。 尿中の塩分濃度の測定。
エチレン発生剤	果実の成熟。 野菜・果実の老化。
ダニシート	室内のダニの検出。

A ATP ふき取り検査による汚れの検出

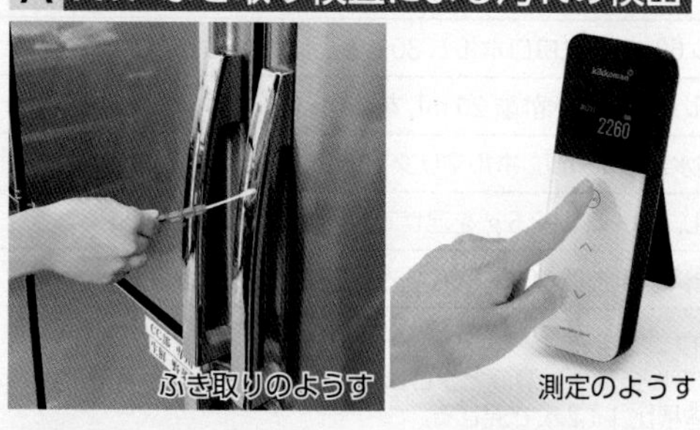
2260
ふき取りのようす　測定のようす

ある場所に存在する ATP(または ATP の分解産物)量を検出する検査方法。すべての生物は ATP をもつため，ATP が検出された場所では微生物や食品由来の汚れがあると推定できる。

専用の綿棒で調べたい場所のふき取りを行い，測定機器にセットすると，汚れの度合いが数値化される。

B 尿試験紙

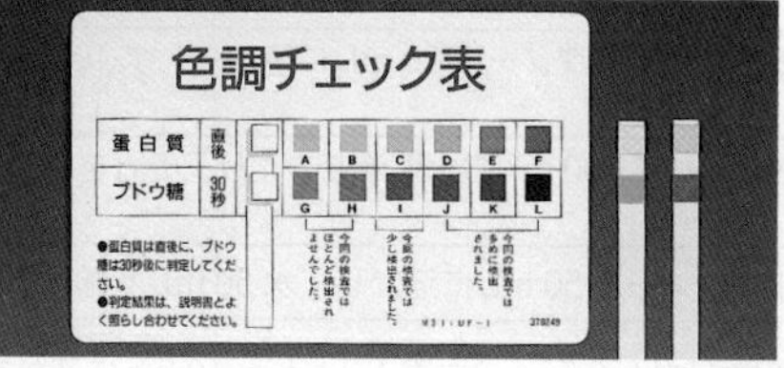
色調チェック表
蛋白質
ブドウ糖

試験紙に液体をつけ，呈した色を色調表と比べると，液中に含まれるタンパク質やグルコースの量を測定することができる。

尿検査に用いられる試験紙であるが，これを利用して野菜や果物に含まれるグルコースなどを検出することができる。

C パックテストによる各種濃度の測定

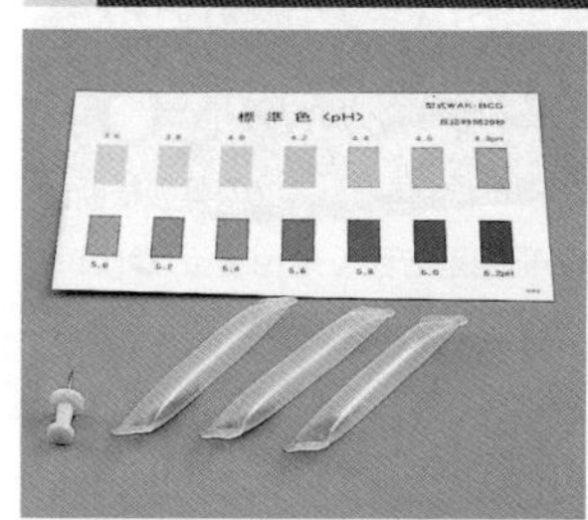
標準色 <pH>

ポリエチレンチューブの中に，1 回分ずつの試薬が注入されている。原理は簡単な比色法である。

pH, 塩化物イオン濃度などのおよその値を手軽に測定することができる。

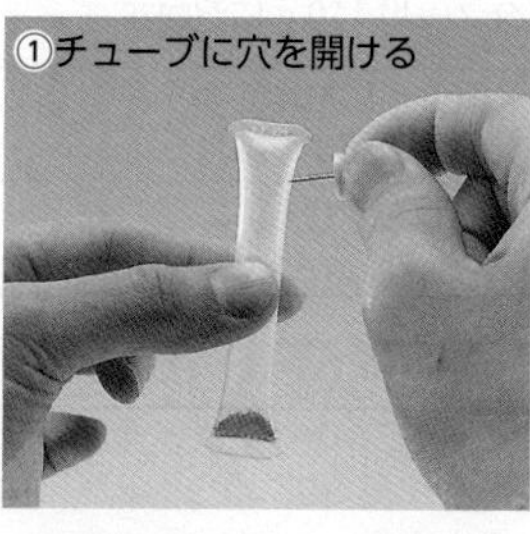
①チューブに穴を開ける

試料
②試料をチューブに吸いこむ

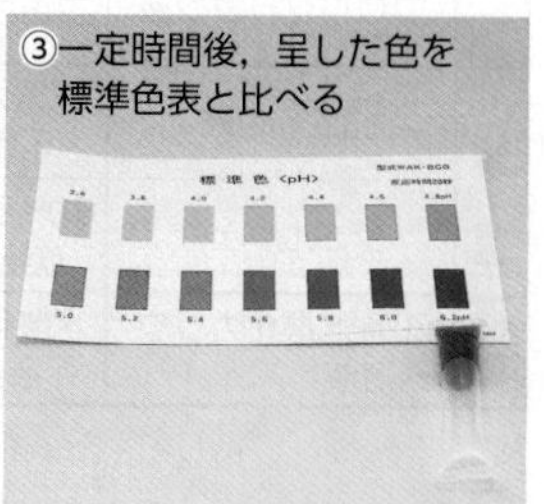
標準色 <pH>
③一定時間後，呈した色を標準色表と比べる

D ガス検知管による気体の測定

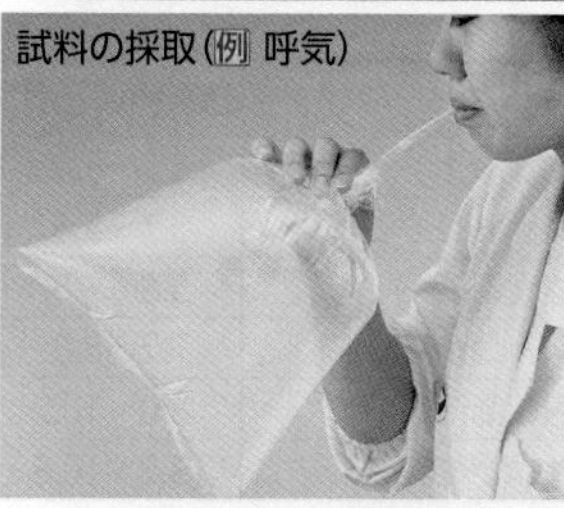
試料の採取(例 呼気)

検知管に，呈色試薬(ていしょくしやく)をしみこませたシリカゲルなどをつめる。そこに試料の気体を通すと濃度が測定できる。

チップブレーカー
検知管
①検知管の両端をカットする

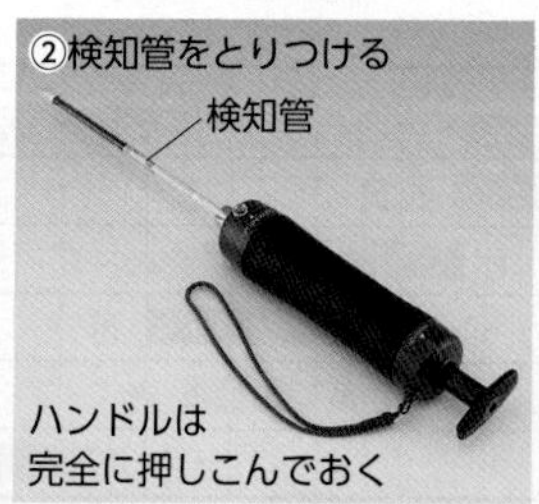
検知管
ハンドルは完全に押しこんでおく
②検知管をとりつける

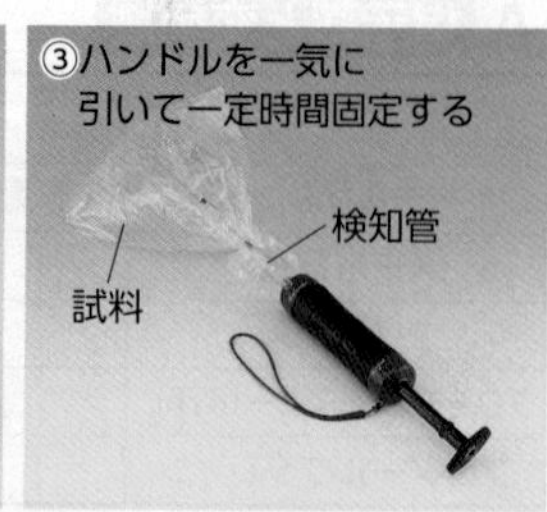
検知管
試料
③ハンドルを一気に引いて一定時間固定する

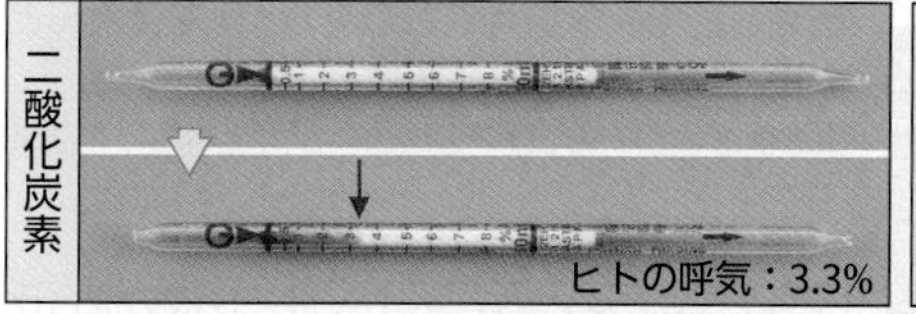
二酸化炭素　ヒトの呼気：3.3%

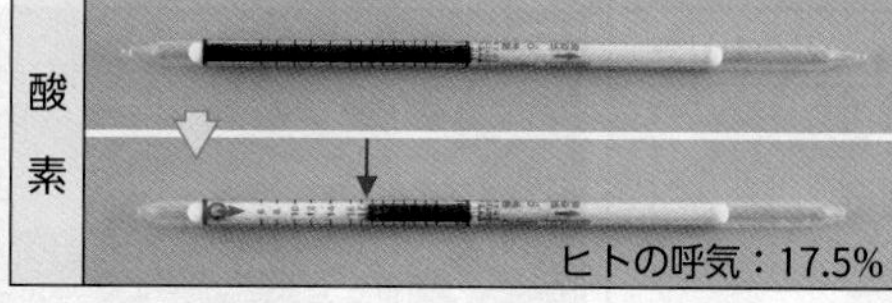
酸素　ヒトの呼気：17.5%

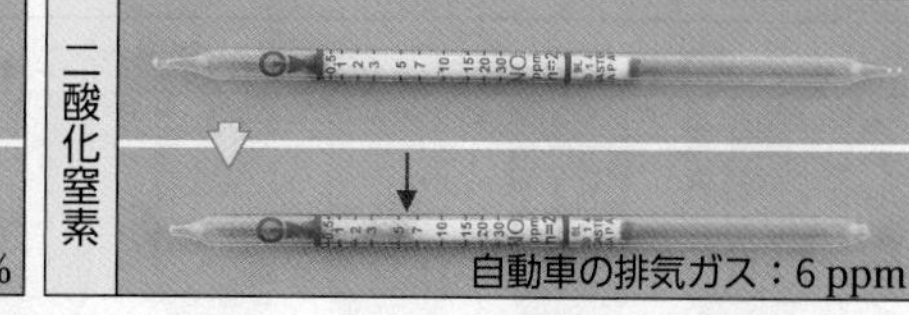
二酸化窒素　自動車の排気ガス：6 ppm

5 容器内の湿度を一定に保つ方法

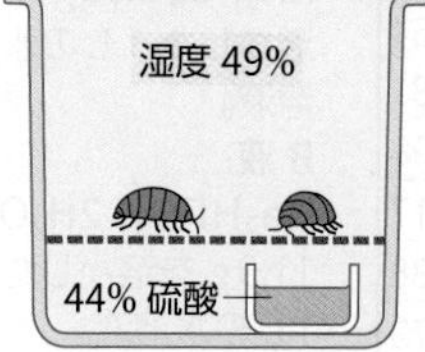
湿度 49%
44% 硫酸

湿度の変化が実験結果に影響を与えるような実験では，湿度を一定に保つ必要がある。

硫酸には吸湿作用があるので，密閉容器の中に一定の濃度の硫酸を入れておくと，容器内の湿度を一定に保つことができる。

硫酸の濃度と空気の湿度

硫酸の濃度は密度と質量パーセント濃度で表す。

密度(g/cm^3)	1.00	1.13	1.20	1.25	1.29	1.344	1.380	1.438	1.459	1.569	1.732
濃度(%)	—	18.31	27.32	33.43	38.03	44.00	48.00	54.00	56.00	66.00	80.00
湿度(%)	100	91.2	80.5	70.4	60.7	49.0	42.0	29.5	20.0	10.5	2.5

注 濃硫酸を薄めるときは，必ず水に濃硫酸を少しずつ加える。濃硫酸の中に水を注ぐと，溶解熱で沸騰して危険である。

1 固定液・染色液・解離液

▶p.11

＊1 使用する直前に混ぜる。

	試　薬	つ く り 方	用　途
固定液	カルノア液	無水エタノール 60 mL，クロロホルム 30 mL，氷酢酸 10 mL を混ぜる。＊1	動植物の染色体など
	ファーマー液	95% エタノール 60 mL，氷酢酸 20 mL を混ぜる。	動植物の染色体など
	ブアン液	ピクリン酸飽和水溶液 75 mL，ホルマリン 25 mL，氷酢酸 5 mL を混ぜる。＊1	動物組織・花粉・胚
染色液	酢酸カーミン溶液	45%酢酸 50 mL，カーミン 2.5 g を混ぜて煮沸し，冷却後ろ過する。	核(赤色)
	エオシン液	エオシン 1 g を，水または 70% エタノール 100 mL に溶かす。	細胞質(赤色)
	メチルグリーン・ピロニン溶液	A 液：0.5% ピロニン溶液 B 液：0.3% メチルグリーン溶液とクロロホルムの混合液の水溶液部分 A 液と B 液を体積比 1：2.5 で混ぜる。	DNA(青緑色) RNA(赤桃色) ※RNAは細胞質と核小体中に存在。
	スダンⅢ液	スダンⅢ 1 g を，70% エタノール 100 mL に溶かす。	脂肪(黄～赤色) コルク質(赤色)
	メチレンブルー溶液	メチレンブルー 0.3 g を，95% エタノール 30 mL に溶かし，水 100 mL を加える。	核(青色) ペクチン細胞壁(青色)
	ヤヌスグリーン液	ヤヌスグリーン 1 g を溶かして 100 mL の水溶液をつくり，それを 200 倍に薄めて使う。	ミトコンドリア(青緑)
	サフラニン溶液	サフラニン 1 g を無水エタノール 50 mL に溶かし，水 50 mL を加える。	細胞壁(赤)
	塩化亜鉛ヨウ素液	塩化亜鉛 20 g，ヨウ化カリウム 6.5 g，ヨウ素 1.3 g を水 10.5 g に溶かす。	セルロース(青～紫色) リグニン(黄色)
	フロログリシン液	フロログリシン 1 ～ 5 g を，水またはエタノール 110 g に溶かす。	リグニン(赤紫色) イヌリン(褐色)
解離液	3.5% 塩酸	37% 濃塩酸(密度 1.19 g/cm³) 8.5 mL，水 100 mL を混ぜる。 (60℃にあたためた溶液に材料を入れ，数分間放置する。)	植物組織の解離
	シュルツェ液	10% 硝酸 50 mL，10% クロム酸水溶液 50 mL を混ぜる。 (溶液に材料を入れ煮沸する。)	植物組織の解離
	20% 水酸化カリウム溶液	水酸化カリウム 25 g を，水 100 mL に溶かす。 (溶液に材料を入れ，加熱する。)	植物組織の解離

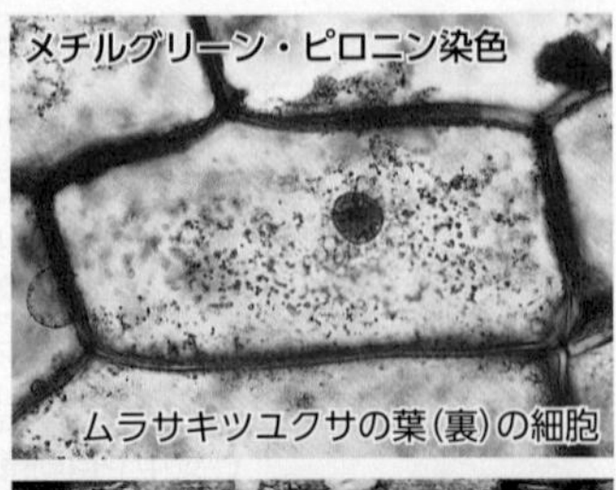
メチルグリーン・ピロニン染色
ムラサキツユクサの葉(裏)の細胞

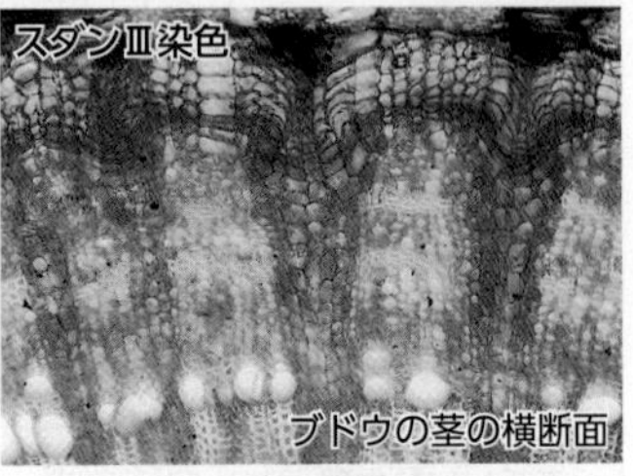
スダンⅢ染色
ブドウの茎の横断面

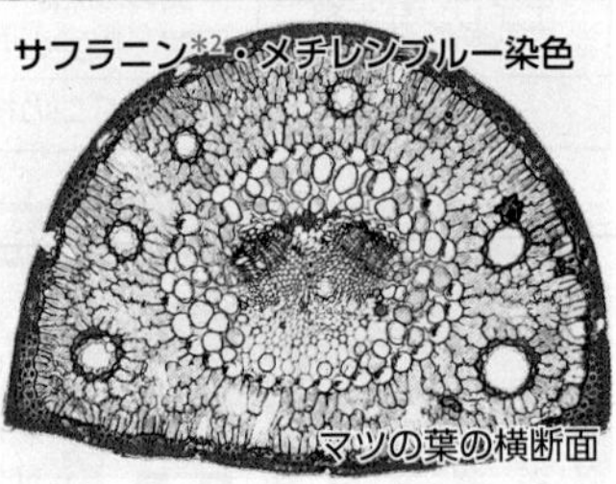
サフラニン＊2・メチレンブルー染色
マツの葉の横断面

＊2 細胞壁を赤く染色する(▶p.11)。

2 pH の測定と緩衝液

▶p.337

A 指示薬と変色域

指示薬 ＼ pH	3	4	5	6	7	8	9	10
メチルオレンジ	赤	～	橙黄					
メチルレッド		赤	～	～	黄			
リトマス			赤	～	～	青		
ブロモチモールブルー(BTB)				黄	～	青		
フェノールフタレイン						無色	～	赤

水溶液の pH が変化すると色調が変化する色素を酸・塩基の**指示薬**という。色調が変化する pH の範囲を**変色域**という。いろいろな指示薬を組み合わせて使えば，水溶液のおよその pH を知ることができる。しかし，精密な pH 測定には **pH メーター**が使われる。

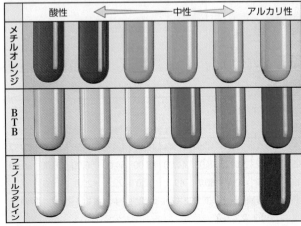

酸性 ⇔ 中性 ⇔ アルカリ性

メチルオレンジ

BTB

フェノールフタレイン

食酢(pH=2)
万能 pH 試験紙

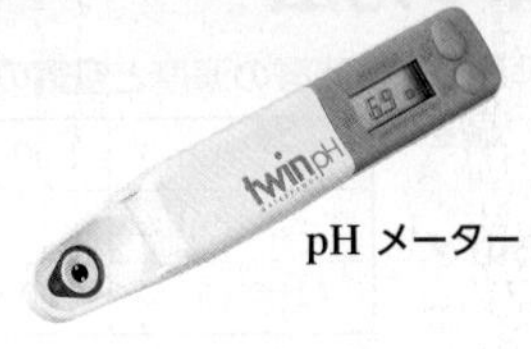
twinpH
pH メーター

B 緩衝液

緩　衝　液	緩衝領域(pH)
クエン酸－クエン酸ナトリウム	3.0～6.0
酢酸－酢酸ナトリウム	3.7～5.6
リン酸緩衝液	5.8～7.8
トリス－塩酸	7.2～8.8
ホウ酸緩衝液	8.0～10.2
炭酸ナトリウム－炭酸水素ナトリウム	9.2～10.8

酸や塩基を少量加えても溶液の pH をほとんど変化させない溶液を**緩衝液**(かんしょうえき)という。

※緩衝液は目的のpHでの緩衝能が大きいものを選ぶ。

リン酸緩衝液 (1/15 mol/L)

A 液(mL)	B 液(mL)	pH
9.0	1.0	5.91
8.0	2.0	6.24
7.0	3.0	6.47
6.0	4.0	6.64
5.0	5.0	6.81
4.0	6.0	6.98
3.0	7.0	7.17
2.0	8.0	7.38
1.0	9.0	7.73

A 液，B 液の混合比と pH は左の表の通り。

A 液
KH_2PO_4 9.08 g を溶かした 1 L の水溶液。

B 液
$Na_2HPO_4 \cdot 2H_2O$ 11.9 g を溶かした 1 L の水溶液。

3 溶液の濃度

A 質量パーセント濃度　溶液の質量に対する溶質の質量の割合

$$\text{質量パーセント濃度}(\%)=\frac{\text{溶質の質量(g)}}{\text{溶媒の質量(g)}+\text{溶質の質量(g)}}\times 100$$

例 1％ 塩化ナトリウム水溶液(100 g)をつくる

塩化ナトリウムを1.00 g はかりとる。

水 99.00 g をはかりとる。

水に塩化ナトリウムを加え，かき混ぜて溶かす。

B モル濃度　溶液 1 L 中に溶けている溶質の物質量

$$\text{モル濃度(mol/L)}=\frac{\text{溶質の物質量(mol)}}{\text{溶液の体積(L)}}$$

例 0.1 mol/L 塩化ナトリウム水溶液(1 L)をつくる

塩化ナトリウム 5.85 g (0.1 mol) を少量の水に溶かす。

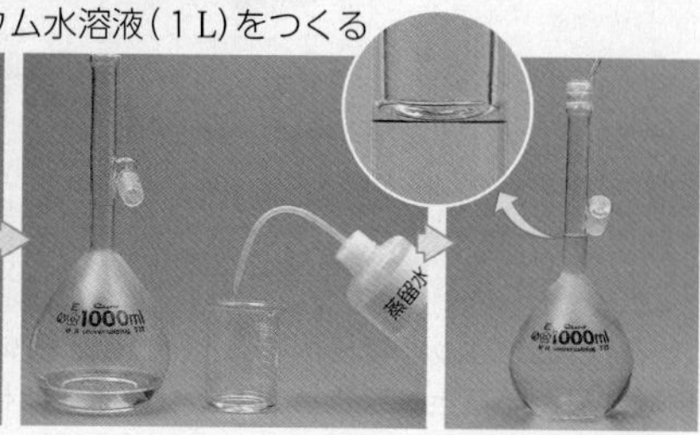

蒸留水

1 L メスフラスコに移す。

※器具を洗い，洗液も入れる。

標線まで水を加え，よく混ぜる。

C 濃度の換算

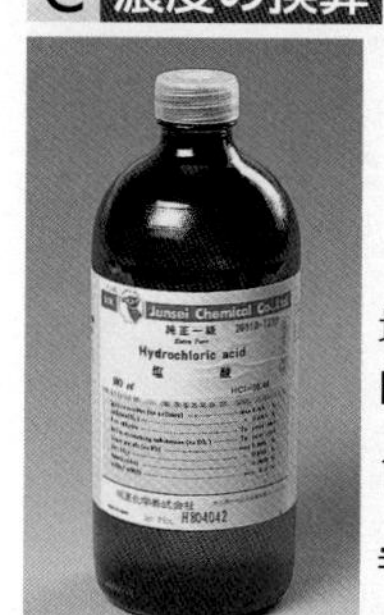

市販の塩酸の濃度
質量パーセント濃度　37%
密度　1.19 g/cm³

↓ モル濃度に換算

塩酸 1 L (＝1000 cm^3) 中に含まれる HCl (＝36.5) の物質量は，

$$1000\,cm^3\times1.19\,g/cm^3\times\frac{37}{100}\times\frac{1}{36.5\,g/mol}$$

≒12 mol

よって，12 mol/L

D ppm と ppb

ppm (parts per million) は100万分の 1，ppb (parts per billion) は 10 億分の 1 を示す。これらは，微量成分の濃度を表すときに使われる。

体積の割合では，1 L 中に 0.001 mL 含まれるときが 1 ppm，0.000001 mL 含まれるときが 1 ppb である。

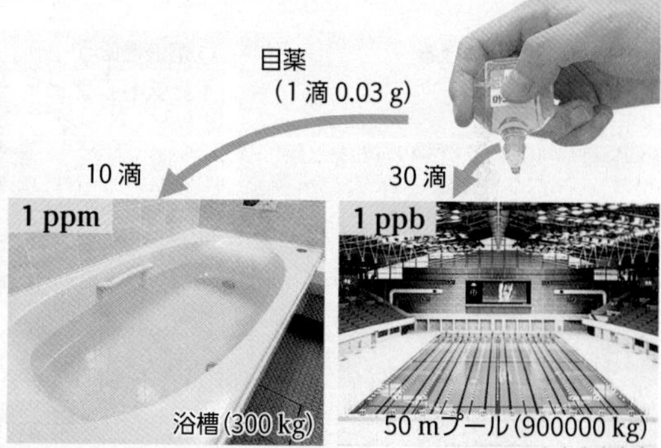

目薬
(1 滴 0.03 g)
10 滴
30 滴
1 ppm
1 ppb
浴槽(300 kg)
50 m プール(900000 kg)

E エタノールの薄め方

	薄めようとするエタノールの濃度(%)									
薄めたエタノールの濃度(%)	95	90	85	80	75	70	65	60	55	50
90	6.41									
85	13.33	6.56								
80	20.95	13.79	6.83							
75	29.52	21.89	14.48	7.20						
70	39.18	31.05	23.14	15.35	7.64					
65	50.22	41.53	33.03	24.66	16.37	8.15				
60	63.00	53.65	44.48	35.44	26.47	17.58	8.76			
55	77.99	67.87	57.90	48.07	38.32	28.63	19.02	9.47		
50	95.89	84.71	73.90	63.04	52.43	41.73	31.25	20.47	10.35	
45	117.57	105.34	93.30	81.38	69.54	57.78	46.09	34.46	22.90	11.41
40	144.46	130.80	117.34	104.01	90.76	77.58	64.48	51.43	38.46	25.55
35	178.71	163.28	148.01	132.88	117.82	102.84	87.93	73.08	58.31	43.59
30	224.08	206.22	188.57	171.10	153.61	136.04	118.94	101.71	84.54	67.45

数値は薄めようとする(もとの)エタノール 100 mL に加える水の量(mL)を示す。

例 95% のエタノールを 70% に薄めるときは，エタノール 100 mL に水 39.18 mL を加える。

※厳密さを要求しない場合は，95% のエタノール 70 mL に，水を加えて 95 mL にしてもよい。

ホールピペットの使い方

液体を希釈(きしゃく)するときなどのように，液体を正確にはかりとる場合にはメスピペットやホールピペット(一定体積の液体をはかりとる)を使用する。

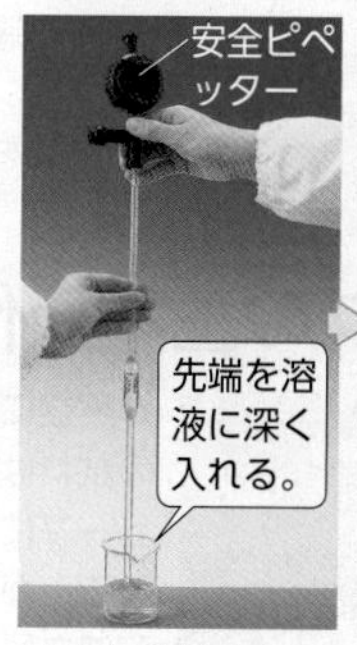

安全ピペッター
先端を溶液に深く入れる。

溶液を標線よりも少し余分に吸い上げる。

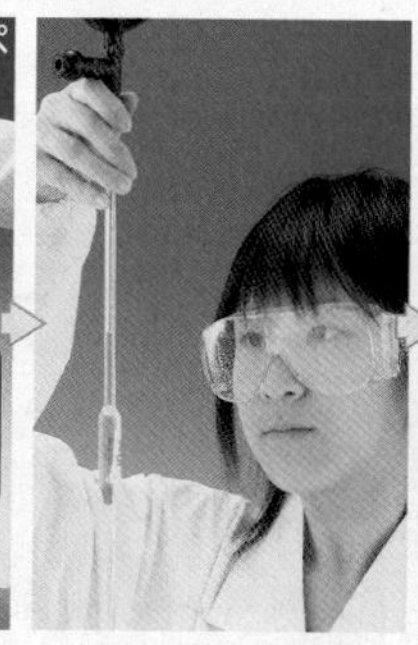

溶液を少しずつ流し，液面の底を標線に合わせる。

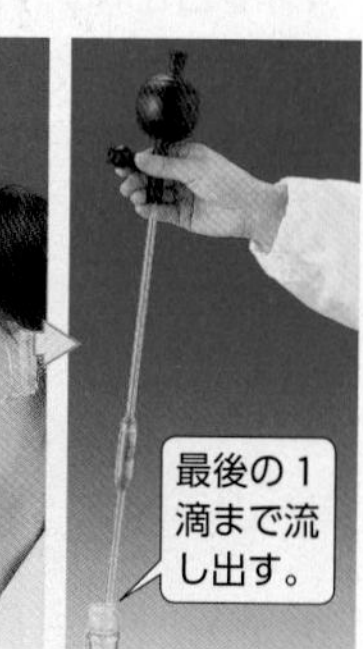

最後の 1 滴まで流し出す。

先端を別の容器に入れ，溶液を流し出す。

F 濃度シリーズのつくり方

10 分の 1，100 分の 1，…濃度の溶液をつくる場合

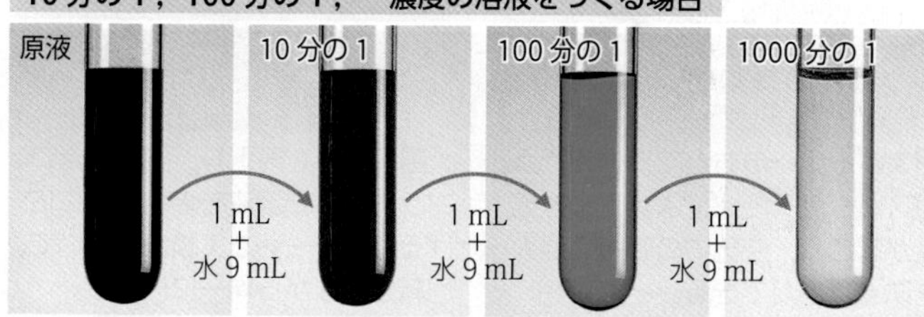

原液
10 分の 1
100 分の 1
1000 分の 1
1 mL + 水 9 mL
1 mL + 水 9 mL
1 mL + 水 9 mL

いろいろな質量パーセント濃度の溶液をつくる場合

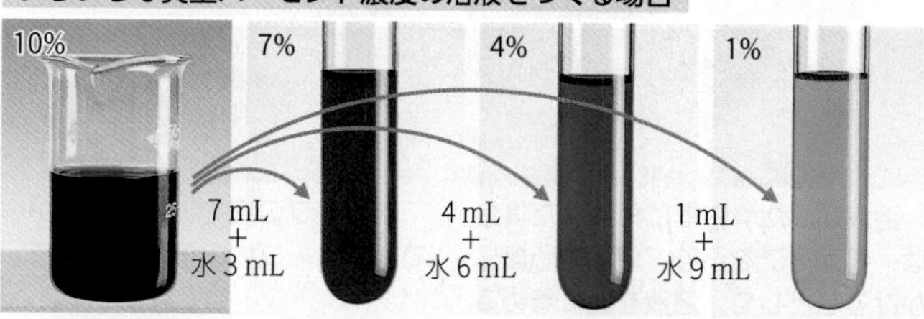

10%
7%
4%
1%
7 mL + 水 3 mL
4 mL + 水 6 mL
1 mL + 水 9 mL

1 マイクロピペットの基本操作

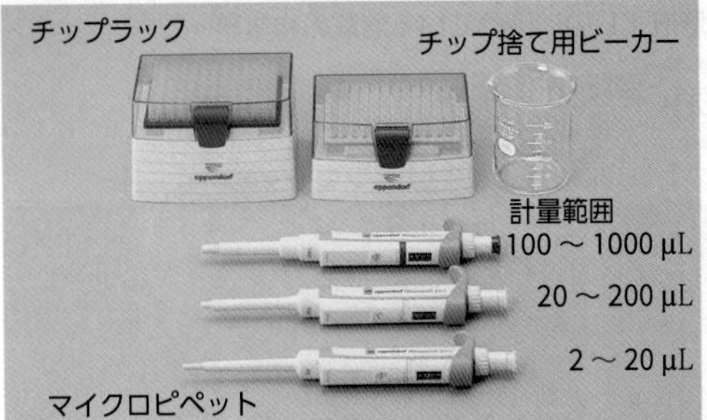
チップラック
チップ捨て用ビーカー
計量範囲
100 ～ 1000 μL
20 ～ 200 μL
2 ～ 20 μL
マイクロピペット

マイクロピペットを使用すると，微量の液体を正確にはかりとることができる。マイクロピペットの先にチップをとりつけて使用する。チップは新しいものにつけ換えながら使用する。はかりとる量に合わせて，適切な計量範囲のマイクロピペットを選ぶ。

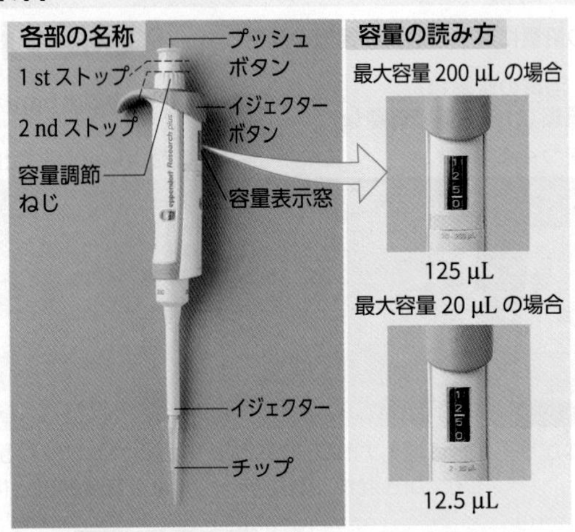
各部の名称
プッシュボタン
1 st ストップ
2 nd ストップ
イジェクターボタン
容量調節ねじ
容量表示窓
イジェクター
チップ
容量の読み方
最大容量 200 μL の場合
125 μL
最大容量 20 μL の場合
12.5 μL

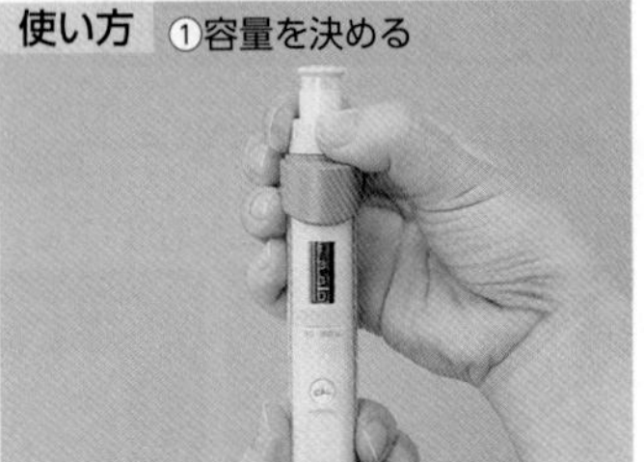
使い方 ①容量を決める

容量調節ねじを回し，はかりとる量に合わせる。故障の原因になるため，計量範囲を超えて容量調節ねじを回してはいけない。

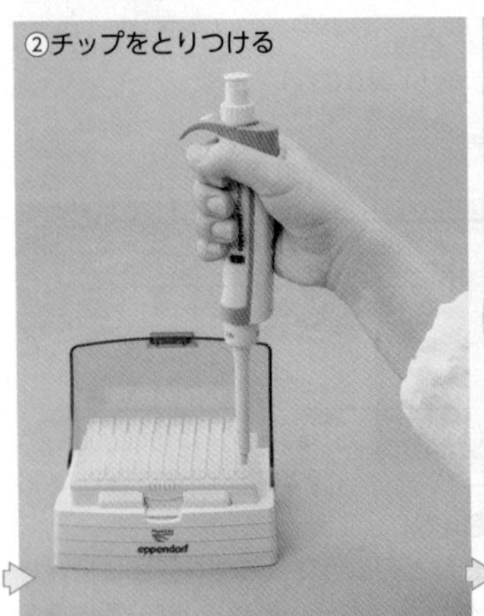
②チップをとりつける

マイクロピペットをチップラックにかるく押しつけ，チップをしっかりはめる。チップは素手で触らない。

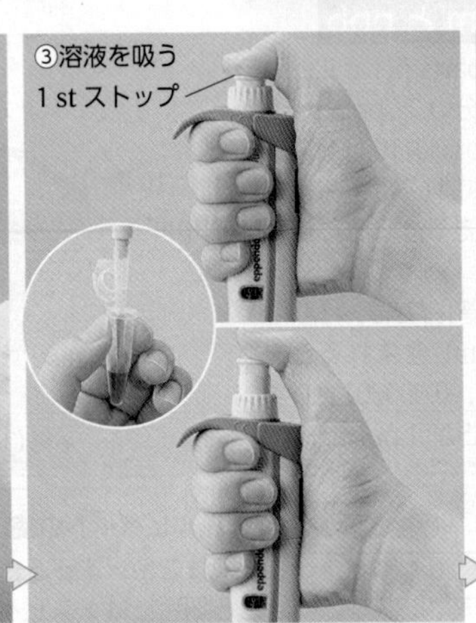
③溶液を吸う
1 st ストップ

プッシュボタンを 1 st ストップで止め，チップの先端を少しだけ溶液に入れる。プッシュボタンをゆっくり戻し，溶液を吸う。

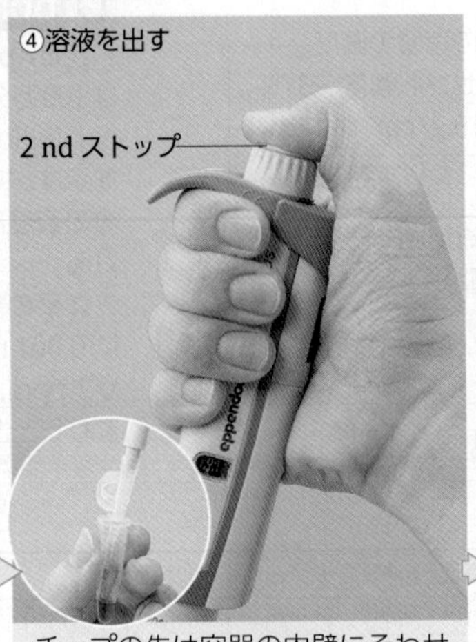
④溶液を出す
2 nd ストップ

チップの先は容器の内壁にそわせ，プッシュボタンをゆっくり押し，溶液を出す。2 nd ストップまで押し込み，残った溶液はすべて出す。

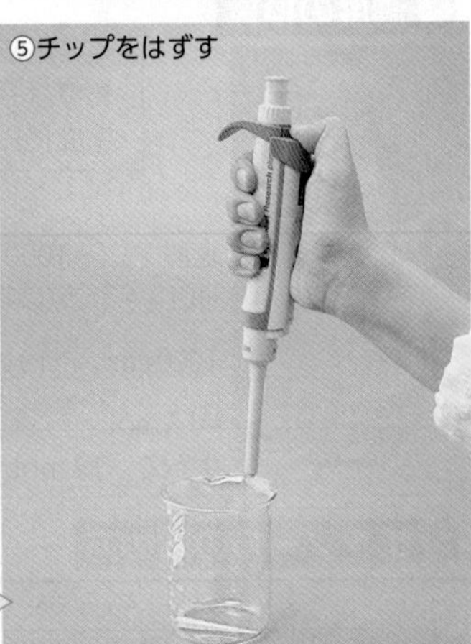
⑤チップをはずす

イジェクターボタンを押すとチップがはずれる。チップ捨て用の容器(ビーカーなど)に向けて，使用済みのチップをはずす。

2 マイクロチューブの基本操作

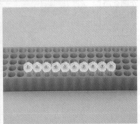

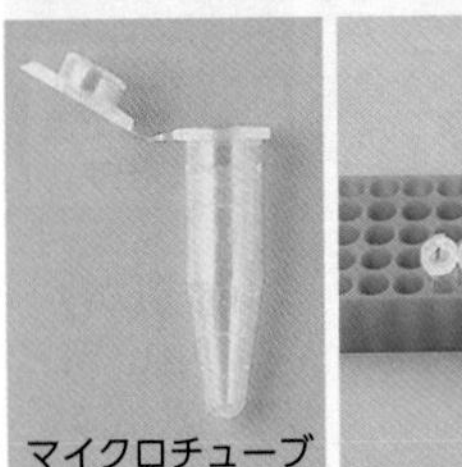
マイクロチューブ

実験に使用する微量の試料は，マイクロチューブに入れて使用することが多い。なかの溶液を区別するため，マイクロチューブのふたには内容物を表す名称や記号を書いておく。

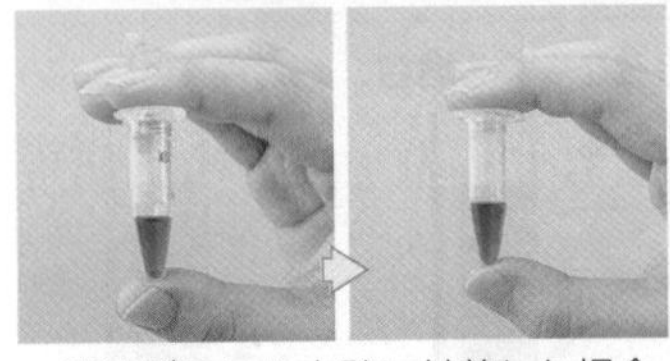

溶液がふたや内壁に付着した場合は，チューブをふる，卓上遠心機にかけるなどして，溶液を底に集める。

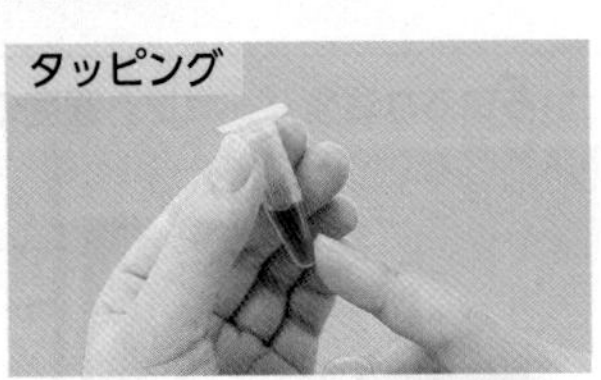
タッピング

チューブの底を指先ではじいて，チューブ内の溶液を混ぜる。

3 培養プレートへの植菌

▶p.119

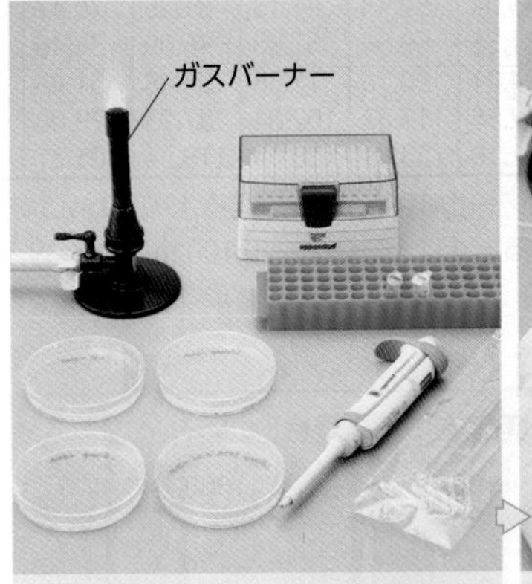
ガスバーナー

ガスバーナーのもとで操作を行う。ガスバーナーの火によって上昇気流が起こり，空気中の雑菌の混入を防ぐことができる。

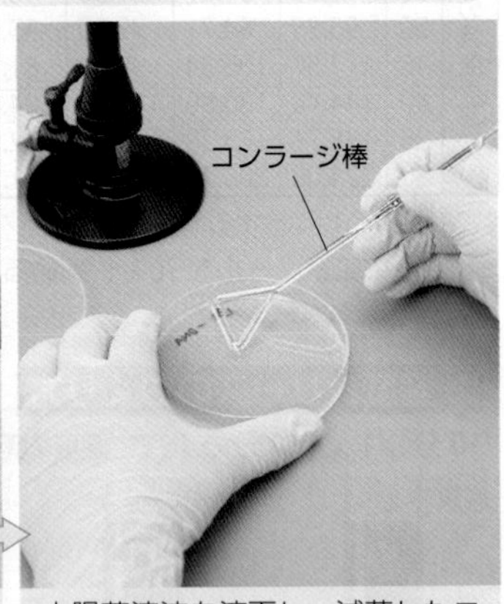
コンラージ棒

大腸菌溶液を滴下し，滅菌したコンラージ棒で溶液を培地の上に広げる。プレートを実験台に置いて，回転させながら均一に広げる。

4 電気泳動法 例 DNA 断片の識別

▶p.121

①アガロース溶液を加熱する

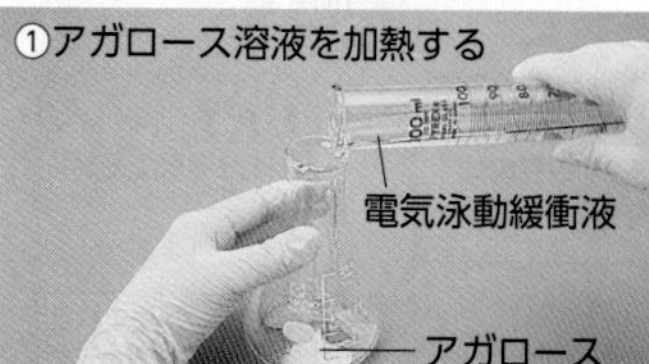
電気泳動緩衝液
アガロース

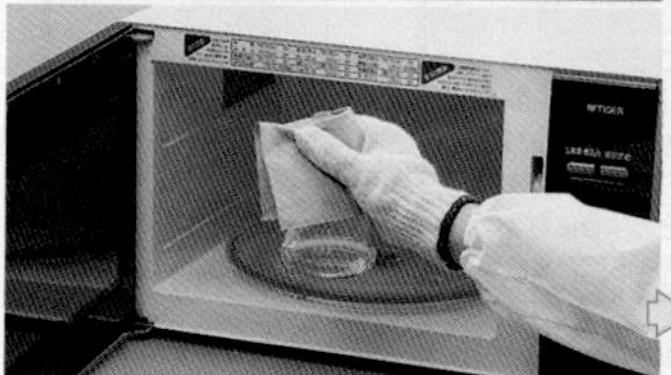

アガロースと電気泳動緩衝液を混ぜ，電子レンジなどで加熱して溶かす。突沸に注意する。

②溶液を型に入れる

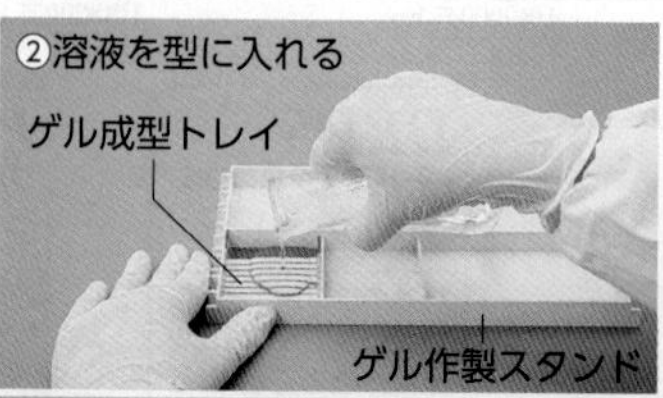
ゲル成型トレイ
ゲル作製スタンド

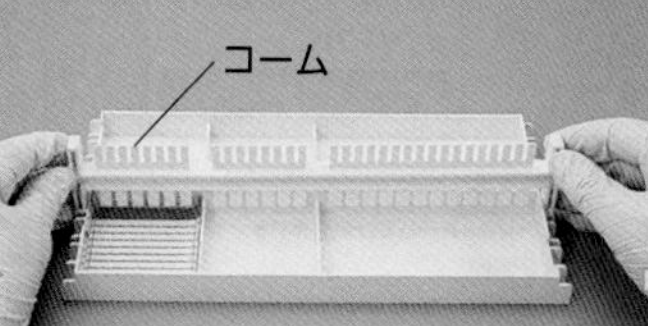
コーム

加熱後，60 ℃ほどに冷ましたアガロース溶液をゲル成型トレイに流し込み，コームをさす。室温で放置し，ゲルを固める。

③ゲルを泳動槽にセットする

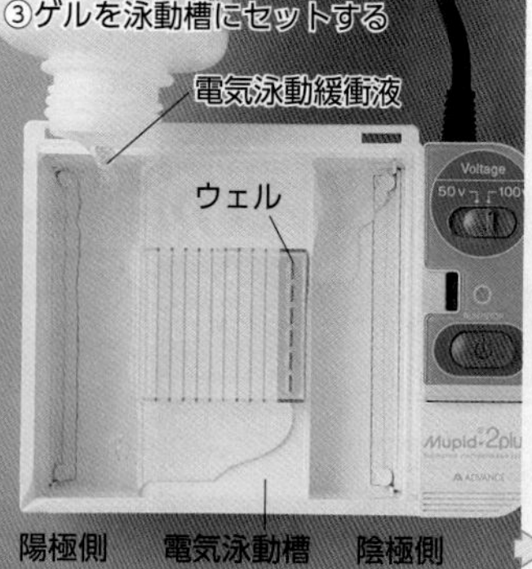
電気泳動緩衝液
ウェル
陽極側
電気泳動槽
陰極側

ウェルが陰極側になるように，ゲルを電気泳動槽に置く。電気泳動緩衝液をゲルが完全に浸るまで注ぐ。

④試料をウェルに入れる

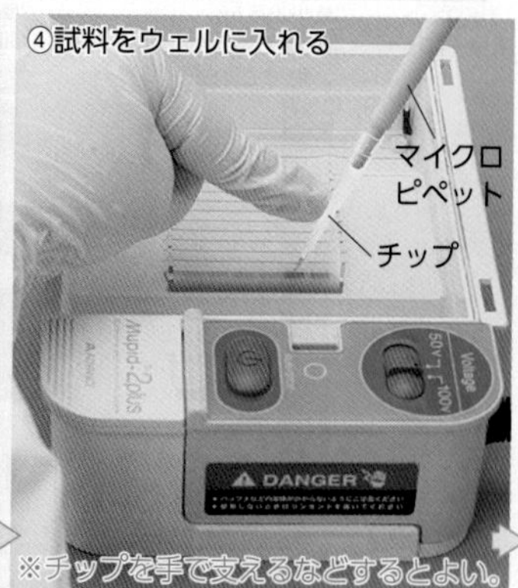
マイクロピペット
チップ
DANGER

※チップを手で支えるなどするとよい。

色素などと混合した試料(DNA 断片)をウェルに入れる。ウェルの1つには，DNA 断片の長さの指標となるマーカー(▶p.121)を入れる。

⑤電気泳動開始

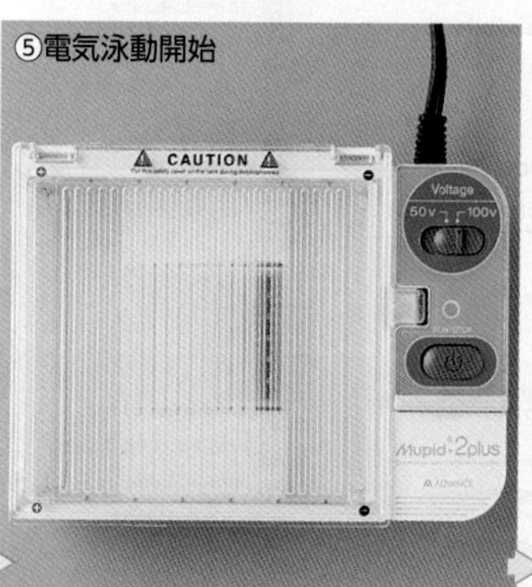
CAUTION

電気泳動槽に電流を流す。電極から気泡が発生することで通電を確認できる。感電の危険があるため，泳動中の溶液には触れない。

⑥電気泳動終了

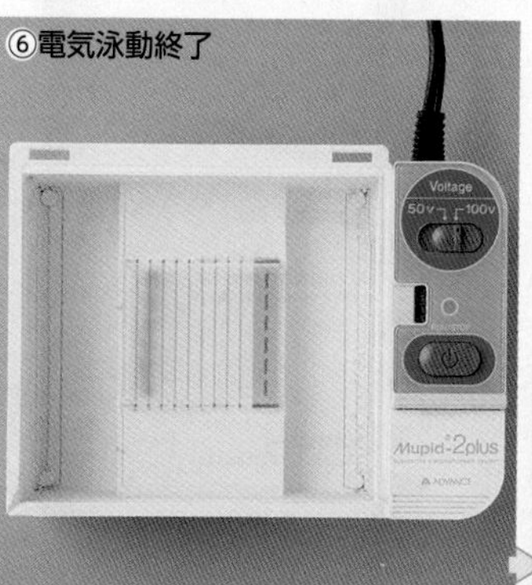

色素がゲルの 7 ～ 8 割を移動したところで，泳動を止める。泳動が長すぎると，試料がゲルの外に流れ出ることもある。

⑦ゲルを染色する

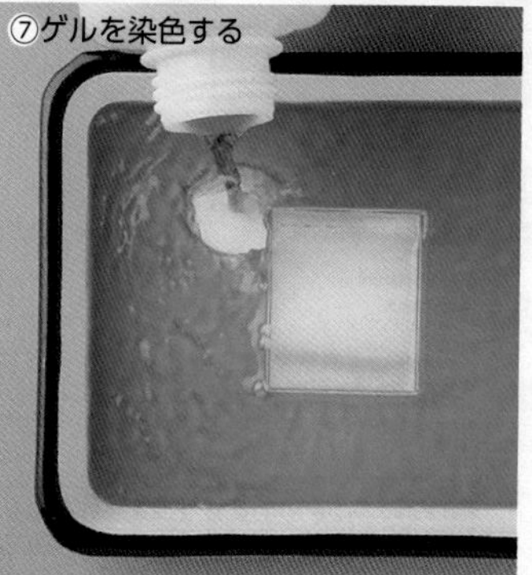

泳動終了後のゲルをトレイに移し，DNA 染色液を加えてゲル中の DNA を染色する。

結　果

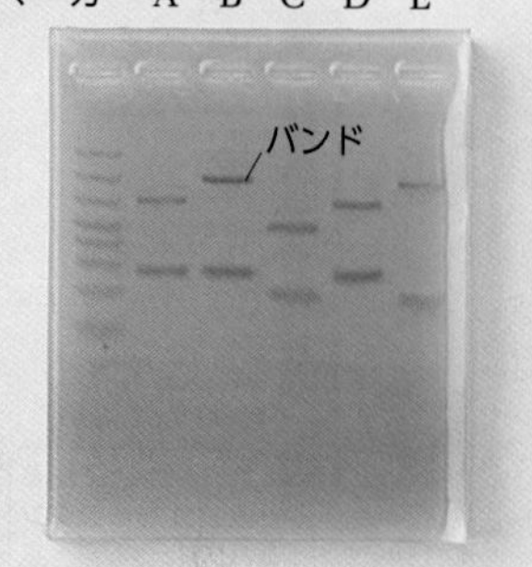
マーカー A B C D E
バンド

試料 A ～ E のうち，A と D は同じ位置にバンドがあるので，同じ DNA 断片を含むと判断できる。

5 滅菌操作

▶p.119

大腸菌などを扱う微生物実験では，実験前や実験後の器具をオートクレーブなどによって滅菌する必要がある。これは，実験器具に付着した微生物を死滅させ，実験中にほかの微生物が混入するのを防いだり，実験に使用した微生物が繁殖するのを防ぐなどの意味がある。

オートクレーブ

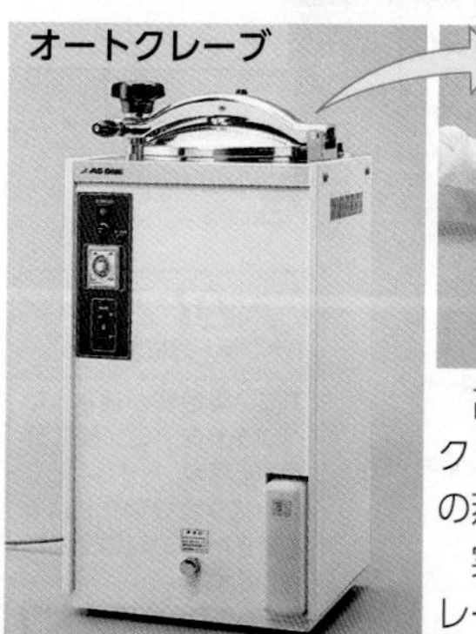

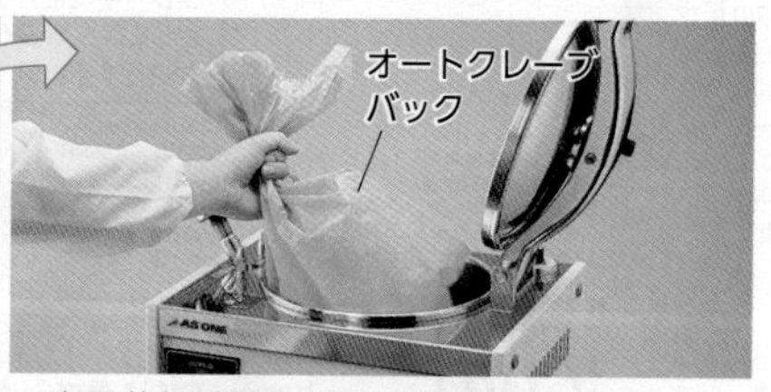
オートクレーブバック

高圧蒸気滅菌に用いる機械のことをオートクレーブという。滅菌には，基本的に 2 気圧の蒸気(121℃)で 20 分間加熱する必要がある。

実験器具はアルミホイルで包む，オートクレーブバックに入れるなどして機械に入れる。機械は高圧・高温になるため注意して扱う。

Column コンタミネーション

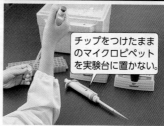

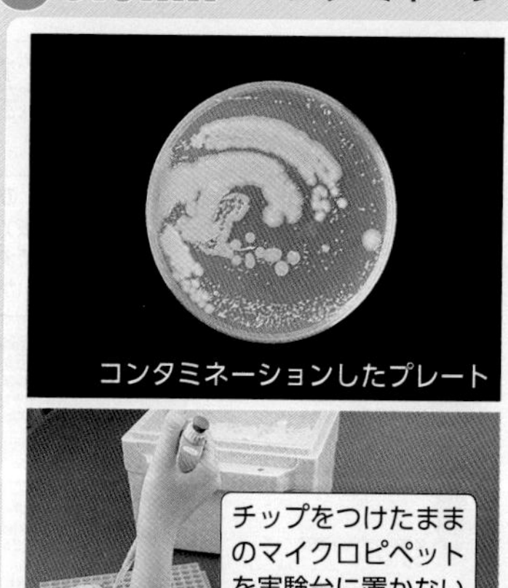
チップをつけたままのマイクロピペットを実験台に置かない。

コンタミネーションしたプレート

調製中の試料に，材料以外の物質や微生物が混入することをコンタミネーションという。微生物の培養で目的以外の微生物が繁殖する，PCR を行う試料に目的以外の DNA が混入して増加する，RNA を含む試料に RNA 分解酵素* が混入して目的の RNA が分解されるなどさまざまなケースがある。

微量の試料を扱う実験では，わずかな異物の混入が実験の失敗原因となる可能性があるため，マイクロチューブやマイクロピペットの取り扱いなど，実験操作には十分な注意を払うことが必要である。

＊RNA 分解酵素は，唾液や汗，空気中のホコリなどにも含まれる。

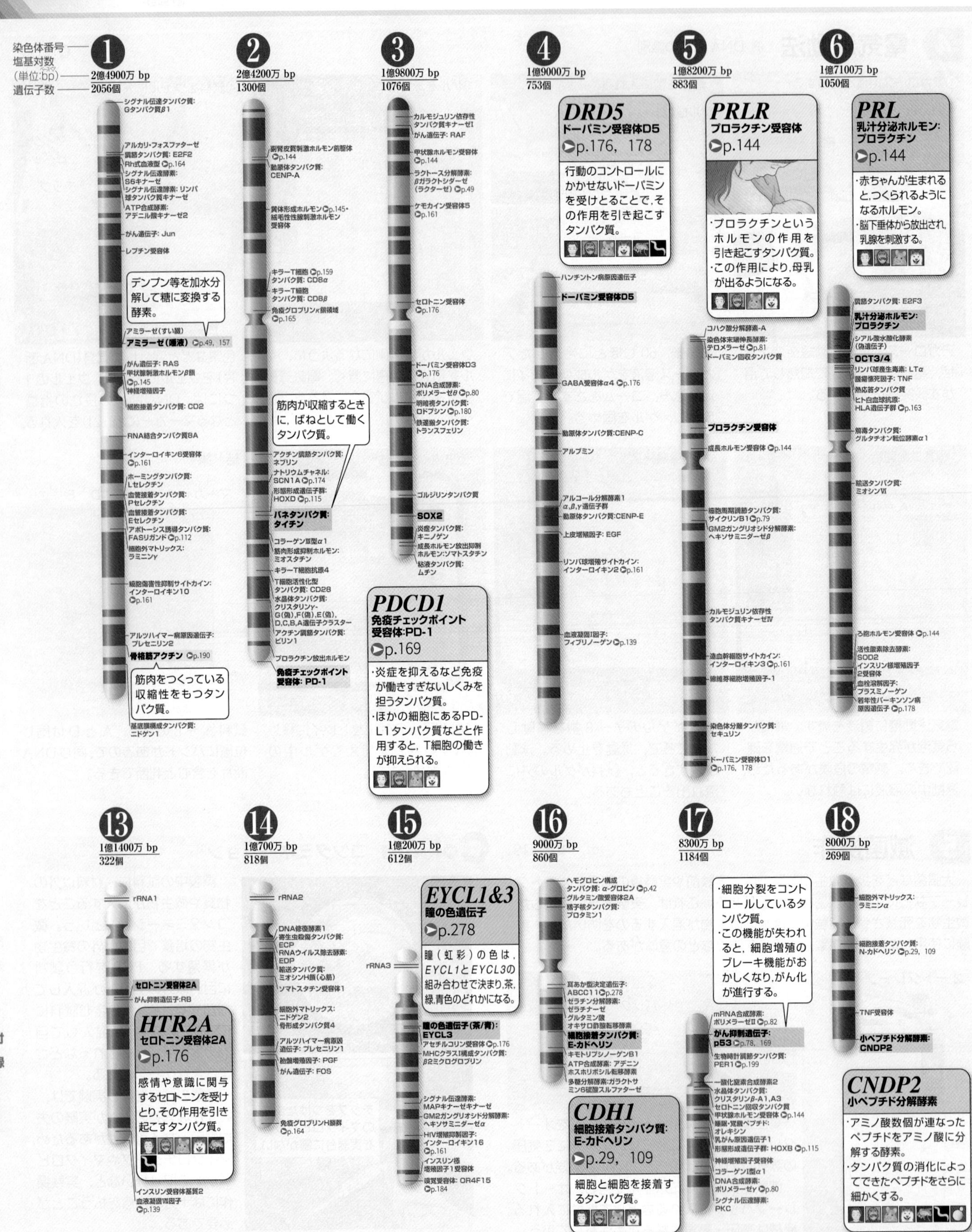

染色体番号
塩基対数（単位:bp）
遺伝子数
1
2億4900万 bp
2056個
シグナル伝達タンパク質: Gタンパク質β1
アルカリ・フォスファターゼ
調節タンパク質: E2F2
Rh式血液型 p.164
シグナル伝達酵素: S6キナーゼ
シグナル伝達酵素: リンパ球タンパク質キナーゼ
ATP合成酵素: アデニル酸キナーゼ2
がん遺伝子: Jun
レプチン受容体
デンプン等を加水分解して糖に変換する酵素。
アミラーゼ(すい臓)
アミラーゼ(唾液) p.49, 157
がん遺伝子: RAS
甲状腺刺激ホルモンβ鎖 p.145
神経増殖因子
細胞接着タンパク質: CD2
RNA結合タンパク質8A
インターロイキン6受容体 p.161
ホーミングタンパク質: Lセレクチン
血管接着タンパク質: Pセレクチン
血管接着タンパク質: Eセレクチン
アポトーシス誘導タンパク質: FASリガンド p.112
細胞外マトリックス: ラミニンγ
細胞傷害性抑制サイトカイン: インターロイキン10 p.161
アルツハイマー病原因遺伝子: プレセニリン2
骨格筋アクチン p.190
筋肉をつくっている収縮性をもつタンパク質。
基底膜構成タンパク質: ニドゲン1
2
2億4200万 bp
1300個
副腎皮質刺激ホルモン前駆体 p.144
動原体タンパク質: CENP-A
黄体形成ホルモン p.145・卵胞刺激ホルモン受容体
キラーT細胞 p.159 タンパク質: CD8α
キラーT細胞 タンパク質: CD8β
免疫グロブリンκ鎖領域 p.165
筋肉が収縮するときに、ばねとして働くタンパク質。
アクチン調節タンパク質: ネブリン
ナトリウムチャネル: SCN1A p.174
形態形成遺伝子群: HOXD p.115
バネタンパク質: タイチン
コラーゲンⅢ型α1
筋肉形成抑制ホルモン: ミオスタチン
キラーT細胞抗原4
T細胞活性化型タンパク質: CD28
水晶体タンパク質: クリスタリンγ-G(偽),F(偽),E(偽),D,C,B,A遺伝子クラスター
アクチン調節タンパク質: ビリン1
プロラクチン放出ホルモン
免疫チェックポイント受容体: PD-1
3
1億9800万 bp
1076個
カルモジュリン依存性タンパク質キナーゼⅠ
がん遺伝子: RAF
甲状腺ホルモン受容体 p.144
ラクトース分解酵素: βガラクトシダーゼ(ラクターゼ) p.49
ケモカイン受容体5 p.161
セロトニン受容体 p.176
ドーパミン受容体D3 p.176
DNA合成酵素: ポリメラーゼθ p.80
網膜桿タンパク質: ロドプシン p.180
鉄運搬タンパク質: トランスフェリン
ゴルジリンタンパク質
SOX2
炎症タンパク質: キニノゲン
成長ホルモン放出抑制ホルモン: ソマトスタチン
粘液タンパク質: ムチン
PDCD1
免疫チェックポイント受容体:PD-1
p.169
・炎症を抑えるなど免疫が働きすぎないしくみを担うタンパク質。
・ほかの細胞にあるPD-L1タンパク質などと作用すると，T細胞の働きが抑えられる。
4
1億9000万 bp
753個
DRD5
ドーパミン受容体D5
p.176, 178
行動のコントロールにかかせないドーパミンを受けとることで,その作用を引き起こすタンパク質。
ハンチントン病原因遺伝子
ドーパミン受容体D5
GABA受容体α4 p.176
動原体タンパク質:CENP-C
アルブミン
アルコール分解酵素1 α,β,γ遺伝子群
動原体タンパク質:CENP-E
上皮増殖因子: EGF
リンパ球増殖サイトカイン: インターロイキン2 p.161
血液凝固Ⅰ因子: フィブリノーゲン p.139
5
1億8200万 bp
883個
PRLR
プロラクチン受容体
p.144
・プロラクチンというホルモンの作用を引き起こすタンパク質。
・この作用により,母乳が出るようになる。
コハク酸分解酵素-A
染色体末端伸長酵素: テロメラーゼ p.81
ドーパミン回収タンパク質
プロラクチン受容体
成長ホルモン受容体 p.144
細胞周期調節タンパク質: サイクリンB1 p.79
GM2ガングリオシド分解酵素: ヘキソサミニダーゼβ
カルモジュリン依存性タンパク質キナーゼⅣ
造血幹細胞サイトカイン: インターロイキン3 p.161
線維芽細胞増殖因子-1
染色体分離タンパク質: セキュリン
ドーパミン受容体D1 p.176, 178
6
1億7100万 bp
1050個
PRL
乳汁分泌ホルモン: プロラクチン
p.144
・赤ちゃんが生まれると,つくられるようになるホルモン。
・脳下垂体から放出され,乳腺を刺激する。
調節タンパク質: E2F3
乳汁分泌ホルモン: プロラクチン
シアル酸水酸化酵素(偽遺伝子)
OCT3/4
リンパ球毒生毒素: LTα
腫瘍壊死因子: TNF
熱応答タンパク質
ヒト白血球抗原: HLA遺伝子群 p.163
解毒タンパク質: グルタチオン転位酵素α1
輸送タンパク質: ミオシンⅥ
ろ胞ホルモン受容体 p.144
活性酸素除去酵素: SOD2
インスリン様増殖因子2受容体
血栓溶解因子: プラスミノーゲン
若年性パーキンソン病原因遺伝子 p.178
13
1億1400万 bp
322個
rRNA1
セロトニン受容体2A
がん抑制遺伝子:RB
HTR2A
セロトニン受容体2A
p.176
感情や意識に関与するセロトニンを受けとり,その作用を引き起こすタンパク質。
インスリン受容体基質2
血液凝固Ⅶ因子 p.139
14
1億700万 bp
818個
rRNA2
DNA修復酵素1
寄生虫殺傷タンパク質: ECP
RNAウイルス除去酵素: EDP
輸送タンパク質: ミオシンH鎖(心筋)
ソマトスタチン受容体1
細胞外マトリックス: ニドゲン2
骨形成タンパク質4
アルツハイマー病原因遺伝子: プレセニリン1
胎盤増殖因子: PGF
がん遺伝子: FOS
免疫グロブリンH鎖群 p.164
15
1億200万 bp
612個
EYCL1&3
瞳の色遺伝子
p.278
瞳（虹彩）の色は，EYCL1とEYCL3の組み合わせで決まり,茶,緑,青色のどれかになる。
rRNA3
瞳の色遺伝子(茶/青): EYCL3
アセチルコリン受容体 p.176
MHCクラスⅠ構成タンパク質: β2ミクログロブリン
シグナル伝達酵素: MAPキナーゼキナーゼ
GM2ガングリオシド分解酵素: ヘキソサミニダーゼα
HIV増殖抑制因子: インターロイキン16 p.161
インスリン様増殖因子1受容体
嗅覚受容体: OR4F15 p.184
16
9000万 bp
860個
ヘモグロビン構成タンパク質: α-グロビン p.42
グルタミン酸受容体2A
精子核タンパク質: プロタミン1
耳あか型決定遺伝子: ABCC11 p.278
ゼラチン分解酵素: ゼラチナーゼ
グルタミン酸オキサロ酢酸転移酵素
細胞接着タンパク質: E-カドヘリン
キモトリプシノーゲンB1
ATP合成酵素: アデニンホスホリボシル転移酵素
多糖分解酵素:ガラクトサミン6硫酸スルファターゼ
CDH1
細胞接着タンパク質: E-カドヘリン
p.29, 109
細胞と細胞を接着するタンパク質。
17
8300万 bp
1184個
・細胞分裂をコントロールしているタンパク質。
・この機能が失われると，細胞増殖のブレーキ機能がおかしくなり,がん化が進行する。
mRNA合成酵素: ポリメラーゼⅡ p.82
がん抑制遺伝子: p53 p.78, 169
生物時計調節タンパク質: PER1 p.199
一酸化窒素合成酵素2
水晶体タンパク質: クリスタリンβ-A1,A3
セロトニン回収タンパク質
甲状腺ホルモン受容体 p.144
睡眠・覚醒ペプチド: オレキシン
乳がん原因遺伝子1
形態形成遺伝子群: HOXB p.115
神経増殖因子受容体
コラーゲンⅠ型α1
DNA合成酵素: ポリメラーゼγ p.80
シグナル伝達酵素: PKC
18
8000万 bp
269個
細胞外マトリックス: ラミニンα
細胞接着タンパク質: N-カドヘリン p.29, 109
TNF受容体
小ペプチド分解酵素: CNDP2
CNDP2
小ペプチド分解酵素
・アミノ酸数個が連なったペプチドをアミノ酸に分解する酵素。
・タンパク質の消化によってできたペプチドをさらに細かくする。
付録

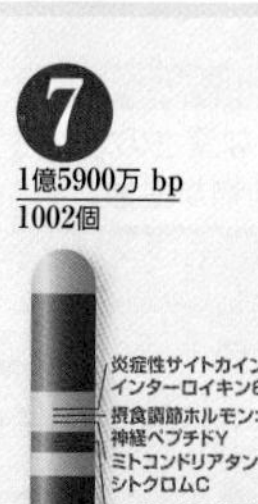

7
1億5900万 bp
1002個

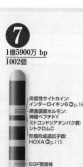

- 炎症性サイトカイン：インターロイキン6 ▶p.161
- 摂食調節ホルモン：神経ペプチドY
- ミトコンドリアタンパク質：シトクロムC
- 形態形成遺伝子群：HOXA ▶p.115
- EGF受容体
- 肝細胞増殖因子：HGF
- コラーゲン1型α2
- 赤血球増殖ホルモン：エリスロポエチン
- アセチルコリン分解酵素
- 細胞外マトリックス：ラミニンβ
- **発話と言語に関わる遺伝子：FOXP2**
- 体脂肪率調節タンパク質：レプチン
- タンパク質分解酵素前駆体：トリプシノーゲン1 ▶p.157

FOXP2
発話と言語に関わる遺伝子

発話や言語に関わる脳の領域をつくるのに重要な役割を果たすタンパク質。

8
1億4500万 bp
686個

GULOP
ビタミンC合成酵素（偽遺伝子）

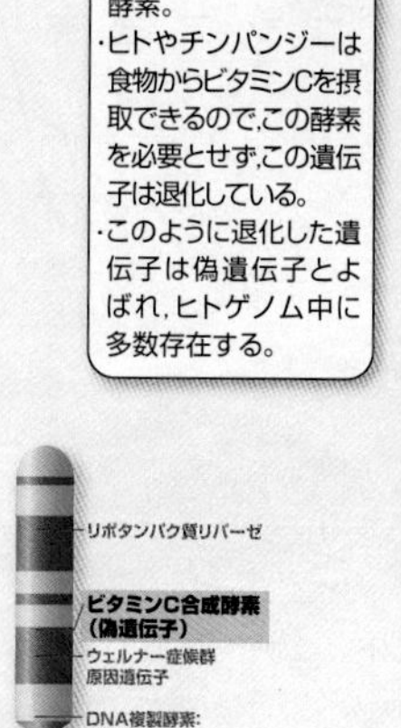

- ビタミンCを合成する酵素。
- ヒトやチンパンジーは食物からビタミンCを摂取できるので，この酵素を必要とせず，この遺伝子は退化している。
- このように退化した遺伝子は偽遺伝子とよばれ，ヒトゲノム中に多数存在する。

- リポタンパク質リパーゼ
- **ビタミンC合成酵素（偽遺伝子）**
- ウェルナー症候群原因遺伝子
- DNA複製酵素：ポリメラーゼβ ▶p.80
- 鎮痛ペプチド：プロエンケファリン
- 細胞接着骨格調節タンパク質：シンテニン
- リンパ球分化因子：インターロイキン7 ▶p.161
- **がん遺伝子：c-MYC**
- 電子伝達系タンパク質：シトクロムc-1

9
1億3800万 bp
777個

OCT3/4 SOX2 KLF4 c-MYC
多能性誘導因子
▶p.136

これら4つの遺伝子を体細胞に導入するとiPS細胞（人工多能性幹細胞）ができる。

- 色素性乾皮症原因遺伝子：XP-A
- 嗅覚受容体：OR13C3 ▶p.184
- **KLF4**
- トリプシン抑制タンパク質：AMBP
- 嗅覚受容体：OR1B1
- 嗅覚受容体：OR1L4 ▶p.184
- ATP合成酵素
- アデニル酸キナーゼ1
- 細胞膜裏打ちタンパク質：スペクトリン
- ABO式血液型遺伝子 ▶p.164，279
- 細胞間シグナル伝達タンパク質：Notch
- グルタミン酸受容体1

10
1億3400万 bp
729個

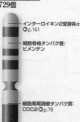

- インターロイキン2受容体α ▶p.161
- 細胞骨格タンパク質：ビメンチン
- 細胞周期調節タンパク質：CDC2 ▶p.78
- 長寿遺伝子：SIRT1
- プラスミノーゲンアクチベーター
- 脂肪分解酵素：リパーゼF ▶p.49，157
- **アポトーシス誘導タンパク質：FAS**
- アポトーシス誘導タンパク質：カスパーゼ7 ▶p.112
- DNA複製酵素（末端）：DNTT ▶p.80

FAS
アポトーシス誘導タンパク質
▶p.112

細胞が自ら進んで引き起こす細胞死（アポトーシス）を誘導するタンパク質。

11
1億3500万 bp
1320個

INS
インスリン
▶p.146

血糖濃度を調節するホルモン。

- ドーパミン受容体D4 ▶p.176
- **インスリン**
- ヘモグロビン構成タンパク質：β-グロビン ▶p.42，151，264
- 体内時計調節タンパク質：BMAL1
- パラトルモン ▶p.144，145
- 乳酸分解酵素
- ろ胞刺激ホルモン ▶p.145
- 過酸化水素分解酵素：カタラーゼ ▶p.48
- タンパク質分解酵素：カルパイン1
- タンパク質分解酵素：エラスターゼ
- 水晶体タンパク質：クリスタリンα
- ドーパミン受容体D2 ▶p.176
- インターロイキン10受容体α ▶p.161
- T細胞受容体複合体形成タンパク質：CD3γ
- T細胞受容体複合体形成タンパク質：CD3δ
- T細胞受容体複合体形成タンパク質：CD3ε

12
1億3300万 bp
1034個

COL2A1
コラーゲンⅡ型α1

- 3本鎖のらせん構造をした繊維状タンパク質。
- からだや臓器の形を整える役割をもつ。

- ヘルパーT細胞タンパク質：CD4 ▶p.159
- グルタミン酸受容体2B
- 乳酸分解酵素
- **コラーゲンⅡ型α1**
- 染色体分離タンパク質：セパレース
- 形態形成遺伝子群：HOXC ▶p.115
- インスリン様増殖因子1
- フェニルアラニン水酸化酵素
- アセトアルデヒド脱水素酵素2 ▶p.279
- 一酸化窒素合成酵素1
- 神経幹細胞維持タンパク質：ムサシ
- DNA複製酵素：ポリメラーゼε ▶p.80

このマップの見かた

このマップには，ヒトゲノムに含まれる全遺伝子（約2万個）のうち，さまざまな機能に関わる約1%分の遺伝子の名前と染色体上の位置が示されている。本来，遺伝子名はアルファベットと数字で表されるが，このマップでは「通称名」で示している。
解説の下には，その遺伝子をもつ生物がアイコンで示されている。ヒトはほかの生物とどのような共通の遺伝子をもっているのだろうか。
（2021年8月の時点で公開されているデータベースに基づいて作成。アイコンが示されていない生物も，詳しい研究が進むことで，実際にはその遺伝子をもつことがわかる可能性もある。）
※複数の遺伝子が同時に解説されている*EYCL 1&3*，多能性誘導因子，偽遺伝子には，アイコンは付けられていない。

AMY1A　アミラーゼ（唾液）
- 遺伝子名
- 遺伝子の通称名
- 遺伝子の機能，または，つくられるタンパク質の解説
- 同等の遺伝子（オーソログ）をもつ生物

ヒト　チンパンジー　マウス　イヌ　ショウジョウバエ　線虫　イネ　出芽酵母

19
5900万 bp
1472個

INSR
インスリン受容体
▶p.146

インスリンを受けとり，その作用を引き起こすタンパク質。

- アポトーシス誘導タンパク質：TNF14 ▶p.112
- **インスリン受容体**
- 低密度リポタンパク質受容体
- エリスロポエチン受容体
- カルシウムチャネル：CACNA1A
- インスリン様分泌因子
- **瞳の色遺伝子（緑/青）：EYCL1**
- がん遺伝子：AKT2
- トランスフォーミング増殖因子：TGF-β
- ホルモン感受性リパーゼ
- 体脂肪率調節：アポリポタンパク質E
- グルタミン酸受容体2D
- グリコーゲン合成酵素
- 黄体形成ホルモンβ鎖 ▶p.145
- 核膜孔構成タンパク質：ヌクレオポリン
- DNA複製酵素：ポリメラーゼδ ▶p.80

20
6400万 bp
545個

PRNP
プリオンタンパク質

このタンパク質が変異すると，正常のプリオンを変異型に変化させるという感染性をもつようになり，クロイツフェルト・ヤコブ病やBSE（牛海綿状脳症，狂牛病）の原因となる。

- 動原体タンパク質：CENP-B
- アドレナリン受容体α-1D ▶p.144
- **プリオンタンパク質**
- 調節タンパク質：E2F
- アセチルCoA合成酵素 ▶p.55
- グルタチオン合成酵素
- がん遺伝子：SRC

21
4700万 bp
236個

- rRNA4
- 遺伝子砂漠
- アルツハイマー病原因遺伝子：APP
- **活性酸素除去酵素：SOD1**
- インターロイキン10受容体β ▶p.161
- ダウン症必須領域遺伝子群：DSCR1～10 ▶p.271

SOD1
活性酸素除去酵素

- 活性酸素を除去する酵素。
- 活性酸素はDNAに傷をつけて細胞をがん化させたり，生体組織や細胞に傷をつけて老化させたりする。

22
5100万 bp
495個

MAPK1
シグナル伝達酵素：マップキナーゼ

- 細胞の外からのさまざまなシグナル（刺激）に応答し，伝える役割をもつ酵素。
- さまざまなシグナル伝達系（細胞増殖，細胞分化，発生，ストレス応答）で中心的役割を担う。

- rRNA5
- **シグナル伝達酵素：マップキナーゼ**
- 免疫グロブリンλ鎖領域 ▶p.165
- 白血病抑制因子：LIF
- ヘム酸化酵素
- 酸素貯蔵タンパク質：ミオグロビン ▶p.42，151，190
- インターロイキン2受容体β ▶p.161

性染色体

X
1億5600万 bp
857個

- **身長伸長タンパク質：SHOX**
- インターロイキン3受容体α ▶p.161
- **アンギオテンシン変換酵素：ACE2** ▶p.153
- 筋ジストロフィー原因遺伝子：ジストロフィン

体液の調節に関わるタンパク質。

- アンドロゲン受容体
- インターロイキン受容体共通γ鎖 ▶p.161
- B細胞成熟タンパク質：BTK
- 細胞間情報伝達タンパク質：CD40LG
- 赤緑色オプシン遺伝子：OPN1LW& OPN1MW ▶p.281
- 血液凝固因子 ▶p.139

Y
5700万 bp
64個

SHOX
身長伸長タンパク質

- X染色体，Y染色体に存在する遺伝子。
- SHOXタンパク質は，DNAに結合することでさまざまな遺伝子の働きを調整して，身長を伸ばす。

- **身長伸長タンパク質：SHOX**
- **性決定遺伝子** ▶p.282

男性化に関わるタンパク質。

- 精子産生タンパク質：DAZ
- **遺伝子砂漠**

ゲノム上に点在する非遺伝子領域が延々と続く領域。

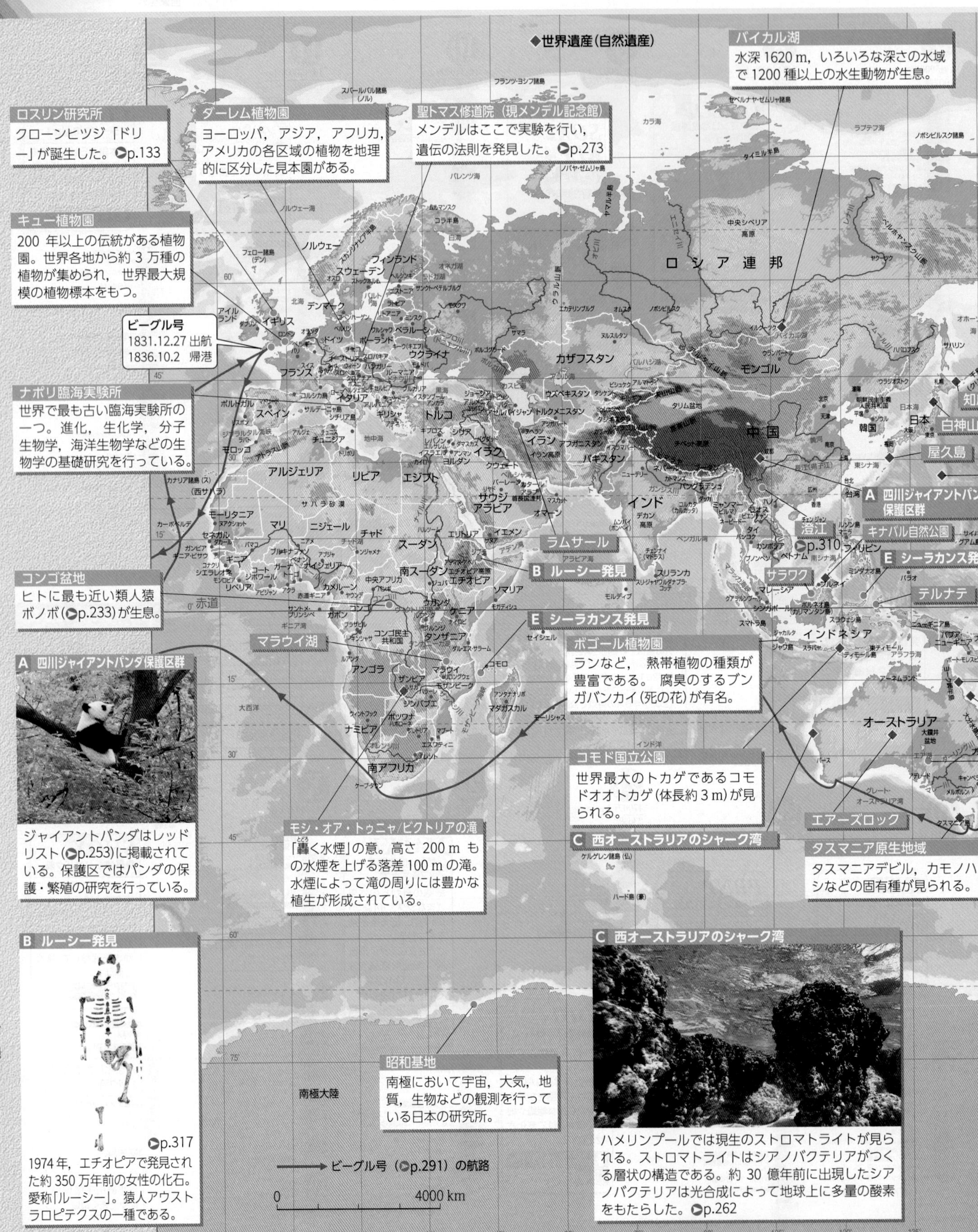
◆世界遺産(自然遺産)
バイカル湖
水深 1620 m，いろいろな深さの水域で 1200 種以上の水生動物が生息。
ロスリン研究所
クローンヒツジ「ドリー」が誕生した。p.133
ダーレム植物園
ヨーロッパ，アジア，アフリカ，アメリカの各区域の植物を地理的に区分した見本園がある。
聖トマス修道院（現メンデル記念館）
メンデルはここで実験を行い，遺伝の法則を発見した。p.273
キュー植物園
200 年以上の伝統がある植物園。世界各地から約 3 万種の植物が集められ，世界最大規模の植物標本をもつ。
ビーグル号
1831.12.27 出航
1836.10.2 帰港
ナポリ臨海実験所
世界で最も古い臨海実験所の一つ。進化，生化学，分子生物学，海洋生物学などの生物学の基礎研究を行っている。
コンゴ盆地
ヒトに最も近い類人猿ボノボ(p.233)が生息。
ロシア連邦
カザフスタン
モンゴル
中国
インド
知床
白神山地
屋久島
A 四川ジャイアントパンダ保護区群
澄江
p.310
キナバル自然公園
E シーラカンス発見
テルナテ
ラムサール
B ルーシー発見
サラワク
インドネシア
E シーラカンス発見
マラウイ湖
ボゴール植物園
ランなど，熱帯植物の種類が豊富である。腐臭のするブンガバンカイ(死の花)が有名。
オーストラリア
コモド国立公園
世界最大のトカゲであるコモドオオトカゲ(体長約 3 m)が見られる。
C 西オーストラリアのシャーク湾
エアーズロック
タスマニア原生地域
タスマニアデビル，カモノハシなどの固有種が見られる。
モシ・オア・トゥニャ/ビクトリアの滝
「轟く水煙」の意。高さ 200 m もの水煙を上げる落差 100 m の滝。水煙によって滝の周りには豊かな植生が形成されている。
A 四川ジャイアントパンダ保護区群
ジャイアントパンダはレッドリスト(p.253)に掲載されている。保護区ではパンダの保護・繁殖の研究を行っている。
B ルーシー発見
p.317
1974 年，エチオピアで発見された約 350 万年前の女性の化石。愛称「ルーシー」。猿人アウストラロピテクスの一種である。
昭和基地
南極において宇宙，大気，地質，生物などの観測を行っている日本の研究所。
南極大陸
ビーグル号（p.291）の航路
0 4000 km
C 西オーストラリアのシャーク湾
ハメリンプールでは現生のストロマトライトが見られる。ストロマトライトはシアノバクテリアがつくる層状の構造である。約 30 億年前に出現したシアノバクテリアは光合成によって地球上に多量の酸素をもたらした。p.262

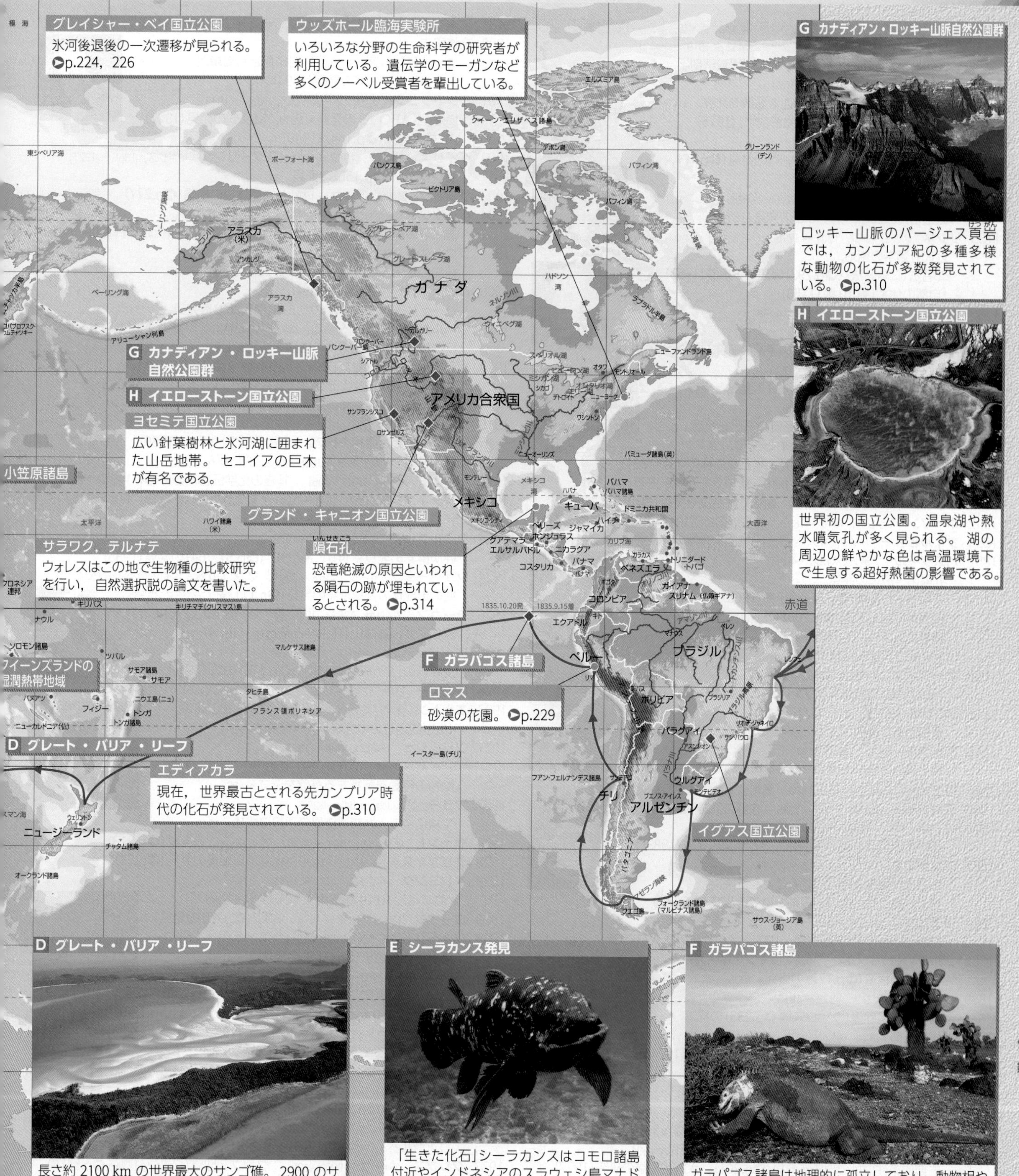

カナダ
アメリカ合衆国
メキシコ
ブラジル
ペルー
チリ
アルゼンチン
ウルグアイ
パラグアイ
ボリビア
コロンビア
エクアドル
ニュージーランド
小笠原諸島
赤道
アラスカ(米)
ハワイ諸島(米)
キューバ
ジャマイカ
バハマ
ベネズエラ
ホンジュラス
ニカラグア
コスタリカ
パナマ
グアテマラ
エルサルバドル
ベリーズ
ハイチ
ドミニカ共和国
ガイアナ
スリナム
ベーリング海
アラスカ湾
ボーフォート海
ハドソン湾
バフィン湾
太平洋
大西洋
1835.10.20発
1835.9.15着
イグアス国立公園
フィーンズランドの湿潤熱帯地域
ガラパゴス諸島

グレイシャー・ベイ国立公園
氷河後退後の一次遷移が見られる。▶p.224，226

ウッズホール臨海実験所
いろいろな分野の生命科学の研究者が利用している。遺伝学のモーガンなど多くのノーベル受賞者を輩出している。

G カナディアン・ロッキー山脈自然公園群
ロッキー山脈のバージェス頁岩(けつがん)では，カンブリア紀の多種多様な動物の化石が多数発見されている。▶p.310

H イエローストーン国立公園
世界初の国立公園。温泉湖や熱水噴気孔が多く見られる。湖の周辺の鮮やかな色は高温環境下で生息する超好熱菌の影響である。

ヨセミテ国立公園
広い針葉樹林と氷河湖に囲まれた山岳地帯。セコイアの巨木が有名である。

グランド・キャニオン国立公園

サラワク，テルナテ
ウォレスはこの地で生物種の比較研究を行い，自然選択説の論文を書いた。

隕石孔(いんせきこう)
恐竜絶滅の原因といわれる隕石の跡が埋もれているとされる。▶p.314

F ガラパゴス諸島

ロマス
砂漠の花園。▶p.229

D グレート・バリア・リーフ

エディアカラ
現在，世界最古とされる先カンブリア時代の化石が発見されている。▶p.310

D グレート・バリア・リーフ
長さ約 2100 km の世界最大のサンゴ礁。2900 のサンゴ礁には 400 種のサンゴが生育する。近年の地球温暖化による海水温の上昇により，サンゴの白化現象が見られ，危機に瀕している。

E シーラカンス発見
「生きた化石」シーラカンスはコモロ諸島付近やインドネシアのスラウェシ島マナド沖で生息が確認されている。ミトコンドリアゲノムの解析により，これらは別の種であると考えられている。▶p.318

F ガラパゴス諸島
ガラパゴス諸島は地理的に孤立しており，動物相や植物相は独自の進化を遂げた。ダーウィンは測量船ビーグル号でこの島を訪れ，「進化論」の着想を得た。▶p.291

生物学研究の歴史

年代　人名(国名，生没年)　業績(★ノーベル生理学・医学賞，◆ノーベル化学賞)

1500頃 **レオナルド=ダ=ビンチ**　イタリア，1452～1519
近代生物学の祖，人体解剖学および比較解剖学

1661 **マルピーギ**　イタリア，1628～1694
カエルの肺の毛細血管内の血液循環を発見，
白血球の発見(1665)，「植物解剖学」(1675)

フックの顕微鏡

1665 **フック**　イギリス，1635～1703
コルクの顕微鏡観察による細胞の発見(▶p.16)，
「ミクログラフィア」

レーウェンフック

1674 **レーウェンフック**　オランダ，1632～1723
微生物，赤血球，精子などの発見(1677)

1735 **リンネ**　スウェーデン，1707～1778
近代分類学の創始，
二名法(二語名法)(▶p.293)の完成・定着(1753)，
「自然の体系」第10版(1758)

リンネ

1780 **ガルヴァーニ**　イタリア，1737～1798
動物電気の発見，
電気刺激によるカエルの筋肉運動の研究(1791)

1796 **ジェンナー**　イギリス，1749～1823
天然痘を予防する方法(種痘法)の発見と実施

ガルヴァーニの実験

1809 **ラマルク**　フランス，1744～1829
用不用説(▶p.291)と獲得形質の遺伝を提唱

1827 **ブラウン**　イギリス，1773～1858
花粉粒でブラウン運動を発見，核と核小体の発見(1831)

1838 **シュライデン**　ドイツ，1804～1881　植物で細胞説を提唱(▶p.16)

1839 **シュワン**　ドイツ，1810～1882　動物で細胞説を提唱(▶p.16)

1842 **ボーマン**　イギリス，1816～1892　尿生成のろ過説(▶p.153)を提唱

1855 **フィルヒョー**　ドイツ，1821～1902　細胞病理学の体系を樹立(▶p.16)

1857 **パスツール**　フランス，1822～1895
乳酸菌・酵母の発見，
アルコール発酵(▶p.56)の研究(1860)，
自然発生説の否定(▶p.260)(1861)，
酢酸生成についての研究(1864)，
狂犬病ワクチン接種(1885)

パスツール

1859 **ダーウィン**　イギリス，1809～1882
「種の起源」自然選択説(▶p.291)の提唱

ダーウィン

1865 **メンデル**　オーストリア，1822～1884
遺伝に関するメンデルの法則(▶p.272，273)を発見

1866 **ヘッケル**　ドイツ，1834～1919
進化論的形態学の確立，発生反復説の提唱

1868 **ワグナー**　ドイツ，1813～1887　隔離説(▶p.288)の提唱

1869 **ミーシャー**　スイス，1844～1895　核酸の発見(▶p.74)

1876 **コッホ**　ドイツ，1843～1910　炭疽菌の発見，
結核菌の発見(1882)★1905，コレラ菌の発見(1883)

メンデル

1882 **エンゲルマン**　ドイツ，1843～1909
光合成が葉緑体で行われることを証明，
光の波長と光合成の関係についての研究(▶p.60)

1883 **メチニコフ**　ロシア，1845～1916
白血球の食作用の発見(▶p.160)，免疫現象の研究(1892)★1908

1888 **ゴルジ**　イタリア，1843～1926／**ラモン・イ・カハール**　スペイン，1852～1934
神経系の構造(▶p.172)の研究★1906

1889 **ウォレス**　イギリス，1823～1913
動物分布境界線(ウォレス線▶p.233)の提唱

1889 **北里柴三郎**　日本，1852～1931
破傷風菌の発見(▶p.166)，ペスト菌の発見(1894)

1890 **ベーリング**　ドイツ，1854～1917
ジフテリアの血清療法(▶p.166)を発見★1901

北里柴三郎

1897 **ブフナー**　ドイツ，1860～1917
アルコール発酵の原理発見(チマーゼの抽出▶p.51)◆1907

1897 **パブロフ**　ロシア，1849～1936　消化生理学の研究★1904，
古典的条件づけの現象を発見(▶p.201)，大脳生理学の研究(1927)

1900 **ド=フリース**　オランダ，1845～1935
メンデルの法則(▶p.273)の再発見，突然変異説(▶p.291)(1901)

1900 **コレンス**　ドイツ，1864～1933／**チェルマク**　オーストリア，1871～1962
メンデルの法則(▶p.273)の再発見

年代　人名(国名，生没年)　業績(★ノーベル生理学・医学賞，◆ノーベル化学賞)

1900 **高峰譲吉**　日本，1854～1922
ウシ副腎からアドレナリンを結晶として単離，
タカジアスターゼの発明(1894)

高峰譲吉

1901 **ラントシュタイナー**　オーストリア，1868～1943
血液型(ABO式)の発見★1930，MN式の発見(1927)，
Rh式の発見(▶p.164)(1940)

1902 **ベイリス**　イギリス，1860～1924／**スターリング**　イギリス，1866～1927
セクレチン(▶p.156)の発見

1903 **サットン**　アメリカ，1877～1916　染色体説の提唱(▶p.277)

1904 **ベーツソン**　イギリス，1861～1926
遺伝子の連鎖現象を観察(▶p.274)，「メンデル遺伝原理」(1909)

1907 **ラウンケル**　デンマーク，1860～1938
植物の生活形の分類(▶p.220)，統計生態学

1908 **ハーディ**　イギリス，1877～1947
ハーディ・ワインベルグの法則(▶p.283)を発表

1910 **ウィルシュテッター**　ドイツ，1872～1942
クロロフィル(▶p.61)の構造を解明◆1915

1913 **ボイセン=イェンセン**　デンマーク，1883～1959
植物成長ホルモンと光屈性の研究(▶p.213)，
植物群集の物質生産の測定(1932)

1916 **クレメンツ**　アメリカ，1874～1945
植物の遷移と極相の研究，「生物生態学」を提唱(1939)

1916 **山極勝三郎**　日本，1863～1930　人工的にがんを創出

1921 **レーウィ**　ドイツ，1873～1961　神経の化学伝達の証明(▶p.143)★1936

1922 **バンティング**　カナダ，1891～1941／**マクラウド**　イギリス，1876～1935
インスリン(▶p.146)の発見★1923

1924 **ワールブルク**　ドイツ，1883～1970
呼吸酵素の発見★1931，$NADP^+$(▶p.51，64)の発見(1935)

1924 **シュペーマン**　ドイツ，1869～1941／**マンゴルト**　ドイツ，1898～1924
胚の形成体の誘導現象の発見(▶p.111)★シュペーマン1935

1926 **モーガン**　アメリカ，1866～1945　染色体地図(▶p.276)★1933，
遺伝子説の提唱，「発生学と遺伝学」(1934)

1926 **エードリアン**　イギリス，1889～1977
受容器の「全か無かの法則」(▶p.173)の証明★1932

1926 **黒沢英一**　日本，1893～1953　ジベレリン(▶p.210)の発見

シュペーマン

1927 **エルトン**　イギリス，1900～1991　食物連鎖の関係
(生態的地位の概念導入)，「動物生態学」

1927 **フリッシュ**　ドイツ，1886～1981
ミツバチのダンス(▶p.197)の発見，
動物の行動を解析する基盤を確立★1973

1927 **マラー**　アメリカ，1890～1967
X線による人為突然変異の誘起に成功★1946

マラー

1928 **ウェント**　オランダ，1903～1990　オーキシンの発見(▶p.213)

1928 **グリフィス**　イギリス，1879～1941　形質転換の発見(▶p.74)

1929 **フレミング**　イギリス，1881～1955
ペニシリン(抗生物質第1号)の発見★1945

1929 **ローマン**　ドイツ，1898～1978　ATP(▶p.47)の発見

1929 **フォークト**　ドイツ，1888～1941
局所生体染色法(▶p.108)の成功

1931 **木原均**　日本，1893～1986
ゲノム説の展開，パンコムギの祖先の発見(1944)

染色されたイモリ胚

1932 **キャノン**　アメリカ，1871～1945　ホメオスタシス(▶p.138)の概念を提唱

1933 **マイヤーホフ**　ドイツ，1884～1951／**エムデン**　ドイツ，1874～1933
呼吸におけるエムデン・マイヤーホフ
経路(解糖系▶p.54)を解明

マイヤーホフ

エムデン

1935 **ローレンツ**　オーストリア，1903～1989
刷込み現象(▶p.201)★1973

1936 **オパーリン**　ロシア，1894～1980
コアセルベート説(▶p.261)を提唱

1937 **クレブス**　イギリス，1900～1981　クレブス回路(クエン酸回路▶p.54)の
発見★1953，尿素回路(▶p.155)の研究

1938 **藪田貞治郎**　日本，1888～1977　ジベレリンを結晶として抽出に成功

1939 **ヒル**　イギリス，1899～1991　光合成において，酸素の発生反応と二酸化
炭素の同化反応が別であることを証明(▶p.66)

年代　人名(国名，生没年)　業績(★ノーベル生理学・医学賞，◆ノーベル化学賞)

1941 **ルーベン** アメリカ，1913～1943
酸素の同位体で光合成のしくみを研究(▶p.66)

1944 **エイブリー** アメリカ，1877～1955
形質転換を起こす物質がDNAであることを証明(▶p.74)

1944 **シュレーディンガー** オーストリア，1887～1961
「生命とは何か」で分子生物学の道をひらく

1945 **ビードル** アメリカ，1903～1989／**テータム** アメリカ，1909～1975
アカパンカビの研究で，一遺伝子一酵素説を提唱★1958

1945 **ハーシー** アメリカ，1908～1997
バクテリオファージの遺伝子組換え現象の発見★1969，
DNAが遺伝情報をもつことを証明(▶p.75)(1952)

1949 **シャルガフ** オーストリア，1905～2002
DNAの塩基組成の研究(▶p.76)

1951 **ティンバーゲン** イギリス，1907～1988
イトヨの本能行動の研究(▶p.195)★1973

1951 **ポーリング** アメリカ，1901～1994
タンパク質のαヘリックス構造の発見(▶p.42)◆1954

1952 **A.L. ホジキン** イギリス，1914～1998／**A.F. ハクスリー** イギリス，1917～2012
神経興奮におけるナトリウムチャネル(▶p.174)の概念を提唱★1963

1953 **メダワー** イギリス，1915～1987　免疫寛容の獲得の発見(▶p.161)★1960

1953 **ワトソン** アメリカ，1928～／**クリック** イギリス，1916～2004／
ウィルキンス イギリス，1916～2004
DNAの二重らせん構造(▶p.76)を提唱★1962

ワトソンとクリック

1954 **H.E. ハクスリー** イギリス，1924～2013
筋収縮の滑り説(▶p.191)を提唱

1955 **オチョア** アメリカ，1905～1993
RNAの人工的合成に成功★1959

1955 **ミラー** アメリカ，1930～2007
メタン・アンモニア・水蒸気・水素の放電からアミノ酸を合成(▶p.261)

1955 **サンガー** イギリス，1918～2013
インスリンを構成するアミノ酸の配列順序を決定(▶p.42)◆1958，
ファージの全塩基配列の決定(1977)◆1980

1956 **A. コーンバーグ** アメリカ，1918～2007
DNAポリメラーゼ(▶p.80)の発見★1959

1957 **カルビン** アメリカ，1911～1997　カルビン回路(▶p.65)の確定◆1961

1957 **スコー** デンマーク，1918～2018
ナトリウム-カリウムATPアーゼ(▶p.26)の発見◆1997

1958 **メセルソン** アメリカ，1930～／**スタール** アメリカ，1929～
DNAの半保存的複製の証明(▶p.76)

1961 **ニーレンバーグ** アメリカ，1927～2010
フェニルアラニンの遺伝暗号を解読(▶p.86)★1968，
RNAによるタンパク質合成に成功

1961 **ジャコブ** フランス，1920～2013／**モノー** フランス，1910～1976／
ルウォフ フランス，1902～1994
調節遺伝子などの発見，遺伝子制御のオペロン説(▶p.87)を提唱★1965

1962 **下村脩** 日本，1928～2018
オワンクラゲから発光タンパク質イクオリンと
蛍光タンパク質GFP(▶p.124)を発見◆2008，
ウミホタルのルシフェリンの精製(1956)

1962 **ガードン** イギリス，1933～
体細胞の核を卵細胞の中で初期化(▶p.133)★2012

ガードン

1965 **コラーナ** アメリカ，1922～2011
細菌の遺伝暗号を解読(▶p.86)★1968，DNAの人工合成(1970)

1966 **岡崎令治** 日本，1930～1975
岡崎フラグメント(▶p.80)の発見

1967 **マーグリス** アメリカ，1938～2011
ミトコンドリア・葉緑体の細胞内共生説(▶p.19)

岡崎夫妻

1968 **木村資生** 日本，1924～1994　分子進化の中立説(▶p.291)

1970 **テミン** アメリカ，1934～1994／**ボルチモア** アメリカ，1938～
逆転写酵素(▶p.117，168)の発見★1975

1972 **シンガー** アメリカ，1924～2017／**ニコルソン** アメリカ，1943～
細胞膜の流動モザイクモデル(▶p.24)を提唱

1972 **バーグ** アメリカ，1926～2023
遺伝子組換え(▶p.118)の研究◆1980，アシロマ会議(1975)

年代　人名(国名，生没年)　業績(★ノーベル生理学・医学賞，◆ノーベル化学賞)

1974 **ドハティ** オーストラリア，1940～／**ツィンカーナーゲル** スイス，1944～
T細胞によるウイルス感染細胞の識別の研究(▶p.161)★1996

1977 **利根川進** 日本，1939～
多様な抗体をつくり出す遺伝的原理(▶p.165)の研究★1987

1978 **エドワーズ** イギリス，1925～2013／**ステプトー** イギリス，1913～1988
ヒトの体外受精の成功★エドワーズ 2010

1979 **シェクマン** アメリカ，1948～
酵母の小胞輸送を制御する遺伝子群を発見(▶p.27)★2013

1979 **大村智** 日本，1935～／**W.C. キャンベル** アメリカ，1930～
アベルメクチンの発見★2015

1980 **フォルハルト** ドイツ，1942～／**ヴィーシャウス** アメリカ，1947～
ショウジョウバエの体制や体節を決定する遺伝子を発見(▶p.114)★1995

1981 **アルトマン** アメリカ，1939～2022／**チェック** アメリカ，1947～
RNA触媒機能の発見(▶p.261)◆1989

1981 **エバンズ** イギリス，1941～
胚性幹細胞(ES細胞▶p.134)の樹立★2007

1981 **P.D. ボイヤー** アメリカ，1918～2018
ATP合成酵素の機構の提唱(回転触媒仮説▶p.55)◆1997

1982 **ブリンスター** アメリカ，1932～
トランスジェニック動物(▶p.120)の作製

1983 **モンタニエ** フランス，1932～2022／**バレシヌシ** フランス，1947～
エイズの原因としてのHIV(▶p.168)の単離★2008

1983 **ゲーリング** スイス，1939～2014　ホメオボックス(▶p.115)の発見

1983 **マリス** アメリカ，1944～2019　PCR法(▶p.121)の開発◆1993

1984 **ロスマン** アメリカ，1950～
小胞が目的の場所に輸送されるしくみを解明(▶p.27)★2013

1987 **カペッキ** アメリカ，1937～／**スミシーズ** アメリカ，1925～2017
ES細胞を使ったノックアウトマウスの作製(▶p.135)★2007

1988 **田中耕一** 日本，1959～
生体高分子の質量分析のための手法の開発◆2002

1988 **アグレ** アメリカ，1949～
アクアポリン(▶p.26)の発見◆2003

1990 **スードフ** アメリカ，1955～
シナプスにおける小胞輸送の研究(▶p.27，176)★2013

田中耕一

1990 **ウーズ** アメリカ，1928～2012
3ドメイン説の提唱(▶p.298)

1992 **本庶佑** 日本，1942～
PD-1の発見，抗PD-1抗体による免疫療法の発見(▶p.169)★2018

1992 **大隅良典** 日本，1945～
オートファジー(▶p.84)のしくみを解明★2016

1994 **ウォーカー** イギリス，1941～
ATP合成酵素の立体構造の解明◆1997

1997 **ウィルマット** イギリス，1944～2023／**K. キャンベル** イギリス，1954～2012
体細胞クローンヒツジ「ドリー」(▶p.133)の作製

1998 **ファイアー** アメリカ，1959～／**メロー** アメリカ，1960～
RNA干渉(▶p.91)の発見★2006

1998 **マッキノン** アメリカ，1956～
イオンチャネル(▶p.26)の構造と機構の研究◆2003

2003 **ヒトゲノム解析国際チーム**
ヒトゲノムの全塩基配列を解読(▶p.71，122)

2006 **山中伸弥** 日本，1962～
マウスの体細胞に4つの遺伝子を導入してiPS細胞
(▶p.134)を樹立，
ヒトの体細胞からiPS細胞を樹立(2007)(▶p.134)★2012

山中伸弥

付録

2012 **ヒトゲノム解析研究所** アメリカ
ヒトゲノムの機能解析を目標とした国際プロジェクト
「ENCODE」の完了

2012 **ダウドナ** アメリカ，1964～／
シャルパンティエ フランス，1968～
CRISPR/Cas9による新しいゲノム編集法
の開発(▶p.126，127)◆2020

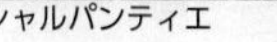
シャルパンティエ

ダウドナ

1 脊椎動物の構造

A ヒト 哺乳類

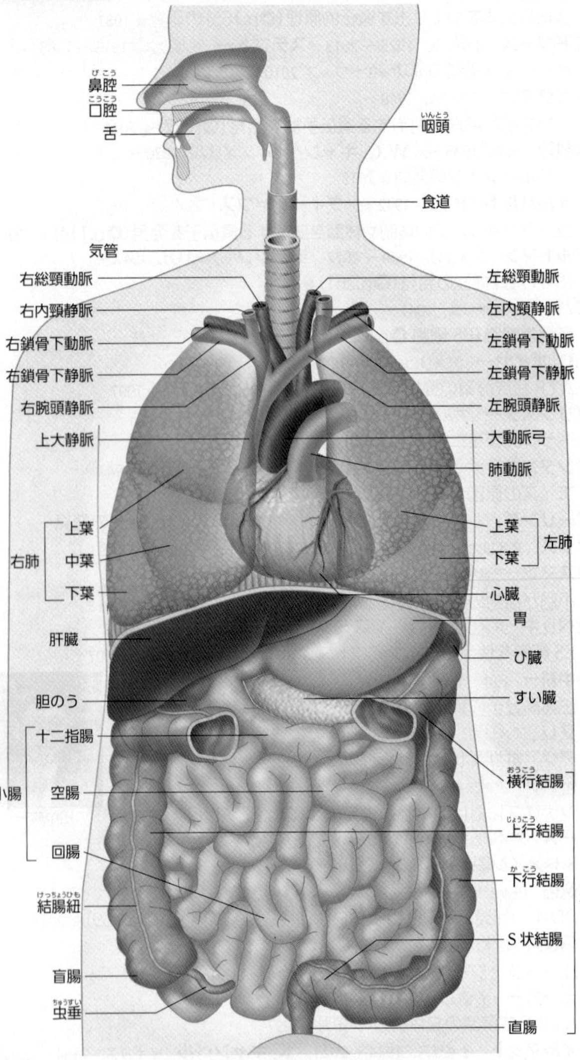

鼻腔
口腔
舌
咽頭
食道
気管
右総頸動脈
右内頸静脈
右鎖骨下動脈
右鎖骨下静脈
右腕頭静脈
上大静脈
右肺 上葉 中葉 下葉
肝臓
胆のう
小腸 十二指腸 空腸 回腸
結腸紐
盲腸
虫垂
左総頸動脈
左内頸静脈
左鎖骨下動脈
左鎖骨下静脈
左腕頭静脈
大動脈弓
肺動脈
左肺 上葉 下葉
心臓
胃
ひ臓
すい臓
大腸 横行結腸 上行結腸 下行結腸 S 状結腸 直腸

B シロネズミ 哺乳類

解剖図（雄）

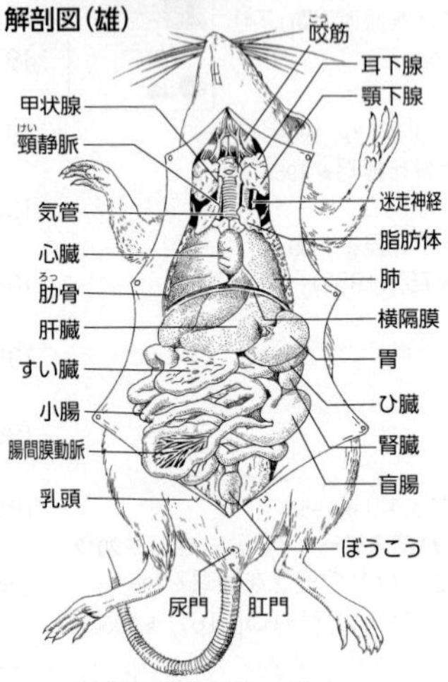

甲状腺
頸静脈
気管
心臓
肋骨
肝臓
すい臓
小腸
腸間膜動脈
乳頭
咬筋
耳下腺
顎下腺
迷走神経
脂肪体
肺
横隔膜
胃
ひ臓
腎臓
盲腸
ぼうこう
尿門
肛門

C ドバト 鳥 類

解剖図（雌）

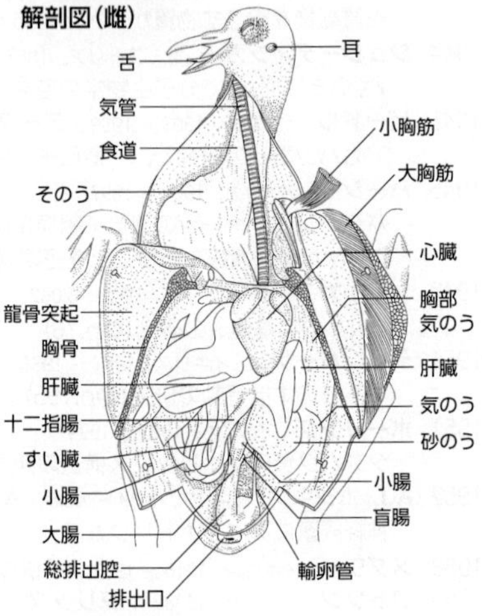

舌
気管
食道
そのう
龍骨突起
胸骨
肝臓
十二指腸
すい臓
小腸
大腸
総排出腔
排出口
耳
小胸筋
大胸筋
心臓
胸部気のう
肝臓
気のう
砂のう
小腸
盲腸
輸卵管

D カエル 両生類

解剖図（雌）

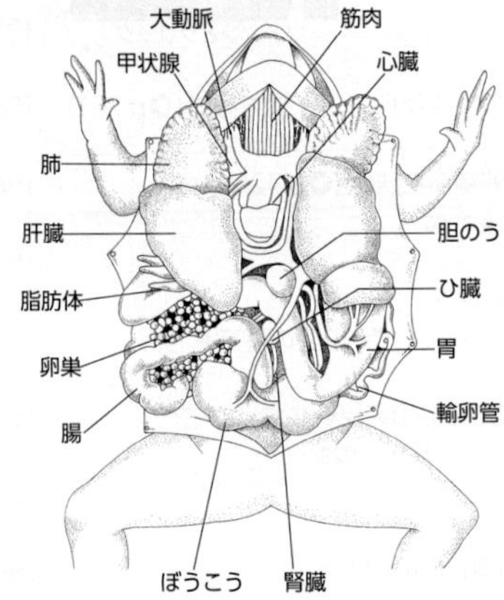

大動脈
甲状腺
筋肉
心臓
肺
肝臓
脂肪体
卵巣
腸
胆のう
ひ臓
胃
輸卵管
ぼうこう
腎臓

E フナ 魚 類

解剖図（雌）

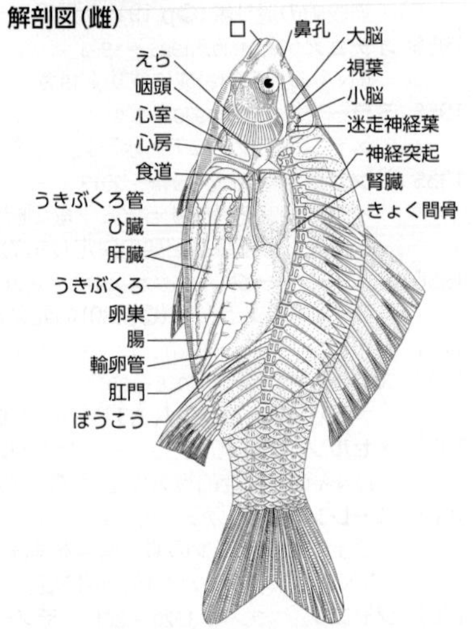

口
鼻孔
えら
咽頭
心室
心房
食道
うきぶくろ管
ひ臓
肝臓
うきぶくろ
卵巣
腸
輸卵管
肛門
ぼうこう
大脳
視葉
小脳
迷走神経葉
神経突起
腎臓
きょく間骨

2 無脊椎動物の構造

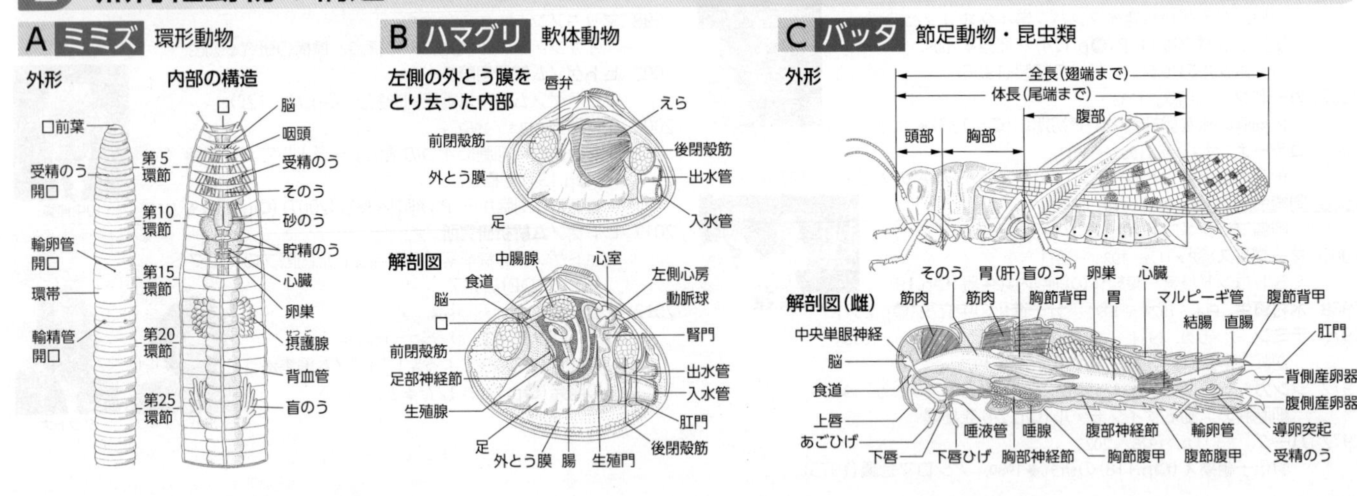

A ミミズ 環形動物
外形
内部の構造
口前葉
受精のう開口
輸卵管開口
環帯
輸精管開口
第 5 環節
第10 環節
第15 環節
第20 環節
第25 環節
口
脳
咽頭
受精のう
そのう
砂のう
貯精のう
心臓
卵巣
摂護腺
背血管
盲のう
B ハマグリ 軟体動物
左側の外とう膜をとり去った内部
唇弁
えら
前閉殻筋
後閉殻筋
外とう膜
出水管
入水管
足
解剖図
中腸腺
心室
左側心房
食道
脳
口
動脈球
腎門
前閉殻筋
足部神経節
生殖腺
出水管
入水管
肛門
後閉殻筋
足
外とう膜
腸
生殖門
C バッタ 節足動物・昆虫類
外形
全長（翅端まで）
体長（尾端まで）
頭部
胸部
腹部
解剖図（雌）
そのう
胃（肝）盲のう
卵巣
心臓
筋肉
筋肉
胸節背甲
胃
マルピーギ管
腹節背甲
結腸
直腸
肛門
中央単眼神経
脳
食道
上唇
あごひげ
下唇
下唇ひげ
唾液管
唾腺
胸部神経節
腹部神経節
胸節腹甲
輸卵管
腹節腹甲
背側産卵器
腹側産卵器
導卵突起
受精のう

1 葉の基本型

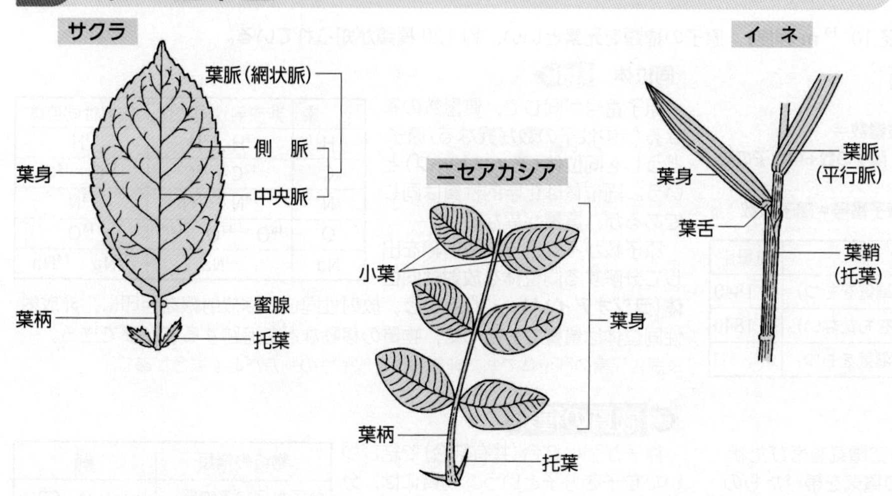
サクラ
葉脈(網状脈)
側 脈
葉身
中央脈
葉柄
蜜腺
托葉
ニセアカシア
小葉
葉身
葉柄
托葉
イ ネ
葉身
葉脈
(平行脈)
葉舌
葉鞘
(托葉)

2 果実の基本型

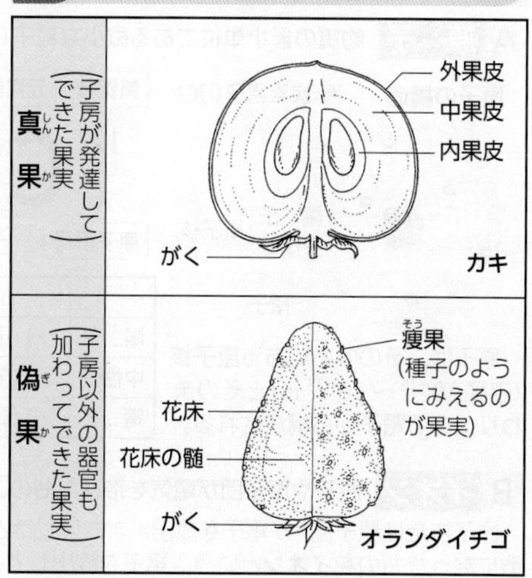
真果
(子房が発達してできた果実)
外果皮
中果皮
内果皮
がく
カキ
偽果
(子房以外の器官も加わってできた果実)
痩果
(種子のようにみえるのが果実)
花床
花床の髄
がく
オランダイチゴ

3 花の基本型

A 花の構造と花式・花式図

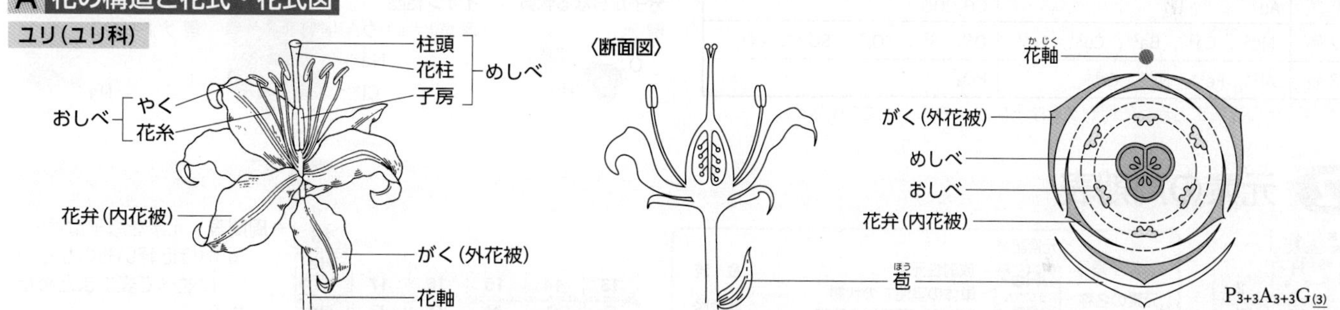
ユリ(ユリ科)
柱頭
花柱
子房
めしべ
おしべ
やく
花糸
花弁(内花被)
がく(外花被)
花軸
〈断面図〉
花軸
がく(外花被)
めしべ
おしべ
花弁(内花被)
苞
P3+3A3+3G(3)

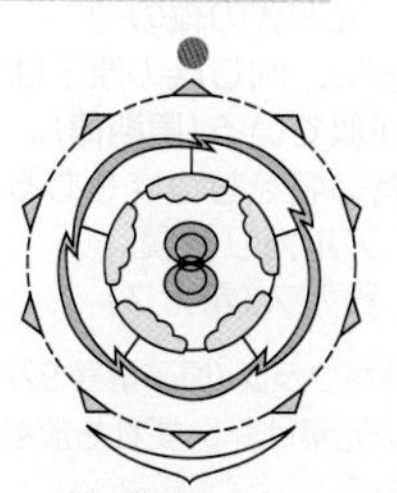
タンポポ(キク科)
K∞C(5)A(5)G(2)

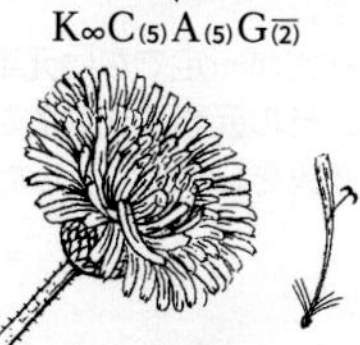

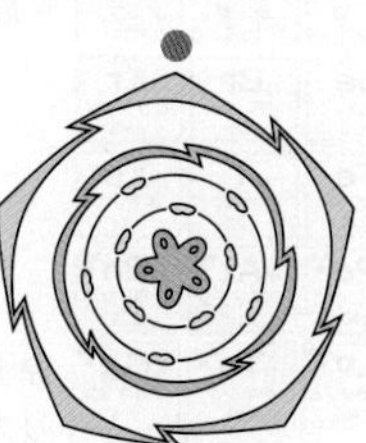
ツツジ(ツツジ科)
K(5)C(5)A5+5G(5)

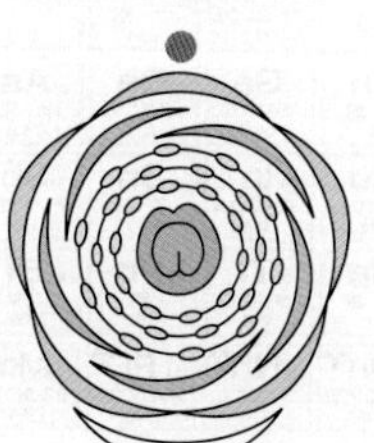
サクラ(バラ科)
K(5)C5A∞G(1)

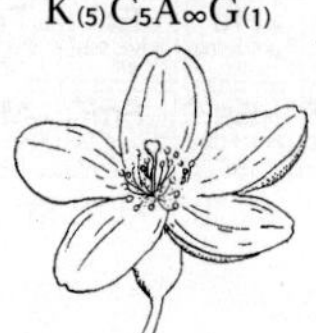

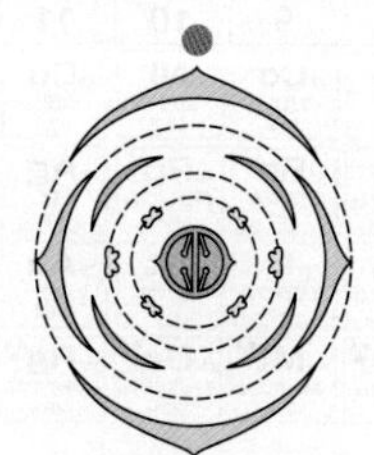
アブラナ(アブラナ科)
K2+2C4A2+4G(2)

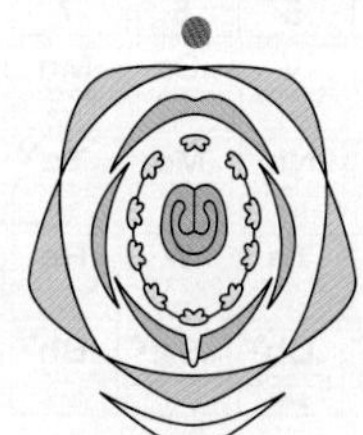
エンドウ(マメ科)
K(5)C5A(9)+1G(1)

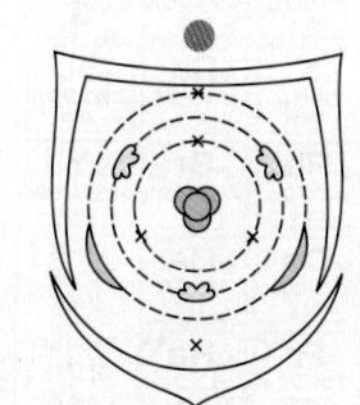
コムギ(イネ科)
S2L2A3G(1)

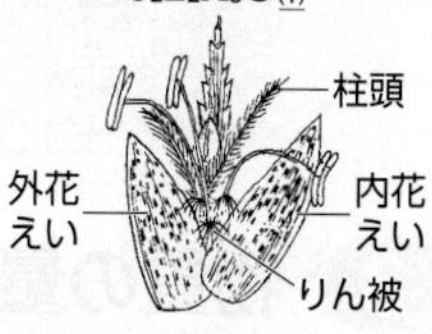
柱頭
外花
えい
内花
えい
りん被

B 子房の位置

子房上位(ツツジ)	子房中位(サクラ)	子房下位(アヤメ)

花員と記号

- P 花 被(Perianth の略)
- K が く(Kelch の略)
- S りん片(Spreuschuppe の略)
- C 花 弁(Corolla の略)
- ∞ 多数で不定, 数字は花員の数
- ( ) 融合
- $\underline{(\ )}$ 子房上位 $\overline{(\ )}$ 子房下位
- L りん被(Lodicula の略)
- A おしべ(Androecium の略)(雄ずい)
- G めしべ(Gynoecium の略)(雌ずい)
- ● 花軸の位置
- ×退化した花員の位置

付録

1 物質のなりたち

A 原子

物質の最小単位である微小な粒子(直径 10^{-10} m 程度)。原子の種類を元素といい，約 120 種類が知られている。

原子の構造 例 炭素原子 ($^{12}_{6}C$)

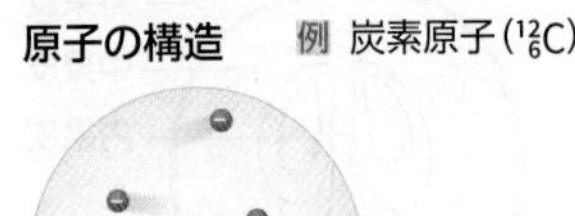
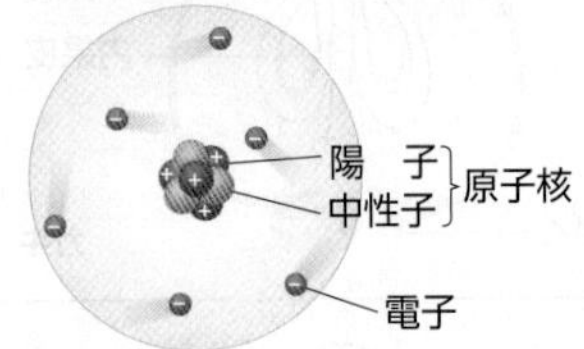
陽　子
中性子
原子核
電子

質量数　元素記号

$^{12}_{6}C$

原子番号

質量数＝陽子の数＋中性子の数

原子番号＝陽子の数

	電　荷	質量比
陽　子	＋1(正の電気をもつ)	約 1840
中性子	0(電気をもたない)	約 1840
電　子	−1(負の電気をもつ)	1

原子は，その中心にある**原子核**(直径 10^{-15} ～ 10^{-14} m)とそのまわりにある**電子**から構成される。

同位体 Link

原子番号が同じで，質量数の異なる(＝中性子の数が異なる)原子どうしを**同位体**(**アイソトープ**)という。同位体は化学的性質は同じであるが，質量が異なる。

原子核が不安定で，放射線を出して分解する同位体を**放射性同位体**(**ラジオアイソトープ**)という。放射性同位体は放射線を目印に，非放射性同位体は質量を分析して，物質の移動などを追跡することができる。

元　素	非放射性同位体	放射性同位体
H	^{1}H　^{2}H	^{3}H
C	^{12}C　^{13}C	^{11}C　^{14}C
N	^{14}N　^{15}N	^{13}N
O	^{16}O　^{17}O　^{18}O	^{15}O
Na	^{23}Na	^{22}Na　^{24}Na

※同じ元素の同位体でも，非放射性と放射性の両方がある場合がある。

B イオン

原子や原子団が電気を帯びたもの。

原子または原子団*が電子を放出，または受けとって電気を帯びた状態になったものを**イオン**という。電子を放出して正の電気を帯びたものを**陽イオン**，電子を受けとって負の電気を帯びたものを**陰イオン**という。

	陽イオンの例	陰イオンの例
1 価	H^+，Na^+，K^+，NH_4^+，Ag^+，Cu^+，Au^+	Cl^-，F^-，OH^-，NO_3^-，NO_2^-，CH_3COO^-
2 価	Mg^{2+}，Ca^{2+}，Ba^{2+}，Cu^{2+}，Fe^{2+}	O^{2-}，S^{2-}，SO_4^{2-}，SO_3^{2-}，CO_3^{2-}
3 価	Al^{3+}，Fe^{3+}，Ni^{3+}，Cr^{3+}	PO_4^{3-}

＊化学変化の際にまとまって行動する原子集団(−OH，−COOH など)。

C 物質の種類

原子が強い結合(共有結合)で結びついた粒子を分子という。物質には，分子からなるもののほかに，NaCl のようなイオンからなるもの(イオン結晶)，Fe のような金属結晶などがある。

物質の種類	例
分子からなる物質	H_2，H_2O，CO_2
イオン結晶	NaCl，KOH
金属結晶	Fe，Pb，Mg

分子からなる物質　例 水　O　H

イオン結晶　例 塩化ナトリウム　Na^+　Cl^-

金属結晶　例 ナトリウム　Na

2 元素の周期表

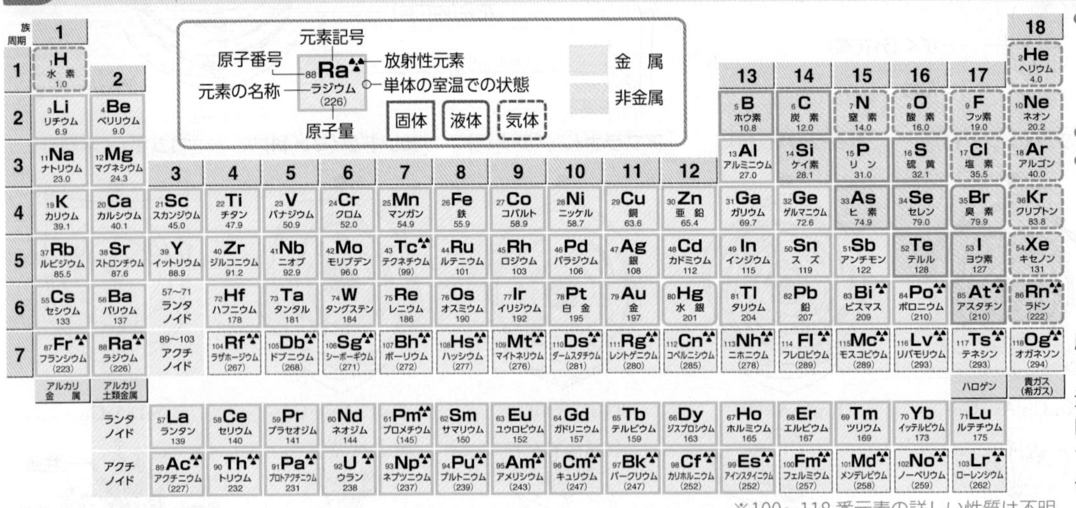
元素記号
原子番号
88 Ra
ラジウム
(226)
放射性元素
元素の名称
単体の室温での状態
原子量
固体
液体
気体
金　属
非金属

周期＼族	1	2	3	4	5	6	7	8	9	10	11	12	13	14	15	16	17	18
1	1 H 水素 1.0																	2 He ヘリウム 4.0
2	3 Li リチウム 6.9	4 Be ベリリウム 9.0											5 B ホウ素 10.8	6 C 炭素 12.0	7 N 窒素 14.0	8 O 酸素 16.0	9 F フッ素 19.0	10 Ne ネオン 20.2
3	11 Na ナトリウム 23.0	12 Mg マグネシウム 24.3											13 Al アルミニウム 27.0	14 Si ケイ素 28.1	15 P リン 31.0	16 S 硫黄 32.1	17 Cl 塩素 35.5	18 Ar アルゴン 40.0
4	19 K カリウム 39.1	20 Ca カルシウム 40.1	21 Sc スカンジウム 45.0	22 Ti チタン 47.9	23 V バナジウム 50.9	24 Cr クロム 52.0	25 Mn マンガン 54.9	26 Fe 鉄 55.9	27 Co コバルト 58.9	28 Ni ニッケル 58.7	29 Cu 銅 63.6	30 Zn 亜鉛 65.4	31 Ga ガリウム 69.7	32 Ge ゲルマニウム 72.6	33 As ヒ素 74.9	34 Se セレン 79.0	35 Br 臭素 79.9	36 Kr クリプトン 83.8
5	37 Rb ルビジウム 85.5	38 Sr ストロンチウム 87.6	39 Y イットリウム 88.9	40 Zr ジルコニウム 91.2	41 Nb ニオブ 92.9	42 Mo モリブデン 96.0	43 Tc☢ テクネチウム (99)	44 Ru ルテニウム 101	45 Rh ロジウム 103	46 Pd パラジウム 106	47 Ag 銀 108	48 Cd カドミウム 112	49 In インジウム 115	50 Sn スズ 119	51 Sb アンチモン 122	52 Te テルル 128	53 I ヨウ素 127	54 Xe キセノン 131
6	55 Cs セシウム 133	56 Ba バリウム 137	57～71 ランタノイド	72 Hf ハフニウム 178	73 Ta タンタル 181	74 W タングステン 184	75 Re レニウム 186	76 Os オスミウム 190	77 Ir イリジウム 192	78 Pt 白金 195	79 Au 金 197	80 Hg 水銀 201	81 Tl タリウム 204	82 Pb 鉛 207	83 Bi☢ ビスマス 209	84 Po☢ ポロニウム (210)	85 At☢ アスタチン (210)	86 Rn☢ ラドン (222)
7	87 Fr☢ フランシウム (223)	88 Ra☢ ラジウム (226)	89～103 アクチノイド	104 Rf☢ ラザホージウム (267)	105 Db☢ ドブニウム (268)	106 Sg☢ シーボーギウム (271)	107 Bh☢ ボーリウム (272)	108 Hs☢ ハッシウム (277)	109 Mt☢ マイトネリウム (276)	110 Ds☢ ダームスタチウム (281)	111 Rg☢ レントゲニウム (280)	112 Cn☢ コペルニシウム (285)	113 Nh☢ ニホニウム (278)	114 Fl☢ フレロビウム (289)	115 Mc☢ モスコビウム (289)	116 Lv☢ リバモリウム (293)	117 Ts☢ テネシン (293)	118 Og☢ オガネソン (294)
	アルカリ金属	アルカリ土類金属															ハロゲン	貴ガス(希ガス)

ランタノイド	57 La ランタン 139	58 Ce セリウム 140	59 Pr プラセオジム 141	60 Nd ネオジム 144	61 Pm☢ プロメチウム (145)	62 Sm サマリウム 150	63 Eu ユウロピウム 152	64 Gd ガドリニウム 157	65 Tb テルビウム 159	66 Dy ジスプロシウム 163	67 Ho ホルミウム 165	68 Er エルビウム 167	69 Tm ツリウム 169	70 Yb イッテルビウム 173	71 Lu ルテチウム 175
アクチノイド	89 Ac☢ アクチニウム (227)	90 Th☢ トリウム 232	91 Pa☢ プロトアクチニウム 231	92 U☢ ウラン 238	93 Np☢ ネプツニウム (237)	94 Pu☢ プルトニウム (239)	95 Am☢ アメリシウム (243)	96 Cm☢ キュリウム (247)	97 Bk☢ バークリウム (247)	98 Cf☢ カリホルニウム (252)	99 Es☢ アインスタイニウム (252)	100 Fm☢ フェルミウム (257)	101 Md☢ メンデレビウム (258)	102 No☢ ノーベリウム (259)	103 Lr☢ ローレンシウム (262)

※100～118 番元素の詳しい性質は不明。

- **周期表**　元素を原子番号の順番(ほぼ軽いものからの順)に並べて表にまとめたもの。
- **周期**　周期表の横の列
- **族**　周期表の縦の列

一般に，同じ族の原子は性質が似ている(**周期律**)。特有の名をもつ族もある。

例 アルカリ金属，貴ガス(希ガス)

原子番号がウラン(原子番号 92)より大きい元素は，いずれも放射性元素である。

同位体存在比が一定でない元素については，その元素の代表的な同位体の質量数を(　)内に示した。

3 物質の量

A 原子量

原子 1 個の質量は非常に小さいので，扱いづらい(たとえば，水素原子の質量は 1.67 × 10^{-24} g)。そこで，質量数 12 の炭素原子($^{12}_{6}C$) 1 個の質量を 12 と決め，これとほかの原子の質量を比べて表した値を，その原子の**原子量**という。

B 分子量・式量

構成する各原子の原子量の総和。

物　質	化学式	分子量・式量の計算	1 mol の質量
水	H_2O	1×2＋16＝18	18 g
二酸化炭素	CO_2	12＋16×2＝44	44 g
グルコース	$C_6H_{12}O_6$	12×6＋1×12＋16×6＝180	180 g
スクロース	$C_{12}H_{22}O_{11}$	12×12＋1×22＋16×11＝342	342 g
塩化ナトリウム	NaCl	23＋35.5＝58.5	58.5 g
鉄	Fe	56	56 g

C 物質量(モル，mol)

物質の粒子の個数に着目して表した量を**物質量**という。物質量の単位はモル(記号 mol)であり，1 mol は正確に 6.02214076 × 10^{23} 個の粒子の集団である。

例 H_2O (＝18) 1 mol の質量は 18 g。0℃，1 気圧(1 atm，101325 Pa)において，1 mol の気体が占める体積は 22.4 L*。

＊気体の種類によらない。

付録

4 化学変化

A 酸と塩基

● **酸**　H^+ を与える物質。

例 無機酸
- HCl (塩酸)
- H_2SO_4 (硫酸)

有機酸
- CH_3COOH (酢酸)
- $C_3H_6O_3$ (乳酸)

● **塩基**　H^+ を受けとる物質。

例 無機塩基
- $NaOH$ (水酸化ナトリウム)
- $Ca(OH)_2$ (水酸化カルシウム)

有機塩基
- $C_5H_5N_5$ (アデニン)
- $C_5H_5N_5O$ (グアニン)

● **塩**(えん)　酸と塩基の中和反応によって水とともに生じる物質。

例 $HCl + NaOH \longrightarrow \underline{NaCl} + H_2O$

$H_2SO_4 + 2NH_4OH \longrightarrow \underline{(NH_4)_2SO_4} + 2H_2O$

B 水素イオン指数(pH)

$$pH = \log_{10}\frac{1}{[H^+]} = -\log_{10}[H^+]\ ([H^+] = 10^{-n}\ \mathrm{mol/L}\ のとき，pH = n)$$

$[H^+]$…水や水溶液中の水素イオン濃度

水素イオン濃度 $[H^+]$ の逆数の対数を pH といい，水溶液の液性の強弱を示す。

液　性	←酸性							中性							アルカリ性→
pH	0	1	2	3	4	5	6	7	8	9	10	11	12	13	14
$[H^+]$ (mol/L)	1	10^{-1}	10^{-2}	10^{-3}	10^{-4}	10^{-5}	10^{-6}	10^{-7}	10^{-8}	10^{-9}	10^{-10}	10^{-11}	10^{-12}	10^{-13}	10^{-14}
$[OH^-]$ (mol/L)	10^{-14}	10^{-13}	10^{-12}	10^{-11}	10^{-10}	10^{-9}	10^{-8}	10^{-7}	10^{-6}	10^{-5}	10^{-4}	10^{-3}	10^{-2}	10^{-1}	1

C 酸化還元反応

物質から電子が奪われる反応を**酸化**，物質が電子を受けとる反応を**還元**という。酸化と還元は同時に起こり，一方が酸化されれば他方は還元される。

例 水素が関わる変化

$\mathrm{\underline{A}H_2 + \underline{B} \longrightarrow \underline{A} + \underline{B}H_2}$ （A：**酸化された**，B：**還元された**）

酸化剤と還元剤

反応相手を酸化する物質を**酸化剤**，還元する物質を**還元剤**という。酸化剤はそれ自身が還元され，還元剤はそれ自身が酸化される。

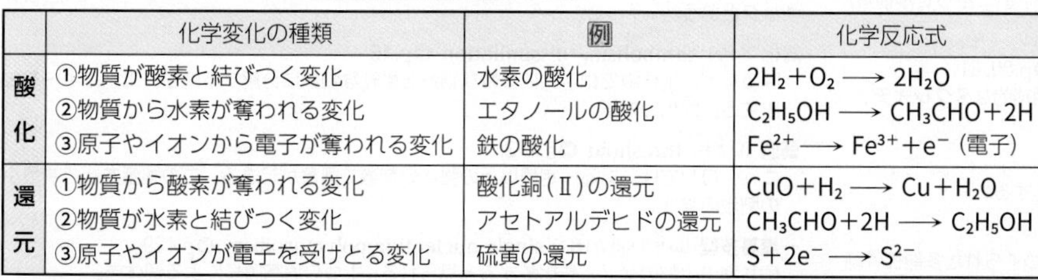

	化学変化の種類	例	化学反応式
酸化	①物質が酸素と結びつく変化	水素の酸化	$2H_2 + O_2 \longrightarrow 2H_2O$
	②物質から水素が奪われる変化	エタノールの酸化	$C_2H_5OH \longrightarrow CH_3CHO + 2H$
	③原子やイオンから電子が奪われる変化	鉄の酸化	$Fe^{2+} \longrightarrow Fe^{3+} + e^-$ (電子)
還元	①物質から酸素が奪われる変化	酸化銅(Ⅱ)の還元	$CuO + H_2 \longrightarrow Cu + H_2O$
	②物質が水素と結びつく変化	アセトアルデヒドの還元	$CH_3CHO + 2H \longrightarrow C_2H_5OH$
	③原子やイオンが電子を受けとる変化	硫黄の還元	$S + 2e^- \longrightarrow S^{2-}$

D 化学変化とエネルギー

化学変化はエネルギーの出入りをともなう。反応の種類によって，エネルギーを放出する反応と吸収する反応に分けられる。

光合成は，エネルギー(光エネルギー)の吸収をともなう反応である(▶p.64)。逆に，呼吸はエネルギーの放出をともなう反応である(▶p.54)。

例

$C_6H_{12}O_6 + 6H_2O + 6O_2$

吸収　放出

光合成…エネルギーを吸収

呼吸…エネルギーを放出

$12H_2O + 6CO_2$

5 指　数　$10^n = \overbrace{10 \times 10 \times \cdots \times 10}^{n個}$，$10^{-n} = \frac{1}{10^n}$

指数法則

$10^m \times 10^n = 10^{m+n}$	例 $3.0\times10^5 \times 2.0\times10^3 = 6.0\times10^{5+3} = 6.0\times10^8$ $2.5\times10^6 \times 3.0\times10^{-4} = 7.5\times10^{6-4} = 7.5\times10^2$
$\frac{10^m}{10^n} = 10^{m-n}$	例 $\frac{1.8\times10^{12}}{6.0\times10^{23}} = \frac{18\times10^{11}}{6.0\times10^{23}} = 3.0\times10^{11-23} = 3.0\times10^{-12}$

6 対数(常用対数)　$10^n = a \Leftrightarrow n = \log_{10} a$　例 $\log_{10}10^{-3} = -3$

算術目盛り：生存数 1000, 750, 500, 0／①の死亡数 250，250，…／①*1　②

対数目盛り：生存数 1000, 100, 10, 1／②の死亡率 $\frac{900}{1000}$，$\frac{90}{100}$，…／①　②*2

＊1 死亡数一定。　＊2 死亡率一定。

対数目盛りは，目盛りごとに数値の“桁数”を変えるため，“変化率”をグラフの値として明示する場合に便利である。グラフをつくる際には，目的に応じて算術目盛りと対数目盛りを使い分ける。

7 おもな記号・文字

A ギリシア文字

大文字	小文字	読み	大文字	小文字	読み	大文字	小文字	読み	大文字	小文字	読み
Α	α	アルファ	Η	η	イータ	Ν	ν	ニュー	Τ	τ	タウ
Β	β	ベータ	Θ	θ	シータ	Ξ	ξ	グザイ	Υ	υ	ウプシロン
Γ	γ	ガンマ	Ι	ι	イオタ	Ο	ο	オミクロン	Φ	ϕ	ファイ
Δ	δ	デルタ	Κ	κ	カッパ	Π	π	パイ	Χ	χ	カイ
Ε	ε	イプシロン	Λ	λ	ラムダ	Ρ	ρ	ロー	Ψ	ψ	プサイ
Ζ	ζ	ゼータ	Μ	μ	ミュー	Σ	σ	シグマ	Ω	ω	オメガ

B 倍数を表す接頭語

記号	読み	倍数	記号	読み	倍数
T	テラ	10^{12}	d	デシ	10^{-1}
G	ギガ	10^9	c	センチ	10^{-2}
M	メガ	10^6	m	ミリ	10^{-3}
k	キロ	10^3	μ	マイクロ	10^{-6}
h	ヘクト	10^2	n	ナノ	10^{-9}
da	デカ	10^1	p	ピコ	10^{-12}

C 数を表す接頭語　ギリシア語の数詞

数	接頭語	読み	数	接頭語	読み
1	mono	モノ	6	hexa	ヘキサ
2	di	ジ	7	hepta	ヘプタ
3	tri	トリ	8	octa	オクタ
4	tetra	テトラ	9	nona	ノナ
5	penta	ペンタ	10	deca	デカ

※物質名の個数を表すときなどに使用する。

D 国際単位系(SI)

SI 基本単位

記号	名称	量
m	メートル	長さ
kg	キログラム	質量
s	秒	時間
A	アンペア	電流
K	ケルビン	温度
mol	モル	物質量
cd	カンデラ	光度

国際単位系(SI)は，基本単位と，基本単位の乗除で定義される組立単位，倍数を表す接頭語で構成される。

SI 組立単位

記号	名称	量	表し方
Hz	ヘルツ	周波数	s^{-1}
N	ニュートン	力	$m \cdot kg \cdot s^{-2}$
Pa	パスカル	圧力	$m^{-1} \cdot kg \cdot s^{-2}$
J	ジュール	エネルギー	$m^2 \cdot kg \cdot s^{-2}$
W	ワット	電力	$m^2 \cdot kg \cdot s^{-3}$
C	クーロン	電気量	$A \cdot s$
V	ボルト	電圧	$m^2 \cdot kg \cdot s^{-3} \cdot A^{-1}$
Ω	オーム	電気抵抗	$m^2 \cdot kg \cdot s^{-3} \cdot A^{-2}$
℃	セルシウス度	セルシウス温度	K
lx	ルクス	照度	$m^2 \cdot m^{-4} \cdot cd$
Bq	ベクレル	放射能	s^{-1}
Gy	グレイ	吸収線量	$m^2 \cdot s^{-2}$
Sv	シーベルト	線量当量	$m^2 \cdot s^{-2}$

アルファベット

A 細胞［えーさいぼう］A-cell →ランゲルハンス島［らんげるはんすとう］

ABC モデル［えーびーしーもでる］ABC model ◯p.207
花の形成を発生遺伝学的に説明するモデル。花の器官の決定は，A クラス遺伝子，B クラス遺伝子，C クラス遺伝子の 3 つのクラスの遺伝子によって制御されている。

ADP［えーでぃーぴー］adenosine diphosphate ◯p.47
アデノシン二リン酸。アデノシンにリン酸が 2 つ結合した構造をもつ。

ATP［えーてぃーぴー］adenosine triphosphate ◯p.47
アデノシン三リン酸。アデノシンにリン酸が 3 つ結合した構造をもつ。ATP が ADP とリン酸に分解するときに，大きなエネルギーを放出する。生体は，このエネルギーを生命活動に利用している。ATP は生体内でのエネルギーのやりとりに働く。

ATP 合成酵素［えーてぃーぴーごうせいこうそ］ATP synthase ◯p.55, 65
ADP とリン酸から ATP を合成する酵素。

B 細胞［びーさいぼう］B-cell →ランゲルハンス島［らんげるはんすとう］

B 細胞［びーさいぼう］B cell ◯p.159, 162
骨髄(Bone marrow)の造血幹細胞に由来し，骨髄で分化する細胞。体液性免疫に関係する。形質細胞(抗体産生細胞)に分化して抗体をつくる。T 細胞，ナチュラルキラー細胞とともにリンパ球を構成する。

DNA［でぃーえぬえー］deoxyribonucleic acid ◯p.70, 72, 73, 76
デオキシリボ核酸。リン酸，糖(デオキシリボース)，塩基が結合したヌクレオチドとよばれる基本単位が，多数連なった構造をもつ核酸。塩基には，アデニン(A)，グアニン(G)，シトシン(C)，チミン(T)の 4 種類がある。DNA は，ふつう 2 本のヌクレオチド鎖が，塩基どうしの水素結合により結合し，らせん状に巻いた構造(二重らせん構造)をしている。

DNA ポリメラーゼ［でぃーえぬえーぽりめらーぜ］DNA polymerase ◯p.80, 81
DNA 合成酵素。1 本の DNA のヌクレオチド鎖を鋳型にして，相補的なヌクレオチド鎖を合成する。DNA の複製，修復に関与する。

DNA リガーゼ［でぃーえぬえーりがーぜ］DNA ligase ◯p.80, 116
DNA 鎖どうしをつなぐ酵素。DNA の複製・修復・組換えに関与する。

ES 細胞［いーえすさいぼう］embryonic stem cell ◯p.134
胚性幹細胞。哺乳類の初期胚(胚盤胞)の内部細胞塊をとり出してつくられた多能性幹細胞である。

iPS 細胞［あいぴーえすさいぼう］induced pluripotent stem cell ◯p.134, 135, 136, 137
人工多能性幹細胞。体細胞へ特定の遺伝子の導入などを行ってつくられた多能性幹細胞である。

mRNA［えむあーるえぬえー］messenger RNA ◯p.72, 83, 86
DNA の遺伝情報は RNA に転写され，アミノ酸配列に翻訳される。アミノ酸配列に翻訳される RNA を mRNA（伝令 RNA）という。一般に原核生物では，転写された RNA がそのまま mRNA になるが，真核生物では，転写された mRNA 前駆体がスプライシングなどの処理を受けて mRNA になる。

NK 細胞［えぬけーさいぼう］NK cell ＝ナチュラルキラー細胞［なちゅらるきらーさいぼう］

PCR［ぴーしーあーる］PCR, polymerase chain reaction ◯p.121
ポリメラーゼ連鎖反応。1 組のプライマーを利用し，特定の DNA 領域を増幅させる反応。

RNA［あーるえぬえー］ribonucleic acid ◯p.72, 73, 82
リボ核酸。リン酸，リボース(糖)，塩基が結合したヌクレオチドとよばれる基本単位が，多数連なった核酸。通常は 1 本鎖。塩基は，アデニン(A)，グアニン(G)，シトシン(C)，ウラシル(U)の 4 種類。mRNA（伝令 RNA），tRNA（転移 RNA），rRNA（リボソーム RNA)などの種類がある。転移 RNA は運搬 RNA ともいう。

RNA ポリメラーゼ［あーるえぬえーぽりめらーぜ］RNA polymerase ◯p.83
RNA 合成酵素。DNA を鋳型にして，RNA を合成するための酵素。細胞内で，DNA から RNA へ遺伝情報を写す働き(転写)をする。

SNP［すにっぷ］single nucleotide polymorphism ＝一塩基多型［いちえんきたけい］

tRNA［てぃーあーるえぬえー］transfer RNA ◯p.72, 83
タンパク質合成の過程で，mRNA のコドンに対応するアミノ酸を合成の場であるリボソームに運ぶ。mRNA 上のコドンと相補的に結合する部分をアンチコドンという。転移 RNA，運搬 RNA ともいう。

T 細胞［てぃーさいぼう］T cell ◯p.159, 162
骨髄の造血幹細胞に由来し，胸腺(Thymus)で分化する細胞。体液性免疫と細胞性免疫の両方に関係する。表面に T 細胞受容体があり，抗原を認識する。リンパ球の半分以上を占める。ヘルパー T 細胞(B 細胞の抗体産生，マクロファージなどの食作用を助ける細胞)とキラー T 細胞(感染細胞を破壊する細胞)とがある。

X 染色体［えっくすせんしょくたい］X-chromosome ◯p.269
雌がホモ接合体である性決定様式(ヒト，ショウジョウバエなど)で，雌が 2 つもつ性染色体。雌が XX，雄が XY になる XY 型と，雌が XX，雄が X になる XO 型がある。

Y 染色体［わいせんしょくたい］Y-chromosome ◯p.269
雄がヘテロ接合体である性決定様式(ヒト，ショウジョウバエなど)で，雄にあって雌にない性染色体。この性決定様式では，雄が X 染色体と Y 染色体をもつ。

あ行

アクチン actin ◯p.30, 190, 191
細胞骨格の 1 つであるアクチンフィラメントを構成するタンパク質。細胞の形の維持や筋肉の収縮に関わる。

アデノシン三リン酸［あでのしんさんりんさん］adenosine triphosphate ＝ ATP［えーてぃーぴー］

アデノシン二リン酸［あでのしんにりんさん］adenosine diphosphate → ATP，ADP［えーでぃーぴー］

アドレナリン adrenalin(e) ◯p.144, 146
グリコーゲンを分解して，血糖濃度を上昇させるホルモン。副腎髄質から分泌される。グリコーゲンの分解のほか，血圧上昇，止血作用などもある。

アミノ酸［あみのさん］amino acid ◯p.41
分子内にアミノ基 $-NH_2$，カルボキシ基 $-COOH$ をもつ有機化合物。同一の炭素原子に，アミノ基とカルボキシ基が結合しているものを α - アミノ酸という。

アレル allele ＝対立遺伝子［たいりついでんし］

アレルギー allergy ◯p.167
免疫反応が過剰に起こり，生体に不利に働くこと。これを引き起こす抗原をアレルゲンという。また，全身にわたる症状が急速に引き起こされることをアナフィラキシーショックという。

異化［いか］catabolism，dissimilation ◯p.46
呼吸など，生体内で化学的に複雑な物質を単純な物質に分解する働き。エネルギーを放出する。同化の対語。

閾値［いきち］threshold ◯p.173
ニューロンでは，ある一定値以上の強さの刺激で興奮が起きる。この興奮を起こす最小の刺激の強さ。

一塩基多型［いちえんきたけい］single nucleotide polymorphism ◯p.129
同じ種の生物のゲノムを比較すると見られる，1 つの塩基置換による個体差。

遺伝子［いでんし］gene ◯p.74, 75, 269, 272
形質を決める遺伝因子で，ヨハンセンにより命名された。一般に，顕性形質の遺伝子をアルファベットの大文字，潜性形質の遺伝子をアルファベットの小文字で表す。

遺伝子組換え［いでんしくみかえ］gene recombination ◯p.116, 118, 119
DNA の特定の部位に，別の DNA 断片を人工的に組みこむ操作。真核生物の遺伝子(DNA 断片)を大腸菌などの原核生物に組みこむための酵素としては，逆転写酵素(RNA を鋳型にして DNA を合成する酵素)，制限酵素(はさみ)，DNA リガーゼ(のり)がある。

遺伝子座［いでんしざ］gene locus ◯p.269
それぞれの遺伝子が染色体上に占める位置。

遺伝的浮動［いでんてきふどう］genetic drift ◯p.286
生物の集団で，遺伝子が次世代に受け継がれるとき，偶然によって遺伝子頻度が変化すること。

陰生植物［いんせいしょくぶつ］shade plant ◯p.222
陰地で生育できる植物。林床の植物や極相種に多い。

イントロン intron ◯p.83, 90
DNA の塩基配列のうち，転写後の mRNA 前駆体から，スプライシングによってとり除かれる部分。

インプリンティング imprinting ＝刷込み［すりこみ］

運動神経［うんどうしんけい］motor nerve ◯p.141, 172, 185
効果器(骨格筋)に刺激を伝える末梢神経。脊髄では腹根を通る。

運搬 RNA［うんぱんあーるえぬえー］transfer RNA ＝ tRNA［てぃーあーるえぬえー］

栄養段階［えいようだんかい］trophic level ◯p.244, 249
食物連鎖の各段階。無機物から有機物をつくる生産者，生産者を捕食する一次消費者，一次消費者を捕食する二次消費者などがある。

エキソサイトーシス exocytosis ◯p.27
物質を含む小胞が，細胞膜と融合して物質を細胞外へ放出すること。

エキソン exon ◯p.83, 90
DNA の塩基配列のうち，転写後，最終的に mRNA として残る部分。

エンドサイトーシス endocytosis ◯p.27
細胞膜の一部から小胞を形成して，細胞外の物質を細胞内にとりこむこと。比較的大きな物質をとりこむ食作用と，液体など比較的小さな物質をとりこむ飲作用がある。

黄斑［おうはん］macula ➲p.180
網膜の中心付近にある黄色を帯びた部分。その中央には中心窩がある。錐体細胞が集中し，最も視力が鋭敏。

岡崎フラグメント［おかざきふらぐめんと］Okazaki fragment ➲p.80
DNA 複製の際，ラギング鎖の合成においてつくられる短い DNA 断片。

オーガナイザー organizer ＝形成体［けいせいたい］

か行

階層構造［かいそうこうぞう］stratification ➲p.221
発達した森林は，高木層，亜高木層，低木層，草本層などの層に分かれる。この高さに沿った構造をいう。

解糖系［かいとうけい］glycolytic pathway ➲p.54, 55
グルコースを，酸素を使わないで（嫌気的に）ピルビン酸まで分解する代謝過程。エムデン・マイヤーホフ経路ともいう。

灰白質［かいはくしつ］gray matter ➲p.185
中枢神経系において，ニューロンの細胞体が集まっていて灰白色に見える部分。白質の対語。大脳では内側（大脳髄質）が白質，外側（大脳皮質）が灰白質，脊髄では内側が灰白質，外側が白質。

外来生物［がいらいせいぶつ］alien species ➲p.255
本来生息していなかった土地に，意図的あるいは非意図的に導入された生物。在来生物の対語。

化学合成［かがくごうせい］chemosynthesis ➲p.69
光エネルギーで炭酸同化を行う光合成とは異なり，無機物を酸化したときに放出されるエネルギーで炭酸同化を行う作用。

化学進化［かがくしんか］chemical evolution ➲p.260
無機物から有機物が合成され，生命が誕生するまでの過程。一般に，水や二酸化炭素などの無機物，アミノ酸やヌクレオチドなどの単純な有機物，タンパク質や核酸などの複雑な有機物，原始生命の順に進んだと考えられている。

かぎ刺激［かぎしげき］key stimulus ➲p.194
生得的な行動を引き起こす，特定の刺激。信号刺激ともいう。

核［かく］nucleus ➲p.22
真核細胞にある核膜でおおわれた構造。核膜には多数の穴（核膜孔）がある。内部に，染色体，核小体などを含む。染色体は，おもに DNA とタンパク質からできている。DNA は遺伝子の本体であり，細胞全体の代謝を支配している。核小体では rRNA（リボソーム RNA）をつくっている。

学習［がくしゅう］learning ➲p.200, 201
経験によって，行動が変化すること。慣れや刷込みも学習に含まれる。

獲得免疫［かくとくめんえき］acquired immunity ＝適応免疫［てきおうめんえき］

活性部位［かっせいぶい］active site ➲p.50
酵素が基質と結合する部位。活性中心ともいう。

活動電位［かつどうでんい］action potential ➲p.174
ニューロンなどが刺激を受けると，細胞内外の電位が瞬間的に逆転する。このときの，静止電位からの電位変化。

花粉［かふん］pollen ➲p.202
種子植物の粒状の雄性配偶体。被子植物では やく とよばれる袋状の構造の中につくられる。

カルビン回路［かるびんかいろ］Calvin cycle, reductive pentose phosphate cycle ➲p.64, 65
植物などの光合成において二酸化炭素を固定する回路。カルビンとベンソンによって解明された。還元的ペントースリン酸回路ともいう。

感覚神経［かんかくしんけい］sensory nerve ➲p.141, 172, 185
受容器で受けた刺激を中枢神経系まで伝える末梢神経。脊髄では背根を通る。

環境形成作用［かんきょうけいせいさよう］reaction ➲p.220
生物が非生物的環境（温度・光・大気・土壌・水・無機養分などの生物以外の環境）におよぼす影響。たとえば，ケイ藻類の個体数が増加すると無機塩類の量は減少することなど。作用の対語。

間接効果［かんせつこうか］indirect effect ➲p.250
捕食・寄生・共生などの関係で直接つながっていない生物間で影響をおよぼすこと。

完全強縮［かんぜんきょうしゅく］complete tetanus ➲p.192
筋肉への刺激頻度を大きくすると，単収縮が重なって，なめらかな一続きの大きな収縮になる。このような筋肉の収縮をいう。

桿体細胞［かんたいさいぼう］rod cell ➲p.180
網膜にある視細胞の 1 つ。光に対する感受性が高く，暗いところでも働く。網膜の全体に多く分布。「桿」は木の棒（さお）の意味で，その形状に由来している。もう 1 つの視細胞は錐体細胞。

間脳［かんのう］interbrain，diencephalon ➲p.141, 142, 185
大脳と中脳の間に位置する中枢神経。間脳の視床は感覚神経を大脳へと中継しており，視床下部は自律神経系や多くのホルモン分泌の中枢である。

気孔［きこう］stoma ➲p.215
孔辺細胞の間のすき間。炭酸同化，呼吸，蒸散のために，空気，水蒸気の出入りを行う。

基質［きしつ］substrate ➲p.50
酵素が作用する物質。たとえば，アミラーゼの基質はデンプン。

基質特異性［きしつとくいせい］substrate specificity ➲p.50
酵素の活性部位と基質が，かぎとかぎ穴のような関係にあるため，酵素は特定の基質に対してのみ働く。このような酵素の性質をいう。

キーストーン種［きーすとーんしゅ］keystone species ➲p.250
生態系内での個体数はそれほど多くないにもかかわらず，他の生物の個体数や多様性などに大きな影響を与える種。

ギャップ gap ➲p.225
発達した森林で，倒木などにより林内に光が差しこむようになった空間。比較的大きなギャップでは，林床に光が差しこみ，陽樹の種子が発芽し成長することができる。

吸収スペクトル［きゅうしゅうすぺくとる］absorption spectrum ➲p.60
どの波長の光がどのくらい吸収されたかを表したもの。植物では，おもに青紫色光（430 ～ 460 nm）と赤色光（670 ～ 700 nm）が吸収されている。

競争［きょうそう］competition ➲p.240
食物や生息場所などの資源を奪い合うために，同種の個体間や異なる種の個体群間で起こる相互作用。

極相［きょくそう］climax ➲p.224
遷移によって到達する，それ以上大きな変化が見られなくなった植生の状態。極相に達した森林を極相林という。

筋繊維［きんせんい］muscle fiber ➲p.35, 190, 191
筋組織を構成する細胞。筋細胞ともいう。細胞質には収縮性の繊維（筋原繊維）がある。

クエン酸回路［くえんさんかいろ］citric acid cycle ➲p.54, 55
アセチル CoA が完全に分解して，二酸化炭素を生じる反応。呼吸において，解糖系に続いて起こる。アセチル CoA は，オキサロ酢酸と結合してクエン酸になる。クエン酸は何段階かの反応によって，二酸化炭素を出して，再びオキサロ酢酸になる。クエン酸回路で生じた電子は電子伝達系へ運ばれる。また，クエン酸回路では，基質レベルのリン酸化によって ATP が生じる。

組換え［くみかえ］recombination ➲p.274, 275
減数分裂の第一分裂時に起こる，対合した相同染色体どうしでの部分的交換（乗換え）によって，遺伝子の新しい組み合わせができること。組換えが起こる割合を組換え価という。組換え価は理論上 50%を超えない。

クライマックス climax ＝極相［きょくそう］

グリア細胞［ぐりあさいぼう］neuroglial cell ➲p.35, 172
ニューロンを支持したり，ニューロンに栄養供給を行ってニューロンの働きを助ける細胞。末梢神経系ではシュワン細胞，中枢神経系ではオリゴデンドロサイトなどのグリア細胞が軸索に結合して，ニューロンの働きを維持している。

クロロフィル chlorophyll ➲p.60, 61
光合成で光を吸収する色素（光合成色素）の一種。クロロフィル a，b，c やバクテリオクロロフィルなどがある。

形質転換［けいしつてんかん］transformation ➲p.74
ある株の遺伝子が別の株にとりこまれ，とりこんだ株の形質が変わること。たとえば，肺炎球菌には，S 型菌（病原性）と R 型菌（非病原性）がある。加熱して病原性を失った S 型菌を R 型菌に混ぜると，S 型菌の遺伝子が R 型菌にとりこまれ，病原性をもった菌が生じるようになる。

形成層［けいせいそう］cambium ➲p.38, 205
道管，木部繊維，木部柔組織などからなる木部と，師管，師部繊維，師部柔組織などからなる師部との間にある，分裂能力のある組織。

形成体［けいせいたい］organizer ➲p.111
発生初期において，胚のある部分が他の部分に働きかけて，一定の分化を引き起こすことを誘導といい，この働きをもつ部分を形成体（オーガナイザー）という。

系統樹［けいとうじゅ］phylogenetic tree ➲p.294
生物の進化の経路によって示される類縁関係（系統）を，樹状の図で示したもの。

血液凝固［けつえきぎょうこ］blood coagulation，blood clotting ➲p.139
血液が凝集して，固まること。血液の流出を防ぐ働きがある。血液を凝固させると，液体部分（血清）と固まった部分（血ぺい）に分かれる。血ぺいは，フィブリンという繊維状のタンパク質が血球などをからめてできる。

血清療法［けっせいりょうほう］serotherapy ➲p.166
抗体が含まれている血清を，患者に注射する治療法。北里柴三郎とベーリングがジフテリアと破傷風に対して発見した。ヘビ毒などに対しても使われている。

◐：本文の対応ページ，青字：生物基礎の範囲の用語

血糖 [けっとう] blood sugar ◐p.146
血液中に含まれる糖(グルコース)。

ゲノム genome ◐p.71
その生物の個体の形成や維持に必要なすべての遺伝情報(DNA の塩基配列)の 1 組。

限界暗期 [げんかいあんき] critical dark period ◐p.216
多くの植物では，花芽の形成は暗期の長さの影響を受ける。短日植物は，暗期の長さが一定時間よりも長くなると，花芽を形成する。長日植物は，暗期の長さが一定時間よりも短くなると花芽を形成する。このように，花芽の分化を決める一定の長さの暗期を限界暗期という。

原核細胞 [げんかくさいぼう] prokaryotic cell ◐p.18
核膜をもたず，細胞小器官の分化が見られない細胞。有糸分裂(紡錘体などの糸状構造を形成する分裂)を行わない。また，細胞質流動やアメーバ運動も見られない。原核細胞からなる生物を原核生物という。

原口 [げんこう] blastopore ◐p.98, 100, 309
動物の発生初期に，胚の表層の細胞群が胚内に陥入する場所。

原口背唇 [げんこうはいしん] dorsal lip ◐p.111
原口上部の胚表部分。予定脊索域である。シュペーマンらは，イモリの初期原腸胚からとり出した原口背唇部を，他の胚の胞胚腔内に移植し，2 つ目の神経管などの組織(二次胚)を誘導した。

減数分裂 [げんすうぶんれつ] meiosis ◐p.270, 271
動物の配偶子形成や，植物の胞子形成で見られる，連続した 2 回の細胞分裂。染色体の複製が 1 回であるため，細胞あたりの DNA 量と染色体数が半減する。第一分裂前期に，相同染色体が対合して二価染色体をつくる。後期に，二価染色体が離れて，DNA 量と染色体数が半減する。第二分裂では，複製されていた染色体が 2 か所に分かれて，最終的に 4 つの娘細胞ができる。一般に，第一分裂前期が最も長く，この期間に染色体の乗換えが起こる。

原腸 [げんちょう] archenteron ◐p.98, 100, 309
多くの動物の初期発生で，陥入してできる腔所，もしくはその内壁。

高エネルギーリン酸結合 [こうえねるぎーりんさんけつごう] high-energy phosphate bond ◐p.47
ATP 分子内のリン酸どうしの結合は高いエネルギーが蓄えられているため，このようによばれる。ATP が分解して ADP とリン酸になるとき，このエネルギーが放出される。そのため，ATP は生体内でのエネルギーのやりとりに適している。

効果器 [こうかき] effector ◐p.172
刺激に応じて反応を起こすための構造。作動体ともいう。筋肉や繊毛・鞭毛，発電器官，発光器官，分泌腺，発音器官，色素胞などがある。

交感神経 [こうかんしんけい] sympathetic nerve ◐p.141, 142, 185
自律神経系を構成する神経の 1 つで，活発に活動するときなどに働く。副交感神経と拮抗的に作用して，器官の働きを調節する。一般に，中枢から出てすぐにシナプスがあり，節後繊維(神経節から作用する器官までの神経繊維で無髄神経)が長い。節後繊維末端から放出される神経伝達物質は，ふつうはノルアドレナリンだが，汗腺に対してはアセチルコリンが放出される。

抗原 [こうげん] antigen ◐p.161, 162
リンパ球に異物として認識され，免疫反応を引き起こす物質。

抗原抗体反応 [こうげんこうたいはんのう] antigen-antibody reaction ◐p.162, 164
抗原と抗体が特異的に結合して起こる反応。

光合成 [こうごうせい] photosynthesis ◐p.46, 64, 65
緑色植物，光合成細菌などが，光エネルギーを利用して，二酸化炭素を固定し，デンプンなどの有機物をつくること。炭酸同化の代表例。

光合成色素 [こうごうせいしきそ] photosynthetic pigment ◐p.61
光合成で光を吸収する色素。同化色素ともいう。クロロフィル，カロテノイドなどがある。

光周性 [こうしゅうせい] photoperiodism ◐p.216
光の明暗の周期に生物が反応する性質。多くの植物で，花芽形成は日長の影響を受ける。暗期が一定時間(限界暗期)より短いと花芽が形成される植物が長日植物，暗期が一定時間(限界暗期)より長いと花芽が形成される植物が短日植物である。

恒常性 [こうじょうせい] homeostasis ◐p.138
脊椎動物では，体液(血液・リンパ液・組織液)が細胞をとりまいて体内環境をつくっており，外部の環境が変化しても体内環境は一定に保たれる。これを恒常性(ホメオスタシス)という。

甲状腺 [こうじょうせん] thyroid gland ◐p.144, 145
くびの腹側にある内分泌腺。甲状腺ホルモン(チロキシンなど)を分泌する。

酵素 [こうそ] enzyme ◐p.48, 50
化学反応を促進するが，それ自身は反応の前後で変化しない物質を触媒という。酵素は，生体内でつくられる，タンパク質を主成分とする触媒(生体触媒)である。

酵素－基質複合体 [こうそ－きしつふくごうたい] enzyme-substrate complex ◐p.50
酵素の活性部位に基質が可逆的に結合したもの。酵素反応の第 1 段階。

抗体 [こうたい] antibody ◐p.164, 165
体液性免疫において，抗原と特異的に結合する物質。主成分は免疫グロブリンというタンパク質である。

呼吸 [こきゅう] respiration ◐p.46, 54, 55
酸素を用いて，有機物(炭水化物，タンパク質，脂肪など)を無機物(二酸化炭素，水など)に分解して，ATP を得る反応。発酵よりも効率よくエネルギーを得ることができる。解糖系，クエン酸回路，電子伝達系の 3 つの過程がある。呼吸で得られる ATP の大部分は，解糖系とクエン酸回路でつくられた電子を使って，電子伝達系で合成される。

呼吸基質 [こきゅうきしつ] respiratory substance ◐p.58
呼吸によって分解される物質。グルコースなどの有機物。

呼吸商 [こきゅうしょう] respiratory quotient, respiratory coefficient ◐p.58
呼吸によって排出された二酸化炭素の体積と，吸収された酸素の体積との比。ウシのような植物食性動物の呼吸商は，呼吸基質が炭水化物なので 1.0 に近い。ネコのような動物食性動物の呼吸商は，0.7 ～ 0.8 に近い傾向がある。コムギのようにデンプンが多い種子の呼吸商は 1.0 に近く，トウゴマのように脂質が多い種子の呼吸商は 0.7 に近い。

個体群 [こたいぐん] population ◐p.234
ある地域に生息する同種個体の集まり。その内部では，交配やさまざまな相互作用があり，個体間には密接な関係がある。

個体群密度 [こたいぐんみつど] population density ◐p.235
一定の面積(体積)あたりの個体数。

コドン codon ◐p.82, 86
特定のアミノ酸を指定する，mRNA 上の塩基 3 個の並びによる遺伝暗号。mRNA を構成する塩基には，ウラシル(U)，シトシン(C)，アデニン(A)，グアニン(G)の 4 種類があり，塩基 1 個では 4 種類，2 個では $4 \times 4 = 16$ 種類，3 個では $4 \times 4 \times 4 = 64$ 種類の組み合わせができる。タンパク質を構成するアミノ酸は 20 種類あるので，3 個の塩基の組み合わせ(トリプレット)が必要になる。

ゴルジ体 [ごるじたい] Golgi body ◐p.22
細胞小器官の 1 つで，小胞体で合成されたタンパク質などに変化を加え，運搬したり分泌したりする。平たい円盤状の袋が重なった構造で，小胞(ゴルジ小胞)を伴っている。腺細胞(消化腺・内分泌腺)などでよく発達している。イタリアの組織学者ゴルジが発見した。

さ行

最適温度 [さいてきおんど] optimum temperature ◐p.50
酵素が最もよく働く温度。一般に化学反応は，温度が高くなるほど反応速度が大きくなる。しかし，酵素反応に最適温度があるのは，酵素がタンパク質でできており，高温でその立体構造が変化(熱変性)し，活性が低下していくからである。

最適 pH [さいてきぴーえいち] optimum pH ◐p.50
酵素が最もよく働く pH。酵素はタンパク質でできており，pH によってその立体構造が変化するため，最適 pH が存在する。

細胞 [さいぼう] cell ◐p.16, 17
生物の構造や機能の基本単位。細胞膜で包まれた内部に，遺伝情報をもつ DNA や，生命活動を行うための構造をもつ。核をもつ真核細胞では，内部にさまざまな微細構造(細胞小器官)がある。フックが自作の顕微鏡によるコルク片の観察から発見し，詳細なスケッチを記載した「ミクログラフィア」(1665 年)ではじめて細胞とよんだ。その後，シュライデンが植物の細胞説(1838 年)を，シュワンが動物の細胞説(1839 年)をとなえて，細胞説(生物は細胞を基本単位とするという考え)が完成した。

細胞骨格 [さいぼうこっかく] cytoskeleton ◐p.30, 31
タンパク質からなる繊維状の構造で，細胞内にはりめぐらされている。構造の維持，細胞運動，細胞接着，細胞内輸送などに関わっている。真核細胞の場合，おもにアクチンフィラメント，中間径フィラメント，微小管の 3 種類がある。

細胞質 [さいぼうしつ] cytoplasm ◐p.20
細胞を構成する要素のうち，核と細胞壁を除いたものすべて。そこからさらに細胞膜およびミトコンドリアや葉緑体などの細胞小器官を除いた液状成分を細胞質基質(サイトゾル)という。

細胞周期 [さいぼうしゅうき] cell cycle ◐p.78
分裂してできた細胞が次の分裂を終えるまでの周期。分裂の準備をする間期と，核分裂と細胞質分裂が起こる分裂期(M 期)に分けられる。間期はさらに，G_1 期(DNA 合成準備期)，S 期(DNA 合成期)，G_2 期(分裂準備期)に分けられる。分化した細胞や分裂を休止した細胞はこの周期からはずれる。

細胞小器官 [さいぼうしょうきかん] cell organelle ◐p.20
細胞の中にあって，特定の機能をもつ微細構造。核，ミトコンドリア，葉緑体，ゴルジ体，リソソーム，液胞などがある。

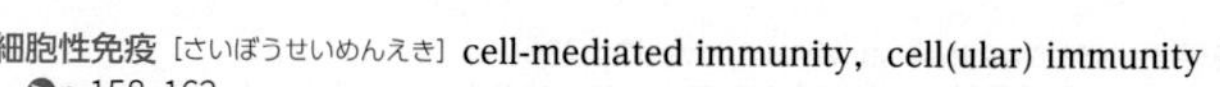

細胞性免疫［さいぼうせいめんえき］cell-mediated immunity, cell(ular) immunity ➲p.158, 162
抗原抗体反応による体液性免疫と異なり，免疫細胞が直接感染細胞を攻撃したり，食細胞を活性化したりすることによる免疫。リンパ球の一種であるヘルパーＴ細胞やキラーＴ細胞が関与している。

細胞内共生説［さいぼうないきょうせいせつ］endosymbiotic theory ➲p.19, 263
ミトコンドリアは好気性細菌が細胞内共生して，葉緑体はシアノバクテリアが細胞内共生して生じたと考える説。

細胞分裂［さいぼうぶんれつ］cell division ➲p.78, 79, 270, 271
１個の細胞(母細胞)が２個以上の細胞(娘細胞)に分かれる現象。多細胞生物では，体細胞分裂と減数分裂がある。

細胞壁［さいぼうへき］cell wall ➲p.18, 23
細胞膜の外側をおおう多糖類を主成分とした丈夫な被膜。全透性を示し，細胞の形を保つ働きがある。植物細胞では，細胞壁はセルロースやペクチンなどでできており，原形質連絡とよばれる細い管で，隣り合った細胞と連絡している。

細胞膜［さいぼうまく］cell membrane ➲p.23, 24
選択的透過性を示し，細胞内外の物質の出入りに関係している。リン脂質の二重層にタンパク質粒子が埋めこまれた構造をしており，タンパク質は膜の中を移動する(流動モザイクモデル)。

作用［さよう］action ➲p.220
非生物的環境(温度・光・大気・土壌・水・無機養分などの生物以外の環境)が生物におよぼす影響。たとえば，光の強さや水温，無機塩類の量などは，ケイ藻類の個体数に影響を与えている。環境形成作用の対語。

作用スペクトル［さようすぺくとる］action spectrum ➲p.60
いろいろな波長の光で，どれくらい光合成が行われるかを表したもの。光合成の作用スペクトルは，葉緑体の吸収スペクトルとほぼ一致しており，吸収された光が光合成に使われていることがわかる。作用曲線ともいう。

サルコメア sarcomere ➲p.190, 191
横紋筋に観察できるくり返し構造の単位で，Ｚ膜とＺ膜の間の部分。筋節ともいう。

シアノバクテリア cyanobacteria ➲p.18, 298
原核生物の一種で，クロロフィルａをもつ。ユレモ，ネンジュモなど。

軸索［じくさく］axon ➲p.172
ニューロンの細胞体から細長くのびる突起で，興奮は軸索上を伝わる(伝導)。神経終末(軸索の末端)は，次のニューロンや効果器とシナプスという連結部で接続する。軸索は神経繊維ともよばれる。

視床下部［ししょうかぶ］hypothalamus ➲p.141, 144, 145
脊椎動物の間脳の一部で，自律神経系や多くのホルモン分泌の中枢。

自然浄化［しぜんじょうか］self-purification ➲p.251
河川などに流入した汚濁物質が，拡散や沈殿などの物理的作用，酸化や還元などの化学的作用，生物による分解などの生物的作用によって，その量を減らすことをいう。特に生物的作用によるものをさすこともある。

自然選択［しぜんせんたく］natural selection ➲p.284
同じ生物集団の中で，形質に変異が見られ，形質の違いがその環境での生存に影響を与えるとき，生存に有利な(適応した)個体の方が生き残りやすく，より多くの子を残すこと。

自然免疫［しぜんめんえき］natural immunity ➲p.158, 160
生まれつき備わっている免疫。感染初期，異物に対して非特異的に働く。マクロファージなどによる食作用や，ナチュラルキラー細胞による異常細胞の攻撃などがこれにあたる。

シナプス synapse ➲p.176
神経終末(軸索の末端)と次のニューロンや効果器との連結部。シナプスには，シナプス間隙というすき間がある。神経終末のシナプス小胞から分泌される神経伝達物質が，次の細胞にある受容体に受けとられて，興奮が伝達される。このようにシナプスでは，興奮は必ず一定方向に伝達される。

種［しゅ］species ➲p.292, 293
生物分類の基本単位である。相互に交配可能な自然集団であり，ほかの集団から生殖的に隔離されていると定義される。

従属栄養生物［じゅうぞくえいようせいぶつ］heterotroph ➲p.46
有機物をとりこみ，それを分解して生命活動のエネルギーを得ている生物。生態系における消費者(動物など)は従属栄養生物にあたる。生産者(緑色植物など)のように，外界からとり入れた無機物から有機物を合成する生物を独立栄養生物という。

重複受精［じゅうふくじゅせい］double fertilization ➲p.202
２個の精細胞がそれぞれ卵細胞，中央細胞と合体する受精で，被子植物に特有のもの。

樹状細胞［じゅじょうさいぼう］dendritic cell ➲p.159
樹枝状の突起を出している免疫細胞。異物をとりこんで分解し，その一部を細胞の表面に提示する(抗原提示)。樹状細胞が，Ｔ細胞に抗原提示することで，適応免疫がはじまる。

樹状突起［じゅじょうとっき］dendrite ➲p.172
ニューロンの細胞体には，細長く伸びた軸索以外に，分岐した短い突起が多数ある。この突起を樹状突起といい，他のニューロンの神経終末と連絡する場になっている。

受精［じゅせい］fertilization ➲p.95, 202
卵と精子が合体して受精卵を形成すること。広義には，配偶子が合体することをさすこともある。

受動輸送［じゅどうゆそう］passive transport ➲p.26
生体膜を通して，濃度の高い方から低い方へ物質が拡散していくこと。このとき，エネルギーを必要としない。生体膜を構成するリン脂質の間を通って通過する場合や，生体膜にはめこまれたタンパク質(チャネル，担体)を通過する場合がある。逆に，エネルギーを使い濃度勾配に逆らって物質を輸送することを能動輸送という。

受容器［じゅようき］receptor ➲p.172, 179
視覚器や聴覚器など，外界からの刺激を受けとる特別な構造。複雑なしくみをもたない単細胞生物が刺激を受けとる構造も含める。

受容体［じゅようたい］receptor ➲p.28, 140
ホルモンや神経伝達物質と特異的に結合する構造で，タンパク質でできている。細胞膜上に存在するものや，細胞内に存在するものがある。これらの物質と受容体が結合することで，シグナルが細胞に伝えられ，応答が起こる。

純生産量［じゅんせいさんりょう］net production ➲p.248
生産者(独立栄養生物)が，ある期間に光合成により生産した有機物の総量から，その生物の呼吸による消費量を差し引いた量をいう。

常染色体［じょうせんしょくたい］autosome ➲p.268
性染色体以外の染色体。ヒトでは 22 対(44 本)あり，そのうち１組は父親，もう１組は母親に由来する。

消費者［しょうひしゃ］consumer ➲p.244
栄養段階の１つ。生産者が生産した有機物を利用する生物。生産者を捕食する一次消費者，一次消費者を捕食する二次消費者などがある。

食作用［しょくさよう］phagocytosis ➲p.27, 160
細胞が外部から比較的大きな物質をとりこむ活動。物質を細胞膜の突出により包みこみ，膜小胞を形成して物質をとりこむ。特定の細胞(食細胞)だけが行う。液体は飲作用でとりこむ。

植生［しょくせい］vegetation ➲p.220
ある地域に生育している植物の集まり。

触媒［しょくばい］catalyst ➲p.48
化学反応を促進するが，それ自身は反応の前後で変化しない物質。酵素は生体触媒といわれる。

植物ホルモン［しょくぶつほるもん］phytohormone ➲p.208
植物体内で生産され，植物の成長や生理反応を制御する低分子の物質。オーキシン，ジベレリン，アブシシン酸，エチレンなどがある。

食物網［しょくもつもう］food web ➲p.244
多数の生物種が，被食 - 捕食の関係で複雑につながっているようす。

食物連鎖［しょくもつれんさ］food chain ➲p.244
生物が被食 - 捕食の関係でつながっていること。

自律神経系［じりつしんけいけい］autonomic nervous system ➲p.141, 142, 185
呼吸・脈拍・消化・分泌などは，無意識のうちに調節される。このような調節に働く神経系。自律神経系には，活発に活動するときに働く交感神経と，安静時や疲労回復時に働く副交感神経とがあり，互いに拮抗的に作用して，器官の働きを調節する。

進化［しんか］evolution ➲p.283
現在の多様な生物は，起源を同じにする生物が，非常に長い時間をかけて，変化してきた結果である。このように，生物の形質や集団内での遺伝子頻度が世代をへるにつれて変化することを進化という。

真核細胞［しんかくさいぼう］eukaryotic cell ➲p.18
核膜に包まれた核をもつ細胞。細胞小器官が分化し，それぞれが機能をもっている。有糸分裂(紡錘体などの糸状構造を形成する分裂)を行う。また，細胞質流動やアメーバ運動も見られる。真核細胞からなる生物を真核生物という。

神経管［しんけいかん］neural tube ➲p.101, 106
発生の初期に，神経板が閉じてできる管状の構造。外胚葉でできている。のちに，中枢神経をつくる。前部は脳に分化し，脳から眼が誘導される。脳より後ろの部分は脊髄に分化する。

神経系［しんけいけい］nervous system ➲p.37, 141, 185
神経組織(ニューロンやグリア細胞などからなる)により構成される器官の集まり。

神経細胞［しんけいさいぼう］neuron(e) ＝ニューロン

神経繊維［しんけいせんい］nerve fiber ➲p.172, 175
ニューロンの軸索。軸索とそれをとりまく構造とをまとめて神経繊維ということもある。

▶：本文の対応ページ，青字：生物基礎の範囲の用語

神経伝達物質［しんけいでんたつぶっしつ］neurotransmitter ▶p.176
神経終末から放出される物質。興奮性と抑制性とがあり，それぞれシナプス後細胞の脱分極または過分極を引き起こす。神経伝達物質はニューロンの種類によって異なる。おもなものに，グルタミン酸，GABA，アセチルコリン，ノルアドレナリンなどがある。細胞間で情報を伝達する物質にはホルモンもある。ホルモンは血液中に放出され，全身の標的細胞に作用するが，神経伝達物質はシナプスを介した特定の細胞に作用する。

神経分泌細胞［しんけいぶんぴ(つ)さいぼう］neurosecretory cell ▶p.145
ニューロン(神経細胞)がホルモンを分泌することを神経分泌といい，このような細胞を神経分泌細胞という。視床下部に細胞体がある神経分泌細胞の一部は，脳下垂体へ軸索をのばしてホルモンを分泌している。

信号刺激［しんごうしげき］sign stimulus ＝かぎ刺激［かぎしげき］

浸透圧［しんとうあつ］osmotic pressure ▶p.25
半透膜を隔てて，一方に溶媒である水，他方に溶液を入れると，水が溶液側へ移動する。このときに半透膜にかかる圧力を浸透圧という。溶液側に圧力を加えて，ちょうど水の移動が止まるときの圧力の大きさに等しい。

森林限界［しんりんげんかい］forest limit，forest line ▶p.230, 231
高山や高緯度などで，植物の生育に不適な環境になり，森林ができなくなる限界。垂直分布では，森林限界より上部が高山帯になる。

髄鞘［ずいしょう］myelin sheath ▶p.172
有髄神経繊維において，軸索をとり囲む構造。ミエリン鞘ともいう。末梢神経系ではシュワン細胞が軸索に巻きついてできている。髄鞘と髄鞘の間にはすき間があり，この部分をランビエ絞輪という。

錐体細胞［すいたいさいぼう］cone cell ▶p.180
脊椎動物の網膜にある視細胞の１つ。明るいところで働き，色を識別する。黄斑(網膜の中央部分)に集中的に分布している。「錐体」とはその形状に由来している。もう１つの視細胞は桿体細胞。

垂直分布［すいちょくぶんぷ］vertical distribution ▶p.230
標高や水深といった垂直方向の環境の違いにもとづく生物の分布。水平方向の分布は水平分布という。

水平分布［すいへいぶんぷ］horizontal distribution ▶p.230
地図上の位置(水平方向)の環境の違いにもとづく生物の分布。垂直方向の分布は垂直分布という。

ストロマ stroma ▶p.23, 60, 64
葉緑体内部の何もないように見える部分。光合成反応の一部(カルビン回路)が行われる場である。葉緑体の内部には，チラコイド(thylakoid：袋)とよばれる袋状の膜構造がある。

スプライシング splicing ▶p.83, 90
真核生物において，DNA から転写された mRNA 前駆体から，イントロンとよばれる部分がとり除かれ，エキソンがつなぎ合わされて mRNA になる過程。

刷込み［すりこみ］imprinting ▶p.201
生後すぐの時期に起こる学習を刷込み(インプリンティング)という。たとえば，ガン・カモ類のひなは，ふ化後 20 時間以内に見た動くものを「親」とし，あとを追う。

制限酵素［せいげんこうそ］restriction enzyme ▶p.116
DNA の特定の塩基配列を識別して，その部分で DNA の２本鎖を切断する酵素。細菌には，ファージの DNA のような外来の DNA を切断して，感染・増殖を防ぐしくみがある。この現象を制限ということに由来している。

精細胞［せいさいぼう］spermatid，sperm cell ▶p.94, 202
減数分裂をへて DNA 量と染色体数が半減した雄の生殖細胞。精子をつくるものは，この細胞が精子に分化する。

生産者［せいさんしゃ］producer ▶p.244
栄養段階の１つ。無機物から有機物をつくり出す生物(独立栄養)。多くの生態系では，光合成を行う植物や微生物が，有機物の生産の大部分を担っている。

静止電位［せいしでんい］resting potential ▶p.174
ニューロンなどで，興奮していないときに生じている，細胞内外の電位差(約 60mV)。細胞内の電位が細胞外に比べて低くなっている。

生殖［せいしょく］reproduction ▶p.266, 267
生物が新しい個体を生じる働き。配偶子をつくらない無性生殖(分裂・出芽・栄養生殖など)と，配偶子をつくる有性生殖とがある。

生殖的隔離［せいしょくてきかくり］reproductive isolation ▶p.288
同じ場所に生息していても，何らかの遺伝的要因や，繁殖時期の違いなどによって，交配ができない状態。生殖的隔離によって，別の進化をたどることになる。なお，一般に，生殖的隔離の有無によって，同種か異種かを判定する。

性染色体［せいせんしょくたい］sex chromosome ▶p.268, 269
性によって構成が異なる染色体。雌雄の分化に関係する。雄にあり雌にない染色体を Y 染色体，雌に２本ある染色体を X 染色体という(雄がヘテロ接合体)。また，雌にあり雄にない染色体を W 染色体，雄に２本ある染色体を Z 染色体という(雌がヘテロ接合体)。

生存曲線［せいぞんきょくせん］survival curve ▶p.236
横軸に時間や発育段階，縦軸に生存数をとって，発育とともに生存数がどのように変化していくかを表した曲線。通常は，生存数には対数目盛りを使用する。

生態系［せいたいけい］ecosystem ▶p.220, 244
ある地域について，生息している生物の集団(生物群集)と非生物的環境とを合わせたもの。構成する生物は，その役割から，生産者，消費者あるいは分解者に分けられる。

生態系サービス［せいたいけいさーびす］ecosystem service ▶p.252
人間が生態系から受けるさまざまな恩恵。国連の主導によって行われた「ミレニアム生態系評価」では，生態系サービスを４つに分類しており，それぞれ供給サービス，調整(調節)サービス，文化的サービス，基盤サービスとよばれる。

生態的地位［せいたいてきちい］ecological niche ▶p.240
食物や生息場所などの資源の利用のしかたなどにおいて，その種が占める地位をいう。必要な資源が似ているほど，生態的地位の重なりは大きく，種間競争は激しくなる。ニッチともいう。

生態ピラミッド［せいたいぴらみっど］ecological pyramid ▶p.248
食物連鎖において，上位の生物ほど，個体数，生物量，生産力は一般に減少する。そのため，下位のものから上位のものへと積み重ねていくと，その形はピラミッド状になる。このようすを表したものをいう。

生得的行動［せいとくてきこうどう］innate behavior ▶p.194
生まれつき備わっている動物の行動。走性や反射などがある。生後の経験などから獲得する行動は，習得的行動という。

生物群系［せいぶつぐんけい］＝バイオーム

生命表［せいめいひょう］life table，mortality table ▶p.236
ある生物種について，生存数がどのように変化していくかを発育段階ごとに示した表。

脊髄［せきずい］spinal cord ▶p.185
脊椎動物で，脳(延髄)に続き，背側を貫く中枢神経。脊髄神経(運動神経，感覚神経，交感神経)の通路であり，膝蓋腱反射や排尿・排便・発汗などの中枢。外側(皮質)は神経繊維が集まって白色，内側(髄質)は細胞体が集まって灰白色をしている。

遷移［せんい］succession ▶p.224, 226
植生の相観や構成が，時間とともに移り変わっていくこと。

全か無かの法則［ぜんかむかのほうそく］all or none《nothing》law《principle》▶p.173
反応が起こる刺激の最小値を閾値といい，閾値未満の刺激では反応しない。閾値以上の刺激を加えると反応の強さは一定である。このような反応のしくみをいう。

先駆種［せんくしゅ］pioneer species ▶p.224, 226
乾燥や貧栄養に強く，土壌が発達していない遷移の初期に生育する植物。パイオニア種ともいう。

染色体［せんしょくたい］chromosome ▶p.22, 70, 78, 268
おもに DNA（遺伝子の本体）とヒストンなどのタンパク質からできている。細胞分裂時には凝縮して棒状になる。

選択的透過性［せんたくてきとうかせい］selective permeability ▶p.24
細胞膜の透過性が物質の種類によって異なることをいう。膜にあるチャネル(特定の物質を通すタンパク質)や担体(特定の物質を運ぶタンパク質)が特定の物質だけを通したり，ポンプがエネルギーを使って特定の物質を運んだりすることによって生じる。

セントラルドグマ central dogma ▶p.82
DNA の塩基配列が写し取られて RNA ができ，RNA の塩基配列をもとにタンパク質が合成される。このように，遺伝情報は一方向に流れるという原則。

相観［そうかん］physiognomy ▶p.220
ある地域の植生の様相や外観的特徴。相観によって，植生は森林・草原・荒原などに大別される。極相の相観は，おもに年平均気温と年降水量によって決まる。

総生産量［そうせいさんりょう］gross production ▶p.248, 249
ある一定期間に一定面積内の生産者が光合成により生産した有機物の総量。

相同染色体［そうどうせんしょくたい］homologous chromosome ▶p.71, 268
大きさや形が同じで，減数分裂時に対合する染色体。２個の相同染色体は，それぞれ両親の配偶子に由来する。対立遺伝子が同じ順序で配列している。

相補性［そうほせい］complementarity ▶p.73
核酸の塩基間に見られる特異的な結合。DNA では，アデニンとチミン，グアニンとシトシンが特異的に結合する。RNA では，チミンの代わりにウラシルが使われる。

た行

体液性免疫［たいえきせいめんえき］humoral immunity ▶p.158, 162
抗原抗体反応による免疫。体液性免疫にはリンパ球のヘルパー T 細胞や B 細胞などが関与している。

体細胞分裂［たいさいぼうぶんれつ］somatic division ▶p.77, 78, 270
成長などの過程で，細胞(おもに体細胞)が増殖するときに見られる細胞分裂。分裂の前後で DNA 量や染色体数は変化しない。減数分裂では，DNA 量や染色体数が半減する。

代謝［たいしゃ］metabolism ◯p.46
生体内で起こる物質の化学反応。同化と異化に分けられる。代謝に伴うエネルギーの出入りや変換をエネルギー代謝という。

体内環境［たいないかんきょう］internal environment ◯p.138
動物の細胞を浸す体液。脊椎動物の場合，血液・リンパ液・組織液をさす。内部環境ともいう。体外環境(外部環境)の対語。

大脳［だいのう］cerebrum ◯p.141, 185, 186
脊椎動物の脳の前方部分において，最も大きい領域を占める部分。哺乳類などでは発達して大きくなる。

対立遺伝子［たいりついでんし］allele ◯p.269
対立形質に対応する遺伝子。相同染色体上の同じ位置(遺伝子座)にある。

多細胞生物［たさいぼうせいぶつ］multicellular organism ◯p.32
多数の細胞からできている生物。単細胞生物の対語。

脱窒［だっちつ］denitrification ◯p.245, 246
硝酸イオンや亜硝酸イオンから，窒素分子がつくられる働き。脱窒素細菌が行う。

単細胞生物［たんさいぼうせいぶつ］unicellular organism ◯p.32
1個の細胞からできている生物。真核生物では，細胞内の構造(細胞小器官)が発達している。多細胞生物の対語。

短日植物［たんじつしょくぶつ］short-day plant ◯p.216
暗期が一定の長さ(限界暗期)より長くなると花芽が形成される植物。春まき，秋咲きの植物に多い。長日植物の対語。

単収縮［たんしゅうしゅく］twitch ◯p.192
単一刺激を与えたときの筋肉の収縮。1秒間に数回程度の刺激では，単収縮を起こす。

タンパク質［たんぱくしつ］protein ◯p.42, 43
酵素や筋原繊維，抗体などの主成分であり，生体にとって重要な物質である。多数のアミノ酸がペプチド結合でつながったポリペプチドが折りたたまれて複雑な立体構造をつくっている。結合するアミノ酸の種類や数，配列によってタンパク質の種類が決まる。

窒素固定［ちっそこてい］nitrogen fixation ◯p.245, 247
空気中の窒素からアンモニウムイオンをつくる働き。窒素固定を行う生物には，非共生生活をするアゾトバクター（好気性細菌)，共生生活をする根粒菌，非共生・共生生活のいずれも行うネンジュモ(シアノバクテリアの一種)などがある。

窒素同化［ちっそどうか］nitrogen assimilation ◯p.246
生物が，外界から窒素化合物をとりこみ，タンパク質などの有機窒素化合物につくりかえる働き。多くの植物は空気中の窒素を直接利用できないので，根から無機窒素化合物を吸収して有機窒素化合物を合成する。

チャネル channel ◯p.26
チャネルタンパク質が細胞膜を貫く穴を形成し，その穴を開閉して物質を通過(拡散)させる。水や特定のイオンなどの親水性の分子を通過させるチャネルが多数知られている。

中心体［ちゅうしんたい］centrosome ◯p.22
細胞分裂のときに両極に分かれて紡錘糸の起点となり，染色体の分配に関係する。また，鞭毛や繊毛の形成にも関与する。棒状の2個の中心小体(中心粒)からなり，動物と一部の藻類，シダ植物やコケ植物の精細胞などに見られる。

中枢神経系［ちゅうすうしんけいけい］central nervous system ◯p.141, 185
動物の神経組織で，情報の統合などが行われる部分。脊椎動物では，脳と脊髄をさす。末梢神経系の対語。

中性植物［ちゅうせいしょくぶつ］day-neutral plant ◯p.216
日長に関係なく花芽が形成される植物。四季咲きの植物に多い。

中立説［ちゅうりつせつ］neutral theory ◯p.287, 291
進化におけるDNAの塩基配列やタンパク質のアミノ酸配列の変化のほとんどは，生存に有利でも不利でもない突然変異が，遺伝的浮動によって偶然集団内に広がったものであるとする考え。

頂芽優勢［ちょうがゆうせい］apical dominance ◯p.212
頂芽(茎の先端方向に向かう芽)が成長しているときには，側芽(茎の側方に向かう芽)の成長が抑制される現象。

長日植物［ちょうじつしょくぶつ］long-day plant ◯p.216
暗期が一定の長さ(限界暗期)より短くなると花芽が形成される植物。春咲き，秋まき，越年の植物に多い。短日植物の対語。

調節遺伝子［ちょうせついでんし］regulatory gene ◯p.87
ある遺伝子の発現(転写)を制御する調節タンパク質(転写調節因子)の遺伝子。調節タンパク質によって制御を受ける遺伝子を構造遺伝子という。

頂端分裂組織［ちょうたんぶんれつそしき］apical meristem ◯p.38
成長する軸の先端に存在し，細胞を増殖させる組織。茎では茎頂分裂組織，根では根端分裂組織という。

跳躍伝導［ちょうやくでんどう］saltatory conduction ◯p.175
有髄神経繊維において，髄鞘が絶縁体となり活動電流がランビエ絞輪(髄鞘と髄鞘のすき間)からランビエ絞輪へと流れ，興奮がとびとびに伝わる現象をいう。伝導速度は大きい。

チラコイド thylakoid ◯p.23, 60, 64
葉緑体の内部にある袋状の膜構造。チラコイドは袋の意味。チラコイド膜に埋めこまれている光合成色素は，光合成における光エネルギー吸収の場である。また，水の分解，ATPの合成の場でもある。葉緑体の何もないように見える部分はストロマという。

地理的隔離［ちりてきかくり］geographic(al) isolation ◯p.288
地理的，地形的な障壁によって行き来ができず，集団間の遺伝子の交流がたたれること。

デオキシリボ核酸［でおきしりぼかくさん］deoxyribonucleic acid ＝DNA［でぃーえぬえー］

適応［てきおう］adaptation ◯p.319
生物がその環境での生存に都合がよい形態，生理，行動などの性質を備えていること。遺伝的な変化を伴わず，生物の一生のうちに環境に対応していくことは順応といい，適応とは区別する。

適応放散［てきおうほうさん］adaptive radiation ◯p.290
同一種の生物が，異なる環境で，それぞれの環境に適した形質をもつように進化することにより，さまざまな種に分化していくこと。たとえば，オーストラリア大陸の有袋類など。この地の有袋類は，他の地域と違って絶滅を免れ，多くの種に分化した。

適応免疫［てきおうめんえき］adaptive immunity ◯p.158, 161, 162
T細胞やB細胞が主体となって働く免疫。抗原に対して特異的に働く。体液性免疫と細胞性免疫に分けられる。抗原の特異性は記憶され(免疫記憶)，同じ抗原に再度遭遇した際には1度目に比べて迅速で強い応答(二次応答)が見られる。獲得免疫ともいう。

適刺激［てきしげき］adequate stimulus ◯p.179
それぞれの受容器が自然の状態で敏感に受けとることができる刺激。

転移RNA［てんいあーるえぬえー］transfer RNA ＝tRNA［てぃーあーるえぬえー］

電子伝達系［でんしでんたつけい］electron transport system ◯p.54, 55, 64
電子の移動に関わる酵素複合体などから構成される反応系。ミトコンドリアや葉緑体の膜などにある。呼吸や光合成では，電子伝達系を電子が移動する際に放出されるエネルギーを利用してATPが合成される。

転写［てんしゃ］transcription ◯p.82, 83
DNAの二重らせんの一部がほどけ，一方のヌクレオチド鎖を鋳型にして，相補的な塩基配列をもつRNAがつくられる反応。RNAポリメラーゼによって触媒される。

伝達［でんたつ］transmission ◯p.173, 176
シナプスにおいて，興奮が神経伝達物質によって次のニューロンや筋繊維などへと伝わること。伝達では，興奮はニューロンの神経終末から次の細胞へと一方向に伝わる。

伝導［でんどう］conduction ◯p.173, 174, 175
ニューロンの細胞の内外には電位差があり，興奮するとその電位が逆転する(活動電位)。電位の逆転が次々に隣接部に伝わっていくことにより，細胞内を興奮が電気的変化として伝わること。

伝令RNA［でんれいあーるえぬえー］messenger RNA ＝mRNA［えむあーるえぬえー］

同化［どうか］anabolism，assimilation ◯p.46
光合成など，化学的に単純な物質から複雑な物質をつくり出す反応。エネルギーを吸収する。異化の対語。

独立栄養生物［どくりつえいようせいぶつ］autotroph ◯p.46
外界からとり入れた無機物から有機物を合成するしくみをもっている生物。そのしくみには，光合成(光のエネルギーを利用)と化学合成(無機物を酸化したときに得られるエネルギーを利用)がある。光合成を行う生物には，緑色植物や光合成細菌，化学合成を行う生物には，硝酸菌や硫黄細菌などがある。

土壌［どじょう］soil ◯p.223
風化した岩石や堆積した火山灰などの無機物に，生物が分解されてできた有機物が加わり，気候や生物などの影響を受けてつくられている地表の部分。

突然変異［とつぜんへんい］mutation ◯p.264, 265
DNAの塩基配列や染色体に生じる永続的な変化。DNAの塩基配列の変化には，置換，欠失，挿入などがある。染色体の変化には，重複，逆位などの構造の変化や，数の変化がある。

な行

内部環境［ないぶかんきょう］internal environment ＝体内環境［たいないかんきょう］

内分泌系［ないぶんぴ(つ)けい］endocrine system ◯p.140, 144
ホルモンによる情報伝達に関わる器官の集まり。ホルモンは内分泌腺から血液中に分泌され，全身に運ばれて標的器官の標的細胞に作用する。

ナチュラルキラー細胞［なちゅらるきらーさいぼう］natural killer cell ◯p.159, 160
体内を監視し，がん細胞やウイルス感染細胞などの異常細胞を破壊するリンパ球。B細胞やT細胞のように特定の抗原だけではなく，異常細胞を幅広く認識する。NK細胞ともいう。

ニッチ niche ＝生態的地位［せいたいてきちい］

ニューロン neuron(e) ▶p.35, 172
細胞体と樹状突起，軸索を合わせた構造で，神経の構造や機能の単位になっている。神経細胞ともいう。

ヌクレオチド nucleotide ▶p.73
糖にリン酸と塩基が結合した物質。核酸の基本単位になっている。

脳［のう］brain ▶p.141, 185, 186
脊椎動物で，脊髄とともに中枢神経系を構成する器官。脊髄の前方に存在する。大脳，間脳，中脳，小脳，延髄，橋に区別される。

脳下垂体［のうかすいたい］pituitary gland ▶p.144, 145
脊椎動物の間脳の底部にある内分泌器官。前葉，中葉，後葉に分かれる。ヒトの場合，前葉から成長ホルモン，甲状腺刺激ホルモン，副腎皮質刺激ホルモンなど，後葉からバソプレシン，オキシトシンがそれぞれ分泌される。

脳幹［のうかん］brain stem ▶p.141
脳のうち，大脳と小脳を除いた部分。間脳，中脳，延髄，橋を合わせていう。生命維持に関わる中枢になっている。

能動輸送［のうどうゆそう］active transport ▶p.26
生体膜を通して，濃度勾配に逆らって物質を輸送すること。このとき，エネルギーを必要とする。たとえば，ナトリウムポンプは ATP のエネルギーを使って，ナトリウムイオンを細胞外へ排出し，カリウムイオンを細胞内にとりこんでいる。

乗換え［のりかえ］crossing-over ▶p.274
相同染色体の間で，染色分体が交さして，その一部が交換されること。減数分裂の第一分裂前期に見られる。乗換えによって組換えが起こる場合がある。

は行

胚［はい］embryo ▶p.100, 204
多細胞生物の発生初期における個体。動物では一般に，個体が摂食をはじめると胚とはよばない。カエルなどでは，桑実胚，胞胚，原腸胚までを初期胚，神経胚以降を後期胚とよぶこともある。

バイオテクノロジー biotechnology ▶p.116, 128, 129
生物がもつ機能を利用する技術。遺伝子工学（遺伝子組換えや遺伝子導入など），細胞工学（組織培養など）のほか，バイオリアクターやバイオセンサーの開発なども含まれる。

バイオーム biome ▶p.228
ある地域に生息するすべての生物のまとまり。陸上では植物の与える影響が大きいため，その環境における植生の，極相の相観によって分類される。バイオームはおもに気温と降水量によって決まる。

配偶子［はいぐうし］gamete ▶p.266
合体して新しい個体をつくる生殖細胞。合体する配偶子が同じ形・大きさの場合は同形配偶子，形や大きさが異なる場合は異形配偶子という。異形配偶子のうち，特に，大形で運動性のないものを卵，小形で運動性のあるものを精子という。

倍数性［ばいすうせい］ploidy ▶p.265, 289
近縁種などにおいて，染色体数が基本数の整数倍に増減している現象。重複するゲノムの数により，一倍体，二倍体，三倍体，…という。一般には二倍体が基本で，一倍体を半数体ともいう。

胚乳［はいにゅう］endosperm ▶p.202, 205, 280
有胚乳種子において，胚とともに種子を構成するもので，発芽するときに栄養を供給する。

白質［はくしつ］white matter ▶p.185
中枢神経系で，神経繊維が集まっていて白色に見える部分。灰白質の対語。大脳では内側（大脳髄質）が白質，外側（大脳皮質）が灰白質，脊髄では内側が灰白質，外側が白質。

白血球［はっけっきゅう］leukocyte ▶p.139, 159
血液中の血球のうち，呼吸色素をもたず，核があるものの総称。好中球，リンパ球，マクロファージ，樹状細胞などが含まれる。

発酵［はっこう］fermentation ▶p.56, 57
酸素を用いないで，有機物（炭水化物）を分解してエネルギーを得る反応。酒やチーズ，しょう油など，古くから食品の製造に利用されてきた。

発生［はっせい］development ▶p.98, 100, 110, 114, 204
受精卵が分裂や分化を行いながら成体になるまでの過程。胞子や単為生殖によって生じた子が成体になる場合も含まれる。

ハーディ・ワインベルグの法則［はーでぃ・わいんべるぐのほうそく］Hardy-Weinberg's law ▶p.283
個体数が十分に多く，自然選択も突然変異も起こらず，任意交配で，外部との間に遺伝子の出入りもない集団では，遺伝子頻度は世代をくり返しても変化しないという法則。

反射［はんしゃ］reflex ▶p.185
一定の刺激に対して，単純な神経経路をへて決まった反応を行う現象。大脳とは関係なく応答するため，反応はすばやいが，定型的である。反射の中枢には，脊髄（膝蓋腱反射など），脳幹（唾液の分泌，せき，くしゃみなど）がある。

半保存的複製［はんほぞんてきふくせい］semiconservative replication ▶p.76, 80
DNA の 2 本鎖のそれぞれを鋳型とし，それぞれに相補的な新しい 1 本鎖 DNA が合成されることで，2 つの同じ 2 本鎖 DNA が形成されること。複製された DNA の 2 本鎖のうち，1 本はもとの DNA のものなので，「半保存的」といわれる。

光受容体［ひかりじゅようたい］photoreceptor ▶p.208
光を受容するタンパク質で，光を受容すると成長や生理反応を引き起こす。植物の光受容体には，フィトクロム，フォトトロピン，クリプトクロムなどがある。

光発芽種子［ひかりはつがしゅし］photoblastic seed ▶p.209
発芽に光の照射を必要とする種子。レタスの種子ではじめて，赤色光と遠赤色光によって，可逆的に発芽を調節できることが発見された。フィトクロムという色素タンパク質が，その光受容体とされている。暗発芽種子の対語。

光飽和点［ひかりほうわてん］▶p.63, 222
ある光の強さに達すると，それ以上光を強くしても，光合成速度は増加しなくなる（光飽和）。このような状態になりはじめるときの光の強さ。

光補償点［ひかりほしょうてん］compensation point ▶p.63, 222
光合成による二酸化炭素吸収量と，呼吸による二酸化炭素排出量とがつり合い，見かけ上，二酸化炭素の出入りがなくなる光の強さ。光補償点以下の光では，植物は生育できない。

表現型［ひょうげんがた］phenotype ▶p.269
ある遺伝子によって，実際に現れた形質。ふつうは，遺伝子型によって決まる。

標的器官［ひょうてききかん］target organ ▶p.140
一般には，ある作用原に対して，その作用を顕著に受ける器官をいう。たとえば，特定のホルモンは特定の器官（標的器官）にのみ作用する。

標的細胞［ひょうてきさいぼう］target cell ▶p.140
特定の作用原を受容する装置をもった細胞。ホルモンに標的器官があるのは，その器官にそのホルモンの受容体をもった標的細胞が存在するからである。

フィードバック feedback ▶p.53, 145
ある一連の生体反応において，最終産物などが一連の反応の初期の反応に影響を与えること。酵素反応の制御や恒常性の維持などに重要な働きをしている。

フィブリン fibrin ▶p.139
繊維状のタンパク質で，血液凝固のとき，赤血球や白血球などをからめて血ぺいをつくる。フィブリノーゲンにトロンビンが作用してできる。

フェロモン pheromone ▶p.198
体外に分泌されて，同種の他個体に特有の反応を起こさせる物質。昆虫においてよく研究されており，配偶行動を導く性フェロモン，集団を形成する集合フェロモン，えさまでの道を示す道しるべフェロモンなどがある。

副交感神経［ふくこうかんしんけい］parasympathetic nerve ▶p.141, 142, 185
自律神経系を構成する神経の 1 つで，安静時，疲労回復時などに働く。交感神経と拮抗的に作用して，器官の働きを調節する。副交感神経の神経伝達物質はアセチルコリン。

腐植［ふしょく］humus ▶p.223
土壌中に存在する，生物が分解されてできた有機物。腐植に富む層（腐植層）は黒褐色で，地表の表層にある落ち葉が朽ちた層（落葉層）の下にある。

プラスミド plasmid ▶p.117, 118
核様体や染色体とは別に存在している環状 DNA。細胞内で自律的に複製され，子孫にも伝達されるが，通常は生存には必要ない。遺伝子組換え実験において，ベクター（外来の DNA を細胞内に運び，増幅させる役目をする小型 DNA）として用いられる。

プログラム細胞死［ぷろぐらむさいぼうし］programmed cell death ▶p.112
発生過程の決まった時期に，決まった場所で起こる細胞死。プログラム細胞死の多くは，アポトーシスとよばれる積極的な細胞死によって起こる。

分化［ぶんか］differentiation ▶p.32, 71, 91
多細胞生物において，細胞や細胞群が，形態的，機能的に特殊化した状態になること。発生過程で顕著に見られる。

分解者［ぶんかいしゃ］decomposer ▶p.244
生態系における生物の役割による分類。消費者のうち，生物の遺体や排出物などの有機物を分解して無機物にする過程に関わる菌類・細菌類などの生物。分解者がつくった無機物は，植物の無機養分として再利用される。

分子系統樹［ぶんしけいとうじゅ］molecular phylogeny ▶p.294
DNA の塩基配列や，タンパク質のアミノ酸配列の違いを比較し，類縁関係を図示したもの。分子時計により，系統が分岐した年代を推定できる。

分子進化［ぶんししんか］molecular evolution ▶p.287
進化における DNA の塩基配列やタンパク質のアミノ酸配列の変化。

ヘテロ接合体［へてろせつごうたい］heterozygote ▶p.269
ある遺伝子座が，たとえば，*Aa* のように，異なる遺伝子構成である個体。ホモ接合体の対語。

ペプチド結合 [ぺぷちどけつごう] peptide bond ▶p.41
一方のアミノ酸のカルボキシ基と他方のアミノ酸のアミノ基との間で，1分子の水がとれてできる −CO−NH− の結合。これにより多数のアミノ酸が結合した化合物をポリペプチドといい，ポリペプチドが複雑に折りたたまれてタンパク質がつくられる。

変性 [へんせい] denaturation ▶p.43
熱や酸・アルカリ，X線などにより，タンパク質中の水素結合やS−S結合(ジスルフィド結合)などが切れて，立体構造がこわれ，タンパク質の性質が変わること。

膨圧 [ぼうあつ] turgor pressure ▶p.25
細胞内に水が浸透することによって生じる細胞内の圧力。植物細胞では細胞壁を押し広げる圧力になり，細胞の強度や成長，気孔の開閉などに関わっている。

補酵素 [ほこうそ] coenzyme ▶p.51
酵素が複合タンパク質でできている場合，その構成要素である非タンパク質を補助因子という。補助因子のうち，低分子の有機物で，タンパク質と結合したり離れたりするものを補酵素という。このとき，タンパク質部分をアポ酵素という。

ホメオスタシス homeostasis ＝恒常性 [こうじょうせい]

ホモ接合体 [ほもせつごうたい] homozygote ▶p.269
ある遺伝子座が，たとえば，*AA* や *aa* のように，同じ遺伝子構成である個体。ヘテロ接合体の対語。

ポリペプチド polypeptide →タンパク質 [たんぱくしつ]

ホルモン hormone ▶p.140, 144
血液中に放出されて全身に運ばれ，特定の器官に受容されることによって，情報を伝達する物質。内分泌腺でつくられ，水溶性ホルモンと脂溶性ホルモンがある。微量で効果があり，特定の器官(標的器官)の細胞(標的細胞)のみに受容される。自律神経系とともに，恒常性の維持を行う。細胞間で情報を伝達する物質には，ほかに神経伝達物質がある。

翻訳 [ほんやく] translation ▶p.82, 83
タンパク質の合成において，mRNAの塩基配列をアミノ酸の配列に置き換え，ポリペプチドを合成する過程。mRNAの塩基3つを1組にした配列(トリプレット)をコドンといい，これが1つのアミノ酸に対応する。

ま行

マクロファージ macrophage ▶p.159
動物体内に存在し，異物や死んだ細胞などを捕食し消化するアメーバ状の食細胞。マクロファージが捕食した異物の一部をヘルパーT細胞に抗原提示すると，ヘルパーT細胞はマクロファージの働きを活性化する。

末梢神経系 [まっしょうしんけいけい] peripheral nervous system ▶p.141, 185
中枢神経系と各器官などの末梢とをつなぐ神経繊維，神経節。体性神経系(感覚神経，運動神経)と自律神経系(交感神経，副交感神経)とに分けられる。中枢神経系の対語。

マトリックス matrix ▶p.23, 54, 55
ミトコンドリアの内膜に包まれた部分で，クエン酸回路の場。ミトコンドリアマトリックス，ミトコンドリア基質ともよばれる。

ミエリン鞘 [みえりんしょう] myelin sheath ＝髄鞘 [ずいしょう]

ミオシン myosin ▶p.30, 190, 191
筋肉の収縮や細胞運動などに関わるタンパク質。ATPアーゼ(ATP分解酵素)活性をもち，ATPのエネルギーを利用してアクチンフィラメントと相互作用する。

密度効果 [みつどこうか] density effect ▶p.235, 254
個体群密度の変化により，増殖率や形態などに変化が現れること。成長曲線がS字型になるのは，密度効果により個体群の成長が抑制されるためである。

ミトコンドリア mitochondrion，mitochondria(複数形) ▶p.23, 46, 54
細胞小器官の1つで，ATPを生産する場。呼吸に関係する多くの酵素を含み，クエン酸回路や電子伝達系はここに存在する。粒状または糸状で，内外二重の膜をもっている。内膜は内部に突出し，ひだ状になっている(クリステ)。ヤヌスグリーン(染色液)で染まる。

無髄神経繊維 [むずいしんけいせんい] non-medullated nerve fiber ▶p.172, 175
髄鞘に包まれていない神経繊維(軸索)。無脊椎動物のニューロンや，脊椎動物の交感神経の節後繊維(神経節から内臓などの細胞へ至る)などがある。伝導速度は，有髄神経繊維と比較して小さい。

群れ [むれ] band，flock，group，swarm ▶p.237
行動をともにする動物の集団。群れをつくることで得られる利益が不利益を上回るとき，個体は群れをつくる。

免疫 [めんえき] immunity ▶p.158
自己成分と異物を識別し，異物を排除する反応。もともとは，1度感染した病気に対して2度目以降は抵抗性を示す状態を，病気を免れるという意味でこうよんだ。

盲斑 [もうはん] blind spot ▶p.180
視神経が眼から出て脳へ向かう網膜の部分。視細胞がないため視覚機能がない。

や行

雄原細胞 [ゆうげんさいぼう] generative cell ▶p.202
種子植物の精細胞のもとになる細胞。花粉管細胞に含まれる。

有髄神経繊維 [ゆうずいしんけいせんい] medullated nerve fiber ▶p.172, 175
髄鞘で包まれている神経繊維(軸索)。脊椎動物のほとんどの神経繊維。髄鞘が絶縁体になり，興奮はランビエ絞輪(髄鞘と髄鞘のすき間)からランビエ絞輪へととびとびに伝わる(跳躍伝導)ので，伝導速度は大きくなる。

優占種 [ゆうせんしゅ] dominant species ▶p.220, 221
植生の中で，占める割合が高く，その群集を代表する種。植生の相観を決定づける。

誘導 [ゆうどう] induction ▶p.109, 111, 112
胚のある部分がほかの部分に働きかけて，一定の分化を引き起こすこと。たとえば，両生類の発生初期において，植物極側の細胞は，動物極側の細胞に働きかけて，中胚葉を誘導する(中胚葉誘導)。また，両生類において，原口背唇部は，予定表皮域に働きかけて，神経管などを誘導する。誘導の働きをもつ部分を形成体(オーガナイザー)という。

陽生植物 [ようせいしょくぶつ] sun plant ▶p.222
陽地をおもな生育場所とする植物。

葉緑体 [ようりょくたい] chloroplast ▶p.23, 46, 60
細胞小器官の1つで，光合成の場になっている。二重の膜に包まれ，内部には扁平な袋(チラコイド)が重なった構造(グラナ)がある。緑色のクロロフィルや，黄〜橙色のカロテノイドなどを色素として含む。

ら行

卵割 [らんかつ] cleavage ▶p.96
受精卵に起こる連続的な体細胞分裂。卵割によってできる未分化な娘細胞(おもに胞胚期までのもの)を割球という。

ランゲルハンス島 [らんげるはんすとう] Langerhans' islet ▶p.144, 156
すい臓に散在する内分泌組織。グルカゴンを分泌するA細胞とインスリンを分泌するB細胞を含む。

卵細胞 [らんさいぼう] egg cell ▶p.202
減数分裂をへて染色体が半減した雌の生殖細胞。

ランビエ絞輪 [らんびえこうりん] Ranvier's constriction →髄鞘 [ずいしょう]

リボ核酸 [りぼかくさん] ribonucleic acid ＝ RNA [あーるえぬえー]

リボソーム ribosome ▶p.22, 83
RNAとタンパク質とからなる小体で，細胞質基質(サイトゾル)内に散在しているか，小胞体の表面に付着している。遺伝情報の翻訳を行い，タンパク質を合成する。

リンパ液 [りんぱえき] lymph ▶p.138
リンパ管にありリンパ球(白血球の一種)を含んでいる体液。毛細血管からしみ出た血しょうは組織液(間質液)とよばれる。組織液の一部はリンパ管に入り，リンパ液になる。

連鎖 [れんさ] linkage ▶p.274, 275
複数の遺伝子が同一染色体上にあること。同一染色体上にある遺伝子は，減数分裂時に同じ配偶子に分配されるため，独立の法則に従わない。連鎖している遺伝子群を連鎖群といい，その数は染色体数の半数に等しい。

わ行

ワクチン vaccine ▶p.166
感染症の予防のため，接種する抗原。ワクチンを接種することを，予防接種という。予防接種によって，体内にその抗原に対する免疫記憶をつくり，感染症の発症やその重症化を防ぐ。弱毒化した生きた病原体を使った生ワクチン，不活性化させた病原体を使った不活化ワクチンなどがある。

太字：重要用語，青字：人名

か行

さ行

な行

は行

索引ー用語

太字：重要用語，青字：人名

索引ー生物名

青字のページ：写真（イラスト）が掲載

写真・資料提供者 (敬称略・五十音順)

iStock　相田光宏　愛知教育大学　愛知県農業総合試験場　愛知みなみ農業協同組合　青木重幸　阿形清和　浅島誠　朝日新聞社　東四郎　アーテファクトリー　アフロ　アマナイメージズ　アレクシオンファーマ　石坂公成　井上勲　井上和仁　薄井紀子　薄葉重　エビデント　大井崇生(名古屋大学農学部)　大阪市立自然史博物館　大阪大学微生物病研究所附属遺伝情報実験センター　大阪府立農業技術センター　大島泰郎　大隅正子　大瀧末男　岡崎恒子　岡田明彦　岡田清孝　岡山大学資源生物科学研究所　小澤高嶺　小野榮子　小野新平　小原嘉明　オリンパス　海洋研究開発機構　学校法人北里研究所　加藤憲一　神奈川県立生命の星・地球博物館　金沢工業大学ライブラリーセンター　金沢ふるさと偉人館　蒲郡市生命の海科学館　神山菜美子　川口正代司　川口実　北九州市立自然史・歴史博物館　キッコーマンバイオケミファ　木下政人(京都大学)　キヤノン　京都科学　京都大学 iPS 細胞研究所　協和発酵キリン　久慈琥珀博物館　黒岩常祥　KM バイオロジクス　ゲッティイメージズ　神戸市立須磨海浜水族園　国際連合広報センター　国立科学博物館　国立環境研究所　国立国会図書館　国立精神・神経医療研究センター　後藤弘爾　コーベット・フォトエージェンシー　駒崎伸二　近藤郁子　近藤俊三　近藤孝男　佐々木順造　SUNTORY　シグマアルドリッチジャパン　時事通信フォト　自然環境研究センター　自治医科大学・松岡裕之　実験動物中央研究所　島根県立三瓶自然館サヒメル　島本功　Shutterstock　ジャパン・ティッシュ・エンジニアリング　水中フォトエンタープライズ　砂川徹　製品評価技術基盤機構　ソニー　高田慎治　高橋宏和(名古屋大学)　竹村嘉夫　田中邦幸　田中敬一　田村宏治　塚谷裕一　筑波大学　土屋雄一朗(名古屋大学)　東京都医学総合研究所　東京都農業試験場　東京前川科学　東條英昭　トッパン　鳥羽水族館　豊橋市自然史博物館　長谷あきら　名古屋市衛生研究所　名古屋市立東山動物園　名古屋大学理学部理学研究科　NASA　灘五郷酒造組合　ナリカ　新留真紀　西村いくこ　日本電子　日本モンキーセンター　日本モンサント　根本典子　野地博行　服部正平　東島眞一　東山哲也(名古屋大学)　PIXTA　日立製作所計測器グループ　PPS 通信社　平井英明　平尾幸久　廣川信隆　藤井義晴　藤田美術館　古谷力　法政大学自然科学センター　ボルネオ保全トラストジャパン　馬嶋景　益富地学会館　松井猛　松田宗男　三重大学生物資源学部藻類学研究室　見方洪三郎　満嶋明　三原泰　未来 ICT 研究所　ミラージュ　むし社　村上明男(神戸大学)　村松憲一　明治製菓　目黒寄生虫館　森田保久　森仁志　森雅司　山岡亮平　山科正平　山村研一　雪印メグミルク　ユニフォトプレス　横浜市立大学木原生物学研究所　横浜康継　米田芳秋　理化学研究所　理化学研究所 脳神経科学研究センター　渡辺憲二

編集協力者：加納圭，京極大助，山本奈津子
サイエンスイラスト：森真由美

参考文献 (五十音順，アルファベット順)

新しい人体の教科書(講談社)　維管束植物の形態と進化(文一総合出版)　五つの王国(日経サイエンス社)　遺伝学と種の起源(培風館)　イラストレイテッド免疫学(丸善)　ウォルパート発生生物学(メディカル・サイエンス・インターナショナル)　ウォーレス現代生物学(東京化学同人)　海の生態(共立出版)　栄養生理学(理工学社)　尾瀬の湿原をさぐる(築地書館)　科学英語語源小辞典(松柏社)　科学の事典(岩波書店)　化学便覧(丸善)　からだの地図帳(講談社)　環境適応の生化学(共立出版)　環境と生態(培風館)　基礎から学ぶ遺伝子工学(羊土社)　基礎進化学(裳華房)　基礎生物学(培風館)　基礎生物学講座(朝倉書店)　基礎生物学ハンドブック(岩波書店)　基礎発生学概論(裳華房)　キメラ・クローン・遺伝子(西村書店)　キャンベル生物学(丸善)　系統と進化(東海大学出版会)　系統と進化の生物学(培風館)　ケイン生物学(東京化学同人)　現代生物科学(岩波書店)　現代生物学大系(中山書店)　光合成(朝倉書店)　光合成(養賢堂)　光合成器官の細胞生物学(共立出版)　古生物学概論(築地書館)　細胞生物学(裳華房)　細胞の共生的進化(培風館)　細胞の分化(東京化学同人)　細胞の分子生物学(ニュートンプレス)　作物栄養学(朝倉書店)　四季の森林(地人書館)　受精(東京大学出版会)　受精の生物学(岩波書店)　植物色素(養賢堂)　植物生態(築地書館)　植物生態学講座(朝倉書店)　植物生理学(培風館)　植物生理学・光合成Ⅰ(朝倉書店)　植物生理要論(共立出版)　植物組織培養(朝倉書店)　植物と文明(東京大学出版会)　植物の進化生物学(三省堂)　植物の生化学・分子生物学(学会出版センター)　植物の生活誌(平凡社)　植物の生殖(岩波書店)　植物の生態(共立出版)　植物の生理(岩波書店)　植物の世界(教育社)　植物の分類(第一法規)　植物ホルモン(東京大学出版会)　シリーズ進化学(岩波書店)　進化学事典(共立出版)　進化系統学(裳華房)　進化の教科書(講談社)　神経科学テキスト(丸善)　新・生命科学シリーズ(裳華房)　人体の構造と機能(廣川書店)　人体発生学(医歯薬出版)　新日本植物図鑑(北隆館)　新・脳の探検(講談社)　数値でみる生物学(シュプリンガー・ジャパン)　図解植物観察辞典(地人書館)　図解生物学(培風館)　図説現代生物学(丸善)　図説生物学(朝倉書店)　生化学辞典(東京化学同人)　生存競争(思索社)　生態学(学術出版会)　生態学からみた自然(河出書房新社)　生態学からみた身近な植物群落の保護(講談社)　生態学講座(共立出版)　生態学入門(東京化学同人)　性と生殖(共立出版)　生物海洋学入門(講談社)　生物化学(同文書院)　生物科学講座(朝倉書店)　生物科学入門コース(岩波書店)　生物学Ⅱ・Ⅲ(平凡社)　生物学辞典(岩波書店)　生物学大要(共立出版)　生物学ハンドブック(朝倉書店)　生物の進化(培風館)　生理学(講談社)　生理学テキスト(文光堂)　脊椎動物のからだ(法政大学出版局)　脊椎動物の進化(築地書館)　脊椎動物発生学(培風館)　増殖と分化(朝倉書店)　多様性から見た生物学(裳華房)　地球科学講座(共立出版)　地球の構成(共立出版)　地球の誕生(共立出版)　地球を囲む生物圏(東海大学出版会)　テイツ／ザイガー植物生理学・発生学(講談社)　デイビス／クレブス／ウェスト行動生態学(共立出版)　動物系統分類学(中山書店)　動物地理学(古今書院)　動物の分類と進化(岩波書店)　動物発生学(岩波書店)　トートラ人体解剖生理学(丸善)　日本の植生(朝倉書店)　日本の野生植物(平凡社)　入門生化学(培風館)　脳神経ペディア(羊土社)　バイオディバーシティ・シリーズ(裳華房)　発生生物学(トッパン)　発生－そのメカニズム(岩波書店)　発生と遺伝子(東京大学出版会)　発生とその仕組み(出光書店)　比較植物栄養学(養賢堂)　比較生態学(岩波書店)　病気はなぜ，あるのか(新曜社)　標準生理学(医学書院)　標準免疫学(医学書院)　富栄養化調査法(講談社)　分子遺伝学Ⅰ(岩波書店)　分子発生生物学(裳華房)　ベアー／コノーズ／パラディーノ／神経科学(西村書店)　ホモ・サピエンスの誕生と拡散(洋泉社)　湖を読む(岩波書店)　免疫学入門(東京大学出版会)　山の自然学(岩波書店)　理科年表(丸善)　レーヴン／ジョンソン生物学(培風館)　レーニンジャーの新生化学(廣川書店)　ワトソン遺伝子の分子生物学(東京電機大学出版局)

Developmental Biology(Sinauer Associates)　Ecology(Pearson Benjamin Cummings)　Life(Sinauer Associates)　Principles of Development(Oxford University Press)

参考にしたウェブ・サイト(五十音順，アルファベット順)

光合成事典　PDBj(日本蛋白質構造データバンク)

●上記以外にも，多くの個人・諸機関の協力を得ました。

研究の研究

Aさん

・大学の研究室に所属。
・植物が乾燥や高温，塩害などの環境ストレス(▶p.214)へどのように対応しているかを研究している。

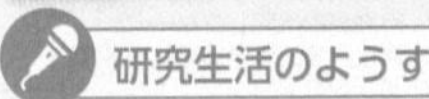

研究生活のようすを教えてください。

植物の組織や細胞の形を**電子顕微鏡**(▶p.13)で調べたり，**遺伝子発現を解析**(▶p.124)したりしています。顕微鏡写真を何百枚も撮影して画像解析を行うこともあり，実験する時間よりもパソコンのモニターを前に作業している時間の方が長くなってしまうのが最近の悩みです。

1日のスケジュールを教えてください。

6〜8	家（論文執筆など，集中したいことは家で。）
8	出勤
8〜13	研究室運営の業務／観察・解析
13〜14	昼休憩(ひるきゅうけい)
14〜19	研究室運営の業務（研究室の雑務や学生のフォローも仕事の1つ。）／観察・解析
19	帰宅
19〜22	家（家で実験ノートのまとめやメールの返信を行います。）

植物の世話も行います。植物は，さまざまな気象を人工的に再現できる部屋で育てています。

電子顕微鏡で観察。

撮影した電子顕微鏡の画像をもとに，解析を行います。

Bさん

・国立の研究所に所属。
・南西諸島(九州南方の島々)に生息する鳥類を用いた進化と生態の研究を行っている。

研究生活のようすを教えてください。

1年の半分以上を離島に滞在して，**フクロウの生態調査**を行っています。他の期間は研究所に戻り，**調査で得たサンプルやデータの解析**をします。調査地では一般向けの講演会や観察会を行い，研究成果の地域還元にも力を入れています。

1日のスケジュールを教えてください。

調査の日（この日は巣を回ってヒナの調査。）

0〜1	調査
1〜2	データ整理
2〜10	宿
10〜12	データ整理
12〜13	昼休憩
13〜18	調査
18〜19	夕食
19〜24	調査

実験の日

0〜8	家
8〜9	出勤
9〜13	実験（調査で得たサンプルからDNA抽出。）
13〜14	昼休憩
14〜18	実験（1日では終わらないので，続きはまた明日！）
18〜19	帰宅
19〜24	家

前日までのデータを整理します。繁殖状況をもとに次の調査の予定を立てます。

フクロウは夜行性なので夜も調査。

調査道具

次世代シーケンサー(▶p.122)を用いたゲノム解析。1個体分を丸ごと解読します。

研究は趣味でもあるので，家でもデータ整理や解析，論文作成などをしています。

Cさん

・製薬会社に勤務。
・薬の開発や改良のため，薬の効果を評価する研究を行っている。

研究生活のようすを教えてください。

実験室で**細胞実験**を行ったり，動物飼育室で**動物実験**を行ったりしています。動物実験の研究対象は，マウスやラット，モルモット，ウサギやハムスターなど多岐(たき)に渡ります。実験の隙間(すきま)時間で，実験データの解析や報告書の作成，論文調査などの**デスクワーク**も行います。

1日のスケジュールを教えてください。

6〜8	家
8〜9	出勤
9〜10	デスクワーク（1日のスタートは業務メールの確認から！）
10〜12	実験（効果を調べたい薬を与えた細胞を培養。）／観察（細胞の状態を顕微鏡で観察します。）
12〜13	昼休憩
13〜17	実験（培養した細胞からmRNAを抽出し，遺伝子の発現量を解析。）／デスクワーク（実験の待ち時間で業務メールの確認や実験ノートの作成を行います。）
17〜18	デスクワーク
18〜19	帰宅
19〜21	家

効果を調べたい薬を与えた細胞を培養。

培養した細胞からmRNAを抽出し，遺伝子の発現量を解析。